TWENTIETH CENTURY PHYSICS

20 世纪物理学

(第 3 卷)

〔美〕Laurie M Brown　Abraham Pais
〔英〕Brian Pippard 爵士　编

刘寄星　主译

科 学 出 版 社
北　京

图字：01-2011-1443

内 容 简 介

20 世纪是物理学的世纪，物理学在 20 世纪取得了突破性的进展，改变了世界以及世界和人们对世界的认识. 本书是由英国物理学会、美国物理学会组织发起，由各个领域的知名学者(有很多是相关领域的奠基者、诺贝尔奖获得者)执笔撰写，系统总结 20 世纪物理学进展的宏篇巨著，其内容涵盖了物理学各个分支学科和相关的应用领域. 全书共分 3 卷 27 章，最后一章为 3 位物理学大家对 20 世纪物理学的综合思考和对新世纪物理学的展望.

本书可供物理学科研工作者、教师、物理学相关专业的研究生、高年级本科生，以及对物理学感兴趣的人员使用.

图书在版编目（CIP）数据

20 世纪物理学(第 3 卷)/(美)布朗(Brown, L.M.)等编；刘寄星等 译. —北京：科学出版社，2016
书名原文：Twentieth Century Physics
ISBN 978-7-03-047635-7

Ⅰ. ①2… Ⅱ. ①布… ②刘… Ⅲ. ①物理学史-世界-20 世纪 Ⅳ. ①O4-091

中国版本图书馆 CIP 数据核字 (2016) 第 047222 号

责任编辑：钱 俊 鲁永芳 / 责任校对：彭 涛
责任印制：赵 博 / 封面设计：耕者设计

科学出版社 出版
北京东黄城根北街 16 号
邮政编码：100717
http://www.sciencep.com
三河市春园印刷有限公司印刷
科学出版社发行 各地新华书店经销
*
2016 年 8 月第 一 版 开本：720 × 1000 1/16
2025 年 2 月第七次印刷 印张：51 1/2
字数：1000 000

定价：198.00 元
(如有印装质量问题，我社负责调换)

编辑及撰稿人名单

编辑兼撰稿人

Brian Pippard 爵士
英国剑桥大学卡文迪什实验室前卡文迪什教授 (Cavendish Laboratory, University of Cambridge, Cambridge CB3 0HE, UK)

Abraham Pais
美国纽约洛克菲勒大学 (Rockefeller University 1230 York Avenue, New York 10021-6399, USA),
丹麦哥本哈根大学尼尔斯玻尔研究所 (Niels Bohr Institute, University of Copenhagen, Blegdamsvej 17, DK-2100 Copenhagen, Denmark)

Laurie M Brown
美国西北大学物理学与天文学荣誉退休教授 (Northwestern University, 2145 Sheridan Road, Evanston, Illinois 60208-3122, USA)

撰稿人

Helmut Rechenberg
德国慕尼黑马克斯–普朗克物理研究所, 维尔纳–海森堡研究所 (Max-Planck-Institut, Werner-Heisenberg-Institut, Föhringer Ring 6, 80805München, Germany)

John Stachel
美国波士顿大学物理系 (Department of Physics, Boston University, 590 Commonwealth Avenue, Boston, Massachusetts 02215, USA)

William Cochran
英国爱丁堡大学物理与天文系 (Department of Physics and Astronomy, James Clerk Maxwell Building, University of Edinburgh, Mayfield Road, Edingburgh EH9 3JZ, UK)

Cyril Domb
以色列巴依兰大学高等技术研究所 (Jack and Pearl Resnick Institute of Advanced Technology, Bar-Ilan University, Ramat-Gan, Israel)

Max Dresden
美国斯坦福直线加速器中心 (Stanford Linear Accelerator Center, PO Box 4349, Stanford, California 94309, USA)

Val L Fitch
美国普林斯顿大学约瑟夫 · 亨利物理实验室 (Joseph Henry Laboratories of Physics, Princeton University, Princeton, New Jersey 08544, USA)

Jonathan L Rosner
美国芝加哥大学恩里科 · 费米研究所 (The Enrico Fermi Institute, University of Chicago, 5640 South Ellis Avenue, Chicago, Illinois 60637-1433, USA)

James Lighthill 爵士
英国伦敦大学学院数学系 (Department of Mathematics, University College London, Gower Street, London WC1E 6BT, UK)

Athony J Leggett
美国伊利诺伊大学物理系 (Department of Physics, University of Illinois at Urbana-Champaign, 1110 W Green Street, Urbana, Illinois 61801, USA)

Roger A Cowley
英国牛津大学克拉林顿实验室 (Clarendon Laboratory, University of Oxford, Parks Road, Oxford OX1 3PU, UK)

Ugo Fano
美国芝加哥大学詹姆斯 · 弗朗克研究所 (James Franck Institute, University of Chicago, 5640 South Ellis Avenue, Chicago, Illinois 60637-1433, USA)

Kenneth W H Stevens
英国诺丁汉大学物理系 (Department of Physics, University of Nottingham, Nottingham NG7 2RD, UK)

David M Brink
英国牛津大学理论物理系 (Department of Theoretical Physics, University of Oxford, 1 Keble Road, Oxford OX1 3NP, UK)

Arlie Bailey
原任职于英国国家物理实验室电气科学部 (Division of Electrical Science, National Physics Laboratory, Teddington TW11 0LW, UK)(个人通信地址：Foxgloves, New Valley Roard, Milford-on-see, Lymington, Hampshire SO41 0SA, UK)

Robert G W Brown
英国诺丁汉大学电气电子工程系 (Department of Electrical and Electronic Engineering, University of Nottingham, Nottingham NG7 2RD, UK)(个人通信地址：Sharp Laboratories of Europe Ltd,Edmund Halley Road, Oxford Science Park, Oxford OX4 4GA, UK)

E Roy Pike
英国伦敦国王学院物理系 (Department of Physics, King's College London, The Strand, London WC2R 2LS, and DRA, St Andrews Road, Malvern WR14 3PS, UK)

Robert W Cahn
英国剑桥大学材料科学与冶金系 (Department of Material Sciences and Metallurgy, University of Cambridge, Pembroke Street, Cambridge CB2 3QZ, UK)

Tom Mulvey
英国阿斯顿大学电子工程与应用物理系 (Department of Electronic Engineering and Applied Physics, Aston University, Birmingham B4 7ET, UK)

Pierre Gilles de Gennes
法国物理与应用化学高等学校 (Ecole Supérieure de Physique et de Chimie Industrielles,10 rue Vauquelin, 75231 Paris Cedex 05, France)

Richard F Post
美国罗伦斯 · 利弗莫尔国家实验室 (PO Box 808, Lawrence Livermore National Laboratory, Livermore, California 94550, USA)

Malcolm S Longair
英国剑桥大学卡文迪什实验室 (Cavendish Laboratory, University of Cambridge, Cambridge CB3 0HE, UK)

Mitchell J Feigenbaum
美国洛克菲勒大学物理系 (Department of Physics, Rockefeller University, 1230 York Avenue, New York 10021-6399 , USA)

John R Millard
英国阿伯丁大学生物医学物理与生物工程系前医学物理教授 (Department of Bio-Medical Physics and Bio-Engineering, University of Aberdeen, Aberdeen AB9 2ZD, UK)(个人通信地址：121 Anderson Drive, Aberdeen AB2 6BG, UK)

Stephen G Brush
美国马里兰大学物理科学与技术研究所 (Institute for Physical Science and technology, University of Maryland, College Park, Maryland 20742-2431, USA)

C Stewart Gillmor
美国威斯利大学历史系 (Department of History, Wesleyan University, Middletown, Connecticut 06459-0002, USA)

Philip Anderson
美国普林斯顿大学约瑟夫 · 亨利物理实验室 (Joseph Henry Laboratories of Physics, Princeton University, Princeton, New Jersey 08544, USA)

Steven Weinberg
美国得克萨斯大学物理系 (Department of Physics, University of Texas at Austin, Austin, Texas 78712-1081, USA)

John Ziman
英国布里斯托大学物理学荣誉退休教授 (University of Bristol, Bristol BS8 1TL, UK)(个人通信地址：27 Little London Green, Oakley, Aylesbury HP18 9QL, UK)

译校者名单

第 1 卷

第 1 章：刘寄星译, 秦克诚校
第 2 章：秦克诚译, 刘寄星校
第 3 章：丁亦兵译, 朱重远、秦克诚校
第 4 章：邹振隆译, 张承民、秦克诚校
第 5 章：姜焕清译, 宁平治、秦克诚校
第 6 章：麦振洪译, 吴自勤、刘寄星校
第 7 章：郑伟谋译, 刘寄星校
第 8 章：郑伟谋译, 刘寄星校

第 2 卷

第 9 章：丁亦兵译, 朱重远校
第 10 章：朱自强译, 李宗瑞校
第 11 章：陶宏杰译, 阎守胜、秦克诚校
第 12 章：常凯译, 夏建白校
第 13 章：龙桂鲁、杜春光译校
第 14 章：赖武彦译, 郑庆祺校
第 15 章：姜焕清译, 宁平治、秦克诚校
第 16 章：沈乃澂译, 刘寄星校

第 3 卷

第 17 章：阎守胜译, 郭卫校
第 18 章：宋菲君、张玉佩、李曼译, 聂玉昕校
第 19 章：白海洋、汪卫华译校
第 20 章：孙志斌、陈佳圭译校
第 21 章：刘寄星译, 涂展春校
第 22 章：王龙译, 刘寄星校
第 23 章：邹振隆译, 蒋世仰校
第 24 章：曹则贤译, 刘寄星校

第 25 章：喀蔚波译，秦克诚校
第 26 章：张健译，马麦宁校
第 27 章：曹则贤译，刘寄星校

刘寄星　中国科学院理论物理研究所
秦克诚　北京大学物理学院
丁亦兵　中国科学院大学
朱重远　中国科学院理论物理研究所
邹振隆　中国科学院国家天文台
张承民　中国科学院国家天文台
蒋世仰　中国科学院国家天文台
姜焕清　中国科学院高能物理研究所
宁平治　南开大学物理系
麦振洪　中国科学院物理研究所
吴自勤　中国科学技术大学物理系
郑伟谋　中国科学院理论物理研究所
朱自强　北京航空航天大学流体力学研究所
李宗瑞　北京航空航天大学自动化科学与电气工程学院
陶宏杰　中国科学院物理研究所
常　凯　中国科学院半导体研究所
龙桂鲁　清华大学物理系
杜春光　清华大学物理系
赖武彦　中国科学院物理研究所
郑庆祺　中国科学院固体物理研究所
沈乃澂　中国计量科学研究院
阎守胜　北京大学物理学院
郭　卫　北京大学物理学院
宋菲君　大恒新纪元科技股份有限公司
张玉佩　浙江省计量科学研究院
李　曼　大恒新纪元科技股份有限公司
聂玉昕　中国科学院物理研究所
白海洋　中国科学院物理研究所
汪卫华　中国科学院物理研究所
陈佳圭　中国科学院物理研究所
涂展春　北京师范大学物理系

王　龙　中国科学院物理研究所
曹则贤　中国科学院物理研究所
孙志斌　中国科学院空间中心
喀蔚波　北京大学医学部物理教研室
张　健　中国科学院大学
马麦宁　中国科学院大学

原书序言

我们有足够的理由赞美物理学在 20 世纪取得的成就. 1900 年到来之际, 由 Newton、Maxwell、Helmholtz、Lorentz 以及许多其他人的思想奠基的辉煌的经典物理学大厦似乎已近乎完美; 然而经典物理学的这一高度发展状态显现出了某些结构上的瑕疵, 结果证明这些瑕疵远非看起来那样肤浅. 在世纪转折前后几年的实验和理论发现直接导致了改变物理学家基本观念的革命: 原子结构、量子理论和相对论. 但是必须强调, 此前的经典成就并未被抛弃, 它们最终被视为更为一般的概念的特殊情况, 因此现代物理学家仍然必须对经典动力学和电磁学保有正确的理解. 除去最为先进的高技术之外, 把相对论和量子力学掺和到大多数技术应用中毫无必要; 除去极少数例外情况, 经典物理对日常发生的事件和使用的装置都能做出有效的描述.

尽管如此, 朝本质上属于 20 世纪创造的近代物理学的转换极大地扩展了物理科学的范畴. 在近代物理学的框架内, 不仅原子及原子核的结构乃至原子核的组成部分的结构, 而且处于大小尺度的另一端的整个宇宙, 均已变得可以观察、讨论并使研究者能做出有根据的想象. 量子力学阐明了原子的结构并且在它被建立之后的一两年内即表明, 至少在原则上它可以解释化学键的来源.

20 世纪 50 年代, 用晶体学方法对几个最简单的蛋白质和 DNA 双螺旋结构的阐明改变了对生物学机理的研究. 这当然完全不是说化学和生物学是物理学的分支学科, 化学家和生物学家在处理他们那些极为复杂的材料方面有自己独特的方法. 物理学家单独处理这些问题时, 完全没法与化学家和生物学家相匹敌. 但物理学家只要确信其他学科只是运用物理学思想阐明自己的发现, 而不是注入迄今未知的自然规律从而毁掉自己领域的研究, 他们仍然可以在这个方向上继续自己的探索.

从一开始我们就意识到, 我们编辑的这几卷书只是撰写这部历史的第一步. 在当前阶段这部历史的撰写不能仅仅留给专业的科学史专家, 我们期望的是本书可以激励他们在以后承担这个任务. 书写这部历史的第一步, 是由物理学家们指出哪些是他们自认为的本领域中最重要的发展, 并且尽可能地剥离掉那些不仅在外行人看来而且即使从事物理学研究的同行们看来也非常困难的复杂问题, 使得大家都明白物理学是如何发展的. 我们希望给学习物理学的学生们 (也包括教师们和其他领域的专业人士) 讲述一个展现这部历史中某些事件的故事, 这个故事将使他们受到鼓舞而不是使他们感到无所适从. 即使我们最后离达到这个目标仍有一些距离, 我们至少给严肃的科学史专家们提供了一个研究这段近代史的起始点. 事实上, 对近代物理学某些领域的历史已有相当深入研究, 但这三卷书将清楚地表明, 对近代物理学历史的研究还仅仅是开始. 我们这样说, 绝无低估已有成就之意.

20 世纪初还有一些顶尖的物理学家能保持与各个活跃的物理学研究方向接触, 现在已没有人能做到这一点了. 这不仅仅是因为现在已完成的研究工作比过去多得多, 而且因为在不同领域工作的研究者们, 除了他们学生时期所学的东西之外, 已很少有共同的东西了. 基本粒子物理理论和技术近来已很少有能向固体物理转换的内容, 而由超导研究的进展曾激发起来对基本粒子物理的重大贡献, 也已经过去好几十年. 除去要求各位专家们撰写他们所从事领域的内容并希望他们能指出与其他领域的联系之外, 我们别无选择. 书中以页边旁注方式给出的交叉引用汇集了一些领域间的联系, 它们有助于表明某些领域发展的具体思想所涉及的其他领域.

无论如何, 这套书仍不可避免地会存在遗漏, 我们谨向那些发现他们喜好的观点或他们自己的重要贡献被忽略了的读者致歉. 尤其遗憾的是, 我们找不到一个作者来讲述电子线路系统如何由无线电通信开始, 通过雷达和电子计算机, 直到其技术威力支配了实验设计、数学分析及计算的发展史. 今天去参观任何一个物理实验室都会使人惊叹, 如果没有发明晶体管, 还有哪些研究可能进行或值得开展? 这仅是技术发展与物理学研究密不可分的一个事例, 但也许是最惊人的事例, 这段历史完全值得与物理思想发展的历史并行研究.

我们也意识到, 我们对物理学的社会作用没有给予足够的注意. 例如, 物理学发展在战争中的应用以及由军事项目积累起来的对物理学发展的利益 (抑或可能的危害) 等许多问题需要认真研究. 我们还忽略了科学资助政策 (特别是“大科学”的资助政策)、研究者之间、实验室之间和国与国之间的科学成果的交流以及其他一些主题. 对于科学哲学与物理学的关系我们仅给予了极少注意, 其实二者关系极大. 我们并非认为这些问题不重要, 与此相反, 阐述这些论题需要远比这几卷书大得多的篇幅, 我们希望这些论题以更为完整的方式得以处理. 也许我们的工作可以为这种努力提供有用的背景.

我们在这几卷书里所采取的低调描述, 可能会引起一些普通读者以及活跃的物理学家们的惊奇: 因为前者已经习惯了新闻记者式的夸张, 后者则对诸多研究论文和快讯中常见的对自己结果首创性吹嘘的现象感到无奈. 如果任何人有资格使用那种高调语气, 一定是那些为自己所撰写的工作付出一生并亲自做出杰出贡献的人. 他们是真正懂得何谓杰出的. 正如那些与 Einstein 或 Heisenberg 或 Feynman(以及其他物理学的英杰) 交谈过的人绝不会不分青红皂白地滥施夸奖一样, 我们的科学英杰们都不会做出夸大的宣称. 当他们最终突然认识到真理时也许会感到激动不已, 一些人在向他人解释自己的发现时甚至会略显炫耀, 但他们都知道所有这些早已在那里等待着被发现. 他们通常并不是从无到有的革命性的创造者, 而是像他们的先辈一样, 先在一件纺织品上发现瑕疵, 然后找到如何去修补这些瑕疵的方法,并为这件纺织品重新展现的美丽所陶醉.

谈到整套书的安排组织, 指出以下几点或许是有益的. 第 1 卷主要涵盖了 20 世纪前半期的材料, 该卷的各章大部分由物理学兼物理学史专家撰写, 也就是说, 这些作者以前曾撰写过有关物理学及其历史的著作. 第 2 卷和第 3 卷则含有更强的专业味道, 主要处理 20 世纪后半期的较重要主题. 20 世纪的一些伟大物理学家的照片和传略散见于全书的各章中. 这些物理学家并不是按代表排名前 50 之类的标准去刻意选择的, 而是要求每位作者在自己所撰写的领域内挑选几个做出最突出成就的学者的结果. 通过这种方法, 我们向读者奉献了一个具有多样性的现代物理缔造者们的样本. 近代物理学的历史告诉我们, 这些学者以及难以数计的其他一些人, 尽管并非个个聪明绝顶, 但却都具有天才并献身于他们所从事的、他们认为无比重要的事业. 这是一个值得大书特书的故事, 如果这一套书的讲解能鼓励他人更好地来讲这个故事, 我们的目的就算达到了.

Laurie M Brown
Abraham Pais
Brian Pippard 爵士

全书所含传略目录

① 原文传主出生年有误. —— 译者注

目　　录

第 3 卷

第 1 卷

第 2 卷

第 17 章 固体中的电子

Brian Pippard 爵士

固体的某些性质本质上由个别的原子或分子决定, 而其他一些性质则仅当大量的原子或分子密堆积在一起时才会出现. 例如, 大多数非导电固体的电极化性主要由电场下原子的畸变决定; 固体氩的电容率 (介电常数) 高于气体氩的电容率仅缘于单位体积内原子数更多. 相反地, 金属或半导体之所以导电是因为电子很容易脱离密堆积的原子, 甚至在没有电场时也能自由地漫游. 本章主要关注这一类固体, 尽管强场下的电击穿可以使绝缘体有导电性, 但这不是我们要着重讨论的. 铁磁性和超导电性两个现象足够重要, 需要单独地讲述. 其余的部分至少也同样重要. 理论上通常给出确定性的解释, 有时也会有不一致, 但一般不会导致自相矛盾. 固体物理的历史可能会被认为缺少戏剧性的惊奇, 它是一个平稳发展的故事: 掌握实验事实逐渐建立更加全面的理论框架, 系统地利用科学成果于商业产品. 它的成就构成了现代工业文明的核心内容, 没有固态电子学提供通信和控制的方法, 现代工业文明就不能发展和存活. 然而技术在规模和种类上都如此的广泛, 远比这里涉及的任何一个问题更值得做历史的讲述. 不过本文仍将只集中在物理思想方面. **【又见 14.1.1 节和 11.1.1 节】**

读教科书容易给人以这样一种印象, 即固体物理几乎完全是理论问题; 从电子通过正离子晶格运动的构想出发, 应用量子力学即可得到其行为的细节. 在小范围内, 这是对的, 但是也不要忘记特别是在计算机出现以前, 除去最简单的量子力学问题外, 解任何问题都是极端困难的. 在始于 1925 年的量子革命后, 幸运地有一或两个成功的例子. 其模型高度简化, 简化到如果没有实验数据的确认, 没有人敢认为这是对物理学的重要贡献. 追溯历史可以发现, 包含假定金属中的电子尽管带电荷但仍可像理想气体中的粒子那样自由运动的那些模型, 它们的提出早于 1892 年 Lorentz 提出电子论和 1894 年 Stoney 为电子命名, 更早于 1897 年为 J J Thomson 所发现. 基于经典力学和适度的猜测所建立的这些早期理论推动着电子学说持续地发展. 和事实明显的不符又产生了同样可疑的替代理论, 这种情况一直持续到 20 世纪 20 年代后期, 量子力学给人们带来了启迪.

如果我们要了解 20 世纪前 25 年发生的事件, 就必须知道最初的一些模型所赖以建立的实验信息. 大部分数据定性上是可疑的. 关于那个时期, 流行的传说是化学家如何对纯的样品做不精确的测量, 而物理学家又如何对不纯的样品做精确的测量. 作为文章的开始, 让我们关注物理学家克服这一弱点的几个阶段.

17.1　制备高品质的材料的需求[1]

在 X 射线晶体学发展之前, 提及晶体 (crystal) 一词, 在大多数人脑海中浮现的是呈多面体的一块矿物或盐, 而非原子的规则排列. 此时对金属晶体注意很少并不奇怪, 因为这样的样品非常少. 铋是特别的, 它易于晶化, 而且可剥离出一些主晶面, 腐蚀抛光的金属壳表面可以显现出熔炼样品的多晶结构, 对金属的大部分测量实际上都是在非理想表征的多晶样品上做的. 到 1921 年, Carpenter 和 Elam[2] 系统地研究了退火后的应变过程, 才导致在铝板中长出大的微晶体. 1924 年, Obreimow 和 Schubnikow, 1925 年 Bridgman 报道了从熔体下端缓慢冷却生长金属单晶的方法. 现在将这一技术归功于 Bridgman, 但记在 Tammann 名下更合适一些, Obreimow 和 Schubuikow 提及并感谢了他的工作. 甚至在此之前, 在 1918 年, Czochralski 用从熔体中拉出种晶的方法生长了单晶线. 他的目的是研究液、固界面传播的速率, 而不是生长样品供测量用. 方法要求精细的温度控制和非常平稳的拉引. 那时人们觉得, 将此法用于晶体生长太过昂贵, 但随着半导体工业的兴起, 这种方法已成为必不可缺的了.**【又见 19.5 节】**

对于样品的高纯度和精确的表征, 我们今天仍应感谢半导体工业. 贵金属的纯化和分析是一门古老的技艺, 直到 19 世纪末才扩展到贱金属. 对于 Carpenter 和 Elam 的工作, 他们可以得到的杂质含量不超过 0.4% 的商用铝, 可能就是够纯了; 但 1949 年 Bardeen 和 Pearson 表明, 如果 10^5 个硅原子中有一个硼原子, 硅的电阻率在 80K 可改变约 1000 倍. 在更低的温度, 少量杂质的效应会更显著, 要得到可重复的结果, 化学纯化是不够的. 1952 年 Pfann 首次描述的区域熔化过程可能是他自己发明的, 但原始的形式要归于 Schubnikow, 1930 年他注意到经过几次的再结晶, 在很低的温度下铋桿的电阻要更小一些. 样品的剩余电阻 (residual resistance)(严格讲是在 0K 时的电阻率) 是对杂质浓度的灵敏的测度, 因为电子被晶格热振动的散射一旦被冻结, 理想纯晶体的电阻率应该消失. 在晶化进行、液–固界面缓慢移动期间, 大部分杂质倾向于留在液相中 (因此, 海水才会冻结成几乎没有盐的水), 并从生长中的晶体中除去. Pfann 做的是让一个薄的加热器沿晶体移动以使熔化区通过晶体, 多次重复这一过程, 杂质会集中在端部, 中间是纯得多的晶体.**【又见 19.9 节】**

17.2　关于金属的实验事实[3]

在这些技术发展之前的早期文献中对哪些材料是金属、哪些是半导体的讲述相当不一致, 对此我们并不感到惊奇. 因为当时, 区分金属和半导体的判据是电阻率随温度的变化——金属的电阻率低, 且随温度的升高而增加, 半导体的电阻率高, 温度升高时是降低的. 大多数金属没有出现问题, 但直到 1931 年还有报道把钛视为半导体, 将足够纯的硅归类为金属. 对于研发半导体的实验人员, 在 1939 年前氧化亚铜是他们确认的很少几个半导体之一. 十年过后, 锗和硅则是最好的半导体.

尽管大多数金属的电阻率以非常相似的方式随温度变化, 除去在很低的温度, 大体与绝对温度成正比, 但这并不是一个能揭示许多微观信息的性质. 在 20 世纪的初期, 人们的关注集中在与物性有关的一些线索及现象上, 尽管其后它们只受到一般的对待, 然而其中之一的 Hall 效应自从 1879 年被约翰·霍普金斯大学的 E H Hall[4] 发现以来, 一直占据着研究的中心位置 (图 17.1). Campbell 在其著作[3] 中讲述了这一发现带来的兴奋, 他提到多于 15 种理论, 其中包括 Hall 本人的. 值得注意的是他关于电流由带电粒子携带的假设. 这更接近 Weber 的而不是 Maxwell 的看法. 如果这些带电粒子像飞行中的垒球一样受到摩擦阻力, 而且磁场导致其旋转, 那么与垒球相同, 他们的飞行将偏离直线轨道. 然而让 Hall 感到迷惑的是了解在不同的金属中, 甚至像在铁和镍那样如此相似的金属中, 为什么偏移的方向会有不同. 对 Rieke 和 Drude 而言, Hall 效应在某些金属中为正, 而在另一些中为负并不是问题, 他们发展了金属电导的最初理论, 被公认为是现代理论的鼻祖. 由于在 1900 年假设在金属中带正、负电荷的粒子均可自由运动似乎是许可的, Hall 效应的符号由多数载流子决定. 然而, 这种让人高兴的错觉是短命的, 直到量子力学出现之前, Hall 效应一直是令人困惑的反常之一, 激发着人们的对金属电导理论的兴趣.

Hall 的工作公布不久即触发了一系列相关效应的发现, 一般是用热流代替电流, 温度差代替电势差, 每个效应均以其发现者命名. 发现有磁场存在时, 电流产生横向温度梯度 (Ettingshausen) 效应, 热流产生横向电压 (Nernst) 效应. 还有一些其他的组合被研究过, 这里就不一一讲述了. 所有这些, 以及这些现象从一个金属到另一个金属的明显无常的变化, 再加上最终落入无解的 Hall 效应的挑战, 均在量子力学揭示出相关的基本结构后一起得到解决.

上面列举的效应中的大多数均在铋中发现, 从 1883 年开始, 人们就知道了它产生的 Hall 电压要比金大数千倍. 1884 年人们也发现它有特别大的磁电阻, 可用作小尺度磁场探头的敏感元件. Kapitza[5] 制作了他的强脉冲场发生器后, 发现在室温下加 300kG(30T) 横磁场铋线的电阻增加了 50 倍, 在液态空气温度下是 1400 倍. 相反地, 多晶铜线在室温下仅增加 2%, 液空温度下为 40%, 在这两种情形, 以及对其他金属, 他的结论是随着磁场强度的增加, 电阻以最初的平方关系增大, 然后过渡到线性变化, 后来偶尔称此为 Kapitza 定律. 和在后继的研究中极少称谓得以留存一样, 这个术语后来也被放弃了. 尽管磁电阻应该有的线性变化非常小, 但在历史上它仍有一定的重要性; 事实是磁电阻的发生激发了早期的理论家. 在看到和理论有相当大的不一致后, 物理学家们开始接受在他们看好的模型中找不到磁电阻的位置.

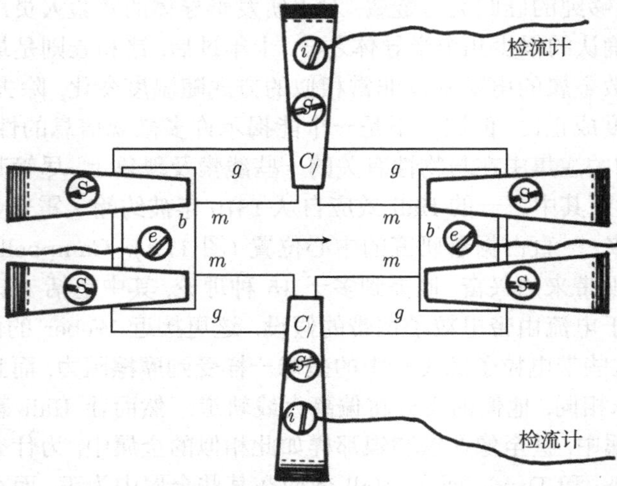

图 17.1 Hall 效应 (Hall 实验安排的图示[4]). 用黄铜板将有窄侧臂的金箔条压在玻璃衬底上, 电流从左向右, 横向电压用一接在标有检流计的引线上的可动磁铁检流计测量, Hall 刮削侧臂直到在无外加磁场情形下电流通过时检流计没有响应. 垂直于箔平面外加磁场时, 他观察到检流计发生了偏移

我们现在转到或称为接触势的 Volta 效应以及热电效应, 人们常常认为二者有比事实上更紧密的联系. 回到 1801 年, Volta 发现当两个不同的金属有电接触时, 它们会处于不同的电势, 因而周围空间有电场存在. 电势差的大小可达数伏特, 易于显示, 但不能用以产生电流——因为电势是在整个体系处于平衡时出现的, 不像 Volta 电池 (发现于 1800 年) 两极间的电势差, 在这种电池中, 电极等待着允许电流流过时和其周围介质化学反应的机会, 体系贮存有可以转换为可用电能的化学能. 在热电效应中, Seebeck 效应 (1822 年) 在 19 世纪被广泛研究, 并用于温度测量和作为灵敏的辐射探测元件. 效应表现为用两种不同金属做成回路, 当结点处于不同温度时会有电流流过. 当电流流过结时有 Peltier 热 (1834 年) 释放或吸收, 在温度梯度存在时电流流过会释放或吸收 Thomson 热 (1856 年), W Thomson 将这些现象与 Seebeck 效应联系在一起. 他的热力学论证, 如他自己认识到的, 其正确性是可疑的, 但现在知道它给出了正确的结果. 从一个金属到另一个金属的这些效应包括 Hall 效应的不同的变化吸引着实验家, 并困扰着理论家们.

还有一个引起很大兴趣和产生许多失败理论的实验观察是 1911 年 Kamerlingh Onnes 超导电性的发现. 这个故事已在本书的另一章中讲述, 在这里提及它是作为一个既迫切需要理论解释, 但又抗拒理论解释的例子, 其作用是提出了对早期人们理解金属电导性努力的怀疑.【又见 11.1 节】

17.3 金属电导的初始模型[6]

尽管已有的数据令人迷惑, 但工作仍有相当大的进展. 第一个有份量的理论是 Riecke (1898 年) 给出的, 试图解释尽可能多的上面提及的结果. 他想像在金属内部有多种粒子, 它们具有不同的电荷和质量, 除去和保持金属刚性结构的原子间频繁的碰撞外, 像在气体中那样自由运动. 他的包括带正、负电的两种粒子的想法受到 Lorentz 电子论和类比于电解质导体的影响. 在这种导体中, 如 Arrhenius 提出的, 电流由正负两种离子携带. Hall 效应出现两种符号无疑也促使他走到这一方向, 他套用了 Clausius 的气体动理学理论, 类似地设所有同种粒子以相同的速度运动, 速度比例于绝对温度的平方根, 假定和不动的原子碰撞的自由程长度是指数分布的——路程长于 x 的概率为 $e^{-x/l}$, 其中 l 为平均自由程. 两年之后, Drude 和 J J Thomson 效法 Riecke, 但做了进一步的简化, 假定给定种类粒子的路程有同样的长度 l, 同时引进误差因子 2, 这有助于他们的理论因和实验符合得更好而被接受, 对比于 Riecke 谨慎的分析, 这两位的工作有更多的直觉的成份.

Riecke 计算了电导率 (σ) 和热导率 (K), 发现可用比较复杂的公式将它们联系起来, Drude 做了类似的工作, 但注意到如果粒子的电荷并非任意, 而是仅取 $\pm e$ 值, 问题会大为简化. 采用现在的符号, 用 k_B 表示 Boltzmann 常数, $K/\sigma T = 3k_B^2/e^2$. 公式和室温附近的实验数据符合得如此之好, 以致于当 Lorentz 更好地考虑了自由程以及速度的分布, 得到系数 3 要改为 2 后, Drude 必是十分失望. 20 年后. Sommerfeld 的量子理论将系数定为 $\pi^2/3$, 和实验符合极好, 也十分接近 Drude 的幸运一击. $K/\sigma T$ 的恒定不变性也被 Wiedemann 和 Franz 注意到, 其理论推导表明所用模型是有希望的, 特别是在看来没有办法说明热电和 Hall 效应变幻莫测行为的时候.

为推导 Hall 效应的表示式, Reicke 从电场 $\boldsymbol{E}$ 和磁场 $\boldsymbol{B}$ 对带电运动粒子作用力的 Lorentz 公式 $\boldsymbol{F} = e(\boldsymbol{E} + \boldsymbol{v} \times \boldsymbol{B})$ 出发, 其中 $\boldsymbol{v}$ 是粒子的速度. 由于 $\boldsymbol{B}$ 的存在, 电流方向并不与 $\boldsymbol{E}$ 的方向一致, 如果样品的形状确定了电流的方向, 电场 $\boldsymbol{E}$ 必须有产生电阻的沿电流方向的 $\boldsymbol{E}$ 分量以及横向分量, 即 Hall 电场 E_H. 将 Reicke 对 E_H 的表述改写成现代的符号时, 和对含有电子和空穴载流子的半导体所用的表达式基本相同. 只有一种载流子时, Hall 场反比于载流子数, 符号决定于载流子携带的电荷. Thomson 对电子的发现使多于一种载流子的假定难于维持, 这是 Reicke 的不幸. 在 Thomson 的影响下, 1901 年 Richardson 已经认为只有负的“微粒”, 即电子在正电荷离子的背景中运动, 表面上电偶极层造成的外势能差 $e\Phi$ 可防止电子的逃逸. 按照 Maxwell-Boltzmann 定律, 很小部分的电子可被热激发到动能超过 $e\varPhi$, 如果它们到达表面, 将会逃逸. 逃逸数的表述中主要起作用的是 Boltzmann 因子 $\exp(-e\varPhi/k_{\mathrm{B}}T)$, Rachardson 的计算表明, 如果这些电子可全部收集起来 (用手边有的正电荷电极), 电流将以 $T^{1/2}\exp(-e\varPhi/k_{\mathrm{B}}T)$ 的形式变化. 在给人印象深刻的一系列测量中 [7], 他证实了指数项的存在——因子 $T^{1/2}$ 作用极小难于被检验, 事实上在量子理论中为 T^2 所替代. 这个研究不仅对金属的电子理论有实质性的贡献, 而且对当时出现的热离子管技术提供了坚实的理论支持. Richardson 根据他的结果估计铂的功函数 $e\varPhi$ 为 4.1 电子伏特 (eV), 钠的为 2.6eV, 数值和他用以描绘原子和电离过程的初等模型相容. 稍后, 由 Millikan 最先开始并注意到表面清洁的必要性的对光电效应的研究, 给出了对 $\varPhi$ 更好的估计, 这个故事已在别处讲述, 相对于对金属的了解, 它更多地和对 Einstein 光子理论的接受有关. **【又见 3.2.1 节第 2 小节】**

强调仅有负电荷载流子存在丝毫不伤害对 Wiedemann-Franz 定律的解释, 但却让 Riecke 对 Hall 效应的解释随风而去. 从这时到 1929 年当 Peierls 给出量子力学如何能够解决困难之前, 出现过一系列理论的演替[3], 但它们几乎没有支持者, 也不值得我们注意. 不单只是 Hall 效应的两种符号激起奇特的解释, 它的大小也如是, 如果电子的行为被看作有如理想气体中的原子——这是在其他大家中 Lorentz 和 Richardson 看好的模型——仅当其数目和原子数相当时才能够解释观察的结果 (电子数远少的金属铋除外). 金属的高光反射率, 如 Drude 证明的, 也支持这个观点. 另一方面, 每个电子对热容的贡献是 $3/2k_{\mathrm{B}}$, 在室温下, 并无论据支持这一点. 因此电子数也许要少很多, 但如果是这样的话 (先把 Hall 效应放一边), 我们发现为说明金属电导率的大小, 必须假设两次碰撞间的自由程约为 50 个原子间距——从任何当时的原子模型看来这都是无法相信的结果. 这些矛盾导致 Thomson 失去对电子气模型的信心, 进而推出电子在原子间传递的奇怪的概念以解释多变的 Hall 效应, 至少这确实证明了他创新的才能.

Bohr 对试图建构自洽的金属理论的批评[8] (1909 和 1911 年) 纠正了诸如 Lorentz 和 Poincaré 这样的大人物所犯的小错误, 尽管在解决矛盾方面没有进步, 但对一个学生而言还是出众的工作. 他指出按经典规律运动的带电粒子的集合并不像之前人们认为的那样具有抗磁性, 而事实上是没有磁性的, 这在要解决的难题清单中又添加了一条. 由于 Bohr 的学位论文是用丹麦语写的, 这一定理直到 1919 年重新被 van Leeawen 所发现前并不为人所知, 现在所知道的定理冠以后者的名字. Bohr 未能找到论文的英文出版商, 说明金属理论在当时并不是热门课题, 但解决这些困难的零星努力仍不断出现. 1924 年召开了讨论金属中电导的 Solvay 会议[9], 与会者听了 71 岁高龄的 Lorentz 作的有关较早理论的总结演讲和 Bridgman 所作的特别调整的演讲, 后一个演讲毫无道理可言, 而包括他自己在内的乐观主义者都试图用这个讲话打破僵局, 这里用不着总述在会议文集中可找到的内容, 它们大多数是追随 Thomson, 拒绝自由电子气的概念和它在解释 Wiedemann-Franz 定律上突出的成功.

17.4 电子气的量子理论[10]

只要将对金属电导有贡献的电子看作是由某种电离过程从原子中导出的, 就无法确定其数量是否为常数, 抑或是否随温度按 Boltzmann 定律增加, 结果是失去了解释电阻率随温度几乎是线性变化的基础. 但在 1913 年 Wien[11], 然后是 Keesom[12] 考虑了 Einstein 有关固体中原子振动量子化产生的后果, 认识到用降低温度的方法并不能清除所有的振动能, 每个原子必定会留有零点能 $3/2\hbar\omega$, ω 是原子振动的角频率. Wien 的猜测导致他得到一系列对任何受过良好教育的批评者而言必定都是十分不可能的假定, 在 1924 年 Solvay 会议上 Lorentz 和 Bridgman 对此确实也只是略有提及. Wien 想象由于零点振动, 电子会处在持续激发的状态, 其能量高到温度的增长产生不了什么效果; 相应地对热容贡献很少, 但可认为电子数和原子数可比, 满足解释 Hall 效应的需要. 电子数本质上和温度无关, 电阻随温度的增加必定来源于更频繁地和原子碰撞, 如果仅仅是原子的热激发振动使它们阻断了电子的路径 (这是一个最非经典的表述, 但已为 Kamerlingh Onnes 所偏爱) 且如果碰撞的机会正比位移的均方值, 电阻率将正比于温度, 仅在冷下来当热激发最后的痕迹被冻结时, 电阻率才变得平缓.**【又见 11.1.2 节】**

Wien 的理论尽管影响力很小, 但值得记住, 因为他预言的要点——仅被热激发原子振动散射的传导电子的零点能——在 1926 年后可系统运用量子力学时, 被证明是完全正确的. 然而, 在这个方向的第一步, 发生在 Heisenberg 和 Schrödinger 建立量子力学的基础之前. 1924 年, Bose 考虑将黑体空腔辐射视为光子理想气体, 导出 Planck 的辐射定律, 受到这一启发, Einstein 立即将同样的想法用于理想单原子气体. Einstein 的气体和 Maxwell 及 Boltzmann 的经典气体不同, 如他和 Bose 所假设的那样, 粒子是不可分辨的而且它们占据着确定的量子态. 两年以后, Fermi 受到 Pauli 不相容原理的启发, 附加假设每个量子态只能被一个原子占据, 发展了另外一个模型. 在低温下两者的差别极为显著: Einstein 的原子可全部处在最低能态 (对大容器中的原子实际上的能量为零), 而 Fermi 的原子要占据和原子数一样多的不同的态, 因此不可避免地具有相当大的零点能, 有趣的是 Pauli 开始拒绝接受 Fermi 的模型, 但最后却确信这个模型至少必须用于电子气体. 因为不相容原理是多电子原子壳层模型的根本要素. 在那时, Bose 或 Einstein 还不知道粒子的波动性, Fermi 也未用到这一点, 但对后面的发展而言, 这是关键性的, 从这一角度出发, 在框注 17A 中解释了零温度下 Fermi 气体的完全简并态. 在中等温度, 和热激发原

子的碰撞可传递 $k_B T$ 量级的能量. 在 E_F 附近这一能量范围内的少数电子可以被激发, 但大多数由于不相容原理的限制而无法改变其状态, 结果是仅 T/T_F 量级的部分电子可激发, 电子气对比热的贡献相应地小于经典理论的预期, Wien 大胆的假设也因此取得成功. 当时还没有测量可以检验电子对热容的贡献应正比于 T 的预言, 这必须等待低温量热学的发展.【**又见 3.2.3 节第 1 小节和 7.2.3 节**】

一旦转到 Fermi 的观点, 因为磁矩和电子自旋相联系, Pauli 立刻推导出电子气体会像很多金属那样, 应该表现出有和温度无关的顺磁磁化率. 受到自己以前的学生成功的激励, Sommerfeld 将老的 Drude-Lorentz 模型重新发展为 Fermi 气体模型, 而不是 Boltzmann 气体模型, 我们可以将此记为现代金属理论的发端. 尽管 Sommerfeld 文章[13] 的发表要比 Schrödinger 第一篇著名的文章晚 18 个月, 也并不涉及波动力学——电子被处理成经典粒子, 仅受不可分辨性和不相容原理的限制.

插注 17 A　Fermi 气体

在经典力学中用动量 $\boldsymbol{p}$ 来描述粒子运动, 我们改用波长 $\boldsymbol{\kappa}=\boldsymbol{p}/\hbar$. 处于体积 V 盒子中的粒子只能取特定的 $\boldsymbol{\kappa}$ 值处, 当 V 足够大, 内有很多原子时, $\boldsymbol{\kappa}$ 均匀分布, 间隔很小, 在简化的二维图中每个许可值 (态) 用一个点表示, 从该点到原点的连线表示矢量 $\boldsymbol{\kappa}$. 相应的三维图称为 $\boldsymbol{\kappa}$ 空间, $\boldsymbol{\kappa}$ 空间单位体积中有 $V/8\pi^3$ 个态, 每个态最多只能有两个电子占据 (因子 2 来源于电子的自旋).

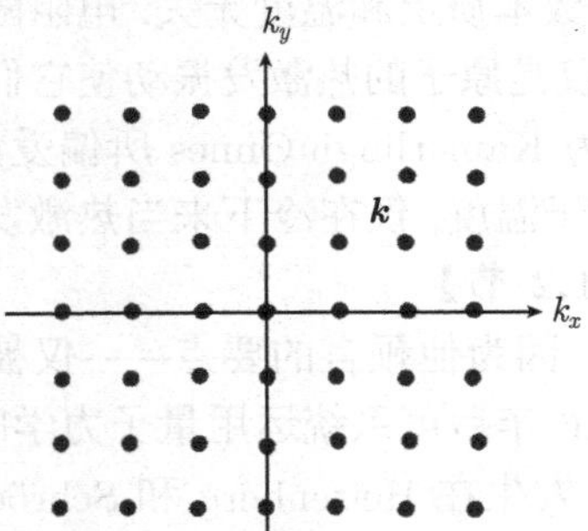

自由电子气体在零温度有最低的能量: 从原点开始, 占据态构成半径为 k_F 的球, 如果 $k_F^3/3\pi^2=n$, 即等于单位体积的电子数, $k<k_F$ 的每个态都是双占据的. 电子具有从零到 Fermi 能 E_F 的动能, E_F 等于 $\hbar^2 k_F^2/2m$. 以铜为例: $n=8.5\times10^{28}m^{-3}$, $E_F=1.14\times10^{-18}$J 或 7eV; 我们也可用 $k_B T_F$ 表示 E_F. T_F 称为简并温度 (degeneracy temperature), 对铜为 82000K.

Sommerfeld 从 Schottky[14] 处借用了一个对较早的模型极端简化的版本, 将从原子到原子的起伏变化的电势光滑为一均匀的背景. 并和通常的处理一样, 略去电子间的相互作用, 这样, 电子就像理想气体中的分子一样自由独立地运动. 当然, 为产生电阻电子和晶格原子间的碰撞是必须的. 但也不能频繁到使人们对自由粒子的想法产生疑虑. Sommerfeld 模型的成功, 以及他处理问题的专业化和他受到的高度尊敬, 使模型得到其他理论家们的支持, 当然也有人原则上不赞成将单个原子势抹平的处理, 甚至作为模型最初提议者的 Schottky[15] 也在其中. 实验家们尽管也不满意简化的假设, 但更关心磁电阻和 Hall 效应 (当然还有超导电性) 谜团的解决. 像已 73 岁的 Hall[16] 那样的老手仍死守他们在量子论之前的概念, 而仅只是新手的 Barlow[17], 可能并不是唯一的一位抗议随意略去电子间的 Coulomb 相互作用的人, 认为这样做必然引起人们怀疑它与理想气体的类似.

Lorentz[18] 肯定意识到这一尽管在前面的讲述中很少提到的困难. 他注意到自由电子间的碰撞不能改变电子气体的总动量, 因而不会影响电阻; 另一方面, 在有温度梯度时它们能破坏电子携带的能量流, 因而降低热导率. 他的结论是, Drude 在解释 Wiedemann-Franz 比率上的成功迫使人们相信非相互作用电子模型, 不管它看起来是多么不可能. 在 Sommerfeld 文章发表一些年后这个问题才得到解决, 我们将在相应处讲述. 现在我们注意到实验家们的反对看来被理论家们忽略了, 他们关注于完善新的理论. Sommerfeld 本人并未参与; 新的量子力学提出的普遍问题需要在比金属理论更基本的层面上探究. 在 1931 年他和 Frank[19] 为新创刊的《近代物理评论》(*Reviews of Modern Physics*) 撰文, 以及 1933 年当他和 Bethe[20] 为《物理大全》(*Handbuch für Physik*) 写出那一时代金属理论家们的圣经时, 他陶醉于讲述他开创性的贡献, 并将未来的发展留给他的合作者, 文章写完后的 Bethe, 以及对金属理论有重要贡献的 Bloch 亦如是; 不久他们就把眼光转到别处, 除去偶尔参加时髦的推翻超导电性理论的运动外, 将金属的理论留给他人了.**【又见 17.11 节和 17.19 节】**

然而 Sommerfeld 作为教师, 他的影响是极为深远的, 他的学生们以松散的方式构成有关固体量子理论的第一个研究学派. 慕尼黑大学的短期访问学者、美国人 Houston 和 Eckart 直接和他合作, 4 篇系列的文章 [13] 开始了这个学派的工作. 更有实质性贡献的其他人不久就转到了另外的地方, Bathe 到了法兰克福, Peierls 到了莱比锡, 在那里 Sommerfeld 以前的学生 Heisenberg 鼓励他和 Bloch 继续研究金属. Bloch 本人之后到了苏黎世, Pauli 在那里经营 Sommerfeld 的另一个研究基地, 1929 年回到莱比锡后, Peierls 取代他成为 Pauli 的助手. 早期有重要贡献的人还有 Brillouin, 他较为年长, 1912 年在 Sommerfeld 那里工作, 然后一直在巴黎工作, 以及 A. H. Wilson , 他离开剑桥后在 Heisenberg 处待了一年 (1931 年). 这些是第一阶段的领袖人物, 这一阶段的重心主要在一般原理方面, 基本上不关注具体金属性质的计算. 然而随着三十年代的进步, 特别是在普林斯顿和布里斯托尔的学派也在成长, 至少同样关注专门的问题. 在同一时间, Pohl 和他的哥廷根学派对辐射和热处理后会着色并有弱的导电性的离子晶体的实验研究开始吸引理论上的注意, 这激发起对半导体的新的兴趣. 原来的试验主要是应战争和微波雷达急迫发展对半导体整流器的需要而产生的, 战后大量技术熟练的年轻物理学家回归到社会生活导致空前的研究浪潮, 不仅在固体物理 (其后为凝聚态物理) 方面. 对半导体和金属的研究也几乎立即成为各自独立的领域, 这仅仅是科学中盛行的分裂成专业的一个早期的实例.

17.5 Bloch 定理和其直接的后果[21]

当 Bloch[22] 在博士论文中应用波动力学于电子气体时, Sommerfeld 的令人难以置信的平滑势假设就失去其必要性了. 用 Bloch 名字命名的定理并不是特别有独创性的, 也没有被他自己看得十分重要, 它仅仅是他博士学位论文主要论题必须的前提. 然而, 由于证明了规则的原子晶体阵列对电子的运动不会造成阻碍, 他开启了人们对固体中电和热输运和其他一些性质的系统研究. 由此 Sommerfeld 模型的成功变得可以理解, 稍后, 该模型在 Hall 效应和磁电阻方面的失败也得以修补; 进一步, 为什么有些固体是良导体, 其他是绝缘体, 什么使半导体有特别的性质也得到了非常简单, 但在主要方面是正确的说明. 在 Bloch 文章发表的 1928 年 12 月和 Wilson[23] 投出他第二篇主要是关于半导体的文章的 1931 年 8 月间, 几个出色的工作奠定了现代固体理论的基础, 这个短暂的时期已被史学家们仔细地研究过, 下面仅对他们的研究结果作简要的叙述, 否则后面的很多内容就难于理解了.

功劳首先必须归于 Bloch 的先行者们, 即使他没有受到过他们的影响, 在他们的工作出现前已建立了自己的观点. 早于 1928 年, Houston[24] 就考虑了 de Broglie 波和金属中离子间的相互作用, 结论是如果晶体是理想周期性的, 从单个离子散射的子波将彼此相消; 但受热运动扰动的晶体会有散射波产生, 这是 Wien 对电阻率随温度变化的尝试性的解释可能发展成严格理论的第一个征兆. 同一时间, 在艾因霍温的 Strutt[25], 他对 Mathieu 的微分方程在物理上的应用感兴趣, 指出它描述了沿势能以正弦方式变化的一条线运动的粒子的波动力学 (图 17.2)——这是对沿规则排列离子链上电子运动最初的近似. 他的图示清楚地表明存在描述粒子不衰减地沿链运动的类波状解的带, 另外的带 (不加横线的) 中, 上述运动不可能发生. Houston 和 Strutt 都发现了重要的真理, 但都没能像 Bloch 那样, 再向前推进一步, 得到完整的图像. Frenkel 也必须被视为重要的先行者. 然而, 他处在相对孤立的列宁格勒, 加上他特异的思考方式, 大大减弱了他的影响, 在德国学派主流的著作中几乎找不到他的影子.

Bloch 以详细得多的形式, 在三维情形演示了 Strutt 在一维所做的——如果将离子晶格处理为周期变化势 $V(\boldsymbol{r})$, 并不一定要是正弦的, Schrödinger 方程将有平面波解, 表明电子不管在任何方向通过晶体都不会受到散射, 平面波解显然要比在自由空间中电子的 de Broglie 波复杂, 但 Bloch 波矢 $\boldsymbol{k}$ 仍然是可确定的 (见插注

17B). 由于从一开始就意识到对任何特别选择的 $V(\boldsymbol{r})$ 精确解难于得到, Bloch 采用了充分考查过的权宜之计 (紧束缚 (tight-binding) 近似). 他假定每个原子实的吸引势强到一个原子上价电子的波函数几乎不和近邻原子的交叠, 对于整个晶体, 波函数选为这些原子波函数的叠加, 但从一个原子到另一个原子有相位变化 $\boldsymbol{k}\cdot\boldsymbol{R}$. 用标准程序计算出的与这一扩展波函数相联系的能量, 和采用对未知真实波函数作近似得到的结果相比, 要更接近真实的能量——但这只是对最低的能量, 即图 17.2 中左手边的一支而言. 尽管 Bloch 的结果有限, 但它揭示出的内容足以激发更深远的发展, 在他后来的回忆中, 他坦陈在得到结论后, 他曾将文中的论证用当时在真正的数学家中流行的群论形式改写, Slater 曾严词批评这种做法为"群论害虫" (group-pen-pest)[26]. 不久其他人将这一理论恢复到其初始的令人感到舒适的形式.

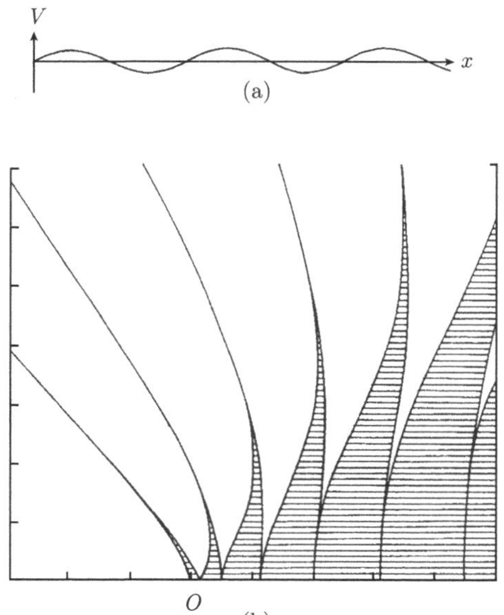

图 17.2 运动在 (a) 所示一维周期势 $V = V_0 \sin kx$ 中单电子的 Strutt[25] 模型, 他得到的 Schrödinger 方程解 (b) 给出可沿一维线运动电子的能量范围 (用细线加灰区). 水平轴表示电子的能量, 垂直轴表示 V_0

也许是当时的数学惯例导致 Bloch 没有用图来表示他的结果, 也因此错失了 Peierls 用简略的图示得到的重要见解. Bethe 在他写的《物理大全》文章时更进了一步, 请了一位很好的数学绘图员处理 Bloch 的公式, 得到的面心立方格子 [27](图 17.3) 的结果加深了人们对电子能量和波矢关系的印象. 对完全自由的电子 $E = \hbar^2k^2/2m$, 能量 E 取确定值, 相应 $\boldsymbol{k}$ 的表面为球面. 然而, 对在晶格中运动的电子, $\boldsymbol{k}$ 的不同取向对能量的影响不同, 等能面不再是球面. 对于接近带底的能量, 在原点附近的等能面确实大体是球形的, 但能量较高时, 等能面向外突出接触到 Brillouin 区的六边形面 (见插注 17B). 当这个区被复制并平移堆砌填满整个 $\boldsymbol{k}$ 空间时, 图 17.3(b) 给出的等能面会连接起来形成三维网络. 如果电子间没有相互作用, 在

插注 17 B　Bloch 波

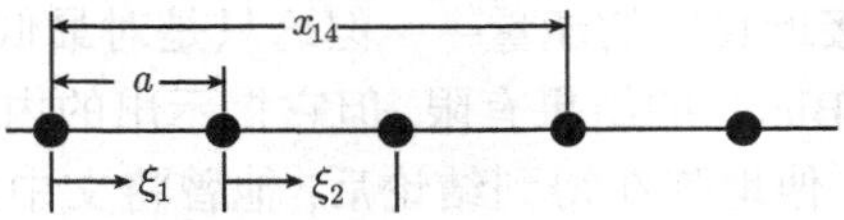

描述沿一维原子链运动的电子的波矢总是可以写成

$$\psi_m(\xi_m) = \psi_n(\xi_n)\mathrm{e}^{\mathrm{i}kx_{nm}}$$

这是 Bloch 的结果; 在每个原胞 (长度为 a) 中波函数的形式是相同的, 从一个原胞到下一个原胞相移递增 ka. 在上面的表述中, 在每个原胞里 ξ 是相对于某一规定的参考点来量度的, $x_{nm} = (n-m)a$ 是第 n 个和第 m 个原胞中参考点间的距离, ψ 的形式必须满足从原胞到原胞连续的条件.

k 是 Bloch 波数. 从一个原胞到另一个原胞的相应点, 不管 ψ 的相位变化多大, 我们总是可以加或减 2π 的整数倍, 使 ka 减小到处于 $\pm\pi$ 的范围内, 即 $-\pi/a < k < \pi/a$.

在三维情形, 每个等价点可被一多面体 (原胞) 包围, 这些多面体复制平移可充满整个空间, 产生等价点原子构成的格子, 以一个原子为中心的菱形十二面体 (下左图) 用上述方式产生的是点构成的面心立方格子, 如果在每个原胞中 $\boldsymbol{r}$ 以中心为原点, $\boldsymbol{R}_{nm}$ 是连接第 n 个和 m 个原胞中心的矢量, Bloch 定理可写为

$$\psi_m(\boldsymbol{r}_m) = \psi_n(\boldsymbol{r}_n)\mathrm{e}^{\mathrm{i}\boldsymbol{k}\cdot\boldsymbol{R}_{nm}}$$

$\boldsymbol{k}$ 为 Bloch 波矢.

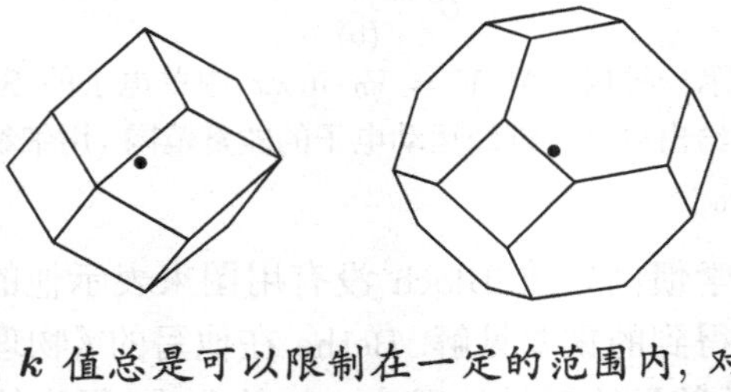

和一维情形相同, $\boldsymbol{k}$ 值总是可以限制在一定的范围内, 对面心立方格子, 这个限制定义了另外一个多面体, 称为 Brillouin 区, 为右图所示的截角正八面体. 如果用这一多面体堆积, 其中心构成体心立方格子, 这时得到的是倒格子, $\boldsymbol{R}_{nm}$ 是连接两个倒格点的矢量.

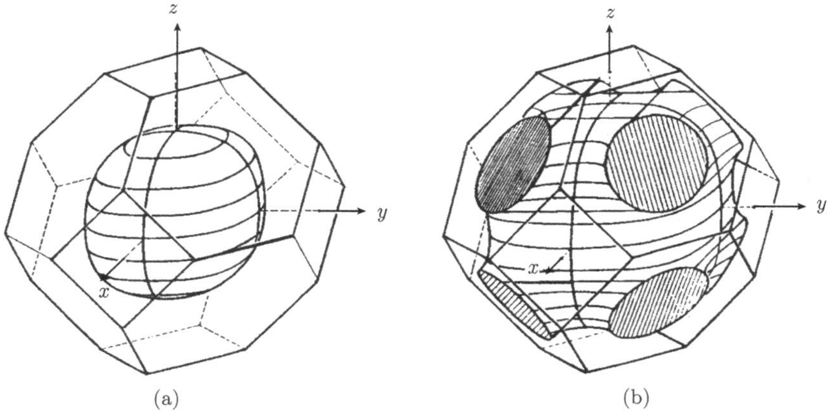

图 17.3 在面心立方格子中用 Bloch 紧束缚模型得到的 $\boldsymbol{k}$ 空间中电子的等能面[20]

绝对零度它们将填满能量低于某个最大值——Fermi能量 E_{F} 的所有的态, 均匀地占据由 E_{F} 决定的等能面下所有的 $\boldsymbol{k}$ 空间, 这个表面逐渐被称为 Fermi 面, 这一名称是由 Jones 和 Zener[28] 不经意地引入的.

表示等能面的周期性网络具有何种意义呢? 回答在于插注 17 B 中强调之点——Bloch 波矢的意义仅在于给出相距 $\boldsymbol{R}$ 的两点间的相位差, 且相位差 $\boldsymbol{k}\cdot\boldsymbol{R}$ 可用任意数量的不同的 $\boldsymbol{k}$ 来表示. 在周期性扩展的等能面上的等价点对应的 $\boldsymbol{k}$ 是同等有效的, 换言之, 在 Brillouin 区之外重复的等能面均为包含在第一区中信息的重复表达, 当然也不是完全多余的, 因为这种重复对等能面形状附加了边条件——即它与区表面的接触必须保证和相邻的等能面光滑地连接. 关于连续性和晶体对称对等能面形状限制更深入的讨论就过于技术化了, 早期人们用群论方法有所阐述, Slater 当时很不喜欢这种方法 [29], 但很快就接受了.

很快出现了 Bloch 理论的数个推广, 并被证实对于了解固体中电子的物理是重要的, 简短的述说如下.

(1) 对每个周期晶格结构, 可以在实空间定义一个单胞, 在 $\boldsymbol{k}$ 空间相应的单胞或 Brillouin 区的重复排列定义了倒格子; 这是插注 17 B 讲到的实空间面心格子和 $\boldsymbol{k}$ 空间体心格子的推广. 类似于实空间中连接两等价点的 $\boldsymbol{R}$ 的集合, 在倒易空间中有倒格矢 $\boldsymbol{g}$,Bloch 波矢 $\boldsymbol{k}$ 和 $\boldsymbol{k}+\boldsymbol{g}$ 是等价的.

(2) 对自由粒子, 波矢和动量按 de Broglie 关系 $\hbar\boldsymbol{k}=\boldsymbol{p}$ 相关. 在周期格子中运动的波矢为 $\boldsymbol{k}$ 的电子, $\hbar\boldsymbol{k}$ 起着类似于动量的作用. 能量却不再等于 $\hbar^2k^2/2m$, 速度也不是 $\hbar\boldsymbol{k}/m$, 但在一维情形 (像 Bloch 所示的将粒子约束在波包中那样) 可有 $v=\hbar^{-1}\,\mathrm{d}E/\mathrm{d}k$. 在三维情形, $\boldsymbol{v}$ 的任一分量可由 $\hbar^{-1}$ 乘以在该方向 E 随 $\boldsymbol{k}$ 的变化率得到. 由于沿等能面运动 E 不改变, $\boldsymbol{v}$ 的方向垂直于等能面; 等能面排布得越紧

密, 速度越大.

(3) Bloch 扩展了 $\hbar\boldsymbol{k}$ 和动量间的类似, 考虑了电子被电场 $\boldsymbol{E}$ 加速, 并给出 $\hbar\dot{\boldsymbol{k}}=e\boldsymbol{E}$, Peierls 和其他人 [30] 则指出磁场对运动电荷的 Lorentz 力取自由粒子的形式 $\hbar\boldsymbol{v}=e\boldsymbol{v}\times\boldsymbol{B}$ 是好的近似.

在有了上面的一些表述后, 我们可以用比较叙事的方式得到紧接 Bloch 定理之后的发展. Bloch 的教授 Heisehberg 无疑认为这是重大的发现, 而且建议 Peierls(也是他的学生, 其时刚 21 岁) 看看对于 Hall 效应有什么可做的. 这个建议是正确的, 在随后数年 Peierls 的贡献让他在固体物理奠基者中享有高位, 在其短文 [31] 发表后不久, 在 1929 年 1 月的演讲中, 他用简单的二维紧束缚模型证明接近空的区和接近满的区给出的 Hall 电压符号相反, 他的图解在图 17.4 中给出, 在插注 17 C 中的论述解释了符号的反转是如何发生的. 这是第一次有了一个说得通的机制来解释这一长期未决的谜团. 用假定的少数电子的产生和湮灭来说明场的微扰效应, 从而可以忘掉其他的电子, 这一非常有帮助的表述几乎隐含在 Peierls 之后的每个分析中, 但插注 17 C 中明显的图示似乎首先是由 Klemens[32]1956 年使用的, Ziman[33] 则使之流行起来.

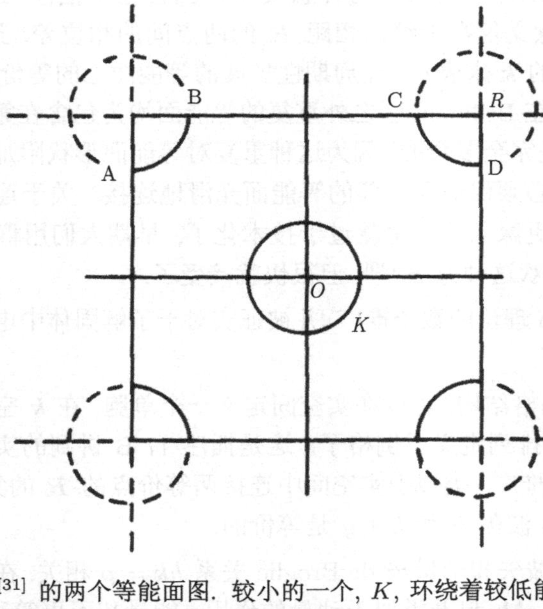

图 17.4　Peierls[31] 的两个等能面图. 较小的一个, K, 环绕着较低能量态; 其余的占据 4 个角, 当图重复时, 如虚线所示, 可重构成封闭的表面, 这个表面包围着较高能量态, 给出符号相反的 Hall 效应, 解释在插注 17 C 中

插注 17 C 电子和空穴

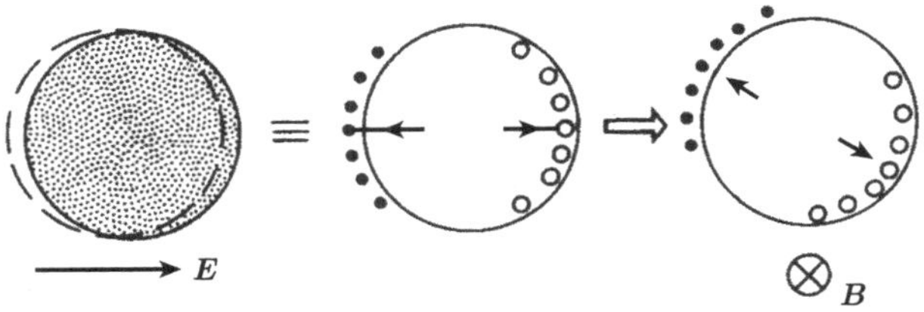

电场 $\boldsymbol{E}$ 使每个带负电荷电子的 $\boldsymbol{k}$ 值向反方向移动, 因此 Fermi 面内的填充态 (用加点区表示) 偏移并占据用虚线表示的圆. 发生的变化等价于在左边新产生了电子, 而在右边湮灭了相等数量的电子. 这在第 2 个图中用费米面外的点 (新电子) 和空心圆 (新空态) 来表示. 箭头表示这些态的电子速度. 除电场 $\boldsymbol{E}$ 外, 再附加磁场 $\boldsymbol{B}$ 时, 态顺时针移动, 新的电子上移, 而空位下移; 两者的移动产生向下的电流, 这导致 Hall 效应.

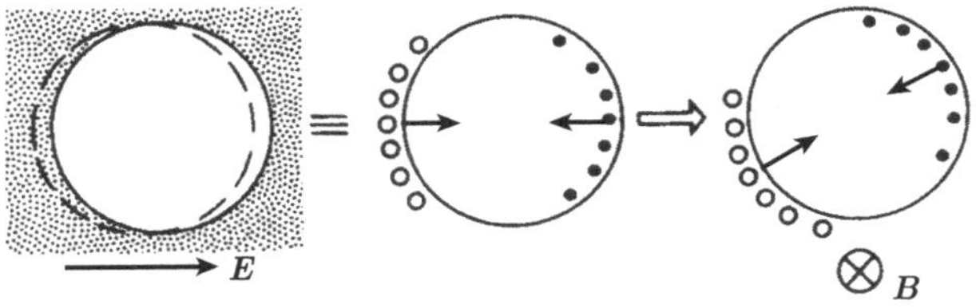

现在像在图 17.4 方框角上那样, 从空态的角度重画 Fermi 面, 速度总是从占据态指向空态 (从较低的能量向较高的能量). $\boldsymbol{B}$ 产生的 Lorentz 力导致相反的分布变化, 产生向上的电流, 这是 Peierls 对 Hall 效应反向的解释.

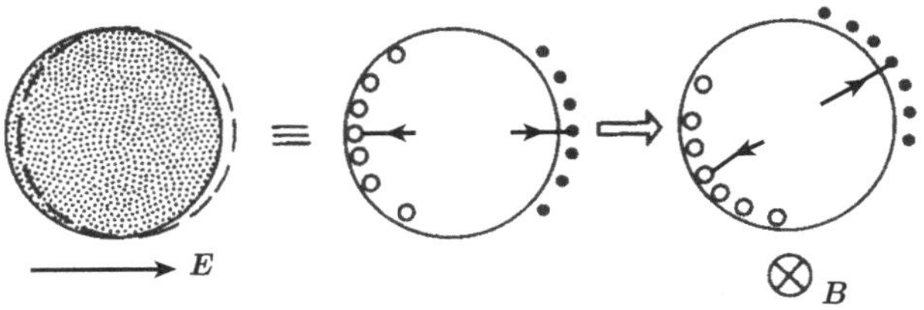

如果有正电荷粒子, 像顶部的图中那样, 向外方向表示能量增加, 可以得到与第 2 行图同样的效应. 填充态的位移和 $\boldsymbol{E}$ 同方向, Lorentz 力使之反时针移动, 给出与第 2 行图同样的向上的电流. 在这个模拟中正电荷粒子称为空穴; 它们不等同于空位. 特别在半导体中, 在满的 Brillouin 区中会有少量空位, 通常习惯于在未填充的空区用少量正的空穴来模拟其行为.

不久人们就意识到近满区对电场和磁场的响应和正电荷粒子近空区的响应相

同, 尽管现在已忘却是谁最先认识到这一点. 这一事实产生了空穴 (hole) 这一了解半导体的核心概念, 值得强调的是对空穴名称不幸的选择其后导致在近填满区中空态 (插注 17 C 图中用空心圆圈表示) 和在空区中假想正电荷粒子间并非不常见的混淆. Dirac 在其相对论电子理论引入了类似的概念, 但区别是清楚的. 在 Dirac 的理论中, 所有负能量态假定都是被占据的, 但观察不到. 假如给电子以足够的能量使之上升到正能量态而产生空位, 会出现电子–正电子对, 正电子不是空位, 而是带正电荷的粒子, 它在真空中模拟仅缺一个电子的无限的负能量电子海的行为. 没有证据表明 Peierls 的 (或可能是 Heisenberg 的) 空穴的想法对 Dirac 的考虑有过什么影响.

在他关于 Hall 效应的工作完成不久, Peierls[34] 和当时在苏黎世的 Pauli 分析了在非常弱的一维周期势中运动的单电子 Schrödinger 方程. 再次用简单但重要的图示 (图 17.5) 来说明他的结果. 能量非常接近 Bloch 波数的二次函数, 但当 k 接近 π/a 时偏离真正的自由电子行为 $E=\hbar^2k^2/2m$. 在 0 和 π/a 之间, 电子的速度 $\hbar^{-1}\mathrm{d}E/\mathrm{d}k$ 开始像自由电子一样增大, 但在达到极大值后减小, 在区边界 $k=\pi/a$ 处降到零, 接着是一个电子不能沿晶格运动的能量范围, 下一个许可的能带从零速度开始, 很快上升到自由电子值. 如果发现能量许可范围和禁止范围相交替的 Strutt 能更深入一步, 这个发现就属于他了；Strutt 更感兴趣于数学性质而不是去揭示物理内容——和 Peierls 在他长期学术生涯的每一阶段的所作所为正好相反.

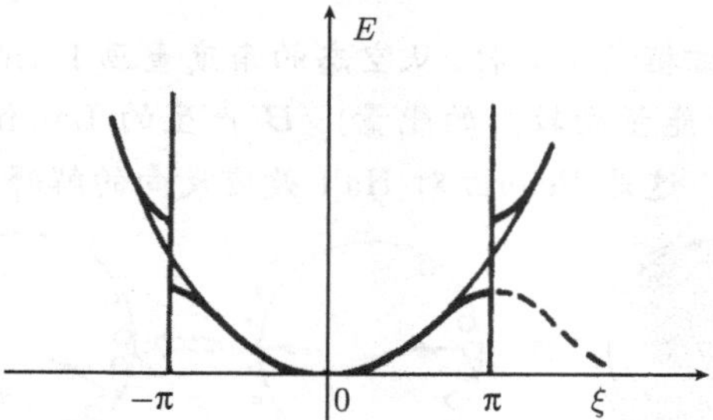

图 17.5　在弱周期晶格势中运动电子能量 E 对波矢 k 依赖关系的 Peierls[34] 图示, 其中 $\xi=ka$, a 是格子的周期

看来让 Peierls 特别高兴的是意识到 Bloch 的紧束缚模型和他自己的近自由模型所得到的能量不连续发生在同样的 k 值处. 加之现象类似于 X 射线的 Bragg 反射, 被电场加速到区边界的电子可以认为是以周期重复 (图 17.5 中虚线所示) 的形式越过边界, 或是受到 Bragg 反射, 再从 $-\pi/a$ 到 $+\pi/a$, 并在中心区中继续被加速. 更一般地, 在三维情形, 图 17.3 中 Brillouin 区的界面勾画出面心立方格子导致 Bragg 反射的波矢；Brillouin 区内的态类似于一维情形的一个带. 然而这仅是发展的开始, 很大程度上仰仗 Brillouin 同一时期在巴黎独立进行的有关波在晶体中传

播的研究. 探究金属间差异而不是其共性的人最明显地感觉到他的影响. 这部分将留在后面讲述.**【又见 17.9 节和 17.18 节】**

Peierls 注意到如果电子完全填满一个区就不能导电; 用插注 17 C 的语言, 没有 Fermi 面就不能产生或湮灭电子. 留给 Wilson 做的是指出在区表面每一点禁带有可能宽到可分隔一个区中最高能级和其上另一个区的最低能级 (Bloch 承认他没有能够认识到这一点). 由于在一个区中态的数目是样品 (最简单的情况) 中原子数的两倍, 由 2 价或 4 价原子构成的固体可以发现它的价电子恰好将区 (一个或数个) 填满, 因而, 像金刚石那样, 为绝缘体. 对于单价 (Na, Cu) 或 3 价 (Al) 原子这不会发生, 应为金属. 如果能隙不是太大, 上区的最低态可以低于较低区的最高能态——当然 $\boldsymbol{k}$ 值不同. 由于这种交叠, 偶数价元素可以为金属 (Mg,Pb). Wilson 进一步建议, 尽管两个能带间可有能隙, 但可能会足够小, 在常温下许可有从较低带到较高常的热激发, 这可能说明纯元素半导体的存在, 如果确实有的话. 当时还不知道硅和锗满足这一条件, 仅有一些氧化物和硫化物按照公认的温度升高电阻率降低的标准被认为是半导体. 按照 Wilson 的建议, 如果热激发可产生自由电子和空穴, 上述行为可得到说明.

17.6 电阻率的机制[20,35]

一旦认识到量子力学可以解释电子如何能够以自由运动的方式通过晶格, 纵然动力学性质会有所改变, 但将其视为沿确定路径运动的粒子的经典模型仍可接受为进一步讨论的方法. 然而, 为和不相容原理一致, 需要有些新的规则. 将 Fermi 分布用于处在平衡状态的电子气并无疑议, 但必须考虑电子被杂质或晶格振动散射到另外的状态. 在严格的经典气体中, 粒子从一个运动状态散射到另一个运动状态的概率仅决定于散射体的性质, 这可用粒子面对的散射截面, 或靶面积表示. 然而, 在 Fermi 气体中, 仅当有接受被散射粒子的空态存在时, 散射才能发生; 散射事件发生的概率因而比例于散射截面以及未态为空态的比率. 这个新的因子很容易包含在理论中.

如果被杂质原子 (或替代格点上原子、或位于间隙位置) 散射, 散射体的尺度远小于 Bloch 波长从而散射子波会分布到各个方向, 散射后的电子因而任意取向, 并忘掉其原来的历史. 由此可定义碰撞的平均自由程, 如果愿意, 也可定义运动无规化的平均时间 τ(弛豫时间). 由于稍偏离平衡的 Fermi 气体可以表示为在 Fermi 面的某个区域产生一些电子, 在另外一处有等量的湮灭, 各向同性散射的假设等价于认为这些额外的粒子或空位随时间指数衰减: $n \propto \mathrm{e}^{-t\tau}$. 这一由 Brillouin[36]1930 年 (如果不是更早) 引入的非常方便的简化被 Nordheim 用在他对合金电阻率的处理中, 其价值为大量实例所肯定, 尽管这一简化的正当性并未完全证明, 且有时纯为误导.

在 Bloch 着手他学位论文的主要论题——计算电阻率和其温度变化时, 这种简化并不在他的考虑中. 在解释固体比热上非常成功的 Debye 量子化热振动模型 (1912) 是 Bloch 有关电子和一个 Debye 模之间散射构想的基础; 与此类似, 也很成功的是将 Compton 效应 (1923 年) 看作电子和 X 射线量子 (光子) 间的散射. 注意, 在 Compton 效应中是光子被电子散射, 而在金属电导中是反过来的, 人们关心的是电子被声子散射①. 正如 Compton 和 Debye 在他们独立的、几乎是同时的半经典分析中所假设的, 以及 Bloch 在其量子力学分析中所确认的, 过程中能量和动量均守恒; 更准确地讲, 守恒的是能量和波矢. 结果是一个自由的粒子如果运动得比波快, 它仅可产生或湮灭波动的一个量子. 这样, 在自由空间, 一个电子本身不能产生或消灭一个光子. 但在固体中, 电子的运动几乎总是快于声子, 没有理由妨碍在和电子碰撞中湮灭一个声子, 或自发地产生一个声子, 只要有合适的空态让散射后的电子进入, 这些是导致电阻率对温度依赖的主要过程.

声子的最高能量为 $k_B\Theta_D$, Θ_D 是特征的 Debye 温度, 在金属中其范围从铯的 38K 到铍的 1460K, 当时研究过其电阻率的 34 个金属中, 19 个 Θ_D 低于 273K. 对于这些金属, 在室温和室温以上温度有足够的热激发使处于 Fermi 分布顶部附近的任何电子在发射一个声子后毫无困难地找到一可进入的空态. 这样, 散射率的变化将比例于热能, 而热能本身近似比例于温度; 这是 Wien1913 年的假设. 在低温下, 可被吸收的仅为能量小于几倍 k_BT 的声子, 且仅低能声子可被激发, 因为不相容原理阻止电子突降到远低于 Fermi 能量处. 结果是在每个过程中电子波数的变化均小于其原来的波数, 很可能需要很多这种过程电子才能忘掉它原来的方向, 并可认为完成了一个自由程. 用当时确立的 (Boltzmann 方程) 方法对电阻机制仔细的计算很冗长且充满了不确定性. 对于没有缺陷的金属的电阻率, Bloch 最初的结论是在低温下按 T^3 降到零. 其他人建议为 T^4, Bloch 最终改进他的计算得到 T^5. 实验数据自然是从并不理想的样品得到的, 这导致在较低温度电阻随温度的变化被源于缺陷和杂质的常数分量所掩盖, 可以很容易地符合上面的任何一种提议. 现在人们接受的是在他的模型适用范围, Bloch T^5 律是对的, 但是更高精度的测量总是揭示出问题的复杂性, 值得注意的是电阻极小现象, 这是后来讨论得很多的问题.**【又见 12.1.1 节和 17.17 节】**

到现在为止, 电阻率的绝对大小尚未提及. 必须知道电子–声子相互作用的强度才能计算它, 这几乎是另一个议题; 这个问题经过几个不同的尝试后才得到解

① 光子一词是 1926 年由 Lewis 引入的, 声子则由 Frenkel**【又见 3.2.3 节第 1 小节】**1932 年引入. 因此在 Compton 效应和金属电导早期理论中使用这些术语犯了年代不合的错误; 但我将继续这样做. Frenkel[37] 的一段话值得引述:“这里一点也不倾向于传达声子是真实存在的印象, 相反地, 他的引入是增加了对光子真实存在的怀疑.”

决, 总结在 Bardeen[38] 1937 年的经典文章中. 问题的中心是计算当声波以周期的形式使离子偏移时离子势如何改变, 因为在理想晶格中, 电子会调节其波函数以适合离子势的要求, 仅当偏离理想状况才导致散射. 最早的一些处理对散射估计过高. Nordheim 因而假定每个离子对势的贡献随着离子作刚性平移, 微扰效应等于离子在初始位置和移动后位置的势差. 然而 Bardeen 认识到电子可以集体地响应, 以致对扰动有部分的屏蔽——在离子位移导致有过剩正电荷处, 平均电子密度将增加以减小其效应, 部分屏蔽的扰动引起的散射自然要少于未屏蔽的 Nordheim 型扰动, 算出的碱金属, 特别是钠和钾电阻率的大小和实验符合得如人们所期待的那样好.

对其他金属, 符合就不那样满意了. 这并不让人惊奇, 因为如果 Bardeen 想要有所进展, 他就不得不采用这种简化的模型. 向前看一些年, 我们会注意到他的模型在很多方面等价于作为 Sommerfeld 模型近亲的那个有用的金属凝胶 (jellium) 模型 (1953 年 Herring[39] 引入的名称). 在凝胶中正离子弥散成密度均匀, 平均而言为电子所中和的体系. 当有压缩波通过时, 正电荷密度不再均匀, 在电子的集体屏蔽响应后, 产生对单个电子的散射势. 1955 年, 当观察到在低温下的纯金属中 (此时有高的电导率) 超声波有强的衰减时, 解释这一过程的理论是对电子在和波相联系的电场中运动做经典计算得到的[40]. 比较让人感到惊讶的是在长波长情形, 结果和 Bardeen 的量子计算完全一致——电子被低频声子散射和声波被电子衰减是同一硬币的两面. 认识到这一点是有助益的, 因为有一阵子特别难于将量子计算扩展到电子的平均自由程被其他散射过程缩短的情形, 但在经典计算中包含这些过程并不困难. 得到的结果可用到量子的处理中, 如果不是完全正确, 至少也好过什么都没有.

回到 Bardeen 的文章, 当声子的波长短到和格点间距可比时, 他的结果和凝胶模型得到的差别甚大. 实际上是倒逆 (Umklapp) 过程产生了附加的散射模式. 倒逆过程是 1929 年由 Peierls 发现的. 由于这种过程在周期性格子中才可能存在, 因此在凝胶中并没有. 过程的影响超出了对电阻率计算的细微改善, 值得单独讨论.

17.7 倒逆过程

Peierls[34] 的发现来自他对绝缘晶体热导的研究, 其中热量是由热激发的波携带的. 用声子的语言图像很像气体中的热传导, 只是这里, 特别是按后来十分流行的 Debye 的近似, 所有纵波声子速度相同, 横波的速度与之差别不大. 晶格的非简谐性导致声子间的散射, 类似于音乐声学中调的组合产生新的频率, 但只要波矢的总和守恒. 这类散射并不妨碍能流, 因而在理想晶体中, 热导率不受限制——热流一旦被注入, 尽管被不断变化着的声子总数所携带, 但将无限地持续. **【又见 12.1.4 节】**

然而 Peierls 指出, 在分立的格子中波矢的定义并不唯一. 这种不明确性和我们在定义 Bloch 波矢中碰到的完全相同, 正如 $\boldsymbol{k}+\boldsymbol{g}$ 和 $\boldsymbol{k}$ 表示同样的电子态, 声子的波矢 $\boldsymbol{q}$ 也可表示为 $\boldsymbol{q}+\boldsymbol{g}$, $\boldsymbol{g}$ 为倒格矢. 在声子间的 (或一个声子和一个电子的) 碰撞中波矢守恒仍是绝对必须的, 但波矢的定义已扩展了, 可以包括一个倒格矢, 如果在一次碰撞中总波矢变化了一个倒格矢 $\boldsymbol{g}$, 能流守恒的条件破坏, 热阻率就会出现. 在这种碰撞中, 晶格作为整体有动量 $\hbar\boldsymbol{g}$ 的反冲, 这并不能直接观察到, 但对下面所要讲述的问题是重要的.

这个新过程, Peierls 称为倒逆过程 (通常简称为 U 过程), 一般并不发生, 除非声子有最高的频率, 例如热激发于接近 Debye 特征温度时. 在较低的温度下因没有 U 过程才使绝缘晶体的热导增长到很高的数值. 例如, 高品质的合成白宝石 30K 时导热要比室温下的铜好 50 倍.

在没有晶格结构的凝胶中, U 过程不会发生, Bardeen 对电子–声子相互作用的处理, 尽管简单, 但在基本的层次上包含晶格, U 过程会自动发生. 和典型的多声子碰撞情形相比, 此处的 U 过程较容易理解, 因为它仅涉及电子吸收或发射单个声子时波矢 $\boldsymbol{k}$ 的变化. 图 17.6 说明在 Fermi 面接近区边界时, U 过程如何通过波矢相当小的声子导致大角度的散射发生. 和没有 U 过程相比, 这种大角度散射可存在于更低的温度, 只要读读 Ziman 的书[33], 就知道在固体输运详细的理论中, U 过程是如何重要了.

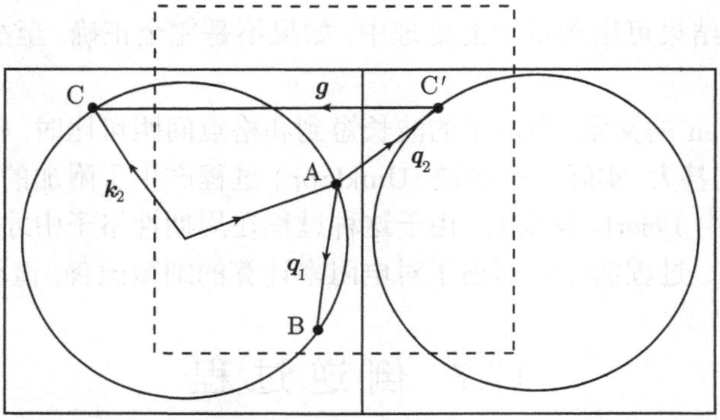

图 17.6 电子—声子散射的 U 过程. Brillouin 区中的费米面表示在两个相同的方框中, 在不涉及 U 过程的情况下, 处于 A 点的电子可散射到以 A 点为中心虚线方框中的 Fermi 面上的其他任意点, 方框给出参与散射的声子波矢 $\boldsymbol{q}$ 的范围. A→B 是正常散射过程, 不需要晶格的帮助. 另一方面 A→C 波矢的变化对正常过程言过大. 但并不禁止与较短的波矢 $\boldsymbol{q}_2$ 相加跃迁到等价点 C′, 波矢的守恒由等式 $\boldsymbol{k}_2=\boldsymbol{k}_1+\boldsymbol{q}_2+\boldsymbol{g}$ 表述

1932 年 Peierls[41] 沿着他第一篇文章的思想, 指出这些观点如何提出了对 Bloch 低温电阻率的处理的怀疑. ρ 随 T^5 变化是在假定散射电子的声子处于热平衡时得

到的. 但是如果像在 T^5 律成立的低温下那样没有 U 过程, 晶格作为整体不会得到反冲的动量. 那么电场给予电子气的动量将传递给声子, 并留在声子的体系中, 仅被偶尔和杂质、缺陷的散射所耗散. 在纯金属中声子对热导率的贡献要比在晶状绝缘体中小几个数量级这一事实本身说明声子和电子的耦合要远强于和缺陷的耦合, 因此将声子气体处理成处于平衡的体系是极为可疑的; 实际上如果没有缺陷, 无法理解为何还有电阻率存在, 电子和声子会在电场推动下一同前进. 然而 Bloch 理论看来和事实相符, 这导致 Peierls 建议, 即使在最简单的金属——碱金属中, Fermi 面也会有足够的畸变而碰到区的边界, 然后困难会得到一定程度的缓和. 不久这个解释就变得不太像正确的了, 多年来, 当无法回避时, 这个问题一直使人感到为难, 就连问题的提出者 Peierls 在 1955 年也坦陈这个问题依然使他困惑不解, 直到 1960 年 Ziman[42] 还不能提供确切的解答. 解答将出现在下一节的末尾.

17.8 热电效应[43]

为了进一步前进, 我们必须审视热电效应, 这意味着要回到 20 世纪初, 回到一种紊乱的场景, 其中一些是 Maxwell 和他的追随者们的遗产. 他们力图避免引入带电粒子的概念, 将以太看成所有电磁现象的介质, 在他们的头脑中, 没有能量随着电荷一起传输的概念, 他们将电流通过两个金属间的结出现 Peltier 热归因于结的电动势, 可这一微伏量级的势和伏量级的接触势间的关系是个棘手的问题. 我们将不细述这一误解的发展和衰逝, 而是从基本正确的 Lorentz 的分析 [44] 开始. 这和人们对 Lorentz 的期待一致, 尽管在一个重要点上他的处理还是过于简单了. 到 1919 年, Bridgman[45] 感到应独立于电子模型对原理作详尽的热力学分析, 以消除流行的错误. 但直到 Sommerfeld[13] 关注之前, 在理论方面几乎没有什么进一步的思考. Sommerfeld 的处理显示出仅只 Lorentz (还有 Bohr[8], 他的工作 Sommerfeld 可能不知道) 才有的自信. 用如插注 17 D 中的图, 有一些误解也许能避免, Schottky[14] 可能是第一个这样做的, 这已是 1923 年的事情了.

Lorentz 对热电效应的处理可用如图 17.7 所示的方式解释. 当两个不同的金属接触时, 形成的结附近的电子几乎在瞬间建立一电偶层以保证不再有电流流过. 在经典的模型 (a) 中, 电子的动能很小, 几乎处于每个势阱的底部. 两边的阱底要非常接近于相等 (匹配). 高度差 $V_{\mathrm{B}}-V_{\mathrm{A}}$ 是电子刚好在两个金属外的势能差. 这给出 Volta 接触势, 数值非常接近于 $\Phi_{\mathrm{B}}-\Phi_{\mathrm{A}}$. 对如 (b) 所示的 Fermi 气体, 应该相匹配的是 Fermi 分布的顶端, 控制热离子和冷发射的能量 $e\Phi$ 现在是一个电子在 Fermi 面上, 一个刚好静止在外的总能量差. 由于 Lorentz 和 Sommerfeld 对热电效应起源的说明平行地进行, 我们可以立即跳到后者, 不过还是避免作详细的数学分析, 以免掩盖其基本的物理图像.

插注 17 D 冷发射

这个简单的图是 Schottky[14] 用以表示一个电子从外面进到金属中并从另一面离开时电势的变化. 内外的电势差是 Richardson 引入的 Φ, 除非电子的动能超过 $e\Phi$, 否则不能逃出. 当一正电极被放到接近表面处时, 外边的电场会改变接近表面处的电势. 如图所示, 增加电场可降低势垒, 足够强的场可使电子不需要动能就能逃出; 这就是 Schottky 对冷发射的解释. 冷发射依赖于台阶的曲率, 他认为这源于金属外电子被其静电像的吸引. 这类图在与台阶曲率无关的情形也用得很普遍 (例如图 17.7), 在图 17.11 中还可看到 Schottky 对比较复杂情形的应用.

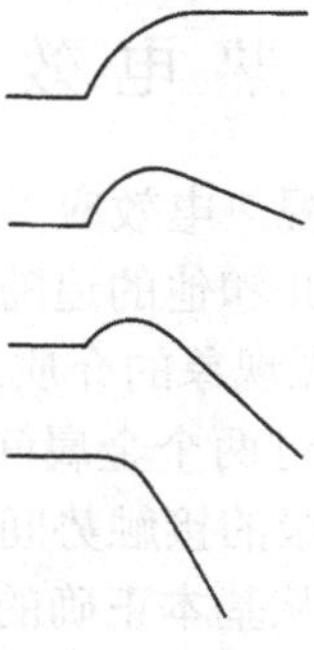

当电流流过结时, 似乎只是少数在 Fermi 面附近的电子 (见插注 17 C) 对电流有贡献. 如果所有电子精确地具有 Fermi 能量, 一个电子会离开 A, 在电偶层加速自然地进入 B, 动能从 E_{A} 达到要求的能量 E_{B}. 由于没有能量的不平衡, 也不会有 Peltier 热产生或被吸收, 这是零温度情形. 温度升高时, 会出现电流, 相应电子的能量在 Fermi 能附近几个 $k_{\mathrm{B}}T$ 范围内, 精确的能量平衡可能不再会维持. 例如, 如果 A 中电子的迁移率随其能量增加, 而 B 中的是降低的, 通过 C_{A} 点的电子携带的平均能量稍高于通过 C_{B} 的, 能量差 (可能) 是 $k_{\mathrm{B}}T$ 的一小部分, 这个能量必须在结处释出, 这就是 Peltier 热, 十分清楚, 它和接触电势完全无关. 然而, Pertier 热强烈地决定于电子迁移率的细节, 这是 Lorentz 没有认识到的. Sommerfeld 假定在给定金属中所有电子有同样的平均自由程, 而且并未打算进一步完善他的论述.

Bohr 早在他硕士论文工作中就注意到有再深入的需要, 他的博士论文研究了几个不同的散射模型, 并给出这些模型如何导致热电效应的差别. 这是他一生中唯一用英文发表的论文 [46], 除 Richardson (Bohr 批评了他的假设) 外, 文章没有得到什么反响. 其他人不了解问题的困难, 倾向于假设处于平衡的电子气体的热电效应和其热力学性质直接相关. 论证的弱点最清楚地在 Thomson 效应中显现, 当电流通过一非均匀加热的金属时, 从冷处到热处的电子需要从外界得到热能; 这就是被视为电比热的 Thomson 热. 然而类似于 Peltier 热, 它的大小决定性地依赖于电流中 Fermi 能附近较高或较低能量的电子流的相对重要性. 平衡电子气的比热最多只是这一大小的粗略的估计.

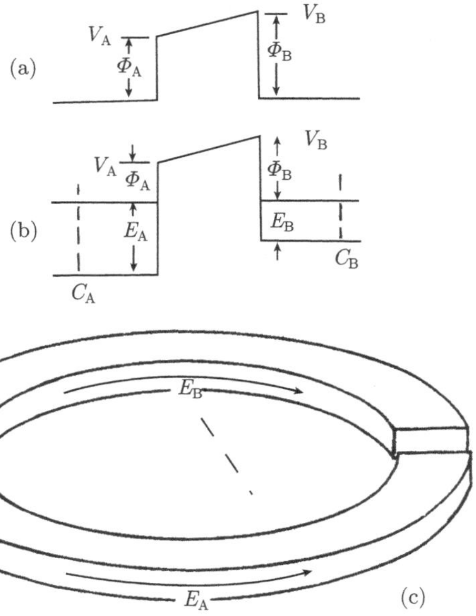

图 17.7 (a) Lorentz 经典模型和 (b) Sommerfeld 量子模型中的接触势和功函数. 每个金属表面处陡的台阶源于电偶层, 表面处过剩电荷产生的场用倾斜的势表示. 如金属接触密切, 电荷可合并到一个电偶层. (c) 金属 A, B 构成一个热电回路, 和温度梯度相伴的有内电场 E_A 和 E_B

Seebeck 效应要稍复杂一些, 由于是最常测量的效应之一, 必须加以讨论. 图 17.7(c) 给出两种金属构成的热电回路, 它们的结处于不同的温度, 其中一个结是开路, 这样就没有电流流过, 左手边结处, 两种金属的 Fermi 能匹配. 如果沿回路的每一臂即使有温度梯度存在 Fermi 能仍为常数, 那么在右手边结处仍保持匹配, 把回路连接起来也没有电流流动. 但是一般而言, 尽管 Fermi 能仍为常数, 电子还是有沿温度梯度扩散的倾向——例如, 在热端的电子活动性较冷端的强, 问冷端的漂移会快过向相反方向的漂移. 最终会建立起空间电荷, 直到形成的电场使漂移停止, 在图 17.7(c) 中电场用 E_A 和 E_B 表示. 由此在开路中出现电势差, 此即测量到的热电 (Seebeck) 电压.

Keesom[12] 试图从平衡电子气的性质出发推导 Seebeck 系数, 由于气体的压强依赖于温度, 出发点是正确的. 在他看来, 电场提供了对抗压强梯度所需的力, 但这一论述忽略了另一个力——被散射的电子施力于散射中心, 结果受到反作用, 在计算 E 时是必须考虑的. 事实上 Bohr 已经证明, 不同的散射模型一方面给出平均自由程随能量不同的变化, 另一方面给出不同的反作用力. 对每一个模型, Seebeck 系数总是按 Thomson 用不太令人信服的热力学推导出来的同样的关系相关于 Thomson 以及 Peltier 系数. 直到 1931 年 Onsager 发展出他的不可逆热力学, 才有了严格的解释.**【又见 8.2.1 节第 5 小节】**

对热电效应比较细致的分析和 Peierls 对在有电流情形下晶格振动平衡的关注有关. 从 1953 年起, 对非常纯的半导体和金属 Seebeck 系数的测量清楚地表明, 在低温下当 U 过程不再发生时, 电子–声子相互作可能会变得非常重要. 存在温度梯度时, 样品热端较高的声子浓度产生可曳引电子随之运动的声子流. 结果是要有额外的电场来补偿声子传导的电流, 这将增强热电力. 这一效应由 Gurevich 在 1945 年预言, 可有非常突出的表现 (图 17.8). 然而, 尽管声子曳引 (phonon drag) 在热电效应方面引人注目, 但对电阻率的影响却非常小, 主要是因为在图 17.8 中观察到的峰虽然很高, 但还是比金属中如果完全没有声子散射缺陷时低约 10 倍; 声子曳引效应对电阻的作用因而要减小 100 倍. 我们的结论是 Peierls 对 Bloch 理论的批评完全正确, 但材料制作的工艺比他设想的要差很多. 确实现在依然如此, Peierls 的逃脱散射的过程从未实际上被演示过.

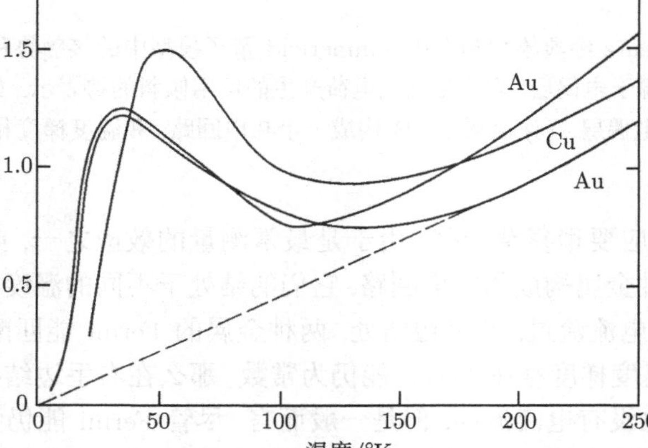

图 17.8 铜, 银和金的温差电势率, 有较显著的声子曳引峰 [47]

我们以一个较为实用的论证结束有关热电效应的讨论. Mott 和 Jones [48] 把 Seebeck 系数写为正比于温度, 大小由 $(1/\sigma)(\mathrm{d}\sigma/\mathrm{d}E_{\mathrm{F}})$ 决定——将电导率随电子数

的相对变化改为随 E_F 的改变. 先不管这一简洁的, 但并不马上能了解其意义的公式如何正确理解, 我们可能注意到, 像在铋和半导体中那样, 电子的浓度和 E_F 较低, 给定的 E_F 的变化会成比例地导致 σ 的大的差别. 在列宁格勒的 Ioffe 特别注意到这点, 他看到用 Peltier 效应将半导体作为无运动部件致冷机的潜力, 但在开发适合材料方面遇到很大困难. 尽管他做了一个样机且工作得很好, 但一直未在商业上得到成功. 他的书 [49] 中有很多关于热电性如何能实用的信息和想法, 其中一些已能满足专门市场的要求.

17.9 插曲——Brillouin 区

Léon Brillouin[50] 比德国学派的先行者们要年长一些, 1930 年他为自娱 (如他自己所说的) 和让别人高兴画了一张如图 17.9 的图. 如果考虑二维方格子的 X 射线反射, Bragg 反射可以发生的波矢值定义了一个线族. 这是连接中心点和方格子 (倒格子) 中其他任意点的线的垂直平分线, 这些线也给出按照 Peierls 近自由电子模型电子能量出现不连续的 $\boldsymbol{k}$ 值. Brillouin 指出, 整个平面分成块, 通过平移一个倒格矢可将块移到中心区 (区 1), 恰好将其多次填满. 这样将同样标记的块拼到一起正好是一个方块. 这对任意单胞都是对的, 三维和二维一样, 尽管在三维情形, 形状可以非常复杂. 这个断言好像很长时间都没有给出证明. 如何决定把什么样的块放到一起并不像最初想象的那么困难, 尽管当时并未给出规则. 例如, 怎么能证明点 C 像 Brillouin 所说的那样属于第 8 区? 以 C 点为心画一个通过 O 点的圆 (三维是一个球); 区的数号是所包围的倒格点数加 1.

如果觉得早期的教科书故意使用 Brillouin 的图, 但又不提及上述细节有些不正常的话, 原因可能在于扩展区的图式当时并不太有用. Mott 和 Jones[35] 在试图了解具有复杂原子排列金属的性质时用到图示, 但讲述远不够透彻, 他们选择的图式看来和 Brillouin 的十分不同; Seitz[51] 的形式处理对此帮助甚微. 尽管他们基本的想法是要简单, 特别是要符合后来的认识, 单胞中有多个原子的金属的 X 射线反射大多比较弱, 只有几个是强的. 在 Brillouin 图中, 除给出强 Bragg 反射的平面外, 略去了所有其他反射平面, Jones (他的想法启发了本书的这一部分) 可以构造出一新的基本区, 区中应没有明显的能量不连续, 由此他找到了对特殊晶体结构和铋性质的解释. 在多年被忽略后, 由强反射平面构成的"Jones 区"的价值在计算合金结构中得到肯定. 还值得提及的是有价值的 Harrison 作图法 (Harrison constraction), 我们将在后面讲到, 和 Brillouin 的想法完全相符. 然而, 从主要方面讲, Brillouin 的图式在引导人们对问题的了解方面是有价值的, 它给出如何将所有关于 Bloch 波的信息以及电子的能量压缩到第一 Brillouin 区中, 其中电子能量 $E_n(\boldsymbol{k})$ 是多值函数, 下标 n 为区指标. 如果愿意, 这个区和其中的 E_n 曲面可以周期重复充满整个空间.

这正是 Peierls 所做的；这样做除去使加速时电子行为的解释变得清晰外并不给出更多的信息，但一直被沿用．除去第一区外，Brillouin 作图法中的大部分作为无关内容被固体物理学家们所抛弃．**【又见 17.18 节】**

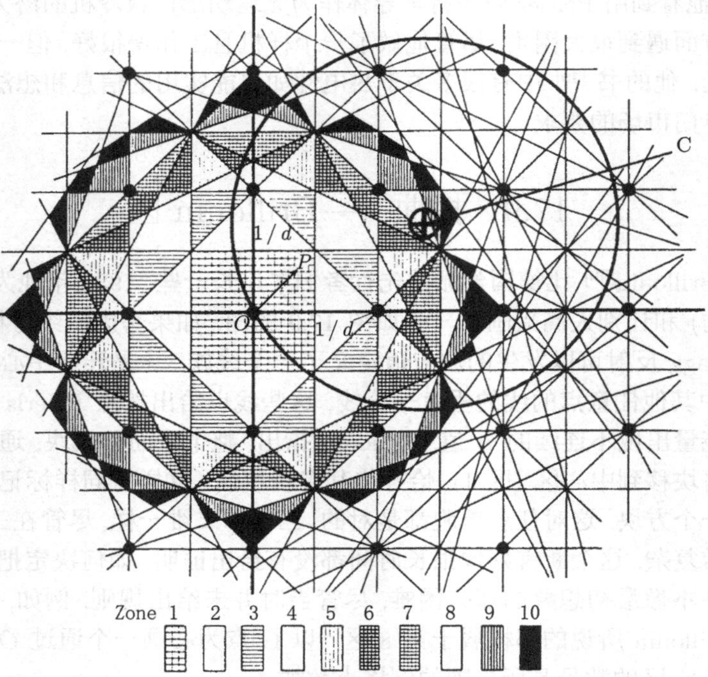

图 17.9 用 Bragg 反射线分割 $\boldsymbol{k}$ 平面的 Brillouin 图[50]

17.10 从普遍到特殊；固体学派的涌现[52]

到目前为止，我们的讲述集中在德国理论物理学派的领袖人物，普适定律的干将们身上．他们的从事实验工作的同事们和普适性相比更关注特殊案例，并对理论存疑，他们对绝缘体和半导体的研究比对金属的研究更有影响．这给英语世界的研究者们留下大的空间以推进理论的应用以及对特殊材料的实验研究，并因此开创了固体物理学的新科学．在普林斯顿，Eugene Wigner 的学生们，特别是 Seitz，Bardeen 和 Herring 是领军人物 (Wigner 从未把自己局限在固体领域)．麻省理工的 Slater 于 1933 年已开始了用量子力学解释化学键的系统工作，其时 Wigner 和 Seitz 的第一篇文章激发了他同时考虑金属的电子结构，并在日后成为他主要关注的方面．Mott 也在 1933 年到了布里斯托尔，使这里很快形成保持多年的英国最主要的固体物理学派．特别选择提及这三个学派，是受这篇文章主要议题的影响，故而略去了以 Stoner 在英国和 Van Vleck 在美国为领军人物同时开展的有关铁磁性和顺磁盐方面活跃的研究.

从一开始, Mott 学派的风格就和在普林斯顿和麻省理工的风格有显著的不同. 普林斯顿是——可能仍然是——物理系中的 “显贵”, 是新世界对老德国纯学术理想最强的追随者, 也是 Wigner , von Neumann, Einstein , Weyl 和其他将数学视为物理学自然语言的流亡者的家园. 然而, Mott 的处理总是直觉的; 他极少以数学分析结果的方式来呈现他的结论——他更倾向于在讲述一个问题时使别人相信和他看到的相比, 世界不可能是另外一个样子. Mott 和 Seitz 各自撰写的书代表了这种差别, Seitz 的书是基础的和深奥的知识的纲要, 有规范详细的表述; 然而 Mott 和 Jones 以及 Mott 和 Gurney 的书则是注入灵感的工作, 令那些只追求掌握计算技术的读者沮丧.

Slater[53] 处于上述两个极端之间, 他比 Mott 年长, 而且生活在哥本哈根的关键时期, 他刚好处在量子力学兴起之前和发展时期, 完全有可能做出基础贡献. 事实上他具有这种天赋, 当然比不过 Heisenberg 和 Dirac . 这是一个在某种程度上有些失落的人, 他感到自己被 Bohr 业主式的姿态所压抑, 只能去应用量子力学而不是去进一步发展. 也许作为反抗, 他总是将他直觉的能力置于正统分析之下, 然后去细化计算; 而且他总是不相信 Mott 的不拘一格. 但当他做演讲时, 他集中于物理原理, 且表述极为清晰; 他和 Mott 一样, 有了解大量的具体物质和其行为细节的欲望, 他们著作的书目可以为证. 在战后时期, Mott 的研究范围扩大, 其经验进一步增加了他的想象力和灵活性, 而 Slater 则逐渐地变得比较僵硬, 对批评没有耐心. 然而, 他们后来的不同无损于他们对发展固体物理科学的贡献.

17.11 早期的能带结构计算[54]

Wigner 和 Seitz[55] 有关钠的里程碑式的文章我们已经提到过. 原始的想法是要解释是什么将金属结合在一起. 他们令人信服地表明原因是价电子在金属中比在孤立原子中更自由. 在最低能态, 波函数在金属中不仅比在原子中扩展得更远, 这意味着动能更低, 而且在两个原子间区域的电子的势能要比距孤立原子中心同样距离处低, 结果是在第一 Brillouin 区中心能量的降低最大. 能带中其他电子的能量要高一些, 但总起来体系能量还是降低的, 因而仍需额外的能量才能把金属分离成组成它的单个原子. Wigher 和 Seitz 发现体心立方格子原子间距为 3.6Å(实验值为 3.8) 时结合能最高. 为 $1.07\times10^5\mathrm{J\cdot mol^{-1}}$(实验值为$1.13\times10^5$); 他们承认极好的符合可能是误差补偿的自然结果. 事实上, 他们其后更深入的研究 [56] 所得结果更差, 尽管还没有坏到贬损这种努力的程度; 相反, 它揭示出做这类计算的极大困难, 到今天其精确度仍不能确定.

Wigher 和 Seitz 着手求解单一原胞 (这里是截角八面体) 中一个价电子的 Schrödinger 方程. 假定中心的钠原子有和自由原子一样的电子位形, 而单个价电子扩展于整个原胞, 其波函数必须和近邻原胞中同样的波函数光滑连接. 在解波动方程时不可避免地要做近似, 但计算的主要弱点是他们假定电子相互排斥以使两个价电子决不占据同一个原胞. 结果是当电子有相同的自旋时, 即使没有 Coulomb 排斥也会因不相容原理而保持分离而引进小量误差; 但对相反自旋电子误差较大, 此时仅 Coulomb 排斥使之分离, 且因之对能量有重要的贡献.

这个所谓的关联能是固态 "密室" 的骨架. 这是原始的多体问题, 不能用运动在所有其他电子有效场中的单电子语言来表述, 即使用简单的 Sommerfeld 模型作为出发点, 也几乎是无法处理的. 这是电子气体的一个奇怪的性质, 长程 Coulomb 力的后果, 其行为在高密度时比低密度时更像独立粒子气体. Wigner[57] 确实指出, 在低密度气体中, 电子确实受到去除过多动能的惩罚, 它们应该排成体心立方格子以减小其静电势能①. 在高密度时情况不同, 借助于损失很少的自由度, 电子可调整到屏蔽彼此的 Coulomb 场, 仅当它们很接近时相互作用才明显. 对这一极限情形, Wigner 成功地发展了一种近似的理论, 并提出了一个关联能光滑内插的公式, 涵盖了电子密度的整个范围. 尽管其物理原理为后来的工作所澄清, 尽管 Landau[59] 和 Anderson[60] 指出在低密度和高密度态间必定有一尖锐的相变而不是光滑的过渡, Wigner 公式都几乎没有改进, 而且一直在远离理想 Sommerfeld 模型的情形下得到应用. 偶尔有报告说观察到源于低密度 Wigner 格子的效应, 但并不全让人信服, 然而无可争辩的是在活动电子比在金属中少很多的情形, 如半导体和绝缘体中, Coulomb 相互作用有重要得多的影响.

当金属包含有不同原子序数的替代杂质, 仿佛有额外的电荷附着在某些核上时, 也存在多体问题. 如果附着的是负电荷, 周围的电子被排斥并产生补偿电场, 使额外电荷 Coulomb 场的作用不超过约 1Å的距离; 类似地, 正电荷会吸引额外的电子形成屏蔽. 屏蔽的想法并不新鲜. Debye 和 Hückel[61] 在他们有关强电解质的理论中已经引入. 由于去除了长程场, 杂质散射电子的能力大大减弱, Mott[62] 指出这一概念对稀合金的电阻率给出了合理的估计. 尽管类似于每个电子的 Coulomb 场平均而言被其他电子所屏蔽的过程常常被提及, 但令人信服的理论从未出现过. 然而 Baber[63] 及 Landau 和 Pomeranchuk[64] 独立地用这一想法解开了为什么电子–电子碰撞似乎不会发生这一长时间存在的谜团. 涉及的因素有两个, 屏蔽和不相容原理, 如果将电子视为经典粒子, 屏蔽可将散射截面减小到电子在钠中的平均自由程长达 1nm 到 10nm(10~100Å) 之间, 这一改进尚不足以拯救 Wiedemann-Franz 定律. 然而, 在 Fermi 气体中, 由于必须有空态可供散射后的电子占据, 并非所有的散

① Lindemann[58] 在 1935 年已预料到 Wigner 格子的存在, 但是未能借助当时已有的经典方法令人信服地发展这种想法.

射均可以发生, 这使有效散射数减少到 $(T/T_F)^2$ 倍, 并使室温下钠中电子–电子碰撞的频度比电子–声子碰撞低 10^3 倍. 电子–电子散射在钠和其他简单金属中难于检测到, Wiedemann-Franz 定律因而无恙. 然而 Baber 感兴趣于镍和其他过渡族金属, 其中电子远非自由, 电子–电子碰撞在很低温度下可能是电阻率的主导因素.**【又见 17.4 节】**

让我们简短地回到 Wigner 和 Seitz 文章之后的发展. Slater 立即开始将计算从钠价带的最低能态扩展到更高的态, 他对物理思想的解释 [65] 是他透彻风格极好的例子, 谨慎地让一些胆怯的读者避开困难的数学. 他还有其他人都被在离子实外大部分区域中波函数究竟有多平缓的问题触动过——尽管在离子实内区无法避免类似于孤立原子中价电子的 3s 波函数振荡. 这导致他用组合的波函数来解 Schödinger 方程, 波函数在离子实内区是振荡的, 此外为平面波——即所谓增广平面波 (APW) 方法. 另一种做法是正交平面波 (OPW) 方法, 波函数仅用几个行波, 每个构造得满足 Schrödinger 方程的要求, 和离子实波函数正交. 这个方案是由 Herring 提出的, 他是 Wigner 在普林斯顿的学生, 后来到麻省理工 Slater 处工作. 但也受到在哈佛的 Bardeen 的影响. Bardeen 对物理的深入了解, 以及他个人的成就, 使他成为非常深思熟虑的顾问, 这些计算的程序均无法用简单的语言讲述. 但是在 Ashcroft 和 Mermin[66] 的教科书中, 像对许多困难的议题一样处理得很清晰, 有时还带些幽默. 比上述两种方法都早的 Hellmann 和 Kassatotschkin[67] 的文章, 早在 25 年前就预期到并最终启发了后来起了重要作用的赝势的想法. 然而当时这篇文章看来却没有引起人们的注意.

此时我们必须转而讲述对半导体物理日益增长的兴趣, 在二次世界大战后, 它给技术以至整个社会带来了革命性的变化.

17.12 早期的半导体[68]

在战后的年代, 当 1948 年发明的点接触晶体管显示出会有丰厚的回报时, 半导体物理在一段时间占据着中心的舞台. 宣告自己将侵入人类生活任何角落的晶体管在助听器和便携收音机 (晶体管收音机) 的商业应用, 花了二十多年才上轨道. 相反地, 半导体对大学和有远见的工业企业研究计划的影响却极为迅速. Shockley[69]1950 年的著作已经是对大量数据和基本理论成熟的讲述, 到 1962 年某些权威已感到这个领域几近穷尽了[70]. 他们错了, 但他们反映了新现象的许多受害者的沮丧——这是一个在先行者们有适当的机会享受他们开创的快乐前, 最好的收成就已被抢走的研究领域.

晶体管当然不是凭空地冒出来的; 为找到这个庞大事业的第一个线索, 我们至少必须回溯到 1874 年. 在这一年独立地出现了两篇文章——Braun 将电极接到方

铅矿 (硫化铅) 晶体上, 一个在基平面上, 另一个压在相对的顶点上, 发现一个方向的电导要好于另一方向; 当摊在实验室的两条铜线轻微压在一起时, Schuster 发现了同样的效应. 当检验这一效应时, Schuster 将电路接到老式的交流电源上, 发现检流计有稳定的偏转. 他满可以因此被称誉为第一个对振荡信号整流的人, 尽管没有产生什么实际结果, 只是到 1906 年, 美国陆军的 Dunwoody 将军申请了一个有关用金刚砂作为无线电检波器的专利在 Pickard 获得使用硅检波的专利之后不久[71]. 这些是从一个较早的想法得益的尝试. 稍早一些时候, Braun 和 Pierce 在美国各自独立地在取代臃肿的粉末检波器方面做了一些工作. 到 1915 年, 晶体和“晶须”两词已流传得足够广泛, 以致《牛津英文词典》第一次将其收入.

除去作为无线电检波器外, 晶体整流器让作为物理学家的 Pierce 感兴趣, 尽管他对了解其物理并无多少推动, 但还是否定了一种猜想的机制. 由于现有的整流晶体均有强的热电效应, 可以设想电流通过有一金属电极的结时会发热产生电压, 在一个电流方向上增加欧姆电压, 在反方向则使之减小. 如确实涉及这一过程, 由于结温度的稳定需要时间, 施加电流和导致的非对称电压变化间会有滞后. Pierce[72] 用 Braun 的示波器没能探测出这种滞后. 对于这个问题, Braun 所作的工作是证明在方铅矿中没有硫离子的迁移, 因此电流多半是电子的贡献; 加之他还发现没有整流接触在长时间通电流后退化的证据; 这是一个重要的实际的结果.**【又见 1.6 节】**

1925 年 Presser 的硒整流器以及能够对付相当大电流的氧化亚铜整流器的发展给半导体物理的研究以巨大的推动. Grondahl 1920 年就开始了氧化亚铜方面的工作, 但直到 1926 年可以上市的设计出现前没有发表任何文章. 他的全面论述[73] 包括了一个半整体整流器早期工作的重要文献清单. 其后的一些年, 人们将氧化亚铜作为典型的半导体并有系统的研究, 特别是在厄兰根和列宁格勒. Pohl 最有才华的学生 Gudden 将哥廷根的工作传统和精心制作的单晶带到厄兰根. 如 Faraday (1834 年) 和 Hittorf (1851 年) 很久以前观察到的那样, 不良导体的导电性倾向于在较高的温度下变好. 借助于能够得到更宽温度范围的优势, Gudden 表明电阻率可很好地用 van't Hoff 引入的化学动力学关系表达, 即 $\rho \propto \mathrm{e}^{\alpha/T}$, 其中 α 是表示某种激活能的常数. 在他看来使电子脱离其母位置 (离子实) 束缚的能量在 0.2 到 0.4eV 之间; 温度升高时, 更多的电子变得自由, 电阻率下降.

Gudden 还证实了 1908 年 Bädecker 注意到的电导率高度敏感于晶体的杂质含量——杂质越多, 导电性越好, 过剩的铜或氧均可算作杂质. 在 1931 年 9 月 [74] 的巴德埃斯特物理学会议上他详细地报告了他的结果. Schottky 和其他 5 位德国物理学家也报告了他们精彩的研究工作, 这些结果为 A H Wilson 的解释提供了基础. 小的能隙许可因热激发在较低 (价) 带中产生空位, 在较高 (导) 带中产生电子, 两者均对电导率有贡献. 加之, 比基质原子价位高的杂质可以向导带提供电子, 这些电子仅弱束缚在母原子上 (n 型半导体); 如果价较低 (p 型), 在价带中产生表现为空穴的空位. 稍后, Mott 和 Gurney[75] 在处理替代杂质时将 Wilson 的想法定量化, 如锗中的一个锑原子, 等效于附加一个正电荷于锗核和一个额外的电子. 理想的锗晶体可等效地处理成有高介电电容率的真空空间, 电子可在其中像自由粒子一样运动, 将自己附着在一过剩的正电荷上, 有如在氢原子的 Bohr 轨道上运动, 由于基格子的介电电容率, 也由于导带底的曲率 $\mathrm{d}^2E/\mathrm{d}k^2$① 大于自由电子的相应值, 电子的束缚能远比在氢原子中小. 甚至在室温下, 这些电子中的一些可以逃到导带, 使电导率有明显的变化, 类似地, 较低价的杂质 (锗中的铟) 的行为像在环绕负电荷核的 Bohr 轨道上的正电荷空穴. **【又见 17.5 节】**

如果一个电子被激发到导带, 在价带中产生一个空穴. 电子和空穴彼此吸引, 可能形成束缚对, 正如 (很晚发现的) 一个电子和正电子结合形成电子偶素原子. 将它们分离成自由运动的电荷载流子需要能量. 现在称为激子的束缚对的想法是由 Frenkel[76] 在 Wilson 理论之前提出的, 但其物理内涵直到 Wannier 1937 年 [77] 给出透彻的分析后才清楚, 和氢原子或电子偶素原子的质心运动由 Schrödinger 方程支配一样, 激子的质心亦如是; 在晶格中的运动由它自己的 Bloch 波描述. 和 Mott 及 Gurney 给出的将晶体场效应抹平成电容率和有效质量相比较, 这已是比较繁复的描述. 纯绝缘晶体在绝对零度的基态有满的价带和空的导带. 最低的能态并不对应于一个电子转移到导带, 而是形成静止的激子; 在这之上的是更高的激子态, 类似于在类氢原子中较高的 Bohr 能级, 这些可在材料的光吸收谱中辨认出来.

Frenkel 的想法源于对透明离子晶体光吸收的兴趣, 这是比半导体早一些年实验上达到成熟的领域. 在第一次世界大战之后, 在哥廷根的 Pohl 实际上已没有什么设备, 而且在穷困的德国取得任何装备的机会也很小. 在这种窘迫的情况下, 他和 Gudden 决定研究离子盐的内部光电离, 他们确信只有高品质的且很好的表征的样品才能产生有价值的结果. 正是他们的工作使在布里斯托尔的 Mott 和在罗切斯特 (后来在费城) 的 Seitz 将自己的理论关注从金属转移到绝缘体和半导体. 到 1940 年 Mott 和 Gurney 的书已使这个新的领域牢固地确立, 而 1936 年 Mott 是和 Jones 一起专心于金属方面工作的. Pohl 自己的工作在他 1937 年[78] 的文章中有完整的总结, 1935 年在列宁格勒的 Ioffe 等用法文发表的文章[79] 使第四个重要的学派得已浮现. Teichmann 和 Szymborski[80] 详细的历史综述使我们可以简要地了解固态物理学的这个重要时期.

作为特别的例子, 当氯化钠在钠蒸气中被加热, 由于对光谱中绿色的强吸收, 呈现出的是深的橙黄色. 从这一现象的发现到 1940 年 Pick 给出明确的理解, 其间是特别重视实验的哥廷根学派实验工作和提出假说的近 20 年. 所谓的色心 (德文 Farbzentrum) 实际上是带负电的氯离子离去后所留空位形成的对电子的吸引中心,

① 在经典和相对论力学中 $\mathrm{d}E/\mathrm{d}p$ 是粒子的速度, $\mathrm{d}^2E/\mathrm{d}p^2$ 是其质量的倒数. 对固体中的电子, 类似地 $\hbar^{-2}\mathrm{d}^2E/\mathrm{d}k^2 = 1/m^*$, 这里 m^* 是有效质量. 有效质量小的电子仅弱束缚于 Bohr 轨道上.

不同晶体缺陷形成的不同类型的色心可很好地用确定的有某种程度展宽的电子能级来标识. 相应的能级可像与之类似的原子一样用光谱的方法研究.

在远低于盐熔点的温度, 电子有可能脱离色心, 导致晶体开始导电, 类似于杂质半导体. 晶体的透明性也使色心的光电离成为可能, 即使在低温下, 也会出现光电导. 在战前不透明的半导体中观察不到这种性质, 不过相关的性质——光生 Volta 效应——是早就为人所知的 [73]. 如果在氧化铜或硒的表面上蒸镀一层透明的金膜以形成整流势垒, 光可通过膜, 在膜和衬底间出现电压; 激发半导体导带上的电子有择优迁移方向——趋向或远离势垒. 固态光敏器件通常要比光电真空管更方便, 在德国, 硒光电管的生产成为硒整流器工业的重要附属产品. 原则上任何整流器均可期待有光生 Volta 效应, 硅 pn 整流结在将阳光转变为电功率方面已有十分高的效率 [81]. 目前这还仅是应用有限的实验室发展的项目, 主要用在如太空飞行器和袖珍计算器上, 对于制作光生 Volta 电源, 其费用在容量大时尚无足够的竞争性. 然而, 这并非无望的梦想, 如果最优的效率 (~25%) 可以可靠地, 廉价地达到, 将会有另外一场工业革命, 热带地区国家将是这种环保型能源的最先受益者.

1933 年 Landau[82] 指出离子晶体中的电子可使它周围的晶格极化, 吸引正离子排斥负离子, 产生一势能较低的区域, 电子可陷俘于其中的一个束缚量子态上. 开始这被认为是色心可能的机制, 到 1940 年 Mott 和 Gurney 作了另外一种推断, 并质疑自陷俘是否被观察到过; 然而他们并不怀疑基本论述的正确性. Landau 认为晶格相对慢的响应会牵制电子, 但这个想法暂时被 Fröhlich , Pelzer 和 Zienau[83] 所阻止. 伴随有其极化云的运动电子的理论问题和量子电动力学中碰到的问题类型相同 (该处影响电子行为的是真空极化), 他们采用了同样的理论处理技术. 他们的工作事实上是场论方法用到固态物理中非常早的例子. 相关分析假设极化扩展到远超出格点间距的距离, 且在这一条件下结果是明确的——电子和极化可一同运动, 其动力学性质仅和裸电子稍有差别; 在电子运动时, 离子运动的动能最多仅使其有效质量增加 11%. 这一有关大极化子的工作导致 Fröhlieh 意识到第二个电子可能会落到第一个电子挖的坑中——也就是说电子之间会有吸引力, 可抵消 Coulomb 排斥力. 从这一思想出发, 最终成就了公认的超导电性理论, 相关内容在书的其他章讲述.**【又见 11.2.2 节】**

有关极化子的故事就到此为止, 进一步的理论过于复杂, 难于做简洁易懂的讲述. 然而应该注意 Holstein[84] 的贡献, 他阐明了 Fröhich 处理的适用范围. 如果在考虑晶格极化前电子是比较紧束缚的 (像在 Bloch 的第一篇文章中所说的那样), 同时如果晶格是易于极化的, 形成的是小极化子——几乎不大于原子间距——在这种情形下, 如 Landau 所推测, 它事实上是不动的. 电子的运动仅能是跳出它所在的势阱, 让该处极化的晶格以自己的步调弛豫, 然后落入新位置处的另一个阱中.

在这里要提及, 但也不能深入讲述的另一近期发展是有关大量激子 (如用强激光产生) 的行为。在非常纯的锗中，它们复合 (电子落到用空穴表示的空位中) 前的寿命按照固态物理的标准是长的，约为 1ms 的量级. 进一步，借助施压于晶格某一点，它们可集中到应力最大的区域 (有最低的能量). 图 17.10 是借助滤波片仅让复合产生的光通过所拍到的照片. 事实上，按照很快会讨论到的 Mott 早先提出的模型，激子在这一密度发生分解；照片拍到的是电子和空穴的中性等离子体. 还发现超过某一密度，等离子体凝聚为几乎不可压缩的液体；在这一点，辐射的性质发生变化，甚至确定分解 (Mott 转变) 和凝聚[86] 的相界都是可能的. 但是这些美妙的实验都出现在近代，我们必须返回到导致现代固态电子学出现的半导体的早期发展.**【又见 17.15 节】**

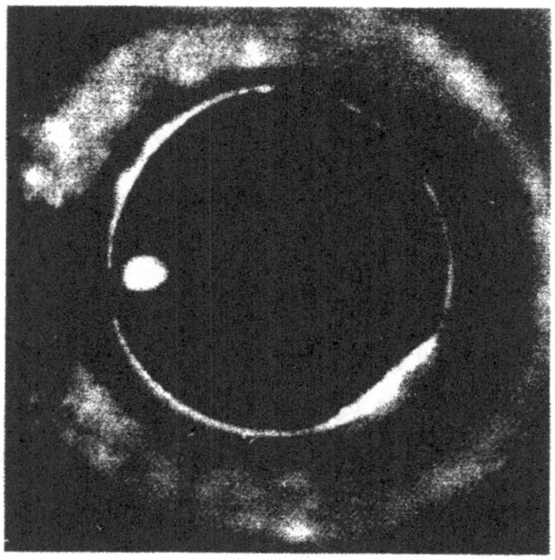

图 17.10 左边的亮点是由锗晶体中电子和空穴复合发光造成的[85]. 晶体的直径为 4mm

17.13 整流器和晶体管[87]

在 20 世纪 30 年代中期，仅有非专业的普通的无线电发烧友们对晶须整流器感兴趣，但关注的人群很快发生了变化. 以真空管作为发生器的频率扩展到高于 10^9Hz，即现在称为微波的范围，放大器和整流器的发展却是滞后的. 当贝尔电话实验室的 Southworth[88] 对波导传播 (理论是由 Rayleigh 在 1894 年建立的) 开始最初的系列实验时，他将现已废弃的硅晶体整流器作为工作频率在 2×10^9Hz 的唯一器件. 这是使贝尔实验室踏上发明晶体管道路的研究努力之一. 然而在欧战的早期，当厘米波长的雷达看来是个机遇时，领先的并不是贝尔公司. 那时英国的雷达比美国更先进，是英国的汤姆生–休斯顿公司生产了包含硅晶体和晶须的第一个组件，其后，作为整流器和混频器，它们得到了广泛的应用.

作为贝尔实验室的一位研究主任，Mervin Kelly 在战前就注意到电话网络增长所需的机械继电器过于庞大且动作缓慢, 开始了用固态元件替代的项目. 在他的人才队伍中, 两个成员是出众的——Shockley, 理论家和发明家, 和 Brattain, 实验家——他们的任务是研究将氧化铜整流器作为新型开关的基础. 没多久他们就积极地开始研制以半导体为基础的放大器, 很快有了想法, 但只在战后才有成果; 例如场效应晶体管, 从 1930 年或更早开始, 包括 Shockley 在内的一些人就已有了构想, 但直到 1960 年才实现. 美国加入第二次世界大战中断了这一项目的研究.

在战争期间, 美国半导体研究的组织以及政府项目研究经费的控制是交给麻省理工的辐射实验室[89] 来做的; 他们将材料研究分给工业部门和大学, 包括普渡大学, 该校有一由 Lark-Horowitz 领导的小组研究用锗代替硅做整流器, 通过他们的工作, 硅和锗最终都被确认为半导体, 德国直到战后才认识到. 尽管锗是稀有元素, 但它是烟道气体中的无用成分, 易于被分离, 且比硅要容易纯化得多, 用作整流器的潜能十分有吸引力. 事实上, 在直到约 1960 年的战后年代, 它一直支配着整流器市场复杂的头绪 (对于大功率电工, 氧化铜足够好). 此后接近完美的硅晶体的提纯和生产取代了锗, 并开创了一个庞大的工业, 其规模绝对超出了约 12 年前第一个晶体管发明者的任何想象.

在量子力学的第一波热潮中, 人们认为整流涉及电子对半导体和金属间绝缘势垒的隧穿. 然而很快就意识到这会给出错误的电流流向, 加之测得的结电容也表明对隧穿而言势垒太厚了. 势垒只能是被热激发的电子越过, 沿着这一思路的 Schottky 的第一个模型为 Mott 和 Gurney 在 1940 年所确认. 他对铜氧化物整流器存在厚的绝缘氧化层的猜想是合理的, 但对锗和硅就不对了, 1942 年他提出了.

另一个正确的模型. 如图 17.11 所示, 对 n 型半导体, 为使金属与相接触的半导体 Fermi 能相等, 需要有电偶极层. 如图所示, 如果金属表面必须带负电荷, 不必明显地扰动金属中丰富的电子库就能得到所要的电子数; 然而半导体仅有稀疏分布的施主杂质能量升高到 Fermi 能以上, 失去电子从而提供所需的正电荷. 在耗尽层区域, 唯一的自由电荷是那些从金属边跨过势垒的和从半导体深层进入到其中的. 平衡时, 在两个方向均有稀稀落落的电子穿过势垒, 净电流为零. 如果让半导体变负使右端远处的能量升高, 有更多的电子可以过渡到金属中, 电流很快上升; 这是容易通过的方向, 当极性相反时, 没有相应的电子源. Henish[90] 对早期的模型以及器件工作原理做了说明, 此处就没有必要细述了.

在点接触晶体管刚出现时发表的 Shockley 的阐述值得引起注意, 和写在 pn 结整流器和晶体管取代之前器件后的教科书相比, 他更关注金属–半导体接触的细节. 他特别强调典型的半导体不能维持长于约 10^{-11}s 的内部电荷的不平衡; 如果额外的电子被局域地注入到一 n 型样品的导带, 原有的电子将很快地离开, 材料恢复到原来的状态. 如果是另一种情况, 电子被从价带中抽去 (通常称为注入空穴). 导带中的电子将进入电子减少的区域, 维持电中性, 尽管此时有较多的电子和一些

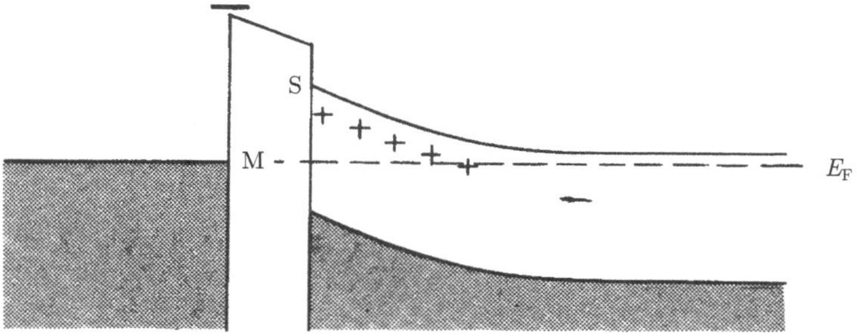

图 17.11 金属 (M) 和半导体 (S) 间整流器势垒的 Schottky 模型[90], 金属表面的负电荷 (−) 与附近电离施主 (+) 的正电荷相匹配

Willian Bardford Shockley
(美国人, 1910~1990)

Shockley 的创新性研究生涯受二次世界大战的中断, 仅持续了 20 年, 但由于他对固体物理和电子学革命的贡献, 使他成为极为重要的人物. 师从于 Slater, 他很早就熟悉了电子能带论, 并在 1936 年将这些知识带到贝尔电话实验室. 他很快产生了找寻热离子真空管替代物的宏愿, 从那以后, 直到 1955 年离开, 他一直是三极管和其他固体电路元件发明、发展的推动力. 他是个有条不紊的发明者. 对物理学有渊博的了解, 对于物理学的原理, 特别是当其应用于材料时, 他不仅深知, 而且可清晰的讲解, 让那些深奥的表述很快地被吸收和得到应用. 1955 年后, 他再也没有接触这一领域, 在他的后半生, 他将精力转向优生学和其他有争议的课题, 他带着自己的聪明才智和对种族差异的过于简单的信仰陷入这类活动. 他实在是选择了最糟的时间来鼓吹他自认为的"优等天才人物的育种", 在他去世时, 他已成为公众谴责的对象了.

空穴, 导电性会好一点. 这种改变载流子浓度器件的重要性是早期文章中强调少数载流子 (如 n 型材料中的空穴) 的原因. 其中之一 [91] 描述了一个漂亮的实验, 实验中短的空穴脉冲被注入到加有电场的 n 型杆状锗样品中, 沿杆的探针借助空穴经过时电导率的改变测量它们的迁移, 由此可直接测量空穴的迁移率. 此外, 沿杆信号的衰减揭示出复合的状况, 结果表明复合是慢的. 还是从一个点接触注入的少数载流子的生存和复合影响到附近第二个点接触的行为使 Bardeen 和 Brattain[92] 的点接触晶体管信号放大成为可能.

晶体管发明后的技术发展已是专门的历史著作的主题, 不需在此详述; 但可做一些评论. pn 结晶体管很快就超过了点接触器件, 因为它坚固, 可大规模地以单个组件的形式生产, 可取代尺寸大得多、寿命短的真空管放大器, 计算机的制作者们很快就认识到它的优点, 并使之前一些复杂得令人沮丧的计算得以进行. 1959 年德克萨斯仪器公司 (Texas Instruments) 的 Kilby 申请了集成电路的专利——最初一个芯片上只有两个电路, 很快就发展到很多个. 十年后, 对大规模集成时代的用户而言, 以可控图式将氧化物和金属沉积到硅表面的技术已足够先进. 现在可将巨大的记忆容量和逻辑过程阵列做在单个芯片上. 从 1964 年始单个芯片的计算能力每年加倍, 约在 1976 年上升趋势开始放慢, 但仍然没有平缓, 与此同时, 单个运算操作的费用以令人吃惊的速率下降, 对日常生活, 包括通讯、娱乐和各种商务活动的影响自不用说, 物理研究的方式也受到非常深刻的影响. 曾是理想模拟仪器的检流计, 已被置于博物馆, 束之高阁. 它的位置被直接连接到计算机上的数字仪器的替代. 此后, 测量经常会是平滑的, 按照预先设定的理论公式进行, 不会被错误的或有启发的干扰所中断. 人们第一次有可能得到并处理数百万的数据点, 可以去考虑涉及数千个独立变数的方程的解的理论. 同错失过去导致重要进展的偶然发现相比较, 人们必须承认约从 1970 年开始, 如果没有晶体管和相继的一些器件组成的仪器, 就很少有什么物理可以问世. 如果最终像有人相信的那样, 这一变革已到终点, 在可承受的费用下没有类似的技术能力的增长发生, 作研究的物理学家可能对未来相当一段时间有什么可期待产生迷惑, 因为就连街上的流浪汉也会喜欢动乱的时代, 因为它可能会带来机会.

17.14 光电导性 [93]

晶体管的发明向物理界显示, 贝尔实验室将会发生没有任何大学可与之比拟的激动人心的事件. 美国的几个大的工业实验室相信这种说法, 但其他国家还处在战后恢复期. 英国的工业界本来应有正面的响应, 但他们却更倾向于相信取得使用他人发明的执照, 认为这足以满足自己的需求. 尽管从未确切统计过, 相当数量的优秀研究生移民, 特别是到贝尔实验室, 导致 1960 年代对人才流失问题严重的关切 [94], 但没有什么有效的防止手段. 在 1970 年代扩建了的大学流出人数稳定了这一形势后, 又确实产生了对熟练人才生产过剩的恐慌.

然而源起于军事需要, 半导体研究的另一个分支在战后的英国积极地推进. 主管机载雷达的远距离通信研究署 (Telecommunications Research Establishment, TRE)

的资深成员 R A Smith[95], 决心不让政府实验室回到战争爆发时那种疲弱、无准备的可悲状态. 借助于鼓励新方向的研究, 他希望能保持一支在需要时可应召的顶级科学家队伍. 研究课题是现成的: 和同盟国相比, 德国科学家对战争的努力较少集中在雷达上, 而在红外探测器用于战斗方面取得较多进展; 在 Gudden 的影响下, 对硫化铅作为光电导元件兴趣的复活提供了促进的因素[96], 一位英国观察家[97]1947 年的观点是如果有更好的领导, 德国人会做得更出色一些; 然而他们毕竟开了路, 面对的挑战是发展对波长大于 5μm 的远红外灵敏的探测器, 中等热度的人体辐射正集中在这一波段. 这种仪器在研究实验室中也将会受到欢迎, 因为光谱学家们已开始关注在这一谱段对分子的结构能够得到多少信息.

结果是 TRE 团队开始了半导体中光电导性的研究. 选择了价带导带间能隙小的材料, 从其对低能量光量子的光电导响应看这是显然的. 在 TRE 以及在剑桥和在美国, 对硫化铅, 以及铅的硒化物和碲化物均做了详尽的研究. 人们注意到的能隙的两种测量方法, 其结果并非总是一致, 从电导率随温度的变化导出的能隙小于从光电导所需量子能量得到的, 解释是价带最高能量态在 Brillouin 区中和导带的最低能量态不在同一位置. 这并不妨碍碰撞引起的热激发, 此时波矢的改变很容易调整. 然而, 光速要比电子速度大很多, 和光子能量 E 相连系的动量 E/c 很小, 事实上, 在光跃迁 (直接的或垂直的) 中波矢必须守恒. 光电导的最低能量因此由 $\boldsymbol{k}$ 值相同的两个带间的最小能量差决定.

如果是在更低能量下 $\boldsymbol{k}$ 有改变的间接跃迁, 必须要有相应的机制提供或取走波矢的差别. Frenkel[76]1931 年指出, 晶体中的声波可起这种作用, 跃迁伴随有相对而言慢动声子的辐射或吸收 (如果 $T \neq 0$). 间接跃迁通常较弱, 但在光电导性以及晶格透明度的减弱中可以检测到, 后者源于导致直接跃迁的过低量子能量的辐射.

能量随波数的变化可以十分复杂. 如在锗中导带能量极小既不在 Brillouin 区的中心, 也不在区的面上 (图 17.12). Herman 和 Callaway[99] 最早对价带和导带形式的尝试性的计算暗示着图中所示极小的存在, 后来是回旋共振测量 (很快会讲到) 确认了这一点并给出了正确的曲线形式. 约在同一时间, 对锑化铟的首个实验表明它是有希望的. 到 1955 年 Herman[100] 正确地推断在这一情形最低能量的跃迁是直接的. 在零温度下能隙仅 1/4eV, 这样光电导应发生在 5μ 的深远红外处; 在室温下, 能隙还要更小一些, 光电导范围向外到 7μm. 由于区域精炼可得到纯度高和成分精确的锑化铟晶体, 它有希望成为理想的多用途半导体. 然而纯化、结晶和掺杂技术的进步最终逐渐使硅占据了市场, 除去在某些有限的应用如光电导性中, 锑化铟成为第二重要的材料, 但是通过各种手段对它彻底的研究, 对了解半导体而言无疑做出了重要的贡献. 约在 1960 年, 当 IBM 决定以硅为基础发展时竞争结束, 从那时起没有对手出现, 尽管砷化镓在较小的范围为了专门的目的仍占有一席之地.

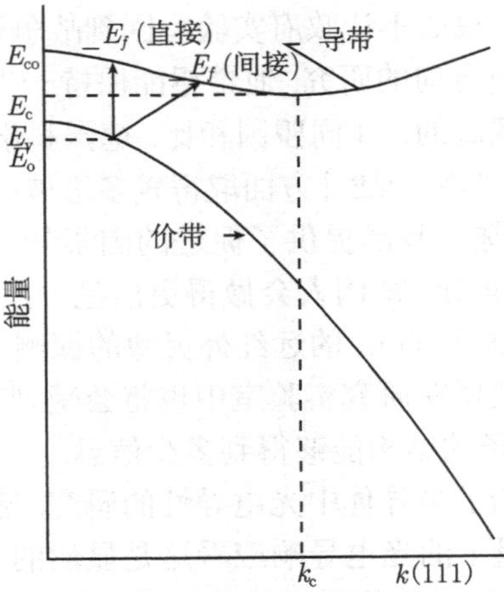

图 17.12　沿 (111)(立方对角线) 方向锗中电子能量随波矢的变化 [98]. 导带中的极小是从回旋共振测量 (图 17.15) 中推断出来的

17.15　半导体物理学[101]

现在我们将忘掉应用, 集中到半导体的物理方面. 在 Gudden[74] 1931 年发表关于氧化铜电阻率随温度变化的文章后, 他和他的学生继续工作, 扩展到其他化合物半导体, 并研究 Hall 效应和电阻率. 由此可得到的信息在插注 17E 中解说. 例如, Hall 常数 R_H 随杂质含量的变化表明电子或空穴的浓度如何受杂质的影响. 如果电子和空穴同时存在, R_H 表示两者相对的重要性, 相关的公式并不过分复杂以至于无法解释测量结果. 1950 年后, 液体氦得到广泛的使用, 可以得到 4K 和更低的温度, 揭示出在室温下被隐藏的一些现象 [102]. 对掺有少量锑的 n 型锗, 较早的结果最低温度约到 90K, 可以满意地解释为源于从施主原子激发的电子, 在较高温度下, 则是从价带激发的. 在更低的温度, 当两种激发都不存在时, 人们预期材料成为绝缘体. 但是这忽略了在实际样品中, 不管最后如何纯化, 总是不可避免地有少量受主原子如镓存在, 它们可接受来自施主的电子, 使之在所有的温度都保持电离, 束缚在施主原子上电子的类 Bohr 大轨道, 即使在每百万锗原子只有一个施主的情形, 亦可能扩展到近邻的电离施主附近. 电子靠着跳迁到电离的施主上, 可产生剩余电阻. 如果跳迁不需要能量, 过程甚至在最低温度下都可以发生. 早在 1935 年 Gudden 和 Schottky 就推测有这种可能性, 后来 Fritzsche[103] 的文章使问题得以澄清后又得到人们关注. 事实上, 在图 17.13 所示的测量结果中表明跳跃只需少量的能量, 因为温度降低时电阻的变化虽然不是很快, 但是继续升高.

Fritzche 是 Pohl 在哥廷根的学生, 后来加入到普渡大学的 Lark-Horowitz 的团队, 他通过很仔细地控制锑的含量, 在宽的温度范围对锗的电导率作了非常透彻的研究. 除去搞清跳跃电导的本质外, 他还揭示了早先就曾从别的角度提出有可能存在的另外的现象. 正如 Wilson 的阐述, 在零温度下, Bloch 的理论要求绝缘体或半导体的 Brillouin 区全满或全空; de Boer 和 Verwey[104] 1937 年指出 NiO 并不满足这一条件, 然而却是显而易见的绝缘体. 只有 Mott[105] 适时的抓住了这一问题, 在有关这一主题的第一篇文章中, 他强调了处理稠密的和稀疏的电子体系之间的原则性差异. 举一个并非他选择的例子, 每个原子只有一个价电子的金属钠有半满的 Brillouin 区, 因此按照 Bloch 理论是金属, 但是如果我们加大原子间距产生冷的钠原子气体, 每个价电子将保持束缚在它的原子上, 因为把它从被 Coulomb 吸引束缚处解脱且转移到一中性原子上需要相当的能量. 到目前为止人们想当然地认为当原子距离接近时从绝缘体到良导体的转变是连续的, 但 Mott 反对这一假设, 主张从金属到绝缘体行为是在某一密度突然发生的陡峭的转变. 他认为如果从几个原子中移走几个电子, 这些电子形成自由运动的气体, 将聚集到其他原子周围, 减弱这些离子实对价电子的吸引, 帮助它们也成为电离化的. 但原子必须足够接近以使几个电子的屏蔽效应起作用, 产生足够多的离子和自由电子使得过程可以累积, 最终成为完全电离化的体系, 即金属. 在他看来 NiO 中的镍原子相互间足够远离, 上述情况不会发生.

插注 17 E 电阻率和 Hall 效应

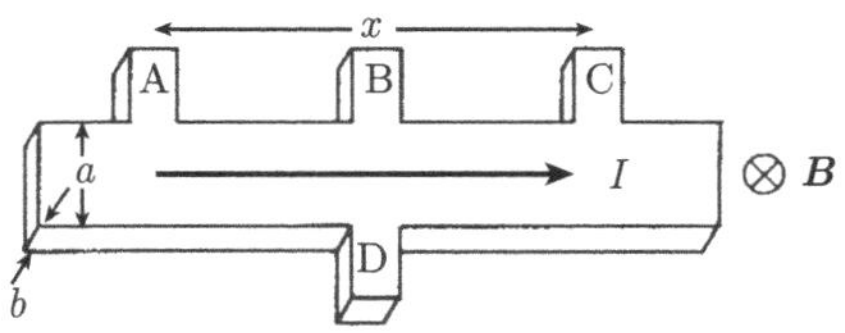

图中样品有 4 个电极, 可在有横磁场 B 存在时同时测量平行和垂直于电流方向的电场分量.

电流密度 $J_x = I/ab$, 电场分量 $E_x = V_{\mathrm{AC}}/X, E_y = V_{\mathrm{BD}}/a, V_{\mathrm{AC}}$ 和 V_{BD} 是指定电极间的电压. 通过恰当的测量, 可得到等式左边的量.

纵向电阻率 $\rho_{xx} = E_x/J_x$, Hall 电阻率 $\rho_{yx} = E_y/J_x$.

相同的一群载流子 (电子或空穴) 的迁移率 μ 是在单位电场强度下它们得到的平均速度和电阻率的 ρ_{xx} 的关系, 只有电子或空穴时由公式 $\rho_{xx} = 1/n\mu e$ 给出.

在强磁场下, $\rho_{yx} = B/ne$, 其中 n 是单位体积的载流子数.

这样, 通过测量 ρ_{yx} 和 ρ_{xx} 可以确定 n 和 μ.

如果电子和空穴混合存在, 公式会更复杂, 测量结果的解释就不是那么可靠了.

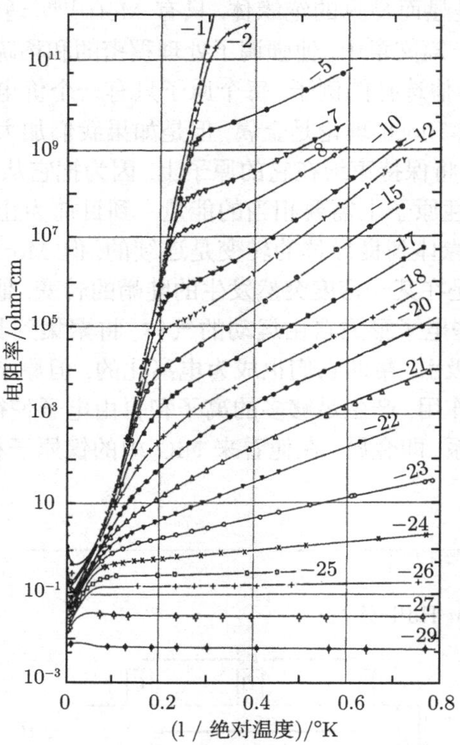

图 17.13　掺不同量锑的锗电阻率随温度的变化[103]. 横轴为 $1/T$, 因而 5K 以上温度的数据在图左边的 1/4 范围内. 纵轴用对数坐标, 顶部和底部差近 10^{15} 倍. 锑的浓度如图 17.14

调节钠原子的间距并不容易, 但 Mott 利用 Fritzsche 的测量结果来证明他的观点. 如图 17.14 所示, 在 2.5K 锗的电阻率在一个小范围内极为敏感于杂质的浓度——锑含量加倍可使电阻率降低 4000 倍, 而且在电阻率低时, 它几乎不随温度变化, 行为像低温下的金属. 必须说 Mott 并不是唯一提出类金属杂质带的人, 但没有人预见到这一尖锐的转变. 当然, 在这些测量中转变并不十分尖锐, 但在杂质无规分布, 在样品不同部分密度不可避免的有所差异的情形下, 还能有更多的期待吗? Mott 转变达到了物理学最高境界, 吸引了如此多的注意, 以至于 1968 年持续两天半的一个会议完全集中于这个问题上 [106]. Mott 本人做的开场演讲是研究相关历史的很好的资料. 同样的过程也是造成激子在浓度足够高 (像图 17.10 中指出的) 时分解的原因.

Nevill Francis Mott
(美国人, 1905~1996)

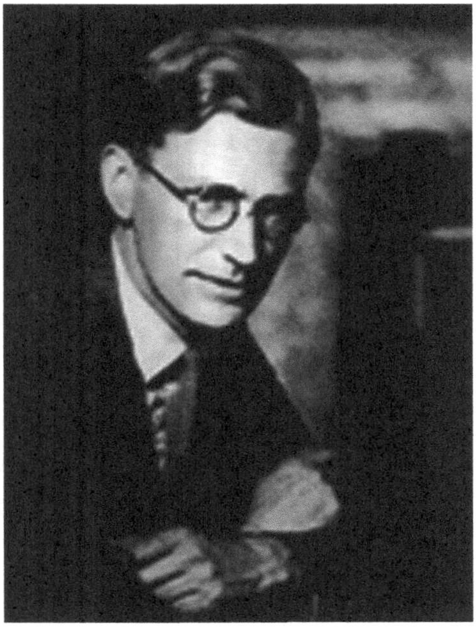

Mott 的研究生涯开始于对散射的量子力学研究, 他因指出全同粒子碰撞时 Rutherford 定律需要修改而很快获得声誉. 当他 1933 年成为布里斯托尔大学的第一位理论物理学教授时, 发现固体物理学已在该校确立, 于是他将之选为自己的首要兴趣, 并在漫长而始终积极的研究生涯中坚持留在这个领域. 他在这个领域一次又一次地将自己的研究课题重点转向更为复杂的系统, 在每一个新方向上他都处在带头人的行列, 而在他身边总是聚集着一群来自世界各地的学生. 高温超导体的发现是对他物理直觉能力的最令人激动的挑战. 不过现在判断他的理论在诸多推测中能否存留下来尚为时过早. 日常事务中他常表现出某种含糊不定, 这也许可以用他在青年时代就已显露出来的可以同时在头脑中考虑许多问题、手里正记录自己讲过的话而心里却在思考完全不同的事情的出色能力来解释. 对社会事务的深切关怀和对古代文化的归属感是使他在中年时期从自由思想的家庭背景转向信仰基督教的两大因素, 他对科学和宗教的讨论透彻清新, 毫不教条.

有关电阻率和 Hall 常数常规研究的重要性已经讲得够多了, 我们还应讨论磁电阻——在稳恒磁场下样品电阻的变化. 在前量子时代, 已经知道对各向同性电子气体没有明显的效应可探求, 解释基于 Bloch 理论和在根据不足的猜测等能面形状基础上的计算. 总起来讲, 磁电阻和半导体物理关系不大, 起码和将要讲到的揭示金属的等能面相比是这样. 回旋共振是探究半导体等能面直接得多的方法, 对固体物理学家而言是新的现象 (尽管电离层物理学家们对它很熟悉). 如已提及的, 回旋共振已直接用于锗能带结构更精确的计算中这一想法是由 Dorfman 和 Dingle[107] 独立地提出的, 他们指出在均匀磁场轨道上运动的电子, 如果其运动方向和轨道运动同步旋转, 可从电场中得到能量. 人们很快就认识到, 为给出容易解释的结果, 电子气必须非常稀疏, 而处于低温和暗处的半导体, 如锗可以满足这一条件. Dresselhaus, Kip 和 Kittel[108] 在其先驱性的实验中, 不仅检测到这种共振, 从而确定了回旋频

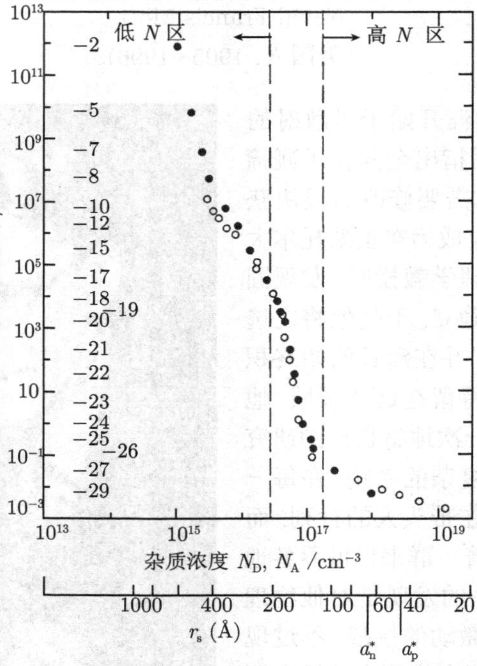

图 17.14 锗低温电阻率在杂质浓度 10^{17} 原子厘米$^{-3}$ 附近 (约每百万锗原子中有两个锑原子) 的急剧下降 [103]

率, 而且表明对电子的和空穴的两个指向的旋转共振频率不同. 由于回旋频率为 eB/m^*, 实验意味着导带中的电子和价带中的空穴有不同的有效质量. 事实上图 17.15 给出几个共振, 是比图 17.12 所示的更复杂的带结构存在的证据. 其后的测量进一步证实和改进了 Herman 的计算.

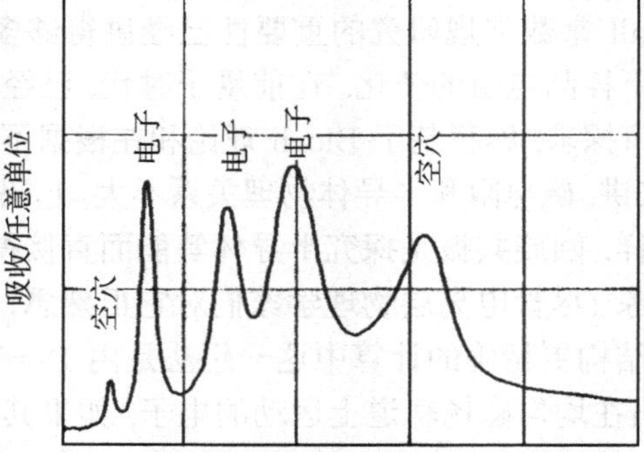

图 17.15 锗在 4K 温度和 24GHz 的回旋共振[108]

这一实验和理论的工作澄清了将电子和空穴的行为视为质量改变为 m^* 的自由粒子的想法过于简单. 不仅 m 会随磁场的取向而改变, 而且暗含的能量随动量平方的变化也可能要添加四次方项. 出于对磁电阻的兴趣, 1950 年 Shokley[109] 对上述情形已有所了解. 他证明了回旋共振频率可用等能面的截面积及其随能量的变化 (图 17.16) 来表示. 这可能是用纯几何的而不是代数的想法于晶格中电子运动动力学的第一个例子. Shokley 在与人的交谈中曾清楚地表明, 他觉得这值得进一步发展, 但几年以后什么都没有发生, 他的想法已被遗忘了.

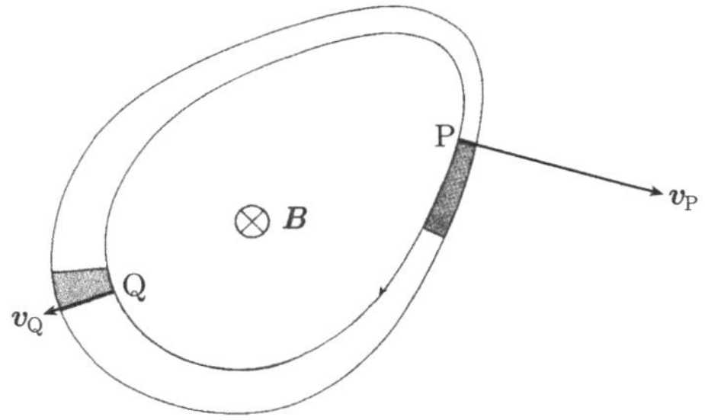

图 17.16 Shoekley[109] 对回旋共振的管积分分析. 图中绘出在 $\boldsymbol{k}$ 空间用一垂直于 $\boldsymbol{B}$ 的平面在等能面上截出的两个等能回路. P 点上的电子在 Lorentz 力 $\boldsymbol{u}\times\boldsymbol{B}$ 作用下改变其状态, 代表点沿等能轨道运动, 速率比例于 v. 电子回路的间距反比于 v(图中 $\boldsymbol{v}_\mathrm{P}$ 和 $\boldsymbol{v}_\mathrm{Q}$ 说明这一点), 点 P 运动时扫过的回路间面积以稳定速率变化. P 和 Q 处加灰区域表示在相同的时间扫过的相等的面积. 如果两回路间总面积为 δA, 能量为 δE, 在 δE 小的极限下, 电子回旋一周需时 $T^2\delta A/e\boldsymbol{B}\delta E$, 或 $(T^2/e\boldsymbol{B})\mathrm{d}A/\mathrm{d}E$. 这个结果与等能回路的形状无关

17.16 热 电 子[110]

物理学家关心金属, 但却很少担忧 Ohm 定律的正确性. 大电流当然不可以将导线热到改变其电阻, 但这是次级效应. 为使 Ohm 定律明显失效, 必须使电子具有和无电流时其无规运动速度可比的漂移速度. 铜中电子无规速度高达 $10^8\mathrm{cm\cdot s^{-1}}$, 附加漂移速度 $1\mathrm{cm\cdot s^{-1}}$ 于电子不产生大的扰动, 尽管此时电流密度已高达 $100\mathrm{A\cdot mm^{-2}}$, 足以烧熔住家的保险丝. 在半导体中导电电子要少得多, 情况因而十分不同, 同样的漂移速度只产生很小的电流和非常少的热. Ryder 1951 年在贝尔实验室得以在短的电流脉冲上附加大于初始无规速度的漂移速度, 且不产生额外的热. 他发现电流并不一直随电压成正比地升高, 而是最终趋于饱和 (图 17.17). Shoekley 立即开始在早期介电击穿理论基础上发展自己的理论. 在继续讲述热电子理论前, 必须简要回顾早期的理论; 应该记住在绝缘体中, 和常温下的半导体不同, 没有 (或仅有非常少) 自然地存在于导带中的电子.

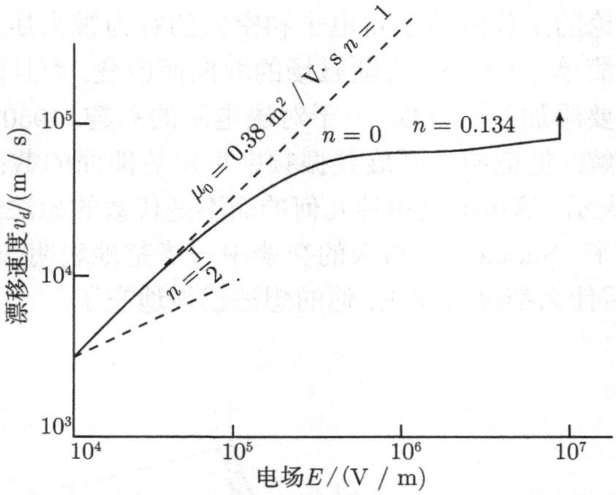

图 17.17 锗导带中电子的平均漂移速度到约 $3\times10^4\mathrm{V\cdot m^{-1}}$ 前比例于电场, 然后缓慢上升, 在进一步缓慢上升前饱和, 在 $10^7\mathrm{V\cdot m^{-1}}$ 时发生雪崩击穿 [111]. 注意两个量均用对数尺度表示

人们早就知道介电击穿的存在, 并在 20 世纪之初有所研究, 尽管尚不系统且了解甚少. 第一个真正有用的测量是在 20 世纪 30 年代由 von Hippel 在哥廷根做的, 可能是 Pohl 的影响使他研究卤化碱, 在相继的十年他的结果被看作是理论的试金石 [112]. 他自己提出了雪崩理论——加足够强的电场, 碰巧出现在导带中的电子, 即使有碰撞存在, 也会被加速到可从价带中激发另外的电子; 同样的过程多次重复最终导致出现破坏性的电流密度. 1934 年 Zener 提出了另外一个机制, 即强场导致电子从价带到导带的量子力学隧穿. 这种想法从未得到强的支持, 但雪崩理论为 Fröhlieh 所接受, Seitz 使之进一步完善, 两者都满意于他们对介电强度的估计和观察的合理地相符, 因为无论从实验方面或理论来讲, 这都不是一个可以期待有高精度的论题.

Fröhlich 理论中关键的过程是电子和光学声子的相互作用, 在声波的光学支中单胞里不同的离子 (如 Na^+ 和 Cl^-) 反相振动, 一般而言极少色散, 假定所有的振动有同样的频率 ω_o, 与波矢无关是好的近似. 一个电子加速到能量超过 $\hbar\omega_o$ 非常可能会激发一个声子, 并掉到较低的能量态. 然后一次又一次地重复这个过程. 如果仅只是这样, 就不会有击穿. 然而偶尔会有电子达到高于 $\hbar\omega_o$ 的能量, 几个逃脱的电子继续被加速, 直到它们可以从价带中激发更多的电子. 计算这一结果的概率十分需要技巧, 此外还需要解决的问题是给出产生热并导致击穿发生的频度. 尽管如此, Fröhlieh 和 Seifz 仍取得了满意的进展, Shockley 正是用了这些想法来解释 Ryder 对锗的观察结果.

当电流实际上变得与场强无关时, 电子的漂移速度肯定了人们对光学声子的激发是限制过程的信念, 然而这并不意味着被电子不那么强地激发的声学声子是无关的. 能量不足以产生光学声子的电子仍可被声学声子散射, 它们走着无规的路径, 且附加有电场产生的漂移. 这样, 从静止开始走不同路径的一组电子很快得到用电子气温度刻画的能量分布. 场越强, 能量的分散越宽, 电子气越热. Erlbach 和 Gunn[113] 借助于测量增加的电噪声可估计温度；他们发现, 将样品浸泡在液体氮中, 离子晶格没有变热的迹象, 但在光学声子开始限制加速前, 电子温度可达 3500K 或更高.

Hutson, McFee 和 White[114] 通过研究电子和声波间有很强耦合的压电晶体硫化镉中超声波的衰减, 提供了一个声子和热电子相互作用的突出事例. 他们用照射的方法在绝缘晶体中引入少量但足以显著增加衰减的传导电子. 在通过电流使电子在声波方向漂移时, 他们发现在漂移速度达到或稍微超过声速时, 衰减急剧下降, 甚至变为负值, 晶体因而突发自发振荡. (为了解为何会如此, 记住在波通过介质时总是丢失能量产生损耗的. 我们讲述的情形中使声波衰减的是电子气体而不是离子晶格. 如果电子和波均从左向右运动, 设电子速度更快一些, 那么相对于电子而言, 波从右向左运动, 比起右端波在左端更弱一些. 对实验室的观察者而言, 他们看到的是波运动到右端时变得更强.) 这种放大作用有时会使波强到令晶体破碎.

这一现象以及铋中相关的结果[115], 整体而言均未成为研究的中心, 当时曾引起关注, 很快又从研究课题中消失. 在半导体的基础研究看来已很好地确立之时, 在众多的固体物理学家中, 很多人等待着抓住任何一个新的发现并一直研究到终. 另一方面, 半导体的商业应用在 1962 年几乎还没有起步, 其中比较有远见的人将其关注转移到此, 偶然也做出些新的物理. 在我们转回此时正进入新阶段的金属物理前, 简单地讲述几个例子. 同时我们将看到半导体物理是一个很有生气的学科, 因为在产生人们感兴趣的新的效应方面它表现出的多样性优于金属, 这很大程度上是对掺杂敏感的结果, 借助于掺杂, 几乎可以像订货一样生产出新的材料, 在这方面, 金属是非常呆板的.

对于频率尽可能高的紧凑、有效和稳定的振荡器总是有需求的, 从半导体的长篇故事开始, 负阻器件就被认为可用以克服共振系统的本征损耗并许可有自发振荡存在. 最早的这类器件可能是 1958 年江崎 (Esaki)[116] 在做重掺杂 p 型和 n 型锗结时所发现的. 他的器件和标准整流结的不同处在于有一极薄的耗尽层, 在不加外偏压的情形, 电子在一边的导带和另一边的价带间可量子力学隧穿通过. 如江崎所指出, 这一机制要比对整流接触的解释早 25 年提出, 当时由于预言了错误的易导电方向而被抛弃. 在他 (习惯地) 称为的反方向, 他的二极管导电优于“习惯”的正方向 (图 17.18). 电流的减小源于偏压使在结每一边的载流子的能量恰好处于另一边的禁带隙中. 在 0.5 和 1.5V 之间的负斜率可用来维持振荡, 二极管将工作在频率高达 $100GH_Z$、产生波长仅 3mm 的电磁波的谐振腔内. 然而今天这已是历史古董, 已被更方便、功率范围更大的器件所替换.

负阻器件的另一个例子, 也是当初受到追捧现在很少用的, 是 Gunn 二极管[117].

砷化镓中有一个浅的能量极小, 在导带底上面一点. 在这个浅槽的各处, $\mathrm{d}E/\mathrm{d}k$ 均小, 结果是这里的电子运动得十分缓慢. 当导带底附近的电子被电场加热时, 它们可以被散射到这个槽中, 没有损失能量, 却慢了下来. 场强增加时, 这种过渡频繁到电流开始减小, 微分电导率变为负值. 与隧穿二极管不同, 负电阻的所在位置是非局域的, 扩展于整个半导体, 这导致不稳定性. 如果想象我们以平均电子速度运动, 想象出现少量过剩电荷, 产生的电场使周围的电荷移向过剩电荷, 而不是像发生在正电阻的正常情形那样远离. 过剩电荷区域会很快地建立, 并以平均速度运动直到撞击到电极并损耗掉; 另外一个区域又在生成, 并经历同样的过程. 所导致的电场的涨落可用来推动振荡的电路, 相当一段时间, Gunn 振荡器被认为是很有前途的. 在实验室里, 它仍被用作低功率微波振荡器的激发器, 但是像隧道二极管一样, 它原先很多的应用现在已被取代了.

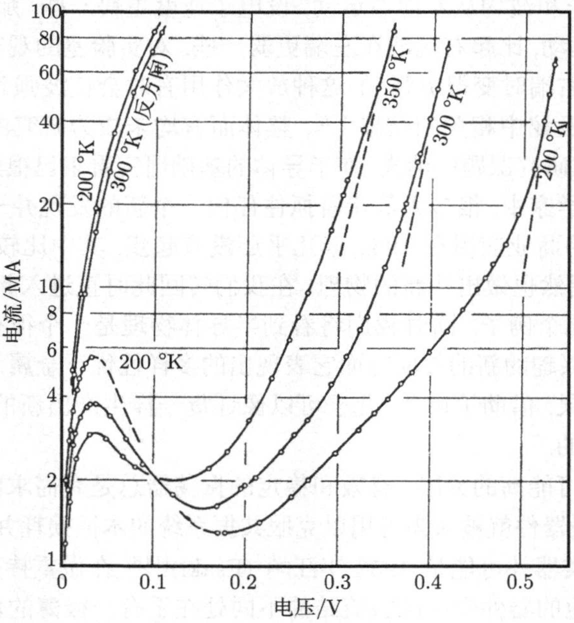

图 17.18　锗的窄 pn 结在三个温度下电流 (对数纵坐标) 随电压 (线性横坐标) 的变化[115]. 在 0.1V 附近的负斜率可用于维持振荡电路. 在“反”方向电流持续增加

17.17　战后年代的金属 —— 液体氦的影响

在第二次世界大战爆发时, 世界上只有很少的实验室可以生产和使用液体氦, 每个实验室的液化器都是自制的. 战争期间麻省理工的 Collins 将 Kapitza 开创的膨胀型液化器发展成每小时液化 8 升的商用产品. 到他 1956 年为《物理学大全》撰文[118] 时, 已有 80 台样机在工作, 此后氦液化器成为标准的实验室设备. 约在 1960 年以后, 商业化生产和配送低温液体开始, 用量少的用户已不必花钱安装自己的液化器了. 低温研究传统的领域是超导电性、超流氦和顺磁性, 但人们很快就意识到液体氦对研究半导体和正常 (非超导) 金属的重要性; 测量电导率、热导率和它们在磁场中的变化是马上可以着手的项目, 这些工作最好用最纯的材料, 因为在 4.2K(液氦的正常沸点) 大多数样品的电阻由杂质含量决定. 降到液体氢温度 (20K), 声子的散射使大多数金属的电阻率无法低于室温值的 1%, 但对某些高品质的金属, 在液体氦中进一步冷却, 情况可改善数百倍. 导电电子的平均自由程可从数十纳米增加到微米量级, 这一事实产生两个值得注意的实际结果: 第一, 线状或带状样品的截面积可做得足够大以便和大块材料有同样的品质, 但从电子和边界碰撞决定电阻方面考虑样品又要足够小; 第二, 当块材中电子的路径被磁场弯成回旋轨道时, 并不需要很高的场强使轨道半径足够小, 以致在两次碰撞间可以回转数次. 这两个性质使在较高温度下根本不可能开展的研究工作变得十分容易进行.

让我们暂时搁置一下上述议题. 因为对相当数量的有关更基本性质的工作不能略过不加评说. 这些性质包括如电导率和热导率随温度的变化, 目的在于证实或改善原始的 Bloch 理论以及 Peierls 和相继的许多理论家们的改进. 这种努力的大小显示在一篇有关单一主题的长达 170 页的评述文章[119] 中, 文章是关于电阻不同机制相加性的 Matthiessen 定则的适用程度, 通常要作冗长的计算来解释相对小的不一致性. 普遍的原理虽然有所改进, 但还是经受住了检验; 剩下的大多数差异看来是不可重复的, 这太像是来源于样品的不完美[120].

对 Matthiessen 定则的一个重要偏离值得提及, 因为它激发了许多理论工作. 1930 年 Meissner 和 Voigt 在系统研究电阻率的温度变化时注意到有几个金属 (Mg, Mo, Co) 冷却时电阻率如所预期地下降, 但在低于 4K 的液氦温度范围达到极小, 然后又升高约 1%. 更多的系统研究, 特别是对贵金属, 确认了这一效应并表明效应出现在有非常少量的过渡金属 (例如 Fe , Mn) 溶入时[121]. 样品的热电势也比纯的材料高许多倍. 这一现象引发了一些推测性的解释, 但在近藤 (Kondo)[122] 说明了它如何源于电子被溶质原子局域自旋散射前一直是个谜. 理论家抓住这一问题作为实践和扩展他们多体理论技巧的机会, 结果是对实验固体物理学家言, 近藤问题的理论解释成为几乎无法进入的秘境. 这是现时十分普遍的理论和实验分家最早的例子之一, 其特征是理论家们不愿用实验家们熟悉的语言来解释他们计算背后的物理. 如果说在近藤理论的早期, 学术演讲者对简单问题令人困惑的回应常常导致听众认为演讲者们自己搞不懂他们公式表述以外的东西, 这并不为过. 既然如此, 我也就坦然地顺便推荐一篇评述文章和两本教科书给读者, 这些文献尽可能好地揭示了基本的物理思想 [123].**【又见 14.9.1 节】**

回到电子可能处理成独立带电粒子的比较易于了解的问题. 二战刚结束的年

代. 在液氦温度下测量纯金属薄膜和线以研究边界散射如何影响电阻是人们比较感兴趣的问题. 对现在称为尺寸效应 (size effect) 的第一个观察是由 Stone 在 1898 年做的, 由此引出 Thomson 的第一个理论处理. Fuchs 和其他人后来的理论更加坚实地基于人们采纳的电子模型, 可用以和实验比较, 但结果并不像期待的那样清晰, 因为情况比较复杂, 如电子的小角散射, 这在块体金属中只有很小的影响, 但对边界散射却有重要的作用. 读者可参阅 Chambers[124] 的历史讲述, 这里就不赘言了.

然而对同一问题从不同角度出发的处理值得讲几句, 效法 Lorentz, 写下 Boltzmann 微分方程并推导合适的解是分析传导过程的标准方法. 对于有过数学训练的物理学家, 这几乎是第二本性, 但印出来的篇幅却让很多实验家们畏怯, 加之公式求解的过程对直觉的洞察给不出任何提示. 当 Chambers[125] 讨论磁场中细线电导的具体问题时, 场和边条件额外的复杂性使 Boltzmann 方程无法求解. 这让他意识到仅需要关注费米能处单个电子的命运, 即在两次碰撞之间它们向什么方向可以走多远也就够了. 事实上他从繁复的统计物理手段又回复到原始的动力学图像方法, 并借助于这种摆脱了束缚的图像式的思维解决了问题, 用他自己的方法重新处理较早的计算, 让人印象深刻地证明了简单化的优点. 从此他的方法, 以及类似的发展使对数学不太内行的人也可设计和解释实验项目, 否则考虑起来就太复杂了. 必须要说的是, 尽管这种方法用途广泛, 但并不能完全替代 Boltzmann 方程.**【又见 8.1.2 节】**

Chambers 抓住的这个特别的问题是后来发展为有相当大数量的实验的早期实例, 这些实验涉及的电子有长的自由程, 并要考虑稳恒磁场的影响 [126]. 与通常为研究特定材料中电子结构细节的半导体中的回旋共振不同, 现在提及的实验主要是为其自身, 为观察和阐明有吸引力的, 有时在理论上尽管没有普遍意义, 但具挑战性的现象. 假定电子如在 Sommerfeld 模型中那样实际上是自由的, 不考虑 Bloch 能带结构可能带来的复杂性常常是足够好的出发点. 在碱金属中进行的很多实验中上述处理是极好的近似. 因此, Macdonald 在牛津从 1949 年开始在 4K 温度, 和纵、横磁场下测量钠线的电阻. 他发现在两种磁场安排下, 电阻最终随着磁场的增强而下降. 他的解释是电子的路径弯曲成螺旋状, 由于避免了表面散射, 使其中一些电子可运动得更远一些, 这一观点得到仔细计算的证实.

对薄平板的理论处理要比对线的容易, Sondheimer 预言垂直于平板的磁场增加时应该能观测到电阻的弱振荡. 这已被实验观察到, 有时效应会比起初预计的强很多, 为解释这一现象, Gurvich 超出了 Sommerfeld 模型, 考虑了电子在周期性晶格中的较为波动起伏的路径.

近期 Sharvin 和他在莫斯科的同事借助精巧的技术在小尺度金属中演示了通常在质谱仪中利用的粒子聚焦现象. 例如 Tsoi[127] 在铋单晶上制作了特别小的接触 (图 17.19), 调整磁场使从一个触点发射的电子聚焦到另一个接触点. 值得注意的是电阻曲线上并不只有一个尖峰, 而是有许多个; 显然这源于表面足够光滑, 相当部分的电子有镜面弹跳, 而且强场时轨道半径变小, 经过几次弹跳才到达第二个电极. 效应明显地依赖于电子所受无规散射的减少, 实验的尺度因此决定于电子的自由程, 其长度一般很难超过 0.1mm.

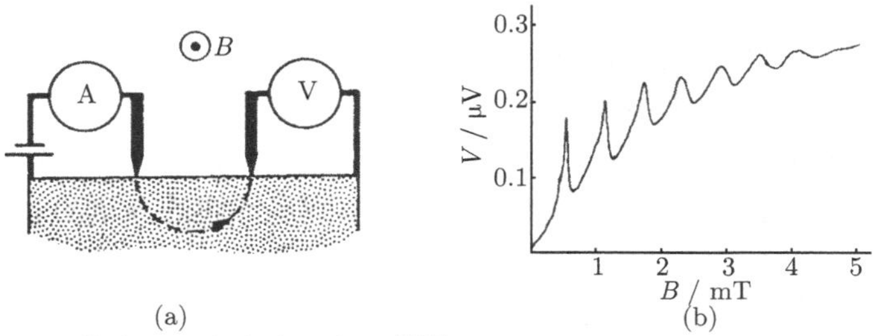

图 17.19 (a)Tsoi 的电子聚焦实验示意图 [127]. 从左边点接触出射的电子如果磁场使其轨道直径等于两个点接触的间距时, 将会聚焦于右边的点接触, 或者如 (b) 所示, 此时直径等于接触点间距的整数分之一

17.18 作为个体的金属 ——Fermi 面计划[128]

对于金属在电学性质方面相互有别的原因, 理论探讨自然首先集中于最简单的碱金属[55], 以及过渡族金属[129], 其内部部分占据的能带导致特别的性质, 突出的如铁的铁磁性. 处于这两类金属之间, 从 1935 年以来就被关注的是铜, 其内能带是满的, 但和导带有交叠. 对于像在碱金属中那样能带分得很开的情形, 把离子实看作刚性的静电势源且每个原子一个的价电子在势场中相对自由地运动大体是可行的. 但铜不一样, 计算中也要考虑每原子十个电子的内能带; 这使得计算量过大, 要采用不同的权宜近似. 到 1956 年, 根据至少六个 (按照 Slater[130] 的文献目录) 不同程序独立的尝试, 看来得到的结果相当依赖于对离子势的假设. 对于传导电子能量在某些选定波数处的数值, 长期持续劳作产生的结果十分有限, 而且仅有非直接的实验证据帮助确定这些结果中哪些 (如果有的话) 是可信的. 观点自然有别, 取热电势的符号作为特别的例子. 一些人认为符号与碱金属的相反表明晶格使等能面畸变, 远离自由电子的球形, 以致 Fermi 面鼓出和 Brillouin 区边界接触 (如图 17.3 那样). 相反地, Jones[131] 宁愿相信价电子的近自由电子模型和近球形的 Fermi 面, 据此解释 Hume-Rothery 经验规则①. 他可以不涉及 Fermi 面与 Brillouin 区边界接触, 颇为有理地给出热电势的符号[133], 而且得到他的学生 Howarth[134] 计算的支持, 直到

① 铜和二价锌的合金是黄铜, 和 4 价锡的合金是炮铜. Hume-Rothery 注意到当每个原子平均电子数超过 1.33 后, 会出现新的晶体结构. 这一电子浓度使自由电子球形 Fermi 面碰到区边界, 使人们想到这是更有利于另一结构出现的原因. 这一论证过于简单, 但 Heine[132] 用相当复杂的分析表明个中藏有真理的胚芽. 不管能解释与否, 这一定则有效.

这些不幸地被证明是错的. 总起来讲, 以适当的精度计算等能面的任务, 不管用什么方法都是令人沮丧的, 甚至曾热情地致力于搞清半导体能带结构的 Herman, 最终还是退出了这一战斗[135].

然而很快两个独立的发展使情况发生了彻底的改变——发现了最终可非常精确地确定 Fermi 面的实验方法, 几乎同时计算机的能力达到可在很多 $\boldsymbol{k}$ 值计算电子的能量对 Fermi 面的形状做出理论预言[136] 的程度. 先讲第二个, 和之前的的经验不同, 人们搞清楚了结果并不太敏感于对离子势的选择; 加之, 以两种方法独立计算的 Fermi 面令人鼓舞地和实验新发现的形状一致. 正是这种成功开始了 Fermi 面计划, 按部就班地集中收集几乎每一个能够得到足够纯的金属的数据, 审慎地评价计算固体中电子能量的技术.

作为实验故事, 合适的起点是 1940 年, 当时 H London[137] 在测量 1.5GHz 电磁场作用下超导体产生的热时意外地发现了反常趋肤效应. 对于非超导金属, 因电磁感应, 高频场只能穿透入表面薄层. 这一趋肤效应的理论早已为人们所熟知. London 发现在刚好高于超导转变温度的 3.8K 时, 他的锡样品表现得好像电阻率比在趋肤深度要大很多的 50Hz 时高 7 倍, 他注意到这与薄膜由于表面散射引起的直流电阻增强相似. 对于他开展实验所用的设备, 特别是对一个传言动手能力甚差的人说来, 这一实验是值得提及的. 战后微波雷达的发展使重复这一实验变得比较容易, 笔者就曾以较高的精度确认了 London 的结果 [138]. 从理论的角度而言, 他的类比是不合理的, 当电子自由程远长于趋肤深度时, 附加电阻并不来源于表面散射, 而是与样品中电场的分布有关; 进入和离开趋肤深度的电子, 在仅和表面碰撞后并未从场中得到动量, 从而在传导过程中不起重要的作用. 有贡献的仅是那些几乎平行于表面运动的电子, 在它们逗留在趋肤深度内时容易受到散射. 这一无效性概念 (ineffectiveness concept) 用于以通用的术语描述这一结果, 尽管仍带有一未定常数. 这一常数很快在 Sondheimer 发展了严格形式的自由电子理论, 并得到纯数学家 Reuter 帮助解出最终的积分方程后得到确定. 对这些方程, 当年的大多数物理学家相当陌生 [139].

至此反常趋肤效应还只是长自由程导致的现象, 但 1954 年 Sondheimer[140] 将理论扩展到 Fermi 面为椭球形而非球形的金属. 这是从他做 Wilson 学生时期传承的一种风格, Wilson 就比较喜欢可解的 (尽管是虚拟的) 模型而不是难于解析处理的实际的等能面. 将无效性概念用于这种情况, 我惊奇于得到同样的结果, 这鼓励我写出了对任意形状 Fermi 面的解 [141]. 当清楚结果是在低温和高频下纯金属的电阻性质 (与几乎所有其他性质不同) 仅由 Fermi 面的几何形状决定时, 显然应该选择一些金属单晶, 沿不同方向切出表面, 使起作用的电子处于 Fermi 面的不同部分, 通过测量揭示其形状. 芝加哥金属研究所可生长铜单晶, 并切割、化学抛光到基本上光滑和无应变状态, 我曾应该所邀请带着这个任务去往该所, 并得以建议了供测量用的 Fermi 面 [142]. 这一 Fermi 面是从球形开始沿立方对角线方向向外伸出, 多半会触及 Brillouin 区的边界 (图 17.20). 已经清楚, 这一方法难于精确地, 且几乎不能用于确定任何比较复杂的 Fermi 面形状. 其价值并不主要是得到的结果, 而在于推动了 de Haas–van Alphen 效应这种好得多的几何分析方法的应用.

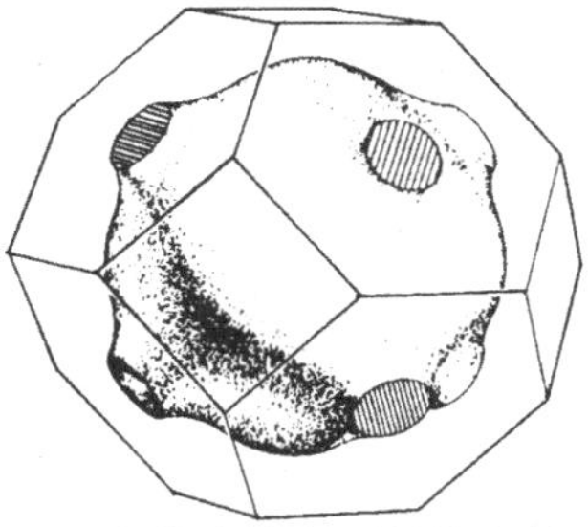

图 17.20 铜的 Fermi 面[158]. 从反常趋肤效应测量推断的形状接触面积较小. 图中给出的更接近于由 de Haas-van Alphen 效应修正的形状

Shoenberg[143] 记述了这一效应在 1930 年的发现. 它源于 Shubnikov 和 de Haas 在莱登观察到铋单晶的电阻并不很平滑地随外加磁场变化. 相反, 特别是在它们可以达到的最低温度, 电阻随场强有慢的振荡. de Haas 和 van Alphen 很快又发现磁化率有类似的行为. 上述两个实验使用了液体氢, 让人不解的是他们仅用液体氦做了几个初步的测量. Shoenberg 在剑桥接过了这个问题, 并在莫斯科开展了更深入的研究, 在那里他发现振荡的幅度在更低温度下急剧地增加 (图 17.21). 在较高场

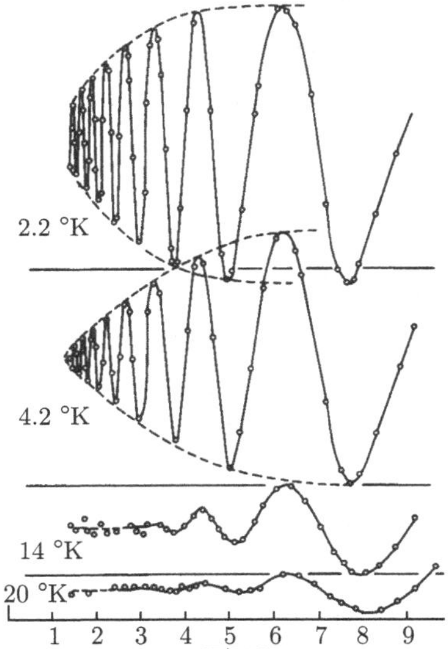

图 17.21 随温度降低铋单晶 de Haas-van Alphen 效应振幅的增加、Shoenberg[144] 早期实验用的转矩法后为脉冲场所替代, 无需给出曲线的精确解释, 重要的是磁矩的振荡特性

下振荡的间距加宽. 事实上, 那时的理论已表明如果磁矩 (或是这里的转矩) 对 $1/B$ 而不是直接对 B 作图, 周期为常数. 这被实验完全证实, 用一个循环 $1/B$ 的变化 $\Delta(1/B)$来表示周期性已成为惯例; 或者更经常地定义“频率”F为 $\Delta(1/B)$ 的倒数.

直到战争爆发, de Haas-van Alphen 效应 (dHvA effect) 只是一个孤立的奇异事件, 特别是半金属铋导带中只有很少的电子, 价带中有同样数量的空穴. 电子和空穴的 Fermi 面都非常小, 人们并不期待除铋以外还可观察到这一效应. 然而 Marcus 注意到刊载在*Journal of Physics*(这是俄罗斯杂志的英译版, 存在时间不长) 上的一则短文[145] 报道了在锌中发现这一效应. 一直在做超导方面重要实验的 Shoenberg, 对此有了新的兴趣, 这方面的研究很快成为他一生的的事业. 在哈尔科夫, 由 Verkin 为首席实验家, I M Lifshitz 给以理论上的启发, 也开始了独立且同样成功地对新例证的探索, 但只有中等强度的磁场可供使用将他们的发现限制在像在铋和锌中那样小片的 Fermi 面上. 为测量到多数金属必定具有的大 Fermi 面产生的效应, 必须有强得多的高均匀度的磁场. 作为 Kapitza (他 1934 年回到莫斯科, 直到 1965 年都未能再离开他的国家) 的最后一个英国学生, Shoenberg 熟悉 Kapitza 产生短的强电流脉冲的技术. 这一想法不仅是要得到比电磁铁更强的场, 而且因为场的变化导致磁矩的振荡可在探测线圈中感生出信号, 由信号频率可确定 F.

Shoenberg 详述了战前的历史, 从 1930 年 Landau 预言了这一效应, 但认为不切实际而未考虑其实验观察, 到不同的理论处理, 直到他将 Landau 详细的理论分析作为他自己文章的附录 (1938~1939 年斯大林大清洗期间 Landau 在狱中) 发表. 对于铋中的小 Fermi 面, 可合理地 (像在半导体中那样) 假设为椭球等能面, 当这一效应在其他金属中被发现后, 自然的倾向是力图将结果放入同样的理论模子中. 直到 1954 年, 我们发现这种强求一致的做法还在采用[146], 尽管部分实验家们不是没有疑虑, 而理论家们, 如哈尔科夫的 Lifshitz 和耶鲁的 Onsager 更不只是怀疑了, 他们两位独立地建议了比较普遍的处理方法, 但究竟哪一位更早一些就不清楚了, 因为 Lifshitz 在 1950 年曾对乌克兰的听众讲过他的办法, 但直到 1954 年还未发表, 而 Onsager, 一位不愿意写文章的作者, 在 1952 年才发表了他的想法, 这些想法显然在他的脑中已有些时间了. Landau 原始分析的核心是在均匀磁场中运动的自由电子 Schrödinger 方程的解. 他证明了并不是任何能量都是许可的, 仅有那些使轨道为整数波长的值才是允许值. 正是这种轨道量子化导致了 dHvA 效应. Onsager 和 Lifshitz 两人都认识到这是一个可用老的量子理论给出答案的问题. 在较新的量子力学将处理方法推广到晶格中的电子遇到困难时, 老的方法却神彩飞扬地越过了这些难点. Onsager 说这是“一个公开的欺骗”[147], 但是它可用, 而且一直得到严密的量子力学处理的完全支持. 读者可能会注意到 Shockley 的管道积分 [109] 已经完成了 dHvA 理论处理的一半, Onsager 知道他的想法, 但 Lifshiftz 多半不知道.

以任意形状 Fermi 面为出发点, 而对为何有此形状不做任何假设的新的几何方法, 在苏联导致理论和实验上有价值的发展, 但涉及 dHvA 效应的并不很多. 此时 Shoenberg 和他的学生们在这一领域已做得差不多了. 然而在剑桥仅有反常趋肤效应几何解释的发现在 Onsager 的文章中引起关注, 此后几何的思考成为惯例. 在哈尔科夫, Lifshitz 和他的学派将同样的想法用于金属中的其他现象, 值得注意的是磁电阻, 这时俄语文献的英译开始出现, 学术思考上便捷有效的交流很快发展, 但个人的接触还是太少了.

Lifshitz 和 Onsager 的发现可十分简单地表达 (图 17.22)—— 对 $\boldsymbol{B}$ 的每一取向, 每个极值截面积 A_e 可以产生磁矩的周期性, $F = \hbar A_e/2\pi e$. 重要的仅是面积, 而不是轨道形状的细节. 如这一例子所示, 可以有多于一个的周期性, 当 Fermi 面由几片组成时, 常常会更多. 对一定的取向范围做测量, 通常可以确定那几个周期性是属于同一片的. 接下来就是要构造表面以符合得到的数据, 通常是设计一包含少量调节参数, 并可以产生期待类型表面的表达式; 实验得到的 dHvA 数据用来确定上述参数并检验模型的一致性. 这种参数化技术的成功依赖于知道那一种结果大致是对的, 稍后我们会回到这一点.

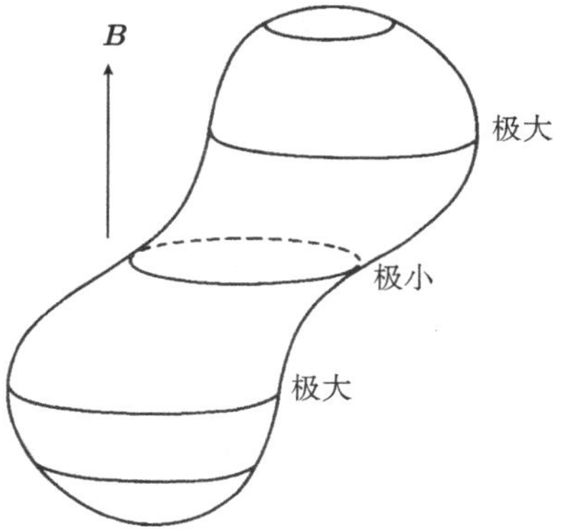

图 17.22 以垂直于 $\boldsymbol{B}$ 的截面表示的 Fermi 面示意图. 对 de Haas-van Alphen 信号有贡献的是两个面积极大的截面和一个面积极小的截面. 其他截面没有贡献

对铜的反常趋肤效应的研究, 从测量结果本身并不能看出是否与 Brillouin 区边界有接触. 另一方面, 如果有接触, 在边界上截面积就会有极小, 这就会有 dHvA 信号, 无接触则无信号. Shoenberg 因此着手找寻小的铜单晶样品, 最终得到了从加应力金属表面自发生长出的“晶须”样品. 开始他满足于没有伸出的脖颈, 但结果是他所知道的晶须取向是错的, 错误纠正后, 出现了所希望的脖颈的信号. 相继也发现银和金的 Fermi 面仅在细节上与铜不同, Shoenberg 的学生们认真地研究并尽可能精确地确定了它们的 Fermi 面.

此时的计算能力足以许可将理论结果和实验比较. 两者平行地进行, dHvA 的结果可以确证和改进理论技术. 超导螺线管的出现正当其时. 很快就能稳定地得到

7T 的磁场, 两倍于已有的好铁芯电磁铁可达到的大小. 更重要的是, 它可绕制得能产生特别均匀的场. 正是均匀性实现上的困难使 Kapltza 在 1930 年劝阻了 Landau 最初寻求轨道量子化的想法. 超导线圈也为测量技术带来很大的好处. Shoenberg 对此有详述. 所有这些发展使计划推广到更复杂的金属成为可能, 它们的 Fermi 面已被高精度地确定了.

理论还不能达到实验要求的精度, 能带的演绎计算仍处于相对不完美的水平, 当然得到的信息已远好过完全没有信息. 但是如果 Fermi 面计划的扩展必须等待为解释结果所需的大量计算的话, 那计划就很没有吸引力了. 幸运的是出现了实验家和理论家都满意的统一的概念. 不同金属间能带结构的变化并不是无规律可循的. 在实验方面, Gold[148] 注意到如果 Fermi 面如图 17.23(a) 所示, 有管状的结构, 则铅的 dHvA 结果可以解释. 他是从假定每个原子的 4 个价电子都是近自由的出发所可能出现的结果看到这种可能性的. 为了解这点, 让我们回到 Brillouin 的作图法 (图 17.9). 将图加上对自由电子为圆的等能线后在图 17.23(b) 中重新画出; $\boldsymbol{k}$ 平面中不同区的等能线移到中心区, 按照 Peierls 的规则重构的新等能线有尖点, 晶格势的存在使其变得圆滑. Gold 将这一方法用于适合于铅的三维情形, 管状结构就是得到的等能面光滑处理过的结果. 系统发展的这一方法, 通常称为 Harrison 作图法 [149]. 继 Gold 的发现后, 又有一些成功用于其他金属的例证. 尽管电子事实上在强的晶格场中运动, 但却令人不解地表现得像在弱场中一样.

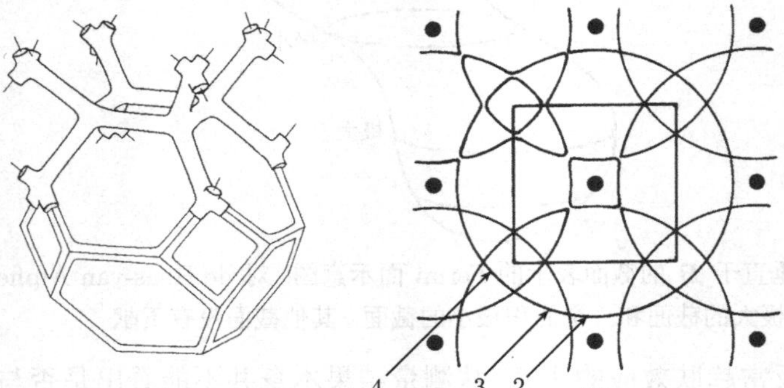

图 17.23 Gold[148] 基于自由电子模型构建的铅的 Fermi 面. (b) 作为 Brillouin 图式 (图 17.9) 修改版的 Harrison 作图法[149] 的一个例子. Brillouin 是以 Brillouin 区 (图中正方形) 中点为心构造自由电子的 Fermi 面, 并将区外的片平移到区内, Harrison 则以每个倒格点为心绘圆, 只保留在区内的部分. 如果需要, 周期性的扩展可得到闭合的周线. 将相交处的一些尖角变圆给出有弱晶格势存在时的 Fermi 周线. 中心方形的周线来自第二 Brillouin 区的孤线; 左上角的星形来自第三区, 角上的方形来自第四区. 所有其他线都是多余的. 中心的方形是空穴的周线, 其他两个是电子的周线

二十年前, Hellmann[67] 和其他一些物理学家就推测电子的行为应该几乎是自

由的. 由于 Herring 提醒注意 Hellmann 的工作, 1958 年 Phillips[150] 更深入地研究并开始发展赝势模型, Heine 和他的研究组对这一模型做出了主要的贡献 [151]. 原子和其近邻的相互作用, 就传导电子作为其媒介的部分, 可与离子实间电子波的行为相关. 特别地, 如果波可作用于离子, 全部问题就在于散射到不同方向的份额和相位变化如何. 内部的过程可能很复杂, 但最终的结果常常可用远为简单和弱 (如 Gold 成功证明的) 的势替代真实的离子势而得到. 用在离子实外有同样作用的赝势 (pseudo-potential) 可大大地减少真实的强的势带来的计算复杂性. 一开始这个想法并不被普遍接受, 很大程度是由于批评家们脑中存在着发生于离子深处过程所产生的现象, 然而一旦这些限制被摆脱后, 作为讨论范围远超过 Fermi 面形状的很多问题的有力工具, 赝势就取得了正确的地位. Phillips 的原创性文章表明对金刚石、硅和锗中的每一种如何正确地选择三个参数来定义赝势, 从而描述其能带; 事实上, 他还指出了在较早前繁复的计算中存在的错误.**【又见 17.11 节】**

Fermi 面计划是理论和实验相互作用的极好例证, 对其在不同复杂层次上的讲述, 以及历史的回顾已经发表. 没有理论的指引, 仅靠 dHvA 实验, 通常并不足以构造 Fermi 面. 早期的成功导致采用赝势作为将金属参数化的方法, 即调节少数参数直到解 Schrödinger 方程得到的 Fermi 面和 dHvA 数据相合. 这很快成为常规的计算, Fermi 面的构造也因此就可由实验"Fermi 面学家"们来做了. 理论家的任务, 开始从更基本的原理出发, 解释为什么拟合参数取他们所用的数值. 此外, 已知的参数可用来做其他的计算, 如计算晶体原子排列不同对应的结合能. 这样可以确定最稳定的形式, 也可对在温度和压强改变时许多金属有晶体结构的改变给出解释. 从另一角度讲, 有关不同金属的不同电子结构的知识有助于弄清楚冶金的问题, 同时从事设计电子结构计算的理论家们也得到了可用于检验其近似可靠性的事实.

所有金属均可用赝势方法处理的印象是一种误导. 对 I -III族金属它很成功, 但如前面已提到的, 铜内部的 3d 电子壳层因过于接近导带中的 Fermi 能级而不能被处理为赝势的源. 对于有未满内壳层的过渡族元素, 稀土和锕系金属更是这样[152]. 这些金属的 Fermi 面有很多片, 只要一部分 (当然是重要的) 实验数据来建造一个由电子行为几乎自由的导带和比较高度束缚的内壳层电子构成的自洽模型. 在量子力学发展的早期, 过渡族金属热容量中电子相对大的贡献以及其强顺磁磁化率乃至铁磁性使人们设想这些性质来源于窄的仅部分填满的内壳层能带, 后来仔细的计算支持所有这些金属 Fermi 面结构极为相似的看法, 图 17.24 就是一个典型的例子. 在相当弱的场下观察到的很多 dHvA 频率似可用来确认这一结构的细节, 结果也得到其他类型测量的支持. 认为从数据本身就能得到唯一的一组 Fermi 面是言之过头了, 但一般的共识是理论和实验足够一致地证明计算技术的正确, 因此可以在实验支持极为贫乏的情况下, 用于得到更复杂的电子结构. 近年来"重 Fermi 子"化合物 (UPt_3 是典型) 被仔细的研究. 观察到超过电子质量百倍的有效质量,但 dHvA 信号弱到很容易被热效应所掩盖, 以致于必须用高达 20T 的场强和将样品冷到 mK 温度[154] 才能得到这些信号.

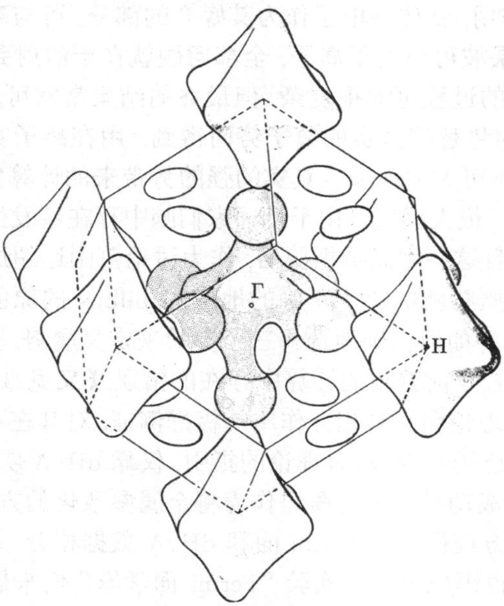

图 17.24 计算得到的钨 Fermi 面的形状[153]

还有一些其他的数据来源, 虽然没有 dHvA 效应用得那么广泛, 但在特定的情形也有其价值. 尽管一些现象有时仅用来对一些特别的金属提供详细信息, 但它们是具有内在重要性的现象, 值得关注. 这里只能讲述每个现象的主要特点, 以及提供参考文献, 使人们对历史的发展有清楚的了解. 在库珀顿会议上对这些现象大多有足够充分的讨论. 已发表的会议文集[128] 可作为对这一物理领域及其历史的很好的导引.

17.18.1 磁电阻[126]

正如已经提到过的, Kapitza[5] 提出的线性磁电阻律对于加深理解没什么帮助. 按照 Lorentz 和 Sommerfeld 最初的模型无法说明业已存在的测量的变化, Peierls 和 Bethe 大约在 1930 年意识到非球形 Fermi 面可能会导致这一效应[155]. 其后 Jones 指出, 尽管 Sommerfeld 类型的金属在仅有电子或空穴一种载流子时, 不会有磁电阻, 但两者均存在时可导致一个效应出现 —— 电阻初始应比例于 B^2 上升, 然后变缓趋于饱和值, 这可以是零场值的数倍. 实际上, 如电子数和空穴数相等, 将不会有饱和, 平方关系的增加将一直继续; 这是 Jones[156] 对铋行为的解释. 多年以后发现 [157] 对于非常纯的铋在液氦温度超过 10^7 倍的增加是可能的, 他的解释并

未受到怀疑.【又见 17.2 节】

直到在二次大战之后磁电阻成为半导体物理有用的诊断工具以前, 人们对它注意较少. 对于金属, 由于 Alekseyevski 领导的莫斯科小组的实验工作, 特别是 Lifshifz 领导的哈尔科夫学派的理论工作, 人们开始觉得磁电阻较为重要. 在库珀顿会议上 Chambers 讲述了磁电阻的历史的发展并详细讲解了日后被视为的正则理论 (LAK, 是 Lifshifz, Azbel' 和 Kaganov 的缩写) 的内容. 在偶数价金属中并非不常见的电子数和空穴数的相等, 仅仅是非饱和磁电阻的一个原因. 换一种方式讲, Fermi 面的形状多了能使一些电子不是在 dHvA 效应决定的闭合轨道运动, 而是沿开轨道以正弦形路径于两次散射间在金属中运动一段距离. Shockley 和 Chambers 推测可能有开轨道存在, 但是是 Lifshifz 和 Peschanskii 通过非常漂亮的拓扑论述精确地给出了何时会有这种轨道及其所取的形式. 结果是系统的磁电阻研究可用以揭示特定 Fermi 面的特征[158]. 对非常纯的单晶铜线, 当垂直于线的轴线方向加强磁场时, 正是开轨道的存在使得电阻有特别的峰出现 (图 17.25). 为定量解释这些结果, 需要将 Fermi 面和区边界接触的脖颈假设得比最初设想的大一些. dHvA 效应实验证实了这一调整并使之进一步精确化.

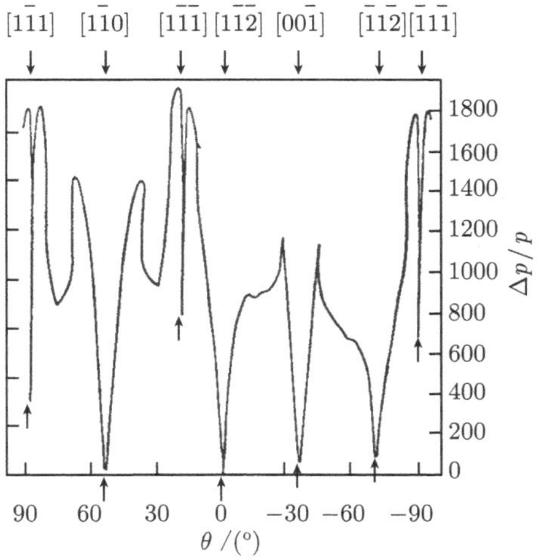

图 17.25 单晶铜棒的高场磁电阻 [159]. 当磁场方向在垂直于棒的平面内变化时, 它会经过晶体不同的高对称性方向 (图中用箭头指示), 该处电阻有尖锐的极小, 其数值可比极大值小数百倍

17.18.2 Azbel'-Kaner 回旋共振 (1956)

几乎在 Chambers[160] 凭直觉指出在金属中当磁场方向垂直于表面时观察不到类似于在半导体中研究过的回旋共振的同时, Azbel' 和 Kaner[161] 建议磁场方向应平行于表面, 这样电子的轨道可进出趋肤深度 (图 17.26). 效应很快被测量到, 稍后

技术得到改进, 并在确定 Fermi 面上电子速度方面得到一定的应用. 以莫斯科为主要的中心, 观察到并解释了相关的一些效应和额外的复杂性.

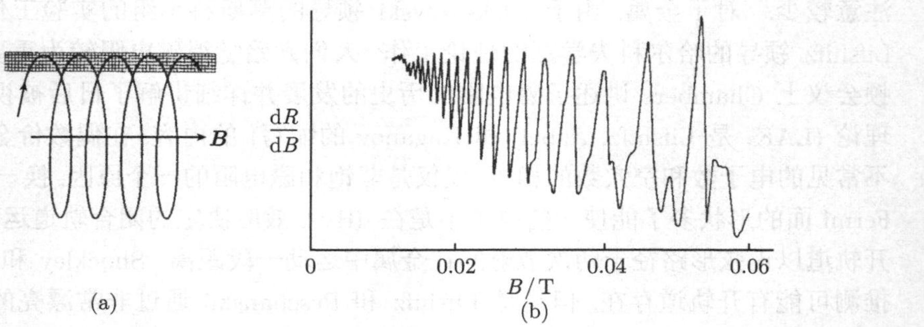

图 17.26　高纯钨晶体的 Azbel'-Kaner[161] 回旋共振 [162]. (a) 中的灰色区是振荡场可以穿透的表面层. $\boldsymbol{B}$ 平行于表面时, 电子可有规律地进入这一层. 如果 $\boldsymbol{B}$ 选择得使每次进入振荡场相位均相同, 电子会受到同样的多次推动, 对电流有较大的贡献. 如果回旋周期是场振荡周期的许多倍, 如 (b) 所示, 共振发生在十分接近的 $\boldsymbol{B}$ 值处. 在这里效应被记录装置所增强, 并非直接增强表面电阻 R, 而是增强其随 $\boldsymbol{B}$ 的变化率

17.18.3　声共振 (1955)[163]

1954 年 Bömmel 观察到低温下在纯金属中超声波有相当大的衰减, Mason 将之解释为源于自由程长时电子气体有很高的黏性. 在兆赫频率范围, 自由程可远超过声波波长, 电子黏性的理论表现得像反常趋肤效应——只有接近平行于波前运动的电子, 就像可在波上“滑水”一样可从中十分有效地吸收能量. 在外加磁场平行于波前时, 如果电子的轨道尺寸和波长 (或其倍数) 匹配, 相互作用就特别强. 像在 Azbel'-Kaner 共振中那样, 它们的相互作用每半周得以增强. 这个效应也由 Bömmel 1955 年首先观察到.

17.18.4　螺旋振子 (1960)[164]

电离层场理学家早就知道圆偏振电磁波 (哨声) 可在电离介质中沿磁场方向传播. 在处于弱地磁场的稀薄电子和离子气体中, 有些效应可足够显著, 但对电子密度高的金属, 在强磁场下, 效应则会极大地增强. 波可以以不超过每秒数厘米的速度传播, 而不是以光速运动. 这样在数毫米厚的平板中电磁共振可在数赫兹处发生. Aigrain 使人们注意到在半导体中的这种低频共振, 称其为螺旋振子 (helicons) , 稍后在钠中观察到. 对除无限平板外的其他形状, 理论非常复杂, 现象并未得到广泛的用途. 然而波速可由 Hall 常数确定, 因此并不需要制作小的易受损失的样品来测量. 有可能使横声波速度和螺旋振子速度一致, 以产生两者结合的波动新形式, 此时晶格振动和磁场携带的能量大体相等. 这只是金属中多种奇异波动的一个例

子.【又见 26.7 节】

17.18.5 磁击穿 (1961)[165]

在对镁的 dHvA 研究中, Priestley 惊奇地发现对在 Brillouin 区中相应的 Fermi 面而言, 有一个振荡频率过高了. Cohen 和 Falieov 将其解释为如果晶格势很弱, Bragg 反射可能只是部分的 —— 一个电子沿其轨道到达应该发生反射的点时可以选择继续前进, 或被反射. 这样可能会形成一个自由电子轨道, 并产生所观察到的高频率振荡. 与表现为量子力学隧穿的介电击穿的 Zener 理论类比, 他们称此效应为磁击穿 (magnetic breakdown). 在金属中这并非少见, 可导致突出的磁电阻振荡, 如图 17.27 所示, 图给出锌中的效应, 并有适当的理论解释. 在发展出完全的理论前有难以应付的复杂性需要克服, 尤其是当磁场改变时量子化能级结构, 依赖于 B 是某一常数的有理或无理的倍数, 会无限快速地变化[167]. 这个问题和在混沌研究中著名的分形结构有某种亲缘关系, 但事实上并未得到任何超出理论最原始形式的结果.

17.18.6 Shoenberg 磁相互作用 (1962)[168]

dHvA 效应中磁化强度的振荡可足够强, 以致改变样品内部的场和导致振荡本身严重的畸变. 最突出的显示于铍的磁电阻中, 加上磁击穿的作用产生了如图 17.28 所示的不可思议的变化.

如果我们将现代磁电阻的研究确定为始于 1955 年的 LAK 理论, 因此到 1962 年间所有这些新现象都被揭示出来了; Fermi 面计划的开始也在这一短的期间. 有幸涉及这一领域的人们所感到的激情在库珀顿会议文集中得到了证实.

17.19 独立粒子模型之外

实验 Fermi 面计划主要在一种单纯状态下进行 —— 似乎没有理由怀疑在晶格中运动的电子是彼此独立的, 甚至试图考虑它们之间有强 Coulomb 相互作用的理论家们也发现非常难于得到合乎情理的结论. Sommerfeld 和 Bloch 最初建立的电子量子理论辉煌的成功足够有说服力; 而且战前 Skinner[170] 对导电电子落入空的原子能级产生的 X 射线辐射的研究显示的尖锐的截断与在 Fermi 面上占据的和空的 Bloch 态之间有清楚的分界是协调一致的. 那个时期发表的大多数文章忽略了这一议题, 尽管还有数位理论家继续找寻这种看来反常的简单性的原因.

我们已经讲到过屏蔽的思想, 即每个电子使其他电子与之远离, 以防止 Coulomb 场的影响超出其直接的近邻. 尽管在本质上正确, 但这是一个很难不被视为权宜之计的理论. 好的理论应该将所有的电子视为全同粒子, 希望能非人为地产生一个通过短程 (即屏蔽) 力弱相互作用的独立粒子模型. 沿着这一线索, Bohm 和 Pines[171]

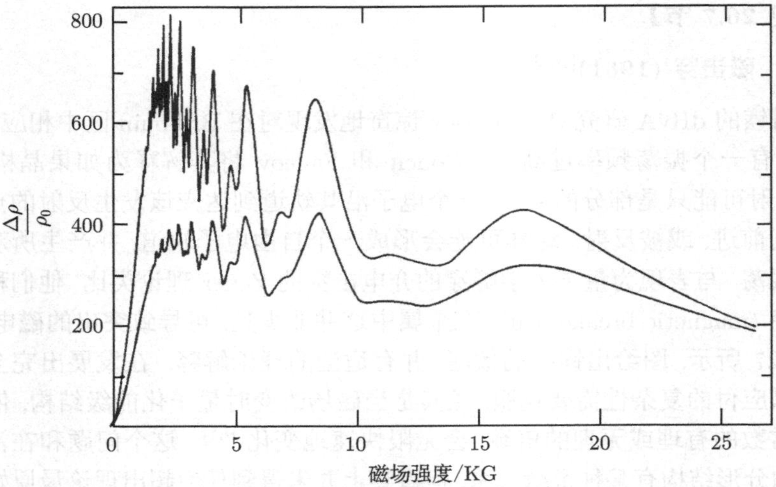

图 17.27 源于磁击穿的锌单晶电阻强振荡 [166]. 如果没有击穿. 电阻初始以平方关系增加到约零场值的 600 倍时会像在铋中一样继续增加. 上面一条曲线是晶体温度在 1.6K 时测得的, 下面一条在 4.2K 测得

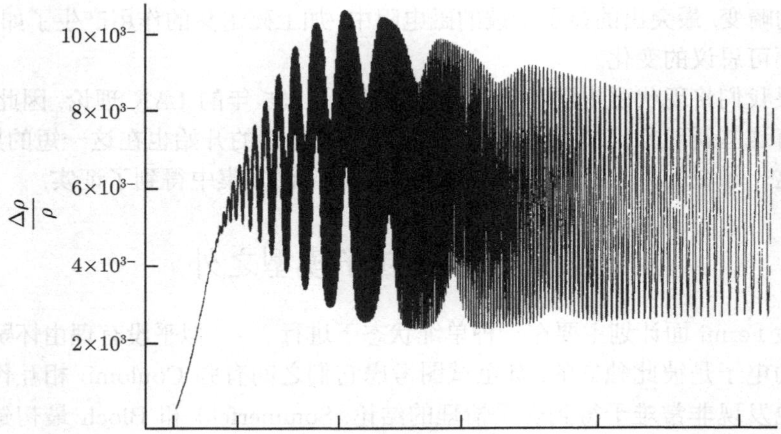

图 17.28 因同时存在磁击穿和 Shoenberg 相互作用时产生的铍单晶在 1.39K 温度的磁电阻 [169]. 在较低场强下, 记录不能分辨电阻的快速振荡

取得了相当的成功. 为搞清楚他们的模型的起源, 我们必须返回到对气体放电的研究, 特别是 Langmuir 和他在通用电气公司的助理 Schenectady 的工作 [172]. 正是他们引入了词汇等离子体 (plasma) 来描述中性但高度电离的气体, 在他们看来这与凝胶的性质有些类似. 如果由于电子的位移使电中性受到扰动以致在不同的

区域出现电荷的过剩或不足，产生的电场会起到恢复力的作用；电荷密度以等离子体频率 ω_p 振荡，直到电子和离子的碰撞使运动耗散. 在 Langmuir 的低密度等离子体中，ω_p 约为 10^8Hz；在大多数金属中，电子浓度远高于此，频率为 10^{15}Hz，这是可见光或近紫外光的频率，也是 Bohm 和 Pines 论证中用到的重要事实.**【又见 22.3 节】**

他们的讨论导致电子气的动力学性质的描述可分做两部分的结论. 就电子的相对运动，即它们彼此接近并因 Coulomb 相互作用而排斥而言，它们表现为是各自独立的. 然而如果它们真的是独立的，偶然的电荷密度涨落会在所有的时间发生. 这可用量子化的等离子振荡的语言来描述，现在已清楚量子能量 $\hbar\omega_p$ 如此之高以至于在常温下几乎不会被激发. 这意味着电子密度持续性的涨落不会发生. 电子的运动等同于它们仅按照屏蔽 Coulomb 定律相互排斥，此外是独立的；附加的约束是它们不能建立扩展的空间电荷区. 对它们自由度的这种约束在稠密电子气中并不重要，如 Wigner[57] 已经证明的只是稍受 Coulomb 相互作用的影响，但在比较稀薄的气体中这是重要的. 它也影响到自旋顺磁性，Pauli 正是由此创始了金属的量子理论. 将自旋贡献和其他磁效应分开是困难的，但对一或两个碱金属，借助于巧妙应用顺磁共振测得了其自旋磁化率 [173]. 结果表明期待的增强和计算之间有令人满意的符合.

在这一理论中，很依赖于有多少分立的等离子体振荡模式存在，如振荡模式较多，则电子的独立运动受的约束也多. Bohm 和 Pines 假设仅波长大于某截止值 λ_c 的等离子波可存在，λ_c 值由计算得到的电子气能量极小确定. Lindhard[174] 提出了一个从概念上讲更加清楚的说法：短波长的等离子波波速较慢，只有比 Fermi 面上电子速度更快的那些波可存活，因为电子可在较慢的波上滑行，并损耗其能量. Lindhard 判据实际上和 Bohm 及 Pines 的判据并没有很大的差别. 他的分析对这一特别的问题并无影响，尽管他用的方法 (是他的老师 Klein 引入方法的扩展) 后来被采用于处理其他问题. Lindhard 也提及 Bloch 和朝永 (Tomonaga) 相关的想法，但未提到 Landau[175] 较早的对滑行思想较不够清楚的讨论，也许他对此并不知晓.

到此为止，所用理论工具对老一代研究者而言大体是熟悉的，进一步的发展就涉及 Feynman 图和发散的无穷级数工具了. Gell-Mann 和 Brueckner [176] 将 Bohm-Pines 理论和 Wigner 对关联效应的分析结合到一起；Hubbard[177] 提供了后续改善的文献，这些工作对之前不够严格的定性的想法在定量上加以完善. 尽管尚不能完全用公式表示，但物理图像已经清楚多了.

等离子体振荡的研究并不只是对传导电子相互作用做更严格表述的问题，作为电荷的纵振荡且伴有相关的电场，它们并非不同的声波，而是通过离子电荷和金属中的声波有强的耦合. 这导致对 Bardeen 旧的有关钠中声子理论的重新考虑[178]. 尽管最终结果没有什么根本的改变. 在他对超导电性理论的探究中这是重要的一步.

涉及等离子体振荡进一步感兴趣的是它在推迟快速运动带电粒子中起的作用[179]. 从 Bohr 开始的早期的理论, 集中于研究当粒子经过时从原子中激发出来束缚电子, 但当电子像在金属中那样自由时, 必定涉及其他机制. Lindhard 对较早的想法给出了完善的讲述, 但让人有点惊奇的是并未追寻和 cherenkov 辐射的相似性. 一个快速运动的带电粒子, 按经典的语言将在等离子体中产生冲击波: 用量子的词汇, 粒子将以量子 $\hbar\omega_p$ 的整数倍损失能量. 这个效应可在装备有测量出射电子能量方法的透射电子显微镜中观察到. 这个效应首先被 Ruthermann 在 1941 年注意到, 但未作解释. 他观察到的铝的能量损失谱清楚地表明存在一个或多个 16eV 能量的等离子体激元的激发. 由于各种材料的等离子体频率不同, 能量损失量子揭示了细聚焦束通过的微小区域成分的某种信息. 当然这并不是唯一的有诊断价值的能量损失机制; 将离子实电子激发到较高的空能级同样是独特的.

正当 Bohm-Pines 理论的含义被一一揭示之时, Landau[180] 在莫斯科推广了他早先受液体氦超流动性启发得到的想法, 对相互作用粒子问题发展了不同的解决方法. 他集中于描述氦的轻同位素 ^{3}He 的液态, ^{3}He 像电子一样遵存 Fermi 统计; 结果是他的做法被称为 Fermi 液体理论. 所有的基本假设以一种似乎是不言而喻的专断的方式表述, 此后均被证明是对的. 很快由 Silin[181] 开始将这一理论应用于金属中的电子. Bohm 和 Pines 是从有 Coulomb 相互作用的电子气体开始, 试图推出基态的多体量子理论, Landau 的方法则将基态视为给定, 直接讨论最低激发态的性质, 这些态在低温下出现, 涉及能量和电荷的传输. 他的基本前提是, 这些激发态, 其正规描述需要涉及所有电子的极为复杂的波函数, 必须具有非常类似于单个电子的性质 —— 它们有长的寿命, 携带动量和能量, 遵从 Fermi 统计. 它们被称为准粒子, 且相互作用着, 但并不简单地通过屏蔽 Coulomb 势相互作用. 其相互作用是集体的, 准粒子的速度由其波矢 $\boldsymbol{k}$ 和其他准粒子的激发状况决定. 没有对任何特定金属的预期效应的大小作过计算.**【又见 11.3 节】**

Landau 的做法体现了一位将普遍原理置于解决具体问题之上的科学家独有的特征. 他从建立唯象理论出发, 这是任何具体的理论必须符合的普遍且必须的框架, 在这一框架下, 具体的测量和计算通过有限的几个参数可得到自洽的描述. 在液体 ^{3}He 情形, 理论预言了新的效应, 如零声的存在且稍后被实验观察到, 与此相对照理论扩展到金属则不同, 没有什么可与零声相比的东西出现, 理论的直接影响很小. 另一方面, 对准粒子概念的阐发却在相继的对相互作用粒子量子力学的探究中留下了它的印记.

Landau 有关 Fermi 液体的第一篇文章发表后, 很快得到也在莫斯科的 Migdal[182] 所证明的普遍结果的有力支持. 以某种限制为条件, 相互作用 Fermi 粒子系统的基态具有预想不到的性质. 如果从非相互作用粒子系统中无规地挑出一个粒子, 我们会发现其能量有突然截止, 没有一个能量可超过 E_F(图 17.29(a)). 对于相互作用的粒子, 自然地假定截止有平滑过渡 (图 17.29(b)), 但 Migdal 证明了仍然存在可用于定义 Fermi 能的不连续性 (17.29(c)). 主要通过 Kohn 和 Luttinger[183] 在美国的工作, 很快就清楚了 $\boldsymbol{k}$ 空间的 Fermi 面可以由这一 Migdal 不连续性定义; 最低激发能 (即 E_F) 的准粒子的 $\boldsymbol{k}$ 值在这个面上, 正是这些准粒子决定着诸如 dHvA 效应等现象. 这些结果大大有助于证明 Fermi 面学家们简单假设的正当性; 人们只需简单地将电子一词更换为准粒子即可.

具有讽刺意味的是, 在 Migdal 定理出现的同一年, 一个例外在欢呼声中发表了 —— 这是 Bardeen, Cooper 和 Schrieffer 的超导电性理论. 他们的超导体的基态没有 Migdal 不连续性, 第一激发态和基态是由能隙分开的. 可以说 Landau 在坚持他的理论只能用于没有这类能隙存在的 Fermi 液体时曾预料到了这一点. 这是他的基本假设中的实质部分, Migdal 和 Luttinger 也如是, 即如果将 Coulomb 相互作用想象为是非常渐进地开启的, 系统将会平滑地调整到新的位形. 但这决不是必须的; 对它的否定是 Mott 转变的核心. BCS 理论也因类似的原因处于 Migdal 定理范围之外. 没有普遍的方法从理论上决定给定体系是否将遵从这一定理, 但 Fermi 面计划得到的经验证据有力地表明在非超导金属中没有怀疑这一定理的理由. **【又见 11.2.4 节】**

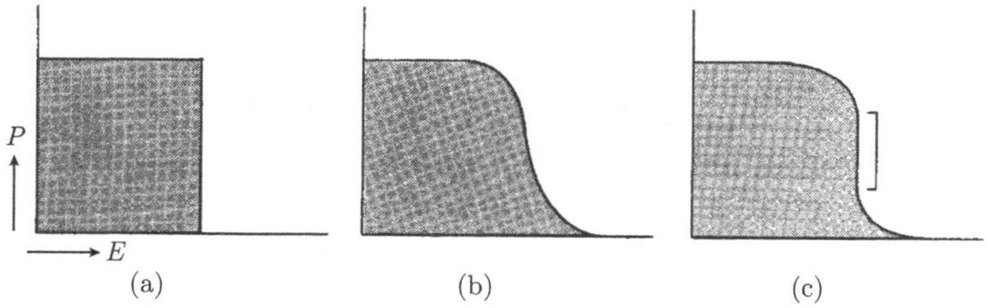

图 17.29 (a) 在零温度非相互作用粒子 Fermi 气体中, 在能量 E 态找到一个粒子的概率 P 在 E_F 处急剧降到零; (b) 给出人们所认为的相互作用的效果是使从完全占据到零占据间有平滑的过渡; (c) 是 Migdal[182] 的结果, 方括弧标明的是剩余的不连续性

17.20 无 序 材 料[184]

添加缺陷于 Bloch 的理想晶格看来总是必须的, 因为没有缺陷就没有电阻. Mott 和 Jones[35] 描述了在处理合金电阻方面首批成功的例子, 特别提到 Nordheim 在 1931 年以及 Mott 随后的工作. 他们所用的半经典方法总体而言适合于金属, 对半导体和高度无序的液体金属就差一些了. 大约在 1960 年, 理论工作出现了新的局面, 最明显的特点是采用完全量子力学的论述, 这些论述或者数学上非常困

难, 或者具有高度的直觉性, 有时两者兼具. Anderson[185] 的独创性文章由于技巧上的困难一段时间并不受欢迎, 而 Mott[186] 的简单处理方法 (仔细考察会发现这依赖于长期经验产生的直觉) 也并不被他的同行们和读者认可. 然而, Mott 周围的实验家们对于最需要做什么实验相当相信他的判断, 同时他们耐心地尽可能地消化他的见解, Mott 在一个特别困难的研究领域将自己重新 (在咨询和管理机关工作数年后) 确立为强有力的领导者. Anderson 在建议实验和引导理论家方面成为领袖, 可以肯定的是, 没有这样两位风格完全不同的先行者, 这一领域不会发展得如此成功.

在这些新发展中, 实验的冲击原则上是老式的, 然而在取得大量准确数据方面用的是新的技术. 几乎没有发现什么类似于 Fermi 面计划出现的新的现象. 着重的还是经典的性质 —— 电导率、Hall 常数、热电势 —— 以及它们随温度的变化; 最热的理论议题是这些性质和无序体系中原子位形的关系. 至此比较合适的是进一步探讨在处理这种问题上观念的发展

对于 Nordheim 和 Mott 在 30 年代用得很好的处理方法, 早期就有批评者指出电子常常在违反 Heisenberg 不确定原理的情况下被假定为经典粒子[187]. 一个电子, 如果被处理成粒子, 必须改用波包描述, 且波包保持的时间要长于相继两次散射的平均时间. 这只能由能量范围大于 $\hbar/\tau$ 的平面波的组合来达到. 只要这一能量值远小于 k_BT , 将热激发电子想象为具有确定的能量和位置的粒子是没有问题的. 然而这一判据在高温或非常低的温度通常是不满足的, 这似乎是不必要的限制. 1934 年 Peierls 引用 Landau 的论述, 但用 Fermi 能替换 k_BT—— 如果 $\hbar/\tau \ll E_F$, 在他看来经典理论是正当的, 这粗略地和要求平均自由程 l 应该长于 de Broglie 波长一致. 当时怀疑者看来满意了, 但问题依然存留在 Peierls 的脑海中; 他在伯明翰的同事们再次关注这一问题, 这是在 1956 年会议之后, 会上日本的理论物理学家久保 (Kubo) 给出了在非理想晶格中作为电子 Schrödinger 方程精确解的电导率正式的表达式. 由于没有任何人曾写出过任何这种精确解, 似乎这一表达式的作用有限; 然而它不断地成为许多理论讨论的起点. 它的确被 Greenwood 用来 (可能是重新发现) 提供更多的材料支持 Landau 对经典方法的捍卫. 近一步的发展由 Chester 和 Thellung[188] 做出, 他们对历史背景有很好的讲述.

久保放弃了将杂质视为对理想晶格微扰的富有成果的、也许不够准确的做法, 选择 Schrödinger 方程精确解作为他的起点. Nordheim 则将合金假设为"平均"原子晶格的非微扰态, 因此每个原子受扰动的程度相同, 在合金电阻率理论上取得进展. 但这明显是权宜之计. 当液态金属的电性质开始激发人们的兴趣时, 问题又变得紧迫了. 因为此时不能再把体系分成理想规则的背景和在背景上嵌有的分立散射中心. 在液体中, 背景和散射不规则性是纠缠在一起, 分解不开的, 需要有新的处理方法.

液态金属的研究有悠久的历史, 可以在 Schulz 和 Cusack 的评述文章和 Faber 全面的论文 [184] 中找到. 早在 1919 年, Kent 就测量了一些液态金属和合金的光反射率, 观察到和基于受散射自由电子模型的 Drude 经典理论有十分好的符合. 在光频下, 在限制对交变电场的响应方面, 电子的惯性比散射更有效, Drude 恰当地留心到这一点. Kent 注意到解释结果所需的电子数与价电子数相合. 后来, 当能带论的复杂性被认识到时, 这一简单结论才看来让人惊奇, 在 50 年代它才被 Schulz 和 Hodgson 仔细的测量所证实. 更令人惊奇的多半是 Hall 常数的结果, 在 1960 年以后这些结果十分可靠. 此前未清楚地意识到, 除非非常仔细地考虑电极的几何安排和极为小心地使磁场均匀, 液体将会因电磁力而运动, 测量因之无效. 当这些问题得到解决后, 发现对许多液体金属, Hall 常数取电子应有的符号, 与在固体中符号为何无关, 同时给出的电子密度再一次和价电子密度相合. 结合光学性质, 也许可采纳量子能量足以超过任何带隙的解释, 但这不能用于直流 Hall 效应. 看来至少对价电子, 没有任何能带效应在晶格熔化后仍存留是肯定的结果.

对于解决这一问题, 赝势概念的出现是最及时的. 一旦了解到固体金属中复杂的 Fermi 面并不要求电子和离子间有强的相互作用, 而可用弱相互作用和 Brillouin 区结构来解释, 对 Ziman 来说, 在液态中电子近自由地通过现已无序, 但仍然仅有弱作用的离子体系运动就是清楚不过的了. 有效电子数为实验给出的实际的数目, 这并不能立即导致对电导率的计算; 还需要知道有关离子位形的信息. Ziman 重新发现了 1945 年 Bhatia 和 Krishnan 提出的想法, 他们指出所需的信息包含在液体的 X 射线散射图样中. 当 X 射线落到理想晶格上时, Bragg 反射使之出射到确定的方向; 但液体不会产生锐的衍射斑, 只有扩散的晕圈, 其详细的轮廓提供了对描述一束电子如何逐渐地失去对原方向所有记忆的所需信息. 发生这一过程的距离可定量地联系于平均自由程, 因而联系于电导率. 液态金属的电导率理论因此有了坚实的基础, 尽管需要借助实验来绕过有关液体中原子位形的难题.

在同时, 更多的努力倾注于无序的, 特别是非晶态半导体的电导率. 很早就知道硒可制作成玻璃状, 但对其半导体, 蒸发或溅射成薄膜是唯一可靠的办法; 这对电导率的测量并无妨碍. 它们的行为, 甚至熔融半导体的行为对接受晶态半导体 Wilson 理论的人而言是个问题. 如果它们特别的性质来源于满价带和空导带的邻近, 那么它们在熔化时仍为半导体就显得很奇怪. Gubanov 给出了一个讲得通的解释, 他在列宁格勒 Ioffe 的研究所工作, 这是这方面很活跃的研究中心. 在他看来, 原子排列的长程有序并不重要 —— 在决定能级的一般结构方面起关键作用的是最近邻的排列. Ioffe 和 Regel[189] 讲述了这一工作的早期状况, 在文章中还介绍了不同种类材料间的重要差别. 电子迁移率的测量可用电子自由程的语言解释, 他们指出如果自由程小于 de Broglie 波长, 概念就站不住脚了; 对于一个行波, 如果在它可以表现波的特性前就受到破坏, 那就不能称之为波了. 当表观的自由程小到这种程度时, 就必须放弃流动电子的想法, 电导率应该来源于局域电子从一个中心跳迁到另一个中心. Ioffe 和 Regel 并未提到他们的判据和 Landau[187] 从不同的出发点导出的判据是相同的.

对一特定的无序体系模型, Anderson 1958 年的文章证明了单电子就可以是局域的, 并不需要作为 Mott 转变基础的 Coulomb 相互作用存在. 这里并不暗含着不同解释间的矛盾冲突 —— 相反, 两个过程有可能同时起作用. Anderson 的机制本质上是量子力学的. 一个小球没有能量损失地在无规地插着小柱子的桌面上弹跳, 小球可以走曲折的路径离开其出发点, 而且依赖于时间可走任何的距离. 但另一方面, 被无规柱阵列散射的波可被局域在一有限的区域, 不管等多久都不会离开, 二者的区别在于大量散射波之间的干涉. 只要柱子是固定的, 它们就是相位相干的. 不管对涉及三维局域的 Anderson 分析的严密性有任何的怀疑, 但一维情形足够清楚 —— 任何程度的无序均导致波函数的局域. Mott 和 Twose[190] 最早的文章说明这是很有道理的, 其后的完善只是强化了这一论点[186]. 在四维情形结果也很清楚 —— 没有局域化存在. 在三维世界, 按照 Anderson 的观点, 电子或者是不可避免地非局域, 或者是不可避免地局域; 在半导体的杂质带, 可能只是靠近带下边的电子是局域的. 这导致普遍接受迁移率边 (mobility edge) 概念, 它是两种态间清晰的分界, 一种态电子是局域的, 只能靠热激发跳迁到另一局域态, 另一种态电子可自由运动, 尽管平均自由程很短. 两种类型行为间的转变发生在带中 (如我们现在可以期待的) 平均自由程和电子波长可比较处. 在迁移率边处精确地发生了什么是一个有争议的问题. Mott 认为迁移率有不连续的变化, Cohen 因某种原因认为变化应较光滑一点. 这方面及相关论题大量的文献让人难以总结, 希望能有更多了解的读者可从阅读 Mott 和 Davis 百科全书式的综述[184] 开始, 但要记住, 对这一议题, 文章不可避免地会偏好于作者们自己的解释.

17.21 干涉效应[191]

电子波的相干多重散射如果像在几乎所有的合金中那样不足以引起明显的局域性, 在电阻率行为中是不容易分辨的. 在典型的样品中会涉及非常多的散射过程, 以至于叠加的子波具有无规的相位; 结果是好像不存在相位相干, 电子的行为与插有小柱的桌上的球类似. 然而当附加磁场时, 相位关系有系统性改变, 在合适的条件下会产生能测量到的效果. 原因可在量子力学不可思议的特性中找到. 在没有磁场时, de Broglie 波波矢 $\boldsymbol{k}$ 由 $\boldsymbol{p}/\hbar$ 给出, $\boldsymbol{p}$ 为动量 $m\boldsymbol{v}$; 然而在有磁场 $\boldsymbol{B}$ 时, $\boldsymbol{k}$ 为 $(m\boldsymbol{v}+e\boldsymbol{A})\hbar$, $\boldsymbol{A}$ 为矢势, 满足 $\boldsymbol{B}=\mathrm{curl}\boldsymbol{A}$. 给定能量, 因而速度 $\boldsymbol{u}$ 也给定的电子在

外加 $\boldsymbol{B}$ 时波长会变化. 假定波在 α 点产生散射的子波, 在回到 α 点受再次散射前相继在 $\beta, \gamma, \cdots$ 受到散射; 最后的波和返回的次级波之间的相位关系将因 $\boldsymbol{B}$ 而变, 因为在来回一周中所含的波长数目改变了. 结果是所有散射子波都被改变了. 对任意选择的闭合回路 $\alpha\beta\gamma\cdots\alpha$, 相位变化为 $2\pi e\phi/\hbar, \phi$ 是通过多边形 $\alpha\beta\gamma\cdots\alpha$ 的磁通量. 当然有大量不同面积的这类多边形存在, 它们的相位变化不同, 在通常的样品中效应再次地被抹去. 但在非常低的温度下在非常小的样品中, 独立路径的数目足够少, 以至于相位的变化可以起作用. IBM 公司用制作计算机电路的先进技术可制出截面积仅为 60nm×38nm 的线, 磁场变化时, 电阻表现出数量级为千分之几的无规涨落.

这也许并不非常惊人, 但实验是从较早在莫斯科的理论和实验工作中得到启发而做的, 并希望能证实和扩展在那里发现的更加轰动的现象 —— 电阻随磁场的涨落变化. 在这方面, 理论的预期受到 Aharonov 和 Bohm[192] 著名文章的启发; 文章证明了电子束分开然后再会合 (像 Young 氏光学干涉实验中那样) 后形成的干涉花样何以能被从两束分开的电子束之间穿过的磁通所移动, 尽管这些电子是在一个屏蔽了磁场的区域内运动, 没有受到磁场的直接作用. 效应显示是矢势 $\boldsymbol{A}$ 而不是磁场 $\boldsymbol{B}$ 控制着 de Broglie 波长, 严格讲这并不是新的发现, 因为在量子力学历史的早期已认识到 $\boldsymbol{A}$ 的意义, 例如这一认识也是 F London 对超导体磁通量子化预言的核心. Aharonov 和 Bohm 的贡献在于指出这一似是而非的性质如何能明显可见的演示出来, 就像其后很快做到的那样. Al'tshuler 和他的同事 [193] 将这一论点用于细薄壁圆筒中的电子, 文章的物理信息隐藏于数学细节中. 他们注意到在某一点 α 散射的子波尽管在路径上受多次散射但仍可在绕圆筒一圈后回到该点. 同时可有一个子波以相反的方向走同一环路, 两者合在一起给出 α 点最终的散射子波. 如无磁场, 相反方向的相位长度相同, 二者发生相长干涉, 但通过圆筒的磁通量会使相位长度有别, 后果是在 α 点的合成发生变化. 有数量极多的这种反向环绕对存在, 在 $\boldsymbol{B}=0$ 时均以相同的相位重新组合, 磁通 ϕ 为 $h/2e$ 的整数倍时亦如是; 由于每个回路有接近于相同的面积, 振荡效应以相同的相位组合, 这与前面无规组合的例子不同.【**又见 11.2.2 节**】

Sharvin 父子[194] 在 1.5μm 直径的石英丝上蒸镀镁薄膜, 通过电阻测量演示了振荡效应. 振荡振幅仅为平均电阻的百万分之四. 在 IBM 对小的蒸发环的实验中, 如图 17.30 所示, 振幅接近千分之一. 在这种情况下, 周期相当于随 ϕ 改变 h/e, 因为样品的几何不同, 波在重组前传播的距离是半个环. 这些实验诱发了许多后继的工作. 自然有许多理论讨论, 关注于量化在介观 (mesoscopic) 体系 —— 大于原子但仍非常小的体系中观察到的效应. 这些效应也许并没有多少超出其自身的意义, 但作为优雅的物理学的例子值得关注.

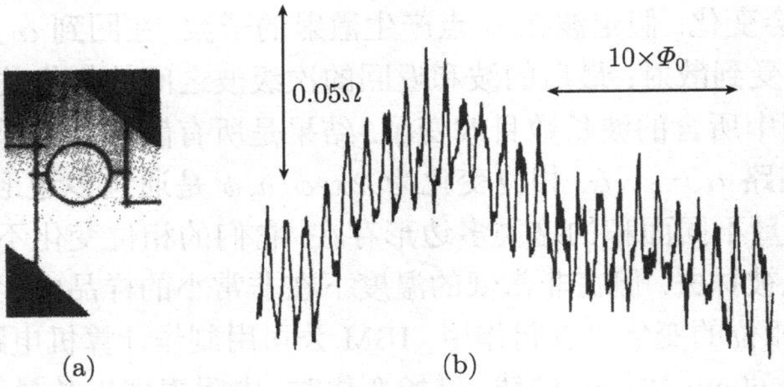

图 17.30　(a) 蒸镀的金环的显微照相 [195], 金环直径 0.78μm, 具有电阻 (约 30Ω) 的测量引线. 穿过环的磁场强度增加时, 电阻的振荡如图 (b) 中迹线所示; 每个周期相当于通过环增加了一个磁通量子 h/e. 测量温度为 10mK

17.22　二维电子气; 量子 Hall 效应[196]

我们刚讲述过的课题文献虽然很多, 但都局限在纯科学的兴趣内. 我们要关注的最后一个课题完全不同, 它起源于并一直被电子学工业所滋养. 最初的工作材料是硅单晶的表面层, 其上覆以薄的氧化硅层, 再蒸镀金属电极, 如图 17.31(a) 所示. 这是 MOSFET (金属氧化物半导体场效应晶体管) 的基本结构, 是大规模积成芯片中无处不在的电路元件. 后来兴趣转到制作由纯的和掺铅的砷化镓 (GaAs) 层交替组成的三明治结构上. 电子可被限制在非常接近于一个界面的区域, 在这种器件中散射中心可少到平均自由程达 100μm 或更长. 由于非常近似于理想二维导体, 它本身就是被认真研究的对象. 加之, GaAs 及其衍生物有着如此广泛的商业应用以及更多的期望, 因而在工业实验室和工业界支持的大学实验室中强力推动着对其性质的研究. 这种材料是低功率通讯微波无线电发射机和接收机的基础, 甚至可用于驱动自动开门器, 其销路决不是微不足道的. 更重要的是在光纤通讯和 CD 播放器中它作为红外激光有源部件的作用. 这可能可以解释为什么每年在物理杂志上发表约 4000 篇涉及 GaAs 的文章, 为什么对这一单个材料的年会持续了近 20 年. 查阅这里提供的一本文集 [197] 中的论文可以得到, 虽然是肤浅的, 关于这一领域如何发展的概貌. 这里并不打算讲述主要的发展脉络. 而是集中注意力于一个纯物理的例子 —— 量子 Hall 效应 —— 它在 1980 年发现时曾引起惊奇和激动, 提出的一些理论问题至今仍未解决.

二维电子气本质上是量子力学的概念. 如果可以制作一理想薄的金属膜, 且具有光滑的表面, 膜中电子典型的波函数在两个表面处消失, 垂直于膜的波矢分量只能取 $n\pi/a$ 值之一 (图 17.31(c)). 加上在膜平面运动的能量, 电子具有限域能 $n^2h^2/8ma^2$. 在温度低到 $k_{\mathrm{B}}T \ll h^2/8ma^2$ 时, 仅最低态 ($n=1$) 被占据 —— 电子可仍然沿膜自由运动, 但在垂直方向失去运动的自由度；其行为严格地等同于二维空间的粒子. 条件并不非常严苛 —— 在 1K 温度时膜可有 100 个原子厚. 在 MOSFET 发展的早期, Bardeen 的研究生 Schrieffer 曾预见到一种更可行的做法, 但当时被视为不切实际而被忽视. 约十年后, 对硅表面更好的了解, 特别得益于氧化, 使得可能观察到他所预言的效应. 情况如图 17.31(b) 所示, 能带被正电极电场所弯曲, 出现一个薄表面层 —— 反型层 (inversion layer), 层中导电电子是限域的. 电极正电场越强, 反型层中电子越多, 这样可以从外部调节二维电子气的密度, 使实验安排变得非常灵活. 在表面层中势阱近乎线性变化 (图 17.31(d)). 对于直到 1981 年的发展, 以及到量子 Hall 效应[198] 刚开始引起极大关注为止的电子气的性质, 有很好的评述文章[196].

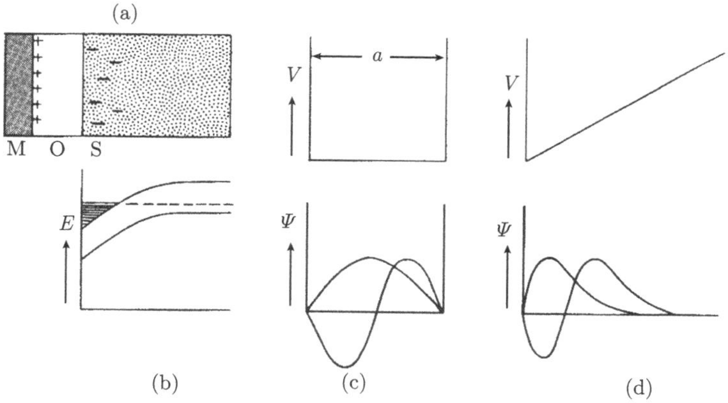

图 17.31 (a) MOSFET 的结构；在 n 型硅晶体 (灰区) 表面生长一氧化层 (白区), 金属电极 (深灰区) 蒸发于其上. 当电极带正电时, 如 (b) 所示, 能带弯曲, 使负电荷聚集到硅表面下, 形成二维导体.(c) 陡壁方势阱 (上部) 允许正弦波函数存在, 下图给出最低的两个波函数. (d) 与 (b) 类似的三角势阱, 允许的波函数在势阱一侧逐渐减小

垂直于表面的磁场 $\boldsymbol{B}$ 对电导的影响远较三维金属情形剧烈, 在三维情形如图 17.22 所示, $\boldsymbol{k}$ 空间占据区的每一片平面产生由其面积决定相位的振荡；在二维气体中不会有相互抵消的效应. 特别地, 如果 $\boldsymbol{B}$ 取刚好填满最高占据 Landau 能级之值, 电子仍然可以导电, 但除更高的能级外没有电子可被散射进入的空态. 在足够低的温度, 没有足够的能量让电子进入更高能级, 因此可以没有损耗. 当电流流过一个长条, 平行于电流方向没有电场的分量, 但垂直于无损耗电流的 Hall 场并未被排除. 在揭示出电阻周期性消失的实验中, 磁场保持不变, 但通过改变外电极电势, 膜中电子浓度是变化的. 从上面的讲述可以预期电阻将精确地消失于某些特定的电子密度. 然而当实验在很低的温度和强磁场下进行时, 用可得到的最好的材料, 出现了让人感到特别意外的结果 (图 17.32), 在一些扩展的电子密度 (或电极电

势) 范围内电阻为零. 而且在每一范围内 Hall 电场同时保持着惊人的稳定性. 加之 Hall 场的数值和最简单的理论预期极为一致. 如果将 Hall 电阻 (不是电阻率)$R_{\rm H}$ 写成条状样品对边的横向电压 V 和总电流 I 之商 V/I, 样品的形状和材料的性质从表示式中消失, $R_{\rm H}$ 为 h/e^2 或 25812.8 Ω 被整数除. 这一现象可为基本常数的确定从新的途径提供精确数据的希望. 和另一个对 h/e 给出非常精确测量的较近发现 Josephson 效应结合, 可分别得到 h 和 e 的数值.**【又见 16.2.6 节】**

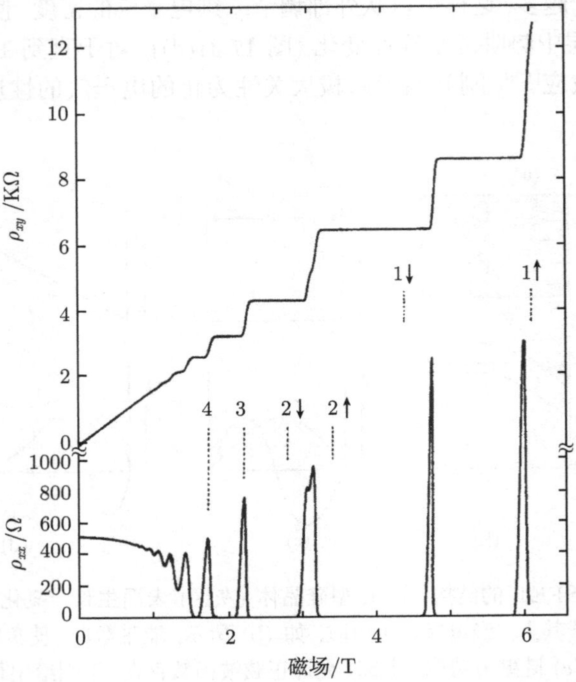

图 17.32　8 mK 温度下异质结构中二维电子气的纵向和横向 (Hall) 电阻[199]. 由于用异质结构变化电子密度不像用 MOSFET 那么方便, 改变磁场强度可产生等价的效应. 纵向电阻 (图下部曲线) 在宽的磁场强度范围内消失, 在此期间 Hall 电阻惊人地保持不变

为达到这一目的, 当然必须绝对地确信对简单的数值 h/e^2 没有修正, 确实已经证明如果电阻消失, $R_{\rm H}$ 必定精确地为 h/e^2, 即使膜是不理想、包含有散射中心的. 至于所涉及的机制, 在相当多的讨论后, 普遍采纳的观点是散射中心使量子化 Landau 能级中的一些电子局域化; 代替包含有很多相同能量态的尖锐的能级的, 是由于散射而展宽的中心为巡游电子边上是局域电子的结构. 平台代表了导致 Fermi 能级处于局域化能带内的电极势的范围, 一个反常的结果是一些电子对导电完全没有贡献, 而其他的却需要有足够的额外迁移率以精确地补偿上述损失[200], 这是极不一般的结果, 虽无直接的证明, 但技术上十分复杂的实验演示为权威机构所接受,

从实验测得的平台给出的 h/e^2 值, 独立的测量相互间的符合好于百万分之一. von Klitzing 的诺贝尔获奖报告[199] 对这一工作做了可读性强并含历史信息的说明.

最初用 MOSFET 对平台的研究得不到任何像图 17.32 所示的用外延生长异质结构测到的那么突出的结果. 这句话需要稍加解释. 1969 年 IBM 公司的江崎和 Tsu 提议研究其性质按层来分的人工半导体结构[201]. 为达到这一目的, 尽管设备昂贵, 且 (如所有高水平半导体研究一样) 要有最严苛的清洁标准, 分子束外延技术仍然最终证明为赢家. 想法非常简单 —— 在非常高的真空中, 固体的组份可从加热源中蒸发, 逐个原子层以非常接近于理想晶格结构的形式凝聚到冷基底上. 在形成一定数目的层后, 成份可进一步改变, 如在 GaAs 中用铝替换一部分镓. 这并不破坏晶格结构, 但却改变了能隙的宽度. 用这种方式在晶体中可产生一光滑的没有散射的界面 (异质结 (heterojunction)), 其行为像 MOSFET 的表面. 后者的氧化层被用掺铝的 GaAs 替换, 它有较大的能隙, 使纯 GaAs 中的电子不能越过界面. 在界面足够远处掺入施主杂质, 它们不会散射传导电子, 但又足够近, 可在 GaAs 中产生类似于图 17.31(d) 中的三角势, 相当于带正电荷的外电极；现在层中的传导电子数密度是固定的, 如果希望改变密度, 不妨添加外电极.

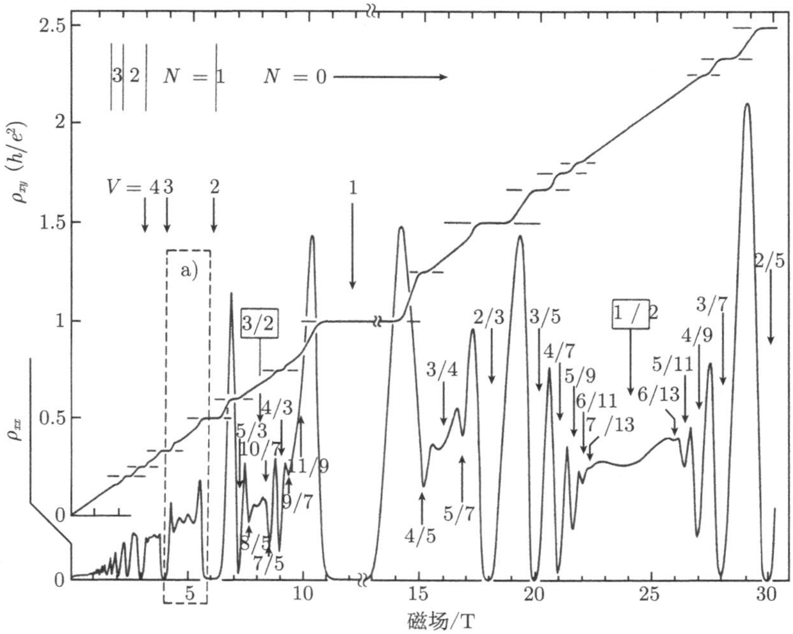

图 17.33　分数量子 Hall 效应 [203]. 图下面的曲线给出二维气体的纵向电阻, 曲线极小处的分数给出 Laudau 能级被占据的状况. 这些结果很强地倾向于分数有奇数分母

对量子 Hall 效应最精密的测量是用异质结做的, 但故事并不到此为止, 因为

1982 年在 Bell 实验室观察到最低 Landau 能级三分之一占据的次级平台[202]. 此后发现了许多类似的分数平台, 图 17.33 给出一个令人印象深刻的例子, 出现了相当多富有想象力的解释, 但观点似已定型到倾向于认为这是 Coulomb 相互作用导致的电子气凝聚的新类型. 这和 Wigner 格子不同, 它仍是难以捉摸的. 1991 年召开了有关二维电子气物理的会议 [204], 数位受邀请演讲人讲述了近期的状况, 他们的论文对于想对这一深奥课题了解更多的读者应是很好的切入点.

17.23 后 记

在世纪将要结束之际, 固体的电学性质比以往任何时候都让更多的人卷入. 且不说发展, 掌握相关的理论基础所需的智能就已超出了其中大多数人的造诣所及. 这并不意味着他们浪费了自己的才智; 而是他们现在从事的工作和 20 世纪中期吸引研究物理学家的工作十分不同. 那时如果是实验物理学家, 他会希望有所发现, 并至少定性地用流行的物理思想来解释他的发现 (摒弃当前流行的想法会被认为野心勃勃). 现在没有什么人会足够自信地认为自己掌握了他所从事领域. 期待有所不同是对当前研究背后的驱动力的误解. 集结在非常昂贵装置周围工作人员的目标, 对大部分人而言并不是找寻新的真理, 而是发掘现有知识的应用价值. 人们为研究花钱是由商业利益所驱使. 如二维电子体系的奇特行为, 现在还有一维和零维电子体系, 以及具有同样迷人性质的重 Fermi 子金属, 有机导体等意外的发现不再是研究的首要目标, 更像是以物理为基础的众多工业的副产品. 这些项目无法吸引研究生、博士后以及资深工作人员中的十分之一的努力. 这些人可在相关领域中写出或炮制大量的文章.

三十年前对上述情形就有所预见, 当然不是这么具体. 没有人会猜到会有这么多钱投入, 或计算机的发展会如此强烈地扩展技术范围和降低实验费用. 在我看来, 规劝年轻物理学家从事应用研究而不是纯科学也许更有回报[205] 似乎是正确的. 很难相信物理学进一步发展会再变得更简单, 我们必须期待纯研究将由有天赋的少数人推动 —— 并不一定要最聪明, 最有想象力, 但要非常地投入. 这是因为特别在科学圈子内有天赋的人太容易去炫耀他们超人的见地. 对于很多可以以其他方式做出贡献的人, 不要让他们自己或别人认为他们失去了得到盛名的机会 —— 只要他们充分运用自己的才华, 比如用于证明一个数学定理, 完善一个装置, 或执教, 或以任何方式帮助治理科学和技术, 使之更完善, 他们就一定可以达到这个目标.

致谢

感谢 R G Chambers 对本文十分有帮助的审阅

(阎守胜译 郭卫校)

参考文献

[1] 1959 Methods of Experimental Physics (New York: Academic),especially p 21 for Purification (P H Egli, L R Johnson and W Zimmerman) and p 86 for Single Crystal Growing (M Tanenbaum)

[2] Carpenter H C H and Elam C F 1921 Proc. R. Soc. A 100 329

[3] Whittaker E T 1951 A History of the Theories of Aether and Electricity 2nd edn (London: Nelson),for Volta and thermoelectric effects
Campbell L L 1923 Galvanomagnetic and Thermomagnetic Effects (London: Longmans, Green)

[4] Hall E H 1879 Am. J. Math. 2 287

[5] Kapitza P L 1928 Proc. R.Soc. A 119 358: 1929 Proc. R. Soc. A 123 292

[6] Kaiser W 1987 Hist. Stud Phys. Sci.17:2 271

[7] Richardson O W 1903 Phil. Trans. R. Soc. A 201 497

[8] Bohr 的硕士和博士论文的英译文发表在 Nielson J R (ed) 1972 Niels Bohr Collected Works vol 1 (Amsterdam: North-Holland).

[9] 1927Conductibilité Électrique des Métaux (4th Solvay Conference, 1924) (Paris: Gauthier-Villars)

[10] Hoddeson L, Braun E, Teichmann J and Weart S (ed) 1992 Out of the Crystal Maze (New York: Oxford University Press) ch 2
Eckert M 1987 Hist. Stud. Phys. Sci. 17:2 191

[11] Wien W 1913 Preuss. Akad. Wiss. Berlin Ber. 7 184

[12] Keesom W H 1913 Phys.Z. 14 670

[13] Sommerfeld A 1928 Z. Phys. 47 1; 之后由 W V Houston (p 33), C Eckart (p 38) 及 Sommerfeld (p 43) 所写的三篇论文完成了这一序列

[14] Schottky W 1923 Z. Phys. 14 63

[15] Hoddeson L, Braun E, Teichmann J and Weart S(ed) 1992 Out of the Crystal Maze (New York: Oxford University Press) p 104

[16] Hall E H 1928 Proc. Natl Acad. Sci. 14 366, 370

[17] Barlow H M 1929 Phil. Mag. 7 459

[18] Lorentz H A 1905 Proc. R. Acad. Sci. Amsterdam 7 438, 585, 684

[19] Sommerfeld A and Frank N H 1931 Rev. Mod. Phys. 3 1

[20] Sommerfeld A and Bethe H 1933 Handbuch der Physik vol 24/2 (Berlin: Springer) p 333

[21] Hoddeson L, Braun E, Teichmann J and Weart S (ed) 1992 Out of the Crystal Maze (New York: Oxford University Press)
Mott N F et al 1980 Proc. R. Soc. A 371 3; 该文介绍了固体物理开始时期的一次研讨

会, 包括了与本节有关的 F Bloch, R E Peierls, A H Wilson 和 H A Bethe 等人的重要贡献.

[22] Bloch F 1928 Z. Phys. 52 555
[23] Wilson A H 1932 Proc. R. Soc. A 134 277
[24] Houston A H 1932 Z. Phys. 48 449
[25] Strutt M J O 1928 Ann. Phys., Lpz. 86 319
[26] Strutt M J O 1928 Solid State and Molecular Theory: A Scientific Biography (New York: Wiley) p 60
[27] Sommerfeld A and Bethe H 1933 Handbuch der Physik vol 33 (Berlin: Springer) p 40
[28] Jones H and Zener C 1934 Proc. R. Soc. A 145 268
[29] Herring C 1937 Phys. Rev. 52 361
[30] Jones H and Zener C 1934 Proc. R. Soc. A 144 101
[31] Peierls R E 1929 Phys. Z 30 273
[32] Klemens P G 1956 Encycopedia of Physics vol 14 (Berlin: Springer) p 198
[33] Ziman J M 1960 Encyclopedia of Physics (Oxford: Clarendon) p 386
[34] Peierle R E 1930 Ann. Lpz. 4 121
[35] Mott N F and Jones H 1936 The Theory of the Properties of Metals and Alloys (Oxford: Clarendon) ch 7
[36] Brillouin L 1930 Les Statistiques Quantiques vol 2 (Paris: Les Presses Universitaires de France) p 204
[37] Frenkel J 1932 Wave Mechanics (Oxford: Clarendon) p 267
[38] Bardeen J 1937 Phys. Rev. 52 688
[39] Herring C 1953 Structure and Properties of Solid Surfaces (Chicago, IL: Chicago University Press) p 117
[40] Pippard A B 1955 Phil. Mag. 46 1104
[41] Peierls R E 1932 Ann. Phys., Lpz. 12 154
[42] Ziman J M 1960 Electrons and Phonons (Oxford: Clarendon) p 411
[43] Ziman J M 1960 Electrons and Phonons (Oxford: Clarendon) p 396
[44] 1927 Conductibilité Électrique dex Métaux (4th Solvay Conference, 1924) (Paris: Gauthier-Villars) p 9
[45] Bridgman P W 1919 Phys. Rev. 14 306
[46] Bohr N 1912 Phil. Mag. 23 984
[47] MacDonald D K C 1962 Thermoelectricity (New York: Wiley) p 71
[48] Mott N F and Jones H 1936 The Theory of the Properties of Metals and Alloys (Oxford: Clarendon) p 310
[49] Ioffe A F 1957 Semiconductor Thermoelements and Thermoelectric Cooling (London: Infosearch)
[50] Brillouin L 1931 Die Quantenstatistik (Berlin: Springer) p 287

[51] Seitz F 1940 The Modern Theory of Solids (New York: McGraw-Hill) ch 8

[52] 除 [20], [35], 和 [51] 外, 这一时期的重要教科书还有
Fröhlich H 1936 Elektronentheorie der Metalle (Berlin: Springer)
Wilson A H 1936 The Theory of Metals (Cambridege: Cambridge University Press)
Mott N F and Gurney R W 1940 Electronic Processes in Ionic Crystals (Oxford: Clarendon)

[53] Slater J C 1975 Solid State and Molecular Theory: A Scientific Biography (New York: Wiley) p 60
Schweber S S 1990 Hist. Stud. Phys. Sci. 20 339

[54] Hoddeson L, Braun E, Teichmann J and Weart S 1992 Out of the Crystal Maze (New York: Oxford University Press) ch 3

[55] Wigner E and Seitz F 1933 Phys. Rev. 43 804

[56] Wigner E and Seitz F 1934 Phys. Rev. 46 509

[57] Wigner E 1934 Phys. Rev. 46 1002

[58] Lindemann F A 1915 Phil. Mag. 29 127

[59] Landau L D 1937 Phys. Z. Sowjet. 11 545

[60] Aanderson P W 1984 Basic Notions of Condensed Matter Physics (Menlo Park, CA: Benjamin/Cummings) p 29

[61] Debye P and Hückel G 1923 Phys.Z. 24 305

[62] 参见 Mott N F and Jones H 1936 The Theory of the Properties Metals and Alloys (Oxford: Clarendon) p 293

[63] Baber W G 1937 Proc. R. Soc. A 158 383

[64] Landau L D and Pomeranchuk I 1936 Phys. Z. sowjet. 10 649

[65] Slater J C 1934 Rev. Mod. Phys. 6 209

[66] Ashcroft N W and Mermin N D 1976 Solid State Physics (New York: Holt, Rinehart and Winston) ch 11
完整的文献见 Slater J C 1965 Quantum Theory of Molecules and Solids vol 2 (New York: McGraw-Hill) p 521

[67] Hellmann H and Kassatotschkin W 1936 J. Chem. Phys. 4 324

[68] Hoddeson L, Braun E, Teichmann J and Weart S (ed) 1992 Out of the Crystal Maze (New York: Oxford University Press) ch 7

[69] Shockley W 1950 Electrons and Holes in Semiconductors (New York: Van Nostrand)

[70] 1962 Proceedings of the International Conference on the Physics of Semiconductors (London: Institute of Physics and the Physical Society) pp 901, 902

[71] 1906 US Patent No 836531 (Pickard) and US Patent No 837616 (Dunwoody)

[72] Pierce G W 1909 Phys. Rev. 28 153

[73] Grondanhl L O 1933 Rev. Mod. Phys. 5 141

[74] Gudden B 1931 Phys. Z. 32 825

[75] Mott N F and Gurney R W 1940 Electronic Processes in Ionic Crystals (Oxford: Clarendon) pp 83, 166

[76] Frenkel J I 1931 Phys. Rev. 37 17

[77] Wannier G 1937 Phys. Rev. 52 191

[78] Pohl R W 1937 Phys. Rev. 49 E3

[79] Ioffe A F 1935 Actualités Scientifiques et Industrielles vol 202 (Paris: Hermann)

[80] Hoddeson L, Braun E, Teichmann J and Weart S ed 1992 Out of the Crystal Maze New York: Oxford University Press ch 4

[81] Pankove J I 1971 Optical Processes in Semiconductors (Englewood Cliffs, NJ: Prentice-Hall) ch 14

[82] Landau L D 1933 Phys. Z. Sowjet. 3 664

[83] Fröhlich H, Pelzer H and Zienau S 1950 Phil. Mag. 41 221

[84] Holstein T 1959 Ann. Phys., Lpz. 8 343

[85] Wolfe J P, Hansen W L, Haller E E, Markiewicz R S, Kittel C and Jeffries C D 1975 Phys. Rev. Lett. 34 1292

[86] Shah J, Combescot M and Dayem A H 1977 Phys. Rev. Lett. 38 1497

[87] Braun E and Macdonald S 1982 Revolution in Miniature 2nd edn (Cambridge: Cambridge University Press)

Hoddeson L, Braun E, Teichmann J and Weart S (ed) 1992 Out of the Crystal Maze (New York: Oxford University Press) ch 7

[88] Southworth G C 1950 Principles and Applications of Waveguide Transmission (New York: Van Nostrand) pp 9, 648

[89] Torrey H C and Whitmer C A 1948 Crystal Rectifiers New York: McGraw-Hill

[90] Henisch H K 1949 Metal Rectifiers (Oxford: Clarenson)

[91] Haynes J R and Shockley W 1949 Phys. Rev. 75 691

[92] Bardeen J and Brattain W H 1948 Phys. Rev. 74 230

[93] Smith R A, Jones F E and Chasmar R P 1968 The Detection and Measurement of Infra-red Radiation 2nd edn (Oxford: Clarendon)

[94] 1962 Bull Inst. Phys. Phys. Soc. 13 33

[95] Smith S D 1982 Robert Allan Smith; Biographical Memoirs of Fellows of The Royal Society (London: The Royal Society) p 479

[96] Fischer F, Cudden B and Treu M 1938 Phys. Z. 39 127

[97] Lovell B (ed) 1947 Electronics (London: Pilot) p 124

[98] Hall L H, Bardeen J and Blatt F J 1954 Phys. Rev. 95 559

[99] Herman F and Callaway J 1953 Phys. Rev. 89 518

[100] Herman F 1954 Phys. Rev. 95 847

[101] Burstein E and Egli P H Advances in Electronics and Electron Physics vol 7 (New York: Academic) p 1 and Brooks H Advances in Electronics and Electron Physics vol 7 (New York: Academic) p 87
[102] Hung C S and Gliessman J R 1950 Phys. Rev. 79 726
[103] Fritzsche H 1958 J. Phys. Chem. Solids 6] 69
[104] de Boer J H and Verwey E J W 1937 49 59
[105] Mott N F 1949 Proc. phys. Soc. A 62 416
[106] Mott N F 1968 Rev. Mod. Phys. 40 673
[107] Dorfman J 1951 Dokl. Akad. Nauk 81 765 Dingle R B 1952 Proc. R. Soc. A 212 38
[108] Dresselhaus G, Kip A F and Kittel C 1953 Phys. Rev. 92 827
[109] Shockley W 1950 Phys. Rev. 79 191
[110] Shockley W 1951 Bell System. Tech. J. 30 990
Conwell E M 1967 Solid State Physics Supplement 9 ed F Seitz and H Turnbull (New York: Academic)
[111] Gunn J B 1956 J. Electron. 2 87
[112] O'Dwyer J J 1964 The Theory of Dielectric Breakdown of Solids (Oxford: Clarendon)
[113] Erlbach E and Cunn J B 1962 Proceedings of the International Conference on the Physics of Semiconductors (London: Institute of Physics and the Physical Society) p 128; 1962 Phys. Rev. Lett. 8 280
[114] Hutson A R, McFee J H and White D L 1961 Phys. Rev. Lett. 7 237
[115] Esaki L 1962 Phys. Rev. Lett. 8 4
[116] Esaki L 1958 Phys. Rev. 109 603
[117] Gunn J B 1964 IBM J. Res. Dev. 8 141 Butcher P N 1967 Rep. Prog. Phys. 30 97
[118] Collins S C 1956 Encyclopedia of Physics vol 14 (Berlin: Springer) p 112
[119] Bass J 1972 Adv. Phys. 21 421
[120] van Vucht R J M, van Kempen H and Wyder P 1985 Rep. Prog. Phys. 48 853
[121] van den Berg G J 1964 Progress in Low Temperature Physics vol 4 Amsterdam: North-Holland p 194
[122] Kondo J 1962 Prog. Theor. Phys. 28 846
[123] Daybell M D and Steyert W A 1968 Rev. Mod. Phys. 40 380
Dogdale J S 1977 The Electrical Properties of Metals and Alloys (London: Arnold) p 189
Chambers R G 1990 Electrons in Metals and Semiconductors (London: Chapman and Hall) p 129
[124] Chambers R G 1969 The Physics of Metals ed J M Ziman (Cambridge: Cambridge University Press) p 175
[125] Chambers R G 1952 Proc. R Soc. A 202 378

[126] Chambers R G 1969 The Physics of Metals ed J M Ziman Cambridge: Cambridge University Press p 175

Pippard A B 1989 Magnetoresistance in Metals (Cambridge: Cambridge University Press) ch 6

[127] Tsoi V S 1974 JETP Lett. 19 70

[128] Harrison W A and Webb M B (ed) 1960 The Fermi Surface (Cooperstown Conference, 1960) (New York: Wiley)

Springford M (ed) 1980 Electrons at the Fermi Surface (Cambridge: Cambridge University Press)

Shoenberg D 1984 Magnetic Oscillations in Metals (Cambridge: Cambridge University Press)

Hoddeson L, Braun E, Teichmann J and Weart S (ed) 1992 Out of the Crystal Maze (New York: Oxford University Press) ch 3

[129] Mott N F and Jones H 1936 The Therory of the Properties of Metals and Alloys (Oxford: Clarendon) p 189

[130] Slater J C 1965 Quantum Theory of Molecules and Solids vol 2 (New York: MrGraw-Hill) p 303

[131] 参见 Mott N F and Jones H 1936 The Theory of the Properties of Metals and Alloys (Oxford: Clarendon) p 170

[132] Heine V 1969 The Physics of Metals ed J M Ziman (Cambridge: Cambridge University Press) p 51

[133] Jones H 1955 Proc. Phys. Soc. A 68 1191

[134] Howarth D J 1959 Phys. Rev. 99 469

[135] Callaway J 1964 Energy Band Theory (New York: Academic) p 168

[136] Segall B 1961 Phys. Rev. Lett. 7 164' 1962 Phys. Rev. 125 109

Burdick G A 1961 Phys. Rev. Lett. 7 156

[137] London H 1940 Proc. R Soc. A 176 522

[138] Pippard A B 1947 Proc. R, Soc. A 191 385

[139] Reuter G E H and Sondheimer E H 1948 Proc. R.Soc. A 195 336

[140] Sondheimer E H 1954 Proc. R. Soc. A 224 260

[141] Pippard A B 1954 Proc. R. Soc. A 224 273

[142] Pippard A B 1957 Phil. Trans. R. Soc. A 250 325

[143] Shoenberg D 1984 Magnetic Oscillations in Metals (Cambridge: Cambridge University Press) ch 1

[144] Shoenberg D 1936 Proc. R. Soc. A 170 341

[145] Nakhimovich N M 1941 J. Phys. USSR 6 11

[146] Berlincourt T G 1954 Phys. Rev. 94 1172

[147] 1955 Les Électrons dans les Métaux (10th Solvay Congress, 1954) (Brussels: Stoops) p 153
[148] Gold A V 1958 Phll. Trans. R. Soc. A 251 85
[149] Harrison W A and Webb M B (ed) 1960 The Fermi Surface (Cooperstown Conference, 1960) (New York: Wiley) p 28
[150] Phillips J C 1958 Phys. Rev. 112 685
[151] Heine V 1969 The Physics of Metals ed J M Ziman (Cambridge: Cambridge University Press) ch 1
[152] Mackintosh A R and Andersen O K 1980 Electrons at the Fermi Surface (Cambridge: Cambridge University Press) p 149
[153] Cochran J F and Haering R R (ed) 1968 Solid State Physics vol 1 (New York: Gordon and Breach) p 146
[154] Julian S R, Teunissen P A A and Wiegers S A J 1992 Phys. Rev. B 46 9821
[155] Peierls R E 1980 Proc. R. Soc. A 371 35
[156] Jones H 1936 Proc. R. Soc. A 155 653
[157] Alers P B and Webber R T 1953 Phys.Rev. 91 1060
[158] Fawcett E 1964 Adv. Phys. 13 139
[159] Klauder J R, Reed W A, Brennert G F and Kunzler J E 1966 Phys. Rev. 141 592
[160] Chambers R G 1956 Phil. Mag. 1 459
[161] Azbel′ M Ya and Kaner E A 1956 Phys.-JETP 3 772
[162] Walsh W M 1968 Solid State Physics vol 1, ed J F Cochran and R R Herring (New York: Gordon and Breach) p 158
[163] Pippard A B 1960 Rep. Prog. Phys. 23 176
[164] Petrashov V T 1984 Rep. Prog. Phys. 47 47
Kaner E A and Skobov V G 1968 Adv.Phys. 17 69
[165] Stark R W and Falicov L M 1967 Progress in Low Temperature Physics vol 5 (Amsterdam: North-Holland) ch 6
[166] Stark R W 1964 Phys. Rev. A 135 1698
[167] Hofstadter D R 1979 Phys. Rev. B 14 2239
[168] Pippard A B 1980 Electrons at the Fermi Surface ed M Springford (Cambridge; Cambridge University Press) ch 4
[169] Reed W A and Condon J H 1970 Phys. Rev. B 1 3504
[170] Skinner H W B 1940 Phil. Trans. R. Soc. A 239 95
[171] Pines D 1955 Les Électrons dans les Métaux (10th Solvay Congress,1954) (Brussels: Stoops) p 9
[172] Tonks L and Langmuir I 1929 Phys. Rev. 33 195
[173] Schmacher R T and Vehse E E 1963 J. Phys. Chem. Solids 24 297
[174] Lindhard J 1954 Kong. Dansk. Vid. Selsk, Mat.-Fys. Medd. 28 8

[175] Landau L D 1946 J. Phys. USSR 10 25

[176] Gell-Mann M and Brueckner K A 1957 Phys. Rev. 106 364

[177] Hubbard J 1958 Proc. R. Soc. A 243 336

[178] Bardeen J and Pines D 1955 Phys. Rev. 99 1140

[179] Pines D 1956 Rev. Mod. Phys. 28 184

[180] Landau L D 1957 Sov. Phys.-JETP 3 920
Wilkins J W 1980 Electrons at the Fermi Surface ed M Springford (Cambridge: Cambridge University Press)

[181] Silin V P 1958 Phys.-JETP 6 387

[182] Migdal A B 1958 Sov. Phys.-JETP 5 333

[183] Luttinger J M 1960 The Fermi Surface (Cooperstown Conference, 1960) ed W A Harrison and M B Webb (New York: Wiley) p 2

[184] Mott N F and Davis E A 1979 Electronic Processes in Non-crystalline Materials (Oxford: Clarendon)
Faber T E 1972 Introduction to the Theory of Liquid Metals (Cambridge: Cambridge Univerisity Press)

[185] Anderson P W 1958 Phys. Pev. 109 1492

[186] Mott N F 1967 Adv, Phys. 16 49

[187] 参见 Peierls R E 1955 Quantum Theory of Solids (Oxford: Clarendon) p 139

[188] Chester G V and Thellung a 1959 Proc, Phys. Soc. 73 745

[189] Ioffe A F and Regel A R 1960 Prog. Semicond. 4 237

[190] Mott N F and Twose E D 1961 Adv. Phys. 10 107

[191] Aronov A G and Sharvin Yu V 1987 Rev. Mod. Phys. 59 755
Beenakker C W J and van Houten H 1991 Solid State Physics vol 44, ed H Ehrenreich and D Turnbull (Boston, MA: Academic) p 1

[192] Aharonov Y and Bohm D 1959 Phys. Rev. 115 485

[193] Al′tshuler B L, Aronov A G and Spivak B Z 1981 JETP lett. 33 94

[194] Sharvin D Yu and Sharvin Yu V 1981 JETP Lett. 34 272

[195] Webb R A, Washburn S, Umbach C P and Laibowitz R B 1985 Phys. Rev. Lett. 54 2696

[196] Ando T, Fowler A B and Stern F 1982 Rev. Mod. Phys. 54 437

[197] 1972 Gallium Arsenide and Related Compounds (Bristol: Institute of Physics)

[198] von Klitzing K, Dorda G and Pepper M 1980 Phys. Rev. Lett. 45 494

[199] von Klitzing K 1986 Rev. Mod. Phys. 58 519

[200] Prange R E 1981 Phys. Rev. B 23 4802; 1990 Electrons in Metals and Semiconductors (London: Chapman and Hall) p 199

[201] Esaki L 1985 Molecular Beam Epitaxy and Heterostructures ed L L Chang and K Ploog (Dordrecht; Nijhoff) p 1

[202] Tsui D C, Störmer H L and Gossard A C 1982 Phys. Rev. Lett. 48 1559

[203] Willett R, Eisenstein J P, Störmer H L, Tsui D C,Gossard A C and English J H 1987 Phys. Rev. Lett. 59 1776

[204] Physics in two dimensions 1992 Helv. Phys. Acta 65 No 2, 3

[205] Pippard A B 1961 Phys. Today 14 38

第 18 章　20 世纪光学及光电子物理发展史

R G W Brown, E R Pike

18.1　20 世纪前经典光学的发展

19 世纪末是物理学进展的里程碑, 与其他分支学科一样, 光学告别了经典时代, 迎来了量子时代. 1900 年发生的一个重要事件是 Max Planck 的假设: 振荡的电系统 (谐振子) 传递给电磁场的能量并非连续, 而是通过有限个能量为 $\varepsilon = h\nu$ 的 “量子” 传递的. 这就开始了 Planck 后来称之为 “通向量子理论的漫长而曲折的道路”[1]. 量子理论从创立到成熟经历了很长一段时间, 1918 年 Planck 最终获得诺贝尔物理学奖.

从 20 世纪初到 1960 年第一台激光器问世, 很多新的、表面看来互不相关的光学原理纷纷确立, 在下文关于激光的讨论中, 我们将把这些理论综合到一起. 从 20 世纪 60 年代以来, 在量子光学、量子电子学和光电子学领域, 人们进行了越来越多的理论研究与技术开发. 今天, 我们环顾四周, 电视、CD 唱片、录像机等众多消费电子产品, 办公、商业、军事系统及医疗硬件设备等, 无一不受惠于光学和光电子学的发展.

在本书第 1 章曾简要回顾了经典光学到 19 世纪末的发展概况. 1902 年出版的 Drude[2] 的书对此进行了详细描述. 经典光学基于 17 世纪提出的三个概念和定律, 即 Descartes 关于光在以太中传播的思想、Snell 关于光的折射定律、Fermat 的最短时间 (即最短光程) 原理. Hooke 和 Boyle 的 “Newton 环” 实验、Newton 关于颜色的探讨、Hooke 和 Grimaldi 关于衍射的早期理论, 则论及了光的干涉现象. 此外, Hooke 还提出了光的波动理论, Huygens 又对这一理论进行了改进, 他也是光的偏振理论的奠基人. Newton 坚持光的微粒说, 反对波动说, 在 19 世纪初, 当波动理论为 Young 氏干涉原理和 Fresnel 对衍射问题的处理所证明后, 这两种观点的分歧才表面上消除了. 在 20 世纪里, 知名科学家如 Rayleigh、Kirchhoff 以及 Maxwell 解决了很多光学问题. 尽管以 Maxwell 命名的著名的电磁场方程组几乎包罗了所有经典光学问题的答案, 但仍然有很多问题没有解决, 特别是黑体辐射的光谱特性. 20 世纪初的光物理学家们已经懂得够多, 其实仍有一些问题并未获得最后的答案. 1899 年 Miche1son 竟然写道[3]:

越来越多的物理学重要基础定律与现象已被发现. 它们的基础是如此牢固, 几乎不可能被新的发现所替代、所推翻.

今天, 当我们在谈论物理学的时候, 是否想过当前已确立的理论体系有朝一日会被未来的新体系所完全替代, 就像经典物理在 20 世纪被量子物理替代那样? 我们或许说不会, 然而, 物理学理论的新陈代谢却是不可避免的过程.

在这一章里, 我们仅讨论光学及光电子物理学基本原理的发展史, 简单介绍其应用领域、装置及技术, 并对半导体光电子学做略微详细的介绍. 我们仅论及一些重要的光电子器件, 对于器件本身的详细描述留待读者查阅相关文献, 我们将在 18.6.2 节列出光学各领域近年出版的重要著作.

我们采用本质上是编年体的方法撰写本章, 并自认为这是第一次以这样的方法阐述 20 世纪光学重大进展的历史. 关于分支学科, 比如干涉测量、激光、透镜等发展史, 在各种相应的专业书中均已收集和描述. 而这部编年史则向读者展示 20 世纪光学各前沿领域活跃、持续发展历程的迷人景像. 此外, 我们还特意按年份先后一一介绍了为光学的创新做出卓越贡献的诺贝尔奖得主, 他们的成就代表了不同阶段光学进展的新高度, 因而受到人们的敬重.

18.2 1900~1930 年: 早期量子光学

18.2.1 Planck 的唯象学

1900 年, Max Planck 提出了黑体辐射光谱分布的公式, 这是人们向量子理论、分子与原子的微观结构的理解迈出的第一步[4,5]. 而 Planck 引入的能量子 (量子)[6,7] 则标志着一个光学新纪元的到来. Planck 得出的唯象方程居然完整地符合黑体辐射的实验光谱曲线, 也符合 Lummer 和 Pringsheim[8] 以及 Rubens 和 Kurlbaum[9] 以后获得的精确实验结果, 讨论并理解这一工作非常重要. 他后来在给 Wood[10] 的信中曾写道: 假设黑体壁辐射或吸收能量以离散的能量包或者 “量子” 的形式进行, 实在是 “无奈之举”, 这似乎暗示黑体壁由大量分立的谐振子组成, 处于热平衡的状态, 这些谐振子具有的能量只可能为 $h\nu$ 或它的整数倍, 而并非像经典振子那样具有连续能量. Planck 认为, 场的每一个模式只能从谐振子中获取分立的而不是连续的能量, 他导出了温度为 T 的空腔内能量密度的方程

$$E(\nu)\mathrm{d}\nu = \frac{8\pi^2\nu^2}{c^3}\frac{h\nu}{\exp(h\nu/kT)-1}\mathrm{d}\nu$$

式中, ν 为谐振子频率; h 为 Planck 常量; c 为光速, k 为 Boltzmann 常量. 在当时甚至以后, 他本人或许根本没有想象过辐射场的量子化. [又见 3.2 节]

Planck 的结果在当时并没有立即得到大家的公认与赏识, 唯一的反响只是

Day[11] 在华盛顿哲学学会的一次会议上做了关于 Planck 理论的报告. 事实上, Planck 五年前所做的工作给 Einstein 提供了极大的激励, 1905 年 Einstein 发表的三篇著名论文[12] 之一提出了辐射场的量子理论; 而 Planck 当年却花了十年时间, 才发表了他的下一篇论文[13], 然而他依旧对 Maxwell 方程顶礼膜拜, 在摘取本该属于他的果实前, Planck 犹豫却步了, 他始终未能支持 Einstein 的光量子理论. 此后, 对于 Planck 黑体辐射定律细节的诠释众说纷纭[5], 直到 1916 年 Einstein 提出自发辐射的概念[14], 加上 1924 年 Bose 的前后一致的推导[15], 才推导出完整的黑体辐射定律, 并最终导致了 Bose-Einstein 关于光子场的统计理论.

即使在 Bose 之后, 关于 Planck 辐射定律是否完全归因于物质谐振子的量子化, 以及场可否以非量子化的形式存在这两个问题, 也颇有争议. 继提出量子概念之后, Planck 又幸运地获得另一个非常重要的研究成果, 即将零点能 (zero-point energy) 的概念引进物理学. 这是他 1911 年在 “黑体辐射第二定律” 的阐述中提出的[16], 在此工作中, 他依旧回避辐射的量子性. 他认为谐振子在不断获得能量后, 以一定概率将 n 个量子的能量同时释放出来, 这个概率的先决条件, 是假设未发射量子数与发射量子数之比应当与入射的辐射强度成正比. 我们发现一个有趣的现象: 物理学家 Marshall [17] 等支持辐射场 (随机电动力学) 中存在零点能的假设, 他们支持 Planck 理论, 并为此不停争论到 1960 年. 在今天, 似乎连摘取了诺贝尔桂冠的 Willis Lamb 也仍旧不相信光量子学说. 既然他不相信光量子学说, 那他又是如何理解后面我们将会详细谈到的光子计数及光子相关实验的呢? 这在后面我们将会详细谈到, 尽管本章作者之一 (ERP) 已与他进行过多次有趣的讨论, 但对此仍莫明其妙.

我们应当公正地评价 Planck 及与他同时代的大部分物理学家, 他们历经了很长时间, 才逐步接受 Einstein 量子辐射理论, 并承认他的理论在光学发展过程中的重要意义. 我们应该明确指出 (不考虑随机电动力学及类似的一些奇怪的理论), 那些认为只有物质可以量子化而辐射场不能量子化的理论, 传统上被称作为 “半经典” 理论. 直到 20 世纪 60 年代, 还有不少理论物理学家依然认为没有必要用辐射场的量子理论来解释所有的物理效应[18]. 参与本章编写的作者之一 (ERP) 就曾经因其在一篇早期光子数统计学中引用辐射量子理论在当时受到公开批评, 这将在 18.4.4 小节进一步阐述. **[又见 18.4.4 节]**

根据现代术语, 当辐射场的准概率 (quasi-probability) “P 表象” 在场内处处为正并且非奇异时, 我们可以运用半经典理论近似地解释任何光学现象, 辐射场的准概率 “P 表象” 概念是 Glauber[19] 和 Sudarshan[20] 独立引入的, 后面我们还会遇到. 这样的辐射场表观上具有经典相干态叠加形式, 除此之外的其他情况都是所谓非经典光. 有关良态 P 表象的判据可能并不严格, 因为非经典场的含义是什么从来没有完全阐明过, 但它仍可作为一种操作性定义, 也可以借助场中某两点间相关函数的不等式关系给出另一种定义[21]. 以上两种定义之间的准确关联尚不清楚, 然而, 当要明显或隐含地解决这些问题时, 在 P 表象在场内处处为正的情况下, 总可以引用 "半经典" 理论. 归根结底, 创立 "半经典" 理论的物理学家还得给出特定理论的适用范围. 然而就像数学里的 Gödel 定理一样, "半经典" 理论永远不可能严格, 因为它必须采用算子有序化的含蓄假设, 而这一假设超出了理论本身的适用范围. 例如, 我们很难辨别场算符乘积 E^+E^-、E^-E^+和$(E^+E^-+E^-E^+)/2$ 的差别, 而它们实验期望值显然不同. 为了避免严重的矛盾情况, 在运用 Planck 黑体辐射定律、Compton 效应, 甚至光电效应时均需对辐射场进行量子化.

光子场 "纠缠" 态的存在 (我们采用 Schrödinger 的术语) 使 "半经典" 理论变得更为复杂化, 这是量子理论的另一个重要特点, 它拒绝任何经典解释. 场的量子化必要性的第三个例证则是对于 Bell 不等式的背离[22], 下文我们将对此做详细探讨, 并将其与存在所谓 "局部现实主义" 理论的哲学主题联系起来. 直到 1948 年, Hanna 才第一次成功地进行了光子对相关的实验, 并研究了它的非经典特性, 对此我们在以后还将讨论, 我们终于可以告慰 Planck 了.

当量子光学迈出第一步时, 经典光学的研究与实践继续取得成果. Hartmann 报道他利用带孔的屏精确测量了大反射镜的波阵面像差[23,24], 而这项技术在 20 世纪 70 年代后还不断改进并应用[25]; 1901 年 Lummer 报道了反射干涉条纹技术[26], 继而 1903 年他与 Gehrcke 携手进行此方面工作[27], 有关 Lummer-Gehrcke 平板的介绍在很多光学教科书中持续多年.

继 Kerr 的早期研究之后 (1875), Cotton 和 Mouton 在 1907 年发表了磁光效应的工作[28], 他们发现双折射随磁场强度的平方而变化, 这与 Kerr 电光效应非常相似; Faraday 在 1846 发现, 若在平行于光的传播方向上加磁场, 则光偏振平面将发生旋转[29]; Cotton 和 Mouton 观测到, 当光在透明液体中传播时, 若在垂直于光的传播方向上加一外磁场, 则介质发生双折射; 1902 年, Voigt 发现光通过水蒸气时也会出现双折射现象, 只不过效应比较微弱[30]. 后面我们将会回过头来探讨光学和磁学的效应.

20 世纪初, 人们对于透镜和曲面反射镜的特性研究也颇感兴趣, 光学摄影术在当时非常流行, 由四片透镜组成的 Tessar 镜头[31] 于 1902 年发明, 它的价格不高, 视场达到 60°, 孔径为 $f/3.5$, 成像质量优良. 直到 60 年代以后 Tessar 镜头仍广泛用于批量生产的照相机中. 就在同一时期, Strehl 通过衍射极限透镜研究了像差对 Airy 斑的影响[32], 他的研究成果为以他命名的 Strehl 法则奠定了基础.

人们仍在不断探索对透镜性能的改进. 1904 年 Conrady 发表了关于色差研究的论文[33,34], 进一步拓展了自 19 世纪 Seidel 以来形成的透镜像差理论; 在此期间, Wood 在低压气体中发现了受激原子的共振辐射现象; 第一台运用 Köhler 照明、放大倍率为 3600 倍的紫外光显微镜由卡尔 · 蔡司公司研制成功[35]; Köhler 照明是显微镜用照明系统, 将待测样品放置在光源的 Fourier 平面, 利用 Fourier 变换的平移不变性就能消除照明灯的亮度不均匀性. 然而, 直到 40 年代, 这种照明系统才被广泛用于一般的显微镜中. 最近, Köhler 照明系统方法又被扩展使用于电子显微镜中[36,37].

在 Einstein 的革命性理论发表之前, 两次诺贝尔奖被授予在光学领域里获得出色成就的科学家[38], 1902 年, Zeeman 和 Lorentz 因研究电磁场及辐射现象而共同获得诺贝尔奖; 1904 年的诺贝尔奖授予了在 19 世纪后期为光学发展做出很多基础贡献的 J W Strutt(Rayleigh 勋爵).

18.2.2 Einstein 的微粒气体

对于物理学及光学来说, 1905 年是一个非常重要的年份, Einstein 发表了关于光的微粒性的著名论文[12,39], 确认了 Planck 在 1900~1901 年所得结果的深刻含义, 这一成果后来也获得了诺贝尔物理学奖[40]. Einstein 根据热力学的理论证明, 当频率足够高时 Planck 方程符合 Wien 定律: $\rho(\nu) = a\nu^3 \exp(-h\nu/kT)$, 而此时光的性能就像是独立的微粒或者量子构成的气体, 其中每一光子的能量为 $h\nu$. 他进一步指出, 当频率很低时, Planck 方程过渡到 Rayleigh-Jeans 定律 $\rho(\nu) = 8\pi v^2 kT/c^2$, 即辐射不表现量子特性. **[又见 3.2.1.2 节]**

根据微粒说, Einstein 证明: 由能量守恒定律可导出光电子发射的动能方程

$$\frac{mv^2}{2} = h\nu - W$$

式中, W 表示逸出功, 即能够使光电子从特定金属表面逸出的最小能量. 他进一步发现, 由光激发出的电子数与入射光强度成正比, 但电子的速度与强度无关. 后面这两个预测与 20 年前 Stoletov[41]、Ladenburg[42]、Lenard[43] 和 Hallwachs[44~46] 进行的光电效应的实验结果完全相符, 在当时这一过程被广泛称为 Hallwachs 效应. 在以后几年中, Hughes[47]、Rechardson 和 Compton[48]、Millikan[49] 证实了 Einstein 光电方程具有高度的准确性, 特别是使得光电流减少到零的势差 (即 "遏止电势" —— 译者) 和入射光频率之间所呈现的线性关系. 这项工作的研究成果最终形成光电子发射光谱学, 用于探测物质的电子结构[50]. Hallwachs 继续进行他的实验研究[51], 与此同时, Millikan 进行了极为细致的工作, 利用光电效应准确测量 Planck 常量, 并在 1923 年获得诺贝尔物理学奖. 值得注意的是, Einstein 于 1905 年发表的论文第一次提出存在多光子效应的可能性, 第一次用热力学平衡解释辐射现象 (这是产生激光的必要条件).

1905 年, Wood 出版了经典教科书《物理光学》[52]. 值得一提的是, 在这本书中, 他描述了一种径向梯度折射率透镜 (GRIN 透镜) 的制作方法, 这种透镜两端为平面. 这无疑是 20 世纪后期快速发展的梯度折射率透镜的先驱, 后来广泛运用在

光纤和导波光学中[53,54]. 在光学望远镜设计领域, Schwarzchild 描述了一种包含两个非球面反射镜的望远物镜[55,56], 由它构建的望远系统满足校正球差的齐明条件, 此项发明为 20 世纪望远镜的设计与制造奠定了重要的基础. 1908 年, Ritz 借助光谱测量推导出了组合原理, 这比 Bohr 理论早了 8 年, 组合原理可描述如下: 一个处于基态之上第三激发态的原子辐射的能量, 可以是单个光子, 频率为 ν_{30}, 也可以是两个光子, 其频率之和准确等于 ν_{30}.

从对 20 世纪末期应用光学领域影响的观点来看, 值得注意的是 Porter 的研究工作[57]. 他用实验方法探讨了已有 30 年历史的 Abbe 成像理论, 亦即显微镜的衍射理论. Porter 用一组空间频率分量的叠加来描述图像, 由此思想构建而成的 Fourier 光学, 为 20 世纪后期图像分析及光学信息处理等很多课题的研究奠定了重要基础[58].

时隔 4 年之后, Einstein 另一重要光学著作将要问世. 在此之前的期间里, 经典光学研究领域发生了很多重大事件. 1907 年, Rayleigh 计算出光栅对平面电磁波的衍射, 成为光栅光谱学的基础[59]. 他还发展了光栅动力学理论, 第一次给出了周期与光波长可比的规则波纹的数学模型. Rayleigh 理论总是假定光栅的刻痕深度小于入射波波长, 能否逾越这一约束, 一直是 20 世纪理论物理学家的重大课题. 在讲到 1980 年的研究工作进展时, 我们将对此进一步讨论. 1907 年, Michelson 因在精密光谱学仪器及计量光学仪器的研究[60] 中作出卓越贡献而获得诺贝尔物理学奖, 而他的大部分工作是在 19 世纪后期完成的. 更有意思的是 Round 发现了一个令人惊奇的现象: 在半导体碳化硅 (SiC) 上加电场时, 会观察到黄色的光辐射[61]. 40 年后, 这项物理学的发现居然被人们又重新拾起研究, 此后又过了 10 年, 人们才将 pn 结的物理研究应用于发光二极管之中[62].

1907 年, Max von Laue 利用正比于光场中两点扰动时间平均值乘积平方的量 γ_L 对部分相干光做了定量研究[63](1956 年, Hanbury Brown 和 Twiss 对此进行了测量验证). 部分相干理论是光学领域中一项非常重要的课题, Beran 和 Parrent[64] 对比进行了非常细致的历史性研究, Mandel 和 Wolf 则对 20 世纪有关相干理论的文献进行了广泛的收集与编辑[65]. 我们将会多次回到对光学相干性理论的进展, 但现在, 必须区分经典相干理论 (一直发展到 1963 年) 和此后出现的 Glauber 的理论, Glauber 研究的精髓是光相干的量子理论, 该理论解释了很多新的光学效应.

1908 年, Mie 第一次推导出均匀电介质球体对于平面光波散射的一般表达式, 与入射光波长比较, 球的尺寸可以是任意大小[66,67], 这对当时光学散射理论的发展具有划时代的意义, "Mie 散射" 就是以他的名字命名的. 为了方便实际应用, 他制作了各种参数值的表格, 而现在这些计算用台式计算机就可以快捷地操作, 光学散射理论已被普遍使用. 这一年光学领域里又一位诺贝尔物理学奖得主是 Lippmann[68~70], 基于光的厚膜干涉现象, 他解决了彩色摄影复制技术的难题. 同年, 关于光散射的研究另辟蹊径, Smoluchowski 发表论文计算了热扰动引起的介电常量涨落[71,72]. 他特别强调了临界点附近气体乳光的分子动理学理论, 讨论了粗糙度的效应以及光从介质表面漫反射的特征线度. 在大分子溶液的扩散控制凝聚理论方面 Smoluchowski 也做出了重要贡献, 这是光散射起着重要诊断作用的另一重要领域.

18.2.3　1909：粒子与波

1909 年, 虽然 Einstein 在他早期论文里提到过出现非平衡态辐射的可能性, 但后来几乎没有人继续研究它. 事实上, 除了负温度概念之外, 直到 1963 年 Glauber 才详细论述了这一问题. Einstein 本人也就此回到辐射与周围环境的热力学平衡的研究中来[73]. 从 Planck 辐射密度 $\rho(\nu)$ 公式入手, Einstein 借助他早期关于热平衡系统中能量涨落的研究结果

$$\left\langle E^2\right\rangle - \langle E\rangle^2 = \left\langle [\Delta E]^2\right\rangle = kT^2\frac{\partial\langle E\rangle}{\partial T}$$

推导出涨落公式

$$\left\langle [\Delta E(\nu)]^2\right\rangle_{\text{总}} = \left(h\nu\rho(\nu) + \frac{c^3}{8\pi\nu^2}\rho^2(\nu)\right)V$$

式中

$$\rho(\nu) = \frac{8\pi h\nu^3/c^3}{\exp(h\nu/kT)-1}$$

表示能量密度, V 表示体积, $E(\nu)$ 是以谐振子频率 ν 的函数表示的能量. 根据 Rayleigh-Jeans 公式, 当 $h\nu \ll kT$ 时得出相应表达式为

$$\left\langle [\Delta E(\nu)]^2\right\rangle_{\text{波}} = \frac{c^3}{8\pi\nu^2}\rho^2(\nu)V$$

这个公式适用于经典光波中的能量涨落.

由 Wien 定律, 当 $h\nu \gg kT$ 时, 粒子能量的涨落可表示为

$$\left\langle [\Delta E(\nu)]^2\right\rangle_{\text{粒子}} = h\nu\rho(\nu)V = h\nu E(\nu)$$

此结果具有可分辨粒子的经典 Poisson 统计特征. 重新考察以上三式, 容易得出

$$[\Delta E(\nu)]^2_{\text{总}} = [\Delta E(\nu)]^2_{\text{粒子}} + [\Delta E(\nu)]^2_{\text{波}}$$

这表明, 黑体辐射同时表现出粒子与波动的涨落特性.

在高频极限下, 黑体辐射的行为犹如互相独立的粒子构成的气体; 在低频极限下, 则表现为经典的光波叠加现象; 在频率介于两者之间时则具有双重特性. Einstein 将此发现视为光的粒子性与波动性理论相互融合的开端, 从此, 人们对于二者

的兼容性不再怀疑. 在量子理论发展后期, 人们还发现任何基本粒子都可以用相应的波动方程来表示, 光子和相应的波应当是 Planck 唯象地拟合的实验事实的首要后果.

那么, Einstein 在热力学中究竟作出了哪些贡献呢? Einstein 已经从 Planck 那里得到了答案, 他可以反推回去. 现在我们知道, 在三维空间里只存在两种统计, 一种是半整数自旋粒子遵循的 Fermi 统计, 另一种是整数自旋粒子所遵循的 Bose 统计 (当温度足够高时, 它们都趋向 Boltzmann 统计). 而适用于 Maxwell 方程式的粒子是自旋为 1 的无质量粒子. 因此, 在分析 Planck 能量分布时, Einstein 隐含地重新发现了 Bose 气体的热力学. 后来, Bose 本人以明确的方式完成了此项研究.

在理解整个 20 世纪的物理研究探索中, 光学起着极为关键的启发性作用. 波粒二象性一直是最受争议也是最难理解的研究课题, 有关的实验仍在深入进行, 为此我们稍花一点时间讨论一下波粒二象性的基本思想. 1927 年, 在第五次 Solvay 会议上, Bohr 发表了量子力学的哥本哈根解释, 大多数物理学家早已认同他的解释. 这个解释赋予量子理论以特别的能力, 可以计算任何实验的结果及其概率, 然而对于其中某一特定实验的实际结果仍然无法预测, 这一结果甚至还不如经典统计力学. 测量实验装置对系统不可避免的干扰和粒子的不可分辨性, 使得微观世界的测量结果完全不同于宏观世界[74], 正因为粒子的不确定性和纠缠特性, 量子统计和经典统计分道扬镳. 比如, 观察者打算测量某人的身高, 测量本身并不会改变被测人群的统计分布特性. 然而, 倘若被测的不是人而是光子群中的光子, 由于测量过程将破坏该光子, 在下一次测量中该光子的贡献将不复存在, 也就是说, 测量过程干扰了真实的统计. 在光子布居数低时 (即被测光子数量不大时), 上述问题更加突出. 量子统计相对于经典统计的这一基本差异, 构成了被测系统和测量装置间相互作用过程的绝对的、最小的测不准量. 1930 年, Heisenberg 在他写的一本小册子《量子论的物理原理》(现在已很少有人读过) 中讨论了非相对论情况下的不确定性关系[75]. 量子纠缠态是描述多粒子复合系统的量子态, 此量子态在任何表象中均无法表示为单粒子系统量子态的积. 历史上, 正是 Schrödinger 最早使用纠缠态这个术语描述多粒子系统内态的叠加. 在 1935 年关于 "Schrödinger 猫"(three-part "cat") 的著名论文中[76], 他运用纠缠态的概念, 描述了一只猫的佯谬, 这只猫有一半概率死掉, 同时又有一半概率活着. 他解释道: "人们无法用 ψ 函数 (即态函数 —— 译者) 代替物理学事物". Schrödinger 用很大的篇幅论述了纠缠态的概念, 强调纠缠态是区分经典物理和量子物理的核心. 在 20 世纪后期量子光学领域中, 光子纠缠态成了首要的重点课题.

为了对现有的量子理论进行概述, 我们可以用数学空间 (Hilbert 空间) 里的 "态函数" 来描述一个系统的量子特征. 利用态函数, 可以算出任何实验测量的期望值, 当然, 这里的期望值并非实际值. 在非相对论量子理论中, 态函数可表示为四维

"位形空间" 里的平方可积波函数 (概率函数), 或者表示为具有经典概率的波函数的系综数. 虑及光子没有相应的波函数, 从量子理论的规律入手, 根据相对论的量子场理论, 我们可以确定一个已知态函数经过一段时间后变成下一个态函数的时间演变过程, 从而估计某一特定值此后出现的概率.

引用 Heisenberg 关于位形空间的描述[74], 描述任何一个实验需要三步:

(1) 将初始实验条件转化成概率函数;

(2) 跟踪此函数随时间的变化;

(3) 对该系统的新的测量进行表述, 用概率函数来计算其结果.

举例来讲, 20 世纪著名的光学问题之一就在于如何解释光穿过两个独立狭缝后干涉图案的记录 (在双光子实验的极端情况下也许构不成干涉图案, 这我们在后面会说到), 我们不把它理解成是由一个独立的光子 (作为粒子) 必须穿过某个狭缝, 或穿过另一狭缝的结果, 也不理解成以波的形式同时穿过两个狭缝然后再互相干涉 (这两种解释都是矛盾的), 而是计算态函数随时间变化的测量, 包括了实验过程对独立光子不可避免的破坏. 在多光子态情况下, 则正确解释任何纠缠态的出现.

最通常的曲解莫过于将定义态函数的数学空间 (尤其是非相对论量子力学中波函数的位形空间) 和真实的四维时空加以混淆, 这正是 Schrödinger 所公开质疑的, 他反对用 ψ 函数代替物理事件. 而波粒二象性和互补性原理这些术语也无助于澄清这个曲解.

虽然干涉条纹是可视的, 但正如 Feynman 所说, 该实验检验一种 "从任何经典的理论看来都不可能, 或者说绝对不可能解释, 却构成了量子力学核心的现象, 事实上, 这就是其中仅有的谜"[77]. 他的看法与 Schrödinger 的观点也并不完全一致. 进一步的研究由 Weinberg 得出, 他认为 Dirac 对自发辐射的研究证实了量子力学的普适性[78]. 上溯到那个年代, 或许我们也会将此贡献归功于 Dirac. Dirac 在晚年相信, 概率幅也许就是量子理论中最基础的概念. 真实的情况也许在于这些概念都互为基础, 并互相关联[79].

与 Einstein 另一篇论文问世同一年 (1909 年), G I Taylor[80](在 J J Thomson 的建议下) 做了一个简单的实验以研究在极微弱光源照射下 X 射线和电离实验中似乎会出现呈现不均匀波前分布的单个 "能量元" 是否会改变常规的衍射或干涉效应. 他拍摄了针状物被煤气火焰通过细狭缝照明后的影子的像, 并用烟色玻璃作为滤波器连续减弱光强. 他估算光源最弱时的功率为 5×10^{-6} erg/s, 可换算成距离为一英里处标准烛光的亮度. 连续曝光三个月, Taylor 记录下了与强光照明居然相同的衍射图样. 根据 Thomson 的估算, 要产生干涉图案所需最小能量单元应当不会超过 1.6×10^{-6} erg, 事实上, 该能量元已经比 Einstein 一个量子的能量强了 1000 倍.

有意思的是, 在那时 Einstein 的光量子论甚至尚未传到剑桥, 尽管 Thomson 和 Taylor 已从 Ladenberg 的实验里认识到能量元的大小与该光源的频率成正比, 但他们都未参考过 Einstein 及 Planck 的任何研究成果. 引用 Thomson 的一句话: “以太将处于拉紧状态的分立的电力线散布于其中, 光则由横向振动构成, X 射线脉冲就沿着这些分立的线传播.”[81] 借助于这一观点, 他解释了 Lenard 关于紫外光照射下金属表面的光电子发射的实验结果[82], 并把他的论文总结为: “γ 射线能量单元将被隔得很开并且具有任何实物粒子所具有的性质, 但其速度只能等于光速.”

又是 Einstein(1910 年)[83] 带头对后来成了光学领域里的重要研究方向的关键物理问题发起进攻. 这一次, 他的注意力转向了 Smolucho wski[71,72] 曾研究过的课题上, 即热扰动引起的介电常量涨落导致的光效应. 这项工作第一次利用实际流体来进行光散射研究. 研究的主要成果在于给出了消光系数 τ 的表达式, 其定义为单位体积溶液中产生的散射光总强度与入射光强度之比. 从 Einstein 和 Smoluchowski 的研究工作中, 得出了 τ 的表达式如下:

$$\tau = \frac{\omega_0^4}{6\pi c^4}\left[k_{\mathrm{B}}T\rho_0^2\chi_T\left(\frac{\partial\varepsilon_0}{\partial\rho}\right)^2_{\rho=\rho_0} + \frac{k_{\mathrm{B}}T^2}{\rho_0 C_\nu}\left(\frac{\partial\varepsilon_0}{\partial T}\right)^2_{T=T_0}\right]$$

式中, χ_T 表示等温压缩率; k_{B} 为 Boltzmann 常量; T 表示平衡态温度; ρ_0 表示数密度; C_ν 表示定容比热; ε_0 为介电常量. 我们知道, 当系统接近液–气相变点时, χ_T 趋向于无穷大, 这时候就会出现临界乳光现象.

三年后量子光学发展迈出的重大步伐当归属于 Bohr 的新发现, 而与此同时经典光学一如既往仍在进展, 衍射光栅仍是人们感兴趣的课题, Wood 深入研究并继承了 Rowland 和 Miche1son 开创的工作传统[84], 1910 年他完成了每英寸 2000~3000 线刻划光栅的制作, 测到的衍射光达到 30 级, 对此后红外光谱学的发展有着极高的价值.

还有其他一些重要研究成果也是在这一期间首次获得的. Hondros 和 Debye 发表了光在介质波导中的传播理论[85], Mauguin 则研究了光在螺旋结构中的传输[86]. 50 年后, 这些效应广泛运用于光纤通信[87] 及液晶显示中[88], 这两项技术在 20 世纪后期光电子学的发展中都占有主导地位, 也是经典光学的基本原理在复杂几何结构的光学系统中的推广应用. 这些研究已超出本章的范畴, 在有关文献中对上述技术的进展有详细的综述[89~91].

这时期, 在量子理论方面又一个里程碑式的发展是 Bohr 的贡献[92,93], 他将 Planck 的量子理论及 Rutherford 提出的原子核的概念相结合, 我们在第 3 章里已详细讨论过[92,93]. 不久之后就又出现了 20 世纪光学的另一个重大进展: Brillouin 预测散射光的频率可能与入射光频率不同[94], 这与当时的主流理论大相径庭. 关于这个理论的典故还得从他在蒙特罗萨雪山度假时躺着看天空中的散射现象讲起. 后来由于战争, Brillouin 在 1922 年才匆忙完卷, 但解读他的早期注释并不容易. 苏联人 Mandelstam 也独立地研究了这一理论, 在苏联, 该效应称为 Mandelstam-Brillouin 散射. Landsberg 则声称 Mandelstam 早在 1918 年就知道了光谱的频移[95], 可惜他的论文直到 1926 年才发表[96], 当他正试图证实此效应时发现了 "Raman 散射". **[又见 3.2.2.1 节]**

Mandelstam 认为, 由 Einstein 首次引入的 Fourier 展开技术对涨落的分析可以与 Debye 比热理论中的声波联系起来, 从而其运动将会产生频移. 然而, 由光学模引起的频移大得有点异乎寻常, 也让他从寻找声波散射的研究中转变了方向, 几年后才又重新回到原来的研究中. Landsberg 声称, 他和 Mandelstam 最终观测到频移效应[95]. 这一期间在他们的建议下, 持有一台高分辨率阶梯光栅的列宁格勒光学研究所的所长 Rozhdestvenskii 将该项工作转交给年轻的 Gross. 他用波长为 435.8nm 的汞光照射甲苯或苯, 在 90° 的散射方向观测到大约 0.005nm (6GHz) 的 Mandelstam-Brillouin 频移, 并在 1930 年发表了第一批结果[97].

Brillouin 频移也可以简单地解释为是热涨落激发的第一声波 (等熵压缩波) 引起的 Doppler 频移, 也就是光子–声子散射[98]. 随着激光器的问世, 有关分子声光效应的研究就变得容易多了, Rayleigh 散射、Brillouin 散射及 Raman 散射成了很多实验室的常用光学技术. 1969 年, 有人利用激光器, 在液态 ^{3}He-^{4}He 混合物中成功观察到了热激发的第二声波传播等压熵波散射[99]. 就在几年前, 人们还预言这一散射根本观察不到, 因为对应的频移量非常微小 (77MHz), 且散射强度极低 (每分钟平均测量到两个光子).

1914 年, Sagnac 发表了关于旋转测量的论文[100], 这项研究始于 1911 年, 他通过闭合环路中反向传播的双光束干涉现象进行测量, 这个想法最初是由 Michelson 提出来的[101]. 两束光之间光程的微小变化, 比如由闭合环路的旋转引起的变化, 会导致干涉条纹平移, 该平移量与旋转角速度 ω 成比例. Sagnac 干涉仪, 特别是光纤环路干涉仪, 后来成为激光陀螺的基础. 大家知道, 激光陀螺已广泛应用于飞机及其他一些导航系统中.

18.2.4　自发跃迁与受激跃迁

1916 年, Einstein 又迈出了通往新的量子光学的重要一步[14,102], 他研究了热平衡状态下 Wien 黑体热辐射过程中原子系综的性质, 新的理论覆盖了 Planck 方程的全部定义域, Einstein 还提出了自发辐射和受激辐射的概念, 他认为自发辐射过程就是电子从高能态向低能态跃迁时释放能量的过程, 与自发辐射衰减的固有寿命 A_{mm}^{-1} 类似, 而自发辐射寿命取决于电子跃迁的初态和终态. 受激跃迁则归因于外部辐照的贡献, 并与照射光能量密度成比例. 向高能级跃迁和向低能级跃迁的比例常数分别为 B_{nm} 和 B_{mn}, 由态的统计权重关系式 $g_nB_{nm} = g_mB_{mn}$ 相互关联,

给出正确的跃迁几率的高温极限. 在高温情况下辐射密度遵循 Planck 定律

$$\rho = \frac{A_{mn}/B_{mn}}{\exp(h\nu/kT) - 1}$$

式中

$$A_{mn} = \frac{8\pi h\nu^3}{c^3} B_{mn}$$

在以后描述激光辐射的原子受激跃迁概率时, A 和 B 为两个核心的系数. Compton 效应理论后来澄清了一个事实, 即在受激辐射过程中产生的辐射量子具有一定的能量和动量矢量, 其大小等于相互作用过程中入射量子的减少量. 这与后来 Bothe 和 Geiger 的实验结果完全相符[103], 从而终结了 Bohr、Kramers 及 Salter[104] 关于辐射的另类理论.

光物理领域的科学研究和进展极具多样性和差异性, 当 Einstein 还在冥思苦想, 研究推敲系数 A 和 B 的时候, Twyman 和 Green 却已经着手发表他们关于 Michelson 干涉仪的修正案, 该成果对以后光学加工车间元件的性能测试颇有价值[105,106], 在 Twyman-Green 干涉仪装置中, 改用了平行光照明, 在干涉仪非参考光臂上放置光学元件, 生成了等厚干涉条纹. 与此同时, Millikan 发表了对 Einstein 光电方程的多方面验证[49], 他做了 10 年的实验, 对于自己的结论更具信心. 由于这一工作, 1923 年 Millikan 荣获了诺贝尔物理学奖, 那是在 Einstein 获诺贝尔奖之后两年.

到 1916~1917 年为止, 人们对新量子光学领域中的很多基本原理进行了探讨, 然而要想实现激光的发明尚需若干重要的步骤. 这一时期乃至整个 20 世纪, 经典光学仍在很多领域广泛运用. 一个著名的例子就是 1917 年 George E Hale 在威尔逊山上完成了安装 100 英寸望远镜. 后来直到 1948 年, Hale 的下一台口径为 200 英寸的望远镜才在帕洛马山上完成安装, 其物镜由耐热玻璃制造, 重量为 18t, 加工精度达到 50nm.

18.2.5　从成像理论到负色散

1919 年, Raman 观察到相干光从足够粗糙的表面反射时所形成的颗粒状的随机斑纹图案, 现在我们称为 “散斑” 效应, Raman 对此进行了简要的介绍[107]. 同年, Slepian[108] 运用次级发射对信号放大, 并获得了专利, 这比光电倍增管的发明早了 16 年. 次年, Schriever 描述了电磁波在介质波导管中传播的实验研究[109], 以证实 Hondros-Debye 的早期计算结果[85], 向光纤光学又迈进了一步.

这一年里, Weigert 研究了线性偏振光激发的荧光的偏振现象[110], 正是这项开创性的实验发展了荧光消偏振技术, 利用该技术可以测量出分子旋光度. 荧光曾一度被认为是不能偏振化的, Weigert 说 “…… 这与理论和经验都不相符”, 他花了大量时间, 仔细排除了将其实验结果误认为 Tyndall 散射的可能性. 他采用 Stokes 方法, 在入射光路中放入补偿滤光片, 使入射光完全消光. 然而, 当滤光片分别置于入射光路和散射光路中时, 居然发现了散射光具有频移分量, 因而从滤光片中透射出来. 非常有意思的是, 从揭示 Raman 效应发现的历史来看, Weigert 的结论一开始就遭到了 Vavilov 和 Levshin[111] 的非议. Weigert 于是发表了反唇相讥的第二篇文章[112], 他说 Vavilov 和 Levshin 根本不懂这个 "众所周知的常规技术", "他们可能仅仅使用了偏光光度计, 这种仪器只能用于微小偏振效应的检测". Levshin[113] 和 Perrin[114] 最后得出了 Levshin-Perrin 定律, 描述了与时间有关的偏振度 $P(t)$, 它是黏度 η 和分子体积 v 的函数

$$\frac{1}{P}=\frac{1}{P_0}+\left(\frac{1}{P_0}-\frac{1}{3}\right)\frac{RT}{v\eta}t$$

式中, P_0 为黏度为无限时的偏振度.

同在 1920 年, Michelson 报道了他对干涉仪所进行的有趣改进[115], 他在桁架上装置四块反射镜, 然后将其安置在威尔逊山上的 100 英寸望远镜的输入端, 构成恒星干涉仪, 这是一台双缝间隔很大的 Fizeau 干涉仪. 用它来观测远处星体时, 随着反射镜间距 D 的变化, 星体的条纹可见度将发生变化, 当源的角直径为 2α, 反射镜间距 $D=1.22\lambda/\alpha$ 时, 条纹可见度降为零. 在 D =3m 时, 观察到参宿四 (猎户座α星 —— 译者) 的条纹消失, 测出对应的角直径为 0.047 弧度秒, 该装置的分辨本领远远超过了一般的望远镜.

1921 年, 即 Einstein 获诺贝尔奖的同一年[116], Ladenburg 在激光器的发展史上迈出了至关重要的一步[117], 他的研究成果事实上已非常接近于受激光放大. 在推广经典 Drude 公式的同时, 他把 Bohr 关于辐射与吸收的理论描述与辐射热平衡状态下分子系综谐振子的数量联系起来, 可以用 Einstein 自发辐射系数 A 来表述两者间的关系, 但这一表述并不完整. 不久之后, Kramers[118] 和 Heisenberg[119] 修正了这一关系, 他们在考虑自发辐射时, 在公式中加入负色散项. 1926~1930 年 Ladenburg 及他的合作者作出了不懈的努力, 证实了这些负色散项的存在[120]. 此外, 他们在放电过程激发的气态氖辐射的红色谱线近旁意外观察到了新的效应[121], 可惜运气不佳, 如果再增加电流的话, 他们就会发现色散曲线趋向负值. **[又见 23.3.2 节]**

18.2.6　Miller 的故事

1922 年 Bohr 摘取了诺贝尔物理学奖桂冠, 以表彰他在原子结构及原子辐射方面的研究成果[38]. Wood 做了关于材料荧光性及光化学性的实验报告, 这些物质中都含有荧光素和若丹明[122]. 1918 年, Perrin 第一次将物质的荧光性与其中发生的化学变化联系起来. Wood 发现物质的荧光随温度及激发光源强度的变化而变化, 当激发光强度很大时, 就会出现非线性效应.

Miller 的实验确实是一个非常有趣的故事, 当时他在光程长达 65m 的干涉仪上不断地重复着 Michelson-Morley 以太干涉实验, 他的数据分析并不显示零结果. 这样, 我们就有了一个结果具有真实差异的关键性实验. 追溯到 1886 年, 在著名的 Michelson-Morley 系列实验中, Michelson 用干涉仪研究运动对光速影响的实验可谓达到了高峰, 这个实验否定了以太的存在, 对 19 世纪末 20 世纪初的物理学产生了深远的影响. Miche1son 在一块漂浮在水银池的石块上构建了他的干涉仪, 石块面积有 1.5m^2, 每个光臂有 7 个横向通路, 实现了 11m 的光程, 算出地球运动引起的干涉仪旋转应相当于 0.4 个干涉条纹的位移, 可事实上 0.01 个条纹的微小移动也未观察到, 这等于没有测出任何结果 (Michelson 对此深感遗憾, 他本来满心希望能够测出以太的漂移). 然而这个零结果遭到 Miller 的非议, 他所应用的光程 65m 的大系统上虽然未能观察到预期的位移, 但他声称确实发现了微小的漂移并据此依然坚持以太的存在[123]. 然而在更敏感的短臂干涉仪中, 也从未发现有任何干涉仪旋转导致的条纹位移[124]. 计算表明, 温度改变 0.001°C 或者压力改变 0.05mm 汞柱高引起的测量误差, 就已经相当于 Miller 所观察到的结果.

在这一时期, 量子物理发生了巨大的进展, 光学技术也有两方面的应用值得一提. 一个是 Duane 用光量子方法研究光栅衍射[125], 另一个是 Tolman 发现 “位于较高量子态的分子向低量子态跃迁时, 通过负吸收 (受激辐射) 的形式加强入射光”[126]. 不要忘记, 在 36 年以后激光才问世.

光学周围的物理学开始了迅速的变革: Bose 绕过经典电动力学, 用逻辑推理的方法得出 Planck 黑体辐射谱[15], 他假设光量子是完全不可分辨的, 并由此得出了著名的 Bose-Einstein 光子分布

$$\overline{n}_j = \frac{1}{\exp(h\nu_j/kT) - 1}$$

式中, $\overline{n}_j$ 表示 j 能级上的光子平均数. Bose 的论文先被英国《哲学杂志》(*Philosophical Magazine*) 退稿, 后来他将论文转寄给 Einstein, Einstein 将论文译成德文后提交给德国《物理学杂志》(*Zeitschrift für Physik*), 并附上了自己的推荐信. **[又见 3.2.3.2 节]**

18.2.7　新量子理论

本书第 3 章对 1925 年量子力学的进展作过详细的描述, 现在我们来关注其中一些早期成果. Born、Heisenberg 和 Jordan 根据矩阵力学原理, 利用谐振子分解法使辐射场量子化[127], 这一结果证明了 Einstein 关于粒子和波的涨落方程. 1927 年, Dirac 将自由场的量子化描述成独立的动力学系统[128], 他将场的每一个模式表示成谐振子, 从而正确地预测了自发辐射率, 并指出湮没和生成算符与模振幅相关. 模的单次激发 (例如, 辐射场的某一个态) 代表一个光子在该模式中的存在.

我们有必要讨论一下 Dirac 关于一个光子只能与它本身相干的说法. 他的论述基于 Young 氏双缝实验中干涉条纹的形成. 他推断, 干涉条纹是由单个光子而非两个光子参与形成的, 为了生成条纹, "有时候两个光子会湮没, 或者会产生出四个光子, 这显然与能量守恒定律相违背, 因此两个不同光子间不可能发生干涉". Dirac 的观点巧妙地暗示了适用于探测单个光子的双缝干涉实验, 而不适用于不同光子间的相关测量实验.

他的观点起先没有引起太多的争议, 但后来的一些例子直截了当地表明 Dirac 的观点似乎并不正确, 如无线电波的外差作用和源于不同激光器的两个高度相干激光光束间的干涉. 由于干涉现象发生于不同光子之间, 所以两束光的场都必须包含数量相差 1 的光子的振幅[129]. 因此, n 个光子的态不会和另一个方向传播来的 n 个光子的态发生干涉, 但 n 和 $n+1$ 个光子的量子叠加态可以与 m 和 $m+1$ 个光子的量子叠加态干涉, 这种相干态完全符合相干条件, 除光子自身相干的情况外, 它是唯一可以用经典理论中 Young 氏干涉实验来正确解释的态.

在量子力学 "井喷" 式的发展过程中, 1926 年 Lewis 首先创造了 "光子" 这个术语[130], 光学干涉实验也开始进行, 如 Linnike 对表面微细结构的研究[131]. 同在 1926 年, Vavilov 和 Levshin 第一次进行了非线性光学实验, 他们发现铀玻璃对光的吸收效应呈现非线性: 吸收随着光强增加而减少[132], 这显然与 Bouguer 早先断言的物质吸收系数与光强无关的定律相违背. 这就是今天我们所谓的光折变效应, 其解释为入射光波引起基态粒子布居数的减少. Vavilov 进行了如下两个实验: ① 从高强度闪光灯光源中发出的一束 454nm 波长的光穿过 33%的吸收型滤光片然后经过铀玻璃; ② 光束先经过铀玻璃再穿过同一个滤光片. 他测到两种途径的吸收率分别为 2.576 和 2.544, 其间有 1.5%±0.3%的差别, 他将此诠释为非线性吸收系数效应. Vavilov 就此将 "非线性光学" 这个词引入光学领域. 在他的《光的微观结构》一书中写道 (该书是俄语版本, 承蒙伦敦大学国王学院的 Pavel Kornilovitch 为本章作者将以下段落译成了英文):

> 介质的非线性将不仅仅在物质对光的吸收中观察到. 吸收与色散有一定关系, 因此介质中的光速也是光强的函数. 一般来说, 非线性表现为介质性质对于光强的依赖性, 亦即违背线性叠加原理. 将会在双折射、二向色性、旋光性等其他光学性质中显示出来.
>
> 天体物理学家在研究星体内部介质条件的理论问题时经常会遇到"非线性光学". 在温度达数百万度、光能密度极高的环境下, 吸收系数和光速强烈地依赖于光强. 然而, 正如前文所述, 在光学实验室里, 特别是在研究磷光材料时, 就可以出现对于线性叠加原理偏离很大的非线性现象. 非常遗憾, 物理学家总是习惯于用线性模型来处理日常光学问题, 至今为止, 尚没有一种严格和规范的数学工具来解决非线性光学的问题.

1926~1927 年, Kramers 和 Kronig 建立了吸收系数 χ' 和色散系数 χ'' 之间的色散关系式[133]

$$\chi'\omega = \frac{1}{\pi}PV\int_{-\infty}^{+\infty}\frac{\chi''(\omega')}{\omega'-\omega}\mathrm{d}\omega'$$

$$\chi''\omega = -\frac{1}{\pi}PV\int_{-\infty}^{+\infty}\frac{\chi'(\omega')}{\omega'-\omega}\mathrm{d}\omega$$

复响应率函数 $\chi(\omega) = \chi'(\omega) - \mathrm{i}\chi''(\omega)$, PV 表示 Cauchy 积分的主值. 与此同时, Wiener 着手进行了相干性与量子理论间关系的早期研究[134], 这项研究在整个 20 世纪中经常从不同角度被重新考虑.

18.2.8　组合散射与 Raman 效应

大家知道, 西方称作 "Raman 效应" 而在苏联常被叫做 "组合散射" 的效应, 是在 1928 年被 Raman 和 Krishnan[135,136]、Mandelstam 和 Landsberg[137] 几乎同时发现的. 他们的论文发表时间有先有后, 但两家对这一效应的第一次确定性测量的时间非常接近. 2 月 21 日, 苏联的 Mandelstam 和 Landsberg 用汞灯对石英晶体进行照射时, 运用石英光谱仪在散射光中发现了新的谱线, 相对于入射光具有频移, 频移是由于晶体晶格振动光学支的激发引起. 而后在 2 月 28 日, 印度科学家 Raman 和 Krishnan 在对不同液体和水蒸气的研究中, 用直视分光镜发现了同一效应, 频移由分子振动引起. Raman 在其短文[138] 中. 表示对在几星期前报道过的变形谱线[135] 与入射谱线之间观察到被暗带分隔开极为惊奇, 这一发现促使他用水银灯作光源一进行观察并采用了滤波器, 截止波长为 436nm. 在截止波长之外 (波长大于 436nm 处)Raman 居然发现了非常尖锐明亮的光信号. 在第三篇通信《Compton 效应的光学模拟》[139] 中, Raman 和 Krishnan 提供了采用汞灯光源摄得的照相谱线. 有传言说 Raman 的一篇论文投给《自然》杂志时, 曾被某审稿人拒绝, 但最终还是经编辑复审并录用了. 可惜有关的文献记录已在第二次世界大战中散失, 当时究竟发生了什么情况, 已不得而知[140]. [**又见 12.2.2 节**]

两组作者均应享有同时发现这一效应的荣誉一事在同一年由 Born[141] 和 Darwin[142] 确认, 此外, 在 1929 年 11 月 Rutherford 向英国皇家学会所作的主席讲演[143] 中再次被确认. Raman 和 Krishnan 的第一篇论文其实并没有报道发现新的 "线状光谱", 只是说用聚焦的太阳光束照射 60 种不同液体时, 在散射光中发现 "具有退化频谱的变形辐射", 他们确实使用了互补滤光片技术, 但并未明确指出有关光谱的详细结果, 这确实令人费解. 从 Krishnan 的日记中我们发现, 1928 年 2 月 7 日, Raman 第一次从 Krishnan 的实验中观察到偏振荧光从液态戊烷的容器中向外散射, 他立即宣布了这项令人惊异的发现, 就在同一天, 他将这个发现与 Kramers-Heisenberg 效应联系起来[144]. 事实上, 从 1923 年开始, 他的许多合作者都曾看见过这个让人感到扑朔迷离的微弱的荧光. Raman 将实验研究交付给 Krishnan 负责, 因为他一年多以来一直从事理论研究, Raman 不希望他离开实验台太久 (Raman 的这种观念值得赞扬, 但长期离开书桌也很不好, 正如, Raman 在和 Born 以及 Peierls、Laudau 进行的那场著名的论争中他表现出来的那样, 这三个人在对晶体 Raman 光谱细节的解释方面都比 Raman 高明得多[145]).

在印度的实验室里, 只有大约 $\frac{1}{10^8}$ 的入射光发生频移, Fabelinskii 讲过[146]: "…… Raman 和 Krishnan 的确很有勇气, 断言他们所观测到的是频率发生变化的辐射 …… 它们既不是普通的光辐射, 又不是 Rayleigh 谱线的外翼, 也不是滤色片衍生的荧光." Fabelinskii 是在 1978 年讲这段话的, 可见在这个原始创新发现很久以后, Stokes 滤波法在莫斯科仍然遭到质疑. 正是该技术让 Vavilov 和 Levshin 二人在 Weigert 事件中受到打击. 1930 年, 也就是在两年后时来运转, 诺贝尔奖章授予勇敢的 Raman 先生[147]. 诺贝尔奖的评审、颁发过程如此之快实在少见, 然而, 回顾整个事件人们不禁要问, 为何这份荣誉没有让俄国人一同来分享呢?

我们好奇地注意到, 这些重要的发现, 是 Mandelstam 在声波 (Debye 波) 中寻找 Brillouin 散射时偶然发现的, 也是 Raman 在搜索 Compton 效应的类似情形时偶然发现的. 一位科学家在 Mandelstam 和 Landsberg 举办的莫斯科研讨会上, 把这一效应形象地比喻为 "听分子谈话". 其实, Smekal[148]、Kramers 和 Heisenberg[149] 很早就预言了该效应; 法国人 Rocard 也曾得出结论: 由于分子旋转, 该效应和 Rayleigh 翼状散射 (Rayleigh-wing scattering) 应当同时出现, 但是他未曾在实验发现前及时公开发表自己的结果[150], 成为 Raman 效应众多故事中另一个让人惋惜的插曲. 从 1924 年起, Cabannes 开始研究在气体中的组合散射, 但终因散射光过于微弱而未获成功[151]. 激光的诞生极大地推动了光散射研究, Loudon 对此积极支持[152], 他曾广泛引用、及时评述了晶体量子激发的 Raman 散射.

1928 年还有一个亮点, Synge 建议在光学显微术中使用直径小于入射光波长的孔径, 并将其放在离样品远远小于该距离的位置上, 就可以克服传统远场衍射的障碍[153]. 将此孔径视为光源, 图像清晰度就取决于孔径的大小而非入射光波长了. Synge 的这一想法其实源自 Einstein 的建议, 他起先设想使用全内反射面, 将 "亚显微 (sub-microscopic, 即尺寸小于显微镜极限分辨长度 —— 译者)" 的金质颗粒置于反射面上, 作为近场光源. 他将自己的想法写信告诉 Einstein, Einstein 认为隐失波会穿过空间间隔, 不如用小孔代替金属球作为近场光源. Synge 在回信中说自己也曾想到这一点, 坦言对 Rayleigh 全内反射的概念没有理解透彻, 并接受了 Einstein 的指正[154]. 在随后的研究中, 他用镀膜方法制作了一个金属化玻璃圆锥体, 去掉锥体尖端的膜层构成小孔. 该方法在 1986 年又一次提出, 并冠以 "光学听诊法"[155],

因为其功能有点类似医用听诊器. 运用这一原理得到了 λ /1000 的分辨率, 可惜这个名称未能一直沿用下来. 早两年, 人们用 488nm 激光源穿过 30nm 的石英晶体顶端的刻蚀小孔, 得到了 25nm 的分辨率[156], 还有其他一些成功的例子[157~159], 我们不一一列举了. 尽管近场扫描光学显微术是 Synge 第一次提出的, 但这项技术应当首先归属于 O'Keefe[160] 和 Baez[161], 在 1956 年, 他们就使用近场扫描方法用波长为 14cm 的波分辨了自己的手指. 这项研究在 1972 年又有了新的改进, Ash 和 Nichols 在 3cm 波长源照射下扫描近场小孔时得到了 $\lambda/60$ 的分辨率[162], 在 20 世纪 80 年代, 随着扫描隧道显微术的发展[165], 该技术才真正得到实际应用[163,164].

作为对这一时期叙述的结束, 我们要指出正是光学给出了中子存在的第一个迹象. Heitler 和 Herzberg[166] 在研究 $^{14}N_2$ 的纯转动 Raman 光谱时发现其强度发生交替变化[167], 原子核的电子–质子模型要求氮遵循 Fermi 统计, 上述现象显然不能用 Fermi 统计来解释.

1900~1930 年的确是光物理的辉煌时期, 在原理和概念方面酝酿、产生了重大变革, 不过这些新概念直到 1960 年激光问世才完全实用化.

18.3 1936~1960 年：暴风雨前的平静

20 世纪 30 年代早期, 在经典光学仪器和技术方面有了一些新的进展. 值得一提的是 Schmidt 望远镜的发明[168], Schmidt 望远镜由一个球面反射镜和一个位于反射面曲率中心的非球面 Schmidt 校正板 (薄的螺旋形曲面) 组合而成 (图 18.1). 该技术使大视场像质得到显著改善, 而 Schmidt 照相机也成了天文学研究中非常重要的设备. 第一台 Schmidt 望远镜 1930 年在加州帕洛玛天文台建成, 成功投入使用, 继而在 1949 年安装了第二台, 口径为 48 英寸. 从 20 世纪开始, 折反型设计 (透镜和反射镜组合型) 在不断更新与改进之中, 品种层出不穷[169], 在许多领域获得应用, 比如导弹跟踪和导航系统. 紧凑折反型望远镜已经商品化, 供天文爱好者和天文台观察使用, 远摄型长焦照相机镜头也常采用折反型设计.

20 世纪 30 年代初期, Bauer 和 Pfund 研制成功光学高反射膜[170], Strong 则试制成功增透膜[171], 在实验光学中广泛使用. 1939 年, Geffken 又研制出金属–介质膜干涉滤光片[172](又称诱导–透射型滤光片 —— 译者). 许多现代光学仪器由多个透镜表面构成, 如果透镜表面不镀多层光学增透膜, 仪器就无法正常工作 (如果不镀增透膜, 各表面散射光将叠加形成杂光背景, 大大降低像的反差 —— 译者), 因而光学薄膜技术就成为现代光学的重要基础. 照相机、激光器及各式各样的光学系统的品质强烈依赖于高质量的光学敷层, 而激光陀螺对于光学镀膜的要求更加严苛.

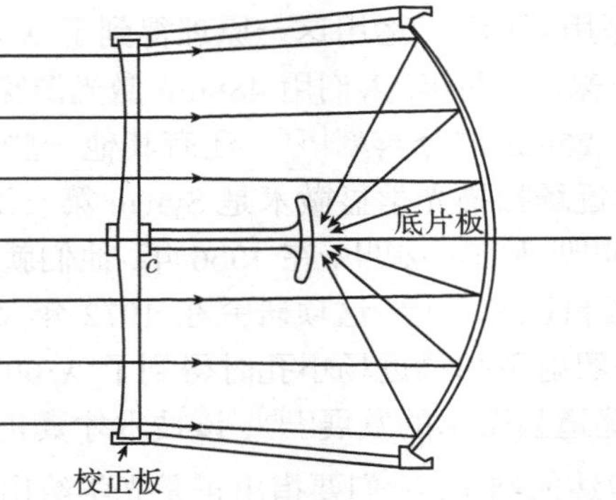

图 18.1　Schmidt 校正望远镜

1933 年, Oseen 的研究工作改善了人们对光波在胆甾相液晶中的传播特性的理解[173]. Stiles 和 Crawford 开始了对这一物理效应的解释, 认为人眼的敏感度具有方向特性, 对直接射入瞳孔的光比从周围射入眼睛的光敏感得多, 该效应后来以他们的名字命名[174], 对此效应的探索研究一直延续到 40 年以后[175].

18.3.1　van Cittert, Zernike 及光学相干性

van Cittert1934 年和 Zernike1938 年分别发表的论文对于经典光学领域的相干性赋予新的含义, 称为 van Cittert-Zernike 定理. 运用该定理[176,177], 可以确定平均波长为 λ 的扩展准单色光源照射下, 屏上两点 P_1 和 P_2 之间的互强度或场的相关函数 $J(P_1, P_2)$ 和复相干度表达式 $\mu(P_1, P_2)$. 该定理证明互强度的表达式为

$$J(P_1, P_2) = \int_\sigma I(s)\frac{\exp[\mathrm{i}k(R_1 - R_2)]}{R_1 R_2}\mathrm{d}s$$

式中, R_1、R_2 分别表示强度为 $I(s)$ 的源点 s 与 P_1、P_2 点的距离, $k = 2\pi/\lambda$, 积分对光源表面 σ 面进行. 复相干度定义如下:

$$\mu(P_1, P_2) = \frac{J(P_1, P_2)}{\sqrt{I(P_1)}\sqrt{I(P_2)}}$$

当光源完全相干时复相干度等于 1, 当光源完全非相干时复相干度等于 0. van Cittert 首先研究了这些想法, Zernike 在此基础上做了更普遍的修正, 从而适用于由任何光源 (相干、部分相干或非相干) 产生的准单色光场. 互强度 J 实质上是光源强度分布函数的二维 Fourier 变换. 这一定理广泛用于统计光学、成像系统和干涉测量[178], 并在此后引发了新一轮的研究, 取得重要进展.

1934 年, Landau 和 Placzek 发表的论文标志着光散射光谱学的重要进展[179]. 当单色光波照射纯净的简单流体时会产生两种散射光：熵的涨落引起第一种散射光的频带加宽, 其中心与入射谱线一致; 第二种散射光系由压强涨落引起的且对称

分布的 Mandelstam-Brillouin 双重线. “Landau-Placzek 比” 适用于上述纯净简单流体, 并定义为两个散射光的相对强度之比. 双线和中心谱线的强度比可以用定压比热 C_p 和定容比热 C_v 来表示

$$\frac{I_{\text{双}}}{I_{\text{中}}} = \left(\frac{C_p}{C_v} - 1\right)$$

这一年里, Cherenkov 发表了关于不均匀偏振态弛豫辐射现象的论文[180], 称为 Cherenkou 效应, 在俄罗斯又称 Vavilov-Čerenkov 效应：当带电粒子 (比如电子) 在透明介质中的速度大于该介质中的光速时, 就会产生光辐射. Vavilov 要求 Cherenkov 研究镭 γ 射线穿过不同流体时诱导的可见光辐射, 该辐射以往也曾被另一些研究者观察到, 不过他们把这微弱的蓝光当成了荧光. 为了消除荧光, Cherenkov 在双蒸馏水 (即经过两次蒸馏处理的水 —— 译者) 中做了这项实验, 他将自己关在一个完全漆黑的屋子里, 花了一个多小时时间来适应环境, 终于用自己的眼睛观察到了这一辐射现象. 他发现, 该可见辐射光的偏振沿入射光的方向. Vavilov 在之后发表的论文中假设这种可见光可能主要是由快速电子引起的[181]. 三年后 Tamm 和 Frank 给出了经典理论解释[182].

事实上, 1899 年 Heaviside 已预言在电介质中的 “起电” 运动会导致定向电磁波发射, Sommerfeld 在 1904 年也给出了同样的预言. 借助 Vavilov-Cherenkov 效应可以观测到单个带电粒子, 粒子的速度与 “弓形波” 的发射角度有关; 这一效应的另一个成果就是 Cherenkov 计数器研制成功, 并广泛用于核物理与空间物理. 1958 年, Cherenkov、Frank 和 Tamm 荣获诺贝尔奖. 1940 年, Ginzburg 对 Cherenkov 效应作出了量子理论解释[183,184].

同一时期, Raman 和 Nath 连续发表了 5 篇系列论文[185], 描述了高频声波对光波的衍射现象, 这就是众所周知的 Raman–Nath 衍射. Bragg 理论仅适用于无限扩展空间的散射, 而 Raman–Nath 衍射则将上述效应推广到有限空间, 亦即线度受限空间内声波对光波的散射, 在声光效应中有重要的应用价值[186]. 如今, 我们所说的声光衍射既可能是 Raman–Nath 衍射, 也可能是 Bragg 衍射, 取决于声光器件的厚度和 RF(射频发生器) 产生的声波的周期之比. 当器件在光波的传播方向足够薄时, Raman–Nath 衍射效应占主导地位, 此时器件相当于一个薄的相位光栅, 能生成多个衍射级. 当声光相互作用的介质层很厚时, Bragg 衍射成为主导效应, 声波在介质中形成栅状周期结构, 若光波以 Bragg 角照射声学光栅, 会生成衍射效率极高的单级衍射.

1934~1935 年, 美国无线电公司 (RCA) 正着手准备光电倍增管的研制[187], 与此同时, Zernike 发明了一种新型的显微术 —— 相衬显微术[188], 用相干光照明透明物体, 获得样品的强度分布, 该强度分布与物体引起的相移变化存在直接的比例

关系, 从而将相位分布转换为光强分布 (透过率分布). 实现这一技术的方法如下: 在显微镜物镜的后焦面中心放一块薄的相位板, 用它来调制 (加快或者延迟) 相位, 使位于焦平面中心的零级相对于其他区域具有四分之一周期的相位差. 结果, 像平面光场就形成 "伪振幅光栅", 像平面光强分布与相应的物体引起的相移量成正比. 1955 年, Zernike 在《科学》杂志上发表了讲述当年相衬技术发现的文章[189]. 在 1934 年发表的论文中, 他还引入了单位圆内正交的 "Zernike 圆多项式", 这在后来的波动光学像差理论研究起了重要作用[190~193].

Zernike 后期的研究论文 (1938) 不仅深化了相干度的概念, 同时也探讨了相干度与显微术和光传播效应的因果关系[177]. 有关相干度的讨论我们已经在 van Cittert 的话题中谈过. 1932 年, Zernike 曾通过不懈努力, 试图赢得著名的显微镜公司卡尔蔡司 (耶拿) 公司对相衬显微术的兴趣, 然而当时这一技术尚未成熟, 蔡司这个由 Abbe 创建的公司对此技术毫无热情. 继而在 1934 年 Zernike 发表了相关文章并获得了专利. 直到 1942 年蔡司总算完成了第一台相衬显微镜的研制[189,194], 目前相衬显微镜已广泛应用, 特别是用在生物学研究领域中.

在量子力学对光子的描述中, 一个光子的自旋角动量是 $\pm\hbar$, 其中正负号代表其导性, 自旋与光子能量无关. 光子的发射与吸收限定其角动量发生 $\pm\hbar$ 的变化. 据此, 1936 年 Beth 利用直接的机械办法, 在涉及扭摆的极为灵敏的实验中对光子角动量进行了测量[195].

18.3.2 第二次世界大战时期的光学研究

20 世纪 30 年代后期, 第二次世界大战的阴云已逐渐逼近, 科学界的研究也逐步转向军事问题. 在光学领域, 人们对应用型干涉测量术及干涉光谱学做了很多研究. 摄像机、双筒望远镜、望远镜、测距仪等仪器的研制在军事上具有举足轻重的作用. 摄影术的长足进展则贯穿了整个 20 世纪 30 年代, 重要的例子包括: 小型照相机; 感光底片从玻璃、赛璐珞基底转移到醋酸纤维素感光胶片; 高清晰度微粒胶片等. 灵敏度更高的溴素纸则广泛应用于照片印制. 在电影摄影术方面, 1932 年柯达公司推出了专为业余摄影爱好者设计的 8mm 的胶卷, 与此同时彩色照相术也在稳步发展, 起先出现的是彩色印片法生产的彩色胶片, 继而采用三色多层处理技术为标准相机设计的胶卷, 诸如柯达彩色胶卷[196]. 同期开发的还有频闪观测摄影术, 它采用放电产生的极短闪光对物体曝光, 该拍摄方法可以 "冻结" 物体的运动, 从而获得运动过程中多幅系列图像, 这项工作是由麻省理工学院的 Edgerton 和 Killian 完成的[197].

这一时期, 光电发光器及探测器的研发尚处于起始阶段, 此后这些光电器件不断获得重大进展, 到 20 世纪 60 年代已成为军用硬件中不可或缺的关键设备. 同一时期, Wannier 第一次描述了激子 (exciton) 的基本光电子特性, 激子是由 Coulomb

吸引力约束的电子 – 空穴对, 按照他的描述, 电子 – 空穴对在晶体中运动仿佛是一个激发态的粒子[198], 这项发现与 Mott 的研究也有关联. 同一年, Peierls 描述了 Wannier 激子吸收光谱的形状[199].

在后来兴起的军用核武器研究方面, 光学也扮演了非常不同的角色. 从 20 世纪 30 年代早期到 50 年代末, 运用光谱技术测定超精细结构来进行核自旋的研究非常活跃, 在众多的参与者中间 Tolansky 所进行的工作尤为出色, 他详细描述了所需的光学干涉测量术[200]. 由于高度发展的原子物理和核子物理研究工作的需求, 光电倍增管在这一时期继续获得进步. 在闪烁计数器中, 光电倍增管具有难以替代的应用价值[201].

让我们回过头来谈谈激光的另一个历史性进展. 1940 年, 苏联物理学家 Fabrikant 在他的博士论文中描述了分子系统中的光放大效应[202]:

> 对于分子 (原子) 系统而言, 光放大的必要条件是 N_2/N_1 大于 g_2/g_1. 尽管这一布居 (粒子在能级上的分布称布居 —— 译者) 比例在理论上能够达到, 我们在放电现象中依然观察不到这一效应 …… 一旦上述条件满足, 就将能观察到光辐射的输出大于输入, 并就此完成负吸收的直接实验验证.

很明显, 在那个时代, 人们已理解了激光的物理学, 亦即光放大效应, 只不过相关的器件、技术还有待研制. Fabricant 和他的同事在 1951 年获得专利, 并在 1959 年发表了相关论文[202]. 可惜论文发表晚了一点, 加上当时苏联的科学研究与西方隔绝, Fabrikant 的工作对于激光研究的影响并不大.

1940 年, Gabor(后来的全息术的发明者) 在他的专利[203] 中提出了一个全新的光学观念 "超透镜"(super-lens), 这是一对无焦的透镜阵列, 后来广泛地应用于照相复制光学系统中, 使其变得紧凑[204]. 其实 Lassus St Genies 在 1939 年就已经描述过透镜阵列的概念.

1941 年开始, Clark Jones 发表了 8 篇系列文章, 系统地描述了一个新的矩阵表象, 以表征和处理光学系统中的偏振态[205,206], 这一工作为很快成为光波偏振态处理和计算规范奠定了基础. 此后, Clark Jones 又引入性能参数 "可探测率" D^*, 广泛应用于红外成像系统性能计算[207]. 运用 Jones 矩阵, 相干偏振光的偏振态计算变得十分简洁, 例如, 一个平面偏振光可表为

$$\begin{bmatrix} 1 \\ 0 \end{bmatrix}$$

尽管 Mueller 在 1943 年的研究工作曾引入 4×4 矩阵表象, 已简化了 Stokes 矢量的处理, 一般情况下偏振态的描述仍需应用传统的 Stokes 理论. 几年后, Wolf 引用相干矩阵来处置部分偏振光的相干特性[208], 他提出可以用偏振补偿器和起偏振器

通过简单的实验测出偏振度, 至今这仍是偏振测量的常规方法.

1943 年, Hopkins 计算了透镜焦点上的一个点光源产生的衍射图形[209], 在小孔径、高相对孔径数 (即 F 数 —— 译者) 系统情况下, 该衍射图形就是著名的 Airy 斑. 尽管未运用完整的电磁理论, 他的结果仍然适用于各种具有较大 F 数的镜头. 他正确地预言当孔径增大时, 线偏振光的 Airy 斑逐渐变成椭圆, 其主轴与物空间的偏振方向一致. 根据 Ignatosky 此前提出的全矢量理论[210], 当镜头数值孔径大于 0.5, 衍射斑就显著偏离 Airy 斑. Ignatosky 既未参考 Hopkins 的论文, 也未引用 Richard 和 Wolf 稍后发表的工作成果[211]. 当时运用数学计算来处理光学问题相当流行, 一年以后, Luneberg 出版了他的具有里程碑意义的经典著作《光学的数学理论》[212].

由于著名的 Fabry-Perot 干涉仪 (或 Boulouch 干涉仪, 下文还要谈到) 早在 19 世纪末就开发完成, 多光束干涉已是尽人皆知. Tolansky 在 1944 年发展了用于表面研究的多光束干涉、薄膜和光学干涉术, 他对 Newton 环透镜样板测量 (指用已知曲率半径的标准的玻璃球面样板对于待测透镜表面接触测量, 利用等厚干涉条纹, 估算出透镜表面的曲率半径误差和局部不均匀性误差, 是光学加工和物理实验常用测量方法 —— 译者) 进行了少许修正[213]. 他把两个接触测量的表面镀以高反射膜, 使干涉条纹的可见度和对比度大大改善, 并就此开拓了一个新的应用领域 —— 光学三维面形测量术 (optical surface microtopography). 此后, 他继续发展这一技术, 发明了 FECO 干涉仪 (fringes of equal chromatic order —— 等色级条纹干涉仪)[214], 在该装置中用白光代替单色光, 可以使用明亮的光源, 并采用分色方案获得高反差的干涉条纹, 表征相干面上的等高区域. 三维面形测量仪能够测出 2.5nm 的表面高度起伏, 比传统技术进了一大步[215]. 图 18.2 为多光束干涉图形.

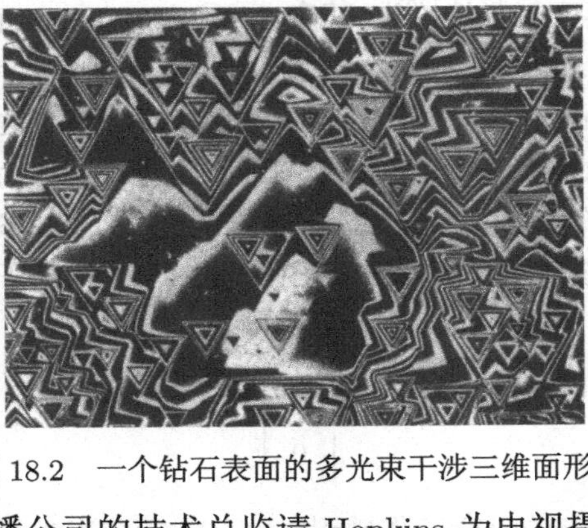

图 18.2　一个钻石表面的多光束干涉三维面形图

1945 年, 英国广播公司的技术总监请 Hopkins 为电视摄像机设计一个变焦镜头, 几年后这个镜头首次投入使用, 就在伦敦的 Lord 板球场试拍了并播出了一场板球比赛. 同时, Hopkins 还对偏振光照明的显微镜的分辨率发表简要评论[216], 他赞同 Stump 早些时候发表的看法[217]，认为偏振光照明的分辨率会高于非偏振光 (自然光) 照明的分辨率. Hopkins 曾指出这是 Airy 斑退化为非圆对称的结果. 对于非偏振光, Hopkins 和 Barham 后来又引入了相干参数 s[218]，定义为聚光镜的数值孔径和物镜数值孔径之比. s 的变化范围从在完全相干点光源照明的极限为零变到在完全非相干扩展光源照明的极限为无限大. 他们发现, 对于一个单点像而言, s 的作用无足轻重, 而对于两个点的像, 当 $s = 1.45$ 时分辨率可提高 7%.

次年, Duffieux 出版了一本具有重大影响的教材 ——《Fourier 变换及其在光学中的应用》[219]，成为 Fourier 光学的基础, Fourier 变换图像处理的研究在 20 世纪 60 年代和 70 年代广泛而深入地展开[220]. Duffieux 用线性空间滤波来处理成像过程, 在像平面、物平面和入射孔径的光波复振幅分布之间建立了 Fourier 变换的关系, 指出像平面的光强分布为物平面光强分布和系统 "点扩散函数" 的卷积, 所谓 "点扩散函数" 乃是系统的脉冲响应.

Wheeler 此时提出, 在双光子关联实验中, 自旋为零的慢电子偶素的衰变产生光子[221]，角动量守恒要求它们的偏振互相正交. 这一过程可如下测量: 将固态靶沿直径置于与光源相反方向上, 用一对 Geiger 计数器测量 Compton 散射. Pryce 和 Ward 于次年对此进行了详细的量子理论解释[222]. 一年后, 两个研究组在进行同一个实验: 英国剑桥大学的 Hanna 和美国普渡大学的 Bleuler 和 Brant. Hanna 发现了垂直偏振的强相关, 但比理论预测低 25%[223]; Bleuler 和 Brant 的结果则高出理论值 14%, 但仍然在统计误差的范围内[224]. 第三组实验是吴健雄 (Wu) 和 Shaknov 在 1950 年进行的, 他们使用了闪烁计数器, 结果高出 2%, 但仍在 4% 的误差范围内[225]. 所有实验均用 ^{64}Cu 做发射源. 在 20 世纪余下的时间, 其他光子对相干的实验仍在进行.

18.3.3 量子电动力学 —— 第一个规范理论

在利用世界大战发展起来的新技术测量的推动下, 1946~1948 年电磁场辐射理论发展很快, 为现代高能物理和粒子物理提供了理论基础. 量子电动力学 (QED) 是逐渐演变成当今理论物理 "标准模型" 的第一个规范理论. 该理论的最新成果, 是在 1994 年发现最后剩余下的夸克, 即顶夸克 (top quark). 量子电动力学的这些发展已在第 9 章进行了详细的探讨, 在近期出版的教科书中也有详细介绍[226].

其次, 是 1948 年 Lau 效应的发现[227]，当使用白光扩展光源进行 Moiré 光栅干涉时, 发现了这个自成像效应, 目前已成为原子干涉实验的主导性效应 (有时并不将此效应归功于 Lau). 例如, 在 Lau 干涉仪中使用 de Broglie 波长为 16pm(1pm = 10^{-12}m—— 译者) 的超声钠原子束以及由康奈尔大学纳米中心制造的 200nm 栅距的光栅实施的对 Sagnac 效应的测量[228]. 地球自转引起的相移居然达到 2rad 的高灵敏度.

1848 年也可算得上是接触式隐形眼镜技术发展的转折点, 其实接触式眼镜已发展了 100 多年, Dallos[229] 和 Bier[230] 使用巩膜眼镜材料和丙烯酸制作的角膜接触式隐形眼镜, 其佩戴时间从开始的几小时延长到 8~10 小时甚至更长而不必取下. 由于精心设计和不断改进材料, 隐形眼镜很快被公众接受并广泛使用[231].

18.3.4　早期的全息术

光学发展史上的下一个里程碑 —— 光学全息 —— 独具特色, 它唤起了公众对光学的兴趣. 当这一技术最终开发完成后, 成了世界范围内引人入胜的奇异效应. 全息术的早期基础可追溯到 1920 年的 X 射线晶体学研究. Wolfke 在 1920 年的研究[232] 和 Bragg 在 1939 年和 1942 年的研究[233,234] 实现了 X 射线显微镜, 他们运用 Fourier 光学研究 X 光片. 从 1948 年起, Gabor 在电子显微镜中运用类似的方法提高分辨率, 同时记录被物体散射或衍射的电子束以及未被散射的相干电子束, 并借助这一记录, 用可见光重建物体的像[235~237]. 在 Gabor 的工作后不久, Rogers 用高压汞弧灯显示了光学全息术, 这可比激光全息术早了十来年[238]. 他做了许多工作: 得到了全息图, 实现了全息图复制, 生成了三维全息像, 完成了图像相减操作, 制作了相位全息图, 并最早尝试计算全息术[239]. El-Sum 和 Kirkpatrick[240]、Lohmann[241] 也试图建立全光学全息术, 由于共轭像的干扰而成绩不佳, 使他们兴味索然. 直到 1960 年 Leith 和 Upatnieks[242] 运用相干光最终建立了全光学的全息术系统, 首次显示了逼真、生动的三维全息像, 一下子就引起了轰动 (图 18.3). 全息术本身继续广泛发展, 而 Gabor 也在 1971 年获得诺贝尔奖[243], 此后我们还要介绍有关细节.

1949 年, Brossel 和 Kastler 发表他们系列论文中的第一篇文章[244], 描述了光学泵浦 (抽运), 这是一种使激发原子系统子能级上的粒子数重新分布的技术. 用特定波长的光波照射原子, 就有可能出现粒子数反转分布. 这一思路以后在激光中得到重要应用, Kastler 在 1966 年获得诺贝尔奖[245]. 关于 Kastler 还有一件事值得一提, 在他去世前曾交给本章作者之一 (ERP) 一封很长的信, 他提出 Fabry-Perot 干涉仪的发明者是 Boulouch[246].

1950 年出版了 Chandrasekhar 的著作《辐射转移》(*Radiative Transfer*)[247], 对于光散射的研究有重大的影响. Bouwkamp 则发表了关于亚波长 (尺度小于波长) 小孔中波场的解, 这是衍射理论的重要课题[248]. 他指出, Bethe 于 1944 年发表的近场解有严重的错误, 不过远场解无需修正.

常常出现这种情况: 在科技文献中的一个创新, 甚至连发明者本人当时也未必完全理解. 一个典型的例子就是 Fellgett 在 1951 年发明的多重光谱学 (multiplex spectroscopy)[249], 它是高分辨率光谱分析的重要进展. 在传统的单色仪中用探测器对于输出光谱进行扫描, 直接测量光谱强度, 而在多重光谱仪中, 同时记录干涉仪

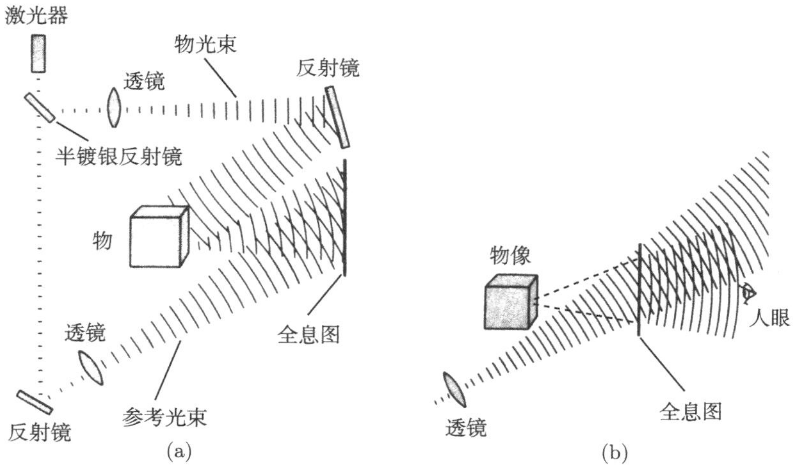

图 18.3 全信息术原理

(a) 为了建立全息图，“物光”通过一个镀银的分光镜和透镜照明物体. 物体上每一个点都反射物光，形成球面波. 反射光和参考光在全息干板上发生干涉，形成全息图；(b) 为了观察全息图，用激光照明干板，从远场进行观察

所有可分辨单元的信息, 因为在干涉仪中光程长度是变化的. 然后运用 Fourier 变换对于光谱图进行解码, 并生成所需的光谱. 在这样的处理手续中, 信噪比大大提高了, 这因为所有的频谱信息在同一时间被观察到. 然而, 我们也可以讲常规的探测器在同一时刻探测到了所有的时间延迟. 事实上, 这两个量构成 Fourier 变换对, Fourier 变换光谱仪 (简称 FT 光谱仪) 测量的量为

$$g(\tau)=\frac{1}{\sqrt{2\pi}}\int S(\omega)\,\mathrm{e}^{\mathrm{i}\omega\tau}\mathrm{d}\omega$$

而单色仪或光栅光谱仪所测的量为

$$S(\omega)=\frac{1}{\sqrt{2\pi}}\int g(\tau)\,\mathrm{e}^{-\mathrm{i}\omega\tau}\mathrm{d}\tau$$

理论上讲, 这两个过程是对称的, 至于究竟哪一种测量的信噪比高, 取决于噪声的特性. 如果噪声在时域的分布接近正弦波, 则在 Fellgett 的 Fourier 光谱仪方案中, 将会在频域测到尖峰状的光谱特性, 构成赝信号 (时域中近似正弦的噪声在频域中相应位置呈脉冲状, 有可能被误认为信号 —— 译者), 而在传统光谱测量中未见异常; 反之, 当噪声接近白噪声且形似脉冲时, 在频域中该噪声将分布在宽波段内而被平均掉, 从而在 Fourier 变换光谱仪中显示出所谓 “Fellgett 优越性”, 而在传统光谱测量中, 这个赝噪声脉冲反倒有可能错当成信号测出来. 后一种宽带噪声是经常遇到的噪声 (包括探测器本身的噪声), 所以 Fellgett 优越性常常出现, Fourier 变换

光谱仪也就大量应用，特别在红外波段，探测器噪声不可消除，FT 光谱仪就用得非常广泛.

Wald 在 1951 年对他自己在 1936 年的发现加以发展[250]，奠定了杆状细胞视觉 (暗视觉，即视紫红质系统) 的光化学理论基础. 以他的工作为基础，当前科学界对于人眼视觉的光感受机理已有了正确的生物物理解释[251]. Wald 在 1967 年获得诺贝尔医学奖. Young 和 Roberts 使用明亮的阴极射线管的屏作为光源，构建了一台 "飞点扫描" 显微镜[252]. 在同一时期，Land 发明的偏振片 (用高分子材料制成，具有面积大、入射角大的优点 —— 译者) 见诸报道[253]，其实它已发明很久了. 不仅如此，Land 对于 20 世纪的光学还有许多别的贡献，他的工作可能还算不上对物理光学理论的创新，但对于应用光学还是有重要影响的. 除偏振片以外，他感兴趣的领域包括夜视护目镜、照相机、彩色电视、全息、视觉等，他是一位有创意的发明家，特别是在 1948 年发明 "拍立得" 相机，照完相后照片立即印出. 近来已出版了反映 Land 多彩工作经历和丰富成果的著作[254].

也就是在这一时期，首次用 pn 结能带结构图作为物理模型，解释了 20 世纪 20 年代和 30 年代 Round[61] 和 Lossew 对碳化硅的研究. 几乎在同一年代，Destriau[255] 也观察到在电场激励下从 ZnS 发射的光，他称之为电致发光 (electroluminencece). Lehovec、Accardo 和 Jamgochian[256] 研究了如下效应：pn 结在正向偏置电压下注入的电子会和 p 区的空穴复合，在复合过程中，电子释放能量产生光子. 尽管从那时候起这一模型已有了很大进展，其基本思想至今还是 pn 结电致发光的主要机理，而 pn 结电致发光器件仍然是目前至关重要的半导体光电子学器件.

18.3.5　迈向微波激射和激光

在光学发展上极端重要的 1958~1962 年时期之前的几年，是光学、光电子学新分支学科的萌芽期，许多新理论、新技术从那时起持续发展到 20 世纪末.

1952 年 Weber 描述了微波激射的原理，但未能研制出可运转的工作器件[257]. 其基本原理和激光差不多，都是采用非相干泵浦 (抽运) 机理，形成原子或原子系统两个能级间的粒子数反转，然后，使用一个长柱形介质或通过腔内前后一对镜间的反射，运用 Einstein 的受激跃迁机理对于共振频率的辐射进行放大. 在这一机理中，外场的入射对于较高能级上的粒子产生激励，使粒子跃迁到较低能级，就在同一辐射场内产生了更多的相干辐射，并形成自持振荡. 我们将在介绍第一台工作激光的有关章节中对此进行更详细的描述. **[又见 18.4 节]**

同一年，Elias 和他的同事发表文章，第一次试图把光学和通信理论联系起来[258]，此后 O'Neill 做了进一步的基础研究工作[259]，最终形成了重要的分支学科 —— 光学信息处理和光学图像处理. Elias 和 O'Neill 讨论了 Shannon 和 Wiener 的统计信息理论、Fourier 理论、光学系统中的信噪比、自相关函数和最优滤波等基本概念.

在 Straubel[260] 和 Luneberg[261] 早期在成像领域工作的基础上, Di Francia[262] 发表了他关于透镜光瞳函数的文章, 即所谓 “切趾术”, 得到较窄的脉冲响应, 也就是通过对透镜光阑透射分布的修改, 使点扩散函数的主峰宽度小于 Airy 斑, 从而实现 “超分辨率”. Di Francia 声称中心主峰的宽度可以做得任意小, 而环绕主峰的暗区可以变得任意宽. 可惜, 这样处理付出的代价是主峰能量转移到精心 “剪裁” 区域之外的旁瓣中去, 旁瓣甚至包含了光波的大部分能量. 应用图像处理实现超分辨的努力一直持续到 20 世纪末, 下文中我们还要详细介绍.

Di Francia 还把 Shannon 数 $S = X\Omega/\pi$ 引入光学成像的衍射理论[263], 其中 X 是物体的空域尺度, Ω 是光瞳直径的 π 倍除以波长和焦距的积. S 可以认为是像的自由度的一个测度. 其实, 早在 1914 年, von Laue 就发表过类似的主张[264].

1952 年, Glauber[265,266](还有 van Hove 在 1954 年的工作[267]) 详细描述了一个中子被晶体和液体散射时中子频率的改变, 后来 Komarov 和 Fisher 又重新表述了这一理论[268].

18.3.6 对于 Fourier 光学的探本穷源

1953 年堪称 “相干成像年”. Marechal 和 Croce 演示了相干成像[269], 运用空间滤波方案改进了照片的质量, 成为 20 世纪 60 年代到 70 年代相干光成像信息处理的基础. 可能正是他们最早清晰地指出了空间频域成像过程与时间频域通信网络之间的相似性. 他们进一步引入的 $4f$ 光学滤波系统成为标准的相干成像处理系统. 从基础光学的角度来看, 这样的处理很容易理解: 设想有一个透明的物体放置在会聚透镜的前焦面上, 用准直的平面单色光照明. 在透镜的后焦面 (所谓 “变换平面”) 上形成透明物体的 Fourier 变换. 如果在变换平面上放置另一个 “比较物体” 或其他特定数学函数的 Fourier 变换掩模板, 再经过第二个透镜的 “前–后焦面” 的第二次 Fourier 变换, 就可能对原来的透明物体实施各种处理, 如相关、卷积、匹配滤波、空间滤波、特征识别等[58]. 如果更准确地把透镜看成是带限的 (由于透镜的直径有限, 因此通过透镜的光波空间频带受限 —— 译者) 透射系统, 而不是积分上下限为无穷大的 Fourier 变换, 则我们必须注意该系统处理的仅仅是通带内的空间频率分量.

Hopkins 发表了详尽的 Fourier 成像理论[270], 根据他在 1951 年的结果[271] 计算了在不同相干度照明下具有各种像差和离焦的光学系统成像特性. 他发现, 分辨率随着部分相干和倾斜相干照明的程度而变化, 而此前已知的结果 (如 Abbe 得到的结果) 仅仅是完全相干或完全非相干的极限情况. 非相干提高了分辨率, 付出的代价则是降低了对比度. Linfoot 和 Wolf 研究了具有环形孔径的无像差光学系统, 计算出焦点近旁的三维光场分布[272]. 不过他们没有提到偏振效应, 他们在此后发表的关于焦点近旁相位分布的文章也没有涉及偏振[273].

1953 年相干成像领域的另一重大事件是授予 Zernike 诺贝尔奖[274], 以表彰他揭示了相衬术, 特别是发明了相衬显微镜.

18.3.7 光电子学的序曲

也正是在 1953 年, 当 McKay 和 McAfee 揭示出硅和锗的 pn 结中电子的倍增效应时[275,276], 半导体在光学和光电子学中的显示出真正的重要性, 半导体光电子学的发展拉开了序幕. 雪崩二极管诞生并广泛使用于光通信领域的模拟信号探测. 近年来, 雪崩二极管开始替代光电倍增管用于数字光信号探测, 则主要归功于美国无线电公司加拿大瓦德利尔分公司的工作. 雪崩二极管是半导体的成果之一. 此外, 在 Neumann 给 Teller 的信中, 指出光放大有可能通过半导体中的受激辐射实现[277]. 当时距半导体激光器的发明还有 9 年, 微波激射和早期的激光界对这封信并不知情.

Gordon、Zeiger 和 Townes 在 1953 年首次揭示了微波激射器的工作原理[278]. 多年来, 人们一直在微波通信领域探索, 微波激射器可说是重大的突破, 同时极大地影响并鼓励科学家们在光学领域中探索类似的效应. Dicke 曾谈起过 "超辐射" 状态下的 "光学炸弹"(optical bomb)[279], 这事实上是一具没有腔镜的激光器, 在极短时间内发射极强的相干脉冲.

18.3.8 可任意弯曲的光管 —— 光纤

下一年度, 近代光纤光学的发展起步了, 首先是 van Heel 发表了系列文章: "光学图像的无像差传播"[280], 他使用了一个具有包层的介质波导管, 包层的折射率低于芯区折射率, 以减少隐失波的损耗. Hopkins 和 Kapany 则发表了一种光纤束的设计, 其光纤束的直径很小, 可用于内窥镜检查消化器官[281]. 两篇文章都提及了光纤未来在膀胱镜检查中的可能应用, 不过 van Heel 更关心解决光纤成像过程中的对准操作问题. 几年前, 曾有人问 Hopkins 能否改善内窥镜的设计, 当时内窥镜还不能弯曲自如. Tyndall 在 19 世纪曾揭示光可以沿着水的射流或沿着玻璃管传播, 这一点启发了他通过车灯使光纤发光. 包层大大减弱了光的损耗, 具有包层结构的光纤至今仍广泛使用.

1954 年, Bouwkamp 发表了关于衍射理论的综述文章[282], 坚定了 20 世纪早期的有关结果, 修正了一些著名物理学家的错误. 同时, Heitler 出版了他的经典著作《辐射的量子理论》[283]. 同年, Wolf 发表了新的光学相干理论, 它描述的是光的干涉和衍射的宏观理论, 适用于有限大小、具有有限光谱宽度的光源[284]. 他引入了对于这些场强的推广 Huygens 原理及强度相关函数 (与 Zernike 的相干度等价), 并将其与光源的谱强度联系起来. 他还进一步指出, 在几何光学近似范围内, 相干因子遵循简单的传播规律. 此前, van Cittert、Zernike、Hopkins 及 Rogers 的研究工作都不过是 Wolf 结果的特例. 在半导体光电子领域, Chapin、Fuller 和 Pearson 首次发明了太阳能电池[285], Moss[286] 和 Burstein[287] 研究了有一定杂质浓度的半导体的吸收系数, 这一研究进一步发展, 与光学双稳态的研究有重要的关联. 在这一过程中, 电离施主或受主以电子或空穴聚集在导带边或价带边, 以致它们不能够参与吸收过程而使吸收边缘移动到高能量值 (Moss-Burstein 移动).

Charles Hard. Towns

(美国人, 1915~)

Charles Townes 是揭示著名的微波激射效应 (maser) 的第一位科学家, 他使用氨气作为放大介质. 他和 Nikolai. Basov、Alexander Prokhorov 共同获得 1964 年的诺贝尔奖. 他们的工作最终导致了基于微波激射–受激光辐射原理的振荡器和放大器.

他在南卡罗莱纳格林维尔的弗尔曼大学获得文学和理学学士学位, 在北卡罗莱纳的杜克大学获得硕士学位, 并在加州理工学院获得博士学位. 在第二次世界大战期间他设计了雷达和导航器件, 稍后在哥伦比亚大学, 他成功地将短波雷达应用于原子和分子的微波波谱学.

从 1961 到 1966 年 Townes 担任麻省理工学院教务长, 从 1967 年起, 在加州大学从事微波和红外天文学研究.

18.3.9 光拍频学的诞生

1947 年有两篇论文指出, 光源应该具有与射电频谱的无线电波段相似的拍频现象[288,289], 第一次实验证明是在 1955 年[290]. 科学家用平方律光电探测器探测 Zeeman 效应分裂的汞 546.1nm 谱线时, 发现两种较强的光分量会通过差拍效应而产生另一种频率约为 10^{10}Hz 的光电流分量. 若干年后, 光拍频效应在激光及光散射光谱学中获得广泛应用. 同在 1955 年, Lamb 因其氢原子光谱实验工作获诺贝尔奖. 由于量子电动力学与真空涨落的相互作用产生的 $2p_{1/2}$ - $2s_{1/2}$ 跃迁谱线的 Lamb-Retherford 移位大约为 1050MHz. Autler 和 Townes 描述了 “着衣” 原子态 (dressed atom state), 这是一种类似的概念但是由外加驱动场的相互作用引起的[291], 这种效应在 20 年后非线性原子光学系统研究中起了重要的作用. 这一年, 由于 Wolf[292] 以及 Blanc-Lapierre 、Dumontet[293] 分别独立提出严格适用于完全相干、部分相干与非相干光源的多色光场的矩阵表述, 部分相干理论也获得重要进展, 相干度再次以场中任意两点光扰动的互相关来定义.

1956 年以后出现的不同性质的光学频谱学得归功于 Hanbury Brown 和 Twiss, 他们也许是首次阐述了光学干涉测量术的全新的物理原理[294]. 从 1954 年射电干涉仪的研究[295] 起步, 他们继续发展了光学强度干涉术, 能测出恒星直径对应的角度. 从恒星发出的光被两个分离的凹面镜分别聚焦在两个光电探测器上, 两束光电流的涨落的相关表示为凹面镜分隔距离的函数. 由于这两个透镜处于部分相干场中, 所以非偏振的相关函数可以表示为

$$\langle \Delta I_1(t_1)\,\Delta I_2(t_1+\tau)\rangle = \frac{1}{2}\bar{I}_1\bar{I}_2\,|\gamma_{1,2}(\tau)|^2$$

式中, I_1 和 I_2 表示光强; $|\gamma_{1,2}(\tau)|^2$ 表示相干度模的平方, 恒星直径可由该函数推算出来. 这项技术已应用在光学天文学方面, 例如, 澳大利亚的 Narrabri 望远镜, 利用两个口径为 6.5m 的车载接收反射镜, 在直径 188m 的轨道上进行恒星直径测量, 测得的最小角径达 0.0005″[296,297]. 该研究的进一步发展[298~301] 在激光时代包括了光子相关或强度涨落频谱学, 这将在后面介绍.

1957 年, Minsky 最早获得共焦光学显微术专利[302,303]. 照明光在样本上被汇聚成小光斑并进行三维扫描探测, 透射 (反射) 光则由物镜会聚到探测器前的针孔上. 该项专利对这类共焦显微术的特点进行了详细的描述: 点分辨率获得改善、中心焦点外的散射光得以消除等. 专利直到 1961 年才公开, 而到 20 世纪 60 年代他的工作仍然是相当超前的. 同在 1957 年, Hopkins 发表了关于光学系统空间频率响应 (即光学传递函数) 的数值计算论文[304], 光学传递函数后来被广泛应用于透镜系统的测试评价[305~307].

18.3.10 激光诞生前的最后时光

1957 年, 微波激射器 (1953 年) 的发明者 Townes 与 Schawlow 在贝尔实验室合作, 开展了光频段受激放大效应的初步研究. 他们思考的中心是利用 Fabry-Perot 共振腔[246], 对所需受激原子数目进行了计算. 这项研究在同事之间广泛交流着[308], 贝尔实验室专利办公室也听说了此事, 但研究成果最初却遭到专利办公室的拒绝, 其理由是 "光波从未在通信方面显示其重要性". 或许他们忘记了 1880 年正是 Alexander Graham Bell 与他的助手 Summer Tainter 进行了光电话实验, 实验中, 他们用一束光将人的声音传播了好几百米, 这也是世界上第一个光电系统. 在 Towne 的坚持下, 该项研究最终获得专利[309].

与 Townes 和 Schawlow 一样, Dicke 也曾关注过 Fabry-Perot 共振腔, 他建议将其用于分子放大和产生系统, 并于 1956 年发明了分子放大系统, 于 1958 年获得专利[310], 同在 1958 年, Townes 和 Schawlow 也获得了专利, 并公开发表了他们的研究成果. 很有趣的是, 当 1957 年 Watanabe 和 Nishizawa 在日本获得了半导体微波激射器专利时[311], Basov 恰恰在苏联开始半导体微波激射器的研究[312]. Townes

和 Schawlow 因其在激光器研究方面做出的不同贡献分别获诺贝尔奖[313]. 1958 年, Prokhorov 探讨利用氨分子的转动跃迁在波长为亚毫米级别构建分子发生器与放大器的可能性[314]. 他和 Basov 与 Townes 一起获得了诺贝尔奖[315].

同年, Franz[316] 和 Keldysh[317] 预言了半导体的一种新颖的量子现象, 在带隙间存在电吸收或光辅助隧道效应, 这项发现为半导体开辟了一种新的 (电致反射) 光谱技术, 并为光学调制器和探测器创造了新的机会. 几乎 30 年后这些想法才得以开发.

主要由于政治和专利方面的原因, 激光器形成的历史异常复杂.Bertolotti 收集、整理了大量此类资料[318], 在这些资料中 Gordon Gould 是一个核心人物, 他在哥伦比亚大学与 Townes 一起工作, 在他的实验室登记册里记录了与激光器发明有关方面的研究进展, 包括 Fabry-Perot 腔用作激光共振器. 他还进行了受激光放大的可行性计算. 1959 年, Gould 在技术研究集团 (TRG) 公司获得美国与英国专利, 那时候, 关于这些专利的诉讼成为激光界的主要争议. 很多年后, 他又在美国获得了四项专利: 光泵浦 (抽运) 激光放大器、多种激光应用、激光器的电子放电泵浦、激光腔内 Brewster 窗的运用等. 到初期的激光专利失效之时, Gould 在激光领域的专利收入似乎比其他人多得多.

在评述激光专利问题时, 为公平起见, 我们不但应当肯定 Townes 和 Schawlow 对此的物理研究, 也应高度评价 Gould 对各式各样 (并非全部) 激光装置的研制, 但是不容忽视的是许多其他研究工作者在激光研究做出的重大贡献, 他们的研究工作进程贯穿了整个世纪.

20 世纪还有一两件事件非常引人注目. Elliott[319] 和 Dresselhaus[320] 发表了关于声子吸收与发射过程中激子的形成理论, 将激子理论置于正式的理论基础上进一步拓展了 Wannier 的工作, 并开辟了半导体光电效应的研究领域. 这一时期, 还得到了重要半导体物质如锗、硅的激子吸收谱[321]. Smith 对半导体的光学效应作了完整、系统的回顾[322].

Mandel 发表了光子束涨落现象的理论性研究文章[323,324], 包括以他名字命名的光子计数统计学半经典复合 Poisson 公式

$$P_T(n) = \int \frac{\bar{n}^n}{n!} \mathrm{e}^{-\bar{n}} P(\bar{n})\, \mathrm{d}\bar{n}$$

式中, n 表示光子数; $\bar{n}$ 表示时间 T 内光子的统计平均计数. Manley 和 Rowe 的一篇论文 (1959) 对非线性光学的后期发展有着重要影响[325]. 他们推导出涉及非线性电抗元件耦合的振动场间能量交换的参量相互作用的一般守恒关系式. 这时, Schawlow 认为红宝石 (刚玉晶体中掺有氧化铬) 可能会成为受激发射的介质[326], 可惜他错误地认为其中两条最强的光谱线 (691.9 nm 和 694.3 nm) 不大适用于受

激放大. 他同样还准确地预料激光器将会是一个简单的介质棒状结构, 一端全反射, 另一端接近全反射. 看来, 激光是万事具备, 呼之欲出了.

18.4　1960~1970 年：激光和非线性光学

尽管这一时期出现许多文章与专利, 但第一台正常运作的激光器的发明者毋庸置疑是 Mainman, 他于 1960 年中期在休斯研究所实验室采用红宝石晶体作为工作物质研制成功激光器. 人们立刻就发现激光具有所期待的相干性, 线宽很窄, 并且有良好的指向性, 尽管此时还存在着稳定性与可重复性等诸多技术问题.

激光 (laser) 在英文中是 light amplification by stimulated emission of radiation (“受激光放大”) 这几个词的词头缩写, 让我们从 Mainman 的红宝石激光器的工作原理说起. 激光介质为红宝石晶体三氧化二铝 (Al_2O_3), 晶体内掺有约 0.05%重量的三氧化二铬 (Cr_2O_3), 氙闪光灯从四周照射晶体棒, 其中含有大量波长在 550nm 近旁的绿光, 易被晶体中的铬离子吸收, 晶体中的铬离子因吸收光子而被激发到更高的能级, 处于高能级的离子可以通过一个两步的过程回到基态：第一步, 它们通过无辐射加热晶格跃迁到略低一点的能级上, 该能级上离子寿命很长, 可以维持几个毫秒, 称为亚稳态. 如果没有再次的激发, 第二步它们将跃迁回到基态, 同时辐射出波长为 694.3nm 的红光. 如果氙闪光灯不间断地把铬离子泵浦 (抽运) 到高能级上, 这些铬离子将自发地回到亚稳态能级, 并随机跃迁回到基态, 辐射红光. 如果闪光灯的泵浦能量足够大, 氙灯将不停地激发铬离子, 在某段时间里将会出现处于亚稳态的粒子数多于基态粒子数的 “瓶颈” 现象, 即所谓反转分布. 随机自发辐射的光子作用于激发态铬原子, 通过受激辐射产生相同的光子, 开始级联发射, 从而形成持续的发光状态.

受激辐射的特征是发射光与受激光同相位, 具有相同的偏振方向和传播方向. 受激光子流在晶体棒两个反射面间向前及向后传播, 加快亚稳态能级粒子数的反转分布, 因而产生高强度的激光. 该高强度光以一定比例由部分全反射端面射出, 形成相干激光脉冲, 整个过程持续 1~2ms 时间. 关于受激光辐射的详细过程有兴趣的读者可参见 Lengyel 的著作[327].

Maiman 在他的激光论文问世前不久, 曾研究过红宝石晶体的荧光特性[328], 并绘出了刚玉 (氧化铝) 中三重电离的铬离子的简单能级图, 如图 18.4 所示. 红宝石发射波长为 550nm 的绿光使离子向上跃迁到达 $^4F_2$ 能级, 继而经过弛豫跃迁到亚稳态 ^2E 能级上. 自发辐射使得亚稳态粒子缓慢地跃迁回到基态, 当温度为 300K 时形成很锐的双线, 波长分别为 694.3nm 和 692.9nm, 此时将出现荧光现象, 实验测得的荧光量子效率接近于 1.

Theodore Harold Maiman
(美国人, 1927~2007)

Ted Maiman 在现代光学领域的卓出贡献是发明了红宝石激光器. Maiman 的父亲是一名电学工程师. Maiman 于 1949 年毕业于科罗拉多大学, 获工程物理学学士学位, 后来在斯坦福大学获博士学位. 1955 年, 他加盟迈阿密休斯实验室. 在休斯实验室工作时, 他对微波激射产生了浓厚的兴趣, 而这项课题于 1955 年在美国和苏联同时展开. 他认为在一定条件下, 这种微波激射原理也可以推广应用到可见光这样短波长的电磁波. 1960 年, 他用 1cm 红宝石晶体成功地制造出红宝石激光器, 产生红色脉冲光. 1962 年, Maiman 成立了自己的公司 —— 科拉德 (Korad) 公司, 该公司在当时引领了激光器开发的潮流, 成为高能激光器的主要生产商. 在 1960~1970 年, 他在自己的公司里继续致力于激光器及前沿技术的研发. 1977 年, 他加盟 TRW 电子公司.

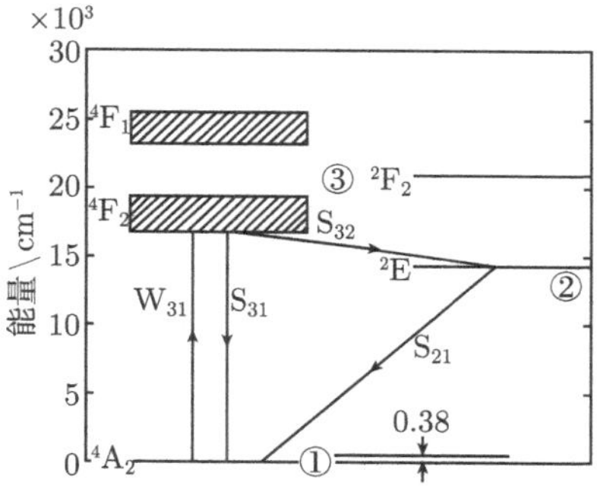

图 18.4 红宝石激光器三能级图

Maiman 通过计算和实验证实, 适当的光学激励会使基态 $^4A_2$ 上的粒子数发生变化. 1960 年 5 月 16 日, 他在实验中增加脉冲氙灯的强度和频率, 终于在 ^2E 能级和基态之间实现了粒子数反转, 继而发生受激辐射产生激光[329]. 1960 年 7 月 7 日, 在《纽约时报》宣布了这一成果.

《物理评论快报》杂志拒绝接收 Maiman 有关激光的论文, 但该论文于 1960 年 8 月 6 日在《自然》杂志上发表[330]. 详细论文第二年才发表[331,332]. 红宝石立方形晶体大小为 $1cm^3$, 两个相互平行的表面镀银, 四围被氙闪光灯环绕 (这种泵浦方式称为 "侧泵"—— 译者). 虽然他的发明无缘诺贝尔奖, 但很多年后 (1987 年 4 月)Maiman 赢得了享有盛誉的第三届日本国际奖.

20 世纪激光的发明为光学及很多其他的学科领域带来了巨大的变革. 在激光第一次成功实现后的很短时间内, 世界各国都付出了巨大努力致力于激光的研究, 有关激光的应用实例数不胜数.

就在第一台三能级红宝石激光器问世后几个月, Sorokin 和 Stevenson 发明了用掺三价铀的氟化钙做工作介质的四能级激光器[333], 从此拉开了受激辐射介质的长长的清单. Schawlow 后来指出, 几乎任何材料都可以用作激光的工作介质, 甚至包括果冻! 为了简明起见, 我们不打算对每一种新材料激光器做详细说明, 只介绍一些重要进展.

1960 年底前, Javan、Bennett Jr 和 Herriott 发明了大家熟悉的 He-Ne 激光器[334], 起初这种激光器发射谱线中没有包含著名的红线, 第一次实现的是红外激光发射, 在 1.118μm 和 1.207μm 区间内共有 5 条谱线, 最强的 1.153μm 输出强度达到 15mW. 1962 年, White 和 Rigden 发明了第一台辐射 633nm 红光的 He-Ne 激光器[335], 这种新型的激光器不使用固体工作物质, 而采用气体工作物质, 并用射频源激励.

1960 年是当之无愧的激光之年: 它是科学历史上具有里程碑意义的一年, 也是开发新型的光和光源的一年.

同在 1960 年, 光纤激光器被提出. Snitzer 指出[336]: 中心具有细直径纤芯, 支持两种模式的光纤可以实现光放大, 激光器可能工作在低功率水平上, 但是对这种光纤进行泵浦比较困难. 1963 年他与 Koester 合作, 研制成功了闪光灯泵浦的掺钕玻璃光纤放大器[337], 在芯区直径为 30μm、长度为 1m 的光纤中实现了 5×10^4 的增益, 光纤芯区的折射率为 1.54, 包层折射率为 1.52.Snitzer 与同事们继续努力, 在 1969 年开发出单模掺钕光纤功率放大器, 工作波长为 1.06μm, 增益为 40dB[338]. 不知当时科学家们是否曾想过光纤放大器会成为 20 世纪 90 年代长途电话传递的关键部件? 1972 年出现了光纤 Raman[339] 和 Brillouin[340] 放大器, 1973 年, Stone 和 Burrus[341] 探讨了室温工作模式, 发明了长度为 1cm、芯区直径从 15μm 到 800μm 室温工作的掺钕的熔融石英多模光纤激光器, 使用脉冲染料激光器或氩离子激光器“端泵”(即泵浦光从激光棒的一端输入 —— 译者).

18.4.1　非线性光学的起步

红宝石激光器问世后, 非线性光学的发展成了光学领域的又一个里程碑.《物理评论快报》上的一篇实验报道预示着非线性光学的起步[342]. Franken 与其合作者证实了, 光频率为 ω 的红宝石激光器发出的光脉冲经过石英晶体可产生光频率为 2ω 的二次谐波. 他们用光谱仪分光, 把输出信号记录在照相感光板上, 他们发现, 除了在红光波长 λ=694.3 nm 处有过度曝光点之外, 在蓝光敏感感光板上也存在一个微弱的黑点, 对应于紫外波长 λ=347 nm 的谱线.

Arthur. L. Schawlow
(美国人, 1921~1999)

Arthur. L. Schawlow 毕业于多伦多大学, 1941 年获学士学位, 1949 年获博士学位. 他的职业生涯起步于贝尔实验室, 1961 年, 他以物理学教授身份加盟斯坦福大学. 虽然 Schawlow 的贡献涉及了很多领域, 如光学、微波波谱学、超导等, 但他却因致力于激光器的发展与应用而出名. 他是经典著作《微波波谱学》的合著者, 并撰写了第一篇关于光学微波激射器亦即激光器的论文. 他早年和 Charles Townes 合作致力于微波激射器理论的研究, 并作为激光器发明的合作者载入史册. 虽然他无缘与 Townes 共同获得 1964 年的诺贝尔奖, 但 Schawlow 与 Nikolaas Bloembergen 由于在激光光谱学的出色的独立研究而分享了 1981 年诺贝尔奖.

Franken 曾饶有兴趣地向本章作者之一 (RGWB) 讲述过,《物理评论快报》在编辑其论文时, 曾将照片上的小光点误认作是污点而去除掉, 于是论文中有关于二次谐波的证据不在了! 之后, 编辑也没有发表更正声明. 然而, 人们依然相信这篇文章的结果, 非线性光学也从此认真地兴起. 而和频现象也是由这支研究团队首次发现, 不过这次增加了 Bass. 从两台红宝石激光器发出的相差 1nm 波长的激光穿过硫酸三甘肽晶体后, 围绕 347nm 观测到三条不同波长的谱线, 中间那条是和频线, 旁边两条是原始谱线的二次谐波线[343].

大约在 Franken 关于二次谐波产生 (SHG) 的论文发表后几个星期, Kaiser 和 Garrett[344] 宣布他们观察到红宝石激光脉冲波穿过掺 Eu^{2+} 的 CaF_2 晶体后发生双光子吸收的现象. 这一重要发现大概是 Goeppert-Mayer 在哥廷根大学的博士学位论文中讨论双光子衰变理论 30 年之后, 也是 Hughes 和 Grabner 发现双光子效应并由 Rabi[345] 解释这一效应大约 11 年之后. 红宝石激光器发射的高强度激光又一次为双光子实验提供了有利的条件. 他们发现, Eu^{2+} 离子能级双光子吸收的终止现象可以通过较低能级所辐射波长 425nm 的荧光的强度加以监视, 该能级的粒子由于激发态的弛豫跃迁而聚集起来. 激光实验不仅开拓了双光子现象的研究领域, 还预示着对多光子跃迁现象的广泛探索, 以及该效应在高精度光谱仪中的运用[345]. 有趣的是, 单模激光双光子吸收率取决于光的归一化二次时间相干度 $g^{(2)}(\tau)$ 的统计特性, 对于相干单模光 $g^{(2)}(0)=1$, 但对于完全随机分布的单模光 (即非相干光)$g^{(2)}(0)=2$, 这样一来, 非相干光的吸收率是相干光吸收率的两倍[346], 这一点在 18.5.4 节有详细介绍. 近来 Bloembergen 对非线性光学早期理论研究的历史, 如基础 "定律" 的发现等进行了详细介绍[347].

Nikolaas Bloembergen

(荷兰人, 1920∼)

Nikolaas Bloembergen 在荷兰接受了中、高等教育, 1948 年完成了非线性饱和现象研究的博士论文. 1949 年他到哈佛, 此后在美国度过了他的科学研究生涯.

尽管 Bloembergen 通常总是醉心于使用激光开发非线性光学, 但他的第一个贡献却是在 20 世纪 50 年代早期做出的. 在微波激射领域, Towne 的第一台微波激射器仅限于脉冲方式, 因为微波的能级在发射的瞬间就抽空了. Bloembergen 开发了一种新型的三能级和四能级的微波激射泵浦方案, 使系统得以连续工作. 类似的机构相继运用来泵浦各种激光器.

他担任过《物理评论》(*Physics Review*) 和其他三种期刊的助理编辑, 担任过《光学通讯》(*Optics Communication*) 和《物理》(*Phisica*) 编辑部的顾问, 他的兴趣十分广泛, 对物理学界影响很大. 1981 年, Bloembergen 和 Arthur Schawlow 分享了诺贝尔物理学奖, 以表彰他对于激光光谱学的贡献.

除了非线性光学的早期进展, 这一时期还进行了更多的物理学基础研究和激光应用研究, 对于激光谐振腔特性的深入了解显然有助于获得高质量的输出光. 1958 年, Schawlow 和 Townes [348] 完成了平面镜 Fabry-Perot 共振腔近似理论的研究, 后来, Fox 和 Li [349,350] 考虑了正方形和圆形平面镜 Fabry-Perot 共振腔中的电磁场的衍射效应, 对谐振腔理论做了进一步修正. Boyd、Kogelnik 和 Gordon [351,352] 研究了包含两个球面镜的光谐振腔的工作模式, 并证实了它具有稳定的准直性和较低的衍射损耗. 稍后还推导出最低阶横模 TEM_{00q} 的 Gauss 场横向分布剖面以及著名的 Kogelnik-Li 变换方程, 后者描述 Gauss 光束通过透镜的变换和聚焦效应, 图 18.5 给出了一些激光的模式图样.

另一个重要进展在于认识到脉冲激光腔的品质因数 Q 随时间的变化会大大增加输出功率, 称为 Q 开关, 这是 Hellwarth 在 1961 年首先提出[353], 并在 1962 年由 McClung 和 Hellwarth 加以证明的[354]. 把反射镜从红宝石晶体棒分离出来, 在一个反射镜和晶体间插入 5nm 硝基苯 Kerr 盒光开关并保持关闭, 激光振荡就建立起来, 并远高于没有 Kerr 开关的水平. 光开关维持关闭状态直到高激发来临, 一旦开关开启, 立即辐射光脉冲, 能量在 0.1μs 的瞬间释放, 比通常的光脉冲功率高出 1000 多倍.

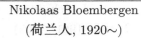

运用该激光器, 休斯敦航空公司的 Woodbury 和 Ng[355] 观察到 694.3nm 和 767nm 两条谱线, 后一条谱线所占输出功率的比例约为 20%. 他们怎么也解释不了

这条谱线, 它和红宝石的任何一条荧光谱线都不相符. 事实上, 两条谱线的差频正好是一氧化氮的振动频率 ($1345cm^{-1}$), Hellwarth 和他的同事用磷酸二氢钾 (KDP) 晶体代替硝基苯作光开关后该谱线顿时消失了. 经过一番周折, 他们终于发现了理想的材料 D_6H_6, 这是唯一不吸收红宝石谱线的液态介质, 从而排除了三能级激光作用的可能性. Hellwarth 将这一新现象冠以受激 Raman 散射的名称. 他们试着把许多液体置于激光谐振腔中, 并观察到甲苯和苯的受激 Raman 散射, 频率分别为 $785cm^{-1}$ 和 $3064cm^{-1}$[356].

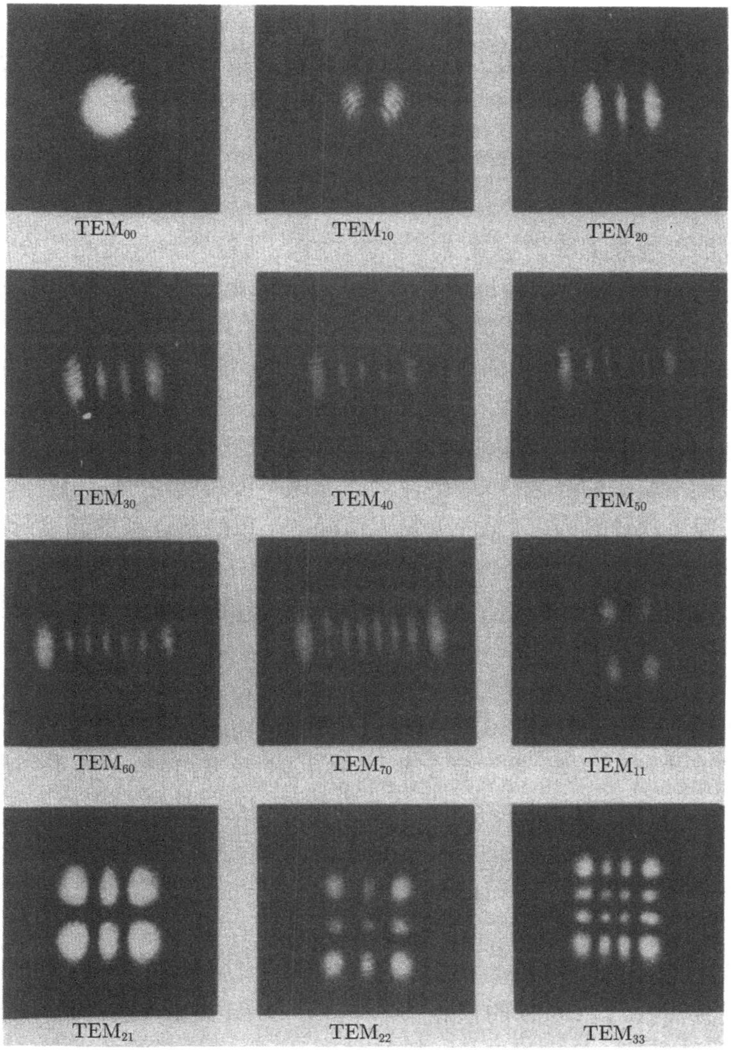

图 18.5 激光的空间模式图样

18.4.2 新的成像理论：本征函数

1961 年, Slepian 和 Pollack[357] 在贝尔电话实验室工作期间实现了光学成像理论的重大突破, 他们最终决定放弃常用的 Fourier 正弦和余弦函数, 而引入更为贴切的长椭球函数 φ_n 作为基函数, 描述频带受限的透射波信息. 线性变换的一般性数学理论早在 19 世纪末期就发展成熟, 但在光学中的广泛运用到 20 世纪 60 年代才刚刚开始, 真是不可思议. Fourier 变换作为与更为广泛的 Sturm-Liouville 理论截然不同的技术, 在这一时期快速发展, 进入了工科大学的教材中. 于是, 工程师们习惯于用 Fourier 变换来求解手头遇到的各种课题, 而不管问题的性质如何, 不管 Fourier 变换是否适用于该课题, 其实这样做反而延缓了进一步的发展. 求解相干成像非常困难, 通常的做法是计算第一类 Fredholm 积分方程

$$I(x)=\int_{-X/2}^{+X/2}\frac{\sin\Omega\left(x-x'\right)}{\left(x-x'\right)}O(x')\mathrm{d}x',\qquad -\frac{X}{2}\leqslant x\leqslant\frac{X}{2}$$

或者求写成线性变换的算符形式 $I=KO$ 的解. 通过找到合适的微分算符与积分算符 K 对易 (Grunbaun 教授称此手续为该领域的第一个 “奇迹”), 刚好已知本征函数 φ_n 和本征值 λ_n, 正好满足 $\lambda_n\varphi_n=K\varphi_n$, 这个问题就解决了. 在一维的情况下, 该方程和描写电信号传输的方程一致. 将上述方程的物方和像方都按本征函数展开并运用本征函数的正交性, 从像方分布就可以反推出物方分布, 首次解决了光学成像的逆问题. 数学上, 可以用此方法重构物体的分布函数, 并恢复所有在实验中被截去或测不出来的高频分量, 但在物理上这不可能实现. 解决这一矛盾的方法在于进行无限多次计算, 在理想的无噪声情况下可以达到任意的精度, 因为 Jordan 弧定律 (Jordan-arc theory) 允许将一个低频像解析开拓到所有的频率. 用物理的术语讲, 所要求的信息源自构成物体尖锐边缘的无限精确的细节，不久我们还将继续探讨这一话题.

1961 年, 还发表了另外两篇重要的文章. 第一篇为半导体的受激辐射理论, 由 Bernard 和 Duraffourg 撰写[358], 处理了导带和价带间的跃迁, 推导出半导体 pn 结形成受激辐射的简单条件. 第二篇文章由 Mendel 发表, 讨论了相干性理论中的交叉谱纯度[359]. 在大多数实际应用中, 扩展光源每一点元的相干特性都是独立的, 光场被称为 “相干可分”(coherence-separable) 的或 “交叉谱纯”(cross-spectrally pure) 的, 从而允许光源的互功率谱 (mutual power spectrum) 分解为空间分量和频率分量的积. 事实上, 一些光源的交叉谱并不纯, 因此才产生有趣的干涉现象.

1962 年报道了光学和光电子的一些重要进展. Dumke 阐明了直接运用能隙半导体产生受激辐射, 如 GaAs 的重要性[360]; Rosenthal 提出可能基于 Sagnac 效应制造激光陀螺仪[361]; Macek 和 Davis 则首次演示了转动敏感的环行激光陀螺仪[362]. 当时的主要问题在于在慢速旋转的区间出现 “死区”, 来自反射镜的散射光与增益

介质耦合，引起同一频率下反向传播模式被锁定。当时曾花费巨资去研制极低散射的反射镜，但更加有效的办法是使用反向传播的极短的脉冲序列，这些脉冲串只在自由传播空间的两处相遇。例如，最近研制成功的飞秒染料环形激光陀螺仪已能测出 10^{-6} 的非倒易相位差[363]，对应的转速已低于地球自转速度。该仪器已通过测量载流子导致的折射率变化用来研究光探测器的内禀响应，研究三能级系统的相干相互作用，并能测量磁场强度低至 10^{-9}T 的钐原子流的微小的磁场分裂。

激光发明宣布后立即掀起了一个研究的热潮，同样，非线性光学的第一个详细报告发表后掀起了另一股程度稍低的热潮，新现象是在光频下介质对于电场和磁场的非线性响应引起的。当非线性增大时该响应会变得强烈，但仅当光能量密度高达 100kW/cm^2 的量级时才会出现明显的光学非线性响应，这在通常的热光源情况下是达不到的，然而运用激光，即使是早期的激光器也很容易实现这样高的能量密度。

在线性光学情况下，电磁场 E 通过某一介质时对于电子施加了微小的力，产生了沿外场方向的极化，极化方向与之平行，强度与之成正比。根据经典物理的描述，$P=\chi^{(1)}E$，其中，$\chi^{(1)}$ 为无量纲常数，称极化率。在非线性光学中，可以直接将 P 展开为电场强度 E 的幂级数，将上式推广为

$$P=\chi^{(1)}E+\chi^{(2)}E^2+\chi^{(3)}E^3+\cdots$$

$\chi^{(2)}$ 和 $\chi^{(3)}$ 称为二阶和三阶非线性光学极化率。如进一步考虑场的矢量特性，$\chi^{(1)}$ 变成二阶张量，$\chi^{(2)}$ 变成三阶张量等。Kleinman[364,365]、Bloembergen[366]、Garrett 和 Robinson[367] 借助于非谐振子模型详细描述了这些低阶张量及其对称性。还有一些论文给出了非线性光学效应的理论基础，这些效应包括二级谐波的产生，以及当频率为 ω_1、ω_2 的光波在非线性介质中叠加产生和频的效应等[368]。Bloembergen 和 Pershan 则构建了非线性光学的若干“定律”[369]。

在早期的非线性光学实验中，转换效率总是非常低，然而在双折射晶体中重要的逆效应“相位匹配”对于光波的变换效应非常有趣，并具有潜在应用，该效应生成的逆向光束在相互作用时满足总体动量和能量守恒[370,371]。相位匹配的基本思想在于：两个声波 (声子) 在固体中交叠时通过介质的非线性效应产生耦合，所生成的新的波频率为两个波频率的和，这在第 17 章中已介绍过，当时我们曾指出：仅当生成的波矢量为两个入射波的矢量和时才有显著的输出。在双折射晶体中，仅当在具有最高频率的光波的偏振方向上得到两个可能的折射率中较低一个时，才会发生理想的相位匹配。如果把激光聚焦到水晶内，旋转晶体得到最大的二次谐波输出，就实现了相位匹配。这些实验使用未经模式精密控制的脉冲激光，不过 1963 年 Ashikin 等运用 1.15μm 的连续 He-Ne 激光束，获得了相位匹配效应的明显的定量结果，生成了二次谐波[372]。

遗憾的是，在一般的色散情况下以及各向同性介质中不可能实现完全的相位匹

配, 然而所谓 "准相位匹配" 技术得到了发展, 即采用在非线性介质中建立结构周期性的方法在规定时间间隔修正相对相位[368,373]. 曾运用多种方案来试图加强非线性效应[374], 包括多畴和转动孪生晶体、薄片的堆砌、施加周期场等方法. 直到 30 年后, 才成功地使红色的半导体激光倍频形成蓝光输出, 这一成果可能运用于光学数据存储系统[375].

参量下转换、参量放大和参量振荡包含了如下的光子能量守恒过程:

$$\omega_3 = \omega_2 + \omega_1$$

频率为 ω_3 的泵浦波的能量转移到频率分别为 ω_1 和 ω_2 的 "闲" 波和 "信号" 波上, 1959 年发表了参量处理的基本原理[325], 有几个研究组详细阐述了如何将这一概念运用于光学领域[368,376~378]. 到了 1964 年, Wang 和 Raccete 使红宝石的 694.3nm 激光束通过 ADP(磷酸二氢铵) 倍频作为泵浦光, 实现了 633nm 的 He-Ne 激光的放大效应[379]. 参量介质为人工 ADP 晶体. 下一年, Akhmanov 等用 1.06μm 的 Nd: YAG 激光通过 KDP(磷酸二氢钾) 作为参量介质倍频形成泵浦光, 实现了同频率 Nd: YAG 激光的放大, 并获得较高的增益[380]. 第一台光学参量振荡器 (OPO) 于 1965 年研制成功[381], 该研究利用晶体的各向异性, 并改变晶轴的取向, 生成新的频率 $\omega_3 = \omega_2 + \omega_1$, 从而开创了激光调谐的可能性. 输出光的频率也可以通过变化双折射晶体的温度来实现. Byer 和他在斯坦福大学的同事后来对此种激光器技术进行了深入的研究[382].

光学参量振荡器的开发为激光和非线性光学的故事提供了有趣的新曲折情节, 激光使神秘的非线性光学效应变得可以观察, 而该效应则经由和频、差频的方式反过来加强了激光的功能. 此后, 发现了自发荧光参量下转换的新的广泛用途, 即作为量子光学主要的原理实验, 利用该效应生成光子对的相关态 (纠缠态)[383], 实现了对量子力学的进一步检验[384,385], 随之而来的是光子的符合实验. Burnham 和 Weinberg 让 325nm 的 HeCd 激光束通过 ADP 晶体[386], 使得频率为 ω_3 的光子分裂成能量较低的两个光子 ω_1 和 ω_2, 观察到参量产生光子对的表观同时性 (virtual simultaneity).

许多众所周知的非线性光学过程, 简单说来就是折射率与光强相关的结果, 如光学自聚焦、光学相位共轭、光学双稳态、双光束耦合、光脉冲传播和光孤子等. 20 世纪 70~80 年代对以上效应进行了大量的研究, 首先引起人们认真注意的为自聚焦效应. 人们发现在介质中, 特别是在液体中, 当激光功率超过某个临界值后, 光束直径开始收缩, 最终收敛于某一个较小的稳定值. 自聚焦效应的起因是光学介电常量依赖于电场强度的平方, Askaryan 于 1962 年首先对此效应进行了探讨[387]. 形成自聚焦效应和形成受激 Raman 散射 (SRS) 的条件常常是相同的, 与常规 Raman 效应不同, 受激 Raman 效应仅仅出现在光束强度高于某个阈值的情况. 自聚焦效应的方向和激发光束方向相同, 且为高度单色性的, 具有很高的生成效率. Yariv 就采用了 R W Terhune 拍摄的自聚焦效应的漂亮的彩色照片, 作为他经典教科书《量子电子学》(*Quantum Electronics*) 的封面[388], 图 18.6 示意地给出了这张照片. Yariv 与 Louisell[389] 一起建立起了非线性光学相互作用的第一个量子力学表述, 在其中引入的 Hamilton 量后来被用于预言非经典光压缩态效应.

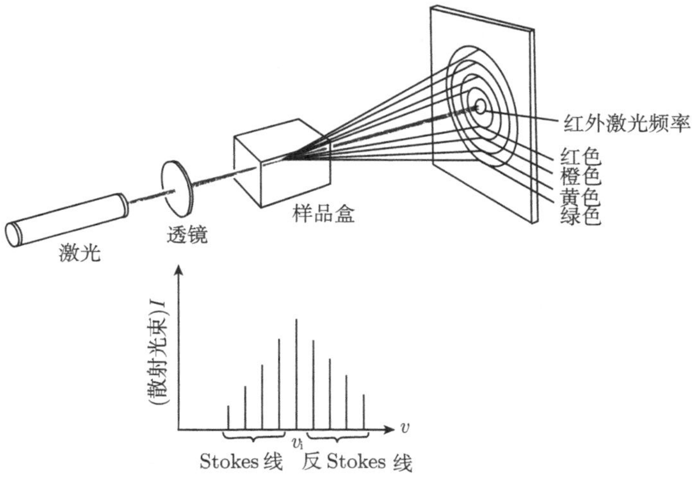

图 18.6 Raman Stokes 和反 Stokes 环

1962 年发现了许多非线性光学现象, 与此同时人们对激光的兴趣也在快速升温. 除了 McClung 和 Hellwarth[354] 演示的 Q 开关外, 四个研究团队争相演示半导体激光器, 竞赛的结果几乎要靠摄影来决定名次 (photo-finish)[390]. 通用电气森奈塔地分公司在 1962 年 9 月宣布一个半导体激光器已在工作[391], IBM Watson 研究实验室在 10 月初投出了一篇论文[392], 10 月下旬林肯实验室[393] 和通用电气西拉库斯分公司 [394] 也报道了半导体激光器研制成功的消息. 图 18.7 为异质结半导体激光器的示意图. Thompson 则极为清晰地总结了这些半导体激光器件的物理基础[395].

18.4.3 全息术的实用化

当年的另一场重头戏是全息术, 但其高潮的到来尚需几年. Leith 和 Upatnieks 指出, 如果改进照明、记录和复现的设计方案, Gabor 的全息术有可能在可见波段实现[242]. 他们创造了离轴参考光束的记录方式, 从而实现光全息的突破. 在重建过程中他们使用了记录时的参考光束, 所产生的一对像 (虚像和实像 —— 译者) 与参考光束在空间是完全分离的, 因而避免了重建的物光和参考光的重叠, 而早期的实验

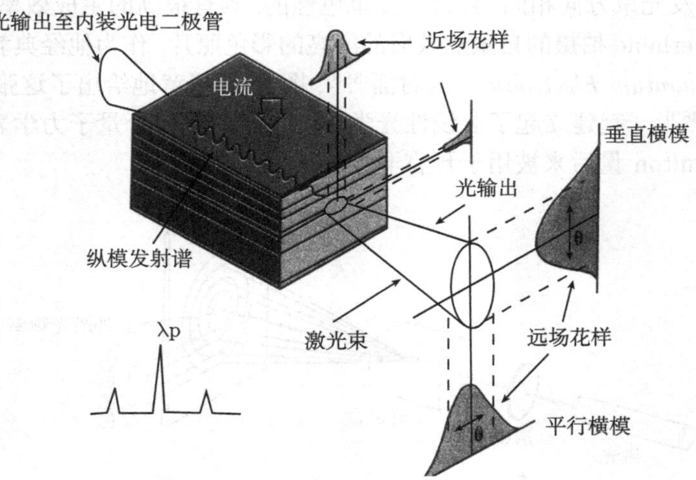

图 18.7　半导体激光器结构及光输出示意图

正因为光束重叠而失败. 图 18.3 表示 Leith 和 Upatnieks 的实验装置, 从同一光源分离出一束参考光, 参考光与来自物体的物光的夹角为 θ, 从不同的方向照射记录干板, 在干板上形成干涉条纹, 以干涉图的强度分布同时对物光的振幅和相位进行编码, 形成全息图. 假定全息图透过率和原始的干涉图分布成线性关系, 在借助全息图重建物光的过程中, 用原来记录时的参考光照明全息图, 就会在物体原来所在的位置产生物体的虚像, 并在与虚像关于全息图共轭的位置产生物体的实像, 两个像在空间与参考光都是分离的, 这就避免了 Gabor 和其他早期研究中由于物光和参考光重叠而出现的困惑.

激光的功率和相干性使得三维、有深度、具有散射表面 (毛糙面) 的物体的高质量全息记录成为可能. 就在 Leith 和 Upatnieks 取得成果的同时, 苏联的 Denisyuk[396] 利用类似 Lippmann 彩色摄影术[69] 的技术形式体积全息图, 物光和参考光从相反方向照射照相胶版, 这样得到的干涉条纹层面与乳胶平面平行, 条纹面的间隔大约为波长一半的量级.

除了 Stroke 的贡献外[397], Stroke 和白光反射全息的发明者 Labeyrie [398], 以及其他人都曾做过很多基础研究工作, 接下来的是全息技术的发展和全息术在光学各分支领域的广泛应用, 有关这些进展的描述可以参见 Hariharan[399] 和 Collier 等[239] 的综述文献. 此外, 特别值得一提的相关成果还包括全息干涉仪[400] (运用全息干涉仪可以进行粗糙表面的位移测量, 精度达到可见光波长的几分之一), 显示全息图, 特别是彩虹全息图[401], 以及具有三维立体效果、和真人实物一样大小的真彩色全息图, 这已经发展成为高度普及和商品化的艺术品[402]. 全息术的应用如今已是司空见惯，如用在信用卡上，用作防伪标识等.

全息术在科学研究领域也有许多应用，特别是全息光学元件[403]. 与常规光学元件不同，全息光学元件为薄片状. 同时，计算机生成全息图[404] 可用来控制相位，并作为光学测试的参照物.

到 1963 年，激光全息、非线性光学和光学全息已作为 “新概念光学” 展现在科技人员面前，它所特具的非常规的原理在实验物理、器件和系统构建等领域中产生了与传统光学迥异的应用.

在这一时期，Johnson 发展了稀土元素离子激光器[405]，如掺钕 (Nd^{3+}) 的钇铝石榴石激光器，成为该类器件中最著名、应用最广泛的激光器. 同时还报道了一些新的非线性光学效应，如具有贝壳状的反 Stokes Raman 散射[406]. 锁模[407] 激光器也在这一时期问世，作为 Q 开关激光的另一种选择，它也能产生高质量的脉冲输出. 通过锁模操作，可以使激光的相对相位固定，形成激光腔中序列脉冲辐射.

安置在激光腔里的一些特殊器件有助于相位稳定，诸如在 He-Ne 激光器里安置的声光器件就首次成功实现了锁模效应[408]. 除此之外，安装饱和吸收滤光器也同样可以实现这一效应，它的吸收率随着光强的增加反而减弱. 次年，人们设计出红宝石激光器的被动锁模[409]. 1966 年，借助这些方法成功实现了皮秒级脉宽的激光发射[410]. 1981 年，利用对撞脉冲锁模技术成功产生飞秒激光脉冲[411]. 对撞锁模指两个反向传播的脉冲在薄的可饱和吸收滤光器中对撞而产生瞬时折射率光栅，它同时使两个脉冲同步并变窄. 另一种常用的方法是自锁模技术，最初用于掺钛蓝宝石激光器中[412]，仅依靠钛宝石晶体增益介质自身的 Kerr 非线性效应，就得到了脉宽为 60 fs 的高能量、宽波段可调谐的脉冲输出. 1979 年，Adams、Sibbett 和 Bradley[413] 应用高速光电二极管监测到染料激光器 70MHz 的皮秒脉冲序列，其输出经过放大馈给活动物体条纹照相机 (“photochron” streak camera) 的反射板，从而制成高效的 “皮秒示波器”，用于研究发生在照相机光阴极上的超快过程.

这一时期，Lukosz [414~416] 发表了一系列关于光学成像的论文，其中得到了超过衍射极限分辨率的像，这些成果拓展了 von Laue 有关二维图像具有有限自由度的思想 (1914)，利用光学技巧实现一维与二维图像的转化. 遗憾的是，这些方法与切趾术一样，只不过在处理手法上别出心裁，并没有实质性的进步.

对光束的涨落、相干效应和聚束效应的全面研究和一流分析奏响了光的经典相干理论的最后乐章，这是 Mandel 发表在《光学进展 II》(*Progress in Optics* II) 上的文章[417]，它是关于相干性的两篇重要综述文章的第一篇，另一篇由他和 Wolf 在 1965 年共同撰写[18]. 两篇文章都是基于光场的 “分析信号” 描述，与经典波的包络相关联. 在量子相干理论问世前，在有关经典相干性的最后一批论文之一中，Pancharatnam 发表了关于有效相位差和两束多色光间的互相干度的论述[418].

18.4.4　量子相干理论

1963 年的亮点无疑归属于 Glauber 提出的量子相干理论[19,419,420]，这是相干理论向前迈出的重要一步. 最初几年 Mandel、Wolf 与他 [421] 发生过争论, 他们认为只需要对原子进行量子化处理就够了, 场的量子化是多余的. 但后来量子相干理论日显其重要性, Mandel 和 Wolf 的质疑也就不攻自破了. Glauber 研究的出发点是将电场算符 $E(rt)$ 分解成正、负频率的成分：

$$E\left(rt\right)=E^{(+)}\left(rt\right)+E^{(-)}\left(rt\right)$$

其中正频率部分表示光子吸收 (湮没), 负频率部分表示光子发射 (产生), 它们可用来定义任意阶的场相关函数. 其中第 n 阶相关函数 $G^{(n)}$ 可以用期望值的形式表示为

$$\begin{aligned}&G^{(n)}\left(r_1t_1,\cdots,r_nt_n;r_n't_n',\cdots,r_1't_1'\right)\\&=\mathrm{tr}\left[\rho E^{(-)}\left(r_1t_1\right)\cdots E^{(-)}\left(r_nt_n\right)E^{(+)}\left(r_n't_n'\right)\cdots E^{(+)}\left(r_1't_1'\right)\right]\end{aligned}$$

式中, ρ 表示辐射场的密度算子. $r_it_i=r_i't_i'$ 时取对角形式, 在物理上表示探测器在时间 t_i 及在空间 r_i 处测到光子的联合概率. 当辐射场是经典统计理论中的相干态叠加时 (在后面描述), 或者等价地说当 P 表象为正值时 (表达式也将在后面描述), $G^{(n)}$ 等同于经典表达式

$$G^{(n)}=\left\langle\hat{E}^*\left(r_1t_1\right)\cdots\hat{E}^*\left(r_nt_n\right)\hat{E}\left(r_n't_n'\right)\cdots\hat{E}\left(r_1't_1'\right)\right\rangle$$

式中 $\hat{E}$ 表示 "解析信号" 或者光波场的包络, 这时就可以采用准经典描述. 我们应该再一次强调, 由于未进行辐射场的量子化处理, 这种情况下的结果仅是表现的并不严格正确. 除了引入量子相关函数以外, 二阶相关函数 $G^{(2)}$ 在新的光子相关光谱学中扮演重要角色, 后面还将描述. Glauber 的主要工作包括引入光学相干态以及准分布 (现在称为 P 表象). 相干态 $|\alpha\rangle$ 在单模的情况下用光子数态 $|n\rangle$ 为基函数来定义, 其中 n 表示该模式中的能量量子数, 它们的关系为

$$|\alpha\rangle=\exp\left(-\left|\alpha\right|^2/2\right)\sum_{n=0}^{\infty}\left[\alpha^n/\left(n!\right)^{1/2}\right]|n\rangle$$

式中, α 表示任意复数. 相干态是模式中光子湮没算子的本征态. 相干态的特性在于可将 $G^{(n)}$ 分解成 $2n$ 个因子的积, 因为在此态下光子数之间没有关联, 这可用作相干态的另一种定义.

借助于 (超完备) 相干态的统计混合来描述一般的场, 这使得 Glauber 导入了 P 表象[19]

$$\rho=\int P\left(\alpha\right)|\alpha\rangle\left\langle\alpha\right|\mathrm{d}^2\alpha$$

Sudarshan 也曾独立获得[20] 这一结果，被称为准经典分布函数，与著名的 Wigner 分布函数归属同一类，Bertolotti 给出了这些概念和相关历史的精彩的总结[422]. Sudarshan[20] 的论文引入了光学等价定理，证明此一密度算子的对角化表象可用以构建光学相干性的量子力学表述，借助于解析信号，所使用的语言形式上在所有方面均与经典理论等价[423]. 然而此处的概率可以取奇异值或负值，正是在这种"非经典光"情况下，我们规避了半经典描述.

1963~1964 年 Glauber[19,424] 讨论了光探测过程，证明位于 r 处，在时间 t_0 和 t_1 之间的单个光子计数概率 $p^{(1)}(t)$ 为

$$p^{(1)}(t) = \int_{t_0}^{t_1} S(t-t') G^{(1)}(rt', rt') \, \mathrm{d}t'$$

式中 S 为一个与频率有关的灵敏度函数. Kelley 和 Kleiner 在宽带情况下获得同样的结果，此时 $S(t-t') = \delta(t-t')$[425]. 由于辐射场和探测系统均已量子化，因此这是一个完全量子力学方程. 不过处理过程忽略了光子场的耗尽效应，Mollow[426] 很快对它进行了修正. 近年来有人探讨了该公式是否适用于宽带的情况[427~429]，因为它和 $\boldsymbol{E} \cdot \boldsymbol{r}$ 有关，这是场的能量测量算符而不是光子测量算符，故需要增添一些频率因子，原则上它们不应归因为探测器的灵敏度. 无论如何，有关光子计数和相关谱学的基础建立到位了，对这些课题的研究得以快速和广泛发展，有关重要文献参见 Le Berre 的综述[430].

18.4.5 激光散射研究起步

Cummins 和他在约翰 · 霍普金斯大学的同事于 1963 年和 1964 年发表了两篇有关激光散射实验的开创性文章. 在第一篇文章里，他们研究了从 Brown 运动中悬浮颗粒散射的光的涨落引起的"自拍"效应，记录下探测器光电流的频率谱[431]. 理论上可以预见，单分散性悬浮颗粒的谱线具有 Lorentz 线型，以零频为中心，微粒尺寸越小，涨落越快，谱线越宽. 于是从谱线宽度可以反过来推测出颗粒的大小. 这也许是利用所谓涨落散斑图或散斑晕确定 Brown 运动粒子颗粒度的首次实验，至今仍应用在许多科研领域中. 不过，这一思想还需归功于 C. V Raman 爵士. Ramachandran 在 1943 年发表了一篇出色的论文[432]，首次正确地从机理和实验上证明了散斑图及其演化的基础. 他在实验中把一层石松子粉末涂敷在玻璃表面，通过散斑强度的视觉分类方法，分别以平面波和球面波的形式，证明了 1880 年 Rayleigh 提出的有限个相位随机分布谐振子强度分布的指数规律. 在这篇文章的结论部分，他说 Raman 曾经告诉他 Brown 运动有可能通过这一强度涨落技术观察到，并建议他用实验来证明这一可能性. 显然，他本人或者没有作这个实验，或者尝试后没有成功，因为我们并未找到这方面的进一步记录. 然而，Raman 在他的《物

理光学讲义》(1959) 中的确描述过散斑图效应[433]. 他观察了汞灯通过一个小孔照射牛奶薄膜后的现象. 他说:

> 明亮的斑点在光场中一些位置出现, 而在其他位置消失. 当牛奶逐渐变干时光场中亮度的变化趋缓, 直至最后完全消失.

在第二个实验中, Yeh 和 Cummins[434] 对于层状的液体流中的悬浮颗粒散射光的 Doppler 频移进行了研究, 宣告了测速仪和激光风速术研究的起步, 这种仪器很快发展, 在液体和气体的流动研究、在固体的运动和振动研究领域中均有广泛应用. 图 18.8 是 Yeh 和 Cummins 实验的示意图. 该类型的光拍光谱仪也曾在麻省理工学院所属 Benedek 的实验室中用于研究氙的临界涨落[435]. 目前, 该实验仍由美国航空航天局 (NASA) 主任研究员 Gammon 负责, 重新在太空中进行, 以消除由引力诱导的临界状态下液体的不均匀性.

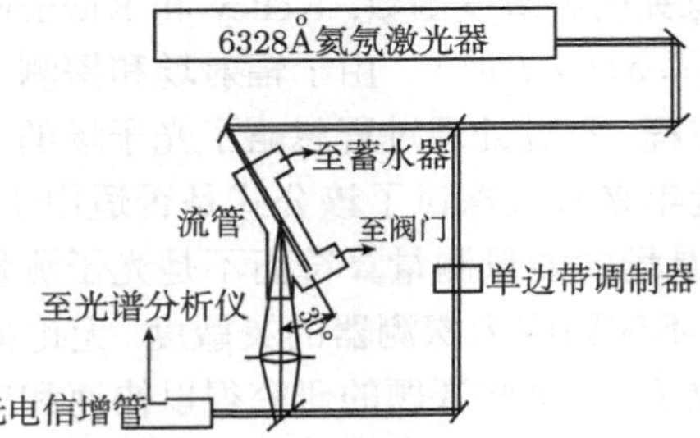

图 18.8　Yeh-Commis 散射实验示意图

1964 年激光终于迎来了新曙光. Patel、Faust 和 McFarlane 发表的报告宣告分子激光器的正式登场[436]. 他们发明的 CO_2 激光器工作在远红外波段, 通过分子的振动–转动能级间的跃迁, 发射 10.6μm 的激光束. 由于辐射波段相对较窄, 输出能量很高, 二氧化碳激光器在工业和军事上用途广泛. 设在英国巴尔多克的电子研究实验室 (SERL) 的研究人员曾打算研究 HCI 激光, 他们在无意中忘了去除介质中的水分, 却意外地发现水竟然也可以发出激光[437]! Patel 他们还在远红外亚毫米波段首先发现 57.3μm 受激辐射, 然后又发现氖在 68μm、85μm 和 133μm 处的远红外受激辐射[438]. SERL 研究组则发表论文, 宣布发现 HCN 在 331μm 的激光谱线[439]. 对 HCN 和 H_2O 受激辐射的解释则花了相当长的时间才完成. 本章作者之一 (ERP) 也曾亲身体验过解释这些效应的困难[440]. Sochor 曾致力于建立相关的物理模型, 但未能最终成功. 对于 HCN 的受激辐射, Lide 和 Maki[441] 最后提出近简并振动–转动能级间相互作用强化模型, 这种作用的概率本来是非常小的, 最终的 Coriolis 混合结果给予其纯转动跃迁的一些特性. 这一机制被推广到 H_2O[442~444], 在 H_2O 中弯曲模 (020) 和非对称伸长模 (001) 的一些近简并高阶转动支能级之间存在微扰耦合. 这些激光器后来被用于按照舰船和飞机比例制作模型的所谓“雷达仿型"(radar modelling, 是一种快速成形制造产品样机的方法 —— 译者).

1964 年首次报道了用途广泛的氩离子激光器[445,446], Bridges 意外地但明确地发现了氩离子发出的 488nm 激光, 其他稀有气体离子激光的发展很快, 如氪离子和氙离子激光, 这一拓广的过程既具有必然性, 又具有偶然性[120]. 氩离子的蓝–绿激光很快与较弱的红色氦氖激光一起成为实验室的标准激光器而广泛使用, 而氩离子激光器的输出功率却比氦氖激光大得多.

1965 年 Lamb 发表了光学微波激射的半经典理论[447]. 所谓 Lamb 凹陷是一个位于气体激光谱线中央的点 (随功率变化), 对此的解释为：几乎同一频率的波在腔镜间往复传播, 耗尽了相应能级上的原子. 关于激光的第一个详细理论由 Haken[448] 和 Risken[449] 提出, 稍后, Scully 和 Lamb [450], Lax 和 Loussell[451] 也做了同类的研究. Haken 认为处于随机位置的原子与谐振腔的模相互作用, 将泵浦作为一个外加的随机过程, 运用唯象方法计算损耗, 将原子和场的量子算符作为 c 数即期望值处理, 方程得以求解. 他们在低于和高于阈值两种不同情况下分别算出线宽, 并与 Glauber 关于光子统计的工作联系起来. Risken 则进行了激光噪声的非线性理论研究. Weidlich 和 Haake 改进了 Haken-Risken 的结果, 并未采用 c 数[452]; Wiedlich 则给出了全量子理论[453]; Casagrande 和 Lugiato 最终证明了 Wiedlich 的理论与 Scully, Lamb 的理论的等价性[454]. 以上所有的工作都是开放系统量子理论的非平庸重要计算处理. 通过考虑进入和离开每一能级的跃迁速率, 激光理论确定了由 Einstein 吸收和发射过程以及腔内光子损耗得出的激光模式中的光子数. 受激原子通过外界的作用 (包括放电、光泵浦等) 抽运到激发态形成反转分布, 并且要求发射光子到腔内的速率大于吸收光子的速率. 若无腔的吸收, 结果可能是发散的. 该理论以主方程的形式, 描述稳态下激光腔内发射、吸收和抽运三个过程的平衡[226].

1964 年在应用光学领域有另外四件事对以后的影响较大. 第一件, Osterberg 和 Smith[455] 描述了薄膜器件的实验, 该成果后来形成了 Miller 所提出的集成光学的概念[456]. 第二件是全息空间滤波器和光学相关器的组合[457], 在干涉仪中广泛用来记录已知点扩散函数的任意复数滤波器, 记录下所需滤波器的传递函数以及相干的参考光束, 就得到了点扩散函数的 Fourier 变换全息图, 因而成为相干光处理器进展的关键技术, 并进一步推广到光学图像识别和图像处理、图像信息处理的实验应用中[458,459].

第三件当属 Chiao, Townes 和 Stoicheff 发现受激 Brillouin 散射 (SBS)[460], 当光波被它自身所产生的声波散射时, 就发生受激 Brillouin 效应. 当频率为 ω_2 的强光束通过石英或蓝宝石晶体时, 在晶体中会产生频率为 ω_s 的相干声波, 同时生成频率为 $\omega_2 - \omega_s$ 的光波. 声波和散射的光波沿特定的方向传播. 这一效应仅当输入信号的功率超过严格定义的阈值时才发生. 这个新的非线性效应后来运用在光波波前的时间反演和放大的相位共轭实验中. 同一年, Garmire 和 Townes[461], Brewer

和 Reickhoff[462] 也报道了液体中的受激 Brillouin 散射效应.

第四件乃是两篇有关光学 Kerr 效应的实验报道. 光学 Kerr 效应 (1875) 是介质中由外电场诱导的双折射, 已运用在激光 Q 开关中. 另外, Kerr 效应也可以运用强光束产生的电场来实现, 该电场可以由强光束自身产生 (自作用), 或者由泵浦光产生, 并用来控制探测光的透射或反射 (泵浦–探测模式), 后者正是两个实验所描写的情况, 两个实验都采用泵浦–探测透射型, 第一个实验由 Maker 等完成[463]; 第二个实验并未使用激光, 由 Mayer 和 Gires 完成[464]. 直到 1992 年, 使用镜面反射的泵浦–探测光学 Kerr 效应才见诸报道[465], 并在 ZnSe 的激子共振中观察到异常强烈的非线性相移. 以上三个装置均可用于实现逆 Faraday 效应. 在 Faraday 效应 (1846) 中磁场使光的偏振面旋转, 而在逆 Faraday 效应中, 圆偏振光诱导出宏观的磁偏振[466], 在第一个光学 Kerr 效应测量一年以后, 在自作用系统中观察到这一效应. 有许多原始论文报道了相关的研究进展[467~478]. 有意思的是, 反射型线性旋光性 (自然旋光效应) 直到 1993 年才发表[479].

18.4.6　光学热潮涌动

到 1964 年, 由于激光的发明, 光学领域热流涌动, 各种学术刊物报道如潮, 尤其是首要的学术团体如美国光学学会 (OSA) 的刊物. 在此后几十年里, 发表了成千上万篇研究论文, 激光应用和发展成为国际学术界的重要潮流. 从中挑选基础光物理进展却变得困难, 因为大家的热情都被吸引到应用开发中去了.

1965 年发明了一些重要类型的激光器, 第一个化学激光运用 HCl 分子发射 3.7μm 的激光[480]. 由于输出功率大, 化学激光的发展是由军事部门大力推动的[481]. 同年, 锌和铬的金属蒸汽激光器问世[482], 这一进展又导致 1967 年研制成功氦–铬激光器, 辐射深蓝色的铬离子谱线 441.6nm[483].

与此同时, Bloembergen 出版了他的著作《非线性光学》, 总结了这一领域的物理原理, 给出了一些线性光学定律的非线性类比, 如布儒斯特角、全反射、表面波等. 然而, 圆锥折射的非线性类比直到 20 世纪 60 年代后期才由 Bloembergen 的学生 Schell 在她的学位论文中完成[484].

1965 年 Mash 等报道了另一个新的非线性现象受激 Rayleigh 翼散射[485], 次年, Bloembergen 和 Lallemand 则给出了理论解释[486]. 该效应是由于各向异性分子趋向于沿光波电场矢量方向排列, 可观察到诱导的 Rayleigh 效应. 尽管新型激光器和非线性光物理研究成为这一时代科技发展的主流出尽风头, 但不能不看到在同一时期经典光学的进展势头仍旺, 特别在光学系统工程和元件等发展和应用领域. 两个更基础的经典光学领域 —— 像差和散射理论的研究在继续进展. 如今, 光学系统的像差计算显然是计算机的领地, 许多烦琐、重复的计算最终由机器进行. 这些计算的基础是 Gauss 光学的矩阵表象以及光线追迹, 所用到的矩阵算法是由 Smith

于 20 世纪 30 年代的早期工作[487,488] 发展而来. 复杂透镜系统、光栅和全息光学元件的像差计算吸引了更多的注意. 1965 年, Welford 在他的文章里对于这些工作的物理基础进行了综述[489,490].

在同一时期, 经典光学的另一新分支 —— 非成像聚焦器件开始兴起. 最初的器件如简单的锥体其实早已为人们熟知并使用, 但锥体的功能远非理想, 近来已被复合抛物面聚焦器 (CPC) 所替代, CPC 具有的聚焦性能经过优化, 在 60 年代首次出现在一些极不相同的实验中, 在 Cherenkov 计数器中用来聚光[491], 三维 CPC 用于太阳能聚焦[492]. 在此后 20 年内, Welford、Winston 向光学界介绍了 CPC 和有效聚集太阳能工作的进展[493].

计算机可进行散射理论的计算, 以代替繁复的手工计算. Mie 公式及其应用最适宜用计算机, 不过它仅适用于球、椭球和圆柱等规则的散射体. 1965 年 Waterman 引入电磁波散射的矩阵方法后, 这一情况才有所改变[494], 他把这一算法归结为 T 矩阵理论, 适用于任意形状不规则颗粒光散射图的计算[495,496].

由于对量子电动力学的贡献, Feynman 、Schwinger 和朝永 (Tomonaga) 获得 1965 年的诺贝尔奖[497]. 1966 年 Sorokin 和 Lankard 发明染料激光器[498], 由红宝石激光器的巨脉冲激发氯化铝酞花青染料溶液, 在宽波段可调谐激光技术的进展方面迈出了重要的一步. 此后, 许多染料使得此类型的激光器成为实验室重要的多用途设备[499]. 下一个诺贝尔奖授予了 Kastler[500], 表彰他对于光学泵浦作出的贡献. Lohmann 和 Brown 制作了首个计算机生成的空间滤波器[501], 与 Vander Lugt 的工作[457] 共同构建了光学图像处理和特征识别的基础.

18.4.7 光纤通信

1966 年最具远见的论文当数高锟 (Kao) 和 Hockham[502], 以及 Werts[503] 的文章, 他们几乎同时提出使用带包层的介质波导或玻璃光纤实现光通信. 不过当时光纤的损耗高达 1000dB/ km, 主要是原材料和制造过程中的杂质所致. 1970 年, 在康宁玻璃公司做研究的 Kapron, Keck 和 Maurer 在化学气相沉积过程中采用新的 “烟尘处理” 将损耗降低到 20dB/ km, 标志着光纤传播技术的重大突破[504]. 紧接着的两年内, 在英国 1km 光纤传输试验线路开通[505], 带宽为 1GHz(10^9); 此后两年内, 在英国、美国、日本和德国均开通了使用光纤传输的电话线路[506]; 英国邮电局启动了带宽 140Mbit/s, 从斯蒂芬纳吉到希琴 (8 km) 的线路;AT&T 公司在芝加哥铺设了长 2.5km, 由 24 根光纤组成, 带宽为 44Mbit/s 的线路; 在日本建造了长 53km, 带宽 32Mbit/s 的无中继线路; 德国邮电局则在柏林建设了 44Mbit/s, 长 4km 的线路. 在大量的研究工作中, 值得一提的是 1985 年的两篇论文, 标志着光通信的下一个突破. 第一篇描述了在石英光纤中掺稀土元素的化学气相沉积工艺[507], 构成首台单模、连续波、硅光纤激光器, 使用了长达 100m 的掺钕硅光纤[508]; 同一年,南安普顿大学申报了掺铒光纤放大器 (EDFA) 专利[509], 有关论文在 1987 年陆续发表[510], EDFA 如今广泛应用在长距离通信中. 时至今日, 光纤和元件领域技术进步的持续积累, 到达了新的转折点: 光纤通信网络, 甚至包括越洋洲际网络的成本已下降到如此低的水平, 光通信成为科学和技术成果给消费者带来巨大福祉的又一个重大成功案例.

另一个具有重要科学意义的研究成果是 1965～1966 年进行的单光子计数实验[511~513], 验证了 Glauber 在 1963 年有关各种形式光场的理论. Johnson 等专门制作了一种仪器[513], 成为高效、精确的实验室常用设备. 遵循 Glauber 的理论, 他们迈出了重要一步, 成功实现光子脉冲串的自相关并提取频谱信息, 对此下文还要谈及.

在这一光学科学的丰年里, Kogelnik 和 Li[514] 研究了 Gauss-Hermite(激光) 光束在光学系统中的传播, 基本方程如下:

$$w(z) = w_0(z)\left[1+\left(\frac{\lambda z}{\pi w_0^2}\right)^2\right]^{1/2}$$

$$d_2 = \left(\frac{(d_1-f)\,f^2}{\left[(d_1-f)^2+\left(\pi w_1^2/\lambda\right)^2\right]^{1/2}}\right)+f$$

$$w_2 = \frac{w_1 f}{\left[(d_1-f)^2+\left(\pi w_1^2/\lambda\right)^2\right]^{1/2}}$$

第一个方程给出距 "光腰"(在该位置激光束的截面半径最小, 记为 w_0) 为 z 处激光束截面的半径 w; 第二个方程给出 Gauss 光束通过焦距为 f 的薄透镜后光腰的位置 d_2, 初始的位置和光腰尺寸分别设为 d_1 和 w_1; 第三个方程则给出通过透镜后光腰的位置 d_2 和光腰半径 w_2.

1967 年, 波长可调谐染料激光器的发明构成光学领域的重大事件[515]. Soffer 曾经对激光的发展做出了许多贡献[516], 这一次, 他和 McFarland 联手, 用 Littrow 配置 (反射光栅的一种配置, 光路对称、衍射效率高 —— 译者) 的衍射光栅代替激光泵浦 6G 若丹明染料激光器的一个反射镜, 调整光栅, 使对应波长的一级反射光沿轴向返回激光器中, 波长的调节通过转动光栅就可实现. 这种简单而又高明的设计使染料激光器成为光谱实验室中的标准设备[499]. 在 20 世纪 80 年代后期和 90 年代, 出于简单而现实的原因, 一些染料激光器被钛–蓝宝石激光器替代[517].

由于实现了从远红外到真空紫外的宽波段相干光调谐, 光谱仪的应用范围大大增宽了, 那些依赖于非线性光学过程的测量能力也增强了, 如相干反 Stokes Raman 散射 (CARS)[518] 和多光子吸收、电离等. 在相干反 Stokes Raman 散射中, 具有固

定频率 ω_L 的激光束和频率 ω_S 可调谐的激光束通过介质, 介质中的电子跃迁频率为 ω. 通过四波混频效应生成频率为 $2\omega_L-\omega_S$ 的光受到监控. 非线性相互作用诱导出一个偏振光, 当 $\omega=\omega_L-\omega_S$ 时, 将赋予 ω_L 一个共振相干反 Stokes 频移. 频率 ω_S 扫过这个波段, 描绘出 Raman 线型. 这样一来, 无须使用分光仪, 就完成了高分辨光谱学的功能. 此外, 信号正比于散射元数量的平方, 远高于自发 Raman 散射, 并具有高度方向性, 可以在很大程度上消除漫射背景光的噪声.

另外两个非线性光学效应参量荧光和自调相也被发现. 按照光子的能级描述, 原子首先吸收一个光子 ω_1 跃迁到高能级, 然后可能通过一个双光子过程发生衰变: 第一种可能的途径是经由另一个光场 ω_2 激励引起衰变. 如果该光场不存在, 第二种可能的途径是通过双光子自发辐射衰变. 后者产生的场非常微弱, 即参量荧光效应[519].

当光脉冲通过介质时, 由于材料折射率的非线性引起的相位变化称为自调相, 这是又一种折射率依赖于光强度的情况. 1967 年 Brewer[520] 和 Shimizu 最早研究了这一效应[521]. 直到后来, 在光通信的光孤子传播中, 该效应的重要性才得以显现.

1968 年和 1969 年, 激光和非线性光学的成果引起光学科学的巨大变革, 20 世纪 60 年代不愧为光学历史上最辉煌的 10 年.

18.4.8 集成光学和光学双稳态

集成光学[456,522] 于 1969 年起步, 包括相关的理论研究、导波光学器件的加工和应用. 光波在位于晶片表面或接近表面的介质波导引导下沿晶片表面区域传播, 光波被限制在一个区域内, 波导典型截面尺寸为几个光波波长. 导波器件可实现无源操作, 如在波导的分叉处分成两束, 如果在铁电物质等旋光性材料里加入波导, 则可能通过电光效应对导波光束进行调制. 如果用复合半导体材料制作导波光学器件, 将激光器和探测器一起集成为单片有源和无源器件, 构成集成光路或光子集成回路, 实现有源和无源操作. 把一些光电子器件进一步集成到导波光学器件中, 就构成光电子集成回路 (OEICs).

对于一个输入信号, 由于折射率是光强的函数而产生非线性光学效应, 使得非线性光学系统的一个给定的输入信号可能对应于多个输出信号, 这就是光学双稳态. 1968 年, 有人将氖盒装入氦氖激光腔中, 由于非线性吸收引发了各种锁模效应[523]. 一年后, Szöke 等建议在一个独立的 Fabry-Perot 腔中放入非线性吸收体, 他们给出的理论解释比激光腔理论简单得多[524]. Seider 拿走了有关该效应的专利[525], 稍后 Szöke 注册了产生长度可变的短脉冲的专利[526]. 几年后, Gibbs 和 Venkatesen 进行了这种光学双稳态实验, 并在 1975 年报道了将长度为 2.5cm 气压约为 10^{-6}torr 的钠蒸汽盒[527] 置于相距 11mm 的两个反射率为 90% 的反射镜构成的腔内的双稳态结果. 他们指出：这个腔内介质的行为和预期的吸收型双稳态差得太远，于是他们另辟蹊径，提出了色散型双稳机制. 此后，在 1976 年 [528] 和下一年，他们基于“类晶体管”型光学放大器的工作原理，申请了磷化铟光学双稳态的专利[529]，他们申辩说早期的有关专利并未包含色散效应. 1978 年，他们又申请了“强化非线性”专利[530]，把红宝石、GaAs、GaAsSb 和 CdS 的吸收和色散的联合效应用于光学放大器中. 不久，他们又证实了该效应存在于砷化镓内[531]，并推动了光计算研究在世界范围内广泛开展. 这些半导体具有高的非线性系数 $\chi^{(3)}$[532]，其低于带隙的，饱和机制使这些效应增强了几个数量级. 1978 年，英国黑里奥特瓦特大学的 Miller 等在锑化铟中观察到很强的非线性[533]. 非常巧，他们的论文和 Gibbs 等的论文[531] 在同一天寄到同一个杂志，由此引出光学晶体管和一些逻辑门器件的研制[534]. 同年，Bonifacio 和 Lugiato 在“平均场”近似 [535] 下对光学双稳态进行了详细的描述. 几年后，黑里奥特瓦特大学的研究组发表文章，全面综述了他们在全光学回路领域的研究成果[536]，Gibbs 则出版了其专著《光学双稳态》[537].

1978 年，苏联的 Karpushko 和 Sinitsyn 正在进行“热–折射”硫化锌光学双稳态研究[538]，而在美国，McCall 和 Gibbs 报道了玻璃滤光片的热双稳态效应[539]. 与此同时，Wolf 描述了根据全息数据确定半透明物体三维结构的处理方法[540]，这篇文章成为衍射层析术的理论基础[541].

18.4.9 共焦显微镜

受到 Minsky 1961 年的专利[302] 和 Petrán、Hadravský 1966 年专利 [542] 的启发，并采用 Baer 的建议使用激光作为光源，Davidovits 和 Egger 在 1969 年研制出第一台共焦扫描激光显微镜[543,544]，在样机中他们使用 He-Ne 激光器，通过移动物镜实现扫描，而不像 Minsky 那样移动物体实现扫描. Patran 当时在耶鲁大学是 Egger 的助手，此前已经用 Nipkow 公司的 20μm 厚、85mm 直径的铜箔圆盘，每秒旋转 3 周，实现了所谓“Patrán-Hadravský方案”[545]. 在圆盘上用电刻蚀的方法，沿 Archimedes 螺旋线刻出 26400 个直径为 90μm 的小孔. 用阳光照明，光照在圆盘的一面，通过样品反射，穿过相应小孔射入物镜，曝光时间通常为 1~4s.

早在激光时代前 Minsky 的工作就指出了扫描显微镜的优势. 采用激光后，扫描显微镜的优势更加突出，因为高度准直的激光使入射光焦斑更小，焦点位置更加准确. 另一方面，Patrán 和 Hadravský的方案具有以多光斑同时扫描样品、以高帧频实时观察处理过程的优点. 两种方法均获得长足进展，后一类显微镜又称为“串接扫描显微镜”，Boyde 使之成为实验室的精细复杂技术[546].

1977 年发表了一种新型共焦扫描显微镜的理论[547]，稍后又讨论了有关的成像性质及其应用[548]. 在该装置中，入射激光束在样品上高度聚焦，经由一个大孔径物镜成像到像平面中央的一个针孔中. 样品经历三维扫描，用针孔后的探测器记录扫描信号. 在另一种反射模式显微镜中, 激光束进行横向二维扫描, 样品则沿轴向移动扫描. 理论证明传递函数为通常相干光成像的 $J_1(\boldsymbol{r})$ 和聚焦入射光束的另一个 $J_1(\boldsymbol{r})$ 的乘积. 设照明聚光镜和物镜的孔径一致 (如反射显微镜的情况), 则传递函数为 $J_1^2(\boldsymbol{r})$, 如以对应的脉冲半高处半宽度衡量, 实验证明这个配置分辨率约提高 1.4 倍[549]. 在非相干情况下的传递函数为 $J_1^4(\boldsymbol{r})$, 分辨率提高的倍率相似.

转盘式和光束扫描式显微镜都得到广泛应用, 只是激光的扫描由显微目镜前的高速振镜实现. 仪器具有对样品 "剖面" 显示的特性, 成为荧光显微术和近透明物体 (如人眼) 显微术的巨大优势.

18.4.10 光子的形状

作为这 10 年的最后评论, 我们必须提及 1969 年 Amrein 的文章[550], 他论述了所谓 "点状光子" 的不可能性 (由于首先由 Pauli 提到的规范不变性和 Lorentz 不变性[551]), 他构建了他自己假定的紧定域的各向同性光子. 按照 Jauch 和 Piron[552] 的说法, 他称光子是 "弱定域" 的, 并发现它的能量密度具有按照幂级数衰减的尾部, 大体以距离的 7 次幂渐近下降. 然而, 随着单光子的实验探索, 从实验角度来看, 光子的定域研究应当是可行的. 近来发表了在实验室可能观察到的具有各种幂级数尾部的光子理论[553,554]."单个光子形状" 的实验测量非常困难, 然而, 仍有人试图看到它的尾部[555]. 近来 Hellwarth、Nouchi 和 Adlard 在一篇未发表的文章里质疑 Amrein 紧定域光子的见解, 他们给出了两个显式解, 其中的能量密度幂次律尾部分别为 8 次幂和 10 次幂, 由此重新引起有关光子究竟有多小的争议.

可能会有人怀疑光子定域问题的基础, 认为光子根本不可能存在于自由 Maxwell 场中. 1951 年 Einstein 就讲过: "纵然经过 50 多年的冥思苦索, 我也未能想清楚究竟什么是光量子"[556]. 无独有偶, 尽管对量子理论的检测有了长足的进展, 尽管进行了广泛的理论研究, 光子依然是个谜.

不应忘记光子可能具有非常小的质量, 它可能遵循 Proca 方程. 20 世纪做过大量的计算来估计光子质量的上限. 1943 年, Schrödinger 和 McConnel 通过对地磁场数据的分析, 给出光子质量的上限大约为 10^{-46}g 的量级[557]. 然而 1976 年, Goldhaber 和 Nieto 通过航天飞机对于木星磁场的测量把这一数值向下修正为 5×10^{-48}g[557]. 如果光子有质量的话, 其磁场 (电场) 必将随距离指数衰减, 这些实验的银河系尺度使得达到极高的灵敏度成为可能.

18.5 1970~1994 年: 新的成果和应用大量涌现

从 1970 年到 1995 年初, 光学已经应用到每一个可以想象到的领域. 透镜和系统的计算机辅助设计完全建立起来, 通过公司样本目录采购光学和光电子元件已成为常规业务, 激光也在许多公众领域使用. 功能强大的光学系统已经实现了直接设计、构建和测试, 我们将在本章的最后一节讲述这一过程, 这里还是继续关注基础研究的进展.

液晶显示研究起始于 20 世纪 70 年代, 在 90 年代则在光学信息显示领域独占鳌头, 几乎全世界的大学、公司都在研究液晶. 从光物理学家的角度一开始就认识到需要对各种材料、各种结构的液晶器件光学性质进行精确计算. 我们已经提到过本世纪液晶光学的两三个基本理论和发展. 1970 年, Berreman 和 Scheffer 在 Maxwell 方程的基础上, 推导出液晶光学的矩阵处理模型[558], 打下了对器件基本计算的基础. 他们运用 4×4 矩阵表象建立分层介质中的电磁波方程, 计算了单个畴内胆甾相液晶膜的反射比和透射比. 这种处理方法的重要性, 在于它可运用于任何指向矢仅在一个方向变化的介质, 即所谓分层介质, 分层介质正是许多电光显示单元的基本结构. 由于液晶可能运用于平板显示, 如液晶电视和笔记本电脑液晶显示屏, 此后 20 年内人们下大功夫, 从理论和实验两个方面去阐明液晶材料和器件的光学非线性和电光特性[91].

1970 年, 江崎 (Esaki) 和 Tsu 发表了有关量子阱超晶格的独创性理论论文[559], 设想在多量子阱顶部生长另一种多量子阱, 其势垒很薄, 以至于量子阱间的隧穿效应变得非常显著, 形成一种超晶格, 其能带结构中有许多微能带和微能隙. 上述概念在 20 世纪 80 年代和 90 年代构成许多半导体光电子器件设计的主流, 当时制造技术已经充分改善, 有可能制作出可靠的超晶格结构.

20 世纪 70 年代各种新型的激光器仍在不断发明. 1970 年, Basov 等在 Xe_2 中获得 176nm 的受激发射, 研制成功准分子激光器[560]. 很快, Ashkin 发现了激光的一项特别的应用 ——“光瓶” 装置: 两束 128mW、514nm 的氩离子激光相对照射, 利用光压可以夹持住水中的一个 $2.68\mu m$ 的乳胶球[561,562], 在这一设计的基础上继续发展, 近年来研制成功 “光镊”, 可以在显微镜下进行精细夹持物体操作[563].

非线性光学也是硕果累累. 激光的出现, 开辟了双能级原子系统的各种非线性现象研究的新途径, 如饱和效应、功率谱线增宽、Rabi 振荡、光学 Stark 移位和 “着衣态” (dressed states) 研究等[564,565].

18.5.1 天文学进展 —— 激光引导星

此时对激光散斑现象[566] 和其他散斑现象的实验研究和运用已非常充分, 并在天文学中取得重要成果. Labeyrie[567] 分析星空像的散斑图, 在大型望远镜观察中达到了衍射受限的分辨率 (diffraction-limited resolution, 即几何光学的像差完全消除, 只余下衍射效应引起的不可避免的像的弥散斑, 即极限分辨的情况 —— 译者), 这一成果立刻引起了新一波的研究热潮. 原始像质表观上很差, 然而分析多个短时曝光图像系综的自相关函数, 可以从散斑干涉图入手恢复恒星像场的衍射受限自相关函数，其原理简述如下.

曝光时间小于 50ms 的模糊图像 $I_n(x)$ 是天体场的图像 $O(x)$ 以及望远镜和大气扰动综合点扩散函数 $P_n(x)$ 的卷积, $I_n(x) = O(x) * P_n(x)$, 对初始数据 (望远镜像平面上的强度 $I_n(x)$) 进行 Fourier 变换

$$\tilde{I}_n(u) = \tilde{O}(u)\tilde{P}_n(u)$$

对于多帧数据取 $\tilde{I}_n(u)$ 的模的平方, 得到

$$\langle|\tilde{I}_n(u)|^2\rangle = |\tilde{O}(u)|^2\langle|\tilde{P}_n(u)|^2\rangle$$

对于直到衍射受限对应的极限频率的所有空间频率, 散斑干涉术传递函数 $\langle|\tilde{P}_n(u)|^2\rangle$ 都具有正的非零值. 因为点扩散函数 $\langle|\tilde{P}_n(u)|^2\rangle$ 可以对于孤立的星体预先测出来, 于是就得到待测天体的功率谱 $|\tilde{O}(u)|^2 = \tilde{O}^{(2)}(u)$, 通过 Fourier 逆变换就得到衍射受限物体的自相关函数 $O(x) * O(x)$. 此后涉及三重卷积的测量[568] 和散斑掩模和解卷积[569] 运用的发展最终将衍射受限像从模糊的天体图像中分离出来. 处理前后的散斑干涉图见图 18.9. 然而, 20 世纪 70 年代以来, 这一技术基本上被"激光信标 (laser beacon)" 和使用多镜面的自适应光学望远镜所代替[570~573]. 其中最大的要数 Keck 望远镜, 其直径为 10m, 由多块反射镜拼接而成. 近旁有一支高功率的激光束照射大气, 引起钠的荧光, 构成望远镜的参照 "引导星", 用来完成各个反射镜单元的自适应功能, 克服低层大气扰动导致的波前畸变, 以获得最清晰像. 伺服机构的响应时间应小于 100ms, 以 "冻结" 这些大气涨落. 在本文写作时, 系统的功能极限正在全面的评价中. 该系统对于电荷耦合器件 (CCD) 照相机的探测和驱动反射镜片的机械传感器的要求非常严格.

(a) (b) (c)

图 18.9 对人马星座精细光谱双星 ψ 的散斑掩模测量

(a)150 幅散斑相干图之一; (b), (c) 人马座 ψ 的重建真实像

18.5.2 光子相关谱学

数字光子相关谱学的开创可追溯到设于英国马尔文的皇家雷达研究所 Foord 等发表的一篇文章[574], 同时, Benedek[575] 用类似的方法描述了 "光拍" 谱学. 从

1963 年起, 广泛开展了新型光源的光子计数统计研究. 马尔文研究小组认为：进行简单的光子计数, 不如直接用计算机计算 Glauber 的二阶光子计数的时间相关系数 $G^{(2)}$. 1969 年, Jakeman 和 Pike 详细描述了根据光子计数涨落的 "削波"(clipping) 数字自相关研究光谱学的理论[576], 其中测出的光子相关函数与光学谱有关系. 1970 年, 完成这种计算的光子相关器首次用来测定血蓝蛋白 (haemocyanin) 分子的大小[577,578]. 单分散性悬浮液散射的自相关函数是单一指数函数, 它的衰减率与分子流体动力学尺度成比例. 削波技术与从雷达技术借鉴来的著名的信号 "硬限幅" 手续相似, 可以在实时相关信号形成过程中实现高速数字倍增.

光子相关器在光学分辨率方面实现了跨度为 70 年的飞跃, 消除了载波涨落的影响, 达到几个赫兹的精度, 很快实现商品化, 并在国际上广泛应用, 例如大分子悬浮液分析 (蛋白质、酶、病毒、聚合物等), 黏滞度分析, 热扩散, 两种介质的互扩散分析, 气体和液体的流动和湍流分析, 还涉及别的课题, 如原子、分子甚至大物体的运动分析[579,580]. 通过 Doppler 频移方法, 该技术运用于包含自然微粒的亚音速和超音速气流的非接触测量中, 灵敏度非常高. 借助于该方法, 可得到准确的流速剖面图, 并与快速发展的计算机设计方案比对, 这些设计包括内燃机引擎、涡轮压缩机、机翼和喷气式发动机设计, 如协和式飞机和劳斯莱斯 (Rolls-Royce)RB 211 的发动机设计[581~583]. 图 18.10 展示了快速削波光子相关器. 大约 15 年后, 由于数字电子电路和运算速度的大幅提升, 不再需要削波环节, 只需增加增益, 在便携式电脑的扩展插槽里安装单个高速 CPU 芯片[584], 整套操作就可以用软件实现. 这样的单板相关器的使用越来越广泛, 如用在氙气条件下的航天飞机实验. 近年来薄膜实验已能实现 "黑色介质" 的颗粒度分析, 在石油和汽车工业中用来进行烟尘和沥青质的颗粒度分布分析[585].

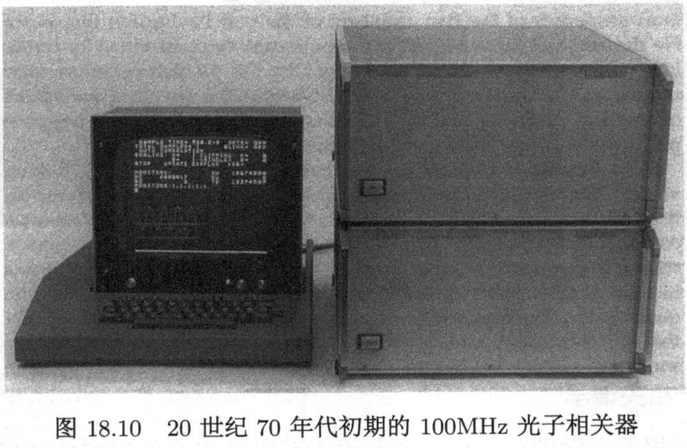

图 18.10　20 世纪 70 年代初期的 100MHz 光子相关器

虽然为时晚了一些, 1971 年 Gabor 仍然因为他对于全息术发展的贡献获诺贝尔奖[586].

Madey[587] 发明了自由电子激光器后, 电子束在激光研究中起了举足轻重的作用. 在这里正是由于电子束相对于周期性的横向直流 (DC) 磁场的相对运动而产生了相干辐射, 电子 "看到" 了真正的量子 (表现出量子性), 经 Compton 散射产生非常短波长的光子. 这种激光器现在已加入到激光器系列之中, 具有宽波段可调特性. 然而, 由于它需要大加速设备, 日常运用并不方便. 在最新的理论研究中, Bonifacio 和 De Salvo[588] 试图将自由电子激光器和气体激光器结合起来, 构建成所谓 "集体原子反冲激光器"(collective atomic recoil laser). 目前, 斯坦福线性加速器实验室正在进行该极短波长激光器的研制.

与激光器研究相比, 受 di Fracia[262,263] 发表的论文影响, 人们对光学超分辨率问题的兴趣日益增加, 但其物理实质尚未研究清楚. 1971 年, Smith 和 Yansen [589] 通过试验, 在透镜上加制三个环形结构, 进而提出了超分辨孔径函数. 随后一年, McKechrie[590] 研究了聚光镜孔径拦光对于显微镜两点间分辨率的影响. 这样一来, 不用改变点扩散函数, 我们也能得到比较高的分辨率. 而修改点扩散函数显然会引起像质变坏. 上述经验性的观察结果经过十余年才获得严格的理论解释.

1972 年, Freedman 和 Clauser[591] 发表了有关系列实验的一篇论文, 继续研究 Einstein-Podolsky-Rosen (-Bohm) (EPR(B)) 的量子理论中的佯谬. 在 EPR(B) 的思想实验 (gedanken experiment) 中, 设发射源发射一对处于单态的粒子, 当粒子彼此分开并传播一定距离后, 它们的自旋 (即光学中的偏振) 相关性可以在不同方位 a 或者 b 测量, 每一次测量都得到两个结果, 我们将其标明为 ±1. 对于光子而言, 如果其偏振方向与 a 平行, 那么测量结果就为 $+1$, 如果相反即为 -1. 量子力学可以预测在单态下进行这种测量时两个粒子之间的相关性. 设 $P_{\pm\pm}(a,b)$ 是分别在 a 方向和 b 方向测量到两粒子为 ±1 的概率, 两次测量的相关系数即为

$$E(a,b) = P_{++}(a,b) + P_{--}(a,b) - P_{+-}(a,b) - P_{-+}(a,b)$$

Bell 讨论了一对粒子离开光源后的独立局域性质引起的相关性问题, 指出此相关性将受到某一不等式限制, 但该不等式有时并不遵循量子力学的预言. 1963 年, Glauber 指出, 纯态 (pure states) 的经典概率的量子等价性可以是奇异的、负的, 特别对于一些 EPR 类的态更是如此. [**又见 3.4.2.3 节**]

Freedman-Clauser 进行了局域隐变量理论的实验验证, 涉及钙原子级联辐射光子的线偏振相关性的测量. 他们观察到的相关性, 比具有高统计精度的 Bell 不等式预期的结果高得多, 成为否定隐变量理论强有力的证据. 尽管有许多细微的效应都引起了人们对量子力学的质疑, 但这里不得不提到一个假设, 那就是偏振器并非以某种方式放大光束! 此类实验虽然进一步验证、支持了 Hanna 和其他学者以前的研究成果, 但争论却远未结束. 幸运的是, 此后的同类实验结果明显支持量子理

论! [又见 18.3.2 节]

在此期间, 非线性光学的研究仍在不断深入. 首先是胆甾相液晶[592] 中光的谐波的生成, 由此诞生了液晶研究中另一个令人感兴趣的新分支[90,91]; 其次是阐明了在光波包络满足非线性 Schrödinger 方程的前提下, 光纤中的脉冲有可能演变成孤子波[593]. Mollenauer 等[594] 提出了光孤子脉冲方案, 证明了借助于光孤子在光纤中的传播, 可实现数千公里的通信, 但仍不清楚这种模式能否代替当前非相干快脉冲远程通信的模式.

18.5.3 镜子创造奇迹

1972 年在莫斯科, Zeld'dovich 等[595] 发现了另一个非线性效应 —— 相位共轭, 或称反射过程中通过受激 Brillouin 散射实现光学波阵面的逆转, 这一非线性效应可用于校正激光束的波前像差. 利用入射光和泵浦光[596~598] 形成的 "动态全息图" 同样可以实现这一目的.

关于透镜像差的数学问题的探索还在进行, Buchdahl 研究了相对论理论中的 Lagrange 不变量[599], 发表了至少 7 篇论文, 在第一篇论文里将此观念扩展为对称缺损系统的 Lagrange 像差理论[600].

Yariv 做出了 1973 年最后一个贡献, 他发表了关于导波光学的耦合模理论[601], 该理论是介质波导中定向耦合器、声光相互作用、分布反馈激光器和电光调制器的基础理论.

早在 20 世纪 70 年代中期就有不少人利用两能级原子模型进行非线性光学研究[602]. 在量子光学中, 光学 Bloch 方程为计算原子场相互作用提供了重要的近似算法, 在量子涨落比较小的情况下满足近似条件, 对于光场、对角和非对角原子算符共有三个耦合方程. 最近的研究进展[603] 表明, 当原子密度超过 10^{14} 原子/cm^3 时, 必须将代表局部偶极子场效应的附加项加入该耦合方程. 在这样高的原子密度下, 出现了一些有趣的现象, 如无反演增益加大, 折射率增加, 内禀光学双稳态变强, 以及所谓 "压电光子效应"(piezophotonic effects): 在某些密度值处吸收曲线变号.

1974 年, Bjorkholm 和 Ashkin[604] 在钠原子蒸汽中清晰地演示了激光束的自俘陷效应. 使激光束趋于发散的衍射效应, 在一定程度上被自聚焦效应抵消, 补偿后的激光束可以在较大的纵向深度内保持某一直径 d, 其纵向深度比 Gauss 光学所确定的 "准直距离 (焦深)d^2/λ" 长得多.

1975 年, Dingle 等[605] 用光学实验证实了超晶格中的微带结构, 它和量子阱的耦合效应是江崎和 Tsu 于 1970 年发现的. 1976 年, Wolf[606] 发表了关于自由电磁场中能量传输问题的论文, 这是统计稳定和均匀场电磁辐射的严格理论, 与此前的理论的主要差别在于对能量密度和 Poynting 矢量运用了电磁相关张量不变量的处理. 同年, Yariv 研究了如何用非线性光学混频技术在光波导中传输三维图像信息的问题[607].

18.5.4 光子反群聚

1977 年是光学发展史的一个丰年，其标志是首次完成了一系列"非经典"光学实验，这些工作都是在 Hanbury、Brown、Twiss 和 Glauber 的研究基础上建立起来的. 在奇点归一化的"等时"(eaqual-time)Glauber 强度相关函数值 $g^{(2)}(0)$ 是场的光子统计函数. 对于热场 $g^{(2)}(0) = 2$，对于相干场 $g^{(2)}(0) = 1$. 热场中由于光子在各模式中群聚分布，其函数值 $g^{(2)}(0)$ 大于相干场，每一个模式的分布如下：

$$P(n) = \bar{n}^n/(1 + \bar{n})^{n+1}$$

式中，n 表示光子数；$\bar{n}$ 表示光子平均数. **[又见 18.3.9 节]**

相干态光子不以该方式群聚，它是随机的 Poisson 分布. 在经典理论中，$g^{(2)}(0) < 1$ 不可能出现，除非在抽样计数时将被计数个体从光子群中去除[608]. 这种"无替代"抽样方式是光子探测的一个特点，并用于定义 $g^{(2)}(\tau)$，因为被计数的光子总会湮没. 经典光子一旦被测量就面临着"去除"出系统，对于经典统计而言这是非同寻常的过程，且不会给出"真实的"统计测量结果，而在"流量"测量中也是如此. $g^{(2)}(0) < 1$ 时 (亚 Poisson 分布) 的光子数分布比相干场的分布要窄，这一现象只发生在"非经典"光中. 对于某些非经典光源，光子可能呈现出反群聚分布而非亚 Poisson 分布. 这种分布下 $g^{(2)}(0) > 1$，但对于 τ 的某些正值，$g^{(2)}(\tau)$ 值甚至可能超过 $g^{(2)}(0)$.

光子的反群聚分布的实验验证由 Kimble、Dagenais 和 Mandel[609] 首次进行，比理论预测只晚了一年. 他们用染料激光束不断激励钠原子，进行共振荧光实验，得到了 $g^{(2)}(0) < 1$ 的实验结果，当延迟时间从 0 开始增加时相关函数值随之增加.

虽然基本效应是无可非议的，但有人却质疑所观察到的现象并非严格的反群聚效应，而是原子进入测量体积后的结果被 Poisson 统计所掩盖了[610,611]，不过，相关系数随着延迟时间延长而增长的现象显然属非经典范畴. 1983 年，Short 和 Mandel[612] 从单个原子中有选择地探测光子，在同样的共振荧光过程中观察到亚 Poisson 统计分布，与以前实验不同的是，在原子进入取样区域前就选通探测原子发射的光子探测器. 探测光的影响会使原子涨落效应消失，但探测光束本身并非亚 Poisson 分布. 直到 8 年后，Teich 和 Saleh[613] 用空间静电荷约束电子束非弹性碰撞激发的汞蒸汽，制成弱亚 Poisson 分布的 253.7nm 波长 Franck-Hertz 源. Jakeman 和 Walker[614] 则运用了 Burnham-Weinberg 参数下转换装置，该装置具有反馈回路，用一臂上的一个计数器来触发，以阻拦短时间内发生的任何其他效应，在另一束中成功地生成了反群聚光. 其他相应的实验也随之进行[615,616].

非线性光学中的另一个成果就是通过简并四波混频[617~619]得到相位共轭. 在非线性介质中存在四个等频率 (因而是简并的) 相互作用光波, 透明 (无损耗) 介质用三阶非线性极化率 $\chi^{(3)}$ 表征, 用两个强的反向传播的泵浦波 E_1 和 E_2 以及频率相同的光波 E_3 照射介质, 这些波非线性耦合生成了新的波 E_4, 它是 E_3 的共轭波[617~619]. 人们曾广泛探索这一观念, 想利用该处理手段的特殊功能来消除光学系统的像差[620], 补偿光束传播中的大气抖动和品质退化[621]. Pepper 的论文[622]纵览了这一课题的历史发展进程.

另一个非线性光学效应 —— 光折变效应则经历了详细的探讨. 其物理模型由 Kukhtarev 等经过周密考虑和推敲, 于 1977 年[623]提出并发表在西方的期刊上, 之前研究成果曾在苏联发表[624]. 光折变效应是指外界光场在光学材料中诱导的电子和空穴重新分布导致的折射率变化. 人们注意到一个有意思的现象, 由于稳恒态折射率变化在很大的范围内与外界光场强度无关, 所以它无法用非线性极化率 $\chi^{(n)}$ 来表示. 该效应机制如下：两束激光射入光折变晶体并相干叠加, 就会产生光折变全息图, 载荷子主要在亮条纹区域被激发, 并且扩散到暗条纹区域, 空间电荷形成的电场通过线性电光效应形成体全息折射率光栅 Δn. 20 世纪 80 年代和 90 年代兴起了光折变效应的应用研究, 如在光学神经网络关联记忆和光信息存储方面的应用.

1978 年前后, 很多研究工作集中在光学信号与数据处理领域[625,626], 许多科学家通过构建非常复杂的光学系统, 以证实系统具备的数学功能性, 该领域的研究贯穿 20 世纪 80 年代和 90 年代, 围绕并得益于 (灵敏的) 空间光调制器技术[627]的发展, 在光计算、光互联、光学神经系统学习、关联记忆及光电神经网络等分支领域获得进展[628]. 从 Fourier 变换谱的模的数据入手重构物体的课题吸引了科学家的兴趣, 换言之, 人们在设法解决光学相干理论的相位恢复问题, 试图从光学数据出发, 通过叠代处理重构物体的高清晰度像. Walker[632] 对 Landweber[629] 和 Fienup[630,631] 的早期研究加以改进, 他指出, 原始图像的信息加上一个简单的指数振幅滤波器的信息, 就得以恢复物体的全部相位信息. 早在 1974 年, Cole[633] 就提出 "盲" 解卷积法 ("Blind" deconvolution), 通过该过程可能复原图像和像差函数, 最近 Ayers 和 Dainty 进行了深入的相关研究[634]. 开发这一技术的动机是为了恢复老旧录音盘的声音, 但它立即被用于复原模糊的照片. 在原图像和模糊函数二者均未知的情况下重构原始图像似乎是件不可思议的事情, 但从理论上看成像过程的约束应当充分, 允许对图像及函数进行唯一的分解. 在光学改正系统 (COSTAR) 飞行任务对于 Hubble 空间望远镜光学系统进行修复之前, 曾成功地运用这一技术, 使 Hubble 空间望远镜中不慎被损的模糊的图像变得清晰[635]. 尽管下了许多功夫定义点扩散函数, 但最终还是未能精确地确定它. 其他的解卷积算法, 如比较流行的 Richardson-Lucy 迭代法解卷积算法[636,637]始终有剩余误差. 最近, 很多研究已成功实现 Richardson-Lucy 算法和盲解卷积法的联合应用[638,639].

18.5.5 飞秒脉冲

在这 10 年的末期, 非线性光学到生物物理学的许多领域中, 超短激光脉冲及其应用引起了大家的关注, 特别是通过锁模技术的发展实现了亚皮秒 ($< 10^{-12}$s—— 译者) 脉冲[412,640,641]. 经过很短的时间, 超短激光脉冲迅速发展成为广泛使用的工具[642,643], 其后, 锁模技术的进步形成了飞秒 (10^{-15}s—— 译者) 脉冲, 脉宽差不多是几个光波波长[644].

与此同时, Jakeman 和 Pusey[645] 引入 K 分布来解释、分析某些光散射实验. 这种二参数模型可以描述介于对数正态统计和负指数统计的非 Gauss 过渡区中的强度统计, 同时也适用于激光束在大气湍流传播中的闪烁特性 (图 18.11). K 分布代表了一类普适分布, 可将中心极限定理推广到具有无限方差的分量分布. 它们最先是在 6 个独立的截然不同的实验中被发现的: 即激光从向列相液晶的湍流层的散射, 从气体湍流的散射, 从水湍流的散射, 从大气湍流的散射, 从地表大气引起的星光的散射 (闪烁) 和从波涛汹涌海面上的微波散射, 这些实验为存在新的中心极限机理提供了线索, 在此后十年引起很多关注[646].

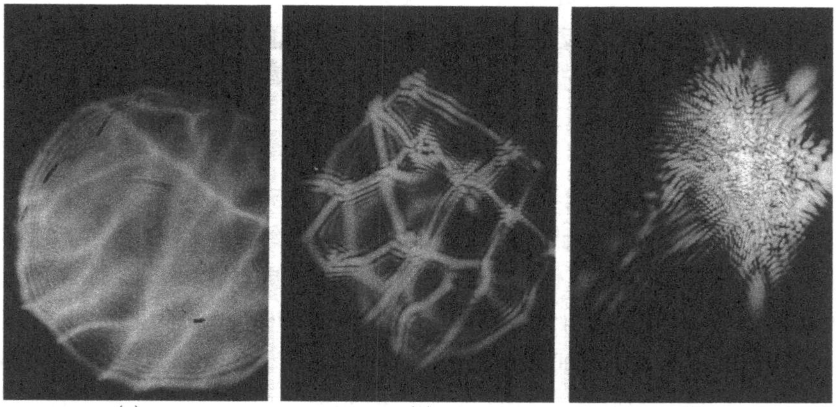

(a) (b) (c)

图 18.11 激光光束传播的闪烁特性

(a) 近场; (b) 散焦区; (c) 远场

Letokhov 和 Minogin[647] 讨论了如何利用激光束捕获粒子、冷却和储存原子, 他们提出在原子的共振频率使用激光驻波. 在某些特定条件下, 预计激光辐射可在低压气体中将原子冷却到 $10^{-4} \sim 10^{-3}$ K 的低温. 由于梯度力的作用, 致冷的原子可被长时间控制在光场里 (“光频饴” 相), 以利于精密光谱研究. 这些实验的实际应用正在推广之中[648].

20 世纪 70 年代后期, 因为用于存储音频和视频的高密度光盘[649] 的大容量和高品质音频播放功能吸引了人们的广泛兴趣. 1979 年, Hopkins[650] 修正了他早期提出的有关光学成像的衍射理论[270], 在相干照明的基础上提出了光盘激光读出系统的理论[649].

18.5.6 半导体激光二极管的冲击

自 20 世纪 60 年代早期发展起来的双异质结激光二极管[651], 在 1980 年后成为光盘阅读器的核心部件. 典型的双异质结激光二极管包含三层结构, 中间薄的夹层 (~0.1μm) 为 GaAs, 外侧 n 型区和 p 型区为 AlGaAs, 通过外延从 GaAs 晶体基底上生长出来. 在 20 世纪末以前, 将会生产出数亿张光盘用于音乐、视频及数据的存储; 如今, 激光二极管和现代光学技术的成果一起融入高密度光盘机 (CD), 就像电视一样成为家用电器中的一员. 1993 年, 全世界已有上亿个 CD 机售出.

1978~1979 年, 激光二极管家族中出现了一个新成员, 就是由伊贺 (I_{ga}) 和他在东京工业大学的同事们发明的垂直腔面发射激光器 (VCSEL)[652]. 与以往从侧面发射的激光二极管不同, VCSEL 发射的光束垂直于腔面. 垂直腔面发射激光器具备一些有价值的特征: 低阈值电流, 圆光束截面的单模激光束, 极有可能实现集成, 构成大面积二维激光二极管阵列, 每平方厘米包含数千个激光器. 制作该类激光器时, 在半导体材料生长含有反射镜的多层结构, 在两面生长活性半导体区, 构成分布 Bragg 反射腔[653]. 20 世纪 90 年代发展起来的这项技术具有特殊的应用价值.

18.5.7 X 射线激光器

第一个关于 X 射线激光器的可靠报道是 Pert 与其同事[654] 在英国赫尔大学给出的, 他们利用强红外激光脉冲照射气化的细碳纤维, 在高度电离的碳等离子体中获得 18.2nm 的激光增益. 他们采用三体复合使得更多粒子进入到高能级, 从而产生粒子数反转. 虽然其他研究者们用的是金属箔, Pert 已经认识到圆柱形爆炸膨胀冷却等离子体的速度比平面形的更快, 这样不仅增加了复合概率, 而且不会增加基态粒子数[655], 能发射波长更短的 X 射线激光器应运而生[656]. 虽然没有发表正式论文, 但大家都知道, 此时此刻, 劳伦斯利弗莫尔实验室正在内华达州的地下试验室研制以原子弹为能源的 X 射线激光器. Hora 和 Miley 总结回顾了激光核聚变, 包括劳伦斯利弗莫尔实验室 (图 18.12) 研制的 Nova 和洛斯阿拉莫斯实验室研制的 Antares, 一种大型 CO_2 激光器, 以及核泵浦激光器[657].

1984 年, 在联合记者招待会上, 来自劳伦斯利弗莫尔和普林斯顿两家实验室的研究人员宣布 "实验室" X 射线激光器研制成功的消息. 前一小组采用高能 Nova 激光器发出的两束 260ps 脉冲, 射向塑胶衬底上 75nm 厚度的硒层, 结果在 20.6nm 和 20.9nm 探测到两条亮谱线[658]. 他们确认对激光器放大率的正确标度, 或许这是第一次提供了 X 射线激光器运作的无可争议的证据. 引起放大自发辐射的跃迁为 $2p^53p-2p^53s$. 1976 年, Zherikhin、Koshelev 和 Letokhov 描述了该激光器工作的物理机制[659], 1983 年 Vinogradov 和 Shlyaptsev 对这一模型进行了更深入的研究和提炼[660]. 普林斯顿小组也研制出 18.2nm 激光器[661], 他们与 Pert 一样采用碳纤线, 但使用 90kG 螺线强磁场来束缚等离子体, 这样就有足够长的时间完成复合过程. 最新的研究已使激光工作波长极限降到 3.5nm 的范畴, 在生物学活细胞成像方面可能具有重要的应用价值 (生物组织的主要成分为水, 水在软 X 射线波段 2.3nm 到 4.4nm 间有一个透明窗口, 可用于生物成像研究以及乳腺的 X 光诊断 —— 译者).

(a)

(b)

图 18.12 劳伦斯利弗莫尔实验室的 Nova 激光器

(a) 主激光厅; (b) 靶室

这一时期, 平面激光器的工作得到充分展示[662], 研究者从若丹明 6G 染料中获得了 3mJ 的 360° 平面相干脉冲辐射. 同时, 球形辐射激光器也引起了科学家的兴趣.

衍射成了这一时期研究的另一个热点, 1980 年在 Petit 的教科书中[663] 对各种光栅的严格衍射理论做了综述. 从那时起基于 Petit 书中数学的计算机软件编制大为发展, Meystre 将其编成计算机程序 "Reseau 2000", 对于衍射光栅计算的价值不可估量.

自 20 世纪 70 年代中期开始, 英国布里斯托尔大学的 Berry 和他的同事[664] 长期致力于衍射理论研究, 他们另辟蹊径, 提出界于光波与光线之间的 "半经典" 衍射理论. 他们研究了所谓的分形衍射波 (diffractals) 和焦散线, 并将突变理论引入到光学领域. 他们致力于研究光线经过随机分布介质聚焦或会聚过程中的效应. 由于衍射的存在, 经典理论中的理想的 "点–点成像" 或理想像点并不存在, 在任意光学系统中, 光线只能聚焦成明亮的焦斑图案或者弥散斑, Berry 与其合作者用突变理论解释了焦散现象及衍射图案. 我们常看到的游泳池底面的图案, 就是光线通过涟漪微动的水面会聚后的衍射效果. 光线通过紊乱大气的效应, 也可用来解释恒星的闪烁现象[665], 将其与 K 分布理论结合, 可以解释大气中激光束的弥散[666], 如图 18.11.

20 世纪 60 年代早期, Bloembergen 和 Schawlow 的贡献使 60 年代光学发生改观, 他们因激光光谱学研究的成果, 于 1981 年摘取了诺贝尔物理学奖的桂冠[38]. 与此同时, 在学术上永无止境的 Hopkins 综合考虑光线追迹和衍射理论, 细致地描述了光学像的形成过程[667]. 他的光线追迹方程回避了先前无限远孔径情况下光线追迹的不确定性, 适用于任何成像系统, 也非常适用于计算机编程.

18.5.8 不稳定性与混沌

20 世纪 70 年代末到 80 年代初, 人们开始把目光投向激光不稳定性与混沌研究. 例如激光尖峰就是一种不稳定性发射现象, 研究者第一次在红宝石激光实验中发现了这一效应, 后来各种理论家们纷纷加入该研究, 特别是 Ikeda 等和 Eberly 等[668,669] 开始探索不稳定性与混沌发射条件, 他们预测了激光器从倍周期到混沌的演变过程, 后来终于在 He-Ne 激光器中观察到这一现象[670]. 在单模和多模激光器实验中, 我们同样观察到光学系统的时间混沌和双稳态效应[671]. 此后, 研究者又对激光器的空间不稳定性进行了研究, 特别对非线性介质中的横向调制不稳定性, 对静态、动力学及混沌调制的激光束截面分布[672,673] 进行了深入讨论. 激光器的偏振不稳定性的发现是另一个令人瞩目的进展[674], 研究者观察到一级、二级自发辐射光的偏振态均出现对称破缺现象. Zheludev[675] 总结回顾了激光器的偏振不稳定性及混沌, Knight[345] 对光学混沌进行了详细的解释.

另外, Pippard[676] 审视了发生在极限分辨率和临界反差度近旁的物理光学和生理光学中的一些基本问题, 他指出, 人眼对于反差的灵敏度至少是 Rayleigh 判据所暗指的 4 倍, 他提醒人们: 这个判据不过是经验公式而已, 并未得到严格的实验验证. 我们也看到另一个 EPR 思想实验的实现以及一个新的在衍射极限成像过程中产生的分辨率理论.

为讨论有名的 EPR 思想实验, 我们再次回到涉及光子探测相关性的高阶干涉实验上来, 这个实验可以揭示电磁场的量子特性的信息. Aspect 等[677] 讲到了一些量子力学的基本问题：EPR 佯谬和所谓的 "Bell 不等式", 并指出这与早期实验的结论是一致的. 与 Freedman 和 Clauser 所做的工作一样, Aspect 等测量了 Ca 原子辐射级联中发射的双光子的线偏振相关性, 这次他们采用偏光分光棱镜, 填补了上文曾提到过的 Freedman-Clauser 实验中 "放大滤波器" 的漏洞. 实验结果又一次与量子力学预测的结果完美地吻合, 并违背 Bell 不等式, 量子理论的含意依然引人注目. 至此, 60 年前困扰 Bohr 的每一个 "佯谬" 都解决了, 九泉之下 Bohr 倘若有知, 想必会为此而高兴不已! 仿效 Bell, Greenburger 等[678] 导出了敏感度更高的三光子干涉术测试, 量子力学的结果是 -1, 经典理论的结果是 $+1$, 结果得到了实验证实[385]. 量子力学又一次获胜!

18.5.9 成像理论：从本征函数到奇异函数

1982 年的另一个显著成就就是衍射受限成像分辨率的严格数学处理, 物理学家经过了很多年的研究探索, 提出各种获得超分辨率的方案, 试图超越经典 Airy 衍射极限和 Rayleigh 判据[414~416,679~684]. Bertero、Pike 及合作者[685,686] 的研究表明, 几何光学给出的物空间和像空间是完全对应的, 但实际上两者有显著差别, 特别是当物体的 Nyquist 样点数 (自由度) 较小时, 很强的衍射效应会使原有的像轮廓模糊. 恰当的数学处理方法是引入第一类 Fredholm 方程的奇异函数和奇异值, 并推广 Slepian 和 Pollack[357] 所运用的本征函数和本征值. 采用上面的理论, Bertero 和 Pike 分析了很多不同的情况, 找出了每种情况下分辨率极限作为被测图像噪声的函数. 在相干情况下, 极限分辨率可稳固地达到 Rayleigh 判据的 2 倍, 在非相干成像情况下, 采用新的光学处理方案, 也可以获得较高的分辨率. 此后这里提到的各种旨在改善像质的光学效应均被实验证实[687], 并将对未来高分辨率成像及显微术的性能提高具有重要价值.

在整个量子光学的范畴内, 以激光为基础的各种光学元器件、光学系统、军用光学设备在全世界范围内深入研究和迅速开发. 新的光电器件, 如阶梯式雪崩光电二极管[688] 已研制成功, 它引入多层次导带结构, 使得电子在不同的离散区域电离, 并减少空穴–电子的电离比率以消除噪声. 光物理领域新诞生的许多成果都源自量子光学界的研究进展.

18.5.10 光压缩态

通过光子群聚效应、反群聚效应及亚 Poisson 统计的实验, 人们对电磁场的强度 (光子数) 涨落进行了研究, 利用以适当单位表示的谐振子的动量和位置变量 p

和 q, 可将这些涨落表示为 p^2+q^2 的涨落. 一个处于基态的简谐振子, 如果突然使它的原始位置发生变化, 使它的势能降低, 就可能迫使该粒子处于相干态, 并具有 Gauss 波函数, 它会在经典的转折点之间来回振荡, 并保持波形不变. 若它的频率也同时改变, 振子将处于压缩态, 此时 Gauss 波函数的宽度将会产生与振动同相的多余的 "呼吸" 状 (间歇状) 运动. 处于相干态时, $\Delta p=\Delta q$; 然而处于压缩态时 $\Delta q=s^{-1/2}$ 或者 $\Delta p=s^{1/2}$, 其中 s 表示压缩参量, 在压缩态中, 一个变量的不确定性可小于相干态的不确定性, 作为补偿, 另一个变量的不确定性必将增大, 以满足 Heisenberg 不确定性原理的规定 $\Delta p\cdot\Delta q=1$. 20 世纪 80 年代, 大部分的理论研究都集中在这些电磁场幅度积的涨落问题上[689]. 由于光压缩态的量子噪声涨落可比电磁场的真空态的量子噪声涨落弱, 故不存在相应的半经典理论.

第一篇关于压缩态的论文由 Stoler 于 1970 年撰写[690], 文章指出, 最小 "不确定包" 与相干态是酉等价关系, 相干态是稳定极小的状态. 不久, Yuen 发表了关于最小不确定包的论文, 他引入了压缩态作为辐射场中的双光子干涉态的概念[691]. 直到 1985 年, 压缩态才得到了实验的证实, 在这以前, 已出现大量的理论分析论文[689], 讨论了可行的实验装置. 与此同时, 研究者开展了量子非毁坏 (QND) 测量的研究, 这一课题源自引力辐射. 早在 1974 年, 有人就提出了实现 QND 的系统方案[692]. 1980 年, Braginsky[693] 和 Caves 等[694] 结合 QND 讨论了引力辐射探测. QND 测量需要在待测系统和测量仪器之间找到恰当的匹配耦合方式, 以避免测量引起的反作用噪声. 例如, 我们可以设计一个测量装置, 对于粒子位置的测量不满足 QND 条件, 但动量的测量却是 QND 过程. 对粒子的位置进行测量可能改变动量, 继而改变位置本身. 然而, 若仅测量动量虽会改变位置, 但不会影响动量本身. 另外, 我们也可以设计一个耦合来产生反向作用效应[695]. Milburn 和 Walls 撰文[696], 提出 "四波混频装置可能实现 QND" 之后, 其他关于 QND 的实验也迅速开展[697,698]. 其一为光纤中的非线性相互作用实验, 它使两个频率不同的强泵浦波的旁频带模式进行耦合; 另一个实验的装置更简单, 即光学参量下转换, 两种方法都能很有效地去除噪声.

科学家对实验中生成的孤子脉冲[594] 不断进行研究, 终于在 1984 年研制成功第一台孤子激光器[699], 这是一台全新的超短激光脉冲发生器. 光纤中的孤子脉冲压缩过程成为激光器反馈回路的一部分, 它使激光器产生确定形状和宽度的脉冲, 这构成近红外飞秒激光脉冲的第一个发射源. 科学家对孤子的研究兴趣已经开拓到无线电通信和物理学的潜在发展中去[700~705]. 同时, 对未来的光逻辑和光计算的研究也在探索之中: 即 AlGaAs/GaAs 多量子阱量子约束 Stark 效应[706], 根据这一效应可能构成新型的双稳态光学开关器件和新的光计算方法[707].

1985 年, Slusher 等[708] 第一次发表了光压缩态的实验证明, 他们在光学谐振腔中对 Na 原子进行非简并四波混频实验, 使得噪声约减少 7%, 相当于近 20%的真空涨落噪声功率压缩; 第二年出现了两个不同的压缩光生成方法, 其一是采用光纤四波混频[709], 其二为参量下转换[710] 技术, 后者尤为有效. 今后, 压缩技术可能成为提高光通信性能[711] 及改善干涉测量的有效手段.

1985~1986 年, Capasso 及其同事[712] 基于超晶格量子隧道效应, 展示了一种新型光电导性, 由于超晶格中载流子穿过势垒的概率随着有效质量的减少而呈指数增加, 与质量较大的空穴相比, 电子更容易穿越超晶格. 当光照射在超晶格上, 光生空穴停留在势阱内, 而电子则可穿透势垒. 隧道效应决定光电导率的大小, 由于电子的漂移方向与势垒面垂直, 所以它的迁移率与超晶格厚度成指数关系, 电子迁移时间、光电导增益和增益带宽积均可人为地大范围调节. 与常规光电导元件[713] 相比, 上述可调参量为新装置的设计提供了更强的多功能性.

不久, 研究者观察到超晶格的连续共振隧道效应[714]. 由于势垒相对比较厚, 量子阱耦合比较微弱, 电子态可很好地由单个势阱的准本征态来描述. 如果施加均匀电场中, 当偏压增大时, 电场中某点势垒两端的电势差等于量子阱前两个能级的能量差, 共振隧道效应就会在其中一个势阱的基态和其相邻势阱的第一激发态间发生, 激发的能量由声子带走, 这一过程在超晶格中持续进行. 早在 15 年前就提出过在激光器中应用这一效应[715], 但直到 1994 年才真正实现[716].

1986 年, 一个特别有趣的发现应归属于 Berry, 他通过实验证实了拓扑相. 两年前他曾指出[717], 量子系统的状态不仅取决于它的当前位置和物理参数, 而且与它的历史过程有关: 处于本征态的一个量子系统, 通过 Hamilton 量中参数的变化沿一个闭合轨道缓慢移动后, 波函数除了获得通常的动力学相因子外, 还获得一个几何相因子. Chiao 等[718] 证实了在圆柱螺旋状的单模光纤中具有给定螺旋度 (helicity) 的光子, 可能在动量表象中沿闭合回路进行绝热输运, 如果动量空间中路径的立体角为常量, 那么光纤中的偏振光的偏振方位将不随光纤路径的形变而变化, 这就是 Berry 位相的拓扑特性.

18.5.11 光纤传感器和光纤远程通信

20 世纪 80 年代以后, 单模光纤风靡一时, 随着各种光通信光纤的商品化, 光纤在光通信产业广泛使用. 在光学传感器中[719,720], 单模光纤干涉仪的应用尤为广泛, 主要原因是它对温度、压力、应变、长度变化、速度等物理参量具有极高的敏感度. 大部分传感器的设计以经典干涉仪为基础推陈出新. 1987 年, Brown[721] 在光子相关实验中利用单模光纤的空间相干性, 创造出所谓 "动力光散射极限装置"[722]. 近年来, 将上述装置与雪崩二极管、固体激光器结合起来, 研制成功了商品化的光子相关谱学 (PCS) 蛋白质分析仪. 具有不同的掺杂和剖面折射率分布的各种新型的单模光纤的成功设计历经了整个 20 世纪 80 年代. 光通信系统则从单模光纤开拓到广泛使用多模光纤[723]. 解波分复用技术的开发, 使得人们最终实现了同时发射和接收多通道信息[724]. 1988 年, Mollenauer 和 Smith [725] 在单模光纤中成功实现了超过 6000km 距离的孤子脉冲通信. 密切结合光纤的各种实用技术的发展, 科学家还推导出了有关光纤的详细理论[726].

纯粹光物理研究仍然以量子光学实验为核心. 1987 年, 肖敏, 吴令安和 Kimble[727] 利用压缩光将信噪比提高了 3dB, 实现了超过散粒噪声极限的精确测量, 这是干涉测量的一个重要成果. 研究者还通过实验进行了 Bell 不等式验证[728,729], 他们利用参量下转换和双光子相关方法, 将几种标准偏差进行比对, 最终结果背离了 Bell 不等式. 之后, Rarity 和 Tapster[730] 报道了类似的但局限性较小的实验结果, 规避了光子偏振的影响.

这一时期, 新型的探测器和激光器层出不穷. 1988 年, Levine 等报道了一个超晶格器件[731], 运用新颖的红外探测器的垂直迁移效应, 其光谱响应范围为大气窗口 8~12μm. 该器件运用了 AlGaAs/GaAs 中 n 型掺杂的量子阱基态和共振态或连续区微带之间发生的吸收效应. 1989 年, Lallieer 等[732] 研制出铌酸锂单模连续光波导激光器, Chandler 等[733] 研制成功 Nd:YAG 离子注入型波导激光器.

同期, 空腔量子电动力学领域的研究开始发展成新的研究方向, 位于谐振腔中的场的模结构能够改变, 从而产生各种特殊的效应, 如不可逆自发辐射的抑制或加强、可逆自发辐射、微型受激辐射、量子坍缩和量子恢复等. 后来报道了一种新型激光器, 它的谐振腔里只有一个工作原子[734]. 这些新研究成果都得到了现实回报, 如微盘和单模垂直腔体半导体激光器研制成功, 它具有超低阈值和高效率[735,736].

随着高功率激光器的广泛使用, 光波的强电磁场对于物质的效应吸引了科学家进行不断的探索. 1989 年证实了光致粒子结合[737] 效应, 这是 Ashkin 早期工作[561] 的拓展. 强光场可以诱导介电物质间的强相互作用力, 其结果是光波可以促使物质重新组合. 也许这种光波重组物质结构能够冻结, 在撤去光场后可以使用?

显而易见, 20 世纪 90 年代末期光学科学的迅速发展以及其丰富多样很难用一章文字来综述. 物理学中很多令人振奋的方向的研究, 诸如原子的激光冷却、强化的背散射、飞秒脉冲的产生、光互连、非线性波导现象, 大脑皮层光学映射、新型可调谐激光器等正在全世界蓬勃开展. 20 世纪 80 年代的一篇综述性文章[738] 高度概括了这些领域的最新进展, 从中可判断这些研究成果的科学价值及其重要性. 20 世纪后期, 《光学和光子学新闻》(*Optics and Photonics News*) 每年第十二期都会刊登本年度光物理领域研究热点的总结与回顾, 建议有兴趣的读者阅读.

18.6　1994~2000 年: 迈向 21 世纪

空腔 QED(空腔量子电动力学)[739,740] 是较晚提出的理论, 目前还处于实验验证阶段. 例如, 直到 20 世纪 90 年代初发明的 (垂直) 微腔激光器, 表明可能人为控制自发辐射, 该器件的特殊性能也许要到 2000 年才具备[741]. 这一时期, 科技工作者对新型的光电子器件表现出极大的研究热情与渴望, 比如量子点激光器和量子线激光器[742~745], 该设计同时结合了光学和电子学约束[746]. 这对科学家是一个暗示, 也许有朝一日, 它们可以耦合起来形成量子元胞自动机[747]. 与此同时, 量子通信和密码学的研究正处在起步阶段[748~750]. 量子光学继续通过各种实验[751], 检测、验证量子力学的种种预言. 围绕光子带隙研究的前景尚不确定[752], 与半导体带隙对应的光学带隙系由三维 Bragg 光栅结构产生. 正如 Dainty 于 1995 年撰写的有关光学发展动态综述所预期的那样, 需要对这些新的光物理和光器件物理进行进一步的探索研究[753].

在光学的另一个研究领域 —— 无反转放大 (AWI) 和无反转受激辐射 (LWI)[754] 的探索提供了诱人的可能性. 先前我们曾描述过的作为受激辐射基础的粒子数反转模型的所有观念, 在这里似乎要完全颠倒过来! 对于所谓的三能级 "Λ" 系统, 我们可以借助于附加的可调谐强场将两低能级奇偶正交组合之一清空, 使粒子聚集在另一能级上, 从而完成有效的粒子数反转; 三能级 "V" 系统则是传统的 Fano 共振机构[755], 由通往同一个末态的两条路径的量子干涉形成. 至少有三个实验室报道已观察到 AWI 现象[756], 估计 LWI 的实现也为期不远. 在 20 世纪 70 年代中期曾首次发现与此相关的一个效应[757], 即电磁诱导透明效应 (EIT): 如果用合适频率的泵浦光照射强吸收介质, 恰当的探测光会导致介质透明. Dalton 和 Knight[758] 指出, 激光涨落可以退原子相干相位, 除非两束光因某种原因成为临界互相关的, 例如通过声光调制从一个场导出另一场. 基态双重态产生的相干态吸收猝灭现象与自发辐射噪声猝灭有关, 后者产生于所谓的相关辐射激光, 由 RF(射频) 场激发的一对激发态之间产生原子相干[759]. 这一现象也与受激电子共振 Raman 跃迁密切相关. Scully 发现了另一个有趣的相干泵浦现象[760]: 最小吸收可以导致折射率的巨大改变, 并且生成一种叫做 "phaseonium" 的介质①. 目前已有报道建议在半导体激光器中实现 LWI[761], 若能有效实现, 这一效应无疑将具有重要的价值. 由于 X 射线激光器自身很难实现传统的粒子数反转, LWI 装置显然有重要价值. Kocharovskaya[762] 和 Scully[763] 对所述研究作了系统回顾,《量子光学杂志》也对相关问题作了全面介绍[756].

解决短波激光器困难的另一条途径, 是借助 "着衣" 光致电离连续态, 或称作过量光子电离化, 采用光学谐波发生器生成短波激光. Shore 和 Knight[764] 的研究工作表明, 激光诱导生成光谐波效应本身就可经由 "着衣" 作用重构连续谱, 而该相互作用可在偏振中诱导出高次谐波 (其物理机制与我们上边讨论过的束缚态粒子捕获效应相似). Goutier 和 Tarhin[765] 也曾用微扰论方法讨论过上述理论, 但对

① Phaseonium 指的是相位相干原子集合形成的一种介质. 中文译名待定.—— 总校者注

于应用有较多的限制.

现在各种新型光电子器件纷纷面世, 其中半导体激光器和发光二极管 (LED) 已琳琅满目[766], 主振荡功率放大器 (MOPAs) 使激光二极管产生大功率光输出[767]. 此外, 光电子器件还包括聚合物 LED[768]、多色激光器[769]、硅发光器件[770,771]、空间光调制器[772] 和微透镜阵列[773], 这些特殊器件研制成功对于彩色显示技术的发展起到了重大的促进作用[774~776].

20 世纪的最后一年光学和光电子科学技术的成就, 很可能像 20 世纪的第一年一样令人振奋, 当年的英雄是 Planck 和 Einstein.

18.6.1　应用光学：对科学和社会的影响

整个 20 世纪光学和光电子学中最浩大的科研活动要数应用领域的元件、器件、系统的实验进展和应用. 20 世纪后期, 光学技术的进步开辟了无比广阔的应用领域, 产生了深远的影响. 至此为止, 本章主要探讨了光物理学的进展, 只花了少量篇幅谈及各种应用, 我们打算在最后一节来弥补一下.

在组织会议、发表论文和向全世界的科学工作者传播信息方面, 学术团体无疑起到了重大的作用. 成立于 1916 年的美国光学学会 (Optical Society of America, OSA) 通过发行期刊和组织国际性学术会议, 引领、反映了本领域理论和实验方面的前沿进展, 成为最著名的国际性光学学术组织. 重要的国际性学术组织还有近年成立的欧洲光学学会 (European Optical Society, EOS). 20 世纪后半期, 国际光学工程学会 (Society of Photo-Optical Instrumentation Engineers, SPIE) 在宣传、发展光学和光电子学的技术和应用方面做出了重大贡献. 在世界各国物理学团体中光学起到了举足轻重的作用, 数千名科学家工程师参加学术会议, 这些会议文集上刊登的论文, 给出了对于 20 世纪后期光学和光电子学的热点和前沿课题的精炼而又详细的评述.

让我们来探讨光学和光电子学对于科学和大众消费的贡献. 毋庸置疑, 20 世纪最后 30 年, 激光起到了革命性的作用, 但我们宁肯首先论述别的领域. 从科学家的视角来看, 光学仪器的性能在 20 世纪发生了巨大变化. 天文望远镜从只包含简单透镜或两个反射镜加上 Schmidt 像差校正板的简单系统, 发展到由反射镜阵列构建的大系统, 并借助自适应技术补偿对流层的大气折射率涨落; 直径达到 4m 的大型反射式望远镜已建成投入使用; Hubble 空间望远镜[777] (图 18.13) 由 NASA 开发, 在制造阶段形成的像差均已校正. 运用多孔径技术的陆基望远镜也取得了重大进展; 从 60 年代以来对综合孔径光学[778] 进行了充分的研究, 近年来, 光学孔径综合技术已借助于耦合望远镜提供了高分辨率天文图像[779]; 恒星光学干涉仪已进入广泛实用阶段[780]. [**又见 23.7.3 节**]

图 18.13　Hubble 空间望远镜

显微镜在 20 世纪也获得长足进步, 所有透镜表面均镀以多层增透膜以减少反射杂散光; 近来在共焦显微镜中引入激光束和 Nipkow 盘扫描技术 (Nipkow 盘系 Nipkow 发明的扫描器件 —— 译者), 并运用了超分辨方案; 计算机图像处理系统在很大程度上影响着显微技术的进步; Zernike 相衬显微镜是该领域的重大成就; 扫描近场显微术则获得重要进展[781,782].

从 20 世纪 70 年代开始兴起样本产品邮购业务, 科技工作者通过邮购方式几乎可以买到公司产品目录上的各种光学、光电子元器件和部件, 这使大家受益匪浅. 从 60 年代开始, 功能强大的计算机软件广泛运用于透镜系统辅助设计和光学薄膜设计, 计算机控制元件加工、计算机控制光学实验设计、监控和数据分析. 计算机和激光器全面改变了光学科技人员的工作和生活.

消费类和商用产品对于传统光学和光电子元件、系统的需求增长迅速, 如透镜、棱镜、分光镜和滤光镜等基本光学元件. 计算机控制的光学元件大批量生产线已在日本、马来西亚、韩国和中国台湾建立起来, 用于制造照相机和双目望远镜. 在光学元件制作过程中采用了许多新技术, 如半导体、玻璃光纤、梯度折射率透镜和光学镀膜. 得益于技术发展和计算机控制加工, 分划板、衍射光栅、透镜镜筒、支架和透镜阵列的制造精度指标已达到了亚微米量级. Shannon 对于 20 世纪美国的光学制造工业进展做了精辟的回顾和评述[783].

全新的光电子工业则从 20 世纪 60 年代起步, 当时正值半导体物理和技术取得重大成果的时候, 一系列特殊的器件和系统研制成功并批量投产, 包括液晶显示器 (LCD)[784], 发光二极管 (LED)[62]、激光二极管 (LD)[651]、雪崩二极管 (APD)[785]、电荷耦合器件 (CCD)[786]、光子集成回路 (PIC)、光电子集成回路 (OEIC)[787]、大阵列光电子成像器件[788]、太阳能电池以及其他许多类型的光发射器、调制器、探测器等, 覆盖了全部可见光和红外光波长范围. 1970 年以后, 由于太阳能电池和其他非成像器件效率的提高[493], 人们对于这些器件的关注迅速增长.

反过来, 这些光电子器件又大大促进了国际市场上大批销售的消费类商品的发展. 在大多数发达国家和地区, 电视自然主宰了人们的日常生活. 90 年代末期, 占领电视机市场达 50 年之久的常规阴极射线管 (CRT) 的产量将被液晶电视显示器 (图 18.14) 超越, 参与市场竞争的电子显示技术还有场致发光板 (electroluminescent panels) 和等离子体器件[789]. 与电视有关的许多其他光电子小型设备也已广泛使用, 如录像机和便携式录像机[790,791]. 在迈向 2000 年的时刻, 我们发现传真机 (FAX)、激光打印机、复印机[792,793] 等原本商用的电子设备, 现在已进入普通消费者的家庭. 电子成像技术[794] 已普遍应用, 虚拟现实[795]、三维电视[796,797] 可能是下一代的消费的热点. 这些显示技术的核心乃是颜色科学、色度学、照明技术, 以及 CIE(国际照明委员会) 图[798], 数字颜色显示和打印的物理学研究具有特别重要的意义[799].

图 18.14　21 英寸 (对角线) 液晶电视

整个 20 世纪公众对于电影和视觉娱乐设备的需求与日俱增, 照相机和双筒望远镜早已进入千家万户[800], 第一流的生产商在美国、欧洲和远东. 近年来, 大屏幕高清晰图像的记录和投影给所有的观众留下了深刻印象[801]. 一些国家使用了可视电话和录像磁带, 活动图像通过电话传送给消费者; 20 世纪光学对于显示技术的另一项贡献乃是运用准分子激光束对美术画廊中价值连城的图画进行清洗, 使之恢复原貌[802].

特别是从第二次世界大战期间以来, 军事和空间研究成为光学和光电子学的主要动力源泉之一, 可见和红外光谱范围的超高分辨率图像系统已开发出来[803,804], 制冷和非制冷热成像探测器[805,806] 高度发展, 其中 "扫积型探测器"(SPRITE, 一种由碲-铬-汞材料制成的红外成像器件 —— 译者) 尤其值得一提[807]; 有价值的研究项目从军用转向民用, 包括手持式和头盔式热释电摄像管和消防队员通过烟雾探测体热的固态远红外探测器[808]. 由于蓝-绿激光在海水中具有较高透过率, 光学在水下探测也将发挥重要作用[809], 人们正在努力开发这些激光器.

从 20 世纪 60 年代起, 激光导致了光学应用的革命性发展, 应用到各种可能的领域, 开发出许多新的应用. 有关激光在美国的开发和应用, 请参考 Bromberg 的著作[810].

科学家们运用激光测量各种物理参量, 如速度、线度、温度、压强、湿度、吸收、水位、位移、振动频率、化学和生物学变化、组分和电流; 运用激光还实现了高分辨率显微和微粒捕获[561]. 在 20 世纪, 作为计量长度单位的 "米", 借助于激光的跃迁频率来定义, 并用光学方法测量, 精度不断提高[811]. 近来, 科学家们试图建立激光干涉仪来测量引力辐射, 这是一个极其困难的研究课题, 预期经典光学与量子光学、量子电子学相结合会给出最终答案[812,813].

工业客户则在各个领域运用光学和激光, 从非常基础的长度和位移测量 (计量学)[814] 到速度测量[815,816], 微粒的粒度在线测量[817], 材料的切割、焊接[818,819] 和同位素分离[820]; 在一些城市中的报纸采用激光印刷; 半导体和其他材料的激光处理[821,822], 即激光控制半导体在溶液中进行刻蚀, 以及在微电子学中通过激光化学过程对半导体进行掺杂; 如今飞行器已使用激光陀螺进行导航[823,824]; 利用激光流速仪和相干反 Stokes Raman 散射光谱法 (CARS) 实验, 各种类型的内燃机的设计性能得到改善[825,826]; 激光雷达则广泛用来监测大气污染[827]; 最近还有人设想利用飞秒激光来控制雷击[828]!

军事和空间部门则在研究、开发项目和关键应用领域中广泛使用光电子器件和激光器, 在战场上已大量使用激光测距仪、坦克和步枪的瞄准具[829]、激光制导炸弹、激光引爆甚至激光致盲武器[830] 等. 核爆炸动力激光器研究[831] 已经计划进行. 从 20 世纪 80 年代起, 美国投巨资执行星球大战计划, 并开始测试建立激光导弹防御系统的可行性[832]. 保密通信系统利用激光的高度指向性进行战场通信, 以及和飞机和潜艇之间的通信. 水下通信需要使用透过率较高的蓝-绿激光, 类似的系统还运用在目标-振动信号特征分析和识别.70 年代, 美国海军投资发展化学激光器, 其目的在于保护舰船, 防御战术导弹的袭击[833]. 据说五角大楼当年投入化学激光器的经费超过 10 亿美元.

激光在航天飞行器上的应用包括全球风的监测、长距离通信和其他科学实验. NASA 已起飞了一架航天穿梭飞机 "激光雷达空间技术实验"[834], 运用扩展的三波长非相干 Nd: YAG 激光束来测量地球上的云层覆盖和其他气溶胶, 以及地球返回; NASA[835] 和欧洲航天局 (European Space Agency, ESA)[836] 正积极计划在 21 世纪的头十年内发射航天器载 Doppler 激光雷达测风系统. 在早期的激光应用中, 月亮与地球的距离就曾通过单一激光脉冲从月球表面返回地球的往返时间而测得. 1962 年 5 月, 在麻省理工学院林肯实验室首次使用红宝石脉冲激光器和 48 英寸望远镜进行了这类激光雷达测距[837], 射向月球的每一个光脉冲在月面的回波中只有几个光子被望远镜探测到, 不过对于精确测距这已经足够了. 在阿波罗 11 计划中, 月球行走者曾将实现这一目的的反射镜安装在月球 [838] 上. 运用这些反射镜, 发现从那时起由于潮汐的影响月球离地球的距离已经远了 1m. 苏联也曾积极执行过月地距离测量计划[839].

激光的另一个大规模研究课题是激光核聚变发电[839~841], 从 20 世纪 80 年代到 90 年代开始实施. 为此目的建立了巨型多路激光束系统, 如美国 (Shiva-Nova)、苏联 (Delphin) 和日本 (Gekko) [839]. 初期运行结果 "入不敷出", 输出功率对于输入功率的平衡尚未达到. 不过该计划一旦实施成功, 激光就将在 21 世纪向人们提供新的电力能源[842]. 正如我们在 X 射线激光器一节中所谈, 这些大功率系统还有别的科学应用. 为了获得超高亮度, 人们使用了雷达技术中惯用的脉冲压缩手续, 其中光强放大是在一个展宽的脉冲 v 进行的, 这样可使它的峰值功率变小, 因为过高的峰值功率会损毁元件. 在输出端使用一对高效率的光栅, 脉冲宽度重新被压缩. 英国 Rutherford-Appleton 实验室最近报告[843], 使用脉冲压缩技术, 他们从钕玻璃激光器中测到极亮的脉冲, 峰值功率为 8TW(10^{12}W), 脉宽 2.4ps(10^{-12}s), 该指标后来又提高到 35TW 和 620fs(10^{-15}s), 单脉冲辐射能量为 22J, 聚焦到 15μm 的焦斑上, 这大约是衍射受限焦斑的 3 倍, 辐照度高达 10^{19}W/cm^2. 这样的巨脉冲可用于多光子物理、等离子体压缩、粒子加速和核聚变点火. 使用这些脉冲, 电子可加速到 45 MeV 的能量, 在氘化塑料靶上的 D + D(氘+氘) 反应中获得多于 10^9 的中子. 在这些实验中光辐射压高达若干兆巴以上. 我们曾在涉及 "光瓶"(optical bottle) 的那一节介绍过光压的概念.

普通民众最关心的莫过于激光在医学中的广泛应用[844~846]. 激光已经运用在各种治疗中, 如癌的治疗[847]、泌尿系统如肾和胆结石治疗[848]、血管爆裂的焊合等. 作为 "激光手术刀", 应用在外科和光纤内窥镜手术中, 用来去除鲜红斑痣、动脉溶栓、修复视网膜脱落, 以及牙科和整形手术等. 将来, 更复杂的激光系统可能用来进行常规检测, 如视网膜血流的检测[849,850]、激光层析[851~853] 等, 这些技术目前正处于实验室研究阶段. 近年来一个广为报道的成功手术, 是利用激光通过烧蚀进行角膜修整以校正视力, 从而可以摘掉眼镜或隐形眼镜[846]. 无疑, 激光在眼科的应用将继续发展, 因为眼睛是人体通向外界唯一的光学窗口, 有关人体健康的信息有可能借助于视网膜的观察这一通道来获得. 在生物学技术领域中激光还有许多其他的应用[854].

如上所述, 尽管我们对激光的许多应用已经充分了解, 但它们尚未对日常生活产生直接影响. 在发达国家, 消费者天天使用激光, 但许多人对此一无所知. 电话通

信 (近来又加上可视电话和网络电话) 目前都荷载在半导体激光器辐射的光信号上通过城市内和洲际光缆传播[87,855~857], 甚至连一篇短的科幻小说都在想象 2003 年通信的发展前景[858].

1993 年光纤远程通信技术获得长足发展. 我们已经研制成功以激光为光源的有源光纤器件、放大器、换能器和有源光开关等特殊功能器件. 在实验室内, 光纤放大器经过 10 000km 长距离传输 10Gbit/s 容量的信息没有误码. 未来可以在 500 km 半径范围内向 39 000 000 个客户同时传送 12 路电视频道, 这意味着只需一个发射器就足以覆盖整个英国. 今天, 使用大容量通信网络的信息高速公路在人们生活中引起的革命完全可以和工业革命相提并论.

更加鲜活的例子是超市的条码扫描器使用红色激光来自动结帐; CD 播放器 (“音乐随身听” 或 walkman)[649] 则借助于半导体激光读出 CD 碟片上的反射/衍射信号, 为我们提供了高品质的数字音乐节目; 视频节目的录制和播放原理与此非常类似[859], 数字视频记录标准的制订快要完成, 使用该方式及相关技术已经实现容量高达十亿字节的光学信息存储[860,861]. 毋庸置疑, 激光不但是信息记录和传输的中心, 也必将成为现代生活的核心技术.

光学和光电子已形成全球化的重要产业, 仅仅根据日本这个全球最大的制造基地之一的统计[862,863], 日本光电子市场 1979 年总销量约 170 亿美元, 1991 年迅速攀升到 300 亿美元, 预计 2000 年将达到 1100 亿美元, 2010 年更将高达 2600 亿美元. 当然, 考虑到经济不景气因素, 这些指标能否能达到还未敢逆料. 无论如何, 世界市场应当超过以上数字的两倍. 光学是个大产业, 今天许多人相信, 光学和光电子学将和生命科学、微电子学和软件合在一起, 构成 21 世纪的主流技术, 物理学将作为光学和光电子学的基础和核心, 仍有大量研究工作要做.

18.6.2 进一步的读物

读者若需了解有关论题的更多信息, 可阅读以下综合性文献.

(1) 历史[45,39,40,120,196,277,810,864];

(2) 经典光学[31,56,101,297,865];

(3) 光学原理[56,865];

(4) 非线性光学[866];

(5) 量子光学[226,345,384,751,867];

(6) 光电子学[186,868~870];

(7) 应用光学[871,872];

(8) 光学进展[873].

鸣谢

通过电子邮件、传真、信件、电话乃至面对面交流的方式, 我们和相关领域的许多知名学者和专家进行了难以计数的有益的讨论, 在此深致谢忱, 恕不一一具名. 对于文中肯定会存在的历史叙述不确切之处我们谨预先表示歉意. Emma Gilbert 女士对于本章文稿进行了大量繁复的处理、打字、更正和再录入, 在此表示由衷的感谢.

(宋菲君, 张玉佩, 李曼译 聂玉昕校)

参 考 文 献

[1] Planck M 1958 Physikalische Abhandlungen und Vorträge vol III (Braunschweig: Vieweg) p 121

又见 Planck M 1960 Nobel Prize address reprinted in A Survey of Physical Theory (New York: Dover) p102.

[2] Drude P K L 1959 The theory of Optics (New York: Dover) (originally published by Longman in 1902)

[3] See for example Corney A1977 Atomic and Laser Spectroscopy (Oxford: Clarendon) p 1

[4] Kangro H 1976 History of Planck's Radiaton Law (London: Taylor and Francis)

[5] Kuhn T S 1978 Black-body Theory and the Quantum Discontinuity 1894-1912 (Oxford: Oxford University Press)

[6] Planck M 1900 Vehr. Deutsch. Phys.Ges. 2 202,237

[7] Planck M 1901 Ann. Phys., Lpz 4 553

[8] Lummer O and Pringsheim E 1900 Vehr. Deutsch. Phys.Ges. 2 163

[9] Rubens H and Kurlbaum F 1900 Prussian Acad. Wiss. 929

[10] M Planck, 1931 年 10 月 7 日致 R W Wood 的文件, 存于美国纽约美国物理联合会物理哲学史中心档案馆.

[11] Day A L 1902 Science 15 429

[12] Einstein A 1905 Ann. Phys., Lpz 17 132

[13] Planck M 1910 Ann. Phys., Lpz 31 758

[14] Einstein A 1916 Mitt. Phys. Ges. Zurich 16 47 (英译本见 Van der Waerden B L (ed) 1967 Sources of Quantum Mechanics (Amsterdam: North Holland))

[15] Bose S N 1924 Z. Phys. 26 178 (英译本见 1976 Am.J. Phys. 44 1056)

[16] Planck M 1911 Verh. Deutsch. Phys. Ges. 13 138

[17] Marshall T W 1963 Proc. R. Soc. A 276 475

[18] Mandel L and Wolf E 1965 Rev. Mod. Phys. 37 231

[19] Glauber R J 1963 Phys. Rev. 131 2766
[20] Sudarshan E C G 1963 Phys. Rev. Lett. 10 277
[21] Loudon R 1985 Lasers in Applied and Fundamental Research ed S Stenholm (Bristol: Hilger) p 185
[22] Bell J S 1964 Physics 1 195
[23] Hartmann J 1900 Z. Instrumentkd. 20 47
[24] Hartmann J 1904 Z. Instrumentkd. 24 1
[25] Malacara D (ed) 1992 Optical Shop Testing 2nd edn (New York: Wiley)
[26] Lummer O 1901 Vehr. Deutsch. Phys. Ges. 3 85
[27] Lummer O and Gehrcke E 1903 Ann. Phys., Lpz 10 457
[28] Cotton A and Mouton H 1907 C. R. Acad. Sci., Paris 145 229
又见 Born M 1933 Optik (Berlin: Springer) p 360
[29] Faraday M 1846 Phil. Trans. 136 1
[30] Voigt W 1902 Ann. Phys., Lpz 9 367
又见 Voigt W 1908 Magneto-und Elktro-optik (Leipzig: Teubner)
[31] Hecht E and Zajac A 1974 Optics (Reading, MA: Addison-Wesley)
[32] Strehl K 1903 Z. Instrumentkd. 22 213
[33] Conrady A E 1904 Mon. Not. R. Astron. Soc. 64 182
[34] Welford W T 1986 Aberrations of Optical Systems (Bristol: Hilger) p 201
[35] Köhler A 1904 Z. Wiss. Mikrosk. 21 129
[36] Evennett P 1993 Proc. R. Microsc. Soc. 28 180
[37] Probst W, Bauer R, Benner G and Lehman J L 1991 Proc. 49th Annual Meeting EMSA, San Jose, CA,1991 (Boston, MA: Electron Microscopy Society of America) p 1010
Benner G and Probst W 1994 J. Microsc. 174 133
[38] Weber R L 1988 Pioneers of Science (Brostol: Hilger)
[39] Pais A 1982 Subtle is the Lord(Oxford:Oxford University Press) ch 19
[40] Weber R L 1988 Pioneers of Science (Bristol: Hilger)p 64
[41] Stoletov A G 1888 C. R. Acad.Sci.,Paris 106 1149
[42] Ladenburg E 1903 Ann. Phys., Lpz 12 558
[43] Lenard P 1902 Ann. Phys., Lpz 8 149
[44] Hallwachs W L F 1888 Ann. Phys. Chem. 33 301
[45] Hallwachs W L F 1888 Ann. Phys. Chem. 34 731
[46] Hallwachs W L F 1889 Ann Phys. Chem. 37 666
[47] Hughes A L 1912 Phil. Trans. R. Soc. A 212 205
[48] Richardson O W and Compton K T 1912 Phil. Mag. 24 575
[49] Millikan R A 1916 Phys. Rev. 7 355
[50] Margoritondo G 1988 Phys. Today April p 66

[51] Hallwachs W L F 1916 Handbuch der Radiologie III ed E Marx (Leipzig)
[52] Wood R W 1988 Physical Optics (Washington, DC: Optical Society of America) (first published 1905)
[53] Marchand E W 1978 Gradient-Index Optics (New York: Academic)
[54] Moore D T 1980 Appl. Opt. 19 1035
[55] Schwarzchild K 1905 Astr. Mitt. Kgl. Sternwarte Gött.
[56] Born M and Wolf E 1975 Principles of Optics (Oxford: Pergamon) p 197
[57] Porter A B 1906 Phil. Mag. 11 154
[58] Goodman J W 1968 Introduction to Fourier Optics (New York: McGraw-Hill)
[59] Lord Rayleigh (Strutt J W) 1907 Proc. R. Soc. A 79 399
[60] Weber R L 1988 Pioneers of Science (Bristol: Hilger) p 31
[61] Round H J 1907 Electrical World 19 309
[62] Bergh A A and Dean P J 1976 Light Emitting Diodes (Oxford: Clarendon)
[63] von Laue M 1907 Ann. Phys., Lpz 23 1
[64] Beran M J and Parrent G B 1964 Theory of Partial Coherence (Englewood Cliffs, NJ: Prentice-Hall)
[65] Mandel L and Wolf E 1990 Selected Papers on Coherence and Fluctuations of Light (Bellingham, WA: SPIE) vols 1 and 2
[66] Mie G 1908 Ann. Phys., Lpz 25 377
[67] Kerker M 1969 The Scattering of Light and other Electromagnetic Radiation (New York: Academic) p 54
[68] Weber R L 1988 Pioneers of Science (Bristol: Hilger) p 34
[69] Lippmann G 1894 J. Physique 3 97
[70] Collier R J, Burckhardt C B and Lin L H 1971 Optical Holography (New York: Academic)
[71] Smoluchowski M 1908 Ann. Phys., Lpz 25 205
[72] Crosignani B, di Porto P and Bertolotti M 1975 Statistical Properties of Scattered Light (New York: Academic)
[73] Einstein A 1909 Phys. Z. 10 185
[74] Heisenberg W 1962 Physics and Philosophy (New York: Harper and Row)
[75] Heisenberg W 1930 The Physical Principles of the Quantum Theory (Chicago: University of Chicago Press)
[76] Schrödinger E 1935 Naturwissenschaften 23 807, 823 and 844 (英译本见 Trimmer J D 1980 Proc. Am. Phil. Soc. 124 323)
[77] Feynman R P, Leighton R B and Sands M 1965 Lectures on Physics III (Reading, MA: Addison-Wesley) ch 3
[78] Weinberg S 1977 Proc. Am. Acad. Arts Sci. 106 22
[79] Dirac P A M 1972 Fields Quanta 3 154

[80] Taylor G I 1909 Proc. Camb. Phil. Soc. 15 114
[81] Thompson J J 1907 Proc. Camb. Phil. Soc. 14 41
[82] Lenard P 1900 Ann. Phys., Lpz 1 486; 1900 Ann. Phys., Lpz 3 298
[83] Einstein A 1910 Ann. Phys., Lpz 33 1275
[84] Wood R W 1910 Phil. Mag. 20 770
[85] Hondros D and Debye P 1910 Ann. Phys., Lpz 32 465
[86] Mauguin C 1911 Bull. Soc. Fr. Miner. 34 71
[87] Miller S E and Chynoweth A G (ed) 1979 Optical Fibre Telecommunications (New York: Academic) vol 1
[88] Pankove J I (ed) 1980 Display Devices (Berlin: Springer)
又见 Kaneko E 1987 Liquid crystal TV displays(Dordrecht: D Reidel)
[89] Snyder A W and Love J 1983 Optical Waveguide Theory (London: Chapman and Hall)
[90] Janossy I (ed) 1991 Optical Effects in Liquid Crystals (Milan: Kluwer Academic)
[91] Khoo I-C and Wu S-T 1993 Optics and Non- Linear Optics of Liquid Crystals (Singapore: World Scientific)
[92] Bohr N 1913 Phil. Mag. 26 1, 476, 857
[93] Born M 1969 Atomic Physics (London: Blackie)
[94] Brillouin L 1914 C. R. Acad. Sci., Paris 158 1331; 1922 Ann. Phys.,Paris 17 88
[95] Landsberg G S 1952 Raman Scattering Spectroscopy ed K W F Kohlrauch (俄译本) (Moscow: Inostrannoya Literature)
[96] Mandelstam L I 1926 Zh. Russ. Fiz.-Khim. Obsch. Fiz. 58 381
[97] Gross E 1930 Nature 126 201
[98] Chu B 1991 Laser Light Scattering 2nd edn (San Diego: Academic) p 54
[99] Pike E R, Vaughan J M and Vinen W F 1969 Phys. Lett. A 30 373
[100] Sagnac G 1914 J.Phys. Radium 4 177
[101] Hariharan P 1975 Appl. Opt. 14 2319
又见 Hariharan P 1985 Optical Interferometry (Sydney: Academic)
[102] Einstein A 1917 Z. Phys. 18 121
[103] Bothe W and Geiger H 1925 Naturwissenschaften 13 440; 1925 Z. Phys. 32 639
[104] Bohr N, Kramers H A and Slater J C 1924 Phil. Mag. 47 785
[105] Twyman F and Green A 1916 British Patent No 103,832
[106] Twyman F 1957 Prism and Lens Making 2nd edn (London: Hilger and Watts)
[107] Ramaseshan S (ed) 1988 Scientific Papers of C V Raman III-Optics (Bangalore: Indian Academy of Sciences) p xi
[108] Slepian J 1919 US Patent No 1,450,265
[109] Schriever O 1920 Ann. Phys., Lpz 63 645
[110] Weigert F 1920 Vehr. Deutsch. Phys. Ges. 1 100
[111] Vavilov S I and Levshin V L 1922 Phys. Z. 23 173

[112] Weigert F 1922 Phys. Z. 23 232
[113] Levshin V L 1942 Z. Phys. 26 274
[114] Perrin F 1929 Ann. Phys., Paris 12 169
[115] Michelson A A 1920 Astorphys. J. 51 257
[116] Weber R L 1988 Pioneers of Science (Bristol: Hilger) p 64
[117] Ladenburg R W 1921 Z. Phys. 4 451
[118] Kramers H A 1924 Nature 133 673
[119] Kramers H A and Heisenberg W 1925 Z. Phys. 31 681
[120] Bertolotti M 1983 Masers and Lasers, an Historical Approach (Bristol: Hilger)
[121] Ladenburg R W and Kopfermann H 1928 Z.Phys. 48 46, 51; 1930 Z. Phys. 65 167; 1928 Z.Phys. Chem. 139 378
[122] Wood R W 1922 Phil. Mag. 43 757
[123] Miller D C 1933 Rev. Mod. Phys. 5 203
[124] Tolansky S 1955 An Introduction to Interfrometry (London: Longmans)pp 103–104
[125] Duane W 1923 Proc. Natl Acad. Sci. 9 158
[126] Tolman R C 1924 Phys. Rev. 23 693
又见 Bertolotti M 1983 Masers and Lasers, an Historical Approach (Bristol: Hilger) p 20
[127] Born M, Heisenberg W and Jordan P 1926 Z. Phys. 35 557
[128] Dirac P A M 1927 Proc. R. Soc. A 114 243
[129] Pike E R and Sarkar S 1986 Frontiers in Quantum Optics ed E R Pike and S Sarkar (Bristol: Hilger) P 96
[130] Lewis G N 1926 Nature 118 874
[131] Tolansky S 1955 An Introduction to Interferometry (London: Longmans) pp 103, 113
又见 Linnik V P 1933 Dokl. Akad. Nauk 1 18; 208
[132] Vavilov S I and Levshin V L 1926 Z. Phys. 35 920
[133] Kronig R L 1926 J. Opt. Soc. Am. 12 547
Kramers H A 1927 Estratto degli Atti del Congresso Internazionale de Fisici Como vol 2 (Bologna: Zanichelli) p 545
[134] Wiener N 1927–28 J. Math. Phys. (MIT) 7 109
[135] Raman C V and Krishnan K S 1928 Nature 121 501
[136] Raman C V 1928 Inadian J. Phys. 2 387
[137] Mandelshtam L I and Landsberg G S 1928 Zh. Russ. Fiz.-Khim. Obsch. Fiz. 60 335
[138] Raman C V 1928 Nature 121 619
[139] Raman C V and Krishnan K S 1928 Nature 121 711
[140] Venkataraman G 1988 Journey into Light: Life and Science of C V Raman (Bangalore: Indian Academy of Science in cooperation with the Indian National Science Academy) p 208

[141] Born M 1928 Naturwissenschaften 16 741
[142] Darwin C G 1928 Nature 121 630
[143] Rutherford E 1930 Proc. R. Soc. A 126 184 (Presidential address November 1929)
[144] Veskataraman G 1988 Journey into Light: Life and Science of C V Raman (Bangalore: Indian Academy of Science in cooperation with the Indian National Science Acedemy) p 197
[145] Venkataraman G 1988 Journey into Light: Life and Science of C V Raman (Bangalore: Indian Academy of Science in cooperation with the Indian National Science Acedemy) p 383
[146] Fabelinskii I L 1978 (英译本) Sov. Phys.-Usp. 21 780
[147] Weber R L1988 Pioneers of Science (Bristol: Hilger) p 93
[148] Smekal A 1923 Naturwissenschaften 11 873
[149] Kramers H A and Heisenberg W 1925 Z. Phys. 31 681
[150] Rocard Y 1928 C. R. Acad. Sci., Paris 186 1201
[151] Cabannes J 1928 C. R. Acad. Sci., Paris 186 110
[152] Loudon R 1964 Adv. Phys. 13 423
[153] Synge E H 1928 Phil. Mag. 6 356
[154] 保存于耶路撒冷希伯来大学的 Einstein 的信件, 经允许复印引用在 D M Mullen 1990 Proc. R. Microsc. Soc. 25 127
[155] Dürig U, Pohl D W and Rohner F 1986 J. Appl. Phys. 59 3318
[156] Pohl D W, Denk W and Lanz M 1984 Appl. Phys. Lett. 44 651
[157] Lewis A, Isaacson M, Harootunian A and Muray A 1984 Ultramicroscopy 13 227
[158] Massey G A 1984 Appl. Opt. 23 658
[159] Betzig E, Lewis A, Harootunian A, Isaacson M and Kratschmer E 1986 Biophys. J. 49 269
[160] O'Keefe J A 1956 J.Opt. Soc. Am. 46 359
[161] Baez A V 1956 J. Opt. Soc. Am. 46 901
[162] Ash E and Nichols G A 1972 Nature 237 510
[163] Pohl D W, Denk W and Lanz M 1984 Appl. Phys. Lett. 44 651
[164] Betzig E and Trantman J 1992 Science 257 189
[165] Binnig G, Rohrer H, Gerber C H and Weibel E 1982 Phys. Rev. Lett. 49 57
[166] Heitler W and Herzberg G 1929 Naturwissenschaften 34 673
[167] Rasetti F 1929 Proc. Natl Acad. Sci. 15 515
[168] Schmidt B V 1931 Central-Z. Opt. Mech. 52 No 2
又见 Born M and Wolf E 1975 Principles of Optics (Oxford: Pergamon)
[169] Jones L 1995 Handbook of Optics vol II, ed M Bass (New York: McGraw-Hill) ch 18
[170] Macleod H A 1969 Thin Film Optical Filters (Bristol: Hilger) p 3
[171] Strong J 1936 J. Opt. Soc. Am. 26 73

[172] Geffken W 1939 Deutsches Reich Patentschrift NO 716,153
[173] Oseen C W 1933 Trans. Faraday Soc. 29 883
[174] Stiles W G and Crawford B H 1933 Proc. R. Soc. B 112 428
[175] Snyder A W and Pask C 1973 Vision Res. 13 1115
[176] van Cittert P H 1934 Physica 1 201
[177] Zernike F 1938 Physica 5 785
[178] Goodman J W 1985 Statistical Optics (New York: Wiley)
[179] Landau L D and Placzek G 1934 Phys. Z. Sov. 5 172
[180] Čerenkov P A 1934 Dokl. Acad. Sci. USSR 11 451
[181] Vavilov S I 1934 Dokl. Acad. Sci. USSR 11 457
[182] Tamm I E and Frank I M 1937 Dokl. Acad. Sci. USSR 14 107
[183] Ginsberg V 1940 Sov. Phys.-JETP 10 589
[184] Ginsberg V 1940 J. Phys. USSR 2 441
[185] 参见 Ramaseshan S (ed) 1988 Scientific Papers of C V Raman III-Optics (Bangalore: Indian Academy of Sciences) 中 C V Raman 和 N S N Nath 1935~1936 的 5 篇文章
[186] Saleh B E A and Teich M C 1991 Fundamentals of Photonics (New York: Wiley) ch 20
[187] Iams H and Salzberg B 1935 Proc. IRE 23 55
[188] Zernike F 1934 Physica 1 689; 1935 Z. Tech. Phys. 16 454
[189] Zernike F 1934 Science 121 345
[190] Mahajan V N 1994 Opt. Photonics News S-21
[191] Nijboer B R A 1942 The diffraction theory of aberrations Thesis University of Groningen, Holland
[192] Nijboer B R A 1943 Physica 10 679
[193] Nijboer B R A 1947 Physica 13 605
[194] Ferwerda H A 1993 Opt. Eng. 32 3176
[195] Beth R A 1936 Phys. Rev. 50 115
[196] Williams T I 1982 A Short History of Twentieth Century Technology (Oxford: Clarendon) ch 26
[197] Edgerton H E and Killian Jr J R (ed) 1979 Moments of Vision: The Stroboscopic Revolution in Photography (Cambridge, MA: MIT Press)
[198] Wannier G 1937 Phys. Rev. 52 191
[199] Peierls R 1937 Ann. Phys. 13 905
[200] Tolansky S 1948 Hyperfine Structure in Line Spectra and Nuclear Spin (London: Methuen)
[201] Engstrom R W et al 1970 RCA Photomultiplier Manual (Harrison, NJ: RCA Corporation)

[202] 参见 Bertolotti M 1983 Masers and Lasers, an Historical Approach (Bristol: Hilger) pp 3, 27,115 and 119

Fabrikant V A, Vudynskii M M and Butayeva F 1959 USSR Patent No 123,209

[203] Gabor D 1940 UK Patent No 541,753

[204] Lassus St Genies A H J 1939 UK Patent No 506,540

[205] Clark Jones R 1941 J. Opt. Soc. Am. 31 488

[206] Clark Jones R 1956 J. Opt. Soc. Am. 46 126

[207] Clark Jones R 1959 Proc. IRE 47 1495; 1960 J. Opt. Soc. Am. 50 883

[208] Wolf E 1959 Nuovo Cimento 13 1165

[209] Hopkins H H 1943 Proc. Phys. Soc. 55 116

[210] Ignatowsky V S 1919 Trans. Opt. Inst. Petrograd 1 paper IV; Trans. Opt. Inst. Petrograd. 1 paper V

[211] Richards B and Wolf E 1959 Proc. R. Soc. A 253 358

[212] Luneberg P K 1960 Mathematical Theory of Optics (Berkeley, CA: University of California Press) (Mimeographed 1944 Lecture Notes, Brown University, Providence, RI)

[213] Tolansky S 1944 Phil. Mag. 35 120

[214] Tolansky S 1945 Proc. R. Soc. A 184 51

[215] Tolansky S 1948 Multiple-beam Interferometry of Surfaces and Films (Oxford: Clarendon)

[216] Hopkins H H 1945 Nature 155 275

[217] Stump D M 1922 J. R. Microsc. Soc. 264

[218] Hopkins H H and Barham P M 1950 Proc. Phys. Soc. 63 737

[219] Duffieux P M 1946 (英译本 1983 The Fourier Transform and its Application in Optics (New York: Wiley))

[220] Reynolds G O, de Velis J B, Parrent Jr G B and Thompson B J 1989 The New Physical Optics Notebook: Tutorials in Fourier Optics (Bellingham, WA: SPIE)

[221] Wheeler J A 1946 Ann. NY Acad. Sci. 48 219

[222] Pryce M H L and Ward J C 1946 Nature 160 435

[223] Hanna R C 1948 Nature 162 332

[224] Bleuler E and Brant H L 1948 Phy. Rev. 73 1398

[225] Wu C S and Shaknov I 1950 Phys. Rev. 77 136

[226] Pike E R and Sarkar S 1995 The Quantum Theory of Radiation (Oxford: Oxford University Press)

[227] Lau E 1948 Ann. Phys. 6 417

[228] Keith D N, Ekstrom C R, Torchette Q A and Pritchard D E 1991 Phys. Rev. Lett. 66 2693

[229] Dallos J 1946 Br. J. Opthal. 30 607

[230] Bier N 1948 Optician 116 497

[231] Stone J and Phillips A J (de) 1984 Contact Lenses 2nd edn (London: Butterworth)
[232] Wolfke M 1920 Phys. Z. 21 495
[233] Bragg W L 1939 Nature 143 678
[234] Bragg W L 1942 Nature 149 470
[235] Gabor D 1948 Nature 161 777
[236] Gabor D 1949 Proc. R. Soc. A 197 454
[237] Gabor D 1951 Proc. R. Soc. B 64 449
[238] Rogers G L 1952 Proc. R. Soc. Edin. A 63 193
[239] Collier R J, Burkhardt C B and Lin L H 1971 Optical Holography (New York: Academic)
[240] El-Sum H M A and Kirkpatrick P 1952 Phys. Rev. 85 763
[241] Lohmann A 1956 Opt. Acta 3 97
[242] Leith E N and Upatnieks J 1962 J. Opt. Soc. Am. 52 1123
又见 Born M and Wolf E 1975 Princples of Optics (Oxford: Pergamon)
[243] Weber R L 1988 Pioneers of Science (Bristol: Hilger) p 221
[244] Brossel J and Kastler A 1949 C. R. Acad. Sci., Paris 229 1213
又见 Bertolotti M 1983 Masers and Lasers, an Historical Approach (Bristol: Hilger) pp 59 and 72
[245] Weber R L 1988 Pioneers of Science (Bristol: Hilger) p 207
[246] Vaughan J M 1989 The Fabry-Perot Interferometer (Bristol: Hilger) (其中第 5 页对 M R Boulouch 的贡献有详细叙述)
[247] Chandrasekhar S 1950 Radiative Transfer (Oxford: Oxford University Press)
[248] Bouwkamp C J 1950 Philips Res. Rep. 5 321, 401
[249] Fellgett P 1951 Thesis University of Cambridge, UK; 1958 J. Phys. Radium 19 187, 237
[250] Wald G 1951 J. Opt. Soc. Am. 41 949
[251] Lewis A and Del Priore L V 1988 Phys. Today January p 38
[252] Young J Z and Roberts F 1951 Nature 167 231
[253] Land E H 1951 J. Opt. Soc. Am. 41 957
[254] Weeks R F (ed) 1994 Opt. Photonics News 5 No 10 (special issue)
[255] Destriau G 1936 J. Chim. Phys. 33 587
[256] Lehovec K, Accardo C A and Jamgochian E 1951 Phys. Rev. 83 603
[257] 参见 Bertolotti M 1983 Masers and Lasers, an Historical Approach (Bristol: Hilger) p 74
[258] Elias P, Grey D S and Robinson D Z 1952 J. Opt. Soc. Am. 42 127
又见 Elias P 1953 J. Opt. Soc. Am. 43 229
[259] O'Neill E L 1956 IRE Trans. IT-2 56
[260] Straubel P 1935 P. Zeeman Verh. (The Hague: Martinus Nijhoff)

[261] Luneberg R K 1960 Mathematical Theory of Optics (Berkeley, CA: University of California Press) (Mimeographed 1944 Lecture Notes Brown University, Providence, RI)

[262] di Francia T 1952 Nuovo Cimento 9 426

[263] di Francia T 1955 J. Opt. Soc. Am. 45 497

[264] von Laue M 1914 Ann. Phys. 44 1197

[265] Glauber R J 1952 Phys. Rev. 87 189

[266] Glauber R J 1954 Phys. Rev. 94 751

[267] van Hove L 1954 Phys. Rev. 95 249

[268] Komarov L I and Fischer I Z 1962 (英译本 1963) Sov. Phys.-JETP 16 1358

[269] Marechal A and Croce P 1953 C. R. Acad. Sci., Paris 237 706

[270] Hopkins H H 1953 Proc. R. Soc. A 217 408

[271] Hopkins H H 1951 Proc. R. Soc. A 208 263

[272] Linfoot E H and Wolf E 1953 Proc. Phys. Soc. B 66 145

[273] Linfoot E H and Wolf E 1956 Proc. Phys. Soc. B 69 823

[274] Weber R L 1988 Pioneers of Science (Bristol: Hilger) p 147

[275] McKay K G and McAfee K B 1953 Phys. Rev. 91 1079

[276] McKay K G 1954 Phys. Rev. 94 877

[277] Hecht J 1992 Laser Pioneers (Boston: Academic)
又见 Bertolotti M 1983 Masers and Lasers, an Historical Approach (Bristol: Hilger) p 166

[278] Gordon J P, Zeiger H J and Townes C H 1954 Phys. Rev. 95 282
又见 Bertolotti M 1983 Masers and Lasers, an Historical Approach (Bristol: Hilger) pp 79-81

[279] Dicke R H 1954 Phys. Rew. 93 99
又见 Bertolotti M 1983 Masers and Lasers, an Historical Approach (Bristol: Hilger) p 114

[280] van Heel A C S 1954 Nature 173 39

[281] Hopkins H H and Kapany N S 1954 Nature 173 39

[282] Bouwkamp C J 1954 Rep. Prog. Phys. XVIII 35

[283] Heitler W 1954 The Quantum Theory of Radiation (Oxford: Clarendon)

[284] Wlof E 1954 Proc. R. Soc. A 225 96

[285] Chapin D M, Fuller C S and Pearson G L 1954 J. Appl. Phys. 25 676

[286] Moss T S 1954 Proc. Phys. Soc. B 76 775

[287] Burstein E 1954 Phys. Rev. 93 632

[288] Gorelik G 1947 Dokl. Akad. Nauk 58 45

[289] Forrester A T, Parkins W E and Gerjuoy E 1947 Phys. Rev. 72 728

[290] Forrester A T, Gudmunsen R A and Johnson P O 1955 Phys. Rev. 99 1691

[291] Autler S H and Townes C H 1955 Phys. Rev. 100 703

[292] Wolf E 1955 Proc. R. Soc. A 230 246
[293] Blanc-Lapierre A and Dumontet P 1955 Rev. Opt. 34 1
[294] Hanbury Brown R and Twiss R Q 1956 Nature 178 1046
[295] Hanbury Brown R and Twiss R Q 1954 Phil. Mag. 45 663
[296] Hanbury Brown R 1974 The Intensity Inteferometer (London: Taylor and Francis)
[297] Steel W H 1983 Interferometry 2nd edn (Cambridge: Cambridge University Press)
[298] Hanbury Brown R and Twiss R Q 1957 Proc. R. Soc. A 242 300
[299] Hanbury Brown R and Twiss R Q 1957 Proc. R. Soc. A 243 291
[300] Rebka G A and Pound R V 1957 Nature 180 1035
[301] Twiss R Q, Little A G and Hanbury Brown R 1957 Nature 180 324
[302] Minsky M 1961 US Patent No 3,013,467 filed 1957
[303] Minsky M 1988 Scanning 10 128
[304] Hopkins H H 1957 Proc. Phys. Soc. B 70 1002
[305] Williams C S and Becklund O A 1989 Introduction to the Optical Transfer Function (New York: Wiley)
[306] Baker L R (ed) 1992 Optical Transfer Function: Measurement (Bellingham, WA:l SPIE)
[307] Baker L R (ed) 1992 Optical Transfer Function: Foundation and Theory (Bellingham, WA: SPIE)
[308] 参见 Bertolotti M 1983 Masers and Lasers, an Historical Approach (Bristol: Hilger) pp 103-106
[309] Schawlow A L and Townes C H 1960 US Patent No 2,929,922, filed 1958 又见 Bertolotti M 1983 Masers and Lasers, an Historical Approach (Bristol: Hilger) pp 106, 117
[310] Dicke R H 1958 US Patent No 2,851,652
又见 Bertolotti M 1983 Masers and Lasers, an Historical Approach (Bristol: Hilger) p 103
[311] Watanabe Y and Nishizawa J 1960 Japanese Patent No 273,217, filed 1957 又见 Bertolotti M 1983 Masers and Lasers, an Historical Approach (Bristol: Hilger) pp 165,185
[312] Bertolotti M 1983 Masers and Lasers, an Historical Approach (Bristol: Hilger) p 116
[313] Weber R L 1988 Pioneers of Science (Bristol: Hilger) p 195
[314] Prokhorov A M 1958 (英译本) Sov. Phys.-JETP 7 1140
[315] Weber R L 1988 Pioneers of Science (Bristol: Hilger) p 199
[316] Franz W 1958 Z. Naturforsch. A 13 484
[317] Keldysh L V 1958 Zh. Eksp. Teor. Fiz. 34 1138
[318] Bertolotti M 1983 Masers and Lasers, an Historical Approach (Bristol: Hilger) p 110
又见 Hecht J 1992 Laser Pioneers (Boston:Academic) pp 13,54,113
[319] Elliott R J 1957 Phys. Rev. 108 1384
[320] Dresselhaus G 1957 Phys. Rev, 106 76

[321] Macfarlane G G, McLean T P, Quarrington J E and Roberts V 1957 Phys. Rev, 108 1377; 1958 Phys. Rev. 111 1245
[322] Smith R A 1978 Semiconductors 2nd edn (Cambridge: Cambridge University Press)
[323] Mandel L 1958 Proc. Phys. Soc. 72 1037
[324] Mandel L 1959 Proc. Phys. Soc. 74 233
[325] Manley J M and Rowe H E 1959 Proc. IRE 47 2115
[326] Schawlow A L 1960 First Int. Quantum Electronics Conf. (New York: Columbia University Press) p 553
[327] Lengyel B A 1971 Lasers 2nd edn (New York: Wiley)
[328] Maiman T H 1960 Phys. Rev. Lett. 4 564
[329] Hecht J 1992 Laser Pioneers (Boston: Academic) p 17
[330] Maiman T H 1960 Nature 187 493
又见 Hecht J 1992 Laser Pioneers (Boston: Academic) p 19
Bertolotti M 1983 Masers and Lasers, an Historical Approach (Bristol: Hilger) p 122
[331] Maiman T H 1961 Phys. Rev. 123 1145
[332] Maiman T H, Hoskins R H, D'Haenens I J, Asawa C K and Evtuhov V 1961 Phys. Rev. 123 1151
[333] Sorokin P P and Stevenson M J 1960 Phys. Rev. Lett. 5 557
[334] Javan A, Bennett Jr W R and Herriott D R 1961 Phys. Rev. Lett. 6 106
[335] White A D and Rigden J D 1962 Proc. IRE 50 1697
[336] Snitzer E 1961 J. Appl. Phys. 32 36
[337] Koester C J and Snitzer E 1964 Appl. Opt. 3 1182
[338] Holst G C, Snitzer E and Wallace R 1969 IEEE J. Quant. Electron. 5 342
[339] Stolen R H, Ippen E P and Tynes A R 1972 Appl, Phys. Lett. 20 62
[340] Ippen E P and Stolen R H 1972 Appl. Phys. Lett. 21 539
[341] Stone J and Burrus C A 1973 Appl. Phys. Lett. 23 388
[342] Franken P A, Hill A E, Peters C W and Weinreich G 1961 Phys. Rev. Lett. 7 118
[343] Bass M, Franken P A, Hill A E, Peters C W and Weinreich G 1962 Phys. Rev. Lett. 8 18
[344] Kaiser W and Garrett C G B 1961 Phys. Rev. Lett. 7 229
[345] Kinght P L 1989 Quantum optics The New Physics ed P Davies (Cambridge: Cambridge University Press) ch 10
[346] Teich M C and Wolga G J 1966 Phys. Rev. Lett. 16 625
[347] Bloembergen N 1922 Huygen's Principle 1690–1990: Theory and Applications ed H Blok, H A Ferwerda and H K Kuiken (Amsterdam: Elsevier) p 383
[348] Schawlow A L and Townes C H 1958 Phys. Rev. 112 1940
[349] Fox A G and Li T 1960 Proc. IRE 48 1904
[350] Fox A G and Li T 1961 Bell Syst. Tech. J. 40 453

[351] Boyd G D and Gordon J P 1961 Bell. Syst. Tech. J. 40 489
[352] Boyd G D and Kogelnik H 1962 Bell. Syst. Tech. J. 41 1347
[353] Hellwarth R W 1961 Advances in Quantum Electronics ed R J Singer (New York: Columbia University Press) p 334
[354] McClung F J and Hellwarth R W 1962 J. Appl. Phys. 33 828
[355] Woodbury E J and Ng W K 1962 Proc. IRE 50 2367
[356] Hellwarth R W 1963 Phys. Rev. 130 1850
Eckhardt G, Hellwarth R W, McClung F J, Schwarz S E, Weiner D and Woodbury E J 1962 Phys. Rev, Lett. 9 455
[357] Slepian D and Pollack H O 1961 Bell. Syst. Tech. J. 40 43
[358] Bernard M G A and Duraffourg G 1961 Phys. Status Solidi 1 669
[359] Mandel L 1961 J. Opt. Soc. Am. 51 1342
[360] Dumke P W 1962 Phys. Rev. 127 1559
[361] Rosenthal A H 1962 J. Opt. Soc. Am. 52 1143
[362] Macek W M and Davis D J M Jr 1963 Appl. Phys. Lett. 2 67
[363] Lai M, Diels J-C and Dennis M 1992 Opt. Lett. 17 1535
[364] Kleinman D A 1962 Phys. Rev. 126 1977
[365] Kleinman D A 1962 Phys. Rev. 128 1761
[366] Bloembergen N 1965 Nonlinear Optics (New York: Benjamin)
[367] Garrett C G B and Robinson F N H 1966 IEEE. J. Quant. Electron. 2 328
[368] Armstrong J A, Bloembergen N, Ducuing J and Pershan P S 1962 Phys. Rev. 127 1918
Pershan P S 1963 Phys. Rev. 130 919
[369] Bloembergen N and Pershan P S 1962 Phys. Rev. 128 606
[370] Maker P D, Terhune P W, Nisenhoff M and Savage C M 1962 Phys. Rev. Lett. 8 21
[371] Giordmaine J A 1962 Phys. Rev. Lett. 8 19
[372] Ashkin A, Boyd G and Dziedzic J M 1963 Phys. Rev. Lett. 11 14
[373] Franken P A and Ward J E 1963 Rev. Mod. Phys. 35 23
[374] Fejer M M, Magel G A, Jundt D H and Byer R L 1992 IEEE J. Quant. Electron. 28 2631
[375] 例如参见 Khurgin J, Colak S, Stolzenberger R and Bhargava R N 1990 Appl. Phys. Lett. 57 2540
[376] Kingston R H 1962 Proc. IRE 50 472
[377] Akhmanov S I and Khokhlov R V 1962 Sov. Phys.-JETP. 43 351
[378] Kroll N M 1962 Phys. Rev. 127 1207
[379] Wang C C and Racette G W 1965 Appl. Phys. Lett. 6 169
[380] Akhmanov S I, Kovrigin A, Piskaras A S, Fadeev V V and Khokhlov R V 1965 JETP Lett. 2 191

[381] Giordmaine J A and Miller R C 1965 Phys. Rev. Lett. 14 973
[382] Yang S T, Eckardt R C and Byer R L 1993 Opt. Lett. 14 971 及所附文献
[383] Greenburger D M, Horne M A and Zeilinger A 1993 Phys. Today August p 22
[384] Walls D F and Milburn G J 1994 Quantum Optics (Berlin: Springer)
[385] Mattle L, Weinfurter H and Zeilinger A 1994 Proc. EQEC Amsterdam, September, 1994 Paper QTuC4
[386] Burnham D C and Weinberg D L 1970 Phys. Rev. Lett. 25 84
[387] Askaryan G A 1962 (英译本) Sov. Phys. 15 1088
[388] Yariv A 1967 Quantum Electronics (New York: Wiley) frontispiece and p 398
[389] Yariv A and Louisell W H 1962 Phys. Rev. 125 558
[390] Hecht J 1992 Laser Pioneers (Boston: Academic)
又见 Bertolotti M 1983 Masers and Lasers, an Historical Approach (Brisol: Hilger) p 170
[391] Hall R N, Fenner G E, Kingsley J O, Soltys T J and Carlson R O 1962 Phys. Rev. Lett. 9 366
[392] Nathan M I, Dunke W P, Burns G, Dill Jr F H and Lasher G 1962 Appl. Phys, Lett. 1 62
[393] Keyes R J and Quist T M 1962 Proc. IRE 50 1822
[394] Holonyak Jr N and Bevacqua S F 1962 Appl. Phys. Lett. 1 82
[395] Thompson G B H 1980 Physics of Semiconductor Laser Devics (Chichester: Wiley)
[396] Denisyuk Yu N 1962 Sov. Phys. Dokl. 7 543
[397] Stroke G W 1966 An Introduction to Coherent Optics and Holography (New York: Academic)
[398] Stroke G W and Labeyrie A E 1966 Phys. Lett. 20 368
[399] Hariharan P 1984 Optical Holography (Cambridge: Cambridge University Press)
[400] Powell R L and Stetson K A 1965 J. Opt. Soc. Am. 55 1593
[401] Benton S 1969 J. Opt. Soc. Am. 59 1545
[402] Phillips N J 1983 Proc. SPIE. Int. Soc. Opt. Eng. (USA) 402 19
[403] Schwar M R J, Pandya T P and Weinberg F J 1967 Nature 215 239
[404] Lohmann A and Paris D P 1967 Appl. Opt. 6 1739
[405] Johnson L F 1963 J. Appl. Phys. 34 897
[406] Terhune R W 1963 Bull. Am, Phys. Soc. 8 359
[407] Harris S E and Targ R 1964 Appl. Phys. Lett. 5 202
[408] Hargrave L E, Fork R L and Pollack M A 1964 Appl. Phys. Lett. 5 4
[409] Mocker H and Collins R 1965 Appl. Phys. Lett. 7 270
[410] De Maria A J, Stetser D A and Heyman H 1966 Appl. Phys. Lett. 8 22
[411] Fork R L, Greene B I and Shank C V 1981 Appl. Phys. Lett. 38 671
[412] Spence D E, Kean P N and Sibbett W 1991 Opt. Lett. 16 42

[413] Adams M C, Sibbett W and Bradley D 1979 Adv. Electron. Electron Phys. 52 265
[414] Lukosz W and Marchand M 1963 Opt. Acta 10 241
[415] Lukosz W 1966 J. Opt. Soc. Am. 56 1463
[416] Lukosz W 1967 J. Opt. Soc. Am, 57 932
[417] Mandel L 1963 Progress in Optics II ed E Wolf (Amsterdam: North-Holland)
[418] Pancharatnam S 1963 Proc. Indian Acad. Sci. 57 231
[419] Glauber R J 1963 Phys. Rev. Lett. 10 84
[420] Glauber R J 1963 Phys. Rev. 130 2529
[421] Mandel L and Wolf E 1968 J. Phys. A: Gen. Phys. 1 625
又见 Jakeman E and Pike E R 1968 J. Phys. A: Gen. Phys. 1 627
[422] Bertolotti M 1983 Masers and Lasers, an Historical Approach (Bristol: Hilger) pp 217–228
[423] Klauder J R and Sudarshan E C G 1968 Fundamentals of Quantum Optics (New York: Benjamin)
[424] Glauber R J 1964 Quantum Optics and Electronics ed C DeWitt, A Blandin and C Cohen-Tanoudji Les Houches 1964 (New York: Gordon and Breach) p 65
[425] Kelley P L and Kleiner W H 1964 Phys. Rev. A 136 316
[426] Mollow B R 1968 Phys. Rev. 168 1896
[427] Yurke B 1985 Phys. Rev. A 32 311
[428] Bondurant R S 1985 Phys. Rev. A 32 2797
[429] Drummond P D 1987 Phys. Rev. A 35 4253
[430] Le Berre M 1988 Photons and Quantum Fluctuations ed E R Pike and H Walther (Bristol: Hilger) p 31
[431] Cummins H Z, Knable N, Gampel L and Yeh Y 1963 Appl. Phys. Lett. 2 62
[432] Ramachandran G N 1943 Proc. Indian Acad. Sci. A 18 190
[433] Raman C V 1959 Lectures in Physical Optics Part 1 (Bangalore: Indian Academy of Science) p 160
[434] Yeh Y and Cummins H Z 1964 Appl. Phys. Lett. 4 176
[435] Ford N C Jr and Benedek G B 1965 Phys. Rev. Lett. 15 649
[436] Patel C K N, Faust W L and McFarlane R A 1964 Bull. Am. Phys. Soc. 9 500
[437] Crocker A, Kimmett M F, Gebbie H A and Mathias L E S 1964 Nature 201 250
[438] Petel C K N, Faust W L, McFarlane R A and Garrent C G B 1964 Appl. Phys. Lett. 4 18
[439] Gebbie H A, Stone N W B and Findlay F D 1964 Nature 202 685
[440] Sochor V 1968 Czech. J. Phys. B 18 60
[441] Lide D R Jr and Maki A G 1967 Appl. Phys. Lett. 11 62
[442] Hartmann B and Kleman B 1968 Appl. Phys. Lett. 12 168
[443] Benedict W S 1968 Appl. Phys. Lett. 12 170

[444] Pollack M A and Tomlinson W J 1968 Appl. Phys. Lett. 12 173

[445] Bridges W B 1964 Appl. Phys. Lett. 4 128

[446] Hecht J 1992 Laser Pioneers (Boston: Academic)

[447] Lamb W E 1964 Phys. Rev. A 134 1429

[448] Haken H 1964 Z. Phys. 181 96

[449] Risken H Z 1965 Z. Phys. 186 85

[450] Scully M O and Lamb Jr W E 1967 Phys. Rev. 159 208

[451] Lax M and Louisell W 1967 IEEE J. Quant. Electron. 3 47

[452] Weidlich W and Haake F 1965 Z. Phys. 185 30

[453] Weidlich W, Risken H and Haken H 1967 Z. Phys. 201 396

[454] Casagrande F and Lugiato L A 1977 Phys. Rev. A 15 429

[455] Osterberg H and Smith L W 1964 J. Opt. Soc. Am. 54 1073

[456] Miller S E 1969 Ball Syst. Tech. J. 48 2059

[457] Vander Lugt A B 1964 IEEE Trans. Info. Theor. TI-10 139

[458] Vander Lugt A B 1992 Optical Signal Processing (New York: Wiley)

[459] Stark H (ed) 1982 Applications of Optical Fourier Transforms (New York: Academic)

[460] Chino R Y, Townes C H and Stoicheff B P 1964 Phys. Rev. Lett. 12 592

[461] Garmire E and Townes C H 1964 Appl. Phys. Lett. 5 84

[462] Brewer R G and Reickhoff K E 1964 Phys. Rev. Lett. 13 334a

[463] Maker P D, Terhune R W and Savage C M 1964 Phys. Rev. Lett. 12 507

[464] Mayer G and Gires F 1964 *C*. R. Acad. Sci. Paris 258 2039

[465] Saiki T, Takeuchi K, Kuwata-Gonokami M, Mitsuyu T and Okhawa K 1992 Appl. Phys. Lett. 60 192

[466] van der Ziel J P, Pershan P S and Malmstrom L D 1965 Phys. Rev. Lett. 15 190

[467] Arutyunian V M, Papazyan T A, Adonts C G, Karmenyan A V, Ishkhanyan S P and Khol'ts L 1975 Sov. Phys.-JETP. 41 22

[468] Wieman C and Hänsch T 1976 Phys. Rev. Lett. 36 1170

[469] Popov S V, Zheludev N I and Svirko Yu P 1994 Opt. Lett. 19 13

[470] Kuwata M 1987 J. Lumin. 38 247

[471] Valakh M Ya, Dykman M I, Lisitsa M P, Rudko Yu G and Tarasov G G 1979 Solid State Commun. 30 133

Kovrigin A I, Yakovlev D V, Zhdanov B V and Zheludev N I 1980 Opt. Commun. 35 92

[472] Apanasevith S, Dovchenko D and Zheludev N I 1987 Sov. Opt. Spectrosc. 62 481

[473] Bungay A R, Popov S V, Zheludey N I and Svirko Yu P 1995 Opt. Lett. 20 356

[474] Akhmanov S V and Zharikov V I 1967 Sov. Phys.-JETP Lett. 6 137

[475] Bairamov B H, Zakharchenya B P, Toporov V V and Kashkhozhev Z M 1973 Sov. Phys.-Solid State 15 1245

[476] Akhmanov S A, Zhdanov B V, Zheludev N I, Kovrigin A I and Kuznetsov V I 1979 Sov. Phys.-JETP Lett. 29 294
[477] Vlasov D V and Zaitseva V P 1971 Sov. Phys.-JEPT Lett. 14 171
[478] Zheludev N I and Paraschuk D Yu 1990 Sov. Phys.-JEPT Lett. 52 683
[479] Bungay A R, Svirko Yu P and Zheludev N I 1993 Phys. Rev. Lett. 70 3039
[480] Kasper J V V and Pimentel G C 1965 Phys. Rev. Lett. 14 352
[481] Gross R W F and Bott J F 1976 Handbook of Chemical Lasers (New York: Wiley)
[482] Silfvast W T, Fowles G R and Hopkins B D 1966 Appl. Phys. Lett. 8 318
[483] Hecht J 1992 Laser Pioneers (Boston: Academic)
[484] Schell A J 1977 Thesis Harvard University
又见 Schell A J and Bloembergen N 1978 Phys. Rev. A 18 2592
[485] Mash D I, Morozov V V, Starunov V S and Fabelinskii I L 1965 Sov. Phys.-JETP Lett. 2 25
[486] Bloembergen N and Lallemand P 1966 Phys. Rev. Lett. 16 81
[487] Smith T 1930 Trans. Opt. Soc. 31 244
又见 Hallbach K 1964 Am. J. Phys. 32 90
[488] Brouwer W 1964 Matrix Methods in Optical Instrument Design (New York: Benjamin)
[489] Welford W T 1965 Progress in Optics IV ed E Wolf (Amsterdam: North Holland) p 241
[490] Welford W T 1986 Aberrations of Optical Systems (Bristol: Hilger)
[491] Hinterberger H and Winston R 1966 Rev. Sci. Instrum. 37 1094
[492] Baranov V K 1966 Geliotekhnika 2 11 (英译本见Appl. Solar Energy 2 9)
[493] Welford W T and Winston R 1978 The Optics of Non-Imaging Concentrators (New York: Academic)
[494] Waterman P C 1965 Proc. IEEE 53 805
[495] Waterman P C 1971 Phys. Rev. D 3 825
[496] Barber P and Yeh C 1975 Appl. Opt. 14 2864
[497] Weber R L 1988 Pioneers of Science (Bristol: Hilger) p 201
[498] Sorokin P P and Lankard J R 1966 IBM J. Res. Dev. 10 162
[499] Schäfer F P (ed) 1973 Dye Lasers (Berlin: Springer)
[500] Weber R L 1988 Pioneers of Science (Bristol: Hilger) p 207
[501] Lohmann A W and Brown B R 1966 Appl. Opt. 5 967
[502] Kao K C and Hockham G A 1966 Proc. IEEE 113 1151
[503] Werts A 1966 L'Onde Electrique 46 967
[504] Kapron F P, Keck D B and Maurer R D 1970 Appl. Phys. Lett. 17 423
[505] Gambling W A 1972 Opt. Commun. 6 317
[506] Sandbank C P 1980 Optical Fitical Communication Systems (New York: Wiley)
[507] Poole S B, Payne D N and Fermann M E 1985 Electron. Lett. 21 737

[508] Mears R J, Reekie L,Poole S B and Payne D N 1985 Electron. Lett. 21 738
[509] Mears R J, Payne D N, Poole S B and Reekie L 1985 UK Patent No GB 2, 180, 392 B, priority date 13 August 1985, filed 13 August 1986
[510] Mears R J, Reekie L, Poole S B and Peyne D N 1986 Tech. Digest OFC'86 Conf., Atlanta paper TUL15 (Washington DC: Optical Society of Americe) p 64
Mears R J, Reekie L, Jauncey I M and Payne D N 1987 Tech. Digest IOOC/OFC Conf., Reno, Nevada paper W12 (Washington DC: Optical Society of America)
Mears R J, Reekie L, Jauncey I M and Payne D N 1987 Electron. Lett. 23 1026
Desurvire E, Simpson J R and Becker P C 1987 Opt. Lett. 12 888
[511] Arecchi F T 1965 Phys. Rev. Lett. 15 912
[512] Freed C and Haus H A 1966 Physics of Quantum Electronics (Proc. Conf. San. Juan, 1965) P L Kelley, B Lax and P E Tannenwald (New York: McGraw-Hill)
[513] Johnson F A, McLean T P and Pike E R 1966 Physics of Quantum Electronics (Proc. Conf. San Juan, 1965) ed P L Kelley, B Lax and P E Tannenwald (New York: McGraw-Hill)
[514] Kogelnik H and Li T 1966 Appl. Opt. 5 1550
[515] Soffer B H and McFarland B B 1967 Appl. Phys. Lett. 10 266
[516] Soffer B H 1964 J. Appl, Phys. 35 2551
[517] Moulton P F 1986 J. Opt. Soc. Am. B 3 125
[518] Terhune R W 1963 Bull. Am. Phys. Soc. 8 359
[519] Harris S E, Oshman M K and Byer R L 1967 Phys. Rev. Lett. 18 732
[520] Brewer R G 1967 Phys. Rev. Lett. 19 8
[521] Shimizu F 1967 Phys. Rev. Lett. 19 1097
[522] Bass M (ed) 1995 Handbook of Optics vol II (New York: McGraw-Hill) ch 6
[523] Lee P H, Schoefer P B and Barker W C 1968 Appl. Phys. Lett. 13 373
[524] Szöke A, Daneu V, Goldhar J and Kurnit N A 1969 Appl. Phys. Lett. 15 376
[525] Seidel H 1969 US Patent No 3,610,731, filed 1969
[526] Szöke A 1974 US Patent No 3,813,605, filed 1972
[527] Gobbs H M and Vekatesen T N C 1975 J. Opt. Soc. Am. 65 1184
[528] Gibbs H M, McCall S L and Venkatesen T N C 1976 Phys. Rev. Lett. 36 113
[529] Gibbs H M, McCall S L and Venkatesen 1977 US Patent No 4,012,699
[530] Gibbs H M, McCall S L and Venkatesen 1978 US Patent No 4, 121, 167
[531] Gibbs H M, McCall S L, Venkatesen T N C, Gossard A C, Passner A and Wiegmann W 1979 Appl. Phys. Lett. 35 451
[532] Flytzanis C 1975 Quantum Electronics vol 1A, ed H Rabin and C L Tand (New York: Academic) p 9
[533] Miller D A B, Mozolowski M H, Miller A and Smith S D 1978 Opt. Commun. 27 133
[534] Miller D A B, Smith S D and Johnson A M 1979 Appl. Phys. Lett. 35 658

[535] Bonifacio R and Lugiato L A 1978 Phys. Rev. A 18 1129
[536] Smith S D, Janossy I, MacKenzie H A, Matthew J G H, Reid J J E, Taghisadeh M R, Tooley F A P and Walker A C 1985 Opt. Eng. 24 569
[537] Gibbs H M 1985 Optical Bistability (Orlando, FL: Academic)
[538] Karpushko F V and Sinitsyn G V 1978 J. Appl. Spectrosc. USSR 29 1323
[539] McCall S L and Gibbs H M 1978 J. Opt. Soc. Am. 68 1378
[540] Wolf E 1969 Opt. Commun. 1 153
[541] Kac A C and Slaney M 1988 Principles of Computerised Tomographic Imaging (New York: IEEE)
[542] Petrán M and Hadravský M 1966 Czech Patent application No 7,720
[543] Davidovits P and Egger M D 1969 Nature 223 831
[544] Davidovits P and Egger M D 1971 Appl. Opt. 10 1615
[545] Egger M D and Petrán M 1967 Science 157 305
[546] Petrán M, Hadrawský M and Boyde A 1985 Scanning 7 97
[547] Sheppard C J R and Choudhury A 1977 Opt. Acta 24 1051
[548] Wilson T 1980 Appl. Phys. 22 119
[549] Brakenhoff G J, Blom P and Barends P1979 J. Microsc. 117 219
[550] Amrein W O 1969 Helv. Phys. Acta 42 149
[551] Pauli W 1964 Collected Scientific Papers vol II (New York: Interscience) p 608
[552] Jauch J W and Piron C 1967 Helv. Phys. Acta 40 559
[553] Pike E R and Sarkar S 1987 Phys. Rev. A 35 926
[554] Pike E R and Sarkar S 1989 Quant. Opt. 1 61
[555] Pike E R 1991 ECOOSA 90-Quantum Optics ed M Bertolotti and E R Pike (Bristol: Institule of Physics) p 188
[556] 1951 年 12 月 12 日 Einstein 致 M Besso 的一封信, 见 Pais A 1982 Subtle is the Lord (Oxford: Oxford University Press) p 382.
[557] Goldhaber A S and Nieto M M 1971 Rev. Mod. Phys. 43 277
又见 Goldhaber A S and Nieto M M 1967 Sci. Am. 234 May p 86
[558] Berreman D W and Scheffer T J 1970 Mol. Cryst. Liq. Cryst. 11 395
Berreman D W 1972 J. Opt. Soc. Am, 62 502
[559] Esaki L and Tsu R 1970 IBM J. Res. Dev. 14 61
[560] Basov N G, Danilychev V A, Popov Y M and Khodkevich D D 1970 Sov. Phys.-JETP. Lett. 12 329
[561] Ashkin A 1970 Phys. Rev. Lett. 24 156
[562] Ashkin A and Dziedzic J M 1980 Appl. Opt. 19 660
[563] 例如参见 Steubing R W, Cheng S, Wright W H, Numjiri Y and Burns M W 1991 Cytometry 12 505
又见 Visscher K and Brakenhoff G J 1991 Cytometry 12 486

[564] Allen L D and Eberly J H 1975 Optiacl Resonance and Two Level Atons (New York: Wiley)

[565] Boyd R W 1992 Nonlinear Optics (San Diego: Academic)

[566] Dainty J C (ed) 1975 Laser Speckle and Related Phenomena (Berlin: Springer)

[567] Labeyrie A 1970 Astron. Astrophys. 6 85

[568] Lohmann A W and Wirnitzer B 1984 Proc. IEEE 72 889

[569] Lohmann A W and Weigelt G 1979 Proc. ESA/ESO Conf. Astronomical Uses of the Space Telescope (Geneva, 1979) ed F Macchetto et al (Geneva: ESA) P 353

[570] Collins G P 1992 Phys. Today Feburary p17

[571] Davis J 1993 Laser Focus World February p 111

[572] Fugate R Q 1993 Opt. Photonics News 4 No 6 14

[573] Thompson L A 1994 Phys. Today December p 24

[574] Foord R, Jakeman E, Jones R, Oliver C J and Pike E R 1969 Proc. IRE Conf. Proc. 14 271

[575] Benedek C B 1969 Polarisation, Matière et Rayonnement A Kastler Jubilee Volume ed Societé Francaise de Physique (Paris: Presses Universitaire de France) pp 49-84

[576] Jakeman E and Pike E R 1969 J. Phys. A: Gen. Math. 2 411

[577] Jakeman E, Jones R, Oliver C J and Pike E R 1970 RRE Memorandum No 2621 (Malvern, UK: Ministry of Defence)

[578] Foord R, Jakeman E, Oliver C J, Pike E R, Blagrove R J, Wood E and Peacocke A R 1970 Nature 227 242

[579] Cummins H Z and Pike E R (ed) 1974 Photon Correlation and Light Beating Spectroscopy (New York: Plenum)

[580] Cummins H Z and Pike E R (ed) 1977 Photon Correlation Spectroscopy and Velocimetry (New York: Plenum)

[581] Abbiss J B, Chubb T W, Mundell A R G, Sharpe P R, Oliver C J and Pike E R 1972 J. Phys. D: Appl. Phys. 5 L100

[582] Langdon P 1982 High Speed Diesel Report (Brookfield WI: Diesel and Gas Turbine Publications) September/October issue

[583] Abbiss J B, East L F, Nash C R, Parker P, Pike E R and Sawyer W G 1976 Royal Aircraft Establishment Technical Report No 75141

[584] Pike E R 1991 Laboratory and Analysis Technology International (London: Cornhill) p 57

[585] Institut Francais de Petrole 1993 Patent Application (France) No 14,347,000, filed November

[586] Weber R L 1988 Pioneers of Science (Bristol: Hilger) p 221

[587] Madey J M J 1971 J. Appl. Phys. 42 1906

[588] Bonifacio R and De Salvo L 1994 Nucl. Instrum. Methods 341 360

[589] Smith A E and Yansen D E 1971 J. Opt. Soc. Am. 61 688
[590] McKechnie T S 1972 Opt. Acta 19 729
[591] Freedman S J and Clauser J F 1972 Phys. Rev. Lett. 28 938
[592] Shelton J W and Shen Y R 1972 Phys. Rev. A 5 1867
[593] Hasegawa A and Tappert F D 1973 Phys. Lett. 23 142
[594] Mollenauer L F, Stolen R H and Gordon J P 1980 Phys. Rev. Lett. 45 1095
[595] Zel'dovich B Ya, Popovichev V I, Ragulskii V V and Faisullov F S 1972 Sov. Phys. -JETP. Lett. 15 109
[596] Gerritsen H j 1967 Appl. Phys. Lett. 10 237
[597] Stepanov B I, Ivakin E V and Rubanov A S 1971 Sov. Phys. Dokl. 16 46
[598] Woerdman J P 1971 Opt. Commun, 2 212
[599] Buchdahl H A 1993. J. Opt. Soc. Am. A 10 524
[600] Bochdahl H A 1972 J. Opt. Soc. Am. 62 1314
[601] Yariv A 1973 IEEE J. Quant. Electron. 9 919
[602] Allen L D and Eberly J H 1975 Optical Resonance and Two-Level Atoms (New York: Wilty)
[603] Manka A, Dowling J P, Bowden C M and Fleischauer M 1994 Quant. Opt. 6 371
[604] Bjorkholm J E and Ashkin A 1974 Phys. Rev. Lett. 32 129
[605] Dingle R, Gossard A C and Wiegmann W 1975 Phys. Rev. Lett. 34 1327
[606] Wolf E 1976 Phys. Rev. D 13 869
[607] Yariv A 1976 J. Opt. Soc. Am. 66 301
[608] Jakeman E and Shepherd T J 1984 J. Phys. A: Math. Gen. 17 L745
[609] Kimble H J, Dagenais M and Mandel L 1977 Phys. Rev. Lett. 39 691
[610] Jakeman E, Pike E R, Pusey P N and Vaughan J M 1977 J. Phys. A: Math. Gen. 10 L257
[611] Agarwal G S, Brown A C, Narducci L M and Vetri G 1977 Phys. Rev. A 15 1613
[612] Short R and Mandel L 1983 Phys. Rev. Lett. 51 384
[613] Teich M C and Saleh B E A 1985 J. Opt. Soc. Am. B 2 275
[614] Jakeman E and Walker J G 1985 Opt. Commun. 55 219
[615] Yamamoto Y, Machida S and Nillson O 1986 Phys. Rev. A 34 4025
[616] Diedrich F and Walther H 1987 Phys. Rev. Lett. 58 203
[617] Bloom D M and Bjorklund G C 1977 Appl. Phys. Lett. 31 592
[618] Hellwarth R W 1977 J. Opt. Soc. Am. 67 1
[619] Yariv A and Pepper D M 1977 Opt. Lett. 1 16
[620] Fisher R A (ed) 1982 Optical Phase Conjugation (New York: Academic)
[621] Yariv A 1977 Opt. Commun. 21 49
[622] Pepper D M 1982 Opt. Eng. 21 156
[623] Kukhtarev N V, Markov V B and Odulov S G 1977 Opt. Commun. 23 338

[624] Vinetskii V L and Kukhtarev N V 1975 Sov. Phys.-Solid State 16 2414
[625] Casasent D and Psaltis D 1977 Proc. IEEE 65 770
[626] Casasent D (ed) 1978 Optical Data Processing (Berlin: Springer)
[627] Johnson K M, McKnight D J and Underwood I 1993 IEEE J. Quant. Electron. 29 699
[628] Yu F T S and Jutamulia S 1992 Optical Signal Processing, Computing and Neural Networks (New York: Wiley)
[629] Landweber L 1951 Am. J. Math. 73 615
[630] Fienup J R 1978 Opt. Lett. 3 27
[631] Fienup J R 1982 Appl. Opt. 21 2758
[632] Walker J G 1981 Opt. Acta. 28 735, 1017
[633] Cole E R 1974 Digital Image Deblurring by Non-linear Homomorphic Filtering Report No UTEC-CSc-74029 (Salt Lake City, UT: Computer Science Department, University of Utah)
Stockham T G, Cannon T M and Ingebretson R B 1975 Proc. IEEE 63 678
[634] Ayers G R and Dainty J C 1988 Opt. Lett. 13 47
[635] Hanisch R J and White R L (ed) 1994 The Restoration of HST Images and Spectra-II (Baltimore, MD: Space Telescope Science Institute)
[636] Richardson W H 1972 J. Opt. Soc. Am. 62 55
[637] Lucy L B 1974 Astron. J.79 745
[638] Holmes T J 1992 J. Opt. Soc. Am. A 9 1052
[639] Fish D A, Brinicombe A M and Pike E R 1995 J. Opt. Soc. Am. A 12 58
[640] Shank C V, Ippen E P and Shapiro S L (ed) 1978 Picosecond Phenomena (New York: Springer)
[641] Bradley D J 1978 J. Phys. Chem. 82 2259
[642] Johnson A M (ed) 1992 Opt. Photonics News 3 NO 5 (special issue)
[643] Kapteyn H C and Murnane M M 1994 Opt. Photonics News 5 20
[644] Kaiser W 1993 Ultrashort Laser Pulses 2nd edn (Berlin: Springer)
[645] Jakeman E and Pusey P N 1978 Phys. Rev. Lett. 40 546
[646] Jakeman E and Tough R J A 1988 Adv. Phys. 37 471
[647] Letokhov V S and Minogin V G 1979 J. Opt. Soc. Am. 69 413
[648] Gilbert S L and Wieman C E 1993 Opt. Photonics News 4 8
[649] Bouwhuis G, Braat J, Huijser A, Pasman J, van Rosmalen G and Schouhamer Immink K 1985 Principles of Optical Disc Systems (Bristol: Hilger)
[650] Hopkins H H 1979 J. Opt. Soc. Am. 64 4
[651] Casey H C and Panish M B 1978 Heterostructure Lasers (New York: Academic)
[652] Soda H, Iga K, Kitahara C and Suematsu Y 1979 Japan J. Appl. Phys. 18 2329
[653] Jewell J L, Harbison J P, Scherer A, Lee Y H and Florez L T 1991 IEEE J. Quant. Electron. 27 1332

[654] Jacoby D, Pert G J, Ramsden S A, Shorrock L D and Tallents G T 1981 Opt. Commun. 37 193
[655] Matthews D 1985 见Laser Pioneers ed J Hecht (revised edition) (New York: Academic) p 275 中的引用
[656] Elton R C 1990 X-Ray Lasers (New York: Academic)
[657] Hora H and Miley G H 1984 Laser Interaction and Related Plasma Phenomena vol 6 (New York: Plenum)
[658] Matthews D L, Hagelstein P L, Rosen M D, Eckhart M J, Ceglio N M, Hazi A U, Medicki H, MacGowan B J, Trebes J E, Whitten B L. Campbell E W, Hatcher C W, Hawryluk A M, Kauffman R L, Pleasance L D, Rambach G, Scofield J, Stone G and Weaver T A 1985 Phys. Rev. Lett. 54 110
[659] Zherikhin A, Koshelev K and Letokhov V 1976 Sov. J. Quant. Electron. 6 82
[660] Vinogradov A V and Shlyaptsev V 1983 Sov. J. Quant. Electron. 13 1511
[661] Suckewer S, Skinner C H, Milchberg H, Keane C and Voorhees D 1985 Phys. Rev. Lett. 55 1753
[662] Horvath Z Gy, Malyutin A A and Kilpio A 1980 Laser Focus June p 32
[663] Petit R (ed) 1980 The Electromagnetic Theory of Gratings (Berlin: Springer)
[664] Berry M V and Upstill C 1980 Progress in Optics XVIII ed E Wolf (Amsterdam: North Holland) p 257
[665] Jakeman E, Pike E R and Pusey P N 1976 Nature 263 215
[666] Jakeman E and Pusey P N 1980 Inverse Scattering Problems in Optics ed H P Baltes (Berlin: Springer)
[667] Hopkins H H 1981 Opt. Acta 28 667
[668] Ikeda K, Daida H and Akimoto O 1980 Phys. Rev. Lett. 45 709
[669] Eberly J H, Narozhny N B And Sanchez-Mandragon J J 1980 Phys. Rev. Lett. 44 1323
[670] Weiss C O and King H 1982 Opt. Commun. 44 59
[671] Abraham N B 1983 Laser Focus May p73
[672] Firth W J 1991 Spontaneous spatial patterns in non-linear optics ECOOSA 90-Quantum Optics ed M Bertolotti and E R Pike (Bristol: Institute of Physics) p 173
[673] Arecchi F T and Harrison R G (ed) 1987 Instabilities and Chaos in Quantum Optics (Berlin: Springer)
[674] Kitano M, Yabudzaki T and Ogawa T 1981 Phys. Rev. Lett. 46 926
[675] Zheludev N I 1989 Sov. Phys.-Usp. 32 357
[676] Pippard A B 1982 Eur. J. Phys. 3 65
[677] Aspect A, Grangier P and Roger G 1982 Phys. Rev. Lett. 49 91
[678] Greenburger D M, Horne M A and Zeilinger A 1993 Phys. Today 46 August p 22
[679] di Francia T 1969 J. Opt. Soc. Am. 59 799

[680] Harris J L 1964 J. Opt. Soc. Am. 54 931
[681] McCutchen C W 1967 J. Opt. Soc. Am. 57 1190
[682] Rushforth C K and Harris R M 1968 J. Opt. Soc. Am. 58 539
[683] Gerchberg R W 1974 Opt. Acta 21 709
[684] Pask C 1976 J. Opt. Soc. Am. 66 68
[685] Bertero M and Pike E R 1982 Opt. Acta 29 727
[686] Bertero M, De Mol C, Pike E R and Walker J G 1984 Opt. Acta 31 923
[687] Grochmalicki J, Pike E R and Walker J G 1993 Pure Appl. Opt. 2 1
[688] Capasso F, Tsang W T and Williams G F 1983 IEEE Trans. Electron. Dev. ED-30 38
[689] Walls D F 1983 Nature 306 141
[690] Stoler D 1970 Phys. Rev. D 1 3217
[691] Yuen H P 1976 Phys. Rev. A 13 2226
[692] Braginsky V B and Vorontsov Y I 1974 Sov. Phys.-Usp. 17 644
[693] Braginsky V B, Vorontsov Y I and Thorne K S 1980 Science 209 547
[694] Caves C M, Thorne K S, Drever R W P, Sandberg V D and Zimmerman M 1980 Rev. Mod. Phys. 57 341
[695] Ozawa M 1988 Squeezed and Non-classical Light ed P Tombesi and E R Pike (New York: Plenum) p 263
[696] Milburn G J and Walls D F 1983 Phys. Rev. A 28 2065
[697] Levenson M D, Shelby R M, Reid M and Walls D F 1986 Phys. Rev. Lett. 57 2473
[698] La Porta A, Slusher R E ang Yurke B 1989 Phys. Rev. Lett. 62 28
[699] Mollenauer L F and Stolen R H 1984 Opt. Lett. 9 13
[700] Segev M, Crosignani B, Yariv A and Fischer B 1992 Phys. Rev. Lett. 68 923
[701] Crosignani B, Segev M, Engin D Di, Porto P, Yariv A and Salamo G 1993 J. Opt. Soc. Am. B 10 446
[702] Duree G C, Shulz J L, Salamo G J, Segev M, Yariv A, Crosignani B Di, Porto P, Sharp E J and Neurgaonkar R R 1993 Phys. Rev. Lett. 71 533
[703] Swartzlander G A, Andersen D R, Regan J J, Yin H and Kaplan A E 1991 Phys. Rev. Lett. 66 1583
[704] Swartzlander G A and Law C T 1992 Phys. Rev. Lett. 69 2503
[705] Taylor J R (ed) 1992 Optical Solitons (Cambridge: Cambridge University Press)
[706] Miller D A B, Chemla D S, Damen T C, Gossard A C, Wiegmann W, Wood T H and Burrus C A 1984 Phys. Rev. Lett. 53 2173
[707] Miller D A B, Chemla D S, Damen T C, Gossard A C, Wiegmann W, Wood T H and Burrus C A 1984 Phys. Rev. Lett. 45 13
[708] Sluher R E, Hollberg L W, Yurke B, Mert J C and Valley J F 1985 Phys. Rev. Lett. 55 2409

[709] Shelby R M, Levenson M D, Perlmutter S M, DeVoe R C and Walls D F 1986 Phys. Rev. Lett. 57 691

[710] Wu L-A, Kimble H J, Hall J L and Wu H 1986 Phys. Rev. Lett. 57 2520

[711] Slusher R E and Yurke B 1990 J. Lightwave Technol. 8 466

[712] Capasso F, Mohammed K, Cho A Y, Hull R and Hutchinson A L 1986 Phys. Rev. Lett. 55 1152

[713] Capasso F, Mohammed K, Cho A Y, Hull R and Hutchinson A L 1985 Appl. Phys. Lett. 47 420

[714] Capasso F, Mohammed K and Cho A Y 1986 Appl. Phys. Lett. 48 478

[715] Kazarinov R F and Suris R A 1971 Sov. Phys.-Semicond. 5 707

[716] Faist J, Capasso F, Sivco D L, Sitori C, Hutchinson A L and Cho A Y 1994 Science 264 553

[717] Berry M V 1984 Proc. R. Soc. A 392 45

[718] Chiao R Y and Wu Y-S 1986 Phys. Rev. Lett. 57 933
Tomita A And Chao R Y 1986 Phys. Rev. Lett. 57 937

[719] Jackson D A, Dandridge A and Sheem S K 1980 Opt. Lett. 5 139

[720] Jackson D A and Jones J D C 1986 Opt. Acta 33 1469

[721] Brown R G W 1987 Appl. Opt. 26 4846

[722] Ricka J 1993 Appl. Opt. 32 2860

[723] Li T 1993 Proc. IEEE 81 1568

[724] Laude J-P 1993 Wavelength Division Multiplexing (New York: Prentice-Hall)

[725] Mollenauer L F and Smith K 1988 Opt. Lett. 13 675

[726] Snyder A W and Love J D 1983 Optical Waveguide Theory (London: Chapman and Hall)

[727] Xiao M, Wu L-A and Kimble H J 1987 Phys. Rev. Lett. 59 278

[728] Ou Z Y and Mandel L 1988 Phys. Rev. Lett. 61 50

[729] Shih Y H and Alley C O 1988 Phys. Rev. Lett. 61 2921

[730] Rarity J G and Tapster P R 1990 Phys. Rev. Lett. 64 2495

[731] Levine B F, Bethea C G, Hasnain G, Walker J and Malik P J 1988 Appl. Phys. Lett. 53 296

[732] Lallier E, Pocholle J P, Papuchon M, Grezes-Besset C, Pelletier E, De Micheli M, Li M J, He Q and Ostrowski D B 1989 Electron. Lett. 25 1491

[733] Chandler P J, Field S J, Hanna D C, Shepherd D P, Tropper A C and Zhang L 1989 Electron. Lett. 25 985

[734] Kyungwon An, Childs J J, Dasari R R and Feld M S 1994 Phys. Rev. Lett. 73 3375

[735] Yamamoto Y (ed) 1991 Coherence, Amplification and Quantum Effects in Semiconductor Lasers (New York: Wiley)

[736] McCall S L, Levi A F J, Slusher R E, Pearton S J and Logan R A 1992 Appl. Phys. Lett. 60 289
[737] Burns M M, Fournier J M and Golovchenko J A 1989 Phys. Rev. Lett. 63 1233
[738] Guenther B D (ed) 1990 Opt. Photonics News 1 No 12 (special issue)
[739] Haroche S and Kleppner D 1989 Phys. Today 42 (1)24
[740] Morin S E, Wu Q and Mossberg T W 1992 Opt. Photonics News 3 No 8 8
[741] Slusher R E 1993 Opt. Photonics News 4 No 2 8
[742] Kapon E 1992 Proc. IEEE 80 398
[743] Arakawa T, Nishioka M, Nagamune Y and Arakawa Y 1994 Appl. Phys. Lett. 64 2200
[744] Hirayama H, Matsunaga K, Asada M and Suematsu Y 1994 Electron. Lett. 30 142
[745] Chavez-Pirson A, Ando H, Saito H and Kanbe H 1994 Appl. Phys. Lett. 64 1759
[746] Chemla D S (ed) 1993 Phys. Today. 46 No 6(special issue)
[747] Lent C S, Tougaw P D and Porod W 1993 Appl. Phys. 62 714
[748] Bennett C H and Brassard G 1984 Proc. IEEE. Int. Conf. on Computers, Systems and Signal Processing (Bangalore) (New York: IEEE) p 175
[749] Giacobino E, Fabre C and Leuchs G 1989 Phys. World February p 31
[750] Ekert A, Rarity J G, Tapster P R and Palma G M 1992 Phys. Rev. Lett. 69 1293
[751] Peřina J, Hradil Z and Jurko B (ed) 1994 Quantum Optics and the Fundamentals of Physics (Dordrecht: Kluwer)
[752] Yablonovitch E 1993 J. Opt. Soc. Am. B 10 283
[753] Dainty J C (ed) 1995 Current Trends in Optics (New York: Academic)
[754] Hänsch T and Toschek P 1970 Z. Phys. 236 213
Arkhipkin V G and Heller Yu I 1983 Phys. Lett. A 98 12
Kocharovskaya O A and Khanin Ya I 1988 Sov. Phys.-JETP. Lett. 48 630
Harris S 1989 Phys. Rev. Lett. 62 1033
Scully M O, Zhu S-Y and Gavridiles A 1989 Phys. Rev. Lett. 62 2813
[755] Fano U 1961 Phys. Rev. 124 1866
[756] Padmabandu G G and Pilloff H (ed) 1994 Quant. Opt. 6 No 4 (special issue)
[757] Arimondo E and Orriols G 1976 Lett. Nuovo Cimento 17 333
Alzetta G, Gozzini A, Moi L and Orriols G 1976 Nuovo Cimento B 36 5
[758] Dalton B J and Knight P L 1982 Opt. Commun. 42 411
[759] Winter M P, Hall J L and Toschek P E 1990 Phys. Rev. Lett. 65 3116
[760] Scully M O 1991 Phys. Rev. Lett. 67 1855
[761] Imamoglu A and Ram R J 1994 Opt. Lett. 19 1744
[762] Kocharovskaya O 1992 Phys. Rep. 219 175
[763] Scully M O 1992 Phys. Rep. 219 191
[764] Shore B W and Knight P L 1987 J. Phys. B: At. Mol. Phys. 20 413
[765] Goutier Y and Trahin M 1982 IEEE J. Quant. Electron. 18 1137

[766] Adams A and O'Reilly E 1992 Phys. World October p 43
[767] Welch D 1994 Phys. World February p 35
[768] Friend R, Bradley D and Holmes A 1992 Phys. World November p 42
[769] Sibbett W and Padgett M 1993 Phys. World October p 36
又见 Mourou G 1992 Laser Focus World June p 51
[770] Canham L T 1992 Phys. World March p 41
[771] Iyer S S, Collins R T and Canham L T (ed) 1992 Light Emission form Silicon (MRS 256) (Pittsburgh: MRS)
[772] Forrest S R and Hinton H S (ed) 1993 IEEE J. Quant. Electron. 29 February (special issue on smart pixels)
[773] Hutley M C (ed) 1991 Microlens Arrays (IOP Short Meeting Number 30) (Bristol: Institute of Physics Publishing)
[774] Midwinter J E and Hinton H S (ed) 1992 Opt. Quant. Electron. 24 April (special issue on optical interconnects)
[775] Hohn F 1993 Phys. World March p 33
[776] Levenson M D 1993 Phys. Today July p 28
[777] Hall D (ed) 1982 The Space Telescope Observatory (Washington, DC: NASA Scientific and Technical Information Branch I)
[778] Goodman J W 1970 Progress in Optics VIII ed E Wolf (Amsterdam: North-Holland)
[779] Connes P, Froehly C and Facq P 1985 Proc. ESA Colloquium Kilometric Optical Arrays in Space (ESA SP-26) (Noordwijk: ESA) P 49
Greenaway A 1991 Meas. Sci. Technol. 2 1
[780] Armstrong J T, Hutter D J, Johnston K J and Mozurkewich D 1995 Phys. Today 48 No 5 42
[781] Moyer P and van Slambrouck T 1993 Laser Focus World October p 105
[782] Zenhausern F, O'Boyle M P and Wickramsinghe H K 1994 Appl. Phys. Lett. 65 1623
[783] Shannon R R 1992 Opt. Photonics News 3 No 7 8
[784] Kaneko E 1987 Liquid Crystal TV Displays (Dordrecht: Reidel)
[785] Webb P O, McIntyre R J and Conradi J 1974 RCA Rev. 35 234
[786] Boyle W S and Smith G E 1976 IEEE Trans. Electron. Dev. ED-23 661
Barbe D F (ed) 1980 Charge-coupled Devices (Berlin: Springer)
[787] Koch T L (ed) 1993 Opt. Photonics News 4 No 3 (special issue)
[788] Biberman L M and Nudelman S 1971 Photoelectronic Imaging Devices vol 2 (New York: Plenum)
[789] Whitaker J C 1994 Electronic Displays (New York: McGraw-Hill)
[790] Sandbank C P (ed) 1990 Digital Television (Chichester: Wiley)
[791] Noll A M 1988 Television Technology (Norwood, MA: Artech)

[792] Mort J 1994 Phys. Today 47 No 4 32
[793] Gundlach R W 1990 Technology of our Times ed F Su (Bellingham, WA: SPIE) P 56
[794] Shaw R (ed) 1994 Opt. Photonics News 5 No 1 (special issue)
[795] Helsel S K and Roth J P (ed) 1991 Virtual Reality (Westport: Meckler)
Larijani L C 1994 The Virtual Reality Primer (New York: McGraw-Hill)
[796] Travis A R L 1990 Appl. Opt. 29 4341
[797] SPIE 1995 Conference 2409*A* Stereoscopic Displays and Applications VI (Bellingham, WA: SPIE)
[798] Wright W D 1964 The Measurement of Colour (Princeton, NJ: Van Nostrand)
[799] Roetling P (ed) 1992 Phys. Today 45 No 12 (special issue)
[800] Kingslake R 1992 Optics in Photohraphy (Bellingham, WA: SPIE)
[801] 例如参见 Baker K and Murray H 1993 Opt. Photonics News 4 No 6 8
[802] Fotakis C 1995 Opt. Photonics News 6 No 5 30
[803] Smith W J 1990 Modern Optical Engineering 2nd edn (New York: McGraw-Hill)
[804] Karim M A (ed) 1992 Electro-Optial Displays (New York: Marcel Dekker)
[805] Hudson R D 1969 Infrared Systems Engineering (New York: Wiley)
[806] Wolfe W L and Zissis G J 1985 The Infrared Handbook (Ann Arbor: ERIM)
[807] Elliott C T 1981 Electron. Lett 17 312
[808] Whatmore R W 1991 Rep. Prog. Phys. 49 1335
[809] Jerlov N G 1976 Marine Optics (Amsterdam: Elsevier)
[810] Bromberg J L 1991 The Laser in America 1950–1970 (Camberidge, MA: MIT Press)
[811] Petley B W 1985 The Fundamental Physical Constsnts and the Frontier of Measurement (Bristol: Hilger) pp 54-68
[812] Braginsky V B, Vorontsov Y I and Thorne K S 1980 Science 209 547
又见 Walls D F and Milburn G I 1994 Quantum Optics (Berlin: Springer)
Braginsky V B and Vorontsov Y I 1974 Sov. Phys.-Usp. 17 644
[813] Faber S 1994 New Sci. November p 40
[814] Sona A 1972 Lasers in Metrology Laser Handbook vol 2, ed F T Arecchi and E O Schulz-DuBois (Amsterdam: Norht-Holland) p 1457
[815] Durst F, Melling A and Whitelaw J H 1981 Principles and Practice of Laser Doppler Anemometry 2nd edn (London: Academic)
[816] Brown R G W and Pike E R 1983 Laser anemometry Optical Transducers and Techniques in Engineering Measurement ed A R Luxmore (London: Applied Science)
[817] Barth H G (ed) 1984 Modern Methods of Particle Size Analysis (New York: Wiley)
[818] Harry J E and Lunau F W 1972 IEEE Trans. Ind. Appl. IA-8 418
Lock E V and Hella R A 1974 IEEE J. Quant. Electron. 10 179
[819] Cohen M I and Epperson J P 1968 Electron Beam and Laser Beam Tchnology ed L Martin and A B Elkareh (New York: Academic)

[820] Harrison R G 1979 Phys. Bull. 30 259
[821] Ibbs K G and Osgood R M (ed) 1989 Laser Chemical Processing for Microelectronics (Cambridge: Cambridge University Press)
[822] Allen S D (ed) 1992 Opt. Photonics News 3 No 6 (special issue)
[823] Burns W K (ed) 1993 Optical Fibre Rotation Sensing (New York: Academic)
[824] Lefervre H 1993 The Fibre Optic Gyroscope (Boston, MA: Artech)
[825] Levenson M D and Kano S S 1988 Introduction to Nonlinear Laser Spectroscopy (San Diego: Academic) p 148
[826] Eckbreth A C 1988 Laser Diagnostics for Combustion Temperature and Species (New York: Gordon and Breach)
[827] Measures R M 1984 Laser Remote Sensing (New York: Wiley)
[828] Zhao X M and Diels J-C 1993 Laser Focus World November p 113
[829] Schagen P and Browning H 1952 Philips Res. Rep. No 7 119
[830] Seidel R W 1988 Phys Today October p 36
[831] Robinson Jr C A 1981 Aviat. Week Space Technol. 25 February p 23
[832] Hecht J 1984 Beam Weapons: the Next Arms Race (New York: Plenum)
[833] Hecht J 1993 Laser Focus World December p 91
[834] Winker D M and McCormick M P 1994 Lidar Techniques for Remote Sensing (SPIE 2310) (Belingham, WA: SPIE) p 98
[835] Curran R J et al 1987 LAWS laser atmospheric wind sounder earth observing system NASA Instrument Panel Report vol IIg (Washington DC: NASA)
[836] Betout P, Burridge D and Werner Ch 1989 ALADIN atmospheric laser Doppler instrument ESA Lidar Working Group Report ESA SP-1112 (Noordwijk: ESA)
[837] Stitch M L 1972 Laser Rangefinding Laser Handbook vol 2, ed F T Arecchi and E O Schulz-Dubois (Amsterdam: North-Holland) p 1751
[838] Foller J E and Wampler E J 1970 Sci. Am. March p 38
[839] Letokhov V S and Ustinov N D 1983 Power Lasers and their Applications (New York: Harwood)
[840] Krupke W F, George E V and Haus R A 1979 Advanced Lasers for Fusion Laser Handbook vol 3, ed F T Arecchi and E O Schulz-DuBois (Amsterdam: North-Holland) p 627
Motz H 1979 The Physics of Laser Fusion (London: Academic)
[841] Yamanaka C 1991 Introduction to Laser Fusion (New York: Gordon and Breach)
[842] Lindl J D, McCrory R L and Campbell E M 1992 Phys. Today 45 (9)32
[843] Danson C N et al 1993 Opt. Commun. 103 392
[844] Rounds D E 1972 Laser Applications to Biology and Medicine Laser Handbook vol 2, ed F T Arecchi and E O Schulz-DuBois (Amsterdam: North-Holland) p 1863
[845] Caro R C and Choy D S J (ed) 1992 Opt. Photonics News 3 No 10 (Special issue)

[846] Deutsch T F 1988 Phys. Today October p 56
[847] Morstyn G and Kaye A H (ed) 1990 Phototherapy of Cancer (New York: Gordon and Breach)
[848] Arons I J 1993 Laser Focus World October p 63
[849] Feke G T and Riva C E 1978 J. Opt. Soc. Am. 68 526
[850] Hill D W, Pike E R and Gardner K 1981 Trans. Opthal. Soc. UK 101 152
[851] Delpy D 1994 Phys. World 7 August p 34
[852] Scudder H J 1978 Proc. IEEE 66 628
[853] Weitz D A and Pine D J 1993 Diffusing wave spectroscopy Dynamic Light Scattering ed W Brown (Oxford: Clarendon)
[854] Turner A P F, Karube I and Wilson G S (ed) 1987 Biosensors (Oxford: Oxford University Press)
[855] O'Mahoney M J 1992 Opt. Photonics News 3 No 1 8
[856] Desurvire E 1994 Erbium-doped Fibre Amplifiers (New York: Wiley)
[857] Darcie T E 1992 Opt. Photonics News 3 No 9 16
[858] Olshansdy R 1994 Opt. Photonics News 5 No 2 15
[859] Isailovic J 1985 Videodisc and Optical Memory Systems (Englewood Cliffs, NJ: Prentice-Hall)
[860] Zech R G 1992 Opt. Photonics News 3 No 8 16
[861] Betzig E 1992 Appl. Phys. Lett. 61 142
[862] Kitagawa T (ed) 1992 OITDA Activity Report 5 (Tokyo: Optoelectronic Industry and Technology Development Association)
[863] Sato T 1992 Opt. Photonics News 3 No 11 25
[864] Klein M J 1977 History of Twentieth Century Physics ed C Weiner (London: Academic)
[865] Hecht E 1987 Optics 2nd edn (Reading, MA: Addison-Wesley)
[866] Boyd R W 1992 Nonlinear Optics (San Diego: Academic)
[867] Loudon R 1983 The Quantum Theory of Light 2nd edn (Oxford: Oxford University Press)
[868] Sze S M 1981 Physics of Semiconductor Devices 2nd edn (New York: Wiley)
[869] Pankove J I 1971 Optical Processes in Semiconductors (Englewood Cliffs, NJ: Prentice-Hall)
[870] Bhattacharya P 1994 Semiconductor Optoelectronic Devices (Englewood Cliffs, NJ: Prentice-Hall)
[871] Kingslake R (ed) 1965 Applied Optics and Optical Engineering vol I (New York: Academic); 系列图书, 1992 年出至第 11 卷
[872] Bass M (ed) 1995 Handbook of Optics vols I and II (New York: McGraw-Hill)
[873] Wolf E (ed) 1961 Progress in Optics I (Amsterdam: North-Holland); 系列图书, 1991 年出至第 24 卷

第 19 章　材料物理学

Robert W Cahn

据说冶金学或冶金术是人类第二古老的职业. 的确, 早在 20 世纪初金属加工就已经成为一门经过长期积累而建立起来的相当完善的技术. 然而, 在 20 世纪初, 人们对金属物理性能的科学理解和认识才刚刚开始, 而其他种类有用途的材料, 要么完全处于手工艺阶段, 要么还根本没有被合成出来. 这种现状丝毫不令人惊讶: 因为有用的材料往往是复杂的, 要用科学的方法去认识和理解它们, 需要有挑战这些结构复杂性的愿望和勇气. 要真正理解那些现在人们熟悉的、但在当时却是很新奇的各种各样的材料, 我们首先必须正确和深入地认识少数几种 20 世纪初常用的材料. 如果不针对简单的实体, 比如孤立的原子进行研究, 则对不同种类原子的复杂集合体的科学理解是不现实和不可能的. 目前对一个孤立原子的认识已经取得了相当充分的进展, 这为研究在复杂晶体结构中几种原子组成的多体铺平了道路. 事实上, 就在 20 世纪初, 甚至还有一些颇具声望的科学家拒绝接受原子存在的真实性.

理所当然, 掌握材料中所需的物理, 需要对是什么使得不同种类原子具有不同性质这一问题有普遍性的理解, 但这仅仅是开始. 晶体结构的知识与材料中的物理学是同等重要的, 然而在 1900 年, 晶体结构学说的产生是 12 年以后的事. 看似矛盾的是, 晶体结构中存在缺陷的概念和认证理想晶体结构一样对创建真正的材料物理学都极其重要. 空位 —— 一个在晶体中失去原子的点, 它本身就是一种实体, 具有其本征的特征, 掌握空位的概念就像意识到电子能带中存在空穴的概念一样在理解方面相当困难. 另一种被逐渐认识到的非常重要的缺陷是微量杂质 —— 一种化学缺陷. 电池技术的发展需要对材料的缺陷从结构和化学两方面进行性质和浓度的详细评估, 这些研究发展逐渐形成独立的分支领域: 这一类技术在今天被统称为材料表征学.

物理学家 (和其他科学家) 试图改进有使用价值的材料, 这就需要熟悉材料中的原子、晶体和缺陷. 此外, 还需要对另外两种特殊的知识有深入的理解: 他们需要理解相平衡, 他们必须透彻地理解微结构. 普遍的相平衡理论起源于物理化学的贡献, 这要感谢 19 世纪天才的物理化学家 Willard Gibbs, 他使相平衡理论在 20 世纪初就处于一个健康发展的状态. 在任何一个具体的实例中, 一般相平衡理论的表述语言就是相或平衡相图.. 相是指物体的某个区域, 在任何特定的温度和压力的平衡状态下, 都具有恒定的组分和内部结构. 第一个这样真正精确的相图发表于 1900

年左右. 然而, 相图完全不能提供一种关键信息: 它确实能告诉我们不同的相的体积分数和独立组分是多少, 它能告诉我们一种合金在一个特定的平衡温度下的特定平均成分, 但是它不能够告诉我们任何关于这些相的团块或者一个相中分离的晶粒的尺寸、形状、相互的耦合关系及取向的信息. 这些问题属于微结构子学科的范畴, 可以毫不夸张地断言微结构是材料物理学或者应该说是物理冶金学中最重要和最难以理解的问题. 使用光学显微镜的微结构研究到 1900 年已经相当成熟了, 这要归功于英国谢菲尔德的 Henry Sorby(1826~1908)30 年前的研究工作, 以及几位著名的冶金学家 —— 英格兰的 Roberts-Austen, Stead 和 Arnold, 法国的 Osmond 的研究工作, 他们早在 19 世纪结束之前就用光学显微镜研究了钢的相变. 无论如何, 在新的 20 世纪里, 微结构这门子学科的研究硕果累累, 它注定被保留下来, 并且它在材料物理学中的核心位置也被巩固加强了. 下面我们将回顾微结构学在材料物理研究走向成熟阶段的过程中所发挥的重要作用. 在此之前, 让我们先停顿一下, 给读者介绍一本非常好的缅怀 Sorby 在早期材料科学研究中重要作用的书[1], 这本书是根据 1963 年举行的纪念 Sorby 在钢中发现 Widmanstaaten 微结构 100 周年会议的内容编辑而成的. Widmanstaaten 微结构是从一个相析出层状的另一个相而形成的阵列结构, 它是金属两相微结构的经典模式.

微结构学仅是组成材料物理学众多的子科学中的一个, 并且排在首要位置, 上面我们一直称它为 "子学科". 我建议创造一个新词 " subscidy" 即 "分支学科"①, 来表示子学科的科学范畴, 即分支学科只关注某些涉及面相对窄的现象或研究手段, 关注对这些现象和研究方法的科学理解, 但它可以对整个学科起到支持和补充作用. 这样的分支科学包括固体中原子的输运 (扩散); 晶体中线缺陷 (位错) 的几何学和动力学; 像晶界和自由表面这样一些界面的结构和局域组分; 一、二或三维的小尺寸材料 (纳米结构材料, 量子点) 的形成和行为; 微结构中母相和子相之间的晶体学的关系 (这可被称为分支学科的分支, 实际有许多这样的分支存在) 和材料表面层的形成机制和动力学, 如氧化物膜. 在材料物理中有相当多的分支学科以及相关的知识领域, 其中的一些将在下面的章节中重点介绍.

19.1 材料科学基础的建立

在 20 世纪初, 还没有人认为材料科学研究 (当时, 主要是研究金属) 是一个独立的研究领域. 那时候, 一般来说都是物理化学家和无机化学家在从事和金属相关的研究. 在法国, 冶金学直到今天还被强制划分到化学的范畴. 这种现象在一个国家长期顽固存在不足为奇, 在那里诸如 "动物生理学" (physiologie animle) 和 "植物生

① 这里我们把英文 "subsidiary science" 译作 "子学科". 作者所创造的新词 "subscidy" 实际上是由 "subsidiary science domain" 拼组而成, 我们暂将它译为 "分支学科". —— 总校者注

理学"(physiologie vegetale) 的词汇, 仍然出现在他们大学的门上. 在法国一位著名的不相信原子论的化学家于 1885 年成为外交部长[2], 当时的物理学家们还没有兴趣研究金属. 金相学 (金相学就是用光学显微镜通过反射光观察抛光的和侵蚀的金属和合金的截面) 之父 Henry Sorby 是一位独立的、自学成才的 "自然哲学家"(他从未上过大学). 他用显微镜研究岩石和矿物花费的时间比用在金属研究上的时间多得多. 确实, 直到 X 射线学出现前, 正统的结晶学还是属于专业的矿物学家的领地, 矿物学家只能根据单晶矿物学样品的外部形貌进行研究.

J Willard Gibbs 本是一位机械工程师, 后来成为数学物理学家, 他的相平衡理论最初是为化学家使用的. 在那个时代, 如果用金钱来衡量的话, 做大学教授显然是不值得的工作, 因为可能是无报酬的. Gibbs 在耶鲁大学当数学物理教授的最初 9 年里就根本没有薪水, 只是当刚建立的约翰霍普金斯大学准备把他挖走时, 吝啬的耶鲁大学当局才最终同意给他点儿工资, 而且也赶不上约翰霍普金斯大学提供的薪水. Gibbs, 这位曾经的机械工程师, 取得了被一位传记作家称之为 "独一无二地精通热力学" 的成果, 并将它应用于对相平衡的深入分析 (一位工程师兼物理学家所作的分析究竟应当被称作物理学或者物理化学, 今天可能是个悬而未决的问题; 但对于 19 世纪的学者来说, 他们很高兴并不受此类问题的困扰!). 1876 年他在美国新英格兰地区一个不起眼的杂志上发表了一篇被称为相律的文章, 这是那篇既长又难懂的流芳百世的 "关于非均匀物质的平衡" 理论文章的一部分[3], 后来该理论被称之为相律. 尽管 Gibbs 公开大量散发文章的抽印本, 尽管一些著名的物理学家特别是 James Clerk Maxwell 满腔热情地赞美他的理论[4], Gibbs 的想法还是花了很长时间才慢慢地渗透到那些专注于相平衡实验研究的科学家们的意识里, 这在很大程度上是由于 Gibbs 思想的数学表达公式太难. 根据在任何一个温度下可以平衡共存的相的数目及相关的组分, 把他的自由能概念 (或化学势概念) 以及相关的熵概念 (不久后, Boltzmann 给予了熵统计的解释) 放在一起共同产生了 Gibbs 的简单普适原理. 这个原理可简单地表示为 $F = C + 2 - P$, 这里 C 是组元数, P 是相数, F 是自由度数. 这样相图中相的区域变得很清晰, 同时为材料科学成为现代科学的重要分支提供了动力. (举一个相律在二元合金系统中应用的例子, 对于一个二元合金系统, C =2, 如果两相平衡共存, 则 F= 2: 这意味着在两相一直保持平衡状态时, 允许合金成分和温度在一定范围内变化).

到 19 世纪末期, 第一个精确的相图出版了. 荷兰阿姆斯特丹大学的物理化学家 Bakhuis Roozeboom 在 1901 年发表了第一个非常好地建立在相律基础上的铁–碳系相图 (它是所有金属相图中最重要的一个). 通过长期通信联系, 在 Roozeboom 的鼓励下, 一个不同寻常的两人实验研究组, 英国皇家学会会员 Charles Heycock 和 Francis Neville(见插框), 紧随 Roozeboom 之后于 1904 年共同发表了一项不同寻常的研究工作: 铜–锡体系 (即青铜) 相图. 这项研究工作在 1904 年发表的早期物理冶金学经典文章之一中[5] 达到了极致. 图 19.1 展示的是他们的相图. 这个相图是建立在热分析和光学显微照相术这两个孪生技术之上的. 在热分析中, 合金样品从高温慢慢地冷却下来, 图中的温度/时间曲线的反常点精确地确定了相转变发生的温度. 另外一种方法是把合适组分的样品从高温通过水淬冷却下来, 这样可保留高温相的结构特征 (这种方法并不总是有效!), 然后通过剖开样品, 抛光、侵蚀样品的剖面来暴露样品中不同的相. 在这项工作中, 他们沿用了几十年前 Sorby 研究钢的方法, 但无论如何 Heycock 和 Neville 是第一个将金相方法与精确的相图建立结合起来的人. 用这种方法, 相区就能够被确定出来, 比如一个高温稳定的 β 相的相区. 图 19.2 展示的是 Heycock 和 Neville 著名的早期金相照片, 即使在今天看来这些金相照片也非常完美. 有关 Heycock 和 Neville 的生平和合作的详细故事[6] 以及关于他们和 Roozeboom 的通信的评述[7] 的书籍已经出版. 尽管后来的研究者做过大量的细节性的修正, 他们的 Cu-Sn 相图已经经受住了时间的考验. 在 20 世纪的早期, 这项工作和后来德国哥廷根大学的 Gustav Tammann 的更丰富多彩但欠精确的相图研究工作一起, 激发了大量的关于多种不同的二元和三元系统的研究工作的开展. 到了 30 年代, 大量的发现和实验数据涌现, 结果常常发生不同研究组对同一体系得到互相矛盾结果的事情, 这使得仔细、严格地整理和比较鉴定这些研究结果变得很有必要. 德国的工业冶金学家 Max Hansen 于 1936 年出版了一本书[8], 这本书对 828 种二元系统进行了严格的检查和鉴别, 其中的 456 个体系, 拥有充分的用于建立相图的信息. 1958 年出版的该书第二版共囊括了 1334 种系统, 印出了 717 个相图. 从此以后, 特别是在美国, 出现了一些更精心编辑制作的二元相图集. 最近, 德国已经开始出版第一部经过严格核定的三元金属相图的系统编辑多卷集 (这项大胆的工作将需要十年以上的时间, 编辑几十卷图集). 仅仅和 Al 相关的三元系统 (被囊括在四本宏篇巨著中) 的数量就超过 Hansen 的第一版二元相图书中所有检验过的二元系统数量的总和. 这一切都表明了由 Roozeboom, Heycock 和 Neville 在一个世纪以前开始的这项工作对研究材料的学生们至关重要的意义.

19.2 参考资料和数据的编辑整理

这一简单的有关相图目录的介绍是为从一个侧面提示人们在一个现代材料学家的生活中图表化的数据收集工作具有广泛作用. 早期出版的 “通用” 数据手册名为《国际校勘表》(*International Critical Tables*). 这本书在大多数主要图书馆中早已被转移到地下室里封存起来(只有几个图书馆还毅然决然地在书架上摆出这本书!), 而一本 1922 年出版的名叫《化学和物理手册》的经久不衰的书 (书的副标题为《简便化学物理数据手册》)至今已被再版了 73 次, 它至今仍是为材料研究人员和其他

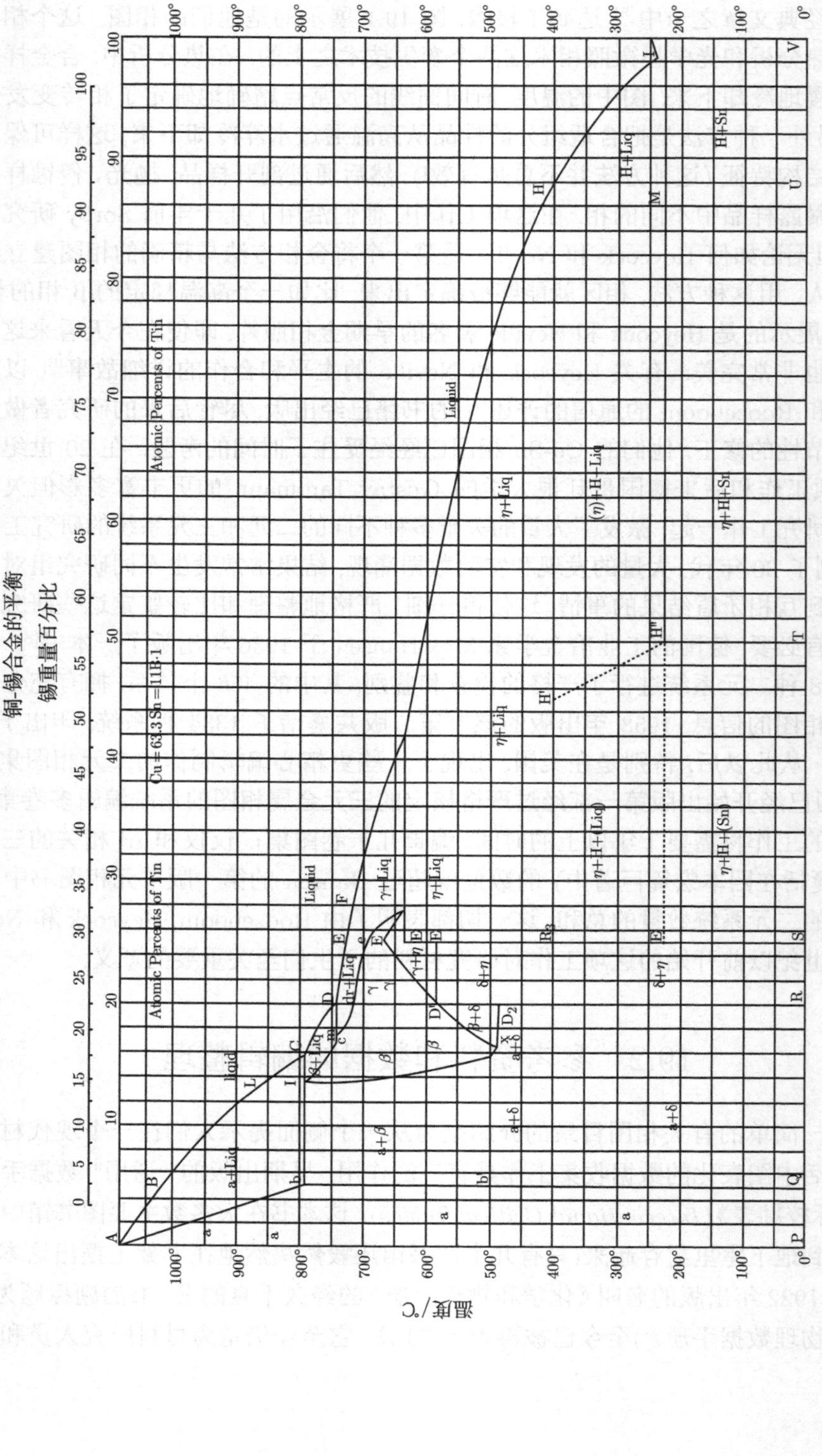

图19.1 Heycock和Neville 1904年给出的Cu-Sn系相图(部分)

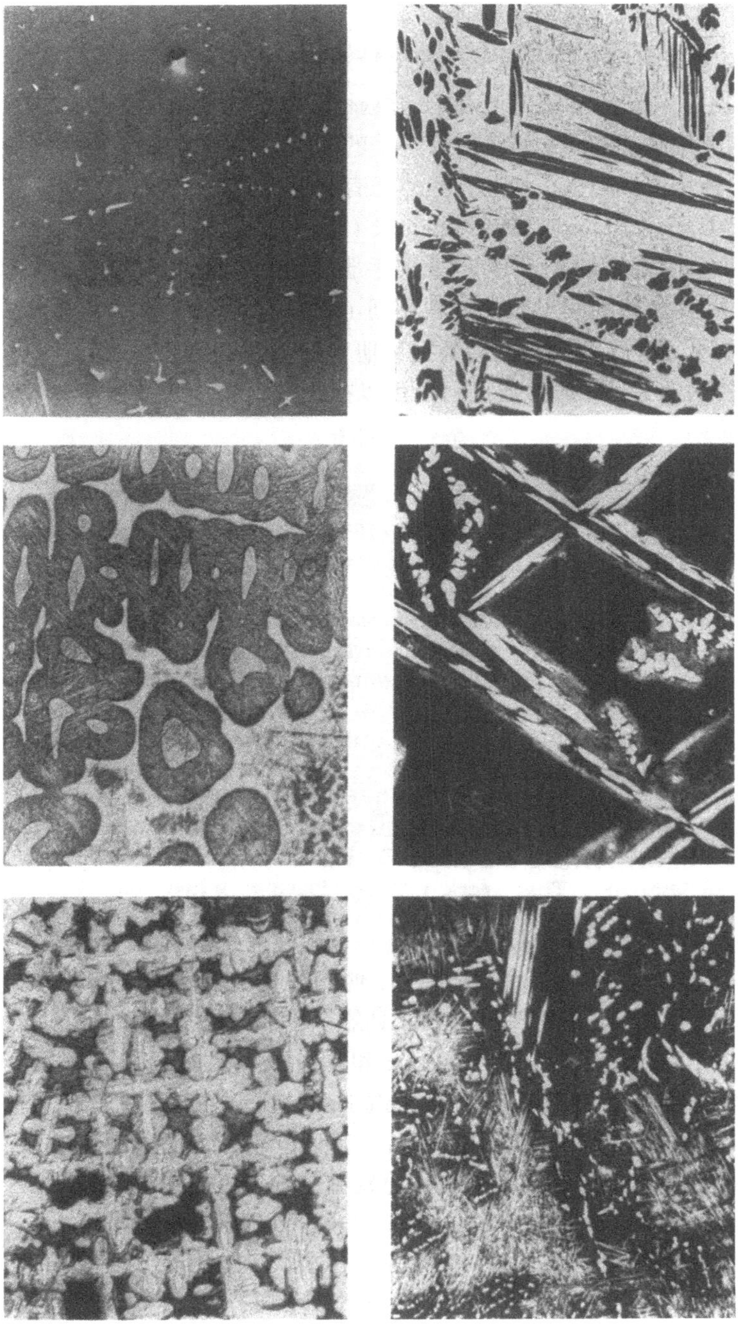

图19.2 Heycock和Neville1904年发表的部分Cu-Sn合金系统的金相照片选登

相关研究人员提供必不可少帮助的参考书. 这本书被几代科研人员亲切地称为 “橡胶圣经”, 因为它是由在美国佛罗里达的化学橡胶公司(Chemical Rubber Company)出版的, 该公司后来改名为 CRC 出版社. 很显然, 系统地更新这些数据非常必要, 同时编辑人员需要用高超的组织技巧进行艰辛的编辑劳动(在 “橡胶圣经” 不断再版的 70 多年里, 只有 3 位编辑人员参与). 当然还有其他优秀的、满足数据常规更新需要的主要数据工具书, 如 Landolf-Börnstein 表 (像 “橡胶圣经” 一样, 其数据内容跨越物理和化学两个领域). 还有一系列的重要手册, 集合了几万种化合物的晶体结构数据, 如在两次世界大战期间出版的材料手册 (*Strukturbericht*)和最近由 Wyckoff 编辑更新的手册[9]. 最近, 这些印刷的数据手册上的数据开始被输入到计算机的数据库、压缩的磁盘、磁带上, 或者通过网络可以在线得到的数据所补充. 例如, 最近发

冶金学的创始人

Charles Thomas Heycock (英国人, 1858~1931) 和 Francis Henry Neville (英国人, 1847~1915) 是物理冶金学的创始人. 在从事物理冶金学之前, 他们已经在科学上享有声誉. Heycock 和 Neville 分别在剑桥大学学习化学和数学, 并终生都在剑桥大学工作. 在剑桥大学的 Sidney Sussex 学院的地下室实验室里, 他们的合金相平衡研究工作一直进行了许多年, 直到 1910 年, 一群喝醉的八人划船手用他们的实验记录纸来点燃庆祝篝火事件发生之后, 他们才搬走. Heycock 和 Neville 通过研究各种金属凝固温度随其他金属溶入而降低的过程来检验 van't Hoff 的理论, 这是关于凝固温度降低和溶剂熔合潜热关系的理论. 当铂电阻温度计可以取代水银温度计时, 他们的工作变得切实可行. Callendar 和 Griffiths 分别独立地开发出铂电阻温度计, 也正是 Callendar 和 Griffiths 最先把 Heycock 和 Neville 这两位科学家捏合在一起. 在许多年中他们集中精力研究了 Cu-Sn 系统. Heycock 和 Neville 都被选为皇家学会会士, Heycock 是剑桥大学第一个冶金学的副教授, 这个职位是由受人尊重的 Goldsmiths 公司在 1908 年捐赠资助的. 这项捐赠在 1932 年直接导致了剑桥大学第一个冶金学的 Goldsmiths 教授位置的设立以及这个学科学位的设立.

表的调查[10] 表明已经有几个这样的化合物晶体结构的数据库. 通过特殊的软件, 这些数据可用于键长、键角的计算, Bravais 格子和空间群的统计等. 最新的数据库是金属间相数据库 (the Intermetallic Phases Data Bank), 它有 55000 个条目, 这些数据已开始用于新合金的设计.

除了这些专门收集数据和图表的工具书外, 还有很多系列的手册丛书, 范围从权威性综述文章的收集到补充扩展数据表的零散文章的收集. 比如至今还在被引用的两次世界大战期间出版的不朽的德文系列丛书《物理学大全》(*Handbuch der Physik*)①, 不断修订的《美国金属手册》, 11 卷的《材料科学和工程百科全书》(1986~1993), 还有新近出版的几乎囊括所有材料科学领域的 21 卷系列从书《材料科学与技术》(*Materials Science and Technology*). 收集补充扩展数据表的零散文章的文集: 比如英国陆续出版的《金属参考手册》(*Metals Reference Book*). 从最广泛的意义上来说, 编辑这类书籍和数据库以及提供原始数据资料所付出的劳动在材料科学的发展中起到了不可或缺的作用.

19.3 晶体结构

在概述现代材料物理学的史前史时, 我们聚焦于相平衡和微结构的检测, 特别强调了对金属的研究. 相平衡和微结构是一个三脚凳的两条腿. 这个三脚凳给后来的研究者拓展更广泛的研究领域和创建更真实的固体科学提供了一个高水平的平台. 构成这个平台的第三条腿就是晶体结构的研究. 在这里不必详述 X 射线衍射历史的任何细节, 那是本书第 6 章的内容. 这里我们只从材料物理的角度来讨论 X 射线衍射的历史, 因为发生在 1912 年有关 X 射线衍射的事件对材料物理学有基本的重要性.

研究矿物学的晶体学家早在 19 世纪末就已建立了关于晶体对称性、点阵、点群和空间群的正规理论. 在氯化钠晶体结构被确定之前, 230 种空间群的理论就已经产生了. 一种普遍性理论产生在理解特殊的具体事物之前, 这是科学史上最不同寻常的事件.

这绝不是关于确定晶体结构的研究工作开始时的唯一独特事件, 伴随着晶体结构的确定还有很多有趣的事情发生. 当 Max von Laue 指导他的助手 Paul Knipping 和 Walter Friedrich 用一束 X 射线照射硫酸铜晶体时, 他们在照相底片上立刻观察到第一套由晶体产生的衍射斑点, 紧接着他们又用闪锌矿做了类似的实验, 发生了同样的情形. Laue 通过和 Paul Ewald 的谈话得到该实验的灵感, Paul Ewald 告诉

① 《物理学大全》(Handbuch der Physik) 第一版是 1926~1933 年期间出版的, 由 H.Geiger 和 K Scheel 编辑. 第二次世界大战后, 从 1955 年到 1988 年, 由 S Flügge 编辑出版了该套丛书的修订版, 共有 55 卷 78 册之多, 涵盖了物理学的几乎全部领域. —— 总校者注

他原子在晶体中不仅周期性排列, 而且其周期很接近一种光的波长. 那时候, X 射线的本质仍然是个谜, 没人知道到底应该把 X 射线看成是由粒子组成的还是一种波. Laue 通过他们的实验确认如果 X 射线是一种波, 则它们的波长要比可见光的波长短得多. Laue 令人满意地向他自己和所有的人表明 X 射线确实是由波组成的. 然而, 确定一些简单晶体结构的关键实验是在两年后由 Bragg 父子 William Bragg 和 Lawrence Bragg 从氯化钠开始做起的. 在伦敦召开的 X 射线衍射发现 40 周年庆祝会上, Laue 曾当着众人说这令他感到挫败和沮丧, 居然把这些划时代的确定晶体结构的实验留给 Bragg 父子做了, 没有自己做这些实验是因为他当时关注的不是晶体的性质, 而是 X 射线的本质! 当他开始把注意力转移到晶体衍射时, 已经为时太晚了. 在物理学史以及其他科学史上经常发生这类事情, 人们因过分强烈地专注于某种新现象发现而忽视了始于这种新发现、近在眼前和随之而来的重要结果. 有关这些发生在 1912~1914 年的历史事件的精彩细节已被很好地载入 1962 年出版的一本历史著作中[11], Gwendolen Caroe 在纪念她父亲 William Bragg 的回忆录中令人难忘地描述了同一家庭两代人的最著名的科学合作中父与子之间的微妙关系[12]. 最近 Max Perutz 发表了另一篇关于 "Lawrence Bragg 怎样发明 X 射线分析" 的文章[13].

人们很快清楚地认识到大多数金属具有非常简单的晶体结构, 这有助于说明为什么一种金属能够溶入很大百分比的其他金属而形成固溶体, 这是一件很少有矿物质或其他化合物能够做到的事情. 金属间化合物使得新的 X 射线晶体学有了大量事情可做, 多年来科学家花费大量时间和精力认真地研究这类金属材料, 直到今天仍是如此. 一个著名的插曲是关于铜金固溶体的, 铜和金可以以任意成分比例混合而形成面心立方固溶体. 一群俄国化学家, Kurnakov 和他的同事在 1916 年发现慢速凝固得到的 CuAu 合金在某些简单的成分点 (CuAu 和 Cu_3Au) 具有反常低的电阻率, 但这些同成分的合金如果用高温快速水淬方法制备, 就不再具有这种反常特性. 他们对这种现象感到很困惑[14]. 几年之后, 于 1925 年, 两位瑞典物理学家 Johansson 和 Linde 用 X 射线衍射实验给出了这个问题的答案[15]: 他们发现慢速凝固的 CuAu 合金中 Cu 和 Au 原子在各自子点阵格子上有序排列, 而高温水淬合金中的 Cu 和 Au 原子在点阵格子上无序分布. 这种想法似乎非常简单, 但它是革命性的, 因为以前从未有人想到过 (除了一位富有高度创造性的美国冶金学家 Edgar Bain 在 1923 年曾浅尝辄止地研究过之外). 富有诗意的是 Bain 的名字和最具争议的冶金学相 —— 钢中的贝氏体 (bainite) 有关联, 关于贝氏体的准确性质至今仍是令人头痛的问题. 在慢冷过程中的铜金合金相被发现在特定温度下发生有序化的现象, 这一有序—无序转变被证实对学习统计力学的学生们有无法抗拒的吸引力. 原子序的发现始于金属间化合物的研究分析更加合理化的过程中, 仅用化学价的概念已经阻碍了对这一问题的理解. 顺便提及一下, 近年来很多物理学家和同样很多冶金学家加入到了有序金属间化合物的庞大研究计划当中, 目标是创造和开发一种承重的高强高温材料, 特别是用于航空引擎的材料. 详尽、权威的关于金属间化合物这一研究领域的两卷本概述刚刚出版[16], 而同样重要的隐含在有序–无序相转变背后的物理基础也被更精炼地总结在文献[17] 中. **【又见 7.5.5 节】**

晶体学是一门非常广泛的科学, 它的研究内容从确定晶体结构延伸到晶体物理 (特别是各向异性的系统研究)、晶体结构的第一性原理预测 (该领域目前非常活跃, 它的进展完全取决于固体电子理论的进展, 见本书第 17 章)、晶体化学和相变几何学研究. 从 1912 年以来, 单是晶体结构确定这个狭窄领域就取得了长足进展: 不少于 26 个诺贝尔奖授予了从事晶体结构学研究的科学家. 他们当中有些是物理学家, 有些是化学家和生物化学家. 晶体学领域已变成物理和化学密切混合的交叉领域之一, 它也是一个争论很多的领域, 因为一些物理学家认为它是一门技术而不是一门科学, 而研究晶体结构的科学家 (特别是化学家) 长期以来倾向于把那些研究晶体其他方面的人看作是二等公民. 这说明作为科学家我们从来没有意识到: 我们争论专业学术术语, 仿佛这是关于 "真实世界" 的争论, 但是我们无法抑制这样一种强烈的愿望, 那就是不知不觉地把我们自己 (或彼此) 排列到优等或次等的分类当中去.

再回到金属研究领域, 无机化学家在 1916 年发现的 Cu Au 合金之谜于 1925 年由物理学家解决. 这是金属研究逐渐从物理化学家和无机化学家向物理学家转移和过渡的征兆. 下面将考察这种趋势.

19.4 物理冶金学的诞生

在 20 世纪早期, 材料科学研究实际上局限于金属和合金: 陶瓷仍然被束缚在更早世纪的手工艺传统里, 同时半导体和其他的电子材料, 聚合物和复合物还在沉睡中, 正在等待来自于那时还在学校中学习的未来科学家的生命之吻.

金属研究早期的这种状况直到 1914 年才被才华横溢、精力充沛、性格坚毅的 Walter Rosenhain 改变. Walter Rosenhain 是澳大利亚人, 尽管他于 1875 年在柏林出生, 但他的家庭于 1880 年移居到墨尔本, 并且在那里接受做一个土木工程师的教育. 1897 年他赢得了一项奖学金, 使他有机会进入剑桥大学, 在那里他跟 Alfred Ewing 爵士做研究 (一位那个时代不同寻常的工程师, 他对像铁磁性这样的题目有兴趣). 刚开始他被指派去研究一个和蒸汽喷气有关的问题, 但是他并不满足于这些. 于是, Ewing 建议他尝试弄清楚金属是否可能在不失去晶体结构的条件下承受塑性形变 (除了 Ewing, 其他任何一个人都不认为金属具有这样的性能). 此后 Rosenhain 如鱼得水: 抛光不同金属的表面并使它们轻微地形变, 如通过弯曲和再拉伸, 按着 Sorby 的步骤在反射光显微镜下检查形变后的金属. 他观察到表面台

阶 (图 19.3), 并且通过在表面镀上其他金属层, 然后取出整体剖面分析证实它们确实是表面台阶. 这个现象提示晶体块互相沿着精确定义的晶面滑移, 没有损失任何内部凝聚力. 他的一系列主要论文发表在皇家学会哲学汇刊上 (例如, 见参考文献 [18]), 使得这一发现广为人知. 这一现象事实上早一些年在德国已经被矿物学家 Reusch 在检查岩石盐时 (1867 年) 发现. 大约在同一时间另外一位不知疲倦的德国矿物学家 Mügge 也发现了这一事实. 他仔细检查了当地的铜, 金晶体等并且实际上已能够建立其晶体学 (在{111}平面上沿着 (110) 方向的滑移). 但是 Rosenhain 坚持在自己的发现上, 最终改变了金属的研究. 事实上, Rosenhain 的观察表明沿着一个表面每间隔一段距离, "滑移线" 的方向突然改变. 这证明了原始的金属是多晶的, 由典型尺度为 0.1mm 的小 "晶粒" 组成, 这使得那个时代一些仍然流行的富于幻想的想法破灭, 比如像金属在疲劳影响下, 亦即在一系列回复应力影响下开始非晶化并逐渐结晶的观念：这种想法来自于疲劳断裂表面由光亮的晶态解理面组成, 而这些解理面又由不光滑的区域分开的事实 (Ewing 和 Humfrey 1903 年的一篇文章一劳永逸地抛弃了这种观念). 事实上, Rosenhain 和 Ewing 比这走得更远：他们偶然发现塑性形变金属的再结晶现象——通过核心的 "修复机制" 被损坏的金属恢复它们的原始状态的物理性质——这是一个在本世纪中产生大量系列研究的题目.

图 19.3　在塑性形变的铅表面上的滑移台阶反射光显微照片

完成在剑桥的工作后, Rosenhain 在英国玻璃工业界工作了一些年(在那里, 用他自己的话说, 担任一个乏味的"循规蹈矩的科学家"). 然而, 他仍专注于冶金学, 他在家里建立起自己的私人实验室, 并训练他的妻子如何制备金相显微镜样品. 1906 年, 他被任命为位于伦敦附近台丁顿的国家物理实验室 (NPL) 新的冶金和冶金化学部主管(该部名字的第二部分命中注定在适当的时候会消失). 在后来的 25 年中, 他利用这种有利位置改变了金属研究的现状, 特别是改变了关于合金的组分与其使用性能关系的研究. Kelly 为纪念 Rosenhain 诞辰 100 周年而写的优秀传记文章详细描述了 Rosenhain 的科学生涯[19].

在 NPL, Rosenhain 和他的迅速成长的团队开始专注于新的铝合金研究, 这一研究包括完善确定相变温度的各种物理技术. 渐渐地, 这些物理方法也被用来研究各种其他的冶金学问题. Rosenhain 越来越强烈地意识到物理方法在金属和合金研究中的重要性, 这促使他于 1914 年写了著名的教科书《物理冶金学导论》, 该书由伦敦 Constable 出版社出版. 这本书持续流行了很多年, 在他去世的 1934 年出了第三版.

在 Rosenhain 的部门里除了大量的实际研究外, 他本人继续专心致力于金属的基础物理研究. 在他那个时代, 这些基本问题是: 多晶金属中分立的晶粒之间的晶界的结构是什么样的(事实上所有商业用金属都是多晶的), 为什么金属在塑性形变后会变硬, 即为什么会发生加工硬化? Rosenhain 提出了著名的非晶金属假设的普遍性模型, 按着这个模型, 晶粒是通过晶界处的非晶黏合剂粘在一起的, 加工硬化是由于他观察到的在滑移带内非晶材料层的沉积层而形成的. 在许多年里他用很高明的技巧和更高明的口才来维护这些不正确的想法, 来对抗强有力的质疑. 最后冶金学家像物理学家曾经做过的那样开始争论基本原理问题. 关于这个时期, 特别是非晶晶界黏合剂理论, Rosenhain 的传记作者是这样说的"这个理论在科学细节上是错的, 但是它发挥过了不起的作用, 它使冶金学家能够推理和认识到晶界在高温时是脆弱的; 能够认识到热或冷加工以及退火热处理既能导致金属材料性能优化, 也可能带来像"热脆性"(这个术语的意思是在高温下脆化) 这样的灾祸; ······在技术和实践方面的进展并不总是需要精确的理论, 正确的理论确实必须经过长期努力争取才能得到. 但是, 一个能引起普遍关注的、能容易地用简单的词语抓住问题要害的争论, 哪怕它是不严谨的, 无疑也就具有了不起的实际作用."[19].

这个有争议的观点抓住了向传统冶金学与注定要受到物理学思想和物理学家处理问题方法影响的冶金学之间关系的要害, 我们下面讨论这个题目.

19.5 物理冶金学定量理论的诞生

在天体物理学中, 真实性不会因观察者所能作的任何事情而改变. 科学实验中

的经典原则是 “每次改变一件事情”, 然后看看结果怎样, 这在天文上没有什么实际意义. 所以, 试图解释在那里发生了什么的假设能否被接受完全依赖于严谨的定量自洽性. 冶金学家习惯于认为自己可以不受这个规则的约束. 虽然他们可以这样想, 物理学家却不认为他们的科学是严谨的.

James Gleick 在他最近出版的《天才 ——Richard Feynman 的一生》一书中深刻地阐述了这个问题, “这么多的人见证了他那完全自由飞翔的思想, 然而当 Feynman 谈及自己的思维方式时强调他的思维不是自由的而是受限制的 …… 对 Feynman 来说科学想象力的实质是一种强大有力同时又几乎是痛苦的习惯. 科学家创造的东西必须与现实世界相符, 它必须与已知的东西相配, 他说科学的想象力是穿着紧身衣的想象力 …… 和声进行规则 (对莫扎特来说) 就像僵化的十四行诗对莎士比亚一样, 实际上是他们思想的牢笼. 对于僵化和自由解放, 评论家发现有创造力的天才往往能够在两者, 即框架和自由度, 墨守成规和独创性之间达到和谐和统一”.

这也准确地表达了 20 世纪 50 年代早期冶金学的突破性进展中什么东西是新的.

正像我们已经看到的那样, Rosenhain 进行了艰苦的战斗来捍卫他偏爱的也是他首先提出的晶界结构模型, 这个模型基于非晶或玻璃层占据不连续的晶粒之间位置的概念. 战斗中的麻烦是他两面受敌：既没有能预测晶界层性质的理论作为假设的厚度和组分的依据, 也没有关于晶界性质的充分的实验数据, 比如像晶界能 (单位体积消耗的能量). 这种欠缺, 回过头来说某种程度上是由于缺乏适当的性能表征实验技术, 但还不仅仅如此：没有人测量过晶界能和近邻晶体点阵之间取向角的关系, 这并不是因为做起来困难, 而是因为冶金学家不知道这样做的重要性. 那时对晶界本身的研究被认为是浪费时间 —— 只有当发现晶界能直接影响材料的使用性能如延展性时, 人们才会关注这个问题. 换句话说, 大多数冶金学家不认为有充分理由来培养这样一个研究分支.

审视位错的历史是有益的, 位错是晶体中的线缺陷, 现在已经知道它是塑性形变的 “媒介”, 它是在 1934 年由三个人同时和独立地首次提出的 (“发明” 这个词可能是更好的词)—— 他们是应用数学家 Geoffrey Taylor, 工程师 Egon Orowan 和物理化学家 (后来是哲学家!)Michael Polanyi. 这项发现的到来意味深长, 因为计算的晶体点阵对塑性滑移的阻抗 (Rosenhain 在 1898~1899 年首先观察到这个过程) 和实际观察到的单晶金属晶体的屈服应力严重不符 (为了测量金属的强度, 所有的人都做单晶 —— 从工业家的角度来看这是一个完全无用的项目 —— 这一事实表明轻视所有分支学科并不是普适的). 观察到的强度成百倍地小于一个简单的理论预见结果, 这个事实已经预言了并且给出了这一现象的解答, 晶体的滑移块堆积在另一块上, 不是马上完全断裂, 而是通过缺陷的逐步移动和传播, 造成局域的滑移. 古老而且备受推崇的类比是在地板上把一块大地毯移动几英寸：移动的摩擦力可通过把地毯的皱褶从一头赶到另一头来克服.

然而, 没有人真的看到假设的位错, 位错被设想成一些长线, 不一定是直的, 但仅具有几个原子的有效直径. 光学显微镜在研究位错中显然是不能发挥作用的. 尽管还完全没有它们是否存在的证据, 在第二次世界大战之后, 位错的概念仍被一些冶金学家以纯粹的可以争议的定性的方式, 运用到诸如脆性断裂研究中. 他们被某些人看作是仅靠想象解释问题, "德高望重的" 科学家认为位错解释不了任何问题.

现在需要做的是把金属研究从这种定性、肤浅的有争议的研究中解脱出来, 提升到新的高度. 1947 年, Alan Cottrell 在伯明翰大学 (伯明翰大学是当时物理冶金学研究的最重要中心) 的金属研究越过了新的里程碑, 他确切地表述了低碳钢中严格的不连续屈服应力的定量理论. 当拉伸低碳钢的样品, 直到一个特定的应力之前它的行为是弹性的, 当达到某个应力后它突然屈服, 然后在较低的应力下连续形变. 如果试验中断并在环境温度下保持几分钟后, 原来的屈服应力又被恢复, 也就是说钢被强化了或者说应变时效发生了. 对这种现象的争论很多但还是完全没有理解该现象. Conttrell 受位错理论家 Egon Orwan 和 Frank Nabarro 的影响开始建立一个新的模型 (像 Ernest Braun 在一本最近出版的固体物理学史书中叙述的那样[20]). Conttrell 的基本想法已经在 1947 年的布里斯托尔的位错会议上的一篇会议摘要中给出. Braun 在固体物理学史书中是这样引用的:

> 它表明与溶剂原子大小不同的溶质原子 (事实上是碳) 可以释放流体静应力并因此迁移到可以释放更多应力的区域. 因此它们将环绕着位错积聚形成类似于 Debye-Hückel 电解液理论中的离子云那样的原子云. 这些原子云的形成条件和性质均被检验过, 理论则被应用于偏析, 蠕变和屈服点问题.

这一进展的重要性隐藏在 "它表明 ……" 这样简单的话里. Conttrell (后来 Bruce Bilby 也加入进来, 在 Conttrell 理论的权威性版本中明确地叙述了该理论) 将弹性理论精确地应用到该问题中, 计算出跨越碳原子云的浓度梯度, 从而能确定碳原子云是否浓缩在位错线上, 并因此确保得到很好的明确的屈服应力定义 —— 对一个原子云来说保持住位错和原子云的综合应力 (这个力决定屈服后发生的应力下降). 令人印象深刻的是他能够预言被超过屈服应力的力拉走位错后控制原子云重新组装积聚的时间规律, 即能够预见应变时效动力学或弥散硬化动力学. 因此, 这使得在精密的实验测量和精确的理论分析之间进行比较成为可能. 决定性因素是应变时效动力学, 因为该理论可预见再溶到原子云中的碳原子的分数严格正比于 $t^{2/3}$, 这里 t 是钢样品受到超过它的屈服应力的力之后的应变时效时间.

1951 年, Harper[21] 用完美的分隔变化方法检验了应变时效定律, 这种方法在这个世纪的中期改变了物理冶金学. 尽管碳在环境温度下在铁中的溶解度事实上只有百分之一这样很小的一部分, 测量自由碳在铁中溶解随时间的变化是必要的. Harper 用荷兰物理学家 Snoek 刚刚在第二次世界大战之前发明的扭摆方法完成了这项看似不可能的实验, 实验装置如图 19.4(a) 所示. 金属丝状的样品被弹性限度内的张力轻拉成线的形状, 令惯性臂作自由扭转振荡. 摆动的幅度由于内耗或者阻尼逐渐衰减：这表明阻尼是由溶解的碳 (和氮, 如果有氮存在的话) 引起的.

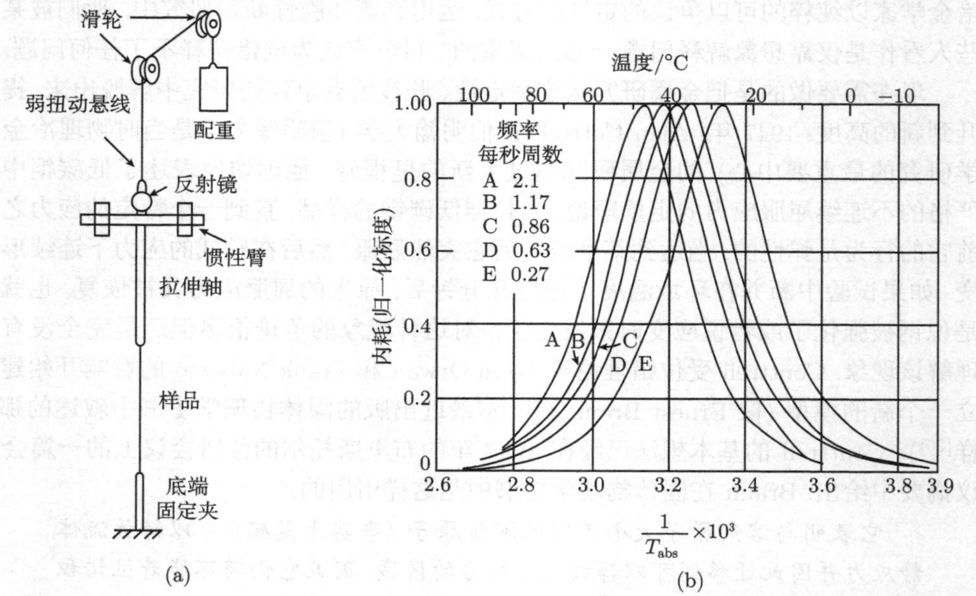

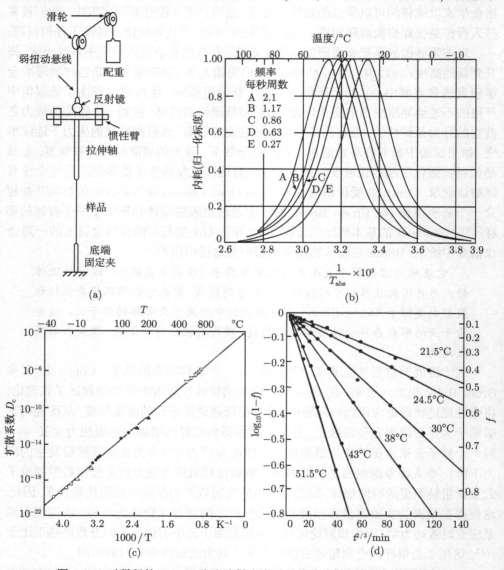

图 19.4　对稀释的 Fe− C 合金弥散应变时效或称弥散硬化的规律的检验

(a) 测量溶解在铁中的自由碳的扭摆 (“Snoek” 摆); (b) 在铁碳固溶体中, 内耗在五个不同单摆频率下和温度的函数关系 (根据文献 [24]); (c) 用 Snoek 摆效应 (−30~200°C) 和常规的放射性同位素法 (400~700°C) 测得的范围超过 10^{14} 倍的碳在铁中的扩散系数; (d) 用 Snoek 摆测量的温度对弥散硬化动力学的效应

简略地说, 溶解的小原子碳驻留在靠近铁立方晶胞边缘附近的点阵间隙中, 当晶胞的一个边被所施加的应力弹性地压缩时, 则另一个与它成直角的边就被拉伸了, 这样沿着两个晶胞边缘间隙的碳的平衡浓度就会略有不同: 碳原子更"喜欢"位于那些空间稍为增大的间隙上, 在半个振荡周期之后, 压缩边变得伸展, 伸展边变得压缩. 当振荡的频率与大多数碳在邻近间隙点可能的跳跃频率相匹配时, 阻尼达到极大值. 通过考察阻尼峰的对应温度随 (可调节的) 摆频率变化 (图 19.4(b)), 阻尼频率, 以及扩散系数, 甚至在室温以下都可以被确定下来 (图 19.4(c)). 1972 年, 美国人 Arthur Nowick 和 Brian Berry 出版的经典的教科书对这种"滞弹性"技术的微妙细节和其他相关的内容做了详细的描述[22].

Alan Howard Cottrell

(英国人,1919~2012)

Alan Cottrell 爵士是材料物理学的先驱, 他在物理冶金学转变成一个正规的科学学科中扮演了主要角色, 特别是通过引进严谨的理论来解释金属和合金的力学行为. 1948 年他出版了一本小书《理论结构金属学》, 这本书为广大读者引进了能带理论, 统计热力学 (包括相图的热力学解释) 和位错的弹性理论的思想, 并且因此永远改变了物理冶金学的教学. 由此开始, 他撰写了更多重要的教科书.

1946~1947 年, 当他还是伯明翰大学一位年轻的物理冶金学教授时, 隆冬季节煤炭供给中断了, 大学由于没有供暖不得不关闭几个星期, Contrell 也不能做实验了. 为了在家里找点儿事做, "他自学弹性理论, 然后用弹性理论尝试计算溶质原子和位错之间的弹性力". 这一自修时期直接导致本章正文中描述的工作成就. 这段对科学史的贡献故事出自于 Ernest Braun 撰写的近代固体物理学史书中关于固体力学性能的章节[20]. Braun 借用这个寒冷导致的意外发现来印证 Egon Orowan 的格言: "位错理论的创始又为一个相当普遍的规律提供了证据, 无一例外, 科学上激进的脚步像过去的艺术上的突破一样, 需要社会生活的崩溃、挫折或者效率低下, 这会使一些人有机会四处漫游而不只是在规定的方向上前进."

阻尼峰的幅度正比于溶液中碳原子的量. 环绕着位错的原子云中碳原子被锁定在位错的应力场中, 因此不能在阵点之间振动, 对阻尼峰无贡献. 通过简单地用大于屈服应力的力拉伸一根夹在 Snoek 摆中的钢线, 测量在接近环境温度下的阻尼系数随着经过时间的衰减, Harper 得到了如图 19.4(d) 所示的曲线: 这里 f 是迁移到位错区碳原子云中的碳的溶解分数. $t^{2/3}$ 规律被完美地证实了, 通过比较对应不同温度线的斜率, 可以证明应变时效激活能和碳在铁中扩散激活能是一致的,像 19.4(c) 确定的那样. 在这之后, Cottrell 和 Bilby 的屈服应力和应变时效模型被普遍地接受了, 同样, 位错的存在也被普遍地接受了, 尽管还没有人看到过位错. Cottrell 1953 年的关于位错理论的书[23] 标志着位错时代的来临.

相当详细地展示这一插曲是有价值的, 因为它清楚地概括了本世纪中期什么是物理冶金学的新进展. 这些基本的要素是: 先有一个有疑问的没有可处理参数的效应的精确理论; 为了检验这个理论, 发明了一种测量技术(Snoek 摆). 这种摆的构造极其简单, 但在定量解释理论方面是那样地精巧, 以至于理论完全符合测量结果. 一个不严谨的、有争议的论点竟然导致用扭摆测量出碳的溶解浓度, 这真是一件不可思议的事!

如前所述, 在 1952 年, 还没有任何人看到过位错. 通过 Cottrell, Bilby 和 Harper 的工作, 人们对推测的位错实体的存在有了信心, 从而认为认真努力地去寻找位错是有价值的, 物理冶金学家信奉的核心原则是 "眼见为实". 随后的几年, 位错 —— 或者用文学语言说, 位错的幽灵 —— 被宣布用很多不同的方法观察到了. 仅举两个例子: J W Mitchell 通过使用光沿着位错标记出微小银粒子的方法用氯化银 "缀饰" 位错线网络 (1953), WC Dash 利用了在硅中铜杂质沿着位错线优先扩散的特性, 随后用透射红外光学显微镜观察红外光透射的薄硅片(硅对红外光是透明的, 铜是不透明的). 图 19.5 是 Dash 于 1955 年前后拍摄的硅中位错构造的一张值得称颂的照片. 就在这时, 位错也被透射电子显微镜第一次观察到 (见 T Mulvey 写的第 20 章): 这是再一次真正地看见了位错的灵魂, 因为缺陷的出现使点阵局域地扭曲因而局域电子衍射的强度减弱了, 但这些都在照片中显示出来. 位错的直接观察,

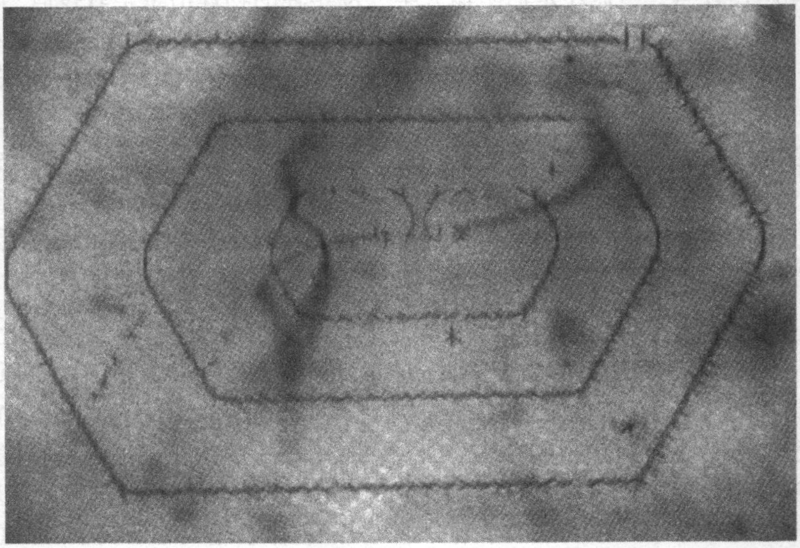

图 19.5　通过 Cu 缀饰看到的硅中的双端位错增殖源 (照片由 Dash 摄制)

包括电子显微镜观察, 在 Braun 的书中[20] 给出了历史性的回顾和评论. 在 Amelinckx 1964 年出版的一本非常好的充满了漂亮照片的书[25] 中也给出了评述. 更早一些时侯, Friedel 写的一本经典的书[26] 展示了观察证据和位错弹性理论, 这本书是固体物理学在法国战后繁荣起来的一个例子, 这种繁荣很大程度上是由于 Friedel 个人的影响, 他在最近出版的自传中概述了这些故事[27]. 由于这些早期著作的影响, Frank Nabarro(在南非的一个英国物理学家) 把他专业生涯的大部分贡献给了研究和阐述位错在材料物理学中的作用. 由于这些研究者对位错的关注带来了一系列专门论述位错理论和实验的书籍. 如果没有 Contrell 对当时不起眼的、不严谨的争议问题的穷追不舍, 后来这些热烈而严肃认真的研究将不会成为现实.**【又见 20.9 节】**

正像我们看到的一样, 金属晶体的屈服应力测量值和它的理论 “理想” 值之间的差异直接导致了位错概念的提出, 20 几年后位错就被直接观察到了. 为了使这件事成为可能, 人们不得不去制备棒形、线形和平板形的大尺寸金属晶体. 在 1920 年前后, 要么用从一端非常慢的冷却方法, 要么在轻微形变后用超慢的再结晶方法完成了这件事. 这是早期冶金学纯粹地为物理理解而进行研究的一个例子. 英国的 Harold Carpenter, Constance Elam (Tipper 夫人) 和 Daniel Hanson, 德国的 Erich Schmid 和 Walter Boas 工作在这一领域的最前沿. 1935 年, Elam[28]、Schmid 和 Boas[29] 同时发表了有影响的关于晶体塑性形变的书. 人们主要是通过这些研究工作对金属力学行为的细节有了深入的理解. 顺便提一句, Michael Polanyi 受的是物理化学的教育 (并且, 像早已提到过的那样, 他后来成为第一个物理化学教授, 后来在曼切斯特又成为一个享有声誉的哲学教授), 20 世纪 20 年代早期在柏林与金属物理学家 Erich Schmid 和未来的聚合物物理学家 Hermann Mark 合作首先进行了有趣的金属 (锌) 单晶体的力学行为研究[30]. 这故事表明物理学研究不限于 “职业” 物理学家, 那些不安于单一角色的其他优秀研究者同样能为物理学做出贡献.

其他的主要进展由那些认识到理论预言值和实验测量值之间存在类似差异的物理学家完成的. 其中最著名的或许要数 Charles Frank 在 1947~1949 年的工作, 当时他是一个新来布里斯托尔大学的年轻物理学家. 据他的同事披露他对晶体生长和其他关于位错的问题感兴趣. 以前在柏林和 Peter Debye 一起工作的时侯, Frank 已经了解碘晶体能够从 1%超饱和蒸汽中生长, 但是 Frank 在布里斯托尔的同事 Burton 的计算表明, 当最后一个原子覆盖了整个表面时, 需要 ~50%的超饱和度才能成核生长出一个新鲜的覆盖整个表面的晶体层. 这使 Frank 在 1949 年产生构建一个生长模式的想法, 该模型能够避免成核的晶体层必须保持新鲜这个问题: 螺型位错的特征是围绕着它的晶体层沿着螺旋形的路径排列, 在出现这样的位错的点周围的晶体生长将形成一个连续的螺旋形的阶梯, 这相当像山顶上的老式城堡, 有一个螺旋形的步行阶梯通向堡顶. 他在 1949 年布里斯托尔位错会议前一天或几天解出这个问题, 他几乎刚刚展示他预言的晶体螺旋生长的粗略构图, 一位年轻的矿物学家 Griffin 就展示了绿宝石晶体表面上这样的一个精确的构造 (后来搞清楚了, 螺旋形阶梯的台阶, 在高度上不比一个原子的直径高多少, 由于到下一个台阶前被通过晶体表面迁移的灰尘 "缀饰", 它们才能通过光学显微镜被观察到). Braun[20] 一步一步地详细地讲述了这个故事. Frank 和 Griffin 两个人的研究工作很可能是固体物理学史上对一个理论的最具有戏剧性的快速验证案例.

我们曾看到在物理冶金学的婴儿期, Rosenhain 对于金属中晶粒之间的晶界的性质持有武断的观点, 关于金属晶粒间晶界的本质, Rosenhain 认为晶界具有玻璃状结构. 随着在 20 世纪 50 年代的定量方法被高度推崇, 晶界结构在它们是位错堆集组成的假设下被重新检验, 这导致了理论和实验上大量研究的爆发. 一个持续到今天的进一步推动力来自于 1955 年对邻近的晶粒之间 "特殊的取向关系" 的开创性几何学检验, 这是由另一队研究者, 来自于处于辉煌时期的纽约州通用电气研究实验室的 Kronberg 和 Wilson[31] 完成的. 在 Rosenhain 老实验室工作的冶金学家 Donald Mc Lean 于 1957 年出版了一本有影响的书, 书中描述了这些早期的工作[32]. 在一本由多个作者完成的书中揭示了当今这些界面模型超乎寻常的精巧妙之处[33](这个领域, 像其他许多领域一样, 研究已经扩展到超出单个科学家能力所及的范围!). 对晶粒之间, 或者液, 汽和固相之间界面结构和性能的理解是许多现代材料物理学的中心问题.

19.6 点缺陷和非金属材料

到现在为止, 我们介绍的重点主要是冶金学和物理冶金学家. 这是因为材料物理学的许多现代概念发源于此. 然而, 把现代材料科学和物理冶金学等同起来是相当错误的. 例如, 逐渐澄清晶体中点缺陷 (位错或线缺陷的基本对应物) 的性质完全来自于对离子晶体的大量集中研究. 第二次世界大战后, 对聚合物材料的研究开始从单纯的化学研究拓展为物理领域最有吸引力的课题. 庞大的半导体物理学是材料科学研究的另一个完全分离出来的大领域, 这将在本书的其他章节中涉及. 这里我们先关注离子晶体, 聚合物则在以后的小节中讨论.

在 20 世纪初, 没人知道在晶体中通常少量原子会缺失, 更不知道这种原子缺失不是偶然发生的, 而是热力学平衡的必然. 在 20 世纪 20 年代, 意识到 "空位" 必须存在于平衡态中这件事要归功于统计热力学学派的科学家, 包括俄国的 Frenkel, 德国的 Jost, Wagner 和 Schottky. 而且, 我们现在知道, 空位只是一种 "点缺陷"; 一个因某种原因从其点阵位置移走的原子, 能够被嵌入到晶体结构中的小缝隙中, 成为 "填隙原子". 此外, 在绝缘晶体中点缺陷易于与电子局域过剩和欠缺相关联, 从而产生所谓的“色心”, 色心导致强的光敏性：一个非常典型的例子是照相底片上卤化银的感光反应.

在热力学家理解了为什么空位必须存在于平衡态中的同时, 另一群物理学家开始了系统的实验, 主攻绝缘晶体中的色心. 这项工作主要是在德国, 特别是在哥廷根著名的 Robert Pohl (1884~1976 年) 物理实验室完成的. 作为前面提到的固体物理学史的一部分, 最近 Teichmann 和 Szymborski 出版的一本非常好的著作详细记载了系统地认识色心行为的缓慢而艰难的研究过程[34]. Pohl 是个坚定的经验主义者, 他抵制理论家用他认为是不成熟的、过早的理论尝试来解释他的发现. 他的学派耐心、系统地从本质上考察了合成碱卤化物中光吸收峰的波长与控制加入微量掺杂物的关系 (另一方法是在蒸汽中如碱金属蒸汽中加热晶体). 还进行了 X 射线照射晶体的工作, 这些工作是由 Wilhelm Röntgen 在 20 世纪初的一系列超前的实验研究中开始的, 他在 1921 年发表了关于这方面工作的综述文章. Pohl 的工作在德国被其他的物理学家忽视了很多年, 或者嘲笑他的工作是“半吊子物理”, 因为他们认为杂质的存在必定使他的发现失去意义. 等到微量掺杂研究成为半导体器件世界的应用物理研究前沿时, 几十年已经过去了. 至于 Pohl, 他允许对色心的性质进行推测, 但他认为色心具有非局域的特征. 关于色心的局域或非局域特性问题争吵了很多年. 尽管没有理论模型, Pohl 耕耘出的对微量杂质极端敏感的光谱学通过合作导致了其他领域的重要进展, 如分离出维生素 D.**【又见 17.12 节】**

匈牙利人 Zoltan Gyulai(1887~1968 年) 是最早和 Pohl 合作研究杂质离子晶体的实验物理学家之一. 他于 1926 年在哥廷根用 X 射线辐照产生色心的方法重新发现了色心, 他还研究了塑性形变对电导率的影响. 据最近出版的一本《物理学在布达佩斯》的调查报告称[35], Pohl 对与他合作的匈牙利科学家的优异能力印象颇为深刻. 这本书披露了在过去的世纪里物理学包括材料物理学在匈牙利令人惊异的繁荣状况. 但是许多位最伟大的匈牙利物理学家 (像 Szilard, Wigner, von Neumann, Teller, von Ka′rma′n, Gabor, von Hevesy, Kurti) 都是在国外获得声誉的, 因为不间断的革命和专制统治使得他们在祖国的生活很艰难甚至危险. 尽管如此, Gyulai 后来还是回到了匈牙利, 并负责布达佩斯有影响的 Roland Eötvös 物理学会.

用理论尝试研究 Pohl 的发现是从俄国开始的, 俄国物理学家 (特别是 Yakov Frenkel 和 Lev Landau) 对 Pohl 的研究比 Pohl 的大多数同胞更感兴趣. 在 20 世纪 30 年代早期, Frenkel, Landau 和 Rudolf Peierls, 偏爱极严重畸变点阵部分可捕获电子的观点, 这个观点后来发展成“激子”的概念, 即活化原子. 最终, Walter Schottky 1934 年在德国首先提出色心包含由阴离子空位和捕获的电子组成的配对 —— 又称“Schottky 缺陷”(Schottky 是一位不循规蹈矩的学者, 他不喜欢教书, 后来转移到工业界, 在那里他坚持研究铜氧化物整流器, 这样他通过着手解决工业上的难题来认识理解碱卤化物中的基本问题, 这在当时是非同寻常的).

这时候, 经过俄国科学家理论修饰的德国人的研究, 由于英国特别是美国科学家突然大量的介入被进一步丰富了. 1937 年, 在 Nevill Mott 的推动下, 关于色心的物理学会议在英国布里斯托尔大学召开 (这次会议是在布里斯托尔举行的一系列有影响的物理会议的开端, 其后的系列会议涉及各种主题包括位错, 晶体生长以及聚合物物理). Pohl 在会上做了关于实验的大会报告, 而 RW Gurney 和 Mott 在会上提出色心的量子理论, 不久由此导致后来著名的关于照相效应模型的提出 (Mitchell 后来详细概述了这一系列研究大事件[36]).

美国材料物理学的精神领袖是Frederick Seitz (见插框中的介绍). 使他获得声誉的第一项工作是他和他的论文导师 Eugene Wigner 合作完成的计算简单金属钠电子能带结构的模型[37]. 之后不久, 他在通用电气公司中央研究中心(第一个也是当时最令人印象深刻的美国大型工业研究实验室) 工作了两年, 开始介入适用于阴极射线管涂层的磷光材料 ("磷光体") 的研究, 为了有助于探索磷发光, 他开始研究 Pohl 的文章 (这些事情以及 Seitz 其他阶段的生活经历记载在由英国皇家学会出版的他的自传笔记里[38], 以及新近出版的自传全集里[39]). 在和 Mott 交谈之后他把注意力集中在晶体缺陷上. 第二次世界大战爆发之后, 在转到和曼哈顿计划相关的辐照损伤课题之前, 许多准备创建色心理论的人同时也介入改进用于雷达的磷光体研究. Seitz 基于他坚定的揭示色心性质的决心, 战后又回到了色心问题研究, 并于 1946 年发表了他的两篇著名综述文章中的第一篇[40]. 现在他的理论被有意设计的实验所支持: Otto Stern(和他的两个合作者) 能够演示当离子晶体被辐照强烈地致黑后, 晶体充满色心, 并可测量到晶体密度的减小, 虽然这种减小只有万分之一!(这种非常精确的密度测量是用漂浮柱来完成的, 漂浮柱里充满了从顶到底有微小密度梯度的液体, 晶体停在哪里, 说明那里的密度和晶体的相同, 根据晶体所在位置来确定晶体密度, 根据漂浮的方向确定密度的增减.)

空位理论最终成熟了. 在一段时期的以 Seitz 为核心的密集研究之后, Seitz 发表了他的第二篇关于色心的综述文章[41]. 在这篇综述里, 他区分了 12 种不同类型的色心, 包括单的, 配对的或三个空位的色心; 其中很多后来被证实是错误的辨识, 但是不管怎么说, 用 Teichmann 和 Szymborski 的话来说, "从 20 世纪 40 年代后期开始, 实验和理论努力都变得更加集中于解决明确的科学问题[34], 这是 Seitz 的功劳." 从那时起, 定量理论和实验研究的通力合作在金属和非金属材料研究领域几乎同时开始了.

Frederick Seitz
(美国人, 1911~2008)

Frederick Seitz 在创建固体物理学和更广泛的材料科学领域过程中起到了至关重要的作用. 作为一个年轻的斯坦福大学毕业生, 他于 1932 年来到普林斯顿, 在光谱学家 Edward Condon 指导下做研究工作. Condon 建议他改跟 Eugene Wigner 做研究, 他说:"固体物理即将诞生, 如果你跟我在一起, 只能为我的书 (《原子光谱的理论》) 做做计算". 这个建议导致了 1934~1935 年的非常重要的 Wigner-Seitz"单胞模型" 的产生. 这个模型使得自由电子理论能够被用于真实的物质而不仅仅是理想的金属. 不久之后, 他又投入到本章正文介绍过的著名的离子晶体的色心研究中. 他的专著 (《现代固体理论》(1940 年);《金属物理学》(1943 年)) 和他创建的专著系列 (《固体物理学》(1955 年开始) 等系列丛书) 对认识量子理论特别是能带理论的概念在固体中的应用产生了极大的影响. 在他参与很多国家级的重要活动和成为一个主要大学的校长之前, 他曾是卡内基工学院 (1942~1949 年) 和伊利诺依大学的教授 (1949~1965 年).

然而, 在获得所有这些职位之前, 作为一位年轻的物理学家, 他在通用电气公司的研究中心工作了两年, 那段经历无疑深深影响了他对材料物理学的观点: 他在建立许多材料研究实验室过程中发挥了主要作用, 这些实验室现在是很多美国大学校园的亮点. 1993 年, 美国材料研究学会授予他最高荣誉的 von Hippel 奖. 在接受该奖的答词中他谈到对获奖感到意外, 谈到著名数学家 John von Neumann 早期在推动材料科学实验室建立中的作用, 谈到了仅从头衔看不出一位科学家的真正兴趣所在.

19.7 扩 散

正如我们所看到的, 到 1940 年代, 空位的存在已经在绝缘晶体中很好地被事实证实了, 并且统计热力学表明空位在金属中也一定存在. Huntingdon 和 Seitz[42] 1942 年发表了金属铜中空位和间隙原子的形成能及其迁移激活能的计算结果. 这些计算很清楚地表明空位是原子扩散的 "载体", 而不是填隙原子 (即挤在阵点中的原子). 这意味着在金属晶体中原子的移动只能通过和相邻空位交换位置来进行. 若干年后, Huntingdon 和 Seitz 的计算结果被通用电气实验室的 Robert Balluffi 的一系列辉煌的实验研究进一步补充完善 (例如参见 Simmons 和 Balluffi[43]): 他们把膨胀测量 (长度作为变化的温度函数的测量) 和晶格参数的精确测量 (晶胞的尺寸) 相结合来测量空位的浓度. 这是一个密集研究许多金属和合金中的扩散、空位的特征性形成和迁移能时期的开始. 但是, 并不是所有的晶体中的扩散都是用空位做 "载体" 的: 若干年后确认在像 Si 这样的物质中, 扩散是通过填隙原子进行的.

在 20 世纪 40 年代末, 人们认识到如果过量的空位通过高温淬火方法被 "冻结" 在金属中, 则这些过量的空位会大大加速室温下的扩散, 直到这些过量的空位被完全驱散到比如像自由表面或晶界这样的 "汇" 中. 1950 年, David Turnbull 展示了可以用这样的方法解释在某些 Al 合金中时效硬化现象: 从 ~600°C 淬火得到的二元 Al-Cu 合金在室温下缓慢地硬化, 因为过剩的 Cu 以富 Cu 的固溶体微区的形式存在而阻碍了位错的自由移动. 当把测得的 Al 中平衡扩散速率外推到室温时, 预测的时效硬化速率可忽略不计: 这意味着在急冷的合金中只有过剩的空位使时效硬化过程成为可能. 这种非平衡缺陷密度后来不久成为在核反应堆材料中研究辐照损伤的核心概念: 当原子从点阵位置上被高能光子、中子或离子打掉, 大量的过剩空位和填隙原子形成, 从而导致许多反常行为, 包括溶质原子在那些应该是理想的均匀组分的合金中的非平衡偏析, 点缺陷从晶粒一边到另一边的宏观迁移造成预料不到的形状变化, 空位聚集形成 "空隙", 以及极微小的应力造成反常易致的塑性形变. 对于点缺陷的聚集, 包括空位和填隙原子两者各自的聚集, 特别是两者一起的聚集, 已经被大量检验. 一篇最近的文章宣称在大量自填隙群集的基础上能够在一个宽的范围内解释晶体和玻璃的性能, 包括熔化[44](一长系列的熔化理论, 都在试图理解这样一个棘手的事实: 熔体很容易过冷, 但晶体几乎不能过热, 因为熔化是从表面开始的 —— 正像两位荷兰物理学家通过确定性研究表明的那样[45]. 这些理论把凝聚态理论学家分成势不两立的两个阵营. 这是个充满争议的令人着迷的领域, 包括美国、荷兰、法国、英国、俄国、新西兰以及其他国家的许多物理学家涉及这个领域. 在 Yukalov[46] 和 Wolf 等[47] 最近的两篇文章中分别举例说明了同时考虑液体和固体性质的方法和那些与熔体的自由能无关而只关注固体中缺陷的方法. 大多数熔化理论属于第二种方法, 部分原因是严格的液体物理模型的建立还有待时日[48]).

再回过来谈辐照损伤, 它已变成材料应用研究的庞大领域, 非常依赖于对一些实际物体的物理认识, 这些实际物体包括单独的和团簇的点缺陷. Gittus[49] 出版了一本很好的考察该领域的物理基础的专著, 同时 Schilling 和 Ullmaier[50] 出版了另一本较短但内容更新的著作 (德国物理学家在该领域一直很活跃). 一本最近关于金属中点缺陷的权威概述用很大的篇幅介绍点缺陷辐照实验的证据[51], 证明了点缺陷和辐照的密切关联. 最近, 在《核材料杂志》第 200 卷的引言中, 编辑 Mansur 认为 "发表在本刊这 200 卷中的核材料研究的成果积累 (从 1959 年起), 建立在材料科学和工程的基础上, 同时普遍加速了物理科学和工程的发展".

金属和非金属中的扩散本身已变成一门重要的分支学科. 它包含众多的微妙问题和现象, 如在原子级别有序的金属间化合物中扩散受阻现象 (如果一个 Ni 空位在有序合金如 CuZn 中和邻近原子交换位置, 会发现自己要占住 Zn 的位置需要耗费更大的能量). 图 19.6 显示了这个结果, 该图示出的是 Cu 和 Zn 在高于和低于临界有序化温度条件下在 CuZn 中扩散的实验结果[52]. 在应力作用下扩散还能够导致形状的缓慢变化: 这个过程被称作 "扩散蠕变", 它的存在和机制是由 Frank Nabarro 于 1947 年在一次著名的布里斯托尔物理会议上首次提出[53], 由美国贝尔实验室的 Conyers Herring 于 1950 年进一步完善的[54]: 如图 19.7 所示, 原子在应力作用下流动, 但同时空位沿相反的方向流动 (另外一种情景是空位沿晶界扩散而不是穿过晶粒). 这个过程没有涉及位错. 在这里很清楚地看到, 流动速率对晶粒

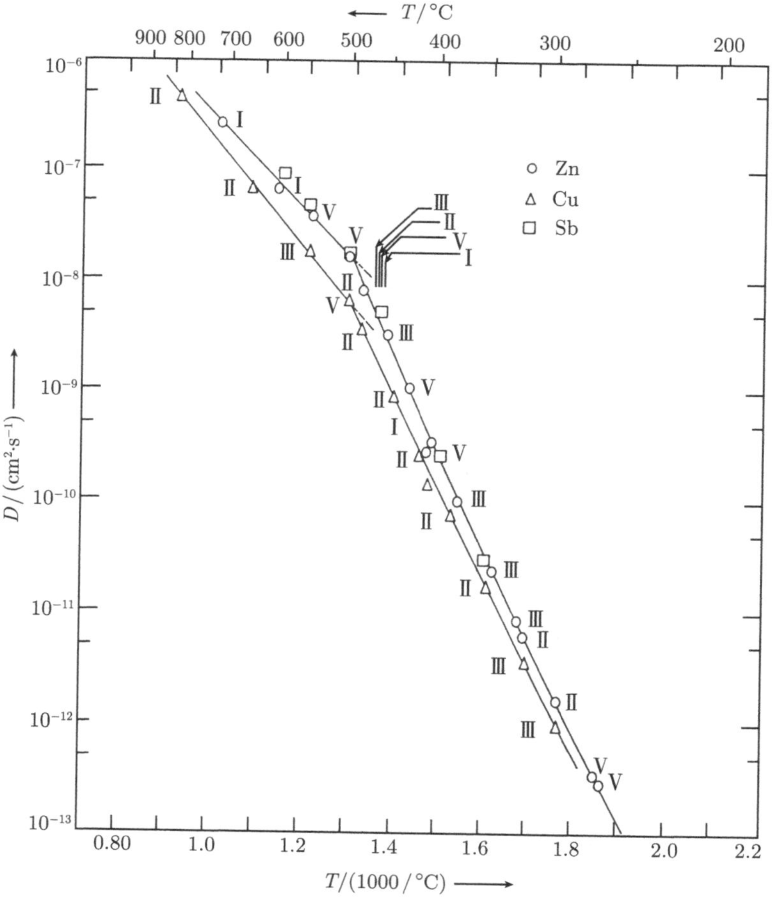

图 19.6　β–黄铜, (CuZn) 中扩散系数和温度的关系. 斜率的不连续点接近临界无序温度点

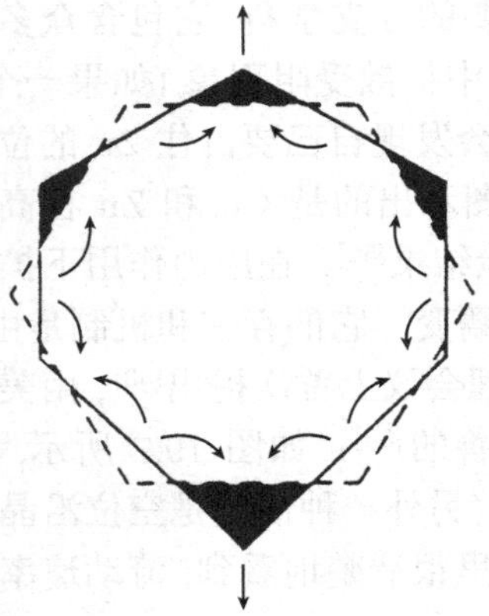

图 19.7 在超塑性形变中运行的扩散蠕变机制的示意图

尺寸 d 很敏感, 在第一个过程中, 流动速率按照 $d^{-1/2}$ 变化, 在另一过程中按照 $d^{-1/3}$ 变化. 这些认识已经导致了超塑性成型技术的发展. 在超塑性过程中, 通过微结构的有效控制使得在合金或陶瓷中能够稳定地保持非常精细的晶粒结构 (典型的是 1μm 甚至更小的微结构). 因此材料可以在相当小的应力和适中的温度条件下慢慢地变形, 甚至像 TiO_2 这类通常条件下完全脆性的陶瓷材料, 也可以轻易地承受百分之几百的应变. Mukherjee[55] 最近综述了这个已经被大规模应用于工业的工艺方法. 超塑性题目是一个很好的材料物理学和冶金学以及工程学交叉的例子, 并且这样的例子还有很多.

扩散只是材料物理学家依据晶体缺陷所研究过的很多物理过程中的一个. 出版于 1952 年的一本最有影响的书之一, 名为《近完美晶体中的缺陷》, 这本书的出版是很有意义的, 那时点缺陷和线缺陷两者都被一定程度地理解了. 确实, 在这本书中, Seitz 归纳了当时已知的所有关于金属和非金属晶体中缺陷的知识[56].

19.8 电陶瓷、光电陶瓷及液体

有关色心的工作和结果, 对于绝缘体和半导体晶态材料中带电荷缺陷的理解, 激发了电力 / 电子工业中的陶瓷材料研究. 这个题目过于庞大, 这里只有一点篇幅能粗略概述一下自 1900 年之后发生在该领域的事情.

主要的电/光陶瓷有如下种类: 用于电视、雷达和示波器屏幕的磷光体; 电压依赖的和热敏感的电阻器; 电介质, 包括铁电体; 压电材料, 也包括铁电体; 热电陶瓷; 光电陶瓷以及磁性陶瓷 (将在本书其他部分涉及).

我们已经知道 Seitz 战前在通用电气研究实验室逗留期间有意推动色心研究, 在那里他研究磷光体, 这种物质能够把电子束的能量转换成可见的辐射, 这正是示波器和电视接受器所需要的材料. "磷光体" 这个词汇一般用于能发荧光和磷光的材料 (也就是在电子激励被切断以后表现为持续发光的材料). 这些物质早在 20 世纪初就被研究过, 特别是在德国, 早期的研究结果由 Lenard 等汇集成书[57]. Vladimir Zworykin (一位有卓越能力的在美国的俄国移民) 对磷光体也特别关注. 在 20 世纪 20 年代晚期他想开创电视工业, 但是没能成功地说服他的顾主西屋公司相信这个目标是现实可行的. 根据 Notis 的历史研究中一段有趣的描述[58], Zworykin 后来只好转移到另一个公司 —— 美国无线电公司 (RCA), 在那里他得以鼓动把电视和电子显微镜两者都商业化. 要达到这些目标, 首先他需要可靠的和大量的磷发光材料, 发光持续时间要小于三十分之一秒 (那时, 他相信显像管每秒刷新 30 次图像是必需的). Zworykin 很幸运地邂逅了一位天才的陶瓷工艺家 Hobart Kraner. Kraner 一直在研究装饰陶瓷用的结晶态釉材料 (这是一项创新性工作, 因为大多数釉都是玻璃态的), 他研究的这些晶态釉料之一是硅酸锌釉[59]. 他和其他的后来者发现当把锰作为成核催化剂加入玻璃态釉时, 会激发玻璃态的母体晶化, 结果得到的晶态釉是发荧光的. 在同一时期, 天然的硅酸锌, 硅锌矿石被用作荧光物质, 但这种材料不稳定, 飘忽不定且不可重复, 而且无论从什么角度来说供应量都很短缺. Kraner 给 Zworykin 展示了人工合成的硅酸盐 (Zn_2SiO_4) 被 1%Mn 掺杂激发后是更佳的荧光物质. 这一偶然发现对 Zworykin 来说真是及时雨, 这使得他能够说服 RCA 公司继续进行大规模电视显像管制造. Kraner 是个很谦逊的人, 很少发表文章, 在后来一次演讲中他谈到创造力是需要人们相互配合来激发的[60]. 材料的历史充满了有趣的逸事, 在合适的时间, 合适的人的正确合作可创造出关键性的重要科学成果.

用磷光体把 X 射线的能量转变成可见光这件事可追溯到 X 射线被发现不久的时候. 人们发现钨酸钙 ($CaWO_4$) 比当时用的照相底片对 X 射线更敏感. 从那以后许多更有效的磷光体被研制出来, 所有这些物质都掺杂了稀土离子, 一位印度物理学家最近综述了这些进展[61]. Harvey 的书[62] 纵览了所有这些由碰撞电子或 X 射线激发的磷光体研究的早期历史 (该领域的通用专业术语是 "发光", 这个词也出现在 Harvey 的书名中).

对荧光性和磷光性的相对简单的研究 (基于色心作用) 在今天已扩展到非线性光学晶体, 在这样的晶体中折射率对光强很敏感 (或者光折变性也相对于空间的变化而变化[63]): 有一系列这样的晶体, 典型的有现在被应用的铌酸锂晶体.

陶瓷导体也覆盖了很大范围的各种各样的材料, 这也是在大量基础研究投入之后才得到目前这样精细的材料功能的. 一个很好的例子是氧化锌变阻器 (即受电压控制的电阻器, 从某种意义上类似于光敏晶体). 变阻器由半导体的氧化锌晶粒组成, 晶粒之间被富铋薄层分隔开, 这样分隔的 ZnO 晶粒比纯晶粒具有更高的电阻. 当电压升高, 增加的晶粒间分隔膜面积能分流通过的电流. 关于这些重要材料的详细描述可参见日本科学家的文献[64] (日本在这类陶瓷领域具有无可挑战的领导地位, 他们称这类材料为 "功能" 陶瓷或 "精细" 陶瓷) 和英国科学家[65] 的文献. 这种类型的微结构也影响其他种类的导体, 特别是那些具有正电阻温度系数 (PTC) 和负温度电阻系数 (NTC) 的导体. 例如, PTC 材料[66] 必须是杂质掺杂的多晶铁电体, 通常是钛酸铋 (单晶不行), 且依赖于富掺杂的晶界上的铁电性到顺电性的转变, 该转变导致电阻的巨大增加. 这样的陶瓷被用于稳定温度.

刚刚提到铁电体 (Ferroelectrics), 该术语是由于语言的奇怪偏好而产生的, 是从 “铁磁体” (Ferromagnetic) 衍生来的 (在这里用 “Ferro” 是指自发磁化或自发起电, 造这个名词的人忘记了 “Ferro” 实际上是指铁! 相应的表示非金属晶体的名词 “ferroelastic” 是语言学上更怪异的混合词! 它其实是表示自发应变). 铁电晶体是个大家族, 其中时髦的是钛酸钡 $BaTiO_3$, 然而多年来一种不稳定的、难以操纵的有机晶体, 酒石酸钾晶体, 又叫罗谢尔盐却占了统治地位. 这些在科学上令人着迷的晶体被用于电容器是因为它们具有高介电常数, 用于声呐则是因为它们具有极强的压电特性. 这里我们不能叙述更多的细节, 但是可以肯定地说铁电体材料在最近几十年已成为材料物理学的主要分支. Cross 和 Newham[67] 已经精辟地描述了充满活力和激烈争议的铁电体材料科学研究史. 其中的一个精彩片段是 20 世纪 50 年代, 贝尔实验室的 Bernd Matthias 和宾州大学的 Ray Pepinsky 比赛看谁能发现更多的新铁电体晶体, 正像其后他又和其他人比赛在原始的 (即金属的) 超导体材料中提高超导转变温度一样. 每位科学家都有他自己的行动的秘密源泉, 只要他有好运气去发现它! **【又见 6.10.3 节】**

前一段中提到了铁弹性晶体, 铁弹性晶体是对应 “顺弹性” 的 (或称 “正常” 弹性的) 晶体来定义的. 铁弹性晶体, 和铁电晶体一样, 通过相变降低它们的对称性, 这样它们能以两种镜像取向存在, 不同取向具有不同的自发起电特性或应变特性. 这类晶体已经引起矿物学家和材料专家的兴趣: 事实上, 现代矿物学越来越接近物理学. 最近剑桥的一位理论物理学家同时也是矿物学教授撰写了一本精彩的关于这种鲜为人知的材料的著作[68] (弹性应力也能影响合金中的相平衡). 很多领域对形状记忆合金如 Ni-Ti 合金的研究确凿地证明了这一点. 在形状记忆合金中无扩散的、应力导致的切向转变造成形状变化, 在合适的条件下, 这种合金在加热时能逆向转变, 恢复它们原来的形状. 最早关于这类转变的研究或许是由 Kurdjumov 和 Khandros 于 1949 年在莫斯科进行的对某些钢的经典研究[69], 这种转变当时被称作 “热弹性转变”(Kurdjumov 仍然在世, 已到耄耋之年, 他是苏联科学院金属物理学的极有影响力的领军人物①).

再回到功能陶瓷, 一类更大的陶瓷家族是超离子导体. 这个专业术语是 WL Roth 于 1972 年引进的 (他也在通用电气公司中心实验室工作)[70]. 虽然他的工作只发表在《固态化学杂志》上, 但这项工作有同等充足的理由发表在《物理评论》上. 在该领域工作的晶体学家通常两极分化, 一部分人自认为是化学家, 而另一部分人自认为是物理学家. 超离子导体是电绝缘的离子晶体, 尽管晶体中的电子是不动的, 但晶体中的阳离子或阴离子在电场作用下很容易移动, 使这种晶体的功能像效能很高的导体一样. 最典型的超离子导体是钠掺杂的氧化铝, 其化学式为 $NaO{\cdot}11Al_2O_3$,

① GV Kurdjumov 院士已于 1996 年去世.—— 总校者注

称为 β-氧化铝. 为了更容易进行 X 射线分析, Roth 用银取代一些钠, 但他发现 Ag 占据了晶体结构中的一个特殊晶面上特定点座的少数位置, 同时留下了许多点座空位. 这种构形造成非常高的 Ag 原子迁移率 (或者他们取代了的部分钠原子迁移率); 承载空位的晶面被描述成像液体一样. 现在有很多其他的超离子导体, 在所有固体蓄电池和燃料电池中都用它们做电解液.

人们倾向于认为 "材料" 是固体的, 在几年前编辑一本材料百科全书的时侯, 我发现必须费很大努力才能在百科全书中包括一些介绍水和墨水方面的条目. 至今在一般的消费电器行业最重要的材料家族之一仍是液晶, 液晶被用作诸如电子表、计算器上便宜的显示器. 液晶材料具有极富吸引力的发展历史, 同样也有深刻的物理内容.

液晶有几种类型, 为了简化说明起见, 可以把液晶描述为统计地趋向一个特定方向的长链分子的集合. 共有三种类型: 向列型, 胆甾型, 近晶型 (亦称丝状相、螺状相和层状相). 这三种液晶类型具有依次递增的有序性. 液晶定向排列有序度随温度的变化类似于铁磁体中自旋的定向排列. 关于这类奇特材料的历史记录可追溯到 1888 年. 那时, 一位 "植物学家兼化学家" Friedrich Reinitzer 送给 "分子物理学家" Otto Lehmann 一些胆甾酯, 这两人可被认为是液晶的共同鼻祖. Reinitzer 的化合物表现出明显不同的可分辨的两个熔化温度, 两个熔化温度相差约 30 K. 当时人们对晶体结构知之甚少, 对发现的很多实验现象感到很迷惑. 但是 Lehmann(他是一位专心致志的显微学家) 和其他人考察了在电场和偏振光下在两熔化温度之间液晶的奇特的相的形貌. Lehmann 认为这是一种非常软的晶体相或 "流动的晶体". 他是第一个绘制出这种奇特的缺陷结构的人 (今天把这种形貌特征称为 "向错"). 于是著名固态化学家 Gustav Tammann 登台了. 他是个老式的学术权威, 曾一度是哥廷根大学的第一流教授, 他完全拒绝接受把这种 "流动的晶体" 认证为一种新相, 尽管 Lehmann 已经在 1904 年出版了一本全面介绍有关这种新相的书. 激烈的争论持续了很多年, Kelker [71] 的两篇很有教益的历史文章叙述了这段历史. Lehmann 一直性格古怪、离群索居, 而且随年龄增长越来越甚. 在他晚年的最后 20 年中他致力于撰写一系列关于 "液晶和生命原理" 的文章.【又见 21.3 节】

在 20 世纪上半叶, 液晶研究的主要进展由化学家取得, 他们不断地发现新的液晶种类. 当物理学家特别是理论物理学家介入以后, 对液晶结构和性能的理解和认识突飞猛进. 早期物理学家的主要贡献来自法国晶体学家 Georges Friedel, 他是我前面叙述位错和法国固态物理研究状况时提到的 Jacques Friedel 的祖父. 正是 Georges Friedel 发明了上面提到的有关液晶类型术语 —— 向列型, 胆甾型, 近晶型. 根据 Jacques Friedel 在他的自传中的叙述, 这些术语是在他们家庭的传统活动中浮现的, "在一个轻松的下午, 他和女儿们特别是杰出希腊文化研究者 Marie 在一起娱乐, 这时候他想出了这些术语!" Friedel 意识到由于液晶具有很低的黏滞系数, 使得它在外界条件改变如电场改变时能够容易地改变其平衡态. 因此 Friedel 可以被认为是当前液晶材料应用技术之父. 按照他孙子的说法, Georges Friedel 的 1922 年的液晶概述[72] 至今仍然被频繁引用. 关于现代液晶的缺陷结构、液晶统计力学的非常详细的理解被浓缩在最近再版的两本经典著作中, 这两本书分别由巴黎的 de Gennes[73] 和印度班加罗尔的 Chandrasekhar[74] 撰写 (也可参照本书的第 21 章).

液晶显示取决于在两玻璃平板间施加电场时的 "指向矢 (director)" 的重新取向. "指向矢" 定义为液晶分子的平均排列取向矢量. 用透明陶瓷导体来加电场, 典型的透明陶瓷导体是上面曾提到的氧化锡. 一套系列丛书[75] 介绍了这类品种繁多的液晶材料的应用.

将波涛汹涌的液晶研究历史和离子晶体色心的研究史进行比较或许并不太奇怪: 首先出现的都是坚定的经验主义, 紧接着是敌对的理论学派之间的激烈争论, 直到最后出现的是系统的理论方法, 以及由它导致的正确理解认识和真正的实际应用. 在这两个领域, 说靠经验方法就足以产生实际应用或许都是不正确的. 事实上, 达到实际应用必须等待好的理论的降临.

从工业的角度来看, 在这节介绍的众多技术革新中, 最成功的或许应该是文献和档案的静电复印或者影印技术以及他们的衍生产品 —— 激光打印计算机输出. Mort[76] 最近综述了这些技术的发展历史. 他解释说 "在 20 世纪 30 年代早期, 就已经证明了用充静电的绝缘材料吸引摩擦带电的粉末可产生图像". 根据前面提到过的关于布达佩斯物理研究的书[35], 现代静电复印技术最早的先驱事实上是一位名叫 Pal Selenyi (1884~1954 年) 的匈牙利物理学家. 在第一、二两次世界大战期间他在布达佩斯桐斯拉姆 (Tungsram) 实验室工作. 但是本节曾提到的同一个 Zworykin 在布达佩斯访问期间, 曾劝阻 Selenyi 继续进行这项发明; 他显然也藐视另一位匈牙利物理学家 Zoltan Bay(最近刚刚去世) 发明的电子倍增器 (后来成功了). 如果这本书可信的话, Zworykin 肯定是早期的 "这里不会有发明" 工业产业化怀疑论综合症的鼓吹者. 回顾 Mort 的概述, 我们知道第一个被广泛承认的静电复印技术是美国人 Chester Carlson 在 1938 年展示出来的. 这项技术以非晶硫和石松粉为基础, 非晶硫作为感光受体. Carlson 花费了 6 年时间才得到 3000 美元的产业化资助. 最终, 于 1948 年宣布研制成功了一台基于非晶硒的影印机, 并在消费者中引起轰动, 市场销售情况大大超过预期! 后来硒被更稳定可靠的合成非晶聚合物膜代替. Mort 肯定了 John Bardeen 作为顾问和公司主管在促进早期开发实用静电复印技术过程中所起的重要作用. 正如静电复印和激光打印是物理学家的胜利一样, 开发传真机则是由化学家在发展现代热敏纸过程中推动的, 这项技术的大多数工作都是在日本完善起来的.

静电复印术依赖于非晶材料, 许多其他现代工业产品也一样. 或许最重要的非晶材料是光学玻璃, 今天的光学玻璃种类繁多得令人吃惊, 具有各种各样的折射率、色散和吸收谱、颜色反应、应力–光学反应等. 光致变色眼镜透镜组已构成了一个为公众所熟悉新种类. 发展现代光学玻璃[77] 已经使物理学家和化学家都卷入进来, 在这样紧密的合作中, 区分他们的贡献是完全不可能的. 通信用的玻璃光纤[78] 也是类似的情形, 它需要有与晶体管材料可比拟的纯度来保证高透明度. 玻璃光纤还必须具有跨越径向的精确的折射率梯度分布, 实现这些复杂的技术需要可靠的物理学控制技术. 在这方面陶瓷材料是最新的正在发展的材料家族中的先锋成员, 并主要是日本人在研究这些材料, 其热冲击强度以及其他所需的性能可通过逐渐改变一个厚层内的成分或微结构获得, 这种材料被命名为 "功能梯度材料".

19.9 相转变, 微结构和现代科学仪器

在本章的开头, 相律和与它伴随的概念及相图是作为物理冶金学的支柱之一来介绍的. 一旦 X 射线衍射方法诞生使晶体结构研究成为可能, 则研究固体–固体相变中的晶体学细节就变得切实可行了.

最重要的相变是液态到固态的相变 —— 凝固, 这个领域在过去的 45 年里被物理冶金学家和物理学家完全改变了模样. 研究的重点曾经是合金, 关注的重点是合金溶质的行为. 由于对大多数组分来说, 在平衡态时熔体和固体具有不同的组分, 这为大量各种各样的现象出现在平衡态和尤其是快冷导致的非平衡态冻结提供了空间. 非平衡现象包括诸如枝晶生长特性 (从熔体析出的精细固态枝状相), 快冷合金中剩余溶质的捕获, 以及极其精细的微结构. 阿根廷冶金学家 Biloni[79] 详细陈述了现代凝固理论的各种分支, 而关于高速凝固合金的各种特性在最近出版的一本专著中有详细论述[80]. 在后一本书的第一章中我综述了快速凝固工艺的历史, 这是从纯科学好奇心发展出新技术的著名例证.

Pol Duwez (1907~1984 年) 是一位美籍比利时物理冶金学家, 他在加州理工大学做了多年的教授. 他着迷于一位很老的冶金学家的一项技术, 这项技术是把热的合金快速淬火到水中, 这样可以在室温下亚稳地保留非平衡微结构, 特别是钢中硬的 "马氏体" 相. Duwez 考察了各种各样外部施加的提高冷却速率的方法. 他还在为另一件被认为应该是物理学家解决的事着迷: 他想知道为什么 Cu 和 Au, 还有 Au 和 Ag 可以任意比例组分完全互溶, 而 Cu 和 Ag 就不能这样. 理论预言 Cu 和 Ag 的行为应该像两个互补对, 但 Duwez 假设一个固溶体和一个两相结构的相对 Gibbs 自由能 (如实际所发现) 是微妙地平衡着的, 并且是几乎相等的. 如果这样的话, 应该有可能强迫 Cu 和 Ag 在 50/50 等成分点形成一个亚稳的共溶固溶体, 进而他计划用快速冷冻熔体的方法得到这样的固溶体. 因此他开始着手发明熔体快速淬火的方法, 然而在此之前淬火完全用于固体领域. 他成功地用快淬方法合成出连续的系列 Cu-Ag 固溶体[81](在这里技术细节无关紧要). 从此, 一个庞大的有用途

的技术新领域 —— 合金快速凝固处理技术产生了, 并由此成功制备了很多新的合金如工具钢和轻型航空合金. 这项技术还催生了新的材料物理基础研究领域, 特别是通过这一途径产生的和金属玻璃相关的研究领域[82]. 它导致了金属玻璃 Fe-Si-B 和类似的组合材料被广泛应用于变压器的叠片结构. 这里值得强调一下, 早期也有研究者发展快速凝固合金的方法, 但只是作为便宜地制造某些特殊形状合金的手段而已, 没有任何科学意义 . 直到 Duwez 这项绝技的出现才在一些科学家中引起广泛的关注, 快速凝固才被严肃认真地当作在科学和技术上都能带来回报的方法. 像色心和液晶一样, 这里再一次证明了科学的见识和洞察力而不是粗浅的经验导致了技术上的突破.

一项不寻常的研究是超快凝固, 采取悬浮熔体液滴不接触任何容器的方法作为更有效的淬火手段. 这里通常的应用物理研究的主要手段被用于开发固体和液体的悬浮 (可用电磁场悬浮、聚焦声波悬浮或激光悬浮, 或者在合适的情况下可采用超导材料) 和使用特别设计的无线高频感应线圈实现悬浮. Brandt 已经概述了整个领域[83]. 悬浮理论是纯物理学被用于解决特殊的材料加工问题的一个很好的例子.

凝固的一个至关重要的方面永远和 William Pfann 这个名字联系在一起. 他的伟大发明, 区域精炼法加上区域致匀法是制造锗晶体管的关键要素. 没有这些发明, 就没有晶体管! 插注 19A 概述了这种方法 (也可参见图 19.8). Pfann 曾口头讲述过是什么导致了他的发明, 他的说明被保存在贝尔实验室的档案馆里. 作为一个年轻人, 他是作为一位地位低下的实验室助手加入贝尔实验室的, 刚开始他的职责是做诸如抛光样品和生长薄膜一类的工作. 他上夜校听课并最终得到学士学位 (化学工程学位). 在记忆中他听过一位当时著名的物理冶金学家 Champion Mathewson 关于塑性流动和晶体滑移的报告. 像他之前的 Rosenhain 一样, 年轻的 Pfann 被这个报告迷住了. 那时, 虽然他只不过是一位助手, 他的老板 EE Schumacher 却请他"用你的一半时间做你想做的事情", 这是贝尔实验室最好的传统. 令人吃惊地, 他想起了 Mathewson 的报告, 选择了研究掺有锑的铅晶体 (贝尔公司用它做电缆包皮层) 的形变. 他想制备成分均匀的晶体, 于是迅速发明了区域致匀法 (他 "理所当然地以为这种想法对大家是很显而易见的, 但是错了. ") Pfann 的另一项技术发明创造显然让贝尔研究部主任印象深刻, 虽然没有博士学位, 他成为一位完全合格的正式的技术职员. 当 William Shockley 抱怨得到的锗好像纯度不够时, Pfann, 用他自己的话说, "我把脚架在桌子上, 把椅子背斜靠在窗台上打盹, 这是我相当固定的习惯. 当我突然醒来后就不再打瞌睡了, 我仍然记得, 在放下椅子时的噼啪响声中我突然意识到, 让一系列连续的熔区扫过锗的锭子, 这样将有可能达到重复部分结晶的目的". 这项新技术被证实并在几个月后成功地应用于晶体管的制造. 后来, 他做了必要的技术改进以便适用于硅. Pfann 在他的两版权威性书中均详细地描述了这些细节[84].

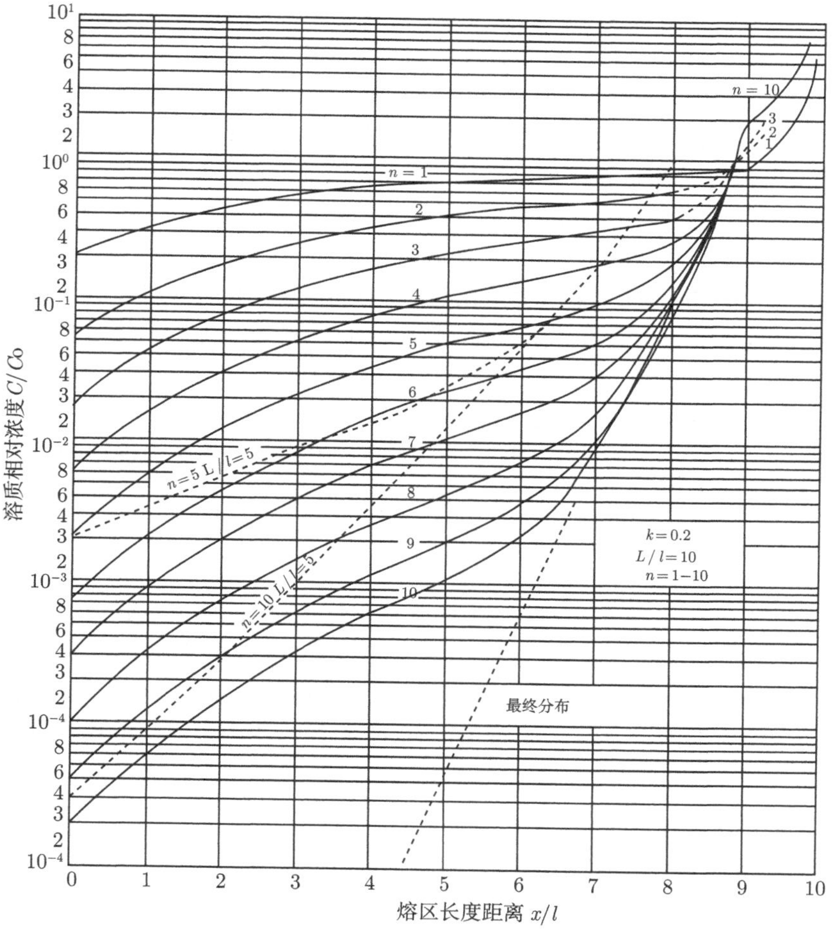

图 19.8 计算得到的溶质相对浓度分布图

C/C_0(这里 C_0 是溶质起始浓度) 作为熔区沿着溶剂圆棒扫过的次数的函数关系, 图中实线对应圆棒长和熔区长的比例为 10, 虚线对应的比例是 5, k 是溶质在固体和在液体中溶解度的平衡比例, 这里 k 取典型值 0.2. 注意浓度用的是对数标度

后来, 其他实验室将区域精炼法用于金属的结果令人失望, 但也有例外. 美国通用电气公司从 20 世纪 20 年代就希望制造用 Cu 电极做的用于开关设备的密封真空断路开关, 但是结果发现每次断电, 局部的加热使 Cu 电极释放出太多的气体, 从而迅速地破坏了真空. 后来, 大约在 1954 年, F H Hom 用区域精炼方法制备出气体含量小于千万分之一的 Cu. 事实证明就是这个秘诀导致了商业化的断路开关的开发成功. 这段发展历史被详细地记载在非常有趣的通用电气公司研究实验室 50

年代和 60 年代研发事例简史上[85]. 这里值得引证一本优秀的传记, 它记载了这个实验室 —— 第一个美国工业研究实验室, 也是最有效率的实验室是如何创立的[86].

固–固相转变的范围宽广, 唯有固–固相转变可称为物理冶金学研究的中心问题. 在这里甚至没有足够的篇幅来画出各种固–固相变类型范围的轮廓 (通常, 细分成包含原子扩散和无原子扩散的两类相转变. 无原子扩散类型指转变发生非常迅速, 溶质原子没有时间重新排列的情形 —— 就像前面已经提到的形状记忆合金中的转变那样). 历史上, 在 20 世纪 30 年代, 第一个完善的关于母相和子相之间取向关系的晶体学分析是 André Guinier 的开创性工作, 这项工作是关于 Al– Cu 合金中时效硬化本质的研究[87](实质上是在趋向平衡相过程中的初始相或转变阶段的 X 射线研究). 匹兹堡的 Charles Barrett 和 Robert Mehl 学派在 20 世纪整个 30 年代中进行了大范围的各种合金的扩散型相变的系统研究. 1943 年由 Charles Barrett 撰写的一本晶体学在物理冶金学中的应用的经典书里概叙了这项研究[88]. Mehl 还开始对相变动力学及相关过程进行了系统研究, 包括形变金属的再结晶, 在这项研究中他采用 Marvin Avrami 的数学分析方法来研究再结晶. Marvin Avrami 发表过几篇有重要影响的文章[89], 后来他完全离开了固体物理领域. 一旦动力学被详细地知悉, 相转变的相关机制就容易理解得多了. 作为 X 射线衍射的一种补充手段, 电子显微镜被发明了, 对时效硬化 (也叫脱溶硬化) 的广泛研究也就应运而生, John Martin 在 1968 年对这些工作[90] 做了很好的总结, 这本不同寻常的书也摘选了许多该领域的经典文章. 在金属和合金相转变这个广阔的领域被人们普遍认可的圣经般的书是牛津大学的冶金学家 Jack Christian 写的一本内容充实的相变理论书[91].

插注 19 A　区域精炼法

William G Pfann (美国人, 1917~1982 年) 是出色的简单而有效地提纯半导体材料方法之父. 锗晶体管于 1948 年由贝尔实验室发明后不久, 人们很快就清楚地认识到晶体杂质量级必须保持在几亿分之一原子水平以下, 这样的纯度水平在当时从未达到过. 而且, 残余的微量杂质必须均匀地分布在晶体中 (在掺杂制作晶体管之前). Pfann 已经准备好了合适的技术. 当熔体被足够缓慢地冻结下来以保持平衡态时, 从液体得到的固体具有不同的成分; 通常大多数情况下, 会得到一个双元混合物固体, 固体中包含的溶质比液体少. Pfann 意识到这个特点可被用来开发纯化晶体和随后的均匀化. 当然, 简单地从棒子一端开始的凝固是一种低效率的纯化模式, 所需要做的是使很窄的熔化区扫过固体圆棒, 其效应是沿着固体棒"清扫"杂质 (见图 19.8). Pfann 发现了一个简单的操作方法, 用一序列环形加热器围绕着锗圆棒, 然后慢慢地移动圆棒通过这组加热线圈. 首先把圆棒放在坩埚里, 然后 (特别是当硅开始替代锗的时候) 利用薄熔区的表面张力使它与容器完全分离 (由此可防止再污染). 大多数杂质被清扫到圆棒的“脏”端, 将“脏”端切除掉. 然后, 来回移动熔区使锗均匀化. 区域精炼法用于净化样品, 区域致匀法用于样品均匀化. 这种方法虽然很原始, 但它的净化和均匀化功能比当时所有其他方法都好. 化学家所用的反复分部结晶法的效果更佳, 因为这种方法必须抛弃不同分馏化学过程中的大多数中间物质. 今天, 区熔法已被硅的化学超净法代替, 在这种方法中用卤化硅气体制备硅单晶. 但是在那个时候, 区域精炼是制造晶体管 (和后来的集成电路) 的最现实可行的方法.

相转变的一个特殊方面对物理冶金学家和聚合物物理学家产生了非常重要的影响, 值得在此特别地强调和概述一下, 这就是成核和失稳分解. 一种相在另一种相中 (如在过冷熔体中固体相成核) 均匀成核的概念可一直追溯到 Gibbs. 不同尺寸的微量晶胚不断产生和湮灭 (即瞬时成核). 当生成相比原始相具有较低的自由能时, 如初始相还是过冷液体的情形, 如果晶胚达到了一个足够大的尺寸, 增长体自由能比产生两相之间清晰界面的界面能更有利, 某些晶胚将保存下来. 包括像 Einstein 在内的很多物理学家都考察过液滴在蒸汽相中成核过程的理论[92]. 在一段长时期沉寂之后, M Volmer 和 A Weber 于 1925 年在德国复兴了成核动力学理论[93], 两位著名德国理论物理学家 Richard Becker 和 Wolfgang Döring 又进一步改进了成核理论[94]. 但可靠的实验测量是很多年之后的 1950 年才成为可能的. 当时在通用电气公司的 David Turnbull 完善了将熔体分散到一些很小的密封隔间的技术, 这样非均匀成核的作用和影响被减小到可以忽略, 他的测量法[95,96] 今天仍然被经常引用.

学习相转变的学生要花很长时间才能清楚地理解对新相形成来说存在一种可选择的途径, 这条途径就是通过母相的扩散过程产生新相. 这个过程由荷兰物理学家、诺贝尔奖获得者 Johannes van der Waals (1837~1923 年) 在他 1873 年的博士论文中首先命名为 “失稳界线”(spinodal). 他意识到当一种液体具有负的压缩系数, 处在远离它的液 / 气临界点的状态时, 这种液体在连续变化过程中是不稳定的. 负的 Gibbs 自由能具有类似的效应, 但搞清楚这种效应却花了非常长的时间. 最后, 瑞典冶金学家 Mats Hillert 于 1961 年在一篇著名的理论文章中 (基于 1956 年的一篇博士论文) 攻克了这个问题[97]. 他从理论上研究了原子的偏析和原子的有序化这两个扩散过程, 在一种不稳定的金属固溶体中这两者是可选择的扩散过程. John Cahn 和已故 John Hilliard 在他们一系列著名论文中进一步推进了对这个问题的研究, 这些工作使他们被认为是失稳分解现代理论的创立者. 首先他们恢复了扩散界面的概念, 当不稳定的母相连续分解到偏析的成分区 (但这些成分区一般具有类似结构) 时扩散界面逐渐变厚[98]. 后来, Cahn 把这个理论推广到三维[99]. 当时浮现出早在 1943 年 Vera Daniel 和 Henry Lipson 就在卡文迪什实验室考察了一种 CuNiFe 三元合金[100] 的事实, 这是一个非常清楚的详细研究固态失稳分解的范例. 最近, 在一次纪念 Mats Hillert 的庆典中, Cahn[101] 以出色的方式总结了失稳分解概念和它的创建历史, 失稳分解已成为一种普遍存在于相转变中的经典成核机制的可选择机制之一, 该机制尤其适用于固体–固体类型的相变. Binder 写了一篇优秀的关于失稳分解理论的目前状况和它与实验及其他物理学分支关系的最新总结[102]. Hillert / Cahn / Hilliard 的理论还被证明对现代聚合物物理学家研究共混聚合物的结构控制特别有用途, 由于这个原因, 从 1979 年起该理论首先被用于聚合物材料 (见 Kyu 的概述[103]).

另一个没有足够篇幅详细说明的特性是微结构和微成分分析在相转变研究中的核心作用 (这个问题是失稳分解的实验研究中的重要部分). 图 19.2 给出一些 Heycock 和 Neville 早期拍摄的多相合金的显微照片, 照片从显微学研究的角度显示出这类合金微结构的复杂性. 分散相的几何形状尤其是尺寸大小和它们的成分对陶瓷的力学性能和电学性能 (如我们所看到的) 有至关重要的影响. 两种仪器改变了微结构研究. 一个是透射电子显微镜, T Mulvey 在本书其他部分 (第 20 章) 叙述了它的起源; 另一个同等重要的仪器是电子微探针分析仪 (从实质上说是 Castaing 于 1951~1954 年期间在巴黎的脑力劳动产物[104]). 这种仪器用一束精细聚焦的电子束打在抛光的样品表面上, 产生的特征 X 射线用晶体衍射分析或者直接用辐射计数器进行能量弥散分析. 它能够用纯物理的方法逐点给出微小结构的化学成分. 它代表了材料物理学家把成分分析从化学分析逐渐地广泛过渡到物理分析的最精彩部分 (在 20 世纪 50 年代, 所有冶金实验室都使用 "湿的" 化学分析仪器, 今天它们都消失了). 电子微探针分析能够通过定量预测溶质分布, 然后和实验对照来建立理论模型. 我们已经看到这种对比在物理冶金学史上是多么重要. 最近, Lifshin[105] 出版了关于这一重要仪器的书籍.

电子微探针分析仪尽管很重要, 但只是众多的成分分析物理技术之一. 离子、光子、电子、质子和中子都可以被用作探针, 它们中的任意一种都有可探测的发射信号. 有些分析只能在表面的纳米尺度范围内进行, 其他的分析一般可在大体积范围内进行; 有些可在原子尺度进行分辨和鉴定, 另一些的分析尺度则在平方厘米以上; 有些很快就获得了巨大的声誉, 最有名的是具有原子尺度分辨率的隧道扫描显微镜, 它的发明者 G Binnig 和 H Rohrer 在两年内获得了诺贝尔奖, 隧道扫描显微镜迅速被证明有许多毋庸置疑的用途[106]; 诺贝尔奖评定委员会的确表现出非凡的远见. 一本最近出版的百科全书包括了不少于 106 种不同的技术, 这些技术用于表征各种类材料的物理特性[107]. 尽管其中的一些方法区别于收集成分信息, 是用来收集晶体学信息的, 但其余的方法, 值得注意的是热分析 —— 微量热法, 热重分析法等, 是用于反应和相变动力学及温度的精确定量研究的. (为了表明这类分析技术家族的规模, 这里举例说明：一个专业的热分析杂志最近一年就刊登了 700 篇文章).

然而, 另一族技术方法致力于微结构特性的定量测量, 如晶粒尺寸分布, 粒子尺寸分布, 在两相弥散中的 "平均自由程", 单位体积中的界面面积, 包含物的平均曲率, 部分烧结材料的多孔性、分形维度等. 总的来说, 这些技术涉及从两维截面测量来确定三维特征, 这样就需要熟练的几何学和统计学分析以及各种计算机设备来进行图像解析. 目标是将立体参数与物理和力学性能联系起来. 美国冶金学家 Ervin Underwood 写的一本被称为立体测量学或定量金相学的理论书是本领域早期 (1970 年) 的经典著作[108]. 对这种深奥的技术给出最好诠释的人是另一位美国冶金学家 Frederick Rhines, 他在 1974 年表明用复杂的立体分析技术能够表征纯金属中晶粒生长的拓扑学特征 (这个课题的魅力吸引了几代冶金学家和计算机建模者). Rhines 把立体测量学卓有成效地应用于众多的其他研究, 他把终身研究的经历总结成一本非常有趣的篇幅不大的专著, 专著采用了与众不同的题目《微结构学 —— 材料的行为和微结构》[109]. 最近, 德国冶金学家 Exner 发表了该领域的全面综述[110].

可以毫不夸张地说, 大量的现代表征方法或许是物理学对应用材料研究的最至关重要的贡献.

19.10 聚合物物理

1980 年, 当时的皇家学会会长 Todd 勋爵曾被问及过什么是化学对社会的最大贡献, 按照最近出版的关于高技术聚合物历史一书的前言所述[111], 他认为尽管化学对医学发展有过很多了不起的贡献, 但化学的最大贡献是聚合物的发展. 毫无疑问, 现代聚合物是工业化学家和学术化学家最令人印象深刻的成功故事, 聚合物化学家 (不像冶金学家) 已经被授予了诺贝尔奖 (但是, 令人遗憾的是, 物理冶金学的杰出成就没有得到这样的奖赏!). 更具讽刺意味的是, 直至, 20 世纪 20 年代, 化学机构还非常怀疑高聚合物分子可能根本就不存在. 在上面提到的书中 Kohan[112] 总结尼龙-66 的历史的时候, 谈到年轻的 Wallace Carothers (尼龙发明者)1926 年被任命负责杜邦研究实验室的时候, 他和他很少的几个同事面对的现实状况是："微小的聚合物产业严重依赖于改良的天然产品, 技术机构仍然不相信 Staudinger, Svedberg, Meyer 和其他人的工作确认的聚合物是价键连接的、高分子量的独立存在物质, 而不是小分子的集合 (虽然人工合成的聚合物已经被应用了近一个世纪). 甚至术语 '聚合物' 的定义也还在争议中". 当时没有一种聚合物专业杂志, 而今天却有了超过 100 种, 能承重的聚合物正在稳步地把金属从其首要位置逐渐替代下来. 那时保守派化学家的怀疑论使人联想起一个世纪以前那些认为原子的假说是不需要的怀

疑论者. 同样, 在 1900 年前后, 怀疑派冶金学家根本不相信金属由小晶粒组成.**【又见 21.2 节】**

然而, 仔细考察历史表明化学家并非现代聚合物的唯一创造者. 从化学上认证长链分子化学式、聚合过程本身、分子量和分子的构造与形状 (直的或枝状链的均聚合物、共聚合物、块共聚合物) 是化学家关心的问题; 但是取向、结晶、聚合物混合物的微结构、黏弹性、强度和硬度则是物理学家的事情. 近年来物理学家的参与稳步地增长. 令人遗憾的是, 在工业制造业界化学家和物理学家倾向于相互用十分怀疑的眼光看待对方. 不过这里的猜疑也许比不上冶炼冶金学家和物理冶金学家在另一领域的相互猜疑.

物理学家对聚合物行为的理解认识的第一项主要贡献是创立了类橡胶弹性理论. 天然和人造的橡胶, 特别是轻微硫化后, 具有巨大的弹性应变能力, 这和其他材料比如金属完全不同, 并且它还具有其他非同寻常的特征如弹性模量随温度的升高而升高. 如果被冷却到很低的温度, 它会完全失去它的低模量和大应变能力. 在 20 世纪 70 年代早期, 以加州的 Paul Flory 为先驱, 自由和交叉组合的聚合物链的统计力学和热力学研究达到了类橡胶弹性研究的定量解释水平. 人们认识到弹性应变最大的部分起源于熵: 被伸展的链越多, 熵越小 (因为对部分伸展的聚合物分子只有很少几种可能的结构构形). 然而, 因为有不同的空间的和 Coulomb 相互作用, 不同伸展状态也与不同的能量相联系[113]. 一个伸展的橡皮带具有不同寻常的应变能力, 其主要部分被认为是熵的作用. 橡皮带总是想要回到一种具有更多可支配结构构形的宏观状态, 即它想要收缩. Flory 实际上是一位物理化学家, 不过橡胶弹性的统计力学是由英国物理学家 L R G Treloar 于 1975 年系统建立起来的[114]. 熵和能量对橡胶弹性模量的相对贡献也被合理区分开来, 且与实验测量结果一致[115]. Flory 的方法被证明是把失稳分解理论应用于共混聚合物的必不可少的初期形式.

通常大多数的聚合物既不是完全非晶态的, 也不是完整晶体而是半晶体, 这是聚合物令物理冶金学家最难理解的特性. 一个聚合物的 50% 是晶态的, 这种说法对聚合物物理学家来说是有意义的. 开发非常强的聚合物纤维最常用的方法是用强力机械拉伸原材料, 使其长链定向排列, 原材料为结晶程度不同的聚合物. 英国布里斯托尔大学的物理学家 Charles Frank(我们在介绍位错辅助的晶体生长内容时提到过他) 在 1970 年展示了怎样计算伸展的聚合物链的本征 (最大) 强度[116]. 本征强度的实验确定不但可通过直接的力学测量进行, 还可以用 X 射线衍射和 Raman 光谱测量. 可以肯定, 物理理论和实验的结合是开发出像凯夫拉尔纤维一样强和硬的聚合物纤维的最根本的投入. 英国物理学家 Ian Ward 在为庆祝 Frank 80 寿辰出版的纪念文集上概括了这段历史[117].

然而, 物理学对认识聚合物的最显著的贡献无疑是认识到完全结晶的聚合物中的链折叠. 几位研究者, 特别是德国的 Erhard Fischer 和英国的 Andrew Keller 在 1957 年非常惊奇地发现了无支链聚乙烯 (最简单的聚合物) 可从溶液中结晶出来, 形成厚度比其分子链长度小得多的薄晶片. 推导出的晶体结构如图 19.9 所示[118]. Keller 的这项发现是在布里斯托尔大学完成的, 在上述的 1991 年的纪念文集中[119], 他介绍了这项发现的详细过程和原因, 以及布里斯托尔大学物理系特别的氛围是如何促成这项发现的. 在此之后的许多年, 紧随着这项发现的是关于图 19.9 中的构形为什么存在的激烈争论. 这个 35 年之后仍然没有停息的争论被记载在 Keller 1991 年出版的书的章节中. 在一种半晶体聚合物中, 单个的聚合物分子可以起始于非晶区, 进入折叠区, 如图中所示, 然后又再次进入另一非晶区. 这是物理冶金学家远远不能习惯的一种图像!

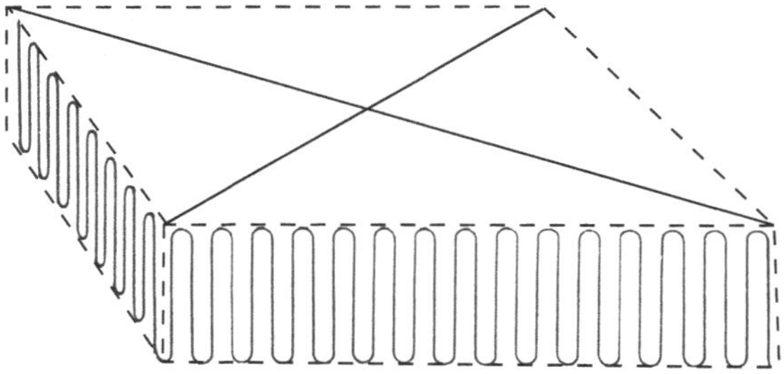

图 19.9 聚合物晶体中链折叠模型

我们在本章前面曾论及的液晶由长形分子组成. 在极端情形, 它们是聚合而成的分子, 现代高性能聚合物的一个大家族事实上是液晶聚合物. 如果考察这个领域的大量文献, 将会发现它们的形态学研究在很大程度上是属于物理学家的范畴. 一位物理学家和一位前物理冶金学家最近撰写了一本该类材料研究的概述[120]. 更广义地说, 聚合物液体的加工需要对各向异性流体的流体动力学有深入的理解: 通过巧妙地利用这种流体动力学可在非晶的固态聚合物中得到充分排列的链构形[121]. 与理解聚合物混合物 (即聚合物 "合金") 有关的失稳分解概念的重要性前面已经强调过了.

有一些例子说明物理学家在过去 30 年对认识和合成聚合物做出或许是最重要的贡献. 很多观察家认为聚合物将变成 21 世纪最重要的材料.

19.11 术语、概念和研究机构

本节要涉及这个领域很多不同的名称, 有的名称用于整个领域, 有的只涵盖本领域的一部分, 有的将作为该领域的一个分支: 金相学、物理冶金学学会、金属物理学、聚合物物理学、材料科学、应用物理学、工程物理学, 甚至 (虽然很少用到) 材料物理学! 命名曾使人激情迸发, 因此德国冶金学会 (the Deutsche Gesellschaft für Metallkunde) 最近经过长时间的争执和协调, 试图放宽它的含意. 最终, 一位显赫、好斗的 92 岁的会员 Werner Köster 战胜学会的势力, 把名字换成德国材料学会 (Deutsche Gesellschaft für Materialkunde)(击败另一个更长的候选名字 "德国物质科学学会"Deutsche Gesellschaft für Werkstoffwissenschaften). 这样至少名称缩写保持不变. 人们总是情不自禁地引用莎士比亚的话, 因为他的用语总是恰如其分. 在《罗密欧和朱丽叶》剧中, 朱丽叶 (她为过分地对家族姓氏的偏见非常苦恼) 说: "名字又有何意义? 我们唤作玫瑰的花朵, 叫另一个名字也同样芬芳."

命名问题起源于定义的问题: 什么是材料? 一个合理的近似说法是材料是任何有用途的物质, 除了那些烧焦的、被吸收、注入和撒在耕地中的东西. 甚至那些残花落叶, 是否也可看作催化剂材料? 有些材料必须做成精巧的形状 (如机械表); 有些则使用它的原形: 如一瓶润滑油或一段保险丝. 有些材料有用是因为它们的强度, 有些是因为它们的传导性, 有些是因为其润滑特性, 还有的是利用它们的绝缘能力. 有些需要超纯化, 有的需要用杂质掺杂来获得人们期望的性能. 要包含这么多样化的种类和最终的用途, 要理解和控制它们的这些功能, 多样性的方法和途径是不可避免的. 物理学是上述的多种多样的方法中的一种, 但是几乎不能完全孤立地使用它.

从前面的内容中我们已经看到许多对材料物理学做出卓越贡献的人原来的职业是物理化学家、工程师、冶金学家或是数学家, 甚至还有一位植物学家的例子. 另外一些人, 他们作为固体物理学家的时间很短暂. 像这样的情况有 Ernst Ising, 铁磁性理论中的 Ising 模型用他的名字命名, 只是因为在 1925 年发表了一篇文章[122]. 他在获得博士学位以后一直在金融部门工作 (他希望他的保险精算师问题比三维 Ising 难题更容易解决), 虽然 25 年后他的名字作为一封题为 "物理学家歌德" 的公开信的作者又重新出现! 还有一位, Marvin Avrami, 他在 1939 年提出了开拓性的成核生长相变的普遍数学分析法[89,123], 这个方法至今仍被大量使用, 后来他很快转到天体物理学领域. 有些学科大家可在一起很好地合作, 另一些学科中人们保持着互相猜疑的态度. 我相信这么说是符合事实的, 经过了这么多年, 固体物理学家和冶金学家已经学会了平和地在一起合作共事. 可是在学术圈子里, 个别专业的某些成员有时总认为他们的工作干得比别专业的人更好.

我们已经看到冶金学以很强的化学色彩和观点立场为开端, 随着 20 世纪初物理学的革命性发展, 它不知不觉地向物理学方向发展. 这种转变可从考察德国著名的哥廷根大学的一个特别的研究所的历史得到有力的证明. 在 1903 年, Gustav Tammann (1861~1939 年) 从一个现在名为爱沙尼亚的地方来到哥廷根担任无机化学教授. 4 年后, Walter Nernst 迁往柏林, 他接替 Nernst 在物理化学研究所的教授职位, 他的兴趣渐渐地从无机玻璃和硅酸盐 (和被他认为是虚构的液晶) 转移到金属包括大量的相图确定. 1912 年他出版了一本冶金学教科书《金相学课本》(*Lehrbuch der Metallographie*)(那时, 金相学是一个混合词, 意思是研究从矿石中萃取的金属). 很多优秀的德国化学和物理冶金学家都是他的学生. 1938 年, 一位 Tammann 的学生 Georg Masing (1885~1957 年) 接替了他的席位并接任了随席位而变动的研究所所长 (在德国, 并不像美国一样大学是以学科广泛的系构成的), 重新命名其为普通冶金学研究所 (Allgemeine Metallkunde). 1952 年, Masing 和他的学生 Kurt Lücke 出版了一本有影响的教科书《金属学课本》. 当 Masing 因健康原因在 1955 年放弃了他的职位时, 研究所落入低潮, 系里下决心关闭了它. 于是, 这招致来自德国金属工业界大量的反对意见, 直到州教育部长出来干预, 研究所工作才又恢复了, 并请一位非常年轻的 (31 岁) 物理学家 Peter Haasen (1927~1993) 来负责. Haasen 曾师从 Richard Becker 和 Georg Leibfried 获得理论物理学博士学位. (Becker 和 Pohl 的物理研究所对材料科学做出过重大贡献). Haasen 非常成功地复兴了这个垂死的研究所, 它刚开始叫金属物理和普通冶金研究所, 但 Hassen 不久删除了研究所的名字中含较多技术含义的部分!(最近, 就在他去世前不久, 他告诉一位朋友说: “我在肉体和灵魂上是个物理学家, 物理是我全部的生命. ”)1947 年他出版了一本广受赞誉的教科书《物理冶金学》. 到 1993 年 Haasen 退休时, 金属物理, 特别是各种材料中的位错研究和相变机制研究使得该研究所获得了国际声誉. 1994 年新任命的教授, 实验金属物理学家 Rainer Kirchheim 下决心引入聚合物物理学, 还考虑重新命名研究所, 使得它的名字中包含 “材料物理学” 这个词, 这可能是第一次在学术单位名字中用 “材料物理” 这个词. 这一系列人、研究所的名字和书名的强调点循序渐近的移动状况清楚地反映了一个世纪来金属研究重点的变化. 另一个同等重要的物理冶金研究中心是斯图加特的 Max Planck(以前的威廉皇帝研究所) 金属学研究所, 它是另一位 Tammann 的学生, 具有卓越领导能力的 Wemer Köster (1896~1989 年) 于 1933 年建立的, 它已经发展成拥有不仅有金属还有陶瓷和基础固体物理的加盟机构. 聚合物物理研究则在美因茨成立了一个新的 Max Planck 研究所.

在英国, 冶金学家 Daniel Hanson (1892~1953 年) 在 20 世纪 30 年代逐渐地把传统的冶金系 (其中部分在第二次世界大战后不久变成物理冶金学系) 完全转变成学术前沿机构, 在那里诸如位错理论、统计热力学、相图基础和相变原理第一次成为冶金学大学生课程的一部分. 特别是在 1948 年成为教授的两位年轻人 Alan Cottrell 和 Geoffrey Raynor (1913~1983 年) 以及年轻理论学家 Frank Nabarro (1916~2006) 和 John Eshelby (1916~1981 年) 的影响下, 冶金系变成全世界物理冶金科学的趋势领导者, 并因此成为后来发展起来的材料科学的先驱之一. Cottrell 和 Raynor 曾被告知他们中之一将成为物理冶金学教授, 另一位将成为金属物理学教授, 但由他们自己决定他们各自适合什么位置: 这把我们带回到莎士比亚的朱丽叶家族姓氏难题!

在美国, 芝加哥大学的金属研究所对冶金学向物理学的趋近有相对较大的影响. 该研究所的创建人是 Cyril Smith (1903～1991 年), 他是一位卓越的美籍英国冶金学家, Los Alamos 曼哈顿计划冶金分部的策划者. 他下决心帮助其他人从事他在第二次世界大战前非常困难的条件下在一家美国铜业公司里从事的金属学基础研究工作. 在 1946 年后的 15 年里, 他和一群出色的物理学家、物理化学家和物理冶金学家合作研究了大量各种各样的有关金属和合金的基础问题, 很多访问学者 (Hassen 是其中之一) 被他们在那里的经历深深影响. Smith 本人研究微结构的发展特别是多晶中控制晶粒形状的因素. 后来他受他的历史学家妻子影响转到历史学研究上. 他首先研究的是金属的历史, 发表的第一本著作是《金相学的历史》[124], 随后是关于更广泛的材料的历史著作. 从他的散文集《探索结构》[125] 可以很好地欣赏到他的风格、兴趣和口味. Smith 在芝加哥的时侯, 他和一件重要事件有关, 即新杂志《冶金学报》(*Acta Metallurgica*) 的创刊, 该期刊在 1953 年创刊, 至今仍然欣欣向荣. 这本刊物正好是在 20 世纪 50 年代早期 "量化革命" 正在盛行之时面世的, 我仍然清楚地记得那时它对年轻的物理冶金学者的巨大影响. 他的存在对倾向于金属学和物理学结合的学生产生一种巨大的鼓舞, 并渐渐扩展到研究其他材料的人. 这种研究金属的新方法 (不久, 其他材料也如此) 被这个新期刊进一步巩固加强了. Bruce Chalmers 把这个刊物办得很成功, 他是定居在哈佛的一位英国物理学家和凝固专家. 与此同时, 其他新杂志如著名的《固体的物理与化学》的创刊进一步支持了这种发展趋势.《冶金学报》得到了一个综述性杂志 ——《金属物理学进展》的补充, 它比《金属学报》早 4 年创刊.《金属物理学进展》是前金属物理学家 Paul Rosbaud (1896～1963 年) 创办的, 他 20 世纪 20 年代曾和 Erich Schmid 一起在柏林工作, 帮助建立了哥廷根冶金研究所. 他在第二次世界大战后迁居到英国, 为那里的科学出版做了大量的工作[126]. 该综述期刊或许是当今众多材料科学综述期刊的第一种. 其他非常有影响的金属物理杂志包括德国的《金属学杂志》(*Zeitschrift für Metallkunde*, 创刊于 1911 年, 初始的刊名是《国际金相学杂志》(*Internationale Zeitschrift für Metallographie*)) 和《材料研究杂志》(*Journal of Materials Research*, 由美国材料学会于 1986 年创建).

美国于 1973 年成立的材料研究学会 (MRS) 标志着材料研究的现代科学方法的稳固建立, 包括但决不仅限于物理方法的应用. 最近, MRS 的前会长 Kenneth Jackson (当时在贝尔实验室) 概述了 MRS 建立的过程[127]. 该学会在 20 年内已经变成最有影响力和活力的与材料相关的科学家 (包括很多物理学家) 的集体组织, 它的建立是因为现存的适合物理学家、化学家、冶金学家、电化学家和电子工程师的美国国家级团体, 不善于接纳那些工业界实验室成员的研究. 像 Jackson 所说 "他们的工作常常被各个正统的常规学科认为是无趣的, 经常不能得到承认". 现在材料科学家的观念已经流行 (它始于 20 世纪 50 年代的美国学术界), 用 Jackson 的话说: “我们意识到, 相比他们在不同传统学科会议上的交流, 材料科学家更需要一个能够和更广泛领域的科学家以及技术人员接触与合作的平台, 来从事一些不属于任何传统学科的课题. 这个平台可以规范材料科学领域, 也为材料科学家提供一个家, 来恰当地认可他们具有多学科交叉特征的贡献.” 确实, 自从学会建立以后, MRS 坚持它的两年一次的学术会议, MRS 会员们的主要工作是组织跨越不同传统学科的 “当前热门课题” 的专题讨论会. 并非出自偶然, 1973 年 5 月召开的第一个专题讨论会是关于相变在材料科学中的应用. 学会月刊《材料学会通报》(*MRS Bulletin*) 总是包含真正符合以上交叉学科标准和具有当前重要性的专题讨论会的印好的论文集. MRS 学会的政策被牢固地掌握在学会会员及他们选出来的代表手中, 迄今为止, 有效地防止了通常总会出现的组织运行僵化的毛病. 在作为诸传统学科为了解决困难问题而聚会的平台的同时, 发展至今的材料科学究竟在多大程度上有资格被当作一门明确定义的独立学科看待, 还是一个大问题, 值得用专门的一章来讨论.

一个机构上的革新是在美国的大学里创建材料研究实验室 (MRL), 这项举措总的来说促进了材料科学的发展, 特别是材料物理学的发展. 这些过去和现在由联邦政府投资建立的实验室涉及多种多样的学院和系 (如材料科学、物理、化学、电子和机械工程以及化学工程), 它们拥有自己的办公室、实验室和各种实验仪器, 现有的教授作为当地 MRL 的成员和不同领域的同事合作研究不同的问题. 第一批这样的实验室于 1960 年建立, 它们的建立最初得到数学家和科学多面手 John von Neumann (1903~1957 年) 的强烈支持, 后来经过长时间酝酿建成. 正如 Seitz 最近的文章所述[128], Von Neumann 深信高水平材料研究的重要性. Von Neumann 在他可以完成这件事之前去世, 这迫使 Seitz 和其他人为第一批实验室的规划花费了更大量的时间从事相关的政治游说. 1985 年举行了纪念这些非常优秀的实验室成立 25 周年的典礼, Robert Sproull 的历史性综述公正地记载了它们的历史[129]. 由美国科学院主办出版的两本主流的, 且非常有趣的出版物于 1974~1975 年和 1990 年在更广泛的意义上考察了美国材料科学的发展历程. 与其在这详细叙述, 不如请读者参照我本人对这两个报告的详细综述和 1985 年的会议报告[130].

在物理学领域内, 至少在美国, “材料物理学” 最终变为被承认的研究领域. 这主要归功于国家标准局的 Robb Thomson 和 (国家橡树岭实验室的) Fredrick Young Jr 的不懈努力. 正像 Thomson 在私人通信中谈论到 “我发现保持我的物理学家的本色是值得的和必须的, 而不是简单地把身心完全地与冶金学家和陶瓷学家结合起来”. 在 MRS 刚成立的时候, Thomson 和 Young 因被美国物理学会忽视而烦恼, 因为约在同时美国物理学会每年的三月年会中止了有关力学性能和大部分晶体缺陷议题的会议. 他们发起了建立与现有的凝聚态物理分部平起平坐的材料物理分部的活动. 经过大量的琐碎、艰难困苦的讨论、申请和审理, 一个 “材料物理科目组” 建立起来并于 1984 年开始运行. 6 年后, 一个羽毛丰满的材料物理分部真实存在了, 现在已有几百个活跃的成员. 它的操作模式像 MRS 一样: 选择焦点题目, 挑选组织者, 邀请重要演讲者, 留出空间允许进行最后几分钟的讨论. 像 Thomson 评论的那样: “几件成功的事情之一是我们挑选了一些领域, 使那些狭窄的物理领域之外的人们也喜欢参加, 并且不久我们就有了全部各种课题的会议, 这些课题分会议是 20 年来在 APS 没有见到过的. ” 竞争是非常好的事情, 不仅在商业社会而且在期刊出版和会议组织方面也如此. 几年后, (英国的) 物理学协会同样有了材料组, 它的组织者们对物理学的构成持有更宽松包容的观点. 所以, 再一次引用莎士比亚的话, 材料物理学最终 “有了自己的领地和名字”.

固体物理学和物理冶金学中许多可能被认为是属于这一章的题目不得不略而不论. 有些被省略是由于它们太偏离实际的材料世界了, 其他的是因为它们属于冶金学的内容或更接近于工程学, 还有的省略是因为介绍它们需要涉及、引入很多其他学科的内容, 还有仅仅是因为这些内容在这本书的其他部分已经涉及过; 最后, 有些内容被省略纯因篇幅限制. 在第一类中, 我可以举出 (两维的) 表面晶体学和临界现象的理论这两个例子. 在第二类中, 我省略了力学性能和用晶体缺陷对它们的解释这一大而重要的领域. 不过, 如果忽略了 20 世纪中最具有持续影响力的文章之一, 今天仍然被频繁引用的论文, 即 Griffith (1893~1963) 1920 年发表的关于脆性固体中裂纹生长的弹性理论的论文[131], 我会感到良心不安. 该理论的基础是裂纹在应力下传播是断裂表面储存的弹性能和断面表面能变化之间的平衡. 当 Griffith 1939 年加入了罗尔斯 - 罗伊斯公司时, 他的主管简洁地告诉他 “继续想!”.

在第三类中, 典型的可能是 “晶体生长的艺术和科学”(正如一本早期关于该课题的书的书名一样[132]), 晶体生长是一种需要同等的化学和物理学投入的技巧. 上面我已经简要地讨论了金属单晶在早期物理冶金学研究中的作用, 但是不得不省略大部分关于 “功能” 晶体生长的内容, 这些内容属于电子器件和电子光学使用的领域, 这种材料现在又一次涉及金属晶体. (该领域一项最近的正在斯图加特开展的研究工作是用铍晶体制备同步加速器 X 射线束的单色器; 这样的晶体金属必须用化学方法超高提纯以可精确测量缺陷, 使它对 X 射线的反射率能最大化, 然后设计合适的厚度以便使大多数没反射的 X 射线能够通过, 防止由于吸收辐射而升温. 这样一项工作又如何归类呢?)

在第四类中, 我完全没有讨论任何涉及非常重要的金属现代电子理论或者整个半导体理论的事情, 因为这本书的其他章节会涉及它们. 在最后一类中, 由于缺少篇幅被迫做了些省略, 也许最重要的省略是计算机模拟 (或模型化) 的课题. 计算机模拟是一种技巧, 它是理论和实验之间的一种物理学中介形式: 它或许可以称作金融分析的电子数据表的科学等价物, 因为它容易快速确定输入特性的小变化对最后整个结果的影响. 前面曾附带提到用第一性原理计算机模拟晶体的结构, 但是 Monte Carlo 模拟方法在预测双元和三元合金相图, 在研究微结构变化和解释许多物理性能过程中的应用[133] 被忽略了. 它是材料物理许多领域中的一个重要性越来越大的课题. 现在已有它自己的杂志, 对新的学科分支这是其成为独立学科的重大标志性事件.

请读者宽容我省略了材料物理学中这样或那样的课题. 幸运的是, 材料物理学领域包含如此丰富的内容和课题, 以至于不可能达到涵盖所有内容的目的, 这也正是材料物理学对科学家来说具有无穷魅力的原因.

(白海洋、汪卫华译校)

参 考 文 献

[1] Smith C S (ed) 1965 The Sorby Centennial Symposium on the History of Metallurgy (New York: Gordon and Breach)

[2] Jacques J 1987 Berthelot: Autopsie d'un Mythe (Paris: Belin)

[3] Gibbs J W 1875-1878 Trans. Connecticut Acad. Arts Sci. 3 108, 343

[4] Klein M J 1970-1980 Dictionary of Scientific Biography (entry on J W Gibbs) ed C C Gillispie (New York: Scribner's) p 386

[5] Heycock C T and Neville F H 1904 Phil. Trans. R. Soc. A 202 1

[6] Hunt L B 1980 The Metallurgist and Materials Technologist July p 392

[7] Stockdale D 1946 Metal Progress p 1183

[8] Hansen M 1936 Der Aufbau der Zweistofflegierungen (Constitution of Binary Alloys) (Berlin: Springer)
Hansen M and Anderko K 1958 Constitution of Binary Alloys (New York: McGraw-Hill)

[9] Wyckoff R W G 1963-6 Crystal Structures (2nd edn in 5 volumes) (New York Interscience)

[10] 1987 Crystallographic Databases-Information Content, Software Systems, Scientific Applications (Chester: Data Commission of the International Union of Crystallography)

[11] Ewald P P et a1 1962 Fifty Years of X-ray Diffraction (Utrecht: Oosthoek)

[12] Caroe G M 1978 William Henry Bragg (Cambridge: Cambridge University Press)

[13] Perutz M 1990 The Legacy of Sir Lawrence Bragg ed J M Thomas and D Phillips (London: The Royal Institution) p 71

[14] Kurnakov N, Zemczuzny A and Zasedelev M 1916 J. Inst. Metals 15 305

[15] Johansson CH and Linde J O 1925 Ann. Phys. 78 439

[16] Westbrook J H and Fleischer R L (ed) 1994 Intermetallic Compounds: Principles and

Practice (2 volumes) (New York: Wiley) (特别参见 3 ~ 18 页 Westbrook 所写的历史性导论)

[17] Cahn R W 1994 Physics of New Materials ed F E Fujita (Heidelberg: Springer) p 179

[18] Ewing J A and Rosenhain W 1900 Phil. Trans. R. Soc. A 193 353

[19] Kelly A 1976 Phil. Trans. R. Soc. A 282 5

[20] Braun E 1992 Out of the Crystal Maze ed L Hoddesdon et a1 (Oxford: Oxford University Press) p 340

[21] Harper S 1951 Phys. Rev. 83 709

[22] Nowick A S and Berry B S 1972 Anelastic Relaxations in Crystalline Solids (New York: Academic)

[23] Cottrell A H 1953 Dislocations and Plastic Flow in Crystals (Oxford: Clarendon)

[24] Wert C and Zener C 1949 Phys. Rev. 76 1169

[25] Amelinckx S 1964 The Direct Observation of Dislocations (New York: Academic)

[26] Friedel J 1956 Les Dislocations (Paris: Gauthier-Villars)

[27] Friedel J 1994 Graine de Mandarin (Paris: Editions Odile Jacob)

[28] Elam C F 1935 Distortion of Metal Crystals (Oxford: Clarendon)

[29] Schmid E and Boas W 1935 Kristallplastizität (Berlin: Springer)

[30] Mark H, Polanyi M and Schmid E 1927 Z. Phys. 12 58

[31] Kronberg M L and Wilson H F 1955 Trans. Am. Inst. Mining Metall. Eng. 185 501

[32] McLean D 1957 Grain Boundaries in Metals (Oxford: Oxford University Press)

[33] Wolf D and Yip S 1992 Materials Interfaces: Atomic-Level Structure and Properties (London: Chapman and Hall)

[34] Teichmann J and Szymborski K 1992 Out of the Crystal Maze ed L Hoddesdon et al(Oxford: Oxford University Press) p 236

[35] Radnai R and Kunfalvi R 1988 Physics in Budapest (Amsterdam: North- Holland) pp 64, 74

[36] Mitchell J W 1980 The beginnings of solid state physics Proc. R. Soc. A 371 126

[37] Wigner E and Seitz F 1933 Phys. Rev. 43 804; 1934 Phys. Rev. 46 509

[38] Seitz F 1980 The beginnings of solid state physics Proc. R. Soc. A 371 84

[39] Seitz F 1994 On the Frontier: My Life in Science (New York: American Institute of Physics)

[40] Seitz F 1946 Rev. Mod. Phys. 18 384

[41] Seitz F 1954 Rev. Mod. Phys. 26 7

[42] Huntingdon H B and Seitz F 1942 Phys, Rev. 61 315,325

[43] Simmons R O and Balluffi R W 1960 Phys. Rev. 117 52; 1960 Phys. Rev. 119 600; 1962 Phys. Rev. 125 862; 1963 Phys. Rev. 129 1533

[44] Granato A V 1994 Phys. Chem. Solids 55 931

[45] Frenken J W M and van der Veen J F 1985 Phys. Rev. Lett. 54 134

[46] Yukalov V I 1985 Phys. Rev. B 32 436
[47] Wolf D, Okamoto P R, Yip S, Lutsko J F and Kluge M 1990 J. Mater. Res. 5 286
[48] Barker J A and Henderson D 1976 Rev. Mod. Phys. 48 587
[49] Gittus J 1978 Irradiation Effects in Crystalline Solids (London: Applied Science Publishers)
[50] Schilling W and Ullmaier H 1994 Nuclear Materials, Part II ed B R T Frost, Materials Science and Technology vol 10B, ed R W Cahn, P Haasen and E J Kramer (Weinheim: VCH) p 179
[51] Wollenberger H J 1983 Physical Metallurgy 3rd edn, ed R W Cahn (Amsterdam: North-Holland) p 1139
[52] Kuper A B, Lazarus D, Manning J R and Tomizuka C T 1956 Phys. Rev. 104 1536
[53] Nabarro F R N 1948 Report on a Conference on the Strength of Solids (London: The Physical Society) p 75
[54] Herring C 1950 J. Appl. Phys. 21 437
[55] Mukherjee A K 1993 Plastic Deformation and Fracture of Materials ed H Mughrabi, Materials Science and Technology vol 6 ed R W Cahn, P Haasen and E J Kramer (Weinheim: VCH) p 407
[56] Seitz F 1952 Imperfections in Nearly Perfect Crystals ed W Shockley (New York: Wiley)
[57] Lenard P, Schmidt F and Tomaschek R 1928 Handbuch der Experimentalphysik vol 23 (Leipzig)
[58] Notis M R 1986 High-Technology Ceramics, Past, Present and Future vol 3, ed W D Kingery (Westerville, OH. The American Ceramic Society) p 231
[59] Kraner H M 1924 J. Am. Ceram. Soc. 7 868
[60] Kraner H M 1971 Am. Ceram. Soc. Bull. 50 598
[61] Moharil S V 1994 Bull. Mater. Sci. (Bangalore) 17 25
[62] Harvey E N 1957 History of Luminescence (Philadelphia: American Philosophical Society)
[63] Agulló-López F 1994 MRS Bull. 19 March p 29
[64] Miyayama M and Yanagida H 1988 Fine Ceramics ed *S* Saito (Amsterdam: Elsevier; Tokyo: Ohmsha) p 175
[65] Moulson A J and Herbert J M 1990 Electroceramics (London: Chapman and Hall) p 130
[66] Kuwabara M and Yanagida H 1988 Fine Ceramics ed *S* Saito (Amsterdam: Elsevier; Tokyo: Ohmsha) p 286
Moulson A J and Herbert J M 1990 Electroceramics (London: Chapman and Hall) p 147
[67] Cross L E and Newnham R E 1986 High-Technology Ceramics, Past, Present and Future vol 3, ed W D Kingery (Westerville, OH: The American Ceramic Society) p 289

[68] Salje E K H 1990 Phase Transitions in Ferroelastic and Co-elastic Cystals. An Introduction for Mineralogists, Material Scientists and Physicists (Cambridge: Cambridge University Press)
[69] Kurdjumov G, Khandros L G 1949 Dokl. Akad. Nauk 66 211
[70] Roth W L 1972 J. Solid-State Chem. 4 60
[71] Kelker H 1973 Mol. Cyst. Liq. Cyst. 21 1; 1988 Mol. Cyst. Liq. Cyst. 165 1
[72] Friedel G 1922 Ann. Phys. 18 273
[73] de Gennes P G and Prost J 1993 The Physics of Liquid Cystals 2nd edn (Oxford: Clarendon)
[74] Chandrasekhar S 1992 Liquid Crystals 2nd edn (Cambridge: Cambridge University Press)
[75] Bahadur B (ed) 1991 Liquid Crystals: Applications and Uses (3 volumes) (Singapore: World Scientific)
[76] Mort J 1994 Phys. Today 47 April p 32
[77] Weber M J 1991 Glasses and Amorphous Materials ed J Zarzycki, Materials Science and Technology vol 9, ed R W Cahn, P Haasen and E J Kramer (Weinheim: VCH) p 619
[78] MacChesney J B and DiGiovanni D J 1991 Glasses and Amorphous Materials ed J Zarzycki, Materials Science and Technology vol 9, ed R W Cahn, P Haasen and E J Kramer (Weinheim: VCH) p 753
[79] Biloni H 1983 Physical Metallurgy 3rd edn, ed R W Cahn (Amsterdam: North-Holland) p 477
[80] Liebermann H H (ed) 1993 Rapidly Solidified Alloys (New York: Marcel Dekker)
[81] Duwez P, Willens R H and Klement W Jr 1960 J. Appl. Phys. 31 36
[82] Cahn R W 1980 Contemp. Phys. 21 43
[83] Brandt E H 1989 Science 243 349
[84] Pfann W G 1958 Zone Melting 1st edn (New York: Wiley), 1966 2nd edn
[85] Suits C G and Bueche A M 1967 Applied Science and Technological Progress (Washington, DC: National Academy of Sciences) p 308
[86] Wise G 1985 Whillis R Whitney, General Electric, and the Origins of US Industrial Research (New York: Columbia University Press)
[87] Guinier A 1938 Nature 142 569
[88] Barrett C S 1943 The Structure of Metals 1st edn (New York: McGraw-Hill), 1967 3rd edn (with T B Massalski)
[89] Avrami C 1941 J. Chem. Phys. 9 177
[90] Martin J W 1968 Precipitation Hardening (Oxford: Pergamon)
[91] Christian J W 1975 The Theory of Transformations in Metals and Alloys 2nd edn (Oxford: Pergamon)

[92] Einstein A 1910 Ann. Phys. 33 1275
[93] Volmer M and Weber A 1925 Z. Phys. Chem. 119 277
[94] Becker R and Döring W 1935 Ann. Phys. (New Series) 24 719
[95] Turnbull D and Cech R E 1950 J. Appl. Phys. 21 804
[96] Turnbull D 1952 J. Chem. Phys. 20 411
[97] Hillert M 1961 Acta Metall. 9 525
[98] Cahn J W and Hilliard J E 1958 1. Chem. Phys. 28 258
[99] Cahn J W 1961 Acta Metall. 9 795
[100] Daniel V and Lipson H 1943 Proc. R. Soc. A 181 368; 1944 Proc. R. Soc. A 182 378
[101] Cahn J W 1991 Scand. J. Metall. 20 9
[102] Binder K 1991 Phase Transformation in Materials ed P Haasen, Materials Science and Technology vol 5, ed R W Cahn, P Haasen and E J Kramer (Weinheim: VCH) p 405
[103] Kyu T 1993 Encyclopedia of Materials Science and Engineering Supplementary vol 3, ed R W Cahn (Oxford: Pergamon) p 1893
[104] Castaing R and Deschamps R 1954 C. R. Acad. Sci., Paris 238 1506
[105] Lifshin E 1993 Characterization of Materials, Part 11 ed E Lifshin, Materials Science and Technology vol 2B, ed R W Cahn, P Haasen and E J Kramer (Weinheim: VCH) p 351
[106] DiNardo N J 1993 Characterization of Materials, Part II ed E Lifshin, Materials Science and Technology vol 2B, ed R W Cahn, P Haasen and E J Kramer (Weinheim: VCH) p 3
[107] Cahn R W and Lifshin E 1993 Concise Encyclopedia of Materials Characterization (Oxford: Pergamon)
[108] Underwood E E 1970 Quantitative Stereology (Reading, MA: Addison-Wesley)
[109] Rhines F N 1986 Microstructology-Behavior and Microstructure of Materials (Stuttgart: Dr Riederer) now (Munich: Hanser)
[110] Exner E E 1993 characterization of Materials, Part 11 ed E Lifshin, Materials Science and Technology vol2B, ed R W Cahn, P Haasen and E J Kramer (Weinheim: VCH) p 281
[111] Seymour R B and Kirshenbaum G S (ed) 1986 High-Performance Polymers: Their Origin and Development (New York: Elsevier)
[112] Kohan M I 1986 High-Performance Polymers: Their Origin and Development ed R B Seymour and G S Kirshenbaum (New York: Elsevier) p 19
[113] Flory P J 1969 Statistical Mechanics of Chain Molecules (New York: Wiley-Interscience)
[114] Treloar L R G 1975 The Physics of Rubber Elasticity (Oxford: Clarendon)
[115] Mark J E 1976 Macromol. Rev. 11 135
[116] Frank F C 1970 Proc. R. Soc. A 319 127

[117] Ward I M 1991 Sir Charles Frank, OBE, FRS: An Eightieth Birthday Tribute ed R G Chambers, J E Enderby, A Keller, A R Lang and V W Steeds (Bristol: Hilger) p 322
[118] Keller A 1957 Phil. Mag. 11 1165
[119] Keller A 1991 Sir Charles Frank, OBE, FRS: An Eightieth Birthday Tribute ed R G Chambers, J E Enderby, A Keller, A R Lang and V W Steeds (Bristol: Hilger) p 265
[120] Donald A M and Windle A H 1992 Liquid Crystalline Polymers (Cambridge: Cambridge University Press)
[121] Mackley M R 1991 Sir Charles Frank, OBE, FRS: An Eightieth Birthday Tribute ed R G Chambers, J E Enderby, A Keller, A R Lang and V W Steeds (Bristol: Hilger) p 307
[122] Ising E 1925 Z. Phys. 31 253
[123] Avrami M 1939 J. Chem. Phys. 7 1103
[124] Smith C S 1960 A History of Metallography (Chicago, IL: University of Chicago Press)
[125] Smith C S 1981 A Search for Structure (Cambridge, MA: MIT Press)
[126] Cahn R W 1994 Eur. Rev. 2 37
[127] Jackson K A 1993 MRS Bull. 18 August p 70
[128] Seitz F 1994 MRS Bull. 19 March p 60
[129] Sproull R L 1987 Advancing Materials Research ed P A Psaras and H D Langford (Washington, DC: National Academy Press) p 25
[130] Cahn R W 1992 Artifice and Artefacts (Bristol: Institute of Physics) pp 314, 325 and 348
[131] Griffith A A 1920 Phil. Trans. R. Soc. A 221 163
[132] Gilman J J (ed) 1963 The Art and Science of Growing Crystals (New York: Wiley)
[133] Binder K 1992 Adv. Mater. 4 540

第20章　电子束仪器

T Mulvey

电子束仪器在科学和技术的革新中起着重要的作用. 本章主要阐述电子束仪器的基本概念、发明和技术创新, 而不论述对使用者非常重要的工程设计. 过去几十年来许多人在电子束仪器的创新和制造中做出了重要的贡献, 限于篇幅这里只能有选择地介绍, 好在不久之前出版了两本内容广泛的有关电子束仪器的书籍. 文献 [1] 评述了 1939 年以前的工作, 文献 [2] 则涵盖了从 1939 年到 1985 年电子束仪器科学和工程研究的重要进展, 并包括了关键领域的重要历史文件. 所以本文对介绍内容进行取舍就变得容易了.

20.1　早　期

在 1897 年一个星期五的晚上, Thomson 在英国皇家学会演讲时宣布了电子的发现. 这个新发现的 "粒子" 有一个惊人的高荷质比 (e/m), 后来他巧妙地将阴极射线管放置于叠加的偏转电场和磁场中确证了这个荷质比, 推断出电子的大小和质量要比最轻的原子氢原子还小很多. 在此之前没有人料想到会有比原子小很多的粒子的存在. 许多德国物理学家用了阴极辐射这个名词, 以表示它可能具有波的特性, 虽然他们还没有从实验上获得令人信服的结论. 但是 Thomson 1897 年的观点最终取得了胜利. 到 1900 年, 电子的 "波动理论" 在德国就消声隐迹了.

即使在 1924 年 de Broglie 的波动理论以及 1927 年 Thomson 和 Reid 有力地证实了电子衍射之后, 波动理论并没有在诸如电子显微镜这样的科学仪器的发展中起到作用. 相反, 在这一时期得到发展的阴极射线管技术, 经过富有科学思想的工程师的努力, 为电子光学仪器的发展铺平了道路. 后来, 物理学家才转向了这方面的研究, 在早期的发现中, 1899 年的 Wiechert 的研究最为著名, 他发现在全部浸入较长螺线管内均匀磁场的阴极射线管中, 从阴极发射的分散电子束被约束到一个近轴的区域内, 甚至可以通过调节螺线管的电流, 将其聚集到较远的荧光屏上形成一个小斑点. 这个聚集装置不能构成一个透镜, 因为均匀磁场并不存在唯一的轴, 也不具有随着径向高度而变化的折射本领这个任何透镜都应具有的明显的特点.

20.2 磁电子透镜

电子束在磁场中运动的理论与传统技艺之间的首次交锋, 是极富天赋的匈牙利研究生 Dennis Gabor 引起的. 他刚从柏林的高等工业大学毕业, 正在寻找一个具有挑战性的博士论文研究课题. 柏林高等工业大学高压实验室负责人 Matthias 教授在自己主持的使用高速阴极射线示波器测量快速电瞬变过程的科研项目研究组中给了他一个位置. 他被分配研制一个能对德国最近安装的高压电力网有破坏作用的快速电涌进行测量的高性能仪器. 由于 Gabor 没有先前经验的束缚, 在设计中提出了许多改进. 他使用了一个短螺线管替代了传统的长螺线管, 克服了电子光学系统难以接近的困难. 为了降低外部杂散磁场对电子束偏转系统的干扰, 他凭直觉设计了一个带铁护罩的短螺线管, 很方便地安装在发射阴极和电子光学部件之间. 除了众所公认的知识外他在设计中没有现成的理论可以指导和, 只是简单地将一个内径约为 40mm 的线圈安装在玻璃管外面, 而线圈被封装在一个铁的圆柱形罩内并加

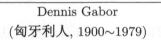

Dennis Gabor

(匈牙利人, 1900~1979)

Gabor 是一位匈牙利煤矿业公司经理的儿子, 极有天赋. 自小在家中接受教育. 相继受到说法语、德语的女管家和一位英语家庭教师的教导. 他从父亲让他购买的用德语撰写的高等教科书中自学了物理学和数学. 以至于后来到学校上学时因为他比老师懂得还多遇到麻烦. 考入柏林高等工业大学后, 他觉得课程索然无味, 因为他已经提前自学过了所有课程. 他在高等工业大学因从事高压示波器研究取得博士学位, 可惜错过了发明磁电子透镜. 他首先把自己看作是一位发明家. 1933 年由于他的犹太人出身以及纳粹的排犹政策导致他移民英国, 在位于罗格比的英国汤姆孙休斯敦公司 (BTH) 研究实验室从事光学和电子光学研究. 英国对德宣战后,Gabor 的身份被分类为“具有专门知识的敌国侨民”, 这种身份虽避免了将他遣送往曼岛集中营关押, 但他也只能在工厂围栏外孤独地工作.1947 年复活节期间当他正在悠闲地等待参加网球比赛时, 他称之为全息术的原理“突然来到他的脑海”, 全息术可以纠正电子显微镜的球面像差.1971 年他因为提出全息术概念而获得诺贝尔奖, 但直到他去世之后全息术才在电子显微镜中实现了原子分辨率 (详情请参见文献 [3])

上一块铁底板. 轴向区域不含铁, 由于线圈的作用, 轴向场被铁磁化后的磁场补充, 同时极大地减小了外部磁场, 达到了一箭双雕的效用. 后来他承认自己当时并没有意识到在不知不觉中设计和建造了第一个铁屏蔽的磁电子透镜. 其实这正是现代磁极片透镜的初型. 随后现代磁极部透镜被 von Borries 和 Ruska 在 1932 年申请了专利. Ruska 曾有意贬低 Gabor 的铁屏蔽透镜的重要意义, 认为他纯属碰运气. 然而, 即使是完全偶然的, Gabor 的卓越的磁透镜的存在也会使在同一实验室的 von Borries 和 Ruska 实现更小焦距 (Ruska 称之为 "点睛之笔") 更为容易, 这是在 Gabor 的铁屏蔽透镜的小孔内通过等间距嵌入小直径的铁磁极片来实现的.

笔者曾用现代数据计算分析过 Gabor 透镜的特性, 即使受到大孔径的限制, 它也完全符合今天的标准. 例如, 他的设计比 Knoll 和 Ruska 应用于第一个电子显微镜的两个无铁透镜设计要好得多. 当然运气和直觉在这里起到重要的作用, 但是如果把它用作物镜, 它的分辨能力肯定会远远超过光学显微镜. Gabor 是一个深刻的思想家, 虽然他一直努力解释这种透镜的工作原理, 最后仅在学位论文中提出一些他认为还不够分量的表征意义上的理论, 但他坚信自己的实验结果是完全正确的.

在 Gabor 提交了他的学位论文之后不久, 他查阅到 Busch 在 1926 年和 1927 年的研究报告, 该报告将在轴向对称磁场或电场中电子的运动与光的几何光学进行了初看起来似乎有些荒谬的类比. Busch 像许多开拓者一样, 从 1908 年就开始思考这个问题, 那时他还是一个研究生, 进行了一些相关实验, 使用无铁螺线管测量阴极射线管中的电子束密度. 后来在耶那大学当教授时, 即 20 世纪 20 年代早期, 他再一次关注这个问题, 并系统地检验了与均匀磁场方向呈小角度的入射电子束的旋转. 这导致他除了其他工作外设计了有重大改进的测量电子荷质比 (e/m) 的方法. Busch 认识到在一个有限长螺线管内的场是不均匀的, 特别是在螺线管两端有一径向分量. 1927 年他迈出了关键性的一步, 试图计算电子源在螺线管磁场外会发生什么情况, 为了简化, 假设螺线管的长度与电子源到螺线管的距离相比小得多, 令他惊讶的是他发现螺线管对电子的作用在一定程度上与薄透镜对光的作用非常相似. 例如, 与光学成像公式 $(1/u+1/v=1/f)$ 描述的现象相同, 在距离磁透镜为 u 的物点处发出一束近轴发散电子束, 在距离磁透镜 v 处形成电子的 "像". 这个结果是不曾预料到的, 由于磁场不能影响电子的速度, 只能改变它的方向, 这一点与玻璃对光的作用完全不同. 在一个无限长的螺线管内, 电子在平行于轴方向运动时没有力的作用, 但是当电子进入一个短的螺线管磁场中, 由于磁场的径向分量, 使电子向轴向漂移, 这种漂移与磁场的纵向分量相互作用, 将电子汇聚于轴线处. 数学计算相当麻烦, Busch 利用数学分析花费了很长时间才获得这个结论.

兴奋之余, Busch 坚信实验是最终的决定者. 在耶那大学的条件下, 想要在较短时间内建立一个新的实验装置是不太现实的, 因此他深入研究在哥廷根大学做研究生时获得的但未发表的结果. 这些初看起来令人鼓舞的结果表明, 当放大倍数

(v/u) 增加时, 像的大小也随之增加. 然而不可能直接测量放大倍数的绝对值, 因为物 (发射源) 的大小不能精确测量, 同时像的大小只能用肉眼判断. 不过当透镜的共轭点改变时, 将计算出来的最大值与最小值的比值与实验所观察的相应的比值作比较却是比较容易的. 根据他的理论, 放大倍数应该大于 100:1, 但是, 实验测量的比值却是 4:1, 相差大约 25 倍. Busch 虽然作了很大努力, 但不能解释这个原因, 这次他一反常态, 坚信理论, 尽管在现阶段该理论还不成形, 但似乎值得发表了.

这个理论很快被大家接受了, Gabor 原先偏爱他的实验而不是理论, 但他一点也没有怀疑 Busch 的理论. 这个理论使他既高兴又震惊, 他描述这个理论 "不仅令人惊讶, 更像是一根燃烧的火柴丢进易于爆炸的混合气体中". 许多年之后他向本章作者承认, 那件事之后不久, 他为自己没有理解并因此错过了 "发明" 铁屏蔽磁透镜乃至可能发明第一台电子显微镜而深感自责, 因为他意识到自己的电子系统中已经具备了摄制一个简单网格一级像所需的所有要素. Ruska[1] 推测 Busch 当时遇到的理论不符实验的困境正是他后来没有在 1927 年的论文中提出像电子显微镜这样的电子光学仪器的可能原因. Busch 的理论对后来的电子光学仪器有重要的指导意义, 掀起了柏林和世界各地全面研究电子光学理论的热潮. Gabor 在他随后的职业生涯中一直致力于电子显微镜研究, 坚持不懈地进行用电子显微镜观测单个原子的研究工作, 他认识到这将是一个需要耗费大量精力的研究课题.

20.3 Busch 理论的验证

在柏林高等工业大学, Matthias 立刻认识到 Busch 的论文对发展高速阴极射线示波器的重要性和解决 Busch 理论与 Gabor 实验不一致原因的迫切性. 这是电子显微镜新领域出现的真正历史转折点, 随后在柏林涌现了许多电子显微镜, 其中包括 Knoll 和 Ruska 的透射电子显微镜 (TEM), Brüche 和 Johannson 的发射电子显微镜 (EEM), von Ardenne 的扫描透射电子显微镜 (STEM) 和 Erwin Müller 的场发射显微镜. Matthias 立刻在他的实验室组建了一个团队, 由年轻且富有天赋的 Max Knoll 来领导, 委托他们研究解决 Gabor 最新的紧密型螺线圈与 Busch 透镜理论问题, 以获得对高速电子示波器的深刻理解. Knoll 领导了一个综合研究能力很强的团队, 其中 Freundlich 研究阴极, Knoblauch 研究气体放电管, Lubszinsky 从事屏蔽杂散磁场对电子束的影响的研究. Ruska 和 Knoll 主攻电子光学. Bodo von Borries 自身的任务是阴极射线管的研究, 但他对电子光学工作有很大的兴趣, 因此他成为 Ernst Ruska 的亲密的朋友, 以后在共同攻关西门子 TEM 样机的关键时刻起到重要作用.

Ruska 是作毕业设计的最后一年的大学生, 但已充分表现出来是一个细心且富有天份的实验研究人员. 懂得 Gabor 透镜工作的诀窍是他的一大优势, 使他拥有有利的条件去进行改进, 而且, 虽然仅是一个大学生. 他表现出在探索常人曾迷失方向的未知领域里拥有深邃的远见. 他认识到 Busch 和 Gabor 使用的气体放电管并没有构成一个很明确的源; 验证 Busch 理论的关键在于确定轴线位置尤其困难. 他也需要一个可靠的方法测量像的大小; 虽然传统的荧光屏具有很高的亮度, 但没有很好的分辨率. 他在放电管的阳极放置了一个已知大小的小孔, 以使得物的位置和横向宽度确定. 另外他仅用目测设定电子束, 而不用作像的测量. 为了测量像, 他使用了一个分离的 "测量荧光屏", 用镀金的铀玻璃极板避免充电效应. 这种安排获得了较好的分辨率, 并且像可以通过外部照相机拍摄. 物与像之间的距离和线圈位置可以改变, 并且可以通过滑动真空塞实现精确调节. 其中, 线圈的轴向尺度非常小以满足 Busch 理论所假定的条件. 通过这一精心设计安排的实验, Busch 的 "薄磁透镜" 理论在大约 5% 的实验误差范围内得到证实. 这最终成为电子光学仪器的转折点. 整个几何光学中所确立的理论现在都可以被用来解释电子装置. Ruska 进一步证实了 Busch 的关于静电会聚装置也与光学透镜相似的预言.

20.4 第一台二级电子显微镜

用单透镜将金属孔以大约 8 倍放大率形成电子像是一个良好的开端, 能否通过第二个透镜进一步放大电子像? 图 20.1 是 Ruska[1] 和他的论文指导教授 Max Knoll 在 1931 年早期研制的第一台简易两级电子显微镜. 他们二人只相信电子的粒子说和几何光学, 连 Louis de Broglie 都没有听说过, 因此他们认为电子显微镜的分辨能力没有理论极限, 因为电子与最轻的原子相比, 大小几乎可以忽略不计. 图 20.1 显示了设计概念中的亮点, 主要由 Ruska 在他先前的实验基础之上完成, 可由实验得出至关重要的和可以解释的结论. 在 50 kV 的电子源阳极放置当作样品的金属小孔径并定义为样品面. 一个特制的铂金属网被放置在孔径上, 充当较容易辨识的物体. 选择铂金属主要是因为它能经得起电子的剧烈轰击. 由简单无铁螺线管构成的透镜放在真空室外以易于准直校正. 虽然铁屏蔽罩能很大程度地改善成像的性能, 但一直未被 Ruska 使用. Ruska 较喜欢使用无铁透镜, 主要由于这样作能解析地计算出线圈轴向的磁场分布. 在这个巧妙的构思的电子光学系统中, 第二个圆形孔径放置在投影透镜的前方, 第一级透镜的像聚焦在该孔径上. 这个孔径上放置了一个相同大小的由青铜特制的网, 用来识别投影透镜的作用. Ruska 在 1931 年 4 月的实验手册中记录了一个两级透镜的实验结果, 第一网格获得了 17.4 倍的放大, 第二网格聚焦到荧光屏上, 获得了 4.8 倍的放大, 这与光线的光学理论预期相同. 由于放大倍数较低, 透镜的象差效应就可忽略不计. 实验结果准确和可信, 从而毫无争议地确立了 TEM 的原理.

当时, Knoll 和 Ruska 都好像没看到这种仪器未来的商业前景. Knoll 作为项目主管, 他通常是较为刻苦地整理阴极射线示波器的专利文件, 似乎只把这台新仪器当成用来以惊人方式演示电子光学新的科学原理的工具. 后来, 1935 年在柏林电信公司, 他本着同样的宗旨构思和研制了第一台扫描电子显微镜的原理样机, 这将在后面介绍. 也许 Knoll 缺乏经验 (他当时 34 岁, Ruska 才 23 岁), 他没有意识到他当时正处于一个可以获得一系列重要专利的独特地位, 这些专利涉及电子探针的各种电子光学仪器, 以及如电子显微镜那样复杂的透射仪器. 实际上他的确没有关心这些仪器的商业前景, 而是倾向于向广泛的科学界同行提供最新的概念. 1931 年 6 月 4 号, 在柏林高等工业大学, 他决定在公开的 Crantz 系列学术报告会上做一次评述性讲演, 作出这个决定时离演讲还有不到 8 周时间.

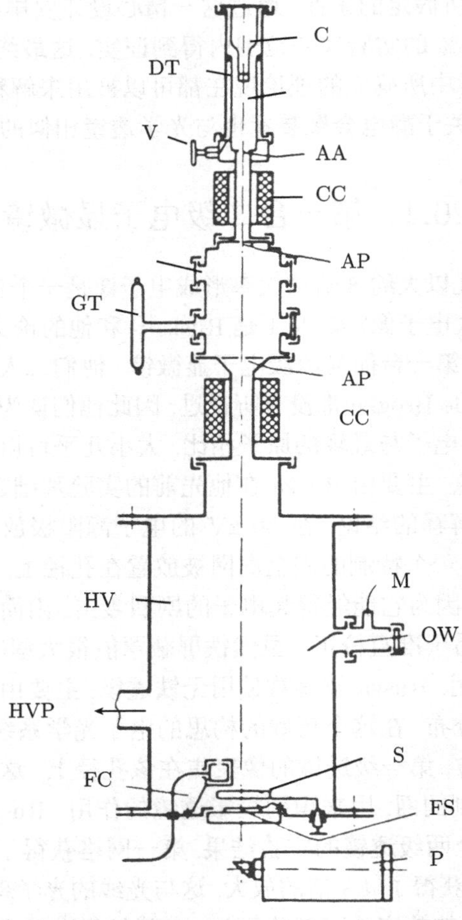

图 20.1　1931 年 4 月研制的第一台两级 TEM 的电子光学系统示意图

放大倍数约 13 倍, 电子枪 (C) 射到第一个透镜线圈 (CC) 物平面 (AP) 的金属网格上, 在第二个线圈的物平面成像. 第一个网格的聚焦像也显示在荧光屏上, 示出了两级电子像, P 是照相干板盒

现在, 事情以 Knoll 未曾预料的方式发生了极大变化. 在他为报告会着手准备材料的 8 周时间内他费了很大劲让这个领域内的头面人物关注阴极射线示波器的先进性. 这些带头人中许多人被邀请参观设备和结果, 特别是 Knoll 给他在柏林西门子 - 舒克尔特公司的朋友 Steenbeck 博士发出参观实验室的热情邀请. Steenbeck 博士准时到达, Knoll 和 Ruska 向他展示了仪器和获得的实验结果, 给他留下了很深刻的印象, 于是他向他的领导 Rheinhold Rüdenberg 透露了他所得知的一切, 这件事触发了 Rüdenberg 藏于脑海中一些思想. 当时, 他是西门子 - 舒克尔特重型电气设备工厂的电气总工程师. 西门子和哈斯克公司是 Ruska 和 von Borries 最终建立第一个串接透射电子显微镜的公司, 实际上也是西门子公司的弱电流和科学仪器工厂. Rüdenberg 也是柏林高等工业大学的特邀教授, 在 Knoll 和 Ruska 眼中是著名人物, 他也是高压示波器方面的权威, 他本人在这个领域拥有几项发明专利. 他具有非常快的理解能力和对科学的广泛领悟能力. 值得关注的是他以前在西门子 - 舒克尔特公司专利部门工作过.

直到那一刻, 基于 Busch 和其他人工作的 Rüdenberg 的思想还仅是推理性的, 得不到实验的支持. Knoll-Ruska 杰出实验的详尽报道, 极大地触动了 Rüdenberg 的思考, 这一点从 1931 年 5 月 25(星期一) 开始的一周内变得更加清晰了. 虽然电子显微镜的制造并不是西门子和哈斯克公司的有关事务, Rüdenberg 认为它与姐妹公司西门子和哈斯克公司的业务有关. 5 月 27 号 (星期三), 他邀请 Fischer 博士在西门子和哈斯克公司讨论西门子电子显微镜可能的商业意义. 在初步讨论之后, Fischer 博士认为此事的确是很重要, 并召集 Abraham 博士 (他是西门子 - 舒克尔特公司专利部门一名资深专家) 起草电子显微镜专利说明书. 在 Rüdenberg 的口头指导下, Abraham 起草了专利说明书, 并申明了权利要求. 由于 Rüdenberg 的总结相当全面, 因此只需要很小的改动就可以用于申请专利. 随后第二天, 5 月 28 号 (星期四), Rüdenberg 签署了专利申请. 根据当时德国公司的标准惯例, 专利应属于西门子舒克尔特公司. 1931 年 5 月 30 号 (星期六), 专利申请被送到德国专利事务办公室, 整个过程在由 Knoll 于 1931 年 6 月 4 日 (星期四) 在柏林高等工业大学举办的 Crantz 报告会前四天完成. 学术报告会由 Knoll 主持, Rüdenberg 出席了大会, 但没有参加讨论, 其原因可想而知. 出于从来没有充分说明的原因, 这个专利直到 1953 年才在德国获得批准, Knoll 和 Ruska 一直被蒙在鼓里, 毫不知情. 直到 1932 年该专利在法国公布, 更为重要的是 1936 年 10 月在美国公布. 那时由于 Rüdenberg 具有犹太血统被驱逐出德国, 到 1947 年才成为美国公民, 将其名字改为 Rudenberg. 西门子 - 舒克尔特公司的专利作为第二次世界大战的战果落入外籍监管人的手中. Rudenberg 重新申请了发明专利并将他自己列为发明人. 参考文献 [4] 全面阐述了柏林复杂的法律程序和专利的原创背景. 外籍财产监管人, 指示将专利权转移给了 Rudenberg 并成为该专利的发明人, 因为监管人判断, 此一专利并非西门子-舒克尔特公司的商业委托, 应是 Rudenberg 的个人发明专利, 尤其是当发明人没有签署相关规定文件时. 1953 年德国专利事务局发布了迟到的专利, 在专利法律上承认 Rudenberg 是电子显微镜的发明人, 尽管事实上他根本没有参与早期的研究中.

20.5 超过光学显微镜的分辨能力

1932 年, Knoll 去了柏林电信公司, von Borries 在柏林之外得到了一个职位, Knoll 小组解散. 当时只剩下 Ruska 一个人留在柏林, 他设法获得了德国科学救助会的一份经费资助. 该项目的目标是设计和研制有重大改进的 TEM, 其工作电压为 75kV, 分辨率的极限远远超过光学显微镜. Ruska 的新电子显微镜尽可能多地使用以前的部件. 这是以一个两级 TEM, 具有 10000 倍的最大放大倍数并足以记录 10nm 的细节. 1933 年末, Ruska 获得了大约 12000 倍的放大倍数, 达到了大约 50nm 的碳纤维分辨率, 这个结果稍优于最好的光学显微镜的分辨率, 但远远优于通常的好光学显微镜的标准. 前来参观第一台 TEM 的专家一致同意其拥有较好的分辨率, 但是从他们的角度来看, 立即提出它在观测"真实"样品中不具有应用前景, 不可能比光学显微镜获得更多的细节. 在当时, 还不知道新的样品制备方法将会被开发出来以达到所需分辨率, 更不知道人们将很快学会如何解释以前任何显微镜从来观察不到的细节. TEM 没有得到应有的支持, Ruska 也不得不离开此领域, 在柏林电信公司获得一个职位. 电子显微镜好像已走上穷途末路.

20.6 样品准备和辐射损伤

样品问题最终证明并不像许多人认为的那样可怕, 这主要得益于在布鲁塞尔工作的匈牙利科学家 Marton 的工作. 由于受到 Ruska 工作的启发, Marton 在 1934 年建立了一个拥有中等分辨率能力的简易水平 TEM. 他很乐观地认为一定能成功地使用这台电镜测试生物样品. 然而他的第一个实验证明未经处理的样品在电子束作用下迅速燃烧. 但是, 如果他使用像在生物光学显微镜中使用的常规锇浸透技术, 仍能看到例如茅膏菜叶子的基本结构, 因为这些结构在有机物损坏后仍被保留下来. 在对样品准备方面做了一些实际操作之后, 根据薄样品电子散射规律, Marton 深信通过使用较薄的样品, 较高加速电压和缩短曝光时间的内部摄影技术将为真正电子显微术的到来铺平道路. 他用垂直电子光学系统装配了一台运行电压为 80kV 性能得到改进的 TEM, 并配备样品和照相空气锁. 这台电镜允许很多样品被连续快速地研究和照相, 这无可争辩地成为 Marton 最大的贡献, 因为他在关键时刻解决了关键问题. 他的工作促使光学显微技术人员将他们的样品制备技术改进得适用于 TEM, 鼓舞了物理学家将精力应用于电子像衬比理论研究, 并迫使制造商提供样品空气锁和内置多板照相装置. 更为重要的是他展示了电镜不能被应用到动态粉碎样品的看法其实没有道理, 只要在样品准备中做得更为巧妙, 电镜照样可以用于粉碎样品的测试.

20.7 第一台系列生产的 TEM

返回到德国后, Ernst Ruska 和 Bodo von Borries 保持了他们在柏林高等工业大学和国外深入研制电镜的兴趣, 并且试图说服一些德国公司允许他们建造一台适合实验室应用的商用电镜样机, 以便以后生产系列产品. 最终在 1937 年, 柏林的西门子和哈斯克公司和耶那的卡尔蔡司公司都承诺建立合理配备设备的实验室去研制一台标准实验室用的 TEM. 他们选择了西门子公司, 因为它在高稳定性高压电源 (100kV) 方面具有强力的技术支持. 虽然西门子公司提供的设备并不算丰富, 实验室设在柏林斯潘道的一个废弃的面包房里, 但从一开就注入了所有成功的因素. 当时西门子和哈斯克公司通过西门子-舒克尔特公司已经拥有 Rüdenberg 专利; 现在他们获得了 von Borries 和 Ruska 关于磁极透镜的专利. 此项工作在西门子公司从 1937 年春天开始, 由一个年轻且富有活力的团队进行研究, 该团队由 Ruska, von Borries, Müller 和其他人员组成并且被授予全权.

西门子公司也同意委任来自布拉格理论物理研究所的 Walter Glaser 教授, 以提供电子光学的理论研究背景. Ernst 最年轻的弟弟 Helmut Ruska 也放弃了医学职业来负责应用实验室, 他在样品准备问题上以巧妙设计的方式发挥了他的创造才能. 1939 年, 他开始研究植物病毒, 后来研究人类疾病的病毒.

从一开始就建造了两台 TEM 样机, 其中吸收了 1933 年 Ruska 的电镜的经验和教训. 一台留下来用于仪器的开发, 另一台用于应用研究, 它们无须中断各自的工作程序就可进行相互之间的信息反馈. 研究工作经常持续到深夜, 因此计划进展得非常迅速. 到了 1939 年中期, 第一台高分辨率商用电镜 (Übermikroskop) 在工厂进行了测试. 由于安装了热激发电子枪, 代替了以前的低亮度气体放电阴极, 因此可以达到非常高的放大倍数. Ruska 的直觉和天赋在这个令人鼓舞的气氛中开花结果. 他一开始就坚信在 TEM 电镜中只有物镜是最重要的, 并且物镜的焦距要尽可能的小. 众所周知, 磁透镜的色象差系数和焦距具有相同的数量级. 所幸的是, 焦距的减小将减小色象差和球象差, 从而提高了分辨能力. 对于绝大多数样品来说, 按现代标准都显得较厚, 因而色象差的减小是更为重要的. 超微切片机是很多年以后的事. 而且对于一个给定的最大放大倍数, 物镜焦距的减小将相应地减小显微镜长度, 导致更高的机械稳定性.

从上述两台电镜样机获得的经验应用于西门子第一台 TEM 产品中，其放大倍数达到了 30000 倍，确保分辨率为 7nm，一个可批量生产的第一台电镜就此在世界上诞生了. 西门子公司的电镜在获得来自赫斯特的法本化学公司第一个订单之后，无须等待订单就销售了一批十台仪器. 这些仪器有非常高标准的要求，给其他制造商竞争带来极大的困难. 令人惊讶的是在所有国家研制的电镜都严格地，几乎绝对地遵从 Ruska 作为博士研究生时所做的电子光学设计. 这种倾向在 20 世纪 60 年代早期变得更为明显，而此时 Ruska 正准备按照他 1940 年在柏林合作的同事 Walter Glaser 的建议重新设计物镜.Glaser 当时的建议指出，从球面象差减少到最小考虑，最好的物镜是将样品放在透镜中心的那种透镜，这就是所谓的聚光物镜 (Einfeldline)，透镜场的第一部分将亮度束聚焦在样品上，只有第二部分形成图像. 在 1941 年要想实现建造和安装这样的透镜是一个难题，因此这种想法只能搁置起来悄悄地等待先进技术的出现.

1966 年 Riecke 和 Ruska 发表了描述这种透镜的优良性能的论文后，很快在全世界无论是 TEM, SEM 还是 STEM，几乎所有种类的商用高分辨率电镜中得到应用 (见图 20.6). 因此 Ruska 证明了通过持之以恒地改进仪器的各种限制观察单个原子是可能的. 当然，如何解释这种图像的问题依然存在，因为在原子分辨率水平上，可以出现球面象差和衍射的混合效果得到的赝像. 20 世纪 80 年代这个问题得以澄清. 当时人们认识到，原子结构不可能通过高分辨率显微成像直观地判断出来，只有利用图像模拟方法或可导出球面像差系数并重新合成图像的聚焦系列的图像处理，通过反复试验才能达到这个目的.

20.8　静电电子显微镜

起初静电电子显微镜曾被认为是首选的仪器，因为对透镜来说无须电流源，在加速电压改变时焦距也不会改变. 虽然这种仪器因为存在操作上的困难现在已被淘汰了，不过对它投入的大量研究并没有白费，因为这些研究提供了对电子波动光学的基本理解以及对球面象差进行校正所需的仪器. 1930 年，柏林通用电气公司 (AEG) 研究所对几何电子光学和相应的工业应用进行了广泛的研究，例如高速阴极射线管和低能电子束. 1931 年 8 月 Johannson 加入 AEG 开始设计发射电镜. 1932 年 Brüche 发表了这个研究的结果，随后 Johannson 也发表了相关结果. 这种显微镜是一个单级显微镜，其中热离子阴极本身作为样品，来自阴极的电子被一个带有 10~20V 正电压的开孔板加速，另一个电极 (阳极) 将电子加速到大约 200V 聚焦到带正电位的荧光屏. 这种新的透镜称之为 Johannson 透镜，或阴极透镜，或浸入式透镜.

这些贡献使得 AEG 成为当时柏林电子显微镜的领头羊. 发射电镜在其诞生之

日起就引起了广泛的兴趣, 借助于它可以进行热离子阴极行为的原位研究而不是后继研究, 因它的分辨率比其他电镜要差得多. 而且它还要求在测试表面加一个很强的电场. 现在已停止这种产品的商业生产. 然而最近它又以低能电镜 (LEEM) 的形式重新复活[5], 其中, 高分辨率不是一个重要的因素, 更为重要的是它在明确定义的表面上原位观察化学反应的能力. 因为 Brüche 和 Scherzer 撰写了第一部电子光学专著《几何电子光学》(Geometrische Elektronenoptik), 使得 AEG 研究所名扬四海.

20.9 Abbe 的光学理论和 TEM

在这一显微镜理论中, 一个相干波通过样品, 其幅值和相位得到调制. 物镜形成一个包含样品信息的原像 (衍射花纹), 但是肉眼无法识别. 不过波在像平面的次级像是可以被肉眼识别的. 直到 1936 年以后, Abbe 的理论才开始对电镜的发展起到作用, 因为 1935 年后半期, Boersch 研究了 Abbe 的理论对电镜的影响. 使用如图 20.2 所示的一个简单的实验装置, 即一个不断抽气的圆柱形真空玻璃管, 一端是电子枪, 另一端是荧光屏 S_{I}. Boersch 从根本上改变了我们对电镜的基本理解. 两个用导线绕制的线圈作为磁电子透镜, 可以在玻璃管轴线方向上移动并在外部摄像. 第一个透镜 L_1 充当衍射透镜, 在孔径面积可选的 S_{D} 处形成一个衍射图像 (Abbe 的原始像), S_{D} 置于物镜 L_2 的样品平面, L_2 的放大倍数为 15, 这正好达到了 Boersch 的目的. 只要倾斜衍射透镜不用移动固定孔径就可以实现不同模式像的分布.

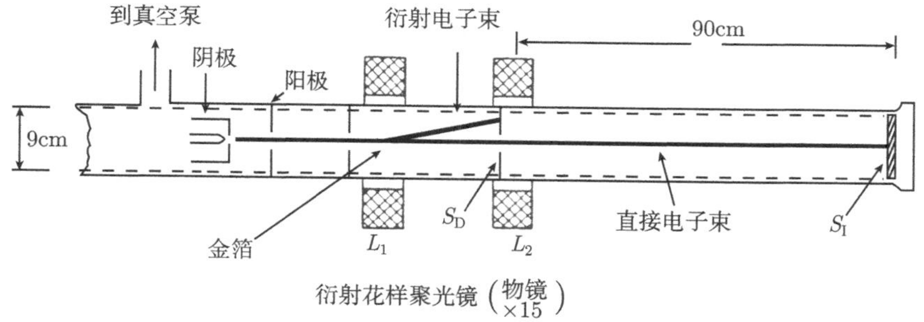

图 20.2 Boersch 的实验性 TEM, 放大 15 倍, 用来研究关于 TEM 中金属薄膜样品成像的 Abbe 理论. 倾斜透镜 L_1 将选定的衍射线置于轴上, 在屏 S_I 形成像, 选定范围的衍射图也是第一次被证实

首次在 TEM 中系统地观察到暗场成像和特定衍射束成像, 选定范围内的衍射也得到了证实.

在这个实验的限制范围内, 令许多显微镜专家惊讶的是 Abbe 的成像理论适用于电子显微镜. 后来, 特定范围内的衍射大约 1944 年被 JB Le Poole 在战时与外界隔绝的荷兰德尔伏特高等技术学院用他的 TEM 独立地再次发现, 他的实验 TEM 为埃因霍温的菲利浦公司未来的开发设定了榜样. Le Poole 的博士论文设计优雅可靠, 强烈地受到波动光学的影响.

就在 Boersch 以波动光学解释 TEM 的工作原理时, Scherzer 在 1936 年发表了他的著名论文, 给出了轴对称电子透镜与光学透镜的区别, 指出前者的一阶球面象差不可能是负的. 所有的电子透镜, 包括电磁透镜和静电透镜, 都存在相当严重的球面象差, 以至于不可能通过与一个带负球面象差的透镜结合来消除. 这引起了对电子显微镜的最终分辨率的怀疑. 在波动理论下, 这应由球面象差和电子波长的合成效应来决定, 而不是由电子的大小决定. 在 1936 年这些影响显得无关紧要, 因为当时分辨率明显受到仪器缺陷的限制. 然而无论是 Gabor 还是 Scherzer 都不赞同这种观点. 即使 10 年后 Gabor 在他的著名专著 [6] 中. 从理论上估计了在最优加速电压为大约 60kV 的情况下, 未经校正的 TEM 的最终分辨本领是大约 0.8nm(8AU), 因此, 认为球面象差的校正极为紧迫. 他最终的建议是在透镜空隙产生一个空间电荷区. 这将弱化透镜最外层区域内的折射本领, 因此能将球面象差减小到零；这一结论直到现在也没有得到实验验证.

Scherzer 的解决办法是放弃轴向对称性, 多极子元件能产生特定大小的象散和任一符号的球面象差. 一个八极子没有折射本领, 但是可在直线像上产生球面象差. 一个四极子能产生互成直角的两条线形的像, 但是在轴向上是相互分离的. 因此通过八极子可以校正象差, 再采用接下来的四极子将电子束收集到一点上, 这个系统设计证明在实验上是合理的. 主要的不足之处是四极子产生了巨大的球面象差, 这在原则上虽可以通过八极子来校正, 但做起来很难. 这个设计大约经过 25 年之后仍然没有达到电镜的商业优势. 然而, 对 Scherzer 的工作较小的但是最富有成果的奖励是获得了静电象散校正器 (Stigmator), 这个消象散器由两个互成直角的四极子构成电八极子或磁八极子, 因此象散可以通过控制面板调节方位角和强度来纠正. 象散是由于许多种因素所引起的, 因此这个器件在电镜上产生了戏剧性的差别. 然而它不能挽救静电 TEM 的命运, 因为它的加速电压不可能超过 80kV, 大大低于材料科学应用所需的电压. 由于配有消象散器的磁 TEM 可在非常高的加速电压下工作, 使得静电 TEM 远远落后并最终消亡.

Hillier 和 Ramberg 的磁透镜校正系统主要凭借经验实现, 这给设计者提出了许多严重的问题. 八个小的铁螺丝钉在物镜空隙垫圈圆环上, 通过实验和误差调节来补偿图像的非对称性. 由于上述装置不能原位调节, 因此后续调整不得不拆卸并重装, 显而易见, 这是一个临时性的方法, 然而, Hillier 知道如何定量测量象散, 这种测量具有深远的意义. 1940 年 Hillier[7] 与 Boersch[8] 几乎同时在电镜上发现样品边缘存在 Fresnel 衍射条纹, 这些现象在物镜稍微偏离焦点时变得尤为明显 (图 20.3). 薄膜上小孔的边缘条纹的不对称性是象散的灵敏指示器, 因为 TEM 中焦距内和焦距外条纹的形貌是完全不一样的. Hillier 是当时两个熟悉相干电子束和 Fresnel 衍射效应的电镜专家之一, 因为他已经构建了一台磁透镜的 Boersch 投影显微镜, 不过用磁透镜作为 50nm 的高分辨率轻元素电子探针微量分析器, 用电子能量损失谱仪 (EELS) 作为探测器.

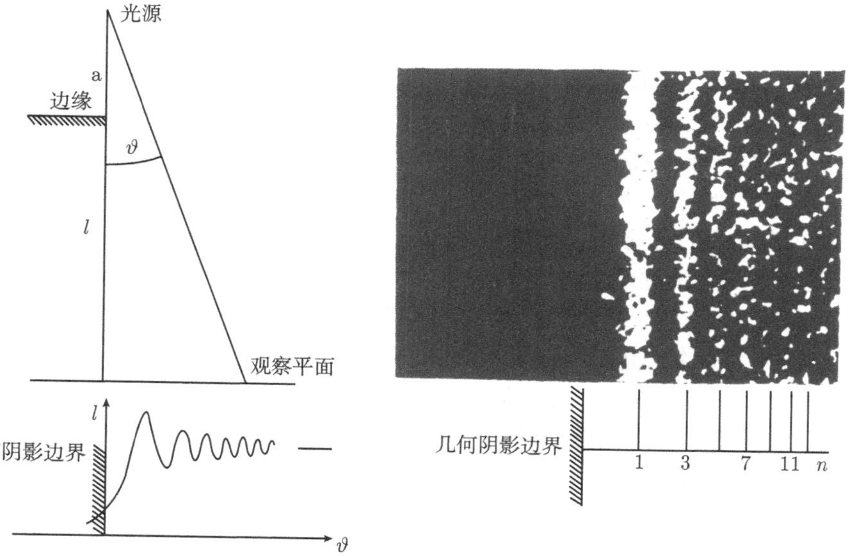

图 20.3 形成电子 Fresnel 衍射图的确定性证据[8]

一个点投影电子显微镜 (放大 870 倍) 将边缘影子的象 (见图 20.4) 投影到荧光屏上, Fresnel 干涉条纹如同在光学中一样在边缘的影子之外出现, 证明了电子的波动性

顺便提及 Hillier 也企图将 X 射线分光仪和微量分析结合起来, 但是未能达到工业研发的要求. 作为替代他申请了电子探针 X 射线微量分析仪的专利[9] 而按照专利法成为该项技术的发明家. 其实直到 1949 年,Raymond Castaing[10] 才从第一原理出发确立了现在我们所知的技术. 他的主要贡献不是电子光学而是在微米级上实现了精确化学分析的创新性方法.

由于具有新的 Fresnel 衍射条纹新技术, 一反通常公认的看法, Hillier 和 Ramberg[11] 证明了象散是由于制造误差而不是球面象差所引起的, 因此成为商用 TEM 的分辨能力的限制因素. 这是一个突破, 说明 Fresnel 测试是直接的证据而不依赖于操作者随心所欲的评价. 更有趣的是用 Fresnel 条纹原理构成未来的全息照相术, Gabor 立即反驳了 Boersch 和 Hillier 声称他们发表的 “边缘条纹” 是由于 Fresnel 衍射而形成的说法. 相反他坚信这是 Hillier 以前发表过的能量损失条纹的一种类型. 因此, 在 Gabor 1946 年出版的专著中[6], 示出了由 RCA 研究部主任 V K Zworykin 提供的使用 RCA 的 TEM 所拍的放大倍数为 200000 的电子显微镜照片,照片揭示了分子的结构, 并示出了合成橡胶样品边缘的一些 Fresnel 衍射条纹, 在解释了为什么这些条纹是 "有色的" 条纹, 对应于碳的特征能量损失 (24eV 的倍数) 后, Gabor 加了脚注: "Hillier 首次观察到这些等高线, 他不是将 1939 年的观察结果与现在的结果联系起来, 相反却试图通过假设为 Fresnel 条纹去解释他们, ······ Hillier 从没有尝试作定量解释, 如果他这样做的话, 一定会证明 Fresnel 条纹不能说明他的观察."

当时, Gabor 对 Boersch 结果也持相反的观点. 这一点具有历史的趣味性. 因为它证实 1946 年 Gabor 对全息术还一无所知, Hillier 和 Ramberg 1947 年在他们的论文 "等高线现象和高分辨能力的获得" 中[11] 给出了这些条纹本质的结论性证明. 在《电子显微镜》第二版临近出版时, Gabor 感到不得不重写有关图像衬比这一节, 删除那些得罪人的段落, 完全接受 Boersch 和 Hillier 的 Fresnel 衍射的解释. 在笔者看来, 似乎正是他们的这篇文章启发了 Gabor 关于全息术的独到概念. 按照 Gabor 自己的说法, 他是在 1947 年的复活节假期 (4 月 15 日星期一, 复活节) 和他的妻子坐在洛格比镇的长凳上等待下场参加网球比赛时, 产生了这个基本概念的. 灵感 "毫不费力和不招自来地" 出现在他的脑海, 告诉他用相干照明记录电子波的振幅和相位, 进而通过相干光照明图案重建电子波, 这将使象差得到纠正. 一旦转变观念相信电子 Fresnel 衍射和相衬效应的可能性, 他那强大的洞察力立即在 Fresnel 衍射花样上施展开来. Boersch 的显微镜不再是一个 "影子显微镜", 而是一个能得到电子波离开样品时的衍射信息记录的 Fresnel 衍射显微镜, Boerch 好像忽略了这一点. Gabor 发明了衍射显微术. 在他之前没有人能令人满意地解释投影显微镜成像的真实原因, 它不是一个影子而是一个干涉图! 当样品逐步远离焦点时, 就会产生越来越多的关于样品细节的条纹, 展现了越来越多从样品散射出来的波. Gabor 甚至在没有见到投影电镜的情况下, 就能计算出一个完美透镜将单个原子 Fresnel 衍射像投影到稍偏离焦点的轴线处的最简单情况. 来自远距离处的类似点光源的参考光束与原子干涉后形成的散射波在照相底板上给出干涉环, 同相位处为亮环, 异相位处为暗环, 在照片上产生的花纹与波带片上的花纹一样. 接着将球面象差引入到投影计算中, 产生与第一种情况相同的花纹, 但是外区的条纹被压缩在一起, 显示出由于球面象差产生的波阵面的大弯曲程度. Gabor 的天赋在于将这种记录称之为全息图, "是一种携带来自于物的波的所有信息 (振幅和相位) 的书面记录方法", 并变成了他的品牌. 他认识到全息图也包含产生全息图的装置的电子光学特征的信息. 更大的天才之举也许是他认识到当人们观察相干光照明的电子全息图时, 这些到达眼睛的波就会在观察者的视网膜上产生原始物体真实的像, 由此可以断定 Boersch 其实已经生成了电子全息图, 而他自己却没有认识到这一点. 首要问题是如何从全息图中重建像. 在他关于衍射显微镜的 BTH 公司研究报告中, Gabor 指

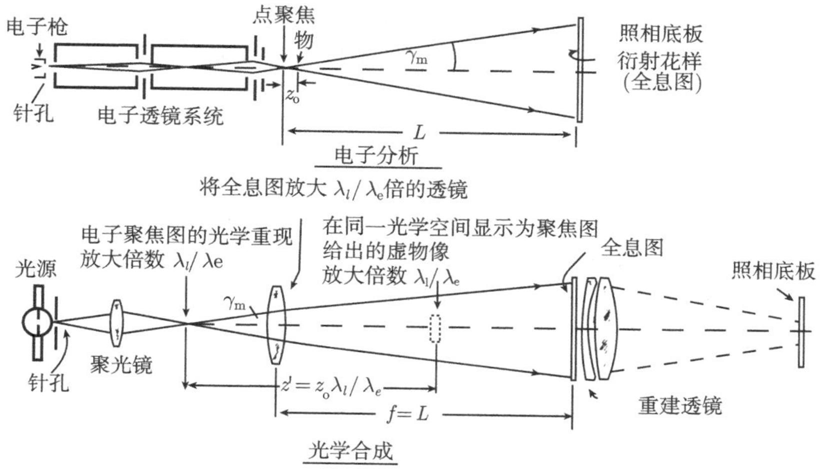

图 20.4 Gabor1947 年提出的采用 Boersch 的电子影子显微镜和 Bragg 光学合成器[13] 想法的 “衍射显微术” 建议

出如果在特定平面上波的振幅和相位都是已知的, 原则上可以通过对全息成像图的计算获得像, 对于其他平面也可如此计算.

在 1947 年, 这样的计算量远远超出当时任何计算机的计算能力, 但可预见以后这将成为可选择的方法. 然而, Gabor 所不知道的是, 自 1920 年起两级成像方法就已经出现, 当时 Wolfke[12] 使用两波长原理提出了 X 射线显微镜的构想. 他的构想是在照相底板上记录 X 射线的衍射的图像, 相当于 Abbe 的初级像, 而在可见光范围内用光学透镜系统获得原始物体的 Abbe 二级像. 这篇文章引用了作者进行的一些实验情况, 但是由于叙述不充分而被遗忘了. 1938 年 Boersch 和 1942 年 Bragg 各自独立重新发明了这种 X 射线显微镜方法, 当时他们都不知道 Wolfke 的工作. 由于没有记录 X 射线衍射图的相位信息, 因此这种方法只适用于事先已知相位信息的特殊晶体结构, 不能用于电子显微镜的一般样品. 事实上 1943 年 Boersch 已具有发明电子束全息术的良好条件, 他已经拥有包括全息图在内的发明全息术的所有工具, 但是没有意识到全息图所包含的相位信息.

Gabor 对 Bragg 的重建图像留下了深刻的印象, 其中相位信息已经得知, 但是 Gabor 的优势在于全息图已记录了振幅和相位信息, 因此可以在没有任何预先知识的情况下纠正球面象差. 当时他想通过使用相干电子投影显微镜获得全息图[13] 并使用相干光学光源重建图像, 校正残余象散、散焦误差和光学球面象差, 如图 20.5 所示. 那时 Gabor 已转到伦敦帝国学院担任讲师并说服了位于贝克夏的英国联合电气工业公司 (AEI) 研究实验室主任 T E Allibone 组建一个小的团队, 由 M E Haine 领导, Gabor 作为顾问, 成员包括 J Dyson, Haine, T Mulvey 和 J Wakefield. 他们将实验 TEM 改造为一个投影式电子显微镜来获得全息图. 并由

Dyson 和 Wakefield 构建了具有相干单色照明和可变球面象差的光学实验台, 很快获得中等分辨率的全息图. 但是不久认识到磁投影显微镜要受到色象差所引起的视场限制. Haine 和 Dyson[14] 证明 TEM 的焦点之外的 Fresnel 条纹系统也是一个全息图且不受视场的限制后, 研究取得突破. 全息的 TEM 所需要的是一个很好对焦的照明系统、稳定的电子束和供电电源. 因此电子全息摄影术可以看作任何高性能 TEM 的一种标准运行模式, 这就具有了科学和商业意义. 严重甚至致命的是在 Gabor 的在线全息图中存在无法纠正的错误, 也就是参考束与样品束在同一条线上. 全息图是一种广义的波带片, 其作用既像会聚透镜又像发散透镜, 因此观察者透过全息图可以看到在同一条线上有两个物体, 在轴的不同位置有一个实像和一个虚像. 如果聚焦在其中一个上, 可以看到另一个没有聚焦. 然而在相干光下, 需要的像被包围在一个混乱条纹的阵列中, 使分辨率降低. 这种情况虽可通过使 TEM 物镜强烈地散焦来减轻, 但这需要额外的曝光时间. 已经制出了需要几分钟曝光时间的全息图, 具有 0.5nm(5AU) 的分辨率, 但由于上面的原因不可能在同样的精度下重建它们[15]. 可以断言, Gabor 的在线全息图虽然是一个聪明的想法, 但在原子尺度上并不可行. 无论如何, 需要一个当时还没有的场发射枪将曝光时间减少两个数量级. 更关键的问题是找到一些完全将这两个像分离的办法. 由于需要证明全息术的诊断能力在定量地评估和提高高分辨率 TEM 的性能上必不可少, 因此从制造商的角度看, 这个研究价值连城. 然而看起来它却似乎像是 Gabor 全息术道路的终结.

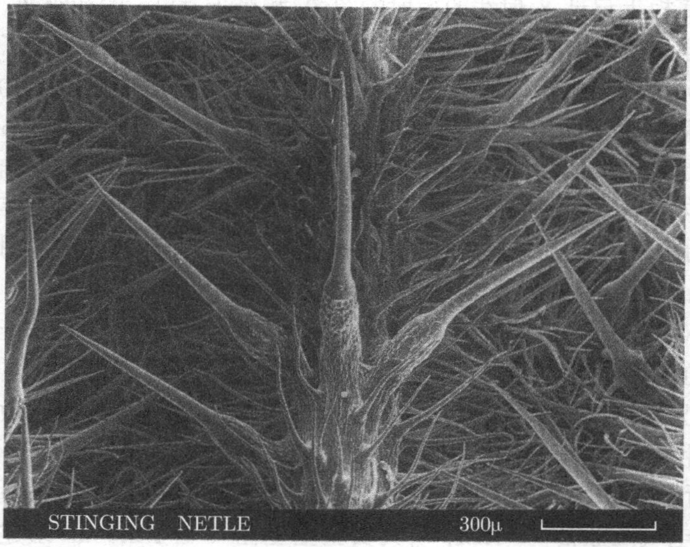

图 20.5　荨麻叶的 SEM 像, 良好的聚焦深度给出物体的非常清楚的像, 其分辨率高于光学显微术

20.10 离轴光束全息术

转机来自一个意外的方面, 1965 年, 美国的 Leith 和 Upatnieks[16] 从他们与全息术十分相似的雷达测绘经验中意识到, 为了得到更好的测绘图像, 必须始终保持雷达发射中的载波和边带的分离. 从样本和相干参考光源发出的波应当首先在全息图上相遇, 之后通过使参考光束和样本光束发生倾斜产生另一个离轴光学全息图, 这样两个像就完全分离了. 于是问题得以解决. 这个离轴全息图的结果惊人而且拥有 Gabor 预言的所有性质. 光学全息术为光学信息处理带来了革命, 特别是从具有高亮度和强相干性的激光的到来的角度看更是如此, 它没有涉及新的原理, 却是一个可贵的技术突破.

20.11 用全息术达到 TEM 无象差原子分辨率

离轴电子束全息术的工具在 1953 年就被不知不觉地制造出来了, 那是在德国莫斯巴赫的 AEG 公司实验室的 Möllenstedt[17] 在意外发明 Fresnel 电子双棱镜时制造出来的. 当时他在一个 AEG 的静电 TEM 的物镜孔中放了一根细金属丝, 以图得到暗场像. 让他烦恼的是一天在荧光屏上出现了两个像, 结果表明这是由于金属丝烃污染而充上负电所致. 他马上问自己这个像是否是相干的, 如果是, 他可以用它做一个 Fresnel 双棱镜. 他的合作者 Düker 研究了这个现象并且发现金属丝如果带上正电, 这种双棱镜确实可以用来作为电子束干涉仪. 当时没有立刻意识到所产生的干涉图实际上是样品的离轴全息图, 不过后来完全可能据此想出在 TEM 中的离轴全息术. Möllenstedt 是德国图宾根大学应用物理系系主任, 他委托他的同事 Hannes Lichte 开展一项紧迫的原子分辨显微镜术项目. 这个任务需要配备一个菲利浦 100kV EM420 ST 的场发射枪, 离轴全息图所需要的唯一附件是一个小的 Fresnel 双棱镜, 放置在选定的区域衍射杆上, 不影响仪器的正常操作. 可以设想这样的显微镜需要非常高的机械和电学的稳定性, 因此这项实验需要亮出“绝活”. 离轴全息术需要很高的技术代价来对球面象差进行修正, 因为由样品信息调节的全息图中的基本载波带必须比最终需要的分辨率精细 3 倍, 也就是说为了最终实现 0.1nm 需要做到 0.03nm. 而且, 通过 Hanssen[18] 和他的合作者的工作已经知道双波长方法的重建在原子分辨上是不适用的. 因此在一个过程中必须完成将全息图数字化、计算成像并修正球面象差. 项目十分成功, 1985 年的复活节期间 Lichte[19] 第一次将原子分辨率水平上的全息图转换成无象差的像, 因为只有在这段假期里马丁斯利德研究所的强大的计算机才可能供他使用. Gabor 预言的所有结果在图宾根大学这次以及随后相关测量仪器上的研究工作中得到了验证. 例如, 错误地交换相位和振幅信息等球面象差真正有害的效应在实践中完美地消除了. 在经历了 60 年理论和实验的努力后, TEM 的关键问题得到解决, 在最近的发展中 [20] 无象差成像已经不需要双棱镜了. 这个新的在线方法和 Gabor 全息术的原始的在线方法有很多相似之处, 诸如使用相干照明并且在振幅和相位上合成离开样本的波, 从而校正球面象差. 这个方法是在电荷耦合器件 (CCD) 照相机中收集到系列样品聚焦像, CCD 照相机将它的数码输出直接输入计算机. 这一系列保存样品的所有信息, 直到显微信息的极限, 但是是以 "倒频" 亦即编码方式保存的. 首先由适当的算法除去图像中不需要的非线性干扰, 并利用最小二乘法拟合单独显微图中的数据恢复离开样品的电子波. 对散焦和象散的修正是简单而直接的, 但对球面象差的修正需要对物镜的球面象差系数进行精确的估计. 整个工作对电脑的要求很高, 但在今天的 PC 机和工作站上都可完成. 这个方法修正球面象差的优点是不需要修改电子束系统. 这些全息术方法毫无疑问简化了用 TEM 确定物质结构的问题并且开创了电子显微镜术的新时代.

20.12 扫描电子显微镜

在扫描电子显微镜 (SEM) 中, 电子束系统的透镜安排正好相反, 以至于形成一个缩小的像 (电子探针). 接着, 这个探针在样品表面进行扫描, 样品与 TEM 上的固体或薄膜样品相同. 样品的散射电子被收集起来并形成电子信号, 此信号对与样品探针同步扫描的阴极射线电子束进行调制, 最终在屏上形成一幅像. 放大倍数由射线管的扫描长度与样品的扫描长度比值所决定. 分辨率与电子探针的大小同数量级. 通常将使用固体样品的这种装置叫做 SEM, 而对于使用薄膜样品的装置, 样品下面可以测量到透射电流, 这将被称之为扫描透射电子显微镜或简称为 STEM. TEM 和 STEM 有相似的分辨率, 其范围从 0.1nm 到 0.2nm. SEM 的分辨率则相差一个数量级. 第一台 SEM 是 1935 年在柏林电信公司由 Max Knoll 设计和建造的[1,2]. 这是一个原理样机, 虽然放大倍数仅大约为个位数, 但毫无疑问地证明了所有现代 SEM 的工作原理. 当时最大的困难是没有能记录单个电子的探测器, 因此 TEM 中的照相底版就发挥了这一重要的作用. 直到 20 世纪 60 年代 Everhard 和 Thornley (见文献 [2] 中 Oatley 等所撰的一章的第 443~448 页) 设计出现已广泛应用的宽频段的闪烁探测器,SEM 才表现出它的重要意义.

这为 Oatley 和剑桥仪器设备公司及后来其他制造商的生产和研发 SEM 铺平了道路. 例如图 20.5 示出了一幅荨麻叶子大视场范围的图像, 就是由剑桥扫描有限公司制造的现代 SEM 所拍摄的, 显示出了 SEM 不同寻常的聚焦深度和在低放大倍数情况下远远超过光学显微镜的优良分辨率.

STEM 的原理样机是 1938 年 von Ardenne 在柏林设计和实现的 (见文献 [2]

von Ardenne 所写的章节). 虽然他能使用 TEM 开发的透镜改进电子光学系统, 但因为他被迫使用不方便的转动相机的鼓轮装置记录通过样品的透射电流, 没有可见图像. 然而, 他毕竟确立了 STEM 的原理. 对于任何连续系列扫描方法, 曝光时间在数量级上远远大于 TEM 中平行成像的曝光时间. 直到 20 世纪 60 年代, Albert Crewe 将高亮度的场发射光源引入 STEM 中之后, STEM 才成为可实用的仪器, 其分辨率与 TEM 相同. 与此相似, SEM 在分辨率和低加速电压 (甚至低于 1kV) 下的工作能力也均得益于场发射枪.

20.13 结　论

为了阐明在过去 60 年所取得的巨大科学和技术进步, 图 20.6 示出了一个典型现代发展水平的商用 200kV 的高分辨分析电子光学系统的结构图, 该系统允许在 TEM、STEM 和 SEM 上工作, 也可进行电子衍射条纹和选定直径小到约为 2nm 的极微小区域内进行化学分析 (见图 20.7).

以上进步之得以实现, 是由于为满足不同需要对电子光学系统进行重新配置的复杂任务可以通过现代计算机控制技术来完成. TEM 的分辨率是 0.2nm. 图像可以通过 CCD 相机来获得和进一步处理, 包括球面象差和象散的校正. 该设备目前达到的极限是由电子性质所设定, 而不是由于制造精度和操作者的技能所造成的.

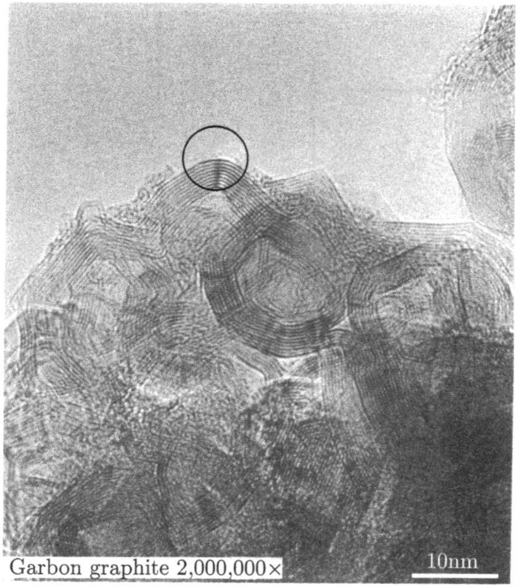

图 20.6　用 EM002B 系统得到的石墨化碳原子像, 示出了原子平面. 选定圆圈 (5nm) 指出了可获得电子衍射图和 X 射线显微分析的很小的选定区域

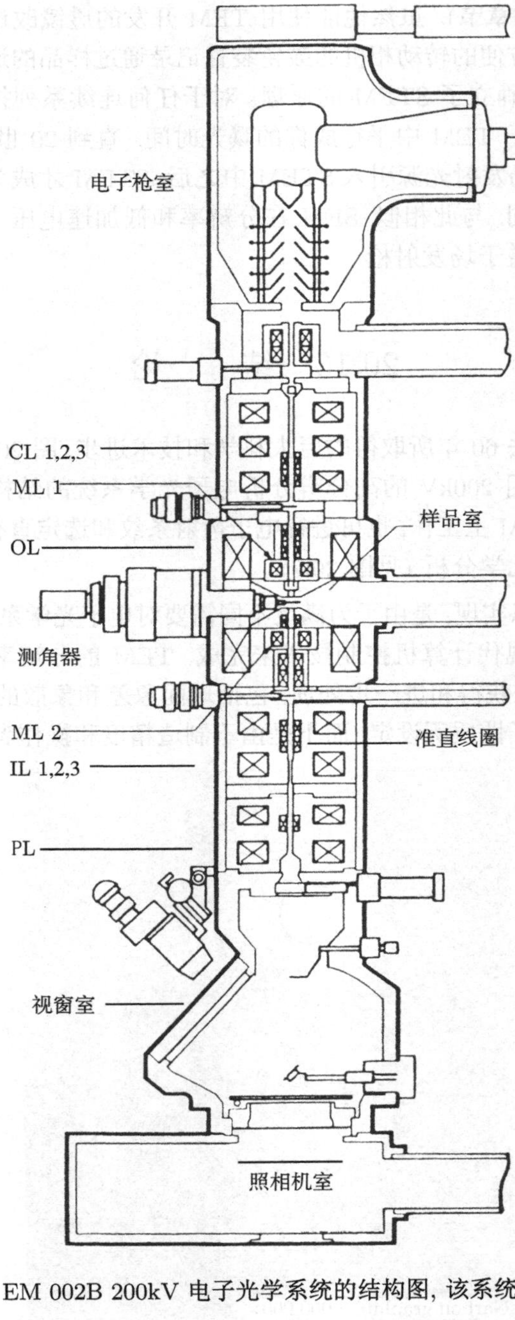

图 20.7　TOPCON EM 002B 200kV 电子光学系统的结构图, 该系统可以 TEM、STEM 和 SEM 模式运行

CL 为聚光透镜; ML 为小透镜; OL 为聚光物镜; IL 为中间透镜; PL 为投影透镜

目前有一种趋势是增加 TEM 的加速电压, 这将减小色差并适度地改善分辨率, 使其达到 650kV 的加速电压是绝大多数显微术学家认为可采用的电压, 因为超过这个电压后辐射损伤随电压增加得更快. 图 20.8 示出了硅在蓝宝石上 (SOS) 界面的横截面, 显示出据估计是因晶体间 5.5° 的失配产生的应力导致了许多缺陷.

电子显微镜现在达到了自它出现 60 年来发展历程中的非常时期.

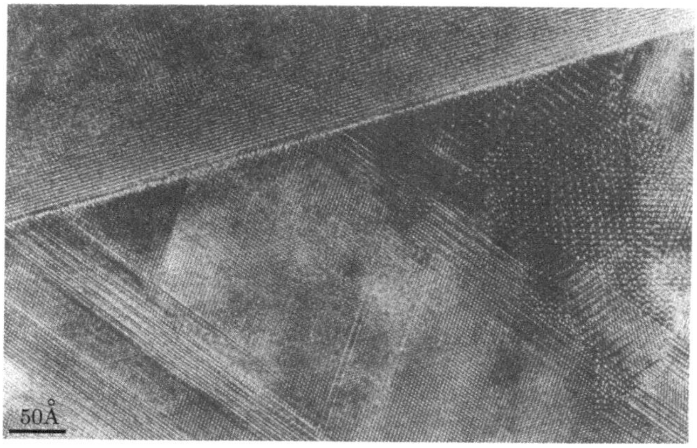

图 20.8 用英国剑桥大学 Freeman 的 650kV TEM 设备拍摄的硅在蓝宝石上 (SOS) 界面的横截面显微照片, 图中出现有趣的缺陷

(孙志斌、陈佳圭译校)

参 考 文 献

[1] Ruska E 1980 The Early Development of Electron Lenses and Electron Microscopy (Stutgart: Hirzel)

[2] Hawkes P (ed) 1985 The Beginnings of Electron Microscopy (Advances in Electronics and Electron Physics. Supplement 16) (New York: Academic) 特别注意 P Hawkes 在 p 589 所做的文献综述; 又见 Mulvey T(ed) 1993 The Growth of Electron Microscopy (Advances in Imaging and Electron Physics 95)(San Diego: Academic)

[3] Mulvey T 1995 Advances in Imaging and Electron Physics vol 91, ed P Hawkes (New York: Academic) pp 259–283

[4] Rudenberg vs Vlark, Attorney General, Civil Action No 3873 Boston, MA, USA 1947 Federal Supplement 72 381–389

[5] Veneklasen L H 1922 Rev. Sci. Instrum. 63 5513

[6] Gabor D 1946 The Electron Microscope 1st edn(London: Hulton) (2nd edn 1948 (London: Electronic Engineering))

[7] Hillier J 1940 Phys. Rev. 58 842

[8] Boersch H 1940 Naturwissenschaften 28 710
[9] Hillier J 1947 US Patent No 2418 029 (applied for in 1943 年申请)
[10] Castaing R 1951 PhD Thesis University of Paris
[11] Hillier J and Ramberg E G 1947 J. Appl. Phys. 18 48
[12] Wolfke M 1920 Phys. Z. 21 495
[13] Gabor D 1947 Proc. R. Soc. A 197 454
[14] Haine M E and Dyson J 1950 Nature 166 315
[15] Haine M E and Mulvey T 1952 J. Opt. Soc. Am. 2 763
[16] Leith E N and Upatnieks Y J 1962 J. Opt Soc. Am. 52 112
[17] Möllenstedt G 1991 Adv. Opt. Electron Microsc. 13 1
[18] Hanssen K-J 1986 Int. Symp. Electr. Optics(Beijing, 1986)(Beijing: Academica Sinica)p 9
[19] Lichte H 1991 Adv. Opt. Electron Microsc. 13 25
[20] Coene W, Jannssen G, Op de Beek M and van Dyck D 1992 Phys. Rev. Lett.69 3734–3736

第 21 章　软物质：概念的诞生与成长

P G de Gennes

21.1 “软”的含义

21.1.1 强响应

在使用液晶显示的手表中, 显示器中的分子每一秒钟被极微弱的电信号触发一次. 这些液晶便是我们所称的“软物质”中的一个最好的实例: 对于非常小的扰动, 分子系统给出了大的响应.

扰动的类型是任意的: 在上面的例子中扰动量是电场, 但我们还可以想出磁扰动、力学扰动 (任何一个吃着一碗木薯粉的人都会发现, 木薯粉因搅动而变硬), 以及化学扰动. 微弱但意义重大的化学作用的一个好例子是 1839 年 Goodyear 发明的橡胶硫化 (vulcanization of rubber)(见图 21.1 中的描述). 硫化是硫对碳氢链的弱反应, 只有小于百分之一的碳原子与硫原子起作用. 然而结果却惹人注目. 系统从液体变成了固体 (一种交联系统)! 由于反应水平低, 这种固体局域上依然相当柔软: 如果用核磁共振来探测, 会将其诊断为液体. 不过在宏观上, 硫化形成的网络能抗拒形变, 应属固体. 于是, Goodyear 制成了一种通常称为天然橡胶的奇怪的软固体.

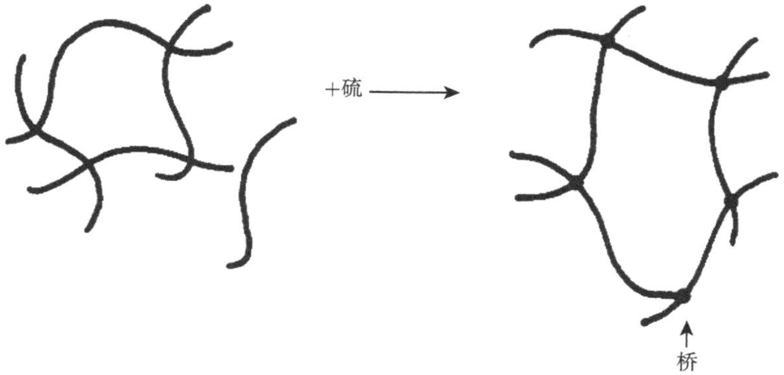

图 21.1　橡胶硫化: 柔性键液体被硫原子交联. 宏观上系统由液体转变为固体. 微观上仍有许多运动, 经核磁共振探测, 系统仍然在局域上是液体

某些特定类型的掺杂为软物质提供了另一种扰动形式: 例如, 取一罐水并向其

中掺加每升 100 毫克的溶于水的长链聚合物 (经典的课堂实例为聚氧乙烯 (CH_2–CH_2–O)$_N$, 其中 $N \geqslant 10^4$), 则水的流体力学特性就会大大改变[1,2]! 一个例子是图 21.2 所描述的无管虹吸 (tubless syphone). 除此之外, 还有许多其他例子, 比如湍流损失显著减小. 这个效应虽已被发现 40 年, 但至今尚未得到完全理解.

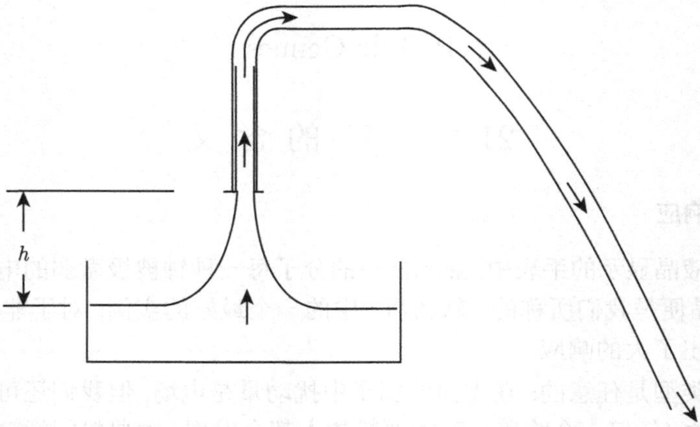

图 21.2 无管虹吸. 对于含有约 100 mg · l^{-1} 溶于水的长链聚合物出现这种情况. 典型的 h 值在 20 cm 范围

21.1.2 柔性的来源

如果叫一位凝聚态物理学家想象出一个对某些扰动具有强烈响应的系统, 他的第一反应必定涉及临界现象: 比如, 在铁磁体的 Curie 点 T_C 附近, 磁化率 χ 非常大.

但因为这要求提供非常稳定的外部条件 (温度、压力等), 对于大多数实际目的, 上面的回答并不非常有用. 确实, 临界现象结合许多冶金技巧曾用在具有高介电常量的固体 ($BaTiO_3$) 中, 以达到在更宽的温度范围内使系统具有所要求的性质. 但是对于我们的软物质系统而言, 工作路线与此完全不同.

第一种方法是采用具有 (连续) 对称性破缺的系统. 例如, 在 $T < T_C$ 的理想 Heisenberg 磁体中, 我们有固定长度但指向任意的磁化矢量 $\boldsymbol{M}_0$(破缺了的对称性是旋转群). 沿 $\boldsymbol{M}_0$ 施加一个磁场 $\boldsymbol{H}_0$ 以稳定 $\boldsymbol{M}_0$ 的指向, 然后再施加一个微弱的法向磁场 $\boldsymbol{H}_1$. 于是 $\boldsymbol{M}$ 沿 $\boldsymbol{M}_0 + \boldsymbol{M}_1$ 排列, 这意味着如 $\boldsymbol{H}_0$ 小, 横向磁化率

$$\chi = \frac{M_0}{H_0}$$

在所有小于 T_C 的温度上都非常大. 某些液晶效应与这种形式的的大响应有深刻的联系.

另一种方法则基于脆性结构. 图 21.2 的弱橡胶网络就是一个例子. 其他的例子是凝胶, 它通常是被溶剂胀大的柔性网络: 例如明胶的结构, 它其实是具有纤维间自发出现的若干交联点的溶于水的胶原纤维.

脆性结构的另一个家族由分子薄层构成: 最基本的例子是图 21.3 示出的“膜泡”. 正常情况下分子薄层是极易变形的液体, 但因为其脂质成分不可由层中逸出, 液体薄层是稳定的. 而且膜泡不可渗透, 它可以像口袋一样输运装在其中的溶质.

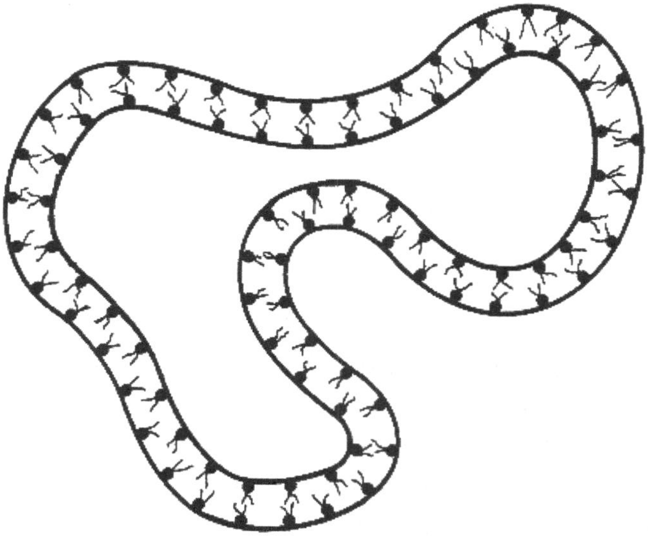

图 21.3 由溶于水的某些表面活性剂分子构成的“脂质体”或“膜泡”是自组装的一个例子. 其中每个分子具有一个极性头 (用小圆圈表示) 和两个脂质尾. 鸡蛋清是典型的例子

最后, 我们甚至可以认为聚合物长链本身也是一种脆性结构. 例如, 我们可以从聚合物稀溶液的流体物理学实验中认识到这一点, 因为在剪切流情况下, 长链极易断裂. 聚合物单元间的结合键是强键 (一个键通常可以承受一纳牛 (nanonewton) 的力), 然而在这些实验中接近长链化学序列中心处的键要承受链中所有其他组成单位的摩擦力的叠加, 颇有点像两组儿童拔河比赛时的绳子.

最后要提到的一个要点是, 应当注意到软物质构成单元之间 (例如膜泡内脂质之间, 或液晶的分子之间等) 的相互作用相当弱: 它们主要是 van der Waals 作用. 在室温条件下, 这些相互作用与热能单位 kT 相当, 于是许多软物质系统像橡胶一样在局域上是液体. 在美国文献中, 软物质经常被称为“复杂流体”. 不过这种叫法既晦涩难懂, 又带有负面意义, 尤其是概括性不全面, 因为橡胶在宏观尺度上并不是一种液体.

21.2 聚　合　物

21.2.1　长链系统

聚合物是由简单的小单元 (即 “单体”) 不断重复构成的长链. 化学合成的聚合物的主要特例为:

聚乙烯

$$-[CH_2]_N-$$

聚苯乙烯

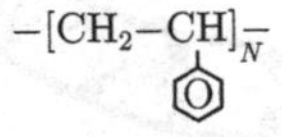

聚氯乙烯

$$\left[\begin{matrix} CH_2-CH \\ \quad\ \ | \\ \quad\ \ Cl \end{matrix}\right]_N$$

聚合指数 N 为 10^3 量级或更大 (某些特殊情况下可达 10^5). 这里我们必须感谢化学家们的出色工作, 他们居然能把一个基本操作重复 10^5 次而毫无差错 (至少在好的模型系统中是如此).

我们周围的许多物体都是以线性链为基础的: 木材、食物、纺织品、塑料以及大多数生命物质. 这种对线性物体而非枝状聚合物或诸如片状物体等的偏好与制造技术有深刻的关系, 因为如同在核糖体反应中一样, 在尼龙反应中最容易的聚集方式也是单体的线性排列.

21.2.2　聚合物概念的诞生[3]

我们的祖先使用的是自然聚合物. 采用改进聚合物的第一个主要工业过程正是我们在导言中提到过的 Goodyear 发明的橡胶. 之后, 通过适当改进, 木材中提取的纤维素丝成为若干人造纤维的基本材料. 然而在整个 19 世纪期间, 线性长链的概念并没有得到承认. 事实上, 在此期间曾经制造出许多有意思的聚合物材料, 但都未得到认真研究. 之所以如此, 原因在于当时一个占统治地位的教条: 如果想要宣布一种新的化学产品, 发明者必须对产品进行多次提纯, 最终达到能通过测量诸如熔点这样的物理特性以表明产品的纯度. 由于大多数长链系统不结晶, 因此没有清晰的熔点. 故而它们得不到承认.

直到 1920 年左右, H Staudinger 才得以巧妙地证明了长链系统的存在, 他采用精密的操作合成了小得足以经受提纯和标准教条检验的短链 (低聚物 (oligomers)). 甚至连 Staudinger 这样富有天才的人物也依然为早先的偏见所左右, 他认为自己合成的是刚性棒. 现在我们知道实际并非如此: 在大多数实际情况下, 这些链在室温时是非常柔软并携带着大量的熵. 这一点是由 Kuhn 首先证明的, 然后由熵出发他得以理解了橡胶弹性的机理, 亦即当把链的网络拉直时, 系统因为熵减小而使自由能增加.

21.2.3 稀薄链

由 Kuhn 引入的主要概念之一与非常稀薄溶液中的聚合物形状有关: 他将这种聚合物形状描述为线团, 或者更准确地说, 描述为一个理想无规行走. 假定链中各接续单元是相互独立的, 则导致链的方均根大小为

$$R_0 = N^{1/2}a \tag{21.1}$$

其中 a 为某种类似单体大小的量. 之后, 在 J Kirkwood, W Stockmayer 和 B Zimm 手中, 我们对聚合物的 Kuhn 水平上的理解得以迅速扩展.

理论上的下一步是 Flory 迈出的[4]. 他认识到在正常的“良”溶剂中, 长链趋向于回避自己. 此时的几何问题不再是简单的随机行走, 而是自回避行走. 于是 Flory 构造出自回避行走的极为简练的 (近似) 描述, 得出线团尺度的幂率

$$R_p \approx aN^{\nu} \tag{21.2}$$

其中幂指数

$$\nu = 3/(d+2) \tag{21.3}$$

依赖于空间维数 d.

例如, $d=1$ 时 $\nu=1$(被限制在一条线上的自回避行走是完全拉伸的), $d=4$ 时 $\nu=1/2$(对于所有 $d \geqslant 4$ 的情况我们恢复了 Kuhn 行走). 对于最重要的 $d=3$ 的情况, Flory 发现 $\nu=0.6$. Flory 这个值与 Kuhn 预言之间的差别对于非常长的链相当重要: 对于 $N=10^5$ 长的链, 二者的尺度的差别约为 3 倍, 所以在实验上非常引人注目 (最初是通过流体动力学性质测量线团尺度, 溶液中线团大小粗略地等价于 Stokes 球半径 R_F).

涉及线团理论描述的进一步主要进展应归功于 S. F. Edwards, 他注意到一个长线团的构型与一条非相对论量子力学粒子轨迹之间的相似. 与粒子时间 t 相似的是线团的聚合指数 N (单体数目). 对粒子轨迹的某种求和是粒子的波函数, 同样的求和又是聚合物的统计权重, 而且如果加入一个外势场, 两个系统都遵从同样的 Schrödinger 方程[5].

这个结果特别有独创性, 在人们知道如何处理量子物理问题 50 年后, 这些知识竟然可以立即移植到聚合物统计中来.

Paul Flory

(美国人, 1910~1985)

Paul Flory 生于美国伊利诺依州的斯特灵市. 开始他在尼龙和氯丁橡胶的发明者Wallace Carothers 领导下, 在杜邦公司中心研究部工作. 1948 年 Peter Debye 邀请他到康奈尔大学作著名的有关聚合物科学的贝克讲座, 这使得他对聚合物化学和物理的整个领域作了深刻的思考. 他杰出的结果之一是排斥体积效应理论, 即在良溶剂中聚合物线团的溶胀定律. Flory 工作的另一个结果, 是他关于聚合物稠密 (即熔体)时长链表现得如同理想随机行走这一革命性的观念, 当时人们都不相信这一结果, 很久之后才被中子实验所证实. 他还发展了 Flory 温度的概念, 亦即对于给定的一对溶剂/聚合物, 聚合物线团近乎理想的温度.

自从到斯坦福大学任教之后, Flory 在聚合物 (包括 DNA) 局部构型以及它们成为层状液晶的能力等研究的多个方面领先. 他所著两部有关聚合物科学的书已成为历史里程碑, 1974 年他被授予诺贝尔化学奖.

21.2.4　重叠链: 静力学

Edwards 的相似性原来只局限于一条单链, 多链问题只能在 Hartree 近似水平上处理. 后来, 多链问题与某种场论之间更普遍的关系变得明显[6]. 这就允许对方程 (21.3) 中的指数 ν 通过重正化群方法作精细计算. 更为重要的是, Des Clouizeaus[7] 证明, 可以用这种语言对具有重叠线团的聚合物溶液的性质作简洁的分析, 而且这成为许多使用中子散射 (以及其它技术) 探测溶液中各种空间尺度的实验的起点.

重叠溶液特别是它们的高密度极限 (熔体)的一个重要特性已经为 Flory 认识到. 使用简单的平均场论证, 他预言在这种强相互作用情况下, 链将会回到 Kuhn 的理想形式 (方程 (21.1)). 聚合物界一开始并不相信他的这个结论, 直到很多年以后, 才在对熔体的同位素混合物 (氢链和氘链) 所作的中子散射实验中被明确地证实.

对于物理学家来说, Flory 的这个结果也许并不完全令人惊奇, 因为他们知道当电子气稠密时会变得更像理想气体. 在熔体 (此处链之间不可交叉) 和电子系统 (它遵从泡利原理) 之间存在粗略的相似, 但这种相似并不深刻. 泡利原理禁止两个电子在同一时间处于同一位置, 而链的排斥对不同 "时间" 也成立(亦即沿着两个参与链的单体指标并不要求一样). 于是在稠密聚合物系统中没有费米面的相似. 事实上, Flory 熔体结果的一个恰当的解释是由 Edwards 基于屏蔽提供的, 聚合物两个单元之间的相互作用受到周围链的屏蔽, 在稠密系统中这种屏蔽很强[6~8].

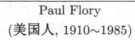

21.2.5 纠缠系统的动力学

熔体的另一个主要特性是其力学性质: 在非常低的频率 ω 时, 熔体表现得如同(高黏) 液体, 而在较高频率下 ($\omega > 1/\tau$) 它们像橡胶一样具有弹性. 这里的关键参量是描述一根链如何从其邻近链中解脱纠缠的弛豫时间 τ.

这个问题的另外一个提法涉及在固定网络中一条链的运动: 图 21.4 描述了这

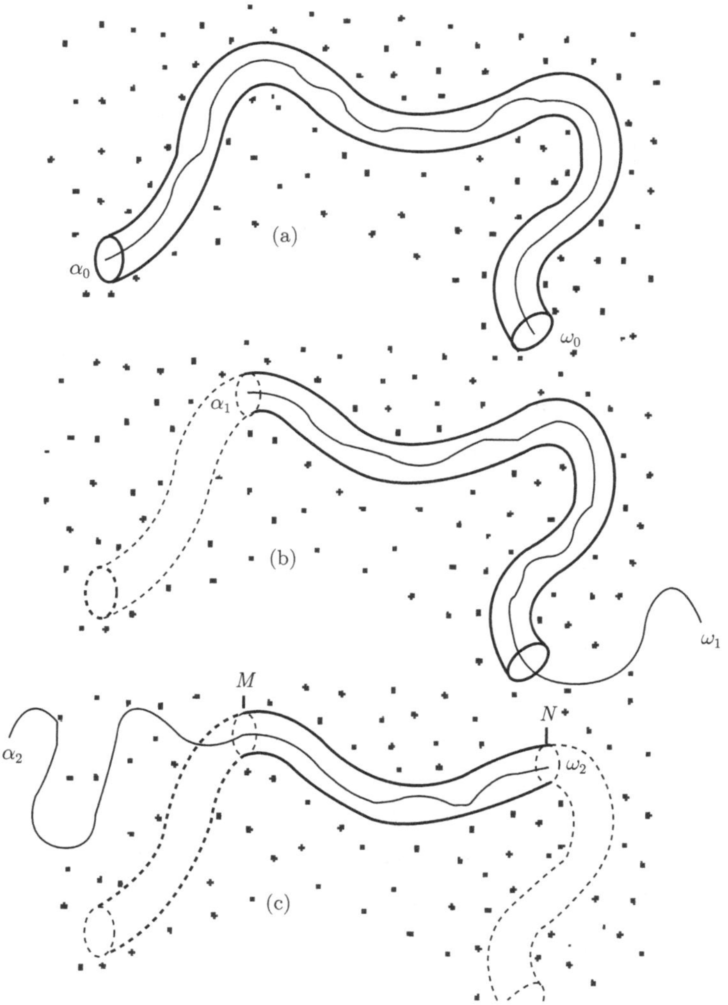

图 21.4 在固定网络 (此处由黑点表示) 中运动的一个聚合物线团的 “蛇行” 过程. 任何时刻链均被限制在一确定的 “管道” 内 (这个概念是 S F Edwards 发明的). 此链通过爬行运动离开管道: 经过一段时间后, 初始管道中只有 MN 段还保持

种 “蛇行”(reptation) 运动. 在任意时刻, 链都被俘陷在某一确定的管道 (其长度 L 正比于 N) 中. 在这个管道中, 链以扩散系数 D_{tube} 前后扩散. 根据 Einstein 关系, $D_{\text{tube}} = kT/\zeta_{\text{tube}}$, 其中 ζ_{tube} 为链的摩擦系数 (正比于 N). 最终, “蛇行时间” 为链扩散约 L 长度时所花的时间, 从而有

$$\tau = \frac{L^2}{D_{\text{tube}}} \approx N^3 \tag{21.4}$$

这个 N^3 的依赖关系与实验数据相差并不太远, 实验数据给出的依赖关系是 $\tau \approx N^x$, 幂指数 x 处于 3 与 3.5 之间.

在理解了单链问题之后, 紧接着的困难的一步是解决熔体问题, 在熔体中许多链纠缠在一起并同时运动. Doi 和 Edwards 采用以下办法处理问题: 他们证明在 “单分散” 熔体 (亦即所有链具有同样长度的熔体) 中, 围绕一条特定链 C_0 的其他链 C 运动得如此之慢, 以至于仍然可以把它们当作固定的障碍, 于是蛇行律 (方程 (21.4)) 仍然成立.

由此开始, Doi 与 Edwards 构造了纠缠系统力学的完整模型, 事实上这个模型是有关流变系统的第一个非平庸微观模型[9]. 文献[10]给出了黏滞性的简化图像.

21.2.6 固态相: 玻璃与晶体

当我们把聚合物熔体冷却时, 通常它们并不结晶, 而是转变为一种无定型相——玻璃. 形成这种情况的原因有二.

(1) 尽管单体是等价的, 但它们以不同的立体化学花样进入聚合物骨架. 因此链是立体化学不规则的.

(2) 对于纠缠体系结晶动力学是缓慢的.

典型的玻璃状聚合物的事例是聚苯乙烯和聚甲基丙烯酸甲酯塑料 (商品名称为人造荧光树脂).

存在几种因链的立体化学规则故可以结晶的有利情况, 例如聚乙烯. 由诸如聚乙烯这样的聚合物的稀溶液, 人们可以形成小片状晶体, 在这些小片中链是折叠的 (如图 21.5). 链在小片晶体中折叠刚被发现时, 曾令人极为惊奇[11]. 这种折叠是线团向晶体转变期间的动力学限制所造成的[12]. **[又见 19.10 节]**

如果我们冷却聚合物熔体, 熔体只能部分结晶. 这就产生出有趣的非晶态/结晶态区域的复合物, 大多数合成纺织品纤维都是根据这一原理得到的, 主要的例子为尼龙和分子式为

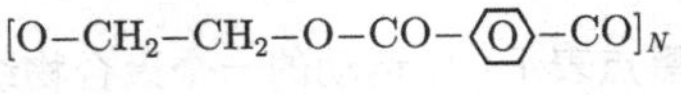

的涤纶 (更精确的名称为聚乙烯对苯二酸酯).

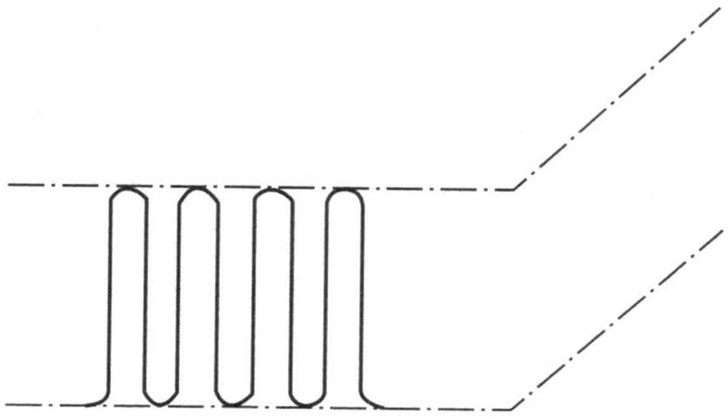

图 21.5　具有链折叠的聚乙烯片状晶体的侧视图

21.2.7　聚合物凝胶

凝胶是软物质的另一种有趣形式. 在 21.1.2 节中已经提到, 人们发现, 在高于 37°C 的水中明胶是可溶的, 但是通过冷却溶液会变换为透明的凝胶. 现在我们可以把明胶溶液设想为肽链系统, 低于一定温度时, 链可通过形成小片段的多股螺旋而交叉连接. 最后的结果是形成被水膨胀了的具有弹性的网络, 一种非常软的固体.

实际上, 这种类型的实验曾是将聚合物科学概念诞生推迟的一个原因[3]. 聚合物凝胶的形成曾常常与固体颗粒悬浮液的聚集 (“胶体絮聚”) 相混淆, 正是因为这个原因, 聚合物曾被当作胶体, 也就是说把明确的线性链当作了来源复杂的三维粒子. (我们将在 21.5 节中回到这个故事的胶体部分).

近年来, 凝较的相转变引起了很大的兴趣. 通过适当地选取溶剂质量、pH 值、离子含量等, 可以使得凝胶平衡体积突然变化, 这些变化的动力学对研究者们仍然是一种挑战[13].

21.2.8　未来展望

当前时期对聚合物的物理研究主要集中在三个方面:

① 界面上的聚合物 (吸附, 枝接等)[14];

② 块状相 (玻璃, 橡胶等)[15]和界面 (黏着, 摩擦学)[16]的力学坚固程度;

③ 导电聚合物的可能开发, 尤其是如果这些聚合物材料变得遵从由溶液形成纤维的规律时[17].

更一般地说, 因为聚合物可以被裁剪得满足多种用途, 它们将会进入多种工业产品的 “配方”, 如食品、化妆品、药品等. 我们将会在 21.5 节回到这方面的讨论.

21.3　液　　晶

在常规晶体中分子堆积成周期格点, 而在液体中分子完全无序. 然而, 我们可以制造出具有特殊形状 (长形、盘状) 的分子, 再加上恰当的柔性部分, 从而生成介于晶体和液体之间的系统. 按照这种系统的伟大分析家 George Friedel[18] 的说法, 这种系统应称为**介晶相**(mesomorphic phases), 或者不太严格地称为液晶.

图 21.6 中示出了液晶的主要类型. 其中最具流体性质的系统是**丝状相**(nematics, 或称向列相) 液晶, 这种相在光学上是单轴的. 其光学轴可在微弱的影响力作用下转动, 这些影响力包括电场、磁场、流动以及容器器壁诱导的分子排列.

图 21.6 若干液晶相示意图, 其中用长棒代表分子. 注意如果这些棒具有沿棒轴方向的电偶极, 则偶极 "向上" 分子的数目与偶极 "向下" 分子数目相同; 这些相不是铁电性的

后一种情况的例子是扭曲丝状相液晶盒, 当前这种液晶盒被用于显示系统 (如图 21.7).

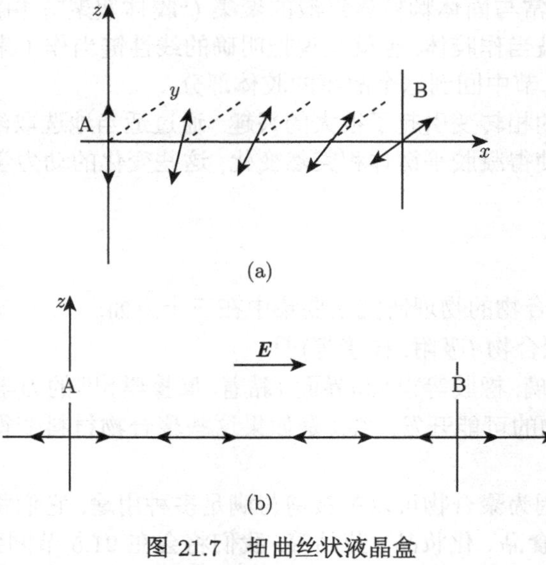

图 21.7 扭曲丝状液晶盒

(a) 无电场时, 丝状分子被迫沿液晶盒的 A 板平行于 z 方向排列, 而沿 B 板则平行于 y 方向排列, 在两板之间的分子排列方向呈螺旋状. 偏振光束在由 A 至 B 的传播中偏振面转动了 90°. (b) 在电场 $\boldsymbol{E}$ 的作用下, 所有分子沿 $\boldsymbol{E}$(即沿 x 方向) 排列. 于是光束由 A 至 B 其偏振没有改变. 在液晶盒 A、B 两板附近安置平行偏振器后, 光在 (a) 情况下不能通过而可在 (b) 情况下通过. 目前手表、汽车等上面的显示系统都是基于这种思想制备的

层状相(smectic phase, 亦称近晶相) 液晶, 特别是对于脂质/水系统, 也是重要的 (参见 21.4 节). 1975 年 R. B. Mayer 发明了一种特殊的层状相液晶[19]. 图 21.8 示出了这种被称为手征层状 C 相的液晶. 这种相的液晶具有非零的宏观电矩, 因而可与电场强烈耦合. 第二代快速显示系统很可能会使用这一族液晶.

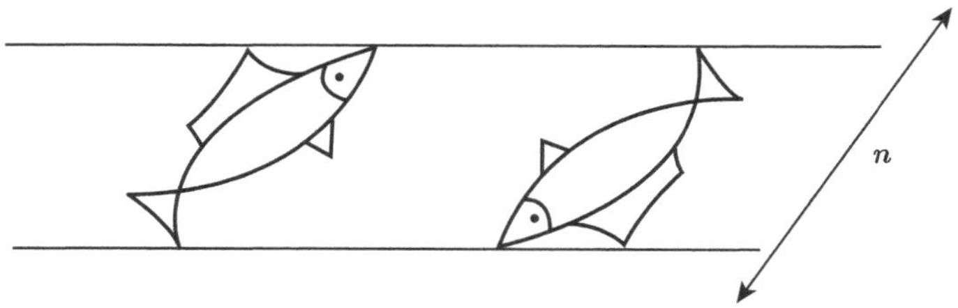

图 21.8　手征 C* 相层状液晶的 "鱼相似物" 示意图. 液晶分子被替换为鱼, 鱼头向上的鱼和鱼头向下的鱼一样多, 亦即沿指向矢轴 $\boldsymbol{n}$ 没有电偶极. 但是如果分子具有手性 (亦即如果所有鱼都带有一个沿其右眼的电偶极), 这些电偶极就会在垂直于图的方向上叠加起来: 故手征 C* 相丝状液晶具有非零偶极矩

层状 C 相液晶的发明开创了**凝聚态物质的新形式**, 即由理论思想出发的物质合成. 层状 C 相液晶就是在理论思想提出几个月之后才合成出来的, 这是 20 世纪的一个特殊趋势.

液晶的一个重要特征是它们的缺陷结构. 图 21.9 和图 21.10 中分别示出了丝状相液晶和最简单的层状相液晶的某些典型缺陷. 对于后者, 正是对 "焦锥" 缺陷的观察使得 G. Friedel 作出了层状相液晶是由液态、等距层构成的预言. 使用 200 微米水平的显微镜观察, 他竟然能够推断出只有 10 埃水平的结构! 更普遍地说, 缺陷提供了所有液晶相的具体识别标志.

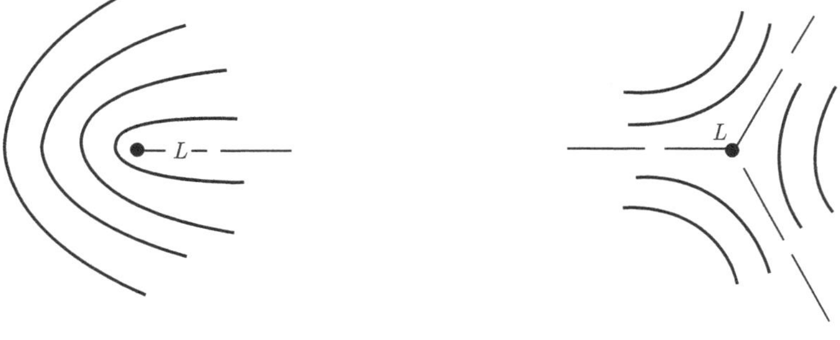

图 21.9　丝状液晶中的典型的线型奇异性 L. 图中 L 垂直于纸面. 图中的连续线确定液体的局域光轴. 这些奇异性的详细分析是 Charles Frank 给出的

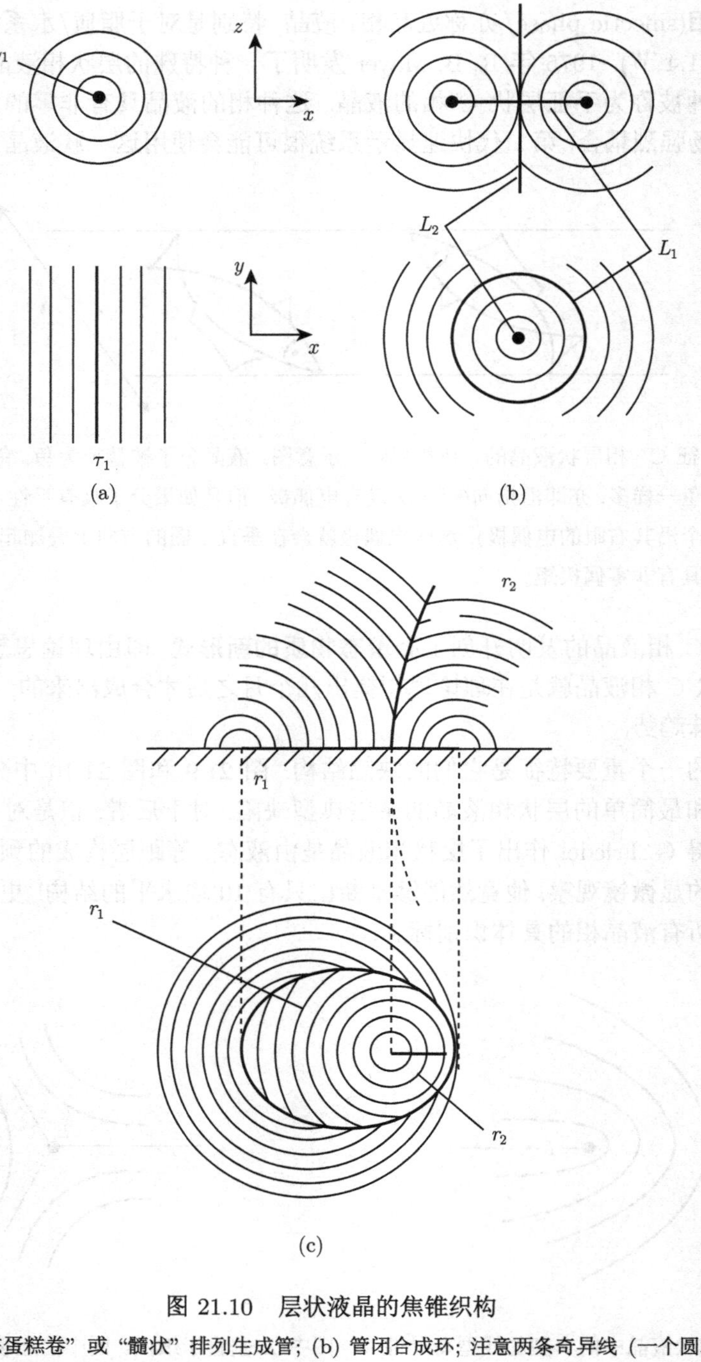

图 21.10　层状液晶的焦锥织构

(a) 简单的“果冻蛋糕卷”或“髓状”排列生成管; (b) 管闭合成环; 注意两条奇异线 (一个圆和一条直线); (c) 推广: 圆变成椭圆, 直线成为双曲线

Charles Frank 爵士

(英国理论物理学家, 1911～1998)

Charles Frank 在牛津大学毕业后, 于第二次世界大战期间从事辨识奇异照片的工作, 他显示出超人的观察天赋, 德军的第一批火箭发射台就是他辨识出来的. 此后他一直在布里斯托尔大学工作. 独立于 A. Sakharov, 他发明了介子催化核聚变, 不过他的主要兴趣在于广泛的凝聚态物理问题, 特别是在于不同类型的位错以及它们在晶体生长中的作用. 他证明了螺型位错如何导致螺旋在晶体表面生长. 他是液晶领域的创始人, 阐明了丝状相液晶的弹性并对其拓扑缺陷作了分类.

与 Andrew Keller 的交往使他对聚合物产生兴趣并提出聚合物晶体中链折叠的基本模型. 退休后他对地球物理, 特别是对受压岩石的行为和涉及地震的过程一直保持浓厚兴趣并积极参与研究.

21.4 表面活性剂

21.4.1 界面缀饰

表面活性剂是一类处境“窘迫”的分子[20], 这种分子的一部分喜欢水 (亲水 (hydrophilic, H)), 而另一部分喜欢油 (亲油 (lipophilic, L)). 这类分子常被吸引到油－水界面, 也被吸引到空气－水界面 (不过吸引力较弱). 它们会降低相应的界面能并因此有利于乳液和泡沫的产生.

在许多情况下, 当表面活性剂浓度增加时, 我们会发现某些分子集合体以球状胶束的形式出现 (如图 21.11(a)), 这种形状的胶束是 Hartly 在 1930 年左右首先描

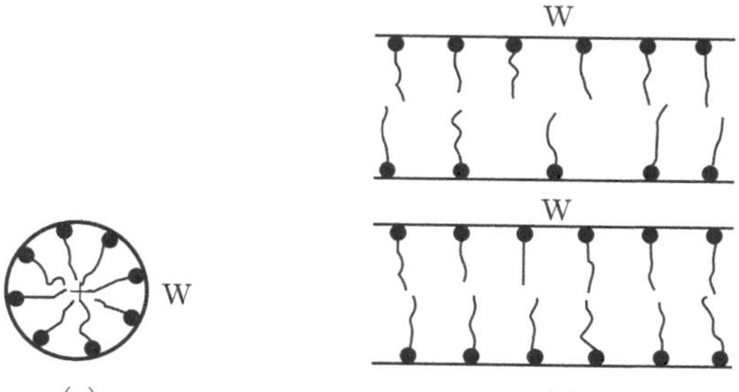

图 21.11 表面活性剂在水中的若干聚集形状

(a) 球状胶束; (b) 层状相 (层状 A 相)

述的. 随着浓度变化, 会相继形成长形胶束、层状相等. 在更高总体浓度的表面活性剂情况下, 其化学势被隔离, 界面张力成为固定值. 然而在一些有利的情况下, 可以保障无集合相形成且达到油一水界面能消失, 系统于是变成一个大的油一水面并聚集为特征尺度在 500 埃范围的**微乳液**. 这些微乳胶是热力学稳定的透明流体系统. 它们是 Hoar 与 Schulman 于 1943 年首先发现的[21], 并具有一系列技术应用.

21.4.2 集合体形状的一个例子: 膜泡

表面活性剂结合体的另一个有应用前景的形状是图 21.3 示出的膜泡 (vesclie) (或称脂质体 (liposome)), 它是 Bangham 在 1964 年发现的. 脂质体是一种几乎不渗透水中溶质的大的 (约有几微米量级) 柔性物体, 在具有适当保护下它们有可能用作药物载体, 在美容业中它们已经获得若干应用.

脂质体是由本质上难溶表面活性剂为基础构成的, 在表面活性剂分子数固定的条件下, 最优化其面积 A. 这样一来, 其能量相对于 A 便是定常的, 或者说等价于表面张力消失. 这一特性带来几个显著的后果.

(1) 形状涨落大[22]. 这种形状涨落使得两相邻膜泡间出现有趣的排斥力, 当两个膜泡间的距离变小时涨落受到限制[23].

(2) 如果在脂质体上钻个孔, 这个孔会修复. 这与肥皂泡的情况极为不同, 肥皂膜的表面张力虽小但却具有有限值, 一旦局部出现孔洞就会破裂 (如图 21.11(b)).

E Evens 曾完成了好几个关于脂质体的精妙力学实验[24].

21.4.3 层状相与海绵相

非常清楚, 双层膜、脂质体等的物理学与无规表面的统计学有直接关系[25]. 基于双层膜系综, G Porte, D Roux 及合作者们提供了这一相关性的一个有意思的例子[26,27]. 双层膜的最自然集合体是图 21.11(b) 示出的**层状相**(lamellar phase), 其中相接的两片形成一个 (相对平庸的) 层状 (smectic) 结构, 通常的肥皂液便是这种类型. 但是, 如果层非常柔软, 某些时候我们有可能得到更为无序的 (各向同性) 形状, 其中膜片折叠并显现多种拓扑形状, 不过每一膜片永远自我封闭. 这就是所谓的 "海绵相"(sponge phase)[28,29], 它们是软物质中最能引起人们兴趣的形状之一.

21.5 胶 体

21.5.1 定义

胶体的意思是极度分隔的物质: 悬浮在液体中的固体颗粒; 悬浮在一种液体 (例如水) 中的另一种液滴 (例如油滴); 悬浮于气体中的液滴 (气溶胶) 等. 许多工业产品都以胶体为基本材料, 如常见的白漆的基本材料就是悬浮在水基质中二氧化

钛 (TiO_2) 颗粒, 之所以偏向选择水为基质而不用有机溶剂是出于环保的考虑. 胶体的典型尺度处于几微米范围.

21.5.2 稀薄系统

胶体颗粒所占据的体积分数可以在很大范围内变动. 经过 19 世纪的纯粹经验观察期之后, 人们的注意力非常自然地首先集中在稀薄系统上. 稀薄系统与理想气体非常相似, Jean Perrin 正是利用了这一性质通过沉降平衡测量出 Avogadro 数的[30]. 通过 Stokes 摩擦定律以及 Einstein 和 Langevin 对 Perrin 有关扩散和布朗运动实验数据的研究, 人们逐步理解了单个颗粒在溶剂中的动力学. 之后, 人们的注意力转向更稠密的系统, 并因此转向粒子-粒子相互作用.

21.5.3 胶体不稳定性和胶体保护

很早人们就认识到胶体系统倾向于内禀的不稳定. 对此荷兰学派用粒子之间的长程 van der Waals 吸引力作出了解释[31,32]. 两个半径为 R 的小球被分开 $d < R$ 的间隔时, 二者之间的吸引能为

$$U_{12} = -\frac{A}{12}\frac{R}{d} \quad (d < R)$$

其中 A(Hamaker 常数) 为两个接触小球间 van der Waals 吸引能的量度. 在室温条件下, 热能 kT 可与 A 相比. 如果 $R \approx 1\mu\text{m}$, $d = 10\text{Å}$, 则 $|U_{12}|/kT$ 为 100 的量级, 这说明颗粒非常强烈地倾向于聚团. 胶体科学的基本目的之一就是抵抗这种吸引, 或者用常用词汇说, 保护胶体.

21.5.4 电荷效应

对胶体的保护可以通过静电效应实现. 例如在取中性 pH 值的水中, 许多氧化物等都会产生负表面电荷, 这将使得颗粒间出现长程排斥力. 这种排斥力的力程事实上就是 Debye 和 Hückel 提出的屏蔽长度. 如果我们往水中加盐, 屏蔽长度会变小, 从而许多采用电荷效应保护的胶体在高盐水平时出现絮聚 (聚集). 解释上述所有现象的理论是由 Landau 和 Derjagin, 以及 Verwey 和 Overbeek 的两篇经典文章提出的[32].

21.5.5 通过表面活性剂保护

例如, 可以通过采用特定的表面活性剂在油中将直径约为 100 埃的钴颗粒稳定下来, 这些表面活性剂的极性头粘在钴颗粒表面, 而尾巴漂浮在油中. 这些正是铁磁流体的基本要素, 所谓铁流体是一类具有奇怪磁流体动力学的液体.

大量数目的乳状液 (例如悬浮于水中的油滴) 都是通过表面活性剂保护的[33]. 这些系统是亚稳的, 他们的 (油一水) 界面张力虽不消失, 但却很小. 系统将通过油

滴的汇合获得能量, 减小油－水面积. 因此它们和我们在 21.4.1 节中提到过的微乳胶非常不同.

21.5.6　通过聚合物保护

可以通过以下这些不同的方法.

(1) 简单吸附 (图 21.12). 例如墨汁 (在法文中称之为 encre de Chine(中国墨水)) 其实是古埃及人发明的保护胶体的早期实例. 为了将碳黑粒子在水中分散, 他们往水中添加阿拉伯胶. 阿拉伯胶分子是可溶于水的长链多糖 (聚合透明质酸), 它们被吸附在碳表面上.

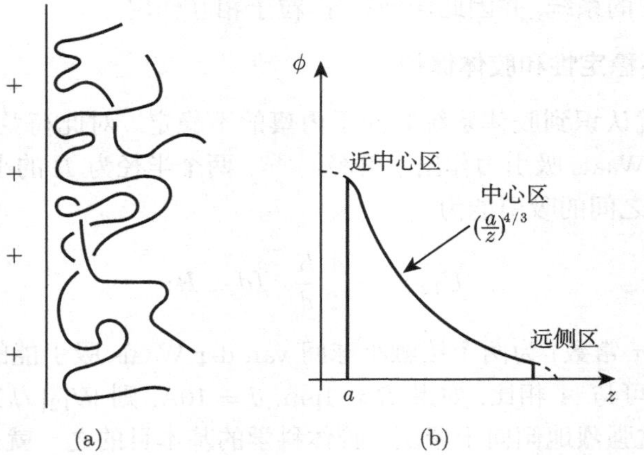

图 21.12　良溶剂中的多链吸附

(a) 扩散层的定性形貌; (b) 浓度剖面 $\phi(z)$. 注意三个区域: ①近中心区 (对相互作用细节非常敏感); ②中心区 (自相似区); 和③远侧区 (由几个大环和尾部控制)

对这种致稳方法的原理可以作如下理解.

(a) 水必须是聚合物的良溶剂. 其含义是聚合物链上的任何糖单元都宁肯和水接触而不与其他糖单元接触.

(b) 碳黑颗粒喜欢糖胜于喜欢水. 于是, 聚合物链倾向于吸附在碳表面, 然而因为它们之间的相互竞争, 它们不能完全粘在颗粒上, 而是围绕颗粒形成了一个蓬松结构或 "王冠".

(c) 当我们强迫两个颗粒接近时, 王冠重叠. 某些原来属于一个王冠的糖单元与另一个王冠的糖单元发生接触. 最后的结果是: 根据上述准则 (a), 排斥能增强, 胶体得到保护.

(2) 聚合物保护胶体的第二种形式是基于链在表面的化学枝接 (图 21.13). 这样会生成很强的保护层, 不过这需要巧妙地运用表面化学.

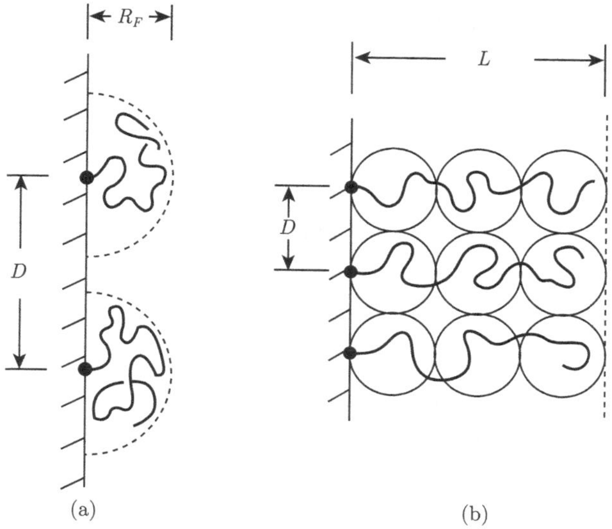

图 21.13　两类被枝接的表面

(a) 低格栅浓度—长链头间距离 D 大于线团尺度 R_F(被称为“蘑菇”区); (b) 高格栅浓度 ($D < R_F$)(被称为“刷子”)

(3) 第三种保护形式基于嵌段共聚合物. 这种聚合物将两种化学上不同的片段焊接在同一个端点上构成. Osmond(英国帝国化学工业公司) 持有好几个这种系统的专利: 例如, 如果链的一部分 (称为“锚”) 不溶于水而另一部分 (称为“漂”) 是可溶的, 共聚物常常会沉淀在颗粒表面, 生成保护刷 (图 21.14)

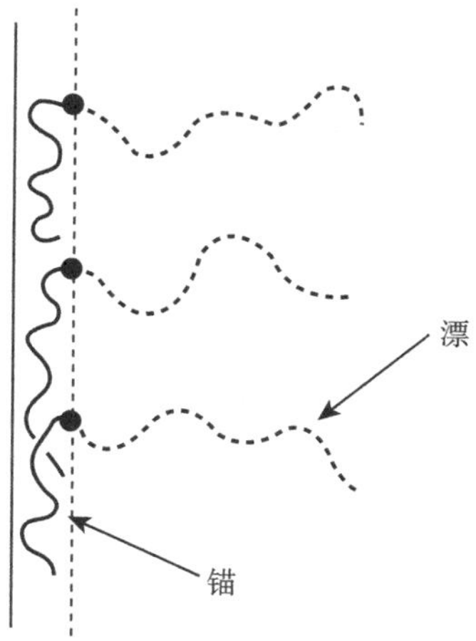

图 21.14　通过共聚物 AB 最终黏附的链, “锚”A 依壁沉降而 “漂”B 向溶液伸出

21.5.7 当前的进展和未来的研究路线

近年来, 这些课题得益于物理学的三个主要进展.

(1) 使用 D Tabor 和 J Israelashvili 发明的机器, 对界面之间的力作了直接测量[32].

(2) 采用中子技术 (小角散射或中子在平坦界面的反射系数) 研究界面区[34].

(3) 对吸附和枝接聚合物系统的多种理论见解[35].

胶体科学当前的问题主要有两种类型.

(1) 将以上概述的简单思想扩展到多功能系统. 在这些系统中, 为了满足不同需要, 要同时使用多种添加物, 如盐、表面活性剂、聚合物. 这是一种 "配方" 技艺, 即对食品业、化妆品业、染料业、制药业等都非常重要的工业部门.

(2) 向纳米颗粒 (这些颗粒的尺度在 100 埃范围而不是几个毫微米范围) 延伸. 例如, 这里吸附聚合物可能远远大于支撑颗粒. 这类系统刚刚开始被探索, 可能会变得重要.

21.6 结 束 语

石英和陶瓷时代以来, 硬物质和软物质就已共存. 20 世纪前半叶见证了诸如相对论、量子力学、微观物理等 "科学超新星" 的连续爆发, 这些更直接地与 "硬" 系统相关. 20 世纪的下半叶出现了一颗非常耀眼的 "超新星"——分子生物学. 另外一颗可能正准备爆发的 "超新星" 是脑功能. 我们天空的某些部分继续黑暗 (如充分发展的湍流). 我们观察的所有方向上噪声水平依然很高 (垮了台的所谓 "发现", 对自然现象的不切实际的模拟等).

在这个变动激烈的世界里, 我们所定义的软物质看起来只是一个很小的部门, 不过它代表着**日常生活的科学**, 因此它应当在我们的教育系统中占有越来越大的份额. 20 世纪之前, 大多数儿童生活在农业环境中, 他们从观鸟、牧羊、修理工具等学到很多. 现在这种经验消失了, 我们的学校系统完全忽视这些知识, 只注意抽象原理. 我们需要基于简单事物的教育.

因为自己笨拙的硬壳, 昆虫 (暂时地) 失去了对地球的控制. 人类则因柔软的双手允许他们制造工具并因此最终导致他们扩展了自己的大脑去思考问题, 在争夺地球控制权的斗争中获胜. 柔软是美丽的.

(刘寄星译, 涂展春校)

参 考 文 献

[1] Ferry J D 1980 Viscoelastic Properties of Polymers (New York Wiley)

[2] Bird R B, Armstrong R. and Hassage 0. 1977 Dynamics of Polymeric Liquids (New York: Wiley)

[3] Morawetz H. 1985 Polymers: the Origins and Growth of a Science (New York Wiley), 这是本章的一篇优秀参考文献.

[4] Flory P 1971 Principles of Polymer Chemistry (Ithaca, NY: Cornell University Press)

[5] Edwards S F 1965 Proc. Phys. Soc. 5 613

[6] de Gennes P G 1985 Scaling Concepts in Polymer Physics (Ithaca, NY: Cornell University Press)

[7] Des Cloizeaux J and Jannink G 1987 Les Polymbres en Solution (Les Ulis: Edition Physique)

[8] Edwards S F 1966 Proc. Phys. Soc. 88 265

[9] Doi M and Edwards S F 1986 The Theory of Polymer Dynamics (Oxford: Oxford University Press)

[10] de Gennes P G 1991 Mater. Res. Soc. Bull. I 20

[11] Keller A 1957 Phil. Mag. 2 1171

[12] Frank F C 1989 Faraday Discussions 68 7

[13] Tanaka T, Sun S T, Hirokawa Y, Kucera J, Hirose Y and Amiya T 1988 Molecular Conformation and Dynamics of Macromolecules ed H Nasagawa (Amsterdam: Elsevier) p 203

[14] de Gennes P G 1987 Adv. Colloid Interface Sci. 27 189

[15] Kausch H H (ed) 1983 Crazing in Polymers (Berlin: Springer)

[16] Brochard F and de Gennes P G 1992 Langmuir 8 3033

[17] 1989 Synth. Met. (Symp. Proc.) C28, 整期刊物对本论题都是好参考材料.

[18] Friedel G 1992 Ann. Phys., Paris 18273

[19] Meyer R B, Liebert L, Keller P and Strzlecki 1975 J. Physique 36 L69

[20] Tanford C 1973 The Hydrophobic Effect (New York: Wiley)

[21] Hoar T P and Schulman J 1943 Nature 152 102

[22] Brochard F and Lennon J F 1975 J. Physique 36 1035. 这是对红血球的涨落模式所进行的第一篇简单分析.

[23] Helfrich W 1990 Liquids at Interfaces ed J. Charvolin et a1 (Amsterdam: North-Holland) p 4

[24] Evans E 1991 Physical Actions in Biological Adhesion (Handbook of Biophysics I) ed R Lipowsky and E Sackmann (Amsterdam: North-Holland)

[25] Nelson P et a1 (ed) 1989 Statistical Mechanics of Membranes and Surfaces (Singapore: World Scientific)

[26] Porte G, Marignon J, Bassereau P and May R 1988 J. Physique 49 511

[27] Gazeau D, Bellocq A M, Roux D and Zemb T 1989 Europhys. Lett. 9 447

[28] Huse D and Leibler S 1988 J. Physique 49 605

[29] Roux D, Coulon C and Cates M E 1992 J. Phys. Chem. 96 4174
[30] Perrin J 1991 Les Atomes (Paris: Flammarion)
[31] 1967 Molecular Forces ed Pontifical Academy (Amsterdam: North-Holland)
[32] Israelashvili J N 1985 Intermolecular and Surface Forces (New York: Academic)
[33] Becher P 1966 Emulsions; Theory and Practice ed R. Krieger (New York ; Hunlington)
[34] Auroy P, Auvray L and Leger L 1991 Phys. Rev. Lett. 66 719
[35] Milner S, Witten T and Cates M 1988 Macromolecules 21 2610

第 22 章　20 世纪的等离子体物理学

Richard F Post

22.1　引　　言

等离子体 (plasma) 一词最初是由该研究领域的一位先驱 Irving Langmuir 用于描述带电粒子组成的气体的. 作为一门学科, 20 世纪的等离子体物理研究可以以世纪中点为界, 大致划分为两个主要阶段. 还可按等离子体研究的推动力作进一步划分. 在这一世纪的前半叶, 等离子体现象一般在其他的研究领域中起次要作用. 这些领域包括气体放电和电磁波在地球表面的传播研究. 大约在世纪中, 出现了更强的对等离子体理论和实验研究的推动因素. 其一为受控聚变研究, 这一研究有着一个十分现实和有价值的目标; 驾驭核聚变反应以产生电能. 人们早就领悟到, 只有透彻理解高温等离子体及其与电磁场的相互作用, 才能以可控的方式释放聚变功率.

可能获得的等离子体温度提供了划分等离子体的早期工作和近代研究的另一个界限. 在上述早期气体放电研究中, 涉及的气体是部分电离的, 等离子体中的离子和电子浸于中性粒子组成的气体背景中并不断与之碰撞. 这些中性气体又与放电容器壁热接触, 如果不考虑暂态, 这导致放电内部的动理温度最高也就是几千度. 因此不难理解, 在早期实验中, 对于“真正”的等离子体 (仅由带电粒子组成) 的性质只能是一知半解.

聚变研究所遇到的情况与上面的情况相反. 热核聚变, 顾名思义, 只能在聚变核的动理温度充分高时发生. 这时核在碰撞时可以深入穿透彼此的 Coulomb 位垒以产生聚变. 实现这一条件要求动理温度达到几千万到几亿度. 在达到这样的温度之前, 由于高能粒子间的碰撞力, 所有的物质都已被完全电离. 而且, 在聚变温度下, 离子和电子的碰撞平均自由程较它们在普通气体放电中大几个量级. 在实验室中, 从碰撞平均自由程远小于气体室的尺度过渡到高几个量级. 这意味着, 如果没有不用具体物质材料的方式在聚变温度下来约束等离子体, 这些等离子体将在几微秒内散失, 其粒子和器壁碰撞, 电子和离子复合形成中性粒子. 高的动理温度、长碰撞自由程, 以及相应的和普通物质脱离接触的需要, 是聚变取向的现代等离子体研究区别于前半世纪等离子体物理的主要特征.

对现代等离子体物理学科的另一个强大推动力来自对广谱的空间和天体物理现象的深入理解. 空间物理和天体物理是等离子体物理起主要作用的研究领域. 我

们知道, 地球这颗行星只是浩渺宇宙中的一个非等离子体小岛. 虽然等离子体在外空间很稀薄, 但在恒星内部及冕区则稠密而充盈. 实际上, 等离子体这种 “物质第四态” 是宇宙物质的主要存在形式, 任何一种天体物理理论, 如果想全面反映宇宙图像, 都必须包括等离子体现象.

20 世纪等离子体物理研究之初, 实际上并不了解等离子体态的存在, 对等离子体现象在人类世界的潜在重要性和在宇宙中的现实重要性也缺乏认识. 从这个世纪的下半叶起, 由于出现了等离子体研究的强大推动力, 才真正开始了探索这种复杂物态及其与电磁场的相互作用的认真努力. 结果, 诞生了一个带着一长串疑团和未知问题清单的新的物理研究领域. 下面, 我将试图在有限的篇幅中选择讨论的课题和结果. 鉴于笔者本人具有长达 42 年以上在磁约束聚变研究领域的职业生涯, 因此在我对聚变研究的介绍以及对其他等离子体研究领域的讨论中, 不可避免会有所偏向. 对于那些在我的叙述中未能充分反映其工作或者对其工作重要性评价不足的同行, 我谨表示歉意. 我个人对本章的选题, 并对相关的足以影响近年来等离子体研究方向的政策性决断所做的解释负责.

22.2 20 世纪前半叶的等离子体物理

22.2.1 无线电波传播和电离层

直到 20 世纪的前几十年, 和等离子体相关的物理现象才初露端倪, 更谈不上对其的理解. 如前所述, 气体放电中的等离子体现象本应被观察到, 但这个世纪以前的 Crookes 等人主要研究其中的原子物理效应, 而忽略了有关的等离子体现象. 结果还是在无线电波 (射电波) 的传播研究中才首次明确地观察到等离子体现象, 尽管这一观察是相当偶然的.

在早期射电波研究的书籍中统计有关事例是饶有兴趣的. 在 A W Ladner 和 C.R.Stoner 的《短波无线电通信》一书[1]的前言中说: “20 世纪第三个十年里, 将短波用于全球通信的发现不但使每一无线电爱好者获益, 而且对无线电科学产生了革命性变革, 并在技术和经济层面对全球通信产生深远的影响.” 该书又叙述了无线电通信的发展史, 以 Hertz 在 1886 年用非常短的 35cm 波传播很短距离的实验开头, 继之以 1894 年 Lodge 和 1896 年 Marconi 的实验, 其传播距离分别为 150 码和 2 英里①.

20 世纪的前些年, 为 Marconi 所促进的、基于无线传输的工业开始发展, 但并非在早期实验的短波长波段. 探索长距离时使用的是射电波波谱的另一端, 长达 10000 米的波长 (30kHz). 这一向长波的移动是为了适应长达 5000 英里可靠传播的

① 分别为 147.1 米和 3.218 公里.——译者注

要求. 如 A W Ladner 和 C R Stoner 注意到的: “由于 200 米波所得到的结果不好, 不再考虑使用更短的波, 除非用于非常短的距离.” 这里所说的 “不好” 的结果, 是指在这一世纪早期就发现, 而现在知道是源于电离层等离子体的反射的短波段 “跳跃” 现象①. 这样就对短波的商业应用失去兴趣, 而将其在远距离通信的巨大价值的探索留给了研究者和业余爱好者. 1923 年, Marconi 再次致力于这方面的实验, 他用 1kW 发射机在英格兰康沃尔的波尔胡发射, 发现用 97 米波长可将信号可靠地传输至 2300 英里的距离, 特别在夜间信号更强. 这一距离很快扩展, 而波长进一步降低, 更强的信号远传至澳大利亚. 1926 年以前, 商用电路已扩展到 26.5 米的短波. 比这更先进的是无线电爱好者在1923 年即已接通美国和欧洲间的双向联系. 还应重视的是 Nicola Tesla 的名字和一些早期射频及高频技术的密切联系. Tesla 的许多无线电技术专利早于 Marconi 的专利, 表明了他在这一领域很多方面的天赋. 尽管有缺点, Tesla 关于射电波传输功率和他的早期实验显示了他已认识到电离层对射电传播的重要性.

作为历史叙述的花絮, Ladner 和 Stoner 详细讲述了未能及时发现可将短波用于远距离通信的原因.

> 需要提供一些线索来说明未能及时使用短波的原因. 所有早期实验都确切显示, 在非常短波长的发射站附近, 信号都迅速减弱. 他们未能发现的是, 除去他们正在研究, 并已理解其特征的表面波以外, 还有辐射达到电离层, 并从那里弯向地面. 如果这一弯曲的波充分强, 它将离开电离层重新达到地面上一般远离发射机的地点 …… 因此, 在 1921 年采用 15 米波的伦敦-伯明翰试验中, 世界的许多地方无疑会接收到强的信号, 但是无人想到去探测 ……

回顾历史, 鉴于 Heaviside[2]和 Kennelly[3]已在 1902 年几乎同时提出地球拥有电离层的概念, 短波的长距离传输未被预见和早些发现是件奇怪的事情. 甚至更早一些, Balfour Stewart[4]在构建理论以解释地球磁场的日变化时就已提出上层大气可能存在导电层.

使用非常长的射电波, 即用于商业开发的第一个波段的远距离传播的实验将导电电离层的假设赋于无线电世界. 如果地球仅仅是一个悬在自由空间的导电球, 将无法解释长波射电信号能在地球传播几千英里而衰减很少. 这一悖论只能用 Kennelly-Heaviside 的假设, 即大气以上存在的导电层能将这些长波约束在地球表面和这个导电壳之间来解释. 但是没有人及时走到下一步: 用 Kennelly-Heaviside 层来预见关于短波的 “跳跃” 现象.

人们事后领悟到, 无线电全球通信这个非常实际的问题, 主要是由地球大气外层中的等离子体这样颇为神秘的现象所主导的. 我们也看到, 如果这一事实的全

① 指近处收不到而远处收到的现象.——译者注

部意义早被认识到, 无线电通信的历史, 以及相关的等离子体物理的历史将会重写. 在最早的专门研究等离子体现象的实验中, 值得一提的是 Breit 和 Tuve[5], Hafstad 和 Tuve[6], 以及 Appleton 等人[7]在 1920 年代后期和 1930 年代前期进行的对电离层等离子体的高度和电学性质的测量. 在这样的一些实验中, 用发射机将短脉冲功率垂直发射, 这可以看作是第二次世界大战期间雷达发展的前驱. 向上传播的射电波撞击电离层并被其反射回到发射机近处的接收机. 这一方法可决定电离层的有效高度和反射率. "有效高度" 一词用于描述此法测量的距离, 因为当射电波穿透进电离层时的慢化和反射会造成时间延迟. 类似实验也揭示, 在某些条件下存在两个电离 "层", 称为 "E" 层和 "F" 层. 有时会在接收时间上稍微分开的两个信号证实了后者的存在. 靠理论帮助, 这类实验给出了电离层的电子密度, 并解释了白昼和黑夜的明显差别, 以及短波传播的波长依赖性. 多年以后, 发射了测距火箭和装备了仪器的卫星, 直接测量到了电离层中等离子体分布的更精确的图像.

1920~1930 年代, 包括 Hartree[8]和 Appleton[9]在内的几位理论家提出了可合理解释无线电传播现象的理论. 有历史性意义的是, Hartree 在一年里在同一期刊 (Proceedings of the Cambridge Philosophical Society) 上发表了三篇文章. 第一、三篇涉及电磁波在等离子体中的传播; 第二篇名为 "遵从 Dirac 方程的多电子组成的原子的电荷和电流分布", 使 Hartree 的名字在此领域中广为人知. 考虑到当时物理学中已熟悉所需要的方程, 即 Maxwell 方程、Lorentz 力和 Newton 方程这一事实, 但将它们完整地应用于这个问题在这一世纪竟然花了几十年时间, 实在令人惊异. 值得注意的, 还有需要包含所有三组基本方程方能解释观测到的射电波绕地球的传播. 也就是说, 需要考虑地球磁场 (通过 Lorentz 力) 以弄清发生了什么. 这里所说的 "发生了什么" 包括了许多奇怪的效应, 如使人困惑的偏振改变和干涉现象, 以及不能靠简单的模型说清的延迟效应.

早期试图解释电离层对无线电波传播效应的有 Eccles 在 1912 年的文章[10], 以及 1924 年 Larmor 那篇弥补了若干前人丢失要素的文章[11]. 但是他们都没有计及地球磁场对传播的重要影响.

1919 年 Barkhausen[12]所引用的 "哨声波" 的探测可算作对无线电波传播的地球磁场效应的最初探索. 但他并未从理论上分析这一当时看来的奥秘现象, 直到十几年后才由 Barkhausen[13](不正确地) 在 1930 年和 Eckersley[14](正确地) 在 1935 年进行了理论分析. 这些波称为 "哨声" 是因为接收的声频信号的声调像哨声一样下降.

从 Barkhausen 第一篇文章 (1919 年) 的摘录可以看出哨声波在发现时是一个谜团. 他说:

> 战争期间, 放大器广泛用于前线的两侧以监听敌人的通信 …… 在某些时候, 在电话里听到非常奇怪的哨声音调 …… 在很多不可能监听到

什么的时候, 这些音调特别强和频繁 …… 这一现象肯定是气象的影响所致 …… 这种很弱的交变电流是如何在海陆上形成的似难解释. 也许, 所有使用过这种仪器的人之间的交流会解开谜底.

十年以后, Barkhausen 在 1930 年的文章中正确地将哨声波归之于地面闪电所发射, 并探索电离层对其传播的作用. 但是, 他又 (不正确地) 将其声调的降低和长的持续时间假设为是由于电离层的多次反射 (必须多至 1000 次反射才能解释相应数据).

Eckersley 的文章[14]正确解释了地球磁场作用及其对电离层中波的影响. 如其在文章中详述的, 闪电的不同频率分量均沿地球磁场的磁力线传播, 最后在距离闪电地点很远处返回地面. 声调降低的原因是: 由于地球磁场对电离层中电子运动的影响, 这一波包的群速度 (比自由空间中电磁波速度低得多) 随频率降低而降低. 因此, 在脉冲发射的闪电波谱中, 最高频率的波首先到达接收点, 然后是频率较低的成份.

20 世纪前半叶关于电离层及其电磁性质的实验和理论研究艰难地探及了这个课题的外围. 随着后半世纪近地空间和深度空间的大发现, 主导环绕地球等离子体的电磁现象的知识出现了爆发性进展. 我们将在本章后面的部分回到这个课题.

22.3 Langmuir 和等离子体振荡: Landau 和等离子体理论

在出现于 20 世纪前半叶的关于实验室等离子体实验和等离子体理论的为数不多的文章里, 有两个出类拔萃的名字: 美国物理学家 Irving Langmuir 和苏联理论物理学家 Lev Landau.

Langmuir 于 1920 年代完成了一系列关键性实验, 阐明了等离子体的基本性质——它的组成电子相对于组成离子的振荡, 其频率被普遍称为 "等离子体频率". Landau 在其杰出的著作里, 纠正了另一苏联理论物理学家 A Vlasov 的一个细微的推导错误, 预见了这些振荡的基本阻尼机制, 现在普遍称为 "Landau 阻尼".

Langmuir 的等离子体振荡产生于等离子体态的电子和离子间的强耦合相互作用, 并导致它的一个显著特征: 统计电荷中性. 简单说来, 除极为异常的情况外, 所有等离子体强烈地倾向于电中性态. 即在任何给定体积中, 平均而言, 尽量保持相等数目的电子电荷和离子电荷. 这一性质的起因很简单: 在典型的聚变或实验室等离子体密度下, 即使从有限体积电中性等离子体 (具有相等数目的电子电荷和离子电荷) 中移走很小百分比的电子或离子, 将会产生一个强的补偿电场. 例如, 一个密度为每立方厘米有 10^{14} 个离子和电子, 半径为 1cm 的等离子体球, 如果其中的电中性偏离了 1%, 就会在球面产生 $1\times10^{6}\mathrm{V\cdot cm^{-1}}$ 的电场. 对电中性的偏离必然引起的电场会将电荷 (电子或离子) 拉回到偏离电中性的等离子体区域. 接着, 如同任何类似过程一样, 若将一群电子从其临近的离子附近移走, 这些电子又会被拉向离子, 产生类似一个质量加一个弹簧的经典现象, 就是简单的简谐振荡. 因此, 最简单的等离子体振荡就是电子等离子体云相对于离子的总体纵向振荡, 有确定的频率 (等离子体频率), 却没有确定的波长.

Langmuir 的等离子体振荡的频率随等离子体电子密度的平方根变化, 对实验室等离子体处于毫米波频段. 它的高频率反映了偏离电中性引起的强的经典效应. Langmuir 在其水银蒸气的放电实验中观察到这一振荡, 并与 Lewi Tonks[15]从理论上研究了其特征. 这一首次提出的振荡理论图景忽略了电子的热运动, 发生的振荡仅是单频的, 不具备波的特征, 属于一种等离子体本身的 "体振荡". 可是, 当电子热运动引进到理论后, 就会看到 Langmuir 的等离子体振荡取类似色散波的特征, 尽管仍限制在一定波长和频率范围内. 首次包含有限电子温度的理论处理是著名的父子兵 J J Thomson 和 G P Thomson 于 1933 年进行的[16]. 虽然他们的结果看起来是正确的, 将有限温度引进了 Langmuir 等离子体振荡的色散修正项, 但其数值系数不对, 直到多年以后 Landau 的工作[17], 和以后的 Bohm 和 Gross[18], 以及 Bernstein, Greene 和 Kruskal[19]的工作, 才提出正确的理论.

Landau 阻尼过程涉及波和粒子的直接相互作用而无须随机碰撞, 和声波在普通气体里的阻尼相反, 在那里是气体分子间的随机碰撞引起了阻尼. 就此而言, Landau 阻尼在气体动力学领域里是全新的, 是波在气体介质里的 "无碰撞" 阻尼. Landau 进而用解析技巧选择了复平面上的积分回路, 纠正了早期 Vlasov 的错误结果, 得到了正确的物理图像, 从而在此领域树立了光辉榜样. Vlasov 的错误是过分简化地取了对电子分布函数积分的主值而忽略了 Landau 在考察复平面时所发现的虚部 (相应于波阻尼). 在物理上, 正确的分析指出, 在这一过程中, 电子为波俘获, 进而从波获得能量, 从而使波将能量传输给特定的电子组份而衰减. Landau 阻尼概念, 以及其反过程 Landau"逆阻尼"(亦称 Landau 增长), 即能量从等离子体电子 (或离子) 传输到波而引起波的不稳定增长, 都是理解等离子体和波的广谱相互作用的最基本的概念, 实为对等离子体理论的一项主要贡献.

虽然 Vlasov 在等离子体振荡这一特例上有错误, Vlasov-Boltzmann 方程仍是极端重要的. 如能恰当使用, 它可与 Maxwell 及 Poisson 方程一起构成基本方程组, 用于在 20 世纪后半期由于聚变研究和空间等离子体研究而空前兴旺的等离子体理论提出的几乎所有复杂问题.

作为 20 世纪的前半期等离子体物理简单总结的结论, 可以说, 这一时期已对等离子体现象这一未知领域进行了初步探索, 除一些基本理论外, 还收获了来自实验室的一些意味深长的暗示, 并窥见到等离子体态及其与电磁场相互作用的不可思议的复杂性. 在撰写本章的时候, 已接近了 20 世纪的终点, 但在理解等离子体全部性质上仍有很长的路要走.

Lev Davidovich Landau
(苏联人, 1908~1968)

Lev Landau 因他在物理学而不只是等离子体物理学的著作而闻名, 例如, 他关于凝聚态物质物理的工作赢得了 1962 年诺贝尔奖. 不过, 鉴于他对等离子体理论所作出的独特的杰出贡献, 他在当代等离子体物理领域仍极受推崇. 这一贡献导致对一项等离子体的基本过程, 现在普遍称为 "Landau 阻尼" 的理解. 这一名称特指带电粒子系综 (亦即等离子体) 和在其中传播的波的电场间的能量交换过程. 在通往理解这一过程的道路上, Landau 发展了分析等离子体状态所需的基本动理学方程, 同时发现了这一课题的早期努力中的一项微妙错误, 从而作出了对等离子体中波和粒子相互作用的每一方面都很重要的贡献.

Landau 于 1908 年 1 月 22 日生于现在的阿塞拜疆. 他的父亲是一位石油工程师, 母亲是一位医生. 他在巴库 (1922~1924) 和列宁格勒 (1924~1927) 读大学, 于 1927 年毕业. 从 1929 年起他游历欧洲各个科学中心, 此间他结识了 Niels Bohr 并与之建立了长期的友谊和工作关系. 1932 年返回苏联后, 他在列宁格勒和哈尔科夫领导了理论研究组. 1937 年, 应 Peter Kapitza 之邀, 他到莫斯科领导了物理问题研究所的理论部, 随即成为莫斯科国立大学的物理学教授. 这一时期, 他还因和 E M Lifschitz 合作撰写一套理论物理教程专著而蜚声国际. 这套书开始写作于 1938 年, 多数发表于 1950 年代.

发生在 1962 年的一次严重的车祸悲惨地过早结束了 Lev Landau 的职业生涯. 虽然他在事故中幸存, 但严重的伤痛使他不能再从事任何创造性的工作, 并在六年后逝世, 为整个物理学界所哀悼. Landau 在许多物理领域确实是一个天才, 但等离子体物理学界对他特别怀念, 因为他的名字和等离子体中一项重要基本过程永远地联系到了一起.

22.4 聚变和空间等离子体时代

虽说 "往事不过是后来的开端", 可是在 1930 年代谁也没有预期到世纪中开始的对等离子体相关研究兴趣的蓬勃兴起. 这一兴趣增长的首要推动力是实现聚变发电. 刚刚从裂变武器取得的科学成功中清醒过来, 为利他主义、科学好奇心, 或许还有赎罪感所驱动, 苏联、英国和美国的科学家们开始认真地探索实现可控释放聚变能以造福人类的道路.

在这一课题中，取得聚变能源对他们来说是很理想的目标. 最初选择的燃料是重氢，在普通水中含有这种氢的同位素 (水中每 6000 个氢原子有一个氘原子)，因而是取之不尽和随处可得的. 聚变反应产生的灰是普通的氦，所以只要有一个好的反应堆设计，某些聚变反应伴生的放射性的剂量和半衰期均可予以限制. 此外，为避免像核裂变的链式反应那样的逃逸过程，应仔细关照聚变火焰，以免逸出. 这确实是一个值得科学家为此奋斗一生的项目.

可控释放裂变反应能量的榜样使战后科学家确信，只要他们对问题予以充分精明的处理，聚变能很容易被驯服和开发为有用能源. 他们以稳态的能量释放只能用热核聚变来解释的太阳为例，勾画自己的研究途径. 热核聚变能持续释放的概念是 Atkinson 和 Houtermans 在 1929 年提出的[20]. 这一理论，以及随后在 1930 年代早期 Cockroft 和 Walton[21]以及其他人在加速器实验中发现的轻元素特别是氢的重同位素之间的聚变反应，为 20 年后的工作奠定了基础.

Atkinson 和 Houtermans 的文章发表后，很快在很多物理学家那里产生了"只要在有轻元素组成的燃料中达到适当的温度和密度即可实现聚变反应的可控能量释放" 的想法. 这里确有一个与此有关的故事. 当时还是苏联公民的物理学家 George Gamow 在列宁格勒 (现在的圣彼得堡) 的一次讲演中曾谈到这个新理论的意义，列宁格勒地方人民委员允诺，如果他同意试着用大功率放电实现聚变的话，可以授予他在午夜期间使用列宁格勒电网的权利. 当然，Gamow 明智地谢绝了.

对于公众和包括笔者在内的那些不甘于充当受控聚变政治影响及其成功发电憧憬的鉴赏家的物理学家们来说，首次提示或许来自一个意料不到的地方. 1951 年 3 月 21 日，阿根廷的独裁者 Juan Peron 和他雇用的一位奥地利物理学家 Ronald Richter 发布了一项令人震惊的新闻. 它宣布 Peron 已经启动了一项研究计划，后来知道是通过放电来实现受控核聚变，并于当年 2 月 16 日"用新的方法成功完成首次试验，使原子能受控释放". 但调查发现 Richter 的宣称站不住脚，这件事很快淡出公众视线. 但是，尽管他的断言谬误，Peron 的宣告无疑冲击了科学界，引起了我们很多人开始思考聚变的挑战，并探索实现得到净聚变功率的道路.

按照那个时候的认识，对这个任务的理解可具体展开为: 找到一种方法将低密度聚变燃料气体加热到聚变动理温度 (100×10^6K)，然后在充分长的时间里将其约束而不导致重大燃料电荷损失，使得在计及过程中的所有低效因素后，释放的聚变能可超过燃料加热到此温度所需的能量. 之所以提出"低密度" 的要求，是因为当时认识到，除非粒子密度较处于大气密度下的气体低几个量级，气体产生的压强将超过任何已知"容器" 系统所能承受的冲击强度.

稍后，Lawson[22]在一项简明的计算中将净功率增益的要求用粒子密度 n、能量约束时间 τ(燃料热含量的损失时间常数，和燃料粒子本身的损失时间常数密切相关) 的乘积表示. 按照 Lawson 判据，即使对最好的聚变燃料，乘积 $n\tau$ 应超过

$10^{14}\text{cm}^{-3}\cdot\text{s}$. 因此, 如果粒子压强限制在最高几百个大气压 (考虑到材料强度), 气体动理温度为一到两亿度, 则密度最高为几个 10^{14}cm^{-3}. 这样, 根据 Lawson 判据, 等离子体燃料粒子的约束时间需接近 1 秒. 但是这样的粒子以平均动理速度 $10^6\text{m}\cdot\text{s}^{-1}$ 运动, 如果不被控制, 它将飞越从纽约到堪萨斯城距离量级的长度! 如果要使聚变炉产出净聚变功率, 显然必须设计出一种不依靠材料的方法将离子约束在有限空间 (和其平均自由程相比). 换一种方法来说, 在一个约一立方米的体积中, 等离子体的离子要在容器的壁上反射上百万次才能达到满足 Lawson 判据的长约束时间. 当然, 一个成功的约束系统必须是近于无泄露的.

22.4.1 磁约束途径的诞生

在第二次世界大战前后的某些时期, 苏联和西方的物理学家中均有人独立地认识到, 实现所需要的约束的唯一可行方法是将聚变等离子体浸在强磁场中. 强的磁场作用于等离子体的电子和离子, 将其自由飞行的轨道弯曲成密集的螺旋形, 可防止其横越磁场逃离. 据我所知, 作为受控聚变的途径, 物理学家中第一个试图在磁场中加热和约束等离子体的例子于 1938 年出自一个未曾意料到的装置: 美国国家航空顾问委员会 (NACA, 美国国家宇航局 (NASA) 的前身) 的 Langley 实验室, 一个从事空气动力学研究的实验室. 有关的研究者是 Arthur Kantrowitz 和他的雇主 Eastman Jacobs. Jacobs 从实验室主任 Geoge Lewis 博士那里得到了一小笔资金 (5000 美元), 用于建立实验以探索未来用于航空器推进的可能. 在当时环境下, 他们的真正目的是聚变这一点其实并未被批准.

他们的实验的动机来自对热核聚变反应概念重要性的认识, 如 Hans Bethe 在《现代物理评论》上关于核反应的文章[23]所论述的那样. Kantrowitz 的聚变堆的想法是在一环形容器外缠绕线圈产生面包圈形的磁场. 他们称之为 "扩散抑制器" 以伪装其真实目的. 将低密度的氢气充进反应室, 被射频功率电离和加热. 实验安装后, 于夜间运行以寻找标志达到高等离子体温度的神秘的 X 射线发射. 结果虽然见到发出辉光的等离子体生成, 但没有发现 X 射线. 正如我们现在知道的, 在一个纯环形磁场中的等离子体因横越约束磁场的漂移而不能维持压强平衡. 后来, Sakharov 和 Tamm 的 "托卡马克", 以及 Lyman Spitzer 的 "仿星器" 提出并用不同方法解决了这个问题.

由于他们的上级发现了其真实目的, Kantrowitz 和 Eastman Jacobs 的实验被关闭, 但是它或许是第一个目的在于实现聚变反应而试图加热和约束等离子体的实验. 它令人失望的结果或许首次表明了聚变研究的祸根——等离子体不稳定性的存在, 而它的关闭也预示, 后来的聚变研究和政府的研究政策老是搅在一起, 对聚变未必总是福音.

第二次世界大战的爆发中止了有关聚变的任何认真努力, 但与其相悖的是, 军工方面的工作却给予将等离子体浸入磁场的不轨行为以另一出路. 这就是 Earnest Lawrence 的伯克利 "辐射实验室" 所发展的 "加州大学质谱仪 (calutron)" 同位素分离. 这里将实验室的回旋加速器的大磁体用于铀同位素分离, 构成关于原子弹的曼哈顿计划的一部分. Lawrence 的想法是使离子束在磁场中偏转. 在试图增加该装置的产额过程中, 清晰地观察到离子束及其相伴的电子的不稳定性现象的证据. 正是这一现象促使了该团队中一位理论家 David Bohm 以其著名的 "Bohm 扩散" 公式显露头角. 在其从未发表的笔记中, 他推导了可估计等离子体在磁场中不稳定振荡的振幅极限, 以及这一等离子体横越约束场扩散率的增大的表示式 (图 22.1). 当时还不知道的是, Bohm 的结果究竟在什么环境下可以应用, 而在什么环境下失效. 乐观者认为它不过是个巧合, 而悲观者则将其视为对磁约束等离子体用于聚变目的希望的致命一击. 实际上, 在聚变研究的早年, 经常将 Bohm 扩散看做要冲击的 "规则", 用给定实验达到多少 "Bohm 时间" 来衡量成功的程度.

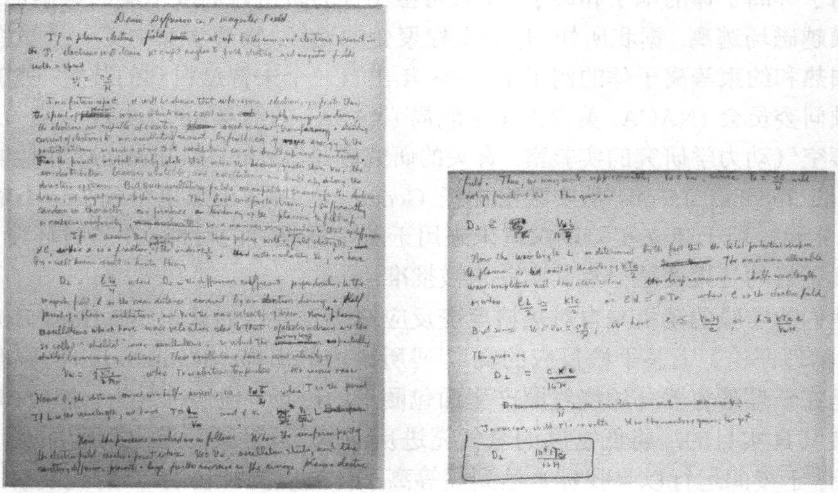

图 22.1　写有著名 Bohm 扩散公式推导及其物理论证的 David Bohm 的手稿片段该手稿从未被作者发表

为说明 Bohm 结果引起的忧虑, 必须知道稍早些时候推导出的离子和电子横越磁场时碰撞扩散率的所谓 "经典" 计算. 这些结果, 例如在 Lyman Spitzer 在其被早期聚变研究者称为 "小圣经" 的《完全电离气体物理学》一书[24]中所给出的结果, 为磁约束聚变描绘了一幅光明的前景. Spitzer 在他的书中总结了很多当时已知的等离子体态的理论图像, 特别包括预期的横越强磁场的扩散率 (所谓 "强" 是指约束离子和电子的轨道直径较约束场的尺度小得多). 将适当的聚变等离子体密度 (10^{14}cm^{-3})、动理温度 (10^8K) 和磁场强度, 如 5.0T 这些数据代入 Spitzer 的方程,

会得到量级为 $1\mathrm{cms}^{-1}$ 的非常小的扩散速度. 实际上这一扩散率是如此之小, 如果产生一个圆柱形聚变等离子体, 为了达到 Lawson 判据, 若以等离子体横越磁场的损失时间为控制因素, 则柱的半径仅需一到两个厘米! 而且, 从和半径平方成正比的定标律可以期望, 扩散率增大一到两个量级 (例如由湍流引起), 几个厘米的半径也是很容易接受的. 可见当初我们是何等幼稚!

用经典扩散率作为约束时间指标所描绘的乐观前景和 Bohm 扩散方程的预期 (后来发现这一预期过于悲观) 相反. 同样的等离子体数量, Bohm 扩散预期的扩散时间约 1 微秒, 比经典结果短了 6 个量级! 况且, 这一约束时间在高温下会变得更短 (而经典约束时间随温度增加会变长), 而且对磁场的定标仅为一次方 (经典时间定标为约束磁场的平方).

对于 20 世纪后半期磁约束聚变研究过程, 这样的概述也许是过于简洁了: 事实是, 经过 40 年来对聚变研究的国际性支持的努力, 迄今尚不存在实际的聚变堆, 聚变研究只能在 Bohm 扩散的礁石和来自政府急于求成的强硬指令形成的夹缝中奋斗.

22.4.2 保密年代: 谢尔伍德计划

从 1950 年到 1958 年期间, 美国、英国和苏联都不约而同地在保密盾牌之后着手解决磁约束聚变等离子体问题, 当然也必须着手处理更基本的物理学问题——与磁场强耦合的高温等离子体的本性和特征. 在这一时期, 也涌现了许多精巧的磁约束场位形 (称为 "途径"), 每一种位形都有其拥护者 (和反对者). 就在这一时期, 越来越多地察觉到等离子体的不稳定性和湍流的几乎是到处出现. 这一认识不仅来自令人失望的实验室实验结果, 而且来自对处理等离子体理论的复杂性越来越在行的理论家, 特别是在见到新的等离子体不稳定性模式时.

在美国, 原子能委员会将所有受控聚变研究置于 "秘密内部资料" 密级分类, 尽管实际上其目的是完全和平的. 这一分类的缘由来自首届 "谢尔伍德计划" 会议期间的一次讨论, 该会议于 1952 年在科罗拉多的丹佛召开, 有赞成和反对两种意见. 想起来很幼稚, 在这些讨论中, 赞成如此分类者的论据是小的聚变堆简化后可作为中子源代替当时使用的巨大的裂变 "堆" 来生产裂变材料, 因而可生产武器级的钚. 现在看来更幼稚的是, 他们甚至认为可用受控聚变研究获得的知识建造小型氢弹.

聚变研究的紧张工作只持续了六年, 就使美国聚变界和原子能委员会确信, 实现聚变是比先前的想象长得多的任务, 聚变系统必定巨大而复杂, 最明智的选择是解密, 让更广泛的科学界介入. 其它成员——英国和苏联也得出类似结论. 实际上在 1956 年美国和英国已达成分享他们的聚变研究成果的协议, 实现解密而形成了这样的平台.

再回到 1950 年代初期, 美国主要的聚变研究场所有三个: 普林斯顿大学、洛斯阿拉莫斯和加州大学的利弗莫尔实验室.

在普林斯顿, Lyman Spitzer 建议研究他的仿星器磁聚变途径. 从理论上知道, 简单的环形场 (绕在面包圈形容器上的线圈产生的场)不能约束等离子体, Spitzer 最初的建议是将面包圈拧成 “8 字形”. 预期这一简单的变形可以靠抵消等粒子体朝外漂移解决该问题, 因为在 8 字的一半是 “朝外”, 而另一半 “朝里”. Spitzer 的磁约束聚变课题开始时和 John Wheeler 的探索氢弹物理的理论组课题处于同一座楼里. Spitzer 小组的研究代号为 “曼哈顿计划”, 实际上也是 Spitzer 取的, 起因是他很想参加当年曼哈顿计划的工作. Spitzer 另一早期仿星器计划的合作者是 James Van Allen, 后来他因发现约束在地球磁场中的等离子体粒子的 “Van Allen 带” 而闻名.

在洛斯阿拉莫斯实验室, 英国物理学家 James Tuck 选择了另一方案, 一开始用 “磁箍缩” 方案, 即使大电流通过等离子体, 将其压缩和加热到聚变温度和密度. Tuck 曾是战时从英国来到洛斯阿拉莫斯的小分队成员之一, 短暂回到英国后又返回该实验室. 他在英国得知包括 George Thomson 爵士在内的一些英国物理学家关于解决受控聚变的想法 (图 22.2). 理论表明在箍缩效应中, 电流产生的磁场可使等离子体压缩, 并伴随有强加热. 这一想法产生后也为苏联所用. 在洛斯阿拉莫斯, Tuck 很古怪地称他的第一个箍缩装置为 “或许器”(Perhapsatron), 反映了这一有益尝试可能的不确定性. 这一装置开始的形式是一个简单的面包圈真空室, 靠变压器作用在其中的等离子体内感应强电流来产生磁约束等离子体. 当时认为无须有围绕环的绕组, 因为约束磁场完全由等离子体内的电流产生. 很难想象有如此简单和紧凑的聚变装置, 这是其魅力所在.

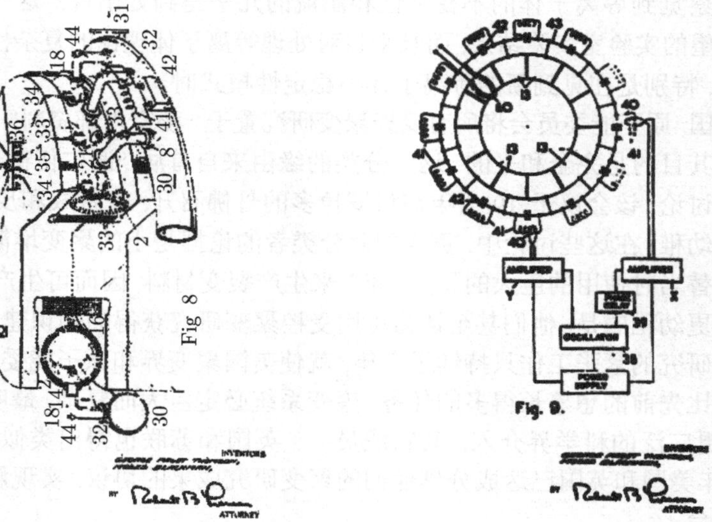

图 22.2　1952 年 1 月 14 日 George Thomson 爵士和 Moses Blackman 的英国专利申请书 (秘密级) 中的图. 该申请涉及使用射频行波在等离子体中感应箍缩电流的环形聚变装置

在利弗莫尔实验室 (它之前曾短暂称作 Lawrence's Berkeley 辐射实验室), 笔者领导了第一个小的受控聚变计划. 我被 "聚变虫" 叮咬上的事是这样发生的, 我在辐射实验室听过 Herbert York 的三次保密讲演, 听后被这一课题强烈触动. 他后来成了新的利弗莫尔实验室的第一任主任. York 曾到普林斯顿大学和洛斯阿拉莫斯实验室去了解他们的聚变计划, 在他的讲演里对其加以概括, 并添加了自己的一些想法. 他的意图是激发听众加入他的新实验室的兴趣, 实验室章程应包括受控聚变研究. 被聚变这一挑战所吸引, 我写了一个保密的备忘录给 York 来评述他的一个想法, 并建议了一些新的方法. 很快, York 请我到利弗莫尔去成立一个小研究组来探索后来称为 "磁镜" 的东西. 这一计划在当地称为 "弧研究", 显然又返回到战时 Berkeley 的加州大学质谱仪上的工作. 磁镜机基于宇宙线物理学家熟悉的概念: 螺旋形运动的带电粒子在磁场增强处被反射. 磁镜效应在早些时候被斯堪地那维亚物理学家 Størmer[25], 后被墨西哥物理学家 Vallarta[26]所讨论, 又被收进首批聚变研究者们的另一本早期圣经 Hannes Alfvén 的《宇宙电动力学》[27]中. 我的想法是, 建造一长管式聚变系统, 绕上磁体线圈, 使磁场强度在两头增强以形成磁镜. 等离子体的离子和电子沿磁场螺旋运动, 可在端点被反射而受到约束. 磁镜机因而成为处理 "端部问题"(如果不被限制, 等离子体趋于沿磁力线自由流动) 的另一方法. 这一问题在仿星器和或许器中是将端部互相连接而解决的.

按照早年美国聚变研究的进程, 1955 年的夏天, 一大群从粒子物理和其他领域来的训练有素的理论家被召集到洛斯阿拉莫斯, 目的是拓展等离子体理论. 这次暑期活动产生了一些用于解决深奥的等离子体问题的重要理论工具. 其一为 "CGL" 方程 (Chew-Goldberger-Low 方程), 代表了这些著名理论家对分析等离子体问题所做的贡献.

回顾早期年月, 那是美国聚变研究事业的 "蒙昧" 时代, 是一个既兴奋又幼稚的时期. 它笼罩在一种神秘、亢奋的情绪中, 且为政府所支持, 其代表就是当时的原子能委员会主席 Lewis L Strauss. 他以推动聚变研究为己任, 并希望在其主席任期内看到受控聚变的实际解决. 我特别回忆起他大约 1953 年到利弗莫尔的访问, 他来到了我所占据的第二次世界大战期间一个机库一角的实验场地. 他站在场地中央, 直截了当地问我: "我该怎样帮助你? 你需要用多少钱? " 美国政府对聚变的支持从 1951~1953 年三个财政年度 100 万美元, 增至 1954 财政年度的 170 万美元, 再增加到他退休的那年 1958 年的 1800 万美元的财政预算. 虽然 Strauss 在受命结束他的任期时, 不免对他所期盼的突破未能实现感到失望, 但他亲眼目睹了美国聚变事业所取得的骄人业绩. 这些业绩由聚变科学家自己在 1958 年瑞士日内瓦召开的 "和平利用原子能" 会议上大规模地予以展示 (图 22.3).

Lewis L Strauss 在他的书《人物和决定》中表达了许多他对聚变的兴趣. 例如在 "谢尔伍德计划" 一节中, 他说: "回到委员会以后, 我首先关心的是了解聚变和

平利用努力的进展 ······". 在这一节他又说: "委员会一致支持我应做出更引人注目的努力的建议 ······" 以及 "现在评论谢尔伍德计划的重要性, 至少应当承认其理论上的可能, 不能进一步夸大", 还有 "我希望活到能看见能点燃支配氢弹的同一自然力被驯服用于和平目的. 明天或十年后也许会有突破. 我们实验室所能发现的和普罗米修斯降服火一样重要."

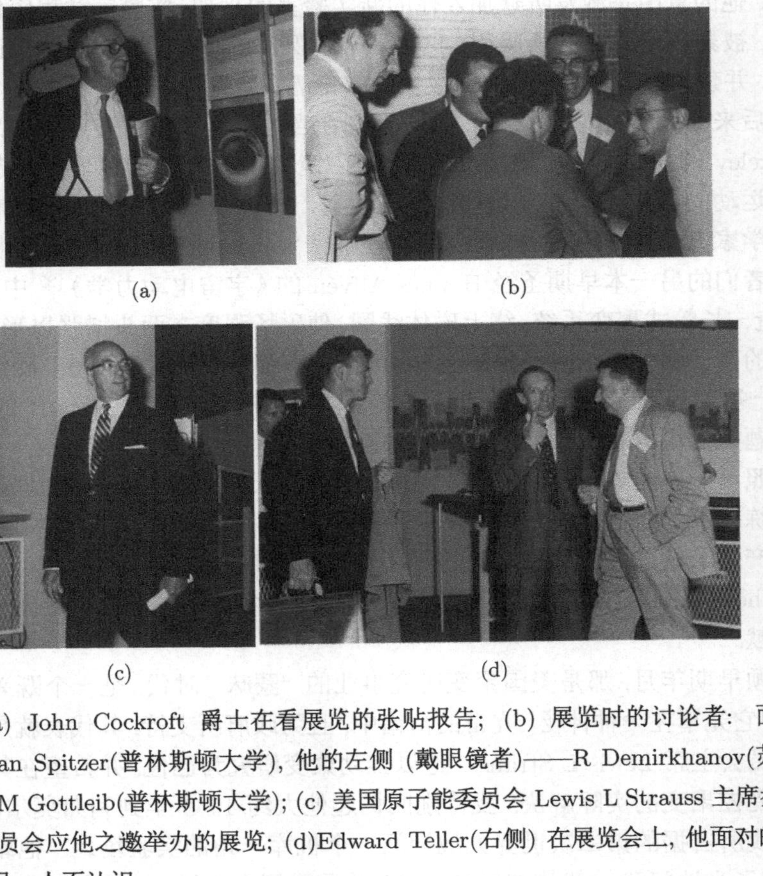

(a)　(b)

(c)　(d)

图 22.3 (a) John Cockroft 爵士在看展览的张贴报告; (b) 展览时的讨论者: 面对相机者——Lyman Spitzer(普林斯顿大学), 他的左侧 (戴眼镜者)——R Demirkhanov(苏联), 照片最左——M Gottleib(普林斯顿大学); (c) 美国原子能委员会 Lewis L Strauss 主席参观美国聚变研究委员会应他之邀举办的展览; (d)Edward Teller(右侧) 在展览会上, 他面对的是笔者 R F Post, 另一人不认识

在 Strauss 任职期间, 他得益于在原子能委员会 (AEC) 聚变分会杰出的领导班子的出色的参谋工作. 其中的首位是物理学家 Amasa S Bishop, 他的书《谢尔伍德计划——美国受控研究计划》[28]提供了这些早年活动的详细描述.

22.4.3　解密: 1958 年的日内瓦会议及其后果

1958 年日内瓦会议的聚变分会上发生了一个非凡事件: 苏联、英国和美国以前高度机密的聚变研究计划首次完全公开. 苏联物理学家 Lev Atrsimovich 给开幕演

说 (由 E I Dobrokhotov 宣读) 定的调子后来变成聚变研究的主流, 即广泛的国际合作及科学信息的公开交流. 这一演说的结论部分说: “这一问题 (聚变) 似乎是专门为发展不同国家科学家和工程师间的合作, 使他们按共同计划工作, 持续交换他们的计算、实验和工程结果而产生的.”

在日内瓦会议上, 既有随着聚变研究开放而产生的兴奋和激动, 也有对所讨论的聚变等离子体实验中等离子体的表现还未能达到在磁场中稳定而平衡的宁静等离子体的冷静认识. 美国和英国的科学家都已在很多装置中遭遇到等离子体不稳定性, 虽然他们未能公开谈到这一点, 而以其名字命名的著名莫斯科核实验室的 Igor V Kurchatov1956 年 4 月 26 日在英国哈维尔出奇大胆的讲演中就暗示到这些困难. 在有 Bulganin① 和 Khrushchev② 在其左右入座的会场上所作的的报告中, Kurchatov 为他的听众略述了聚变研究的动力、达到聚变的条件, 并继而描述了苏联 1952 年开始的在氘中的箍缩实验. 在这些实验中观察到中子信号, 按推测应是达到热核聚变温度的迹象. 但是他的解释却将这一效应归之于不稳定行为引起的动力加速过程, 而不是由于达到高的动理温度. 美国物理学家也观察到箍缩产生的中子, 将其归之于等离子体柱的类扭曲或腊肠不稳定性, 这是早几年在美国被 Kruskal 和 Schwarzchild[29] 所预言的不稳定性.

在同一年, 1956 年, 笔者发表了第一篇有关聚变的论文, 题为《受控聚变研究——高温等离子体物理的一项应用》[30]. 在这一文章中, 在保密限制下, 我试图展开几个解决受控聚变可能遇到的物理问题, 目的在于引起聚变探索科学界其他人的兴趣.

或许是被日内瓦会议前 Kurchatov 哈维尔讲演释放的信息所激发, 英国人在 1957 年发表一项文件来表明他们的广泛兴趣. 基于早期 A A Ware 和 P C Thonemann 的工作 (开始于 1950 和 1951 年), 它描述了他们更大的零能热核装置 (ZETA) 环形箍缩上的实验, 该装置是当时西方最大的聚变研究设备. 他们在 ZETA 上也观测到中子. 虽然一开始他们宣称达到了聚变温度, 但在日内瓦会议前他们已认识到是等离子体中的少量氘的虚假加速过程产生了中子, 实际达到的等离子体温度和约束时间为辐射损失和等离子体不稳定性引起的湍流所限制, 远低于聚变要求的值. 一年以后, 在 1958 年日内瓦会议关于 ZETA 的文章中, 一位英国合作者 R S Pease 写道: “…… 磁场涨落, 电流和电压的瞬变, 意味着等离子体未达稳态.”

有多达 110 篇关于受控聚变理论和实验文章提交给 1958 年日内瓦会议. 现在回顾这些文章, 我们看到: ①揉合了各式各样约束几何的充满乐观情绪的理论描述文章中, 只有很少几篇能经受住时间考验; ②在实验文章中, 有不少确认了等离子体行为与简单理论预期的偏离; 以及③在等离子体在磁场中的平衡以及等离子体不

①布尔加宁, 当时的苏联部长会议主席.——校者注

②赫鲁晓夫, 当时的苏共总书记.——校者注

稳定性理论的基本方面, 有坚实的理论进展.

日内瓦会议也因袭了过分乐观的预期, 这是一个后来不断再现的问题, 可能来源于期盼看到聚变成为现实的强烈愿望, 和来自公众和政府"花钱要看到结果"的压力. 其实在日内瓦的宣告之前, 印度物理学家 H J Bhabha 于 1955 年在第一届原子能和平利用会议上作出过更早的预期, 曾使其听众大吃一惊. 在主要国家对聚变的努力尚未揭晓时, Bhabha 就预言在"二十年内"可从受控聚变反应中获得能量. 英国物理学家 P C Thonemann在日内瓦会议所做的主题报告的结论部分中也有作出类似预期的例子. 他在此说, 虽然"…… 还不能回答'可用轻元素自身聚变来发电吗?'这样的疑问, 但是我确信, 这一问题将在下十年内回答".

和 1958 年日内瓦会议开幕重合, 苏联代表团拿出了一套非凡的四卷本俄文书. 它由专业文章组成 (两年后被译为英文, 由 Pergamon Press 出版), 题为《等离子体物理和受控热核反应》, 由苏联顶级理论物理学家 M A Leontovich 编辑①. 现在看来, 其中由 I E Tamm 和A D Sakharov(他后来因其它原因而出名) 撰写的头三篇文章最为重要. 在这些文章中, 确定了最终变成"托卡马克"(译名, 为俄文"具有磁绕组的环形室"的词头缩写构成) 的聚变装置, 它现在是聚变研究的主流途径. 文集的其余部分包括其他一流苏联聚变等离子体研究者和理论家, 如 Boris B Kadomtsev 和 Roald Z Sagdeev 等人的重要文章.

日内瓦所发表的研究结果在其他几个国家, 特别是欧洲和日本推动了聚变研究进展. 在以后年代里它们的努力在规模上不断增长, 成为探索聚变的前沿的, 甚至是主要的力量.

1958 年日内瓦会议后不到两年, 丹麦原子能委员会主持在丹麦的莱斯举办了"1960 年等离子体物理国际暑期课程", 从欧洲和美国请人做报告讨论聚变等离子体研究相关的前沿理论. 由美国的 Marshall Rosenbluth 编辑的研讨会文集的大部分内容为以后几年进行的研究工作奠定了理论基础. 其中覆盖了十个选题, 从"单粒子运动"到"稳定性", 以及"等离子体波和诊断".

日内瓦会议另一贡献是开始了国际原子能机构 (IAEA)支持的聚变研究国际会议系列. 其中第一届于 1961 年在奥地利的萨尔茨堡举行, 同样在兴奋、满足和期盼的气氛中进行. 三年来聚变研究规模的增长反映在所提交文章的高质量和数目上 (115 篇), 这还不包括 138 篇提交但未能报告的文稿. 一件令人激动的主要成就

①由 M A Leontovich 编辑的这套 4 卷本文集, 代表了苏联科学家从 1951 年至 1957 年在聚变研究中的主要成果. 苏联的聚变研究是按照 1951 年 5 月 5 日苏联政府的决定开始的, 而这个决定又起源于当时驻守堪察加半岛部队的一名陆军中士 Oleg Lafrentiev 给苏共中央的一封来信和 A Sakharov 对这封来信的审查意见和建议, 有关的故事和苏联政府决定的内容, 以及苏联开展聚变研究的历史, 由刊载于 *Phys. Usp.* **44** (2001) 835 页至 865 页的 Shafranov V D 等及其他人的 7 篇文章做了详尽披露.——校者注

表现在 Lev Artsimovich 的演讲中[31], 其中报告了一项关于 M Ioffe 用变形的磁镜场稳定基本不稳定模式的分水岭式实验 (后面我将讨论它). Artsimovich 还在他评述实验结果的会议总结中, 用简明的话表述了他的预期和看法, 他说: "我们都很清楚的是, 我们原来所相信的通往所需超高温区域的大门只需物理学家的创造力用力一推就能平稳打开, 就如同罪人希望不经过炼狱就能进天堂一样, 已被证明是虚妄的. 几乎不用怀疑, 受控聚变问题最终能够解决, 我们唯一不知道的是我们还要在炼狱里停留多久 ······".

萨尔茨堡会议中另一个逐渐浮现的论题是等离子体不稳定性分析越加复杂 (和繁多). 人们都已清醒地认识到, 磁约束聚变的核心问题是达到这样的条件, 使不稳定性和涨落降低到可接受的低水平, 也就是说, 达到可与满足 Lawson 判据的约束相比的水平.

这里我说点涉及整个等离子体研究领域的题外话, 一种境遇延迟了等离子体物理, 特别是聚变研究所需的高温等离子体物理现代纪元的来临, 使其落后于其他"现代" 物理学科, 例如固态物理研究. 在固态物理学科中, 大自然提供给我们足够的研究材料, 能从实验直接获取知识, 并可连贯且可重复地检验理论. 但是, 对于等离子体物理, 在地球上大自然就没能配合的那样好. 除去电离层和闪电弧以外, 没有现成适宜研究的自然等离子体源存在. 即使在人造的气体放电 (最早被研究的等离子体) 中, 如前所述, 其中所进行的过程大多为原子物理及等离子体和壁相互作用所主导, 而不是等离子体效应. 因此极少有纯等离子体态表现出的引人入胜的复杂性质——特别涉及与强磁场相互作用——在早期实验室实验中被察觉到. 在聚变等离子体研究中, 这些问题又回来困扰实验者, 他们发觉如果未能获得纯净的真空条件和最小浓度的高 Z 杂质, 则不能得到有意义的结果. 这时约束将被破坏, 等离子体的辐射损失(如英国的 ZETA 上所遇到的那样) 将决定能量平衡并冷却等离子体.

实际上, 纯等离子态的严格实验室实验须等待能用于聚变研究的一些技术 (经常是开创性的)——强磁场、高真空和强粒子或光子束 (激光) 的发展. 大自然不仅未能提供地面等离子体用于研究, 而且实验等离子体研究领域在早期也未能配备用于 "诊断" 等离子体行为的非接触测量技术. 而为了推动研究前进, 必须发展这些技术. 实际上现在描述聚变研究所有测量技术的通行名词 "诊断" 只不过是通往有关问题本性的一张应当作废的入场券. 正如我们所注意到的, 在这一研究领域中, 恼人 (对研究者) 的湍流和不稳定性是常规而非特例.

在等离子体诊断测量, 以及在伴随所有等离子体实验, 包括高温等离子体实验研究都很重要的原子物理课题的发展中, 较老的气体放电领域的研究者对聚变研究的贡献是不可忽略的. 例如, MIT 的以 William P Allis 和 Sanborn Brown 为首的气体电子学组早于聚变研究解密之前好几年就进行了许多重要研究, 包括使用微波技术测量电子扩散率. 检索一些恰在聚变解密前和有关聚变资料涌现后的会议 (如美国的“气体电子学会议”和大的双年国际“气体中的电离现象”会议) 的日程, 就可以发现, 会议上出现了有关聚变的题目混合在老题目之中, 例如“点-面辉光放电”等. 在随后年代里, 随着聚变研究和技术出现, 在诸如材料的等离子体处理、等离子体开关和其他等离子体的实际应用等课题中, 两个研究领域间出现了相当可观的跨学科互补.

22.5 1960 年后的磁聚变研究: 攀爬 $n\tau T$ 斜坡的长征

在 1960 年后的几年里, 为追求磁约束等离子体的成功开始了极为艰苦的跋涉. 在这场跋涉中, 很多早期途径被抛弃, 一种途径, 即托卡马克, 占据了该领域主要位置. 早期途径被抛弃的有: 环形箍缩, ZETA 是其中最大和最后一个; Grad 和 Rubin[32], Tuck[33]等的“磁会切”约束位形, 由于会切处过度的泄漏而关闭; Kerst 和 Ohkawa 和他们各自的合作者们[34]以及其他人的“多极”位形, 由于需要悬浮在等离子体中的导体而抛弃; 各种射频约束系统, 特别是早期苏联科学家所研究的系统[35]; 用相对论能量电子环形成其约束场的 Christofilos 的“天体器”(ASTRON)[36]; 基于脉冲螺线管磁场产生等离子体快速磁压缩的直线和环形“角箍缩”装置.

这最后一类被抛弃的途径中最大的代表是洛斯阿拉莫斯的“Scyllac“装置[37], 它配备了曾建造过的最大的快脉冲电容器组, 但于 1977 年关闭. 在早年, 角箍缩装置曾如此普遍流行, 使得 Artsimovich(在萨尔茨堡会议上)不无讥讽地说: “如果事情就这样发展下去, 我们将很快接近实现这样的口号: ‘让每一位家庭主妇都有她自己的角箍缩’. ”

这一时期出现了四种主要装置, 还有后面将讨论的两三种差一些的. 四种装置则为赢得稳定/约束比赛而竞争. 它们是; 托卡马克、仿星器、反场箍缩和磁镜机.

除去约束时间以外, 另一竞争因素是等离子体温度, 实现聚变目标的必要条件. 考虑三个临界参量, 密度 n, 约束时间 τ 和温度 T, 在 1958 年日内瓦之后的长征中真正惊人的, 是在从那时到现在的年月里三者乘积的多数量级的增长. 这三者的乘积 $n\tau T$ 对衡量聚变进展很有用, 但也成为某种双面剑. 这就是它被政策制订者用做清除某些类型装置的工具, 而这些装置类型, 只要给它们机会, 会逐渐被证明是同样可行的, 甚至更优秀一些, 直至变为领跑者.

回顾早期, 要记住当时的聚变研究者在开始这场跋涉时既缺乏对等离子体态的理解, 又没有实验技术和测量方法, 以及所需要的理论技巧. 同时也考虑到, 在与磁场相互作用中的等离子体的行为远比处于液体和气体的湍流行为复杂, 而后者经一个世纪的研究仍未能充分了解. 从这个角度看, 聚变等离子体物理学家在理解等离子体的湍流现象方面和现在控制其活动上的成就已达到这样的时刻, 即聚变目标已经在望, 这确是重要的成就.

每一类装置所要达到的目标可以简单表述为以下几点:

① 用约束磁场将等离子体维持在稳定的压强平衡, 其磁聚变使用的等离子体压强参数 β 值应占其理论极限值 ($\beta = 1.0$) 主要份额;

② 使约束等离子体达到充分宁静状态以致约束时间满足 Lawson 判据;

③ 加热等离子体达到充分高的效率, 以获得聚变能可产生达到经济上可接受水平的净聚变功率;

④ 在满足上述条件下的系统应充分小和简单, 在经济上可行.

虽然从一开始就有一些基本等离子体物理问题要处理, 但聚变研究者永远不会忘记其研究的重大目标——聚变能源. 但这里说的不是政策制订者, 他们经常以这一目标为由采取短视的手段过早地结束一些项目.

22.5.1 托卡马克

托卡马克是在英国、苏联和美国早期工作中研究过的环形箍缩概念的一种革命性发展. 它 (托卡马克) 综合了用变压器作用在等离子体中感应封闭电流的环形箍缩思想以及 Kantrowitz 和 Jacobs 所研究过的用磁场线圈绕环产生环向磁场的几乎最简单, 但是不稳定的概念. 尽管自身产生的每一种磁场位形都不稳定, 按照理论, 组合磁场 (用托卡马行话说, 强的环向场加极向场) 具有磁流体平衡. 而且, 在等离子体内感应的电流提供了内在的加热机构, 它在一个充分大的机器里可将等离子体温度提升到热核区域的边缘.

除去看来它的运转还比较简单外, 已证明, 即使在今天, 托卡马克的详细理论分析是难处理的. 因此托卡马克的粒子和能量约束性质须从众多的装置中得到的数据来决定. 它们的尺寸越来越大, 以期达到越来越长的约束时间, 并随之达到越来越高的等离子体温度. 第一个托卡马克建立在苏联 (B Liley 在奥地利几乎同时建造了另一个), 其主半径为 50cm, 等离子体半径 10cm 左右, 磁场几个 Tesla, 环向电流为 100000A 量级. 在这些参数下得到的约束时间为 1 到 2ms, 等离子体密度为 10^{13} 离子 cm^{-3} 量级, 等离子体离子温度 100eV(百万度) 量级. 因而 $n\tau$ 值为 10^{10} 量级, 低于 Lawson 判据 4 个量级, 而温度 T 较点火需要的值低两个量级. 长路何其漫漫!

虽然理论上难于处理, 但托卡马克所能确认的最简单事实是发现其约束时间大致随等离子体半径的平方而变化, 符合扩散主导过程的推论. 暂不管当时还未能确认为湍流效应所主导的扩散速度较 Spitzer 的经典值快几个量级. 很快认识到, 基于经验决定的定标律, 如果托卡马克能做得足够大, 其约束时间应能达到 Lawson 判据值. 因此简言之, 托卡马克的发展从早年起就和财政支持的水平相联系, 或者说, 其进展主要决定于财政所能支持的机器有多大. 沿这一线索还进行了一些巧妙的改进, 特别是在加热和电流驱动机制方面 (射频加热和高能中性粒子注入), 还有对湍流的理论理解也取得特别的进展. 但是, 托卡马克的成功, 它相对于磁聚变装置的优势, 直接来自于它的约束时间和装置尺寸的定标关系这一发展途径.

从 1960 年代早期托卡马克途径在国际上被接受前到当时已有 20 多个托卡马克在世界上运转的 1975 年, 聚变界发生了一种范例转移. 这一转移是: 从多种不同的途径中围绕等离子体不稳定性问题寻找一条道路转到至少有部分托卡马克研究者们确信, 他们已有了一条最好的, 也许是唯一的, 通向聚变目标的道路. 在 1975 年, 最大的托卡马克的真空室达到 100 倍于早期装置, 而等离子体电流超过兆安. 除大的尺寸以外, 还得到更长的约束时间——几十毫秒, 和更高的温度, 接近 1 千万度 (1keV).

应指出的历史事实是, 在政治方面, 托卡马克的成功在很大程度上应直接归功于 Lev Atsimovich 的努力. 在确认了他们自己的测量结果, 以及另一次不寻常的验证 (邀请一支英国聚变组携带自己的先进激光测量仪器到莫斯科证实苏联的测量结果) 之后, Artsimovich 在其 1969 年美国的 “朝圣之旅” 中展示了他的托卡马克现况. 得到的结局是在美国诞生了几个托卡马克项目: 在橡树岭, 在几个大学, 特别重要的是在普林斯顿大学. 在普林斯顿, 开头对如此大的变化的反应有些迟疑, 但还是改变了 Spitzer 的仿星器路线, 于 1970 年将其 “Model C” 仿星器改成 ST 托卡马克.

一种可提供丰富信息的评价托卡马克诞生并成为磁聚变研究主流途径的意义的方法是考察 IAEA 支持的国际聚变会议所记录的它的历史. 这些会议在 1960 年和 1974 年期间每三年举行一次, 以后改为两年, 它们是聚变进展和趋向的领头羊.

首次报道托卡马克实验的第一次会议是 1968 年在苏联西伯利亚的新西伯利亚市举行的. 这次会议有一篇托卡马克实验和三篇托卡马克理论的文章. 其余所有文章都是关于其它途径的, 如箍缩、仿星器、磁镜机等, 还有其他更离谱的途径. 到了 1971 年, 关于托卡马克的有 8 篇实验和 16 篇理论文章, 另有 71 篇涉及其他 12 种非托卡马克途径的实验文章. 在以后几年里, 关于托卡马克的文章所占比例越来越多, 而关于其他途径的则发生相反的变化, 无论是文章数还是途径数都是如此. 例如 1992 年会议有 70 篇托卡马克实验文章, 而非托卡马克实验文章, 涉及 4 个其他途径, 只有 26 篇, 说明和 1971 年的情况完全相反.

在 1971 年后的二十年内, 不仅托卡马克和非托卡马克文章数目之比发生巨大变化, 而且随着 “容易的” 理论问题 (磁流体动力学平衡和稳定) 的解决和遭遇到困难的理论问题, 有关托卡马克理论和实验文章间的平衡向理论文章比例更小倾斜. 有关托卡马克研究的历史性趋向可见表 22.1, 其中列出 1968 年到 1992 年各次 IAEA 会议上的有关托卡马克的实验文章和理论文章数目.

表 22.1 1968~1992 年各次 IAEA 会议上有关托卡马克的实验文章和理论文章数目

年份	实验	理论	地点
1968	1	3	新西伯利亚 (苏联)
1971	8	16	麦迪逊 (美国)
1964	27	24	东京 (日本)
1976	30	25	贝希特斯加登 (德国)
1978	30	30	因斯布鲁克 (奥地利)
1980	28	21	布鲁塞尔 (比利时)
1982	37	23	巴尔的摩 (美国)
1984	50	20	伦敦 (英国)
1986	51	22	京都 (日本)
1988	70	30	尼斯 (法国)
1990	65	27	华盛顿 (美国)
1992	70	30	烏尔茨堡 (德国)

关于这一系列会议的报告揭示了托卡马克概念本身发展的历史, 从园截面、靠原始的变压器驱动暂态电流约束并驱动的简单的面包圈式等离子体型托卡马克, 发展到非园截面、有兆瓦级中性粒子束、微波和射频功率加热并驱动等离子体电流的托卡马克.

从 IAEA 报告还发现一些实验, 如在 MIT 的 Alcator 上的实验对实验数据库的贡献. 这些实验发现 (如 1976 年的报道) 高等离子体密度可使 Lawson 乘积 $n\tau$ 增大很多, 可能是其压制了湍流效应. 而德国伽兴的 ASDEX 托卡马克则 (于 1982 年) 报道了远超出在其他托卡马克上看到的能量约束定标趋势的增益. 靠经验调节加热和等离子体边界条件, 发现了所谓 "H 模"(H 指高约束) 运转. 在 H 模运转下, 能量约束时间比正常值高出两倍, 很可能也来自湍流的部分压制. 从其第一次发现起, 在几乎所有能有效控制边界层的托卡马克上都引发了 H 模转换. 这样的控制经常用所谓 "偏滤器"(扰动局部磁场使其从等离子体转向到特定收集器) 来实现.

在这些年代里, 涉及一项重要进展——非感应电流驱动的实验和理论开始出现. 这些方案中, 使用切向注入的中性粒子束或辅助射频波发射来延长正规的变压器作用感应电流. 这些电流驱动方法的目的是解决托卡马克作为聚变能源的原始弱点之一, 即通常形式的托卡马克是非稳态的这一问题.

另一项进展来源于磁流体动力学理论, 事关托卡马克另一缺陷——较低的比压值 (相应于等离子体压力) 参数 β. 与约束磁压强比较的比压值在早期实验中只有百分之一到二. 从简单的圆形截面发展到一般是三角形或 "D 形" 等离子体截面, 平均比压值达到 5%以上. 人们可从 IAEA 会议理论文章中追溯这些进展的历史, 这类文章出现于 1970 年代.

上面描述的进展并结合在 1970 年代建造和运转的几十个托卡马克所提供的日

益增多的数据, 为主要国家和国际合作致力建设非常大的托卡马克创造了条件, 这些装置的设计和建造须用十来年. 在美国建造的是普林斯顿的托卡马克聚变测试堆 (TFTR)(图 22.4). 类似在欧盟建造的是英国卡拉姆实验室的欧洲联合环 (JET) 装置. 一支多国科学家和工程师队伍承担了 JET 的设计、建造和运转, 以其规模和杰出表现成为国际合作的楷模 (图 22.5). 而日本原子能机构在茨城县的东海 (Tokai, Ibaraki) 着手建造同样规模的托卡马克 JT-60, 作为日本对解决聚变问题的主要贡献. 这些努力, 总共涉及数十亿美元, 说明了各主要国家对实现聚变能源的重视. 也表明了聚变研究真正的国际性, 这是从 1958 年日内瓦会议以来始终保持的特点.

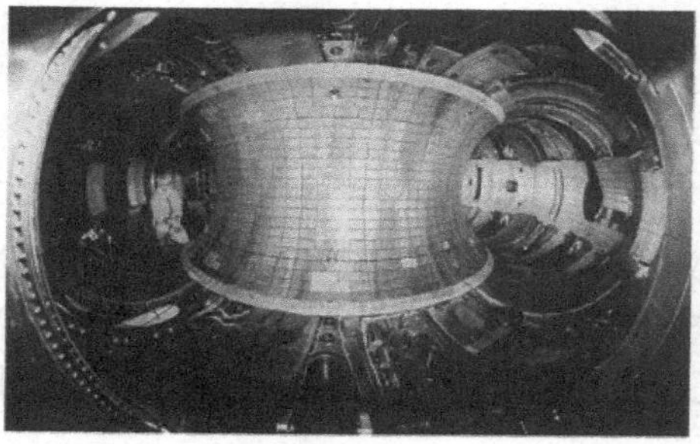

图 22.4 TFTR 真空室内部照片

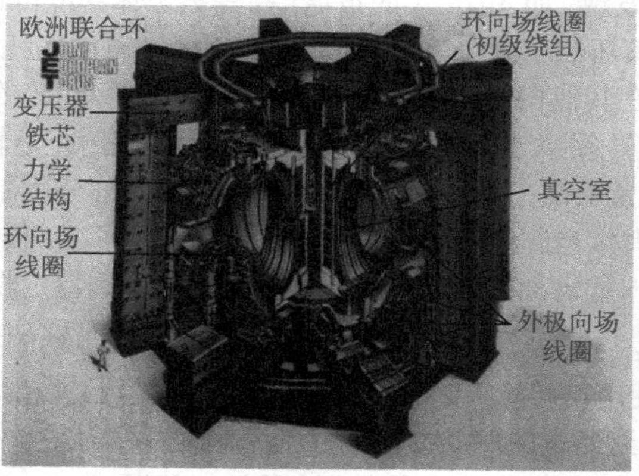

图 22.5 欧洲联合环的剖面图

随着这些新诞生的托卡马克尺度的增长, 较大的真空室尺度已达几米, 相应的等离子体体积为早期托卡马克的 3000 倍左右, 并达到更长的约束时间 (以秒计) 和更高的温度 (几亿度). 这些装置经仔细调整和用兆瓦级射频和中性粒子束加热, 距离聚变 "得失相当", 即等离子体释放的聚变功率超过维持其温度的加热功率, 仅低一个量级. 而且, 最近在普林斯顿的 TFTR 上, 用氘氚 (D-T) 燃料运转已能释放出

10MW 的聚变功率, 接近产生和加热等离子体所要求的输入功率. 类似的 D-T 实验也在 JET 上进行, 也输出了兆瓦级的聚变功率, 接近了 "得失相当", 而且有足够的证据证明这个目标可以达到.

在攀爬聚变斜坡的长途跋涉中, 托卡马克的基本概念从其首次提出后未有重大改变 (图 22.6). 确实使用了新的技术和发展了新的运转模式, 但是基本磁位形——一个强的外环向磁场迭加以等离子体电流 (现在的托卡马克有几个兆安) 形成的场并未改变. 还没有改变的情况是托卡马克的能量约束时间, 即使在 H 模运转时, 也由于尚不了解的湍流过程比所期望的宁静等离子体能达到的约束时间短了几个量级.

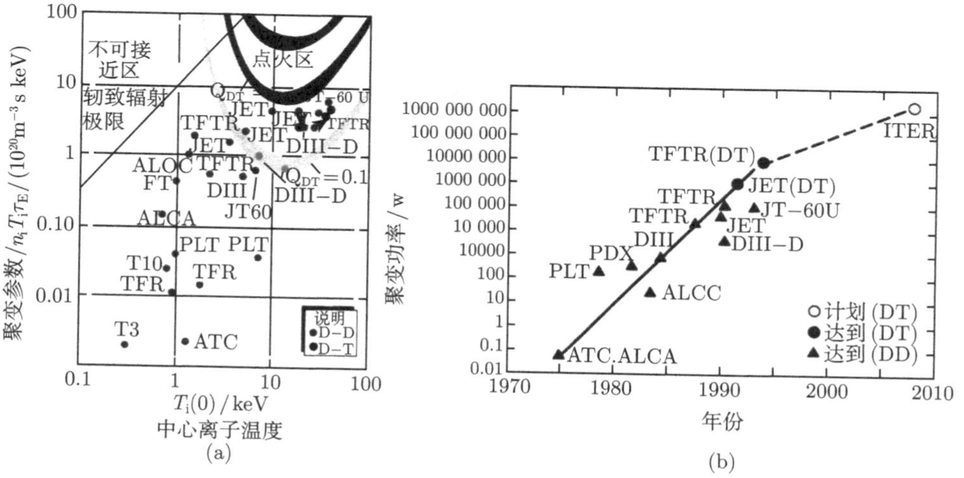

图 22.6　聚变斜坡上的长征

(a) 稳态 D-T 反应 Lawson 图, 表示中心离子温度和聚变参数 $n\tau T$. 注明 Q_{DT}=1 的阴影带是 "得失相当" 区. (b) 磁约束聚变功率的进展. ALCA, 麻省理工学院; ATC, 普林斯顿等离子体物理实验室; ALCC, 麻省理工学院; PLT, 普林斯顿大环; PDX, 普林斯顿偏滤器实验; DIII, DIIID, 通用原子能公司托卡马克实验; TFTR, 托卡马克聚变测试堆; JET, 欧洲联合环; JT-60, 日本托卡马克; ITER, 国际热核实验堆

托卡马克, 特别是如果在 21 世纪初期能完成国际支持的国际热核实验堆 (ITER) 装置, 将很可能证实磁约束聚变的科学可行性. 也就是说, 将实现等离子体的 "点火" 态, 即在等离子体内部释放的聚变能可以充分地维持其温度. 还远远不清楚的是它究竟能否指出通往经济可行的聚变发电厂的道路. 在这个意义上, 过去三十年辛苦积累的托卡马克定标律在某种程度上是套在它脖子上的沉重负担. 这些定标律表明, 对于目的在于产生净聚变功率的如此大而复杂的装置来说, 托卡马克的经济前景并不明朗.

22.5.2 仿星器

仿星器起源于 Spitzer 的思想, 即在 8 字形真空室外缠绕以螺线管 (图 22.7). 但是仿星器概念发展到今天, 它的形式已远离其原型, 虽然仍保持了 Spitzer 思路的主要特征——"旋转变换" 思想. 简单地说, 旋转变换是这样的思想: 沿缠绕在真空室上的磁力线走一圈转回到出发的截面时, 不能接近出发点, 而是需要走许多圈才能达到. 在简单的环里, 旋转变换为零, 因为每一根磁力线都是自我封闭的园. 这种情形, 如同 Kantrowitz 和 Larson 的实验那样, 未能抵消的粒子漂移在等离子体中产生的电场将妨碍达到稳定平衡. 旋转变换提供的 "交流", 也就是沿电场的电导, 可将其中性化, 容许平衡态存在.

图 22.7　参加 1958 年日内瓦 "原子能和平利用" 大会上为美国展览服务的年青女士们 (来自一所日内瓦翻译学校) 在听关于 8 字型仿星器 (Spitzer 发明) 的简介

在托卡马克中, 旋转变换由等离子体内部的电流提供, 在仿星器及其后代中, 则由外场的变形产生. 在普林斯顿, 仿星器从几何上相交的 8 字形发展为跑道形环, 上面缠绕了两种类型线圈. 其一为通常类型的绕组, 产生主约束场——环向场分量. 另外有几对螺旋走向的线圈, 像拉长的弹簧一样绕着真空室. 每对线圈中的电流方向相反, 产生螺旋状的场. 其效应是使约束场产生螺旋形扭转, 即引进旋转变换, 但无须对托卡马克是重要的等离子体内的电流. 仿星器显著优于托卡马克的地方是它可成为稳态装置, 不依赖引进由于等离子体有限电阻而衰减的电流. 缺点是场过于复杂, 使其平衡态比托卡马克更难确定和理解.

在 Spitzer 形式的仿星器在普林斯顿研究的整个时期, 其约束始终是个沉重的话题, 它似乎遵循 Bohm 扩散律, 约束时间不仅较简单理论小几个量级, 而且反比于等离子体温度. 这种情况一直延续到当时美国最大的聚变研究装置——大的 "Model C" 装置中. 到了将其改成托卡马克的时期, 还不清楚 Bohm 扩散是仿星器概念所特有的, 还是应归因于特殊的设计. 几年以后, 改型的仿星器上的工作趋向于认为良好设计的仿星器可有与同样尺寸托卡马克一样好的等离子体约束. 但是, 从来没有建造过可与大型托卡马克规模相比的仿星器类型装置.

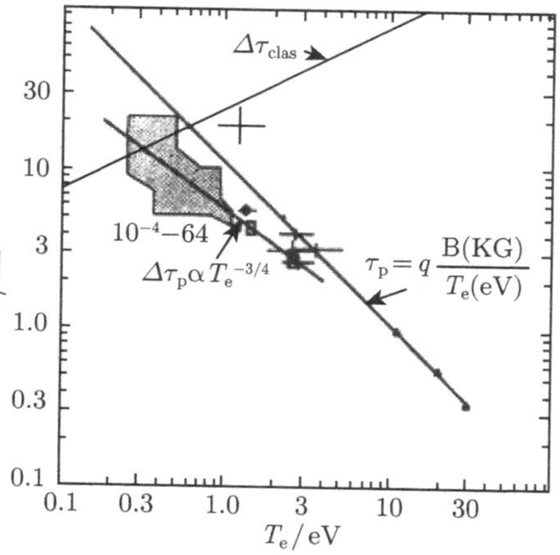

图 22.8 普林斯顿的 C Model 仿星器上得到的数据图显示其约束的 Bohm 性质, 即约束时间随电子温度增加而减少 (带数据点的线). 随温度增加而增加的线表示“经典”理论的预期, 显然和数据不符合

1958 年日内瓦会议后很快有另一个仿星器类型装置在德国靠近慕尼黑的伽兴出现. 与此有关的两位理论家是 Arnold Schlüter 和 Dieter Pfirsch. 在伽兴, “螺石”(Wendelstein)系列仿星器使用了几何上越来越复杂的线圈一并产生强的环向场和旋转变换. 在普林斯顿的 C Model 让位前后, 在另外一些实验室里也进行了仿星器研究, 包括莫斯科的 Lebedev 物理研究所, 日本东京的 Helitron 研究中心, 以及橡树岭国家实验室.

和托卡马克相比, 虽然仿星器概念的固有稳态性质是一项主要优点, 但其环向场位形似乎并未展现更好的约束, 其稳定比压 (相当于等离子体压强) 显著低于托卡马克所达到的 5%~10%.

22.5.3 反场箍缩

反场箍缩 (RFP) 这种装置的发明看来是偶然观测的结果. 虽然很难从时间上精确定位它的起源, 但似乎是在英国 ZETA 实验衰落时期的观测结果. 在这些实验中, 为稳定扭动的箍缩等离子体柱添加的一些线圈产生了较弱的环向场 (相对于箍缩本身的场). 而观测结果很意外: 当等离子体电流达到一定临界值时, 它自身产生了一个与外场反向的内部环向场[38], 同时等离子体看来变得更宁静一些, 因而改善了约束. 因此, 不再像托卡马克那样加强箍缩场来达到平衡和稳定, 在 RFP 中仔细处理等离子体使其产生一个大体稳定状态, 可能满足聚变要求. 它的主要潜在优势是去除托卡马克所要求的强大的环向场线圈, 有可能建造一个更小更简单的装置.

如同所期望的那样, RFP 实验在很多年内是英国卡拉姆实验室的主要努力方向. 这一实验室在其全盛时期可作为从一开始就定位于主要从事广泛磁聚变研究的政府实验室的杰出楷模. 卡拉姆的 RFP 工作可追溯到从 ZETA(建立在哈维尔实验室, 但已不再运转) 获得的提示. 在 Hugh Bodin 指引下, 建造并运转了几个 RFP, 增加了对这种装置的理解. 关于 RFP 最重要的理论进展也是在卡拉姆取得的, 那就是 Brian Taylor 关于磁螺旋度(环向和极向场分量之间的磁通链接的测度) 在 RFP 中建立平衡态即 "最小能态" 所起作用的理论[39].

除卡拉姆的 RFP 工作以外, 在洛斯阿拉莫斯也对 RFP 进行了很多研究. 以 Krakowski[40]在那里所开展的节约经费的研究为支撑, 执行了一项庞大的计划. 这些研究显示, 将实验中观察到的约束和等离子体电流间的有利的定标律延伸, 可建立较托卡马克型系统有更高功率密度和更小规模的 RFP 堆. 从 1970 年的 ZT-1 开始, 洛斯阿拉莫斯小组继续他们的 ZT-40 和 ZT-40M 的实验, 并不断改善运行, 尽管还远低于托卡马克所达到的指标. 但是, 从他们和其他人所得到的上述定标律显示, $n\tau$ 乘积相对于电流有很陡的上升. 在高达 500kA 的一个数量级的范围内, 它以电流的 5/2 次幂增加. 基于这些鼓舞人心的结果, 洛斯阿拉莫斯建议并得到批准着手建造一台非常大的 RFP, ZT-H. 其环向电流为 4MA, 在高等离子体密度和高离子温度 400×10^6K 下, 预期可达到 75ms 的约束时间. 这一 5000 万美元的装置计划直到 1990 年才被取消, 成为了预算削减和美国磁聚变研究主要转向托卡马克而实际取消其他途径政策的牺牲品.

RFP 研究的其他主要场所有位于意大利帕多瓦的欧洲原子能联合体 CNR 研究机构. Sergio Ortplani 在此领导建造和运转了 ETA-BETA Ⅰ装置 (1974~1977) 和 ETA-BETA Ⅱ装置以及后来正在建造中的更大的实验装置. 帕多瓦的实验增加了对 RFP 中复杂过程的认识. 虽然 Taylor 理论认为, 存在磁流体动力学稳定平衡态, 但在帕多瓦和其它一些 RFP 实验中却发现这一状态不是宁静的. RFP 平衡等离子体的特点在于一种 "起涡" 条件, 扩散效应使等离子体脱离 Taylor 态, 通过涨落引起的弛豫返回能量优选态. 因此, 就如在托卡马克中发生的那样, 存在着宏观的 "稳定" 态, 但在微观上也是湍动的. 同样和托卡马克一样, 一项纯经验定标律指出了通向堆运行的道路, 但是在 RFP 中指向的是较托卡马克小得多的系统.

对于 RFP 以及下面要讨论的磁镜系统的状况, 由于在全球特别是在美国发生的对托卡马克以外途径的支持几乎全部撤除, 使得像 RFP 这样的磁聚变途径的潜在优势始终很不明朗, 除非聚变研究政策转向更广泛支持战略.

22.5.4 磁镜

磁镜装置在基本形式上区别于上述三个途径. 前面所述的每一种装置都是基本环位形的变型, 区别仅在于环向和极向场的混合. 每一种在拓扑上都是 "无终端"

的, 被约束的回旋粒子逃脱约束的唯一途径是横越约束场的扩散. 因此, 假定湍流水平不很高时, 满足聚变要求的约束原则上永远可通过 "简单地" 使装置增大而实现. 可以认为这一方法是在模仿恒星自身. 恒星可简单地由于自身体积足够大, 从而使其内部区域热量散失降低到这样的水平, 令引力压缩产生的内部温度能升高到聚变所需的温度, 从而在其内部成功生成聚变功率.

先前简单介绍过的磁镜装置在拓扑上是个开端管, 其中充满磁力线, 仅可从两端冒出. 使用这种拓扑, 看来只有两种方法可实现聚变能源. 一种是将管做得很长, 使等离子体沿磁力线的飞行时间长于 Lawson 判据的要求. 或者找到一种方法塞住管端, 使离子和电子往返回弹维持足够的时间使聚变发生. 实际上在洛斯阿拉莫斯或其他地方都曾认真考虑过前一种方法, 将它作为角向箍缩聚变电站的可能选择. 但是, 考虑到计划所要求的是一个吓人的几公里长的庞然大物, 这一想法自然也就放弃了.

磁镜思想似乎同时出现于苏联、英国和美国的保密规划中. 在苏联, 磁镜的倡导者包括 G I Budker 和 I N Golovin. 在英国则为 D Sweetman, 他参与过英国奥德马斯顿核武器实验室早期的实验. 而笔者选择磁镜作为自己研究方向是由于要检验 Herbert York 的一项建议, 即用强微波场的辐射压力塞住螺线管场的终端. 虽然这一端塞想法在技术上看来不可行, 我曾向 York 提议用磁镜增大约束. 这一提议导致了我于 1952 年进入了新的利弗莫尔实验室. 在伯克利实验室和 J Steller 合作的一项预备性实验中, 我认识到磁镜确实改善了等离子体 (由脉冲射频放电产生) 的约束. 这一实验或许也是第一次使用微波束测量了磁约束等离子体的密度. 微波束想法随即被 Wharton 及其合作者[41]改进发展成微波干涉仪, 成为聚变等离子体研究的一项主要诊断手段.

在利弗莫尔的保密年代进行了一系列小型实验, 其名称有, 研究射频场增大镜反射的 "反照率"(albedo), 和用磁镜比高达 100 以上的静态磁镜场寻找磁镜损失和磁镜比定标的 "黄瓜"(cucumber)("磁镜比" 是两个端 "镜" 处和中心点磁场强度之比). 当时我们所有实验的关键技术问题是用真空室注入方法产生约束等离子体 (真空室要尽量排空, 以减少可能来自电荷交换过程的灾难性的热离子损失). 我们使用的是当时常用的技术, 用放电使氘化钛表面发射热等离子体. 使用这项技术 Coensgen 得以在早期实验里 (未发表) 约束和加热了氘等离子体 (用脉冲磁镜场的磁压缩). 在压缩峰值时, 他探测到了中子的产生, 这可称为 "真正" 的中子, 因为它可维持一段时间, 并且不像在中子产生箍缩装置中遇到的那样伴随以剧烈的不稳定性. 几年后进行的角向箍缩实验得到了类似结果, 在事后证实了 Coensgen 的早期结果.

在 1954 年以前, 利弗莫尔的磁镜就已达到相当的水平, 其科学可信度足以初步判断其作为聚变功率系统的潜在能力. 在这几年, 笔者准备了一系列讲稿, 以一个毫无想象力的标题“有关可控热核反应的 16 次演讲”[42]作为保密报告提交. 我在其中讨论了长的圆柱磁镜系统如何充以热离子和电子, 多高的能量可被探测 (通过逆的磁压缩产生的直接转换). 也做了初步努力, 想通过改变磁场形状做出类似磁阱那样的位形, 以处理可能的磁流体不稳定性, 但是我错过了后来被认为是最优的实用场位形.

在这个报告里, 对从开始就被认为是悬在磁镜头上的达摩克利斯之剑的磁镜损失做了简单估计. 和环形装置相反, 由于产生反射的磁镜效应依赖于粒子回旋运动, 只有当粒子的俯仰角不是很靠近磁力线方向时, 简单磁镜系统才能约束粒子. 因此如果离子-离子散射或其它过程如高频不稳定性偏转离子使其过于接近对准磁力线时, 它将在下次到达镜区时损失掉. 当时所研究的磁镜类型仅能用近经典的约束和非常高的温度 (减少散射率) 来获得净聚变功率. 可以粗略估计给定离子与其相伴离子间的一次有效碰撞足以使其偏转 90 度而进入损失锥. 只有当离子温度达到 100keV($\sim 1\times 10^9$K), 聚变释放的能量方可超过加热离子到这个温度所需要的能量. D Judd, W McDonald 和 M N Rosenbluth 所作的第一次严格的磁镜约束时间计算[43]包括在 1955 年利弗莫尔的保密报告里. 这一报告以及后来几年里的一些报告[44]显示了简单磁镜系统功率平衡是相当勉强的. 结论之一似乎与直觉相反: 简单磁镜系统的约束时间与磁镜比呈对数定标, 而不是简单想象的线性关系. 而且, 看来约束时间主要依赖于磁镜的大小, 即两镜间的距离, 和环形系统相反, 在那里约束时间和等离子体柱半径平方相关.

利弗莫尔计划中早就理解了的这些情况, 导致将研究集中在产生宁静等离子体, 并随之着重提高所设计的磁镜系统的加热及能量恢复循环的效率. 也导致了“要事先办” 观念, 即首先证实能否实现稳定约束, 然后才是功率平衡问题.

在 1958 年日内瓦会议后的年份里, 磁镜概念的普遍乐观的结果及其基本的简单性使得在很多国家里, 如法国和日本, 开始了磁镜研究计划. 特别在 Ioffe 的里程碑式的实验以后, 磁镜研究者很高兴地看到, 例如, 和仿星器的经验相反, 磁镜可产生明显稳定的等离子体, 其比压值 (等离子体压强和磁压强的比) 比托卡马克中的要高得多. 磁阱类型的磁镜可保持和理论符合的高等离子体压强, 例如 R J Hastie 和 J B Taylor[45]于 1965 年指出, 压强达到 $\beta = 1.0$ 极限值的等离子体仍可能是稳定的. 这当然是很惊人的结果, 但直到十年后才在利弗莫尔被实验证实.

在利弗莫尔, 磁镜计划采用两个平行方案在聚变所要求的等离子体密度下产生高离子温度. 其一由 F Coensgen 执行, 它是等离子体枪思想的延伸, 用磁压缩的耦合来加热和提高密度. 其中的技术问题是脉冲磁场和中性气体的高速抽取 (以减少电荷交换损失). 第二方案由 C Damm 领导, 使用中性粒子束注入技术. 中性束概念是 W Brobeck 和 S Colgate 在 1950 年代早期提出的, 用氢离子束在装置外接的气体室里产生定向高能中性氢原子束. 这一在利弗莫尔倡导的技术, 后来成为全世界托卡马克的首选加热方法. 在利弗莫尔, 该技术成为磁镜计划取得一项最重要成果的关键. 在英国的卡拉姆实验室, Sweetman 也完全独立地使用了中性粒子束技术, 得到的结果可作为利弗莫尔结果的补充.

早先, 就在 1958 年日内瓦会议召开之前, 另一个用高能粒子注入到磁镜系统的小组登上舞台. 基于 J Luce 提出的思想, 单次电离的高能氢分子束注入到中平面, 其轨道和磁镜机的轴相交. 在这一点它们和一个碳弧相遇, 被剥离另一个电子, 产生两个氢核, 但现在它们在场中的曲率半径为原来一半, 不能转回注入器喷咀而被约束. 从 DCX 磁镜开始, 橡树岭通过一系列越来越大的装置, 已能产生高的离子温度, 使几百 keV 的离子保持几分之一秒的时间, 但密度仍比聚变所要求的低四个数量级. 在减小或消除显见的损失源, 例如电离弧上的散射以后, 约束时间仍被限制在几十毫秒, 较磁镜散射终端损失的计算值小得多. 他们遭遇的是所谓 "微观不稳定性", 这是一种约束离子分布函数高阶效应 (即远离麦克斯韦分布) 引起的波-粒子不稳定性. 这个问题最终导致了橡树岭 DCX 系列实验的终结.

在苏联也进行了磁镜研究, 所用设备类似于美国的. 基于 Budker 最初的思想, 先于 1958 年日内瓦会议, 在 I N Golovin 领导下, 在 Kurchatov 实验室建造了一个非常大的磁镜装置 OGRA. 它使用类似于橡树岭实验中用的高能离子注入. 虽然像 DCX 一样, OGRA 后来退役了, 但多年来 Golovin 组继续研究束注入磁镜实验, 对磁镜基本知识作出了贡献. 他们最早的一项著名研究成果是利用反馈技术稳定等离子体不稳定性.

利弗莫尔的 ALICE 中性粒子束注入实验中的启动问题和 DCX 上面的非常不同. 此处启动的关键技术是确信用注入束激发原子分量的自电离以约束种子等离子体时, 如真空足够好, 可以建立初始等离子体. 因此, 要害问题是实现越来越好的真空, 直到量级为 10^{-10}Torr 的压强, 形成的等离子体的密度可与 DCX 上的相比. 而且, 也发现了限制密度增加的微观不稳定性出现.

1965 年以前已经认识到, 若要用中性粒子注入方法进一步产生稳态磁镜约束, 就必须彻底解决微观不稳定性问题. 1956 年笔者和 Marshall Rosenbluth 一起, 相应地着手一项所谓磁镜约束等离子体的 "损失锥模" 的系统研究[46,47]. 我们发现确实有办法稳定这些模, 但须达到充分随机的约束离子分布, 并与直径定标. 所提出的直径非常大, 相应于多个离子轨道直径, 但为磁镜方案提出了更好约束的途径, 也许能被实验证实. 基于这些结果, 重点转移到通过降低注入束能量以实现更好的随机等离子体的 ALICE(现在为 Baseball) 实验中.

在 Rosenbluth-Post 理论分析一年以后, 笔者构想出稳定最致命的磁镜微观不稳定性的另一个方法[48]. 这一沿磁力线引入一个 "温等离子体" 流的方法当时未能试验, 直到近十年后, 这一效应被 Ioffe 的磁镜机上的结果所证实, 在更晚的时候, 其功效也为 Coensgen 在其 $2X$-Ⅱ b 磁镜上所验证.

在以后一段时间里，美国聚变计划呈现新的态势，“聚变电厂研究”趋于成熟，即基于当时研究的概念，特别是洛斯阿拉莫斯的角向箍缩方案，以及托卡马克和磁镜，试图对聚变电厂的规模、成本和运行做出预期. 在这些研究检验下，第一个落马的是洛斯阿拉莫斯的 Syllac 计划，其约束和稳定问题，以及技术上的困难使其难于成为实际聚变发电系统. 磁镜也未能毫发无损，但是笔者在 1969 年的卡拉姆聚变会议上提出的静电直接转换器[49]，似乎为摆脱磁镜很勉强的功率平衡困境提供了一条道路.

同时，从 1968 年新西伯利亚 IAEA 聚变会议发表结果开始，托卡马克研究开始攻城掠地，最后达到几乎消灭所有其它磁聚变方案的程度. 在美国，在 1970 年代早期，托卡马克已取得很多成功并开始成为主流. 但磁镜研究并未停滞：Coensgen 将中性粒子束注入思想发扬光大，添加了 12 个强大的中性粒子束注入器，每个提供一兆瓦 20kV 的中性粒子束功率到他的新 2X Ⅱ-B 装置上 (2X 指为以前实验的“两倍”尺寸，Ⅱ指按序列第二个实验装置，“B” 指束)(图 22.9). 看到即使这样的束

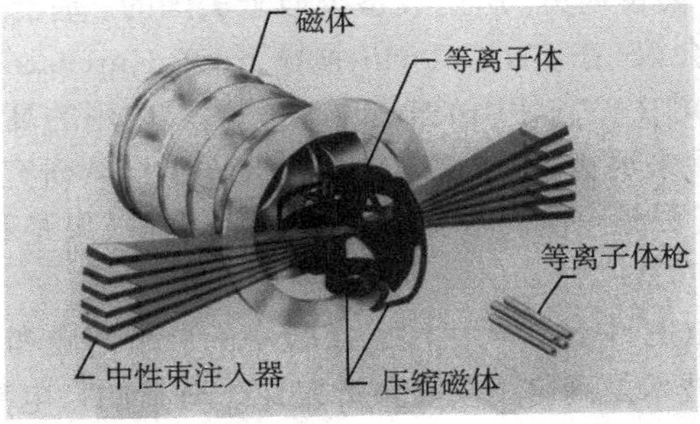

(a)

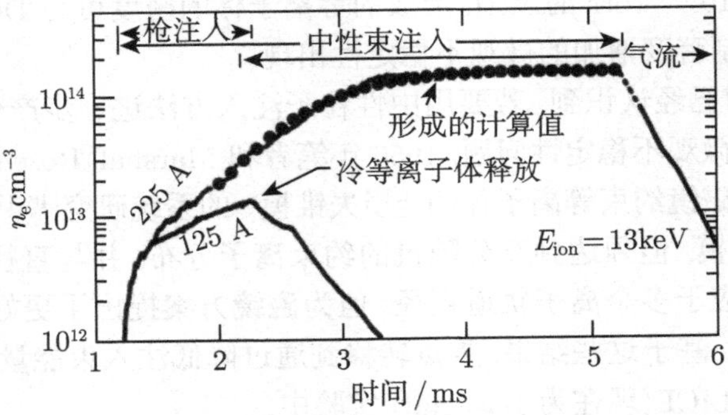

(b)

图 22.9 (a) 利弗莫尔的 2XII-B 实验图示; (b) 等离子体形成图，两条曲线分别代表有和没有“温等离子体”稳定高频等离子体不稳定性的结果. 有稳定作用时等离子体可达高密度和高比压值 (140%)，接近经典约束和散射理论的理论曲线

功率也不足以克服微观不稳定性带来的损失, 他很快又添加了 "温等离子体稳定", 取得惊人的成功结果[50]. 不仅初始等离子体达到高密度、高离子温度 (200×10^6K), 而且约束时间几乎精确符合完全宁静磁镜约束等离子体的理论预期. 在一年内熟练掌握了其运行, 在 1976 年以前, 比压值已超出量程, 达到 200%, 并能维持磁流体动力学稳定! 这一震惊聚变界的结果使简单磁镜研究计划达到高峰. 它促使华盛顿更认真考虑聚变的磁镜方案, 但是同时却未能移动悬挂在磁镜方案之上, 暂时还未能察觉的达摩克利斯之剑——勉强的功率平衡.

Marshall N Rosenbluth
(美国人, 1927~2003)

Marshall N Rosenbluth 在等离子体物理学, 特别在聚变能探索方面有特殊地位. 他于 1927 年 2 月 5 日生于纽约的奥尔巴尼, 在哈佛大学读本科, 随后按照命运安排, 三年后在他 22 岁的时候获得了哥伦比亚大学的博士学位. 在斯坦福大学短暂停留后, 1950 年作为理论家进入了洛斯阿拉莫斯科学实验室承担新被资助的受控聚变研究计划. 从这当时还保密的项目起步, Marshall Rosenbluth 开始了他非凡的职业生涯, 其等离子体理论工作触及了这一领域的几乎每一方面. 这些成就当时已被承认并于 1986 年被授予 Enrico Fermi 奖. 不妨部分引用该奖状上的话:

"Marshall Rosenbluth 的贡献集中于发展受控热核聚变. 他被普遍看作这一时代的主要等离子体理论家, 包括聚变研究和开发的重大成就. "

Marshall Rosenbluth 的许多贡献是他担任多个研究机构的首席理论家时完成的. 1956 年, 他离开洛斯阿拉莫斯到了通用原子能公司的 John Jay Hopkins 实验室, 在这里他领导了一个卓越的理论组研究等离子体理论, 同时在圣地亚哥的加州大学担任教授. 当他被普林斯顿高等研究所邀请作自然科学学院的教授并同时也被联合聘任为普林斯顿聚变研究所的高级物理学家时, 他的才华再次被确认. 1980 年他被聘任为新成立的得克萨斯大学聚变研究所的所长. 1987 年他回到圣地亚哥的加州大学, 再次与通用原子能公司联合工作.

虽然 Marshall Rosenbluth 的名字与聚变研究有最密切的联系, 他在其他领域也作出了重要贡献, 例如在相对论电子散射理论上. 他曾服务于许多重要政策调查组和科学顾问小组, 但这并未使他在科学文献上的贡献有丝毫衰退. 在所有这些努力中, 显示了他敏锐的物理洞察力和解析技巧, 以及与合作者共事并激励他们的超凡的工作能力.

在随后十年里, 即从 1976~1986 年期间, 美国磁镜计划经历了起落的命运. 在 1976 年, 磁聚变计划的预算增加, 利弗莫尔建议并被批准建造一台非常大的单室磁镜机. 它称为磁镜聚变测试装置 (MFTF), 包括一个称为 "阴-阳线圈" 的 40 吨特殊形状超导磁场线圈, 由其两个互锁的弯曲线圈而得名[51]. 它是一台相当大的机器, 可约束几百千伏的离子, 使 $n\tau$ 值达到 10^{12} 以上. 这意味着较以前的磁镜记录增加了两个量级, 因此成为向满足 Lawson 判据进展的重要一步. 这对磁镜概念确实是一个支持, 但不是无条件的. 此时华盛顿提出更明确的聚变能要求, 称为磁镜的 "Q 值增加"(此处 Q 用于表示聚变功率的增益), 即把 $Q > 1$ 用来对磁镜划线. 这样, 在同一年, 在德国贝希特斯加登举行的 IAEA 聚变会议上, 美国的 T K Fowler 和 B G Logan[52], 和来自新西伯利亚的 Dimov 以及合作者们[53]各自独立提出了串接磁镜概念. Fowler 和 Logan 前来参会本准备提出他们的新思想, 结果却发现 Dimov 也想讨论同一概念. Dimov 是磁镜概念先行者之一 Budker 所建立的新西伯利亚磁镜组的成员. Budker 的思想为一些有非凡才智的科学家所继承, 例如 Dmitri Ryutov, 他在几年内对磁镜物理学作出了许多贡献.

Dimov, Fowler 和 Logan 的串接磁镜概念建立在橡树岭的 Kelley 的早期概念之上. 其基本思想是建造一个磁镜系统, 由大体积的中心室和两侧终端小体积的镜室构成. 在串接磁镜思想里, 终端室充以比中心室密度高的等离子体. 当时已充分理解的磁镜物理预计, 终端室将呈现较中心室为高的电位. 用这种方法, 在终端室建立对中心室逸出离子的静电位垒, 阻塞通常的磁镜泄漏. 串接磁镜理论, 如俄国物理学家 V P Pastukhov[54]首次导出的结果那样, 显示其约束时间比起简单磁镜有指数增加, 从而使磁镜途径进入 "高 Q" 类型.

在非常短的时间, 大约是一年里, 称为 TMX(串接磁镜实验) 的串接磁镜实验在利弗莫尔提出并于 1977 年被华盛顿批准. 大约同一时间, MFTF 的建造得到了支持, 主要是建造巨大的超导线圈, 为聚变计划所试图做过的最大者. 这些支持产生的背景是 John S Foster 在评述整个聚变计划时形成的荣誉地位. 考虑到托卡马克作为实际反应堆过于庞大和复杂, 以及其定标律的不确定性, 他们建议继续支持其它途径, 磁镜装置为主要的一个. 他们的推荐, 虽然未能像所希望的那样增加聚变预算, 但是有助于磁镜计划继续得以进行.

到目前为止的磁聚变研究政策正在越来越向聚变能源的能力倾斜并凸显途径选择追求省钱, 而越来越少地顾及科学的兴趣. 在这种压力下, 改善串接磁镜的思想, 即使在 TMX 实验进行之前, 已被调整为追求可以预见的经费节约上. 在这一压力作用下, Logan 和 Dave Baldwin 商议, 提出 "热垒" 思想, 即一种增加终端室内位垒峰的高度, 同时相对于终端室增加中心室的电子密度的方法. 这一思想看来可以改进串接磁镜的经济前途, 最后被结合进利弗莫尔和其他地方的串接磁镜实验.

此时, 在 18 个月的超短时间内, 在原来 Baseball II 占据的位置上建造了 TMX

装置. 在这圣洁的 18 个月里, 它还遭受了一些折腾, 最后于 1978 年完成. 然后在 1979 年 7 月, 实验很明确地显示了约束时间超过 25ms, 十倍于没有终端塞时得到的约束时间. 实验的领导者 Tom Simonen 用关掉一个塞子, 等离子体立即漏掉的方法证实了塞子所起的真实作用.

就在这个时候, 1979 年秋季, TMX 的实验成功和来自计算机模拟的对热垒思想日益增加的信心导致 Fowler 提出了一项大胆的两步走的方案, 将磁镜思想推到大装置范畴, 其规模可与正在考虑的最大的托卡马克相比. 他建议将 MFTF 装置改建为 4 亿美元的 MFTF-B, 一台有热垒的大串接磁镜系统 (图 22.10). 这一任务的完成须复制一对原来 MFTF 上巨大的阴-阳线圈, 添加一个带有非常大的超导螺线管的中心室. 为在实验上证明热垒思想, 他建议关闭 TMX, 并在原地建造升级的串接磁镜 TMX-U.

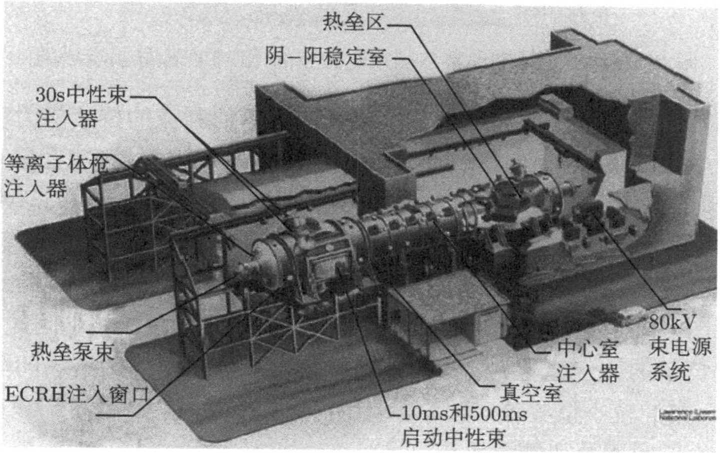

图 22.10 美术家所绘的建于利弗莫尔的大 MFTF-B 串接磁镜实验的画图. 该装置在完成和开始运转后就由于预算削减而被 “封存”. 注意右下方用做标尺的小面包车

到 1981 年, 成功测试了 MFTF-B 的第一个 150 吨的阴阳线圈 (图 22.11), TMX-U 也已完成并很快运转. 到 1982 年, 除去它已运转外, 在威斯康星大学、麻省理工学院和日本的筑波大学, 其他的几个串接磁镜系统也处于不同的建造阶段. 到 1983 年, 在 TMX-U 上已得到令人鼓舞的结果. 然而, 实验和财政方面的麻烦也就来了, 后来证明这对于美国的磁镜研究是致命性的. 在 1984 年, 美国的磁聚变预算达到其顶峰, 大约 48000 万美元, 此后就逐年下降 5000 万美元, 一直降低到 30000 万美元. MFTF-U 的建造很荣幸地得到支持, 在 1986 年举行了落成典礼, 随之验证了其工程上的成功, 包括超导磁场、冷凝真空泵、几兆瓦的中性粒子束和电源. 第二天,这个项目就被能源部取消了. 由于政府和国会无情地决定减少聚变预算, 美国的磁镜计划, 和其他 "另类的" 途径一起被迫下马. 除去几个大学水平的研究外, 只有托卡马克仍存.

图 22.11　劳伦斯利弗莫尔国家实验室的 MFTF 超导阴-阳线圈

在世界范围内也发生类似的变故. 除去在新西伯利亚的持续努力和在日本筑波的很大的串接磁镜 Gamma-10 以外, 磁镜研究基本从视野消失. 在撰写本章的时候, 除小规模的工作以外, Gamma-10是世界上唯一残存的大尺度磁镜装置. 它连续产出好的结果[55], 这些结果可期望在别种财政环境下激励他人推动磁镜研究.

在 1986 年后期美国预算削减的受害者中, 有洛斯阿拉莫斯的大的 RFP 实验、一台在西雅图附近刚建成的反场角向箍缩实验, 还有几处位于洛斯阿拉莫斯、普林斯顿和利弗莫尔的如 "球马克"(一种等离子体电流自己产生约束场的类似托卡马克的系统) 一类的较小型实验. 尤其是, 后两类概念, 被标以 "紧凑环", 可望实现比托卡马克更小的紧凑聚变能源系统.

真所谓 "潮落潮起, 周而复始", 在撰写本章时, 美国 1980 年代的聚变政策开始有所逆转. 随着新政府成立并反思聚变研究的要求, 虽然还很勉强, 但是已开始同意, 鉴于聚变的困难程度以及未来长远的重要性, 在研究和开发事业中, 无须把所有的鸡蛋都放在一个篮子里. 随之在理论和小的实验层次上, 原来已抛弃的一些概念以及伴随技术进步而出现的一些新概念得到重新审视. 按照笔者的意见, 聚变研究所应遵循的正确方向是: 除现有的领跑者托卡马克以外, 还要支持较小的, 但是健康的科研工作, 着眼于明显不同于托卡马克的方法, 以图发现更好的途径. 另一项人类主要研究项目——治愈癌症的探索, 正以充分的理由这样进行.

22.6 理论和计算机模拟重要性的增长

在讨论等离子体理论的历史的时候, 应将这种讨论放在我们现有的等离子体图像以及我们如何看待它们的背景之下. 和其他物理学的二重性, 例如光子作为粒子和电磁波列的二重性一样, 可以以两种显然不同的方式看待等离子体, 每一种方式都有其长处, 但每一种表述在概念上也都做不到完全适当. 一种对等离子体态的思考方式是将其视为无结构的导电流体. 等离子体的 "磁流体动力学"(MHD) 表述属于此类, 对于某些等离子体现象, 这一表述是正确的, 正如气体经常被描述为无结构流一样. 另一方面, 自然界不存在像无结构流体这样的事物, 不管非等离子体还是等离子体. 等离子体实际上是大量个体带电粒子的集合, 所有粒子通过相互的 Coulomb 力, 通过和运动关联的电流相互作用, 同时与外加电磁场相互作用而变化. 正是这种等离子体与自身、等离子体与电磁环境间的集体的长程相互作用造成了其行为的极端复杂性. 这些行为较普通的流体 (即使存在湍流现象) 更复杂, 使等离子体态难于被详尽理解. 实际上, 在当代等离子体研究的早期, 有人曾灰心丧气地给等离子体提出了一个另类名称 "不能被理解的东西".

考虑到聚变研究早期就逐渐认识到等离子体活动的复杂性, 也就不难理解解析和计算在这项研究中日益增长的作用. 在聚变和空间等离子体研究中, 理论和数值分析工作呈指数增长. 一开始, 等离子体的理论模型基于包括了 Maxwell 方程在内的扩张的流体动力学方程组, 即 MHD 方程的早期形式. 然而这一描述是等离子体图像过于简单化的表述.

这样, 前半世纪和后半世纪的等离子体物理学的基础均来自电磁理论和统计气体动理理论两个经典学科, 而现代等离子体研究中涉及现象的高度复杂性要求处理时有重大改进. 不仅要想出新的解析方法, 而且要使用计算机作为模拟复杂物理现象的工具并很快成为研究主流. 将数值计算作为研究工具这一做法, 在聚变研究中特别明显. 当时研究还处于保密阶段的初期, 许多研究者曾参加过核武器的研制. 在武器研究中已经充分地使用计算机模拟武器部件中发生的过程. 因此从聚变研究一开始就很自然地使用了数值方法. 特别是在美国、欧盟和日本, 使用计算机帮助理解等离子体行为已发展到这种程度, 它已成为等离子体研究的理论部分的主要因素.

等离子体研究对于计算机模拟的高度依赖可以看作等离子体行为复杂性的反映. 虽然要解的方程很清楚, 就是通过 Lorentz 力与 Maxwell 方程耦合的运动定律, 但只在很有限的情形下才有解析解. 像生物学研究一样, 涉及现象的复杂性是强耦合多体系统复杂性的反映, 而不是来自有关的基本物理规律.

谈到描述等离子体活动复杂性的解析工具, 一些特殊贡献值得提出, 它们或者表现了新的见解, 或者改善了原来的理论, 从而得到了新的问题的解. 我在这里列出一些, 不敢说很完全.

(1) Landau 对无碰撞阻尼的理论处理[17].

(2) Kruskal 和 Schwarzchild 对磁箍缩不稳定性的预言[29].

(3) Marshall Rosenbluth 将 Fokker-Planck 方程应用到等离子体的工作, 包括 "Rosenbluth 势"[56].

(4) Northrop 和 Teller 关于磁矩不变量及其在确定磁镜系统粒子约束中所起作用的决定性工作[57].

(5) 等离子体在环内压强平衡的 Grad-Shafranov 方程[58,59].

(6) Bernstien, Frieman, Kruskal 和 Kulsrud 的文章 "磁流体稳定性问题的能量原理"[60], 它部分基于 Teller 提出的解析方法[61].

(7) W P Allis 及其合作者们阐明了等离子体波理论[62], 继而由 Stix 仔细处理了这些波[63].

(8) Rosenbluth, Krall 和 Rostoker 对等离子体稳定理论的 "有限轨道" 修正的处理[64].

(9) Harris 关于速度空间等离子体不稳定性的先驱性工作[65], 继之以 Mikhailovskii 和 Timofeev 关于 "漂移-回旋" 不稳定性[66]及 Rosenbluth 和 Post 关于磁镜中 "损失锥" 不稳定性[46,47]的文章.

(10) 磁阱在稳定高压磁镜约束等离子体 MHD 不稳定性中的作用的分析, 例如 Hastie 和 Taylor 的计算[45].

(11) Furth, Killeen 和 Rosenbluth 对片状箍缩的有限电阻不稳定性的分析[67].

(12) Galeev 和 Sagdeev 对环中的 "新经典" 扩散的分析[68].

(13) Dimov[53], Fowler 和 Logan[52]引进 "串接磁镜" 概念.

(14) J B Taylor 在他对磁约束的 "反场箍缩" 方法的分析中提出的[69]对磁螺旋度守恒概念的发展.

以上清单很难概括过去 40 年来有关等离子体理论及其卓越的成就. 这些成就的显著的国际性可以从其中的联合了苏联、欧洲包括英国、美国和日本的研究者进行的合作工作中看出. 例如, 从几个国际合作理论讨论会, 特别是在解密后的年份中所进行的讨论会所得到的结果, 可以明显看到这样的合作. 其一是 IAEA 支持的 "的里亚斯特 1964 讨论会"[70]的工作, 包括等离子体物理的先驱者如 H Furth, M Kruskal, M Rosenbluth, R Sagdeev, A Simon 和 J B Taylor 所做的涉及等离子体约束和稳定性理论所有方面的讨论会报告.

和上述列举的解析方面的进展平行, 用计算机模拟等离子体行为也取得巨大进展. 仅举这一领域的几个例子, 有 O Bunemann, 他模拟了川流不稳定性, 还有 C K

Birdsall, 他将这一类型程序用于处理许多其他情况. 另一模拟程序先行者是普林斯顿 (现在他在洛杉矶的加州大学) 的 John Dawson, 主攻聚变系统的问题.

在计算机开始用于聚变研究后的年代里, 发展了各种类型的程序帮助研究. 属于这些程序的 MAFCO 是利弗莫尔 Perkins 编制的磁聚变程序, 能够计算复杂线圈系统的磁场. MAFCO 及其后继者 EFFI 等程序在利弗莫尔设计磁镜系统, 以及在美国和其它地方设计托卡马克上都发挥了重要作用. 托卡马克和有关环形系统的 MHD 平衡使用了很多程序, 包括普林斯顿的 PEST 程序. 实际上可以编写程序来分析和预知许多复杂过程如 Fokker-Planck 方程描述的离子-离子和离子-电子散射过程、中性粒子束注入、电子的微波加热、稠密等离子体内的射频加热, 和回旋不稳定模引起的粒子损失. 在激光聚变中, 写出了多元程序模拟该项研究中的聚爆、加热和不稳定性过程.

22.7 标尺的另一端: 惯性聚变

1958 年日内瓦会议后不久, 美国利弗莫尔国家实验室的一些研究者开始考虑用完全不同的方法实现聚变. 当时氢弹已赫然现身, 证实了可以人为释放聚变能. 1957 年该实验室副主任 Harold Brown 要求 John Nuckolls 设想一种在基底上刻深槽填充蒸汽来引爆一颗小氢弹以获得聚变能的方案. 为了降低尺度、成本和放射性废料, Nuckolls 考虑了下列两个问题.

(1) 可能的最小聚变爆炸是什么样的?

(2) 如何不使用裂变点火而引爆微聚变?

对第一个问题的回答令人振奋而有挑战性. 毫克级的 D-T 被压缩至一千倍液体密度然后被包含最小仅 20kJ 能量的热斑触发, 可产生近 100MJ 的聚变产额.

在发明激光的几个月前, Nuckolls 用武器设计程序计算了毫克级氘-氚在一个“黑腔靶” 中的辐射聚爆过程 (现在称为 “间接驱动”) 中的压缩和加热, 并开始确定可加热微型黑腔靶的驱动器的性质. 在这些早期计算中, 驱动黑腔靶需要几兆焦耳能量. 在这几年和以后的许多年里, 间接驱动概念作为靶丸聚变方法一直保密, 直到近年才解密.

激光发明后, 它成为惯性约束聚变 (ICF) 驱动器的主要候选者. 另一候选者有带电粒子束. 显然, 我们谈论的是基于惯性效应的解决聚变约束问题的完全不同的方法. 说的是聚变燃料负载可在与其散失时间相比的短时间内被压缩和加热至点火温度, 使得无须维持低密度等离子体所需的很长的约束时间 (秒级), 而凭惯性效应在纳秒内 “约束” 很高密度 (高于固体密度) 的等离子体.

聚变研究者所承担的任务所面临的是人类在产生和使用任何其他能源时从未遇到过的局面. 在不同聚变途径使用的燃料密度的两个极端, 托卡马克在其低端,而 ICF 在其高端, 燃料密度相差十个量级以上. 由于聚变是两体过程, 离子与自身碰撞, 聚变功率密度随燃料密度平方变化. 因此, 托卡马克和 ICF 弹丸的聚变功率密度相差 20 个量级以上. 对聚变研究者来说, 这整个聚变功率密度范围促使其仔细考虑一些尚待确定的新的聚变能方案.

回顾惯性聚变在利弗莫尔的历史, 1960 年代早期, Stirling Colgate 数值计算了被近兆瓦激光脉冲驱动的置于黑腔靶中的多层聚变燃料丸的聚爆和点火. 大约同时 Ray Kidder 的计算表明, 含有毫克 D-T 的弹丸可被球对称激光束直接引爆达到点火, 再次用到了兆瓦级激光脉冲. 同时, Nuckolls 扩展的间接驱动计算表明, 简单的 D-T 弹丸可以利用激光脉冲成形实现点火. 他的动机是: 证明从商用能源生产角度考虑, 激光弹丸的制造成本是不能接受的 (其他人提议的弹丸结构复杂难于制造). 无论如何, 当时惯性聚变的经济可行性尚不很清楚.

建立在这些早期研究基础上, 利弗莫尔实验室于 1962 年开始了 Ray Kidder 领导的激光聚变实验计划. 依靠当时的激光前沿技术, Kidder 着手建立一个 12 束, 1J 红宝石激光系统. 从 1970 年代早期开始, 利弗莫尔激光计划中的激光能量增长了五个量级, 并在低能实验中发现达到弹丸点火需要更高的激光能量. 和托卡马克发展平行的是, 不稳定性和缺乏完整的对称性导致要用更大的激光系统来实现所需的温度和密度.

图 22.12　放在普通大头针针头上的典型的激光聚变靶丸, 激光设备 (如利弗莫尔的 NOVA) 的多束激光都聚焦在这微小的靶上

1960 年代后期和 1970 年代前期, 在 Keith Breuckner 的业务指导下, 在一家私人公司 KMS 聚变公司开展了激光聚变计划. KMS 的方法是用蚌壳形镜将一对固态激光束反射进弹丸来满足直接驱动聚爆的对称性. KMS 聚变计划促进了美国原子能委员会 (AEC) 激光聚变计划, 并使这一概念部分解密. 同一时期在罗彻斯特大

学和洛斯阿拉莫斯也开展了激光聚变研究.

1972 年, 利弗莫尔科学家 Nuckolls, Wood, Thiessen 和 Zimmerman 撰写的关于惯性聚变直接驱动方法的第一篇解密文章在《自然》杂志上发表[71]. 他们在文章中概述了用瞬间变形激光束实现弹丸的火箭作用 (烧蚀引起) 聚爆和压缩概念, 并就他们当时的理解讨论了对称性以及流体和等离子体的不稳定性. 他们也给出了弹丸 "增益"(释放的聚变能除以激光能输出) 依赖于压缩量的计算结果曲线, 显示为达到充分高的增益 (100 倍, 考虑到激光和能量转换的低效率) 需要将靶丸压缩到液体密度的 1000 倍量级以上, 以及兆瓦级激光. 乐观地看, 使用小于 10kJ 的激光, 如能达到理想的激光等离子体耦合和聚爆对称性, 压缩 10000 倍, 达到较低增益 ($\ll 100$) 是能实现的. 此文概括了直接驱动激光聚变途径, 包括其主要要点和短波激光的潜在优越性. 在此后的二十多年里, 一再遭遇到这些问题, 并在激光等离子体产生和聚爆过程诊断方面大部分采用软硬兼施的办法得以解决, 它们都是在几分之一纳米时间尺度内实现的.

按照 Nuckolls 的说法, 俄国科学家曾告诉他, A Sakharov 曾在 1960 年建议使用激光点燃小弹壳, 我们注意到, 他在磁聚变上也提出过先进思想. 在世界的其他部分也开始了激光聚变研究, 具有类似的目标和结果. 在法国, 1962 年在里梅启动了一项研究. 一开始从事激光-物质的相互作用, 然后向更大的激光器发展, 于 1985 年在利弗莫尔实验室帮助下建成一台 15kJ 激光. 同样在日本建造了 GEKKO 系列激光, 到 1985 年一台 12 束激光、输出 30kJ 的系统 GEKKO XII 投入运转.

这些年里, 在 John Emmett 领导下, 在利弗莫尔建造了越来越大的激光, 最终 (1984 年) 建造了世界最大的多束激光系统, 利弗莫尔 NOVA, 由 10 束激光组成, 输出 50000 焦耳. NOVA 激光有其束线三倍频器, 产生兰色光输出. 在三倍频器中使用了特殊晶体材料的非线性效应. 这样做的动机是发现若增加激光的频率使其向光谱的短波端移动, 可以减轻一些等离子体不稳定性的有害效应. 这些不稳定性敲响了洛斯阿拉莫斯所使用设备的丧钟, 他们用 CO_2 激光输出来加热和引爆弹丸.

最近美国能源部支持建造国家点火装置, 一台兆瓦级玻璃激光, 其目标是在下一个十年实现点火和达到适当的增益. 在首次证实净聚变功率增益和预览产生聚变能方法的意义上, 这样一个装置是大托卡马克 ITER 的等价物.

虽然弹丸聚变的主要工作集中在用玻璃激光加热和引爆小球上, 鉴于能量效率 (玻璃激光将电能转换为光的效率很低), 可能还有驱动器的成本的考虑, 一种意见认为还有更好的建立聚变能电站的途径存在. 这一途径就是将重离子束 (例如汞离子) 在多束线加速器上加速到几 GeV 的能量, 并聚焦到靶上. 在美国, 劳伦斯伯克利实验室和利弗莫尔实验室合作开始了这样的工作.

现在我们又回到我们曾遇过的局面. 不管是托卡马克还是玻璃激光, 研究者在希望实现商业聚变能源时所面对的课题是其规模和成本. 在所有的情况下, 不再关心取得净聚变能的科学目标是否实现, 而将问题集中于其实用性和价格. 但笔者的观点是, 断言最终结论尚嫌过早. 在磁聚变和弹丸聚变两者间应该存在变数, 例如密度处于两者间的方案, 或许会得出较小、较简单而廉价的聚变系统, 而不是或者托卡马克, 或者弹丸聚变的简单外推.

22.8　里程碑实验: 一般等离子体物理

随着由聚变和空间研究引起的对等离子体物理兴趣的增加, 等离子体物理的一般课题的研究水平也得到提高. 不幸的是, 这一研究经常附骥于其它两个领域, 因而往往被忽略. 我们在这里列出一些对一般等离子体知识有贡献的实验室实验, 连同它们可见的重要意义.

(1) Malmberg, Wharton 和 Drummond 于 1965 年证实等离子体波的 Landau 阻尼实验[72], 首次验证了这一概念的正确 (图 22.13).

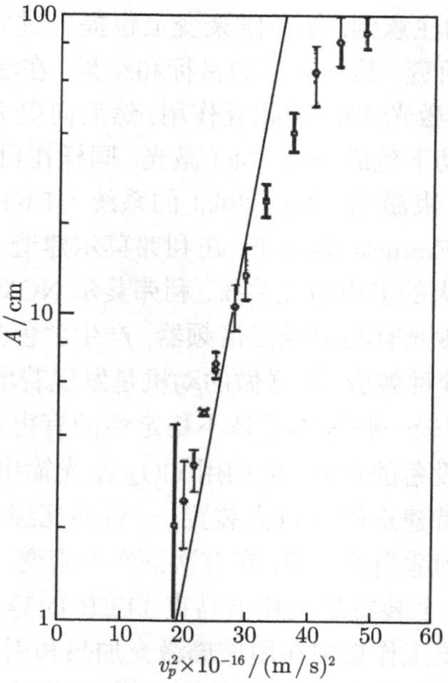

图 22.13　等离子体波衰减长度对数和波相速平方的关系图, 并和 Landau 阻尼理论比较. 除最高波速外, 实验和理论相当接近. 高相速的偏离可解释为产生等离子体的特别方法引起的效应

(2) 1955 年, 橡树岭的 A Simon 和 R Neidigh 的实验和理论解释[73]证实了等离子体柱的横越磁场扩散率反比于磁场平方, 而不是如湍流模型的 Bohm 扩散公式预言的线性反比.

(3)1960 年, Post, Ellis, Ford 和 Rosenbluth[74]证实了拘禁于磁镜机内的 "热电子" 等离子体的稳定约束, 显示了较 "Bohm 时间" 高 5 个量级的约束时间, 表现出了有限轨道效应所引起的稳定 (图 22.14).

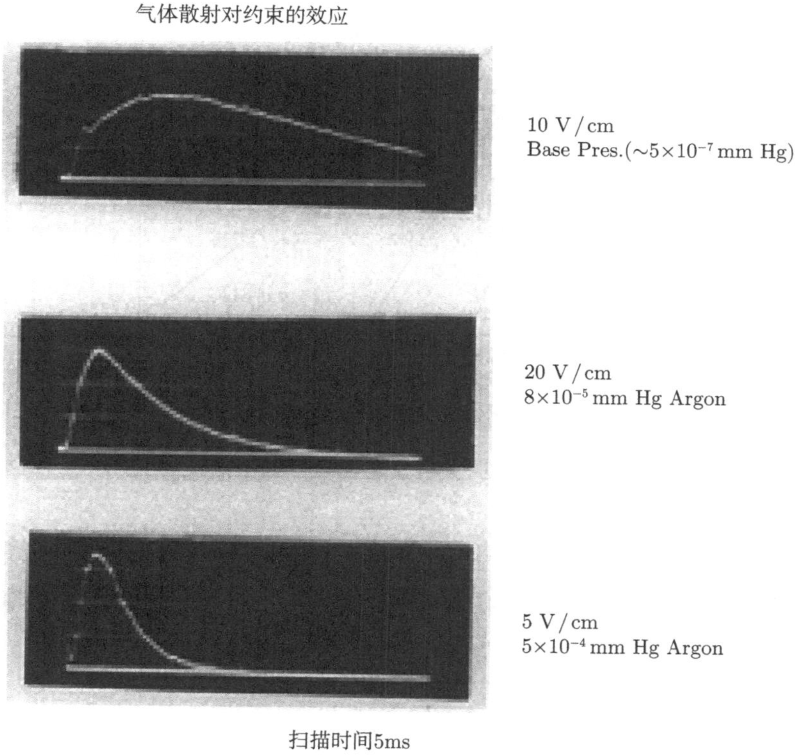

图 22.14 利弗莫尔早期台面热电子等离子体实验数据, 显示存在背景气体散射损失时, 等离子体柱 (直径约 2cm) 在磁镜间的长期约束. 对最长的衰减时间, 约束时间可较 Bohm 扩散公式预期的高 10^5 倍以上

(4) 1959 年 Rodionov 的氚-β 实验[75]和 1963 年 Gibson, Jordan, 和 Lauer 的 "β 射线" 实验[76]在实验室中证实了粒子在磁镜中绝热约束的 Teller-Northrop 理论 (图 22.15).

(5) 1961 年 Ioffe 研究组的磁镜实验[31]证实了用磁阱型约束场抑制磁镜系统中的 MHD 不稳定性.

(6) 1970 年 Damm 在利弗莫尔的 Alice 磁镜机上的实验[77]用电子 Landau 阻尼压制离子回旋不稳定模, 显示了和理论的定量符合 (图 22.16).

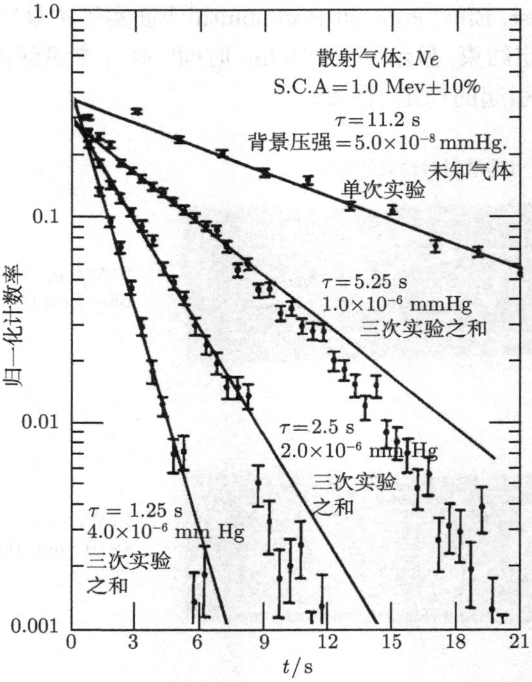

图 22.15　在 Gibson, Jordan 和Lauer[76] 的 β 射线实验中不同背景气压下磁镜约束相对论 β 粒子的逃逸率图. 衰减率显示符合散射理论的经典性质. 在最长衰减情形正电子在镜中遭受了 10^8 次量级的反射, 证实 Teller 和 Northrop 基于绝热不变量的理论的正确性

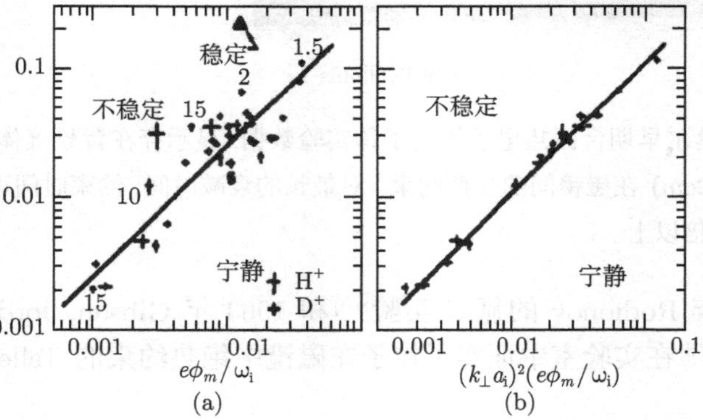

图 22.16　实验和不稳定性理论比较, 图中示出在利弗莫尔的 Baseball I 实验中 Landau 阻尼稳定高频波-粒子不稳定性的作用. 实验数据示出离子回旋不稳定性的密度阈值作为电子约束双极势的函数

(a) 数据点作为 $e\phi_m/\omega_i$ 的函数,(b) 和 (a) 一样, 但是包括每一个数据点的 $k_\perp a_i$ 的测量值 (由模式分析得到). 实线为从 Landau 阻尼的稳定作用得出的理论预期, 此处实验值和理论极为符合

(7) 在普林斯顿和其它地方的所谓 "宁静等离子体机"(Q-machine) 上证实磁约束等离子体柱的不稳定 "漂移波" 发生的临界条件.

(8) Malmberg 关于非中性电子等离子体的磁-静电约束实验[78].

在上面的清单中, 贡献都来自磁聚变研究, 并且明显倾向于环形聚变装置. 这种状况可以与这样一个事实联系, 即环形装置中经常存在湍流相关过程, 使得难于取出单个过程进行这种里程碑式的标志性研究. 但是, 托卡马克计划得出的全部结果能给出环形场中等离子体约束的总体图像, 有资格作为主要成果. 而在磁镜类的实验中, 磁镜约束可达到宁静或准宁静态, 可用经典方式得出清晰的结论, 如 Ioffe 的里程碑式实验.

除去聚变等离子体和一般等离子体以外, 近年来, 对将等离子体技术用于工业材料处理的兴趣正在复苏. 例如, 等离子体可被用于制备金刚石膜, 促进某些化学反应, 处理半导体 "芯片". 在聚变研究中发展的技术及对它们的理解, 以及从早期的气体放电获得的知识均有助于这些领域及其商业价值.

22.9 空间等离子体: 电离层及其之外

电离层这个给研究者提供等离子体对无线电波传播效应的地球周围区域, 也成为空间等离子体研究的前沿. 直接测量发生在电离层内的复杂现象, 须等待火箭发展到足以达到电离层的发射能力. 但是, 早期已存在一些将电离层和磁层与极光这样的现象联系的想法和研究.

在 20 世纪早期为了理解极光, 已从整体上研究了地球磁场对来自空间的高能粒子的影响. 这些研究也可能是被更早一些的猜想所激励的. 早在 1881 年 Goldstein[79] 就设想极光是来自太阳的粒子所产生的.

由于猜想和极光有关, 一位斯堪地那维亚人 Størmer[80]从理论上研究了地球磁场对已知的入射粒子产生的效应, Størmer 于 20 世纪初 (1907 年以后) 计算了入射粒子的轨道, 显示磁镜效应的存在产生了一个禁带, 即一个纬度区, 低于临界能量的粒子不能穿透这个区域而被反射回空间. 就在 20 世纪开始之前, Størmer 的理论概念已在 Birkeland 的 "小地球 (Terella)" 装置[81], 一台小的球形磁偶极器上预先被检验. 这个悬浮在真空室内的球被阴极射线 (当时已知是电子) 轰击. 残余气体的电离显示发光区域为电子可以穿透区域, 其余区域便是暗区, 和 Størmer 后来的发现一致. Størmer 关于地球偶极场中可能存在 "永久" 的约束粒子的另一预言要等到 50 年后才被直接证实.

这样, 经多年停顿, 在 20 世纪的后半叶电离层又成为空间等离子体研究的热点. 第二次世界大战刚结束, 已可用高空火箭探测电离层, 如俘获的德国 V-2 火箭 (改装为和平目的) 和 "空蜂" 探测火箭. 在美国, 从 1946 年开始, 在这些早期探测中, 从火箭上发射双频无线电波到地面, 完成了改善的电离层电子密度测量 ($10^4 \sim 10^5 \text{cm}^{-3}$ 量级) 和其它重要测量. 1950 年, 和火箭探测电离层中宇宙线粒子相联系, James Van Allen 的名字开始在文献中出现. 由于他的研究发现了电离层中的磁镜约束粒子 "带", 他的名字广为人知.

在《地球磁场中的辐射约束》[82]一书中, Van Allen 描述了他关于地球周围约束高能带电粒子 (质子和电子) 带的发现. 他所观察的现象有一些独特的性质, 如磁镜约束粒子具有非常长的寿命: 高能质子达几年, 约束电子达几个月以上. 这些很长的寿命无可辩驳地证实了在前面的磁镜聚变方案中提到的 Teller 和 Northrop 处理磁镜场中约束捕获粒子的轨道常数、磁矩和纵向不变量所起作用的理论[57].

Van Allen 于 1958 年发现了他的辐射带. 发现前几个月的 1957 年 10 月, 劳伦斯利弗莫尔实验室的 Nicolas Christofilos 提出了在高空产生一个人造辐射带的大胆实验方案, 他的建议是: 在电离层爆炸一颗箭载原子弹, 然后追踪爆炸时释放的由 β 衰变产生的高能电子的踪迹. 到了 1958 年 4 月, 决定进行 Christofilos 的实验, 代号为 "百眼巨人"(Argus). 为配合人造卫星 "探索者 IV" 的测量, 当时所要求的实验计划和实施时间很短, 只有四个月. 该卫星测量约束带内的电子密度及其位置、宽度并将结果报告给各地的地面站. 如上面引用过的书[82]中 Christofilos 撰写的一章所说:"一项重要观测结果是 (在观测误差范围内) 电子带未横越磁场运动, 也未横越磁力线扩散." 再次证实了 Teller-Northrop 理论中引人注目的约束. 它也鼓舞了磁镜研究者, 使他们从这个大尺度源中找到对他们工作的支持.

作为 "百眼巨人" 实验的后续, 发现这一实验中进入电离层的部分电子在实验数十年后仍可被探测到. 而且, 由于后来在全世界禁止空间核试验, "百眼巨人" 成为唯一的一次试验, 不再被重复. 但是随着卫星上装备了尖端仪器, 可用其它方法进一步探测电离层之谜. Christofilos 在他所写的一章中, 建议注入正电子或 α 粒子的放射性发射物作为替代. 以后几年里, 应用了一些其他技术, 如钡蒸汽云.

发现了 Van Allen 带以后, 人们开始探究其起源. 地球磁镜场的存在是其必要但非充分条件. 到了 1966 年, 发展了一种可信的理论, 认为内 Van Allen 带的约束质子起源于宇宙线产生中子的衰变[83]. 这一理论基于宇宙线物理学家的观测, 他们曾测量入射宇宙线粒子的能谱和类型. 但是外 Van Allen 带及其和太阳风 (来自太阳的持久的带电粒子流) 的相互作用问题仍然未能解决. 这里出现了涉及太阳风对地球磁层轰击的一组重要的全新议题.

从等离子体物理开创时起这一议题就对其起了重要作用. 它也被称为 "磁重联", 即可在等离子体区域发生的磁场拓扑的突然, 有时是混沌的改变. 在重联中, 磁力线从一个区域 "接通" 到另一区域, 并随之以该区域粒子流的改变. 重联理论建立在 Alfvén 奠定的基础之上, 他首次引进了 MHD 理论的基本概念, 即磁力线 "冻结" 在导电介质——等离子体上的思想. 根据这一思想, 等离子体携带冻结在这种导电介质上的磁力线一起运动, 膨胀或压缩. 而在重联中, 这种图像至少暂时被破坏了, 等离子体中的磁力线相互作用, 重新安排为新的位形.

这一领域的早期工作源于 Chapman 和 Ferraro1931 年的工作[84]. 在这篇文章中他们讨论了产生于等离子体边界的抗磁电流. 不久以后就理解了这一课题的复杂性. 按这一理解其临界特征是所谓 "无碰撞激波". 普通的激波是通过粒子碰撞起源于依赖于温度的气体热能流. 但是在电离层中, 碰撞过程极弱, 如果要激发激波, 它们的出现必然要求电磁耦合效应. 和无碰撞激波理论相联系的名字是: 空间等离子体物理学家 E N Parker, 聚变研究者 R Kulsrud、I Bernstein 和物理学家 H Petschek. 如从这些名字所看到的, 在空间等离子体研究的竞赛场上, 磁聚变研究者及其空间等离子体研究方面的对手存在很强的相互关连.

电离层等离子体的一个重要因素是太阳风的作用. 这一来自太阳的等离子体流主要影响电离层上部的性质和形状. E N Parker 在 1958 年提出了太阳风的动力理论来解释它的很多性质[85]. Parker 的模型虽然不很完备, 但是较 S Chapman 早期提出的流体静力学模型更好地符合实验数据. 这些理论和其他理论模型都有助于我们理解行星际空间的流动等离子体, 包括太阳在它们的产生中所起的重要作用 (图 22.17).

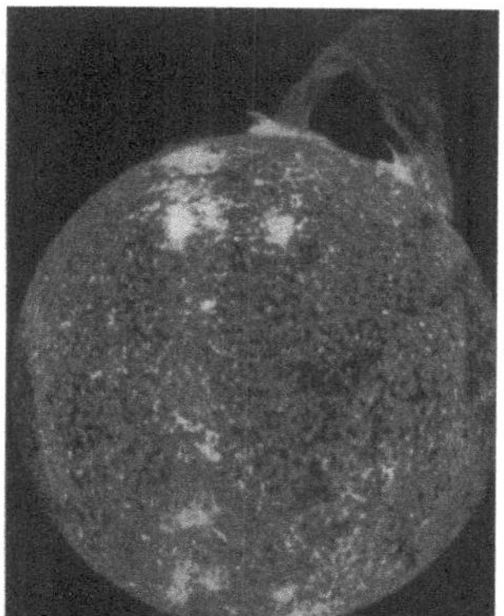

图 22.17 用氢的一条发射线频率的光拍摄得到的太阳照片. 在一个位置上看到的拱形结构是从太阳表面沿其根部大太阳黑子区磁力线运动的等离子体的发光

在 Van Allen 带发现后, 开始用人造卫星发现了越来越多的电离层中的波和其他暂态现象的细节. 在这些研究中, 许多在磁聚变研究中遇到的同样类型不稳定性也在实验中遇到并进行了理论分析. 它们包括 MHD 类型的不稳定性, 如在磁镜和环形装置中遇到的, 还有涉及粒子和波相互作用的速度空间不稳定性. 例如, 观察到和磁重联相关的快速增长不稳定性在极光现象中起重要作用, 它使得进入南北极区的粒子受到突然阻尼而造成这种令人敬畏的景象. 理论和卫星探测结合使极光和电离层中兆安级环形电流引起的 "磁爆" 的联系得到更好的理解.

回顾传播等离子体在宇宙中无处不在知识的早期文献, 应特别提到 Hannes Alfvén 的名字. 从 1940 年代早期开始, 他的名字就和该课题的许多重大理论研究相关联. 他在等离子体波的理论上作了很先进的工作, 一种 MHD 波以他的名字命名——Alfvén 波. 他的《宇宙电动力学》[27] 成为早期聚变研究者的重要资源, 该书也处理了不同的空间等离子体课题, 例如太阳物理、磁爆、极光和宇宙线. 在他的书发表以后的年月里, Alfvén 继续对天体等离子体领域作出贡献, 以接受 1970 年的诺贝尔物理奖达到顶峰, 他是在等离子体物理领域中获得此奖的第一人.

在对空间等离子体研究的讨论中, 我们集中于电离层, 而未讨论连成一体的等离子体现象, 这些现象出现在太阳和地球之间的太阳风、日冕本身以及外层空间, 在这些区域, 等离子体起主要支配作用并可在脉冲星或新星中发现一些奇异的等离子体现象. 已通过射电天文学, 现在则通过空基望远镜研究这些瑰丽的景象.

在总结这一关于空间等离子体的过于简短的讨论时要指出, 在 1980 年代非常精细的一组卫星测量直接证实了闪电脉冲对 Van Allen 带约束电子数目的影响. 这一测量使第一次世界大战期间开始的 "哨声波" 故事得以圆满结束. 例如在 1980 年代的测量中, 如 Voss 等人在 1984 年刊载于《自然》杂志的文章 "闪电诱发的电子沉降"[86] 的报道所显示的, 当闪电发射的波与 Van Allen 带约束电子作用时, 电离层中等离子体波的频率分量 (在电子回旋频率) 直接引起该辐射带的空化. 从对比波的能流高 100000 倍以上的沉降电子能流估计, 可以知道扰动电离层的波-粒子相互作用功率. 可以把描述聚变磁镜机中粒子的约束和损失的同样理论用来描述这些损失, 是为空间等离子体研究和磁聚变研究交互促进的另一榜样①.

22.10　结　　论

从其历史来看, 等离子体物理学这一学科植根于应用和物理研究的基础方面. 在应用上, 聚变研究为其柱石, 作为基础研究, 物质中的等离子体效应在我们宇宙的其它部分中、甚至在我们对宇宙学的理解中占有主导地位, 也是很显然的.

在应用上, 特别在磁聚变研究上, 我们对等离子体和电磁场间的复杂相互影响还远未能充分理解. 如果我们能像理解电磁场本身那样透彻理解这一物理, 那么朝向最优聚变能源系统的途径或许就清楚了, 与之比较, 我们今天的努力似乎还处于原始阶段.

至于等离子体的基础研究方面, 我们可能尚不知道等离子体在我们宇宙作用的全部内涵. 近年来, 似乎每一探索到宇宙学的新面貌的天文学发现中, 等离子体效

①最后一句话作者原文为 "是为聚变等离子体研究和磁聚变研究交互促进的另一榜样", 译、校者均认为这可能是一个笔误, 故作了更正.——总校者注

应都在基本意义上被涉及到.

因此在我看来, 在未来的年月里, 可以期望空间或实验室的等离子体的研究不仅会导致对宇宙的新见解, 而且会对极端复杂的 “物质第四态” 的新的控制方法和实际应用作出贡献.

22.10.1 进一步阅读

读者可以从章末所列文献[28, 87 ~ 89]中找到更多关于聚变研究历史的信息.

致谢

笔者要感谢多位个人, 他们在汇集本章材料时作出了极为有助的贡献. 他们是: T K Fowler, J Nuckolls, T Stix, J B Taylor 和 M Walt.

(王龙译, 刘寄星校)

参 考 文 献

[1] Ladner A W and Stoner C R 1932 Short Wave Wireless Communication (New York: Wiley)
[2] Heaviside 0 1902 Encyclopaedia Britannica 9th edn, vol 33 (New York: Encyclopaedia Britannica Inc.) p 215
[3] Kennelly A E 1902 Electrical World Eng. 15 473
[4] Stewart B 1902 Encyclopaedia Britannica 9th edn, vol 16 (New York: Encyclopaedia Britannica Inc.) p 181
[5] Breit G and Tuve M 1926 Phys. Rev. 28 554
[6] Hafstad L and Tuve M 1926 Terr. Magn. Atmos. Electr. 23 March
[7] Appleton E V 1932 J. Inst. Electr. Eng. 71 642
[8] Hartree D R 1931 Proc. Camb. Phil. Soc. 27 143
[9] Appleton E V 1927 URSI Reports Washington
[10] Eccles W H 1912 Proc. R. Soc. A 87 79
[11] Larmor J 1924 Phil. Mag. 48 1025
[12] Barkhausen H 1919 Phys. Z. 20 201
[13] Barkhausen H 1930 Proc. IRE 18 1155
[14] Eckersley T L 1935 Nature 135 104
[15] Tonks L and Langmuir I 1929 Phys. Rev. 33 195
[16] Thomson J J and Thomson G P 1933 Conduction of Electricity Through Gases 3rd edn, vol 2 (New York: Cambridge University Press)
[17] Landau L D 1946 J. Phys. USSR 10 25
[18] Bohm D and Gross E P 1949 Phys. Rev. 75 1851
[19] Bemstein I B, Greene J M and Kruskal M D 1957 Phys. Rev. 108 546

[20] Atkinson R d'E and Houtermans F G 1929 Z. Phys. 54 656
[21] Cockroft J D and Walton E T S 1932 R. Soc. Proc. 137 229
[22] Lawson J D 1957 Proc. Phys. Soc, B 70 6
[23] Bethe H A 1936 Rev. Mod. Phys. 8 83; 1937 Rev. Mod. Phys. 9 69,245
[24] Spitzer Jr L 1956 Physics of Fully Ionized Gaes (New York: Interscience)
[25] Sterrmer C 1907 Arch. Sci. Phys. Genève 24 5, 113, 221, 317
[26] Vallarta M S 1937 Nature 139 839
[27] Alfvén H 1950 Cosmical Electrodynamics (Oxford: Oxford University Press)
[28] Bishop A S 1958 Project Sherwood-The US Program in Controlled Fusion (New York: Addison-Wesley)
[29] Kruskal M D and Schwarzchild M 1954 Proc. R. Soc A 223 348
[30] Post R F 1956 Rev. Mod. Phys. 28 338
[31] Gott Y V, Ioffe M S and Telkovsky V G 1963 Plasma Physics and Controlled Nuclear Fusion Research, Part 3 (Vienna: IAEA) p 1045
[32] Grad H and Rubin H 1958 Proc. Second United Nations lnt. Conf. on the Peaceful Uses of Atomic Energy vol 31 (Geneva: United Nations) p 190
[33] Tuck J L 1958 Proc. Second United Nations Int. Conf. on the Peaceful Uses of Atomic Energy vol 32 (Geneva: United Nations) p 3
[34] Kerst D W et a1 1971 Plasma Physics and Controlled Nuclear Fusion Research 1971 vol 1 (Vienna: IAEA) p 3
Ohkawa T, Yoshikawa M, Gilleland J R and Tamano T 1971 Plasma Physics and Controlled Nuclear Fusion Research 1971 vol 1 (Vienna: IAEA) p 15
[35] Vedenov A A et a1 1958 Proc. Second United Nations Int. Conf. on the Peaceful Uses of Atomic Energy vol 32 (Geneva: United Nations) p 239
[36] Christofilos N C 1958 Proc. Second United Nations Int. Canf. on the Peaceful Uses of Atomic Energy vol 32 (Geneva: United Nations) p 279
[37] Cantrell E L et a1 1975 Plasma Physics and Controlled Fusion Research 1974 vol I11 (Vienna: IAEA) p 113
[38] Butt E P et a1 1966 Plasma Physics and Controlled Fusion Research 1966 vol I1 (Vienna: IAEA) p 751
[39] Taylor J B 1974 Phys. Rev. Lett. 33 1139
[40] Krakowski R A et a1 1981 Plasma Physics and Controlled Fusion Research 1980 vol I1 (Vienna: IAEA) p 607
Hagensen R L, Krakowski R A, Bryne R N and Dobrott D 1983 Plasma Physics and Controlled Fusion Research 1982 vol I (Vienna: IAEA) p 373
[41] Wharton C B, Howard J C and Heinz U 1958 Proc. Second United Nations Int. Conf. on the Peaceful Uses of Atomic Energy vol 32 (Geneva: United Nations) p 388

[42] Post R F 1954 Sixteen lectures on controlled thermonuclear reactions Lawrence Livermore National Laboratory Report UCRL-4231

[43] Judd D, McDonald W and Rosenbluth M N 1955 Conf. on Thermonuclear Reactions, Radiation Laboratory, University of California Berkeley, Report WASH-289 (Washington, DC: Atomic Energy Commission)

[44] 参见如 Fowler T K and Rankin M 1966 Plasma Phys. 8 121

[45] Hastie R J and Taylor J B 1965 Phys. Fluids 8 323

[46] Rosenbluth M N and Post R F 1965 Phys. Fluids 8 547

[47] Post R F and Rosenbluth M N 1966 Phys. Fluids 9 730

[48] Post R F 1967 Plasma Confined in Open-ended Geometry Proc. Int. Conf. (Gatlinburg, 1967), Report CONF-971127 (Oak Ridge, TN: Oak Ridge National Laboratory) p 309

[49] Post R F 1969 Nuclear Fusion Reactors Proc. British Nuclear Energy Soc. Conf. (London, 1969) (Abingdon: Culham Laboratory) p 88

[50] Logan B G et al 1976 Phys. Rev. Lett. 37 1468

[51] Moir R W and Post R F 1969 Nucl. Fusion 9 253

[52] Fowler T K and Logan B G 1977 Comm. Plasma Phys. Control. Fusion 2 167

[53] Dimov G I, Zakaidakov V V and Kishinevskii M E 1976 Sov. J. Plasma Phys. 2 236

[54] Pastukhov V P 1974 Nucl. Fusion 14 3; 1984 Vopr. Teor. Plazmy 13 160

[55] Inutake M et a1 1994 Proc. Int. Conf. on Open Plasma Confinement Systems for Fusion (Novosibirsk, Russia, 1993) ed A A Kabantsev (Singapore: World Scientific) p 51

Ichimura M 1994 et a1 Proc. Int. Conf. on Open Plasma Confinement Systems for Fusion p 69

Cho T et a1 1994 Proc. Int. Conf. on Open Plasma Confinement Systems for Fusion p 79

Tamano T et a1 1994 Proc. Int. Conf. on Open Plasma Confinement Systems for Fusion p 97

[56] Rosenbluth M N, McDonald W M and Judd D C 1957 Phys. Rev. 107 1

[57] Northrop T G and Teller E 1960 Phys. Rev. 117 215

[58] Grad H 1967 Phys. Fluids 10 137

[59] Shafranov V D 1966 Reviews of Plasma Physics vol 2 (New York Consultants Bureau) p 103

[60] Bernstein I B, Frieman E A, Kruskal M D and Kulsrud R M 1958 Proc. R. Soc. A 244 17

[61] Teller E 1954 Paper presented at Conf.Thermonuclear Reactions (Princeton University, October, 1954).

[62] Allis W P, Buchsbaum S J and Bers A 1962 Waves in Plasmas (New York: Wiley)

[63] Stix T H 1962 The Theory of Plasma Waves (New York: McGraw-Hill)

[64] Rosenbluth M N, Krall N A and Rostoker N 1962 Nucl. Fusion Suppl. part 1 143

[65] Harris E G 1959 Phys. Rev. Lett 2 34
[66] Mikhailovskii A B and Timofeev A V 1963 Sov. Phys.-JETP 17 626
[67] Furth H, Killeen J and Rosenbluth M N 1963 Phys. Fluids 6 459
[68] Galeev A A and Sagdeev R Z 1968 Sov. Phys.-JETP 26 233
[69] Taylor J B 1974 Phys. Rev. Lett. 33 1139
[70] 1965 Plasma Physics (Vienna: IAEA)
[71] Nuckolls J, Wood L, Thiessen A and Zimmerman G 1972 Nature 239 139
[72] Malmberg J H, Wharton C B and Drummond W E 1957 Proc. Phys. Soc. B 70 6
[73] Simon A 1958 Proc. Second United Nations Int.Conf. on the Peaceful Uses of Atomic Energy vol 32 (Geneva: United Nations) p 343
[74] Post R F, Ellis R E, Ford F C and Rosenbluth M N 1960 Phys. Rev. Lett. 4 166
[75] Rodionov S N 1959 At. Ehnerg. 6 623 (in Russian)
[76] Gibson G, Jordon W C and Lauer E J 1963 Phys. Fluids 6 116
[77] Damm C C, Foote J H, Hunt A L, Moses K, Post R F and Taylor J B 1970 Phys. Rev. Lett. 24 495
[78] Malmberg J H and Driscoll C F 1980 Phys. Rev. Lett. 44 654
[79] Goldstein S 1881 Wiedemanns Ann. 12 266
[80] Størmer C 1931 Z. Astrophys. 3 31, 227; 1932 Z. Astrophys. 4 290; 1933 Z. Astrophys. 6 333
[81] Birkeland K 1896 Arch. Sci. Phys. 1 497
[82] Van Allen J 1966 Radiation Trapped in the Earth's Magnetic Field ed B McCormac (New York: Gordon and Breach)
[83] Lenchek A M and Singer S F 1962 J. Geophys. Res. 67 1263
[84] Chapman S and Ferraro V C A 1931 Terr. Magn. Atmos. Electr. 36 77, 171
[85] Parker E N 1958 Astrophys. J. 128 664
[86] Voss H D et a1 1984 Nature 312 740
[87] Bromley J L 1982 Fusion: Science, Politics, and the Invention of a New Energy Source (Cambridge, MA: MIT Press)
[88] Heppenheimer T A 1984 The Man-Made Sun: The Quest for Fusion Power (Boston, MA: Little Brown)
[89] Herman R 1990 Fusion: The Search for Endless Energy (Cambridge: Cambridge University Press)

第 23 章　天体物理学和宇宙学

M S Longair

第一部分　第二次世界大战前的恒星和恒星演化研究

23.1　19 世纪的遗产

20 世纪初年物理学的大革命, 恰好对应着天体物理学和宇宙学的诞生[1]. 直到 19 世纪末, 天体物理学还不存在. 天文学就意味着方位天文学和 17 世纪晚期 Tycho 的先驱性努力以来不断改进的精确观测技术. 所有观测都是通过眼睛用天文学家能够制造的大望远镜来进行的.

发生在 20 世纪初的这场革命, 可以追溯到三个重要的观测和技术进展上来. 第一个是恒星距离的测量. 1838 年, Friedrich Bessel 宣布测得恒星天鹅座 61 的三角视差约为三分之一角秒, 对应的距离为 10.3l.y.(1l.y.=9.46053×10^{15}m)[2]. 他的观测表明恒星是和我们太阳相似的天体, 从而建立了恒星宇宙的尺度. 随后相当数量恒星的三角视差逐渐测得, 但经历了艰苦的努力. 到 1900 年, 以一定精度测得的视差不到 100 个.

第二个伟大进步是天文光谱学的诞生. 19 世纪初是实验光谱学的繁荣时期. 1802 年, William Wollaston[3] 对太阳光谱进行了分光测量, 他观测到 5 条强的暗线, 但其意义当时并不知晓. 突破要归因于 Joseph Fraunhofer[4], 他于 1814 年重新发现了这些狭窄的暗线, 用来作为准确定义的波长标准. 他将太阳光谱中 10 条最强的谱线标记为 A,a,B,C,D,E,b,F,G 和 H, 并在 B 和 H 之间记录了 574 条弱线. 在同一组实验中, 他还发现在亮星天狼星的光谱中有 3 条宽带. 1823 年, 他继续观测行星和最亮恒星的光谱[5], 比后人测量恒星光谱的认真努力领先约 40 年.

整个 19 世纪 50 年代, 在欧洲和美国都有人试图证认火焰、火花和电弧光谱中不同物质产生的发射谱线. 最重要的工作产生于 Robert Bunsen 和 Gustav Kirchoff 的研究. 在 Kirchoff 1861~1863 年题为 "太阳光谱和化学元素光谱研究" 的伟大论文[6] 中, 他将太阳光谱同 30 种元素的火花光谱进行了比较, 为此而采用了一种能同时看到元素光谱和太阳光谱的 4 棱镜装置. 他得到的结论是: 太阳大气较冷的外区含有铁、钙、镁、钠、镍、铬, 可能还有钴、钡、铜、锌等.

第三个发展是天文照相术. 1839 年, Daguerre 在法国和 Fox Talbot 在英国几乎同时宣布发现了银版照相过程. 天文照相术的重大发展是 19 世纪 70 年代允许进行长时间曝光的珂珞酊干板的发明. 其巨大成功导致人们找到了珂珞酊的代用品, 结果是发明了将银盐涂布于明胶上的乳剂. 人们发现, 通过长时间烘烤或加氨可以大大提高明胶乳剂的速度. 作为这些发展的结果, 地面照相的典型曝光时间减少到约 1/15s.

这样, 到 19 世纪 80 年代, 开始详细研究恒星光谱的必要工具已经发展起来, 天体物理学成为一门物理科学的舞台已经搭好了.

23.2 Hertzsprung-Russell 图的来源

23.2.1 恒星光谱的分类

19 世纪下半叶, 人们做了许多努力将大量恒星的光谱进行分类, 以便将某种秩序纳入多种多样的恒星光谱特征中. 这些先行者的第一人是意大利耶稣会神父 Angelo Secchi, 在 19 世纪 60 年代, 他通过目视观测分类了 4000 多颗恒星的光谱. 在他分类体系的最终版本[7] 中, 他将恒星分为 4 型, I 型对应为白色或蓝色恒星, II 型为黄色或太阳型恒星, 具有宽吸收带的恒星为 III 型, 具有 “暗间隔分开的亮带” 的恒星 (现在称为 “碳星”) 为 IV 型. 照相光谱的发展极大提高了分类过程的客观性, 为了包容已有的丰富信息, Secchi 系统还添加了一些亚型. 恒星分类发展为一项庞大工程, 到 1900 年, 使用的不同系统多达 23 个.

在许多小组致力恒星分类问题的同时, 1876 年 Edwand C Pickering 被任命为哈佛学院天文台台长[8], 在他指导下在哈佛开始了一个雄心勃勃的大规模恒星光谱巡天计划. Pickering 断定, 对大量恒星进行光谱分类的最有效办法, 是用一块物端棱镜色散观测天区所有恒星的像. 主要研究者是 Williamina P Fleming, Annie Jump Cannon 和 Antonia C Maury, 以及一大群妇女 “计算机”. 这个团队被戏称为 “Pickering 和他的闺房”.

观测纲要的第一部分是 1889 年 1 月完成的, 由包含 10 351 个恒星光谱的 633 张底片构成. 检察和分类光谱以及估计它们星等的任务是由 Fleming 进行的. 光谱分类[9] 是基于 Secchi 的 4 型, 但现在分为更多的亚型. 第 I 型分为 A、B、C、D 共 4 个亚型, 第 II 型分为 E、F、G、H、I、K、L 共 7 个亚型, 第 III 型和第 IV 型更名为 M 和 N. O 型用于描绘 Wolf-Rayet 星.

导致标准哈佛分类的最著名的工作 1901 年发布于哈佛年刊, 第一作者是 Cannon[10]. 她的分类是基于 Fleming 做了某些重要增补的修订方案. 她采纳了 O 型代表最热恒星, 以及在恒星序列中 B 型在 A 型前面的建议. 她减少了分类数目, 使基本序列变为 O、B、A、F、G、K、M. 恒星沿此序列排列是基于不同谱线的存在与否, 意图是谱线特征的演变应该是连续的. 从 Norman Lockyer 的研究中已经可以看出, 这个序列基本上是一个温度序列, 但只是在做了许多进一步的工作之后, 光谱型和温度之间的精确关系才通过 Saha、Fowler 和 Milne 的工作得以建立[11]. Pickering、Maury 和 Cannon 努力的结果是, 到 1912 年, 全天空几乎有 5000 颗恒星已经进行了分类, 远远超过了以前分类过的数量.

然而, Pickering 已经在制定一个更为雄心勃勃的计划, 后来成为 Henry Draper (HD) 星表. 1911 年 10 月 11 日, Cannon 开始分类 225 300 颗恒星, 正好在 4 年后完成了这个任务[12]. 她集中努力的超凡技艺是能够以每分钟约 3 颗的速率分类光谱, 而且她的分类在巡天的那些年代里是可重复的. Cannon 在度过其职业生涯时几乎完全变聋. 1938 年, 她被任命为 William Cranch Bond 天文学家, 是接受哈佛集团首批任命的妇女之一, 她是牛津大学授予荣誉学位的第一个女性.

23.2.2 恒星结构和演化的早期理论

恒星结构和演化理论的起源可以追溯到 19 世纪 50 年代对热力学第一定律的理解. 恒星的能源可能同引力束缚能的释放有关. 这个理论的通俗说法涉及陨石轰击恒星作为释放引力能的手段. 但 Hermann von Helmholtz 提出, 太阳本身的收缩能够提供引力势能的巨大储备. 太阳据信是一种能够逐渐收缩和冷却的对流状的流体物质. 假设太阳内部的能量输运是通过对流进行的. William Thompson (Kelvin 爵士) 和 Helmholtz[13] 认识到, 他们能够推出太阳的近似年龄. 这种时标 (今天称为太阳或任何恒星冷却的 **Kelvin-Helmholtz 时标**). 可以用其引力势能除以目前光度而粗略地估计出来. 对于太阳, 这个时标约为 10^7 年, 远低于地层学分析估计的地球年龄, 尽管这些估计的可靠性尚存疑问. 对地球年龄的首批可靠估计, 是 1904 年由 Enrst Rutherford[14] 用重元素放射性和稳定同位素的相对丰度做出的.**【又见 26.2 节】**

将太阳作为气体研究其内部结构的第一人是美国人 J Homer Lane[15]. 1869 年, 他假定太阳物质具有理想气体的行为, 试图复制出其表面特性, 并决定密度、温度和压强随半径的变化. 他建立了流体静平衡和质量守恒方程, 但未能复制出观测到的太阳表面特性. 尽管没有包含在自己的论文中, 他仍然是推出如下重要结果的第一人, 即如果恒星保持为一个理想气体球, 当它通过辐射损失能量并收缩时, 温度将会**增加**而不是减少[16].

19 世纪 70 年代后期, 亚琛的 Agustus Ritter 独立进行了类似的计算, 他将恒星演化的初始阶段看作是理想气体球的收缩, 随后按照 Kelvin 的规定冷却[17]. 这些恒星物理模型的巅峰是 1907 年 Robert Emden 发表的专著《气体球》(*Gaskugeln*)[18]. 专著的目的是通过给出恒星内部结构的 "实例", 吸引慕尼黑技术大学的学生从事理论物理研究! Emden 证明了用现在称为 **Lane-Emden 方程**的解描绘具有有限半径的恒星的情况.

19 世纪 80 年代, Lockyer 尝试用一张演化图来证认各类恒星. 图 23.1 显示了他的恒星演化理论示意图[19]. 演化的 "温度弓形" 从显示微陨星云凝聚的左下部开始, 接着收缩达到弓形顶的最高温度. 然后假设恒星冷却变为一颗致密红星. Lockyer 将 Secchi 的分类分配在演化弓的不同部分, 但这样分配的理由并不清楚. 从他的示意图中可以看到, 应该存在温度相同的大直径和小直径恒星. Ritter 的更物理的恒星演化图景也有类似之处.

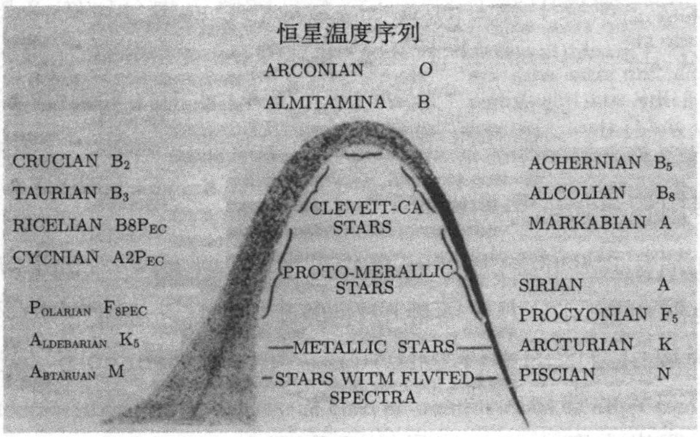

图 23.1　Lockyer 的恒星光谱演化温度曲线[19]

显示了他将 Secchi 的分类分配在演化弓的不同部分

23.2.3　Hertzsprung-Russell 图

随着第一个恒星光谱的 Henry Draper(HD) 星表在 1890 年刊布[9], 对恒星沿光谱序列从高温的 A 和 B 向低温的 K 的演化进行初步检验变得可能了. 1893 年, Monck 和 Kapteyn[20] 独立得出结论, 这幅图景必定有某些错误. 他们发现, 自行最大 (因而最近、光度最低) 的恒星不是 K 和 L 而是 F 和 G, 这同恒星沿光谱序列冷却变暗的图景很难一致.

丹麦天文学家 Ejnar Hertzsprung 找到了这个问题的解决办法. 他认识到, 如果恒星像黑体一样辐射而且其距离已知, 就可以从 Stefan-Boltzmann 定律直接计算决定其物理尺度. 他在 1906 年证明, 大角星的物理尺度大约等于火星轨道的直径, 这表明存在非常大的恒星[21]. 利用这一知识, 他重新研究了 Monck 和 Kapteyn 的数据, 但现在包括了 Maury 的亮星高分辨率光谱分类的信息. 她 (Maury) 曾经注意到有三类谱线：a 类谱线界限清楚, 有 "平均" 宽度; b 类谱线要宽得多, 同时较模糊; c 类谱线特别窄而锐. Hertzsprung 注明, c 类恒星是类似大角那样的遥远的高光度恒星, 而非 c 类恒星是近邻天体. 后来称为**矮星**和**巨星**的不同类型之间的区分得到了视差研究的证实[22]. 原来在天上最亮的恒星里, 巨星要比矮星多, 这就说明了 Monck 和 Kapteyn 的奇怪结果. F 和 G 型矮星要比 F 和 G 型巨星光度低得多. 所以, 如果只选矮星的话, 恒星沿光谱序列本质上变得较暗较红的系统趋势是正确的.

1907 年, Hertzsprung 把他的注意力转向了星团, 对于星团来说, 可以假设所有恒星处于相同的距离. 1911 年, 他首次发表了昴星团和毕星团的光度–颜色图[23]. 在这些图中有一条明显的连续恒星序列, 他称之为**主序**, 但在红星中也有非常宽的光度范围. 这些是首次发表的颜色–星等图.

Henry Norris Russell 通过相当不同的途径得到了同样的图. 从 1902 年至 1905 年, 他在英国剑桥的天文台工作, 同 Arthur Hinks 一起, 开始进行一项恒星照相视差计划. 他于 1905 年回到普林斯顿, 于 1910 年完成了视差数据的归算. 在 1908 年, Russell 同 Pickering 接触, 后者同意提供视差计划中 300 颗恒星的星等和光谱. 一下子就看出, 样本中存在高光度和低光度的红星, 这个结果与 Hertzsprung 的类似. Russell 著名的光度–光谱型图[24] 于 1914 年同时发表在《自然》(*Nature*) 和《大众天文学》(*Popular Astronomy*) 杂志上 [图 23.2(a)]. 图 23.2(a) 中对角线限制区域标识的光谱型和光度之间的关系, 与 Hertzsprung 描绘的主序对应. 此外, 主序上方有一些红星, 它们所在的区域现在称为**巨星支**.K 和 M 型所跨的光度约 10 个星等, 相当于光度差的 10 000 倍. Russell 的论文也包括了 4 个星团的光度–谱型图, 其中巨

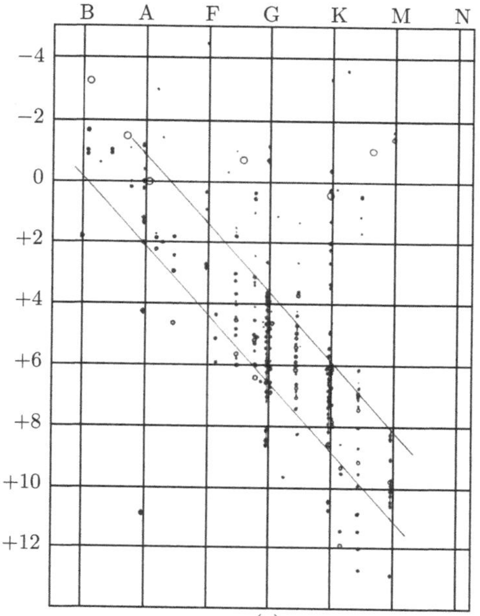

(a)

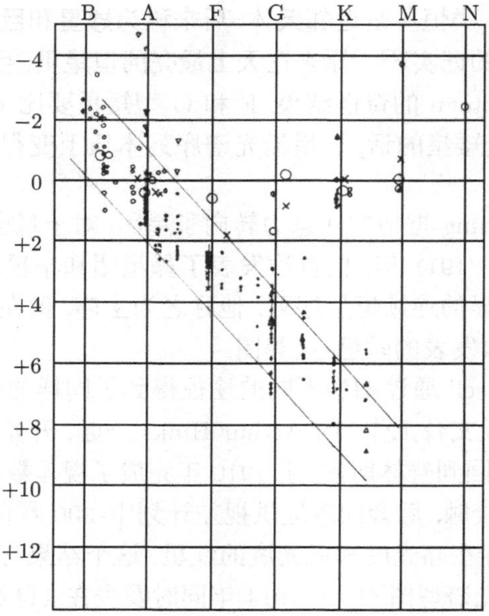

(b)

图 23.2 这张首次发表的 "Russell 图" 显示了绝对星等和光谱型之间的关系[24]
(a) 所有近距离恒星的关系; (b) 从 4 个星团研究中导出的关系

星支界定得更清楚 [图 23.2(b)]. 本来光度–光谱型图称为 Russell 图, Hertzsprung-Russell 图这个术语是 1933 年由 Stroemgren 引入的.

Hertzsprung 的分析表明, 恒星的光谱特征可以用来决定恒星是巨星还是矮星. Warter Adams 和 Arnold Kohlschütter[25] 独立发现了一些可以用作光度指标的其他光谱特征. 结合视差、自行以及光谱型数据, 他们发现在一给定的光谱型内, 某些光谱特征是敏感的光度指标. 他们在 1914 年的论文中表明, 利用这些判据, 恒星的绝对星等可以估计到约 1.5 等的精度, 相应的内禀光度为 4 倍. 这样一来, 恒星的距离就可以只从其光谱特征粗略估计了. 用这种方法估计的距离称为**分光视差**. 光度指标被纳入光谱分类系统, 并最终取代了哈佛分类系统, 在 1943 年发表时称为 Morgan、Keenan、Kellman(MKK) 系统, 或 Yerkes 系统[26]. 除光谱型外, 恒星被赋予 5 个光度级, 从 I 型的超巨星, 到 V 型的主序星. MKK 系统是近代光谱分类系统的基础.

恒星天文学其他的重大问题之一是恒星质量的测定. 1912 年, Russell 的第一个研究生 Harlow Shapley 对食双星光变曲线进行了详细研究, 他由此能够证明最亮的黄星和红星的确是 "巨" 星. 从双星的轨道参数测定了这些恒星的质量, 发现同质量范围相比, 光度范围极其巨大. Russell 发现, 他的样本中恒星的光度和质量之间充其量只存在弱相关[27], 这与当时流行的观点一致, 即红巨星代表那些收缩到主序上端的恒星的最早阶段, 主序则代表随着恒星变老而逐渐冷却的序列. 现在仍然在使用的术语 ——**早型星**指主序上部的恒星, **晚型星**指主序下部的恒星 —— 就是这些早期 (而且相当不正确的) 理论留下的遗迹.

23.3 恒星的结构和演化

23.3.1 新物理学的影响

不到 10 年, 这幅图景就完全改观了. 同 Russell 关于主序上的矮星大致具有相同质量的断言相反, Jacob Hahn 在 1911 年证明, 质量和光度沿主序存在相关[28]. 1919 年, Hertzsprung[29] 得出了主序星的经验质光关系 $L \propto M^x, x \approx 7$, 比当前值稍大, 对于质量大约与太阳类似的恒星, 该值约为 4. 为了拯救标准理论, 恒星必须失去质量.

更重要的发展是恒星通过辐射而非对流转移能量的概念. 这种概念是 1894 年由 RA Sampson 首先讨论, 20 世纪初 Schuster 和 Schwarzschild[30] 做了更详细的研究, 但没有得到天文学家的普遍认可. 1916 年, 这些概念由 Eddington[31] 修改, 将其应用于巨星中的辐射转移.

Bohr 于 1913 年发表的原子结构理论对天体物理学产生了直接的影响 [32]. 处于不同电离态的原子和离子的能级得以测定, 为测定恒星大气的温度准备了前提. 测定恒星表面温度的最早尝试是假设它们像黑体那样辐射, 用了 Hertzsprung[21]1906 年测定大角星直径的方法. 许多作者用此法测量了温度, 但受到恒星光谱中存在吸收线问题的困扰. 为了估计连续谱的强度, 观测必须在强吸收线之间进行. 然而仍然存在如下问题, 即不知弱吸收线在多大程度上压低连续谱 (一种称为谱线覆盖的现象).

印度天体物理学家 Megh Nad Saha[33] 是应用恒星大气中原子的电离态来测量温度的第一位天文学家. 1919 年, Saha 访问了德国物理化学家 Walther Nernst, 后者正在从事化学反应平衡态的热力学理论研究. Saha 承认这项工作激励他建立了平衡电离态的公式. 他把电离描述为 “一种化学反应, 其中我们必须用电离代替化学分解”. Nernst 的一个学生 John Eggert 已经计算了恒星内部 8 次电离铁的平衡态, Saha 用同样公式来研究太阳大气. 这些考虑导致了描述给定温度下处于热平衡中的气体电离态的著名 **Saha 方程.** Boltzmann 方程和电离平衡方程联合在 Saha 方程中, 后者决定了电离态与气体的密度和温度的关系. 为了估计温度, 他基于哈佛恒星分类序列中不同谱线首次出现和消失, 使用了谱线 “临界出现” 法. 他以如下评论结束他的论文:

> 可以认为, 恒星光谱以一种牢不可破的序列向我们展示了当温度从 3000K

连续变到 40 000K 时彼此相接的物理过程.

换言之, 光谱序列 O、B、A、F、G、K、M 是一个温度序列, O 型最热, M 型最冷.

Ralph Fowler 和 EA Milne[34] 发展了这些观念, 他们提供了对平衡电离态完备得多的描述, 包括原子和离子激发态的影响. 他们不再简单地使用不同离子和原子的首次出现和消失, 而是决定吸收线达到最大强度的条件. 方法是首先精确测定元素丰度, 这个任务由 Milne 的一个学生 Cecilia Payne 承担. 她在哈佛师从 Shapley 做博士论文时进行了这些研究. 她的工作最著名的方面是证明了: 虽然恒星的光谱各式各样, 却都有着极为相似的化学组成, 差别的主要原因是恒星的表面温度. 在她的经典专著《恒星大气》[35] 中她说道:"恒星大气成分的一致性看来是一个已确立的事实." 她进一步证明, 这些丰度与地球上的丰度相似, 只有氢和氦除外, 她发现这两种元素在恒星中比地球上多得多. 尽管她已得到正确答案, 自己却并不相信. 她写道:

> 尽管氢和氦在恒星大气中显然非常丰富, 但从它们临界出现的估计而得出的实际值被认为是不真实的.

这一结论反映了流行的偏见. 3 年以后, 1928 年 Albrecht Unsöeld[36] 证明, 氢的确要比所有其他元素远为丰富得多. 这得到了 William H McCrea[37] 的证实, 他用闪光光谱的相对强度证明, 色球层底部氢原子的数密度与 Unsöeld 发现的相同.

Russell 是那些通过比较太阳大气和黑子中钾和铷谱线相对强度来检验 Saha 理论的先驱者之一[38]. 1925 年, 他研究了碱土金属钙、钪、钡的反常三重项. Russell 和 Frederick A Saunders[39] 发展了 Alfred Lande 的原子矢量模型来计算电子的自旋和轨道角动量之间的耦合, 这种相互作用现在称为 Russell-Saunders 或 L-S 耦合. 借助对于原子光谱的这种新的理解, Russell、Walter Adams 和 Charlotte Moore[40] 对太阳大气的化学丰度进行了详细研究. 他们用 228 组不同的多重谱线中的 1288 条吸收线, 发现了吸收特征的强度同吸收原子或离子数目之间的关系. 在 1929 年 Russell 的分析中, 测定了 56 种不同元素 (包括氢) 和 6 种二原子分子的太阳丰度[41]. 这些丰度同目前的估计值全都在 2 倍的因子以内.

Marcer Minnaert 和 Gerard Mulders 在 1930 年测定恒星中的元素丰度时采用了同样的程序[42]. 他们引入了谱线**等值宽度**的概念, 意指恒星连续辐射的波段宽度, 其对应的辐射量等于观测到的谱线轮廓积分. 他们考虑了辐射阻尼、自然阻尼、热展宽等使吸收线展宽的各种过程, 建立了将光谱线等值宽度同吸收原子的数目联系起来的程序. 这就导致了 Minnaert 所称的联系谱线等值宽度与吸收原子数目的**生长曲线方法**. Donald Menzel[43] 在 1930 年独立地发展了针对发射线的同样类型的程序, 它们现在已经成为恒星中元素丰度的标准分析方法.

23.3.2 Eddington 和恒星结构理论

Arthur Stanley Eddington 是发展恒星内部结构和演化理论的中心人物. 1916~1924 年, 他发表了十几篇论文, 这些论文被收集和扩展为他 1926 年的大作《恒星的内部结构》[44] 一书. 按照 Russell[45] 的说法, 他的恒星演化理论是被 Eddington 全面推翻的:

> 几位研究者 ——Jeans、Kramers、Eggert 对此领域做出了贡献, 但贡献最大者是 Eddington.

为了描述 Eddington 的成就, 最直截了当的办法就是援引 Chandrasekhar[46] 的评价:

> 在恒星内部结构领域, Eddington 认识到并建立了我们目前理解的如下基本要素:
>
> (1) 随着恒星质量的增加, 辐射压在维持其平衡中必定起着愈益重要的作用.
>
> (2) 在达到辐射平衡而非对流平衡的恒星部分, 温度梯度由能源分布和物质对盛行辐射场的不透明度联合决定. 准确地说, 就是
>
> $$\frac{\mathrm{d}p_{\mathrm{r}}}{\mathrm{d}r}=-\kappa\frac{L(r)}{4\pi cr^2}\rho,\quad p_{\mathrm{r}}=\frac{1}{3}aT^4,\quad L(r)=4\pi\int_0^r\varepsilon\rho r^2\mathrm{d}r$$
>
> 式中 p_{r}、κ、ε 和 ρ 分别表示辐射压、恒星不透明度系数、每克恒星物质的产能率和密度.
>
> (3) 对不透明度 κ 作出贡献的主要物理过程决定于软 X 射线区的光电吸收系数, 即决定于高电离原子最内的 K 和 L 壳层的电离.
>
> (4) 由于电子散射是恒星不透明度的根本来源, 能够支持一定质量 M 的光度 L 存在一个上限. 由不等式 $L<4\pi cGM/\sigma_{\mathrm{e}}$(式中 σ_{e} 为 Thomson 散射系数) 决定的最大光度现在通称 **Eddington 极限**.
>
> (5) 在一级近似下, 正常恒星 (即主序星) 中, 质量、光度、有效温度间的关系对于恒星内能源的分布不是非常敏感. 因此, 即便没有恒星能源的详细知识, 也有可同观测比较的关系.
>
> (6) 氢燃烧为氦是最可能的恒星能源.

这些真知灼见是经过争论得来的, 许多要点曾经是 James Jeans 和 Eddington 之间热烈辩论的主题. 在他关于恒星内部结构的第一篇论文中, Eddington 假设粒子的平均原子量是 54, 这意味着恒星是由铁组成的[31]. 这一点很快得到 Jeans 的纠正, 他指出, 在恒星内部的高温下, "相当极端的蜕变态是可能的"[47]. 在 Eddington 的下一篇论文中, 采取的平均原子量为 2, 相当于原子完全电离, 即假设没有氢存在. Eddington 仍然信奉 Russell-Lockyer 图景, 所以将他的辐射转移理论应用于假

设是气体球的巨星包层. 在 1917 年的论文中, 他证明, 如果引力能的释放是巨星光度的来源, 它们将不能辐射 100 000 年以上, 而这远远短于地球的年龄[47].

1919 年出现了检验 Eddington 红巨星理论的机会. Albert A Michelson[48] 花 30 年发展了光干涉技术, 威尔逊山天文台台长 George Ellery Hale 决定, 应该给 100in Hooker 望远镜配备 Michelson 干涉仪, 即便不能测定恒星的直径本身, 也要测定密近双星的间距. Michelson 不知道干涉仪的基线应该要多长, 但 Eddington 知道这台仪器正在建造过程中, 便用自己的红巨星结构理论预言了参宿四的角直径. 基于这个预言, Michelson 建造了一台 6m 干涉仪安装在 100in 望远镜的顶环上 (图 23.3). 1919 年 12 月 13 日夜晚, Francis G Pease 和 J A Anderson 测得参宿四的角直径为 0.047″, 只稍小于 Eddington 的预言[49]. 这一观测证实了红巨星直径很大. 他们又继续测量了 5 颗红巨星的直径.

1919 年, Eddington[50] 惊讶地发现, 如果他的恒星结构理论也适用于矮星, 他就能够说明观测到的主序星质光关系 (图 23.4). 其意义非常深刻 —— 主序星不可

图 23.3　1920 年 8 月 10 日安装在 100in 望远镜上的 Michelson 干涉仪[49]

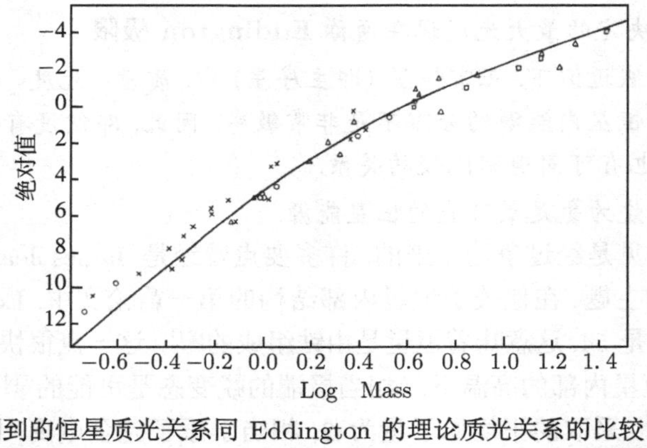

图 23.4　观测到的恒星质光关系同 Eddington 的理论质光关系的比较[50]，实线显示 Eddington 的理论质光关系, 圆圈、叉子、方块、三角是不同型恒星的质量和光度数据

能是不可压缩的流体球，而是气体球．这就抽去了标准 Russell 图景的基础．这一结论受到 Jeans 的激烈反对，他争辩道，这一结果并不正确，因为它忽略了恒星内部的产能过程．正如 Chandrasekhar 指出的那样，后来查明质光关系与准确的能量产生过程基本无关．Jeans 提出，太阳的能源是放射性衰变．

在早先的论文中，Eddington 主张物质的湮没是恒星不可耗尽的能源．1920 年，他发现了一种更好的方式可以产生能量．在卡迪夫举行的英国科学促进会年会数学物理部主席演讲中，他说了一段极富预见的话[51]：

> Aston 的实验看来已无可置疑地表明，所有元素都是由同负电子束缚在一起的氢原子组成的．例如，氦原子的核由同两个电子束缚的 4 个氢原子组成．但 Aston 进一步决定性地证明，氦原子的质量小于进入其中的 4 个氢原子质量之和；…… 合成中的质量损失约达 1/120，氢的原子量是 1.008，而氦为 4．…… 质量不能湮没，亏损只能代表转换中释放的电能的质量．因此，我们可以立刻计算出氢合成氦时释放的能量．如果恒星质量的 5% 开始由氢原子组成，然后逐渐联合形成更复杂的元素，释放的能量将充分满足我们的需要，我们就不必再去寻找恒星的能源了．

在当时这只能算是一种假说，但它的确是太阳的能源．

Arthur Stanley Eddington
(英国人，1882~1944)

Arthur Stanley Eddington，生于英格兰湖区肯达尔，是“他那个时代最杰出的天体物理学家”．他中学和大学成绩优异，仅在进入剑桥的第二年就获得数学成绩甲等第一名的显赫威望．1906~1913 年，他在皇家格林尼治天文台任首席助理，在那里研习观测天文学方法．1913 年，他被任命为剑桥大学 Plumian 教授，在那里度过了自己的余生．

他用杰出的数学才能和对物理学的深刻洞察来处理最重要的天体物理和宇宙学问题．他最大的贡献在于恒星结构和演化的天体物理学，以其 1926 年发表的名著《恒星的内部结构》为顶峰．他是广义相对论在英国的主要支持者，他 1923 年发表的《相对论的数学理论》被 Einstein 认为是各种语言中对该理论最好的阐述．他是 1919 年测量光线引力偏折的日食远征队的共同领导人．在宇宙学方面，他是现在称为 Eddington-

Lemaitre 宇宙模型的拥护者. 他晚年致力于试图统一量子论和相对论的《**基础理论**》, 并在此过程中导出基本常数的值, 但尽了极大努力而未获成功. 作为虔诚的基督徒和贵格会员, 他在第一次世界大战中宣布自己为和平主义者. 他终身未婚, 1930 年他被授予爵士荣衔, 1938 年获得功勋奖章.

23.3.3 量子力学的影响和新粒子的发现

太阳中能量产生问题的解决是 20 世纪 20 年代和 30 年代物理学一系列重大实验和理论发现的直接成果, 这些进展被迅速地吸收到天体物理学之中. 1926 年发现的 Fermi-Dirac 统计[52] 被用于恒星中物质的状态方程; 1928 年 Georgi Gamow[53] 发现的量子力学隧穿被用于 α 粒子在核上的非弹性散射, 1931 年 Wolfgang Pauli[54] 提出中微子的存在, 1933 年 Enrico Fermi[55] 提出 β 衰变理论. 同等重要的是这个物理学黄金时代的实验发现. 1931 年 Carl D Anderson[56] 宣布在宇宙线云室中发现了正电子; 同年 Harold Urey、Ferdinand Brickwedde 和 George Murphy[57] 通过 "蒸馏" 液氢的分光研究发现了氘; 1932 年, James Chadwick[58] 发现了中子. **【又见 2.13.2 节和 3.4.1 节第 3 小节】**

Eddington 关于核能可以提供太阳能的建议还是一个猜测. 1932 年, Chandrasekhar 访问哥本哈根同 Niels Bohr 和他的助手一起工作时记录了 Bohr 的态度[59]:

> 我不能真正认同天体物理方面的工作, 因为当我想到太阳时要问的第一个问题就是能量从何而来. 你不能告诉我能量来自哪里, 所以我如何能够相信所有其他的事情呢?

然而, 甚至就在那时, 量子力学的重大发现已经开始应用于太阳中的核能产生问题了.

问题是, 即使在太阳内部的高温下, 质子同核之间的 Coulomb 斥力仍然太大, 按照经典物理学, 这种核能源是不能取出的. 这个问题的解决要等到 Gamow 的量子力学隧穿理论. 仅仅在一年之后, 即 1929 年, Robert Atkinson 和 Fritz Houtermans[60] 就将 Gamow 的理论应用于恒星炽热中心区的核反应. 通过考虑由质子的 Maxwell 分布引起的势垒穿透, 他们确定了恒星核能产生过程的两个重要特点. 首先, 最有效的能源涉及小电荷核的相互作用, 因为 Coulomb 势垒小于大电荷核, 其次, 穿透 Coulomb 势垒的粒子是 Maxwell 分布高速尾中的那些少数粒子. 结果, 核反应能够发生的温度就比人们一直预期的低很多. 这些思想也提示为什么恒星的光度应该是温度的敏感函数. 随着中心温度的增加, 势垒穿透速率就增加, 所以较热的恒星应该比较冷的恒星光度大得多.

到 1931 年, 人们已经证实氢是恒星中最丰富的元素, 所以 Atkinson 的目标是通过将质子逐次加到核中来说明化学元素的起源. 他论证说, 通过合并 4 个质子来形成氦的确是非常罕见的过程, 作为替代, 氦可以通过将质子逐次加入较重的核来产生, 当它们超过核稳定性的质量极限时, 就会抛出 α 粒子, 即生成氦[61]. 这个建议是 1938 年 Carl von Weisäcker 和 Hans Bethe[62] 独立发现碳–氮–氧 (CNO) 循环的先声. 在这个著名的循环中, 碳的作用是通过如下逐次加入质子并伴随两次 β^+ 衰变来形成氦的过程的催化剂:

$$^{12}\mathrm{C}+\mathrm{p}\longrightarrow^{13}\mathrm{N}+\gamma,\quad ^{13}\mathrm{N}\longrightarrow^{13}\mathrm{C}+\mathrm{e}^{+}+\nu_{\mathrm{e}},\quad ^{13}\mathrm{C}+\mathrm{p}\longrightarrow^{14}\mathrm{N}+\gamma$$

$$^{14}\mathrm{N}+\mathrm{p}\longrightarrow^{15}\mathrm{O}+\gamma,\quad ^{15}\mathrm{O}\longrightarrow^{15}\mathrm{N}+\mathrm{e}^{+}+\nu_{\mathrm{e}},\quad ^{15}\mathrm{N}+\mathrm{p}\longrightarrow^{4}\mathrm{He}+^{12}\mathrm{C}$$

同时, 对合并两个质子形成氘, 然后同其他的氘形成 ^{3}He 和 ^{4}He 的最简单核反应的速率作出估计也变得有可能了. 最初的计算是 1936 年由 Atkinson[63] 进行的, 然后在 1938 年由 Bethe 和 Critchfield[64] 结合 Fermi 的弱作用理论和 Gamow 的势垒穿透理论而大大改进. 质子–质子 (或 p-p) 链的主要反应序列如下:

$$\mathrm{p}+\mathrm{p}\longrightarrow^{2}\mathrm{H}+\mathrm{e}^{+}+\nu_{\mathrm{e}},\quad ^{2}\mathrm{H}+\mathrm{p}\longrightarrow^{3}\mathrm{He}+\gamma,\quad ^{3}\mathrm{He}+^{3}\mathrm{He}\longrightarrow^{4}\mathrm{He}+2\mathrm{p}$$

链中关键的第一个反应涉及释放正电子和中微子的弱作用, 可以认为是将一个质子变成了中子. 这个反应说明了 p-p 链中释放的大多数能量, 但从未作为太阳内部核合成的能量增益从实验上测出. Bethe 和 Critchfield 证明, 这个反应系列能够说明太阳的光度. 此外, 他们发现, p-p 链的产能率 ε 依赖于恒星的中心温度, $\varepsilon\propto T^4$. 1939 年, Bethe 算出了 CNO 循环相应的产能率, 并发现了非常强的温度依赖 $\varepsilon\propto T^{17}$. 他的结论是, CNO 循环在大质量恒星中占主导地位, 而 p-p 链是质量小于约 1.5 倍太阳质量恒星的主要能源. 这些结论得到了第二次世界大战后细致得多的恒星结构模型的证实, 特别是, 借助计算机程序的发展, 恒星结构的研究已经变为一门最精确的天体物理科学.

23.3.4 红巨星问题

剩下来的问题是说明在较低温度下巨星比主序星辐射的光度何以要高得多. 答案是 1938 年被爱沙尼亚天体物理学家 Ernst Öpic[65] 找到的. 在像太阳这类恒星的情况下, 他认识到核燃烧发生在只占恒星质量 10% 的中心区域. 如果温度梯度小于绝热温度梯度, 这个中心内的能量转移就是辐射转移, 否则就是对流转移. 在两种情形下, 净效果都是消耗恒星核心内存有的氢燃料. Öpic 讨论了核心中的燃料耗尽后会发生的情况. 不再有压强支持的恒星中心区必定坍缩. 核心和周围氢壳层的温度上升, 以致使在内核四周的壳层里能够发生氢燃烧. 然而, 坍缩的核心最后会热到足以开始从氦核合成碳的核反应.

Öpic 的主要发现是, 当恒星的核心坍缩时, 外包层将膨胀到巨大的尺度. 巨星形成的准确物理原因仍是有待揭开的一个恒星结构之谜. 恒星向巨星支演化的每个计算都表明, 随着核内氢燃烧殆尽, 核心会坍缩, 包层将膨胀, 但恒星结构的巨大变化不能归于单一的原因. 许多不同的过程会同时发生 —— 中心区的坍缩, 恒星物质化学组成随半径的变化, 从而引起不透明度的改变, 恒星包层延伸对流区的发展等. 红巨星的定量理论需要将氦核转变为碳的更完备的核反应理论. 这个问题的讨论是首先由 Öpic[66] 发起, 第二次世界大战后由 Salpeter[67] 进行的.

作为 Öpic 工作的一个结果, 为了说明红巨星不必寻找独自的物理过程, 它们是在主序星氢燃烧阶段结束时自然形成的. 同恒星在主序上的年龄相比, 巨星阶段只持续很短的时间, 因为在巨星阶段恒星烧掉可用核燃料的速率比主序上快千倍. 因此, 巨星阶段是恒星进入某种形式的死亡状态之前短暂的回光反照. 正如 Öpic 指出的那样, 这种图景与如下的观测完全一致, 即在单位空间体积内红巨星比矮星稀少得多.

这个链条的最后环节是 1942 年巴西天体物理学家 Mario Schönberg 和 Chandrasekhar[68] 提供的, 他们证明不存在氦核包含恒星质量 10% 以上的稳定恒星模型. 这个称为Schönberg-Chandrasekhar 极限的重要结果, 阐明了恒星演化过程中红巨星的形成. 恒星在主序上度过了其寿命的大部分, 能源是氢转变成氦. 氢在中心区耗尽导致了内核的形成, 当这个内核增长到恒星质量的 10% 时, 核心坍缩和红巨星包层的形成就发生了.

23.3.5 白矮星

在 1954 年举行的一次学术讨论会上, Russell 在他缅怀往事时迷人地讲到发现白矮星的故事. 1910 年, Russell 对 Pickring 提出建议, 获得已知视差的恒星的光谱会是有用的. Russell 继续回忆道[69]:

> Pickring 说: '好吧, 请提名一个'. '好', 我说: '比方, 波江座 o 的暗子星.' 于是 Pickring 说: '我们来找个能够回答这类问题的专家.' 接着我们给 Flerming 夫人的办公室打电话. Flerming 夫人说, 好的, 她来查查看. 半小时后她过来说: '我找到了, 它的光谱型无疑是 A.' 甚至那时我就明白这意味着什么. 我感到震惊. 试图搞清它的真正意义的确让我困惑 ······ 在那个时刻, 唯有 Pickring、Flerming 夫人和我是世界上知道白矮星存在的人.

波江座 o 的暗子星的惊人特征是, 它是一颗光度非常低的恒星, 却有着与主星序上部的热星相关联的光谱型. Russell 未做说明就将其纳入他的首幅 "Russell" 图 (图 23.2(a)) 中, 一颗 A 型恒星却处在典型的主星序 A 型下面约 10 个星等的地方. Walter Adams[70]1914 年注意到这个惊人的特点, 并于第二年发现另一个样本, 即天狼 A 的暗伴星 (称为天狼 B). Eddington 认识到, 这些观测意味着白矮星的确必须非常致密. 它们的质量可以测定, 因为两个例子都是双星系统的成员, 它们的半径则可由 Planck 辐射公式和恒星的光度估计. 由此求得它们的平均密度约为 $10^8 kg/m^3$. Eddington[71] 论证说, 这样高的密度并没有根本上不合理的地方. 恒星内部高温下的物质会完全电离, 所以那个时代没有理由认为物质不能压缩到比典型地球密度更高的密度. 事实上, 他论证道, 甚至核密度都是完全可信的. 在 1924 年的论文中, 他估计了按照广义相对论这样一颗致密星可以预期的引力红移, 发现它对应谱线向长波方向的 Doppler 频移约 20km/s. 1925 年 Adams[72] 用 100in 望远镜对天狼 B 做了非常仔细的分光观测, 一旦考虑双星的轨道运动, 测得的移动就是 19km/s. Eddington[73] 十分高兴地说:

> Adams 因此而一举两得. 他对 Einstein 的广义相对论进行了一种新的检验, 同时证明至少比铂密 2000 倍的物质不仅是可能的, 而且实际上存在于恒星宇宙中.

白矮星的理论是统计力学的新量子理论应用于天体物理学的首批胜利之一. 1922 年 Pauli[74] 宣布了不相容原理, 这导致了 Fermi-Dirac 统计和简并压的概念. 1926 年 Ralph Fowler[75] 用这些概念导出了冷简并电子气体的状态方程, 得到 $p \propto \rho^{5/3}$ 的重要结果. 这个状态方程与温度无关, 因此白矮星的结构可以直接从 Lane-Emden 方程导出. 与由热气体的热量压强提供压强支持的主序星不同, 白矮星是由电子简并压强支持的, 其光度的来源是它们形成时产生的内部热能. 根据 Fowler 的图景, 白矮星将辐射掉它们的内部热能, 终结为一个所有核和电子都处于其最低基态的惰性冷星.

1929 年 Wilhelm Anderson[76] 证明, 质量约为太阳质量的白矮星中心的简并电子会变为相对论性的. 在极端相对论极限下, 简并电子气体的状态方程变为 $p \propto \rho^{4/3}$. 这个结果又与温度无关, 但压强与密度的关系从 $p \propto \rho^{5/3}$ 变为 $p \propto \rho^{4/3}$ 具有深刻的含义. Anderson 和 Edmond Stoner[77] 认识到, 其后果是, 质量约比太阳大些的简并恒星不存在平衡位形. 这个问题最著名的分析当属 S Chandrasekhar, 他开始研究这个问题是在 1930 年入学剑桥三一学院之前. 根据 Wali 写的传记[78], 他推出关键性的结果时是在载着 19 岁的他从孟买赴伦敦的轮船 *Lloyd Triestino* 号上. 他得到的关键结果是, 在极端相对论极限下, 存在一个稳定白矮星质量的上限, 对于典型的恒星物质, 这就是 $M_{\rm ch} = 1.46M_\odot$($M_\odot$ 为太阳质量). 这个质量 $M_{\rm ch}$ 只依赖于基本常数, 称为 Chandrasekhar 质量[79]. 不稳定的原因是, 在极端相对论极限下, 恒星的内部热能 $U_{\rm th}$ 和引力势能 $U_{\rm grav}$ 以同样方式依赖于半径, 即 $2U_{\rm th} = U_{\rm grav} \propto R^{-1}$. 引力势能正比于 M^2 而内能正比于 M. 因而, 对于质量足够大的恒星, 引力能占主导地位, 导致不能由简并气体压强稳定住的坍缩, 因为这两种能量总是以同样的方式依赖于半径. 推论是, 任何力量都不能阻止质量大于 $M_{\rm ch}$ 的简并星坍缩到的确是非常高的密度, 并且可能达到完全引力坍缩的状态. 这一结论受到 Eddington 的强烈反对, 并导致了他同 Chandrasekhar 的著名争论[80]. Eddington 觉得完全引力坍缩的思想是不可接受的, 相信必定有某种新的不清楚的物理过程能阻止它发生.

1932 年 Lev Landau[81] 完全独立地得出结论说, 向奇点的引力坍缩应该给予郑重考虑, 1938 年 Robert Oppenheimer 和 Hartland Snyder[82] 对一个无压强球引力坍缩晚期应观测到的现象给出了首次广义相对论分析. 他们在论文中描述了现在称为黑洞的许多关键特征.

23.3.6 超新星和中子星

中子是 1932 年由 Chadwick[58] 发现的, 虽然原子核由中子和质子组成的模型迅速得到采纳, 但是核子如何能够束缚在一起的问题仍然有待解决. 首次提到中子星的可能性出现于 1934 年 Walter Baade 和 Fritz Zwicky[83] 的一篇论文的著名 "附注" 中. 那一年他们发表了两篇论文, 讨论他们称为 "超新星" 的能量机制. "白色星云" 的河外本质已在 10 年前确认. 在那场辩论中, 亮度迅速上升然后慢慢消失的 "新星" 扮演了重要角色. 这类事件有些也在近邻星系中观测到. Baade 和 Zwicky 在他们的论文中提出, 新星族由两类组成, 普通新星是相当常见的现象, "超新星" 非常罕见但能量却非常高. 他们证认出 Tacho Brahe 在 1572 年观察测到的超新星和 1885 年在仙女座星云观测到的亮 "新星" 就是这类极猛烈爆发的例子. 他们估计这些事件出现的频率仅为每星系每千年一次, 但当其发生时却释放出巨大的能量, 对应于前身星静质能的显著份额. 在第二篇论文中他们建议, 这类事件可能是 1912 年 Victor Hess[84] 发现的宇宙线粒子的来源. 他们在第二篇论文的附录中写道:

> 我们保有全权地提出如下观点, 即超新星代表一颗普通恒星变为一颗主要由中子组成的**中子星**. 这样一颗星具有很小的半径和极高的密度. 因为中子星可以比普通核和电子包装得紧得多, 故冷中子星中的 '引力包装' 能量可以变得非常大, 在一定条件下可以远远超过普通的核包装部件. 因而中子星能够代表这类最稳定的物质位形.

最好是让 Zwicky 来描述这些观念是怎样被接受的, 以下引自他在 1968 年出版的《致密星系和暴后星系列选》[85] 中非凡的序言.

> 在 1934 年 1 月 19 日的《洛杉矶时报》中, 刊载了一集题为《跟着达波老博士学科学》的连环漫画, 其中引用我的话说 "宇宙线是由爆炸的恒星产生的, 这些恒星燃烧的火力等于 1 亿个太阳, 然后直径从 50 万 mi(1mi=1.60934km) 收缩为 14mi 大的小球", 瑞士物理学家 Fritz Zwicky 教授就是这样说的." 实事求是地讲, 我认为这是科学史上最简洁的 3 个预言之一. 30 多年过后, 这个论断已被证明完全无误.

的确, 在超新星爆发中形成中子星的想法借助 1967 年脉冲星的发现[86] 而被证明是正确的.

然而, Gamow[87] 在 1937 年证明, 中子气体可以压缩到比核和电子气体高得多的密度, 估计这类星可能的密度约为 10^{17}kg/m^3. 中子星最大质量的问题被 Landau[88] 在 1938 年进行了讨论, Oppenheimer 和 George Volkoff[89] 在 1939 年的讨论更为细致. 他们得到的结果与白矮星质量上限的表达式没有多大不同. 物理过程同白矮星情况一样, 但现在支持恒星的是中子简并压. 复杂性的产生是由于需要考虑核密度下中子物质状态方程的细节, 此外广义相对论效应也不再能够忽略. 他们得出的质量上限约为 $0.7M_\odot$, 这个结果与相应于 2~3 $M_\odot$ 的最佳的现代估计值差别并不太大. 这比白矮星的情况要严重得多. 中子星是如此致密, 广义相对论不再是一个小修正, 而是对恒星的稳定性至关重要. 一般地说, 对于中子星, 广义相对论参数 $2GM/Rc^2 \backsim 0.3$, 所以它们的半径只有同质量黑洞 Schwarzschild 半径的 3 倍.

这个工作产生了一些理论兴趣, 但很少激起观测者的热情. 典型中子星的半径预期只有约 10km, 所以没有什么希望探测到来自如此小星的显著热辐射流. 不过, 许多在第二次世界大战以后年代高能天体物理发展中起了重要作用的天体已经存在于文献之中, 只是那个时代的天文学家没有太多关注它们罢了.

第二部分 宇宙的大尺度结构 (1900~1939)

23.4 银河系的结构

19 世纪中叶, 像 Emanuel Swedenborg、Thomas Wright、Immanuel Kant 和 Jean Lambert 等哲学家已经猜想到, 恒星可以划分为若干个**岛宇宙**, 银河系就是从里面看的一个例子. 这些想法缺乏物理基础, 因而没有受到天文学家的认真看待. 然而到 19 世纪末, William Herschel 进行了确定银河系结构的首次尝试. 他计数不同方向的恒星, 并假设所有恒星都具有相同的内禀光度, 从而得出了他的著名图景, 即银河系由一个直径约为厚度 5 倍的扁平星盘构成[90]. 这种分析的根本问题在于, 他没有测定天文学距离的满意方法.

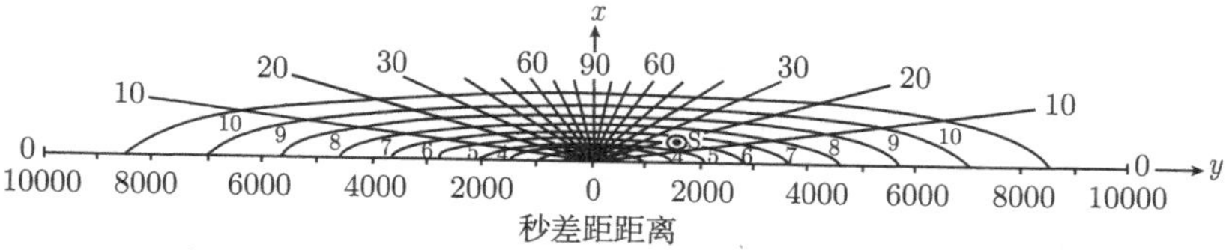

图 23.5 Kapteyn[93] 的银河系恒星分布模型. 该图显示了恒星在与银道面垂直的一个平面中的分布. 曲线为恒星等数密度线, 是等对数间隔的. 太阳 (记号 S) 稍稍偏离系统的中心

为了测定银河系中恒星系统的尺度和结构, Jacobus Kapteyn[91] 于 1906 年制定了一个在 206 个选区中进行恒星深度计数和自行测定的计划. 在分析恒星计数时就知道了, 在恒星的随机样本中内禀光度范围很大, 所以为了解释计数结果, 必须知道它们在典型空间体积内的光度分布. 这种分布称为恒星的**光度函数**. 到 1920 年, Kapteyn 和 Pieter J van Rhijn[92] 发现, 这种光度函数近似于平均绝对星等

M=7.7、半宽为几个星等的 Gauss 分布. 假设这种光度函数适用于整个银河系的恒星, Kapteyn[93] 发现, 银河系非常扁平, 垂直银道面的尺度为 1500pc(pc 为秒差距 =3.259 光年), 银道面内的尺度约为其 8 倍 (图 23.5).

其间, Harlow Shapley 也在采用不同方法来测定银河系的结构. 在哈佛, Henrietta Leavitt 被赋予了在麦哲伦云中寻找变星的任务. 研究麦哲伦云这类系统的优点是, 尽管它们的距离可能未知, 但可以有把握地假设其所有成员处于相同的距离, 从而能够得到恒星的**相对**光度. 在 Leavitt 于麦哲伦云内发现的 1777 个变星中有若干造父变星, 它们具有不同周期的光变曲线. 在她 1912 年的论文[94] 中, 报道了 25 颗造父变星的周期和视星等并首次展示了周期–光度关系 (图 23.6).

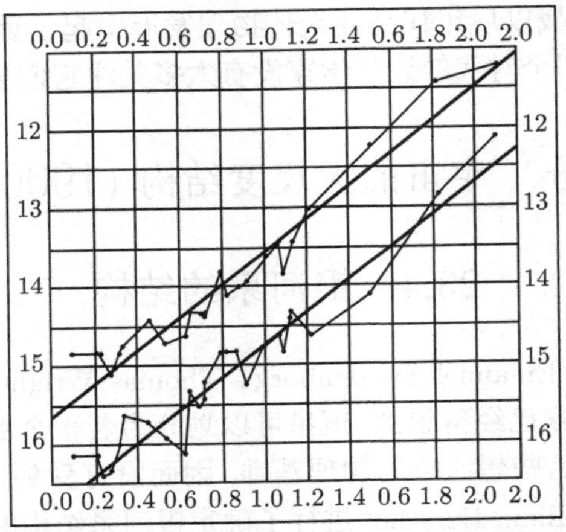

图 23.6 Leavitt[94] 在小麦哲伦云中发现的 25 个造父变星的周期–光度关系. 横坐标是以天为单位的造父变星周期的对数, 纵坐标是恒星的视星等. 上面的线是对造父变星的光度极大值得到的, 下面的线是相应于其光度极小值

这一发现提供了测定天文学距离的一种有力方法, 因为造父变星是内禀亮的恒星, 而且它们独特的光变曲线能够在遥远的系统中证认出来. 一旦周期–光度关系在近处得到标定, 绝对亮度就能从造父变星的周期求得, 从而其距离能够从它的视星等加以估计. 这种程序是 1913 年由 Hertzprung[95] 首先执行的, 他得出小麦哲伦云的距离为 30 000 光年, 是那时测得的任何天体的最大的距离, 但比今天的最佳估计小 5 倍.

到 1918 年, Shapley 认识到球状星团系统提供了一种测量银河系大尺度结构的方法. 球状星团一般被分类为 “星云”, 但它们可以清楚地分解为恒星. 与银河系大多数成员不同, 它们延伸到高银纬. 造父变星在球状星团中证认了出来, 这种方法求得的距离与球状星团中发现的巨星和其他特殊恒星的观测完全一致. 球状星团系统的尺度非常大, 此外它并不以太阳系为中心, 相反, 发现多数星团集中在以人马座为中心的方向上. Shapley[96] 绘制了球状星团的距离, 发现太阳系处于球状星

团系统的边缘 (图 23.7), 他估计到银心的距离为 50 000 光年, 由于那时还不知道星际消光的作用, 这个距离是高估了. Shapley 的银河系图景与 Kapteyn 的日心宇宙大相径庭, Shapley 争辩说, Kapteyn 的研究只是针对银河系的近邻部分.

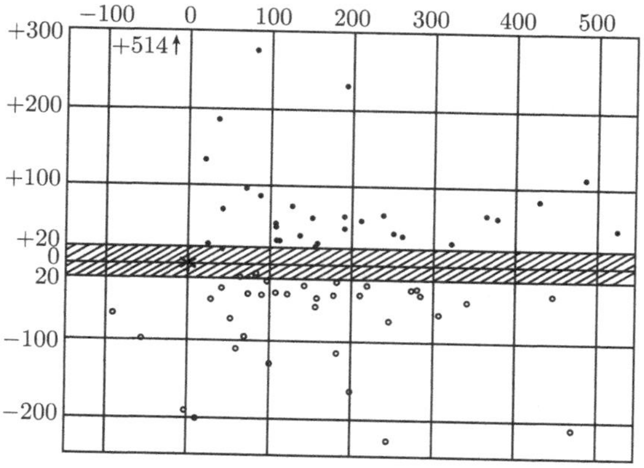

图 23.7 根据 Shapley[96] 距离测量绘制的银河系中球状星团的分布. 坐标是以千光年为单位测量的距离. 沿银心方向为横坐标, 垂直于银道面方向为纵坐标. 太阳并不位于系统的中心

23.5 大 辩 论

这些不同的研究路线引起了一场著名的**大辩论**[97]. 有两个不同的问题有待解决, 第一个是关于银河系的尺度和结构, 第二个是关于旋涡星云的本质. 第一个问题集中于 Shapley 的银河系模型同 Kapteyn 的日心模型之间的反差, 前者的尺度为 30 0000 光年且太阳处于系统的边上, 而后者中银河系的尺度只有 30 000 光年.

第二个问题的争议集中于旋涡星云是“岛宇宙”还是我们自己银河系的成员. 系统地为星云编表开始于 William Herschel, 而由他的儿子 John Herschel 继续, 后者于 1864 年发表了包含 5079 个天体的《星云总表》[98], 其中除 449 个以外全为 Herschel 父子发现. 这个星表提供了 1888 年由 JLE Dreyer[99] 刊布的《星云星团新总表》(NGC) 的很大部分天体. Dreyer 为 NGC 制作了两个补编, 称为《星云星团新总表续编》(IC)[100]. 这些星表共含约 15 000 个星云状天体. 为亮星云编表的过程于 1908 年完成, 但主要因为它们的距离未知, 其本质仍然是个谜. William Huggins 和 William Miller[101] 从他们先驱性的分光观测令人信服地证明, 某些星云是炽热气体云, 因为它们的光谱存在强发射线, 但对另一些“白色星云”的本质却并不了解.

1917 年, George W Ritchey[102] 在旋涡星云 NGC6496 中偶然发现了一颗超新星. 这导致遍查大天文台的存档底片来寻找旋涡星云中更多超新星的例子. Heber D Curtis 和 Shapley[103] 宣布发现了几颗其他的新星, 这样到 1917 年年底, 就已知有 11 颗超新星出现在 7 个旋涡星云中, 其中有 4 颗出现在仙女座大星云中. Curtis 注意到, 在光度极大时, 银河系中新星典型的视星等约为 5.5, 而旋涡星云中的新星则暗了 10 等左右. 所以, 如果它们是同样类型的天体, 那么旋涡星云中的新星就必定要比它们银河系的对应者远 100 倍 (中译者注：远 10 倍就暗 100 倍 = 暗 5 个星等, 所以远 100 倍就暗 1 万倍 = 暗 10 个星等). Shapley 得出了同样的结论, 他估计仙女座大星云的距离为近邻新星的 50 倍, 也就是说大约远到 100 万光年.

然而有两个大问题. 第一个问题是, 1885 年在仙女座大星云中观测到的一颗新星要比一直用来作距离估计的新星亮 6 等. 如果仙女座大星云真的在 100 万光年距离处, 那么 1885 年的新星就会比典型的近邻新星亮 100 倍. 如果 1885 年新星被看作是一颗典型的新星, 则星云的距离就要小 10 倍. 第二个问题是, Adriaan van Maanen[104] 宣称测出了亮旋涡星云 M31 和 M33 旋臂的自行, 如果其距离为 100 万光年, 就意味着它们的速度会接近光速.

这就是 1920 年 4 月 20 日在华盛顿国家科学院举行的 Shapley 和 Curtis 之间大辩论[105] 的背景. Shapley 认为 "宇宙的尺度" 就意味着球状星团系统的大小, 他已发现这个尺度约为 10 万光年. 他接受 van Maanen 对旋涡星云旋臂自行的观测, 并假设它们是银河系周围延伸晕的组成部分. 他也指出, 旋涡星云的面亮度比太阳附近银道面的面亮度高得多, 所以没有证据表明旋涡星云是和银河系同类的天体. 还有一个问题是, 如果采纳 Shapley 的大银河系尺度, 那么即使取仙女座大星云距离大到 100 万光年, 我们的银河系也会比典型的旋涡星云大得多, 所以仍然在宇宙中处于独一无二的地位.

Curtis 为从 Kapteyn 的统计研究和 "岛宇宙" 图景推出的较小距离辩护, 做出了后来证实为正确的推论, 即 van Maanen 报道的星云旋臂的运动是错误的, 他过于偏重用新星作为距离标志物.

最严重的问题是对星际消光的忽略, 这以不同方式影响了 Shapley 和 Kapteyn 的分析. 银道面内星际尘埃的吸收和散射, 也是银河里观测不到旋涡星云的原因. 银河系的中心区事实上具有同旋涡星云非常相似的面亮度, 但星际消光防碍我们在光学波段直接观测这些区域.

两种图景之间矛盾的根源逐渐得到了理解. 1917~1919 年, 瑞典天文学家 Knut Lundmark[106] 在仙女座大星云中发现了 22 颗新星, 如果假设它们同银河新星相似, 就会得到 65 万光年的距离. Lundmark 把新星区分为两类, 那些用来做距离测量的属于 "下等", 而像 1885 年那样的新星属于 "上等", 后者被 Baade 和 Zwicky[83] 证认为 "超新星". 1921 年, Lundmark 对 M33 的旋臂及其某些最亮的恒星做了仔细的分光研究. 他在 1921 年写道[107]：

> 某些天体 (旋臂内) 具有星云光谱, 但属于这个旋涡星云的大多数天体显示出没有亮线的强连续谱 …… 根据光谱证据看来有可能, 旋涡星云

是由普通恒星、星团和某些云状 (即气体) 物质构成的.

1925 年 Edwin P Hubble[108] 提供了旋涡星云河外本质的决定性证明. 他在 M33 中发现了 22 颗、在 M31 中发现了 12 颗造父变星, 它们展示出同麦哲伦云中发现的造父变星完全相同的周期–光度关系. 因此他能够很好地估计出 M31 和 M33 的距离为 285 000 光年, 远大于 Shapley 对银河系尺度的最高估计.

旋涡星系的河外本质确立以后, Hubble 立即开始用它们作为理解宇宙大尺度结构的工具. 他完全了解, 现在已经有了通过天文观测来研究宇宙学问题的手段. 第二年, 即 1926 年, Hubble[109] 发表了对星系的一项重要研究, 开始建立他著名的分类体系, 将星系分为椭圆星系、正常旋涡星系、棒旋星系和不规则星系等主要类型. 他用 "音叉" 图[110] 的形式来表现他的分类体系 (图 23.8), 并将其解释为一种演化序列, 在其中星系从该图左边的球状椭圆星系通过旋涡星系的序列演化. 这种猜测现已证明是完全不正确的, 但 "早型" 和 "晚型" 星系的术语仍然在使用.

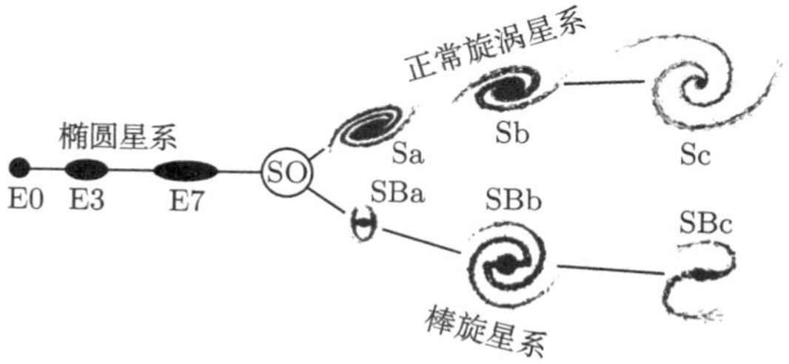

图 23.8 显示星云类型序列的 Hubble"音叉" 图

按照 Hubble 对出现于《星云王国》[110] 一书中的该图的说明: "该图是分类序列的示意图. 在两个旋涡序列之间可以找到少数混合型星云. 过渡型的 S0 多少是一种假想. E7 和 SBa 之间的过渡是平滑而连续的. E7 和 Sa 之间没有明确可认的星云. "S0 星系是后来在近邻星系的照相巡天中认出的, 可以认为是一种具有中心核球但无旋臂的盘星系.

对宇宙学更为重要的是他认识到, 亮于给定视星等的星系计数提供了宇宙中星系分布均匀性的一种检验. 如果星系在空间均匀地分布, 亮于极限视星等 m 的数目 N 预期应为 $\log N = 0.6m+$(常数). Hubble 的星系计数延伸到视星等 16.7, 随视星等增加而增加的情况完全如均匀分布所预期.

接着, Hubble 求得了星系的典型质量, 从而求出了宇宙的平均质量密度. 他得到的值是 $\rho = 1.5\times10^{-28}\text{kg/m}^3$. 采取 Einstein 的静态宇宙模型[109], 他得到球几何的曲率半径是 27000Mpc, 闭合宇宙中的星系数为 3.5×10^{15}. 在其论文的最后一段, 他说 100in 望远镜能够观测典型星系到宇宙半径的 1/600, 而像 M31 这样的亮星系则可到这个距离的几倍. 他结尾的评论是:

……随着底片速度和望远镜口径的合理增加, 观测 Einstein 宇宙堪称重要的部分也许会变得可能.

这样, 在 1926 年, 相对论宇宙学的思想已首次应用于星系构成的宇宙. John Ellery Hale 在 1928 年开始筹集基金建造帕洛马 200in 望远镜就毫不奇怪了, 因为研究遥远星系的宇宙需要建造尽可能最大的望远镜. 由于美国具有私人赞助观测天体物理学 (美国在其中占决定性领先地位) 的传统, Hale 在该年底之前从洛克菲勒基金会成功获得了 600 万美元的资助.

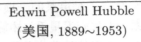

Edwin Powell Hubble

(美国, 1889~1953)

Hubble 对天文学的兴趣是在芝加哥大学同 George Ellery Hale 一起研究时激起的, 但因获得 Rhodes 奖学金, 他于 1910~1912 年在牛津研习法律. 他在那里赢得了体育方面的盛名, 并同法国重量级拳击冠军 Georges Charpentier 在一场表演赛中交过手. 回到美国后他放弃了法律方面的职位, 受聘为叶凯士天文台助理天文学家. 他作为观测手的杰出技能让 Hale 在威尔逊山天文台为他安排了一个位置, 但一直推迟到 1919 年随美国占领军从德国返回后才上任.

他作为一个观测天文学家的技巧使其能够在仙女座大星云中证认出造父变星, 1925 年, 这使他得以测定其距离. 这些观测是旋涡星云河外本质的决定性证明. 1926 年, 他发表了所有已知类型星系性质的第一个重要调查, 包括宇宙平均质量密度的估计, 并把该值同 Einstein 静态宇宙的特征联系起来. 1929 年, 他发现了距银河系 2Mpc 内星系的速度–距离关系. 这些结果和他后来的成就被辉煌地总结在他 1936 年的著作《星云的王国》之中.

第二次世界大战期间, Hubble 是马里兰州阿伯丁试验场的首席弹道学家和超音速风洞主任. 战后他主要致力于帕洛马 200in 望远镜建设, 并成为 1949 年使用它的第一人. 作为河外天文学和观测宇宙学之父, 他的研究把精妙的观测同物理的直觉结合起来, 这种物理直觉使他能选择自己的观测, 并抓住它们提供的机会.

23.6 相对论宇宙学的发展

23.6.1 Einstein 时代以前的物理宇宙学[111]

Isaac Newton 完全了解, 引力平方反比定律的独特形式对宇宙中物质的大尺度分布具有重要后果. Newton 和 Richard Bentley 之间的一系列通信讨论了宇宙学问题[112], 并涉及均匀充满恒星的宇宙的稳定性. 引力的吸引本性意味着物质趋向于落到一起, Newton 对这个问题是有充分认识的. 他的解答是假设恒星的分布在空间无限延伸, 使处于均匀分布中的任何恒星受到的净引力吸引为零. 问题 (Newton 完全理解) 在于, 这个模型是不稳定的. 如果任何恒星受到扰动稍稍离开这个平衡位置, 引力的吸引就会使该星朝那个方向继续下落. Newton 不得不假设宇宙一直处于理想的平衡态, 这就留下了一个未解决的问题.

18 世纪晚些时候, 一些数学家认识到 Euclid 第 5 公设 (即平行线公理) 对于构建自洽的几何可能并不重要, 他们开始认真看待非 Euclid 空间. 在 1829 年的《论几何学的原理》中, Nicolai Ivanovich Lobachevsky[113] 终于解决了非 Euclid 几何的存在问题, 并证明 Euclid 第 5 公设不能从其他公设推出. 非 Euclid 几何被 Gauss, Lobachevsky 和 Bolyai 的工作置于坚实的理论基础之上. Bernhard Riemann[114] 描述了将他们的工作推广到具有可变曲率 n 维空间的情形, 这被证明对于建立广义相对论具有根本的重要性. 有几位作者试图测量空间的曲率, 如 Karl Schwarzschild[115] 在 1900 年求得其几何曲率半径的下限是 2500 光年. 在 Einstein 建立广义相对论之前, 考虑空间几何和引力在确定宇宙大尺度结构中的作用还是不同的问题. 在 1915 年之后, 它们就不再能够分开了.

23.6.2 广义相对论和 Einstein 的宇宙

发现广义相对论[116] 的历史在本书其他地方 (第 4 章) 进行了回顾. 也许该理论最惊人的结果是如下事实, 由于大质量物体附近时空的弯曲, 可以预期行星轨道的进动. 1859 年 Le Verrier[117] 发现, 在计及行星的影响之后, 在水星近日点的进动中仍然留有一个未能说明的成分, 每百年总计约 40″. Einstein 在 1915 年证明, 按广义相对论预期的进动每百年总计 43″, 这个值同目前对进动的最佳估计完美符合.**【又见 4.3 节】**

该理论也预言大质量物体附近时空的曲率会引起光线偏折. 对于太阳, 正好掠过太阳边缘的恒星光线预期偏折总计 1.75″; 而按照 "Newton" 理论, 偏折总计只有这个值的一半. Einstein 的预言激励了 1919 年 Eddington 和 Crommelin[118] 领导的著名日食考察远征队, 一队去巴西北部的索布纳尔, 一队去西非海岸外的普林西比岛. 结果同 Einstein 的预言符合. 索布纳尔的结果是 (1.98±0.12)″, 普林西比的结果是 (1.61±0.3)″. 由于这些观测的技术困难, 精确的偏折值仍然存有争议, 直到 20 世纪 70 年代射电干涉技术发展之后才停息.

该理论还预期, 源于大质量致密天体附近的光会产生引力红移. 正如 23.3.5 节已经描述过的那样, 1925 年 Adams 对白矮星天狼 B 光谱的仔细观测显示了预期的引力红移[72].

1916 年, 即广义相对论提出后第二年, de Sitter 和 Ehrenfest[119] 在通信中建议, 一个球形 4 维时空可以去除无穷远处的边界条件, 而这问题曾是对 Newton 宇宙模型提出的. 1917 年, Einstein[120] 发表了他著名的论文似乎就是要解决 Newton 模型中这类固有问题.

Einstein 认识到, 在广义相对论中, 他有了一个能够构建宇宙整体模型的理论. 他认真对待这个问题的理由, 是想把他所谓的 **Mach 原理**纳入广义相对论的结构. 说到 Mach 原理, 它是指局部惯性系应当决定于宇宙中物质的大尺度分布. 为建构合适的模型有两个障碍, 第一个 (Newton 也清楚的) 障碍是, 静态的 Newton 模型是不稳定的, 意即局部区域会在引力作用下坍缩; 第二个问题涉及无穷远处的边界条件. Einstein 建议在场方程中引入一个附加项, 即著名的**宇宙学常数**λ 来一举解决所有这些问题. 用 Newton 的术语, 宇宙学常数相应于作用在距离 $\boldsymbol{r}$ 处的一个检验粒子上的斥力, $\boldsymbol{f} = 1/3\lambda \boldsymbol{r}$. 注意, 与引力不同, 这个力与物质的密度无关. 正如 Zeldovich[121] 所说, 这个项对应于 "真空的排斥效应". 该项在太阳系尺度上可以忽略, 只有在宇宙的最大尺度上才可觉察[122].

Einstein 的做法等效于在引力场的 Poisson 方程中加上 $+\lambda$ 项, 使之变为 $\nabla\cdot\boldsymbol{f} = 4\pi G\rho + \lambda$. 如果 $\lambda = -4\pi G\rho_0$, 式中 ρ_0 是静态宇宙的密度, 现在就有一个恒定引力势 ϕ 的静态解, $\boldsymbol{f} = -\nabla\phi = 0$. 从 Einstein 场方程可以推知, 宇宙几何是闭合的, 几何截面的曲率半径是 $\mathcal{R} = c/(4\pi G\rho_0)^{1/2}$. 这个解去掉了无穷远处的边界条件问题, 因为几何是有限而闭合的. 球几何的体积是 $V = 2\pi^2\mathcal{R}^3$, 宇宙中星系数也有限. Einstein 也相信他将 Mach 原理纳入了广义相对论. 这个论断的实质是, 在没有物质的情况下场方程的静态解是不存在的. 宇宙学常数在创造一个静态的闭合宇宙模型时是重要的.

这是第一个完全自洽的宇宙模型, 但其实现付出了引入宇宙学常数的代价, 它在 1917 年的引入成了宇宙学者的眼中钉肉中刺. Einstein 对此也感到有些不舒服, 承认该项 "根据我们对引力的实际知识并不合理", 而仅仅是 "逻辑上自洽". 1919 年 Einstein[123] 认识到, 与宇宙学常数有关的项可以出现在广义相对论的场方程中, 而完全同其宇宙学意义无关. 在场方程的解中, λ 项作为一个积分常数出现, 在标准广义相对论中通常令其为零.

宇宙学者对 λ 项有不同的观点. de Sitter[124] 的观点同 Einstein 类似, 他在 1919 年写道该项

> *去掉了 Einstein 原来理论的对称和漂亮, 其主要的诱惑力之一是, 无须引入任何新假设或经验常数就可以解释如此之多的东西.*

其他人把它看作广义相对论发展过程中出现的一个常数, 其价值应当由天文观测来决定. 该项的引入产生了许多相当特殊的观测天文现象, 但尚无令人信服的正面证据表明其中任何一种已经观测到了[122]. (20 世纪最后 10 年里, 包括超新星、微波背景辐射以及星系分布大尺度结构等新的天文观测显示, 与λ 项相关的暗能量

约占宇宙总能量的 70%. 见作者的新著 M.Longair,The Cosmic Century–A History of Astrophysics and Cosmologe,Canbridge University Press, 2006.—— 译者注)

23.6.3 de Sitter,Friedman 和 Lemaître

在 Einstein 发表其宇宙学论文的同一年, Willem de Sitter[125] 证明, Einstein 的目标之一并没有达到. 他求得了 Einstein 场方程在没有物质情况下 ($p = \rho = 0$) 的解. 尽管宇宙中不存在物质, 检验粒子仍然有十分确定的测地线可沿其运动. de Sitter 问道:“既然除检验物体之外没有物质, 那惯性何来?” 在那个时代, 生命攸关的原则性争议是惯性的起源和 Mach 原理, 而不是什么想法是否可与天文观测相关.

1922 年, Lanczos[126] 证明, de Sitter 解可改写为这样一种形式的度规: 检验粒子在其中以指数增加的速率彼此分离. 几乎与此同时, Alexander Alexandrovich Friedmann[127] 发表了讨论静态和膨胀宇宙模型的两篇经典论文中的第一篇. 这项工作是苏联刚建立的 1922~1924 年在列宁格勒进行的. 在 1922 年的第一篇论文中, Friedmann 求得了具有封闭空间几何的膨胀宇宙模型解, 其中包括那些膨胀到最大半径而最终坍缩回奇点的解. 在 1924 年的第二篇论文中他证明, 存在着没有边界且有双曲线几何的膨胀解. 这些解严格与广义相对论的标准宇宙模型相对应, 并恰当地被称为 **Friedmann 宇宙模型**.

1925 年 Friedmann 在自己的工作的根本重要性还没有得到承认之前就在列宁格勒因伤寒病而去世. Friedmann 的工作在早年被忽略是有点儿令人吃惊的, 因为 Einstein[128] 对他两篇论文中的第一篇作过批评, 而在 1923 年又承认批评得不对. 直到 1927 年 Georges Lemaître 独立求得了同样的解, Friedmann 的贡献才为人知晓, 这些论文的先驱性才得到承认. Lemaître[129] 当时正在寻找完全显式的解, 这些解既要没有困扰 Einstein 静态闭合宇宙的问题, 又要没有困扰 de Sitter 开放膨胀空宇宙的问题.

相对论宇宙学先驱者面临的问题之一是解释他们用于计算的空间和时间坐标. de Sitter 解可写成表观静态的形式, 也可写成指数膨胀的解. de Sitter 从度规证明, 他的模型必定存在距离–红移关系, 但不清楚这是否与可观测宇宙相关. 1929 年 Hubble 星系速度–距离关系的著名发现对此问题做了响亮的肯定回答, 由此开创了天体物理宇宙学的新时代.

23.6.4 星云的退行

1917 年, Vesto M Slipher[130] 发表了一篇描述用洛威尔天文台 24in 望远镜所做的 25 个星系的艰苦卓绝的分光观测的论文. 为了保证获得这些光谱, 采用的曝光时间长达 20h、40h, 甚至 80h. 他发现, 从吸收线 Doppler 位移推出的典型星系速度约 570km/s, 远远超过了银河系中任何已知天体的速度. 而且大多数速度相应于这些星系在离开太阳系运动, 也就是说, 吸收线是向较长 (红) 的波长位移, 所以这个现象后来称为星系的**红移**. 他在论文中写道:

> 这可能提示旋涡星云正在散开, 但它们在天空的分布并不与此相符, 因为它们倾向于成团.

1921 年,Carl Wilhelm Wirtz[131] 寻求旋涡星云的速度和其他观测性质之间的关系, 当以适当方式对数据求平均值以后得到如下结论:

> …… 可以见到速度对于视星等的一种近似的线性依赖. 这种依赖的意思是, 近邻星云倾向于趋近银河系, 而遥远者倾向于离开 …… 星等依赖表明, 离我们最近的旋涡星云比远者有较低的向外速度.

1929 年, Hubble[132] 汇总已经测定了速度的 24 个星系的距离估计值, 全都在距离银河系 2Mpc 以内. Hubble 著名的速度–距离关系 [图 23.9(a)] 就是从这些贫乏的数据中导出的. 具有讽刺意味的是, Hubble 论文的主要目的并不是要导出速度–距离关系, 而是想利用星系的速度来导出地球上的局域静止标准相对于河外星云的速度.

事后令聪明者惊讶的是, 他从这样一个近邻星系样本中得出了红移–距离关系, 但更多的证据甚至在那时就已经有了. 他在该论文中提到, Milton Humason 已经测定一个星系团中最亮星系 NGC7619 的速度为 3910km/s. 如果速度–距离关系正确, 这个星系的绝对星等就会和近邻星系团中最亮的星系同级.

虽然他没有在论文中写下著名的关系 $v = H_0 r$, 但他还是提到: "这个速度–距离关系可能代表 de Sitter 效应." de Sitter 虽已证明可能有随距离增加的谱线红移, 但该效应源于星系系统的膨胀在那个时代还非共识.

Hubble 在耶鲁大学 1935 年举行的 Silliman 讲座中讲述了后来的故事, 并作为享有盛名的专著《星云的王国》[110] 于第二年发表. 把星系视向速度的测量拓展到更远距离的任务, 是 Humason 用威尔逊山的 100in Hooker 望远镜进行的. 到 1935 年, 他已经测定了差不多 150 个星系的速度, 直到推算的距离比室女座星系团远 35 倍的地方, 视向速度达到 42000km/s, 约为光速的七分之一. 尽管距离不能直接求得, Hubble 和 Humason[133] 认识到, 星系团中星系的光度函数极为相似, 所以他们用第五亮的成员作为星系团相对距离的量度. 如果星系遵从距离–速度关系 $v \propto r$, 预期得到的红移–视星等关系就遵从关系 $\log v = 0.2m+$ 常数. 这些艰苦的观测计划的惊人结果显示在图 23.9(b) 中, 同线性的速度–距离关系完美地符合.

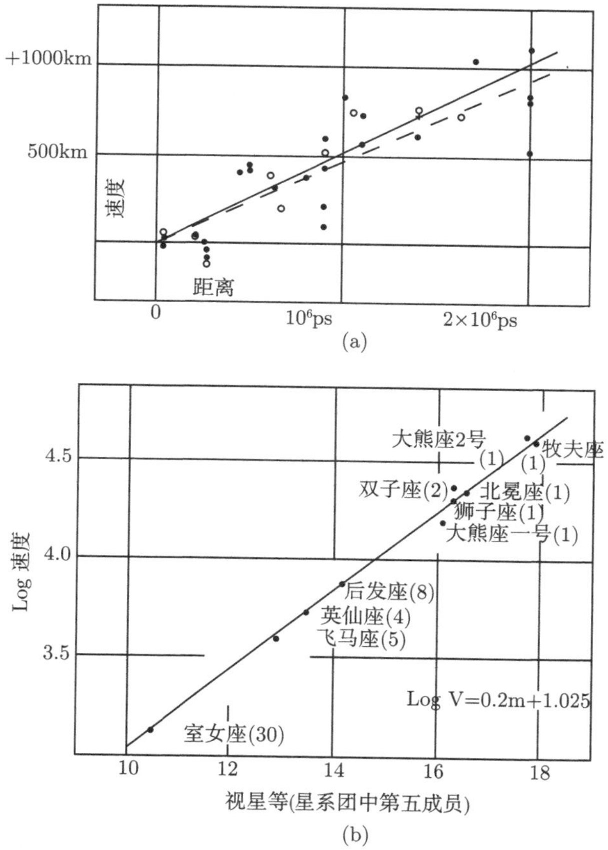

图 23.9 (a) Hubble 近邻星系速度–距离关系的初版[132]. 实心圈和实线代表用单个星云相对于太阳的运动的解; 空圈和短划线代表将星云合并成星系群的解; (b) 经银河系遮掩修正[137] 后星系团中亮度为第五的成员的速度–视星等关系. 每个团的速度是在团中观测到的各个别星系速度的平均值, 数目由括号内的数字标示

在 Hubble 的专著中, 他继续描述了用 100in 望远镜进行的暗星系计数, 将视星等延伸到了 21, 即用 100in 望远镜能达到的最暗极限. 计数直到 18 等还有预期的斜率 $\log N(\leqslant m) = 0.6m+$ 常数, 但在更暗的星等处却开始收敛 (图 23.10). Hubble 正确地得出结论说, 计数延伸到这样暗的星等, 因而这样大的距离就必须考虑红移对计数的影响了. 他还正确地得出结论: 在 100in 望远镜能够观测到的星系范围内, 这个计数是宇宙整体均匀的证据. 在最后一段, 他猜测计数的收敛可能同空间的曲率有关. 他关于宇宙必须有正曲率的结论并不正确, 但这可以归因于如下事实, 即人们还来不及为星系可观测和内禀性质之间的关系建立起正确的相对论公式.

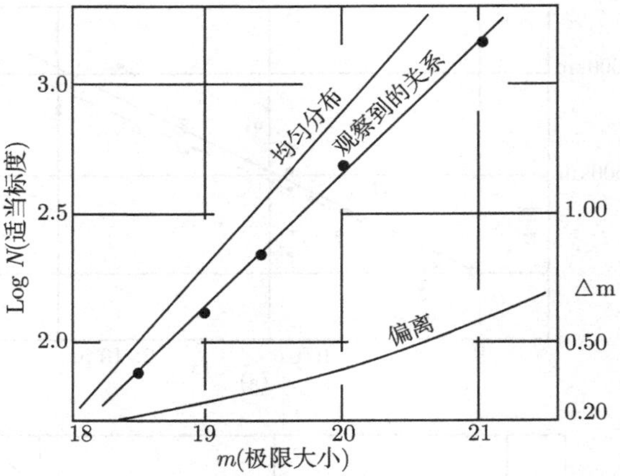

图 23.10　Hubble 于 1936 年发表的暗星系计数[110]

标有 “均匀分布” 的线代表关系 $\log N(\leqslant m) = 0.6m +$ 常数. 点子代表观测计数并显示了最佳拟合线. 图的下部是均匀计数和观测值之间的星等差, Hubble 将它解释为红移的效应

23.6.5　Robertson-Walker 度规

星系速度–距离关系的发现极大地激励了对 Friedmann 模型的研究. 其中最重要的是将宇宙模型的构建置于坚实理论基础之上的努力. 因为场方程可以在任意参考系中建立, 广义相对论宇宙模型中所用的时间和空间概念仍留有一些含混. 狭义相对论的原理意味着, 位于彼此相对运动星系上的观测者就他们时钟的同步会产生分歧. 到 1935 年, 这个问题被 Robertson 和 Walker[134] 独立解决了.

1932 年, Hermann Weyl[135] 提出了人们现在所称的 **Weyl 假设**. 为了去掉坐标系选择中存在的任意性, Weyl 引入了如下概念, 按照 Bondi[136] 的引述是:

> 基础的粒子 (代表星云) 处于时空中从 (有限或无限) 过去的一个点发散开的测地线丛上.

这一论断最重要的方面是假设, 除了在一个过去的奇点, 代表星系世界线的测地线绝不相交. “基础” 这个术语 Bondi 是指一种想象的介质, 可以看作是确定星系系统整体动力学的流体. Weyl 假设的推论是, 除原点外, 时空中每一点只有一条测地线通过. 一旦采纳这个假设, 就有可能给每条世界线指定一个抽象的观测者, 称之为**基本观测者**, 他们的时钟测量从过去奇点开始的**宇宙时**. 在能够导出标准模型的框架之前, 还有一个假设是重要的. 这就是所谓的**宇宙学原理**, 它宣称我们银河系在宇宙中并不处于优越或特殊的地位. 其含义是, 我们银河系位于宇宙中的一个典型点, 任何基本观测者在相同宇宙时刻会观测到相同的宇宙大尺度特征. 一个要求是, 所有观测者在相同宇宙时刻应当观测到相同的速度–距离关系. 第二个要求是, 在足够大的尺度上看, 宇宙的面貌应当在所有方向相同, 而且平均说来物质应当是均匀分布的. Hubble 星系计数的重要性在于显示了星系宇宙的确看来是均匀的, 因为它们准确地遵从关系 $\log N(\leqslant m)=0.6m+$ 常数.

把这些概念放到一起, Robertson 和 Walker[134] 独立地证明, 对于任何各向同性膨胀的基础介质, 度规必有形式

$$\mathrm{d}s^2=\mathrm{d}t^2-\frac{R^2(t)}{c^2}\left(\frac{\mathrm{d}r^2}{(1+Kr^2)}+r^2\left(\mathrm{d}\theta^2+\sin^2\theta\mathrm{d}\phi^2\right)\right)$$

式中, $K=\mathcal{R}^{-2}$ 为目前时代空间的曲率; r 为共动径向距离坐标; $R(t)$ 为描述任何两条世界线之间的距离如何随宇宙时 t 变化的标度因子, 在目前时代标准化为 1. 这个度规称为 **Robertson-Walker 度规**. 它包含了与均匀各向同性假设一致的所有容许的各向同性几何, 这些几何由曲率 $K=\mathcal{R}^{-2}$ 描述, 而 $\mathcal{R}$ 是各向同性弯曲空间的空间截面的曲率半径. 应当说明, 该度规的形式与宇宙动力学能由广义相对论描述的假设无关. 膨胀的物理已被吸收进标度因子 $R(t)$ 中. 一旦导出了各向同性膨胀时空的这个度规, 用它来导出天体的内禀性质和观测性质之间的关系就是相当直截了当的任务了.

23.6.6 Milne-MaCrea 和 Einstein-de Sitter

对标度因子 $R(t)$ 迄今最重要的解, 是广义相对论 (包括带宇宙学常数者) 的解. 场方程不存在简单的普适闭合解, 它们曾是大量研究的主题. 这个时期最重要的贡献之一是 1934 年由 Milne 和 McCrea[137] 作出的. 他们证明, 尽管 Newton 力学不能提供完全自洽的宇宙学, 但从 Newton 物理学的简单观念却能洞察宇宙模型的物理内容. 重要之点是, 均匀各向同性的要求对模型的特性是十分强的约束. 在他们论证的最简单形式中, 可以假设银河系处于一个均匀膨胀球的中心. Milne 和 McCrea 证明, 如何可能导出与完全理论所得标度因子 $R(t)$ 形式严格相同的公式. Milne 和 McCrea 的这些结果相当重要, 因为他们证明, 尽管 Newton 模型中存在边界条件的问题, 它还是可以成功地用于宇宙的大尺度结构, 特别是小于空间几何曲率半径的尺度, 这种情形使用 Newton 论证是完全适当的.

到 20 世纪 30 年代, Einstein 对在场方程中引入宇宙学常数感到后悔了. 按照 George Gamow[138] 的说法, Einstein 曾说过, 引入宇宙学常数是 "我一生中最大的失误". 1932 年, Einstein 和 de Sitter[139] 证明膨胀宇宙场方程的一个特别简单的解同观测结果似乎符合得很好. 他们指出, 在宇宙学常数为零和空间曲率为零 (后者即 $\mathcal{R}\to\infty$, 相应于 Euclide 空间截面) 时, 场方程有一个特解, 这就是常称为 **Einstein-de Sitter 模型**的著名模型. 它有特别简单的动力学, $R(t)=(t/t_0)^{2/3}$ 式中 $t_0=(2/3)H_0^{-1}$, H_0 是 Hubble 常数, 即速度–距离关系中的比例常数. 这个模型在当前时刻具有平均密度 $\rho_0=3H_0^2/8\pi G$. 这个密度通常称为**临界密度**, 而 Einstein-de Sitter 模型称为**临界模型**, 因为它分开了具有开放双曲几何的永远膨

胀模型同具有闭合球形几何终将坍缩回奇点的模型 (图 23.11). 当 Einstein 和 de Sitter 将来自 Hubble 观测的 Hubble 常数值 $H_0 = 500$ km/(s·Mpc) 代入 ρ_0 的表达式时, 他们得到宇宙密度的值为 4×10^{-25}kg/m^3. 虽然认识到这个值比 Hubble 得出的值稍大, 他们仍然论证说, 这个密度在数量级上是正确的, 无论如何, 宇宙中很可能存在大量现称为 "暗物质" 的东西.

宇宙中存在暗物质的证据不久就出现了. 1937 年, 在威尔逊山天文台工作的著名瑞士天文学家 Fritz Zwicky[140] 对富星系团, 特别是北天最大规则星系团之一的后发团进行了首批研究. Zwicky 用来估计星系团总质量的方法是 1916 年 Eddington 为了估计星团质量而导出的. 用类似气体理论中的方法, Eddington[141] 推出了**位力定理**, 该定理将团中恒星或星系的总和内动能 T 同总和引力势能 $|U|$ 关联起来, 条件是该系统在引力作用下处于统计平衡. 动能可以写为 $T = (1/2)M\langle v^2\rangle$, 式中 $\langle v^2\rangle$ 是恒星或星系的均方速度, $|U| = GM^2/2R_{\rm cl}$, 式中 $R_{\rm cl}$ 是依赖于团中质量分布的某个适当定义的半径. 对于处在统计平衡下的星团或星系团, Eddington 证明 $T = (1/2)|U|$. 因而如果知道该团处于统计平衡, 就可以从位力定理求出团的总质量, $M \approx 2R_{\rm cl}\langle v^2\rangle/G$.

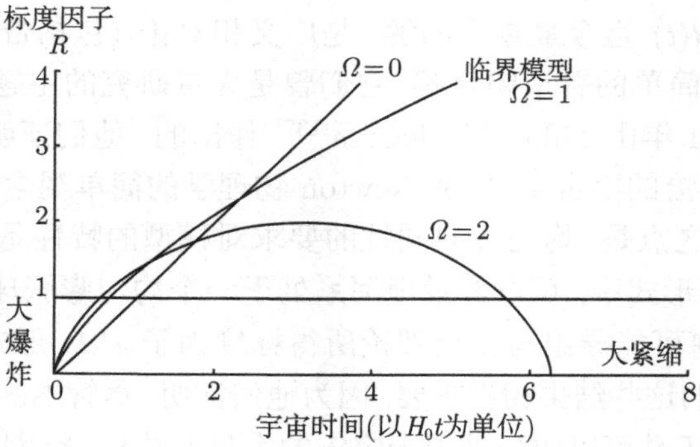

图 23.11 λ=0 的标准 Friedmann 宇宙模型动力学的例子. 标度因子 $R(t)$ 在当前时代已经归于 1. 密度参数 $\Omega = 1$ 的临界模型将 $\Omega > 1$ 的再坍缩模型同 $\Omega \leqslant 1$ 的永远膨胀模型分开

在像后发团这样的富星系团中, 有来自星系径向分布的令人信服的证据表明它们达到了统计平衡, 所以能对其质量作出好的估计. Zwicky 测量了后发团中星系的速度弥散, 在他 1937 年的论文中得出结论: 星系团中拥有比归因于星系可见部分多得多的质量. 以太阳单位计, 在一个像银河系这样的星系中, 质量同光学光度之比约为 3, 而对于后发团得到这个比值为 500. 换言之, 该团中必定有比可见物质约多 100 倍的暗物质或隐匿物质. Zwicky 的先驱性研究已得到所有后来富星系团研究的证实. 暗物质的本性仍然是宇宙学的一个尚待解决的关键性问题.

23.6.7 Eddington-Lemaître

虽然 Einstein 宣布放弃了宇宙学常数, 但故事却远未结束. 因为令宇宙学常数为零的模型仍然留有一个非常严重的问题. 简单的计算表明, 如果 $\lambda = 0$, 宇宙的年龄必定小于 H_0^{-1}. 用 Hubble 的估计 H_0=500 km/(s·Mpc), 宇宙的年龄必定小于 20 亿年, 这个数字同由长寿放射性同位素丰度比推算出的地球年龄冲突. 地球年龄当前的最佳估计约为 46 亿年.**【又见 26.4 节】**

Eddington 和 Lemaître[142] 立刻认识到, 如果宇宙学常数为正, 这个问题就可以解决. 正宇宙学常数的效应是, 当宇宙长到足够大的尺度时抵消引力的吸引. 在解中存在着对应于 Einstein 静态宇宙的特例, 但不一定在当前时代. 可以设想这样一个模型, 它在过去一个任意长的时期停留在静止的 Einstein 态, 然后在宇宙学项的影响下从那个态开始膨胀. 在这类 **Eddington-Lemaître** 模型中, 宇宙的年龄可以任意长. 正如 Eddington[143] 表述的, 宇宙会有一个 "对数无穷" 可用, 而这就解决了 Hubble 常数的估计同地球年龄之间的矛盾. 图 23.12 中示明了 Eddington-Lemaître 模型及其近亲[144] 的例子.

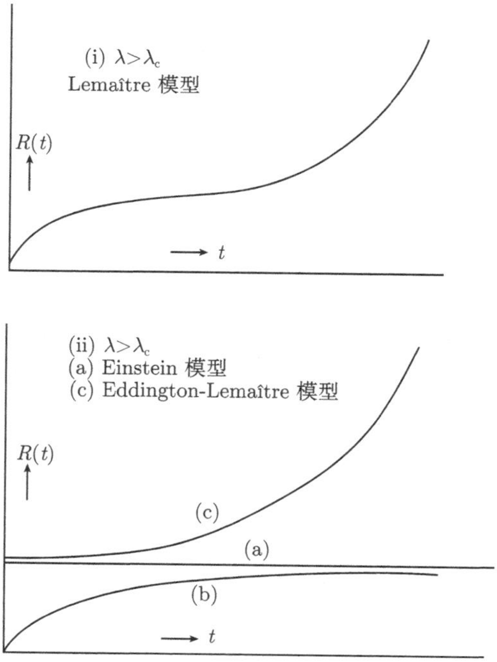

图 23.12 $\lambda \neq 0$ 的宇宙模型动力学的例子[144]. Einstein 静态模型显示所有时间 $R(t)$ 为常数的模型. Eddington-Lemaître 模型显示宇宙从无限远过去的 Einstein 静态宇宙开始膨胀的模型, λ 值稍微不同于静态模型的情况也做了显示

23.6.8 1939 年的宇宙学问题

这样, 到 20 世纪 30 年代末, 所谓的**经典宇宙学**的基本问题就已经被清楚地认明. 宇宙学问题的解依赖于测定那些定义 Friedmann 宇宙模型的参数. 这就是由 200in 望远镜和其后一代 4m 级望远镜进行的宏伟观测计划的目标. 挑战是测定那些刻画宇宙的参数: Hubble 常数 $H_0 = \dot{R}/R$; 减速参数 $q_0 = -\ddot{R}/\dot{R}^2$; 空间曲率 $\kappa = \mathcal{R}_0^{-2}$; 宇宙中的物质平均密度 ρ, 特别是它是否达到临界密度 ρ_0; 宇宙年龄 T_0 和宇宙学常数 λ.

它们并不完全独立. 例如, 对于包括宇宙学常数的模型

$$\kappa = \mathcal{R}_0^{-2} = \frac{(\Omega - 1) + 1/3\left(\lambda/H_0^2\right)}{(c/H_0)^2}, \quad q_0 = \frac{\Omega}{2} - \frac{1}{3}\frac{\lambda}{H_0^2}$$

式中, $\Omega = \rho/\rho_0$ 称为**密度参数**. 如果 $\lambda = 0$, 在宇宙模型的几何以及它们的密度和动力学之间会有一一对应的关系, $q_0 = \Omega/2$ 和 $\kappa = \mathcal{R}_0^{-2} = (\Omega - 1)/(c/H_0)^2$.

后来明白, 测定这些参数乃是整个天文学中最困难的观测挑战, 其进展并不如 20 世纪 30 年代的乐观主义者所希望的那么巨大. 作为补偿, 随着第二次世界大战后天文观测逐渐扩展到整个电磁波谱, 全新的前景展现到了人们面前.

第三部分 电磁谱的开发

23.7 改变天文学的视角

1945 年以前, 天文学就是指光学天文学[145]. 1949 年 200in 望远镜的落成凸显了第二次世界大战刚结束时期美国在观测天体物理学中的主导地位. 像美国多数其他大天文台一样, 200in 望远镜是一台私家望远镜, 几乎全由所属机构 (威尔逊山天文台和华盛顿卡内基研究所) 聘用的天文学家专用. 因此, 在 20 世纪 50 年代初期, 这台用于各类天体物理和宇宙学研究的世界上最重要的望远镜, 是掌握在相当小的一群拥有特权的天文学家手里的.

然而, 天文学的境况是随着解决天体物理学和宇宙学问题的新方法的发展而改变的. 有 4 个理由可以认出 1945 年以来观测和理论天体物理学家境况的重大改变.

(1) 其中最重要的是天文观测可用波段的扩展, 这导致了对我们物理宇宙更为完备的描述和新物理现象的发现, 它们对于基础物理学和天文学都是重要的. 从地球大气以上进行观测的能力扩展到地面不可及的远红外、紫外、X 射线和 γ 射线波段.

(2) 在各波段望远镜、仪器和探测器的设计和建造方面有了惊人的技术发展. 半导体和计算机革命对于观测和理论两方面的进步都是至关重要的.

(3) 天文科学方面的活力大大增加, 至少部分是由于一些物理学家的影响, 他们的研究兴趣和专长引领他们考虑天体物理问题. 通过天体物理和实验室科学之间的共生过程, 天文学从物理学和理论物理学, 最明显是从广义相对论和粒子物理, 也从诸如化学、固体物理、等离子体物理和超导吸收了新工具. 1911 年建立并对所有专业天文学家开放的国际天文联合会[146] 的会员情况也提供了活力增加的一种测度. 1922 年在罗马举行的第 1 次大会只有来自 19 个参加国的 200 多名成员. 到 1938 年, 会员就增加到来自 26 个国家的 550 名. 第二次世界大战结束后不久会员数与此大致相同, 但到 1991 年在布宜诺斯艾利斯举行大会时, 会员数就上升到来自 56 个国家的大约 6700 名.

(4) 天体物理学变成了一门大科学. 为进行前沿研究的望远镜已经变得非常复杂而昂贵, 为了建造和运行它们国际合作往往非常重要. 第二次世界大战以后, 美国在基础研究方面的投入有了大规模增长, 很大程度是受到科研人员在战争时期所做巨大贡献的激励, 和认识到基础研究能够带来的成果对于经济增长和国防需求的巨大潜力. 战争时期的经验也改变了许多最好的研究人员的态度. 引用 Bernard Lovell[147] 的话来说, 他们采用的研究路线

> …… 与从战前环境获得的全然不同. 参与强力运作训练了他们以能够震惊战前大学管理人的方式思维和行动. 所有这些事实在天文学的大规模发展中都是至关重要的.

天文学家赶上了这波投资基础科学的浪潮, 但这些首创行动必须具备国家或国际背景, 而不是像在美国过去发生的那样靠私人机构赞助.

23.7.1 射电天文学[148]

观测波段的扩展开始于 Jansky[149] 在 1933 年 5 月宣布发现了来自银河系的射电辐射. 在新泽西州霍尔姆德贝尔电话实验室工作时, Jansky 接到任务找出自然界存在的会干扰无线电传输的噪声源. 在已证实为经典的一系列 14.6m(20.5MHz) 长波观测中, 他发现了来自银河系的射电辐射 (图 23.13). 这一发现得到一位无线电工程师和热情的天文爱好者 Grote Reber 的证实. 他利用工作于 1.87m 波长 (160 MHz) 的自造无线电天线和接收系统沿银道面进行了射电扫描, 结果于 1940 年发表在《天体物理学杂志》(*Astrophysical Journal*)[150]. Jansky 和 Reber 观测的比较表明, 该辐射并不是黑体辐射, Reber 建议是韧致辐射. 在《天体物理学杂志》紧接着的论文中, L G Henyey 和 P C Keenan[151] 证明, 1.87m 的辐射固然可以是 10000K 气体的韧致辐射, 但对于这种辐射过程来说, Jansky 在长波观测到的强度就太高了. 除了这个负面结论, 这些观测并没有引起专业天文学家的注意. Reber 工作的巅峰

是 1944 年在《天体物理学杂志》[152] 发表的首张银河系射电辐射图.

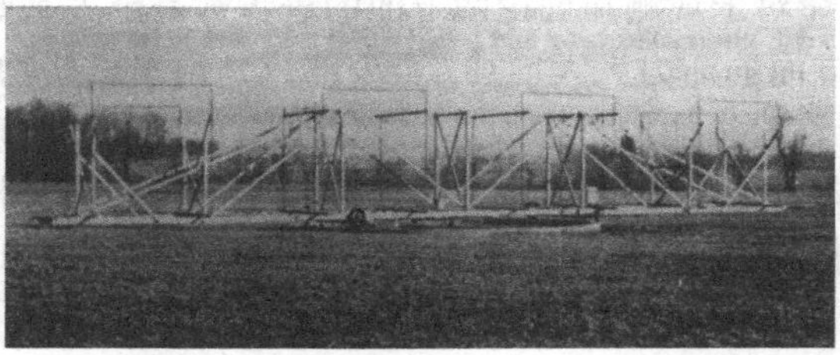

图 23.13 1933 年 Karl Jansky 用于发现银河系射电辐射的射电天线

第二次世界大战期间雷达的发展对于射电天文学有两个直接的后果. 首先, 可能混淆雷达定位的无线电干扰源必须得到证认. 1942 年, 英国陆军运筹学研究组的 James S Hey 和其同事[153] 发现了来自太阳的强射电辐射, 这与特别高的黑子活动期符合. 然后在 1946 年, 即第二次世界大战后不久, 他的小组发现了第一个位于天鹅座的分立射电辐射源, 这个射电源后来称为天鹅座 A[154]. 第二个后果是, 为雷达设计大功率无线电发射机和灵敏接受机的非凡研究努力产生了新的技术, 这些新技术得到射电天文学先驱者们的利用, 而他们全都具有雷达方面的背景.

第二次世界大战后不久, 许多雷达科学家开始研究作为战争努力的结果 (几乎是偶然) 发现的天文现象. 更多的分立射电辐射源被发现了, 射电干涉技术提供了以更高的精度测定其位置的最佳手段. 1948 年, Martin Ryle 和 F Graham Smith[155] 发现了北半球最强的源仙后座 A. 1949 年, 澳大利亚天文学家 John G Bolton、Gordon J Stanley 和 O Bruce Slee[156] 成功地把三个分立射电源同非常近的天体联系起来, 它们是叫做蟹状星云的超新星遗迹、与半人马座 A 源成协的奇怪星系 NGC5128 和同室女座 A 源成协的 M87. 除了银河系的弥漫射电辐射外, 这些早期巡天确认了分立射电源族的存在, 有的向银道面集中, 但有许多是在银道面之外. 至于射电源族中各向同性的成分主要是同银河系中近邻的射电星还是同遥远的河外天体联系, 仍然有某些不确定性[157].

射电天文学家不能仅靠射电观测来回答这个问题, 因为射电数据没有提供源的任何距离测度. 射电源的距离只有在找到与之成协的光学天体并测量其距离后才能得到. 1951 年, F Graham Smith[158] 以约 1 角分的精度测定了北天两个最亮源天鹅座 A 和仙后座 A 的位置, 这就导致了 Walter Baade 和 Rudolph Minkowski[159] 用帕洛马 200in 望远镜对它们进行的光学证认. 仙后座 A 同银河系内一个年轻的超新星遗迹成协, 而与天鹅座 A 成协的是一个暗弱遥远的星系. 后一个观测立刻表明, 射电源可以用来进行宇宙学研究. 到 50 年代中期, 分立源的射电天文观测在宇宙学上的重要性就显现出来了 —— 较暗的射电源可能处于较远的宇宙学距离上, 所以能够探测远早于当前时期的宇宙[160].

按照 Hannes Alfvén 和 Nicolai Herlofson[161]1948 年的建议, K O Kippenhauer 和 V L Ginzburg[162] 发展了银河系射电辐射是同步辐射的理论, 这种辐射是在银河系磁场中旋进的极端相对论电子产生的. 到 20 世纪 50 年代中期, 银河系射电谱的幂律性及其高偏振度为同步辐射假设的正确性提供了令人信服的证据. 在整个银盘内都观测到射电辐射, 也直接证明了极高能电子的星际流量.

从 20 世纪 50 年代早期以后, 射电天文学发展成了一门独立的学科, 建造了大型单碟反射天线并发展了新的干涉技术. Ryle 及其同事在剑桥开创的孔径综合原理特别重要, 因为凭着把来自分立望远镜的信号相干地加在一起, 能使射电天文学家获得很高的角分辨率[163]. 这些技术在建造像美国的甚大阵列和澳大利亚望远镜这样的巨型综合阵中达到巅峰. 干涉测量术扩展到了洲际基线, 一种称为甚长基线干涉术 (VLBI) 的技术获得了任何波段能达到的最高角分辨率 $\approx 10^{-3\prime\prime}$[164]. 射电天文学成就了当代天体物理学的其他重大发现, 其中特别重要的是作为射电脉冲星母体的中子星、通过其毫米波谱线辐射揭示的星际分子和宇宙微波背景辐射.

23.7.2 X 射线和 γ 射线天文学[165]

第二次世界大战后不久, 那些对紫外、X 射线和 γ 射线天文学感兴趣的物理学家作了进入空间天文学的初步尝试. 大气对于波长短于 330nm 的所有辐射都不透明, 所以紫外、X 射线和 γ 射线天文学不得不在地球大气以外来实施. 战争期间德国的 V-2 火箭计划取得了火箭技术方面的巨大进步, 建造它们的德国科学家 (以 Werner von Braun 为首) 以及满载 V-2 部件的 300 辆厢式卡车被运到美国, 他们在那里形成美国陆军火箭计划的核心, 也有利于科学研究[166].

早期火箭试验的主要目标之一是太阳的紫外和 X 射线辐射, 据信它们可能是地球电离层电离的原因. 第一次成功的火箭太阳紫外观测, 是由海军研究实验室的 Herbert Friedman[167] 在 1946 年进行的. 第二年他们对太阳做了首次成功的 X 射线观测, 证实了日冕非常热的猜想.

1957 年晚些时候苏联人造卫星斯普特尼克 1 号和 2 号的飞行, 以及 1961 年苏联宇航员 Yuri Gagarin 的轨道飞行深深地震惊了美国当局, 使他们认识到美国在空间技术方面已经落后于苏联, 美国的反应是在 1958 年 7 月建立国家航空与航天局 (NASA) 作为一个民用组织开始了追赶苏联的进程. 作为该努力的一部分, 美国科学和工程集团 (AS&E) 建立了同麻省理工学院的联系以履行军用和民用合同. 1962 年 6 月, AS&E 集团负责进行了专门寻找地外 X 射线的首次成功飞行. 在火箭载荷处于地球大气以外的 5min 观测时间里, Giacconi 及其同事[168] 在天蝎座中发现了一个强分立辐射源, 后来称为天蝎座 X-1(图 23.14). 此外, 还观测到在天空分布非常均匀的强 X 射线背景. 这些观测得到了 AS&E 集团以及海军研究实验室 (NRL)Friedman 小组进行的其他火箭飞行的证实, 后者发现了来自蟹状星云超新星遗迹的 X 射线[169].

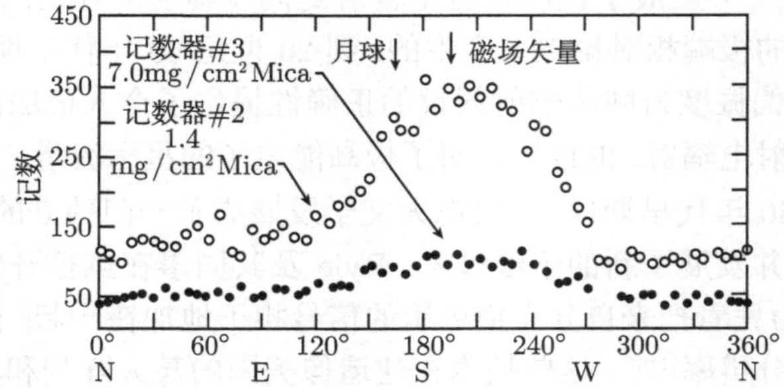

图 23.14　1962 年的一次火箭飞行中 Giacconi 及其同事[168] 对 X 射线源天蝎座 X-1 和 X 射线背景的发现记录. 正如弥漫背景一样, 突出的源被两个探测器都观测到了

1970 年以前, 所有 X 射线的天文观测都从火箭上进行, 它们提供了何物在彼的撩人一瞥, 但图像是模糊的. 这些问题的解决借助了 1970 年 12 月 UHURU(自由) 号 X 射线天文台的发射[170], 它是专用于 X 射线天文学的第一颗卫星, 并启动了 NASA 负责的成功的**探索者**卫星系列. UHURU 天文台进行了第一次 X 射线巡天, 揭示了 X 射线源族的真正本质. 原来 X 射线源包含广阔范围的极热天体——X 射线双星、超新星遗迹、年轻的射电脉冲星、活动星系核和星系团中的星系际气体. 第 2 代 X 射线空间望远镜由一些很大的计划组成, 包括 1977 年 8 月发射的高能天体物理台 A(HEAO-A), 再次进行了 X 射线巡天. 下一个 X 射线望远镜 HEAO-B(也称 Einstein-X 射线天文台) 是 1978 年 11 月发射的, 不仅引领了 X 射线源的天体物理研究, 而且证明了基本上所有类型的恒星都是 X 射线发射体.

在 20 世纪 60 年代初, 为了监视美苏之间签订的大气核试爆条约, 人们已经对空间的 γ 射线探测器感到兴趣. 为此目的在 60 年代发射了 Vela 系列卫星, 但并没有打算它们应当有什么天文作用. 在观测中首先探测到 γ 射线是 1965 年由探索者 II 号卫星[171] 实现的, 但这个实验只不过表明存在着来自地球大气以外的 γ 射线. 第一次重要的天文观测是 1967 年 3 月发射的第 3 个轨道太阳天文台 (OSO-III) 进行的. 这次任务的主要发现是探测到来自银心方向的能量 $E_\gamma > 100\text{MeV}$ 的 γ 射线[172]. 这个 γ 射线流令人信服地被解释为与中性 π 介子衰变相关的 γ 射线辐射, 中性 π 介子则产生于相对论质子同冷星际气体之间的碰撞.

这些先驱性观测之后接着进行了一些气球观测, 但后者受到原初宇宙线同大气原子核相互作用产生的次级 γ 射线的污染. 1972 年 11 月发射的**小天文卫星**(SAS-2) 包含一个火花室阵列, 可探测入射 γ 射线在仪器内转变为粒子对时产生的电子-正电子对. 尽管它只运行了 8 个月并探测到约 8000 个宇宙起源的 γ 射线事例, 还是证实了 γ 射线有集中于银道面的一般趋势[173]. 存在着分立 γ 射线源, 特别是这些 γ 射线源中有两个分别与蟹状星云中的脉冲星和船帆座超新星遗迹成协, 也发现了

存在弥漫河外 γ 射线背景辐射的证据. SAS-2 任务之后 1975 年由欧洲经济共同体发射了同样成功的 COS-B 卫星, 它也由火花室阵列构成, 对能量高于约 70MeV 的 γ 射线敏感. 它连续采集数据 6.5 年, 得到一张银道面详图以及 24 个分立 γ 射线源的证据[174].

令人吃惊的是, Vela 系列卫星发现了天文 γ 射线暴, 每个 γ 射线暴的持续时间一般短于 1min[175]. 在该段时间中, 这个暴也是天空中最亮的 γ 射线源. Vela 卫星在 1967 年就探测到了第一个 γ 射线暴, 但直到 1973 年才在科学文献中加以报道. 1991 年 4 月发射的 Compton γ 射线天文台的观测显示, 这些暴大约每天发生一次, 看来在天空随机分布着. 它们已被证明属于高能天体物理学最激动人心的发现之列.

23.7.3 紫外天文学和 Hubble 空间望远镜

紫外天文学家属于空间向天文学开放的最早获益者. 这个故事的主人公是 Lyman Spitzer, 1946 年他曾为美国空军的 RAND 计划写过一个为天文目的利用空间的报告[176]. 1957 年, 当苏联的空间成就刺激美国的空间计划投入实施时, Spitzer 和他的同事们就计划了由三个空间天文台组成的系列, 称为轨道天体物理天文台 (OAO), 专门用于 90~330nm 紫外波段的光谱观测.

与其他新天文波段不同, 紫外天文学的天体物理目标非常明确. 基本上所有常见元素的共振跃迁已知都在紫外而非光学波段, 所以星际云化学组成的研究在此波段可以非常有效地进行. 探测短于 Lyman-α 的波长区域具有特殊意义, 因为在那些共振谱线中包括了具有宇宙学意义的氘. 1972 年发射的 Copernicus 卫星 (OAO-3) 是系列中最成功者[177]. 分辨率极高的摄谱仪具有将波段拓展到 121.6nm 处 Lyman-α 线的短波侧. 首次在星际介质中测量了常见元素和氘的丰度. 该卫星通过高次电离氧 O^{+5} 吸收线的观测也找到了星际气体热成分的证据. OAO 天文台接着又导致 1978 年国际紫外探索者卫星 (IUE) 的发射, 这是一项英国、欧空局和美国航天局 (UK-ESA-NASA) 的合作计划[178].

IUE 是 Hubble 空间望远镜的先行者[179]. 光学天文学家早就知道如下事实: 大口径望远镜永远实现不了它们的理论角分辨率, 因为大气中折射率的起伏会使星像模糊到典型的约 $1''$, 作为对照, 4m 望远镜的衍射极限约为 $0.03''$. 角分辨率的提高会带来点源灵敏度的增加. 如果把望远镜置于地球大气之外, 这些问题就基本上可以解决. 20 世纪 60 年代, 提出了一些建造 3m 大型空间望远镜的计划, 但当采纳用空间运输系统 (STS)—— 更通俗的称谓是航天飞机 —— 来发射望远镜的决策时, 直径就削减到 2.4m. 航天飞机不仅要用来发射望远镜, 而且也要用来做例行维护. Hubble 空间望远镜的批准过程并不直截了当. 最大的问题是这个计划非常昂贵, 估计造价要高于以往搞过的任何纯科学项目. 获得了同欧洲空间局 (ESA) 的国际合作, 经谈判望远镜 15% 由欧洲天文学家分担, 这个项目在 1977 年得到美国福特当局的批准.

项目在批准后的两年内遇到了重大的技术和财务困难, 1981 年因为经费问题几乎陷入停顿的危机. 后来改变了管理, 为项目制定了更现实的预算. 由于 1986 年"**挑战者**"号空难, 项目再次延迟, 但望远镜最终于 1990 年 4 月发射. 几周后发现主镜形状有误, 造成了不能接受的球面像差, 使得图像如此模糊, 若不经计算机数据增强, 就一点也不会比地面得到的好. 1993 年 12 月实施的壮观的维护和更新任务取得了巨大胜利, 基本上恢复了望远镜的全部能力.

23.7.4 红外天文学[180]

太阳的红外辐射是 1800 年 William Herschel[181] 在他著名的实验中首次探测到的, 实验中他将温度计放在太阳光谱的红端以外, 发现比光谱红区有较大温度增加. 红外天文学发展很慢是因为照相过程在波长长于约 1μm 时失效. 用于天文学的首批有效红外探测器是在 20 世纪 50 年代用光电半导体材料制作的. 在红外波段工作的巨大优点是星际尘埃会变得透明, 否则它们将遮掩气体云和星系中许多最有兴趣的区域.

红外天文学是从地面最先发展起来的, 使用单元探测器透过近红外波段的大气窗口进行观测, 可用的窗口出现在 1.2(J)μm, 1.65(H)μm, 2.2(K)μm, 3.5(L)μm, 5(M)μm, 10(N)μm 和 20(Q)μm. 最早的观测使用对 1~4μm 波段灵敏的硫化铅光电管. 在 20 世纪 50 年代后期和 60 年代前期, Harold Johnson 及其同事[182] 测量了几千颗恒星在 J、H 和 K 波段的强度. 大约与此同时, Gerry Neugebauer 和 Robert Leighton[183] 在加州理工学院用他们自制的 62in 望远镜开始进行 2.2μm 全天巡天. 他们巡视了赤纬 $\delta = -33°$ 以北的全部天空, 发现了 5612 个红外源. 在许多情形下, 红外辐射只是恒星可见光谱向红外波段的延伸, 但此外也发现了比预期多得多的强红外发射源.

由于来自天空和望远镜的热辐射背景, 较长红外波长的观测比 2μm 困难得多. 在较长的红外波长, Frank Low[184] 在 20 世纪 60 年代早期首先用掺镓锗探测器来作热辐射计. 1966 年 Eric Becklin 和 Gerry Neugebauer[185] 用帕洛马 200in 望远镜在 1.65μm, 2.2μm, 3.5μm 和 10μm 对猎户星云做了首次细心的观测. 令他们惊讶的是发现了一个非常强的红外"星", 不是在明亮的光学星云里, 而是在 (照亮星云的) 著名四边形星北面一个被遮掩的区域里. 他们喜爱的解释是, 这个天体是仍然深埋于尘埃包层内的大质量原恒星. 尘埃吸收了原恒星发出的能量, 然后在远红外波段再辐射出去. 在 1968 年的另一篇雄文中, 他们在 H、K 和 L 波段对银心进行了首次观测[186]. 由于消光随波长增加而减小, 因此在红外波段银心区本身应当是可探测的. 他们发现了恒星密度向核心增加和核心里一个致密区域与强致密射电源重合的证据.

红外观测的巨大潜力导致建造了一批对光谱红外区域的探测加以优化的望远镜. 英国的红外望远镜 (UKIRT) 和 NASA 的红外望远镜设备 (IRTF) 都位于夏威夷冒纳凯亚山顶, 在 20 世纪 70 年代晚期开始运行, 对于使红外观测成为观测天体物理学必不可少的部分起了重要作用. 在 70 年代中期, 硫化铅探测器被更灵敏的锑化铟探测器取代. 到 80 年代中期, 红外阵列技术被美国军方解密, 使得建造用来在红外波段拍照的相机成为可能[187].

由于大气吸收, 光谱的远红外区不能从地面观测. 先驱性实验是 20 世纪 70 年代在高空飞机和球载平台上进行的. Frank Low[188] 用一架改装的李尔型喷气公务座机进行了许多探索计划, 这导致 NASA 发展了魁泊尔机载天文台, 它由一架洛克希德 C-141 运输机构成, 机侧开了一个孔, 以便能在约 13km 的高度用口径 91cm 的望远镜进行观测.

下一步自然是建造一个专用卫星来进行系统的远红外巡天. 红外天文卫星 (IRAS) 是涉及荷兰、美国和英国的一个国际风险性项目, 于 1983 年 1 月发射, 在地面不能及的那些红外波段, 即中心在 12μm, 25μm, 60μm 和 100μm 的波段绘制完整的天图. 这些观测对天文学的几乎所有分支都有重大影响, 但最突出的贡献是恒星形成区的研究, 以及使人们认识到大多数星系在远红外波段发出的辐射和在光学波段一样多 [189].

23.7.5 新天文学时代的光学天文学

在 20 世纪 60 年代, 为了想让众多的天文学家更便于使用世界水平的观测设备, 大量 4m 级的光学望远镜开始建造. 在美国, 由于认识到需要私家天文台以外的国家望远镜, 在 1960 年成立了天文研究大学联合体 (AURA), 其责任就是为美国天文界建造和运行这些望远镜. 主要设备是亚利桑那州基特峰国家天文台 (KPNO) 的 4m 望远镜, 新墨西哥州圣克莱门托峰太阳天文台和在智利托洛洛山国际天文台 (CTIO) 的 4m 望远镜.

在欧洲, 由于认识到南半天球的许多资源 (包括银心和麦哲伦云) 还未用大望远镜探索过, 在 1962 年成立了欧洲南天天文台 (ESO), 目的就是 “建立和运行位于南半天球的天文台, 为其装备强大仪器设备以促进和组织天文学方面的合作”. 位于智利圣的亚哥以北 600km 阿塔卡马沙漠中拉西亚的 3.6m 望远镜于 1977 年开始运行.

英国没有成为 ESO 的成员, 但与澳大利亚联合在新南威尔士州赛丁泉山建造了 3.9m 的英澳望远镜 (AAT)[190], 该望远镜于 1975 年落成. 法国、加拿大和夏威夷同意合作在 (可能是世界上最佳和最高的天文台址的) 夏威夷冒纳凯亚山顶建造 3.6m 望远镜, 该望远镜于 1979 年开始运行. 英国、西班牙和荷兰在卡纳利群岛的拉帕尔马岛建了一个观测北天的天文台, 包括 4.2m 的 Willian Herschel 望远镜, 该望远镜于 1987 年落成.

然而, 改变远不只是使用大望远镜时间的增加. 也许最重大的发展是引入了高度灵敏的光电探测器, 对于几乎所有的目的来说, 它们已经取代了照相底片的使用. 1969 年电荷耦合器件 (CCD) 的发明对于天文学具有特殊的意义[191]. 最好的照相底片的量子效率大约只有 1%, 而优质 CCD 的量子效率一般可达约 70%, 等效于望远镜的接收面积增加了 70 倍. 天文学家认识到这些器件对于天文学的潜力, 美国德州仪器公司从喷气推进实验室拿到合同进行开发, 于 1976 年制成首批专用于天文学的器件. 1977 年它们被采纳作为用于 Hubble 空间望远镜宽场行星相机的探测器, 而后作为成像和许多分光仪器的主要探测器逐渐被所有大天文台采用.

巡天工作是许多天文学研究计划的中心任务. 视场最大的望远镜是使用 1929 年 Bernhard Schmidt[192] 发明的光学设计的 Schmidt 望远镜. 使用这种类型望远镜是 20 世纪 30 年代由 Zwicky 开始的. 第二次世界大战后不久, 为支持帕洛马山 200in 望远镜进行的观测, 建造了一架有效口径 1.2m(48in) 的大 Schmidt 望远镜. 每张底片的尺度为 14in, 相应于天上的 6°, 在 8 年的时期中, 这架望远镜完成了蓝红两波段赤纬 −20° 以北的全天巡天. 为方便全球天文学界利用, 制作了巡天底片的照相拷贝, 最终完成的帕洛马天图一直是所有天文学家最有价值的研究工具之一.**【又见 18.3 节】**

在 20 世纪 60 年代, ESO 和 UK 在南半球各自建造了一台 Schmidt 望远镜, 进行像帕洛马山在北半球完成的同类巡天. 大规模巡天包含着大量对天文学重要的统计数据, 但只有建造专用的高速测量机才能把这些数据抽取出来. 英国天文学家引领了这些发展, 他们在爱丁堡的皇家天文台建造了 COSMOS 高速测量机, 在剑桥建造了自动底片测量机. 这些研究为 4m 级望远镜的观测提供了许多最重要的目标.

第四部分 1945 年以来的天体物理学和宇宙学

23.8 1945 年以来的恒星和恒星演化

到 1945 年, 恒星演化中涉及的基本物理过程已被了解, 星团中恒星的 Hertzsprung-Russell 图成为恒星演化理论的试金石. 到 1952 年, Sandage 和 Schwarzschild[193] 建立了球状星团中恒星在 Hertzsprung-Russell 图上的演化过程, 并用主序终点估计出星团的年龄约为 3×10^9 年. 然而在对理论和观测作出准确比较之前, 还有大量细致的工作待做. 为了建立详细的恒星模型, 必须知道恒星物质的状态方程、精确的核反应速率和用于辐射转移的恒星物质不透明度. 所以, 天体物理学家必须从核物理、原子物理和分子物理学获取范围广泛的数据. 若不是发展了能够建构太阳和恒星详细模型的电子计算机, 这些数据原是不会有太大价值的. 由于 L G Henyey、Rudolph Kippenhahn 和 Icko Iben 等先驱者的努力, 恒星研究变成了最精确的天体物理科学之一[194].

23.8.1 核合成和化学元素的起源

恒星天体物理学有两个密切相关的重大问题. 第一个涉及化学元素的合成, 第二个是恒星离开主序后负责能量产生的核过程.

由于没有质量数 5 和 8 的稳定同位素, 所以没有直接过程可以把质子、中子和 α 粒子逐次加到氦核上作为导致碳元素形成的系列反应中的第一步. 答案是由 Öpik 和 Salpeter[195] 独立发现的, 他们指出, 当恒星中心温度达到约 4×10^8K 时, 能够发生 3α 反应, 其中 3 个 α 粒子来到一起形成碳. 然而, 为产生显著数量的碳, 这个反应的截面似乎太小.

这个问题在 1953 年被 Fred Hoyle[196] 解决, 他认识到, 如果有一个与 ^{12}C 激发态形成有联系的共振, 相互作用截面就可以增加. Hoyle 估计 ^{12}C 的激发态应当出现于约 7.7MeV, 这是一个惊人的预言, 因为那时还没有建立得足够好的核模型能够预言任何核的任何共振态. Ward Whaling 和其同事[197] 被劝说去寻找这个共振, 并且就在 Hoyle 预言的能量处找到了它. 碳共振态的纳入使通过 3α 过程形成碳的截面增加了 10^7 倍. Hoyle 接着证明氦燃烧发生在 10^8K, 这正是由 Sandage 和 Schwarzschild 为巨星支顶的红巨星核推导出的温度.

Öpik 和 Salpeter 认识到, 一旦产生了碳, 诸如氧、氖之类较重的元素就能够通过逐次增加 α 粒子来产生. 在 1954 年的论文中, Hoyle 论证说, 一旦恒星耗尽其核心中的氦, 质量足够大的恒星就会不断收缩, 中心温度增加得使 ^{12}C 生成 ^{24}Mg 的核燃烧能够发生, 在稍高一些的温度下, ^{16}O 能够转化为 ^{32}S. 在质量足够大的恒星中, 核燃烧过程能够一直继续到所有核能源耗尽, 那时恒星的核心由具有最大核束缚能的元素 ^{56}Fe 组成.

1956 年, Hans Suess 和 Harold Urey[198] 发表了他们对化学元素宇宙丰度的详细分析, 这些丰度随原子量的增加而迅速下降. 然而, 丰度曲线的有些重要特点提供了有关核合成的线索. 他们注意到了 "α 粒子" 核 (诸如具有 16、20、32 个核子者) 和铁族元素的过丰. 并且在相应于核物理学中 "幻数" 的 N=50, 82, 126 处存在稳定的峰值.

在 1957 年由 E M Burbidge、G R Burbidge、W A Fowler 和 Hoyle 以及由 Cameron[199] 发表的两篇著名论文中描述了涉及元素合成的核过程. 前一篇论文描述了能合成元素的 8 种核过程. 除氢燃烧、氦燃烧和 3α 过程外, 他们特别注意那些涉及向已有核增加中子的过程, 即慢 (s) 和快 (r) 过程. 这些反应提供了能够合成质量数大于铁族的核的手段. 在 r 过程中, 加入几个中子后将发生衰变. 在足够高的温度和密度下, 逆 β 衰变过程会引起中子的大量释放, 超新星爆发已被证认为是能够发生这类反应的地方. s 过程据信发生在巨星支恒星演化的早期.

Cameron 特别注意超新星爆发中核合成的重要性, 这些过程称为**爆发核合成**. 他认识到, 如果核合成过程像超新星爆发那样以非稳定的方式发生, 将会产生不同的化学丰度. 由于高速计算机的发展, 使这些预言定量化成为可能. 1970 年, Arnett 和 Clayton[200] 证明, 许多元素丰度可以自然地归因于爆发核合成.

23.8.2 太阳中微子

1955 年, Raymond Davis[201] 提出, 有可能建造探测器来测量 CNO 循环中释放的电子中微子流. 由于中微子同物质相互作用的截面非常小, 它们基本上可以无阻挡地逃离在太阳半径 10% 以内的中心发源地, 所以太阳中微子流提供了核合成过程的直接检验. Davis 建议通过包含大量氯原子的液体中能产生的核转化来探测太阳中微子. 具体地说, 核反应 $^{37}\mathrm{Cl}+\nu_{\mathrm{e}} \longrightarrow ^{37}\mathrm{Ar}+\mathrm{e}^-$ 阈能为 0.814MeV. 这个反应中产生的氩是放射性的, 产生量可以通过 $^{37}\mathrm{Ar}$ 核放射性衰变的数量来测定. 遗憾的是, Epstein 和 Oke[202] 证明, 太阳的主要能源是 p-p 链而不是 CNO 循环.

不过, p-p 链的第一个反应会发射中微子 (见 23.3.3 节). 产生氘的第一个反应是太阳中微子的主要来源, 但它们的能量低, 最大能量为 0.420MeV, 所以不能被氯探测器探测到. 1958 年, Cameron 和 Fowler[203] 指出, 在主 p-p 链的较稀有侧链

$$^{7}\mathrm{Be} + \mathrm{p} \longrightarrow {}^{8}\,\mathrm{Be} + \gamma : {}^{8}\,\mathrm{Be} \longrightarrow {}^{8}\,\mathrm{Be}^{*} + \mathrm{e}^{-} + \nu_{\mathrm{e}} : {}^{8}\,\mathrm{Be}^{*} \longrightarrow 2^{4}\mathrm{He}$$

中会产生较高能的中微子. $^{8}\mathrm{B}$ 核衰变中发射的电子中微子具有最大能量 14.06MeV, 所以能够在 Davis 建议类型的实验中探测到.

太阳中微子流量的第一个细致预言是 1964 年由 Bahcall[204] 作出的, 大约与此同时, Davis 及其同事开始了著名的**太阳中微子实验**, 他们使用位于南达科他州霍姆斯塔克金矿底一个装有 100 000gal(1gal=4.54609L) 洗涤剂 ($\mathrm{C_2Cl_4}$) 的罐子. 实验做了 20 年, 探测到显著流量的中微子, 但只有标准太阳模型预言的大约四分之一. 这个矛盾就是著名的**太阳中微子问题**. 自 Davis 的结果于 1968 年首次报道以来, 这个矛盾的根源一直是天体物理学中最有争议的问题之一. 按字面解释, 这个结果暗示, 要么是核物理, 要么是太阳天体物理, 或者两者都出了错[205].

能测定入射中微子到达方向的神冈 II 中微子散射实验, 在 1990 年证实高能中微子流的确来源于太阳内部[206]. 在太阳方向发现了微小而显著的中微子流超出 (图 23.15), 但只有 Bahcall 和 Ulrich 标准太阳模型预言的约 46%.

太阳模型的关键检验是探测来自 p-p 链第一个反应的更丰富的低能中微子. 用镓为探测器材料. 为测定中微子流量, 可测量中微子反应 $\nu_{\mathrm{e}}+^{71}\mathrm{Ga}\longrightarrow\mathrm{e}^-+^{71}\mathrm{Ge}$ 产

生的放射性锗核数. 1992 年 6 月, GALLEX 实验的首批结果见诸报道[207], 中微子流量是 83±19(统计)±8(系统)SNU, 作为比较, 标准太阳模型预期的值是 132^{+20}_{-17} SNU, 式中 1SNU=1 太阳中微子单位. 这是一个非常重要的结果, 因为尽管仍有不符, 却已经探测到了来自 p-p 链中关键的第一反应的正确数量级的中微子流量.

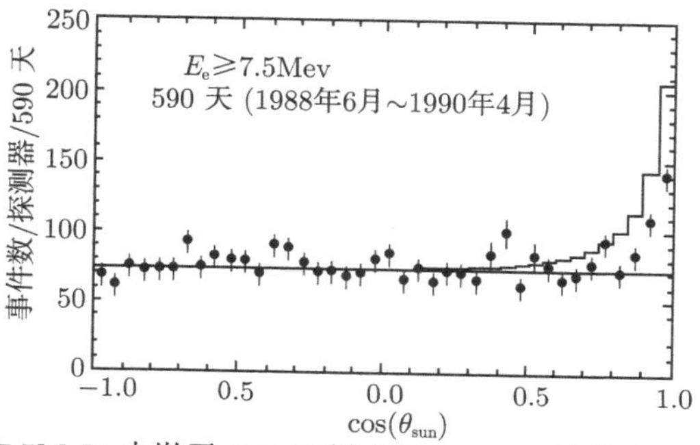

图 23.15 对于 $E_e \geqslant 7.5$MeV 中微子 590 天样本随 $\cos\theta_{sun}$ 的分布. θ_{sun} 是给定时刻观测到的电子动量矢量与太阳方向之间的夹角[206]. 在计算来自太阳的中微子到达方向的预期分布 (以直方图标示) 时考虑了探测器系统的角分辨率

23.8.3 日震学

直到 Leighton 及其同事[208] 发现周期约 5min 的**太阳振荡**之前, 太阳中微子还是提供了直接研究太阳内部结构的唯一方法. 在 1968 年的一篇有预见性的论文中, Frazier[209] 提出, 这种振荡会诱发太阳外层中的声波, 但太阳振荡简正模式的最初正确分析是 1970 年由 Ulrich 和 1971 年由 Leibacher 和 Stein[210] 进行的. "5min 振荡" 原来是约束于太阳外层的驻声波.

这些发现使太阳和恒星的天体物理研究又重回青春. 低阶振荡模式可以深入探测太阳内部, 所以能够用来检验其内部结构. 这些低阶振荡模式的存在是 Christensen-Dalsgaard 和 Gough[211] 从伯明翰组 1979 年发表的数据中推出的. 图 23.16 显示了现有数据质量的例证, 显示的是 1988 年和 1989 年 PHOBOS 空间探测器在地球和火星之间凌日时, 载于其上的 IPHIR 实验获得的太阳总光度的功率谱[212].

由于同地震学在物理方法上的相似性, 这些研究被称为**日震学**. 日震学数据可以反过来导出太阳内部声速随半径的变化. 从图 23.17 可以看出, 标准太阳模型的预言同观测的符合在整个太阳内部优于 1%[213]. 然而, 观测与那些涉及大量核心混合、太阳核心高速旋转或太阳核心存在弱作用大质量粒子等非标准的太阳模型不符, 所有这些模型都是为说明太阳中微子的低流量而提出的. 标准太阳模型的天体物理学看来为直到核心的太阳内部结构提供了令人满意的描述. 如果存在太阳中微子问题的话, 它的解决可能应在核物理而非天体物理之中.

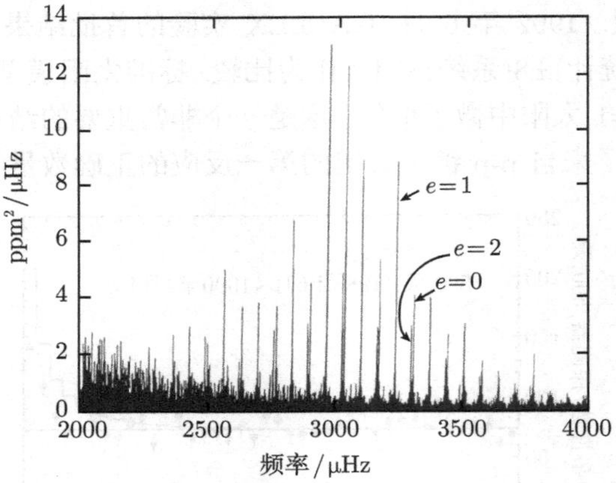

图 23.16　显示出太阳振荡某些简正模式的太阳振荡频谱的例子. 这些数据是从载于 PHOBOS 飞船上的 IPHIR 实验 160 天的观测得出的[212]. 这个低阶 p 模的功率谱显示了双峰和单峰的另一种模式; 双峰在 $l = 0, 2$ 模, 单峰在 $l = 1$ 模

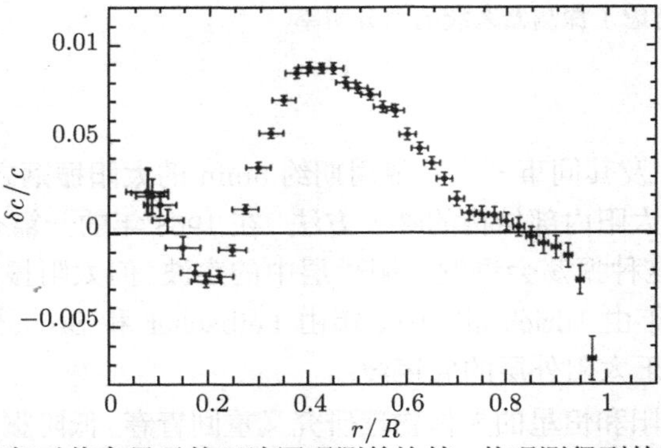

图 23.17　利用声速相对偏离显示的理论同观测的比较. 从观测得到的声速由带误差棒的点表示, 太阳内部结构最佳拟合标准模型由 $\delta c/c = 0$ 的直线表示, 符合优于 1%

23.8.4　中子星的发现

中子星是 1967 年 (基本上是偶然地) 由 Antony Hewish、Jocelyn Bell 及其同事[214] 作为射电脉冲星的母体发现的. Hewish 开创了观测射电源在长波段闪烁的技术, 这种闪烁是沿射电源视线方向等离子体密度的不规则性引起的. 20 世纪 60 年代初期, 他用这种技术来研究行星际等离子体, 作为副产品发现了在低频显示强射电闪烁的射电类星体. 他设计并建造了一个大的低频阵, 接收面积 1.8hm^2(1hm^2 = 10000m^2), 运行频率 81.5MHz(3.7m 波长), 目的是记录亮射电源 0.1s 时标的快速强度起伏. 这是导致射电脉冲星发现的关键技术发展[215].

首次巡天开始于 1967 年 7 月, Hewish 的研究生 Joselyn Bell 发现了一个几乎完全由闪烁射电信号组成的怪源 [图 23.18(a)]. 1967 年 11 月, 又用时间常数更短的记录仪观测了这个源, 发现它完全由周期约 1.33s 的系列脉冲组成 [图 23.18(b)]. 过了几个月, 又发现了 3 个周期在 0.25s 到几乎 3s 的源. **脉冲星**这个名字是宣布该发现不久后选用的.

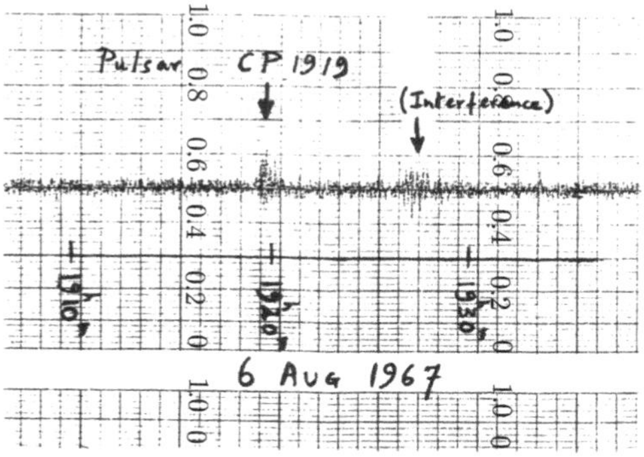

(a)

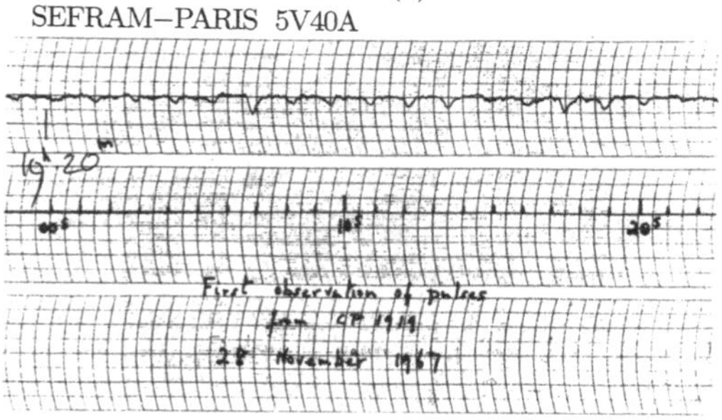

(b)

图 23.18　已发现的第一个脉冲星 PSR1919+21 的发现记录[214]

(a) 标为 CP 1919 的陌生闪烁源的首次记录, 注意来自源的信号和属于地面干扰的近邻信号之间的些微差别; (b) 用比发现记录时间常数更短的记录仪观测的来自 PSR 1919+21 的信号, 显示该信号完全由周期 1.33s 的规则间隔的脉冲组成

一年之内, 发现了 20 多个脉冲星, 理论文章滚滚而来. 受欢迎的脉冲星模型是 1968 年 Thomas Gold 描述的, 在许多方面类似于 1967 年 Pacini 有预见的建议, 它由一个孤立的磁化的旋转中子星组成, 其中恒星的磁轴和旋转轴不一致[216]. 射电脉冲据假设是来源于沿磁轴发射的射电辐射束. 支持这一图景的关键观测是非常短的稳定脉冲周期和观测到脉冲内的偏振射电辐射. 1968 年发现的两颗脉冲星特别重要, 一颗是船帆座年轻的超新星遗迹中发现的周期为 0.089 秒的脉冲星, 不久后, 在 1054 年爆发的超新星遗迹蟹状星云内又探测到一颗周期只有 0.033s 的脉冲星. 同脉冲星脉冲周期严格相同的光学脉冲是 1969 发现的, 此外, 在 3 个月之内,

来自火箭所载探测器的观测也发现了 X 射线脉冲[217].

这些脉冲星的短周期毋庸置疑地证明了脉冲星的母体是中子星, 因为白矮星的破裂旋转速度对应的周期约为 1s 或者以上. 此外, 这些短周期脉冲星与年轻超新星遗迹的重合也决定性地证明了中子星是在超新星爆发中形成的.

1968 年, Pacini[218] 证明, 中子星表面的磁场强度必定很大, $B \backsim 10^6 \sim 10^8$T, 第二年, 探索脉冲星电动力学的首批论文发表. 这些磁场非常强, 以致 Lorentz 力 ($\boldsymbol{v} \times \boldsymbol{B}$) 可以从中子星表面层抽取电子, 使其磁层中必定存在电流[219]. Gunn 和 Ostriker[220] 证明了电子如何能在旋转磁化中子星发出的强电磁波中加速到非常高的能量.

中子星内部结构的研究随之再度活跃. 在脉冲星发现以前, 中子物质的状态方程曾经是大量研究的主题. 1971 年 Baym、Bethe、Pethick 和 Sutherland[221] 进行了大有改进的计算, 这些结果被用于建构中子星的标准模型. 状态方程直到大约核密度 $\rho \backsim 3\times10^{17}$kg/m^3 都了解得很好, 但在多数大质量中子星中心可能有的更高密度下仍然不确定. 内部被强磁场穿过, 磁场对中子星的结构没有很强的影响, 但对其内部动力学性质有影响. 早在脉冲星发现以前, 理论家们就提出中子星内部应当是超流体. 中子星内部不同区域中子–质子–电子流体特性的研究表明, 内壳和中子液相是超流体, 而质子是超导的. 1969 年, Baym 及其合作者们[222] 证明, 磁场因而会量子化为固定在中子星壳层中的涡旋.**【又见 11.2.1 节】**

1969 年船帆座脉冲星中发现的**自转突变**现象[223] 提供了星体内部结构和观测现象之间的联系. 已知所有射电脉冲星都会变慢, 但偶尔会观测到这种变慢的速率的不连续变化, 其中周期突然减小. Baym 及其合作者[222]1969 年提出的一种可能性是, 当中子星变慢时, 其外壳会在 "星震" 中取新的形状, 而结构则在其中不连续地改变到建立新的平衡位形. 然而这个过程不可能是全部故事, 因为在像船帆座脉冲星这样的脉冲星中, 自转突变发生得太频繁. 优先的解释是, 自转突变可能同涡旋与中子星外壳解散有关. 自转突变的一个重要方面是, 旋转速度恢复到稳定值是非常缓慢的. 这是直接的观测证据, 表明中子星的相当一部分转动惯量必定属于同外壳只有弱耦合的某种超流体.

23.8.5 X 射线双星和黑洞的搜寻

UHURU 卫星在 1971 年对 X 射线双星的发现对高能天体物理的思考具有深刻影响[224]. 1970 年末, 观测到了 X 射线变星天鹅座 X-1 并发现它显示出时标短至 100 毫秒的随机性变化, 意味着源区必须是致密的. 1971 年 1 月对半人马座 X-3(CenX-3) 进行的观测同样惊人. 与天鹅座 X-1 不同, CenX-3 发射周期约 5s 的规则脉冲, 比任何已知的射电脉冲星都长. 1971 年 5 月, 发现脉冲周期以约 2.1 天的周期正弦变化, 表明它是一个双星系统的成员, 脉冲周期的变化是由于 X 射线源的轨道运动. 1971 年 5 月 6 日, 这个 X 射线源消失了, 只过了半天后又重新出现. 这种情形大约每两天重复一次, 表明 X 射线源被双星系统的主星周期性地遮掩. 根据这些线索, 主星被证认为一颗大质量的蓝星, 具有和 X 射线源相同的 2.1 天周期. 这一发现之后不久, 发现了另一个类似的源武仙座 X-1(Her X-1)[225], 脉冲周期为 1.24s, 轨道周期为 1.7 天 (图 23.19).

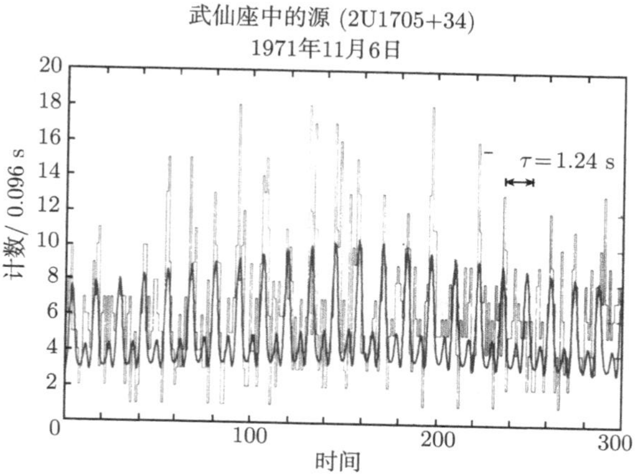

图 23.19　脉冲 X 射线源 Her X-1 的发现记录[225]. 直方图显示以 0.096s 的相继间隔观测到的计数. 连续线显示与观测最佳拟合的谐和曲线, 考虑了望远镜扫过源时灵敏度的变化

Her X-1 的短脉冲周期提供了很强的证据, 表明其母体像射电脉冲星那样必须是中子星. 该系统的能源被证认为吸积. 吸积作为 X 射线源能源的想法已经在 1964 年为 Hayakawa 和 Matsuoka[226] 提出, 他们考虑的是普通的密近双星系统, 1966 年 Shklovsky[227] 建议从双星伴星到中子星的吸积作为天空最亮的 X 射线源天蝎座 X-1 的能源. 1968 年, Prendergast 和 Burbidge[228] 指出, 在物质从双星系统的主星到致密伴星的吸积中, 被吸积的物质必定有相当大的角动量, 所以会在致密星周围形成一个吸积盘. 物质从主星到致密中子星的吸积是非常强的能源, 下落物质释放的能量约为静质能的 5%, 比核聚变反应能够释放的能量约大一个量级.

因为 X 射线源是双星系统的成员, 所以能用标准的天体力学方法估计中子星的质量. 得到令人高兴的结果是, 能做这种分析的 7 个双星 X 射线源的质量都处在 $1.2M_\odot$ 到 $1.4\ M_\odot$ 之间, 与中子星质量的上限一致, 类似于白矮星的 Chandrasekhar 极限[229].

1973 年, Margon 和 Ostriker[230] 证明, 这些双星源的光度扩展到约 $L = 10^{31}$W, 非常接近吸积到 $1M_\odot$ 质量天体的 Eddington 极限光度 $L \leqslant 1.3 \times 10^{31}(M/M_\odot)$W. 这个结果证明, 存在着能够以接近最大容许光度辐射 X 射线的天体. 此外, 这些源在 X 射线波段辐射其大多数能量也很自然. 假设 X 射线辐射来源于接近中子星表面处, 用 Stefan-Boltzmann 定律可以证明, 为了产生这样大的光度, 发射区的温度必须高于 10^7K.

根据这些考虑发展了脉动双星 X 射线源的标准模型[231]. 在大质量伴星的情况下, 中子星处于很强的星风中, 在中子星某个**吸积半径**内的物质被吸积到星上. 在小质量双星系统中, 质量转移是通过 Roche 瓣溢流发生的, 在这种情况下, 主星充满了它的 Roche 瓣 (即连接两星的等势面), 物质通过坍缩达到较低的等势面而形成一个围绕中子星的吸积盘. X 射线脉动来源于到旋转中子星两极的吸积, 强的非线列磁场使物质隧穿到极区. Trümper 及其同事[232] 在 1978 年找到了 Her X-1 源中存在强磁场的证据, 他们在约 58keV 的 X 射线谱中证认出回旋辐射的特征, 对应的磁场强度约为 $4 \times 10^8 \sim 6 \times 10^8$T.

下一个问题是, 在双星 X 射线源中是否存在黑洞的任何证据. 探测孤立黑洞是非常困难的, 而且只有在它们非常接近燃料源时, 探测到它们的存在才有可能. 1965 年, Zeldovich 和 Gusyenov[233] 提出, 来自单谱分光双星的 X 射线或 γ 射线观测可能是中子星或黑洞的信号. 1969 年, Trimble 和 Thorne[234] 研究了在已知单谱分光双星中是否有质量大到足以能够成为黑洞的任何暗子星, 但没有找到可能的候选者, 且没有一个同已知 X 射线源重合.**【又见 4.3.12 节】**

黑洞伴星的第一个最强的候选者是 1971 年在亮 X 射线源天鹅座 X-1 中找到的, 它被证认为一颗 9 等的蓝超巨星, 后来查明它是一个周期 5.6 天的双星系统的主星[235]. 假设这个 B 型超巨星的质量大于 $10M_\odot$, 不可见伴星的质量就必须大于 $3M_\odot$, 最可能的值分别是 $20M_\odot$ 和 $10M_\odot$. 不可见伴星的质量超过了作为一个稳定中子星的上限. 因而可以得出结论, 它必定是一个黑洞.

自这些先驱性的研究以来, 已发现另外 3 个具有大质量不可见伴星的 X 射线双星的好事例, 即 LMC X-1、LMCX-3 和 A0620-00[236]. 其中每一个 X 射线强度都显示出短周期变化, 但没有脉冲 X 射线辐射的特征. 这些系统最简单的解释是它们包含着黑洞.

23.8.6 射电脉冲星和广义相对论的检验

射电脉冲星提供了广义相对论的一些最好的检验. 双星脉冲星就属于最重要的系统之列, 其中第一个是 Rusell Hulse 和 Joseph Taylor[237] 在 1974 年发现的. 这个称为 PSR 1913+16 的系统具有仅 7.75 天的双星周期和 $e = 0.617$ 的大轨道偏心率. 为了检验广义相对论, 需要在旋转参考系中有一只准确的钟, 像 PSR 1913+16 这样的系统于此目的十分理想. 双星轨道的各个参数可以通过射电脉冲到达时刻的准确计时来测定, 由此可以估计涉及两个中子星质量的不同函数. 假设广义相对论是正确的引力理论, 出现于轨道参数的 6 个独立函数中的两个中子星的质量将以惊人的准确度相符. 这是对任何恒星测定过的最精确的质量, 其数值为 $1.4417(7)M_\odot$

和 1.3874(7)$M_\odot$. 没有同广义相对论的任何预言矛盾的证据[238].

第二个惊人的测量是由辐射引力波引起的双星系统转动能的损失速率. 在 17 年的时期中观测到了系统 PSR 1913+16 轨道位相的变化, 并且这些观测到的变化同广义相对论的预言精确符合[238](图 23.20). 虽然引力波本身还没有探测到, 准确的能量损失速率却已经观测到了. 这对于广义相对论是非常重要的结果, 因为它能使范围宽广的其他引力理论得以排除.

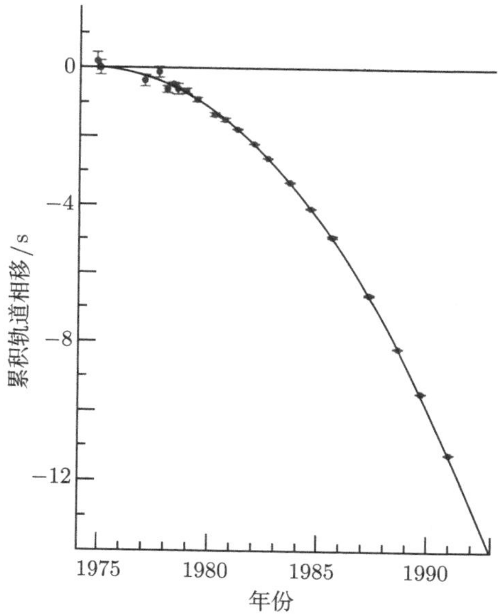

图 23.20 双中子星系统 PSR1913+16 轨道位相作为时间函数的变化同双星系统引力辐射能量损失产生的预期变化的比较

精确的脉冲星计时技术也可用来决定是否有引力常数随时间变化的证据[238]. 这些检验稍许独立于用来描述中子星内部的状态方程, 但对于可能的状态方程范围, $(\mathrm{d}G/\mathrm{d}t)/G$ 小于约每年 10^{-11}. 因此, 引力常数值在宇宙学时标内不可能有什么变化.

23.8.7 超新星[239]

Fritz Zwicky 于 1934 年开始搜寻超新星. 1936 年, 他指导建造了一台 18in 广角 Schmidt 望远镜, 放在帕洛马山新天文台. 第一个超新星是 1937 年 3 月在星系 NGC4157 中发现的, 1937 年 8 月在矮旋涡星系 IC4182 发现了第 2 个. Zwicky 在相当近邻的星系中每年大约发现 4 颗超新星. 随着 1949 年 48in Schmidt 望远镜在帕洛马山建成, 就能够搜寻更暗的超新星, 且每年一般大约发现 20 颗[240].

1938 年, Baade 和 Zwicky[241] 对超新星典型的光变曲线给予了首次描述, 它以持续数周的爆发开始, 继之以半衰期约 77 天的指数式量度下降. 1941 年, Minkowski[242] 做出了存在两种不同类型超新星的重要发现. I 型超新星的光谱由宽发射带组成, 其性质那时尚不了解, 直到差不多 30 年后 Kirshner 和 Oke[243] 才证明, 它们可以解释为数百条 Fe^+ 和 Fe^{++} 谱线的叠加. 光谱中没有观测到氢线. 相反, II 型超新星在光度极大后不久就显示出氢的 Balmer 线系. I 型超新星的惊人特征是, 它们的光谱和光度演化基本相同.

在两种情形下, 爆发能量都非常大, 以致它们必定同恒星坍缩到某种形式的致密遗迹 (中子星或者黑洞) 有关. II 型超新星被证认为 $M \geqslant 8M_\odot$ 的甚大质量恒星中心区的坍缩, 这些恒星具有相对短的寿命, 所以不会从其形成的地方走太远. 反之, 在 I 型超新星的情况下, 最诱人的图景是它们形成于物质吸积到双星系统中的白矮星上. 当吸积使得恒星的总质量超过 Chandrasekhar 极限时, 到中子星的坍缩必定发生. 这一图景可以说明没有观测到氢吸收线、光谱富铁以及这类超新星具有基本相同特性等事实. 中子星在双星系统中形成的这种图景也能说明射电脉冲星很高的空间速度, 如果双星在爆发中解体的话.

初始爆发后接下来的漫长指数衰变是个谜, 因为特征衰变时间对几乎所有超新星都相同. 在 1961 年, Pankey[244] 在其博士论文中提出, 这种衰变可能同爆发中产生的放射性核素有关, 这个建议 1969 年被 Colgate 和 McKee[245] 置于正确的天体物理基础上. 在形成中子星的坍缩过程中, 会发生爆发性核合成, 其产物中有放射性的 ^{56}Ni. 这个同位素然后衰变如下:

$$^{56}\mathrm{Ni} \xrightarrow{\beta^+} {}^{56}\mathrm{Co} \xrightarrow{\beta^+} {}^{56}\mathrm{Fe}$$

第一个 β 衰变半衰期只有 6.1 天, 而第二个 β 衰变半衰期为 77.1 天, 据信这就是超新星光度指数衰减的能源, ^{56}Co 核的每次衰变会以 γ 射线的形式释放出 3.5MeV 的能量. 超新星光度的指数衰减归因于爆发中放射性镍的产生, 它将被抛入超新星的膨胀包层.

毫无疑问, 20 世纪超新星研究中最重要的事件, 是银河系一个矮伴星系 (大麦哲伦云) 中一颗超新星的爆发. 这个超新星 (称为 SN1987A) 是 1987 年 2 月 24 日在光学波段首先观测到的, 1987 年 5 月视星等约达到 3[246]. 这个超新星的位置同亮蓝超巨星 Sanduleak-69 202 完全重合, 后者随超新星爆发而消失. 这个观测表明, 超新星的前身星是大质量早 B3 型星.

一个绝佳的机遇是, 在爆发时刻日本的神冈实验和美国俄亥俄州盐矿的艾尔文–密歇根–布鲁克海文 (IMB) 实验的中微子探测器正在运行, 中微子暴到达的信号在两个实验中得到令人信服的证明[247]. 只探测到 20 个能量在 6~39MeV 的中微子, 但它们到达两个探测器是几乎同时的, 脉冲持续时间约 12s. 超新星在光学波段只是在中微子脉冲过后几小时才被观测到, 这与中微子基本上直接来自前身星的坍缩核, 而光学信号通过超新星包层扩散出来的图景一致. 这次观测, 连同测得的中微子能量, 能够为中微子的静质量设置一个限制, $m_\nu \leqslant 20\mathrm{eV}$. 观测来自超新星的中微子流量对于恒星演化理论具有特别的重要性. 这个超新星的中微子光度与中子星形成所预期的同量级 ($E \approx 10^{46}\mathrm{J}$).

这个超新星的光变曲线在初始爆发后持续了几乎 5 年 (图 23.21). 初始爆发后, 光度以 77 天的半衰期指数衰减直到爆后约 800 天, 之后下降速率减小[246]. 为了说明超新星的光度, 超新星包层中必须存储约 $0.07M_\odot$ 的 $^{56}\mathrm{Ni}$, 这个数字同爆发核合成的理论预期非常符合. 爆发 6 个月内发现了 $^{56}\mathrm{Co}$ 的 γ 射线谱线, 指数衰减开始后也观测到超新星红外光谱中钴和镍的精细结构谱线.

所有这些观测直接证实了超新星光变曲线起源和超新星爆发中形成铁峰元素的放射性理论.

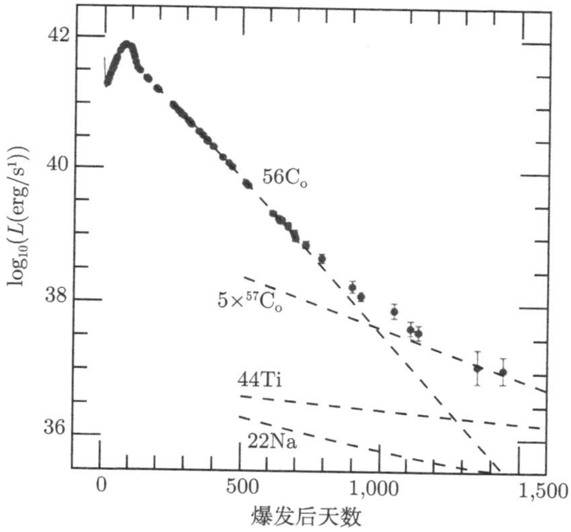

图 23.21 Chevalier[246] 提供的 SN1978A 的光变曲线. 纵坐标是头 5 年超新星的热光度 (即紫外、光学和红外波段的总光度). 放射性核素存储的能量 (短划线) 是基于如下初始质量: $0.075M_\odot$ 的 $^{56}\mathrm{Ni}$(后为 $^{56}\mathrm{Co}$), $10^{-4}M_\odot$ 的 $^{44}\mathrm{Ti}$, $2\times10^{-6}M_\odot$ 的 $^{22}\mathrm{Na}$ 和 $0.009M_\odot$ 的 $^{57}\mathrm{Co}$, 后者是 $^{56}\mathrm{Fe}/^{57}\mathrm{Fe}$ 太阳比预期值的 5 倍

23.9 星际介质物理学

到 1939 年, 各种星际物质的存在已经确立. 从星际吸收线的研究和星际消光随距离的变化中人们知道, 星际介质中存在着弥漫气体和尘埃[248]. 20 世纪 20 年代初就认识到, 行星状星云的中央星和 O 型恒星非常热, 所以在紫外波段辐射大量能量. Russell[249] 提出, 气体星云和行星状星云中发射线的激发是由于光致激发,

而 Eddington[250] 证明, 作为结果, 气体会获得约 10 000 K 的温度. 1926 年, Dondd H Menzel[251] 应用此模型于行星状星云, 提出 Balmer 发射线是与伴随着氢原子被中央星的紫外辐射光致电离后质子与电子的复合有关. Herman Zanstra[252]1926 年将此图景细致化, 他假定行星状星云的中央星温度约 30 000 K. 在后继的一篇论文 [253] 中, 他描述了氢的光致电离和复合过程, 其中每个能量大于 13.6eV 的光子电离一个氢原子.

丹麦天体物理学家 Bengt Strömgren[254]1939 年讨论了光致电离的重要性同电离气体区域的关系, 他解决了星际气体的电离度与到恒星径向距离的关系, 及其对气体密度和激发恒星温度的依赖问题. 电离区的半径强烈依赖于波长 $\lambda \leqslant 91.6$ nm 的电离辐射流量. Strömgren 也证明, 电离气体的范围 (常称为 Strömgren 球) 有非常锐的边缘, 同电离氢区 (称为 HII 区) 的性质符合得很好. 已发现最热的 O 型和 B 型恒星掩埋于这些电离氢区中.

1928 年, Ira Bowen[255] 终于证认出了自 1868 年发现以来困惑光谱学家的 "云 (nebulium)" 线, 它们可以同普通元素离子的低位亚稳态和基态之间现在所称的**禁戒跃迁**联系起来. 在实验室实验中之所以没有观测到这些谱线, 是因为 (实验室中的) 密度高到了足以使亚稳态被碰撞而再激发.

星际气体的这一图景完全是从光学观测得到的. 第二次世界大战以后, 射电、红外、紫外和 X 射线波段的观测变得可能, 揭示了星际介质的全部复杂性.

23.9.1　中性氢和分子谱线天文学

中性氢 21cm 谱线的预言是伴随射电天文学诞生的美妙故事之一[256]. Jan Oort 是第二次世界大战中德国占领荷兰时期莱顿天文台的台长, 天文学研讨会不得不在莱顿天文台的地下室秘密举行. 多册《天体物理学杂志》不断抵达莱顿, 在 1944 年的一期中, 包括有 Reber 的星系连续谱射电图. 下面引用 Hendrik van de Hulst 的话[256]:

> *1944 年春, Oort 告诉我: 我们应当开个 Reber 论文的讨论会; 您是否想研究一下? 顺便说说, 如果射电谱中至少有一条谱线, 射电天文学真的可能变得非常重要. 那样我们就可以像在光学天文学中那样使用银河系较差自转方法.*

van de Hulst[257] 接受了这个挑战, 并研究了原子、离子和分子能够在射电波段辐射谱线的许多方式. 最重要的预言是中性氢应当在 21.106cm 发出超精细谱线辐射, 这归因于氢原子内质子和电子的相对自旋改变时能量的微小差别. Oort 和 C Alex Muller 可能是首先探测到 21cm 谱线的人, 但第一个接收机在一场火灾中毁掉了. 首次谱线探测是 Harold I Ewan 和 Edward M Purcell[258]1951 年在哈佛大学做出的, 6 周后, Muller 和 Oort[259] 测到了同样的谱线. 首批银河系中性氢分布图和银河系自转曲线测定出现于 1952 年. 到 1953 年, 在麦哲伦云中探测到了中性氢, 1954 年, 银心的高速特征和 21cm 吸收线谱也首次测到了. 1958 年, Oort、Kerr 和 Westerhout[260] 结合他们在荷兰和澳大利亚悉尼所做的观测, 发表了他们著名的银道面中性氢分布图 (图 23.22). 中性氢在银道面上无所不在, 且远远延伸到太阳半径以外, 使测定银河系自转曲线成为可能. 太阳轨道及其以外旋转曲线非常平坦, $v(r) =$ 常数, 提示银河系的晕中存在暗物质[261].

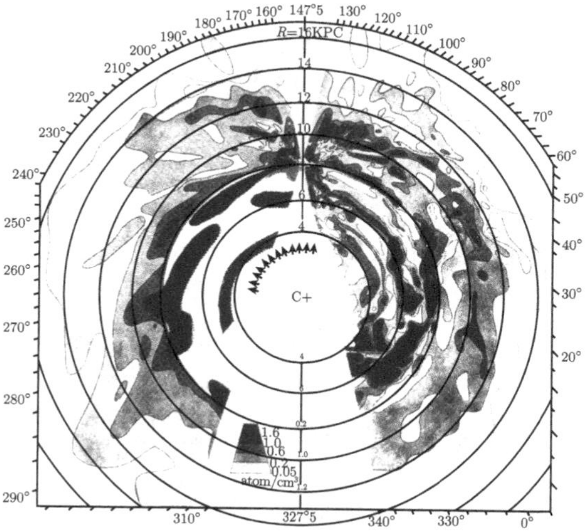

图 23.22 银道面原子氢的分布[260] 假设太阳–银心距为 8kpc. 图外面的数字表示银经. 在得到这个图时, 假设了中性氢在圆轨道上绕银心旋转, 速度由标准旋转曲线给出

早在射电天文学来临之前就知道, 星际空间存在有相当丰度的分子. CH、CH^+ 和 CN 等分子在光学波段有电子跃迁, 也熟知亮星光谱中的吸收特征与此相关. 在射电波段探测到的第一个分子是羟基 OH, 它是 1963 年在以亮射电源仙后座 A 为背景的 18cm 波长吸收中观测到的[262]. 不久后, 在 1965 年观测到羟基的发射线[263]. 惊人的是, 这些射电源都非常致密且强度可变. 亮温度 $T_b \geqslant 10^9$K 的确非常高, 意味着发射过程必定涉及某种形式的微波激射活动. 这就是大力搜寻其他星际分子的开端. 1968 年, 探测到氨 (NH_3), 第二年发现了水蒸气 H_2O 和甲醛 H_2CO. 所有这些分子都涉及某种形式的微波激射活动.

关键性的发现是 1970 年 Wilson、Jefferts 和 Penzias[264] 首次观测到 CO 分子的强度很高. CO 是最简单的分子之一, 它通过近邻转动态之间的电偶极跃迁发出谱线辐射. 因为氢分子没有电偶极矩, 预期 CO 就是能够通过其毫米和亚毫米谱线辐射探测到的最丰富的分子, 并且可以作为分子氢分布的示踪物. 从那时起, 已知存在于星际介质中的分子种数就迅速增加, 现在已经探测到 100 多种不同的分子, 包括某些奇异的乙炔链和某些在实验室中不稳定但能在星际空间低密度条件下存活的分子.

星际分子的发现之所以惊人是因为人们一直假设, 弥漫星际介质中的紫外辐射会瓦解除束缚最紧之外的任何分子. 这一论证忽略了保护分子免受紫外辐射的尘埃的屏蔽作用. 分子气体存在于全银道面, 在绘制其首批分布图后就发现, 大部分分子都属于**巨分子云**, 其典型质量约为 $10^6 M_\odot$. 到 20 世纪 70 年代晚期就已明确, 这些云包含大量小尺度结构, 它们是恒星形成的地方. 巨分子云对毫米波和亚毫米波辐射透明, 所以狭窄的分子谱线是它们内部动力学的优良探针. 这么多不同分子品种的存在和星际尘埃的高密度产生了**星际化学**这个新分支学科[265]. 为了理解在分子云中现在观测到的许多分子的存在和丰度, 需要理解气相反应和发生在尘粒表面的分子过程.

23.9.2 多相星际介质

弥漫星际介质的理论是 Lyman Spitzer 在 1948 年开始的系列论文的主题. 1950 年, 他和 Malcolm Savedoff[266] 详细研究了弥漫星际气体中的加热和冷却过程. 除了证实 Eddington 和 Strömgren 的结果外, 他们还证明, 弥漫介质的温度取决于宇宙线电离损失加热和形成 CI、CII 和 SiII 低电离态的热吸收之间的平衡. 得到的弥漫星际介质的典型温度约为 60K. 这样低的温度在几年后通过观测中性氢 21cm 谱线得到证实.

剩下的问题是约束冷中性氢云的问题, 这个问题被 Field、Goldsmith 和 Habing[267] 在 1969 年漂亮地解决了, 他们考虑了被星际高能粒子加热的介质的热稳定性. 1965 年, Field[268] 详细研究过不同天体物理情况下的热不稳定性, 并证明在 100~3000K 的温度范围内没有热稳定相. 组成稳定相的是同 $T\approx$20K 的低温气体处于压强平衡的 $T\approx$8000K 的低密高温气体. 这幅图景后来逐渐称为星际介质的**两相模型**. 弥漫中性氢云的导出温度太低, 一个解决办法是, 星际碳 (气体的主要冷却剂之一) 因锁定在尘粒中而相对于其宇宙丰度被稀化.

弥漫星际介质的这幅图景很快就面对了 1972 年发射的 “**Copernicus 号**” 紫外分光卫星的观测. 证实了星际介质中重元素化学丰度相比于其宇宙丰度的稀化[269]. 通过观测热星方向的 OVI 吸收线探测到了介质中非常热的成分[270]. 在被红化恒星的方向也探测到了分子氢, 并发现消光越大, 分子氢的柱密度越大, 提示其形成是被尘粒催化的[271].

星际介质中软 X 射线背景的发现使这幅图景更为复杂[272]. 这些观测显示出在 X 射线辐射强度和中性氢的柱密度之间存在很强的反相关, 推论是软 X 射线受到星际中性氢的光电吸收. 尽管有吸收, 这也是清楚的证据, 表明存在着来自星际介质的弥漫软 X 射线背景辐射. 1974 年, Cox 和 Smith[273] 对这种成分提供了令人信服的解释. UHURU 卫星证明, 超新星遗迹是 $1\sim10$keV 波段的强 X 射线源, 这可以很自然地解释为在超新星爆发中被加热到很高温度气体的韧致辐射. Cox 和 Smith 发现, 银河系中超新星出现得足够频繁, 冷、热的超新星遗迹彼此重叠, 并通过渗透造成一系列通过星际介质的热气体通道. 中性和炽热气体局地分布的详细研究提示, 太阳位于一个半径约 50pc 的局地热气体洞中, 这个洞可能是一百多万年前由一次超新星爆发形成的[274].

这些想法被综合成一幅**激变星际介质**的图景[275]. 10^6K 的非常热的成分, 约 10^4K 的热中性气体和约 100K 的冷弥漫介质大致处于压强平衡, 但除此之外还有巨分子云. 这种介质不断受到超新星爆发的冲击, 可能引起巨分子云的形成和冷却. 气体也能受到旋臂引力作用的强扰动.

23.9.3 恒星形成

1945 年, Alfred Joy[276] 引起人们注意金牛座 T 型星, 这是一种嵌埋于尘埃和气体云中的变星. 虽然在它们的光谱中有明显的发射线, 但这些发射线叠加在吸收线光谱上, 后者与质量大约与太阳相仿的恒星的吸收线光谱一致. 1947 年, Victor Ambartsumian[277] 论证说, 金牛座 T 型星是形成过程中的小质量主序星, 1952 年, George Herbig[278] 提出它们处于主序上方. Merle F Walker[279] 通过研究极年轻的星团 NGC2264 证明这些想法是正确的. 除了明亮的 O 和 B 型恒星外, Walker 研究了金牛座 T 型星并证明它们处于主序上方 —— 他把金牛座 T 型星解释为向主序收缩的恒星.

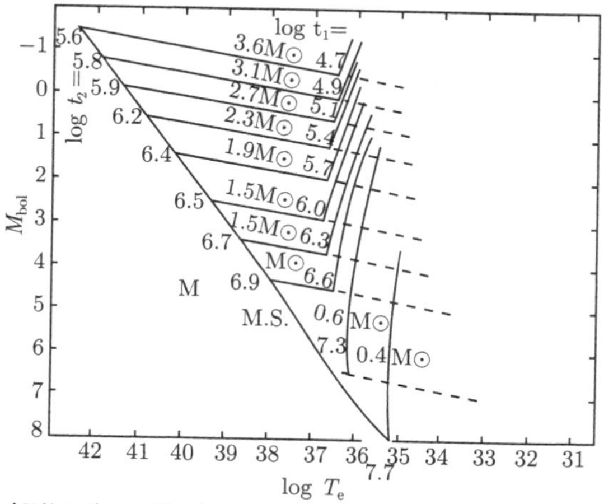

图 23.23 引力收缩时不同质量恒星的 Hayashi 演化迹线和年龄[280]; 时刻 t_1 和 t_2 表示转折点和恒星进入主序点时以年为单位的年龄

Walker 用来研究主序前星演化的模型假设当恒星向主序准静态地收缩时恒星内部的能量转移是通过辐射进行的. Chushiro Hayashi[280] 在 1961 年证明这一结论并不正确. Hayashi 的分析涉及恒星准静态模型的稳定性, 其中能量转移是通过对流而非辐射. 他已经研究过巨星支上恒星的稳定性, 并证明当对流能量转移遍及整个恒星时, 恒星模型有一个极限轨迹. 这个 **Hayashi 极限**将最后停止红巨星包层的膨胀. Hertzsprung—Russell 图上恒星的 Hayashi 迹线是几乎垂直的, 并且出现于图右端 $T \backsim 3000 \sim 5000$K 的低表面温度区. Hayashi 迹线右边的恒星没有准静态解. 更确切的说, 恒星沿 Hayashi 迹线向下演化直到随着中心温度的升高而使能量的辐射转移变为更重要的过程. Hayashi 在其著名论文中绘制的不同质量恒星演化程的例子示于图 23.23. Hayashi 证明, 金牛座 T 型星正好处于 Hertzsprung—Russell 图上由他的演化程所限定的区域内.

已经很明显, 恒星形成与其中有大量尘埃的气体云有关, 但只是当 1965 年 Eric Becklin 和 Gerry Neugebauer[281] 在猎户座星云发现了他们相信是红外原恒星的天体时, 尘埃在恒星形成过程中的核心角色才得到确认. 在他们先驱性的 2.2μm 观测所发现的源中, 有一个未证认的源在第二年被他们证明温度为 700K, 远低于最冷恒星的表面温度. 尽管用单元探测器来绘制恒星形成区的图像非常耗时, 还是在恒星形成区发现了一些强的致密远红外源. 其中一些证实有非常高的远红外光度 $(10^3 \sim 10^5 L_\odot)$. 要证明像 Becklin-Neugebauer 天体这样的天体的确是原恒星是极其困难的. 它很有可能是已经形成的 O 型或 B 型星, 但仍深埋于诞生它的致密多尘分子云中, 而不是从原恒星的引力坍缩获得能量的天体.

1983 年发射的卫星 IRAS 对这些研究作出了最重要的多方面贡献. 这些观测毋庸置疑地证实了尘埃在恒星形成中的重要性[189]. 尘埃的作用像一个转换器那样, 吸收原恒星和年轻星体的光学和紫外辐射, 然后在尘埃被加热到一定的温度就将已吸收的能量再辐射出去. 这已证明是去除吸积到原恒星上物质引力束缚能的极有效手段, 因为恒星包层对于远红外波段的辐射是透明的. 在恒星形成区不仅发现了高光度的远红外源, 而且也发现了光度为 $1 \sim 100 L_\odot$ 的低光度源, 它们可能是太阳质量恒星的前身星. 该卫星最重要的早期发现之一是在年轻恒星周围探测到尘埃盘, 行星可以解释为就是从其中的物质产生的.

恒星形成的理论是当代天体物理学最有争议的领域之一, 因为在从巨分子云中的密度增高演化为发育完全的主序星的过程中, 不能再假设恒星处于准静态. 早在 1902 年, James Jeans[282] 就求得了引力坍缩的条件, 那就是引力应当超过与云内压强梯度相关的抵抗坍缩的力, 这称为坍缩的 **Jeans 判据**. 在足够大的尺度上, 引力总是主导力. 在该理论的近代形式中, 坍缩的云会在坍缩时变热, 但只要该云对于辐射是光学薄的, 它就可以通过辐射而冷却. 一旦云对辐射变为光学厚的, 它就开始热起来, 坍缩的细节必须通过计算机模拟得到. 其中最早的是 1969 年由 Richard Larson[283] 所做的计算, 他证明在坍缩云内会形成一个致密核, 而恒星就是通过物质吸积到核上形成的. 他证明尘埃包层会吸收光学和紫外辐射, 产生 Becklin 和 Neugebauer 刚发现的那种类型的源. 这些思想导致 1980 年由 Frank Shu 及其同事[284] 描绘的恒星形成标准图景. 原恒星的核进入流体静态平衡, 物质通过吸积激波被吸积到核上. 吸积物质的束缚能释放为在尘埃包层中被吸收的辐射, 包层的温度不能大于约 1000K, 否则尘粒将会蒸发. 尘埃壳层将把吸收的能量在远红外波段辐射掉.

然而, 实际情况一定比这要复杂得多. 20 世纪 70 年代晚期, 年轻恒星体在毫米波段被绘制成图, 并且有迹象显示在源 L1551 中分子气体没有下落, 而是看来在以现在称为**双极外流**的形式从源中被拉出[285]. 这些分子外流的速度达到约 150km/s, 从恒星抽走很大的动量和能量流, 总能量相当于 $10^{36} \sim 10^{40}$J. 这些外流据信是年轻恒星体 (包括 Herbig-Haro 天体、高速水微波激射源、激波激发的分子氢和光学可见喷流) 附近看到的各种高能现象的原因. 这些外流的起源尚未确知, 但只要有原恒星或年轻恒星体, 看来就可以发现它们.

23.10 星系和星系团的物理学

23.10.1 星系

星系质量的范围从质量只有约 $10^7 M_\odot$ 的系统到超巨椭圆星系, 其中最极端的情况质量可大到 $10^{13} M_\odot$. 矮星系是 20 世纪 30 年代 Zwicky[286] 通过用帕洛马 18in Schmidt 望远镜的观测证认出来的. 尽管有一些变化, 单位体积中所有类型星系的光度分布可以很好地用 1976 年由 Paul Schechter[287] 引入的光度函数来表示

$$\phi(L)\mathrm{d}L = AL^{-\alpha}\exp(-L/L^*)\mathrm{d}L$$

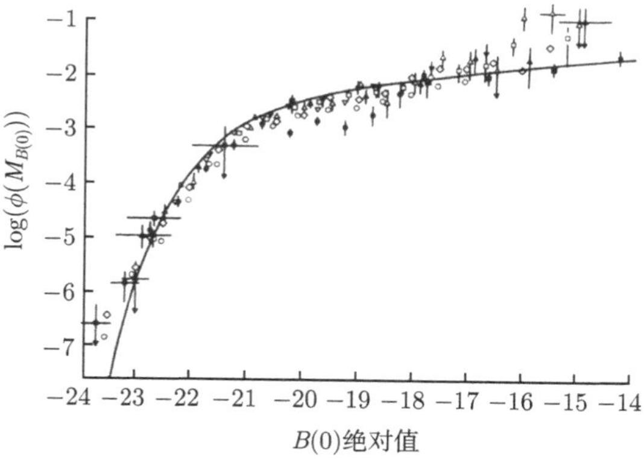

图 23.24 1977 年 Felten[288] 从大量不同星系巡天的数据中导出的星系光度函数. 曲线显示 Schechter 函数对数据的最佳拟合

1977 年, James Felten[288] 调查了大量的星系光度函数测定结果, 显示它们全都可以相当好地由 Schechter 提出的函数描述 (图 23.24). L^* 对应光度函数在转折

点的值, $L^* \approx 10^{10}L_\odot$. 指数 α 的值约为 0.25, 显示光度函数有一长尾延伸到矮星系. 银河系的光度约 $0.5L^*$, 所以是一个在统计样本中发现的典型旋涡星系, 但绝不意味着它属于已知最亮的星系之列.

星系的质量分布对于星系物理研究特别重要. 从观测上说这是很费力的事情. 好在自 20 世纪 70 年代晚期以来移像管和 CCD 探测器的应用, 大大地提高了长缝摄谱仪获取二维光谱的能力. Rubin 及其同事[289] 开始用非常长的狭缝对星系旋转曲线进行系统研究, 这使得测量遍及整个星系的旋转曲线成为可能, 窄发射线成为速度场的优越示踪物. 这个工作补充以中性氢 21cm 谱线的观测, 能把旋涡星系的旋转曲线测定到比光学观测大得多的径向距离.

两类观测都显示, 在星系外区速度曲线一般非常平, $v_{\rm rot}=$ 常数, 远至旋转曲线能够测定处. 由此可知, 如果质量分布取球对称, 则有 $M(<r)\propto r$, 即半径 r 以内的总质量随中心距线性增加. 这个结果与旋涡星系面亮度随中心距的变化成强烈对照, 后者下降得比 r^{-2} 快得多. 星系物质的质光比在旋涡星系的外区必定剧烈增加. 表达这一结果的通常方式是说, 星系晕中必定存在着大量的**暗物质**. 对于巨旋涡星系的典型数字是, 它们必定含有可见物质 10 倍那么多的暗物质. 从椭圆星系中球状星团的研究[290] 和 X 射线面亮度的分布[291] 也得到了类似的结果.

1973 年 Ostriker 和 Peebles[292] 给出了旋涡星系周围存在暗物质晕的一个天体物理论证. 他们指出, 除非存在一个包含系统质量很大部分的晕的稳定作用, 旋转盘会受制于棒不稳定性. 他们的稳定性判据是, 盘的有序动能 $T_{\rm orb}$ 同总势能 $|U|$ 之比应当小于 0.14, 这个结果已被后来的分析证实. 旋涡星系周围的暗物质晕使得星系盘稳定化.

23.10.2　星系团

星系的成团出现在很大范围的物理尺度上, 从只含少数星系的小群到巨大的星系团和超星系团. 星系的成团特性 1969 年由 Totsuji 和 Kihara[293] 用相关函数定量化, 这种方法由 James Peebles 及其同事[294] 在 20 世纪 70 年代发表的系列重要论文中大力发展起来的. 星系的两点相关函数可以写为

$$N(r){\rm d}V = N_0[1+\xi(r)]{\rm d}V,$$

式中, $N(r)$ 为离任一给定星系径向距离 r 处的星系数密度; $\xi(r)$ 描述在距离 r 找到一个星系 (超过均匀分布 N_0) 的逾量概率. 函数 $N(r)$ 可由一个幂函数 $\xi(r)=(r/r_0)^{-\gamma}$ 描述，式中 $\gamma=1.8$ 而 $r_0\approx$8Mpc. 这个函数在从约 200kpc 到 10Mpc 的尺度上很好地表示了星系的成团性. 在明显大于 10Mpc 的尺度上, 该函数随物理尺度的增加更为迅速地减小.

事实上, 星系的分布比这复杂得多. 在 20 世纪 70 年代, Peebles 及其同事用利克星系计数证明, 在大于星系团的尺度, 星系分布呈现出纤维、胞腔状[294]. 图

23.25 显示了由 Margaret Geller、John Huchra 及其同事进行的 14 000 多个亮星系红移巡天中得出的近域星系分布. 假如近域宇宙中星系分布是均匀的, 点子就会在图上均匀分布. 可以看出, 存在一些大的 "巨洞", 其中近域星系数密度显著低于平均值, 也存在一些长的星系 "纤维". 图 23.25 中看到的巨洞的尺度约为星系团尺度的 30~50 倍. Richard Gott 及其同事[295] 证明, 星系大尺度分布的拓扑是 "海绵状". 海绵物质代表星系而巨洞则代表大的星系稀少区. 在整个近域宇宙中巨洞同星系连续地相接. 这就是宇宙中已知最大的结构. 把星系大尺度分布中的宏观不规则性同宇宙微波背景辐射的惊人平滑性协调起来, 乃是一个重大的宇宙学问题.

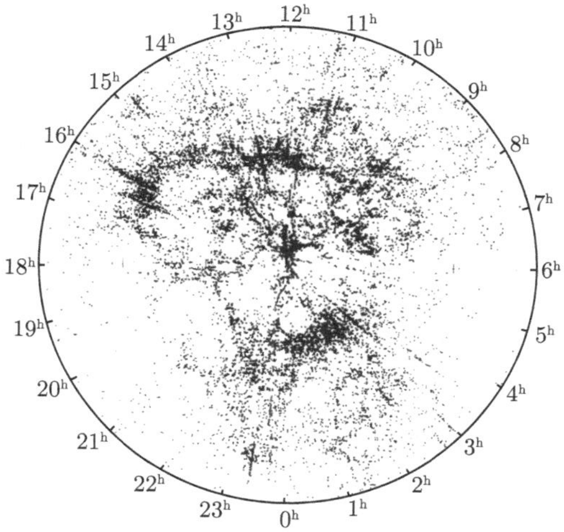

图 23.25 从 Harvard-Smithsonian 天体物理中心星系巡天得出的近域宇宙星系分布. 该图含有 14 000 多个星系, 形成一个赤纬 δ=8.5° 和 44.5° 之间环绕天空的完备统计样本. 银河系处于图的中心, 边界圆的半径为 150Mpc. 这个环天切片内的星系被投影到一个平面上以显示星系分布的大尺度特征. 内部速度弥散约为 1000km/s 的富星系团是引力束缚系统, 显示为一些 "手指" 径向地指向位于此图中心的银河系

最富星系团 (如后发座星系团) 的**穿越时间**$t_c = R/v$ 远小于宇宙年龄. 在这个表达式中, v 是团中星系的平均速度, R 是团的特征尺度. 于是, 这样的星系团肯定在引力作用下已经达到统计平衡状态. 所以我们能够有把握地将**位力定理**[141] 用于这些星系团来求得它们的质量. 星系团的质量可达 $3\times10^{15}M_\odot$, 远大于从星系光度推出的值. 这些观测提供了星系团中存在暗物质的无可争议的证据.

UHURU X 射线天文台最重要的发现之一是某些富星系团是强 X 射线源. 在后发团这样的星系团中, X 射线辐射是弥漫的且充满团的核心[296]. 这种辐射已经令人信服地证认为团内炽热气体的韧致辐射. 可靠的证据是 Ariel-V 卫星从这种气体中发现了非常高次电离的铁 Fe XXV 和 Fe XXVI 在 8keV 的发射线[297]. 团内气体对团的总质量做出了显著贡献, 但和使得团达到引力束缚所需相比仍小一个量级. 来自团内气体铁发射的观测表明, 星系内恒星中产生的铁必定已经散布到团内介质中.

星系团中存在 X 射线发射气体的一个后果是, 热电子会散射穿过星系团的宇宙微波背景辐射的光子. 这种过程是 1969 年由 Sunyaev 和 Zeldovich[298] 首次描述的, 其中, Compton 散射将背景辐射的低能光子散射到较高的能量. 结果是, 背景辐射的 Planck 谱移动到稍高的能量, 造成黑体谱 Rayleigh-Jeans 区中星系团方向背景辐射强度的减小. 对于富星系团, 这种 Sunyaev-Zeldovich 效应大约只有背景强度的 1/3000, 但只是在困难地观测多年以后, 才由 Birkinshaw 及其同事[299] 在 1990 年观测到.

星系团动力学演化的最简单图景开始是假设可以将星系看成质点. 当原星系团进入坍缩时, 建立起大的引力势梯度, 因为坍缩不大可能是球对称的, 星系系统在这些大尺度扰动的影响下弛豫. 这种过程在 1967 年首次由 Donald Lynden-Bell[300] 描述, 称为**剧变弛豫**. 他证明, 在这些大势能梯度的影响下, 团中的星系迅速达到平衡位形, 其中各种质量的星系具有同样的速度分布, 这与团中不同质量星系的速度观测一致. 在剧变弛豫过程中, 系统会丢掉其动能的一半, 星系团最终成为束缚态并满足位力定理.

正如 Maxwell 粒子气体的情形一样, 星系可以交换动能, 但现在是通过引力交会. 和气体中粒子的情况不同, 交会很不频繁, 但统计上结果相似, 即星系趋向能量均分, 使得质量较大的星系变慢而移向团心. 这种减速过程称为**动力学摩擦**, 是 Chandrasekhar[301]1943 年针对星团动力学演化的情形首次讨论的. 这一结果提示我们, 在规则的弛豫星系团中, 为什么总是在其中心找到质量最大的星系.

星系的有限尺度也有重要的后果, 正如在特殊和相互作用星系的情况一样, 强大的潮汐力能够导致星系瓦解, 特别是大星系倾向于瓦解和吃掉较小的星系. 这种过程是 1975 年由 Ostriker 和 Tremaine[302] 描述的, 常称为**星系吞食**, 可能对于星系团特别重要. 星系吞食过程对许多最富星系团的中心观测到的巨椭圆星系的起源似乎提供了一种很好的解释.

23.11　高能天体物理学

23.11.1　射电天文学同高能天体物理学

射电天文学早期历史的一个重要结果是银河系的射电辐射被证认为超高能电子的同步辐射. 1952 年, Shklovsky[303] 提出, 同样的机制可以说明蟹状星云 (1054 年超新星遗迹) 连续辐射的射电和光学性质. 这个假说的一个推论是, 该星云的光学连续辐射应当是偏振的, 1954 年 V A Dombrovski 和 M A Vashakidze 发现了这个现象, 并被 Oort 和 Walraven[304] 在 1956 年证实, 后者使用了 1955 年 Baade 用帕洛马 200in 望远镜拍摄的第一流底片. 1956 年, Baade[305] 证明近邻巨椭圆星系 M87 的著名喷流是偏振的, 这可以解释为是光学同步辐射的另一个例子.

1954 年 Baade 和 Minkowski[159] 将射电源仙后 A 证认为一个年轻超新星遗迹, 并将天鹅 A 证认为一个遥远星系具有极为重要的意义. 假设仙后 A 的射电辐射是同步辐射, 巨大流量的甚高能电子就必须在超新星遗迹中被加速, 这是 1934 年 Baade 和 Zwicky 论文[83] 预示的想法. 同样惊人的是, 射电星系天鹅 A 的射电光度非常高, 要比银河系大一百万倍以上, 因而它必须是大量相对论物质的源泉. 然而射电辐射并不源自星系本身. 1953 年, Jenison 和 Das Gupta[306] 在焦德雷班克天文台用干涉技术证明, 射电辐射来源于分处射电星系两侧的两个巨瓣 (图 23.26). 因此, 射电星系不仅必须将大量物质加速到相对论能量, 而且必须把这种物质以相反方向抛入河外空间.

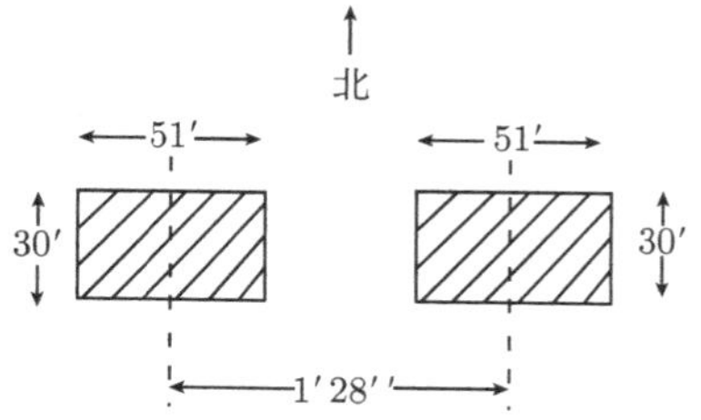

图 23.26 Jenison 和 Das Gupta[306] 从 125MHz 射电干涉观测重建的射电源天鹅 A 的射电结构

为了精确估计需要多少能量才能产生观测到的同步辐射流, Geoffrey Burbidge[307] 求出了在源区必须存在的高能粒子和磁场的最小能量. 这些能量是巨大的, 在某些射电源中相当于 $10^6 M_\odot$ 的静质能. 必须找到能将星系静质能的相当大部分转化到高能粒子和磁场中的某些天体物理机制.

23.11.2 类星体及其近亲的发现

这些射电天文发现激发了人们浓厚的天文学兴趣和建造射电望远镜的投入. 与射电源成协的许多天体都是暗弱星系, 所以需要有精确的射电位置才能在许多无关的恒星和星系中找出这些成协的天体. 人们发现许多银河外射电源都与已知最大质量和光度的星系成协, 所以能够在高红移处观测到它们. 那个时代最高红移 $z = 0.48$ 的星系是 Rudolf Minkowski[308] 1960 年发现的射电星系 3C295.

到 1962 年, Matthews 和 Sandage[309] 已将 3 个最亮的射电源 3C48、196 和 286 证认为具有陌生光谱的未知类型 "恒星". 突破是在 1962 年取得的, 那时 Cyrial Hazard[310] 在澳大利亚用**月亮掩食法**非常精确地测定了源 3C273 的射电位置. 这个射电源被证认为貌似一颗 13 等的恒星. 同年, Maarten Schmidt[311] 获得了 3C273 的光学谱, 并证认出氢的 Balmer 线系, 但红移到了 $z = 0.158$—— 这肯定不是一颗普通恒星. 3C273 是极活跃星系核的第一个例子, 其光学光度约比我们银河系这样的星系大 1000 倍. 搜寻哈佛底片挡案显示, 3C273 的巨大光度以年的时标变化[312]. 在河外天文学中以前从未观测到这样的东西, 它们被称为**类星射电源**, 一年后简称为**类星体**.

这些惊人发现含义的首批讨论之一, 是在 1963 年达拉斯举行的第一次得克萨斯相对论天体物理讨论会上进行的[313]. 光学和射电天文学家第一次同理论天体物理学家, 特别是广义相对论学者聚到一起. 这次会议最重要的结论也许是认识到, 类星体必定涉及强引力场, 所以广义相对论必定在理解其性质时起关键作用. 在闭幕晚餐上 Gold 评论说[313]:

> 每个人都很高兴: 相对论学者感到他们得到承认, 在一个他们绝非新涉足的领域突然成了专家; 天体物理学家高兴的是, 通过并吞另一个主题 —— 广义相对论扩大了他们的领地, 他们的帝国.

有一段时间, 人们关心类星体的红移是否真的具有宇宙学起源. 它们巨大光度的短时标变化似乎如此极端, 以致一些天文学家, 其中最著名的是 Fred Hoyle、Geoffrey Burbidge 和 Holton Arp[314], 提出类星体实际上是相当近的天体. 虽然进行了广泛讨论, 但这个假说从未得到广泛支持, 主要是因为对于 1965 年就已经到了 $z = 2$[315] 的类星体红移的起源没有可预期的其他令人满意的解释.

在许多方面, 类星体发现得都太早. 后来才明白它们属于现在称为**活动星系核**的最极端的例子. 这类天体的最初例子是 20 世纪 40 年代 Carl Seyfert[316] 发现的, 他研究了具有类恒星核的旋涡星系的光谱. 他发现它们具有非常强而宽的 Balmer 线和禁线, 得出的 Doppler 展宽对应的速度为 8500km/s. 这些谱线完全不像银河系 HII 区的谱线. 此外, 核心的连续辐射谱不像星光的光谱, 而是非常平滑.

Seyfert 的先驱性工作直到 20 世纪 60 年代前基本上没有人注意.1963 年, 即刚好在确立类星体位于银河系外之前, E Burbidge、G Burbidge 和 Sandage[317] 发表了一篇题为 "星系核中存在剧烈事件的证据" 的论文, 综述了有关星系核中活动的广泛证据. 到这时人们才普遍接受, 这些射电源核心常常发现的平滑连续辐射是同步辐射. 类星体的射电宁静对应物是 1965 年由 Sandage[318] 发现的. 1968 年发现 Seyfert 星系核的连续辐射也可变[319], 使得类星体和 Seyfert 星系核之间的相似性得到加强. 人们逐渐看出, 有一个星系核中高能活动的连续系列, 从我们银河系中心这样的弱核到类星体这种最极端的例子, 其中星系的星光完全被来自核心的强大的非热辐射压倒. 活动星系核最极端的例子是蝎虎座 BL 天体 (BL Lac), 它是 1968 年由 McLeod 和 Andrew[320] 作为极致密且可变的射电源发现的.

23.11.3 广义相对论和活动星系核的理论

与观测天文学的这些发现相平行, 对广义相对论不仅在宇宙学中, 而且也在大质量恒星最终命运中作用的理解也取得了重大进展. 广义相对论中质点场方程的严格解是在 1916 年, 即 Einstein 发表广义相对论后的第二年, 由 Karl Schwarzschild[321] 求得的. Schwarzschild 对质点的度规 (即著名的 **Schwarzschild 度规**) 含有两个奇点 (一个在 $r = 0$, 另一个在距离 $r = 2GM/c^2$) 的事实没有置评. 第二个奇点并不是真正的物理奇点, 而是与 Schwarzschild 写度规时选择的坐标系有关. 这个结果由 Kruskal[322] 在 20 世纪 50 年代中期证明但在 1960 年才发表. 然而 $r = 0$ 处的奇点是时空中真正的物理奇点.

近代天体物理学中这个转折点的象征是 1963 年 Roy Kerr[323] 发现 **Kerr 度规**, 它描述一个旋转黑洞周围时空的度规, 是 Schwarzschild 解的推广. 1965 年, Newman 及其同事[324] 通过解联立的 Einstein 和 Maxwell 方程, 对于有限荷电系统的情况发现了 Kerr 度规的进一步推广. 只是后来才认识到, 这个度规描述的是带有限电荷的旋转黑洞. Kerr 度规依赖于黑洞的质量和角动量. 1971 年, Brandon Carter[325] 证明, 不带电的轴对称黑洞唯一可能的解是 Kerr 解, 1972 年 Stephen Hawking[326] 证明, 所有稳态黑洞必定或者是静态的或者是轴对称的, 所以 Kerr 解的确包括了所有可能形式的黑洞. 这些定理导致了广义相对论中有关坍缩天体命运的重要结论. 无论一个天体及其性质在坍缩到黑洞前有多么复杂, 除了质量、电荷和角动量以外的所有其他性质都会在坍缩过程中辐射掉, 这个结果常被称为黑洞的**无毛定理**. 因此, 作为恒星演化的终点, 黑洞是简单得惊人的天体. 要注意的是这些定理只适用于孤立的黑洞. 虽然黑洞不能具有磁偶极矩, 但只要它们坚实地与外部介质相联, 磁场就能穿入黑洞之中.

作为引力坍缩的结果是否必定有物理奇点, 是相对论学者面对的关键问题之一. 一些相对论学者论证说, Schwarzschild 解中的奇点是特例, 一般情况下, 奇点的存在可能依赖于坍缩进行的初条件. 这个问题在 1965 年由 Roger Penrose[327] 解决, 他非常一般地证明, 一旦形成光不能向外逃逸的面 (即所谓**封闭俘获面**), 该面内部就不可避免地有一个奇点. 同样的方法被 Hawking 和 Penrose[328] 应用于整个宇宙, 使他们在 1969 年能够证明, 按照经典广义相对论, 宇宙热大爆炸模型的原点处有一个奇点是不可避免的.

从天体物理学的观点看, 黑洞研究最重要的结果, 正如 1967 年 Wheeler 给它们的名称那样, 与黑洞附近物质的行为, 以及当物质从无穷远落入黑洞时能够释放出的极大引力束缚能有关. 球对称黑洞的 Schwarzschild 半径 $r_{\rm g} = 2GM/c^2$ 是无限红移面, 意味着从该面发出的辐射在无穷远处观测到的波长为无穷大. 在这类黑洞周围还有一个半径为 $3r_{\rm g}$ 的最后稳定圆轨道. 一个落入黑洞的质量元能够释放的能量相当于其静质能的约 6%. 对于最大旋转的 Kerr 黑洞, 无限红移面收缩到 $r_{\rm g} = GM/c^2$, 在共转轨道的情况下, 落入的物质能够释放达 42% 的静质能. 黑洞的旋转能量也可取出, 1969 年, Penrose[329] 证明, 最大旋转黑洞静质能的 29% 可以为外部宇宙所用. 这些结果表明, 物质吸积到黑洞上是潜在的极强能源 —— 核能, 比方说, 却只能释放物质静质能的约 0.7%[330].

类星体刚一发现, 文献中就涌现出过量的理论, 它们全都试图说明其光度在短时标内的巨大变化. 1964 年, Zeldovich 和 Novikov 在莫斯科, Salpeter 在康乃尔[331] 指出, 物质吸积到黑洞上是非常强的能源. 物质极不可能直接落入黑洞, 因为它必定会获得一些角动量从而形成一个吸积盘. 能量的释放与物质将其角动量向外转移时的摩擦能量损失有关. 1969 年, Donald Lynden-Bell[332] 对黑洞周围的薄吸积盘进行了首次分析, 证明了它们原则上如何能说明那时已知的最极端的活动星系核. Lynden-Bell 假设, 黑洞是 Schwarzschild 变种, 但 Bardeen[333] 在 1970 年指出, 因为下落物质携带角动量, 所以黑洞可能是有角动量的. 能量释放因而较大, 可达下落物质静质能 42% 的极限. 1973 年, Nilcolai Shakura 和 Rashid Sunyaev[334] 发表了黑洞周围吸积盘的详细模型, 他们证明, 尽管负责向外转移角动量的黏滞性的本质和盘内的能量耗散还理解得不好, 但薄吸积盘的许多性质却与黏滞性无关. 由吸积盘为活动星系核提供燃料的吸积模型, 已变为活动星系核模型较有前途的类型之一.

这些研究最重要的方面之一, 是测定活动星系核中黑洞的质量. 早在 1964 年, Zeldovich 和 Novikov[335] 就指出, 类星体的质量必定非常大, 因为 Eddington 极限要求任何源的光度不能大于 $1.3\times10^{31}(M/M_\odot)$W. 既然 3C273 的光度至少为 10^{40}W, 显然其能源的质量必须大于 $10^9 M_\odot$.

类星体的光学连续谱大约为幂律形式且有偏振, 这意味着发射机制可能是同步辐射. 这种辐射是来自核附近云的强发射线的激发源. 连续谱的幂律形式具有如下优点, 即预期在云中会有范围宽广的不同电离状态, 这与观测是一致的. 这幅图景被 20 世纪 70 年代后期和 80 年代前期国际紫外探索者卫星 (IUE) 对类星体和活动星系的观测所证实. 在 IUE 的大规模联测中, 发现了核区连续紫外辐射的变化同宽线谱强度相关的直接证据. 发现了核中紫外连续谱爆发与周围云的激发之间的延迟. 在 NGC4151 中, 这个延迟相应于约 10 天, 所以宽发射线区到核心的距离只能有大约若干光天[336]. 把这个尺度同 Doppler 展宽预示的云转动速度结合起来, 可求得中心能源的质量约为 10^9 $M_\odot$.

1986 年, Wandel 和 Mushotzky[337] 分析了已知是强 X 射线变化源的类星体和 Seyfert 星系的光谱. 他们从动力学和因果性论据估计了中心天体的质量, 得到很好的符合, 而且源的光度都明显小于相应的 Eddington 光度 (图 23.27). 这样, 对这些活动星系和类星体, 只要假设终极能源是核中的超大质量黑洞, 要说明它们的极端光度和短时标变化, 原则上就没有问题了.

从一般的观点看, 类星体和活动星系核含有超大质量黑洞的情况相当有说服力, 但要构建一个能够说明其所有特性的成功模型却远非易事. 随着盘光度的增加, 薄盘近似基本失效. 1978 年, Marek Abramowicz 及其同事[338] 提议尝试构建一个可应用于活动星系核的自洽厚盘模型, 其中环面被压平到这样的程度, 以致沿环面的轴会形成两个漏斗, 据信这与观测到从许多活动核抛出的喷流形成有关. 这些厚环面的问题是它们整体不稳定. 1984 年, Papaloizou 和 Pringle[339] 证明, 厚盘最不稳定的模式具有非轴对称和整体的特性.

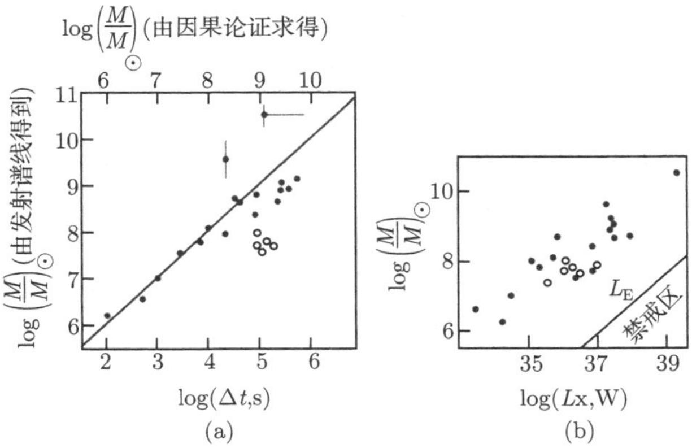

图 23.27 (a) 从活动星系核 X 射线辐射变化估计的质量和从动力学估计的质量相比较; (b) 导出的质量和光度与 Eddington 极限光度 $1.3\times10^{31}(M/M_\odot)$W 的比较. 所有天体都绰绰有余地处在 Eddington 极限以下

23.11.4 活动星系核中的非热现象

活动星系核的非热性质及其变化的短时标提出了许多问题. 1966 年, Hoyle、Burbidge 和 Sargent[340] 证明, 类星体很容易遭受所谓的 "**逆 Compton 灾难**". 如果可变的光学辐射是同步辐射, 辐射的能量密度是如此之大, 以致在产生强 X 射线和 γ 射线通量的过程中, 相对论电子因光学光子的逆 Compton 散射损失的能量大于因首先产生光学辐射而损失的能量. 有一个约 10^{12}K 的临界亮温度, 超过这个温度辐射损失就偏向于逆 Compton 散射而非同步辐射. 在 1966 年的一篇极富预见性的论文中, Martin Rees[341] 阐明在源成分以相对论速度移出核区的情况下, 这些问题就可以得到克服. 有几个不同的效应对缓解这些模型中的问题有贡献, 包括可增加源观测光度的 Doppler 效应, 以及可以使源显现得比实际大的光行差效应.

在 20 世纪 60 年代后期和 70 年代前期, 绘制了河外射电源的首批高分辨射电图, 从此开始揭示其射电结构的细节. 这些图中特别有趣的特征, 是在双射电结构的前导沿观测到的 "热斑". 这些热斑必定是暂时现象, 须通过粒子束或喷流从活动星系核不断得到能量供应. 该模型的不同版本[342]1971 年由 Rees 和 1974 年由 Peter Scheuer 提出, 连续流模型的一般图景仍然是说明射电扩展源射电辐射的最优图景.

考虑在许多不同天体物理环境中高能电子存在的困难之一是, 随着相对论粒子气体的膨胀, 它会绝热地损失能量. 因此, 在如仙后 A 这样的超新星遗迹中, 如果发出射电的电子是在初始爆发中注入的, 它们会在遗迹的绝热膨胀中失去所有的能量. 在说明射电扩展源中观测到的相对论电子流时也遇到类似的问题.

1977 年和 1978 年, 一些独立的作者[343] 证明, 激波中的**一阶 Fermi 加速**是加速粒子和产生幂律能谱的极有效的机制. 如果有高能粒子存在于激波附近, 它们将在激波中来回散射, 在每个方向的每次穿越中, 粒子获得能量的相对增加量级为 $v/c, v$ 为激波的速度. 粒子有一定的概率通过对流随波而下从加速区失去. 不难证明, 这两种互相竞争的效应导致了幂律能谱的形成, 其形式为 $N(E)\mathrm{d}E \propto E^{-2}\mathrm{d}E$. 这个过程的美妙之处在于, 它只依赖于强激波的存在. 所以, 在有强激波的超新星壳层中和喷流与星际或星系际介质之间的界面处, 这种机制提供了加速所需高能粒子的手段, 但仍留有一些尚未解决的问题 —— 经证实很难获得比 $N(E)\mathrm{d}E \propto E^{-2}\mathrm{d}E$ 更陡的能谱, 而且在应用于超新星遗迹时, 不能使粒子加速到远高于 10^{15}eV 的能量.

超新星遗迹中强磁场的起源是 1975 年由 Stephen Gull[344] 解决的, 他通过数值模拟证明, 膨胀的超新星壳在减速时会因 Rayleigh-Taylor 不稳定性变得不稳定, 产生的湍流能够将任何种子磁场放大到近于观测值. 在双射电源中的喷流和星系际气体之间的界面处预期也会发生类似的不稳定性, 并能说明源成分中磁场的存在.

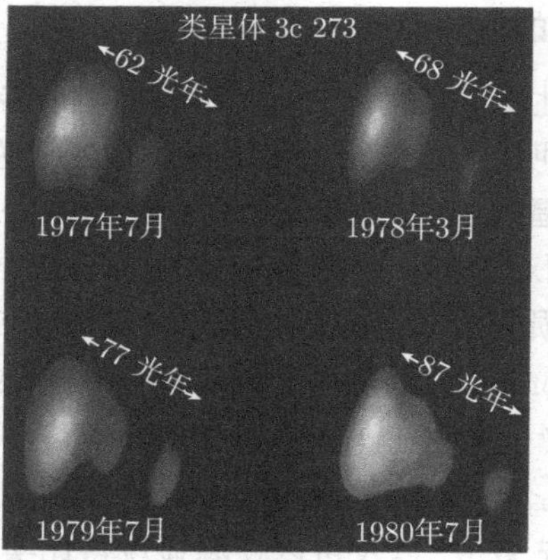

图 23.28 类星体 3C273 的核在 1977~1980 年的 VLBI 像[346]. 观测到射电成分在 3 年中移动了 25 光年的距离, 意味着视超光速约为 $8c$

这幅图景把射电扩展源归因于从活动星系核抛出的物质喷流, 其直接证据已从后来的射电喷流 (如天鹅 A) 观测中找到[345]. 更惊人的是 Marshal Cohen 及其同事对活动星系核的致密核心所做的 VLBI 观测中得出的证据. 到 1980 年, 已有清楚的证据表明, 在毫角秒尺度观测到这些射电源的结构并不是稳定的, 源成分像是以超过光速的速度在向外运动[346]. 在图 23.28 显示的 3C273 的例子中, 较暗的子源在 3 年中显得移动了 25 光年的距离, 这意味着表观分离速度约为光速的 8 倍. 后续的观测表明, 这种现象在致密射电源中十分常见[347].

紧接着是关于这一现象的各种理论猜测. 最简单, 并且仍然是最可能的解释已经由 Martin Rees[341] 在 1966 年的论文中描述过了 —— 如果一个源成分以相对论速度与视线成小角从核抛出, 该成分就可以有高达 γv 的表观速度, 式中 $\gamma = (1-v^2/c^2)^{-1/2}$ 是 Lorentz 因子. 此外, 趋近的成分的光度被 Doppler 效应增强, 这可说明在活动星系核中观测到的某些喷流的单侧性.

尽管这些进展能够导出活动星系和河外射电源物理的经验图像, 活动核中喷流的起源仍然并不清楚. 一种可能性是厚吸积盘的旋转轴方向会形成漏斗, 这些喷流与这些漏斗有关, 但据信这是不稳定的位形. 另一种模型把喷流描述为发生在黑洞本身附近的电磁过程, 在旋转黑洞情况下, 沿着其旋转轴有一个择优的轴向.

在过去 10 年中, 大量工作致力于理解取向对活动星系观测的影响. 在视超光速源的情况下, 标准解释是, 只有当粒子束以接近视线的方向抛出时才能观测到它们. 1985 年, Antonnucci 和 Miller[348] 提出, 不同类型 Seyfert 星系之间的差别可能同取向效应有关. Barthel[349] 在 1989 年提出了同样的想法来说明射电星系和射电类星体之间的差别, 在他的图景中, 如果尘埃环面的轴与视线的夹角较大, 就会遮住类星体的核, 结果观测到的就是射电星系. 如果沿环面的轴向去看核, 就可以观测到核, 来自核的强大光学辐射将淹没星系的星光, 结果观测到的就是射电类星体. 蝎虎座 BL 天体 (活动星系核最极端的形式) 据信是非常接近相对论喷流运动方向去观测的天体, 事实上, 其中许多是内禀相当弱的射电源.

涉及相对论束流的最新结果, 来自 1993 年 Compton γ 射线天文台的观测[350]. 人们发现, 最强的 γ 射线源是那些显示出视超光速运动的射电类星体. 它们的 γ 射线光度是如此之大, 以致需要整体相对论运动来避免 γ 射线因电子–正电子对产生而降低, 这与射电子源视超光速运动的观测一致.

23.12 天体物理宇宙学

23.12.1 Gamow 和大爆炸[351]

在 20 世纪 30 年代, 有两个理由说明 Friedman 宇宙模型早期阶段的化学元素合成为什么受到认真对待. 首先, 恒星中的元素丰度看来相当均匀. 第二个考虑是, 恒星内部似乎没有热到足以合成化学元素. 一个显然的出发点是求出某个高温下元素的平衡丰度, 同时假设, 如果密度和温度下降得足够快, 这些丰度会保持 “冻结”.

最初的详细计算是 1942 年 Chandrasekhar 和 Henrick[352] 进行的, 他们证实了平衡理论的预言, 即如果元素在高温下处于平衡, 它们的丰度就应当同其束缚能反相关. Chandrasekhar 和 Henrick 发现对于约 10^9kg/m^3 的密度和约 10^{10}K 的温度, 情况的确如此. 然而, 同观测到的丰度存在几个大的矛盾. 轻元素锂、铍、硼产量过多, 而铁及质量数大于 70 的重元素产量过少. 这个结果被称为 "重元素灾难". Chandrasekhar 和 Henrick 建议需要某种非平衡过程.

与这种平衡图景相反, Lemaître[353] 提出 Friedman 模型的初始阶段由他所说的 "原初原子" 组成, 可以将其看作紧紧包在一起的中子海, 就像中子星中那样. 他假设原初原子会裂解为化学元素和宇宙线. 这就是 George Gamow 解决化学元素起源问题的出发点. 1946 年, 他[354] 提出, Friedman 模型的早期阶段应当发生化学元素的合成, 他把这个模型外推到密度和温度高得足以发生核合成的时期, 发现这些早期阶段宇宙的时标太短, 以致不能建立元素的平衡分布.

Ralph Alpher 在 1946 年作为 Gamow 的研究生参与了原初核合成问题的工作. 作为核物理项目的副产品, 在 1946 年已有中子俘获截面可用, 它们显示出令人鼓舞的结果, 即在中子俘获截面和元素相对丰度之间存在反相关. 在最初的计算中, 用一条平滑曲线同这些数据拟合, 并假设初始条件为自由中子海. 当质子作为中子衰变的产物出现后, 通过俘获中子就能合成较重的元素. 假设这些核反应只是在温度降到氘束缚能 (kT=0.1MeV) 以下时才开始, 还假设宇宙那时是静止的. 这个理论在 1948 年由 Alpher、Bethe 和 Gamow[355] 发表, Bethe 的名字被包括进来是为了完成 $\alpha\beta\gamma$ 这个双关语, 他们发现了同元素观测丰度的合理符合. 这篇论文的重要性在于引起人们注意, 如果元素是宇宙学合成的, 早期宇宙中就需要有一个炽热、致密的阶段.

就在同一年, Alpher 和 Robert Herman 做了一个改进了的原初核合成计算, 把宇宙膨胀包括到他们的计算中. 他们认识到, 在宇宙早期如此之高的温度中, 宇宙是辐射而非物质主导的, 并求解了宇宙随后的温度历史问题. 他们得到一个意义深远的结论: 炽热早期阶段的冷却遗迹应当存在于今日的宇宙中, 并估计热背景的温度应当约为 5K[356]. 这种辐射 18 年后被 Penzias 和 Wilson 发现.

然而, 这幅图景存在一个重大问题 —— 没有质量数为 5 和 8 的稳定核. Fermi 和 Turkevich 进行了辐射主导的膨胀宇宙中轻元素核丰度的演化计算, 包括了质量数直到 7 的元素的 28 个核反应, 这些计算由 Alpher 和 Herman[357] 在 1950 年发表. 这些计算证明, 只有约 10^7 分之一的原初质量转换成了重于氦的元素.

1950 年, Hayashi[358] 提供了该反应链的另一个重要环节, 他指出, 在早期宇宙中, 在只比发生核合成高 10 倍的温度下, 中子和质子会通过下列弱作用达到热平衡

$$\mathrm{e}^+ + n \longleftrightarrow \mathrm{p} + \nu_\mathrm{e}, \quad \nu_\mathrm{e} + \mathrm{n} \longleftrightarrow \mathrm{p} + \mathrm{e}^-$$

此外, 在大约同样的温度下, 电子–正电子对产生保证了丰富的正电子和电子供应. 结果是, 用不着任意假设初始条件为自由中子海, 可将质子、中子、电子和早期宇宙

所有其他组分的平衡丰度严格地计算出来. 1953 年, Alpher、Follin 和 Herman[359] 算出了中子/质子比率随宇宙膨胀的演化, 获得了同现代计算惊人地相似的答案. 他们的确非常接近于早期宇宙演化的近代图景, 但在这种情况发生之前, 还是稳恒态宇宙学和恒星中化学元素的合成占据着中心舞台.

23.12.2 稳恒态宇宙学

第二次世界大战之后不久的时期, 观测和理论宇宙学的基础都还相当不确定. 存在着一个时标问题. 因为 Hubble 对宇宙膨胀速率的估计相应的 H_0^{-1} 值只有 2×10^9 年, 如果取宇宙学常数为零的话, 这就是任何 Friedman 模型能有的最大年龄, 而已知地球的年龄要大于这个值.

有许多新想法在流传. Milne[360] 发展了他的运动学相对论, 其中假设有两种不同的时间, 一种同动力学相关, 另一种同电磁现象有关. Dirac[361] 对物理学中一些非常大的数同宇宙的特性之间的巧合怀有深刻印象. 例如, 电磁同引力强度之比的平方大约等于宇宙中的质子数. 他证认这些大数的一个推论是如下想法, 即引力常数应当随时间变化. Eddington[362] 完成了他的《**基本理论**》一书, 其中他试图说明物理学基本常数的值, 宇宙学常数也被看成是自然界的一个基本常数.

正是在这种气氛中, Hermann Bondi、Thomas Gold 和 Fred Hoyle[363] 在他们 1948 年发表的论文中创造了稳恒态宇宙学. Bondi 和 Gold 将宇宙学原理扩展为他们所称的**完全宇宙学原理**, 按照这一原理, 宇宙在**一切时间**对所有基本观测者呈现出同样的大尺度图景. 在这一图景中, Hubble 常数成为自然界的一个基本常数. 他们证明, 完全宇宙学原理导致唯一的度规来描述零空间曲率宇宙的动力学. 由于宇宙的膨胀, 必须有物质不断创生出来以替换正在散开的物质. Hoyle 把他的理论建立在物质不断创生过程的场论描述上, 这种场就是他所称的 C 场. 物质创生的速率每 300 000 年每立方米只有一个粒子. 该理论的一个推论是, 宇宙年龄是无限的, 但在局部宇宙观测到的典型天体的年龄只有 $(1/3)H_0^{-1}$. 这样, 我们的银河系必须比宇宙中典型天体的年龄老很多, 但这并不是太不合理, 因为, 如果 Hubble 常数是 500km/(s·Mpc), 我们的银河系就会比其他旋涡星系大很多.

稳恒态宇宙学和不断创生理论立刻在天文界内部和广大公众中吸引了相当的注意. 发展稳恒态宇宙学的一个重要结果是, Hoyle 开始试图寻求理解化学元素形成的其他途径, 这是他做出碳共振态[196] 的惊人预言, 以及 E Burbidge、G Burbidge、Fowler 和 Hoyle[199] 有关恒星中核合成过程重要论文的动机之一. Bondi 曾提问有什么证据表明宇宙炽热早期阶段的遗迹存在, 由于有了上述结果, 化学元素的丰度就不能再作为证据了.

在 1950 年代, 报道了两个对宇宙学极为重要的结果. 第一个是关于 Hubble 常数的值. 在 1952 年国际天文联合会罗马大会上, Walter Baade[364] 宣布仙女座星

云 (M31) 的距离被低估了因数 2. 用来测定 M31 距离的主要标志物是造父变星, Baade 发现星族 I 和 II 造父变星的周期–光度关系有差别. 在银河系、麦哲伦云和 M31 中采用同样类型的造父变星, 到 M31 的距离就会增加因数 2. 从宇宙学的观点看, Hubble 常数就会减小为 250km/(s·Mpc), 从而 H_0^{-1} 就将增加到 4×10^9 年. 1956 年, Humason、Mayall 和 Sandage[365] 发表了他们对 474 个星系的红移–星等关系, Hubble 常数再次修订下降到 180km/(s·Mpc). 这些修订消除了地球年龄和按宇宙学常数等于零的标准 Friedman 模型中宇宙年龄之间的矛盾.

23.12.3　射电源计数

第二个证据来自 20 世纪 50 年代早期开始的河外射电源巡天. 这个故事的主角是正在剑桥卡文迪什实验室领导射电天文学创新的 Martin Ryle. Ryle 和 Hewish 设计和建造了一架大型 4 单元干涉仪来进行 81.5MHz 的新巡天, 这是一架可能对小角径射电源灵敏的干涉仪. 第二次剑桥射电源巡天 (2C) 是 1954 年进行的, 首批结果于第二年发表[366]. Ryle 及其同事发现, 这些射电源均匀分布于天空, 且射电源数随着巡天扩展到越来越暗的流量密度而剧烈增加. 在任何均匀的 Euclid 模型中, 亮于给定极限流量密度 S 的射电源数预期遵从关系 $N(\geqslant S)\propto S^{-3/2}$, 而在最暗的流量密度, Ryle 发现了可用 $N(\geqslant S)\propto S^{-3}$ 描述的暗射电源超出. 他得出结论: 唯一合理的解释是, 这些射电源处于河外, 它们是光度类似于天鹅 A 的天体, 源的数密度在远距离比附近高得多. 正如 1955 年 Ryle[367] 在牛津他的哈雷讲座中表述的:

> 这是一个最惊人和重要的结果, 但如果我们接受大多数射电星在银河系之外的结论 (这个结论看来很难避免), 那么看来就无法用稳恒态理论来解释观测了.

这些重要结论使天文学界感到吃惊. 这样深刻的结论能够从射电源计数引出, 特别是它们的物理本质尚未理解, 而且只有 20 多个最亮者与相当近的星系相关, 使得人们既乐观又有些怀疑.

悉尼小组那时正用 Mills 十字进行南天射电巡天, 他们发现可以用关系 $N(\geqslant S)\propto S^{-1.65}$ 来表示射电源数, 并争辩说这与均匀宇宙模型的预言没有明显差别. 1957 年, Bernard Mills 和 Bruce Slee[368] 说道:

> 我们因此得出结论: 矛盾主要反映了剑桥星表的误差, 所以从它的分析得出有宇宙学意义的推论是没有基础的. 我们结果的分析表明, 源计数中并没有清楚的证据显示出任何宇宙学上重要的效应.

剑桥计数的问题在于在望远镜方向瓣中混有暗源 (该现象称为混淆), 在将源的面密度加以延伸时他们高估了最暗源的流量密度. Peter Scheuer[369] 发明了一种统计方法从他们自己的巡天记录来导出源计数而无须证认个别源. 这种他称之为

$P(D)$ 的技术证明, 源计数的斜率实际上是 -1.8. 具有讽刺意味的是, 这个完全是正确答案的结果却没人相信, 部分原因是 Scheuer 所用的数学方法有些艰深, 也由于他的结果同 Ryle 和 Mills 的偏见都不一样. 这个争议在 1958 年巴黎射电天文讨论会[370] 上达到顶点, 意见冲突并未解决.

争议的解决只是在做了进一步的巡天后才来到的, 这些新的巡天对源的混淆效应较不敏感, 而且能够测定精确位置和进行光学证认. 它们显示 1955 年 Ryle 的结论基本上是正确的. 更多的射电源被证认为遥远的星系, 光学证认计划导致 20 世纪 60 年代早期类星体的发现. 源计数显示了对于 Euclid 宇宙模型预言的超出[371]. 同 Friedman 模型和稳恒态模型的偏离远大于已提出的这个比较, 因为一旦将源族延伸到显著的红移, 预期的源计数就迅速收敛[372]. 到 60 年代中期, 已经有令人信服的证据表明大红移处的确存在源超, 这同稳恒态理论的预言不一致.

23.12.4 氦问题和宇宙微波背景辐射的发现

氦是天文学上较难观测的元素之一, 由于其激发势高所以只能在热星中观测. Osterbrock 和 Rogerson[373] 在 1961 年证明, 凡是在能观测到的地方, 氦丰度看来都是非常均匀的, 按质量计约为 25%. 1964 年 O'Dell、Peimbert 和 Kinman[374] 报道了老球状星团 M15 中行星状星云里氦丰度的更重要的观测, 尽管重元素相对于其宇宙丰度贫乏, 氦丰度仍然是约 25%.

到 1964 年, 已能更精确地进行原初核合成计算了. Hoyle 和 Roger Tayler[375] 认识到, 他们能够进行精确得多的计算, 得到占质量 25% 的氦是在大爆炸中合成的结论, 这与观测惊人符合, 且基本上与宇宙中的物质密度无关. 大爆炸模型的一个推论是 (Hoyle 和 Tayler 在他们的论文中并未明显提及这点), 极热早期存在的热辐射的冷却遗迹应当在厘米波和毫米波段探测到. 当 Gamow 的原初核合成理论不能说明化学元素的产生时, Alpher 和 Herman 的预言基本上被遗忘了. 搜寻来自大爆炸的热辐射是 20 世纪 60 年代由 Yakov Borisevich Zeldovich 及其同事在莫斯科, Robert Dicke 及其同事在普林斯顿复苏的[376].

紧接着的第二年, 即 1965 年, 微波背景辐射被 Arno Penzias 和 Robert Wilson[377](基本上是偶然地) 发现了. 他们在 20 世纪 60 年代早期加盟贝尔电话实验室, 打算用一架原为检验**回声号**卫星远程通信而建的喇叭形天线来进行射电天文观测. 在仔细校准望远镜和他们的 7.35cm 接收系统的所有部件后, 他们发现, 无论将望远镜转向何处, 仍然留有约 (3.5 ± 1)K 的多余噪声贡献. 普林斯顿的 Robert Dicke 组那时正在试图做完全相同的实验来探测大爆炸的冷却遗迹. 与普林斯顿组讨论之后已很明显, Penzias 和 Wilson 发现了普林斯顿的物理学家们正在寻找的东西. 这就是弥漫宇宙微波背景辐射的发现. 在几个月之内, 普林斯顿组[378] 在 3.2cm 波长测出 (3.0 ± 0.5)K 的背景温度, 从而证实了在波谱的 Rayleigh-Jeans 区这个背景的黑体性质.

值得注意的是, 在研究与 CH、CH^+ 和 CN 分子相关的几条弱星际吸收线时, 早就有了具有这种辐射温度的毫米波辐射弥漫成分的证据. 例如, 在 CN 的情况下, 观测到了来自分子基态和第一转动激发态的吸收. 1941 年, McKellar[379] 证明, 占据第一激发态所需的温度是 2.3K, 尽管那时还不知道激发的原因.

随后几年进行了背景辐射的许多测量. 在毫米波段由于大气吸收观测非常困难, 进行了许多气球观测, 大致同温度约 2.7K 的黑体辐射谱一致. 最好的解决办法是从空间进行观测, 这一计划借助 1989 年 11 月**宇宙背景探索者**(COBE) 卫星的发射而辉煌地实现了. 这个实验证明, 宇宙背景辐射是完美的黑体形式, 辐射温度为 (2.7250 ± 0.01)K[380].

1967 年, Robert Wagoner、William Fowler 和 Fred Hoyle[381] 重复了由 Hoyle 和 Tayler 进行过的分析, 但现在用了许多轻核之间核反应的截面, 并且知道了宇宙微波背景辐射的温度约为 2.7K. 这些计算证实, 按质量约 25% 的氦是由原初核合成产生的, 而且这个数字与宇宙中重子物质当前的密度无关. 然而, 核合成其他产物氘、^{3}He 和 ^{7}Li 的丰度却对宇宙中的平均重子密度敏感 (图 23.29). 这些元素的重要性是, 它们不是在恒星中合成的, 因为它们的核束缚能相当小 —— 氘和 ^{3}He 在恒星中被破坏而不是产生.

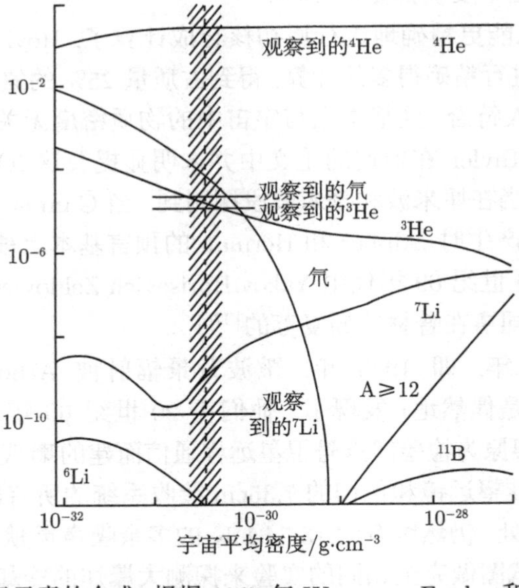

图 23.29　大爆炸中轻元素的合成, 根据 1967 年 Wagoner、Fowler 和 Hoyle[381] 的计算

星际氘吸收线是 John Rogerson 和 Donald York[382] 1973 年从 **Copernicus** 号紫外卫星在光谱紫外区的观测中发现的. 所发现的星际氘相对于氢的丰度按质量

比为 1.5×10^{-5}. 随后的观测表明, 在其他恒星的视线方向也发现了同样的氘丰度[383]. 由这些观测可以设定宇宙平均重子密度的上限为 1.5×10^{-28}kg/m^3. 如果宇宙平均重子密度再大一点, 原初氘分量就会减产, 而且没有其他已知天体物理途径产生氘. 这个重子密度的上限至少比宇宙临界密度低一个量级.

Hoyle 和 Tayler, Peebles[384] 以及同 Zeldovich[385] 一起工作的莫斯科组都完全了解, 重元素的合成为核合成时期宇宙的动力学提供了重要的诊断工具. 如果宇宙膨胀得太快, 中子–质子比会在较高的温度冻结, 氦含量就会过丰. 这个结果能够对引力常数随宇宙时代的变化施加重要约束, 也将可容许的中微子种数限制为 3, 这一结果后来得到 CERN 大型电子–正电子对撞机研究 Z^0 Bose 子衰变产物能宽实验的证实[386].

这样, 到 20 世纪 60 年代晚期, 已有了宇宙炽热早期阶段的两种遗迹的证据, 即宇宙微波背景辐射和轻元素的宇宙丰度. 这些证据支持了标准的大爆炸图景, 使之被用作天体物理宇宙学的标准框架.

23.13 经典宇宙学问题

第二次世界大战后不久, 宇宙学研究的主要设备是 1948 年落成的帕洛马 200in 望远镜. 1961 年, Allan Sandage[387] 发表了一篇论文, 题为 "200in 望远镜鉴别不同宇宙模型的能力", 其中讨论了若干测定 23.6.8 节列举的基本宇宙学参数的不同方法. 只要星系的性质不随宇宙时代改变, 有几种方法可以测量诸如 Hubble 常数、减速参数这类参数的值.

23.13.1 Hubble 常数和宇宙年龄

Hubble 常数 H_0 在宇宙学公式中无处不在. 到 1956 年, Sandage 的最佳估计是 75km/(s·Mpc). 这个进一步向下修订的主要理由在于, 某些星系中曾被认为是最亮恒星的天体其实是 HII 区和星团. 也是在 1956 年, Humason、Mayall 和 Sandage[366] 证明, 由于星系的光度函数较宽, 围绕平均红移–星等关系存在着较大的弥散, 使之不适合用来测定宇宙学参数. 不过, Sandage[388] 证明, 星系团中最亮星系的绝对星等弥散要狭窄得多, 大约只有 0.3 星等 (图 23.30). 如果能用与红移无关的方法, 通过测量近邻星系团中最亮星系的绝对星等将此关系定标, Hubble 常数就可求得.

从 20 世纪 70 年代以来, 关于 Hubble 常数值的争议一直不断[389]. 在一长系列的论文中, Sandage 和 Gustav Tammann 得到的 Hubble 常数值约 50km/(s·Mpc), 而 de Vaucouleurs、Aaronson、Mould 及其同事得到的值约为 80km/(s·Mpc). 差别的本质完全可以理解为来自对室女座星系团距离的估计. 如果距离取 15Mpc, 就得到较大的 H_0 值, 如果距离取 22 Mpc, 得到的 H_0 值就接近 50km/(s·Mpc).

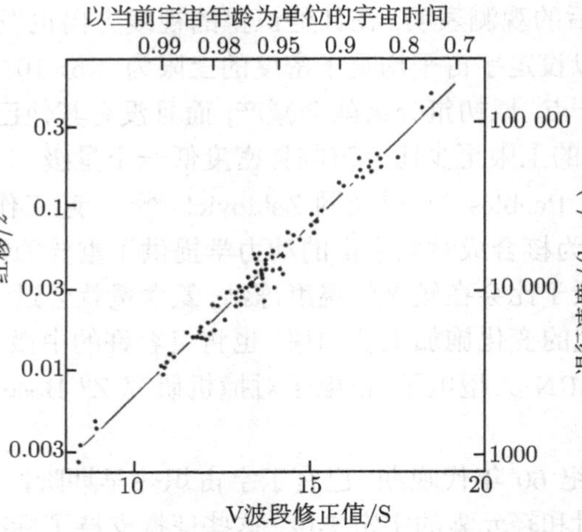

图 23.30 1968 年 Sandage[388] 提供的星系团中最亮星系的红移 -V 星等关系. 如果这些星系全有相同的内禀光度, 则直线显示预期的关系 $m = 5\log z+$ 常数

Hubble 常数的值同宇宙的年龄密切相关. 由 Sandage 和 Schwarzschild[193] 在 1952 年首创的最好方法, 是将最老的贫金属球状星团的 Herzsprung–Russell 图与从主序到巨星支恒星演化理论的预言进行比较. 能够实现的一个例子示于图 23.31, 它显示了老年球状星团杜鹏 47 的 Herzsprung–Russell 图与对该星团各种年龄预期的等龄线[390]. 在这个星团中, 重元素丰度只有太阳丰度的 20%, 星团年龄估计为 $1.2\times10^{10}\sim1.4\times10^{10}$ 年.

作为比较, Hubble 常数值 50km/(s·Mpc) 和 100km/(s·Mpc) 分别对应于 2.0×10^{10} 年和 1.0×10^{10} 年. 所以, 较低的 Hubble 常数值可与 $\lambda = 0$ 的 Friedman 宇宙模型一致, 但较大的值要求 λ 有限且为正, 或者必须对场方程做某些其他修改.

23.13.2 减速参数

星系团中最亮星系的红移–星等图显示出令人印象深刻的线性关系 (图 23.30), 但只延伸到红移 $z \backsim 0.5$, 在那里宇宙模型之间差别很小. 此外, 还必须对团中最亮星系的特性同其他特性之间的微妙关系进行改正. 用这种方法测定的 q_0 值误差相当大, Sandage[391] 最近的估计是 q_0=1±1.

为寻找适合测定红移星等关系的星系, 另一种方法在 20 世纪 80 年代初期变得可能, 那时第一代 CCD 相机能够将特定天区几乎所有亮射电源证认为非常暗的星系. 这些星系被证实具有非常强的窄发射线光谱, Hyron Spinrad 及其同事的分光观测显示, 这些射电星系许多都有很大的红移. 同时, 这些星系的红外测光由于发展了灵敏的锑化铟探测器而变得可行. Simon Lilly 及其合作者[392]1984 年在 2.2μm 的红外波段测定了一个 3CR 射电星系完备样本的红移–星等关系 (图

23.32). 他们发现有一个相当紧密的红移–K 星等关系延伸到红移 1.5, 但高红移星系比 $q_0 \backsim 0.5$ 的宇宙模型预期的更亮. 在对较早时代恒星演化到巨星支的速率增加做了最简单的演化改正后, 得出的 q_0 值在 0 到 1 之间. 不过, 这幅简单

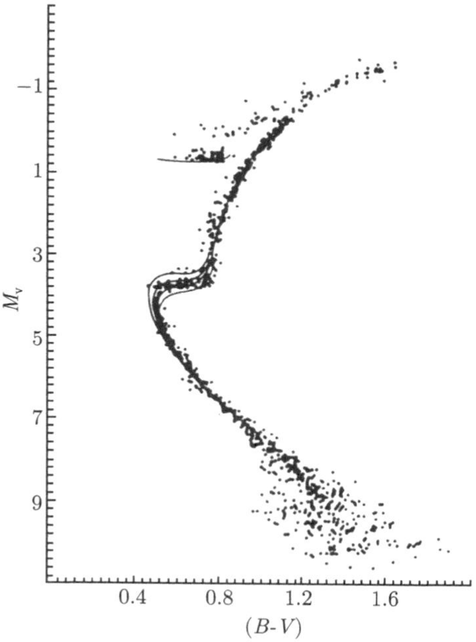

图 23.31 1987 年 John Hesser 及其同事[390] 对球状星团杜鹃 47 得出的 Herzsprung–Russell 图. 曲线显示该星团不同假设年龄的等龄线**【又见图 23.27】**

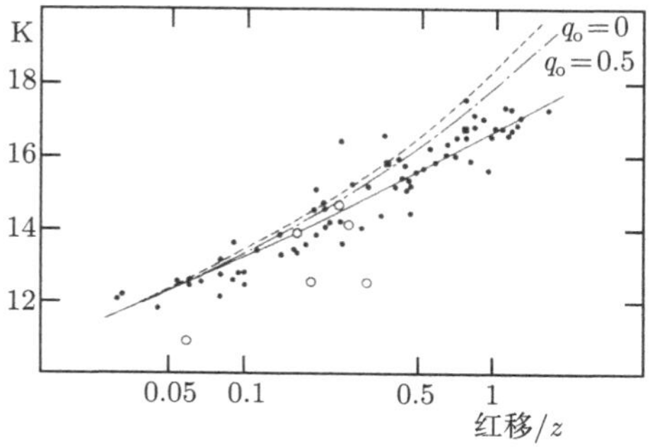

图 23.32 来自 3CR 星表中射电星系完备样本的红移–K 星等关系[392]. 红外视星等是在 2.2μm 波段观测的. 短划线和点划线分别表示 q_0=0 和 0.5 的宇宙模型的预期. 实线是标准宇宙模型的最佳拟合线, 包括了恒星演化对星系中老星族的影响. 空圈是那些光谱受到来自活动核非热光学辐射污染的射电星系

的图景仍然存在问题. 20 世纪 80 年代晚期, Chambers、Miley 及其合作者利用陡谱射电源的证认发现了许多红移大于 2 的射电星系. 在这些射电星系中, 射电结构与光学和红外像对准排列, 使得数据的解释复杂化[393].

整个星系族表现出随宇宙时演化改变的证据来自星系计数. 直到 1980 年前后, 最深的计数扩展至约 22~23 视星等, 虽然不同观测者的结果之间有些分歧, 但没有强烈的证据表明星系计数偏离均匀宇宙模型的预期. 到 20 世纪 80 年代, 由于 CCD 相机在 4m 级望远镜上的使用, 深得多的计数变得可行. 最深的巡天是由 Tyson[394] 进行的. 他发现蓝星等大于约 22 时存在暗星系超出 (图 23.33). 反之, 在红和红外波段的星系计数却没有显示出如此强演化的迹象. 这些演化改变的本质尚不了解.

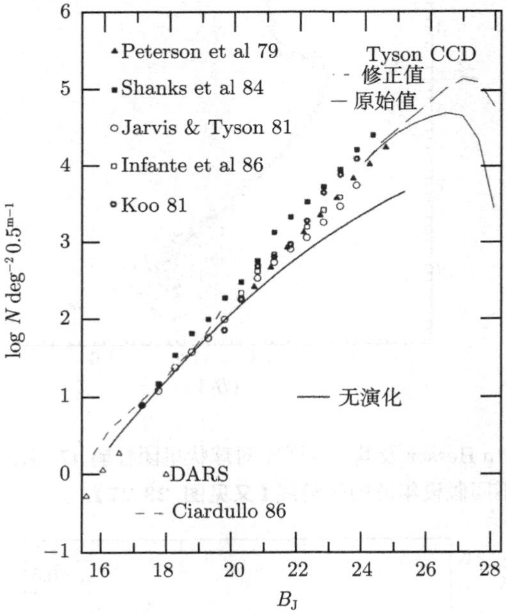

图 23.33　蓝 (B) 波段暗星系计数同均匀宇宙模型预期 (实线) 的比较[395]

23.13.3　活动星系的宇宙学演化

某些类河外源显示出随宇宙时强烈演化改变的证据在 20 世纪 60 年代就已确立. 射电源计数的陡峭斜率, 以及射电星系和类星体的光学证认日益增加都可用来证明射电源族显示出非常强的宇宙演化效应[396]. 1968 年, Michael Rowan-Robinson 和 Maarten Schmidt[397] 独立发展了一种 (后来称为 $V/V_{\max}$ 检验的) 方法, 证明射电类星体位于它们可观测体积的极限. 自那以后, 进行了几个系统的巡天来确定射电源族宇宙学演化的精确形式. 最令人印象深刻的研究, 是 1990 年由 James Dunlop

和 John Peacock[398] 完成的, 图 23.34 显示了源的射电光度函数改变的性质. 可以看出, 随宇宙时的演化效应的确非常强.

到 20 世纪 80 年代初, Schmidt 和 Green,Hoag 和 Smith, 以及 Osmer[399] 所做光学选择类星体巡天的结果显示, 光选类星体表现出很强的宇宙学演化, 其特征与射电类星体相似. Osmer 发现, 与一些演化模型的预期相比 (这些模型能够说明红移小于 2 天体的红移分布和计数), 高红移天体似乎较少. 在 20 世纪 80 年代, 高速测量机的出现使得大规模的完备类星体巡天成为可能. Brian Boyle 和同事 [400] 得到 400 多个亮于 B=21 等和红移小于 z=2 的类星体的完备样本, 全都得到光谱学证实. David Koo 和同事 [401] 用 4 米望远镜和多波段方法搜寻了较小的天区, 确定了亮于 B=22 等的完备样本. Michael Irwin, Richard McMahon 和同事 [402] 优化了多色搜寻方法, 用高质量的 48 英寸施密特望远镜底片找到许多高红移类星体, 其中红移最大者达到了 z=4.8.

首次深度 X 射线巡天是 1982 年由 Einstein X 射线天文台进行的, 该巡天发现了某些证据, 显示出与活动星系成协的弱 X 射线源超出. 1991 年发射的 ROSAT 卫星进行的深度巡天获得了 X 射线源族宇宙学演化的确切证据. 1993 年 Hasinger 和同事 [403] 得到的深度 X 射线源计数具有与射电源和类星体计数完全相同的形式, 计数的斜率在高流量密度处超出 Euclid 预期, 在最低流量密度处显示出收敛.

看来, 可以在高红移处观测到的各类活动星系族都表现出同样形式的宇宙学演化. 这种演化可以描述为, 假设在红移区间 $0 < z < 2$ 内, 源的典型光度按 $L=L_0(1+z)^3$ 变化. 在更高红移处, 光度不能再按 $(1+z)^3$ 继续增加, 但不知是有一个截断, 还是分布延伸到更大光度时具有和 z=2 时同样的共动空间密度. 一般的结论是, 当宇宙年龄为目前的 20%~25% 时, 活动星系的能量必定高得多. 这些非常强演化效应的起源尚不清楚.

23.13.4 密度参数

临界宇宙密度 $\rho_{\rm crit} = 3H_0^2/8\pi G$ 依赖于 Hubble 常数的值, 所以写为 $H_0 = 100h$km/ (s·Mpc) 是方便的. 1926 年在 Hubble 的第一篇关于旋涡星云的河外性质的论文[109] 中, 就包括了用星系中可见物质估计的平均质量密度. Oort[404] 在 1958 年重复了 Hubble 的分析, 他发现如果假设 Hubble 常数为 180km/(s·Mpc), 平均质量密度就是 3.1×10^{-28}kg/m^3. 这个密度同近代值相差不是太远.

1978 年, Gunn[405] 借助为使宇宙达到临界密度所需要的质光比表示了同样的结果. 他得出 $(M/L)_{\rm crit} = 2600h$, 远大于银道面附近求得的值. 如果计及星系中的暗物质, 整体质光比会很大, $M/L \backsim 100$~150. 在如后发座星系团这样的富团中, 包括暗物质在内的 M/L 约为 250, 但这个值偏向于椭圆星系和 S0 星系, 其 M/L 比旋涡星系的大 3 倍, 后者贡献了宇宙单位体积中大多数的光. 这些 M/L 值仍然显著低于为使宇宙闭合所需的值. Gunn 对于诸如星系、星系群和星系团这类束缚系统密度参数的最佳估计是约 0.1, 且与 h 的取值无关.

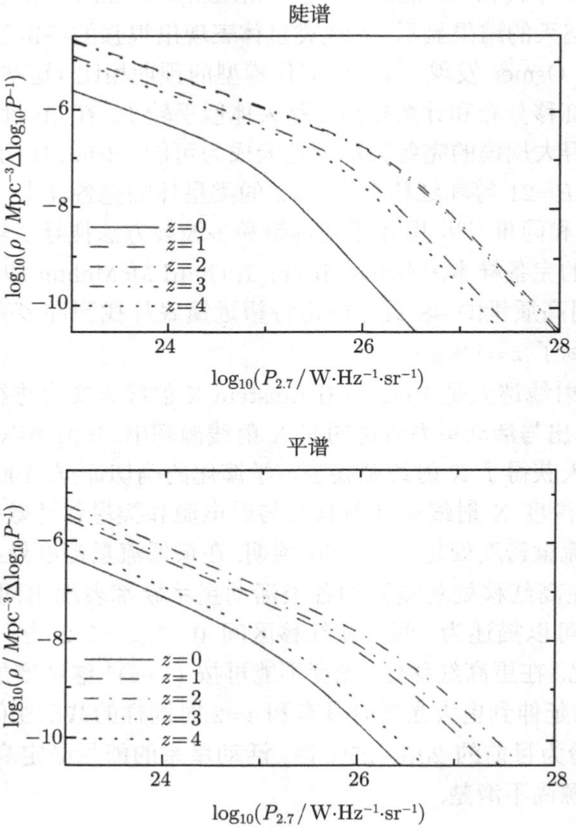

图 23.34　绘图显示平谱和陡谱河外射电源光度函数演化作为红移 z(或宇宙时) 的函数[398]. 显示的光度函数描绘了每单位共动体积 (即在随宇宙膨胀的坐标系中) 不同射电光度的射电源数, 所以该图显示了除由宇宙膨胀引起的密度变化之外的改变

这些结果反映了普遍接受的观点, 即如果对束缚系统测定了质量密度, 那么宇宙中的总质量密度就比使宇宙闭合所需的少 5~10 倍. 因而, 如果宇宙达到了临界密度, 则质量就必须位于大星系团之间. 从研究最大尺度星系分布及其本动速度观测得到的证据, 表明情况可能就是如此. 在 20 世纪 80 年代, 这种方法称为**宇宙位力定理**[406]. 将其应用于场星系的随机速度, 提示 Ω 可能大于 0.2. 从研究星系向超星系团和其他诸如**大吸引体**[407] 之类的大尺度系统的落入, 也得到了类似结果. 在其最新的翻版中, 用了 IRAS 星系的完备样本来确定星系的近域密度和速度场, 并通过对这些分布的建模来估计整体的宇宙密度[408]. 求得的宇宙平均密度接近临界值.

如果宇宙接近临界密度，宇宙中的大部分质量必须是某种非重子的形式. 宇宙氘丰度的观测表明，现今的重子密度不能大于约 $0.015h^{-2}$，所以，即使取 $h = 0.5$，重子质量密度也不能使宇宙闭合.

23.14 星系形成

标准 Friedman 宇宙模型是均匀各向同性的，不存在我们在宇宙中观测到的各种结构. 建立更现实的宇宙模型的下一步工作是将小扰动包括进去，并研究其在引力作用下的发展. 这个问题对于 23.9.3 节描述过的静态介质的情形，是 1902 年由 James Jeans[282] 解决的. 在足够大的尺度上，扰动物质的引力吸引超过抵抗坍缩的压强梯度.

对于膨胀介质中球对称扰动的情况在 20 世纪 30 年代由 Lemaître 和 Tolman[409] 重新做了分析，通解在 1946 年由 Evgenii Lifshitz[410] 求得. 引力坍缩的条件与 Jeans 的判据完全相同，但极重要的是，扰动不再呈指数而是呈代数式增长. 对于临界模型，$\Omega = 1$，密度反差 $\Delta = \delta\rho/\rho$ 按 $\Delta \propto t^{2/3}$ 随时间增长. 对于辐射主导的宇宙也得到了类似的结果. 推论是，形成宇宙大尺度结构的涨落不能由无限小的扰动长成. 由于这个理由，Lemaître、Tolman 和 Lifshitz 推断，星系是不可能通过引力坍缩形成的.

其他作者采取的观点是，答案应包括早期宇宙中的有限扰动，然后具体说明其质量谱如何随时间演化. 20 世纪 60 年代，以 Zeldovich、Novikov 及其同事领导的莫斯科学派，和普林斯顿的 Peebles 开创了宇宙中结构形成的研究. 如果将特定物理尺度上的扰动向过去回溯就会发现，在某个大红移处，扰动尺度等于视界尺度，即 $r = ct$，式中 t 是宇宙的年龄. 1964 年，Novikov[411] 证明，为了形成星系和星系团尺度的结构，视界尺度上扰动的密度必须具有幅度 $\Delta \approx 10^{-4}$ 才能保证在目前时代形成星系.

1965 年宇宙微波背景辐射的发现立刻对这些研究产生了影响，因为能够详细地确定星系际气体的热历史. 热背景辐射的温度随标度因子的改变为 $T = T_0(1+z)$，所以在红移 $z \backsim 1500$ 时，辐射的温度约 4000K，在 Planck 分布尾端有足够多的光子使星系际氢气全部电离. 这个时期称为**复合时期**，在更早的时期，氢是完全电离的. 再早一点的时期，辐射的惯性质量密度等于物质的质量密度，$\rho c^2 = aT^4$，更早些，宇宙的动力学为辐射所主导.

物质和辐射通过电子散射耦合是在 1966 年由 Weymann[412] 导出，1969 年由 Zeldovich 和 Sunyaev[413] 更详细化的，后者的分析是基于 Kompaneets[414] 发展的诱发 Compton 散射理论，该文是 1956 年，即这个漂亮的保密工作完成很久之后发表的. 他们证明，在辐射主导时期，只要星系际气体保持电离状态，物质同辐射即通过 Compton 散射保持非常紧密的热接触. 这就使测定复合之前所有时期的声速从而测定 Jeans 长度成为可能.

1968 年, Joseph Silk[415] 证明, 在复合前时期, 辐射主导等离子体中的声波被反复的电子散射阻尼, 所以质量小于约 $10^{12}M_{\odot}$ 的扰动到复合时期时会被耗散. 所有小尺度的结构将被扫除, 只有大星系和星系团尺度上的大尺度结构在复合后形成. 20 世纪 70 年代早期, Harrison 和 Zeldovich[416] 独立地将有关不同物理尺度初始涨落谱的信息放到一起, 并证明如果早期宇宙中的质量涨落谱取形式 $\Delta(M) \propto M^{-2/3}$, 相应于初始涨落功率谱有形式 $|\Delta_k| \propto k^n$, 且 $n=1$ 和幅度 $\backsim 10^{-4}$, 则宇宙中观测到的结构即可得到说明. 这种谱称为 **Harrison-Zeldovich 谱**, 它具有如下诱人特征, 即不同质量尺度的涨落在进入视界时有相同的幅度.

在 20 世纪 70 年代, 发展了两种主要的宇宙结构起源模型. 第一种称为**绝热模型**, 以如下图景为基础, 其中初始涨落在复合前是绝热声波, 宇宙中的结构是通过大尺度结构在相当晚的时期达到 $\delta\rho/\rho \backsim 1$ 时分裂形成的. 在另一种图景中涨落不是声波, 而是复合前等离子体中与背景辐射处于压强平衡的**等温涨落**. 它们不会遇到小绝热质量涨落所经受的那种阻尼, 所以一切尺度的质量都会存活到复合时期. 然后通过等级式成团过程形成星系和星系团. 绝热图景可以看作是最大结构先形成的 "由大而小" 过程, 而等温图景对应于小尺度天体并合形成较大结构的 "由小而大" 过程. 在绝热图景中, 星系、恒星和化学元素全都是在晚期形成的, 而在等温图景中, 星系、恒星和重元素可以在高红移开始形成.

复合时期密度涨落的存在提供了这些模型的关键性检验, 它们应当在宇宙微波背景辐射上留下自己的印记. 预期温度涨落的主要来源在小尺度上与归因于涨落坍缩的一阶 Doppler 散射有关[417], 在大尺度上则归因于光子在离开最大尺度涨落时受到的引力红移, 这种效应称为 **Sachs-Wolfe 效应**[418]. 在这些早期理论中预期的涨落幅度是 $\delta T/T \backsim 10^{-3} \sim 10^{-4}$, 可靠地处于宇宙微波背景辐射各向同性测量的能力之内.

随着宇宙微波背景辐射中涨落幅度极限的不断改善, 具有低密度参数的模型与背景涨落的上限严重冲突, 因为在这些模型中复合时期以后的涨落增长非常小. 宇宙学核合成对重子密度的限制表明, 如果密度参数是 1, 宇宙中大部分物质将取某种非重子的形式.

这些问题的一种解答出现于 1980 年, 那时 Lyubimov 及其合作者[419] 报道, 电子中微子具有约 30eV 的静质量. 1966 年, Gershtein 和 Zeldovich[420] 就注意到, 有限静质量的遗迹中微子能对宇宙的质量密度作出明显贡献, 在 20 世纪 70 年代, Marx 和 Szalay[421] 已考虑过有限静质量的中微子作为暗物质候选者, 并研究了它们在星系形成中的作用. Lyubimov 的结果引起人们极大兴趣的一面是, 如果遗迹中微子具有这个静质量, 宇宙就会刚好闭合, Ω_0=1.

Zeldovich 及其同事[422] 发展了一种新的绝热模型, 其中宇宙由具有限静质量的中微子主导. 一旦它们变为非相对论时中微子涨落就开始增长, 但因为中微子是弱作用的, 它们会从涨落中自由流出, 所以只有极大尺度的涨落 (质量 $M \geqslant 10^{16} M_{\odot}$) 才能存活到复合时期. 正如在绝热模型中一样, 最大尺度的涨落首先形成, 然后较小尺度的结构通过分裂过程形成. 1970 年, Zeldovich[423] 发现了坍缩云非线性演化的一个解, 并且用这个解证明, 大尺度涨落会形成薄片和薄饼, 他认为这类似于星系分布中看到的大尺度纤维结构. 微波背景辐射中预期的涨落幅度大大减小, 因为在背景光子被最后散射的关键时期, 重子物质中的涨落是低幅度的. 这种星系形成模型后来称为星系形成的**热暗物质**图景, 因为中微子在相当晚的时期仍然是相对论的.

不过, 这幅图景仍然存在问题. 现在人们相信 Lyubimov 的结果是错误的 —— 电子中微子静质量当前 90% 的置信度上限为 7.9eV[424]. 其次, 如果中微子构成星系、星系群和星系团的暗物质, 也可给它们的质量施加约束. 1979 年, Tremaine 和 Gunn[425] 证明, 同中微子这类 Fermi 子相关的相空间约束如何能用来设置其质量的下限. 如果 30eV 的中微子能够束缚星系团和巨星系的晕, 那么需要用来束缚矮星系的中微子就必须具有远大于 30eV 的质量. 这不一定是致命的缺陷, 因为在矮星系的晕中可能存在某些其他形式的暗物质.

大约在这一时期人们也认识到, 来自粒子物理理论的其他可能的暗物质非常多, 如轴子、引力微子或声微子之类的超对称粒子和超弱作用的类中微子粒子, 它们的确全都可能是极早期宇宙的遗迹. 1980~1982 年这段时期标志着粒子物理学家开始非常认真地把早期宇宙看作粒子物理实验室的时期. 1982 年, Peebles[426] 引入**冷暗物质**这个术语来包括粒子物理学家提出的许多这类陌生粒子. 这些弱作用大质量粒子 (WIMPS) 可能在极早期宇宙中创生, 而且可能至今还非常冷.

冷暗物质模型[427] 在许多方面类似于等温模型. 因为物质非常冷, 扰动不会被自由流动瓦解. 像在热暗物质模型中一样, 在复合时期以后, 重子物质坍缩进暗物质增长的势阱中. 复合之后, 星系、星系群和星系团通过等级式成团形成. 对等级式成团过程极有用的公式体系是 1974 年由 William Press 和 Paul Schechter[428] 建立的, 它很好地描绘了对于给定的输入质量函数来说, 不同质量天体的质量函数如何随时间演化.

这些星系形成的暗物质图景一直是大量分析和计算机模拟的主题. 冷暗物质模型能够说明宇宙中星系分布的许多特征, 而且它的一个巨大优点是能够作出可以检验的预言. 唯一存在的困难是说明极大尺度上结构的存在. 最重要的检验之一是宇宙微波背景辐射中涨落强度谱的预言, 它们在 1992 年由 COBE 卫星探测到了. George Smoot 及其同事发现角尺度 10° 上的涨落幅度 $\delta I/I = 10^{-5}$[429](图 23.35). 同样强度水平的涨落 1993 年在西班牙特内里费进行的地面观测发现[430]. 观测到的强度涨落幅度大约比按标准冷暗物质图景预期的大因子 2. 这些涨落相应的物理尺度大约十倍于星系分布中观测到的最大空洞的尺度, 而且同 Sachs-Wolfe 效应相关.

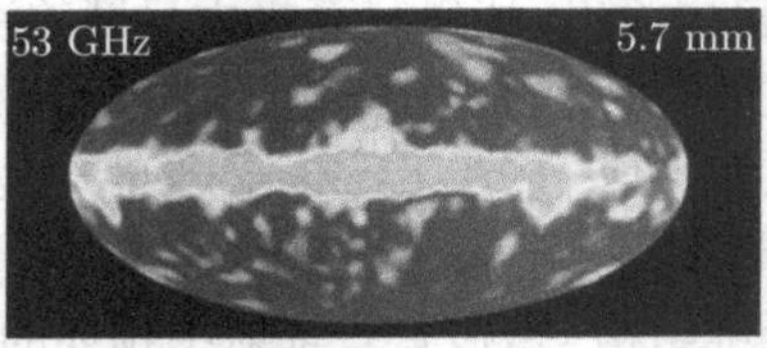

图 23.35 COBE 卫星在 5.7mm 波长观测到的银道坐标全天图[429], 与地球穿过背景辐射的运动相关的偶极矩已经去掉. 穿过图中心的亮带可以看作是银河系的辐射. 当对高银纬天区做统计平均时, 强度涨落对应的宇宙起源的信号为 (30±5)μK

冷暗物质图景已经变为人们喜爱的星系形成图景, 但还需要做一些修补才能同所有观测一致.

23.15 极早期宇宙[431]

虽然标准大爆炸模型取得了成功, 但在如下意义上并不完整, 即必须安排初始条件使我们今天观测到的宇宙得以创生. 下面 4 个信息必须作为初始条件纳入:

(1) 宇宙必须是各向同性的.

(2) 在极早期宇宙中必须有非常小的重子–反重子不对称性.

(3) 宇宙必须被设置得非常接近临界宇宙学模型, 即 $\Omega=1$.

(4) 必须存在一个从中可以形成宇宙目前的大尺度结构的初始涨落谱. (见 **23.14 节**)

第一个要求来自如下事实, 越往过去, 视界包含的质量就越少, 那为什么今天的宇宙在最大的尺度上是如此各向同性呢? 第二个要求来自如下事实, 即今天的光子重子比是 $N_\gamma/N_B = 4\times10^7/\Omega_B h^2$, 式中 Ω_B 是重子中的密度参数. 如果光子既不创生也不消灭, 这个比值是守恒的. 在大约 10^{10}K 的温度下, 从光子场中会产生电子–正电子对. 在更早的时期, 相应在更高的温度下, 会产生重子–反重子对, 结果是在极早期宇宙中, 重子–反重子比必有微弱的不对称性. 在 1965 年, Zeldovich[432] 证明, 如果宇宙相对于物质和反物质是完全对称的, 则今天的光子对重子–反重子的比会是约 10^{18}. 各种重子对称宇宙模型曾由 Alfvén 和 Klein[433] 在 1962 年, 和 Omnes[434] 在 1969 年提出, 但其中没有一个人能令人信服地证明在早期宇宙中物质和反物质如何能够分开.

Dicke 和 Peebles[435] 在 1979 年提出的第三个问题来自如下事实, 即按照标准宇宙模型, 如果令宇宙的密度参数开始时不等于临界密度 $\Omega=1$, 则在以后的时期会迅速偏离 $\Omega=1$. 既然今天的 Ω 值与 $\Omega=1$ 肯定在因子 10 之内, 所以它在遥远的过去必定极为接近临界值.

1967 年, A Sakharov[436] 提出, 重子–反重子不对称性可能同在 K 介子衰变中观测到的那种对称破缺有关. 相似类型的对称破缺在基本粒子的大统一理论中出现于极高的温度下, 它们已应用于极早期宇宙的物理学. 从对称破缺得到的光子重子比的估计同观测值一般符合得很好.

最重要的概念发展是 1981 年 Alan Guth[437] 为极早期宇宙提出的暴胀模型. 有一些较早的建议预示了他的思想. Zeldovich[121] 在 1968 年曾提到宇宙学常数 λ 有一个物理解释同真空的零点涨落有关. Linde[438] 在 1974 年与 Bludman 和 Ruderman[439] 在 1977 年证明, 为使粒子获得质量而引入的标量 Higgs 场, 同正宇宙学常数产生的场具有相似的性质.

Guth 证明, 宇宙早期的指数膨胀, 既可解决宇宙在大尺度上的各向同性问题, 又可推动宇宙走向平坦的空间几何. 指数膨胀的效应是将近邻粒子以指数增加的速率分开, 所以, 虽然粒子在极早期宇宙中有因果联系, 指数暴胀迅速将它们远远推到局域视界之外, 这就能够说明到暴胀期结束时宇宙的大尺度各向同性了. 在这个指数暴胀期结束时, 宇宙转换为标准 Friedman 模型. 因为它有非常精确的平坦几何, 必有 $\Omega=1$. 按 Guth 原来的图景, 是在一级相变中转变到 Friedman 解. 该模型于 1982 年由 Linde 以及由 Albrecht 和 Steinhart[440] 修订以避免原来图景的问题, 到 Friedman 解的转换发生得非常缓慢而且是连续的.

自 1982 年以来, 对年龄为 $10^{-34} \sim 10^{-32}$s 的宇宙早期演化进行了大量研究. 该理论宣称的其他成就是认识到, 推动暴胀的 Higgs 场中的量子涨落在暴胀过程中也被放大, 从理论上可自然得出 Harrison-Zeldovich 谱. 虽然对暴胀期的物理尚无完全满意的认识, 但这些想法看来前景是光明的.

与这些想法相关的方法论问题是基于把能量外推到远远超出地球实验室能够检验的范围. 宇宙学和粒子物理学在早期宇宙会合到一起, 依靠自己的力量寻求它们通往自洽解之路. 这或许是我们能够期望的最佳结果, 但更可取的是有检验理论的独立方法.

(邹振隆译，蒋世仰校)

参 考 文 献

[1] 有关 20 世纪天体物理学和宇宙学历史的引人入胜的资料极为丰富, 但我不得不将其浓缩到适当的篇幅中. 为此我必须对本章包含材料进行选择, 以舍弃有关纯天文学的内容为代价而强调天体物理学和宇宙学中的物理内容。这样一来，我只得极为遗憾地略去了包括方位天文学、行星天文学等在内的天文学的主要部分，以及望远镜和天文仪器建造史。许多重要的天文学论题也只能简要地提及。本章的一个大为扩充的版本将由剑桥大学出版社于 1996 年出版 (M S Longair,1996, Our Evolving Universe (Cambridge University

Press)). 那本书中所包含的内容将会更为全面，并将描述更多的天文学和物理学背景，准备撰写本章时，我发现以下书籍极为有用：

Lang K R and Gingerich O (ed)1979 A Source Book in Astronomy and Astrophysics, 1900-1975 (Cambridge, MA: Harvard University Press). 这本书包含了本章所引用的从 1900 年到 1975 年期间发表的许多原始论文的简要历史介绍. 其中所有论文均译为英文.

Gingerich O (ed) 1984 The General History of Astronomy, vol 4. Astrophysics and Twentieth-Century Astronomy to 1950: Part A (Cambridge: Cambridge University Press)

Hearnshaw J B 1986 The Analysis of Starlight: One Hundred and Fifty Years of Astronomical Spectroscopy (Cambridge: Cambridge University Press)

Bertotti B, Balbinot R, Bergia S and Messina A (ed) 1990 Modern Cosmology in Retrospect (Cambridge: Cambridge University Press)

North J D 1965 The Measure of the Universe (Oxford: Clarendon)

Gillespie C C (ed) 1981 Dictionary of Scientific Biography (New York: Scribner)

撰写本章时我假定读者对于天文学术语有一定的熟悉程度，读者若希望知道这些术语的更多细节以及天文学许多领域的综述, 可推荐以下文献:

Audouze J and Israël (ed) 1988 The Cambridge Atlas of Astronomy(Cambridge: Cambridge University Press)

Maran S P (ed) 1992 The Astronomy and Astrophysics Encyclopedia (NewYork: Van Nostrand-Reinhold) and (Cambridge: Cambridge University Press)

[2] Bessel F W 1839 Astron. Nach. 16 64

[3] Wollaston W H 1802 Phil. Trans. R. Soc. 92 365

[4] Fraunhofer 的发现于 1814 年和 1815 年在慕尼黑科学院的讲演中首次报告并于 1917 年刊登在 Denkschr.Münchener Akad. Wiss. 5 193. 这些文章的英译文分别于 1823 年和 1824 年刊于 Edinburgh Phil. J. 9 296 及 Edinburgh Phil. J. 10 26.

[5] Fraunhofer J 1823 Gilberts Ann. 74 337

[6] Kirchhoff G 1861 Abh. Berliner Akad. 62; Part 1 1862 Abh. Berliner Akad. 227; Part 2 1863 Abh. Berliner Akad. 225

[7] I 至 III 型恒星由 A Secchi 在 1863 C. R. Acad. Sci., Paris 93 364 中描述而 IV 型恒星在 1868 C. R. Acad. Sci., Paris 66 124 中描述.

[8] Pickering 及其团队所进行的许多调查由 Hearnshaw J B 在 1986 The Analysis of Starlight: One Hundred and Fifty Years of Astronomical Spectroscopy (Cambridge: Cambridge UniversityPress) ch 5. 中描述。

[9] Pickering E C 1890 Harvard Coll. Obs. Ann. 271. 这一分类基于 Fleming 的工作，并以“The Draper Catalogue of Stellar Spectra”为标题。

[10] Cannon A J and Pickering E C 1901 Harvard Obs. Ann. 28 (Part II) 131

[11] Saha M N 1920 Phil. Mag. 40 479

Fowler R H and Milne E A 1923 Mon. Not. R. Astron. Soc. 83 403; 1924 Mon. Not. R. Astron. Soc. 84499

[12] The Henry Draper Catalogue 于 1918 年至 1924 年期间发表在 Harvard Ann. 51 卷和 55-62 卷上。

[13] von Helmholtz H 1854 Lecture delivered at Konigsberg 7 February 1854, 英译文于 1856 年发表在 Phil. Mag. (series 4) 11 489.

Thompson W 1854 Br. Assn. Report Part II; also 1854 Phil. Mag. December

[14] Rutherford E 1907 J. R. Astron. Soc. Can. 1 145

[15] Lane J H 1870 Am. J. Sci. Arts, 2nd series 50 57

[16] 这些结果包含在现保存于美国国家档案馆的 Lane 的未发表的笔记中.

[17] Ritter A 1883 Wiedemanns Ann. 20 137,897; 1898 Astrophys. J. 8 293

[18] Emden R 1907 Gaskugeln (Leipzig: Teubner)

[19] Lockyer 温度弓形的第一个版本于 1887 年发表在 Proc. R. 43 117, 以后他继续发表不同版本的温度弓，本章图 13.1 示出的温度弓是 1914 年发表的。

[20] Monck W H S 1895 J. Br. Astron. Assoc. 5 418; 见 DeVorkin D 1984 The General History of Astronomy, vol 4. Astrophysics and Twentieth-Century Astronomy to 1950 : Part A (Cambridge: Cambridge University Press) p 96

[21] 见 DeVorkin D 1984 The General History of Astronomy, vol 4. Astrophysics and Twentieth-Century Astronomy to 1950: Part A (Cambridge: Cambridge University Press) p 97

[22] Hertzsprung E 1905 Z. Wiss. Photogr. 3 429; 1907 Z. Wiss. Photogr. 5 86

[23] Hertzsprung E 1911 Publ. Astrophys. Obs. Potsdam 22 No 63

[24] Russell H N 1914 Popular Astron. 22 275, 331; 1914 Nature 93 227, 252 and 281

[25] Adams W S and Kohlschutter A 1914 Astrophys. J. 40 385

[26] Morgan W W, Keenan P C and Kellman E 1943 Atlas of Stellar Spectra (Chicago: University of Chicago Press)

[27] 见 DeVorkin D 1984 The General History of Astronomy, vol 4. Astrophysics and Twentieth-Century Astronomy to 1950 : Part A (Cambridge: Cambridge University Press) p 102

[28] Halm J 1911 Mon. Not. R. Astron. Soc. 71 610

[29] Hertzsprung E 1919 Astron. Nach. 208 89

[30] Sampson R A 1895 Mem. R. Astron. Soc. 51 123

Schuster A 1902 Astrophys. J. 16 320; 1905 Astrophys. J. 211

Schwarzschild K 1906 Nach. K. Preuss. Akad. Wiss., Göttingen, Math- Phys. Klasse 1

[31] Eddington A S 1916 Mon. Not. R. Astron. Soc. 77 16

[32] Bohr N 1913 Phil. Mag. 23 1

[33] Saha M N 1920 Phil. Mag. 40 479

[34] Fowler R H and Milne E A 1923 Mon. Not. R. Astron. Soc. 83 403; 1924 Mon. Not. R. Astron. Soc. 84 499

[35] Payne C H 1925 Harvard College Observatory Monographs, No 1,Stellar Atmospheres (Cambridge, MA: Harvard University Press)

[36] Unsöld A 1928 Z. Phys. 46 765

[37] McCrea W H 1929 Mon. Not. R. Astron. Soc. 89 483

[38] Russell H N Astrophys. J. 55 119

[39] Russell H N and Saunders F A 1925 Astrophys. J. 61 38

[40] Russell H N, Adams W S and Moore C E 1928 Astrophys. J. 68 1

[41] Russell H N 1929 Astrophys. J. 70 11

[42] Minnaert M and Mulders G 1930 Z. Astrophys. 1 192

[43] Menzel D H 1931 Publ. Lick Obs. 17 230

[44] Eddington A S 1926 The Internal Constitution of the Stars (Cambridge: Cambridge University Press)

[45] Russell H N 1925 Nature 116 209

[46] Chandrasekhar S 1983 Eddington: the Most Distinguished Astrophysicist of his Time (Cambridge: Cambridge University Press) p 11

[47] Eddington A S 1917 Mon. Not. R. Astron. Soc. 77 596

[48] Michelson A A 1890 Phil. Mag. 30 1

[49] Michelson A A and Pease F G Astrophys. J. 53 249

[50] Eddington A S 1924 Mon. Not. R. Astron. Soc. 84 308

[51] Eddington A S 1920 Observatory 43 353

[52] Fermi E 1926 Rend. Acc. Lincei 3 145

[53] Gamow G 1928 Z. Phys. 52 510

[54] Pauli W 1931 Phys. Rev. 38 579

[55] Fermi E 1934 Z. Phys. 88 161

[56] Anderson C D 1932 Science 76 238

[57] Urey H, Brickwedde F G and Murphy G M 1932 Phys. Rev. 39 164,864

[58] Chadwick J 1932 Nature 129 312

[59] Chandrasekhar S 的这段话在 Wali K C 1991 Chandra: *a* Biography of S Chandrasekkar (Chicago: University of Chicago Press) 一书中被引用

[60] Atkinson R d'E and Houtermans F G 1929 Z. Phys. 54 656

[61] Atkinson R d'E 1931 Astrophys. J. 73 250, 308

[62] von Weizsacker C F 1937 Phys. Z. 38 176; 1938 Phys. Z. 39 633
Bethe H A 1939 Phys. Rev. 55 434

[63] Atkinson R d'E 1936 Astrophys. J. 84 73

[64] Bethe H A and Critchfield C L 1938 Phys. Rev. 54 248

[65] Öpik E 1938 Publ. Obs. Astron. Univ. Tartu 30 1

[66] Öpik E 1951 Proc. R. Irish Acad. 54 49
[67] Salpeter E E 1952 Astrophys. 1.115 326
[68] Schönberg M and Chandrasekhar S 1942 Astrophys. J. 96 161
[69] 见 Davis Philip A G and DeVorkin D H (ed) 1977 In Memory of Henry Norris Russell Dudley Observatory Report No 13 90, 107
[70] Adams W S 1914 Publ. Astron. Soc. Pacif. 26 198; 1915 Publ. Astron. Soc. Pacif. 27 236
[71] Eddington A S 1924 Mon. Not. R. Astron. Soc.84 308
[72] Adams W S 1925 Proc. Natl Acad. Sci. 11 382
[73] Eddington A S 1927 Stars and Atoms (Oxford: Clarendon) p 52
又见 Douglas A V 1956 The Life of Arthur Stanley Eddington (London: Nelson) pp 75-78
[74] Pauli W 1925 Z. Phys. 31 765
[75] Fowler R H 1926 Mon. Not. R. Astron. Soc. 87 114
[76] Anderson W 1929 Z. Phys. 54 433
[77] Stoner E C 1929 Phil. Mag. 7 63
[78] Wali K C 1991 Chandra: a Biography of S Chandrasekhar (Chicago, IL: University of Chicago Press)
[79] Chandrasekhar S 1931 Astrophys. J. 74 81
[80] 参见，例如, Chandrasekhar S 1983 Eddington: the Most Distinguished Astrophysicist of his Time (Cambridge: Cambridge University Press) p 47
[81] Landau L D 1932 Phys. Z. Sowjet. 1285
[82] Oppenheimer J R and Snyder H 1939 Phys. Rev. 56 455
[83] Baade W and Zwicky F 1934 Proc. Nutl Acad. Sci. 20 254, 259
[84] Hess V F 1912 Phys. Z. 13 1084
[85] Zwicky F 1968 Catalogue of Selected Compact Galaxies and of Post-Eruptive Galaxies (Guemlingen, Switzerland: Zwicky)
[86] Hewish A, Bell S J, Pilkington J D, Scott P F and Collins R A 1968 Nature 217 709
[87] Gamow G 1937 Atomic Nuclei and Nuclear Transformations (Oxford: Oxford University Press); 1939 Phys. Rev. 55 718
[88] Landau L D 1938 Nature 141 333
[89] Oppenheimer J R and Volkoff G M 1939 Phys. Rev. 55 374
[90] Herschel W 1785 Phil. Trans. R. Soc. 75 213
[91] Kapteyn J C 1906 Plan of Selected Areas (Groningen)
[92] Kapteyn J C and van Rhijn P J 1920 Astrophys. J. 52 23
[93] Kapteyn J C 1922 Astrophys. J. 55 302
[94] Leavitt H S 1912 Harvard Coll. Obs. Circ. No 173 1
[95] Hertzsprung E 1913 Astron. Nach. 196 201

[96] Shapley H 1918 Astrophys. J. 48 89
[97] Berendzen R, Hart R and Seeley D 1976 Man Discovers the Galaxies (New York Science History Publications) 和 Smith R W 1982 The Expanding Universe: Astronomy's "Great Debate" 1900-1913 (Cambridge: Cambridge University Press) 中讲述了这个故事。
[98] Herschel J 1864 General catalogue of nebulae Phil. Trans. R. Soc. 154 1
[99] Dreyer J L E 1888 New general catalogue of nebulae and clusters of galaxies Mem. R. Astron. Soc. 49
[100] Dreyer J L E 1895 Index catalogue of galaxies Mem. R. Astron. Soc. 51; 1908 Mem. R. Astron. Soc. 59
[101] Huggins W and Miller W A 1864 Phil. Trans. R. Soc. 154 437
[102] Ritchey G W 1916 Publ. Astron. Soc. Pacif. 29 210
[103] Curtis H D 1916 Publ. Astron. Soc. Pacif. 29 180
Shapley H Publ. 1916 Astron. Soc. Pacif. 29 213
[104] van Maanen A Astrophys. J. 44 210; 这是有关涡漩星云中自行的系列文章的第一篇.
[105] Shapley H 1921 Bull. Natl Acad. Sci. 2 171
Curtis H D 1921 Bull. Natl Acad. Sci. 2 194
[106] Lundmark K 1920 K. Svenska Vetensk. Akad. Handl. 60 63
[107] Lundmark K 1921 Publ. Astron. Soc. Pacif. 33 324
[108] Hubble E P 1925 Publ. Am. Astron. Soc. 5 261
[109] Hubble E P 1926 Astrophys. J. 64 321
[110] Hubble E P 1936 The Realm of the Nebulae (New Haven: Yale University Press)
[111] 宇宙学和相对论宇宙学发展的历史见以下两本专著: North J D 1965 The Measure of the Universe (Oxford: Clarendon) and Bondi H 1960 Cosmology 2nd edn (Cambridge: Cambridge University Press).
[112] 有关此一通信的令人愉快的讨论见 Harrison E R 1987 Darkness at Night: A Riddle of the Universe (Cambridge: Cambridge University Press) ch 6.
[113] Lobachevsky N I 1829-1830 On the Principles of Geometry (Kazan Bulletin)
[114] Riemann B 1854 Habilitationschrft (Göttingen: University of Göttingen)
[115] Schwarzschild K 1900 Viert. Astron. Ges. 35 337
[116] Einstein A 1915 K.Preuss. Akad. Wiss. (Berlin) Sitzungsber.844; 1916 Ann. Phys. 49 769
[117] Le Verrier U J J 1859 C. R. Acad. Sci., Paris 49 379
[118] Dyson F W, Eddington A S and Davidson C 1920 Phil. Trans. R. Soc. 220 291
[119] 见 North J D 1965 The Measure of the Universe (Oxford: Clarendon) p 80 中的讨论.
[120] Einstein A 1917 K. Preuss. Akad. Wiss. (Berlin) Sitzungsber. 1 142
[121] Zeldovich Ya B 1968 Usp. Fiz. Nauk 95 209
[122] Carroll S M, Press W H and Turner E L 1992 Ann. Rev. Astron. Astrophys. 30 499

[123] Einstein A 1919 K.Preuss. Akad. Wiss. (Berlin) Sitzungsber. Pt1 349
[124] de Sitter W 1917 Proc. Acad. Amst. 19 1225
[125] de Sitter W 1917 Mon. Not. R. Astron. SOC. 78 3
[126] Lanczos C 1922 Phys. Z. 23 539
[127] Friedmann A A 1922 Z. Phys. 10 377; 1924 Z. Phys. 21 326
[128] Einstein A 1922 Z. Phys. 11 326; 1923 Z. Php. 16 228
[129] Lemaître G 1927 Ann. Soc. Scient. Brux. A47 49
[130] Slipher V M 1917 Proc. Am. Phil. Soc. 56 403
[131] Wirtz C W 1921 Astron. Nach. 215 349
[132] Hubble E P 1929 Proc. Natl Acad. Sci. 15 168
[133] Hubble E P and Humason M 1934 Astrophys.J. 74 43
[134] Robertson H P 1935 Astrophys. J. 82 284
Walker A G 1936 Proc. Lond. Math. Soc. Series 2 42 90
[135] Weyl H 1923 Phys. Z. 29 230
[136] Bondi H 1960 Cosmology 2nd edn (Cambridge: Cambridge University Press) p 100
[137] Milne E A and McCrea W H 1934 *Q*. J. Math. 5 64, 73
[138] Gamow G 1970 My World Line (New York: Viking) p 44
[139] Einstein A and de Sitter W 1932 Proc. Natl. Acad. Sci. 18 213
[140] Zwicky F 1937 Astrophys. J. 86 217
[141] Eddington A S 1915 Mon. Not. R. Astron. Soc. 76 525
[142] Eddington A S 1930 Mon. Not. R. Astron. Soc. 90 669
Lemaître G 1931 Mon. Not. R. Astron. Soc.91 483
[143] North J D 1965 The Measure of the Universe (Oxford: Clarendon) p 125
[144] Bondi H 1960 Cosmology 2nd edn (Cambridge: Cambridge University Press) p 84
[145] 1984 The General History of Astronomy (Cambridge: Cambridge University Press) 的第二部分给出了对天文观察和天文仪器的总结.
[146] 天文学在国际上发展的信息可由: the Proceedings of the General Assemblies of the International Astronomical Union (Dordrecht: Reidel) 获得, 除去第二次世纪大战期间外，这个会议每三年召开一次。
[147] Lovell A C B 1987 Q. J. R. Astron. Soc. 28 8
[148] Sullivan W T III(ed) 1984 The Early Years of Radio Astronomy (Cambridge: Cambridge University Press) 一书总结了射电天文学的早期历史, Sullivan 还编辑了射电天文学早期论文汇编: Sullivan W T III 1982 Classics in Radio Astronomy (Dordrecht: Reidel).
[149] Jansky K G 1933 Proc. Inst. Radio Eng. 21 1387
[150] Reber G 1940 Astrophys.J. 91 621
[151] Henyey L G and Keenan P C 1940 Astrophys. J. 91 625
[152] Reber G 1944 Astrophys. J. 100 279

[153] Hey J S 1946 Nature 157 47. 这篇文章报道了发生在 1942 年的与太阳大耀斑相联系的强射电发射. 这个信息是二战之后才解密的。

[154] Hey J S, Parsons S J and Phillips J W 1946 Nature 158 234

[155] Ryle M and Smith F G 1948 Nature 162 462

[156] Bolton J G, Stanley G J and Slee O B 1949 Nature 164 101

[157] 参见 the discussion on 'The origin of cosmic radio noise' at the Conference on Dynamics of Ionised Media held in 1951 at University College, London.

[158] Smith F G 1951 Nature 168 555

[159] Baade W and Minkowski R 1954 Astrophys. J. 119 206

[160] Ryle M 1958 Proc. R. Soc. A 248 289

[161] Alfvén H and Herlofson N 1950 Phys. Rev. 78 616

[162] Kippenhauer K O 1950 Phys. Rev. 79 739
Ginzburg V L 1951 Dokl. Akad. Nauk 76 377

[163] Scheuer P A G 1984 The Early Years of Radio Asfronomy ed W T Sullivan III (Cambridge: Cambridge University Press) p 249

[164] VLBI 的首次成功观察的报道刊载于: Broten N W, Legg T H, Locke J L, McLeish C W, Richards R S, Chisholm R M, Gush H P, Yen J L and Galt J A 1967 Nature 215 38; Bare C, Clark B G, Kellermann K I, Cohen M H and Jauncey D L 1967 Science 157 189

[165] X 射线天文学的历史是由 Tucker W and Giacconi R 1985 The X-ray Universe (Cambridge, MA: Harvard University Press) 讲述的; Ramana Murthy P and Wolfendale A A 1993 Gamma-ray Astronomy (Cambridge: Cambridge University Press) 描述了 γ 射线天文学的发展。

[166] 有关空间探索的历史, 参见 Rycroft M(ed) 1990 The Cambridge Encyclopaedia of Space (Cambridge: Cambridge University Press).

[167] 有关太阳紫外探测的早期历史, 参见 Friedman H 1986 Sun and Earth (New York: Scientific American Library).

[168] Giacconi R, Gursky H, Paolini F R and Rossi B B 1962 Phys. Rev. Lett. 9 439

[169] Gursky H, Giacconi R, Paolini F R and Rossi B B 1963 Phys. Rev. Lett. 11 530
Bowyer *S*, Byram E T, Chubb T A and Friedman H 1964 Science 146 912

[170] Giacconi R, Kellogg E, Gorenstein P, Gursky H and Tanenbaum H 1971 Astrophys. J. 165 L69

[171] Kraushaar W L, Clark G W, Garmire G P, Borken R, Higbie P and Agogino M 1965 Astrophys. J. 141 845

[172] Clark G W, Garmire G P and Kraushaar W L 1968 Astrophys. J. Lett. 153 L203

[173] Fichtel C E,Simpson G A and Thompson D J 1978 Astrophys. J. 222 833

[174] Mayer-Hasselwander et al 1982 Astron. Astrophys. 103 164

[175] Klebesadel R W, Strong I B and Olson R A 1973 Astrophys. J. Lett. 182 L85

[176] Smith R W 1989 The Space Telescope: *A* Study of NASA, Science, Technology and Politics (Cambridge: Cambridge University Press) p 30

[177] Rogerson J B, Spitzer L, Drake J F, Dressler K, Jenkins E B Morton D C and York D G 1973 Astrophys. J. 181 L97

[178] Kondo Y (ed) 1987 Exploring the Universe with the IUE Satellite (Dordrecht: Reidel)

[179] Smith R W 1989 The Space Telescope: A Study of NASA, Science, Technology and Politics (Cambridge: Cambridge University Press) 一书中极好地讲述了 Hubble 空间望远镜计划的历史，该书的第二版 (1994) 包括了主反射镜的球面像差问题及如何用纠正光学加以解决的内容。

[180] Allen D A 1975 Infrared: The New Astronomy (Shaldon, Devon: Keith Reid) 给出了红外天文学历史的介绍。

[181] Herschel W 1800 Phil. Trans. R. Soc. 90 255, 284, 293 and 437

[182] Johnson H L, Mitchell R I, Iriate B and Wisniewski W Z 1966 Commun. Lunar Planetary Lab. 4 99

[183] Neugebauer G and Leighton R B 1969 Two-micron Sky Survey (NASA SP-3047)

[184] Low F 1961 J. Opt. Soc. Am. 51 1300

[185] Becklin E E and Neugebauer G 1966 Astrophys. J. 147 799

[186] Becklin E E and Neugebauer G 1968 Astrophys. J. 151 145

[187] 见 Wynn-Williams C G and Becklin E E (ed) 1987 Infrared Astronomy with Arrays (Honolulu, HI: Institute for Astronomy, University of Hawaii) 中的像.

[188] Low F J and Aumann H H 1970 Astrophys. J. Lett. 162 L79
Low F J, Aumann H H and Gillespie C M 1970 Astronaut. Aeronaut. 7 26

[189] 关于 IRAS 任务结果的第一次研讨会的报道发表在 Israel F P(ed) 1985 Light on Dark Matter (Dordrecht: Reidel).

[190] Gascoigne S C B, Proust K M and Robins M 0 1990 The Creation of the Anglo-Australian Telescope (Cambridge: Cambridge University Press)

[191] Boyle W S and Smith G E 1970 Bell Syst. Tech. J. 49 587

[192] Schmidt B V 1931 Zentztg Opt. Mechan. 52 25

[193] Sandage A R and Schwarzschild M 1952 Astrophys. J. 116 463

[194] Kippehahn R and Weigert A 1990 Stellar Structure and Evolution (Berlin: Springer) 给出了计算在发展恒星结构模型中所起作用的出色的总结。

[195] Öpik E 1951 Proc. R. Irish Acad. A 54 49
Salpeter E E Astrophys. J. 115 326

[196] Hoyle F Astrophys. J. Suppl. 1 121

[197] Dunbar D N F, Pixley R E, Wenzel W A and Whaling W 1953 Phys. Rev. 92 649

[198] Suess H E and Urey H C 1956 Rev. Mod. Phys. 28 53

[199] Burbidge E M, Burbidge G R, Fowler W A and Hoyle F 1957 Rev. Mod. Phys. 29 547
Cameron A G W 1957 Publ. Astron. Soc. Pacif. 69 201

[200] Amett W D and Clayton D D 1970 Nature 227 780
[201] Davis R 1955 Phys. Rev. 97 766
[202] Epstein I 1950 Astrophys. J. 112 207
Oke J B 1950 J. R. Astron. Soc. Can. 44 135
[203] Cameron A G W 1958 Ann. Rev. Nucl. Sci. 8 299
Fowler W A 1958 Astrophys. J 127 551
[204] Bahcall J N 1964 Phys. Rev. Lett. 12 300
[205] Bahcall J N 1990 Neutrino Astrophysics (Cambridge: Cambridge University Press) 给出了太阳中微子问题的极好的总结.
[206] Hirata K S et al 1990 Phys. Rev. Lett. 65 1297
[207] 参见 Hampel W 1994 Phil. Trans. R. Soc. A 346 3
[208] Leighton R B 1960 Aerodynamic Phenomena in Stellar Atmospheres ed R N Thomas (Bologna: Zanichelli) p 321
[209] Frazier E N 1968 Z. Astron. 68 345
[210] Ulrich R K 1970 Astrophys. J. 162 993
Leibacher J W and Stein R F 1971 Astrophys. Lett. 7 191
[211] Christensen-Dalsgaard J and Gough D O 1980 Nature 288 544
[212] Toutain T and Frolich C 1992 Astron. Astrophys. 257 287
[213] 承蒙 D O Gough 教授 1993 年惠赠, 又见 Gough D O 1994 Phil. Trans. R. Soc. A 346 37
[214] Hewish A, Bell S J, Pilkington J D H, Scott P F and Collins R A 1968 Nature 217 709
[215] Hewish A 1986 Q. J.R. Astron. Soc. 27 548 描述了发现脉冲星的历史。
[216] Pacini F 1987 Nature 216 567
Gold T 1968 Nature 218 731
[217] Lyne A G and Graham Smith F 1990 Pulsar Astronomy (Cambridge: Cambridge University Press) 一书给出了有关脉冲星物理和观察的新近总结, 包括了许多原始论文作为参考文献.
[218] Pacini F 1968 Nature 219 145
[219] Goldreich P and Julian W H 1969 Astrophys. J. 157 869
[220] Gum J E and Ostriker J P 1969 Astrophys. J. 157 1395
[221] Baym G Bethe H A and Pethick C J 1971 Nucl. Phys. A 175 225
Baym G, Pethick C J and Sutherland P 1971 Astrophys. J. 170 299
[222] Baym G Pethick C, Pines D and Ruderman M 1969 Nature 224 872
[223] Radhakrishnan V and Manchester R N 1969 Nature 222 228
Reichley P E and Downs G S 1969 Nature 222 229
[224] Tucker W and Giacconi R 1985 The X-ray Universe (Cambridge, MA: Harvard University Press) 描述了 UHURU 卫星的历史及其作出的发现.

[225] Tananbaum H, Gursky H, Kellogg E M, Levinson R, Schreier E and Giacconi R 1972 Astrophys. J. 174 L144
[226] Hayakawa S and Matsuoka M 1964 Prog. Theor. Phys. Japan Suppl. 30 204
[227] Shklovsky I S 1967 Astron. Zh. 44 930
[228] Prendergast K H and Burbidge G R 1968 Astrophys. J. 151 L83
[229] Rappaport S A and Toss P C 1983 Accretion Driven Stellar X-ray Sources ed W H G Lewin and E P J van den Heuvel p 1
[230] Margon B and Ostriker J P 1973 Astrophys. J. 186 91
[231] 有关吸积双星系统物理学的细节可参考 Shapiro S I and Teukolsky S A 1983 Black Holes, White Dwarfs and Neutron Stars: The Physics of Compact Objects (New York: Wiley Interscience).
[232] Trümper J, Pietsch W, Reppin C, Voges W, Steinbert R and Kendziorra E 1978 Astrophys. J. Lett. 219 L105
[233] Zeldovich Ya B and Gusyenov O H 1965 Astrophys. J. 144 841
[234] Trimble V L and Thorne K S 1969 Astrophys. J. 156 1013
[235] Webster B L and Murdin P 1972 Nature 235 37
[236] McClintock J E 1992 Proc. Texas ESO/CERN Symp. on Relativistic Astrophysics, Cosmology and Fundamental Particles ed J D Barrow et $a1$(New York: New York Academy of Sciences) p 495
Cowley A P 1992 Ann. Rev. Astron. Astrophys. 30 287
[237] Hulse R and Taylor J 1975 Astrophys. J. Lett. 195 L51
[238] Taylor J 1992 Phil. Trans. R. Soc. 341 117
[239] 有关超新星性质的详尽综述, 可参见 Trimble V 1982 Rev. Mod. Phys. 54 1183;1983 Rev.Mod.Phys. 55 511.
[240] 对 Zwicky 关于超新星工作的引人入胜的描述, 见 Zwicky F 1974 Supernovae and Supernova Remnants ed C Battali Cosmovici (Dordrecht: Reidel) p 1.
[241] Baade W and Zwicky F 1938 Astrophys. J. 88 411
[242] Minkowski R 1941 Publ. Astron. Soc. Pacif. 53 224
[243] Kirshner R P and Oke B 1975 Astrophys. J. 200 574
[244] Pankey 1962 PhD Dissertation Howard University, Washington, DC
[245] Colgate S and McKee C 1969 Astrophys. J. 157 623
[246] 存在大量有关 SN1987A 的文献. 针对超新星的专题论文集包括 Kafatos M and Michalitsianos A G (ed) 1988 Supernova 1987A in the Large Magellanic Cloud (Cambridge: Cambridge University Press) 和 Danziger I J and Kjär K 1991 Supernova 2987A and Other Supernovae (Garching bei Munchen: European Southem Observatory). 对直至 1992 年的观察的一篇出色的总结是由 Chevalier R 在 1992 Nature 355 691 给出的.
[247] 参见文献 [206] 给出的对这些观察的出色的讨论.
[248] Plaskett J S and Pearce J A 1933 Publ. Dom. Astrophys. Obs. 5 167

Joy A H 1939 Astrophys. J. 89 356

[249] Russell H N 1921 Observatory 44 72

[250] Eddington A S 1926 Proc. R. Soc. A 111 424

[251] Menzel 1926 Publ. Astron. Soc. Pacif. 38 295

[252] Zanstra H 1926 Phys. Rev. 27 644

[253] Zanstra H 1927 Astrophys. J. 65 50

[254] Strömgren B 1939 Astrophys. J. 89 526

[255] Bowen I S 1928 Astrophys. J. 67 1

[256] 有关纳粹占领时期 Oort 和荷兰天文学研究情况的一些回忆包含在 van Woerden H, Brouw W N and van de Hulst H C (ed) 1980 Oort and the Universe (Dordrecht: Reidel) 一书中.

[257] van de Hulst H C 1945 Ned. Tijdschr. Natuurkd. 11 210

[258] Ewen H I and Purcell E M 1951 Nature 168 356

[259] Muller C A and Oort J H 1951 Nature 168 356

[260] Oort J H, Kerr F J and Westerhout G 1958 Mon. Not. R. Astron. Soc. 118 379

[261] 参见, 例如 Fich M and Tremaine S 1991 Ann. Rev. Astron. Astrophys. 29 409

[262] Weinreb S, Barrett A H, Meeks M L and Henry J C 1963 Nature 200 829

[263] Weaver H, Williams D R W, Dieter N H and Lum W T 1965 Nature 208 29
Weinreb *S*,Meeks M L, Carter J C, Barrett A H and Rogers A E E 1965 Nature 208 440

[264] Wilson R W, Jefferts K B and Penzias A A 1970 Astrophys. J. Lett. 161 L43

[265] Duley W W and Williams D A 1984 Interstellar Chemistry (London: Academic) 给出了一个有关这个新分支学科的介绍.

[266] Spitzer L and Savedoff M P 1950 Astrophys. J. 111 593

[267] Field G B, Goldsmith D W and Habing H J 1969 Astrophys. J. Lett. 55 L149

[268] Field G B 1965 Astrophys. J. 142 531

[269] Field G B 1974 Astrophys. J. 187 453

[270] Rogerson J B, York D G, Drake J F, Jenkins E B, Morton D C and Spitzer L 1973 Astrophys. J. Lett. 181 L110

[271] Rogerson J B and York D G 1973 Astrophys. J. Lett. 186 L95

[272] Bowyer C S, Field G B and Mack J E 1968 Nature 217 32

[273] Cox D P and Smith B W 1974 Astrophys. J. Lett. 189 L105

[274] 参见, 例如 Bruhweiler F C and Vidal-Madjar A 1987 Exploring the Universe with the IUE Satellite ed Y Kondo (Dordrecht: Reidel) p 467

[275] McKee C F and Ostriker J P 1977 Astrophys. J. 218 148

[276] Joy A H 1945 Astrophys. J. 102 168

[277] Ambartsumian V A 1947 Stellar Evolution and Astrophysics (Yerevan: Armenian Academy of Sciences)

[278] Herbig G H 1952 J. R. Astron. Soc. Can. 46 222
[279] Walker M F 1956 Astrophys. J, Suppl. 2 365
[280] Hayashi C 1961 Publ. Astron. Soc. Japan 13 450
[281] Becklin E E and Neugebauer G 1967 Astrophys. J. 147 799
[282] Jeans J H 1902 Phil. Trans. R. Soc. 199 1
[283] Larson R 1969 Mon. Not. R. Astron. Soc. 145 271 297
[284] Stahler S W, Shu F J and Taam R E 1980 Astrophys. J. 241 641
[285] Snell R L, Loren R B and Plambeck R L 1980 Astrophys. J. Lett. 239 L17
[286] Zwicky F 1937 Astrophys. J. 217; 1942 Phys. Rev. 61 489
[287] Schechter P 1976 Astrophys.J. 203 297
[288] Felten J 1977 Astron. J. 82 869
[289] Rubin V C, Ford W K and Thonnard N 1980 Astrophys. J. 238 471
又见 Rubin V C 1988 Large-scale Velocity Fields in the Universe ed V C Rubin and G V Coyne (Vatican City: Pontificia Academia Scientiarum) p 541
[290] 见 Trimble V L 1987 Ann. Rev. Astron. Astrophys. 25 425
[291] Fabricant D,Lecar M and Gorenstein P 1980 Astrophys. J. 241 552
[292] Ostriker J P and Peebles P J E 1973 Astrophys. *J.*186 467
[293] Totsuji H and Kihara T 1969 Publ. Astron. Soc. Japan 21 221
[294] Peebles 及其合作者在此一领域工作的文献可在 Peebles 的优秀专著 Peebles P J E 1993 Principles of Physical Cosmology (Princeton, NJ: Princeton University Press) 中找到.
[295] Gott J R, Melott A L and Dickinson M 1986 Astrophys.*J*. 306 341
[296] Gursky H, Kellogg E, Murray S, Leong C, Tananbaum H and Giacconi R Astrophys. J. Lett. 167 L81
[297] Mitchell R J, Culhane J L, Davison P J N and Ives J C 1976 Mon. Not. *R*. Astron. Soc. 175 30P
[298] Sunyaev R A and Zeldovich Ya B 1970 Astrophys. Space Sci. 7 20
[299] Birkinshaw M 1990 The Cosmic Microwave Background: 25 Years Later ed N Mandolesi and N Vittorio (Dordrecht: Kluwer) p 77
[300] Lynden-Bell D 1967 Mon. Not. R. Astron. Soc. 136 101
[301] Chandrasekhar S 1943Astrophys. J. 97 251,259; 98 270
[302] Ostriker J P and Tremaine S D 1975 Astrophys. J. Lett. 202 L113
[303] Shklovsky I S 1953 Dokl. Akad. Nauk 90 983
[304] Dombrovski V A 1954 Dokl. Akad. Nauk 94 1021
Vashakidze M A 1954 Astron. Tsirk. No 147
Oort J H and Walraven T 1956 Bull. Astron. Inst. Neth. 12 285
[305] Baade W 1956 Astrophys. J. 123 550
[306] Jennison R C and Das Gupta M K 1953 Nature 172 996
[307] Burbidge G R 1956 Astrophys. J. 124 416; 1959 Astrophys. J. 129 849

[308] Minkowski R 1960 Astrophys. J. 132 908

[309] Matthews T A and Sandage A R 1963 Astrophys. J. 138 30

[310] Hazard C, Mackey M B and Shimmins A J 1963 Nature 197 1037

[311] Schmidt M 1963 Nature 197 1040

[312] Smith H J and Hoffleit D and 1963 Nature 198 650

[313] 第一次得克萨斯研讨会会议录中包含了直至 1963 年为止发表的许多有关射电源、活动星系和类星体的最重要文章, 见 Robinson I, Schild A and Schucking E L (ed) 1965 Quasi-stellar Sources and Gravitational Collapse (Chicago: University of Chicago Press). G R Burbidge and E M Burbidge 1967 Quasi-stellar Objects (San Francisco: Freeman) 一书给出了类星体早期观察的总结.

[314] 涉及类星体红移起源争论的论证包含在 Field G B, Arp H and Bahcall J N 1973 The Redshift Controversy (Reading, MA: Benjamin) 中.

[315] Schmidt M 1965 Astrophys. J. 141 1295

[316] Seyfert C K 1943Astrophys. J. 97 28

[317] Burbidge E M, Burbidge G R and Sandage A R 1963 Rev. Mod. Phys. 35 947

[318] Sandage A R 1965 Astrophys. J. 141 1560

[319] Fitch W S, Pacholczyk A G and Weymann R J 1968 Astron. J. 73 513

[320] McLeod J M and Andrew B H 1968 Astrophys. Lett. 1 243

[321] Schwarzschild K 1916 K. Preuss. Akud. Wiss. (Berlin) Sitzungsber. 1 189

[322] Kruskal M D 1960 Phys. Rev. 119 1743

[323] Kerr R P 1963 Phys. Rev. Lett. 11 237

[324] Newman E T, Couch K, Chinnapared K, Exton A, Prakash A and Torrence R 1965 J. Math. Phys. 6 918

[325] Carter B 1971 Phys. Rev. Lett. 26 331

[326] Hawking S W 1972 Commun. Math. Phys. 25 152

[327] Penrose R 1965 Phys. Rev. Lett. 14 57

[328] Hawking S W and Penrose R 1969 Proc.*R.* Soc. A 314 529

[329] Penrose R 1969 Riv. Nuovo Cimento 1 252

[330] Misner C W, Thome K S and Wheeler J A 1973 Gravitation (San Francisco: Freeman) and Shapiro S I and Teukolsky S A 1983 Black Holes, White Dwarfs and Neutron Stars: the Physics of Compact Objects (New York: Wiley Interscience) 两本书描述了黑洞物理学. 在 300 Years of Gravitation ed S W Hawking and W Israel (Cambridge: Cambridge University Press) p 199 中有 Israel W 于 1987 年给出的一篇关于黑洞历史的优秀总结.

[331] Zeldovich Ya B 1964 Sov. Phys. Dokl. 9 195
Salpeter E E 1964 Astrophys. J. 140 796

[332] Lynden-Bell D 1969 Nature 223 690

[333] Bardeen J M 1970 Nature 226 64

[334] Shakura N and Sunyaev R A 1973 Astron. Astrophys. 24 337

[335] Zeldovich Ya B and Novikov I D 1964 Sov. Phys. Dokl. 9 834

[336] Ulrich M-H et al 1984 Mon. Not. *R.* Astron. Soc.206 211

[337] Wandel A and Mushotzky R F 1986 Astrophys. J. 306 L63

[338] Abramowicz M A, Jaroszyński M and Sikora M 1978 Astron. Astrophys. 63 221

[339] Papaloizou J C B and Pringle J E 1984 Mon. Not. R. Astron. Soc. 208 721

[340] Hoyle F, Burbidge G R and Sargent W L W 1966 Nature 209 751

[341] Rees M J 1966 Nature 211 468; 1967 Mon. Not. R. Astron. Soc.135 345

[342] Rees M J 1971 Nature 229 312

Scheuer P A G 1974 Mon. Not. R. Astron. Soc. 166 513

[343] Krymsky G F 1977 Dokl. Akad. Nauk 234 1306

Bell A R 1978 Mon. Not. R. Astron. Soc. 182 147

Axford W I, Leer E and Skandron G 1977 Proc. 15th lnt. Cosmic Ray Conf vol 11, p 132

Blandford R D and Ostriker J P 1978 Astrophys. J. 221 L29

[344] Gull S F 1975 Mon. Not. R. Astron. Soc. 171 263

[345] Perley R A, Dreher J W and Cowan J J 1984 Astrophys. J. 285 L35

[346] Whitney A R, Shapiro I I, Roges A E E, Robertson D S, Knight C A, Clark T A, Goldstein R M, Marandino G E and Vandenberg N R 1971 Science 173 225

Cohen M H, Cannon W, Purcell G H, Shaffer D B, Broderick J J, Kellermann K I and Jauncey D L 1971 Astrophys. J. 170 207

图 23.28 中的照片取自 Pearson T J, Unwin S C, Cohen M H, Linfield R P, Readhead A C S, Seielstad G A, Simon R S and Walker R C 1982 Extragalactic Radio Sources ed D S Heeschen and C M Wade (Dordrecht: Reidel) p 355.

[347] 许多有关超光速运动的重要文献可在 Zensus J A and Pearson T J (ed) 1987 Superluminal Radio Sources (Cambridge: Cambridge University Press) 一书中找到.

[348] Antonucci R R and Miller J S 1985 Astrophys. J. 297 621

[349] Barthel P D 1989 Astrophys. J. 336 606

[350] Fichtel D 1994 Frontiers of Space and Ground-Based Astronomy ed W Wamsteker et al (Dordrecht: Kluwer)

[351] Alpher R A 和 Herman R C 在 Modern Cosmology in Retrospect ed B Bertotti, R Balbinot, S Bergia and A Messina (Cambridge: Cambridge University Press) p 129 中描述了 Gamov 关于大爆炸理论工作的历史.

[352] Chandrasekhar S and Henrick L R 1942 Astrophys. J. 95 288

[353] Lemaître G 1931 Nature 127 706

[354] Gamow G 1946 Phys. Rev. 70 572

[355] Alpher R A, Bethe H and Gamow G 1948 Phys. Rev. 73 803

[356] Alpher R A and Herman R C 1948 Nature 162 774

[357] Alpher R A and Herman R C 1950 Rev. Mod. Phys. 22 153

[358] Hayashi C 1950 Prog. Theor. Phys. Japan 5 224

[359] Alpher R A, Follin J W and Herman R C 1953 Phys. Rev. 92 1347

[360] Milne E 1948 Kinematic Relativity (Oxford: Clarendon)

[361] Dirac P A M 1937 Nature 139 323

[362] Eddington A S 1946 Fundamental Theory ed E Whittaker (Cambridge: Cambridge University Press)

[363] Bondi H and Gold T 1948 Mon. Not. R. Astron. Soc. 108 252
Hoyle F Mon. Not. R. Astron. Soc. 108 372

[364] Baade W 1952 Trans. IAU 8 397

[365] Humason M L, Mayall N U and Sandage A R 1956 Astron. J. 61 97

[366] Shakeshaft J R, Ryle M, Baldwin J E, Elsmore B and Thomson J H 1955 Mem. R. Astron. Soc. 67 106

[367] Ryle M 1955 Observatory 75 137

[368] Mills B and Slee 0 B 1957 Aust. J. Phys. 10 162

[369] Scheuer P A G 1957 Proc. Camb. Phil. Soc. 53 764

[370] Bracewell R N (ed) 1959 Paris Symposium on Radio Astronomy (Stanford:Stanford University Press)

[371] Gower J F R 1966 Mon. Not. R. Astron. Soc. 133 151

[372] Scheuer P A G 1975 Galaxies and the Universe (Stars and Stellar Systems 9) ed A Sandage et af (Chicago: University of Chicago Press) p 725
Longair M S 1971 Rep. Prog. Phys. 34 1125

[373] Osterbrock D E and Rogerson J B 1961 Publ. Astron. Soc. Pacif . 73 129

[374] O'Dell C R, Peimbert M and Kinman T D 1964 Astrophys. J. 140 119

[375] Hoyle F and Tayler R J 1964 Nature 203 1108

[376] 在 Ostriker J P et al(ed) Selected Works of Yakov Borisevich Zeldovich. Part 2: Astrophysics and Cosmology (Princeton, NJ: Princeton University Press) 一书中可找到对 Zeldovich 在天体物理学和宇宙学领域所作贡献规模的评价.
在 Peebles P J E 1993 Principles of Physical Cosmology (Princeton, NJ: Princeton University Press) 一书中可找到对 Dicke 在复活 Gamov 大爆炸图景观察研究中所起作用的叙述.

[377] Penzias A A and Wilson R W 1965 Astrophys. J. 142 419

[378] Roll P G and Wilkinson D T 1966 Phys. Rev. Lett. 16 405

[379] McKellar 1941 Publ. Dom. Astrophys. Obs. 7 251

[380] Mather J C et al 1990 Astrophys. J. 354 L37

[381] Wagoner R V, Fowler W A and Hoyle F 1967 Astrophys. J. 148 3
Wagoner R V Astrophys. J. 179 343

[382] York D G and Rogerson J B 1976 Astrophys. J. 203 378

[383] Vidal-Madjar A, Laurent C, Bonnet R M and York D G 1977 Astrophys.J. 211 91

[384] Peebles P J E 1966 Astrophys. J. 146 542

[385] Doroshkevich A G, Novikov I D, Sunyaev R A and Zeldovich Ya B 1971 Highlights of Astronomy ed C de Jager (Dordrecht: Reidel) p 318

[386] See, for example, Opal Collaboration 1990 Phys. Lett. B 240 497

[387] Sandage A R 1961 Astrophys. J. 133 355

[388] Sandage A R 1968 Observatory 88 91

[389] 有关确定 Hubble 常数的不同方法的详细讨论, 见 Rowan-Robinson M 1985 The Cosmological Distance Ladder (New York: W H Freeman and Company); 他的修正结论发表在 Rowan-Robinson M 1988 Space Sci. Rev. 48 1 上.

[390] Hesser J E, Harris W E, VandenBerg D A, Allwright J W B, Shott P and Stetson P 1989 Publ. Astron. Soc. Pacif. 99 739

[391] Sandage A R 1994 The Deep Universe ed R Kron et al (Berlin: Springer)

[392] Lilly S J and Longair M S 1984 Mon. Not. R. Astron. Soc. 211 833

[393] Chambers K C, Miley G K and van Breugel W J M 1987 Nature 329 624

[394] Tyson A 1990 Galactic and Extragalactic Background Radiation ed *S* Bowyer and C Leinert (Dordrecht: Kluwer) p 245

[395] Ellis R 1987 High Redshift and Primaeval Galaxies ed J Bergeron et a1 (Gifsur Yvette: Edition Frontiéres) p 3

[396] Longair M S 1966 Mon. Not. R. Astron. Soc. 133 421

[397] Rowan-Robinson M 1968 Mon. Not. R. Astron. Soc. 141 445
Schmidt M 1968 Astrophys. J. 151 393

[398] Dunlop J S and Peacock J A 1990 Mon. Not. R. Astron. Soc. 247 19

[399] Schmidt M and Green R F 1983 Astrophys. J. 269 352
Hoag A A and Smith M G 1977Astrophys. J. 217 362
Osmer P S 1982 Astrophys. J. 253 28

[400] Boyle B J, Jones L R, Shanks T, Marano B, Zitelli V and Zamorani G 1991 Proc. Workshop on The Space Distribution of Quasars: Astronomical Society of the Pacifc Conf. Series 21 (San Francisco, CA: Astronomical Society of the Pacific) p 191

[401] Koo D C and Kron R 1988 Astrophys. J. 325 92

[402] Irwin M, McMahon R G and Hazard C 1991 Proc. Workshop on The Space Distribution of Quasars: Astronomical Society of the Pacific Conf. Series 21 (San Francisco, CA: Astronomical Society of the Pacific) p 117

[403] Hasinger G, Burg R, Giacconi G, Hartner G, Schmidt M, Triimper J and Zamorani G 1993 Astron. Astrophys. 275 1

[404] Oort J 1958 Solvay Conference on the Structure and Evolution of the Universe (Brussels: Institut Intemational de Physique Solvay) p 163

[405] Gunn J E 1978 Observational Cosmology ed J E GUM (Geneva: Geneva Observatory Publications) p 1

[406] 例如见 Geller M J and Huchra J 1978 Astrophys. J. 221 1

Davis M and Peebles P J E 1983 Astrophys. J. 267 465

[407] Lynden-Bell D, Faber S M, Burstein D, Davies R L, Dressler A Terlevich R J and Wegner G 1988 Astrophys. J. 326 19

[408] Strauss M A and Davis M 1988 Large-scale Motions in the Universe ed V C Rubin and G Cope (Vatican City: Pontificia Academia Scientiarum)

[409] Lemaître G 1933 C. R. Acad. Sci., Paris 196 903

Tolman R C 1934 Proc. Natl Acad. Sci. 20 169

[410] Lifshitz E M 1946 J. USSR Acad. Sci. 10 116

[411] Novikov I 1964 Zh. Eksp. Teor. Fiz. 46 686

[412] Weymann R J 1966 Astrophys. J. 145 560

[413] Zeldovich Ya B and Sunyaev R A 1969 Astrophys. Space Sci. 4 301

[414] Kompaneets A 1956 Zh. Eksp. Teor. Fiz. 31 876

[415] Silk J 1968Astrophys. J. 151 459

[416] Harrison E R 1970 Phys. Rev. D 127 26

Zeldovich Ya B 1972 Mon. Not. R. Astron. Soc. 160 1P

[417] Sunyaev R A and Zeldovich Ya B 1970 Astrophys. Space Sci. 7 3

[418] Sachs R K and Wolfe A M 1967Astrophys. J. 147 73

[419] Lyubimov V A, Novikov E G, Nozik V Z, Tretyakov E F and Kozik V S 1980Phys. Lett. B 94 266

[420] Gershtein S S and Zeldovich Ya B 1966 Pisma Zh. Eksp. Teor. Fiz.4 174

[421] Marx G and Szalay A S 1972 Neutrino '72 vol 1 (Budapest: Technoinform) p 191

Szalay A S and Marx G 1976 Astron. Astrophys. 49 437

[422] Zeldovich Ya B and Sunyaev R A 1980 Pisma Astron. Zh. 6 451

Zeldovich Ya B, Doroshkevich A G, Sunyaev R A and Khlopov M Yu 1980 Pisma Astron. Zh. 6 457

Zeldovich Ya B, Doroshkevich A G, Sunyaev R A and Khlopov M Yu 1980 Pisma Astron. Zh. 6 465

[423] Zeldovich Ya B 1970 Astron. Astrophys. 5 84

[424] Particle data group, Hikasa K et al 1992 Review of particle properties Phys. Rev. D 45 2.3

[425] Tremaine S and Gunn J E 1979 Phys. Rev. Lett. 42 407

[426] Peebles P J E 1982 Astrophys. J. 263 L1

[427] Davis M, Efstathiou G, Frenk C and White S D M 1992 Nature 356 489

[428] Press W H and Schechter P 1974 Astrophys. J. 187 425

[429] Smoot G F et al 1992 Astrophys. J. 396 L1

[430] Hancock S, Davies R D, Lasenby A N, Guttierrez de la Cruz C M, Watson R A, Rebolo R and Beckman J E 1994 Nature 367 333

[431] 早期宇宙的物理学在 Kolb E W and Turner M S 1990 The Early Universe (Redwood City, CA: Addison-Wesley) 一书中得到了极优美的描述.

[432] Zeldovich Ya B 1965 Adv. Astron. Astrophys. 3 241

[433] Alfvén H and Klein O 1962 Ark. Fyz. 23 187

[434] Omnes R 1969 Phys. Rev. Lett. 23 38

[435] Dicke R H and Peebles P J E 1979 General Relativity: an Einstein Centenary Survey ed S W Hawking and W Israel (Cambridge: Cambridge University Press) p 504

[436] Sakharov A D 1967 Pisma Zh. Eksp. Teor. Fiz. 5 32

[437] Guth A 1981 Phys. Rev. D23 347

[438] Linde A D 1974 Pisma Zh. Eksp. Teor. Fiz. 19 183

[439] Bludman S A and Ruderman M 1977 Phys. Rev. Lett. 38 255

[440] Linde A D 1982 Phys. Lett. B 108 389; 1982 Phys. Lett. B 129 177
Albrecht A and Steinhardt P J 1982 Phys. Rev. Lett. 48 1220

第24章 计算机产生的物理学

Mitchell J Feigenbaum

不久之前，差不多是 1972 年吧，一群知名的物理学家在《纽约时报》上刊登整页的广告，对星相学在公众中的死灰复燃和一个叫 Velikovsky 的人的一些作品大加挞伐. 这个人的作品讨论的问题，包括了金星从某个莫须有的地方反常地、难以捉摸地挪到如今的位置. 广告的制作者们搬出了一堆有关天体井然有序的确定性的常识以及从科学角度来说肯定不可能发生的事情，其中就包括了那位 Velikovsky 的怪诞想法.

在一位怀疑论者看来，这些科学家的自信与其说是批判性思维得出的规则，不如说是一种宗教信仰的信条. 确实，大约二十年后，一些观察表明怀疑论者的怀疑是正当的. 实际上，在过去的十来年中，由于我将要在后面举例提到 J Wisdom 和 J Laskar 的工作，我们知道冥王星、许多行星的卫星，以及内圈行星自转轴对黄道的倾斜角 (亦即黄赤交角) 都正在描绘着无规则的混沌演化. 确实，小行星带的 Kirkwood 缝隙可能就是由永恒和谐之享誉已久的对头，即那些丢失了的小行星在过去同地球和火星之间的偶然的、灾难性的碰撞所造成的.

在略多于二十年的时间里，世界从完美平静的、可计算的有序让位于充满了混沌剂量的观点. 这是怎样发生的？答案各有不同. 多数人认为，世界观中根深蒂固的信条容易造成臆测去违背事实：不管那个 Velikovsky 写了什么，我们的同行的回应，仔细看来，一点也不比他更高明. 我们懂得很多，但仍然很少. 二十年前没有物理学家知道混沌，更重要的是，不知道它竟然是那么普遍.

下一个答案是，过去的一些种子一直在等待时机全面发芽. 不过，如果说我们当前的理解是早有预兆的，又稍嫌说得太过头. 所谓的种子只是曾告诉那些思想开通的人，事物比我们认知的要更复杂，更难理解些. 它们本应激起具有批判性的怀疑主义，然而却没有.

最后一个答案已存在于你们中的许多人的心中，认为这个转变是因为现在有了计算机. 但是计算机出现离现在已接近 50 年. 因此摆在我们面前仍然是一个真正的难题：为什么现在看来十分显然的充满无序疾病的经典世界二十年前竟无人相信？

现在我试着从自己的视角和回忆来提供一些答案，以及一般性地讲一下我们是如何了解到这一点的. 这其实是一个直截了当的问题，因为它并不牵涉更多的新的基本物理理论, 而只是涉及到物理学所确定的方程. 非线性动力学或混沌之所以有意思, 准确地说, 是因为这些方程所揭示的解从定性上截然不同于过去无知时想象的行为. 定性的差别在于过去的数值计算或真正的物理实验均将这些非线性特性当作各种对最后结果有害的噪声予以忽略. 结果, 每当人们深思事物应当有何种行为, 或当难以控制的近似计算及物理系统显示出其他结果时, 都会先入为主地相信以往的结果, 并对出现不同结果的计算或实验不断地重复, 直至得到想象中认为正确的结果为止. 人们很难习惯于那些似乎未形成模式的新事物. 这一切使得我对期待遇到新的突发特性的研究深感怀疑. 其实, 如果事物复杂到有新的组织形态出现时, 我们完全用不着借助计算机. 相反, 我们只需仰观天空的浮云, 俯视铺砌路面的卵石和裂纹以及各类植物和生物, 次而远眺河流, 观察我们周围存在着的无数任意堆积的物体, 更不必说近看我们头顶上那些极端无规地分布的头发, 也就足够了. 世界上充满了相互作用着的复杂实体, 无论在定性还是在定量上, 它们都远远地超过了世界上所有计算机可能做出的微不足道的模拟. 通过观看是难以学习的. 但为什么我们的眼睛盯住计算机屏幕看时尺度会奇迹般地逐渐减小呢?

这里的关键是, 如果没有一个概念性的架构帮助人们注意反复发生的事情, 不管它是怎样的不规则, 一般来说是不可能有敏锐的观察的. 不过, 我承认, 偶发事件和运气某些时候的确会出现.

混沌现在显然地渗透进了太阳系, 这是因为种种思想和洞察力的汇合使得这种现象最终为我们的头脑所认识且为我们的双眼所看见. 得到这一认识的道路很曲折, 关键性的洞察力的来源说来话长. 鉴于至今为止我们一直在讨论这一并非不重要的思想是如何为人所知的, 顺便就我个人所走的道路与这一努力如何交织在一起做点历史性的评论.

一个高能物理学家想要了解的是在最小尺度下可能的时空结构. 我们有许多的所谓理论思想, 其中许多能解释实验数据, 许多不知是否能解释. 即使近似计算与实验数据符合, 我们依然有理由不满意自己的理解. 从技术上讲, 对称性的超常威力可将绝大多数实验事实只与几个不可约的事实联系起来, 而解释余下的这几个事实却要困难得多. 处理这些东西需要真实的动力学, 而可利用的动力学非常之少. 这里一切都由低阶微扰计算确定而不是通过完整的对称性计算. 其中一些计算是可控的, 另外一些则不然. 一些情况下最好的理论预期不过是该理论顶多是渐近的. 场论中最有意思的是, 人们知道简单模型中的重整化理论与微扰论是正交互补的. 与理论正确而计算出错的情况相反, 我们一般不知道何时理论本身是错的. 尽管一个唯象理论与数据符合并使得预测成立令人兴奋且感觉得到了回报, 但对一个具有批评眼光的人而言, 理论依然是未结束的. 何况我们有那么多数学工具可用, 很难不利用理论的无限性将一套静态的数据包含进去. 然而, 此时迫切需要一种深刻的哲学来理解为何在人力所及的范围内, 我们甚至几乎不可能找出这样一个解来.

我个人生涯中遇到的最重大的进展是 K Wilson 认识到 (约在 1970 年) 该如何进行一般性的非微扰计算. 略去细节, 他的思想是如何执行一个快速的算法以分立的方式得到计算结果. 因为这个思想非常深刻, 而且是在流行的数学语境中自然表达的, 使用了许多概念上的图解, 这使得我们能对一个问题中什么可能是对的有点感性认识.

我自己在 1970 年代早期并不关心粒子物理如何发展到今天, 而是对计算抱有怀疑, 因此有四处寻觅能正确计算点东西的想法. 再则, 因为所有的近代物理都是考虑无穷自由度的相互作用体系, 如果某人有适当的工具能对付这类问题, 他其实应该以考虑无穷多的、相互联系的神经元集合, 即神经系统的行为, 作为开始.

找到任何方程的精确解都是非常困难的. 之所以会这样有许多原因, 一些是平庸的, 一些是深刻的. 我们知道我们能写出四阶及四阶以下的多项式的零点. 虽说对其他的多项式我们做不到这一点, 一些版本的 Newton 法却允许我们用纸和笔做到任意好, 尽管要费些功夫. 类似的, 我们只有有限多的可以精确给出的不定积分. 但经过努力, 且关注其渐近行为, 我们还是能面对挑战. 至于定积分, (可计算的) 单子要长一些, 尽管不是解析可解的, 只要充分关注其奇点, 还是可以计算到任意精度. 这可不是一个积分软件包就能做到的. 这些软件包只对积分函数奇点相对较少且强烈有界的情况下才有用. 到目前我们还没提到深刻的东西, 尽管如果你要确立"真理", 明智的做法是不要用你本人不会控制或编程的分析 (方法).

到此为止说的还都是些容易的事情, 确切地是因为只有很少的东西需要在算法上结合在一起. 如果只有一个独立变量. 那是最容易的, 但若如前述问题中那样可能是可控的话, 有限的 (不多) 维度的情况下也不会太糟糕. 不过, 就算是单变量的微分方程也会把我们推到严峻的境地. 对于具有近邻奇异性的非线性微分方程, 必不可少的可控分析变得更为困难, 而且对其精确度的内在限制可以一起变得十分严酷. 没有一个在研究论文上署名的严肃的科学家会使用任何打包程序, 除非他们对这种程序计算结果的奇异性、收敛性和精确度有把握. 当耦合常微分方程的数目增加时, 人们必须更加小心, 对于三个非线性方程, 下面的说法几乎是公理: 如果积分是由他人传下来的文件包完成的, 这些结果的可信度肯定极低. 尽管任何肯动点脑子的人都会注意到这点, 我还是要举出三条可令人信服的理由.

最基本的一条理由是, 三个耦合的非线性常微分方程一般会表现出混沌行为. 在 1970 年代中期深入了解了这一点之前, 尽管有 E. Lorenz① 在此十多年前影响深远的发现, 数值上并未普遍观察到这样的行为. 而现在则总是这样了. 这部分解释了为什么我反对去等待数值计算在我们未经训练的思维和眼睛面前显露"层展"行为.

第二条理由是, 精度是关键. 在数值解中, 我们要做实际上不可控的求和. 求和

① 美国气象学家, 在 1960 年代发现由气象模型得到的三个非线性常微分方程组有奇异吸引子.
——译者注

项中很容易出现比主项小得多的项, 但这些小的项之和却最终会超过前面以为的主项. 这在带奇性 (即高级微分几乎为零的) 微扰的弛豫振荡中就是流行病, 它们会表现出动态特征, 而不是明显地出现在方程中. 我知道的最简单的例子是

$$\ddot{x} + x\dot{x} + x = 0$$

对于 $x_0 = 0$, $\dot{x}_0 \gg 1$, 如果直接数值求解的话, 是很难对付的. 尽管回溯到初始条件是有保障的, 若对行星的上千万个轨道作这个积分的话会让人吓得发抖. **【又见 10.1.2 节】**

第三条理由, 一个很强的理论上担心的理由处在 Newton 物理学的核心, 这可以简单表述如后. Galileo 发现了惯性原理, 再现了抛物线性运动的轨道. 如果假定引力在每个高度层上都为恒量, 仍可以通过将抛物线黏合 —— 要求界面处 y 和 $\dot{y}$ 分别相等而得到轨道. 当划分的层变得无穷薄时, 这个黏合的过程提出了无限多的约束, 结果变得根本不可行. 但是, 因为惯性要求 $\ddot{y}$ 在任何高度 y 上是固定的. Newton 只是在局域上才是 Galileo①. 但我们关心的仍然是轨道, 所以常微分方程必定是可积的. 只要片段能光滑地拼合到一起, 积分就是可控的. 但是, 如果我们沿用 Newton 的做法不是因为方便, 而是因为在每个高度层上的元片段中反覆无常地变化, 那会怎样? 我们该如何信心满满地将不同片段黏合在一起 —— 即如何控制积分呢? 有一些方程可以在有限的范围内安全地这样处理. 例如考虑一个小瀑布的上游, 以及其下游部分的流体. 知道了下游的流动, 我们是否真的相信我们能决定上游的光滑行为? 当然, 如果水幕断裂成水珠, 流体方程本身已不成立, 因为在破裂的时刻引入了奇性. 即便没有这个整体上的灾难, 容易猜到若我们解析地回溯方程的解到瀑布, 就会自然地遇到一个边界, 向边界之外的延拓是毫无希望的. 因此, 支配常微分方程的物理理论之遗产让我们警觉地意识到我们也许不能够黏接足够疯狂地演化的片段. 在这种地方你要是用别人的积分器, 那你就是个傻瓜.

撇开智慧不谈, 第一条理由是最烦人的. 若没人懂得几乎总是要发生的事情, 也别指望数值计算处方能弥补他的无知. 不管结论是什么, 但必须认识到没有数值的或别的什么灵丹妙药, 数值计算只能对我们的知识提供支持. 再说, 数值计算所以能支持知识, 是因为如果我们足够灵巧和小心的话我们能够发现那个知识.

现在留下的是关于数值计算的后两点. 很明显, 偏微分方程报复性地带有常微分方程计算系统所有的毛病, 除非偏微分方程组是一个可以为之构造出好方法的几何关系的贴切编码. 一般情况并非如此. 不过, 有些让人联想起偏微分方程组的系统, 像原胞自动机, 对它们数值计算是可以精确地执行的. 因此, 虽然对连续统的物理方程的分立数值计算容易变成病态的, 这些真正分立的系统自然适合于数字计算机, 因此正常情况下是严格可计算的. 所以, 第一点是我刚提到的所有病态在这些

① 指 Newton 方程的解只在局域上才是伽利略说的抛物线. —— 译者注

关于实在的数字模拟中是完全不存在的; 第二点是一般它们不能解析地攻克. 这某种意义上是我前述论点的另一面. 关于连续统问题, 除非我们利用解析的预先筹划能严肃地控制数值计算, 我们永远看不到新现象, 因为模拟不能再现它们, 尽管它们在真正的解中会闪亮登场. 对这些真正的分立系统, 我们看到是典型的点到点疯狂变化的、了无关联的数组, 没有任何能形象化诠释的一般性框架. 肯定有非同寻常的 "层展" 行为的内核, 但是没有理性为基础的认识, 谁知道如何能看到它?

关于如何使用计算机获得智慧的陷阱就说这么多. 自现在起, 在我接下来的描述中所有有意义的内容都根植于连续统. 如将看到的那样, 这也根植于无穷维连续统. 所以人们现在的处境是, 既不能解析地决定那些要寻找的行为, 又没有除了有限维数值计算之外的别的办法. 一个诀窍是协同学: 利用解析性理解的微光去到较大的范围内控制数值计算并为其设置目标, 这反过来又改进解析的认识, 一直试探性地、小心翼翼地深入到未知领域. 这正是引领人们到达倍周期普适性的路径, 就是我现在要讲述的. 必须再次强调, 正如曾经以某一种方式表现过的任何事物一样, 当你了解的更多, (你就会发现) 如今它们不过是换了表现方式而已.

关于计算我知道些什么? 大体来说, 从中学开始, 我就决定要自己计算对数表, 后来还有三角函数表. 我喜欢 Newton 解超越数的方法, 而且在中学我就知道初始值会造成很大的差别, 导致变化无常的不收敛的跳跃, 超过手工计算的耐心极限. 上初中时我父亲给我看过他那把镶象牙的红木计算尺, 我很快就明白了它的原理. 我被允许使用新的 Friden 计算器, 在它变成破烂前还能开根号. 我热爱数字, 并且将鼓捣数字当作娱乐, 当然比这还要严肃的是, 我会发明新的算法.

我见识的第一台计算机是 1960 年在哥伦比亚见到的带磁鼓存储器的、具有配电盘编程能力的 IBM 机子. 那时候, 我在上中学, 我父亲的朋友和同事送给我一个叫 Geniac 的玩具, 那是一套带有放射状孔的酚醛树脂做的盘, 可以配置成复杂的机械布尔开关数组. 也能玩 "取子" 游戏和 "一字棋" 游戏. 各种卡钉和螺帽总是接触不好, 运行时要时不时打打拍拍才好. 但是附在这个玩具包装盒里的 Shannon 写的关于布尔逻辑的文章的复印本可不这样.

我考入纽约城市学院去攻读电气工程学位, 于 1964 年毕业. 差不多是在最后一年我才见到计算机, 是新的 IBM 机子, 有我从没用过的大卷的穿孔纸带. 在控制实验室有一台模拟计算机, 它能够画出和手绘的等倾线相吻合的 Van der Pol 振子的相空间, 真是个奇迹, 我真希望我有那个天文数字的一万美元, 也买一台.

然后我到麻省理工学院读研究生, 还是念电气工程, 但第一个学期我就去物理系学广义相对论了. 有一天去访问布鲁克林工业大学, 我看到了一件像打字机一样的东西, 那是一台可编程的数字计算机. 这是我用过的第一台计算机, 一个小时内我就为它编制了 Newton 法求平方根的程序. 在麻省理工学院读研期间我再也没见过计算机. 确实, 作为一个正在培养中的高能理论物理学家, 我已经明了只有诸如天体理论工作者和一些核理论家等所谓“低等人”, 才会让计算机脏了自己的手. 对于那些“高等人”而言, 这种仪器与其使用者被看作是低贱的和该被谴责的.

1970 年我在康奈尔大学做博士后研究, 那里有一台豪华的惠普台式计算机, 或者被叫做计算器. 我花了些功夫掌握了它的用法. 另一个使用者是 Ken Wilson.

几年后我成了洛斯阿拉莫斯实验室的一员, 在 1974 年 12 月得到了属于我自己的第一台可编程计算器, HP65 型的. 这只比惠普台式机功能弱一点 —— 实际上, 它的后继型号, HP45, 就已经比我在康奈尔见到的台式机功能强多了. 对动力学系统中重整化理论的关键线索就是在 HP65 上成形的. 每秒 20 次迭代和每 30 毫秒执行一个算法, 程序最多允许 99 行, 这是最顶尖的计算能力了, 它烘托了揭示太阳系不稳定性研究的气氛 — 这差不多是二十年后的事. 怎么回事呢?

拥有了 HP65 让我有大把时间发明新的算法. 作为具有深远意义的技术支持, 这件玩艺是完善数值方法的好选择. 很少的 (5 个) 寄存器和 99 行的程序上限所带来的限制, 刺激了高水平的、具有洞见的、紧凑的算法. 平庸的, 而且是极为少量的输出 / 输入浪费不了什么时间, 也摆脱了现代呼呼响的计算机产生废物带来的浪费. 我的欢乐升华为紧凑的、正确的数值近似方法. 很快, 我发明了新的常微分方程求解程序、最小化子程序、插值法等. 这为要做数值计算的人省去了大量乏味的重复劳动.

我到洛斯阿拉莫斯去的时候, 理论部的主任 P Caruthers 觉得我来得正是时候, 而且是研究 Wilson 的重整化群思想是否能解决一个半世纪以来的湍流难题的合适人选. 简言之, 它不能或者说现在还没有解决那个问题, 不过它把我引导到了一个神奇的方向上.

我必须交代一下重正化群. 在 1950 年代, Murry Gell-Mann 和 Francis Low (我在麻省理工的博士论文导师) 认识到, 从微扰论获得的知识可以扩展, 只要注意在不同的截断 —— 它们总是在比前一个更多的动量 (范围) 上积分 —— 上如何对它重正化即可, 这导出了某些泛函恒等式. 大约是在 1969 年, Wilson 采用了另一种途径来研究这个步骤所需要的东西, 在和 M Fisher 的合作中他认识到场论中的各种反常维度, 此前这是和关于相变的统计力学中临界指数相联系的, 是如何可以被理解为相变中的尺度变换的思想的. 后者由 B Widom 提出, L Kadanoff 从理论高度阐明了这个思想. 这说来话长了. 抛开其物理意义, 它的基本思想如下所述. **【又见 7.5.10 节】**

用 Feynman 路径积分表述的量子力学, 用虚时间表示, 是和统计力学“相同”的. 两者都要求研究者对一个系统所能表现的所有可能的构型求和. 在晶格上自旋 (微观磁体) 的统计力学研究中, 应该对量 $\mathrm{e}^{-\beta H}$ 作关于 (不可数的) 自旋中的每一个的所有可能指向的求和. 在量子力学中, 如果对传播子 (把当前的概率幅同过去的概率幅连接起来), 其值为 $\mathrm{e}^{iS/\hbar}$ (S 是在任一特殊经典路径上的经典作用量), 近似地用分立的时间段 τ 内的值作为近似, 会导致和磁体形式上一样的求和. 问题就变成了如何做一个无穷维的求和. (作为历史, 有必要提及这里对虚时间的路径的离散近似同 N Wiener 的关于 Brown 运动过程的 (或者更一般意义上关于扩散过程的)"圆柱" 集合也严格等同).

我们如何对其进行求和? 如果我们不能够求和, 我们就不能写出我们理论的任何推论. 一般来说, 我们无法进行这样的求和. 老办法是微扰论. 简单的 Brown 运动, 关于磁体的 Gauss 平均场理论, 关于基本粒子的自由场论都有同样的形式, 有一个广为人知的完全解析的解. 我们把我们关切的真实的相互作用问题写成容易精确求解的问题加一个修正 (微扰). 我们接下来写出修正因子的幂级数, 如果修正因子是小量且我们足够幸运的话 —— 一般来说这两样都不正确 —— 由此我们可以系统地获得正确问题的解, 表为已知的、非微扰问题的适当的平均. 这被称为微扰 "理论". 把这个理论加上引号这一点非常重要, 因为一般来说, 那个求和没意义, 而且只在异常的篡改 (重正化) 后才能论证说结果或许确实是正确的.

从过去得到的主要线索是, 这应归功于 Poincaré, 一般情况下可以预见微扰的办法可能不会奏效. Poincaré是在什么背景下得到了这个结论的? 不用问, 当然是在行星动力学中. 摄动法正是为了这个最重要的问题而发明的, Poincaré认识到此处需要严肃的、某种 "定性的" 新数学 (拓扑学). 最初的结论是, 若是顺着传统思路走结果将是病态的, 且无法挽救. 我 1977 年就这个问题请教过 M Hénon (他是赞赏和推进行星问题中混沌行为相关研究的先锋), 他的回答是: 关于 500 年运动的最好模拟没有显现同已建立信念之间的任何矛盾. J Wisdom 在不到十年前通过计算几百万年 (时间内的演化行为), 得出了不同的结论. (看来太阳系的有序是在 500 万年尺度上被消蚀掉的 —— 这在天文学甚至地球尺度上都不是太长).

那么, 怎样才能正确地作这些求和?

Wilson 的想法是 "分而治之". 例如, 考虑一个无限的、规则的一维磁体线. 不是将 $\mathrm{e}^{-\beta H}$ 对所有磁体的所有状态求和, 我们只作部分求和, 对每隔一个磁体的状态求和. 我们仍然有很多项要相加. 剩下的求和不是关于 $\mathrm{e}^{-\beta H}$ 的而是关于 $e^{-\beta H'}$ 的. 如果我们计入一组足够多的不同种类的相互作用, H' 与 H 相同, 除了耦合常数 (构成 H 中的不同相互作用的系数) 现在有了新的值, 这个值可通过某个变换规则 —— 一个 "映射"—— 即所谓的重正化群变换, 由求和之前的值所决定.

现在考虑对剩下的格点隔一个求和: 现在只剩下原来求和的 1/4 未进行. 但是, 与把我们从 H 带到 H' 的严格相同的程序现在把我们从 H' 带到 H''. 因此, 同样的变换 $\tilde{f}$ 把我们从第 n 次部分求和带到第 $n+1$ 次求和, 总是根据 $H_{n+1}=\tilde{f}(H_n)$, 这被理解为耦合常数的集合从 n 层次到 $n+1$ 层次的高维变换. 除了 H 空间的扩展 (以包容很多可能的耦合常数) 以外, 这就是 Kadanoff 的 "自旋块" 的思想. 确实, 这个想法要有效必须有相互作用的无限多样性, 因此 $\tilde{f}$ 确实是无穷维的.

还有最后的关键一点：H_{n+1} 确实不同于 H_n. 这是基本的. 通过消除间隔的格点, H_{n+1} 对应的相邻磁体间距是 H_n 对应的相邻磁体间距的两倍. 所以将所有长度除以因子 2 来修订 $\tilde{f}$. 我们将整个过程的结果称为 f, $H_{n+1} = f(H_n)$. 现在, H_{n+1} 和 H_n 描述间距相同的同样的磁体 —— 在同样的格子上：H_{n+1} 和 H_n 描述严格相同的对象的可能物理.

现在是最后的组装阶段. 记得 Gell-Mann 和 Low 还做过一些事情, 事后人们意识到那正是 Wilson 所完成的事. 但是他们有一句妙语. Gell-Mann 1980 年曾告诉我说："当我和 Francis 发明了重正化群时, 我们能想起来的唯一的东西就是不动点." 这是 Kadanoff 在完成他的自旋块理论时错失的重要成分. 请记住, Gell-Mann 和 Low 通过一连串截断获得了基于其上的结果间的自洽关系. 如同 Wilson 率先认识到的那样, 他们有效地论证了若此过程一遍一遍地进行, 则并不总是产生不同的结果, 而是落在一个不变的可重复的结果上从而结束这个链条. 那个不变的结果就是**不动点**. 用 Wilson 的话说, 是每个新的 H_{n+1} 同 H_n 没有什么不同, 实际上, 在极限情形下, H_∞ 会重现：$H_\infty = f(H_\infty)$. 数学上这就是关于不动点的表述：f 是把一个 H 变换到另一个 H 的规则. H_∞ 是特殊的：它是一个 f 会将之变换到其自身的点.

那又会怎样呢？f 就是达成消除 (通过对可能性求和) 每隔一个磁体的规则. 我们不需要别的更多东西 (即不需要更多的求和) 而得到 H_∞：$H_\infty = f(H_\infty)$ 是一个代数方程, 给定 f, 可以求解 H_∞. 有可能有多重解. 可是, 我们知道的更多：f 必须是关于 H_∞ 稳定的. 这意思是, 如果我们对 H_∞ 增加一个微扰, 若我们不断地运用 f, 我们必须回到 H_∞. 即 Df(f 关于 H_∞ 的无穷维线性化) 的本征值必须都产生收缩, 或者说处于复平面上的单位圆内. 也许有几个稳定的 H_∞, 每一个都是有效的结果, 但当我们持续对 H 运用 f 时, 每一个只吸引一些特定的 H 到它上面去 (所有那样的初始的 H 构成吸引盆或者 H_∞ 的普适类).

那又怎样？记住我们不得不用因子 2 缩放长度, 去构造有机会展现不动的 f. 基本上, 这意味着在 H_∞ 处事物放大两倍看起来不变. 接着是 2, 4, 8, 16⋯⋯ 倍放大也不变. 这意思是一个由 H_∞ 描述的磁体在所有的长度尺度上展现类似的涨落, 不管磁体实际上是怎样的构型. 这是 (二级) 相变的特征. H_∞ 是一个在相变点的磁体的泛函. 为了知晓关于这个磁体的一切我们真的从不需要做全部的求和：我们只要学会重正化规则 f.

现在有个问题. 磁体并不总是在相变, 只在临界温度时才有相变. 现在, 当我们写下 $H' = f(H)$, 记住初始 H 的形式 H_0 实际是 βH, β 是温度的倒数. 当我们计算 $H_1 = f(\beta H)$ 时, 所有 H_1 中的耦合常数都变成 β 的函数 —— 我们说它们是"变动的" 耦合常数以记录这个事实. 如果 Df 碰巧有不稳定性, 即有在单位圆以外的本征值, 这并不意味着 $H_0 = \beta H$ 被吸引到 H_∞. 这种情况下我们不停地运用 f 到一

般的 H_0 不会收敛到 H_∞ 上. 恰恰相反, 即便我们初始时靠近 H_∞, 不稳定性也造成 f 不停地将我们推开. 但是, 若这个单一参数 β 被正确地选择 —— 即在临界温度上 —— 且如果只有一个不稳定性, 则不稳定性会被消掉, 我们会落入 H_∞. 这描述了所有的定性的事实.

还有更多. 设想只有一个 H_∞. 考虑很多种不同的矿物, 每一种有不同的初始的 H. 可是, 对于 $H_0 = \beta H$, 有可能对于一个特殊的初始 H 找到一个特殊的 $\beta(H)$, 以致于从这个 H_0 我们确实接近了 H_∞. 有无穷多潜在的不同磁性材料经历相变, 每个都发生在独特的临界温度. 但因为**所有**的材料都受制于同一个 H_∞, 他们在**临界性**时的表现是不可区分的. 这是这一圈想法要解释的关键现象; 我们从不同的事物出发, 但如果它们表现出某类行为 (临界相变), 它们以**相同的**定量方式实现. 这个思想被称为**普适性**, 如果首次遇到的话, 确实有点令人震惊. 它说的是, 在一定区域, 观察到的行为是完全不依赖于微观细节的. 你给我几乎任何事物作为开始, 我完全忽略你的信息, 便告诉你正确答案 —— 这正好是你所要测量的量.

在粒子物理领域, 这意味着你给我一个基本的未重正的理论, 比如关于电磁场的量子化的 Maxwell 方程, 我会给你重正化的结果 —— 即你实际测量的结果. 但这里你也可以忘记关于 Maxwell 方程的大量精确细节 —— 我仍然会给你同样的结果, 且会是**正确**的结果. 这令人惊奇, 且肯定是从微扰论的思想绝对猜不到的东西 —— 一个理论进去, 一个精确结果出来. 确实, 绝对没有办法分辨初始理论是什么: 同一个 "普适类"(根据定义) 里的任何事物去到同一个不动点 H_∞, 表现出同样的可测量后果.

所以, 不只是有线索显示答案与你的猜测不同, 而且某种意义上 (这是 Poincaré 未预料到的) 整个思想方案完全不在那个方向上.

在继续谈论混沌中的普适性之前, 我要讨论 Wilson 思想的最后两点. 第一点是本章一般讨论的中心: 尽管已经完成的结果是干净漂亮的, 且几乎完全没有用方程表达, 我要强调的是那不是按照 Wilson 的方式达成的. 并非从带有讽刺意味般简单的磁体开始, Wilson 是从 ϕ^4 场论开始构造他的 "r, u" 模型的. 他只是通过**数值研究**推出了非微扰不动点的稳定性, 然后才细化他的思想来理解支配这种稳定性的定性方案的. 已建立的思想是非同寻常的、令人印象深刻的. 但它们是从哪里产生的? 注意到下面这点是有趣的, 我相信我们这些拿自己的智慧同毫无人性的计算机竞赛的人都知道, 就如同 Wilson 1981 年告诉我的: "用计算机工作长了会让你变得不像过去那样聪明". 或许这也是智慧的代价.

与 Wilson1970 年前后的思想有关的最后一点是, H_∞ 描述一个在各个尺度上都涨落的系统, 即表现出总是与在尺度上最邻近的激发态密切耦合的激发态的系统. Wilson 指出这一招真是绝技. 经典的办法是正交方法: 每个部分都可以单独求解, 好像是孤立的, 然后将不同的弱的相互作用当作微扰加入, (严格地) 得到任意精确度的结果. 这是常规的不区分系统的重要激发或者机理的分而治之的概念. 威尔逊完成的是对其他一类问题 (那里不存在尺度的分离) 的快速方法. 哪些问题是这样的? 显然是主要问题, 临界现象. 但是, 别的现象也拒绝经典方法 —— 像流体中的湍流, 如 Kolmogorov 所云, 表现出光滑的、漂亮的级联, 每个尺寸的涡流都紧密地同相邻尺寸的涡旋相互作用. Wilson 从一开始曾想象他的思想能最终给出湍旋的理论. 结果却不是这样. 但是一个奇特的衍生物做了另外的事情: 它给出了第一个关于湍流初现的正确理论. Wilson 的猜测使得 Carruthers 让我研究湍流. 现在我将讲述另一个不同的故事.

一个统计性的磁体同一个**决定性**的流体之间有很大的不同. 重正化群的思想是一个以指数方式加快求和速度的技巧. 从一开始, 要求和的东西是清楚的、事先给定的. 这和捉摸不定的、无法缝合到一起的一类偏微分方程, Navier-Stokes 方程的解有什么关系? 不管这些方程是否描述一不可压缩的、耗散性流体, 它们表现出, 如从解析猜测和不可避免地会在世界最强大的计算机上所做的有限数值计算所获知的那样, 看起来很像湍流的行为. 当前所有的计算工具都不足以数值描述一个三维的、充分发展的湍流的类似物.

当事情看起来变化无常时, 唯一存在的理论工具就是统计了. 自 19 世纪始于 O Reynold, 所有的努力都是试图提供一个关于湍流的正确统计描述. 这并不意味着 (获得的) 真理是统计的, 而是意味着是在寻找一个有限的理论结果, 即无论如何也是决定性的一个对象引起的不同测量的统计会得出什么. 既然目前没有办法知道实际的激发态是怎样的, 预先假设因果性方程可运用于一组统计的初始速度分布上的传统的研究工作沿着统计的路径已经走得相当远. 那组初始条件是事先选定的, 除去保证所要求统计的可解性之外, 没有其他特性. 从一开始, 如果这个纯粹的猜测是不贴切的, 则结果将会如果不是荒唐的也是错误的, 除非通过对自洽性的精巧尝试避开方程到底决定什么的问题. 遗憾地是, 这个现状包括了大量的针对湍流问题的努力, 但有值得注意的例外.

任何情况下, 要玩 Wilson 的这套把戏, 我们需要知道这些复杂的、混乱的模式, 它们一起决定了各种统计的测量结果, 典型的有一些关联函数. 但是为了找到高频模式, 我们不得不去解 Navier-Stokes 方程, 而这恰是我们无能为力的. 所以, 尽管许多唯象的想法预示重正化群思想的应用, 但那样做的可能性还遥遥无期.

成功的一个重要基础是学会如何找到高度非线性系统的振动模式. 我在洛斯阿拉莫斯的第一件事就是理解非线性振荡. 关于这些问题的思想大约是在第二次世界大战期间发展起来的, 但是这些想法既不特别有说服力也不能定性地从一个非线性体系推广到另一个体系. 对于一个连续性问题振荡意味着一个有限的周期, 即在相空间里的一个圈, 或者说经典理论认为仅仅是这样的. 这实际上是非常错误的, 而 Poincaé的另一个概念, 在这里也被误用了. 一个基本的定理, 即 Poincaré-

Bendixson 定理, 确实是为两个一阶自由度的系统所确立的 (一个 n 自由度一阶系统意味着 n 个一阶常微分方程的耦合系统). 该定理是基本的, 特别是当用到某一特定的方法, 即 Poincaré映射的概念时. 我们现在就简单描述一下这个方法.

考虑两个耦合的常微分方程 $\dot{x} = u(x, y)$, $\dot{y} = v(x, y)$. 特别地, u, v 不依赖于 t. 从 (x, y) 平面上初始的一点 (x_0, y_0) 开始, 解 $(x(t), y(t))$ 是一条从 (x_0, y_0) 出发的曲线. T 时刻后, 点 $(x(T), y(T))$ 是一个 (x_0, y_0) 的光滑函数, 即是一个从平面到平面的映射, 一个二维的 f. $2T$ 时刻后的点就是 f 作用在 T 时刻的点的结果. 只要我们不管点在 T 时刻内是在哪里, 我们要关切的只是重复 f 的作用. 这即是说, 一旦我们对原来的常微分方程在 T 时刻内积分, 从而计算出 f, 我们就不再需要原来的常微分方程, 原来的连续时间问题就被分立时间的 f 映射所替代. 这样的 f 被称为 "一次" 映射, 它告诉我们关于每隔 T 时刻闪烁照耀一次轨道所得到的图像的全部信息. 因为积分是一个光滑的过程, 若 u, v 是连续的, f 是可微的: (x_0, y_0) 的些微变化引起 T 时刻以后的点 $f(x_0, y_0)$ 的一个小的变化.

可是, f 不是什么从平面到平面的光滑函数. 我们可以从 $t = T$ 时刻倒过来对常微分方程积分得到 $t = 0$ 时的唯一结果. 这即是说 "一次" 映射也必须是可逆的. 这会带来严重的后果. 考虑 f 有不动点 x^* 这种可能性. 从 x^* 开始, T 时刻后我们会回到 x^*, 确实我们在 T 时刻之前肯定到达过 x^*. 在所有时间内, 每过 T 时刻我们都会回到 x^*. 也就是说轨道描绘一个持续 T 时刻的圈, 且它每过 T 时刻的间隔就重新造访一次. 这是一个极限环. 特别地, 轨道永不会产生字像母 "γ" 这样的分岔.

到目前为止, 我们针对的是二维的常微分方程, 精确地用简单地通过每隔 T 时刻照个快照得到的一个光滑的、可逆的 2D 映射来代替它. 但是对于非显含 t 的常微分方程, T 又特殊在哪里? (这样的常微分方程是 "时间齐次的", 或者 "自治的".) 答案是不存在任何特殊性, 我们可以用任何我们想用的 T.

现在设想轨道是振荡的, 即逗留在平面内的有限区域内, $x(t), y(t)$ 表现出交替的极大、极小的序列. 设想花样是相当无规的 (这马上就会引出矛盾). 我们观测的对象是什么? 就是个疯狂滴答的、不规则的时钟. 那么, 与其用任意一个 T 何不就用它作为快照的时钟呢? 相应地, 每次 y 到达最大值我们就照一张快照: 我们可以就用其中一个变量作为触发器. 换种说法, 每次 $\dot{y} = 0$, 或者每次轨道在 $\ddot{y} = 0$(极大值) 或者 $\ddot{y} = v_x\dot{x} + v_y\dot{y} = v_x\dot{x} = v_x u < 0$ 的方向上穿过曲线 $v(x, y) = 0$ 时我们就拍张照片. 因为我们假定运动是振荡的, 且 y 是观察振荡的一个 "好" 变量, (例如运动不是 $y = \text{const}$ 时), 轨道必须不断地穿过 $v = 0$.

我们现在马上把使用内部时钟的想法推广到轨道规则地穿过 (即不是擦过) 任意光滑曲线的情形. 我们将之称为 "截线"(如果我们是从 3 维或者更高的 d 维系统开始的, 则推广到 $\dot{x}_d = 0$, 我们会得到比相空间低一维的面 ——"截面"). 现在这条截线每次被“向下”穿过时我们照一张像，于是我们在一维的线上得到一系列的点. 这个构造被称为“Poincaré映射”. 截线是一维的：我们用 (比如) 离某个给定点的弧长标定截线上的点，称之为变量 s. 从一个交叉点到下一个我们有 $s' = p(s)$，p 就是 Poincaé映射.

但是，现在 p 必须是良性的：即它必须是光滑的、可逆的. 这一点很容易看出来. 我们知道了截线，所以 (也就知道了) 在其上的点 s，我们知道了作为原来的常微分方程初始条件的 x_0, y_0. 轨道需要一段时间 $T(x_0, y_0)$ 再穿过截线，这是由光滑的、可逆的在 $T = T(x_0, y_0)$ 时间的“一次”映射完成的. 这是在 $x(s'), (y(s'))$(其中 $s' = p(s)$) 上的新的点. 由于“一次”映射的光滑性，决定了映射 p 在 s 点一定是光滑的. 进一步地，给定 s'，我们知道 (x', y')，且由“一次”映射的可逆性唯一地决定了 (x, y). 由此唯一地决定了 s，所以 p 也继承了可逆性.

一维的光滑的、可逆的映射是什么样的？答案是：它的图像是一条光滑的单调的曲线. 它可能穿过也可能不穿过图像 $y = x$，即穿过与 (坐标轴) 原点成 $45°$ 的直线. 只要它穿过 $y = x$，我们就有 $s = p(s)$，这是常微分方程的一个不动点和极限环. 如果某次穿过时其斜度比 1 大，则紧接着的下一次一定比 1 小，就这样不断重复下去.

这意味着什么？考虑 $s^* = p(s^*)$，且从 $s = s^* + \varepsilon$ 开始. 在下一个穿越处 $s = f(s^* + \varepsilon) \cong f(s^*) + \varepsilon f'(s^*) = s^* + \varepsilon f'(s^*)$. 因此，如果 $f'(s^*) > 1$，下一个点离开 s^* 要比前一个要远，我们得到一个 s^* 处的非稳定的极限环：从无限接近该环的地方出发，我们将以螺线渐开的方式离开它. 反过来，对于 $f'(s^*) < 1$，我们得到一个稳定的极限环. 由函数 p 的单调性，从相邻两不动点之间的任何地方出发，s 都会系统地远离非稳定极限环而滑向稳定的极限环. 由此我们现在知道，不管是什么样的常微分方程组 u 和 v，所有轨道的集合是交替出现的稳定与非稳定极限环的集合. 别无其他. 不管是什么样的 2D 自治系统，在开始一段时间后，系统都将在一个稳定的极限环上像规则的时钟一样脉动.

我所以在这个问题上长篇大论，是因为这建立起了我所需的形象化描述，也因为此前从没有接触过上述思想的读者，一旦明白了这种方法对所有可能的 2D 自治系统所作的分析，一定会为其定性的简单和威力感到震惊. 须知，对特定的 (u, v) 函数，一般得不到解析解，而马虎的数值解可能干脆就是错的.

这一切意味着什么？举例来说，如果 x, y 表示一个捕食者和猎物系统各自种群的大小，则在静态的世界里 (每年植物的生长情况都一样)，能展现的结果就是种群数量的周期振荡. 特别是，没有任何事情表观上会被误以为是随机的. 如果实际行为是狂乱的，没有任何可设计给出的函数对 (u, v) 能给出正确的结果. 如果计算机给出错乱的结果，那答案明白无误地是错的.

1974 年 9 月当我开始思考非线性振动的时候，那时我对 Poincaré的思想刚有些了解, 我马上想到如果简单问题都只是振荡的, 且定性的想法在三维或更高维时鲜能提供强的指导, 考虑常微分方程就是不着边际的. 而且, 我也不会为此使用计算机. 但如早前所说的那样, 我早就知道 Newton 法即使对 1D 系统也能表现出有趣的、狂乱的行为. 那么, 要研究的最简单的非线性问题该是什么样的? 令人惊讶的是, 对变量做非线性变换后①

$$x_{n+1} = a + x_n^2 \equiv L(x_n) \tag{24.1}$$

这是求函数 $u(x)(u/u'$ 为二次型) 的零点之 Newton 法的标准形式. 注意, 这不可能是任何 2D 自洽常微分方程的 Poincaré 映射: $a + x^2$ 是不可逆的. 所以, 不管式 (24.1) 在不动点以外能享受到什么快乐, 那对任何自洽的 2D 微分系统的来说都是禁止的, 也意味着对 2D 可逆映射来说是禁止的. 那么式 (24.1) 对应什么? 这一点是我多年以后才知道的.

当然了, 对 $a < 1/4$, 式 (24.1) 有一对实的不动点. 因为 $L' = 2x$, 且不动点为 $2x = 1 \pm \sqrt{1-4a}$, 取正号的那个是非稳定的, 取负号的那个在 $a > -3/4$ 时是稳定的. 对 $-3/4 < a < 0$, L' 是负的, 不动点表现出交替的而非单调的收敛. 对于 $a > 1/4$, 没有有界的轨道, 而对于 $a < -3/4$, 两个不动点都是非稳定的. 那么, 会发生什么呢?

现在研究式 (24.1) 的关键是理解比简单地刻画极限环 (例如, 固定点) 更复杂的振荡. 式 (24.1) 会干什么更有趣的事情吗? 首先, 映射 (24.1) 本身是否振荡? 这即是说, 我能够为 $x \neq y$ 找到 $y = L(x)$ 和 $x = L(y)$ 吗? 从解析的角度这很容易, 差不多也就是分析在这个层面上能允许走的那么远 (已有理论提供了无穷复杂行为的分析新方法). 我们必须找到 $x = L(y) = L(L(x)) \equiv L^2(x)$, 注意这里上标 2 意味着 L 的第二次迭代, 不是平方. 若 L 是二次型, 这必须是一个可分解的二次型: 两个不动点也满足此二次型. 这引出一个基本的二次型 $x^2 + x + (a+1) = 0$. 在 $a < -3/4$ 时, 有趣的是此时其两个不动点刚好变成非稳定的, 总有实根. 这个实的周期 -2 的振荡的稳定性在极限环的任一点上由 $|D(L^2)| < 1$ 决定. 因为 $L^{2'}(x) = L'(L(x))L'(x) = L'(y)L(x')$, 极限环上的任一点的稳定性是相同的, 本来也应该是这样. 由此得 $|a+1| < 1/4$, 或者 $-5/4 < a < -3/4$. 因此, 当 a 越过 $-3/4$ 时, 两个不动点中稳定的那个失稳了而新生的周期 -2 轨道是稳定的.

还出现别的稳定轨道了吗? 对于不同的 a 会发生什么? 对此没有分析的方法, 只好借助图形思考. 首先, 对 $a > -2$ 不难看出, 如果 x 处于区间 $(a, a+a^2)$ 中, 它就一直处于其中. 因此, 至少对于 $-2 < a < -5/4$, 式 (24.1) 有比周期 -2 中周期性轨道更复杂的有界振荡行为. 为了理解这一点, 我将借助图形来解释.

---

① 原文是“对变量做线性变换后”, 似为笔误, 故改为“对变量做非线性变换后”. —— 译者注

就图形来看, 周期 -2 要求有解 $y = L(x)$ 和 $x = L(y)$, 这是 L 的图, 一条抛物线同其关于 $y = x$ 反射的像的交点. 立马就清楚了, 如果抛物线严格地在 $y = x$ 的上方 (即 $a > 1/4$), 就没有这样的交点 (解是两个复共轭对). 搞清楚周期 2 的环如何发生且对足够负的 a 值它必须是非稳定的, 现在就简单了.

接下来我将推演一些适用于更高维轨道的图形方法, 这会变得越来越难以理解, 但明显对所有不同阶的轨道都是可能的, 尽管我可能没掌握. 这有点让人丧气. 我不知道式 (24.1) 和真正的微分系统有什么联系. 相反, 我选择研究式 (24.1) 因为它比高维常微分方程的分析 (不可能的) 要简单得多. 如果式 (24.1) 能做出什么与众不同的事情, 那么流体也会吗? 谁知道? 如果我不能参透式 (24.1) 的复杂性, 那我确实就是一无所获.

此时命运介入了. 上任之前上面曾给 Carruthers 许诺了十来个工作位置供其调配. Carruthers 于 1973 年到达洛斯阿拉莫斯后, 他发现这个许诺是可以兑现的: 如果他在 1 : 1 的基础上开除一些雇员的话. 我 1974 年的位置就是那些弄出来的位置之一. Carruthers 已经为了自己的计划盯上了几个候选人. 其中之一是 Paul Stein, 一位数学家, 他主要是研究组合学. 我被派去同他谈谈, 然后报告我对他的印象. Paul 和我后来被证明是幸运的.

在作了一般性的讨论后, 我向他提起了我在研究式 (24.1) 时遭遇的困难. 结果发现, 他在同 Ulam 一起工作以后的头几年的时间里, 和 N Metropolis 以及另一个 Stein 一起研究的是底朝上的抛物线而不是式 (24.1) 那样凹的. (注意, 作替代 $\xi \equiv -x$, 式 (24.1) 变成了 $\xi_{n+1} = (-a) - \xi_n^2$, 在 $-a$ 为正的地方会发生一些激动人心的事情. 严格来说, 他考虑的是 $x' = \lambda x(1 - x)$, 对应 $x = (\lambda/4)(2\xi - 1)$, $-a = (\lambda/4)(\lambda/4 - 1/2)$.) 在一篇称为 MSS①的文章中, 他们取得了许多概念上的进展 (尽管没有严格证明). 他们明白了在周期 2 失稳以后出现的是稳定的周期 4, 然后又失稳了, 被加倍的周期所取代, 直到 $a > -2$ 周期被无限加倍. 越过了这一点 a_∞ 后发生的事情超出了他们的理解能力, 尽管至少他们知道, 对 $a < a_\infty$, 出现了一个复杂的周期性轨道的有序斑图. 这里的 “证明” 并非全部都经得起全面的检查, 而这方面的一个较弱一些的结果早在十多年前就已为俄国人 Sharkovski 所知, 尽管 MSS 并不知道. 更令人惊奇的是, MSS 宣称这个规则的有序不是抛物线的长子特权, 而是属于任何看起来像 “突起” 的曲线, 所以他们把这个定性的有序称为 “U 一序列”, U 代表普适性 (universality).

所有这些讨论帮助保住了 Stein 的工作. 我可麻烦了, 因为式 (24.1) 的唯一优点是分析上可能是容易的, 却发现其难以理解的病态行为在增加, 使得我原来的看法站不住脚. 所以我决定到别处碰碰运气. 几个月后我对着新的 HP65 计算机, 感

① 文章作者 Metropolis, Stein, Stein 三个人姓的首字母, 那篇文章见 Metropolis N, Stein M, Stein P R. J. Comb.Theor. 1973, A15: 25. —— 译者注

到要变成一个分立 (数值) 的专家 (我) 有太多的东西要一头扎进去学习.

又过了半年之久, 于 1975 年 7 月在科罗拉多州阿斯本的物理中心, 故事又续上了. 伟大的数学家 S Smale 也住在那里. Smale 让法国人研究了整个一世纪的动力学系统重又焕发了青春, 让我惊奇的是, 他也知道抛物线无穷倍周期的事情, 也想知道越过 a_∞ 会发生什么事. 有个评论, 只作为茶余饭后的闲谈话题, 让我印象深刻. 他谈到他在某处给关于这个问题的讲座时, 观众中有人问 a_∞ 是否是超越的. Smale 耸耸肩, 说 "俺不知道". 让我印象深刻的是那个问题会让有的人觉得有兴趣. 再者说了, 如果 a 是从 λ 得来的, 不管这参数看起来多自然, 通过简单的坐标变换它都会变成别的, 比如严格地变成 $b_\infty = 1$. 那么, 这个问题中是否有任何真正有趣的数呢? 我们很快会看到.

在阿斯本, 差不多都是三个人同住一个多房间的大套间. 和我同住的一个室友, 在 Smale 聊天的那个晚上, 确信式 (24.1) 产生的第 n 项必定是 $(an+b)/(cn+d)$ 的形式. 虽然这显然是错误的, 但他一点也不沮丧. 所以, 我决定看看我是否能够弄出来这些周期加倍是怎么发生的, 不是定性地, 而是真正定量地理解. 我的新任务是由式 (24.1), (从现在起我使用低朝下的形式, a 是正的 $(x' = a - x^2)$), 确定下一个生成函数的方程

$$\hat{x}(z) = \sum_0^\infty x_n z^n,$$

这个函数对有界的 $\{x_n\}$ 在 $|z| = 1$ 之内是解析的. 显然, 对 $x_n \equiv x*$, $\hat{x} = x*/(1-z)$, 因此 $\hat{x}$ 在 $z = 1$ 处有一个极点, 其留数决定了不动点. 而且, 如果 $x_n \sim x^* + b\gamma^n$(其中 $\gamma \equiv L'(x^*)$, 且 $|\gamma| < 1$) 为收敛于一个稳定的 x^* 的斑图, 则也有一个极点在 γ^{-1}. 因为式 (24.1) 是二次型, 可以写出只包含一个卷积积分的 $\hat{x}$ 的公式. 从这个方程 (它有点像量子力学中的幺正方程) 我们知道在积分中放入一个极点会再产生一个极点, 但是是在原来极点平方的地方, 这意味着 $\hat{x}$ 在 γ^{-n} 处 $(n = 0, 1, \cdots)$ 有极点, 且

$$\hat{x} = \sum_0^\infty \frac{r_n}{1 - z\gamma^n}$$

只要 $\gamma > 0$ $(-1/4 < a < 0)$, 这就相当于一个从 $z = 1$ 开始到无穷远处的、以几何级数为间隔的正的极点串. 现在, 对 $a = 0$, 有 $x^* = 0$, $\gamma = 0$, 上述的求和公式就是在 1 处的极点外加一个常数. 离 $z = 1$ 最近的极点在 γ^{-1} 处, 现在早已是在 ∞ 处了, 在这个超稳定值 ($\gamma = 0$ 意味着比任何几何 (级数) 收敛得要快) 处的 $\hat{x}$ 是在 1 处的极点外加一个全纯函数. 当 a 增加到大于 0, γ 为负, 会有沿正 x- 轴的在 γ^{-2n} $(n = 0, 1, \cdots)$ 处的极点, 以及一串在 γ^{-2n-1} $(n = 0, 1, \cdots)$ 处的负的极点. 当 a 趋近 3/4, γ 趋近 -1, 正的一串极点就变成了割线, 那串负的极点也变成了割线, 并在 $z = -1$ 处在圆上产生了新的奇性. 注意到 $(r_0 + r_1 z)/(1 - z^2)$ 决定了 x_n 是周

期 2 的, 偶数次迭代出现在 r_0, 奇数次迭代出现在 r_1. 我们由此理解了为什么分岔(轨道类型的改变) 是周期倍加的. 此外, 对足够接近 -1 的 γ, x_n 可以直接从卷积方程近似计算得到, 证实在 $z=-1$ 处有平方根形式的奇性.

若我们继续增加 a 的值, 两条割线会萎缩, 留下 ±1 处的简单极点和在单位圆两侧对称的一对按几何 (级数间距) 分开的成串的极点. 当 a 继续增大, 周期 2 稳定性 $\gamma_2 \to 0$, 一个全纯函数背景取代了除 $1/(1-z^2)$ 以外的一切. 继续增大 a 会有 $\gamma_2<0$, 出现一个平方根, 于是除了再次出现的对称的极点串, 在虚轴上还有新的对称的集合. 当 $\gamma_2 \to -1$, 极点再一次地合并成割线, 两个新的奇点出现在 $\pm i$ 处. 由此得

$$(r_0+r_1z+r_2z^2+r_3z^3)/(1-z^4)$$

这是周期 4 轨道的开始处. 这个故事在每次周期加倍时一遍一遍地重现, 总有新的极点连线的对角线出现, 每次都将先头的极点连线之间的角平分. 在 a_∞ 处平面被无穷次对分, 如果我们能计算 $n\to\infty$ 时主导项 $1/(1-z^{2^n})$ 的留数, 我们就能定量地知道这在 a_∞ 处的无穷长的轨道是什么样.

这就是我在阿斯本得到的结果. 有几件事没搞清楚. 从根本上讲, 假如我们知道周期加倍会一直持续下去, 并进行无穷多次, 这就已经有了提供全景的基本图像(在任何这类事情能得到证明之前, 重整化理论必须得到完备). 为了定量理解事情是如何进行的, 这要求卷积方程的一个解, 或者换个说法, 给定了作为极点之和的表示, 要求留数满足的一些奇怪方程的解 (一年后我了解到, 这个和被命名为 "Julia 级数". Julia, 一位伟大的法国数学家, 在世纪初尝试过同样的途径, 当然不是很成功).

1975 年 8 月回到洛斯阿拉莫斯的家后, 我恢复了 HP65 上的活, 把精力放到了寻找留数方程的解上. 在经过几天取得一点小进展后, 我决定转而寻找稳定的 2^n 周期出现的 a_n, 让周期决定留数, 看看这样做是否真的能解那些方程. 所以, 我首先计算了超稳定轨道出现的 a_n, 这意味着 $x=0$ 是轨道上的一个点, a_n 是 $L^{2^n}(0,a)$ 的零点 (0 在 2^n 步后必须回到 0). 现在这是一个关于 a 的 2^{2^n} 次多项式, 到第 10 次倍周期就已经是 10^{300}(次多项式) 了. 这当然不是解析方法能完成的任务. 那么 a_n 是哪个零点呢? 答案是, 它是比对应于周期 1, 2, $\cdots 2^{n-1}$ 的零点都大的最小那个零点.

求高阶多项式零点的 Newton 法, 在收敛到解之前要求在很多点上计算多项式的值. 对于第 5 次周期倍加的情况, $L^{2^5}=L^{32}$, 要求 32 次计算 L 才构成一次多项式的计算. $L=a-x^2$ 是在所有等价的可写出的二次型中可最快计算的那个, 只要求两个算术操作, 或者 64 个操作就能得到一次多项式的值. 考虑还有循环, 这已经要求 HP65 好几秒钟的机时了, 或者 (意味着) 用 Newton 法求 a_5 值这要求半分

钟. 因为 a_n 收敛于 a_∞, 当 n 很大时它们靠得很近. 在 a_∞ 之上还有不同于长度为 2^{2^n} 的别样的轨道. 每一个错误的计算都耗时几分钟, 猜一个好的近似作为初始值就很重要了. HP65 的慢速度给我留下大量的时间去研究前面得到的值从而去猜下一个.

因为到 $n = 4$ 就已经变得清楚了, a_n 以几何级数方式趋于 a_∞. 注意到相邻项的差以恒定比率减少, 对于 5 的很快就显示出来了. 到 $n = 7$ 序列中的下一项作为方程的解已达到计算机的精确度, $n = 8$ 之后超过机器的精确度. 但是差的比率本身一直在收敛, 在精确度变坏之前达到 4.669.

这很令人好奇, 也不同寻常. 得到的东西远比当初要更好地理解留数方程更多. 这套华丽的计算中, 究竟是什么在提供几何收敛呢? 难道是标度变换? 从重整化群中我们还记得, 要导致几何收敛, 某种东西应当与自身相似且变小. 这并不是很明显的, 对它的最后理解比我猜想的还要走得远.

别的事情也令人好奇. 在前面涉及 Smale 谈话的时候我提到, a_∞ 是相当没有意思的, 随着任何重新参数化它都会反复无常地变化. 但是 4.699 可不一样. 在求差值的时候, 任何的原点移动都无关. 在求比值的时候, 任何尺度的线性变换都是无关的. 因为 a_n, λ_n 或者别的什么都收敛, a 同 λ 的关系局域上是线性的, 所以如果不在 a_∞ 上或者 x 的轨道上恶意地引入非光滑性, 4.699 出现在对二次型中的 a 和 x 的任何重新参数化中. 所以, 如果在这个动力学故事中有什么确实有趣的数, 那就是 4.699.

我为这个发现所震惊, 因此花了大半天试图看看这个数是否接近哪种数字的简单组合. 毫无结果. 又过了差不多一个月, 依然如此.

十月的第一周我访问加州理工, 像平常一样没带 HP65. 一旦我丢开留数方程, 我突然回忆起一件事. Stein 告诉过我周期倍加对所有看起来像鼓包的东西都是一样的. 在我一年前看过的 MSS 的文章中, 我突然记起 $x' = \lambda \sin \pi x$ 同式 (24.1) 表现出同样的行为. 现在这是问题了. 对式 (24.1) 来说, 留数图像来自 $\hat{x}$ 的卷积方程. 设若映射是多项式, 就会出现某个相似的但带有多重卷积的东西. 但是对于超越函数 $\sin x$, 无法为 $\hat{x}$ 写出那样的方程 (如我后来才幸运地认识到的那样, 很容易为留数的母函数构造一个一般性的理论). 这意味着尽管关于二次型的极点线交叉的图像非常漂亮, 对于周期倍加现象来说那是个多余的概念, 图像也没什么助益.

回到家那天我决定马上检查一下 $\sin x$ 是否有周期倍加. 它确实有, 但是一个三角函数要等 1 秒钟太痛苦了. 我记得有个简单的方法可以猜下一个值, 到 $n = 4$ 时又看出来有几何收敛. 在我试图确定比值的时候, 新结果是似曾相识的 4.662. 在抽屉里一通乱翻我找到了计算抛物线得到 4.669 的那张纸片. 瞬间一阵狂喜涌上心头, 我算是撞上好运了.

我马上给 Stein 打电话. 他不知道周期倍加几何收敛, 对存在一个普适的量也深表怀疑. 我去到他办公室, 给他看那数字, 他压住怒火告诉我不该基于三位相同的数字就迷信有什么普适的量. 但 12 位数字也许能说服他.

不过, 我那晚上给我父母打了个电话, 告诉他们我做出了真正的重大发现, 那东西, 如果我理解了它, 就会让我成为名人.

我的同事, Mark Bolsteri, 最博学的计算机使用者之一, 给我一本 FORTRAN 指令的册子去学, 并告诉我第二天早晨帮我去上洛斯阿拉莫斯的大计算机. 他教我关于该系统的知识, 编辑软件和最方便地拿到输出的那几个小时棒极了. 那天快结束时, 我靠自己努力得到了 4.6692. 这不是因为我能力有限, 而是因为为了做纯粹的迭代只能用到机器 1/3 的精度. 对于具有 14 位有效数字的单精度 CDC①计算机也就只能这样. 第二天, Lucy Carruthers, 另一位计算机专家, 给我普及了使用 29 位 CDC 双精度算法的关键指令. 最后, 再一个第二天, 即从第一次碰头算起的第四天, 我冲进 Stein 的办公室, 手里拿着 4.66920160···, 对四个不同问题符合到 11 位. 这一次他服了, 他拿出一本数字的字典 —— 几百页的排列整齐的数字以及它们代表的东西, 一直查到 “9” 也没有 (与我算出的这个数字) 接近的.

至此, 我已经告诉你了一个我称为 δ 的数是如何产生的. 依此作为唯一的线索, 我知道它预示着一个全新的世界. 再说, 人们已经遇见过普适的临界指数不依赖于初始哈密顿量的现象, 但是在这里, 每个初始的对象本身像是带不动点以及别的性质的重正化群方程. 置于 δ 下的可能是重正化群的重正化群. 我从没怀疑过这个观点的正确性. 在两个月后我才知道如何发掘它. 此时就没有多少要在计算机上做了. 在得到 11 位有效的普适常数 δ 后的一个星期, 我就干成一件事.

因为 δ 必须依赖于什么东西, 抛物线之类的才会因此总是给出 4.6692···, 一个星期后我认识到它依赖于鼓包最大值的阶. 就 $x' = a - |x|^z$ 来说, 对任何 $z > 1$ 有一个 $\delta(z)$, 它随 z 单调增加, 且 $\delta(1) = 2$. 确实, 所有局域行为为 $|x|^z$ 的鼓包, 对相同的 z 有相同的 δ 值, 别的都不重要. 例如, $x' = \lambda x(1-x^2)$②有个二次型的极值点, 因此 $\delta = 4.6692\cdots$ 除非是特殊的对称性, 一个鼓包一般是二次型的, 因此除非是仔细到了有恶意的程度, 人们得到的就是 $\delta(2) = 4.6692\cdots$ 在这个意义上, 4.6692··· 关于动力学是属类普适的. 我不知道有谁在我之前发现过 δ, 我相信也没有人独立得到过. (S Grossmann 在我之前发表了 δ, 但在他和 Thomae 的文章中没提及那是在听过我在 P Martin 组织的 1976 年 8 月 Gordon 会议上的报告之后.)

我说这个, 是因为它阐明了要看出来它 (δ) 是多么艰难. MSS 和别的几位用计算机估算过 a_∞, 但从没有审视过算到 a_∞ 过程中的 a_n. a_∞ 看起来重要, 但实际上不是. 我能说的是, 如果不是我受到的训练让我躲避计算机, 如果不是我那么享受

① 美国 Control Data Corporation 公司的缩写. —— 译者注
② 原文如此. 似应该是 $x' = \lambda x(1-x)$. —— 译者注

计算和数字的"意义", 如果我没考虑过留数方程, 如果 HP65 不是令人难挨地缓慢, 我就不会发现 δ. 它是层展行为 (条件) 缺一不可 (的案例). 但是, 如果你不知道它看起来什么样, 你怎么会看到它? 说到底, 命运和运气起到了太重要的作用.

我说过, 全部的故事不是一下子就展开的. 当唯一的模糊的理论想法还与轨道 (如果你知道它的参数) 相关时, 你如何能找到这参数的收敛值, 而它只是一个高次 (高到能把人吓傻了) 多项式的一个零点? 到 12 月底我变得很沮丧, 一件稀世珠宝突然撞入我的怀抱, 我却考证不出它的来龙去脉.

1975 年的最后一个工作日, Elliot Lieb 逐一拜访洛斯阿拉莫斯的理论物理学家. 我告诉他几样我正在忙乎的工作, 当我告诉他关于 δ 的事情时他变得感兴趣起来. 我也告诉他我一点线索也没有, 不知道该怎么理解它.

那个周末, 一切都改变了. 那个星期天上午我给一位在英国的老朋友写信, 把信封好, 然后决定一如既往去吃午饭. 我要了一份青椒汉堡, 外加波浪形炸土豆片.

波浪形土豆片引起了我的联想, 我突然知道理论该从哪里来了. 土豆片引人注目的形象来自多重波浪形. 你看, 如果拿一个足够高的底朝下抛物线, 迭代一次, 会得到三个鼓包, 中间的一个胖的对称鼓包, 两边有两个歪的瘦鼓包. 二次型最大值的图像 $L(0)$ 就是参数 a. 对于一个超稳定的轨道, a 是轨道上最大的点. 对 L^{2^n}, a_n 是有很多鼓包的曲线上的不动点. 这最右边的鼓包, 当它同自己组合 (因为 $L^{2^{n+1}} = L^{2^n} \cdot L^2$) 时, 变成三个鼓包, 而新的 a_{n+1} 是在右侧的那个瘦的鼓包上的不动点. a_n 如今不在任何轨道上. 但是如果鼓包收缩比 a_n 收敛来得快, a_n 就近似地是下一个最近的不动点. 差值 $a_{n+1} - a_n$ 是最右侧鼓包的大小, 而 δ 则是侧面鼓包的大小同那个经过同自己组合生成三重鼓包的鼓包的大小之比. 这里存在一个能够解释几何比值 δ 在更小尺度上重复自己的东西. 更妙的是, 再不需要任意选取一个不可能求解的多项式的零点了: 尽管 δ 是关于参数的, 而解却在轨道里.

我回到家, 写下一些近似的方程, 一对耦合的泛函方程, 得到了令人起敬的关于 δ 的八九不离十的近似值, 约为 5. 我迅速重新打开我写给我朋友 Tom 的信, 告诉他我终于找到 (那个理论) 了, 就出去爬山了. 第二天 Lieb 变得极度兴奋, 从那以后他大力支持我的工作.

尽管这差不多是对的, 就还有许多东西没有确定下来而言, 它还是错的, 关键的是要把理论表述成泛函方程, 而不动点出现在函数空间. 再者现在搞清楚了, 不只是 δ, 而是整个动力学都定量上是普适的. 这真是一颗大宝石.

没有新的输入, 迭代的二次型鼓包不会产生单一固定尺度的三个鼓包: 鼓包的细节是起作用的. 这没法完全控制. 但是, 我认识到在所有 L^{2^n} 个鼓包中, 有一个是最特殊的. 如果 L 是对称的, 则 0 点处的对称鼓包产生的中间那个胖的鼓包也是对称的, 而这给剩下的含混定了音.

确实, HP65 揭示了中间的鼓包也以几何因子 $\alpha(\alpha = -2.502907875\cdots)$ 重新标

度. 又一个普适常数, 这个是关于实际的动力学的. 对于一个长度 2^n 的超稳定轨道, $x=0$ 同其最近的轨道之间的距离以比率 α(其绝对值大于 2) 规则地减小, 而点数严格以因子 2 增加; 这意味着在 a_∞ 处一个 Cantor 集合构成了“轨道”. 解析地表达, 离 $x=0$ 最近的点是 $L^{2^{n-1}}(0)$, 因此, $\alpha^n L^{2^{n-1}}(0)\to$ 常数. 这样, 至少在 $x=0$ 附近, $L^{2^n}(x,a_n)$ 收敛于一个普适的量. 这注定 HP 计算机的使用到头了. 它意味着 L^{2^n} 必须变成处处普适的 (至少在 Cantor 集合附近), 这说明如下的宏大梦想是合理的, 即动力学 (请忘掉微扰算法的误导) 当其行为适当地复杂的时候, 知道如何不依赖于其细节表现自己. 这当然是我一生中最精彩的发现.

我现在需要大规模的、强大的计算. 通过打印输出清楚可见, L^{2^n} 乘上 α^n 收敛于一个确定的 (但非常复杂的) 函数, 它是 L 域上普适的. 就为此, 浪费了的 Silent 700① 热敏打印纸不计其数.

同一般人相信的正相反, 1970 年代在洛斯阿拉莫斯没有图形输出. 特别地, 图形终端是不许放到经过特别“保密审查”的区域以外的. 即便这样也只有那些造炸弹的人才有大屏幕, 且没有交互式数字化的能力. 为了得到图像, 我们不得不采取“移位”的方法, 结果是好的图片需要数英尺长的输出, 而复杂庞大如普适的 $g_1(x)=\lim\alpha^n L^{2^{n-1}}(x/\alpha^n,a_n)$ 则要求数十英尺长的输出. 因为, 视觉已不足以检查收敛和普适性, 我试着学会找出什么样的方程拥有这么可怕的解.

经过大量的解析和计算上的努力, 持续有那么两个半月的时间, 每一天都干, 每天干 22 小时, 直到我在三月中旬不得不就医为止, 我终于得到了一个理论,

$$g_1(x)=\alpha g_1(g_1(x/\alpha))+h(x)$$

$$\frac{\delta}{\alpha}h(x)=h(g_1(x/\alpha))+g_1'(g_1(x/\alpha))h(x/\alpha)$$

方程右侧给出算符作用于 g_1 和 h 的泛函不动点, 方程左侧是结果. 这个算符, T^*, 对单鼓包的简单输入 g_1 和 h 是稳定的, 收敛于固定点. 为了到达这个点, 要求方程 h 有一个精巧自洽的变量, 以及开发数字计算泛函复合算符的算法. 还要更多的 Silent 700 热敏打印纸来理解输出结果. 方程是相当良性的, 但它们是近似的, 对 $|x|^z$, $z=2$, 精确度差不多是 10%, 对更大的 z 会更加精确.

这些方程被构造成完全稳定的. $g_1(g_1(0))=0$ 意味着 g_1 把 a_∞ 上的“Cantor”集合分解成点的对, 分割 $x=0$ 及其邻近点的点对标度为 1. 因此, $g_1(g_1(x))$ 把集合分解得更好, 每个点都是固定点. 中心的鼓包经 α 的放大, $g_0(x)=\alpha g_1(g_1(x/\alpha))$, 与 g_1 有同样的“尺寸”但又与其不同, 好比说对于原来的抛物线来说, $a_0=0\Rightarrow -x^2$ 和 $a_1=1\Rightarrow 1-x^2$ 是相同的 (这告诉我们 $\alpha\approx-2$). 之所以这样是因为我们还没

① Silent 700 是 20 世纪 70~80 年代美国得克萨斯仪器公司生产的一种计算机终端打印机的型号. —— 校者注

把 a_n 换成 a_{n+1}. 在 a_{n+1} 处这个靠近 g_0 的近似加倍后回到了 g_1. 这是通过加上 h(它是个可由其知道 a_n 如何改变的微商) 做到的. 这正是从 L 开始决定超稳定参数值序列 $\{a_n\}$ 要做的事情. 普适性是说收敛是完全稳定的, 不依赖于初始的 L 或它是怎样参数化的, 只要参数的微商是初始的 h. 理论是完全稳定的, 因为它同时包含动力学空间和参数空间. 这不同于任何重整化群理论, 那里只当参数 (β) 是临界值时才收敛于固定点. 那里的 β 轴很单调无味的, 而这里有一个格外丰富的参数结构. 这些动力学理论在数学上比场论中的对应物复杂多了.

这种在一个大的空间中完全稳定性的观点技术上是不成熟的, 这让我第一篇文章 (在 1976 年 4 月以后以预印本的形式流出去约 500 份) 中的理论只是近似的理论, 尽管概念上是完整的. 除去我坚信这个问题中参数行为是关键的以外, 还有第二个理由. 对每一个 a_n, 轨道上有 2^n 个点, 经过足够强大的、总是能分辨出单个点的连续放大后, 普适性实现了. 但是这只是在局域的簇中. 现在在 a_∞ 处的轨道不是有限的. 此外, 整个的吸引子不是轨道, 其闭包基数为连续统而非自然数. 我发现很难相信那个放大的无限小, 因此每个鼓包包括无穷多个轨道点, 仍然会有普适性. 再者我非常清楚, 如果放弃 h(带来的) 移动, g_1 方程会变得不稳定. 第二条评论当然是正确的 (在我第一篇文章中, 对包括参数移动的情形, 我将这部分称为操作 T 的第一部分, T^*). 第一条 (评论) 是错的, 并有误导性.

1976 年 5 月 2 日在普林斯顿研究所我第一次报告这个理论. Yorke 和李天岩 (T-Y Li) 的文章 "周期 -3 意味着混沌" 正好出现在那一周①. (这两位作者也不知道, Sharkovskii 十年前就完全料到了这个结果②.) 我的同事们都是从事高能物理研究的物理学家, 只有 Dyson 发现这个工作特对胃口. 当时在场的最重要的成员是我的朋友 Cvitanovic, 一个非常投入的高能物理学家, 前一年 12 月之前他曾抵制我投入这项研究. 他现在变得很有热情, 也开始摆弄这些东西.

非常错误的是, 他觉得如果普适函数通过复合缩放回其自身, 那个麻烦的 h 就是没有必要的, $g(x) = \alpha g(g(x/\alpha))$ 而无需额外的耦合的 h 方程就足够了. 尽管我解释那个方程是不稳定的, g 不可能是 g_1, 他还是带着他的 HP25 计算机躲起来了, 要在不寻找 g 的前提下证明 α 就是那个 α.

回到洛斯阿拉莫斯, 我现在不得不针对 $(Tg)(x) = \alpha g(g(x/\alpha))$(它是不稳定的, 不能够用迭代方法得到) 找出 T 的固定点. 我很快就知道怎么做了, 计算到 15 位上证明 α 就是那个 α (不像 Stein, 我知道 Cvitanovic 的 4 位数字是精确的). 但是 g (当然) 不是 g_1, 确实普适地把成簇 (的点) 分开为在每个大小为 1 的鼓包上的点 (和 Cantor 集对等). 而引出这些 (工作) 的 δ 已无迹可寻.

① 这篇文章正式发表的时间是 1975 年 12 月, 见 T-Y Li, J A Yorke Amer. Math. Monthly,1975, 82: 985. —— 校者注

② Sarkovskiii 的文章见：Sarkovskiii A N(1964) Ukranian Math.J.16 61. —— 校者注

那时就清楚了, g_0 和 g 是一个普适函数序列 g_r, $r = 0, \cdots, \infty$ 的两端. g_r 把轨道分解成每单位长度鼓包上 2^r 个点的团簇, 而 h 方程是 T 关于 g 的无穷维线性化 (即 DT) 的本征值问题 (h 是本征函数). δ 是 DT 的最大本征值, g 就是 $g(x) = \lim \alpha^n L^{2^n}(x/\alpha^n, a_\infty)$, g 是用 a 代替 a_∞ 得到的非稳定的 "临界" 动力学. 所以, δ 是在单位圆之外唯一的一个 DT 的本征值, 现在已计算到 20 位.

很像是算符 T 的重正化群理论, 整个参数轴差不多就是 β 轴, 除了在细节上更丰富. 不像是对自旋问题分块, 那里可以随意组织部分求和 (甚至无穷多项), 这个结构太丰富了, 只能用使得 T 有一个唯一的、"切题的" (在单位圆外) 的本征值的固定点的那么一种方式加以组织. 这也是第一个精确的、非平庸的将所有的无穷多耦合常数 (全纯函数) 都考虑进去的重正化群的例子.

g_r 是沿着 β 轴一个分立的点集, 可以很容易推广到普适的 g 的连续统 (得自 g 的非稳定流型). 当 Cvitanovic 确信 g 不是 g_1, 不是 "那一个普适函数" 而是有无穷多个普适函数后, 他觉得到整个事态相当不合他的口味, 此后的几年都未回到这些研究上.

我前面提到过的, 我关于这个完成的理论的第一个 "报告" 是在 1976 年 8 月的 Gordon 会议上给的. 我之所以说是 "报告" 是因为它不足 10 分钟长. 原来是一些人对动力学系统感兴趣了, 包括几个参加这个非常物理学取向会议的数学家. 办会的 Martin 很怀疑是否有必要提供更多与数学有关的内容, 但是经人抗议后他同意开辟一个每人报告时间为 10 分钟的分会场. 组织者的反应是: "这些报告到底和流体有什么关系?"

我觉得最有趣的是, B Derrida 在那里, 很奇怪的是他知道 δ. 后来知道 Lieb 在三月份打电话给巴黎的 Ruelle, 告诉了他我的工作, 关于 δ 的事实传到了 Derrida 的导师 Y Pomeau 那儿. Derrida 和 Pomeau 一直停留在参数空间, 但他们把对 MSS 文章的理解提升到了倍周期以外. 由此产生了两篇预印本. 可是, 他们的一个可作为最高道德典范的行为, 是 Pomeau 在 1977 年问我我的文章何时才发表, 这样他们才好着手发表他们的文章. 此后我再也没遇到过类似的可作为榜样的行为. 他们于 1976~1977 年在法国的巡回讲演曾让倍周期分叉在学术界 "广为流传".

我的第二篇展示了整个结构的结论性文章, 作为预印本于 1976 年 11 月寄到我手里, 在布朗大学的一星期的讲座期间我一直带着它. 它在何种程度上被接受了呢? 布朗大学的讲座给我的奖励, 是使我有幸结识了 L Kadanoff, 他一直对我的工作充满激情, 在 1980 年代初期把这些思想推广到新的领域. 当然, Lieb 对此也很感兴趣.

但是这并不是故事的全部. 我关于已完成的理论的第一个国际性报告是在 1976 年 9 月在洛斯阿拉莫斯由 N Metropolis 组织的会议上作的. 这让 Dyson 产生了热

烈的兴趣, 让我特别高兴的是, 还有 Kac①. 尽管我没有证明 T 确实有个不动点 (虽然我的数值收敛于一个本征值, 算是对严格事实的高度支持) 而 DT 在单位圆外有一个本征值, Kac 觉得这如果不是严格证明也是相当有说服力的. (我刚开始我的报告, 台下的 Kac 就问:“先生, 这只是数值还是证明?”“差不多是个证明.”“是一个有理性的人的证明吗?”“这看你怎么认为.” 报告后, 他认为这符合“有理性的人的证明”的标准, 他说“让 Barry Simon 来证明吧!”) 但后来我了解到, 我因为发掘出了这颗明珠②且功劳归于了我而惹得许多大牌数学家极为愤怒, 而实际证明了这个定理的工作却没为任何人赢得应得的名声. 这个严格证明后来发现确实是格外困难的, 是 D Sullivan 在 1980 年代后期经过好几年的努力才最终证明的③. 原来, 当时很少有能揭破倍周期分叉这种难题的数学积累.

Kac 1978 年告诉我, 倍周期分叉提供了漂亮的咖啡桌上的话题, 但除非和某个物理内容联系上, 否则人们只是把它当作个新奇的东西而已. 可以说他是对的. 人们不仅要看, 而且眼光所到之处还要变得能放光. 尽管很多高能物理学家觉得这个非扰动系统的行为很有趣, 在凝聚态物理领域却并不是这样认为.

许多数学家不相信这个结果. R Bowen 在 1976 年的 Gordon 会议上认为它 (周期加倍) 完全没有意义, 这同 J Guckenheimer 关于 MSS 文章之一部分的优雅证明形成鲜明对照. 1976 年 12 月在罗切斯特, 尽管有当时可能就已经清楚了的原因, 在我解释了我的结果是定量地而非定性地普适的时候, J Moser 冷冷地丢下一句“嗯, 你错了”, 就背过身不搭理我了. 1977 年在意大利的瓦伦纳, R⑤ Thom 就非常感兴趣. 你看看, 反响是非常不同的④.

但这不是同行评议的杂志的反应. 两篇文章都被拒绝了, 第一篇是拖了半年以后才通知我的. 到那时, 是 1977 年, 超过一千份的预印本已发出了. 这就是我全部的经历⑤. 关于别人已搞过的问题的文章很快就接受了, 而我所有关于新问题 (的文章) 毫无例外都在审稿过程中被拒绝了. 大家容易推断出我对同行评议的观点是, 那是一种虚假的监护, 肆意挥霍的欺骗.

不管怎样, Kac 是对的. 动力学系统只是在 1979 年夏在 Libchaber 的测量

① Mark Kac(1914~1984), 著名波兰裔美国数学家, 在概率论和统计物理方面有重要贡献. —— 校者注

② 数学上习惯把某个重要的定理或发现比喻为 “jewel”. —— 译者注

③ Dennis P Sullivan, 美国数学家, 2010 年 Wolf 数学奖获得者. —— 校者注

④ 作者在这一段中提到的几位数学家分别是: Robert Edward Bowen (1947~1978), 著名美国动力学系统理论专家; John Marek Guckenheimer, 美国数学家, 名著 *Nonlinear Oscillations, Dynamical Systems and Bifurcation of Vector Fields* 的作者之一; Jürgen Kurt Moser (1925~1999), 德裔美国数学家, 1995 年 Wolf 数学奖获得者, 动力学系统 KAM 定理的创立者之一; René Frédéric Thom(1923~2002), 法国数学家, 突变论的创始人. —— 校者注

⑤ Feigenbaum 的这两篇文章 1978 年和 1979 年正式发表, 见 M J Feigenbaum. J. Stat. Phys. 1978, 19: 25; J. Stat. Phys. 1979. 21: 669. —— 校者注

表明流体可以通过倍周期分叉, 以普适的 α, δ 和 g 的值进入湍流状态才变成"科学"①. Martin 以不必要的大度收回了他 1976 年的牢骚, 一个新的领域为那时大多在琢磨其领域中悬而未决问题的临界现象理论家们打开了.

1979 年甫一结束, 非微扰动力学系统在严肃的物理系获得了一席之地. 确实, 到 1981 年时我也该离开洛斯阿拉莫斯了, Murry Gell-Mann 在加州理工为我提供了一个教授位置.

Richard Feynman(他前一年"活吃"了两个有可能成为雇员的人) 被要求在我面试报告会上表现好一点. 报告会成了我生涯中最享受、最激动人心的一回: 它很快变成了我和坐在前排的费曼之间的对话. 报告后我去他的办公室, "你知道, 我嫉妒你." Feynman 说. "怎么会呢? 你们这样的人还会嫉妒我." "嗯, 也许你是对的." 他接上我的话茬说.

接下来的讨论中, 他告诉我在我到来之前的一周内他在他的 Commodore②小计算机上计算我的结果. (有趣, 在别人看不到的私室里, 数字计算的大师会满足于使用那么简单的机器.) 这不是他第一次考虑类似的问题. 确实, 早在 1940 年 (我问是否是 1941 年. 不, 他说, 1940) 他在费城的海军部有个非全日工作, 参与一个战时项目. 现在知道了, 海军当局用机械计算机用 Galileo 法计算轨道. 特别是, 需要计算 $\sin x$. 机械在那个时代意味着齿轮. 为此, 一个齿轮的齿距对应 $\sin x$ 的微分, 在 90° 时齿距太密了, 在啮合齿轮上会被切掉. Feynman 很快就把问题解决了, 即安排一排齿轮, 每一个执行 $\sin x$ 的第 n 个泛函的根. 在他后来的岁月里, 他经常回到这个问题, 摆弄泛函方程. 往事就说这么多.

根据 Libchaber 的数据, 有必要弄明白一个不可逆的 1D 映射是如何精确地在无穷维流体中表现出来的. 确实, 1979 年是特别成功的一年. 早在 1978 年 Pomeau 和 Derrida 就注意到, 当有耗散时, 在 2D Hénon 映射中 δ 就是通常的 $4.6692\cdots$. Stein 和几位数学家告诉我 Hénon 映射变成 2D 的方式, $y_{n+1} = x_n$, 是一种太平庸的方式, 有点蠢. 结果他们确实错了. 在 1979 年早些时候, 受 J-P Eckmann 的高明指点, W Francescheni 在 Navier-Stokes 方程的五模截断中观察到了 $4.6692\cdots$. 然而, 不可逆的鼓包状的 1D 映射, 不是任何常微分或者偏微分方程集的庞加莱映射, 却在不属于它的地方四处露脸.

P Hohenberg 曾责怪我没能猜到这一点. 当然我也想做到这点. 不过我看不出来如何能够猜到. 不管怎样, 有根据的数值预示了 Libchaber 的实验结果.

1979 年在 Cargèse③, Collet 和 Eckmann 认识到如何解释 Francescheni 的结果. 这个工作棒极了, 动力学普适性会报复的. 他们认识到在任意维的但强烈耗散的系

① 这里所指的测量, 见 A Libchaber, Maurer. J. de Phisique, Coll. 1980 C3; 41: 52. —— 校者注
② 美国 Commodore International 计算机公司的简称. —— 校者注
③ 法国科西嘉岛上的一个村子. —— 译者注

统的 Poincaré映射的空间中, 一个简单但独特的对 g 的修正 (受让 Hénon 映射表现出 δ 的东西之启发) 把一个大的空间中的算符 T 收缩为只有一个非稳定方向的 1D 的 T, 由 DT 精确地确定为 δ. 因此, 可以这样认为, 既然 Poincaré映射不是专属于任何方程的, 就事实上可能是所有方程的. 而且它看起来是以不同寻常的频率和轻快挥洒这个能力. (为什么会随处可见我们还不理解.) 他们所有的理论是说 g 可以自然地嵌入任意高维的空间中, 假如动力学足够耗散以至于能只弛豫到一个 (局域的) 择优方向上. 任何耗散系统都"通用地"可能做到这一点. 但我们不知道什么时候. 我们只知道如果我们在表现几个倍周期行为的某些范围内观察到它, 我们看到的越多, 我们就越能确信它会不可抗拒地以 δ 的方式继续下去.

实际上这是很深奥的. $4.669\cdots$ 是个很快的收敛速率. 改变某些参数, 你早就可能错过无穷多的分岔. 对于你或者你的文章这无所谓, 但是对经历它的物理对象来说这事关重大. 所发生的是, 轨道开始扭结, 使其容易遭受各种新的不稳定性. 如果没有无穷的周期倍加, 轨道每次以新的方式被扭曲也还可能是相当结实的. 无穷多重要的事情可能发生, 如果你不知道在多小的尺度上去看你可能错过所有的东西. 通过扰动你认为的简单轨道所作计算的答案非常不同于接连不断分叉的结果. 这提出了一个深刻的概念性的问题.

人们总是假设流体以光滑的层流开始流动, 在 Reynolds 数足够大的时候开始扭曲进入湍流. 有一类很好地定义了的临界 Reynolds 数, 有一天我们会知道如何去计算它们.

我刚才解释的东西把所有这些投入重重疑云之中. 不管"处于此一几何构形的这种流体何时进入湍流状态"这个问题看起来提得有多么得体, 现在可以猜测这个问题是相当不适定的, 如果坚持问这样的问题, 会发现这在 Gödel 意义上是无法决定的①. 因为关于 Navier-Stokes 方程的高模近似的仔细的、有根据的数值计算表现出成群的 (如果不是无穷多群的的话) 无穷不稳定性级联. 在相空间中并存多种病态行为. 通过解析计算穿过这些迷宫得到某些我们最终会认可是湍流的东西, 这在数学上是可能的吗? 不管怎样, 在足够小的尺度上, 在这个粗略性质变得明显起来之前流体已经变得足够空间无序了, 我们想得到空间无序是"真正"湍流的讯号这样的结论就成问题了.

可能的情况是, 我们不得不对关于桀骜不驯的大自然的知识的掌握设置一个简单些的要求. 这个备选的要求是, 我不去预言混乱是如何和何时形成的, 而是如果你告诉我你开始注意到了任何异常, 我就能确切地告诉你别的灾难何时落到你的头上. 不管怎样, 我们目前拥有的最好的知识使可预测性这个概念弱化, 不再是经典的决定论了. 我们将会看到我们能做得多好.

① 指哥德尔指出的数学本身的不完备性问题. —— 译者注

故事远不止于此. 比如, Libchaber 的数据清楚地表明了 g 如何可看作是嵌入一个流体的, 而且相当精确地阐明 g 的动力学作用产生何种 Cantor 集合. 这又是一个同临界现象的深刻差别. 在 H_∞ 产生了普适临界指数后, 其动力学重要性就没有什么好说的了. 这里, g(类比于 H_∞) 或者因为大范围变化的动力学而任意接近 g 的 g_r 只是起始点. 发现了 T 的异乎寻常复杂的不动点, 我们必须进而去动力学地确定 g 能产生什么. 它产生分形, 但不是 Mandelbrot 意义上的简单几何的分形. 实际上这样构造的分形没有一个能启发我们如何去正确地看待 g 产生的分形. g(或许大自然所有的动力学方程) 不是用无限数目的局域缩放规则去构造分形, 而是用无限的记忆去构造. 这意味着父母的追溯到遥远过去的谱系依然影响孩子们的个头, 这和 Koch 雪花以及类似的分形是完全不同的.

知道事情如何 (也许是在小尺度上且以不为肉眼所能觉察的方式) 震颤是预告其发生的前提. 达到此一知识的道路是曲折的, 任何可用的方法都只要求前瞻一步. 但是, 发现那么一点知识也是激动人心的, 算是击中了真理的靶环. 那么, 也许曾哼着悦耳的 (也可能是乏味的) 小调的古老的太阳系是个比今天之太阳系更加美好的创造, 对于调过音的耳朵来说今天的太阳系一直在发出可怕的嗡嗡声.

(曹则贤译, 刘寄星校)

第25章 医学物理学

John R Mallard

医学物理学考虑的是许多物理学分支学科在医学中的应用. 由于大多数医学物理学家只熟悉一个或两个分支领域, 没有一个作者有能力对这一章涉及的全部领域做出公正的评价, 因此我咨询了不同领域中的专家. 为此我深深地感谢

爱丁堡大学的 J R Greening 教授对 25.5 节的贡献

伦敦大学的 Julie Denekamp 教授和威斯康星大学的 J F Fowler 教授对 25.6 节的贡献

阿伯丁大学的 B Heaton 博士对 25.7 节的贡献

西苏格兰健康委员会的 A L Evans 博士对 25.8 节的贡献

阿伯丁皇家医院的 R Wytch 博士对 25.9 节的贡献

布里斯托尔大学的 P N T Wells 教授对 25.11 节的贡献

25.1 绪论：本领域各分支的编年发展史

20 世纪是物理学应用于医学的一个鼓舞人心的时期, 因为有这么多物理学的分支学科对疾病的诊断和治疗及全球范围内健康的改善做出了切实的贡献. 人们有趣地注意到, 自然科学的许多早期推动来自于医学从业者. 从语源学看, 物理学和医学具有同一字根①, 物理学既是医学科学, 又是自然哲学的科学. 反过来, 人们可以看到物理科学家从 1895 年开始对临床医学和医学研究的一波又一波重要贡献.

1600 年, 曾在剑桥学习医学并成了女王 Elizabeth 一世御医的 William Gilbert, 进行了天然磁石之间的吸引力的研究. 他受到广泛赞誉的著作《论磁性》(De Magnete) 有助于在文艺复兴时期开始成长的一些新科学获得承认和支持. 他也将吸引力的原理扩展到琥珀, 这是第一篇电学论文. 他的这些工作将我们带进了电磁学, 由于 Faraday 和 James Clerk Maxwell(阿伯丁的自然哲学教授, 1856~1859) 的研究, 并最终于 1980 年实现了磁共振成像 (见 25.13 节).

---

① 据 Webster 大字典, 从词源上看 Physic 一词的古意, 既有医术、医学之意, 也有自然科学、物理学的意思. —— 终校者注

无庸置疑，文艺复兴和当时艺术的繁荣宣告了医用力学的开始 (见 25.9 节). 举一个最著名的例子, Leonardo da Vinci 精美的背景素描清楚地表明, 杠杆概念的发展与人体肌肉组织的解剖学有关; 对简单、机械的人体功能的理解是发展早期的简单机械和帮助残疾人的器械的灵感之源. 一幅 17 世纪的绘画 (图 25.1) 甚至预言了病人和现代人体扫描仪之间的基本概念关系!

图 25.1 一幅中世纪绘画, 它描绘了病人和现代成像仪器或“扫描仪”之间的概念性关系

医学物理学自身开始建立于 19 世纪. 有影响的人物之一是苏格兰的内科医生 Neil Arnott, 他在阿伯丁受教育, 在伦敦开业, 工作繁忙; 在他的空闲时间里, 他开设了自然哲学和医学物理学的讲座. 这些讲座非常通俗, 构成了他的教科书《物理学纲要》(Elements of Physics) 的基础, 这本书分两卷分别于 1825 年和 1827 年出版. 在这本书里, 他随意地用解剖学、生理学和医学的实践来说明物理学的思想和方法. 还有许多别的医生对物理学作出贡献的例子, 如 J Black(1728～1799)、T Young(1773～1829)、W H Wollaston(1766～1828) 和 H Helmholtz(1821～1894).

然而, 直到 19 世纪最后几年, 才做出导致医学物理学大多数现代应用的三大发现, 它们是: 德国乌尔兹堡的物理学教授 W C Röntgen 于 1895 年发现 X 射线; Becquerel 于 1896 年在巴黎发现放射性; 及 J J Thomson 1897 年在剑桥发现电子.

从此 X 射线就被用来得到以前无法看到的人体内部的图像 (见 25.2 节), 并且用来对疾病, 特别是肿瘤进行治疗 (见 25.3 节). 放射性核素也用于这两个目的 (见 25.4 节和 25.10 节), 并在医学研究的许多分支中用作 "示踪剂". 电子为当前电子医疗仪器的普遍使用提供了基础 (见 25.8 节). **【又见 2.3 节及 1.1 节】**

图 25.2 示出今天的医学物理学和工程学的 14 个或更多分支中的每一个在医院里开始有效使用的年代. 可以看出, 在整整一个世纪里, 随着新涌现的物理学分支及其派生的技术的新的临床应用的发现, 医学物理学在不断地扩张.

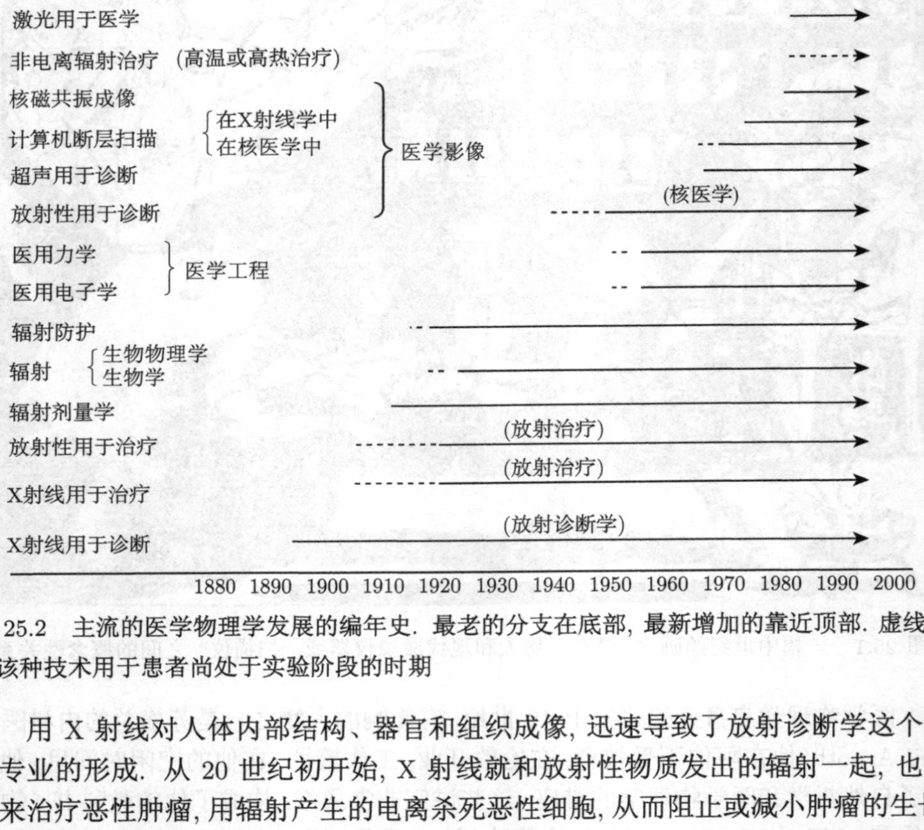

图 25.2　主流的医学物理学发展的编年史. 最老的分支在底部, 最新增加的靠近顶部. 虚线表示该种技术用于患者尚处于实验阶段的时期

用 X 射线对人体内部结构、器官和组织成像, 迅速导致了放射诊断学这个医学专业的形成. 从 20 世纪初开始, X 射线就和放射性物质发出的辐射一起, 也被用来治疗恶性肿瘤, 用辐射产生的电离杀死恶性细胞, 从而阻止或减小肿瘤的生长. 这个新的医学专业 —— 放射治疗学在 20 世纪 30 年代完全建立. 这种治疗方法需要有更精确的测量方法来测定施加给肿瘤的辐射量 (这与早期根据在照射过程中皮肤发红的程度做的粗略估计相反), 而且从 1912 年起, 主要的医院开始聘用物理学家来开发辐射剂量测定技术 (见 25.5 节), 并直接应用这种技术以使病人受益. 到 1939 年英国有大约 30 名辐射剂量师. 与此同时认识到, 电离辐射与活组织之间的相互作用是非常复杂的现象, 由此诞生了辐射生物物理学或辐射生物学 (见 25.6 节). 随着对辐射的生物学效应了解得更为充分, 限制无计划地和不加选择地使用

电离辐射的要求导致了辐射防护领域的诞生 (见 25.7 节).

第二次世界大战后, 物理学在医学中应用的数量和范围都有巨大的增长. 人工放射性不仅为放射性治疗带来了大的钴 60 放射源, 而且带来了使用安全、用于诊断目的的放射性示踪剂使用：依靠放射性同位素的生物化学行为使放射性局限在一个器官 (例如甲状腺) 或肿瘤中. 到 20 世纪 50 年代初, 逐渐发展出对肿瘤和器官成像的简单方法, 到 60 年代中期同位素扫描仪被普遍使用, 到 70 年代它又被 γ 相机取代. "医院" 或医学物理学家在这些发展中起了先锋作用, 这个领域被称为核医学 (见 25.10 节).

数字计算机的出现带来了图像的数字化, 而数字化又使得有可能从一系列围绕人体外面的角度获得的图像信息构建出人体的横截面图像：现在这叫做计算机断层扫描 (CT), 它在 20 世纪 60 年代晚期首先用于放射性核素成像, 然后在 70 年代初期用于 X 射线成像 (见 25.12 节). 这些技术导致了图像对比度的重大改善及诊断精度的大幅提高.

采用声纳的原理, 在 20 世纪 60 年代中期开发了超声波扫描仪, 并很快成为对子宫中胎儿成像的一个标准方法, 和证认出怀孕期间的问题的有力工具 —— 事实上发达国家的每一位母亲都是在超声扫描仪的屏幕上第一次看到她的孩子的. 超声现在是放射医学中的一种标准技术, 用于解决范围广泛的诊断问题 (见 25.11 节).

在 20 世纪 70 年代初期, 人们开始认识到电子磁共振和核磁共振技术在医学中应用的潜力, 从 1980 年起, 核磁共振成像很快就被接受为 X 射线学家诊断枪械库里的一个新增的强有力的武器 (见 25.13 节).

与 20 世纪早期只使用电离辐射相反, 现在实际上电磁波谱的每一部分都在医院中使用 (如图 25.3). 20 世纪末的医学物理学是一个仍在扩展的繁荣兴旺的行业.

25.2　X 射线用于诊断：放射诊断学

20 世纪医学物理学的这一方面的说明必须从 1895 年说起, 因为电离辐射提供了现代医学物理学的大部分 "生活方式". 科学家和医学从业者之间今日的协作开始于著名的解剖学家 Van Koelliker 自愿用 Röntgen 新发现的看不见的射线为他自己的手拍下了第一张 X 光照片, 这种射线是 Röntgen 在 1895 年 11 月 8 日晚上偶然发现的. X 射线很快就用来实现不开刀就能观察人体内部这个长久以来的梦想. 第一张临床 X 光片拍于 1896 年 1 月 13 日, 离 Röntgen 的最初发现只有 66 天. 在一年之内, 发表了上千篇有关 X 射线的论文, 创立了科学家和医师的组织, 以传播这种新的 "不可思议的" 射线知识, 开发它的应用. 这些组织中最著名的是 1897 年成立于伦敦的 Röntgen 学会.

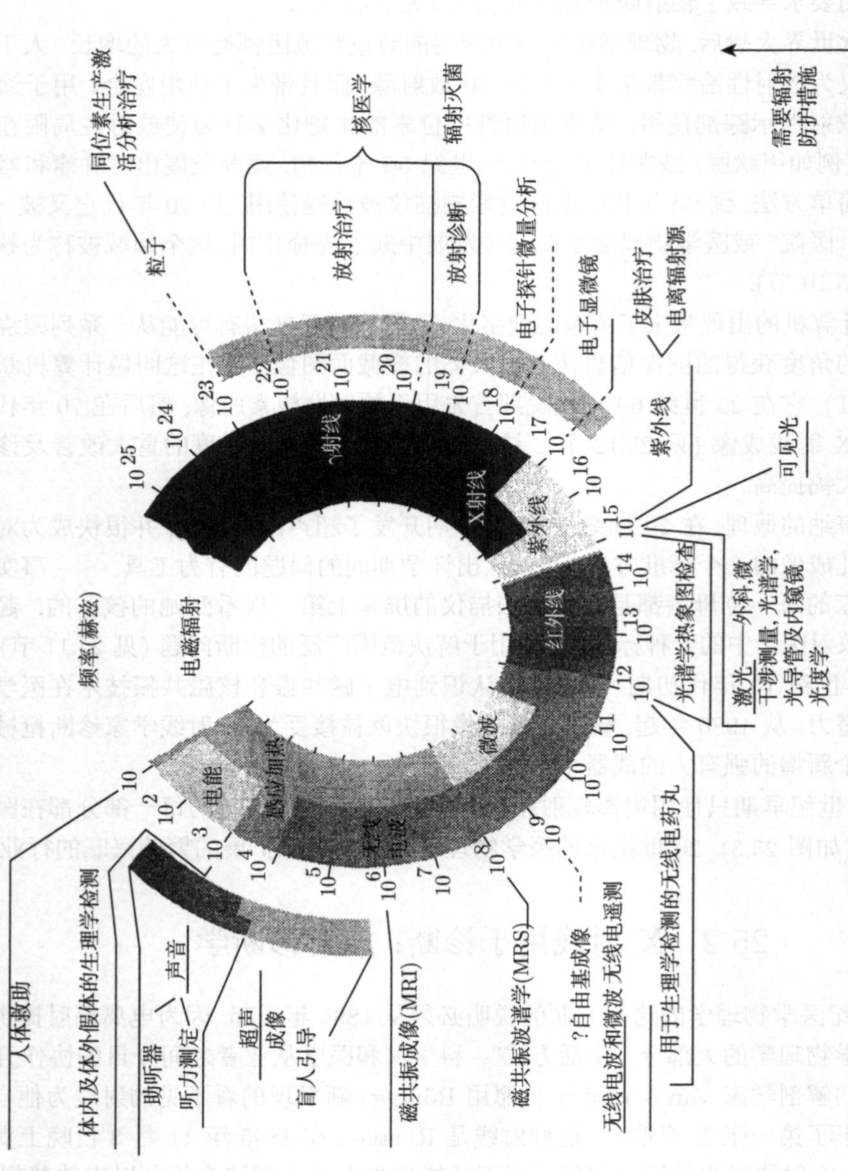

图 25.3 电磁波谱和纵波波谱不同部分的医学应用 尽管在20世纪的前半个世纪只有电离辐射部分被使用[2]，但现在每一个部分都被用到

维多利亚时期的人们非常快地开拓了这项新发现. 1898 年 X 光管就可以从阿伯丁的一个光学仪器商那里买到[1], 1906 年一套轻便的 X 射线装置可以在柏林从一个医院移到另一个医院[2]. 在苏丹和南美的早期应用 (1898 年) 之后, 第一次世界大战中 X 射线广泛的、价值无法估量的应用得到无数受伤士兵的终身感激. 结果, 诊断 X 射线学很快成为医学博士的一个确定的职业, 选择专门研究这种看不见射线的使用的医生人数不断增加. 1919 年, 在伦敦的洽林十字架医院只有一位放射学家, 每周 3 个下午各工作 2 个小时来处理全部 X 射线学工作; 现在那里有许多专家全职工作. X 射线照相术终于成为操作 X 射线设备的技术人员的一个职业. 在两次世界大战之间的时期, X 射线的医学应用开始分为诊断 (X 射线学) 和肿瘤治疗 (放射治疗学 —— 见 25.3 节) 两摊. Röntgen 学会在 1923 年成为英国放射学学会, 它将所有与电离辐射相关的人员 —— 科学家、临床医师、技师和生厂商吸引到一起. Röntgen 拒绝为他的发明申请专利, 他因发现 X 射线于 1901 年获得诺贝尔奖, 因肠癌于 1923 年逝世, 在 20 世纪 20 年代初德国经济衰退和高通货膨胀时期他一贫如洗.

一年年过去, X 光像质有所改善, 但改进不大. 这些逐步的改进几乎完全是由于 X 射线的产生、照射及记录设备的工艺上的改善而得到的, 主要是由物理学家和工程师所为, 他们在一个日益繁荣兴旺的 X 射线产业中工作, 响应着医院中放射学家的要求并与他们协作. 早期的 X 射线管 —— 由火花感应线圈和断续器激发的充气管 —— 很快就被纽约通用电气公司 (GEC)W D Coolidge 于 1913 年开发的灯丝加热阴极的高真空管取代. 靶也改为将钨圆片镶在与散热器连在一起的铜块中. 在 20 世纪 30 年代, 它又普遍被最先由 Coolidge 在 1915 年探索的旋转阳极管代替, 以便在更大的钨靶表面上耗散电子轰击而产生的热量, 在靶不熔化的情况下使 X 射线束强度大大增加. 现代的 X 射线装置 (图 25.4) 使用具有油冷却的旋转阳极管, 可

图 25.4 一个用于诊断的现代 X 射线管, 最高可在 140 kV 电压下工作

以提供几种不同千伏电压的 X 射线束 (以允许为特定的临床目的对射线束的能量及穿透深度作优化) 和一个聚焦的电子束, 阳极上有几种焦斑尺寸 (焦斑越小, 用于特定临床目的的图像的清晰度就越好). 这种装置与经过改进的照相胶片、荧光屏和铅条组成的滤光栅板 (沿 X 射线源径向放置并在病人和胶片 (Potter- Bucky 膜) 之间移动以减少患者体内组织散射的辐射) 一起使用, 已经给出了完美的、具有丰富细节的图像, 今天的放射学家认为 X 射线照片理当如此.

到 20 世纪 30 年代, 医院已经装备了专门的房间用于 X 射线诊断工作. 这些房间不仅包含专家的设备, 还提供辐射屏蔽墙和用铅屏蔽的小房间, X 射线技师从这些小房间里遥控曝光, 免于受到电离辐射的过多照射. 直到 20 世纪 60 和 70 年代更复杂的设备例如图像增强器出现之前, 这些房间都少有改变.

物理学家所作的辛勤测量清楚地表明诊断 X 射线学中使用的 X 射线 (<150 kVp①) 为何在显示人体结构上有如此好的表现. 骨骼的衰减系数比肌肉高得多, 因为它含有很高比例的钙 ($Z=20$), 致使其有效 Z 值 ≈ 14, 从而有高电子密度, 对 X 射线的吸收主要是光电效应吸收 ($\propto Z^3$). 这可以与以 Compton 效应吸收 ($\neq Z$) 为主的软组织肌肉 ($Z \approx 7.5$) 和脂肪 ($Z \approx 6$) 进行比较[3]. 选择 X 射线束的能量 (或改变加在 X 射线管上的千伏电压) 可以增强照相乳胶上记录到的光强差别 (即对比度), 骨骼组织看起来是阴影. 然而, 要对相邻软组织成像是困难的, 因为它们的吸收和散射系数只有很小的差别.

在两次世界大战之间的时期, 物理学家开始开设一些课程, 向他们的放射学和 X 射线技师学生讲授辐射物理学和 X 射线设备的基本原理. 这些课程的授课通常是以医学院校为基地的. 在有些情况下, 这些物理学家是分别从医院中受雇到医学院校中工作的, 他们也向大学本科医学生讲授物理学. 受雇在医院中工作的医学物理学家通常做的 X 射线诊断学工作远少于放射治疗, 对于放射治疗, 他们在剂量测定方面的专业知识远胜他人, 并且对临床具有直接的重要性. 然而, 同样的这些知识总是与辐射防护有关, 而且由于这些措施对于减少作检查时给予患者的辐射剂量变得越来越重要 (见 25.7 节), 物理学家与诊断 X 射线学的联系也变得越来越密切.

在两次世界大战之间及其后不长的时间里, 最大的进展也许是成像对比剂的普遍使用和逐渐改进, 成像对比剂是 1897 年首次在美国费城注意到的. 对比剂是包含高原子序数元素例如钡和碘的化合物: 通过口服的钡 (钡餐) 可以使图像的胃肠部更加突出或者用作钡灌肠剂; 或将它注入血流或一根主干血管以显示由它分出的大小血管的 "树" 状结构, 常选择动脉将对比剂送到要研究的器官. (第一例研究是在注射汞之后显示手部的静脉[4]!) 这种技术被称为血管造影, 在脑肿瘤的情况下, 常用来显示血管的异常移位或异常分布. 这些技术大大增加了可以用 X 射线研究和诊断的临床问题的范围. 在 20 世纪 50~80 年代, 血管造影达到其使用的全盛期,

① Vp 指峰值电压, kVp 为峰值电压 1 千伏特. —— 译者注

对冠状血管造影使用的图像增强器现已达到 40 cm 直径, 包括 512 × 512 比特数字信息, 每秒记录 50 帧图像, 最多可以记录 17 000 幅图像. 数字减影血管造影可以将使用对比剂前后得到的两幅图像相减, 以改善异常特征的察觉和检测. 在许多商业实验室中有大量工作正在进行中, 以改进 X 射线对比剂, 特别有兴趣的一个领域是发展对组织具有特异性的材料. 然而, 血管造影的过程通常与病人接受相当大的电离辐射剂量相联系, 而且, 在一些过程中对比剂可能引起严重的中毒反应. 磁共振成像正逐渐代替血管造影.

无疑, 20 世纪后半叶 X 射线辐射学中最令人激动的进展是计算机断层扫描的引入, 这将在 25.12 节中讨论.

25.3 X 射线用于治疗：放射治疗

20 世纪初, 在 Röntgen 和 Becquerel 的发现之后仅仅 5 年, X 射线的诊断应用, 特别是在骨折的临床检查中, 变得日益普遍; 已经观察到过度暴露在辐射中所造成的损害; M Curie 从沥青铀矿中分离出镭; 并且宣布了 X 射线治愈癌症的首个事例. 那时治疗癌症的唯一手段是有危险的外科手术, 所以这是一个值得探索的新"科学" 方法.

用 X 射线照射 —— 放射治疗 —— 能抑制恶性肿瘤的生长或杀死它们, 依靠辐射通过时造成的活体组织的电离, 一部分辐射被组织吸收. 电离干扰了细胞的繁殖, 打乱了它们的有丝分裂. 这是一种极复杂的相互作用, 甚至今天也还没有完全了解：已经形成了一个新专业 —— 放射生物学来研究这种现象, 新近的进展正在改善现代放射治疗的威力. 放射生物学将在 25.6 节讨论.

这种电离相互作用发生在一切活体组织中, 既有正常组织, 也有异常组织; 因此就出现了辐射防护领域, 它对于限制医护人员所受到的电离辐射的剂量, 和监测为医学目的使用辐射, 都是非常重要的. 辐射防护将在 25.7 节讨论.

在 20 世纪很早就清楚认识到, 成功的治疗依赖于给予肿瘤以精确数量的辐射, 并且已经认识到, 医院中需要有具有物理学理论知识和实验技能的物理学家, 以提供辐射测量并帮助医师给出正确的剂量. 医院中聘用的第一位物理师是 Russ 博士, 他于 1912 年从 Rutherford 在曼彻斯特的实验室来到伦敦米德塞克斯医院. Ernst Marsden 于 1914 年在谢菲尔德被聘任, 他也来自曼彻斯特 —— 他的年薪是 275 英镑! 他还要管理医院拥有的 500 mg 溴化镭和它所产生的氡, 氡也被用来治疗肿瘤. 另一位杰出的先驱者是伦敦圣巴索劳缪医院的 Hopwood. 在纽约的纪念医院, G Failla 于 1915 年被聘任, 1919 年 Edith Quimby 加入进来. 一流的医院一个接一个地都聘用了物理师; 到第二次世界大战前, 在英国大约有 30 位这样的先驱者, 全世界也许有 40 位. 第一个医学物理学家的组织 —— 英国医院物理师协会 (现在的英国医学和生物学中的物理学和工程学学会) 于 1943 年成立, 有 53 名成员. 在美国, 对这个领域做出贡献的先驱者有克利夫兰的 Glasser, 纽约的 Failla 和 Quimby 和芝加哥的 Landauer, 他们的贡献导致地方性的医院物理学小组的形成, 最终于 1958 年成立了美国医学物理学家协会.

到 1923 年, 伦敦的盖氏医院安装了一台工作在 200 kV 电压的 X 射线装置, 它虽然是初步的, 但已拥有一台治疗机所有的必需的部件: 高压发生器被分离出来放在诊疗室的后面; 被抽空的 X 射线管没有屏蔽, 但是用了一个准直器以限定发射的辐射的射线束. 然而, 密封管的性能在 170 kV 以上变差, 1933 年, 在谢菲尔德开始使用持续抽真空的 X 射线管, 作为可靠性更强的在更高电压下工作的设备的驱动部分[5]. 那时医院不得不为此建造大得异乎寻常的诊疗室, 一个非常流行的治疗装置称作 Newton Victor Maximar, 它将高压发生器、X 射线管和准直器组装在一个外壳中. 虽然它只在 140 kV 电压下运作, 但它仍被接受, 因为它有足够的穿透力, 可以治疗浅表肿瘤, 即使它的外箱相当笨重, 但它可以毫无问题地安装在一个中等大小的诊疗室里. 这个装置在 20 世纪 30 年代后期得到改进, 一直使用到 20 世纪 50 年代中期, 这时大多数放射治疗部门使用的主要设备是 250 kV 电压的机器.

为放射治疗而开发的 X 射线管与为 X 射线诊断学开发的 X 射线管有很大不同. 治疗用的 X 射线管有一个固定的阳极, 它是将钨靶嵌入大块的铜块中, 以对付由电子束轰击产生的几个 kW 的热量 (图 25.5). X 射线管悬浮在油中, 油则用水冷却.

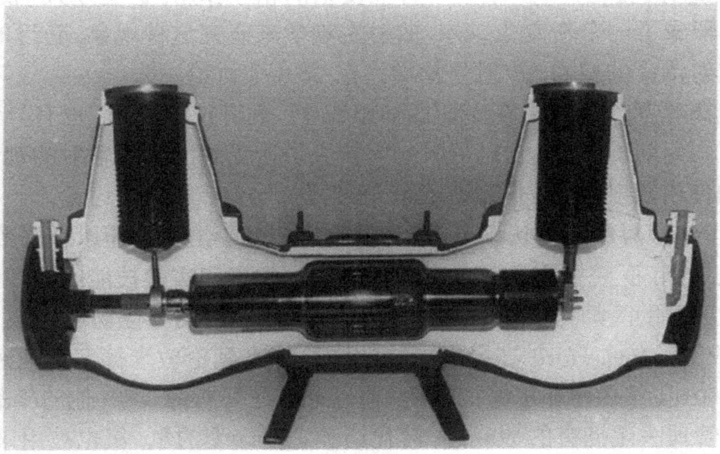

图 25.5　一个用于放射治疗的在峰值电压 250 kV 下工作 X 射线管

在两次世界大战之间的时期, 医院物理师的先驱们的细心测量弄清楚了设备给出的 X 射线束的强度, 在束流的横截面内如何变化, 以及如何随着与阳极的距离和穿入患者体内深度而变化. 用一箱水来模拟病人体内软组织的吸收和散射, 得到的曲线称做模拟体中的等剂量曲线 (图 25.6). 这些曲线表示了许多不同物理现象的结果：例如辐射的初级射线的强度随着与阳极 (它不是一个点源) 距离的减弱; 初级射线束由于与活体组织相互作用而被吸收, 这主要是光电效应和 Compton 效应的结果; 射线在所有方向上的散射, 这主要是由于 Compton 效应; 以及在束流边缘的半影, 这是由于初级射线束的准直不完美及从束流内部散射出的辐射形成的.

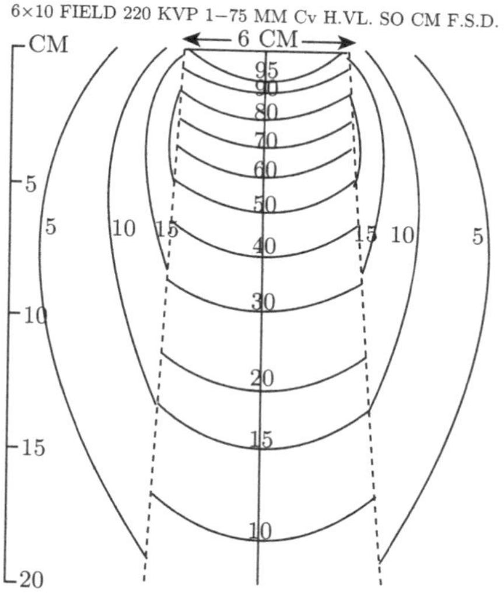

图 25.6 220 kVp 下由一个 6 cm× 10 cm 孔径的准直器确定的辐射场在水模拟器中的辐射等剂量曲线. X 射线管焦点到皮肤的距离 (FSD) 为 50 cm, 射线束的品质由其半值层 (HVL)(1.75 mm 厚的铜) 定义

也是在这一时期里, 射线束的品质 (它依赖于 X 射线管中电子束的最大千伏电压及其能量分布) 开始用使强度减少到一半的金属滤过板的厚度来描述[6]. 这个“半值层” 对低能束流 (直到大约 100 kV) 以铝材料厚度的毫米值表示, 对高能束流则以铜材料厚度的毫米值表示. 除水以外, 还有许多材料被用于制作模拟体, 如木材, 也有用大米团、生面团或石蜡的. 开发了更多的更为 “与组织等效的” 含有高原子序数填充物的材料; 例如 “林考恩夏团块”[7] 及混合 D 蜡[8].

束流的 100%强度是用一个放在模拟体表面沿着束流中心轴的小电离室 (指形电离室) 测量的, 这个强度包括了由水箱向后散射的辐射. Compton 关于 X 射线散射的论文[9] 是 1923 年才发表的, 辐射量的单位 (伦琴) 直到 1928 年才由国际辐射单位委员会遵照哈佛大学生物物理学教授 Duane(于 1922 年提出关于有效波长的 Duane-Hunt 定律的 Duane) 的提议根据空气的电离进行定义[10]. 制造了标准的自由空气室, 在 20 世纪 30 年代早期对英国国家物理实验室 (NPL) 提出的标准与德国和美国的标准进行了比较. 斯德哥尔摩卡罗琳研究所的 Sievert, 伦敦的 Mayneord, 和利兹的 Spiers 等先驱者制造了一个实用的电离室 —— 指形电离室 (早期的型号是与一个金箔验电器一起使用的), 可以用它测量水模拟体中的辐射, 由它可以确定沿中心轴的深度–剂量关系并画出精确的等剂量曲线. 这些工作界定了治疗射线束, 允许制订出有意义的治疗计划. Mayneord 和 Lamerton 所作的深度–剂量数据测量[11], 已成为放射治疗文献的一个经典, 并由 Quimby 在 1944 年的工作继续,《英国放射学杂志》1953 年增刊第 5 期[12] 是那个时期最佳数据的权威汇编. 国家标准实验室提供了校准服务, 因此套管形电离室可以与自由空气值精确地联系起来.

William Valentine Mayneord
(英国人, 1902～1988)

W V Mayneord 生于 1902 年, 1921 年毕业于伯明翰大学, 进入伦敦圣巴索劳缪医院在 Hopwood 教授手下工作, 他在那里工作到 1927 年. 然后, 他成为伦敦皇家癌症医院 (现在的皇家马尔斯登医院) 的物理师, 于 1940 年成为医学应用物理学教授, 并于 1964 年退休.

他的科学生涯包括在非常宽广的研究领域中作出了原创性的贡献, 包括报导化学致癌作用的第一篇论文; X 射线和放射性核素剂量测定的开创性工作; 放射性核素扫描的开创性工作; 对环境中放射性的广泛研究以及辐射致癌作用的数学分析. 他在许多国内和国际组织中致力于医学的科学发展, 以及电离辐射的安全、有效使用. 他是国际医学物理学组织的首任主席, 获得了许多奖项和荣誉, 包括 1957 年获得 CBE (Commander of the Order of the British Empire, 大英帝国司令勋章), 1965 年成为皇家学会的荣誉会员. 他因对文艺复兴时期艺术和文学的深邃学识而享有盛名, 而且他是英国国家美术馆科学委员会的成员和理事.

他是一位具有很强幽默感、谦恭有礼的非常友善的人, 但也招致了" 不务正业" 的善意批评. 他的一代学生和同事们在他的榜样激励下, 纷纷步其后尘.

电离室中空气的电离与沉积在活体组织中的电离能之间的关系, 曾导致在过去年份中使用过几种不同的单位; 它们将在 25.5 节中讨论. 放射治疗中剂量的 SI 单位是戈瑞, 以先驱者之一 H Gray 的名字命名, 他从剑桥的卡文迪什实验室进入这个领域, 他的名字也为伦敦蒙特维尔农医院著名的放射生物学实验室增辉.

Louis Harold Gray
(英国人, 1905~1965)

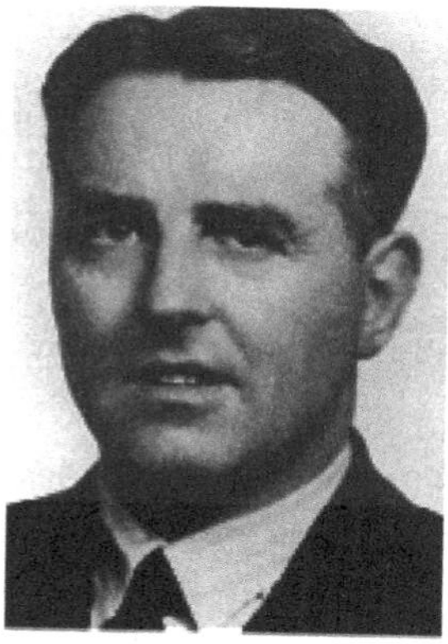

L H Gray(戈瑞) 生于 1905 年, 1927 年毕业于剑桥三一学院, 然后在卡文迪什实验室 Rutherford 的神奇的小圈子里研究 γ 射线在物质中的吸收. 他得出了 Bragg-Gray 原理和吸收剂量的概念, 这导致辐射剂量的国际单位被称为“戈瑞”(Gray).

他于 1933 年进入伦敦蒙特维尔农医院, 成为被聘任的第一批医院物理师中的一员, 他没有医学院的教学任务, 而是和其他人一起, 在一个木制简易小棚中建造了第一台用于放射生物学的中子发生器. 他使用蚕豆根茎开发了检验辐射的作用的假说的精确定量方法. 他在哈默斯密斯医院的医学研究理事会放射治疗研究室工作了一段时间, 在那里留下了放射生物学和放射性同位素的研究成果, 然后他回到蒙特维尔农医院, 创建了著名的放射生物学研究室 (现在被称为 Gray 实验室), 直到 1965 年逝世. 他是医院物理师协会 (HPA) 的创会会员, 于 1946~1947 年担任该协会的主席, 于 1950 年担任英国辐射学会 (BIR) 主席. 他是英国皇家学会的会员, 美国镭学会的名誉会员, 以及国际辐射单位委员会的副主席, 该委员会现在颁发 Gray 奖章. Gray 财产托管委员会由 HPA、BIR 及辐射研究协会设立, 每两年一次资助戈瑞讨论会.

戈瑞是一个具有卓越智力和活力的人. 他的热情、慈爱的关怀、洪亮的声音和笑声是享有盛名的, 他赢得了与他共事的所有人的尊敬和热爱. 他是 20 世纪“伟人”之一.

放射治疗的有效性有赖于对肿瘤施加以最大的辐射剂量, 而同时将施加给周围一切正常组织的剂量减至最小. 随着放射治疗的发展, 开发了多射线束技术, 让辐射从几个不同方向射向肿瘤. 每个射线束都增加了肿瘤的辐射剂量, 同时分散了肿瘤与患者体表之间的正常组织接受的剂量. 逐渐地, 形成了对每个病人制定一个放射治疗计划的做法; 它显示出放射剂量在包含肿瘤的特定人体截面上的分布 (图 25.7). 此图表示的是 20 世纪 50 年代为膀胱中的肿瘤所作的一个典型的 250 kVp 下的 6 照射野的治疗计划. 那时, 本章作者曾要用手工费力地为每个病人做许多这样的图和计算! 为了使落到正常组织上的辐射剂量减到最小, 也已经用了可以旋转运动的治疗系统, 让 X 射线管在以肿瘤为中心的圆弧上运动. 这叫做旋转治疗, 1915 年首次制得[1], 这类治疗方法通常被认为是更有科研意义而不是常规应用.

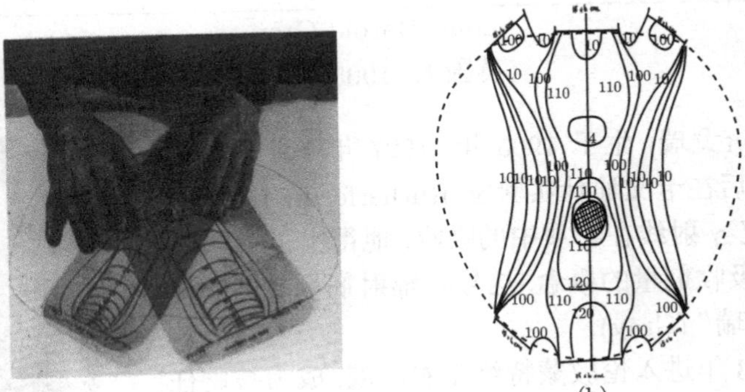

(a)　　(b)

图 25.7　(a) 在人体和肿瘤轮廓上两组等剂量曲线的叠加; (b) 最终的对膀胱肿瘤的在 250 kVp 下 6 照射野治疗计划, 这在 20 世纪 50 年代放射治疗中是很典型的

在 1945 年, 医院的大多数物理服务包括 X 射线剂量测定、为放射治疗病人作 X 射线治疗计划 (通常一年大约有 1000 多个新病人) 以及镭的保管并监督用镭进行治疗. 医院物理师也参与放射诊断及放射治疗部门用的辐射防护室的设计. 只有很少几个独立的医院物理部门 (由数人组成) 存在; 许多物理服务是由医学院中的物理教职人员提供的. 为了更有效地治疗人体深部的肿瘤, 显然需要更好的深度剂量, 并开始发展具有更高电压的治疗设备, 以产生更有穿透性的辐射.

最早的超高压放射治疗设备是在第二次世界大战前夜开始安装的. 其中值得注意的有安装在哈默斯密斯医院的英国医学研究理事会的 500 kV van de Graaff 起电机和安装在圣巴索劳缪医院的 1 MV 连续抽空起电机 (由 Rutherford 揭幕), 它们都是由英国大都会 Vickers 电气公司的人员建造的. 在美国, D W Kerst 于 1940 年在伊利诺斯大学建造了电子感应加速器, 他的原型机将电子加速到 2 MeV, 但直到 1953 年, 一个由 Allis-Chalmers 公司制造, 具有适当定位设施的 "医用" 电子感应加速器才在斯隆凯特琳纪念医院中使用. 目标是产生穿透性更强的辐射对深部肿瘤提供更好的深度剂量 (图 25.8). 负责安装这些设备的物理师, 不仅要让这些实验核物理设备在临床环境中工作, 这已不是一个容易任务, 而且还要探索生物相互作用在这些高得多的能量下的改变, 可以指望, 在这些能量下, 给定放射剂量的生物学效应会有所不同 (见 25.6 节).

改进辐射对恶性肿瘤的生物学效应的一个全然不同的努力是使用中子. 早期在美国使用中子的尝试并不比 X 射线方法更成功, 但是在英国, 20 世纪 60 和 70 年代, 医学研究理事会在哈默斯密斯医院和爱丁堡进行了进一步的工作, 使用回旋加速器通过轰击铍靶产生中子. 在对猪进行实验性照射之后, 为了证实 Fowler 提出的剂量–生物学效应之间的相互关系 (见 25.6 节), 用中子束对病人进行了治疗, 早期结果似乎有希望, 但是得到成功治疗的肿瘤的类型和位置有限. 一般而言, 中子的使用没有继续下去, 但是进行了用中子辐射浓缩了富硼物质的脑部肿瘤的实验.

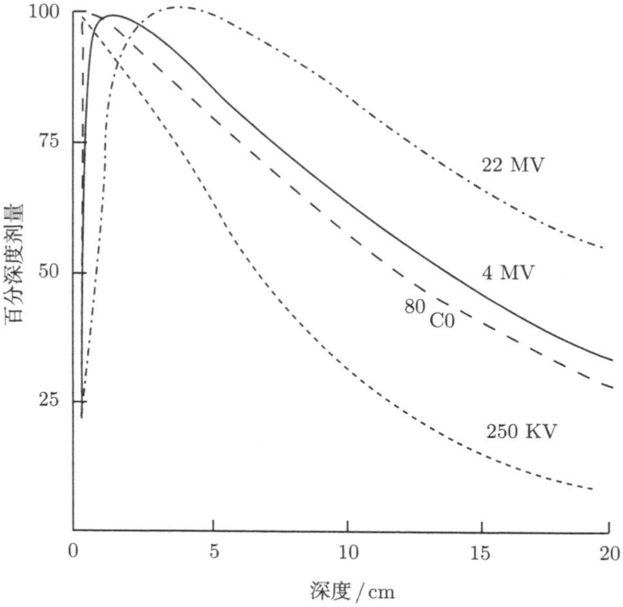

图 25.8 在典型的放射治疗照射野尺寸和焦点–皮肤距离条件下, 250 kVp X 射线、钴 60 射线治疗机、4 MV 及 22 MV X 射线的中心轴深度–剂量 (CADD) 曲线

20 世纪 50 年代, 核反应堆的出现使得有丰富的人工放射性核素供应. 钴 60 放射源 (半衰期为 6 年, 发射 1.2 MeV 的 γ 辐射, 放射性强度最终达到几千居里), 俗称 "钴弹", 在 20 世纪 60 和 70 年代成为大多数放射性治疗部门的主要工具. 首批装置包括 Mayneord 制造的用来在一座反应堆中进行中子辐照的放射源, Johns 利用一台这样的装置于 1951 年在 Saskatchewan 建立了远距离钴治疗肿瘤的方法[13]. 我们看到 (图 25.8), 由于射线有更强的穿透力以及有可能加大放射源与病人之间的距离, 在同一深度获得了更高的百分剂量. 钴 60 与 250 kV X 射线相比可以更多地使用楔形照射野：这通过在射线束中放置一个金属楔形板, 例如铜板, 使铜板较厚一边射线束的辐射强度比另一边更低而实现; 楔形照射野首先是由 Miller 于 1944 年在谢菲尔德开发的[14], 当时是用于 200 kV 的 X 射线, 但是在这个能量, 输出和深度剂量太低无法产生实际的效果. 楔形野对于治疗位于隐蔽处如脑中的肿瘤有很大的价值, 当两个照射野以合适的角度照射时, 可以给隐蔽处的肿瘤一个均匀的剂量分布, 而使周围正常组织所受到的照射非常少 (图 25.10 下).

到 20 世纪 60 年代, 一个模拟体中的辐射剂量分布的测量已经可以通过机械装置在水箱中四处移动电离室而自动完成, 水箱是作为人体的模拟体, 用于模仿辐射的吸收和散射. 电离室的移动是在治疗室外控制的, 它的位置受到监控. 后来, 开发出叫做等剂量曲线描绘仪的自动机械装置来直接地绘制等剂量曲线.

在准备一个治疗计划之前, 放射治疗师必须准确地确定肿瘤的位置、形状和大小; 这并不是一件易事. 例如, 在脑部肿瘤的情况下, 得先做 X 射线血管造影, 也许还要做一个同位素脑扫描. 在 20 世纪 90 年代, 要用 X 射线计算机断层扫描 (CT) 图像, 也许还要磁共振成像 (MRI) 和其他方法配合. 射线束进入的方向, 楔形板的使用与否, 要和医院物理师讨论决定. 以前技师可能用单个射线束的等剂量曲线的照相透明片来画出等剂量曲线 (图 25.7(a)); 在 20 世纪 90 年代, 这项工作全都用基于计算机的治疗计划系统实现.

图 25.8 示出对 250 kVp、1.2 MeV、4 MeV 和 22 MeV 的 X 射线的典型的中心轴深度 - 剂量关系曲线. 它在表明对 4 MeV 及更高能量的辐射, 穿透力明显增加并且在同一深度上有更高的百分剂量的同时, 还表明这时的皮肤剂量非常低, 因此最大剂量 (100%) 出现在皮肤下面几毫米处. 这个重要的聚集效应是由直接发生在病人表皮下的 Compton 相互作用产生了大量向前的二次电子的结果, 由此产生的强度具有组织第一浅表层的深度. 射线能量越高, 这种效应就变得越显著, 它在前进方向上就产生更多的二次电子. 这个效应导致传递给皮肤的剂量很低, 可以令人高兴地减少皮肤对放射治疗的反应: 皮肤反应对病人来说是痛苦和烦恼的, 以前传统的 250 kV X 射线放射治疗造成的严重皮肤 "烧伤" 是一个可怕的缺陷而且限制了可以给予肿瘤的辐射剂量.

战时的雷达导致了微波电子直线加速器的发展, 它使得用兆伏级 X 射线治疗肿瘤的现代放射治疗成为可能. 第一台这样的设备是由大都会 Vickers 公司建造的, 在 8 MV 下工作, 并于 1952 年安装在哈默斯密斯医院. 作者还记得他的导师 (L Mussell) 参加了等中心治疗床的设计, 它确保不管台架的角度如何辐射总是指向肿瘤, 而且还记得第一天用这台神奇的新机器治疗的情形. 这是一个令人激动和理想主义的时刻, 当时科学家和实业家都急切地要把战时的科学发展转到更人道主义的应用. 一家开发治疗用直线加速器的公司将他们的工作描述为 "通往天堂的门票". 然而, 除了那些一流的放射治疗部门外, 钴 60 治疗系统直到 20 世纪 80 年代仍然是大多数放射治疗部门的主要设备, 虽然当时直线加速器在充满敌意的临床环境中已变得更加可靠而且用途更广, 这部分是因为计算机控制系统的进展. 这也是使用钴 60 的缺点得到普遍重视的时代. 这些问题是天天发生的放射源操控问题 —— 几乎每一个放射治疗部门都有过放射源 "黏在" 铅屏蔽室和治疗头之间, 或者安全的屏蔽装置无法转到安全位置时不得不做紧急处理的经历! —— 还有高放射源超过使用寿命以后的储存问题, 这已成为一件令人为难的事情. 根本困难在于, 放射源发出的辐射不能像 X 射线发生器那样随意关掉. 大多数一流的医院现在都装备有 6~10 MV 的加速器, 高达 20 MV 的机器现在也常见了: 这些机器可以选择输出 X

射线的能量, 以对不同深度和位置的肿瘤进行最优的治疗. 由于还具有强度非常高的输出, 直线电子加速器已经成为放射治疗机的首选, 它现在已经是现代放射治疗部门的主要工具, 特别是对深处肿瘤的治疗 (图 25.9). 作者 1951 年参加医院物理部门工作时, 临床用的直线加速器刚好正在发展, 他感到很难相信 20 世纪末竟是它的 50 周年纪念!

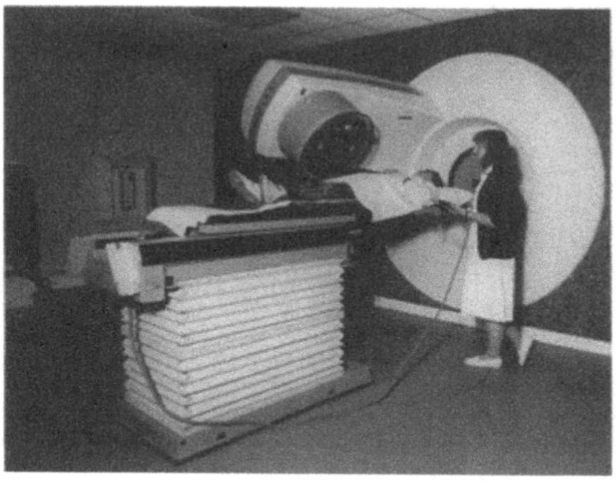

图 25.9 一台用于放射治疗的最高到 20 MV 的现代直线加速器. 这台机器是用作图 25.10 中所示的治疗的

许多临床用的直线加速器能够发出一束出射电子束代替 X 射线光子束. 据信对于有些病的治疗电子的放射治疗是有利的, 不过大多数具有这些设备的治疗中心只对一小部分病人用这种方式进行治疗.

治疗计划现在全部由计算机治疗计划系统完成. 图 25.10 显示的是一个以 16 MV 的 X 射线治疗膀胱肿瘤的计划. 与以更低的能量进行的早期治疗相比, 辐射分布有了很大的改进, 这可以从辐射强度在肿瘤体积外很快衰减及周围正常组织受到的剂量更低看出. 特别要注意以下事实: 通过在侧面使用两个楔形野避免脊髓受到不必要的照射. 和正常组织相比, 肿瘤受到非常高剂量的照射, 这与辐射能量越高造成的皮肤损伤越小结合起来, 在安全和舒适度两方面为患者提供了相当大的改进. 近年来, 对发展和使用逐日三维治疗计划有很大的兴趣, 它使对整个肿瘤体积的治疗加强, 而其他部分的照射降低.

放射治疗作为一种治疗选择, 逐渐得到人们更多的接受和更频繁的使用, 甚至到了对早期肿瘤用放射治疗代替根治外科手术治疗的程度, 这些肿瘤所处的位置很难进行外科手术, 例如喉部. 放射治疗所处的这种更加有利的地位是医院中的物理师和产业中的物理学家在整个 20 世纪中一步一步的贡献积累得出的结果. 由于诊断方法 (将在 25.10~25.13 节中讨论) 的改进, 使得肿瘤现在可以更早地发现, 上面两个事实结合起来, 使得相当大比例的早期恶性肿瘤患者的预后与 20 世纪早期相比要光明得多.

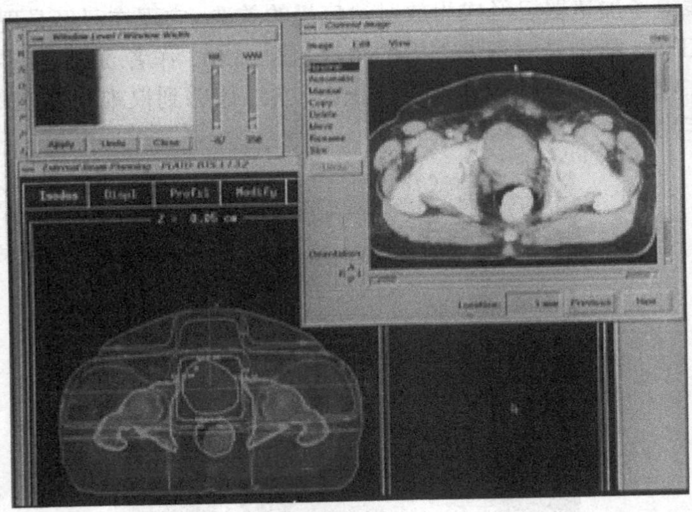

图 25.10　使用来自图 25.9 所示的直线加速器的 16 MV 的 X 射线治疗膀胱肿瘤的治疗计划. 注意来自侧面的两个照射野是楔形野

在几处治疗中心用 20 MeV 的质子成功地对眼部肿瘤进行治疗后, 人们有兴趣注意日本千叶的重离子医用加速器的临床结果, 他们将碳离子、氖离子和硅离子加速到能量在 100 和 800 MeV 之间, 这些粒子在它们射程的尽头有一个强电离峰——Bragg 峰, 而且调整粒子的能量可以使这个峰值正好位于深层肿瘤的位置上.

25.4　放射性用于治疗

在 X 射线发现后三个月内, 放射性被巴黎的 Becquerel 和伦敦的 Silvanus Thompson 因检测到另一种看不见的射线 γ 射线而实际上同时发现. 通常将这个发现归功于 Becquerel, 但这仅是因为他的论文发表的快, 而 Thompson 的论文由于皇家学会的审定而被推迟的结果! 放射性的医学潜力开发得更慢. 虽然它在 20 世纪初年就被用于治疗癌症, 但是它的诊断应用直到 20 世纪 40 年代后期才得到开发 (见 25.10 节). 这些应用已发展为一个重要的现代临床专业 —— 核医学.

Curie 夫妇在 1898 年从沥青铀矿中发现了镭, 但是在 1900 年, 需要处理半吨沥青铀矿才能产出 100 mg 的镭, 只够一个病人的治疗用: 有一张珍贵的照片, 记录了 20 世纪初年 Curie 夫人和别的人站在一个巨大的沥青铀矿桶旁[1]. 最先用镭治疗的疾病是皮肤表面的疾病, 例如, 1909 年在伦敦医院用镭治疗胎痣. 以玻璃、银或金为管壁的镭管在 1910 年首次使用. 氡 —— 原来的名字叫射气 —— 是一种气体, 半衰期为 3.8 天, 和镭的半衰期 1620 年相比, 这是个大优点. 它于 1908 年首次由 Duane 在美国使用以代替镭, 1909 年 Jordan 在英国使用, 氡放在一个小的密封玻璃或金属容器中.

Curie 夫人在第一次世界大战期间是红十字会放射学救护部门的主任, 负责带领着 20 辆装有 X 射线装置的移动 "放射检查车" 上路, 这种车绰号 "小 Curie", 她亲自操作其中的一辆; 并负责建立 200 个放射检查站, 到战争结束时已检查了超过 100 万人[1].

英国医学研究理事会 (MRC) 于 1920 年在英国成立, 它的首要任务之一是管理战时服务剩下来的 2.5 g 镭, 当时价值 72500 英镑. 这些镭被用于医学研究, 特别是癌症治疗. 1929 年, 国家镭委员会建立了 12 个镭中心, 后来又增加了 10 多个. 每个中心有一名全职物理师, 及适当配置的实验室和车间: 这对于在英国, 特别是在伦敦以外的医院中设立物理师非常有帮助, 而在伦敦, 伦敦的医学院校此前已经做出了示范.

远距离镭放射治疗机 —— 机器里的放射源与患者有一定的距离 —— 的早期发展于 1919 年在伦敦的米德塞克斯医院, 用的是军需部门提供的 2.5 g 镭; 在巴黎、纽约和斯德哥尔摩也有类似的发展. 后来的设计 (常常叫做 "镭弹") 有更高的放射性活度 (高到 10 g), 并且辐射束流的尺寸大小可以改变. 辐射防护措施必须加强: 在一套由 Bryant Symons 有限公司生产的设备 (它是从 20 世纪 30 年代后期到 60 年代用于治疗头颈部癌症的标准设备) 中, 放射源放在一个离远距离放射治疗设备几米远的单独的铅制保险盒中, 通过气动传送装置在它们之间移动放射源.

虽然在 1930~1960 年已有了多套远距离镭放射治疗设备, 但是大量使用镭的工作还是用于表面、间隙和体腔内, 使用镭针和镭管、以及氡 "籽"①, 治疗肿瘤. 现在这叫做近距离放射治疗 (brachytherapy, 来自希腊文 brakhus, 意为 "短距离" 或 "靠近"). 人们使用长柄镊子、铅屏蔽的工作台和铅运输罐, 工作人员被劝说频频休假, 假期长达一个月或更长! 用镭针或氡籽进行的治疗包括: 按照为每个病人单独制订的计划 (计划的设计要求将剂量尽可能均匀地释放到肿瘤体积中) 将它们植入需要治疗的组织 (间隙放射治疗, 图 25.11). 为达到此目的开发了几个系统, 制订了对针的大小、放射性活度、间距和几何分布最优化的 "规则". 最广泛采用的系统是 20 世纪 30 年代中期由物理学家 Parker 和放射治疗学家 Paterson, 在著名的曼彻斯特克里斯蒂学会基于 Sievert 和 Mayneord 的早期工作设计的[15,16]. 这个系统是基于简单几何形状 (例如点、线、圆盘、球及圆柱) 的镭放射源周围辐射照射量分布的繁重的理论计算: 要求剂量的均匀性达到 ±10%. 另一个系统是 Quimby 在纽约开发的. 在 20 世纪 50 年代早期, 笔者曾经无数次, 在成对的 3D X 光照片的帮助下, 提前几小时计算, 以在次日上午向治疗师报告患者当天下午的治疗期中移开

① 将氡气密封在金属或玻璃小管中. —— 译者注

镭 “植入物” 的时间!

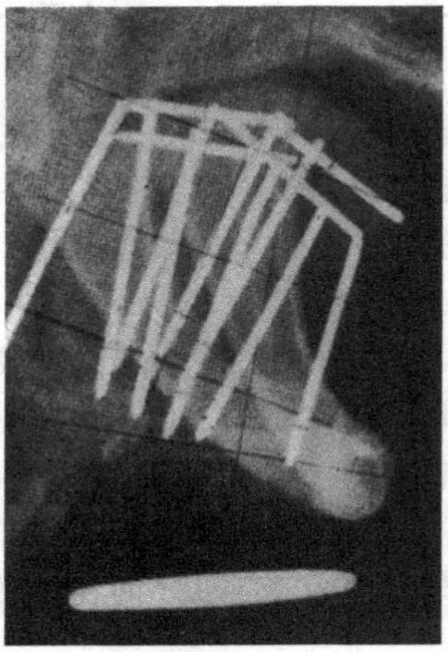

图 25.11　一个间隙镭植入的实例. 这是植入两个镭针平面将一个舌部肿瘤夹在中间的 X 光照片. 为计算组织中重要位置的辐射剂量率, 需要从立体 X 光照片重建植入物的 3D 模型

镭针和镭管也被用在蜡模中, 将蜡模置于要治疗的浅层肿瘤上方的皮肤表面; 也被置于插入阴道的软木 (巴黎) 或橡胶 (曼彻斯特) 椭圆体中, 与插入子宫的一个中央镭管一起治疗子宫颈癌, 这在当时是普遍的作法.

第二次世界大战的爆发在英国镭物理学界引起了很大的焦虑. 他们采取了紧急措施保护储存的镭免遭轰炸袭击: 例如, 在阿伯丁, 镭全部被存放在一个很深的花岗岩采石场底部的一个洞里. 在人们清楚认识到应该重新启动放射治疗时, 发现了另一个采石场, 那里可以抽出氡气, 不仅可供应当地的治疗中心, 还可以供应整个苏格兰和英格兰北部[17]. 更惯常的方法是将氡气存入取决于医院所在地地层情况所打的一个孔洞中或运送到更远的地方.

镭放射源现在事实上已从放射治疗设备中消失. 核能计划推动了在医学中使用人工生产的放射性, 比镭更安全、更有效的替代品已经一个一个地引入[18]. 镭的很长的半衰期 (1620 年) 和它的 γ 射线的高能光子 (有的超过 1 MeV), 与半衰期更短和能量更低的发射相比有更大的潜在危险. 此外, 由于镭衰变的子体核素是气体氡, 不得不对镭放射源进行频繁的泄漏测试. 用铂外壳封装镭需要经过许多机械加工, 因此破损和泄漏并不罕见, 需要重新封装. 现在使用铯 137($t^{1/2}=30$ 年, γ 光子能量为 0.662 MeV) 或铱 192($t^{1/2}=74$ 天, γ 光子能量为 0.613 MeV) 的操作程序使操作人员 (包括临床医师、物理师、技师和护士) 所受的辐射剂量大大减少. 计算剂量量度的曼彻斯特系统只要作适当修正就可应用于植入的这些放射源. 对于间隙内的植入, 氡被 2.5 mm 的金粒 (金 198: $t^{1/2}=2.7$ 天, γ 射线能量为 0.412 MeV)

代替, 而对于摧毁小的脑下垂体的特殊任务, 则使用了发射 2 MeV 的 β 射线的钇 90 氧化物熔结丸[19]. 不过, 近距离放射治疗已经变得不太常用, 只限于头部、颈部、乳房和妇科癌症.

对一些使用放射性的治疗, 现在使用 "后装源" 技术: 将空容器放在最优位置上, 然后遥控装填放射源. 遥控的后装源技术对于用高剂量率的钴 60 或铯 137 放射源治疗妇科癌症是很普遍的, 而且为使这个过程更易行而设计的设备已经商品化. 这项技术已导致近距离放射治疗在其他位置上, 例如在肺部 (用铱 192) 的复兴. 它的优点包括较短的治疗时间和现成的剂量分布软件. 对于远距离放射治疗装备, 镭已经被钴 60($t^{1/2}=5.26$ 年, γ 射线能量为 1.17 和 1.33 MeV) 放射源所代替, 钴 60 放射源可以以高比活度制得, 所以放射源非常小. 这些 "钴弹 "已在 25.3 节中讨论过.

25.5 辐射剂量测定

从 20 世纪最初的日子开始, X 射线和镭发出的辐射就用来治疗癌症 (而且也用于治疗其他疾病, 不论好坏如何). 起初盛行的是大量的经验主义, 但是人们很快就认识到, 这些辐射的 "剂量" 必须控制在比其他药物剂量更加精确得多的限度之内. 正是由于这种对精确测量和发展辐射 "剂量" 概念的需求, 首先导致了相当大量的物理学家进入医学领域.

许多物理学定律, 例如一切守恒定律, 都只是我们每天说的 "你不能不付代价地得到任何东西" 的特殊情况. 大家都知道, 除非若干辐射能量被生物材料吸收, 否则辐射就不可能产生生物学效应. 因此一个自然的想法是, 用单位体积或单位质量吸收的能量来定义辐射剂量[20,21]. 不幸地是, 日常治疗一个病人所用的辐射量, 只会使组织的温度升高约 0.0005 °, 而如果要足够精确地测量这一温度升高, 测量系统就必须能够检测出百万分之几摄氏度的温度升高!

25.5.1 电离方法

于是物理学家转而求助于别的方法. 镭发出的单个 α 粒子在气体中耗尽其能量之前可以产生 100000 个离子对. 一个 γ 射线光子释放的电子可以产生 10000 个离子对, 哪怕是像 X 射线照相中用的低能 X 射线光子在气体中也能间接产生 1000 个离子对. 单个致电离粒子释放的大数量的电荷, 与哪怕是早期的验电器和静电计的灵敏度结合起来, 使得电离方法成为非常有吸引力的定量测量这些辐射的方法.

如果用电离方法来测量辐射剂量, 就需要根据电离定义一个辐射剂量单位. Villard[22] 提出了一个相当模糊的 X 射线的 "量" 作为单位: 在标准的温度和气压条件下, 在 1 cm^3 的空气中产生 1 个静电单位电荷的 X 射线的量. 这种电离必须是由以下方式产生的, 即吸收 X 射线以及产生电离的二次电子的只是空气. 这导致了所谓自由空气电离室的标准实验室的发展.

25.5.2　镭的剂量测定

镭以所谓镭针的方式用于治疗. 它们由铂–铱合金空管组成, 将含有镭盐的薄壁管装入并密封在这些空管中. 已知数量的镭在标准条件下在空气中产生的电离的早期测量是由 Eve 完成的[23]. 但是, 用于临床目的的镭源的最初剂量测定主要应归功于瑞典物理学家 Sievert, 他在 20 世纪 20 年代到 30 年代初发表了一系列论文, 例如文献 [24], 计算了不同分布的镭放射源周围的辐射分布, 也提供了考虑了镭在铂–铱合金外壳中的倾斜泄漏的积分表 (积分表以他的名字命名). 其他人, 特别是在曼彻斯特工作的 Parker, 研究了镭源应当怎样分布才能产生临床需要的最好辐射场. Parker 的数据与 Paterson 的临床判断相结合, 产生了一个简单的得到广泛采用的剂量测定系统[25,26].

25.5.3　电离法剂量测定术的发展

在 20 世纪 30 年代之前, X 射线和镭的剂量测定是沿着完全分开的两条路线进行的. 新的发展是将它们拉到一起.

1925 年, 举行了首届国际放射学大会, 并建立了现在称为国际辐射单位和测量委员会 (ICRU) 的组织. 这些自由空气电离室的存在使得 ICRU 能够在 1928 年定义一个用于 X 辐射的物理量, 称为伦琴 (Röntgen), 它与 1908 年 Villard 建议的定义很接近. 1937 年 ICRU 将这个定义扩展到包括镭发出的 γ 射线. 这导致在标准实验室中做了大量实验, 用自由空气电离室测量镭的 γ 射线. 在英国的 NPL[27] 建造了一个电离室, 它有两个距离 3 米的电极, 因为镭的 γ 射线产生的二次电子有几米的射程. 在美国国家标准局 (NBS)[28] 建造了一个较小的电离室, 它包含高压空气 (以减小电子的射程).

ICRU[29] 整理了伦琴的定义. 直到那时, 待测的物理量和测量单位还没有分开. 现在将照射量这个物理量定义为根据其产生电离的能力对 X 或 γ 辐射的量度, 伦琴为照射量 (精确地说, 从 1957 年到 1962 年这个量叫做照射剂量) 的单位. ICRU[30] 还定义了另一个量叫做吸收剂量, 它是在感兴趣的点每单位质量吸收的 (辐射) 能量, 其单位是拉德 (rad), 等于 100 $\mathrm{erg \cdot g^{-1}}$, 但是这样定义时也承认, 要确定吸收剂量需要使用电离方法.

自由空气电离室对于这方面的日常测量没多大用处. 为这个目的用的是所谓指形电离室. 这个名字来自许多这种电离室的大小和形状. 这些电离室的室壁材料的原子组成要尽可能接近空气, 并用自由空气电离室校准.

单位伦琴要求每单位质量的空气产生一定量的电荷. 如果知道在空气中每释放

一个离子对所需的能量 W, 那么每单位质量空气所需的能量也就知道了. 在伦琴数已知的位置上放上另一种材料, 如果知道这种材料和空气对我们用的 X 射线的质量–能量吸收系数的比值, 就可以算出这种材料每单位质量吸收的能量. 因此物理学家必须测量或算出他们所用的 X 射线的谱分布, 并且准备汇总感兴趣的材料在一定能量范围上的质量–能量吸收系数. 所幸的是, 空气的质量–能量吸收系数与水或软组织的质量–能量吸收系数之比, 并不随光子的能量迅速改变, 因此并不需要精确知道谱分布, 可以使用更简单的 X 射线品质判据. 看来确定每单位质量吸收的能量问题似乎已经解决了, 至少在原则上已解决, 但是事情没这么容易!

第二次世界大战中用于雷达的空腔磁控管的发展, 使得有可能建造直线加速器产生 (初始) 能量为 4 MeV 的电子, 到 20 世纪 50 年代中期, 这些加速器在医院中用于治疗深部的肿瘤. 此外, 原子能计划使生产大量钴 60 成为可能, 将钴 60 放在特殊的容器中, 以产生 γ 射线束供医用. 试图用自由空气电离室以伦琴为单位测量镭的 γ 射线所需的巨大努力已在前面指出过. 将那些方法用于 4 MeV 的 X 射线是根本不可能的. 那么应该用什么方法呢?

Gray[31,32] 证明了若将一个充气的小空腔引入感兴趣的材料中如何就能完成被照射的材料所吸收能量的测定. Bragg[33] 更早就提出了一个定性的讨论, 这个理论叫做 Bragg-Gray 理论. 用现代的术语, 它是

$$D = sJW/e$$

其中, D 是每单位质量腔壁接收到的辐射能, s 是腔壁和气体对穿过空腔的带电粒子的质量阻止本领的比值, J 是空腔气体每单位质量的电量, W 是在气体中释放一个离子对所需要的能量, e 是电子电量 (等式右边看似单纯的 s 在其后的 50 年里吸引了物理学家们的注意). 通过将 D 的这个表达式与由照射量测量得到的值相等, 标准实验室得以认识到, 可以产生一个空腔电离室的照射量标准. 为此, 他们必须使用一种材料 (最终选了石墨), 其阻止本领和质量–能量吸收系数都与空气接近而且精确已知. 他们还必须精确测量空腔的体积[34]. 对于这些空腔照射量标准, NPL 用的是一台 2 MV 的 van de Graaff 起电机发出的 X 射线, 其他标准实验室用的是钴 60 辐射. 在更高的辐射能量下, 照射量的概念由于产生电子平衡的困难和测量点的不确定性而失效.

发展了不同类型的粒子加速器, 以产生能量越来越大的 X 射线束、电子束、质子束和中子束, 用于治疗恶性疾病. 每一种新加的辐射或能量的每次增大都向医学物理学家提出一个新的挑战. 所有这些辐射的剂量测定都依赖于电离系统, 而如上节所述, 这些电离系统是对照着空腔电离室标准校准的. 使用 Bragg-Gray 理论 (这个理论多年来也由于工作者的不断努力而得到改进), 这种校准被扩展到必要的更高能量.

25.5.4 量热学

对剂量测定者来说, 用量热学来直接测定吸收剂量是一件梦寐以求的事. 如上所述, 要测量的温度变化非常小, 这不仅要求一个灵敏的测量系统, 而且要求检测单元非常小心地与周围环境热绝缘. 量热计的构造很像一个俄罗斯套娃, 一层绝热层包着一层绝热层, 最里面是探测单元. 所有这些绝缘层需要相互热绝缘, 但是需要为温度探测器和校准加热器提供电连接. 大多数量热计由石墨制成, 测定这个元件中的吸收剂量. 第一个具有合理的精度的这样的量热计是 Genna 和 Laughlin 制作的[35], 但是问题是, 在 20 世纪 90 年代以前, 没有一个标准实验室用量热计作为吸收剂量的首选标准.

水是一种与更复杂的软组织材料的成分很相近的简单物质, 确实是在其中测定吸收剂量的理想介质. 在 Domen[36] 以前, 人人都认为传导热流将使在水中用量热法直接确定吸收剂量的做法失效. Domen 表明, 传导远比以前认为的要小, 而且还可以通过适当的实验设计进一步减小. 他的量热计极为简单, 只需在水箱中要测量吸收剂量的那个地点放一个小的热敏电阻 (并不完全像这里说的这么简单). 不幸的是, 要测量的辐射与水反应, 会产生化学变化, 可以是放热反应, 也可以是吸热反应, 反应热会对测量结果有百分之几的影响. 这种热误差的确切本性尚待确定, 当这个问题得到满意解决时, 量热学将向更大量的辐射工作者敞开.

25.5.5 剂量测定的化学方法

另一个用于高能光子和电子的剂量测定的系统, 是在辐射照射下硫酸亚铁在稀释的硫酸溶液中氧化为硫酸铁. 溶液中大约 96 %是水, 这很好地适应要在水中测定吸收剂量的要求. 这个系统由 Fricke 和他的同事首先开发, 例如见文献 [37]. 铁离子由紫外分光光度计测量, 产生它们所需要的能量或者用电离方法测量, 或者用量热术测量. 在 20 世纪 70 年代, 注意到在使用几百万伏电子与使用几百万伏 X 射线产生一个铁离子所需的能量之间存在有差异. 由于在后一情况下, 仍是电子在剂量计的溶液中淀积能量, 因此这是一个需要解释的异常现象, 人们发现需要对推荐的光子剂量测定方法进行修正.

25.5.6 其他方法

不加夸张地说, 曾提出过几百个别的化学反应用来做剂量测定, 但是只有极少几个在初始使用它们的实验室之外得到应用. 别的系统使用照相胶片、热致发光、晶溶发光、辐射光致发光、闪烁探测器、盖革计数器、真空电离室、在半导体硅中电子–空穴对的产生以及在多种塑料中的紫外吸收, 但是它们全部都需要用前面讨论过的更基本系统中的一种进行校准.

体内放射性核素 (或是为医学目的服用的, 或是偶然吸入或食入的) 的剂量测定将在 25.7 节和 25.10 节讨论, 这个问题更多地属于生理学和生物化学领域, 而不是物理学领域.

由于篇幅的原因, 这里也没有讨论医学物理学家在把上面讨论的基本概念转用于对个别病人辐射剂量的日常测定时所面临的问题和做出的进展. 这些在 25.3 节和 25.4 节中已有所涉及.

本节的内容在 Greening 的书中[38] 有更充分的讨论, 需要了解科学细节的话可以参看那本书.

25.6 放射生物物理学: 放射生物学

放射生物物理学, 或给它一个涵义更宽的名称放射生物学, 在癌症产生 (致癌作用) 和癌症治疗 (放射治疗) 的领域中有重大的意义. 由于辐射会对细胞的 DNA(遗传物质) 造成损害, 如果剂量足够高可以造成细胞死亡, 如果损伤足够轻使细胞得以幸存, 但是其遗传编码会发生改变, 产生变异. 物理学家在这个学科的发展中起了非常重要的作用, 他们独创地设计出测量辐射剂量的方法, 并且促使他们的生物学同事在评估辐射损伤时做到高度定量化. 有些物理学家已经变身, 把自己变为一流的生物物理学家, 甚至是放射生物学家. 这使得能够非常精确地确定 "剂量–响应曲线", 即辐射剂量与造成的损伤结果之间的关系. 这个领域吸引了愿意为医学或基础生物科学作贡献的工程师和物理学家, 他们具有才干而且愿意合作, 以跨越所谓 "硬" 物理学和 "软" 生物科学之间的困难的语言和概念壁垒.

辐射能在细胞中淀积时, 沿着每个粒子的路径瓦解分子键. 这个效应随依赖于电离密度的不同类型的辐射变化, 表示为线性能量转移 (LET). 随着越来越多的复杂的加速器的建成, 生物物理学家已经通过改变电离事件的空间和时间分布即 LET 和剂量率, 对细胞中临界损伤的本性有了深入的了解. 现已知道, 临界损伤是 DNA 中的双链断裂, 但是并非所有这些断裂都是致命的, 因为许多断裂可以修复. 绝大多数损伤 (双链断裂的百倍以上) 是单链断裂, 但是它们不是严重问题, 因为细胞可以用另一条链为模板以高精度修复它们.

辐射损伤与引起它们的辐射剂量并不成线性关系: 在低剂量一端有一个区域, 在此区域辐射对细胞的杀伤作用相对无效 (曲线肩部), 在接下来的区域中, 辐射的损伤作用大得多, 随着剂量的增加细胞的数量近似指数地减少. 解释这种非线性的剂量–响应曲线的基础机理, 以及由这种非线性解释如何保证使从业人员受到尽可能安全的低剂量照射, 是生物物理学家的兴奋点所在. 在几乎半个世纪的生物物理学模拟试验之后, 关于造成的电离与最终损伤之间的关系的解释, 仍然有激烈的争论. 这看来是一个线性效应加一个二次效应. 线性成分是否是由于一个单独的粒子轨迹横越引起一个双键断裂所生成, 而二次项则是由于两条分开的轨道碰巧足够接近地引起双键断裂产生的相互作用所致? 或者, 所有的损伤都只发生在轨迹的末端 (这里的电离密度最大) 而非线性响应是由于在更高的剂量下修复酶的耗尽? 为什么细胞可以耐受若干但非全部双键断裂? 这些问题及其结论为当前的研究活动提供了推动力.

25.6.1 损伤显现的潜伏期

在一份致命的辐射剂量 (即将会杀死一半受试对象的剂量) 中给予的热能是很小的, 相当于一杯热茶. 这表明靶损伤 (DNA) 是非常特别的. 出现细胞死亡的时间是不定的, 它依赖于不同器官/组织中细胞的自然寿命和更新. 要彻底杀死细胞, 即阻止它们正常的生物化学活性, 需要很大的剂量 (几十或几百戈瑞). 然而, 1~2 戈瑞的剂量也能使一个细胞失去功能, 使其不能进一步成功分裂. 这种情况下的损伤, 只有在细胞企图分裂, 未得成功从而不能置换功能异化的细胞时才显现出来. 在有大量细胞更新的组织例如肠和毛囊中的组织里, 这可以发生在几天之内; 而在缓慢增生的组织中, 这会拖延几个星期 (在皮肤中) 或几个月 (例如肺、心、肾和大多数深部器官) 才发生. 于是, 如果谁想要描述 LD_{50}(对一半受试对象致命的剂量), 他必须先确定是在受到辐射照射之后多长的时间来进行评定, 是 1 天、1 星期、1 个月还是 1 年, 等等. 通常, 随着观察时期更长, 从而允许更灵敏的晚响应组织显现出它们的潜在损伤, 表观安全的剂量会减小.

还有一个原因使时间变得重要: 细胞和组织能够通过化学、生物化学和生理学过程移走或修复损伤的分子. 对于生物化学过程, 这发生在几分钟到几个小时之间, 而对于生理代偿, 则是几天到几个星期. 因此, 生物物理学家必须和来自这些学科的人们协调, 也需要和计算机建模人员和生物统计学家加强联系.

25.6.2 辐射危害

低剂量辐射引起的主要危险是变异, 它可以出现在遗传细胞中, 影响下一代, 或者出现在体细胞中, 引起癌症. 这是一个涉及巨大公共利益的领域, 特别是与核能工厂、天然放射性 (如氡气) 以及对患者和医务人员的医学照射有关. 许多早期的放射性工作者死于辐射引起的癌症, 从在 5~10 年内发生的白血病到更晚的在 20~30 年后出现的实体肿瘤. 早期对这些危险的认识导致现在对辐射作为一种环境危害进行了非常有效的控制, 物理学家既提供了监控剂量的方法, 又提供了生物物理学模型, 以推断和预测 “最大允许剂量”. 现在知道, 对后代的危害远远小于原子弹丢到广岛和长崎之后的最初恐惧. 产生的损害也许非常严重以致无法幸存并可能导致胎儿的流产. 癌症风险评估主要从广岛和长崎的幸存者获得, 当然这个结果的精度是有限的, 因为无法精确评估在不同地方及在不同屏蔽水平背后的个体所接收到的准确剂量和他们逃离被污染城市的速度. 这些数据得到数目少得多的在辐射事故中受到照射的个体的补充, 随着时间推移, 还将切尔诺贝利的数据包括进来. 不论怎样, 由于癌症是如此常见的一种疾病, 大约会感染 40 % 的人口, 要确定甚至一次大事故会引起增加几个百分点也是相当困难的. 关于癌症的发生是否与剂量成线性关系, 是低于线性还是甚至是超出线性, 意见仍然在变化, 因为可以得到的数据只存在于较高剂量的情况下, 高于我们感兴趣的为全体人口设立安全限度的值或那些受到职业性照射的人的照射值. 这仍是一个活跃的、令人兴奋的研究领域, 现在又有分子生物学技术的加入. 线性的还是非线性的生物物理学模型对财政支出影响巨大, 因为它们支配着核设施、辐射装置或放射性同位素的一切医学应用或商业使用的防护安排和处理程序.

25.6.3 放射治疗

辐射可以杀死肿瘤中的每一个单个癌细胞, 但是要付出这样的代价, 即严重损伤周围的正常组织, 除非使用高度精巧的技巧. 放射治疗师、X 射线摄影师和放射物理师将他们的技能结合起来, 尽可能精确地确定肿瘤的体积, 然后设计放置交叉射线束的方法, 使射线束正好在肿瘤上相交, 使肿瘤受到的照射剂量最大而周围重要组织受到的照射剂量最小. 物理学和工程学给出了主要的进展, 设计出更复杂的放射装置, 它提供准确的束流定位、卓越的剂量测定、灵活的多叶准直器设计以及计算机辅助剂量计划系统. 在大多数放射治疗中心, 使用超高压 X 射线或电子束以使皮肤少受损伤, 将能量淀积在体内深处. 在不多几处尖端的治疗中心, 有更昂贵的机器产生质子、π 介子或重带电粒子, 当这些粒子在最后几个微米到毫米的距离上减速停止时, 利用 Bragg 峰放出最大的剂量. 可以使 Bragg 峰扫描肿瘤靶的体积. 除了通过限制那些不得不包括在治疗野之内的正常组织的体积从物理学中得到好处之外, 生物物理学家还帮助设计和解释了作为形成剂量传递模式基础的生物学实验. 20 世纪 30 年代的经验表明, 在几天或几个星期的分多次以小剂量照射, 得到了好得多的局域肿瘤控制而且正常组织损伤较小. 一个常见的做法是, 从星期一到星期五每天用 2 戈瑞照射, 直到周围正常组织达到耐受剂量. 这常常是在 6~7 周内照射 60~70 戈瑞, 除非有更敏感的器官如肺、肾、小肠或脊髓等包括在治疗野内.

有些放射治疗中心在更短的总时间内使用更高的每日分次剂量 2.5~3 戈瑞, 得到了类似的治疗结果. 对于未扩散的癌, 许多常见癌症的治愈率达到了 40%~60 %, 如果早治疗治愈率会更高, 而对疾病晚期治愈率则较低. 已经开发出算法, 以描述通过改变分次照射剂量、分次照射次数、各次照射之间的时间间隔以及照射总时间如何改变总照射剂量, 为的是充分利用生物学原理. 这又是物理学家、生物学家和放射治疗学家之间的一个活跃的接口, 现在有许多令人兴奋的新方案正在严格测试中. 这必须在随机的临床试验中进行, 安排几百名病人接受新治疗, 还有几百个病人按常规方法治疗. 其目的是要证明在肿瘤根治上有明显的改进, 而以后可能威胁生命的正常组织损伤则没有明显增加. 每一项研究需要 10~15 年时间, 以便在必要的病人加入后有足够的时间进行随访. 这些试验需要极大的耐心和百折不挠的精神, 还要有许多病人, 但这是对已经能够治愈许多病人的治疗方法引入修改方案的唯一方式. 当然, 对如此长时期的研究和病人的安全而言, 至关重要的是生物物理学的算法必须尽可能精确. 正在试验的最具革命性的新的分段照射方案是连续超分段加速放射治疗 (continuous hyperfractionated accelerated radiation therapy, CHART), 在这个方案中每天 (包括周末) 给予病人三次照射, 每次照射之间至少间隔 6 小时. 如果证明了这个 12 天的强化治疗体制优于传统的每天一次照射、共照射 6~7 周的长期常规治疗方案, 放射治疗部门的组织及人员配备将需要做根本的改变. 要变革的方面不只是组织上的, 因为新方案应该具有更大的放射生物学优势, 因此临床治疗师也可以将辐射剂量从 66 戈瑞减小到 54 戈瑞.

对 CHART 的部分理论基础是, 肿瘤细胞能够非常迅速地增生 (例如每天或每两天增生一倍), 虽然在一个未经治疗过的肿瘤里, 许多新生细胞由于血管的供应不能与它们的生长速度同步而饿死. 人们相信超过 6~7 周的缓慢的常规治疗是安全的, 因为对肿瘤生长的外观观测显示体积增加一倍的时间为 2~6 个月. 现在知道, 这个缓慢的体积倍增是快速的细胞增生和大量细胞凋亡的结果 —— 又是一个受益于生物物理学家的建模领域. 只要治疗一开始, 随着增生和自然凋亡之间的平衡被打破, “潜在增生率” 会变得更重要. 在最近的几十年里, 由于空间技术被用于制造流式血细胞计数仪, 每分钟可以测量几千个细胞的特征, 物理学家通过一个非常间接的途径具有了巨大的影响力. 这些仪器释放一束精确的细胞流通过激光束, 可以监测每个细胞的增殖状态, 其手段是正好在做组织活检之前, 通过染色强度定量测定 DNA 的含量和 DNA 前体如 BrdUdR 的摄取水平. 这是癌症研究中多学科互补的一个极好的例子.

因而物理学家对放射生物学及其对放射治疗的医学应用的投入是多方面的. 其他的新进展包括将含硼的化合物送入肿瘤, 然后用超热中子和热中子照射它们, 利用它们巨大的中子俘获截面. 现在正在努力试图开发抗体, 它能够追踪肿瘤细胞, 并可以用来携带放射性同位素作为核弹头杀死肿瘤细胞. 由于抗体通常位于细胞膜上, 而关键的靶点是在细胞核的深处, 发射 α 粒子或几微米射程的其他粒子的外来同位素的精确剂量分布就变得越来越重要, 要求有更多的生物物理学家投入.

生物物理学和放射生物学的这个激动人心的领域已经过几十年的发展, 显示出交叉学科相互促进的魅力, 并且仍然生机勃勃充满活力. 在这个结合点的最著名的科学家中, 许多放射生物学和放射生物物理学的专家起初是来自医学物理学或放射物理学. 下面的名单 (大致按做出贡献的时间排序) 远非完备, 但是它显示了医学物理学、放射生物物理学和放射生物学之间的密切关系：Gray、Lea、Pelc、Alper、Boag、Rotblat、Mayneord、Pollard、Hutchinson、Quimby、Failla、Rossi、Waachsmann、

Howard-Flanders、Lamerton、Elkind、Whitmore、Neary、Barendsen、Fowler、Bewley、Steel、Oliver、Liversage、Gilbert、Hall、Field、Hendry、Dewey、Curtis、Raju、Vennart、Martin、Skarsgard、McNally、Goodhead、Turesson、Begg、Wheldon、Dale、Bentzen、Brenner、Joiner 等人. 他们的工作以及比本小节所能做的详细得多的对放射生物学的说明在文献 [39] 和 [40] 中有介绍.

25.7 辐射防护

在 Röntgen 发现 X 射线后的一百年中, 对辐射防护的推动力以某种方式兜了一个圈. 起初重点是放在 X 射线学从业人员的安全上, 但是后来改为适应快速发展的核武器和核能计划. 但是在最近几年里, 在看到作用于病人的辐射剂量对居民总体辐射剂量的贡献已经比任何其他的人为因素大几个数量级之后, 重点又回到了 X 射线放射学.

许多人, 包括在准备这一节之前的我本人, 从一些逸闻故事得到了这样一个印象: 在早年完全没有注意到从事电离辐射工作的危险, 也没有推荐什么安全预防措施, 只是在最近 40 年, 我们实际上才开始致力于这些问题. 但是这不是事实, 阅读早期对安全预防措施的建议, 人们会感到惊奇, 实际上到现在这些措施也没有多少改变. 在有些领域里, 当时他们推荐的安全预防措施仍然是今天推荐的安全预防措施的核心.

在 X 射线及镭的发现和分离提纯之后, X 射线在诊断和治疗中的使用以及镭在近距离放射治疗和远距离放射治疗中的应用迅速展开. 到 1915 年, 几个国家成立了工作小组, 研究那些显而易见的危险. 1928 年在斯德哥尔摩举行的第二届国际放射学大会将这些研究小组拉到了一起. 在这次会议上, 按照英国国家物理实验室 Kaye 提出的提议, 宣布了第一份 X 射线和镭的防护建议书[41,42]. 也采用了伦琴这个单位 (随后在 1934 年由国际辐射单位和测量委员会正式确认), 没有这个单位, 随后几年在辐射防护方面的进展是不可能发生的. 伦琴使照射剂量得以定量化. 在同一次会议上, 成立了国际 X 射线和镭防护委员会. 它的名称后来变成了更知名的国际辐射防护委员会, 但其角色在这些年里基本上没有多少变化. 它仍然是一个独立的机构, 享有指定它的各个委员会的权利. 现在它提供有关受到电离辐射照射的工作人员和人群的一切方面的操作、管理和剂量限制的核心文件和建议. 这些核心文件和建议然后被引入各个国家的国家立法框架中.

在这些年里, 一些事情的改变出奇地小, 虽然在 1928 年就已向理事会提出了详细提议, 但直到 1934 年, 理事会才最终给出肯定的建议, 推荐对处于正常健康状态的人群 X 射线允许剂量为 “大约每日 0.2 国际伦琴 (r)”. 这个照射量, 主要是基于美国 Mutscheller[43] 和瑞典 Sievert[44] 的工作, 是由以下考虑发展而来, 即在一个月里接受皮肤起红斑的剂量的 1/100 是可以忍受的. 这个可以忍受的剂量旨在确保没有必然有害后果发生 (考虑当时最危险的情况), 是物理学家经过判断得出的共识, 没有任何生物学证据 (一些人坚持认为同样的方法论今天仍然适用). 人们将他们推荐的允许剂量与现行的皮肤剂量限制进行比较, 发现它们基本上相同, 从这里显然看出, 这些物理学家是多么老练. 他们的机敏还反映在加进了这样一句话: "在镭 γ 射线的情况下, 现在还没有类似的允许剂量".

在现行的防护推荐意见中还可以找到当年提出的在防护建造和操作上的一些基本建议, 例如: "一个 X 射线操作员决不应使自己直接受到 X 射线束的照射"; "屏蔽检查应该尽可能快地在最小的强度和孔径下进行" "在 X 射线治疗中应采用有效的安全措施以避免遗漏金属过滤板. 为此, 建议使用某种连续测量辐射的手段". 当年所建议的对房间墙壁的屏蔽, 小的工作间以及铅/橡胶手套和围裙, 与我们今天所用的都相同或相近. 事实上, 由于当时使用的 X 射线束要软得多, 这个屏蔽厚度提供了更大的衰减. 同样的建议覆盖了使用镭的近距离治疗, 它也带有对问题的广泛的操作评估.

迄至 1949 年的这段时期中, 物理学家在医学中的主要作用是在放射治疗领域中. 他们对不属于他们自己小组的工作人员防护的影响, 在很大程度上取决于他们的名望和人品. 在缺乏常规的个人剂量测定记录的情况下, 哪怕是推测某个护士和 X 射线技师曾接受过的剂量都是不可能的. 这些建议在 X 射线诊断部门的实施非常依赖于 X 射线技师和放射学家的职业判断. 传闻的证据表明, 尽管已经制定了成熟的规程, 仍然有人长时间暴露在高剂量率下. 以下的猜测并非不合理的: 如果不是因为核计划推动了生物学研究和流行病学研究, 这种事态还将持续更长的时间.

到 1955 年, 原子弹幸存者中白血病的上升已相当明显, 还报道了发现在一些接受过 X 射线治疗的病人中白血病增加. 于是要求医学研究理事会 (MRC) 考虑核辐射和相关辐射对人类的危害. 虽然上述的白血病增加已经得知, 但当时认为最严重的长期效应是潜在的遗传突变的增加, 因此是性腺所受的剂量. 在 Lord Adrian 的领导下, MRC 作为其工作的一部分, 开展了对于诊断用的 X 射线在检查期间给予病人的剂量的也许是第一次的全国性研究. 这个委员会的各个报告[45~47] 读起来很吸引人. 报告中关于在不同医院作相同检查所给剂量的分布范围的结论以及为减少剂量而提出的解决方案, 实际上在 30 年后又在一次基本类似的调查报告[48,49] 中被重复. 在 20 世纪 50 年代和 60 年代期间, 在许多 X 射线部门中物理学家对工作的实际规程的影响很少. 虽然现在一般的建议已以实施规程的形式提出, 但 X 射线技师和放射学家仍然经常自己测试设备, 还能发现 X 射线工程师通过查看 X 射线管上的没有附加过滤的锥形体来核查灯丝是否仍在工作. 但是, 从 20 世纪 50 年代中期开始, 大多数医院对辐射剂量进行了常规的监控. 只是到了 20 世纪 60 年代末, 特别是随着升级的操作规程现在开始变得越来越详细, 辐射防护官员才开始在 X 射线部门中真正发挥影响. 电离辐射的随机效应现在变得更加明显. 在 X 射线部门工作的人员现在受到的辐射剂量非常之低, 由此可以看到从那时以来在降低他们辐射剂量方面取得的成功. 病人没有受到多于常规考虑的剂量照射, 直到在最近十年里对病人剂量的研究再一次突显出在一些医院里对病人给出了高剂量. 但是这一次这个剂量引发了人们强烈的兴趣, 物理学家与放射学家和 X 射线技师正在一道工作来减小这些给出高剂量的医院所给的剂量. 现在他们一起工作, 拟订新设备的使用规范, 部分新设备包括有查看这些设备给予病人的辐射剂量的功能. 不过, 今后在大幅度减少患者剂量方面的余地很有限. 当前的现代数字屏幕检查设备和 X 射线摄影使用的极高速底片/屏幕组合, 已经是在非常接近量子起斑 (即由于 X 射线强度中的统计变化导致穿过 X 射线射野的底片或 X 射线照片变黑) 的物理极限下工作, 这使得进一步降低剂量不太可能.

从 20 世纪 50 年代早期起, 已经可以得到钴 60、铯 137 及铱 192, 这意味着在放射治疗部门中镭一步步被取代. 新技术意味着可以引入后装源系统, 随着自动控制系统的安装, 最终将工作人员主动处置放射源的时间减少到零. 大多数放射治疗部门现在已将大的钴 60 放射源换成直线加速器, 放射治疗工作人员所受到的辐射剂量甚至低于诊断 X 射线摄影的工作人员.

工作人员和病人的核医学防护受益于 Evans[50] 的研究和核计划. 对病人服用放射性药物的行为, 通过鉴定或授权手续 (包括初期的非正式的和后期的正式的) 给予全程监督. 核医学部门和放射治疗部门一样, 总是有物理师直接监控着放射性物质, 从非常早的时期起就能够在很高的程度上控制摄取放射性物质造成的危险. 外部的有害物质则不是总能够在同样的程度上受到控制, 特别是放射性药剂师的手指剂量, 只是在最近才将治疗工作人员所受到的剂量减少到诊断放射医学的水平.

总之, 我认为早期为减少工作人员和病人照射剂量而努力的先驱们, 现在将会为今天剂量被降低所到达水平而高兴, 但是我怀疑其中有一些人会因为在有些领域中为此竟花费了如此长的时间而感到有些沮丧.

25.8 医用电子学

20 世纪初年的实验医学研究中的一幅流传至今的照片是 Eindhoven 的病人坐着, 将其双臂和双腿放入生理盐水桶中, 以记录来自心脏的电信号[51]. Eindhoven 是荷兰莱顿大学的生理学教授, 1903 年他为了检测心脏产生的微弱电流设计了第一具弦线电流计. 随后他在 1924 年由于通过心电图发现心脏的电学性质而获得诺贝尔生理学或医学奖. 尽管现在几乎每种研究仪器都有电子学部件, 但心电图仪仍然是诊断医学中最有用的电子技术: 每年要记录下超过 2 亿张心电图.

心电图信号的幅度和形状取决于心脏中电活动的起源、将信号传导到身体表面的媒质和电极在皮肤上的位置. 心脏发出的电信号基本起源于细胞. 神经和肌肉细胞的细胞膜是可激发的, 电刺激引起跨细胞膜的离子流的反转并随之发生细胞内电势的反转. 这个电活动传播到相邻的细胞上使肌肉细胞开始收缩. 心脏中的细胞是以这种方式组织起来的: 其电活动由以固定间隔自激发的起搏细胞开始, 这种电活动通过一个低阻抗、高速的通道快速传到整个心脏壁, 使肌肉细胞同步地收缩.

虽然简化的模型可以大致表示心脏组织中发生的事件, 但尽管经过一个世纪的科学建模, 心电图的解释仍然是经验性的. 因此心电记录仪器的进展集中在易于生成心电图及提高心电图的质量. 现代仪器包括了在检查时用计算机计算出初步解释的智能.

心电图仪除了作为诊断仪器的许多应用以外, 它在冠心病患者的加强护理及在外科手术中作为监视器特别有用. 对麻痹病人的监护集中于确保足够的空气流通及对重要器官如大脑、心脏和肾脏的氧气供应. 除心电图外, 病人的血压通常也受到监视, 而供氧情况则通过分析吸入和呼出的气体检查. 动脉血的氧饱和度 (正常时含氧血红蛋白的比例大约为 95%) 现在可以使用 Nakajima 及其同事 1975 年在日本开发的脉冲光电血氧计[52] 进行非侵入性测量. 通过在两个不同的光波波长上测量流向一个手指或耳朵血液的脉动流对光的衰减的增加, 能够计算这两个波长上的吸收系数之比. 这个比值在经验上与氧饱和度有关, 它用微处理器算出并与心率一起显示.

新技术只要一旦能用, 就能够导致更小、更安全和更可靠的器件, 也就会被引入一切诊断仪器中. 生物化学分析用的仪器已经以新颖的传感器为基础, 例如离子特异传感器, 然而最近引入的导管顶端电荷耦合照相机是在内窥镜研究技术方面的一个重大进展.

多年以来, 最有用的电治疗技术是电外科或外科透热疗法. 虽然外科透热疗法多年来与 Bovie(一名美国物理学家, 他设计了第一台这样的商业设备) 的名字联系在一起, 但他的团队只是 20 世纪前 25 年中进行高频电流实验的几个研究团队之一. 19 世纪末法国医师和物理学家 d'Arsonval(巴黎法兰西学院生物物理实验室主任) 已经证明, 只要频率足够高 (高于 10 kHz), 交流电流可以流过身体而不引起疼痛或肌肉刺激[53]. 这个事实使得用高频 (100 kHz 到 5 MHz) 电流在手术中切割组织和缝合血管. 当使用一个细小的刀片电极时, 电流密度很高并产生电阻热. 在身体远处放置一个大面积的垫子, 可以使同样的电流以减小了的电流密度构成回路. 切割时使用连续的波形, 而为了使血液凝固, 将高频电流的频率减少到 20%或更低, 以封闭血管而不产生额外的组织损伤.

更新的热刀是 1965 年首次用于临床的激光手术刀, 这离 Maiman 用红宝石晶体展示第一束激光只有几年的时间 (见 18 章). 激光能量是单色的和高度准直的,所以可以达到使组织汽化的能量密度. 三种常用的激光器: 二氧化碳激光器、氩离子激光器和 Nd:YAG 激光器, 提供了从可见光到红外线的三个离得很远的波长范围, 它们不同的吸收特性提供了不同的手术效果. 它们的切割和凝固特性被用于多种多样的手术中, 特别是在那些难以做手术的区域例如咽喉或阴道. 用一个纤维光学光导装置传送激光能量, 已经能够通过自然的管口或通过微创手术对内部组织进行手术处理而无须大的皮肤切口和对邻近的组织和器官作大的移位.

波士顿医师 Paul Zoll 参与了电刺激的两项创新应用, 它们随后发展为救生技术. 除颤器是用来电击心脏的仪器, 以将无效的快速心率周期转换为正常的节奏. 人们认为, 当足够多的心脏组织同时去极化时就应进行心脏除颤, 使得心脏自己的起搏器 (窦房结) 可以恢复正常的序列或窦房结节奏. 最早的除颤器使用交变的电流波形, 最初的临床应用是由 Beck 及其合作者[54] 和 Zoll[55,56] 在美国完成的. 今天的阻尼正弦波除颤器使用俄罗斯学者 Gurvich 和 Yuniev 描述的波形, 据称会产生更少的并发心率失常. 紧急情况下使用对全胸腔的去心脏纤颤和心脏复率电击, 但是在心脏复率中放电应在快速心脏循环中的一个适当的时刻触发, 这个时刻是由心电图监控的, 以得到最大的成功转变到窦房结节奏的机会. 直接的去心脏纤颤有时在心脏手术时使用, 这时电极被放置在心脏壁上.

Zoll 也对引入心脏起搏器做出了卓越贡献. 虽然半个多世纪以前就已知道对组织的主动刺激, 直到 1951 年 Zoll 建造第一个体外起搏器才实现了临床的心脏电刺激以维持正常的心率. 这个由市电电源供电的设备把痛苦的 100 V 脉冲加到胸腔表面的电极上. 当电极缝合到心脏壁上时, 使用低电压和由电池供电的刺激器成为可能. 第一台可植入的起搏器是 Elmquist 和 Senning[57] 在瑞典用的一个可再充电的起搏器, 但是不久锌 - 汞电池供电的起搏器成为标准. 20 世纪 60 年代中期, 将电极系统设计成可以通过静脉血管放置在心脏的内壁上. 最早的电池寿命较短, 只有 2 年, 这导致进行原子能供电装置的实验. 这种装置太重以及与患者死后意外焚化相联系的潜在辐射危害是其无法接受的主要原因. 20 世纪 70 年代锂 - 碘电池的出现, 结合低功率电路, 现在已经达到 10 年的寿命. 今天的起搏器包括了从每分钟以 70 次搏动的心率提供 1 ms、5V 脉冲的最简单类型, 到在一块芯片上包含一个处理器和存储器的复杂的可编程系统. 因此, 现在的起搏器不仅只是在需要时提供刺激 (也就是说当病人的心率减少时它们可以感觉到), 而且不仅可以起搏心室也可以起搏心房以维持一个生理的起搏顺序; 一些起搏器甚至可以感觉到发生快速心律失常并尝试电击以去除纤颤.

治疗仪器也因小巧而高功能电子器件的市场化和可靠性的提高而得益. 例如用于药物注入的小型、便携式泵浦以及许多辅助残疾人的设备. 很多供部分失明患者用的信息恢复的电子方法. 已经有了一批更小及更合适的助听器, 而一小部分全聋残疾人可以通过植入电子装置刺激耳蜗而听到声音.

因此, 20 世纪从 Eindhoven 巧妙而艰辛的实验室技术肇始, 已经见证了重大的发展: 从无处不在的临床心电图, 到通过在人体中植入电子装置来恢复人体的固有功能 (进一步的信息参见文献 [58] 和 [59]).

25.9 医用力学

本节内容在 Mow 和 Hayes 所著的《整形外科生物力学基础》[60] 一书中有更充分的讨论.

植入外科是第二次世界大战之后医学的主要成就之一. 人体中最常见的被植入的部件不是整形外科部件的就是心血管部件, 其他还包括神经外科的整形、上颌面及耳朵、鼻子和咽喉植入. 植入的部件必须设计得极为可靠且具有生物学适应性. 一个心脏瓣膜必须能每年搏动 5 千万次并使用多年. 典型数据是英国每年有 10000 名病人安装这类装置. 以全髋关节置换为例, 它必须承受每年行走大约 1 百万次的负荷, 因此这些部件必须具有适当的机械强度和硬度以抵抗这种负荷模式. 英国每年大约有 50000 病人需要置换髋关节. 有许多品种可用 —— 大约有 400 种不同的类型, 它们可以分为需要黏接的假体和不需黏接的假体. 全髋关节置换现在是一个非常成功的手术, 它解脱了病人的痛苦, 给病人一个稳定可靠、运动顺畅的关节. 最早的替代正常髋关节的球窝关节的尝试只得到有限的成功. 最大的进展发生在 20 世纪 60 年代初期, 当时英国外科医生、教授 John Charnley 爵士设计了一个铰接在一个塑料杯里的股骨组件. 起初, 塑料材料用的是聚四氟乙烯 (特氟隆), 但是不久就发现它不合适, 磨损太厉害. 不过, 当超高分子量聚乙烯 (UHMWPE) 和聚甲基丙烯酸甲酯 (PMMA) 骨接合剂合起来使用以固结骨中的各个零部件时, 就造出来一个非常有效的人造关节. Charnley 的低摩擦关节成形术仍然是英国最常用的人造髋关节.

整形外科医生现在能够置换人体内的许多关节, 特别是髋关节、膝关节、肩关节和手指中的关节; 其他关节例如肘关节和踝关节可以被置换, 但不是特别成功.

断裂的骨骼也可以用相配的金属件如骨板、髓内钉和外部固定器再接在一起. 这些器件具有某些性质, 使它们适于植入人体. 它们必须是生物学兼容的, 这意味着它们是不起化学作用、无毒、无致癌物、不引起过敏的, 而且它们必须具有适当的强度和刚性等力学性质、抗磨损以及好的表面抛光. 有一大类材料可以植入人体, 包括不锈钢、钛合金及钴–铬合金; 某些塑料, 包括超高分子量聚乙烯、聚氨基甲酸乙酯和硅橡胶. 可以植入的纤维材料包括聚酯和碳纤维, 其他材料包括丙烯酸骨粘固剂、陶瓷和热解碳.

髋关节设计上的进展包括新材料的使用和固定技术的改进. 股骨的零部件经常用钛合金或钴–铬–钼合金制造. 它们可以通过骨柄表面具有钛或羟磷灰石珠的多

孔敷层定位在股骨中. 这种表面敷层为与骨发生融合提供了一个粗糙的表面, 这保护了在大腿骨中的假体. 髋臼窝可以是背后具有圆环凹槽的金属以便提供螺丝固定.

25.9.1 心血管装置

心搏节律的紊乱可以通过外科手术植入电动起搏器加以纠正, 起搏器可以以正常的节律每分钟搏动 72 次. 微电子学的进展和人体组织兼容材料的发展改善了它们的可靠性, 也增加了它们在体内的驻留时间.

现代的麻醉设备使得能够在暂时静默的心脏上安全地进行开放手术, 流往身体其他部分的血液循环通过一个体外血液泵/充氧器维持, 直到心脏能够恢复功能为止.

起搏器和血液泵/充氧器的工艺已经达到高度安全可靠, 与患病后不治疗的风险相比, 它们出现故障的风险可以忽略.

临床诊断准确性的重大进展是近来诊断器械在设计和结构上的改进带来的. 这些改进包括对心脏心室和血管的 X 射线显示、搏动的心脏的心室实时超声图像及对心室中血流的脉冲 Doppler 超声测量. 心脏的功能和心肌损害区域的定位可以用心电图精确确定, 并且可以通过放射性核素扫描、X 射线计算机断层扫描和核磁共振成像生成图像.

所有这些使术前诊断达到了一个高水平并实现了更精确的心脏手术术前计划.

25.9.2 人造心脏瓣膜

安全进入心室的能力使得有可能用手术替换有缺陷的心脏瓣膜. 在过去 30 年里, 人造心脏瓣膜的设计和制造水平得到了稳定的提高, 达到了一个瓣膜应经受每年至少开闭 4 千万次所产生的机械力的工艺要求. 瓣膜的设计必须防止血细胞和血块结合而成的增积物聚积在其工作面上, 还要保持牢固地连接在与之缝合的心脏组织上. 当前使用的人造心脏瓣膜有两种类型: "生物学型" 和 "非生物学型". 非生物学的或机械的 "工程" 瓣膜不是 "笼球瓣" 设计就是 "侧倾碟型瓣" 设计, 大多数由不锈钢制成. 它们的设计与天然的瓣膜没有相似之处. "生物学型瓣膜" 由动物组织 (经戊二醛处理的猪主动脉心脏瓣膜或牛的心包组织) 制成, 由这种材料可以制作天然瓣膜的相近复制品. 尽管人造心脏瓣膜的外科植入手术很复杂, 但它是长期发病率很低的一个很安全的过程, 虽然已经知道生物组织的瓣膜经过一段时间后会退化和钙化.

25.9.3 人造动脉

人体动脉的变性改变导致动脉硬化, 这也导致了血管的狭窄以及随之发生的通过该血管的血流减少或中断. 供应心脏的冠状动脉最常受到影响. 虽然经常用刚性

聚合物纤维 (聚脂或聚四氟乙烯) 编织的管状结构来代替或绕开较大的外周动脉中的阻塞, 但是至今还没有满意的器件可以用于较小的血管 (内径 <6 mm), 为了满足这一需求, 许多工作正在进行中, 用各种新方法来制作柔顺、灵活、微纤维的人造橡胶聚合物.

此外, 这种材料必须是与血液和组织互不排斥的, 必须不在体内降解而且不产生有毒的产物. 它还得能够制成柔软的管子, 管壁有一个开放的能渗透的结构. 工程学对这个领域进展的贡献在于设计出一个具有与正常动脉的力学性质相似的动脉器件, 并设计和建造出制造它们的机器.

25.9.4　用于残疾人的技术

为残疾人设计的设备, 例如假肢 (假体)、夹板和支架 (矫正器) 和通信辅助设备在过去半个世纪中有了重大的改善. 不管对手动还是电动的轮椅在设计上都有许多改进, 使许多残疾人可以更灵活地移动. 现代轻型轮椅的发展已经使截瘫病人能参加许多激烈的体育活动, 这些活动他们以前是无法参与的.

微技术的引入对残疾人有很大的好处, 特别是对那些有交流困难的残疾人具有很大帮助的廉价微计算机. 语音合成的使用使许多哑人可以与外部世界进行交流. 最著名的例子也许是剑桥大学的卢卡斯讲座数学教授 Stephen Hawking, 要是没有现代通信辅助设备的话, 他对现代科学做出的贡献不会如此之大.

许多患有神经障碍的病人的动作迟钝到甚至不能做最简单的操作. 可以训练这些病人操作具有特选的控制开关的设备, 这些控制开关足够大, 便于用手操作, 又足够结实, 经得起误操作. 有成套功能齐全的接口器件, 以控制用于环境、轮椅和交流目的各种微处理器.

材料工艺的进展导致了现代超轻假肢的发展, 计算机辅助设计和计算机辅助制造的使用提高了假肢的生产速度和精度. 矫正术也从新材料工艺的引入中得益, 特别是很轻的热塑塑料和复合材料的引入, 这些材料与以前设计的夹板装置相比, 效率更高, 更有装饰性.

25.9.5　人的运动的研究

为了理解病理的步态, 首先需要研究正常的步态, 因为它提供了一个判断病人步态的标准. 这方面已经取得了稳定的进展, 从早期的描述性研究, 通过越来越复杂的测量方法, 到数学分析和数学建模. 对于记录人的运动的一切方面, 同样也有这样的进展.

现在, 对于那些涉及运动科学和人体工程学的大学和医院, 拥有装备着压力平台、光电子运动分析系统、视频录像设备和记录运动的能量消耗方法的实验室是很平常的.

25.9.6 神经和肌肉的功能性电刺激 (FES)

FES 在最近几年中已经用来重新训练脊髓受到伤害的截瘫病人的肌肉, 恢复他们站立和行走的功能. 它的潜力可能还要大得多, 它可以作为一个主动的矫正手段用于整形外科及神经科的康复. FES 使用一个电脉冲或一个电脉冲序列 (典型的为大小 120 V, 频率 30 Hz, 持续时间 10 ms) 通过神经纤维刺激肌肉的运动点, 触发肌肉收缩过程以使瘫痪的肢体运动.

FES 的好处是, 它可以改善毛细血管的循环, 减少肢体的肿胀, 增强瘫痪肢体的肌肉力量, 增加肌肉整体体积, 并且有可能改善组织条件, 防止肌肉由于不再使用而萎缩. 产生这些好处的原因是由肌肉收缩引起的运动和张力刺激了蛋白质的产生, 改善了新陈代谢.

25.10 放射性用于诊断：核医学

第 25.4 节讨论的是天然放射性用于治疗, 本节讨论的则是人工放射性在诊断医学中的应用, 它已产生了核医学这个新的诊断专业. 在医院中工作的医学物理学家在很大程度上是这个领域的先驱. 在那些建立了独立的医学物理学部门的医疗中心里, 这些部门经常成为提供放射性同位素服务的基础和由此发展起来的临床检验的焦点. 如果下面的一些内容具有太多的个人色彩, 请读者务必原谅, 因为笔者密切地参与了核医学的发展, 特别是核磁共振成像的最新发展. 1951 年, 反应堆产生的碘 131 首次用于研究随后并用于诊断颈部甲状腺功能的异常. 这个领域最早的工作者之一 Russell Herbert 曾向笔者演示, 如何将一台 Gaiger-Müller 计数器放在颈部测量积聚在甲状腺中的放射性. 以碘化物形式或者口服或者通过注射给药的碘 131, 被甲状腺移出血流, 在甲状腺中代谢到激素 —— 主要是甲状腺素中, 甲状腺素再被释放到血流中调节人体的新陈代谢. 人们发现, 给药剂量有多大的部分在甲状腺中出现可以用来量度甲状腺是否健康, 过度活跃的甲状腺将比正常的甲状腺聚集更多的碘 131, 而不够活跃的甲状腺则聚集得不足：这两种不得当的情况都很常见. 只有在能够将人工放射性应用于这个问题之后, 才对甲状腺功能的复杂性有了充分的了解, 甲状腺功能异常病人才有可能得到准确的诊断和治疗.

那时一个新的医学领域 (这个领域的起源依赖于从新的核反应堆获得的高额产量的放射性同位素) 曙光初现的令人激动的情景被 Mayneord 写在其经典作品中[61]. 英国哈维尔原子能科学研究院于 1951 年主办了第一届放射性同位素技术研讨会[62], 接着《英国医学通报》于 1952 年出了一本医学中的同位素专刊 [63]. 除了关于甲状腺的工作外, 还用磷 32 测定红细胞体积, 用钠 24 研究肌肉间隙, 用碳 14 标记的化合物作放射性碳年代测定. 在阿美莎姆建立了著名的放射化学研究中心, 为核医学的繁荣昌盛提供努力. 放射性同位素示踪技术开始应用于医学的许多不同学科中. 物理学家在病房和手术室中进行检测, 病人被带到医学物理学部门进行测量. 医学物理师在整个医院中变得更为人们所知, 医学人员到医学物理学部门来讨论结果并制订研究计划. 他们不但见到了科学家, 而且还见到电子车间和机械车间及技术人员, 建立这些部门是为了向放射治疗和 X 射线学提供服务. 对医学物理学服务的支持和需求, 在全国和各地区都在增长.

随后不久医学成像就在伦敦的圣巴索劳缪医院开始了. 通过将计数器准直排列使它只记录来自颈部大约一平方厘米的 γ 射线, 在颈部以厘米的步长沿直线移动计数器, 在每点测量半分钟时间间隔内探测到的计数, 将其记录在方格纸上, 这样就能画出等记数率曲线, 它给出了甲状腺的一个粗略图像, 显示出甲状腺形状和大小[64](图 25.12). 如果甲状腺包含有肿瘤, 由于它不是正常的甲状腺组织, 因此它将不聚集碘 131, 于是这个肿瘤将被检测出, 位于与周围的正常"热"组织相反的"冷"区 (图 25.12(b)). 笔者在 20 世纪 50 年代初期进行了无数次这类检测. 利物浦的 Russell Herbert 引入了首批闪烁探测器之一代替 Gaiger-Müller 计数器 [65], 他用的是一个小的钨酸钙晶体.

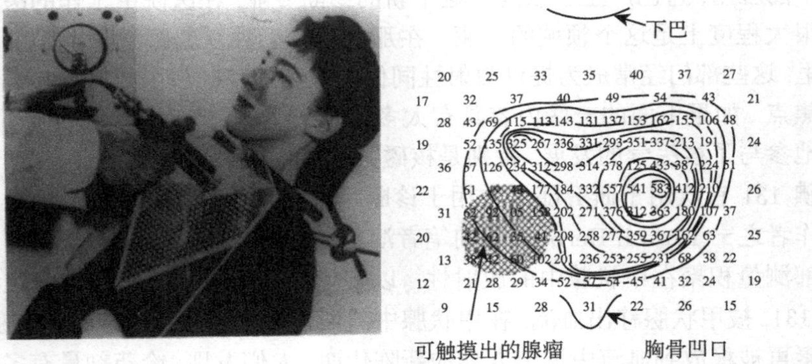

(a) (b)

图 25.12 (a) 用铅屏蔽的 Gaiger-Müller 计数器用来探测甲状腺中的碘 131 发出的 γ 射线. 以厘米为步距在整个甲状腺上移动计数器; (b) 在方格纸上在每点记录下每半分钟内的 γ 记数并画出等记数线, 它显示出甲状腺的形状和大小以及异常区域的存在

洛杉矶的 Ben Cassen 在 20 世纪 50 年代中期开发出第一台自动作直线移动的扫描仪[66]. 它在颈部上在一个直线栅格内自动移动闪烁计数器, 在此同时, 一个小锤在纸上移动——很像一台打字机, 每当探测到一个事先选定的 γ 射线计数就做一个黑的标记. 这样, 当计数器处于高放射性区域时, 这些标记就离得很近地聚集在一起, 形成一幅象新闻照片似的甲状腺图像 (图 25.13). 然而, 虽然这种图像比由等记数线方法得到的图像更好, 却损失了定量信息. 1957 年笔者在欧洲建造了第

一台直线扫描仪[67]，它用一个直径半英寸的碘化钠（铊激活）晶体 Ekco 闪烁计数器为探测器. 在这台设备中，病人被挪到一个可机械移动的诊断检查床的栅格板上，设备末端装有像打字机一样的打印装置，在它的打印头下有一系列彩色色带，使得在高放射性区域上产生的标记不仅仅靠近，而且还以一系列不同的颜色表示不同的记数率. 这样就再次能够比较甲状腺两个侧叶的放射性浓度了. 在这些原型机器的显示屏上反差很小的情况下，颜色对于改进 "肿瘤" 相对于环境的视觉对比度有更大的价值. 用颜色作定量指示的想法现在已在许多不同领域中采用. 这台直线扫描仪曾在 1960 年伦敦奥林匹克运动会举行的国际医用电子学会议上展出.

图 25.13　用碘 131 得出的甲状腺图像，由一台非常早期的直线扫描仪和单色打印机生成

使用这台机器，并与检测砷 72 和砷 74(由回旋加速器产生的) 发射的正电子湮没时产生的 γ 射线提供的 γ 射线对比度相结合，首次使脑部肿瘤的检测和定位成为可能[68]. 少量安全的放射性砷示踪剂量通过注射进入病人体内，一对闪烁探测器在头上扫描，只检测正电子发出的符合 γ 射线脉冲 (图 25.14). 虽然与今天的图像相比这些图像非常粗糙，但仍达到了 80%的临床准确度，远远超出当时的 X 射线血管造影术的 65%准确度 (当然现在的准确度比那时好了很多). 计数灵敏度很低，不久发现除侧面检查之外，前后位的检查也是有效的，因为可以比较对侧的辐射图. 这是对许多不同的人体系统和器官使用放射性核素成像的大浪潮的开始，也奠定了所谓 PET(正电子发射计算机断层成像) 的现代成像技术的基础.

但是，回旋加速器产生的放射性核素并不能普遍得到，在 20 世纪 60 年代早期，曾做了许多努力来改善 γ 射线成像的灵敏度和空间成像特性，特别是对碘 131 发出的 360 keV 辐射. 在闪烁计数器的探测器可以做到直径大于 1.25 cm 之前，在尽可能靠近皮肤放置的探测器前面放一块铅块，铅块上有一个直径 1.25 cm 的圆柱形孔就足以使辐射准直. 当可以有更大尺寸的探测器时，多孔准直器开始出现：这些孔是圆锥形的，相互成一斜角，使得它们的中心轴线指向在准直器前大约 10 或 15 cm 处的所谓的焦点. 焦点是在空气中对放射性灵敏度最大的那个距离，但是 γ 射线在

软组织 (用一个水模拟体模拟) 中的吸收导致在病人体内灵敏度随深度下降. 在这段时期里曾对这些多孔准直器的设计给予很大的注意, 以提供最高的灵敏度同时获得良好的空间分辨率, 通常用点源扩展函数在焦距上的半极大值全宽度 (full width of half maximum, FWHM) 来描述. FWHM 通常在 10 cm 深度上为 1~2 cm 的量级, 其探测器的直径为 5 英寸[69,70]. 然后设计了特殊的准直器以改进体内更大深度上的响应, 从而改善更深处的肿瘤的检测[69], 一些准直器甚至是由黄金制成以使灵敏度最大[70]. 脑部肿瘤用碘 131 标记的人血清白蛋白检测和定位 (如图 25.15, 它显示了检测恶性组织的一个真实案例), 肝脏异常用金 198 胶体, 肾脏异常用碘 131 乳剂, 胰腺的异常用硒 75 标记的蛋氨酸, 儿童甲状腺障碍用半衰期为 2.3 小时、低辐射剂量的碘 132, 等等[71,72]. 现在, 放射性同位素的使用对病人的治疗和医院的行医有重大的影响, 因而在美国, 这些技术开始被人称为核医学. 这个名称逐渐成为全球范围的用语, 但作者认为这是一个错误, 因为它使这一最有用的和最有价值的物理学应用受到 "核" 活动的政治和生态学负面效应的污染, 多年来这个领域没有得到它应得的重视、资源和资金.

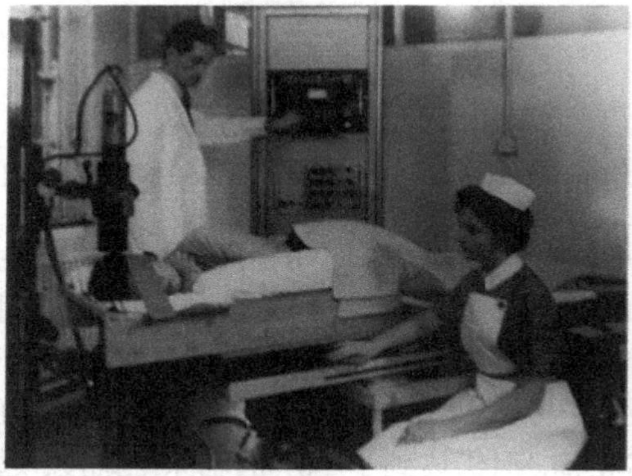

图 25.14 用来检测和定位脑部肿瘤的彩色扫描仪. 一对使用 0.5 英寸直径碘化钠 (铊激活) 探测器的闪烁计数器相对着放置, 用来符合探测由砷 72 及砷 74 发射的正电子湮灭时产生的 2 个 γ 射线粒子. 电子学架构显示出 20 世纪 50 年代和 60 年代核技术的发展, 它们是为哈维尔的 AERE 原子能计划开发的设备的商用类型

1964 年, 随着锝①99m 的引入有一个巨大的进展[73]. 这个半衰期为 6 小时的同核异能素发射几乎单能的 140 keV 光子, 由于它不发射任何 β 射线, 因此只给病人低辐射剂量. 还有一个重大优点是, 对 140 keV 的辐射, 准直器的隔板厚度只需要 0.2 mm, 而对碘 131 的 360 keV 辐射, 准直器必须加厚 7~8 倍[74]. 因此可以设计具有非常薄隔板的准直器, 这意味着探测器有大得多的表面受到辐射照射, 从而

① 锝 99m 是锝 99 的亚稳同核异能素. —— 总校者注

明显地改善了灵敏度 —— 而这又意味着可以牺牲一些灵敏度来获得更高的空间分辨率. 于是实现了脑部肿瘤更好的检测和描绘, 一个对此有助的事实是, 为此使用的化学药剂高锝酸钠, 其肿瘤/正常组织浓度比不亚于以前使用的蛋白, 后者的这个比值对利于检测的肿瘤在 12~15 内[75].

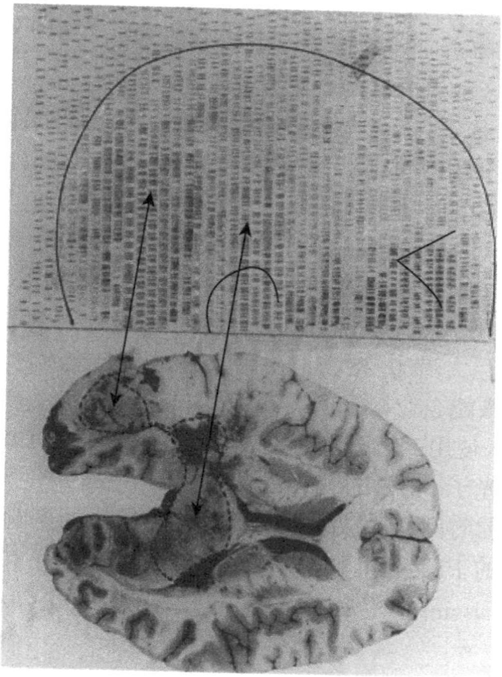

图 25.15 由碘 131 标记的人血清白蛋白获得的外侧脑部扫描 (上图) 显示出在枕骨区域计数率增加 (箭头所指), 与同一脑部的尸检结果进行比较, 组织学横切面 (下图) 显示出一个枕骨神经胶质瘤渗入了尸体胼胝体的后半部分. 这里扫描图像质量变差是由于用单色复制的结果, 在原图上剂量强弱的变化表示为颜色的变化

由于锝的化学性质和碘类似, 使用锝 99m 可以得到整整一系列器官定位药剂. 最终的好处是, 可以制造出一个钼 99 发生器 (半衰期 2.8 天), 通过使其流过弱的盐溶液可以象 “挤奶” 一样从发生器得到锝 99m: 这样, 就可以从阿美莎姆的放射化学研究中心或其他供应商处买一个发生器, 可以在大约一个星期的时间里 “挤奶”, 这使一个繁忙的临床中心更少依赖不稳定的递送过程. 这一进展也完全改变了繁忙医院的 “热门实验室” 中的常规工作流程, 使其更少地依赖物理学家的存在, 因为现在的主要工作已变成枯燥的对各种各样化学药品和药剂贴标签. 当然, 这一改变得到了可以买到的测定试管和标准的医院投药瓶中放射性的数量的标准化方法的帮助. 检测设备通常由一个再入式电离室和直流放大器组成: 放射性物质放在

电离室里的密封容器中，容器通常加压，容器中有两个圆柱形电极保持着电势差. 锝 99m 迅速成为核医学中用得最多的放射性核素，今天在全世界范围内仍有超过 80%的成像研究使用它.

大约在同一时期，γ 相机也开始普遍使用. Hal Anger 在加利福尼亚的伯克利研制了第一台闪烁晶体–光电倍增管型的 γ 相机，并于 1958 年 6 月在洛杉矶举行的核医学学会第五次年会上首次展示. 笔者很高兴与 Ekco 公司合作研制了欧洲第一台 γ 相机[77]. 这台相机有一个直径 5 英寸 (12.5 cm)，厚 0.5 英寸的铊激活碘化钠闪烁晶体探测器，用 7 个光电倍增管对每一个闪烁事件进行位置分析，并在存储管示波器显示屏的相应位置上显出一个光点. 在探测器前方的一块屏蔽铅版上有一个 0.63 cm 直径的 “针孔” 提供准直. γ 相机的最大好处是它不必在一个直线栅格上移动，因此它能在整个照射期间观察放射性的分布：因此它有比扫描仪高得多的灵敏度，能够在短得多的时间里生成一幅有用的图像. 不论怎样，这部第一台机器拍摄出的第一幅发现有肿瘤的脑部图像花了 20 分钟[77]. 人们很快认识到 γ 相机对动态研究的巨大潜力，接着很快用它对肾脏的排泄物和流过心脏的血流进行了研究. 爱丁堡的核能企业接管了英国 γ 相机的开发和生产，首批产品中的一台 1967 年在阿伯丁投入使用. 公司继续发展它们的相机，到 1979 年，对于均匀度为 $\pm$ 10 % 的 360 keV 光子，相机的固有分辨率达到 5 mm[78]. 这家公司在第二次世界大战后超过 30 年的时间里对放射性测量领域有巨大的影响，公司的一部分仍然在英格兰存在. 美国的 Picker 和 IGE 公司，和欧洲的西门子和菲利普公司，迅速统治了 γ 相机的市场，Elscint(以色列)、东芝 (日本) 和别的公司在这个领域也非常活跃.

在 20 世纪 60 年代对这个领域发展的一个巨大促进是国际原子能机构在原子能和平利用的题目下组织的一系列一流的国际会议，将医学中这个新的、对大多数医学顾问来说相当神秘的科学领域中最主要的积极参与者聚集在一起. 第一次会议是 1959 年在维也纳召开的，有 36 人出席；第二次会议 1964 年在雅典举行，有 162 人参加；第三次 1968 年在萨尔茨堡，有 341 人参加；第四次 1972 年在蒙特卡洛，有 484 人参加，等等. 到 1972 年，英国有 120 台直线扫描仪和大约 30 台 γ 相机投入日常使用，当然在美国，按人均有更多得多的设备在使用.

在核医学的初期，与一个繁忙的放射学家或一个对这个正在繁荣兴旺的新成像领域感兴趣的内科医师合作是将其引入医院应用于患者的唯一方法. 但是，随着这门技术在临床上变得越来越有用，放射学家和物理学家都发展了这个领域的专门知识. 现在所有的现代大医院，其工作班底中至少有一名核医学方面的顾问.

虽然 γ 相机更快，使得能够做动态研究，但在早期其图像有严重的畸变，这在直线扫描器生成的图像中是不存在的. 另一个缺点是，图像不是定量的. 然而，在 1965 年认识到，使用两个 “交叉” 的多通道分析器，一个限定 $X+\delta X$ 而另一个限

定 $Y+\delta Y$, 就可以确定图像的一个方形单元 (或像素), 经过这些分析器的脉冲表示在那个像素里的 “计数”. 于是就诞生了数字图像[79,80]. 最早的数字图像之一曾在 1965 年英格兰哈洛加特举行的第一届医学物理学国际会议上展示过[79].

下一步很自然地就会将 γ 相机与一台小型计算机在线联机. 最初用的计算机是一台美国 DEC 公司的 PDP81, 和一个 56×56 单元的原始显示系统[80], 计算机存储每一个单元的计数, 它决定了阴极射线管显示器上这个单元的亮度 (或颜色). 这使得有可能改善某些较难成像器官例如胰腺的放射性核素成像, 方法是用发射不同能量的 γ 射线的两种放射性核素, 在计算机中将这两幅图像相减. 硒 75(γ 射线能量高达 401 keV) 蛋氨酸驻留在胰腺中, 胰腺是一个非常难成像而且容易逃过我们注意的器官, 这种蛋氨酸也被吸收到包围着胰腺的肝脏中. 再用鍀 99m(γ 射线能量为 140 keV) 标记的胶体只生成肝脏的像, 然后将两幅图像逐个像素相减, 得到的就是一幅大为改善的胰腺图像[80].

别的类型的 γ 相机也曾试过, 笔者的研究小组对用于放射性核素成像的影像增强器进行过广泛的研究. 这种系统在概念上很简单, 就是用一个大透镜将闪烁光聚焦到光电阴极上, 得到比当时的安格型相机的分辨率精细得多的图像. 但是其临床实现却是失败的, 因为需要对增强器管的尺寸和噪声水平进行改进[81]：当管子的噪声加到来自病人的背景噪声上时, 对比度的损失太大. 多国的 γ 相机制造商的继续不断的研究和开发, 逐渐改善了安格系统的内在分辨率, 直到它达到然后超越图像增强器系统的性能.

与医学成像发展同时, 在生物化学验定领域也有进展. 米德塞克斯医院的 Ekins 在 1959 年报导了通过使用标记的甲状腺素和一种特殊的结合剂, 用饱和度分析技术进行激素甲状腺素的痕量检验[82]. 几乎同时, Yalow 和 Berson 在美国报导了, 用原则上与 Ekins 相同的技术, 但是用抗体与天然的和标记的激素的结合, 来检验胰岛素, 他们将这种方法称为放射免疫测定. 这些方法现在已经发展成为诊断和生理学研究中主要的新的分析方法, 使用遍及全世界. Rosalyn Yalow 由于这个重大贡献于 1977 年获得诺贝尔奖.

放射性核素在人体内分布的放射剂量测定问题是非常复杂的, 它引起的问题更多地属于生理学和生物化学领域, 而不是物理学领域. 要确定对示踪诊断试验可以受到安全管理的放射性水平, 保证在临床实践中不超过这个水平, 就需要测定辐射剂量, 通常在立法中规定好要遵守的步骤. 例如英国有一个放射性物质法案, 核医学顾问要得到许可证并遵守政府放射性物质咨询委员会的建议才能展开活动. 这个委员会能够得到特定的放射性药物在体内分布的最精确信息, 以及对沉积在不同器官和组织中的辐射剂量的计算. 知道了哪个器官接受了最大剂量, 一般就决定了可以管控的放射性药物的量. 不同器官并不冒同样的风险, 国际辐射防护委员会 (ICRP) 采纳了适当的权重因子. Dendy [83] 给出了这个复杂领域的一个简洁而全面的介绍, 其中附有一个极有用的进一步阅读指南.

对于靶向放射性核素治疗的宏观剂量测定, 用正电子发射断层扫描 (PET)、单光子发射计算机断层扫描 (SPECT) 及磁共振成像 (MRI) 等技术, 在体内现在达到了毫米的量级. 与靶的大小相比, 致电离粒子的射程更重要. Auger 电子在软组织中的射程为纳米量级, α 粒子为微米量级, 而 β 粒子的射程从碘 131 的 0.8 mm 到钇 90 的 5.0 mm. 如果射程太大, 辐射能量会淀积在靶子外面的正常组织中浪费掉; 如果射程太短, 放射性核素在靶组织中分布的非均匀性将对辐射剂量淀积的均匀性产生严重影响, 某些区域可能剂量不足而另一些区域则剂量过高. 对于碘 131, 已经表明最佳的治疗区域大小大约是 1 立方毫米 (约 1 百万个细胞). 国际辐射单位和测量委员会 (ICRU) 目前正在处理这个领域中的问题.

核医学的发展的讨论将在 25.12 节中继续并作出结论.

25.11　医用超声学

声学研究的科学基础是由 John Strutt, 即第三代 Rayleigh 男爵建立起来的, 他于 1877~1878 年出版了他的两卷本著作《声的理论》. 因此在 20 世纪第一个 25 年结束之前, 生物学家、工程师和物理学家就已开始研究超声波对生命系统的影响, 并且演示了通过脉冲声波的反射检测水下障碍物的可行性.

25.11.1　超声诊断学的起源

在二次世界大战期间, D O Sproule 在英国 [85] 及 F A Firestone 在美国 [86] 各自独立进行的实验导致了工业缺陷超声波检测仪的发展. 使用分开的石英换能器作为超声的发送器和接收器, 设定声波在结构中的速度, 用兆赫兹频率超声短脉冲的反射来测量金属铸件中的微小裂缝. 但是, 直到战争结束, 也没有公布这个发明的细节.

在紧邻战前及战后的一段时期, 曾有过试图利用传递的声波束的衰减的二维分布使人体内部结构可视化的努力[87]. 获得了一些鼓舞人心的照片, 在这些照片中, 图像看来与头部的内部结构特别是与大脑中充满流体的脑室有关系. 因此透射超声波成像的研究在美国得到了积极的支持, 两位非常有影响的物理学家 T F Hueter 和 R H Bolt 发表的一篇论文[88] 持续了这种推动力, 论文的结论是 "…… 初步评估表明, 对于一般的脑室造影, 回波反射法要比透射法的希望渺茫得多, 这主要是因为组织与脑室液的分界面上的反射很小. " 回过头看, 可以看到, 正是这种看法严重阻碍了超声波成像在美国的发展. 当人们证实曾带来如此乐观情绪的图像实际上是头骨自身的效应, 只不过偶然在其超声波透射特性方面酷似脑室的形状时, 美国的工作受到了进一步的挫折[89]. 在证明这个 "脑部" 图像是来自扫描一个空的头骨时, 曾引起了人们的惊恐.

在斯堪的纳维亚, 一位神经外科医生 Lars Leksell 于 1950 年开始用一台英国工业材料探伤仪做实验, 但是这个仪器不够灵敏, 不能显示来自脑部的穿越完整头骨的回波. 1952 年他得到了一个更灵敏的仪器, 并且观察到看来是来自脑部中心的回波. 到底是他还是伦敦的 R C Turner 实际上第一个观察到这样的回波现在还不确定; 虽然 Turner 的工作在大英帝国抗癌运动 (British Empire Cancer Campaign)1952 年的年度报告中已经讲到过[90], 而 Leksell 直到 1956 年才描述了他的实验结果[91].

25.11.2 二维脉冲回波成像

20 世纪 50 年代早期, 在美国国家标准局发现了铁电物质锆钛酸铅的压电性质[92]. 使用锆钛酸铅代替石英的探测器显著改善了灵敏度和脉冲性能, 不久就用在更好的超声探伤器中. 大约也在这个时期, 明尼阿波利斯的 J J Wild 和 J M Reid 及丹佛的 D H Howry 在寻求使用脉冲回波超声进行医学成像的可能性, 尽管美国同时代科学社团所持的观点不同. 明尼阿波利斯研究小组在早期实验中曾使用一个海军雷达训练设备, 实质上是一个水浴超声模拟器, 用病理组织样品得到了令人鼓舞的结果[93]. 接着他们继续建造了工作在 15 MHz 的二维成像装置, 生成了第一批人体内部结构照片 —— 实际上是完整的女性乳房照片. Howry[94] 在丹佛建造了图 25.16 所示的原型扫描仪, 并继续开发一个 2 MHz 的仪器, 使用这台仪器时病人浸没在水浴中 (拆自一架废弃的 B-29 轰炸机的中央炮塔), 他几乎是赤手空拳地生成了图像[95], 这些图像质量在大约 15~20 年内无人超过. 作为今天超声成像能达到什么水平的一个例子, 图 25.17 是使用微小传感器元件阵列实时工作的仪器得到的一幅扫描图像.

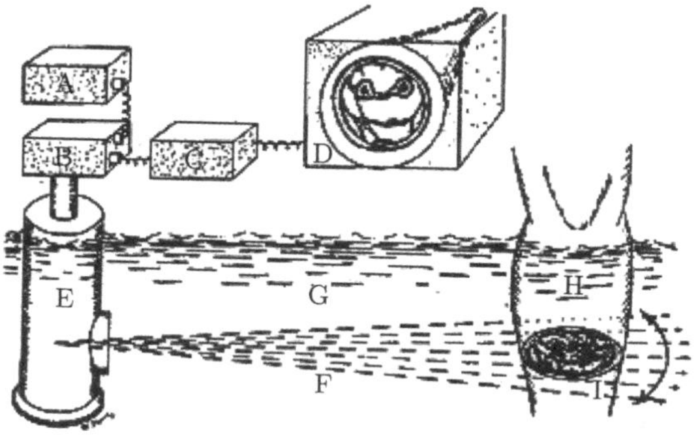

图 25.16 D H Howry 和 W R Bliss 所绘的用于横截面成像的方法的方框图, 载于《实验室与临床医学杂志》[94]. 部件 E 包含一个超声传感器, 它通过扇区 F 机械扫描, 在显示器 D 上产生截面 I 的一个横截面图像. 部件 A 是一个定时电路; 脉冲发射器在部件 B 中, 部件 C 是接收放大器

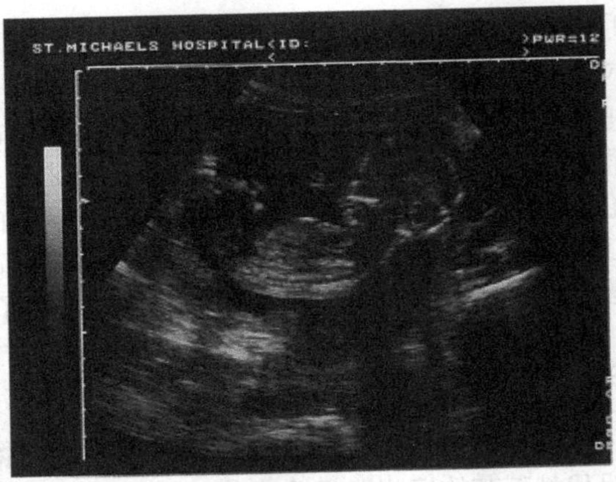

图 25.17　现代的超声扫描显示出子宫中的一个大约妊娠 4 个月的胎儿. 这幅扫描图是用工作在大约 4 MHz 下的一个弯曲的线性阵列实时采集的. 可以看到胎儿的头部, 以及嘴和鼻子, 还有脑部的细节. 还可以分辨出部分脊椎骨及腿甚至部分脚趾

超声诊断学的潜在临床价值的实现应归功于 Ian Donald[96], 当时他是英国格拉斯哥大学产科学的皇家讲座教授. 1955 年他和他的同事在两部汽车上装载了一些纤维瘤和一个巨大的卵巢囊肿出城前往伦弗鲁的一个锅炉制造工厂. 在那里他们用一台工业探伤器的超声探头测量各个样品, 观察显示出的回波. 受到所获得的令人瞩目结果的激励, Donald 开始了与在开尔文休斯公司工作的电机工程师 T G Brown 的富有成果的合作. 这导致了二维脉冲回波超声扫描仪的发展, 在这台仪器里, 传感器保持与皮肤接触, 在传感器扫过扫描平面时使它摆动. 这台仪器曾于 1960 年在伦敦的国际医用电子学大会上展出.

25.11.3　时间–位置记录

虽然解剖结构的二维超声图像给出的信息很快就显示出具有极大的临床价值, 在斯堪的纳维亚进行的平行的研究则得到了迄今无法得到的关于心脏的运动结构的信息. 瑞典伦德的一位心脏病专家 Inge Edler 和他的同事工程师 C H Hertz 表明, 有可能用脉冲回波超声获得心脏结构的时间–位置记录[97]. 许多工作涉及判明回波的解剖学起源和波形特征与心脏瓣膜功能之间的关系.

25.11.4　Doppler 超声检测

同时, 日本的 Shigeo Satomura[98] 证明, 由人体内的运动结构反射的超声波中可以检测到由于 Doppler 效应引起的频移. 一个幸运的巧合是, 超声在软组织中的速度与所用的超声频率 (受到有关超声束生成和衰减的考虑的约束), 当靶器官在体内以生理学速度移动时, 刚巧产生出可以听见的 Doppler 频移. 这意味着, 研究人员可以简单地听到来自运动结构的 Doppler 信号, 使用的探头就好像是一个定向的和非常灵敏的听诊器一样. 在日本人原来的工作中, 假定 Doppler 信号来自心脏壁的运动; 然而很快就认识到, 由血液散射的更微弱的信号也可以检测到[99].

25.11.5 超声成像的新时期

虽然在数字技术的工艺和应用的进展导致的设备性能的改进是如此之大, 使得根本认不出十年前的仪器是今天已经商品化的仪器的先祖, 但实际上只有另外三项发展, 可以认为是属于基础物理学的范畴. 第一项是, 通过脉冲回波方法与 Doppler 方法的结合, 证明有可能根据反射源沿超声束的深度将 Doppler 信号分离出来, 这是由美国的 D W Baker[100]、法国的 P A Peronneau[101] 和英国的 P N T Wells[102] 独立完成的. 第二项发展是, 瑞典乌得勒支的 J C Somer[103] 和荷兰鹿特丹的 Nicholaas Bom[104] 及其同事引入了定相的线性阵列扫描器, 它们可以通过对由稳恒的传感器产生的超声束进行电子控制实现实时的二维成像. 第三个发展是由日本的 Chihiro Kasai[105] 开创的实时二维血流成像, 在这种成像中, 对解剖结构的脉冲回波扫描与横跨整个二维扫描平面的 Doppler 频移的评估结合在一起. 脉冲 Doppler 技术使得有可能在二维扫描图上判明 Doppler 样品体积的解剖位置, 这就可以详细研究外周和深部血管及心脏中的血流特性. 彩色血流成像很快就提供了在复杂解剖情况下检查血液流动情况的能力, 它对操作者的技能要求相对较低, 但所提供的信息更多是定性的.

25.11.6 治疗和手术中的超声

除了用在诊断中外, 超声也已应用于物理疗法和手术中. 20 世纪 30 年代, 特别是在德国, 对于可以感觉到的超声辐射的疗效有极大的热情. 甚至今天, 超声理疗仍广泛应用于处理急性肌肉疾病; 典型情况下, 施加到受伤部位的平均强度为每平方厘米几个瓦特, 脉冲周期在毫秒量级.

在更高的强度下, 超声能造成可能是不可逆转的损伤. 这被应用到手术中. 20 世纪 50 年代在美国印第安纳波利斯, 一位工程师 W J Fry 及其同事[106] 与神经外科医生合作, 为聚焦的超声手术开发了高精度的设备. 使用 1 MHz 超声波的短脉冲, 在移去颅骨后可以在脑部产生无痕迹的损害. 研究工作沿着两个方向进行. 首先, 将超声焦点造成的损伤定位使实验动物脑部的神经通路中断, 并将随后发生的功能改变与神经解剖学联系起来. 其次, 曾试图烧蚀脑中引起疾病例如帕金森病及控制肿瘤生长的部分. 这种方法已经放弃不用, 至少部分原因是已发展出有效的药物.

超声用于外科手术的其他领域包括破坏患有平衡紊乱及相关问题病人的部分内耳, 及喉部疣的治疗. 最近, 由于非线性传播而生成的冲击波已被用于破坏结石而无需开腹手术[107]. 这样的冲击波可以在一个大孔径超声波源的焦点处产生. 冲击波要设计成既有足够的能量击碎结石, 而为了避免损伤传入路径上的软组织又要足够弱.

25.11.7　医学超声的临床前景

今天在一个典型的教学医院中, 要做放射性检查的病人中大约有 12 %是用超声生成图像的. 这是因为超声扫描比别的一些研究方法如磁共振成像和计算机断层扫描的劳动强度小得多, 只占总工作量的不到 10 %. 超声理疗的使用在不同医院之间有更多的变化因素, 取决于工作人员的偏爱程度, 不过可能占工作量的大约 5 %. 超声的手术应用仍然处于初期, 但是, 由于今天把侵入程度最小看得越来越重要, 可以肯定超声将作为一个非常重要的技术出现.

25.12　计算机断层扫描术

25.12.1　核医学中的计算机断层扫描术

数字计算机的出现使得有可能对放射性核素成像和 X 射线成像开发出计算机断层扫描术. 这是医学中高技术成像的开始. 在核医学中这项技术被称为单光子发射计算机断层扫描 (SPECT), 它使得有可能对跨过人体的横断薄层成像. 在 20 世纪 60 年代中期 SPECT 出现 (它直到 20 世纪 80 年代初才变得众所周知并充分应用) 之前, 对人体内放射性分布的观看角度只有来自前方 (前后位或简写为 AP)、来自后方 (后前位或 PA) 或来自侧面 (左侧或右侧) 几种. 在这些视图中, 当视图生成一个肿瘤的图像时, 我们也会检测到肿瘤与探测器之间的正常组织发射的 γ 射线, 在较小的程度上也有肿瘤后面的组织发出的. 图 25.18 表明, 对一个放射性浓度是周围正常组织浓度 6 倍的肿瘤, 图像中的对比度减少到只有 2:1; 但是通过肿瘤的横截面图像会给出 6:1 的成像对比度. 使用背投影进行重建的数学方法最初是由波兰数学家 Radon 于 1917 年在维也纳发展起来的[108], 但是只有在有了数字计算机连同数字成像之后, 这种方法才实际可行. 实际上, 今天可以将人体分为一系列横断的薄层, 检查每一薄层是否有异常, 然后将这些薄层再组合起来 (形成三维图像).

断层扫描由 Kuhl 于 1964 年在美国费城在核医学中首次实现[109], 他用的是模拟技术. 他在雅典举行的国际原子能组织举办的扫描学会议上向全神贯注的听众展示了一部表示计数器运动的影片和他早期的临床影像. 第一台用于核医学计算机断层扫描的数字系统 (如图 25.19) 在 A R Bowley 的统筹下由阿伯丁的研究小组从 1967 年到 1969 年建成, 并立即在临床环境中被应用于癫痫的诊断 [111], 由成像提供一个明确的诊断证实那些不总是清晰明确的症状迹象. 以前可能从没有想过放射性同位素会成为对抗精神紊乱的一个步骤. 4 年后, 断层扫描被 Hounsfield 成功地应用于 X 射线.

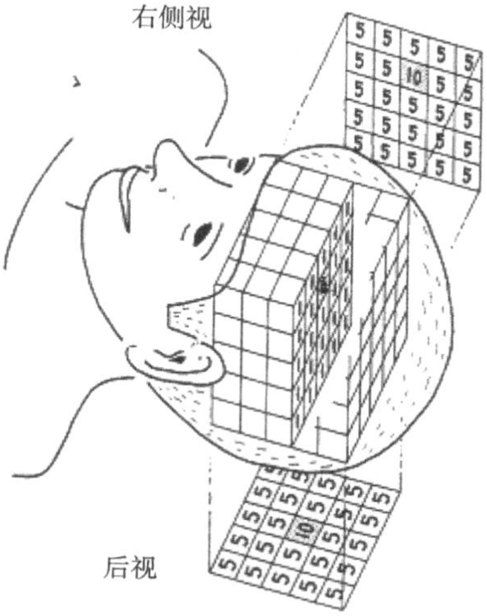

图 25.18 一个放射性浓度为周围正常组织 6 倍的"肿瘤"示意图. 从前方或后方, 以及从两侧观察 (这就是通常的核医学中用直线扫描器或 γ 相机成像的情况) 到的对比度只是 2:1. 但是, 如果能够得到一个包含肿瘤的横截面的图像, 图像对比度将会是 6:1

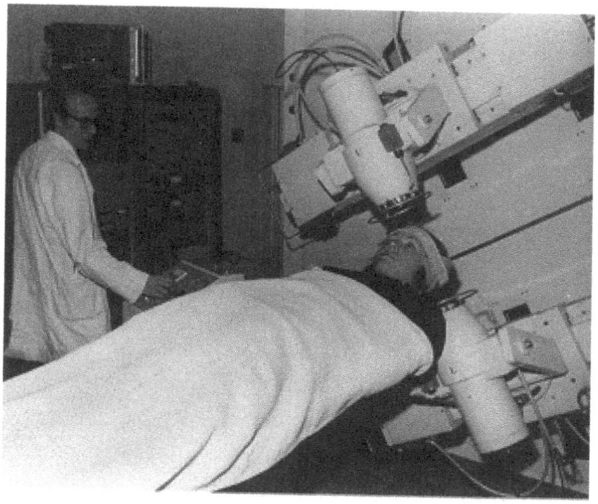

图 25.19 阿伯丁 1969 截面扫描仪. 可以看到: 一对面对着的闪烁探测器安装得可以跨过病人在两个方向上运动; 两个闪烁探测器都安装在一个可以围绕病人步进转动的台架上

对于核医学, 实质上是两个面对着的闪烁计数器在病人的两侧水平移动, 而它们的轴线则以 15 度角的步长旋转 (通常转动角越小, 提供的计算机重建越真实), 接着是下一次水平扫描, 这种运动序列称为平移–转动. 于是, 探测器在围绕病人的一系列角度上对放射性的分布采样, 采集同一横截面上不同方向的一系列线性投影. 计数率剖面图在计算机中背投影并相加, 每个方向上的视图都将肿瘤的热点相加, 而更加随机的背景则被平均掉, 从而增加了肿瘤的对比度. 从计算机得出横截面图像上每个像素的计数. 重建像中的高背景及其造成的图像的模糊的问题, 可通过在 Fourier 空间应用一个斜面滤波器来解决. 还需要做人体组织中的衰减率修正.

在常规的 AP 和侧向检查中看得不是很确定的肿瘤, 可以在 SPECT 检查 (图 25.20) 中清楚地检测到和定位. 它改进了肿瘤对正常组织的对比度, 使得将 CT 检

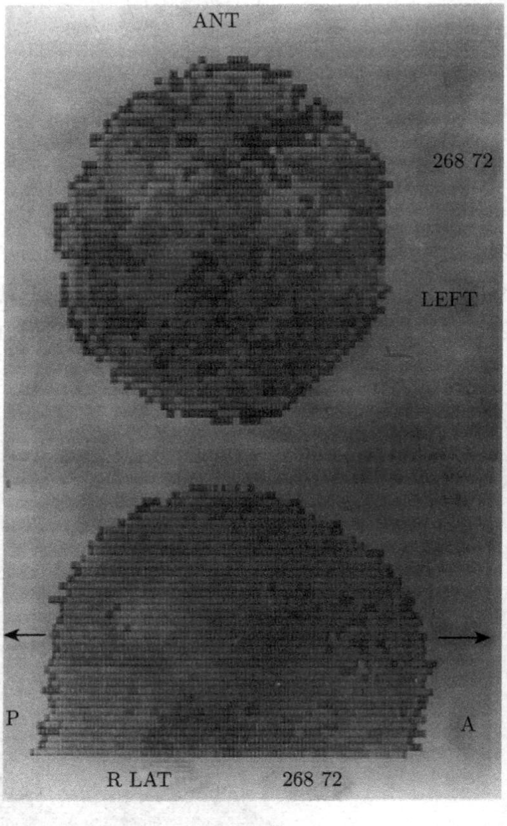

图 25.20　一个脑肿瘤病人的鍀 99m(高锝酸钠) 脑部图像, 肿瘤在横截面 SPECT 图 (上图) 上看得很清楚, 但在常规的侧面图 (下图) 中很难看出. 在 SPECT 检查图中, 可以看到肿瘤在脑部深处 (中心下面的较暗区域), 它与在头部边缘附近看到的放射性高浓度区 (图像左边的暗区) 明显分开, 后者是 6 个月前切除肿瘤的外科手术留下的疤痕组织, 现在看到的肿瘤是复发. 在常规检查中, 疤痕组织的放射性与肿瘤上的放射性叠在一起, 因此不能确定看到的是什么. SPECT 检查大大提高了诊断的确定度

查加入诊断检查后，对脑部损伤的检测率从 85 %增加到 92 %. 对那些迄今仍不能做出确定诊断的疑难病例的诊断也得到了改进 (这些病例诊断的准确性提高到 4 倍). 这个扫描仪, 及其建造于 20 世纪 70 年代中期的 γ 相机型式[112], 在一些年里曾是阿伯丁检测脑部损伤的优选方法, 在那些具备这项技术的其他医疗中心也是如此. 20 世纪 70 年代后期已有商业产品出售. 当 X 射线断层扫描 (X-CT) 在 20 世纪 80 年代初期出现在阿伯丁时, 由于它对图像中的细节多有改进, 成了检测脑部损伤的优选方法. 到 1973 年, 极大地增强了对横向 SPECT 检查的信心, 更精确得多的放射性治疗方案开始由 CT 同位素扫描来勾画靶区 (这个过程现在常规地由 X 射线 CT 图像来实现, 或越来越多地用 MRI 图像实现).

旋转的 γ 相机系统使得有可能对多个截面同时成像. 原则上也可能对穿过轴的一组截面中所在的其他角度的平面成像, 从而有可能由它们来显示 3D 图像. 旋转 γ 相机的商业产品很快就上市了.

一个典型的现代 γ 相机是全数字化的, 有一个直径 15 英寸的铊激活碘化钠探头, 有 91 个光电倍增管检测这个探头 —— 而第一台 γ 相机只有 5 个光电倍增管. 现代 γ 相机给出的图像是优质的 (如图 25.21).

在发展直线扫描仪、γ 相机和 SPECT 系统的时期, 许多注意力都集中在成像装置性能的测量上. 1964 年国际辐射单位和计量委员会主持的一个重要报告[113]导致线性扩展函数和调制传递函数得到普遍采用. 在放射性同位素成像的早期, 观测者很难在噪声背景中发现 “肿瘤”, 相当大的兴趣集中在发展评价图像的方法上. 发展了基于二元判定或受试者–操作者特性 (ROC) 的心理生理学技术, 这些使真实评价一种特定成像步骤的临床效果成为可能. 国际辐射单位和计量委员会报告委员会主席 Sharp 在文献[74] 和最近的报告[114] 中对这个重要领域做了很好的总结.

SPECT 技术与已经发展起来的更新的放射性药物一起, 已经对病人的治疗产生了重要的影响. SPECT 对用新的成像剂如鎝 99m[HM-PAO] 和碘 123[IMP] 进行脑血流成像是绝对必要的, 而且是用铊 201 做心肌成像的优选方法. 用鎝 99m 标记的骨亲和剂 (MDP, 亚甲基二膦酸盐) 被用来检测和定位肋骨、骨盆、臂和腿的长骨、脊骨和颅骨中的恶性骨肿瘤, 包括从原发肿瘤转移到身体其他部位如乳腺和肺部 (图 25.21) 形成的继发恶性肿瘤. 由于其结果对病人的治疗有重要的影响, 这已经成为核医学提供的最重要的常规检查之一 (在阿伯丁每年有超过 2000 人做这种检查). 典型的临床工作量是, 一个 50 万人口的城市, 每年要做 7000 例检查: 大约有 20 种不同的检查, 其中大约一半包括 SPECT 检查. 这是全球一流的教学医院和发达国家中较好的综合医院的典型情况. 预计这个领域当前的扩展将会继续, 到 1997 年, 核成像产品的总市场值计划将增长 50 %, 到 4 亿美元.

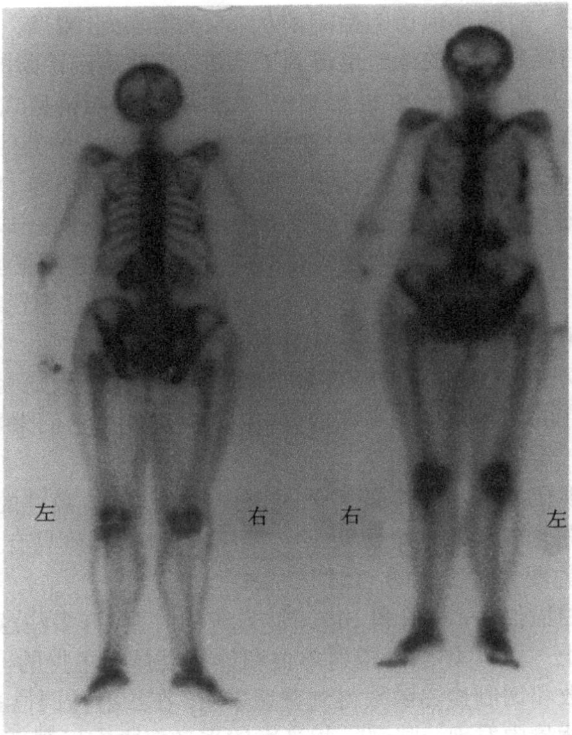

图 25.21　现代的 γ 相机得到的图像. 这是用由骨亲合剂鍀 99m 标记的二膦酸盐得到的. 可以清楚看到骨架中的骨头, 及分布在肋骨、脊椎骨、颅骨和肩部等处的继发恶性肿瘤中的增强的放射性 (暗区), 这些肿瘤都是从乳腺中的一个原发肿瘤转移而来. 这些图像都是常规的 AP 和 PA 图, 不是断层扫描

在 25.10 节中曾看到, 在很早期曾经用探测正电子湮灭发出的辐射来定位脑部肿瘤. 这项技术由美国圣路易斯的 Ter-Pogossian[115] 发展成一种强有力的临床研究手段, 称为正电子发射断层扫描 (PET). 在早期装置中, 将成排的碘化钠晶体和光电倍增管排列成六角形, 做平移–转动运动, 相对着的晶体探测两个湮灭光子. 计算机重建的图像会显示探测器运动平面中的核素分布. 在更新的装置 (NeuroECAT III) 中, 8 个由 320 块锗酸铋晶体构成的环作摆动, 给出空间分辨率为 6 mm FWHM(半极大值全宽度) 的 15 个层面图像. 使用的是短寿命的放射性核素 (碳 11, 半衰期 20min; 氮 13, 10min; 氧 15, 2.1min; 氟 18, 1.8h)①, 所有这些核素都能够在特别开发的快速的合成过程中引入到范围广泛 —— 最近计算超过 400 种 —— 的生化药剂中. 同位素由现场的回旋加速器生成, 第一台于 1953

① 原文将氟 18 写为 Fl-18, 有误. —— 译者注

年安装在伦敦的哈默斯密斯医院, 许多用 PET 做的先驱性临床工作都是在这里做的.

许多 PET 临床工作与脑部成像有关, 特别是在中风、癫痫、精神分裂症和各种形式的痴呆如早老性痴呆等病症的神经病学/精神病学研究方面. 随着使用 PET 进行的研究及使用 SPECT 的个别诊断的进展, 看来将来有希望有某种治疗形式. 还有, 令人非常兴奋的是, 洛杉矶的 PET 研究小组提出了研究大脑自身功能的方法: 当志愿者看、听、思索、回忆及使用不同肌肉时, 能够用碳 11 标记的葡萄糖对动态浓度聚集的大脑区域成像①.

全球还只有约 100 台 PET 成像仪, 主要是因为与成像仪和回旋加速器有关的经费困难, 但是近来对这方面工作的兴趣有很大的增长.

25.12.2 X 射线计算机断层扫描

在两次世界大战之间, 为实现纵向截面的 X 射线断层扫描成像做了许多努力, 如通过在身体两侧向相反方向横向移动 X 射线管和探测器, 使除感兴趣的平面之外的所有地方的图像模糊. 不过, 在放射学中, 断层扫描 (tomography, 来自希腊语 tomos, 截面) 一词现在专指计算机轴向断层扫描 (CAT, 现在常用 CT), 它是由伦敦的 EMI 公司的 Godfrey Hounsfield 在 1972 年英国放射学会大会上首次宣布的[116]. CT 被称为是自 Röntgen 发现 X 射线以来放射学向前迈出的最大一步. Hounsfield 与其合作者 Cormack②分享了 1979 年诺贝尔奖, Cormack 完成了放射学中这场重大革命的理论研究. 第一台用于头部扫描的 EMI 断层扫描仪在 1973 年有商品出售, 而用于身体扫描的在 1975 年前上市. 对对比度的重大改进使得可以第一次用 X 射线看见一些软组织器官的细节, 放射医学界对这种扫描仪有巨大的需求. 不同厂家生产了几种类型的 CT 扫描仪, 包括单检测器的和用于单一层面的多检测器阵列的平移–转动型式、X 射线管和检测器在一段圆弧上转动的型式、检测器环和各种混合系统. 由于强力的商业开发和专利权保护, 以及在放射学家与跨国医学 X 射线公司之间已经存在的直接信息联系, 一般说来, 医院物理师没有在引入 X 射线 CT 中起重要作用, 然而这个领域中最好的评论和专著是医学物理师写的[117]. 现在物理学家在放射医学部门中扮演更重要的角色, 部分原因是 MRI 在放射医学中的迅速采用, 医院物理师对于降低 CT 检查时病人受到的过量辐射剂量是有帮助的.

① 是指这些运动引起大脑神经兴奋或大脑被激活的区域代谢增强, 因此此处的 C11 浓度增加. 并以此来确定大脑负责各种运动的区域. —— 译者注

② 作者此处将 Cormack 称作 Hounsfield 的合作者似不妥当. Geofrey Hounsfield(1919～2004) 是英国电气工程师, 1971～1975 年发明 X 光计算机断层扫描仪. Allan McLead Cormack(1924～1998) 是南非裔美国物理学家, 他于 1963～1964 年发表两篇有关计算机断层扫描原理的文章. 二人因对 CT 技术的独立贡献于 1979 年分获诺贝尔医学生物学奖, 实际上二人从没有合作过. —— 终校者注

25.13　核磁共振 (NMR) 成像

磁共振成像应用于医学是在 20 世纪 60 年代初首先想到的. 当时, 电子自旋共振 (ESR) 正在对生物化学和药理学等领域中的前沿研究做出贡献. 测量正常组织和恶性组织中自由基发出的 ESR 信号[118], 显示出肿瘤发出的信号强度与正常组织的不同. 因此这里有肿瘤和正常组织之间的一个固有的天然对比, 如果能够建造一个扫描仪来显示来自人体的 ESR 信号阵列, 就将能够 “看见” 肿瘤而不需要注射放射性物质, 也许还能看到其他东西 —— 自由基是与组织损伤联系在一起的. 1965 年, 在英国哈罗加特举行的首届国际医学物理学大会上报告了这个潜在的新成像技术[119]. 但是, ESR 成像呈现出巨大的困难, 因为需要的频率太高, 并非常容易被含水组织吸收, 使它不能充分地穿透人体; 更糟的是, 它被大量散射, 使得体内任何初始的自由基对比度当信号在体外检测时几乎消失.

20 世纪 70 年代初, Damadian[120] 开始测量组织样品中水的质子的核磁共振参数 T1, 即自旋–晶格弛豫时间. 他报导了恶性肿瘤组织比正常组织有更大的 T1 值, 他建议可以用这一差异作为某种形式的成像的基础. T1 的这一差异, 虽则很小, 随后得到阿伯丁小组的证实[121], 他们指出这个差异与组织中的水含量有关, 大约有 10 % 的变化. 由于对一个给定的恒定的磁场强度, 质子的磁共振发生在比 ESR 低得多的电磁频率上, 因此 NMR 成像要更切实可行得多. 进一步的测量表明, 例如肝脏的 T1 是纯水的 T1(在 24 MHz 下为 3.5 s) 的十分之一; 脾的 T1 值要大 60 %; 而脑组织中白质的 T1 值比灰质的 T1 值小 40 %[122]. 这提示我们, 通过 NMR 成像有可能显示不同的器官, 区分脑灰质与白质 —— 这是用成像方法还一直做不到的, 还有可能显示出肿瘤和炎症 (由于高含水量, 炎症 T1 很大). 有可能预言一个兔子的 T1 图像可能是什么样的 [123], 甚至预言性地画出了一幅人的截面图[122].

1973 年, Lauterbur[124] 提出了一个生成 NMR 像的方法. 这个方法是, 让样品跨过一个磁场梯度, 使样品的一边比另一边处于更高的恒定场强之下, 因此质子以更高的频率进动. 于是 NMR 信号的一个频谱就将信号强度对样品上的位置进行编码: 将在围绕样品的一系列角度上得到的几个频谱组合起来, 通过计算机断层扫描就可以重建出一幅图像, 这是当时人们都知道的. 1974 年 3 月, 用这个方法在阿伯丁获得了世界上第一幅基于 T1 的动物图像[125](图 25.22). 医学诊断工作需要一个这样的成像仪, 它既可对躯干又可对头部或肢体成像, 显然它需要一个体像素 (voxel) 一个体像素地测量弛豫时间. 因此与大多数其他研究团队相反, 阿伯丁小组决定建造一个可以对 T1 成像的整个人体成像仪. 其他团队也在探索磁共振成像, 特别是在诺丁汉大学, 那里有三个研究小组 —— 一个由 Andrew 领导, 他在 1977 年得到了第一幅手腕的像[126]; 一个由 Mansfield 领导 (他的研究小组于 1974 年取得了用于选择性激发及限定一个层面的 90° 脉冲方法的专利[127], 随后他专心研究回波平面的快速脉冲序列[128]; 一个由 Moore 领导, 他在 20 世纪 80 年代初建造了一个全身成像仪[129]. 在伦敦 GEC 公司 (它已经接管了 EMI 集团公司的医学成像计划) 由 Young 领导的一个研究小组于 1978 年首次对人体头部成像[130], 纽约的 Damadian 研究小组于 1977 年首次得到了人体胸部的截面图像[131]. 在英国医学研究理事会的基金支持下 (1976 年前未提供基金), 在阿伯丁建造了一个原型机. 它具有一个空气冷却的 4 线圈电磁铁 (超导磁铁当时还未完全成功), 恒定的磁场为 0.04 T, 这是与达到必需的磁场均匀性要求相容的最高可能值[122,123](图 25.23). 1975 年, Hutchison 为了获得 T1 加权的图像引入了反转–恢复脉冲序列[132], 到 1979 年, 通过直线扫描技术获得了一些志愿者 (包括笔者在内!) 的图像, 这些图像具有可以辨认的形状, 并显示出一些体内解剖结构, 但是也受到了由于身体运动例如心跳引起的严重的伪影影响, 使得这些影像不能用于医学目的[123]. 这些伪影一直到 1980 年初才被消除, 当时首次引进了 2D Fourier 变换方法, 俗称 "自旋翘曲" 成像[133]. 一个质子密度的脉冲集合给出了整个穿越病人的横截面上的质子浓度分布的图像, 穿插着一个 T1 脉冲序列, 给出病人的同一片横截层面的另一幅图像, 逐个像素地显示整个平面上的 T1 分布.

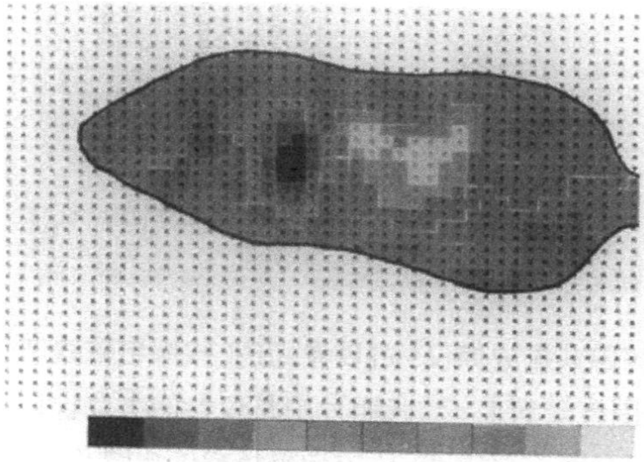

图 25.22 第一幅一只老鼠的 NMR 图像[125], 它显示了弛豫时间信息. 老鼠的轮廓由 NMR 强度信号示出, 此信号与逐个像素中的质子密度 (浓度) 相联系; 通过对每个像素着色 (原来是彩色的) 以显示遍及动物厚度的 T1 平均值对它的肝脏 (白色) 和脑部在体内定位. 令人兴奋地是, 折断的颈部 (必须处死它以确保在一个小时的图像数据采集期间内动物完全静止) 周围的水肿造成的长 T1(黑色) 被显示在像中, 因此第一幅图像就已显示出病理结果. 这也是第一幅定量的 T1 图像. 由于只是用单色复制, 影响了这幅图像的质量

自旋翘曲技术是真正的突破. 在一段时期对志愿者成像之后, 第一位病人于 1980 年 8 月 26 日进行成像. 获得了对临床直接有用的具有惊人的解剖学细节的现实图像[134](图 25.24): MRI 成功了并在临床中令人兴奋! 这台仪器很快就得到充

分使用来检查病人, 很快就发现, 除了肿瘤以外, 它还可以极好地检测许多疾病, 例如多发的硬化症 (图 25.25), 现在 MRI 是其首选方法. 显然, NMR 成像给出了各个软组织之间极好的对比度, 这个特性是其他成像技术所不具备的. 用这台仪器在 2 年半的时间里为超过 900 名病人成像, 有许多篇描述世界首次系列临床应用的论文发表[135,136]. 阿伯丁研究小组然后建造了一台空间分辨率更好的机器, 从 1982 年到 1992 年为超过 9000 名病人成像[137](这两台机器现在分别在伦敦的科学博物馆和苏格兰的皇家博物馆中), 它成为在日本生产的一种商品化机器的基础, 这种机器现在做了大量改进, 具备了永久磁铁.

图 25.23 阿伯丁 MK1 核磁共振成像仪. 可以看到: 4 线圈电磁铁产生一个强度为 0.04 T 的垂直恒定磁场, 磁体中是围绕着病人 (这张照片中是仪器的主要设计人 J M S Hutchison 博士) 的圆柱形框架, 其上缠绕着 X 方向和 Y 方向磁场梯度线圈及射频 (RF) 线圈

从 1978 年起, 医学影像公司如 Technicare 对此有了兴趣, 伦敦的 GEC 公司于 1981 年在伦敦的哈默斯密斯医院安装了他们的原型机 "海王星"(牛津仪器公司制造的一台超导磁体提供了 1500 高斯的磁场). 这一追求更高的磁场强度, 从而有更大的信号强度的趋势, 使得能够用更小的像素以提供更好的空间分辨率: 这正是放射医学家所要的, 其图像可以媲美 X 射线照片的精细细节. 超导磁铁还给出了更好的稳定性: 它们很快被互相竞争的多国公司采用. 到 1984 年, 已可达到 1500 高斯到 5000 高斯的磁场, 首次能够看到软组织脑结构的奇妙细节 (图 25.26), 主要的跨国公司开始一个接一个投入超导磁铁成像仪的生产, 它能给出高到 1 T 和 1.5 T 的磁场, 但是的确非常昂贵, 价格一度高达 100 万英镑, 而且它还需要专门建造的

房间和高额的结构安装费用.

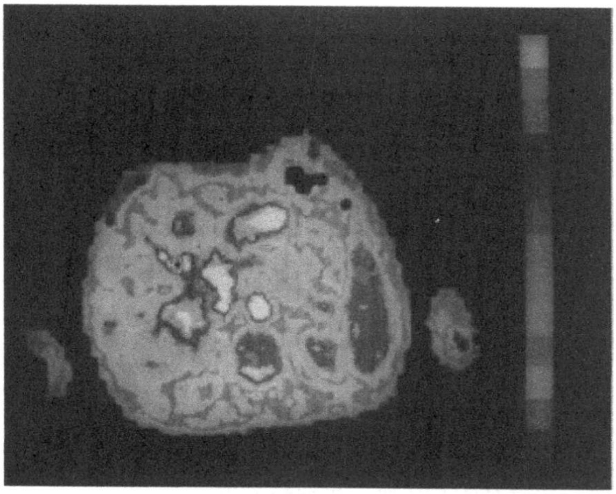

图 25.24 世界上第一幅对临床有帮助的 NMR 图像. 这是一个原发食管癌病人的腹部图像, (由于它的 T1 比周围组织更长而成像在胸截面上); 可以看到在非常肿胀的肝脏 (T1 = 140 ms) 中大面积继发的恶性肿块 (白色区域, T1>500 ms); 也可以看到脾脏 (右侧暗的椭圆形) 和脾脏动脉; 大动脉和脊柱 (截面内); 脑脊液以及在脊柱上的一个继发恶性肿块, 这是迄今没有想到的, 并被随后使用的核医学所证实 [134]. 身体外边的两臂也能看到. (这幅图像由于仅用单色复制而影响了质量)

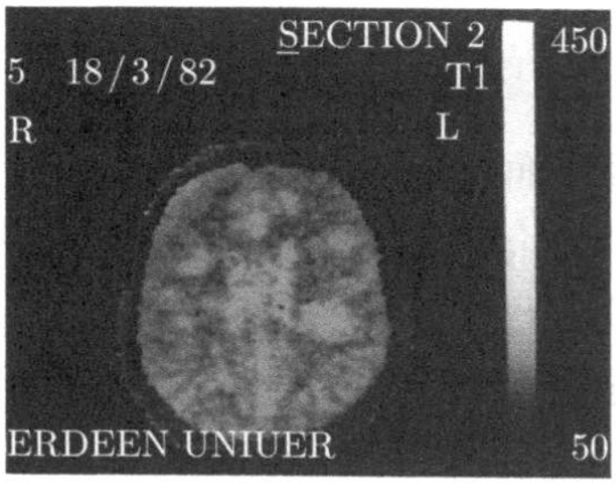

图 25.25 一个患有多发性硬化病的病人, 横断其头部的一个截面的早期图像. 疾病将脂肪样 (低 T1) 的髓鞘移出神经组织, 因此有病变的地方其 T1 值较高, 那些区域在图中看来像是白色的团块. MRI 现在是诊断多发性硬化症和其他功能性大脑病症的首选方法

在美国和富裕国家里对这种成像仪的需求很大, 但在英国和更穷一些的国家里的需求则低得多! 到 1985 年, 在美国、日本和德国有几百台成像仪在使用中, 然而英国仅有 10 台. 由于只有大的跨国公司才可以操控巨大的财力和人力资源, 研究实验室里的大学团队逐渐撤出了对 NMR 成像的进一步开发. 在全世界熟练的临

床小组的掌握下, 将这种新的成像技术应用于范围广泛的临床问题.

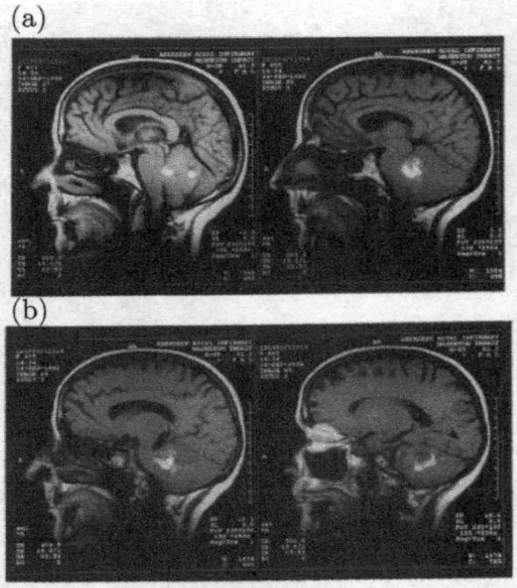

图 25.26　在一台 1.0 T 磁场的商品机器上得到的现代 (1992 年) 脑部图像. 这是穿过一个带有水肿的小脑肿瘤 (白色区域, 中央偏右侧) 的四幅相邻的矢状层面图 ((a) 中 2 幅, (b) 中 2 幅). 图中软组织的细节是惊人的, 连同颈部和脊柱观看脑部截面的能力是这项技术最有价值的特征

到 1991 年, 全世界有好几千台机器, 到 20 世纪末, 预计英国将超过 200 台. 使用超导磁体早期遇到的问题, 例如过多的杂散磁场, 已经被克服了; 冷却剂重灌的频率现在是一年一次. 全世界一年安装大约 2000 台仪器, 这是一个每年超过 15 亿美元的市场.

通过改变磁场梯度的方向, 可以得到体内任何角度的平面的图像 (放射医学家通常取三个垂直的平面: 冠状面、矢状面和横切面, 这是在其他的医学成像形式中无法实现的. 1985 年, 将 1980 年首先用在磁共振谱 (MRS)[139] 中的接收线圈引进到身体表面, 使得在信号强度上有重大的改进, 可以看到更精细的细节. 表面线圈现在被常规地用于眼睛、肢关节和脊柱的成像, 利用双侧乳房线圈的乳腺造影正在变得流行.

MRI 是研究大脑及脊髓紊乱的最有效的方法[139]. 在一张矢状面图像上能够看到头部和颈部是特别有价值的, 是任何其他成像技术不可能做到的. MRI 正在取代在肌肉与骨骼的诊断中更具侵入性的检查方法, 其首要应用是在肿瘤学、儿科学和心血管系统中. 它在许多别的临床专业包括眼科学、内分泌学和耳鼻喉科学中的作用正在增强. 它对病人非常安全, 可以安全地重复检查而没有可以证实的副作用; 而且它不使用在带来利益的同时也能造成损伤的电离辐射. 它正在替代别的昂贵的、效率更低、侵入性更重的检查方法. 在某些检查中它正在替代 X 射线, 特别是血管造影术 (动脉和静脉血管的可视化), 也正在代替一些 X 射线 CT 研究. 它正在显示出对脊柱和腹部成像特别有用, 在那些地方克服人体组织运动的方法特别有帮助. 血液从成像平面流入/流出造成的信号空白用来对血流成像, 也使用其他技术, 如飞行时间法和相位对比法, 这使血液速度的测量与用超声测量一样精确. MRI 也正越来越多地用于分析运动紊乱. 现在全球已经对几百万病人做了成像, 每天完成大约 25 000 幅图像.

如同我们已看到的, MRI 是一项用途很广的技术, 它具有很不相同的几种产生图像对比度的天然机制, 它们是: 两个弛豫时间 T1 和 T2, 质子密度, 运动及其他. 这些参数在不同的正常组织中和病变中都是不同的, 因为水的含量与参与生命或疾病过程的生物化学成分和大分子有关[140]. 流动提供了另一种对比度. 还可以注射顺磁性的对比增强物质, 改变质子和细胞成分的磁矩, 在一些病理条件下增加成像的对比度: 为此用了稀土金属例如钆的化合物 (1988 年引入), 已报导了它对临床精确度的改进. 已经开发出非常快速的脉冲序列, 以在毫秒时间内给出图像, 和跳动的心脏的实时影片. MRI 技术对血流、扩散或相对氧化 (利用氧合血红蛋白与脱氧血红蛋白在顺磁性磁化系数上的天然差异) 的敏感, 预示着其脑活动功能图具有比 PET 更好的空间和时间分辨率.

现在的磁场强度正慢慢从几乎在 20 世纪 80 年代末成为标准的 1T 或 1.5 T、具有 15 $mT\cdot cm^{-1}$ 磁场梯度的机器向低调整, 这是因为, 虽然这样的磁场提供了很好的空间分辨率, 但是肿瘤及其他异常物的对比度并不总是像预期的那样高, 运动伪影和其他损失带来的临床问题更为重要. 下一代机器使用更低的磁场, 但是增加了脉冲序列的多功能性并具有更快的成像时间. 这些机器实际上提供了与磁场更高的机器几乎一样多的解剖细节 (图 25.26). 在早期机器得到单个层面的时间里, 现在可以获得多个层面, 这已成为现在的标准, 因此身体可以分段地看到. 这是为实现 3D 成像的一个自然发展.

最近的一个趋势是开发计算机程序, 将不同的成像模式给出的病人同一截面的图像 (例如显示特定组织功能的 PET 或 SPECT 图像, 与显示骨骼结构在何处的 X 射线 CT 图像, 或显示软组织、神经、血管和肿瘤的位置的 MRI 图像) 融合 (不是简单的叠加) 在一起. 融合的图像必须顾及由不同成像模式引起的不同的几何变形. 这种融合在头部最成功, 头骨的明显标记可以被用作定位点, 外科医生正在学习用它们作为手术中的指导, 全息图正用来向外科医生显示 3D 图像.

虽然 MRI 已经成为精致描绘脑部解剖学的首选方法, 但是总是允诺提供生化信息的 MRS, 尽管经历了十多年的努力, 却从未成为过常规有用的临床检查. 在 20 世纪 80 年代后期变得很普通的 1.5 T 机器既能做 MRS, 又能做很高空间分辨率的 MRI. MRS 很花时间, 而且在活体内测得的谱很难得到解释, 部分是因为灵敏度降低及代谢物的浓度低. 一个典型的成像体像素中活体组织的巨大复杂性把 MRS 当作揭露它的秘密的钥匙, 但是它仍是一种研究手段, 还需要在日常的医疗活动中证明其价值. 正在开发 1 m 孔径的 2 T、4 T 甚至 10 T 的系统.

虽然除了质子以外还可以用别的原子核实现 MRI, 但是这些原子核目前还只是一种研究手段, 更大的兴趣在氟 19, 因为用液态的全氟化碳可以在血管中得到它的高浓度, 就像在人造血液中所用的那样.

未来将会看到在低磁场强度下用超导量子干涉器件 (SQUID) 获得的图像的改进更多的细节, SQUID 将使噪声降低 100 倍. 新的磁铁设计将使便携式的床边成像仪成为可能; 用于立体定位外科手术的 3D MRI 将成为常规; 对血管斑块及其他失调进行普查的时代将会到来; 将会开发出新的造影药物 (对比增强剂), 它们是目的导向的搜寻体内异常组织的特效药物; 同时使用 MRI 和 MRS 来研究并最终控制退化性神经疾病如多发性硬化症 (MS) 和痴呆症的新浪潮将要开始; 甚至人的活体的自由基成像的概念也将取得成果 (利用 Oberhauser 效应 —— 已经得到了通过老鼠肾脏的自由基的图像[141], 一台用于人体全身自由基成像的机器现在正在建造中).

25.13.1　其他医用成像技术

医用成像还包括一些新技术, 这些新技术要么开发得还不够, 没有在临床上常规使用; 要么只起一些非常特殊的作用.

热成像术给出一幅皮肤温度分布图像, 它是用一个被冷却的半导体光子探测器对人体发出的红外辐射成像得到的. 它正被用于评估风湿性关节炎, 它早期在乳腺肿瘤筛查上的应用已不再具有临床价值.

电阻抗断层成像产生体内组织电阻抗的 2D 或 3D 图, 也许会令人吃惊的是, 它扩展了至少两个数量级. 这需要解决由电流注入引起的皮肤表面电势的测量的逆问题. 目前其空间分辨率相当差: 在表面上最好, 而在体内只是病人直径的大约 10 %. 最有希望的结果出现在动态功能上, 如胃的排空和肺换气.

生物磁成像检测生物学功能的电活动 (特别是大脑和心脏中的) 产生的微弱磁场. 它们可以用 SQUID 检测到, SQUID 用作梯度计以检测身体外的 0.2 ～ 50 pT 的磁场. 典型地, 已经用了由 37 个 SQUID 排成的阵列, 而且脑部成像系统现在已有商品出售. 脑磁描记法能够实时产生惊人的脑功能动态图像: 例如, 可以看到, 耳朵听到的一个声音信号引起的活动如何到达大脑听觉皮层, 然后继续到达大脑的其他部位以求得解释. 和这些动态图像相比, PET 和 MRI 图像显得过于静态, 即使他们也许有很漂亮的空间细部.

透照摄影术, 或光学透射成像, 可以用来对可及结构进行成像, 方法是观察相反一侧由红外线照明所产生的影子. 一些生物学材料如血红蛋白是强的吸收体. 主要问题来自散射的光子, 它们降低了对目标的检测能力. 透照摄影术已被评为可用于乳腺癌的筛查, 但是已经发现, 出现的假阳性高得无法接受.

25.14 结　语

本章回顾了 20 世纪物理学在医学中的主要应用的发展经过. 这个领域内最引人注目的进展也许用图 25.3 能够最好地说明, 这个图显示了电磁波谱和它的每一部分在医学中的各种用途. X 射线和 γ 射线区段从 20 世纪开始就被用于 X 射线成像和放射治疗. 图 25.27 是在汉堡为纪念辐射工作者先驱设立的纪念碑, 他们可能在辐射的影响得到更清楚的认识之前死于剂量过度的辐射. 核医学是更晚近的发展, 它也是以 γ 射线为基础的. 超声现在是放射医学的一部分, 所有的影像检查中大约有五分之一使用超声. 20 世纪中期没有在医学中使用的射频波段, 现在在磁共振成像 —— 当代放射学的前沿中得到使用. 几乎波谱的每一波段现在都在医学中日常使用, 所有这些都是在医院中工作的物理学家与医务工作者并肩努力的结果.

图 25.27　汉堡纪念献身于辐射研究的烈士的纪念碑

因此, 现代的医学物理学家现在必须关心所有这些物理学领域, 世界各地的医院中每天都在应用这些领域的成果. 一个世纪以前医学物理学尚未作为一个专业存在 —— 现在它在每一所一流医院中茁壮成长, 在全世界有超过 20 000 名从业者. 文献 [142] 中讲述了从 20 世纪 50 年代以来有关国际组织的诞生和发展 —— 国际医学物理学家组织 (IOMP)、国际医学和生物工程学联合会 (IFMBE) 和欧洲医学物理学联合会 (EFOMP), 它们组成了国际医学物理学和医学工程科学联合会 (IUPESM). 医学物理学家们确信, 物理学、电子学和计算科学的所有这些应用都派上了正当的和精确的用场, 他们的研究和创新是为了改善全世界人类的健康. 可以确信, 还会有新的领域到来. 正如一个世纪以前的物理学家无法预见我们现在所拥有及正在做的一切, 我真希望我能是墙上的一只苍蝇, 看看下一个世纪将给我们带来什么!

致谢

我深深感谢在本章开头提到的我的同事们, 他们体贴地帮助我写出了所列举的那些重要的各节. 我还非常感谢 John Laughlin 教授, 他关于医学物理学在美国进展情况的评注对我是极有帮助的. 还有 John Haggith 博士、Meg Hutchison 博士、Alan Jennings 博士、Harold Miller 教授、Norman Ramsey 先生和 Peter Sharp 教授, 他们的注释和评论也极其有用. 我还利用了 R F Mould 博士的两部有趣的著作[1], 特别是 20 世纪早期部分的内容. 我深深感谢阿伯丁大学生物医学物理学和生物工程学系的 Raymond Hutcheon 先生帮助复制了插图.

(喀蔚波译, 秦克诚校)

参 考 文 献

[1] Mould R F 1980 A History of X-rays and Radium (Sutton: IPC)
又见 Mould R F 1993 A Century of X-rays and Radioactivity in Medicine (Bristol: Institute of Physics)

[2] Mallard J R 1967 Medical physics-what is it? Hybrid tea-numerically scanning clockwise Aberdeen Univ. Rev. XLII 12-29

[3] 对诊断放射学的辐射物理的详细介绍, 参见 Meredith W J and Massey J B 1972 Fundamental Physics of Radiology (Bristol: Wright) 或 Hine G J and Brownell G L 1956 Radiation Dosimetry (New York: Academic).

[4] Mould R F 1980 19th century skiagrams Hosp. Phys. Assoc. Bull. (Supplement) September

[5] Miller H 1982 A Brief History of Medical Physics in Sheffield 1914-1982 (Dept Medical Physics and Clinical Engineering, University of Sheffield)

[6] Christen F T 1913 Messung and Dosierung der Röentgenstrahlen (Hamburg: Graefe

und Sillem) (abstract in 1913 Arch. Roentgen Ray 18 280)
[7] Lindsay D D and Stern B E 1953 A new tissue-like material for use as bolus Radiology 60 355
[8] Jones D E A and Raine H C 1949 Br. J. Radiol. 22 549
[9] Compton A H and Allison S K 1946 X-rays in Theory and Experiment (New York: Van Nostrand)
[10] ICRU 1928 International x-ray unit of intensity ICRU Report 2 (Bethesda, MD: ICRU)
[11] Mayneord W V and Lamerton L F 1941 A survey of depth dose data Br. J. Radiol. XIV 255-264
[12] 1953 Central axis depth dose data Br. J. Radiol. Supplement 5
[13] Johns H E and Cunningham J R 1971 The Physics of Radiology 3rd edn (Springfield, IL:Thomas)
[14] Ellis F and Miller H 1944 Br. 1. Radiol. XVIL 90
[15] Paterson R and Parker H M A dosage system for gamma-ray therapy Br. J. Radiol. 7 592
[16] Meredith W J (ed) 1967 Radium Dosage: The Manchester System (Edinburgh: Livingstone)
[17] 1951 The Radium Commission: A Short History of its Origin and Work 1929–1948 (London: HMSO)
[18] Sinclair W K 1952 Artificial radioactive sources for interstitial therapy Br. J. Radiol. 25 417
[19] Jones E and Mallard J R 1963 The experimental determination of the dose distribution around yttrium-90 sources suitable for pituitary implantation Phys. Med. Biol. 8 59-82
[20] Christen T 1913 Messung und Dosierung der Röntgenstrahlen (Hamburg: Graefe und Sillem)
[21] Christen T 1914 Arch. Röentgen Ray 19 210
[22] Villard P 1908 Arch. d'Elec. Med. 16 692
[23] Eve A S 1906 Phil. Mag. 12 189
[24] Sievert R 1932 Acta. Radiol. Supplement 14
[25] Paterson R and Parker H M 1934 Br. J. Radiol. 7 592
[26] Paterson R and Parker H M 1938 Br. J, Radiol. 11 252,313
[27] Kaye G W C and Binks W 1937 Proc. R. Soc. A 161 564
[28] Taylor L S and Singer G 1940 Am. J. Röentgenol. 44 428
[29] ICRU 1957 ICRU Report 8 (Washington, DC: ICRU)
[30] ICRU 1954 Br. J. Radiol. 27 243
[31] Gray L H 1929 Proc. R. Soc. A 122 647

[32] Gray L H 1936 Proc. R. Soc. A 156 578
[33] Bragg W H 1912 Studies in Radioactivity (London: Macmillan)
[34] Barnard G P, Aston G H, Marsh A R S and Redding K 1964 Phys. Med. Biol. 9 333
[35] Genna S and Laughlin J 1955 Radiology 65 394
[36] Domen S R 1980 Med. Phys. 7 157
[37] Fricke H and Morse S 1927 Am. J. Röentgenol. 18 430
[38] Greening J R 1985 Fundamentals of Radiation Dosimetry (Bristol: Hilger)
[39] Hall E J 1994 Radiobiology for the Radiologist 4th edn (Philadelphia, PA: Lippincott)
[40] Thames H D and Hendry J H 1987 Fractionation in Radiotherapy (London: Taylor and Francis)
[41] 1928 X-ray and radium protection. Recommendations of the 2nd International Congress of Radiology, 1928 Br. J. Radiol. 1 359-363
[42] 1929 X-ray and radium protection. Recommendations of the 2nd International Congress of Radiology, 1928 Circular No 374 (Bureau of Standards, US Government Printing Office)
[43] Mutscheller A 1925 Physical standards of protection against roentgen ray dangers Am. J. Roentgenol. Radiat. Ther. 13 65-69
[44] Sievert R M 1925 Einage Untersuchungen über Vorrichtungen zum Schutz gegen Röntgenstrahlen Acta Radiol. 4 61-75
[45] 1956 The Hazards to Man of Nuclear and Allied Radiations Command 9780 (London: HMSO)
[46] 1960 The Hazards to Man of Nuclear and Allied Radiations Command 1225 (London: HMSO)
[47] 1959 Radiological hazards to patients Interim Report of Committee and 1960 Second Report (London: HMSO)
[48] Shrimpton P C, Wall B E, Jones D G, Fisher E S, Hillier M C, Kendall E M and Harrison R M 1986 A National survey of doses to patients undergoing a selection of routine x-ray examinations in English hospitals Chilton NRPB-200 (London: HMSO)
[49] 1990 Patient dose reduction in diagnostic radiology Doc. NRPB 1 No 3
[50] Evans R D 1980 Radium poisoning: a review of present knowledge Health Phys. 38 899-905 (read at the Fourth Meeting of the Westem Branch, American Public Health Association, 1933)
[51] Eindhoven W 1903 Ein neues Galvanometer Ann. Phys., Lpz 12 1059-1071
[52] Nakajima S, Hirai Y, Takase H, Kuse A, Aoyagi S, Kishi M and Yamaguchi K 1975 New pulsed-type earpiece oximeter Kokyu to Junkan 23 709-713
[53] d'Arsonval A 1891 Action physiologique des courants alternatifs C. R. Skanc. Soc. Biol. 43 283-286

[54] Beck C S, Pritchard W H and Feil H S 1947 Ventricular fibrillation of long duration abolished by electric shock J. Am. Med. Assoc. 135 985

[55] Zoll P M 1952 Resuscitation of the heart in ventricular standstill by external electric stimulation New Engl. J. Med. 247 768

[56] Zoll P M, Linenthal A J, Gibson W, Paul M H and Norman L R 1956 Termination of ventricular fibrillation in man by externally applied electric countershock New Engl. J. Med. 254 727

[57] Elmquist R and Senning A 1960 An implantable pacemaker for the heart Proc. 2nd Int. Conf Medical Electronics (London: Iliffe)

[58] Webster J G (ed) 1988 Encyclopaedia of Medical Devices and Instrumentation (New York: Wiley)

[59] Geddes L A and Baker L E 1989 Principles of Applied Biomedical Instrumentation 3rd edn (New York: Wiley)

[60] Mow V C and Hayes W C 1991 Basic Orthopaedic BioMechanics (New York : Raven)

[61] Mayneord W V 1950 Some applications of nuclear physics to medicine Br. J. Radiol. Supplement 2

[62] 1953 Radioisotope Techniques: Proc. lsotope Techniques Conf. (Oxford, July, 1952) vol I, Medical and Physiologicaf Applications (London: HMSO) pp 1- 466

[63] 1952 Isotopes in medicine Br. Med. Bull. 8 115-215

[64] Ansell G and Rotblat J 1948 Radioactive iodine as a diagnostic aid for intrathoracic goitre Br. J. Radiol. 21 552-558

[65] Herbert R J T 1952 Discrimination against noise in scintillation counters Nucleonics 10 37-39

[66] Curtis L and Cassen B 1952 Speeding up and improving contrast of thyroid scintigrams Nucleonics 10 58-59

[67] Mallard J R and Peachey C J 1959 A quantitative automatic body scanner for the localization of radioisotopes in vivo Br. J. Radiol. 32 652

[68] Mallard J R, Fowler J F and Sutton M 1961 Brain tumour detection using radioactive arsenic Br. J. Radiol. 34 562

[69] Mallard J R 1965 Medical radioisotope scanning Phys. Med. Biol. 10 309-334

[70] Gottschalk A and Beck R N (ed) 1968 Fundamental Problems in Scanning (Springfield, IL: Thomas)

[71] McCready V R, Taylor D M, Trott N G, Cameron C B, Field E O, French R J and Parker R P (ed) 1967 Radioactive Isotopes in the Localization of Tumours (London: Heinemann)

[72] Belcher E H and Vetter H (ed) 1971 Radioisotopes in Medical Diagnosis (London: Butterworth)

[73] Harper P V, Beck R, Charleston D and Lathrop K A 1964 Optimisation of a scanning method using technetium-99m Nucleonics 22 50-54

[74] Sharp P F, Dendy P P and Keyes W I 1985 Radionuclide Imaging Techniques (New York: Academic)

[75] Matthews C M E and Mallard J R 1965 Distribution of Tc-99m and tumour/brain concentrations in rats J. Nucl. Med. 6 404-408

[76] Anger H 0 1958 Scintillation camera Rev. Sci. Instrum. 29 27-33

[77] Mallard J R and Myers M J 1963 The performance and clinical applications of a gamma camera for the visualization of radioactive isotopes in vivo Br. J. Radiol. 8 165-192

[78] Mallard J R and Trott N G 1979 Some aspects of the history of nuclear medicine in the United Kingdom Semin. Nucl. Med. IX 203-217

[79] Wilks R J and Mallard J R 1966 A small gamma camera-improvements in the resolution, a setting-up procedure and a digital print-out Int. J. Appl. Radiat. Isot. 17 113-119

[80] Mallard J 1987 Hevesy Medal Memorial Lecture—some call it laziness: I call it deep thought (with apologies to Garfield) Nucl. Med. Commun. 8 691-710

[81] Mitchell J G, Mallard J R, Egerton I B, Caldwell A B, Lakshmanan A V, Nienan C and Turnball W (ed) 1972 Towards a fine-resolution image intensifier gamma camera: the AberGammascope Medical Radioisotope Scintigraphy vol 1 (Vienna: IAEA) pp 157-167

[82] Ekins R P 1960 The estimation of thyroxine in human plasma by an electrophoretic technique Clin. Chem. Acta 5 453-459

[83] Dendy P P, Palmer K E and Szaz K F 1989 Practical Nuclear Medicine ed P F Sharp, H G Gemmell and F W Smith (Oxford: IRL/Oxford University Press) ch 7

[84] Strutt J W (third Baron Rayleigh) 1877 The Theory of Sound vol 1 (London: Macmillan); 1878 The Theory of Sound vol 2 (London: Macmillan)

[85] Desch C H, Sproule D 0 and Dawson W J 1946 The detection of cracks in steel by means of supersonic waves J. Iron Steel Inst. 153 319

[86] Firestone F A 1946 The supersonic reflectoscope, an instrument for inspecting the interior of solid parts by means of sound waves J. Acoust. Soc. Am. 17 287

[87] Dussik K T, Dussik F and Wyt L 1947 Auf dem Wege zur Hyperphonographie des Gehimes Wien Med. Wochschr. 97 425

[88] Hueter T F and Bolt R H 1951 An ultrasonic method for outlining the cerebral ventricles J. Acoust. Soc. Am. 23 160

[89] Giittner W, Fielder G and Patzold J 1952 Über ultraschallabbildungen am Menschlichen Schädel Acoustica 2 148

[90] 1952 Annual report of the British Empire Cancer Campaign p 72

[91] Leksell L 1956 Echo-encephalography: detection of intracranial complications following head injury Acta Chir. Scand. 110 301

[92] Jaffe B, Roth R S and Marzullo S 1955 Properties of piezoelectric ceramics in solid-solution series lead titanate-lead zirconate-lead oxide: tin oxide and lead titanate-lead hafnate I. Res. Natl Bur. Stand. 55A 239

[93] Wild J J and Reid J M 1952 Further pilot echographic studies of the histologic structure of tumours of the living intact human breast Am. J. Pathol. 28 839

[94] Howry D H and Bliss W R 1952 Ultrasonic visualization of soft tissue structures of the body J. Lab. Clin. Med. 40 579

[95] Howry D H 1957 Techniques used in the ultrasonic visualization of soft tissues Ultrasound in Biology and Medicine ed E Kelly (Washington: American Institute of Biological Sciences) p 49

[96] Donald I 1974 Sonar-the story of an experiment Ultrasound Med. Biol. 1 109

[97] Edler I and Gustafson A 1957 Ultrasonic cardiogram in mitral stenosis Acta Med. Scand. 159 85

[98] Satomura S 1957 Ultrasonic Doppler method for the inspection of cardiac functions J. Acoust. Soc. Am. 29 1181

[99] Kaneko Z, Kotani H, Komuta K and Satomura S 1961 Studies on peripheral circulation by ultrasonic blood-rheograph Japan. Circ. J. 25 203

[100] Baker D W and Watkins D 1970 Pulsed ultrasonic Doppler blood-flow sensing IEEE Trans. Sonics Ultrason. SU-17 170

[101] Peronneau P A, Hinglais J R, Pellet H M and Leger F 1970 Vélocimètre sanguin par effet Doppler à émission ultra-sonore pulse Onde. Élect. 50 369

[102] Wells P N T 1969 A range-gated ultrasonic Doppler system Med. Biol. Eng. 7 641

[103] Somer J C 1968 Electronic sector scanning for ultrasonic diagnosis Ultrasonics 6 153

[104] Bom N, Lancée C T, Honkoop J and Hugenholtz P G 1971 Ultrasonic viewer for cross-sectional analysis of moving cardiac structures Bio-med. Eng. 6 500

[105] Kasai K, Namekawa K, Koyano A and Omoto R 1985 Real-time two-dimensional blood flow imaging using an autocorrelation technique IEEE Trans. Sonics Ultrason. 32 458

[106] Fry W J, Mosberg W H, Barnard J W and Fry F J 1954 Production of focal destructive lesions in the central nervous system with ultrasound J. Neurosurg. 11 471

[107] Chaussy C 1982 Extracorporeal Shock Wave Lithotripsy (Basel: Karger)

[108] Radon J 1917 über die Bestimmung von Functionen durch ihre Integralwerte langs gewisser Mannigfaltigkeiten Ber. Verh. Sachs. Akad. Wiss. Lpz Math. Phys. Kl 69 262

[109] Kuhl D E 1964 A Cylindrical Radioisotope Scanner for Cylindrical and Section Scanning Medical Radioisotope Scanning vol 1 (Vienna: IAEA) pp 273-289

[110] Bowley A R, Taylor C G, Causer D A, Barber D C, Keyes W I, Undrill P E and Mallard J R 1973 A radioisotope scanner for rectilinear, arc, transverse and longitudinal section scanning (ASS—the Aberdeen Section Scanner) Br. J. Radiol. 46 262-271

[111] Choudhury A R, Keyes W I and MacDonald A F 1974 Cerebral scanning including transverse section technique in the investigation of systematic epilepsy Hans Berger Centenary Symposium on Epilepsy (Edinburgh, 1973) ed E Harris and D Maudsley (London: Churchill Livingstone) pp 243-249

[112] Chesser R and Gemmell H G 1982 The interfacing of a gamma camera to a DEC gamma-11 data processing system for single photon emission tomography Phys. Med. Biol. 27 437-441

[113] McIntyre W J, Fedoruk S 0, Harris C C, Kuhl D E and Mallard J R 1969 Sensitivity and resolution in radioisotope scanning: a report to the International Commission of Radiation Units and Measurements Medical Radioisotope Scintigraphy vol 1 (Vienna: IAEA) pp 391-435

也刊于 1969 Nucl. Medizin 8 99-146

[114] ICRU Medical imaging: the assessment of image quality ICRU Report 54 (Washington, DC: ICRU)

[115] Ter-Pogossian M M 1992 The origins of positron emission tomography Semin. Nucl. Med. 22 140-149

又见 Maisey M and Jeffery P 1992 Clinical applications of PET Br. J. Clin. Prac. 45 265-273

[116] Hounsfield G 1973 Computerized transverse axial scanning (tomography). Part 1: Description of system Br. J. Radiol. 46 1016

Ambrose J and Hounsfield G 1973 Part 2: Clinical applications Br. J. Radiol. 46 1023

[117] Pullan B R 1979 The scientific basis of computerized tomography Recent Advances of Radiology and Medical Imaging vol 6, ed T Lodge and R Steiner (Edinburgh: Churchill Livingstone) p 1

Webb S (ed) 1988 The Physics of Medical Imaging (Bristol: Hilger)

Webb S 1990 From the Watching of Shadows: the Origins of Radiological Tomography (Bristol: Hilger)

[118] Cook P D and Mallard J R 1963 An electron spin resonance cavity for the detection of free radicals in the presence of water Nature 198 145-147

Mallard J R and Kent M 1964 Differences observed between electron spin resonance signals from surviving tumour tissues and from their corresponding normal tissues Nature 204 1192; 1966 Electron spin resonance in surviving rat tissues Nature 210 588-591

[119] Mallard J R and Lawn D G 1967 Dielectric absorption of microwaves in human tissues Nature 213 28-30

Mallard J R and Whittingham 1968 Nature 218 366-367

[120] Damadian R 1971 Tumor detection by nuclear magnetic resonance Science 171 1151-1153

[121] Gordon R E 1974 Proton NMR relaxation time measurements in some biological tissues PhD Thesis University of Aberdeen, UK

[122] Mallard J R, Hutchison J M S, Edelstein W A, Ling R and Foster M A 1979 Imaging by nuclear magnetic resonance and its bio-medical implications J. Biomed. Eng. 1 153-160

[123] Mallard J R, Hutchison J M S, Edelstein W A, Ling C R, Foster M A and Johnson G 1980 In vivo NMR imaging in medicine: the Aberdeen approach, both physical and biological Phil. Trans. R. Soc. B 289 519-533

[124] Lauterbur P C 1973 Image formation by induced local interactions: examples employing nuclear magnetic resonance Nature 242 190-191

[125] Hutchison J M S, Mallard J R and Go11 G C 1974 In-viva imaging of body structures using proton resonance Proc. 18th Ampere Conf (Nottingham, UK, 1974) ed P S Allen, E R Andrew and C A Bates (Nottingham: University of Nottingham) pp 283-284

[126] Andrew E R 1980 NMR imaging of intact biological systems Phil. Trans. R. Soc. B 289 471-481

[127] Garraway A N, Grannell P K and Mansfield P 1974 Image formation in NMR by a selective irradiative process J. Phys. C: Solid State Phys. 7 L457-462

[128] Mansfield P, Morris P G, Ordidge R J, Pykett I L, Bangert V and Coupland R E 1980 Human whole body imaging and detection of breast tumours by NMR Phil. Trans. R. Soc. B 289 503-510

[129] Moore W S and Holland G N 1980 Experimental considerations in implementing a whole body multiple sensitive point nuclear magnetic resonance imaging system Phil. Trans. R. Soc. B 289 511-518

[130] Young I R and Clow H 1978 New Sci. November p 588

[131] Damadian R 1980 Field focusing NMR (FONAR) and the formation of chemical images in man Phil. Trans. R. Soc. B 289 489-500

[132] Hutchison J M S 1976 Imaging by Nuclear Magnetic Resonance Proc 7th L H Gray Conf. (Leeds, 1976) (Chichester: Wiley) pp 135-141

[133] UK Patent Number 2079946A March 1981. 又见 Edelstein W A, Hutchison J M S, Johnson G and Redpath T W 1980 Spin-warp NMR imaging and application to human whole-body imaging Phys. Med. Biol. 25 751-756

[134] Mallard J R, Hutchison J M S, Foster M A, Edelstein W A, Ling C R, Smith F W, Selbie R, Johnson G and Redpath T W 1980 Medical imaging by nuclear magnetic resonance-a review of the Aberdeen physical and biological programme Medical Radionuclide lmaging (Vienna: IAEA) pp 117-144

又见 Smith F W, Mallard J R, Hutchison J M S, Reid A, Johnson J, Redpath T W and Selbie R D 1981 Clinical application of nuclear magnetic resonance Lancet January pp 78-79

[135] 一个事例是 Pollet J E, Smith F W, Mallard J R, Ah-See A K and Reid A 1981 Whole body nuclear magnetic resonance imaging in medicine: the first report of its use in surgical practice Br. J. Surg. 68 493-494.

[136] Mallard J R 1986 The Wellcome Foundation Lecture 1984. Nuclear magnetic resonance imaging in medicine: medical and biological applications and problems Proc. R. Soc. B 226 391-419

[137] Redpath T W, Hutchison J M S, Eastwood L M, Selbie R D, Johnson G, Jones R A and Mallard J R 1987 A low field imager for clinical use J. Phys. E: Sci. lnstrum. 20 1228-1234

[138] Ackerman J H, Grove T H, Wong G G, Gadian D G and Radda G 1980 Mapping of metabolites in whole animals by P631 NMR using surface coils Nature 283 167-170

[139] Isherwood I (Chairman) 1992 Report of the Working Party on the Provision of Magnetic Resonance Imaging Services in the UK (London: Royal College of Radiologists)

[140] Foster M A 1984 Magnetic Resonance in Medicine and Biology (Oxford: Pergamon)

Foster M A and Hutchison J M S 1989 NMR Imaging (Oxford: IRL/Oxford University Press)

[141] Lurk D J, Nicholson I, Foster M A and Mallard J R 1990 Free radicals imaged in-vivo in the rat by using proton-electron double resonance imaging (PEDRI) Phil. Trans. R. Soc. A 333 453-456

[142] Mallard J R 1994 The birth of the international organizations-with memories Scope 3 No 2 25-31

第 26 章　地球物理学

S G Brush, C S Gillmor

26.1　序　　言

20 世纪的地球物理学是如此的丰富多彩, 它将很多相关的学科都揉和到了一起, 所以我们在一个章节中是不可能把它的整个发展历史介绍清楚的. 比如, 本章我们就很少关注地球大气层和海洋, 而把重点放在介绍固体地球 (包括地球的起源和年龄) 以及“地球空间”即在地球周围绵延数千英里的电离层方面的知识. [**又见 10.5 节**]

“地球物理学” 这个术语在世界各地有着不同的含义. 在很多国家, 这一术语包括了大多数与物理学有关的地学研究. 在美国, 直到最近几十年, 地球物理学才成为地质科学的一部分, 而且重点在固体地球的结构研究. 在法国, 地球物理学特别包括了地磁学, 这在德国和其他在 19 世纪被德意志帝国控制或影响的国家也都一样. 在大不列颠王国和其他的一些英联邦国家, 空间大气地球物理学是由物理系来研究的, 通常由数学系和理论物理系的数学家们来进行. 由于无线电技术在美国影响深远, 高层大气地球物理学主要由政府、工业实验室以及大学里的电子工程系主导. 在 20 世纪 50 年代末期随着 “太空时代” 的到来, 在美国高空大气地球物理学方面值得关注的一项研究是由物理和应用物理学部完成的太阳能火箭和宇宙射线物理研究. 但是对防卫通信感兴趣的军方一贯强有力地支持着电子工程部门的研究. 在澳大利亚, 通过美国工程学界及英国物理学界的混合联盟见证了自 20 世纪 20 年代开始, 来自于物理学和电子工程部门关于高空大气地球物理学方面的很多难忘的研究. 日本也进行了高空大气地球物理学方面的研究, 但是同德国一样, 由于第二次世界大战后美国的占领, 这一研究转入到电子工程研究中心.

地球物理学混合了物理学、地球科学、生物科学和技术科学. 电离层物理学亦即地球高空大气的物理学, 可以看作是地球物理学与其他科学与技术领域互相促进的一个实例. 20 世纪 20 年代末期开始于贝尔电话实验室的射电天文学, 被试图寻找干扰大西洋两岸电离层无线电传播的噪声源的电离层研究者首先发展起来. 射电天文学的其他先驱者主要是研究流星雨期间无线电传播的电离层工作者, 以及研究来自于太阳的非热噪声信号爆发的业余无线电爱好者. 射电天文学兴起的另一个推动力是第二次世界大战期间从事雷达工作的很多英国和英联邦的电离层工作者, 他们在战后将多余的雷达设备转向了天空研究. 除了荷兰人, 早期的战后射电天文学家基本上都是有电离层研究背景的英国人和澳大利亚人. 在第二次世界大战中和战后, 许多的电离层工作者把运筹学研究和计算机联系起来. 这是很自然的, 因为地球物理学必须解各种各样很难的方程; 天文学、地磁学、气象学和其他一些物理学也一样, 年复一年的时间都花费在人工计算上. 很多的电离层工作者都是电子工程师, 他们发展了用于解决电离层问题的计算机技术和硬件. 而他们中的一些人, 因为对计算机技术和设计更感兴趣, 所以最终再也没有回到地球物理学领域.

26.2　地球的起源和年龄 (截止到 1935 年的认识)[1]

太阳系的起源, 特别是地球的起源, 是地球物理学最基本的问题. 除开理解我们这颗行星是何时和如何形成的这个问题本身迷人之外, 理性地解决这个问题还将给出另一些更一般的问题的答案, 亦即行星系统的形成究竟是恒星形成的正常特性还是罕见的偶然巧合? 行星系统在宇宙中无处不在以至于与其他文明交流的机会更高, 或者地球上的生命仅仅是死寂的银河系中的一个孤独的例外?

19 世纪末, 大多数天文学家都接受了由法国理论家 Pierre Simon de Laplace (1749~1827 年) 和英籍德国天文学家 William Herschel(1738~1822 年) 在 100 多年前提出的星云假说理论. 根据 Laplace 的观点, 原始太阳曾经占据了如今被行星所占据的整个宇宙空间; 原始太阳是一个热的、明亮的旋转气云, 后来它的热量慢慢释放到外部寒冷空间. 随着云团的冷却, 云团收缩、旋转速度越来越快, 最后爆裂成很多环形碎片, 这些碎片最后聚集成了行星. 卫星也是由行星周围的云团经过类似的过程形成的, 而剩下的云团中心部分最终形成了太阳.

Herschel 认为恒星是由他通过自己的望远镜观测到的类似星云浓缩而成. 按照 Laplace-Herschel 的星云假说, 行星普遍是伴随着恒星的诞生而形成的, 如果我们有足够强大的望远镜, 那么现在就可能能够观测到我们的银河系正在发生的收缩过程的最后阶段.

星云假说与 19 世纪的地质学理论非常一致. 地质学理论认为地球是由一个炙热的流体球冷却形成的, 球的外层最先固化. 按照这种收缩理论, 认为固态的地壳没有内部流体收缩的快, 所以地壳必须发生褶皱来调整它的直径以与收缩的内核相匹配. 此理论能够解释山脉的形成和其他地表特征.

大约在 1840 年之前, 固态的地壳被认为只有 50 英里或 60 英里厚, 内部剩余部分是炙热的流体 (图 26.1). 这种估算是基于由地表向下温度不断升高, 一直达到能够熔化已知所有岩石的温度而外推出的. 然而, 英国地球物理学家 William Hopkins(1793~1866 年) 指出, 岩石的熔点可能会随着压力的增加而升高, 所以固态地壳的厚度应大于 50 英里. 他认为在地心处很高的压力甚至可能引起岩石在很高的温度下固化.

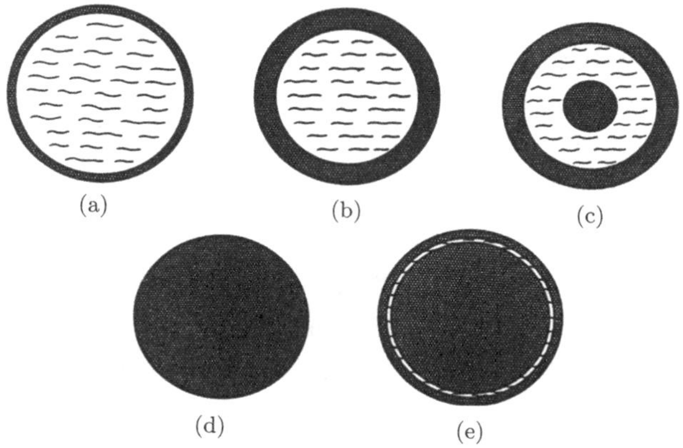

图 26.1 (a)19 世纪早期地质家设想的地球结构. 他们根据观测到的地下温度随着深度的增加而升高一直外推到岩石的熔点所需要的深度, 大约是 50 英里或 60 英里, 因此是一个薄的固态地壳包围着炙热的中心流体. 火山喷发的熔岩被认为就直接来自这种流体. (b)Hopkins 关于地球结构的修正模型, William Hopkins 1839 年指出由于地下压力和温度都随深度增加而增加, 熔点会随压力增加而增大, 在至少几百英里的深度范围内岩石仍然保持固态. (c) Hopkins 的替代模型, 如果地球内部物质的熔点温度随压力的增加升高的更快, 地球中心区域可能也是固态的, 所以在固态地壳 (也就是现在称的 "地幔") 和固态的内核之间的区域可能是液态. 一个世纪以后, 这个模型作为 Harold Jeffreys 和 Inge Lehmann 工作的结果以定性相似的形式重新复活 (图 26.6). (d)Kelvin 的模型. Kelvin 根据 Hopkins 的一个论据首先提出了地球是一个完整的固体, 因为他在这个假设下得到了地球旋转属性 (岁差和章动) 的正确数值. 以后他又意识到自己的论据可能是错的, 因为内部的流体和地壳相互作用也会以同样方式转动. 一个更好的论据是: 如果地球曾是个炽热的流体球, 它的冷却固化应从中心压力最高处开始. 如果岩石固化收缩, 在地球外层形成的任何固态物都会沉到中心, 从而不能形成一个稳定的固态地壳, 除非内部整个都是固态的. 最好的论据是 (尤其当用于反驳 (a) 中的薄地壳模型时): 在地球海洋产生潮汐的力将在内部流体中同样产生潮汐, 或者冲撞地壳 (因此我们在海洋中可能观察不到净潮汐运动), 或者很可能将地壳打碎. 综合以上更多的令科学家信服的观点, 地球是个的完整的固体; 在 20 世纪早期, 对刚度的直接测量证实了地球就是一个坚硬如钢的刚性体. (e)19 世纪末地质学家的模型. 为了解释火山和构造运动, 地质学家 (尤其英国和美国的) 假设地壳下存在一个薄的流体层或至少是个塑性层. 并考虑到 Kelvin 勋爵的观点 (图 (d)), 他们把地球内部的剩余部分都设想为固态

Kelvin 勋爵 (William Thomson)(1824~1907 年), 19 世纪最有影响的英国物理学家, 他采用了一个更一般的冷却地球模型, 这个模型与地质学家所认同的用于解释他们的观点的两个特征相抵触. 首先, 他用 Joseph Fourier 的热传导理论估算了

地球从炙热流体状态冷却所需要的时间, 发现只有 2000 万 ~1 亿年, 远小于地质学家所猜想的, 像侵蚀作用产生可观测的现象这种缓慢过程所需要的数亿年. 其次, Kelvin 认为内部流体不可能这么大, 地壳也没有地质学家认为的那样薄, 因为如果是那样, 那么潮汐力就可能很快打碎地壳, 而且还会出现其他目前还没有观测到的物理效应. Kelvin 走到另一个极端, 而且得出现在的整个地球是像钢铁一样坚硬的固体. 但一些地质学家坚持认为地壳的下面应该有薄的流体或塑性层, 因为这样才能解释造山运动、火山作用和地壳运动.

另一个可供选择的模型, 是 19 世纪末在德国特别流行的模型. 这种模型援引了 Charles Cagniard de la Tour 和 Thomas Andrews 研究的 "临界点" 现象: 在地球内部足够高的压力和温度下, 液态–气态的相边界消失而成为超临界流体 (图 26.2).

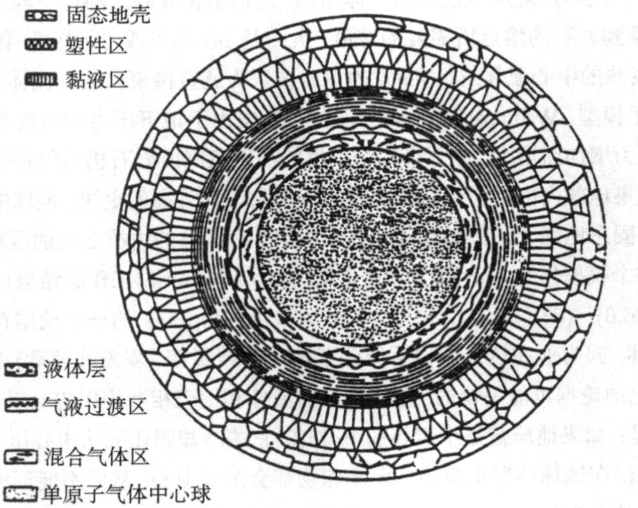

图 26.2　另一个可供选择的地球气态内部模型. 地球物理学家, 尤其德国的地球物理学家, 认为地球内部高温高压下的物质将经历各种不同的状态, 从塑性、黏性、流质、气态流质, 最后变成超临界流体. 它的分子最终分解成为一种单原子气体 [2]

地球年龄的 Kelvin 极限使得 Charles Darwin 的生物进化论面临困难. Darwin 认为, 自然选择的缓慢过程, 需要很长时间 (几亿年量级) 才能出现现今的物种 (包括人类). 因此, 19 世纪末期看到公开争论的两派, 一派是以 Kelvin 为首的物理学家, 另一派是地质学家和生物学家. 物理学家认为, 如果其他的科学发现与自然规律 (也就是物理学家理解的那些规律、定则) 相冲突, 那么这些发现肯定是有问题的. 而地质学家则抱怨物理学家不够尊重地质证据. 然而, 尽管物理学家在这一特殊事件中最终证明是错误的, 但在 20 世纪, 地质学家仍接受物理方法为最可信赖的手段并以此建立了地球历史的年代表和地壳及地球内部的整体结构.

Charles Darwin 的儿子 George Howard Darwin(1845~1912 年) 曾和 Kelvin 一起工作, 并成为一名著名的地球物理学家. 他关于月球轨道演化的理论最为著名. 天文学家已经分析了这种轨道的渐进变化, 并称之为 "长期加速度", 因为几个世纪以来月球运动似乎越来越快了. 根据 Newton 引力理论 (或 Kapler 第三定律), 这就意味着月球逐渐地向地球靠近. 然而在 1865 年, 美国地球物理学家 William Ferrel (1817~1891 年) 和法国天文学家 Charles-Eugène Delaunay (1816~1872 年) 提出, 所观察到的 "长期加速度" 部分原因是地球自转的减缓, 而这种减慢是由于地–月系统中潮汐力的耗散作用造成的. 因此, 相当长的一段时间后的最终结果是, 月球在其轨道上运动速度变慢, 同时地–月的距离也随着角动量由地球转向月球而增加. 1878 年, G H Darwin 证明这种作用可以外推到过去; 大约五千万年前月球中心离地球表面的距离应该不超过 6000 英里, 并且它的旋转周期和地球的自转周期一致, 大约 5.5 个小时.

尽管还不能推导出更早时期的轨道参数, 但据 G H Darwin 的猜测月球曾经是地球的一部分, 是在一次由太阳引潮力 (这种力由于共振增强了原始地球的自由震荡) 触发的灾难事件中喷射出地球而形成的. 英国地球物理学家 Osmond Fisher (1817~1914 年) 随后指出由于分离出月球后留下的瘢痕不能够完全愈合, 在剩余的固体流向原始的空穴后, 大洋盆地就是地壳中残余的空洞. 根据这种观点, 月球的诞生造就了太平洋海盆以及美洲大陆与欧洲和非洲大陆的分离.

在 20 世纪初期, Darwin-Fisher 的假设, 简单说就是 "月球出自于太平洋" 获得了极大的流行. 但 1930 年以后逐渐失去了支持, 原因是英国地球物理学家 Harold Jeffreys (1891~1989 年) 和出现的其他物理证据 (黏性阻尼、角动量不足) 证实, Darwin 设想的月球诞生过程是不可能发生的.

此时, 人们的一个选择就是又回到 Laplace 的模式, 即行星形成于大的星云, 并假定存在一种中间态, 其中的小星云浓缩成一个个行星, 同时产生的环形带形成了卫星. 然而, 这种理论好像只适用于大行星的多卫星系统, 对于具有独特特征的地球卫星 —— 月球 (地球仅有的一个卫星, 相对较大但密度较低) 却不能给出合理的解释. 另一个流行于 20 世纪 50~60 年代的理论认为, 月球形成于太阳系的其他地方, 随后被地球的重力所俘获.

20 世纪刚开始, Laplace-Herschel-Kelvin 对地球形成和现状的解释的可信度受到了多方面的冲击. 第一个是来自于放射性的发现, 该发现推翻了 Kelvin 用于估计地球年龄的假设, 并最终导致了一个更好方法的出现. 在 19 世纪 90 年代, Kelvin 和其他的物理学家把对地球年龄的估计减少到仅仅两千四百万年, 这个数字与 Hermann von Helmholtz 依据热量来自重力收缩假设而首次提出的对太阳年龄的估计一致. 但在 Marie 和 Pierre Curie 分离出放射性元素镭之后, 人们发现放射性物质的衰变能产生巨大的能量. Kelvin 曾经认为地球内部没有热源, 但现在却发现放射性物质能产生如此大的能量, 足以弥补从地壳传导到太空而损失的热量; 地球实际上可能是逐渐变热而不是变冷的 (但是这也间接证实了 Kelvin 的另一个假设: 整个地球是固态的, 地球内部不是极端的热). 同样, 太阳内部的放射性元素镭也能提供足够的能量使得太阳持续发光远远超过两千万年.

按照 Ernest Rutherford 和 Frederick Soddy 在 1902 年的建议, 放射性物质的衰变伴随着一种元素变成另一种元素的嬗变, Rutherford 和其他科学家意识到精确测量这些元素的相对比例可以估计出岩石的年龄, 从而得知地壳的最小年龄. Rutherford 早期的估计值一般在 4 千万 ~5 亿年. 1905 年, R J Strutt 公布方钍石样品的估计值为 24 亿年, 成为第一个对年龄的估计超过 10 亿年的人, 尽管随后被认为估计过高. 到 1915 年, 基于铅/铀比得到 16 亿年, 这个数字被公认为是地壳最古老岩石最准确的年龄估计值.

甚至在放射性的发现对 19 世纪变冷的地球模型产生质疑之前, 美国地质学者 Thomas Chrowder Chamberlin (1843~1928 年) 就已提出了关于地球和其他行星起源的完全不同的假设来取代这种模型. Chamberlin 根据气体的动理学理论, 认识到不仅仅有 H, 还有 O 和 N 从原始地球中逃逸出来 (它们的平均分子速率超过重力逃逸速度), 从而首先对地球是由热液冷凝而来的这一假设提出质疑. 在美国天文学家 Forest Ray Moulton (1872~1952 年) 的帮助下, Chamberlin 指出星云假说对太阳系的物理特征不能给出令人满意的解释. 而众所周知, Laplace 模式与观察到的太阳旋转变慢不符合; Chamberlin 和 Moulton 定量证明了星云假说完全不能解释太阳系中角动量的分布. Chamberlin 提出, 地球是由小冷颗粒聚集而成的, 他将这种颗粒称为 "微星"(即 "无穷小的行星"), 摩擦耗散和分异作用将产生足够的热量, 使其温度上升到目前的状态. 然而, Chamberlin 同意 Kelvin 关于地球是完整的固体的观点; 这种看法一直流行到 20 世纪 20 年代 (见下文), 并成为 Wegener 大陆漂移理论被接受的难以克服的障碍.

尽管否定了 Laplace 的太阳系形成理论, Chamberlin 似乎还没有摆脱 Herschel 旧理论的束缚, 仍然认为所观察的星云与恒星演化的早期阶段有关. 看到美国天文学家 James Keeler 所拍摄的旋涡星云的照片, Chamberlin 当时就推测那两个突出的旋臂是属于两个以前截然不同的天体的. 基于这种设想以及关于日珥的思索, 他得出当另一个恒星靠近太阳时, 可以产生一个行星系统的理论, 解释如图 26.3 所示.

到了 20 世纪 20 年代已经弄清楚, 旋臂星云是星系而不是如行星系统那样的小的物体, Chamberlin 放弃了他的部分理论, 但仍坚持认为两颗恒星相互作用是为了行星的形成释放物质. 那时, Harold Jeffreys 和英国物理天文学家 James Hopwood

Jeans (1877~1946 年) 于 1916 年和 1917 年各自提出了一个相似的假说. 就是太阳系起源的潮汐说. 但是他们都反对 Chamberlin 的微星假说, 仍坚持旧的行星是由流体球形成的假设 (图 26.4).

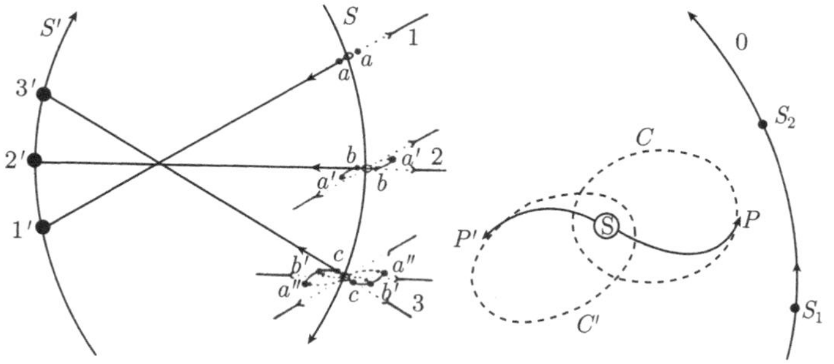

图 26.3 经过太阳的恒星的潮汐作用形成的太阳系 (Chamberlin 的版本)

Chamberlin 受到 Keeler 所拍的悬臂星云照片的启发, 他设想外来天体 (在 1′, 2′, 3′ 连续位置点) 对恒星 (1,2,3 连续位置点) 施加的潮汐力可能产生这种星云. 结果是在近日点和远日点 (a) 太阳的一部分物质被抛出. 到了第二个阶段, 更多的物质 (b) 从太阳抛出, 但外来天体 S' 从 1′ 移动到 2′, 这些物质受到反方向的作用力; 第三阶段是同样的过程. 这些纤维状物质的曲率导致旋臂的出现. 这些气态的纤维物先固结成小的固体颗粒 (微星), 然后进一步聚集形成行星[3]

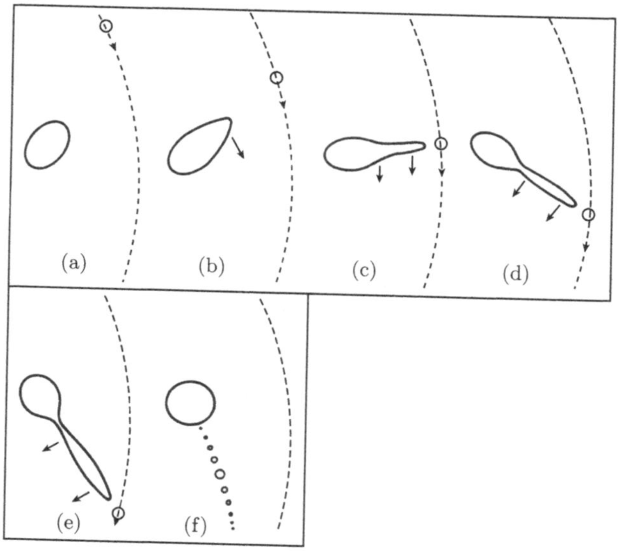

图 26.4 经过太阳的恒星的潮汐作用形成的太阳系 (Jeans 的版本)

Jeans 设想路过的恒星的潮汐作用首先形成太阳, 然后一个附着的纤维丝条分离出来, 逐渐碎裂成许多个游离的流体团, 最后聚集成行星. 这六张系列图 (a)~ (f) 就是根据 Jeans 的观点来说明太阳或者其他恒星的行星形成过程. 为了简化, 第二颗恒星用小圆圈代替, 尽管实际上也可能经历了形变和可能的碎裂

天文学家认识到任何需要两个恒星的碰撞才能在宇宙中形成行星系的理论必然导致在宇宙中只存在非常少的行星系 (能够适应生命演化的行星则更少). 这与没有找到令人信服的证据证明存在和我们的太阳系一样有行星绕其周围的恒星是一致的. Jeans 似乎固执地坚持这种观点, 认为我们的存在是宇宙演化历史中的一次偶然事件的结果 (因为恒星在膨胀中不断地衰减、变薄), 而且也许永远不会重复出现.

潮汐理论, 无论是 Chamberlin-Moulton 的版本, 还是 Jeans-Jeffreys 的版本, 尽管没有令人信服的证据能解释太阳系的定量特征, 但在 1935 年之前还是被天文学家普遍接受. 它的支持者认为潮汐理论克服了星云假说的主要缺陷, 至少能够定性地解释大部分的初始角动量是怎样施加给了主要的行星而不是太阳.

然而潮汐理论也产生了严重的问题. 1935 年, 美国天文学家 Henry Norris Russell (1877~1957 年) 在一本有影响的书中揭示了两个重大缺陷. 其一, A S Eddington 和其他人在 19 世纪 20 年代发展起来的恒星结构理论显示太阳内部的气体具有很高的温度, 可能达到 100 万度量级, 它们聚集成行星前可能已经耗散到太空中. 其二, 一个简单的动力学计算显示在从太阳到巨行星的距离上, 潮汐作用不可能在轨道上留下足够多的物质.

对于地球的起源, 至今仍然没有令人满意的理论, 因为早期对星云说的驳斥似乎仍然是正确的. 此外, Jeffreys 在 1930 年证明 G H Darwin 关于月球是从地球分裂出去的假说证据是不够充分的, 因此有关月球的起源也没有令人满意的理论. 在介绍科学家们如何走出困境之前, 让我们先来看看地球的内部结构问题是如何被提出和被解决的.

26.3　地核及地磁

地磁为了解地球内部的自然属性提供了最初的线索. 在 17 世纪以前, 磁罗盘指针的指向被认为是由老天爷来决定的, 但在 1600 年, 英国医生 William Gilbert (1544~1603 年) 认为指针的指向是由地球内部的磁力控制的. 采用一块球形磁铁矿石来模拟地球后, 他发现球形磁铁矿石周围的磁力线模式和从地球表面不同地方的罗盘指针运动推出来的模式相匹配.

Gilbert 的结果表明地球含有大量的磁铁, 但它是像一块铁矿石那样完整的固体吗? 新的证据指出情况并非如此. 当航海员带回更多罗盘数据时, 人们注意到地球的磁场似乎随时间缓慢地变化: 磁力线模式向西漂移. 如果磁场是由固定的永久磁体产生的, 这种情况是不可能发生的.

为了解释地磁场的西向漂移, 英国天文学家 Edmond Halley(1656~1743 年) 提出地磁场源于一个中心地核, 这个地核和固体地壳之间被流体区域分开. 地壳和地核都向东旋转, 但地核旋转速度比地壳稍慢, 因此地磁场相对地壳向西漂移.

到了 19 世纪, 有关地球内部是炙热的流体 (见上文) 的观点, 以及高温下铁会失去磁性等被人们所认识, 这与地球磁性源于一个固体铁核的假设似乎相矛盾. 但是 Oersted, Ampère 和 Faraday 有关电磁相互作用的发现, 导致地球磁场源自电流的假说的出现.

在 Kelvin 说服科学家们相信地球是完全的固体之后, 德国地球物理学家 Emil Wiechert(1861~1928 年) 发展了一种简单的由固体铁核和岩石壳层构成的地球模型. 其参数选择与测量得到的地球物理性质 (密度、扁率、岁差和章动) 完全一致. 地核的半径大约 4970km, 其密度为 8.2 $g{\cdot}cm^{-3}$(对正常铁的密度 7.8$g{\cdot}cm^{-3}$ 略有压缩), 外壳厚 1400km, 密度为 3.2 $g{\cdot}cm^{-3}$. Wiechert 的模型主要考虑了 20 世纪初期关于地球内部结构的观点, 但它仍然不能解释地球的磁性.

进一步的发展来自一个意想不到的方向. Kelvin 曾建议用实验的方式测量地球的固体潮 —— 就是由月球和太阳的位置引起的地球表面的垂向运动 —— 来确定地球的刚度. 结果似乎证实了他的主张：地球硬如钢铁, 但也导致了颠覆他固体地球理论的发现. 第一台具有足够灵敏度的能够精确测量地球表面运动的仪器 —— 钟摆, 由德国天文地球物理学家 Ernst von Rebeur-Paschwitz(1861~1895 年) 制造出来, 这也是第一个能够探测穿过地球内部的地震振动的仪器. 在 1889 年 4 月 18 日, 一次大地震被东京帝国大学的地震仪记录到, 在脉冲被东京记录到 64 分钟后, Rebeur-Paschwitz 用他在波茨坦 (Potsdam, 德国北方都市) 和威廉港 (Wilhelmshaven, 德国北部港口) 的仪器观察到了这个扰动. 地震波穿过地球内部超过 5000 英里的距离, 平均速度超过 1 英里 · 每秒.

从那一刻起, 地震学 —— 以前仅限制于研究当地的大灾难 —— 为分析整个地球的结构提供了一种新的方法. Rebeur-Paschwitz 建议建立一个国际地震观察网络用标准仪器来记录数据. 在他英年早逝之后, 当地震波从地震发生点到达地球表面不同点的所用的时间可以进行比较成为可能后, 他的梦想实现了. 利用地震波可以重建它的传播路径和沿路径传播的速度变化. 最终, 发现每个深度有与其对应的特征速度, 这些特征速度能够提供不同深度的物质属性.

R D Oldham(1858~1936 年) 是一名爱尔兰地质学家, 他是第一批分析地震波在地球内部传播路径的科学家之一. 在他关于 1902 年危地马拉的地震报告中, Oldham 得出的结论认为：地球有一个核心, 在这个地核中地震波的速度明显地低于核周围物质. 他指出, 以倾斜角度进入地核的地震波方向发生了改变, 就像一束光进入到一种介质 (光在这种介质中的传播速度小于它在空气中的传播速度) 时发生折射一样. 球形地核使以不同角度进入的地震波弯曲, 离开时再一次弯曲, 这样就产生了“阴影区”(图 26.5).

1912 年, 德裔美国地震学家 Beno Gutenberg(1889~1960 年) 进一步细化的地

震分析得到非常精确的地核大小. Gutenberg 确认在地表下 2900km 深处地震波速度有急剧变化 —— 波速减少了百分之三十以上. 因此, Gutenberg 的地核实际上小于 Wiechert 的.

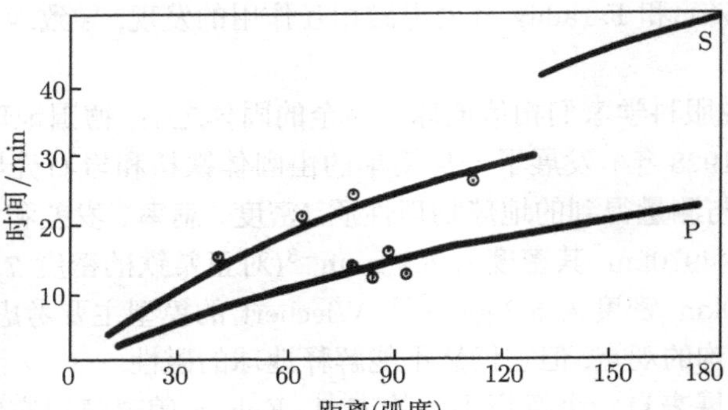

(a)

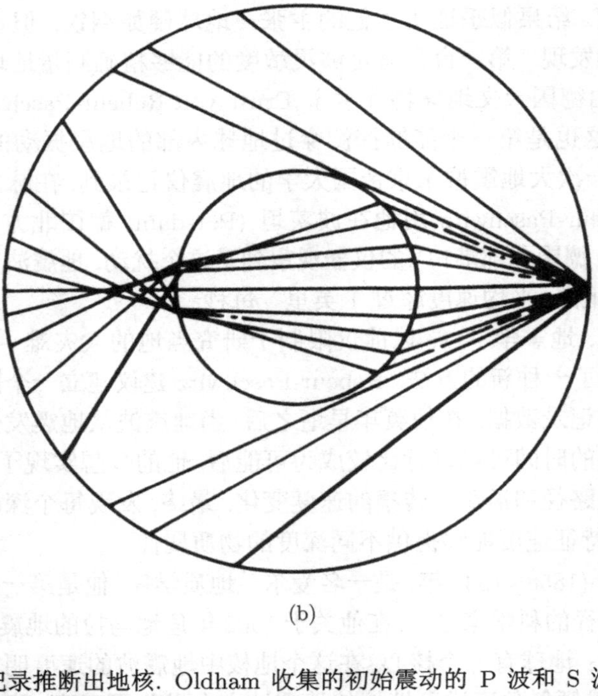

(b)

图 26.5　由地震记录推断出地核. Oldham 收集的初始震动的 P 波和 S 波相位从地震点到地球表面不同弧形距离点所用时间的数据 (图(a)). 所得到的曲线, 特别是上部的曲线 (S 波) 有间断, 可以解释为: 如果地震波通过了地球内部, 那么可能被地核折射, 地核的半径为 $0.4R$(R为地球半径), 其中的地震波速度为 $3\text{km}\cdot\text{s}^{-1}$; 而地核外 ($0.4R \sim 1.0R$) 的地震波速度为 $6\text{km}\cdot\text{s}^{-1}$(图(b))[6] (后来的其他地震学家对上面的数据有不同的解释, 他们的结论是 S 波根本就没有通过地核, 但是存在大的中央地核的定性思想保留了下来)

大约同时, 克罗地亚地球物理学家 Andrija Mohorovičić(1857~1936 年) 在海洋底下约 5km 和大陆表面下 50km 深处表面发现一个较小的但也很明显的地震波速度变化. 该面和 Gutenberg 发现的面之间的区域现在称为“地幔”. Mohorovičić界面 (Moho 面) 是地壳与地幔的分界面, 而 Gutenberg 界面是地幔和地核的分界面.

但是地震学家依然接受 Kelvin 的观点, 认为整个地球是固体的. 他们设想地球表面以下不同深度处地震波速度的变化的原因, 并不是因为其物理状态的变化, 而是因为不同化学组分的变化引起的物质密度的变化. 因此, 地核中速度的降低是由于地核由铁组成, 而地幔则是由岩石物质组成.

地震学数据也包含地球内部物理状态的信息. 发展于 19 世纪上半叶的波传播理论, 提供了区分固体和液体的方法. 存在两种不同类型的波: 纵波 (压缩–膨胀) 和横波 (扭曲运动, 位移垂直于波传播方向). 在地震学中, 这就是众所周知的 P 波和 S 波. 纵波可以在任何能够抵抗压缩, 并且当去掉外部压力时会趋于恢复原始形状的物质中传播, 普通的固体、液体和气体都是这样. 而横波只能在具有弹性抗扭曲变形, 并且能恢复原始形状的物质中传播, 这样的物质只有固体, 而液体不行[7]. 1847 年, William Hopkins 成为第一个指出如何将波传播理论应用于地震波的人.

Oldham 从印度 1897 年的地震记录中已经区分出 P 波和 S 波, 但是地震仪中的记录却很难解释, 直到几年以后, Oldham 断定他从来没有真正见到过穿过地核的 S 波. 到 1914 年, 他猜想地核不能传播 S 波是因为它是液体[8]. 而 Gutenberg 却坚信地核是固体, 并发表了一张地核内 S 波速度图, 是假设已经测得的 P 波速度与 S 波速度成正比计算出来的.

到 1925 年, 地震学家已经普遍认识到, 没有观测到 S 波地震脉冲穿过地核. 这种认识使他们意识到地核是液体的, 的确这也是现代教科书中给出的论据, 但是需要一个更有力的论点来战胜 Kelvin 的固态学说.

1926 年, Jeffreys 提供了地核 (或者至少它的绝大部分) 一定是液体的决定性证据. 他最有力的证据就是地幔的刚度, 这可以由地震波速度相当精确地测出, 这个刚度比地球整体的平均刚度大得多, 而地球整体的刚度, 例如, 可以根据地球的固体潮定出. 因此, 地核中必须存在有一个刚度较低的补偿区域, 也就是存在液体. Jeffreys 也展示了其他的证据, 包括 S 波不能穿过地核, 也同这一结论相吻合.

Jeffreys 的新地球模型仍然保留地幔是完全固体, 一直向下到 2900km 深处, 这对大陆漂移学说的支持者没有任何帮助. 而 Jeffreys 的确到死都是大陆漂移假说及其近代继承者板块构造学假设的主要批评家之一. 他也不维护那些想象派作家, 如 Jules Verne 和 Edgar Rice Burroughs, 他们假想地球内部是一个开放的空间, 人类和动物都可以生活在里面.

需要一个进一步的发现来完善我们目前比较粗糙的地球物理结构模型. 1936 年, 丹麦地震学家 Inge Lehmann (1888~1993 年) 注意到, 地震波经过地球中心附近时波似乎遇到了一个界面，在这里地震波速度发生了一个小尺度的突然跳跃. 为了解释这种现象，她提出有一个半径大约 1400km 的内核 (图 26.6).

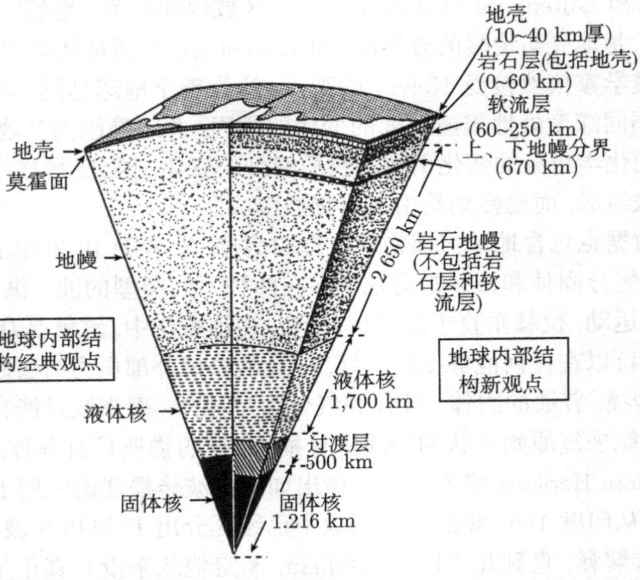

图 26.6　20 世纪 40 年代普遍接受的地球结构的简单模型与 20 世纪 60 年代和 70 年代发展起来的复杂模型的对比[9]

美国地震学家 Francis Birch (1903~1992) 在 1940 年指出内核是固态的铁. 他推测铁的熔化温度随着压力急剧上升，到达中心时达到 4000°C(超过了那里的实际温度)，Curie 温度也是随着压力足够快速增加以允许存在一个铁磁性的内核.

新西兰的地震学家 Keith Bullen(1906~1976 年) 在 20 世纪 40 和 50 年代发表的许多篇文章中，提出了地球内核是固态的证据. 一个确定的证据就是通过内核的 S 波脉冲的探测，Bullen 力促搜寻这种脉冲. 1972 年，Bruce R Julian, David Davies 和 Robert M Sheppard 通过使用一个地震台阵来合成来自几个站的数据，宣布探测到第一个脉冲. 但对于他们是否正确解读了数据，地震学家们仍然存在争论，并且没有其他观测者澄清这种论点. 更多关于内核是固态的令人信服的证据来自对地球自由振荡的分析. 这些振动是由大地震激发的，由 Hugo Benioff 在 1952 年首次探测到，并相继在 1960 年和 1968 年由几个地震学家探测到 (这些数据分别与西伯利亚、智利和阿拉斯加州的地震相对应). John Derr, Freeman Gilbert, AM Dziewonski, Louis Slichter, Chaim Pekers 和 Frank Press 通过来自自由振荡数据的计算推断出了内核的大小和刚度.

直到 20 世纪 40 年代，地震学对地核的研究 (集中于对它的力学性能，如刚度的研究) 与对地表地磁的研究之间几乎没有什么联系. 似乎任何将地球磁场归因于它内部电流的理论都会涉及某种关于地球内部哪些部分 (如果有的话) 是液态的假设. 连 Harold Jeffreys 在对 Sydney Chapman1936 年关于地磁学的书的书评中也抱怨"结果和我们所知的固体地球认识之间缺乏对应."[10]

随着 20 世纪初期 George Ellery Hale 在太阳黑子中发现磁场和他对太阳磁结构的调查研究, Joseph Larmor 在 1919 年认为太阳和地球的磁场可能都是由 "自激发电机" 产生的. 从 Oersted 和 Faraday 的工作中我们可以知道: 电流周围被磁场所包围, 同样, 导体和磁场的相对运动可以产生电流. 或许移动电荷的电流产生的磁场可以不间断地自己再生电流而不需要借助于外界的帮助.

但是这种思想的发展受到 1933 年 T G Cowling 关于轴对称的场不能自我维持的证明的强烈阻碍. 随后的第一个重大理论突破是德裔美国物理学家 Walter M. Elsasser(1904~1991 年)1946 年完成的. 他的主要贡献是发现: 从磁偶极子的特征性角向场开始, 地核内可以产生环形 (面包圈形状) 场, 而且还可以被非均匀流体流动放大 (图 26.7). 随后角向场和环向场自身慢慢衰减到零, 但是一个更为复杂的却似乎可能的流体流动模式可以再次从环向场中产生角向场. 因此, 与 Cowling 定理的推论相反, 一个自激发电机可以被流动液体的感应效应维持, 进而可以用物理上合理的方式来解释地球磁场的主要特征 (包括它的长期变化). Elsasser 特别强调了从地震学证据推导出来的地核的流动性和基于液体流动的地磁发电机合理性之间的联系.

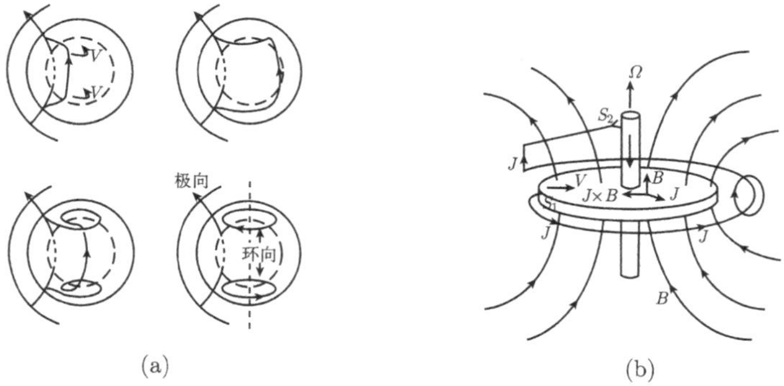

图 26.7 涉及地磁发电机理论的概念 (a) 在旋转的球形系统中, 磁场可能是角向的 (磁力线位于经线面上), 或者环向的 (磁力线环绕轴分布), 或者这两种的任意结合. Elsasser 指出, 如果磁力线依附于非均匀旋转流体中的颗粒, 初始的角向场将变形为环向场[11]. (b) 自激发电机最简单的例子是单极发电机. 磁场 $\boldsymbol{B}$ 由所示方向的电流产生, 电流沿旋转圆盘外围的圆回路流动. 电流 (密度为 $\boldsymbol{J}$) 是由导电圆盘的移动感应产生的. 速度 $\boldsymbol{v}$ 是 $\boldsymbol{\Omega}\times\boldsymbol{r}$, 其中 $\boldsymbol{\Omega}$ 是圆盘旋转的角速度. 电流回路通过 S_1 和 S_2 的滑移接触完成. 圆盘上每单位体积的 Lorentz 力 $\boldsymbol{J}\times\boldsymbol{B}$ 沿所示方向, 与速度 $\boldsymbol{v}$ 方向相反. 发电机仍然需要一个外界能量源来保持圆盘的移动[12]

英国地球物理学家 Edward Crisp Bullard(1907~1980 年) 详细阐述了 Elsasser 理论, 通过提供一个明显的反馈机制来再生磁场. Bullard 的模型并不完全令人满意, 尽管经过许多理论家的不懈努力, 但仍然不能用准确的定量理论来解释地球磁场的行为. 然而它的许多定性特性可以被理解. 特别是 Elsasser-Bullard 理论似乎可以合理解释地球的整个偶极磁场能够衰减到零 (自发地或者由于外界的影响), 然后在相反方向重建. 磁场倒转理论的可能性和确定地球历史上什么时候发生倒转的方法的发展对 20 世纪 60 年代板块构造的建立起到关键性作用.[**又见 26.5 节**]

26.4　地球的起源和年龄 (1935 年后的认识)

现代对地球和地表最古老岩石年龄的估算是依靠核物理来实现的. 特别是, 有必要分析岩石和陨石中几种铅、铀和其他元素的同位素的含量, 测量放射性元素同位素的衰变率, 进而了解岩石 (或者是地球) 初始形成时同位素的组成.

1913 年同位素发现后, 终止于各种稳定铅同位素的放射性衰变序列被挑选出来. 到 1920 年, 英国地球物理学家 Arthur Holmes (1890~1965 年) 已经得到最古老矿物至少已经有 16 亿年的结果, 他估计的地壳年龄大概为 20 亿年.

进一步的研究得出更大、更精确的年龄. 到 1936 年, 普遍认为铅的两种同位素 ^{206}Pb 和 ^{207}Pb 分别是 ^{238}U 和 ^{235}U 衰变序列的稳定产物. 另一稳定同位素 ^{208}Pb 是钍同位素的衰变产物. 第四种稳定同位素 ^{204}Pb 不是由任何一种衰变产生的, 因此称为 “非放射产生的”(如铀的同位素一样, 可能是在地球形成之前由恒星的核反应产生的). 美国物理学家 Alfred Nier (1911~1994 年) 利用质谱仪发现这些同位素在所有岩石中的比例并不是相同的, 尽管不同岩石的混合同位素的平均原子量是一样的. 假设含有非放射性产生的铅的最高含量是其他铅的同位素的原始丰度的最好近似值, 1941 年 Nier 能够估算出一块具体岩石大约形成于 25 亿 7 千万年前[13].

1946 年, Holmes 和德国物理学家 Fritz Georg Houtermans(1903~1966 年) 分别指出 Nier 的方法不仅能够给出具体岩石的年龄, 而且还可以给出地球本身的年龄. 他们得到的地球年龄是 29 亿年. 1947 年 Holmes 将他的值修订成 33 亿 5 千万年.

尽管一些科学家指出可用的数据并没有排除地球的年龄可达 50 亿年, 但直到 20 世纪 50 年代 Holmes-Houtermans 的 30 亿 ~34 亿年的地球年龄才被普遍接受. 这个结论已经足以与天文学家从对膨胀宇宙中星系的 Hubble 距离–速度关系估计出的宇宙仅仅 20 亿年的年龄相矛盾. 虽然当天文学家重新校验了它们的距离标度后把宇宙年龄增加了 10 亿年或者更多, 地球年龄的争论问题消失了, 但这种争论成为对“稳恒态”宇宙论作出严肃思考的原因之一.[**又见 23.6.3 节**]

1953 年, 芝加哥大学和加州理工学院的一群科学家报道了一些陨石中放射性成因的铅同位素丰度远远低于预想的原始值, 而且在这些陨石中的铀铅比也相当低. 这就意味着现存的 ^{206}Pb 和 ^{207}Pb 同位素的量极少是陨石形成后铀的衰变产生的. 与在地壳中发现的矿物相比, 这些陨石受化学分异的影响要小得多, 这似乎是很合理的假设, 因此利用其丰度测量地球形成时间是最合适的. 一位参与研究的地球化学家 Clair Ameron Patterson(1922~) 基于原始铅同位素的丰度与陨石中的一样的假设, 宣称地球的年龄至少有 45 亿年. Patterson 的特殊贡献在于对于非常精确的微量铅同位素测量方法的发展.

在接下来的三年中, 通过对其他铅同位素数据的分析和基于另外两种放射性定年方法 (K-Ar 法和 Rb-Sr 法) 对陨石年龄的独立估算, 新的年龄值被确认. 1956 年, Patterson 提出更精确年龄估值为 45.5±0.7 亿年. 到 20 世纪 70 年代多数科学家接受了这种估值, 尤其当从阿波罗计划得到的月球岩石分析得出的月球年龄也有约 46 亿年之后.

在 Patterson 最早宣布他得出的地球年龄后的 20 年里, 地球科学经历了一次重大的变革, 这就是板块构造说的出现, 改变了许多我们对地球历史的认识. 然而, 引人注目的是, 其中最基本的参数 —— 地球年龄没有改变, 现在接受的地球年龄仍然在 40 年前给出的限定范围内.

在过去的几十年里, 有关地球起源的见解更加反复无常; 即使到今天关于地球是如何和什么时候形成的仍然不确定. 正如在前面 26.2 节描述的那样, 天文学家和地质学家早在 1940 年前就经过考虑并最终拒绝了两种本质上不同的理论. Laplace-Herschel 星云假说是一元论的范例: 行星和太阳是经过同一种途径形成的. Chamberlin 和 Moulton, Jeans 和 Jeffreys 的潮汐理论是二元论: 他们都需要两种恒星相互作用才能产生行星. 太阳系起源的一元论暗示因为作为恒星形成的一部分, 许多其他的行星系统可能也是以同样的方式形成的; 而二元论起源说则暗示因为两个恒星要接近到足够小的距离才能产生所要求的相互作用, 这种可能性本身就很小, 所以行星形成的非常稀少.

1940 年后新的观念和观测手段为一元论的复兴提供了似乎合理的基础. 例如, 瑞典等离子体物理学家 Hannes Alfvén(1908~1995) 提出早期的太阳拥有一个很强的磁场而且被电离气体所包围. 围绕太阳旋转的磁力线在电离气体中被捕获并将角动量传给它. 这种方式可以解释为什么太阳系的大多数的角动量是由巨行星携带, 而不是像最初的星云假说所期望的那样由太阳携带的. Alfvén"磁制动" 机制减缓了太阳的旋转, 这种机制在 20 世纪 50~60 年代被一些理论学家所接受, 虽然他们反对 Alfvén 行星形成理论的其他内容.

正如 Jeans 和 Henri Poincaré在 20 世纪早期指出的, 如果现有行星和太阳的总质量均匀分布在整个太阳系, 那么物质的密度将会非常的小, 以致原子很容易直接离散到宇宙中而不是凝聚 —— 但是天文化学家挽救了聚集观点. 英裔美国天文学家 Cecilia Payne-Gaposchkin(1900~1979 年) 在 1925 年证明使用量子理论和统计力学, 恒星的光谱分析能够用于估算恒星大气的成分, 并且略带犹豫地得出太阳主要是由氢和氦元素组成的. 这与早前的太阳与地球有相似的物质组成 (可以从潮汐理论得出) 的观点相矛盾, 但不久就被 Russell 和其他的天文学家所证实. 如果设想形成太阳系的原始星云与现在的太阳有着相同的组成, 那么它必须有比现今的行星更大的质量, 而且随后至少在内太阳系里面失去了它的大部分氢和氦. 如此大质量原始行星星云的更高密度会使之更容易产生诸如引力不稳定性, 黏性和湍流等过程从而启动气体和尘埃的凝聚.

一元论的复兴开始于 C F von Weizsäcker 1944 年的一篇文章. 与此同时 Alfvén 与 Otto Schmidt 假定以前的星云物质被太阳捕获, 发展了二元理论, 但是他们的理论专注于太阳系随后的发展而最终演变成了一元论.

在 20 世纪 50 年代, Gerard P Kuiper 和荷兰裔美国天文学家 Harold C. Urey 提出了有竞争性的理论. Kuiper (1905~1973 年) 完善了这个理论: 他们假定约十分之一太阳系物质 (大约是现在行星质量的 100 倍) 的大星云环绕着太阳, 并设想由于引力不稳定性形成大的原行星. 在行星形成后, 多余的物质 (尤其是氢和氦) 会被太阳的辐射压力吹走. Urey (1893~1981), 一位第二次世界大战后成为在行星科学界领军人物的美国化学家, 提出应该先是形成无数的小物质体 (等于月球的大小), 然后凝聚成行星. 他认为在生命起源的研究中应该考虑到原始星云中有丰富的氢元素; 最初的有机物可能形成于早期地球大气中化学还原条件下[14].

整个 20 世纪 60 年代和 70 年代, Victor Safronov (1917~) 和其他苏联化学家发展了 Schmidt 的理论. 它成为来自于原行星星云的小固体颗粒 (Chamberlin 的微星) 凝聚成行星的基础模型 (图 26.8). 美国地球物理学家 George W Wetherill(1925~) 做了一些修改后接受了 Safronov 的模型, 并在计算机帮助下推导了随后的演化. Safronov-Wetherill 模型尽管没有定量地考虑类地行星的属性, 但如今还是被认为是最令人信服的类地行星形成模型.

20 世纪 50 年代后, 同位素异常在太阳系起源学说中成了主要角色. 估算的太阳系中各种同位素平均丰度与个别陨石中发现的同位素丰度存在着很多差异. 尽管这些异常与行星形成的多数传统问题关系不是很大, 但通过将它们跟太阳或其他行星的核衰变过程联系起来, 人们相信同位素异常为了解太阳系星云形成和聚集的初始阶段提供了重要的线索.

最著名的例子就是 "超新星触发" 假说. 这个假说部分基于 1969 年坠落在墨西哥阿兰得地区的陨石中的 ^{26}Mg. 这种异常在 1976 年由加利福尼亚理工学院的 Typhoon Lee, D A Papanastassiou 和 G J Wasserburg 测定, 并且被归因于早期太阳系中存在 ^{26}Al, 它的半衰期只有 70 万年. 人们普遍以为 ^{26}A1 是在太阳系形成前不到几百万年就在超新星中合成了. 由于超新星爆炸也会产生冲击波, 这有可能将稀薄的物质压缩到非常高的密度, 足以使它们因引力坍缩而变得不稳定, 所以同位素异常可能表明超新星爆炸形成了太阳系.

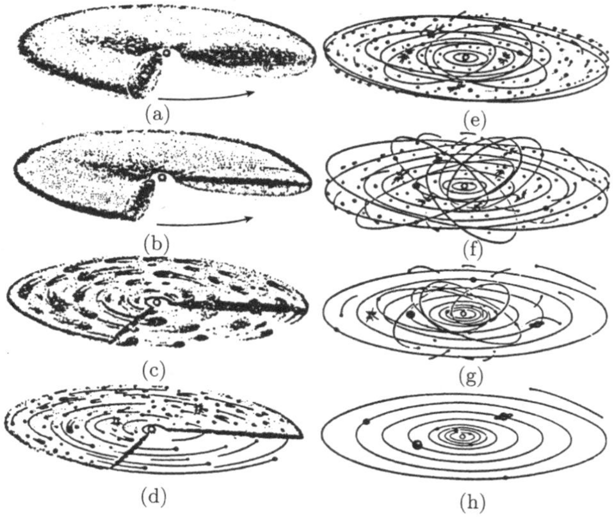

图 26.8 依据 Schmidt, Safronov 及其同事设想的太阳系的起源. 原始的气体 —— 尘埃云开始的演化有点像 Laplace 所描述的那样, 但在早期阶段并没有形成环和大的原行星. 相反, 它凝结成小的固体颗粒 (微星), 然后聚集成行星[15]

超新星触发假说最有影响力的倡导者是加拿大裔美国天体物理学家 Alistair Graham Walter Cameron(1925~), 但是, 在 1984 年当天体物理观测表明其他方式也可能合成 ^{26}A1 时, Cameron 放弃了这个假说. 与此同时, Cameron 发展出一套关于太阳系星云塌陷和原行星形成的定量理论. 他认为, 导致角动量从太阳转移到行星的基本原因是湍动黏度, 而不是磁制动. Cameron 将 Lynden-Bell 和 Pringle 发展起来的 "吸积盘" 理论结合到他的模型中.

Cameron 的理论工作、Donald Clayton 和其他人对同位素异常的研究与 20 世纪 70 年代早期盛行的另一个假说相矛盾. 为了解释行星和陨石的特殊物理化学性质, 几位科学家认为, 在太阳系中 (或至少在类地行星范围内) 的所有的物质已经被完全蒸发, 并彻底混合. 因此, 太阳系是 "再生的", 除了总的化学成分和同位素组成外, 没有保留任何早期历史的证据. 由于假定均匀气体冷却下来, 其组成将按照特定的顺序凝聚, 这个顺序取决于它们的热力性质和原行星星云的压力–密度–温度曲线. 基于另外的关于相对的冷却率和聚集率的假设, 以及星云中热力学平衡占主导的程度, 人们可以计算出在距太阳不同距离处形成的固体物质的化学组成.

这种 "凝结序列" 模型对于研究陨石的科学家们非常有吸引力, 但恰恰是陨石学家最终找到了反驳它的证据. 同位素异常破坏了原行星星云完全混合的假设, 并提高了利用高温气体简单凝结来解释陨石结构细节的难度. 在 20 世纪 70 年代末和 80 年代, 陨石学家开始热衷于更加复杂的历史, 包括某些确定的成分形成于银河系其他地方, 并在太阳系形成时期以星际尘埃的形式存在的可能性.

人们也许期望太空计划的新的结果将在 20 世纪末在太阳系起源理论的发展中扮演重要的角色. 毕竟, 这是资助这个计划的 "科学" 理由之一. 事实上, 考虑到太空计划的高昂费用, 它的直接贡献意义小于预期, 而地面观测往往更具有决定性. 但该计划却有一个重要的间接效果：创建一个行星科学团队和鼓励发展先进的实验和计算机技术. 美国国家航空及航天局 (NASA) 资助了一些理论学家的研究, 使他们可以在电脑上模拟计算出他们假设的结论. 讨论太空计划规划和结果的研讨会的召开, 为探讨太阳系的起源提供了方便的论坛. 对太阳系外宇宙的各种新观测变得更有价值. 安装在地球大气层外的轨道上的人造卫星中的红外, X 射线和 Υ 射线望远镜, 结合 "高科技" 的地面观测, 为恒星形成的初期阶段和对行星起源理论意义重大的几种特定同位素的丰度提供了关键数据.

太空计划在一个领域有着深远的影响：这就是月球起源的理论 (selenogony, 月球起源学). 1969 年之前, 有三种相互竞争的理论：地球和月亮共吸积理论 (将星云假说延伸到卫星的形成); 分裂理论 (G H Darwin 的假说), 以及将月亮 (从别处) 俘获到地球轨道的理论 (图 26.9). 对阿波罗 11 号带回的样本的分析和后来的月球探测任务似乎否决了所有三种理论. 这使得出现了一种新的理论, 它基于早先被几位科学家提出但因为太难以置信而没有被正式接受的理论. 1975 年, 美国天文学家 William K Hartmann(1939~) 和 Donald R. Davis(1939~) 提出, 月球是地球被大型陨石 (半径超过 1000km) 撞击后溅出到围绕地球的圆形轨道上的物质形成的. 1976 年, Cameron 与 W R Ward 提出了类似的假说, 并假定撞击体更大, 大小与火星相当 (图 26.10).

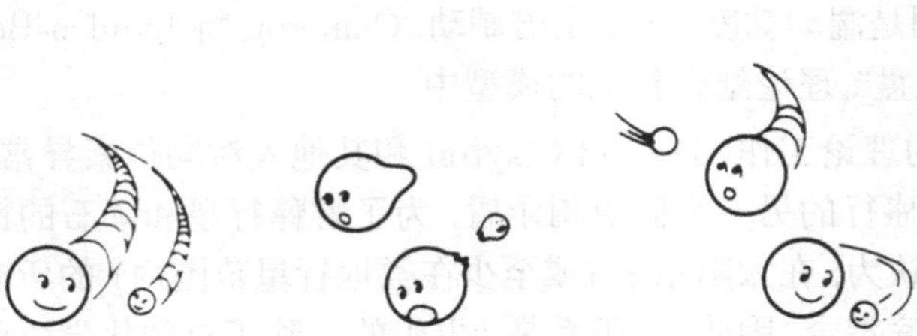

(a) (b) (c)

图 26.9 1969 年之前月球起源的 3 种模型

(a) 共吸积说：根据 Laplaces 的星云假说, 月球在绕地轨道的形成与行星的形成过程一样. 这一理论在 19 世纪早期和中叶很流行, 但从来没有被详细地定量计算出来, 到了 20 世纪中期被 Eugenia Ruskol 和其他人重新提出. (b) 分裂说：月球是通过地球转动不稳定性分裂出去的. G H Darwin 通过计算潮汐力对月球的运行轨道的影响, 反推出月球靠近地球的时间、月球的绕转周期与地球的转动周期一致, 以此证明了此假说. 这一理论在 19 世纪末期到 20 世纪早期比较流行. (c) 俘获说：月球形成于太阳系其他地方, 然后受地球引力的吸引而被捕获. 这个理论在 20 世纪 50 年代由 Horst Gerstenkorn 定量计算出, 并得到 Harold Urey 的强烈支持

Safronov-Wetherill 理论提出：月球或火星大小的星体广泛存在于行星形成的晚期. 这一理论的结果使得大冲击理论更让人信服. 此外, 1974 年, 无人航天器水手号 10 反馈的水星的陨石坑表面揭示出类地行星形成之后曾经历过数亿年的小行星碰撞. 到 1984 年, 大冲击理论似乎成为解释月球起源的最有效理论. 行星科学家此后一直致力于研究它与地球早期历史的联系.

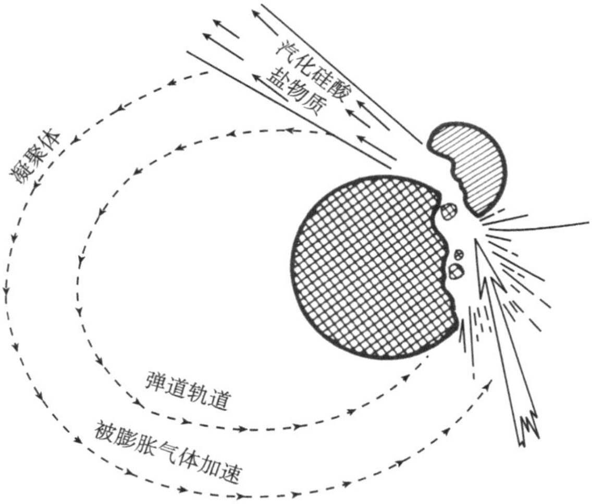

图 26.10 月球形成的大冲击模型. 撞击体可能和火星一样大. 随着一次掠撞击, 从地幔中抛出硅酸盐物质, 蒸气膨胀并加速凝聚到离开地球表面的近地点轨道上 (与固体碎片撞入简单弹道轨道的运动轨迹相反, 这些碎片将再吸积回地球). 挥发性元素和化合物逃逸进入太空; 难熔物质凝聚, 并最终形成一个单一的卫星. 与地球及其海洋作用的潮汐作用将角动量转移到卫星, 推动它的轨道向外扩展, 同时减缓了地球自转. 按照这种模型, 一半或更多的月球物质可能来自于撞击体, 其余则来自于地幔 [16]

26.5 地球科学的革命[17]

虽然其他人也曾以大陆海岸线的形状为基础提出现今大陆是由更早的超级大陆分裂形成的 (图 26.11), 但是 Alfred Wegener(1880~1930 年), 德国地球物理学家, 被公认为大陆漂移说的创始人. Wegener 阅读了非洲和南美洲生物标本的相似性后确认这两个大陆曾经是联合在一起的. 这种相似性被古生物学家解释成是假定史前存在横穿大西洋的 “大陆桥” 造成的. 大陆桥假定和 Eduard Suess 的有关海洋盆地是由于基底部分下陷形成的理论是一致的. 但 Wegener 认为这是不可能的, 在他看来假定现在的这些大陆曾经是一个单一的巨大陆的一部分更为简单, 他称这个巨大陆为 “泛大陆”. 在他的关于大陆和海洋起源的书中, 他列举了大量的生物学和地质学上的证据证明他的假说.

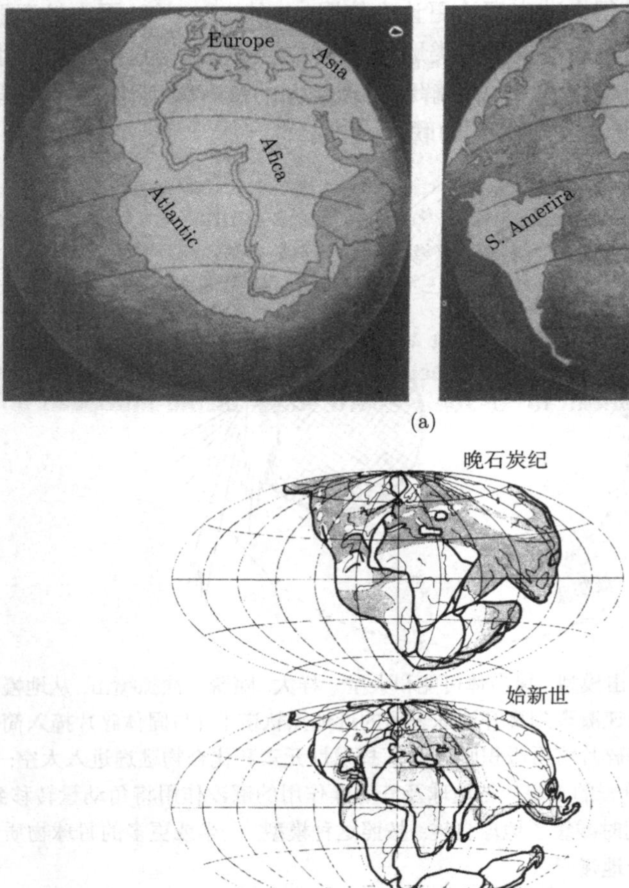

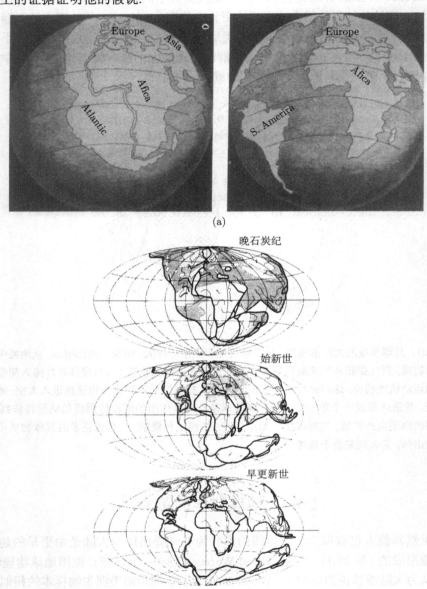

图 26.11　大陆边缘的吻合显示它们可能曾经是结合在一起的

(a) 在 Wegener 之前很久, 许多科学家就想象欧洲和非洲与美洲曾经形成一个单 — 的大陆[18]; (b) Wegener 重建的联合古大陆 (泛大陆) 及其分裂后各大陆的移动[9]

生物学证据在某些方面相当惊人. 例如, 某些种类的蚯蚓和蜗牛仅在欧洲西部和美洲东部被发现; 很难相信它们能够游过大西洋. 另外个头比较大的动物 —— 在马达加斯加和非洲都发现了河马, 这个大型动物能够游过 250 英里宽的海面吗?

既然现在地球物理学家承认 Wegener 的理论是正确的, 那么就产生了一个问题, 为什么他的理论在 20 世纪 60 年代之前被拒绝呢? 一个原因是, 他没有提出看似合理的板块运动机制; 他所讨论的动力 (与地球旋转相联系的) 似乎太脆弱而不能推动地幔上层的固体板块. 然而, 在似乎合理的动力机制被建立之前, 大陆漂移理论实际上已被接受了, 因此, 这不可能是一个完整的故事.

更有意义的是, 事实上 Wegener 关于存在大陆漂移的证据并不是令人信服的. 几乎没有精确的数据能确定欧洲和非洲大陆西缘与美洲大陆东缘在地质上是吻合的. 几乎很少有地质学家们有大西洋两岸的第一手资料或是用 Wegener 的假说研究全球问题的经验. 虽然大陆漂移在 20 世纪 20 年代和 30 年代被广泛的讨论, 但是没有人为验证它做出过重要的科学研究.

也有人指出大陆漂移说没有被接受的原因是它的证据主要是生物学和地质学方面的, 而反对这一假说的论据主要是物理学方面的. 在 20 世纪早期, 物理学是最受尊敬的科学. 尽管事实证明 Kelvin 勋爵反对地质学家的关于地球年龄的物理论据是不合理的 (26.2 节), 但是地质学家和物理学家仍然相信物理证据比地质证据更可靠. 在 20 世纪前半期, 地质学在科学界的地位下降到一个相当低的程度, 相比之下物理学由于取得惊人的进步而引起了众多的关注. 生物学的处境也几乎没有比地质学好多少, 在基于物种分类地理学分布方面的争论也没有像 19 世纪中期进化论的争论那样有份量.

Alfred Lothar Wegener

(德国人, 1880~1930)

Wegener 早期的科学兴趣在气象学、气候学、地质学和冰川学, 他耗尽一生在北极区域反复探险, 并最终为此而献身. 1905 年获得天文学学位后, 他参加了去格陵兰岛的丹麦探险队. 1910 年探险归来后, 他 (和前人一样) 注意到了大西洋东西两岸海岸线形状的明显相似形. 他也怀疑欧洲、非洲和美洲是否曾经形成于一个统一的大陆. 利用了各方面的证据, 他在一系列的文章和一本涵盖多方面的书《大陆和海洋的起源》中发展了大陆漂移理论. 他担任过德国马尔堡大学的气象学讲师, 在第一次世界大战中担任过下级军官, 在靠近汉堡的德国海洋气象台担任过气象学家. 之后, 1924 年他被任命为格拉茨大学气象学和地球物

理学教授. 6 年后, 他在一次格陵兰岛探险中失踪. 他的理论曾在 20 世纪 20 年代被地质学家和地球物理学家热烈讨论过, 但之后几乎消失, 直到 20 世纪 60 年代新的证据发现和板块构造学说的提出, 大陆漂移学说理论才获得重生.

确有少数几位科学家支持 Wegener 的理论, 其中一位就是 Arthur Holmes, 他的放射性测年工作在前面提到过. Holmes 主张地球内部的放射性矿物能够产生足够的热量在地幔中产生对流流动, 这些流动能够上升到地壳并像一个传送带一样推动大陆运动. Arthur Holmes 的理论虽然也没有被接受, 但他那些被人广泛阅读的书籍使大陆漂移说保持活力, 一直到更多 (合理类型的) 证据被发现使得其他科学家必须严肃考虑大陆漂移理论.

关于大陆漂移实质性的物理证据最终是在第二次世界大战后对地磁学的研究中得到的. 物理学家, 例如, 英国的 PMS Blackett(1897～1974)、美国的 Walter Elsasser 开始研究地磁场起源的老问题. 最显然的解释是地球内部包含了一个不变的像铁一样的磁性物质, 这种解释被拒绝已经有很长时间了, 因为众所周知, 像铁一样的物质当加热超过 Curie 温度后就会失去磁性, 而有充足的证据显示地球内部超过这个温度. 现在正在研究的另外两个可能性是：第一, 磁场是由于电流的自维持产生的; 第二, 旋转球体由于某种未知的物理定律产生了一个磁场.

正如 26.3 节所提到的, 这两种可能性的第一种被 Elsasser 和 Bullard 在理论上成功的计算出来. 第二种曾由 Blackett 用实验方法探究. Blackett 从英格兰银行借了 15.2 kg 的黄金, 建造了一个圆柱悬挂在他的实验室里使其随地球旋转. 为了观测圆柱的旋转是否产生磁场, 他设计了一个磁强计, 其对磁场变化的灵敏度精确到 1×10^{-7}Gs(在地表地球自身的磁场大约是 0.5Gs). 1952 年, 他得出结论, 实验的结果是负的：圆柱自身的旋转不能产生磁场.

Blackett 的否定性实验带来了一个非常重要的副产品：世界上最灵敏的磁强计, Blackett 和现在的其他人用它来测量古代岩石的磁化情况. 岩石中包含的磁性铁氧化物被加热到 Curie 温度之上后冷却, 将会得到 "剩磁", 剩磁的方向与冷却时的地磁场方向相同. 如果可以标记岩石在自然环境下的精确取向 (如果能够假定该取向自冷却之后保持不变), 就可以得到古代地磁场方向的记录[20].

20 世纪 50 年代期间, 由 Stanley Keith Runcorn(1922～) 领导的一群英国古地磁学家能够证明地磁北极在大约 600 百万年前从夏威夷附近的位置, 穿过太平洋到日本, 然后再穿过西伯利亚到达它现在的位置. 但是, 基于对美国发现的岩石剩磁的研究得到的相似数据与在英国发现的岩石剩磁的极移路径在经度上偏离了 30°, 只有路径最新部分的偏移量逐渐减少到零. 当把这些路径标记在地球仪上时, 最自然的解释似乎就是至少 1 亿年前, 美洲和欧洲是连在一起的, 然后漂移分开, 正如 Wegener 曾经宣称的那样 (图 26.12). 因此, 大约 1960 年, Runcorn 和其他的古地磁学家成了大陆漂移学理论的支持者.

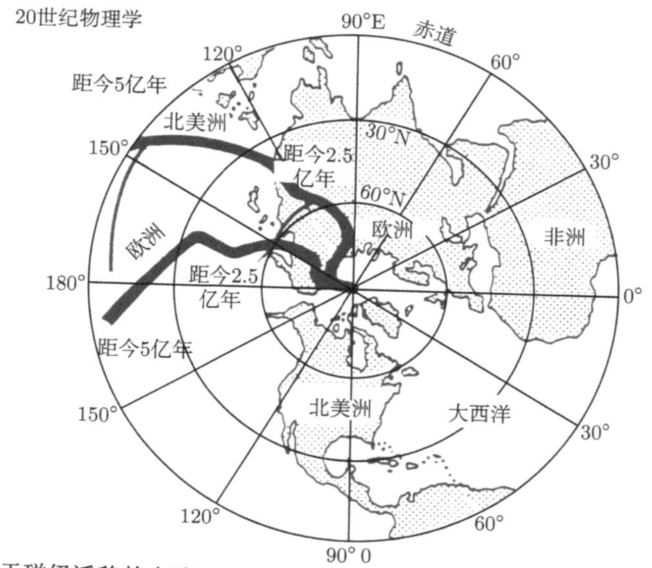

图 26.12 来自于磁级迁移的大陆漂移的证据. 由 Runcorn 和他的同事从欧洲和北美的磁性沉积物中推断出的从现在返回到 5 亿年前地磁北极过去的位置. 如果在某个给定时间地球只有一个磁北极, 他们认为, 两个曲线应该重合, 就必须将北美大陆向东移动. 这将会封盖大西洋, 北美和欧洲联合形成泛大陆, 如图 26.11 所示[21]

大约这时地球物理学家开始调查地磁场在过去不同时间实际发生的自身反转的证据. 1909 年, 法国物理学家和气象学家 Bernard Brunhes(1867~1910 年) 在法国通过测量古代熔岩流的磁场, 首次报道了这样一种地磁反转. 接着在 1929 年, 日本地球物理学家 Motonori Matuyama(1884~1958 年) 在日本也发现了地磁反转的岩石. 在那时, 认为地球磁场可以反转被看成是荒谬的, 因此观察到的现象或者被忽视, 或者被解释为磁性化合物的某种特殊性质, 但是现在 (1960 年)Elsasser-Bullard 的自激发电机理论使得反转的发生看起来似乎是合情合理的.

Ian McDougall 和他在澳大利亚国立大学的同事们以及加州美国地质勘察局的 Allan Cox, Brent Dalrymple 和 Richard Doell 获得了地磁场反转的新证据. 到 1963 年, 借助于钾氩放射性测年法, Cox, Doell 和 Dalrymple 得以建立过去的两个主要地磁反转期, 每个反转期中都又有比较短暂的反转. 主要的地磁时期以四位地磁研究先驱者的名字来命名, 如图 26.13 所示.

这些地磁时期, 以及其中发生的短时反转可以用黑白色条带来表示 (图 26.13(b))[24].

磁极移动的古磁场证据揭示了大陆漂移的可能性, 但无论如何还不能完全证明它的真实性. 然而, 当与海洋学数据相结合, 磁场反转的地质年代表从另一方面为大陆漂移提供了确凿证据.

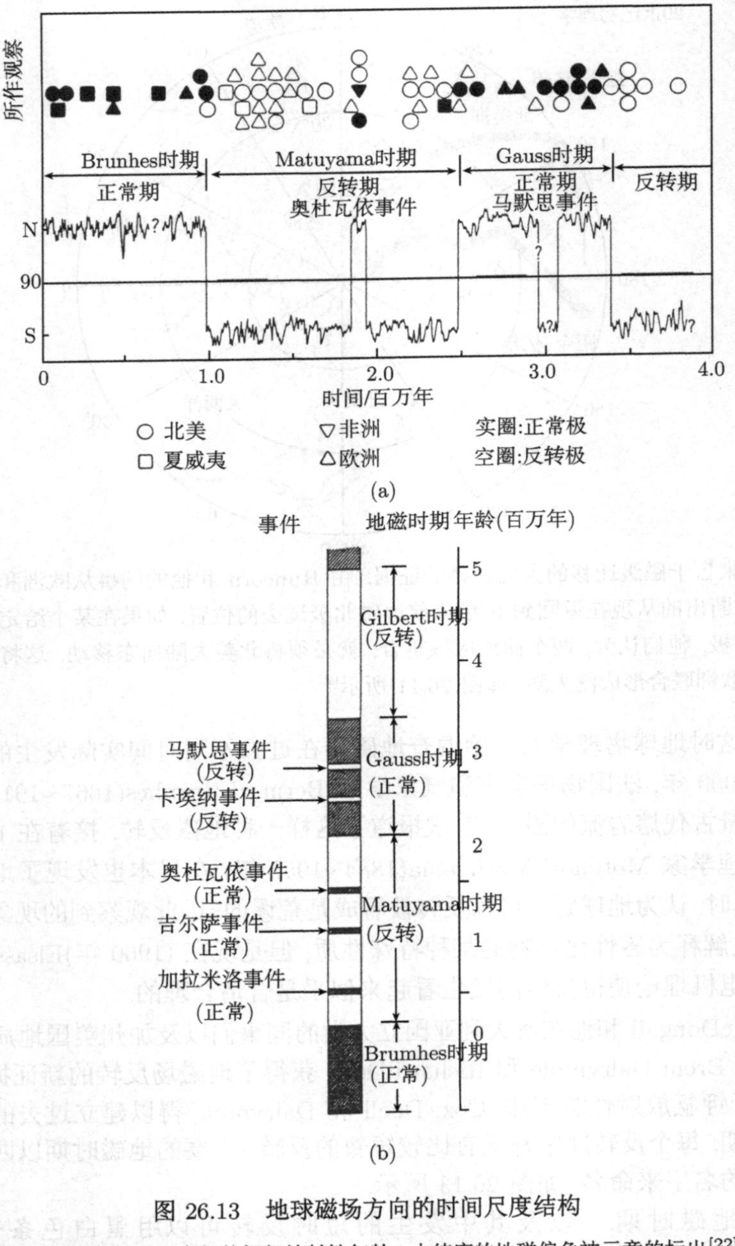

图 26.13　地球磁场方向的时间尺度结构

(a) 63 个火山岩的地磁极性以及它们的钾氩放射性年龄. 中纬度的地磁偏角被示意的标出[22]; (b) 最近的地磁反转时间的简化版本. 黑色条带代表磁极方向正常 (就是和现在一样)的时期; 白色条带表示磁极反转的时期. 时间是从现在往前算, 以百万年为单位[23]

为今人所熟悉的 “中大西洋海岭” 在这个事件中扮演了中心角色. 海岭的某些

部分最初是由英国“挑战者号”调查船于 19 世纪 70 年代发现的. 20 世纪二三十年代的“回声测深”数据获得了进一步的信息 (回声测深是类似于雷达的一种方法, 通过测量波在固体物质之间来回传播时间来确定它们之间的距离, 这种方法中, 用的是声波而不是电磁波). 另一些海岭也被发现, 譬如在印度洋. 而且还发现, 这些海岭被一条深沟沿纵向分割开来 (图 26.14(a)).

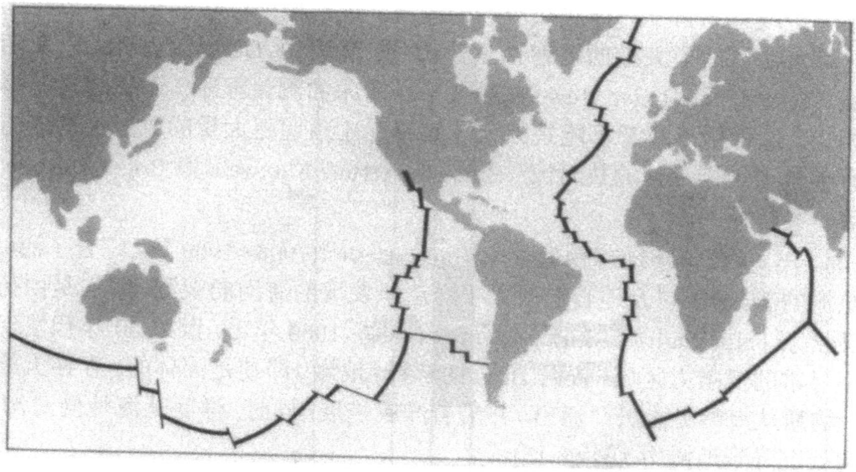

(a)

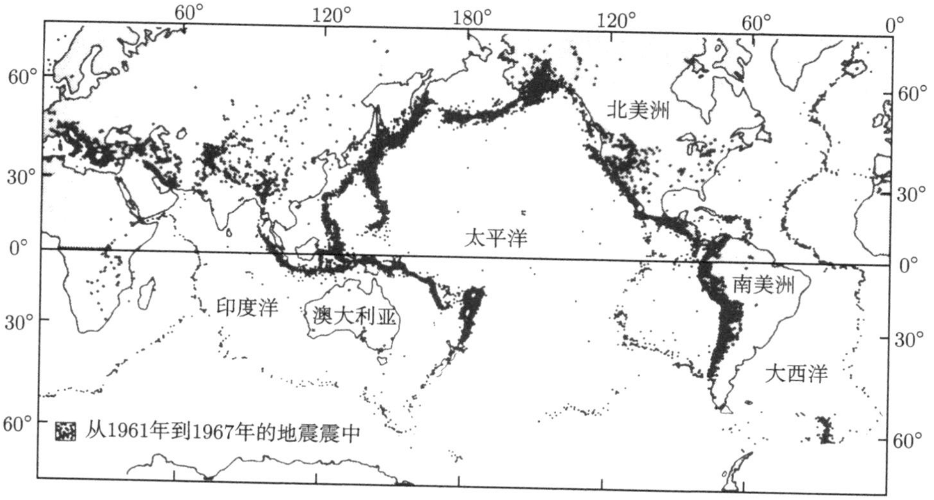

(b)

图 26.14 (a) 全球大洋海岭分布示意图. 根据板块构造理论, 每个海岭都是一个扩张区域, 沿着大洋海岭, 两边的板块被拉开[25] (b) 全球地震震中分布示意图. 大部分地震都位于大洋海岭或者环太平洋的海沟处; 在板块构造理论中有两种不同的板块边界类型[26]

20 世纪 50 年代, 美国海洋地质学家 Marie Tharp 运用显示分裂深谷的回声测深数据对中大西洋海岭进行了详细的研究. 她还把大量的地震震源位置标注出来, 发现几乎所有位置都分布在这种裂谷海底之下. 在国际地球物理年期间 (1957~1958 年), 来自于一些国家的调查船进行了大量的研究, 结果表明在海底有一个全球性的海岭系统, 而且这些正是主要的地震活动带 (图 26.14(b)).

另一个线索来自于对洋底热流率的测量. 最初预期洋底的热流率要比大陆的低, 以为大陆包括了大量的放射性生热矿物. 然而由 Bullard 开始, 以及随后的 Arthur Maxwell 和 Roger Revelle 对太平洋海床的测量显示, 洋底的热流率和大陆的相当. 这种结果或者可能是因为洋底有远比预期更大量的放射性物质的聚集或者有来自于地幔下部的热对流. Bullard, Arthur Maxwell 和 Roger Revelle 更偏向于后一种解释.

1960 年, 美国地质地球物理学家 Harry Hess[2](1906~1969 年) 综合了海岭、地震和热流的新数据, 以及他自己对太平洋边缘发现的海沟的观测. 海沟是由荷兰地球物理学家 Felix Andries Vening Meinesz(1887~1966 年)20 世纪 30 年代发现的海底的不寻常的低重力区域. 依据 Hess 的解释, 地幔 (即使是固体的) 存在大规模的对流：物质从海岭处上升、涌出, 并沿着洋底扩展. 同时, 洋底从海岭向海沟移动, 在海沟处沉降到地幔中 (图 26.15).

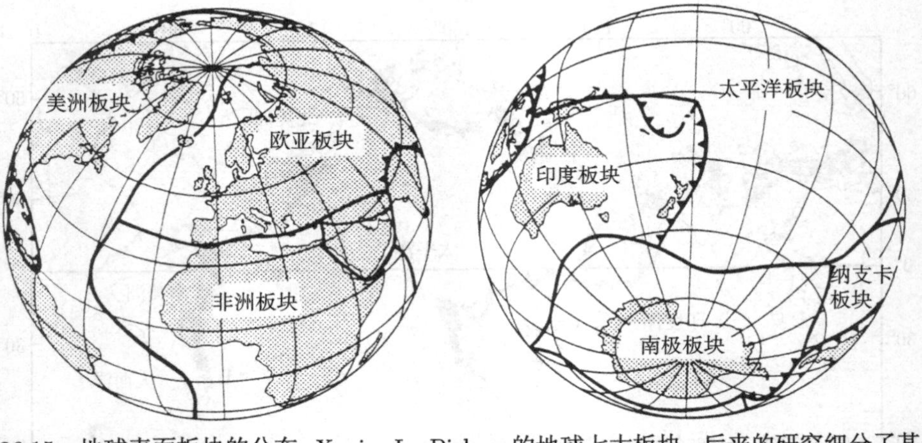

图 26.15　地球表面板块的分布. Xavier Le Pichon 的地球七大板块. 后来的研究细分了某些板块而改进了此模型[28]

Hess 提出的 “海底扩张” 概念以一种意外的方式得到了确认. 1955 年, 美国地球物理学家 Arthur D Raff(1917~) 研制了一种磁力计, 这种磁力计可以拖曳在调查船后面来测量磁场强度的细微变化, 而且不久他就发现了磁场强度高、低交替变化的独特条带. 这种条带平行于温哥华岛屿附近的 Juan de Fuca 海岭. 1962 年, 英国调查船在印度洋也发现了相似的磁条带.

接下来的突破是由两位英国地球物理学家 Frederick Vie 和 Drummond Matthews 取得的. 他们通过分析洋底磁场变化的各种数据, 发现磁场反转条带出现在海岭两边等距离的地方. 1963 年, Vine 和 Matthews 提出, 正常的和反转的磁条带是地幔物质通过海岭上涌的产物, 当冷却到低于 Curie 温度时, 受到当时地磁场的磁化而保留了那时的地磁场信息[29]. 按照 Hess 的海底扩张理论, 离海岭最远的物质应该保留了最早时期的地磁场记录, 而最近的则保留了最近时期的信息. 到 1966 年, 更多的证据都表明海岭两边的磁条带的确和地磁场方向相匹配, 如图 26.13 所示.

根据 Vine-Matthews 的理论, 距海岭一定距离的条带上的每个海底部分都可以与某个特定的地磁历史时期相关联 —— 这个时期就是地幔物质通过海岭上涌并冷却的时期. "格洛马挑战者号" 钻探船为这一结论提供了独立的测试[30]. 它采集了大量的洋底沉积物, 发现根据化石所得的沉积层底部的年龄均随着离中大西洋海岭距离的增加而增加, 并且与磁场变化一致. 大西洋扩张速率大约为每年 2cm, 而其他大洋为每年 1~5cm.

能够解释大陆漂移、地震带的地理分布和海底扩张的理论被总称为 "板块构造" 理论[31]. 它是 1964 年之后的 10 年间许多科学家独立或合作研究的产物, 其中以 J Tuzo Wilson, Jason Morgan, Dan McKenzie 和 Xavier Le Pichon 为主导. 根据板块构造学理论, 地壳和上地幔以下 60km 由相当坚硬的岩石物质组成, 称为 "岩石层"[32](图 26.6), 它被分为六个大的板块以及其他一些小的板块 (图 26.15). 岩石层以下是一个软弱层, 被称为 "软流层"[33], 虽然是由岩石组成, 但是受热接近熔点, 所以在应力作用下能发生变形流动. 软流层往下到距地表大概 250km, 会遇到一个更硬的圈层 (可能是不同类型的岩石组成的, 也可能是同种物质在压力作用下的高密度相).

板块相遇的狭窄边界区域可能有三种类型: ① 大洋海岭型(如中大西洋海岭), 地幔物质上涌形成新的洋壳, 并且海底从海岭向两侧扩张; ②海沟型, 地壳被推到另一个板块下面, 以至于岩石层也沉降到软流层中, 这个过程可能是循环的, 最终又通过海岭喷出(图 26.16); ③ 边界型, 如加利福尼亚的圣安德里亚斯断层, 两个板块在这里彼此滑移.

板块构造学理论导致了对一个新现象的预测, 这就是 "转换断层", 经过详细分析地震记录, 转换断层被确认. 在 1965 年, 加拿大地球物理学家 J. Tuzo Wilson(1908~1993 年)指出大洋海岭可能被地壳的运动所错断, 在海岭处产生突然终止的断层. 因为地幔物质从大洋海岭处继续上涌, 沿着断层的差异运动产生剪切, 这将导致进一步发生地震; 而剪切由于断层本身产生的运动沿相反方向进行(图 26.17). 通过观察地震记录上初始脉冲的方向, 可以区分出地震是由正常断层产生的转换断层或者横贯断层引起的. 这种预测的确认是新理论的重要证据.

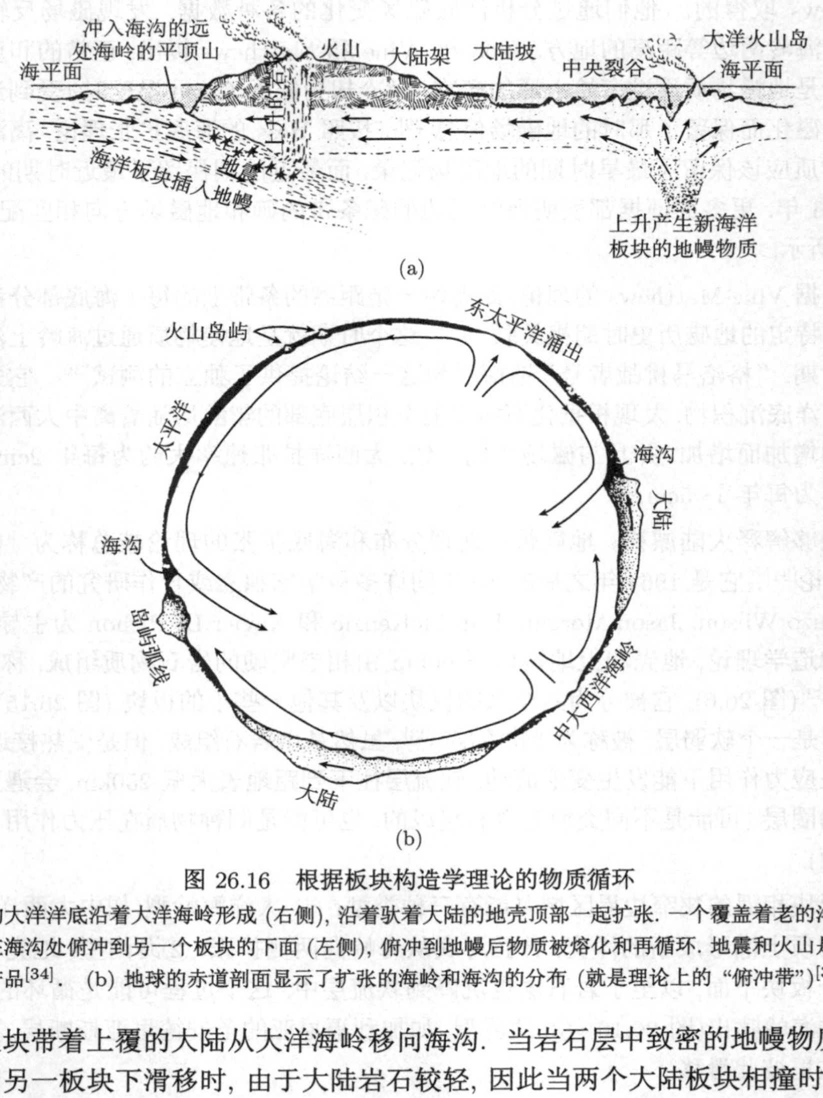

图 26.16　根据板块构造学理论的物质循环

(a) 新的大洋洋底沿着大洋海岭形成 (右侧), 沿着驮着大陆的地壳顶部一起扩张. 一个覆盖着老的洋底的板块可以在海沟处俯冲到另一个板块的下面 (左侧), 俯冲到地幔后物质被熔化和再循环. 地震和火山是这些过程的副产品[34]. (b) 地球的赤道剖面显示了扩张的海岭和海沟的分布 (就是理论上的 "俯冲带")[35]

板块带着上覆的大陆从大洋海岭移向海沟. 当岩石层中致密的地幔物质在海沟处向另一板块下滑移时, 由于大陆岩石较轻, 因此当两个大陆板块相撞时, 大陆岩石将堆积在上面形成山脉. 这方面最典型的例子就是喜马拉雅山, 它是由亚洲板块和印度板块的碰撞造成的.

在板块构造学革命中, 昂贵的技术显然扮演了重要角色, 而美国政府的财政支持使得美国科学家做出了一些最重要的贡献. 这些财政支持的绝大部分是用在基础研究上, 而不需保证要有实际应用结果. 从 1967 年到 1975 年, 美国国家科学基金会提供约 6800 万美元用于洋底采样项目, 其中包括“格洛马挑战者号”所做的工作. 海军因显而易见的原因传统上一直支持海洋学方面的研究.

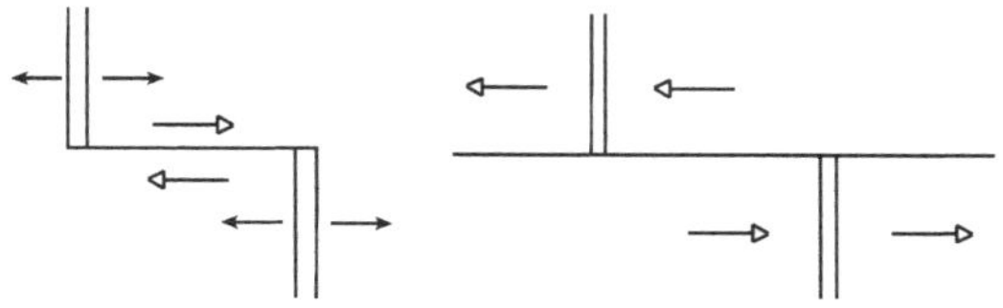

(a) (b)

图 26.17 转换断层和横贯断层

(a) 转换断层 (水平线) 连接着错开的海岭 (成对的垂线). 实箭头标示了海底从海岭处扩张, 也决定了沿着断裂剪切运动的方向 (空箭头) (假设从最初产生断层的错动开始不再有任何大的剪切力).(b) 横贯断层并没有在海岭处终止, 而是显示出一个连续的剪切, 推动海岭的两个错开部分进一步分开 (假设在这种情况下没有明显的海底扩张). 注意剪切力的方向 (空箭头) 与转换断层中的相反. 因此沿着这个断层的地震初动的方向是相反的, 所以在地震记录上能分辨出两种不同类型的断层

美国和前苏联的“冷战”, 特别是核武器竞赛, 间接地促进了地球物理学的发展. 在地下原子弹实验期间, 每一方都想能够探测到对方的实验, 这就需要建立非常灵敏的地震仪的大规模网络; 为了区别原子弹实验和天然地震, 必须精确地调查二者的特征. 一个副产品是由 Julian, Davies 和 Sheppard 得到的地球内核是固态的证据; 另一个是关于世界范围内地震活动知识的增长, 这有助于揭示大洋海岭的重大意义.

板块构造理论的一个可能的实际好处是能够超前预测大的地震, 让脆弱区域提前疏散和预防. 更好地理解地幔的结构和动力学, 有助于可用矿产沉积和石油资源的定位. 此外, 在将来, 地热能的开发是可能的 —— 当我们用完了储存在地壳中的化石燃料中的能量的时候, 应该能够从驱动板块运动的对流中开发更大的能量供应[37].

26.6 地球的高层大气和地球空间 ①

地球的高层大气和近地空间环境 (现在一般术语称为地球空间) 构成从地表 50km 处开始向外延伸到至少几个地球半径远处的区域. 地球物理学涉及构成地球的所有物态 —— 固体、液体、气体和等离子体, 而高层大气的地球物理学以重点研究自然发生的等离子体为特征[38]. 这个高层大气最后在物质仅与地球而不是太阳相关区域的外边界结束. 地球高层大气的质量仅仅是气象学家研究的较低处的中性大气质量的百分之一的很小一部分, 但是它的体积却大几千倍. 因此, 我们所考虑的是一个有庞大的体积, 处在实验室真空条件下, 主要受到近地磁场和来自于太阳与宇宙射线的高能辐射作用的空间.

① 26.6 节至 26.8 节的作者是 C S Gillmor.

主要由于来自于太阳的粒子和电磁辐射使高层大气气体电离, 产生了电流和电场、无线电波的反射、可见的和射频的极光以及其他现象. 等离子体复合或产生另外的化学物质, 并释放处于一个很宽的从无线电波到可见光光谱范围的电磁能量. 地磁场影响高层大气的大多数电学性质, 并且在它的外面或者说磁层, 地磁场导致高能粒子的俘获.

多年来在在地球高层大气和地球空间亦即所谓高层大气地球物理学研究中使用了不同的术语: 从地球表面以上约 50km 延伸到约 1000km 的电离层, 是在 19 世纪末和 20 世纪初期被猜测出来并于 1926 年由 Robert Watson Watt 命名的 [39]; 磁层这个术语是 Thomas Gold 于 1959 年创造的, 指的是从电离层上部向外一直在地磁场主导的地球环境中延伸的区域, 它那十分稀薄的尾部会一直伸展到月球轨道之外; 电离层外几个地球半径的电离区域有时又称为等离子体层, 这又为磁层内区提供了第二个名字. 这种叫法当然令人困惑, 但在一个可以宣称自己有不止一个专长的科学领域, 这种情况是很典型的. 科学史专家、哲学家 Thomas Kuhn 在谈到一位物理学家和一位化学家被问及单个氦原子究竟是不是分子的真实故事时注意到了这一点. 对于化学家, 单个氦原子当然是分子, 因为它在气体动理论中表现出分子的行为. 但对物理学家, 氦原子不是分子, 因为他没有显示出分子的光谱 [40].

为试图统一物理学和化学在高层大气领域的研究, 1950 年, Sydney Chapman 特别为电离层研究取名为高空大气学 Aaeronomy[41]. 出于多种目的电离层和磁层被同一批人使用相似的方法进行研究. 根据究竟是温度、物质组成、混合状态、气体逃逸或者是电离对所着手的研究、或从事研究的科学团体更为重要, 对地球、高层大气区域做出了不同的分类, 这也许呈现了更大的混淆. 按照温度划分的对流层与平流层的位置低于电离层, 但中间层和热层与电离层部分重叠 (图 26.18). 在 20 世纪 50 年代和 60 年代, 大多数科学家都说空间物理学和这里称的高空大气地球物理学是可以互换的. 随着仪器的不断改进和推进装置的强大, 利用火箭和卫星, 空间物理学更多地用来认证这些物理领域以及相关领域的研究, 或者用于离地球表面越来越远的物理定位. 在 1915 年, 无线电波的“短波”是指波长小于几百米的波; 而到了 1940 年, 无线电短波是指小于 40m 或者可能 10m 长的波. 同样地, “空间”这个术语的定义也是距离地球表面越来越高, 从 20 世纪初的平流层, 到世界大战期间的电离层, 到 1960 年的磁层, 然后到内太阳系, 再到 70 年代开始的在美国电视科幻小说中所称的“深空”.

相似地, 鉴于太阳与地球高层大气之间的多种联系, 研究日–地关系或日–地物理学的科学家的社团必然与高层大气和地球空间科学学会共享许多会员. 由于多年来科学家已经等效和原位地研究了地球上空的区域, 研究术语已经发生变化. 此外, 将这些领域联系起来的最强的纽带似乎是电离区物理学, 高层大气和地球空间研究更接近等离子体物理学、太阳物理和天文学而不是经典的中性空气气象学. 由于认识到根据理论模型在高层大气地球物理学中已经“看到了”与气象学中出现的现象相似的景象, 这一情况正在发生变化. 在初等层面上, 例如, 电离层的“电离层暴”和磁层的“磁层亚暴”都具有类似中性空气气象学中风暴的特征, 而且, 从 20 世纪 60 年代以来, 一直有教育家和研究者在论证将普通大气物理学或大气科学确认为有效统一各零散领域的学科. 一个具体的事例是无线电波在电离层吸收的所谓“冬季异常”: 无线电波在电离层的吸收冬天约为夏天的两倍, 而且在冬天吸收更为多变. 根据 20 世纪 50 年代末期开展的火箭研究和卫星监测, 发现平流层的温度和风影响较低电离层并助长其“冬季异常”的产生. 在近来发现的另一个相互关联中, 闪电的放电会使电离层电离并产生各种现象. 在刚刚过去的 20 年中发展起来的再一个研究领域是高层大气中的大尺度漂移运动, 这种运动在某些情况下将可中性大气、电离层和磁层连接起来. 以 D F Martyn1936 年的猜测起始, 从 G Munro 和 W Beynon20 世纪 40 年代的观察报告以及 K Maeda 及其同事的其他研究中, 人们确认电离层中的大尺度扰动可以移动数千千米, 其周期可长达一或两天. 这种大尺度的声波或声–重力波形式, 因例如 C O Hines 和 B H Briggs 的工作, 在实验和理论两方面引起了广泛的兴趣. 在 1972 年开展的对数百位电离层和磁层科学家的一次问卷调查中 [43], 许多回答者都提到, 鉴于耦合机制对于地球的大气动力学变得越发重要, 这种重要性将导致高层大气地球物理学和低层大气科学更紧密地结合. 在前途远大但始终争论不断的有关太阳和从地球表面对流层开始向外, 通过电离层、磁层直到磁层顶的地球大气长期和短期条件关系研究中, 也以同样方式取得了进展.

在本章的结论一节中, 我们将检验电离层、磁层和日–地关系研究历史的各个要素.

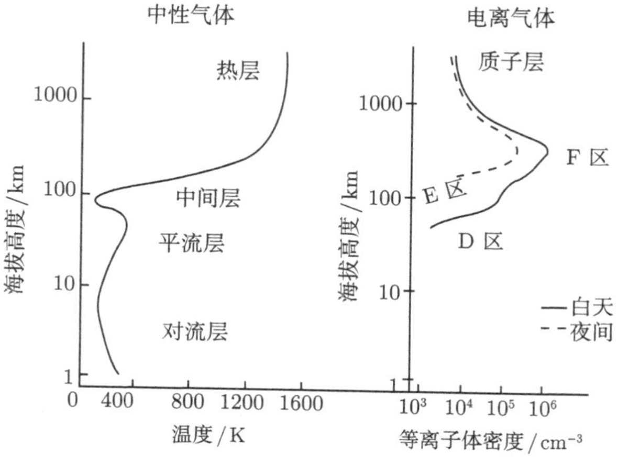

图 26.18 中性大气的温度和电离层等离子体密度的典型剖面[42]

26.7 电离层：早期岁月

较早的大气导电层是 1839 年 CF Gauss 提出的，当他推测地磁的日变化源于大气中的电流时，提出大气导电层与地磁有关. 1851 年 Michael Faraday 认为由于太阳每天加热地球大气改变了大气氧分子的顺磁性才导致了地磁的日变化. 1860 年 Kelvin 勋爵也推测这样的导电层是存在的. 如果风驱动假定存在的导电层并切割地磁场，就能产生电场和电流. 来自曼彻斯特欧文斯学院的 Balfour Stewart 于 1882 年在《不列颠大百科全书》中第一次完整地提出了这种观点[44]. 他不认同地磁的日变化是由太阳活动直接引起的观点. 其他人认为是太阳的热在地壳产生了热电流，并由热电流引起了地磁的日变化.

为了反驳上述观点，Stewart 提出 "在某个区域唯一可能产生磁性的原因是电流 …… 从对极光的研究中我们知道这些区域存在这样的电流 …… 大气上层受太阳热影响形成的对流气流被认为是移动切割磁力线的导体，因此它们是对磁场作用的电流的载体". 他认为这种导电率远大于当时设想的数值并引用 Hittorf 关于稀薄气体的导电率的论文. 19 世纪后期，只有低压才被认为足以使气体电离并传导. 这种想法在 Stewart 的学生 J J Thomson 的早期研究中盛行，后来也存在于 Arthur Kennelly 的观点中. 所以 Stewart 提出高层大气的发电机理论. 他的理论定性地解释了地磁的季节和月变化，并比较了风的类型及地磁学.

Stewart 的另一个学生 Arthur Schuster 在好几篇论文中发展了 Stewart 的发电机理论. Schuster 和 J J Thomson 一起研究了气体的放电. Schuster 证明：一旦一种气体被电离，只需一个很小的电压就能维持电流. 这些对地磁学和气体导电性 (早期的等离子体物理) 的兴趣促使 Schuster 从 1889 年开始的 20 年时间里所写的论文中大大地发展了 Stewart 的发电机理论. 他量化了 Stewart 的发电机理论并证明主要的地磁日变化取决于外部原因，剩下来的大部分变化取决于外部场变化感应的地球内部的电流. 他相信传导电层在高层大气中，并指出太阳电离辐射是产生导电性的原因，而对流运动是产生电流的原因. 他计算出电离率和电导率是太阳天顶角的函数，到了 1908 年，他估算出大气上部导电层的电导率约为 10^{-13}emu(电磁单位)，厚度约为 300km. Stewart 和 Schuster 的理论被 Sydney Chapman 和其他人作了进一步的发展，并且对高层大气地球物理学和 20 世纪头十年开始形成的电离层物理学产生了巨大影响.

从 19 世纪后期无线电研究开始，技术就主导了地球空间的研究方向和方法. 1887~1888 年 Heinrich Hertz 在德国卡尔斯斯卢赫进行的实验证实了空气中电磁波的传播. Hertz 把非闭合电路连接到一个感应线圈产生电磁波，并且用一小段开放回路来检测产生的电磁波. 这些用厘米波进行的实验立即使得 Hertz 名声大振. 随后，他联合其他研究者，如 Oliver Lodge，加入到进行后来被称为“无线电”(wireless 或 radio) 实验的实验者人潮中.

早期尝试远距离传输和接收无线电波的时候，人们认为较长的天线和较高的发送和接收天线竿都是必要的. 人们普遍认为无线电波如光波一样是直线传播的. 最初，人们认为无线电只是在替代灯塔用来短距离警告船只时有用. 随后想到海军秘密军事行动也可以使用无线电. 很快，利用效率非常低的火花发生器和大多不能调频的电路来产生无线电，展开了传播距离的竞争. 到 1895 年，一个学物理的学生 Ernest Rutherford 在新西兰创造了无线电传输二三百米远的记录，这一记录甚至在 Guglielmo Marconi 开始他的实验之前. 而 Guglielmo Marconi 所做的实验让他和另一位叫 K Ferdirnand Braun 的无线电物理学家一起分享了 1909 年的诺贝尔物理学奖. 在 1896 年夏天，Marconi 演示了利用无线电跨越几百码联系英国邮局官员. 在随后的几个月中他几乎每个月都使无线电通信距离翻倍. 1899 年秋天，传输距离已达到 85 英里；到 1901 年下半年，距离又增加到了 186 英里. 1901 年 12 月，Marconi 声称实现了跨越大西洋的通信 (但缺少强有力的证据)，并在 1902 年 2 月进行了明确的证实. 这项壮举似乎无法解释，除非无线电波能够凿开一条 100 英里深的深沟直线穿过地球或海洋；同时也没有任何光学类推可得出绕地球圆周四分之一的衍射.

对此，科学技术出版社的编辑们希望知道答案，电报公司和海底电缆公司的股东们也想得到答案. 1902 年 3 月美国无线电工程师 Arthur E Kennelly(出生在印度，其父母是英国人) 在评论无线电波和 J J Thomson 关于空气在低压条件下的电导率研究时说“在地面上大约 80 英里 (或 50 英里) 高处，存在一层稀薄气体，常温下，其低频交变电流的电导率相当于同样条件下海水电导率的 20 倍 —— 这是一个可靠的推断. 有很明显的证据表明，无线电报的波穿过了海表面以上的以太和大气，并且被那个导电层的表面反射下来”.[45] 他希望不久就能看到有关“高层大气的电学条件”的科学计算.

从 1894 年开始，爱尔兰理论物理学家 G F Fitzgerald 就致信自学成才的物理学家、工程师和天才 Oliver Heaviside 讨论无线电波围绕球体传输的问题. 1899 年他们就最新的远距离无线电波传播实验交换了数封信件. 最终，在 Marconi 的跨越大西洋壮举之后，Heaviside 整理他的思路并写进了为 1902 年出版的《不列颠大百科全书》撰写的有关“电报学”的词条中. 他说“高层大气中很可能有充分导电的一层，如果确实存在的话，可以说，无线电波将会或多或少地触摸到它. 因此，原则上可以将海水作为一边，上部的导电层作为另一边引导波的传播”[46]. 作为一名在电报、电话沿电缆及传输线传输方面的世界著名专家，Heaviside 似乎是说远距离无线电传播就像沿着两条导线在传输，大海是一条，上部导电层是另一条. 多位世界杰出的数学物理学家[47]，包括 Henry Poincaré(1904 年)，Rayleigh 勋爵 (1904 年)，

Jonathan Zenneck(1907 年)Arnold Sommerfeld(1909 年) 和 G N Watson(1919 年), 都尝试用光的衍射理论来解释无线电波围绕球形地球传输的问题, 但是物理经验已经表明, 衍射不可能解释无线电波从英格兰传输到加拿大纽芬兰岛所发生的弯曲.

第一个尝试使用定量物理学来研究无线电波在等离子体中传播的是 1912 年的 William H Eccles. Kennelly 和 Heaviside 都假定有一上部导电层, 因此无线电波通过这一层的时候被反射而不是弯曲和折射, 因为已知无线电波不能穿透导体. Eccles 的理论要求他考虑无线电波不能进入导电层很深而是在突变边界被反射, 否则波会衰减. 他假定有效的带电粒子是离子, 而不是电子. 并提出了在等离子体中波的传播速度和吸收公式. Eccles 将假定的上部导层命名为 "Heaviside 层", 也称为 "Kennelly-Heaviside 层" 或者 "K-H 层", "上反射层" 或者 "上反射表面". 在接下来的几年里, 美国的 Lee de Forest(1913 年) 和 Leonard Fuller(1915 年)、英国的 T L Eckersley(1921 年) 和其他一些人继续长距离无线电信号的衰减和偏离研究, 对上电离层的存在性进行了论证. 但是这些研究并没有成功地让大多数人接受这样的电离层导致了长距离无线电波的传播. 在一件具体工作中, 经验的研究, 尤其是 Louis W Austin(1911 年, 1914 年) 为美国政府所进行的研究, 已经表明波长越长, 传输越成功. 但这里有一个问题是, 在测试中只使用了极端的长波 (从 1000m 到超过 10000m).

然而在第一次世界大战后, 有三个重要的因素推动了对高层大气地球物理的研究: ①真空管和后来的石英晶体振荡电路越来越易于得到; ②大量的无线电爱好者, 他们被限制只能使用看起来不是很重要的长度小于 200m 的短波, 通过使用低功率自制设备在千里之外彼此建立起了联系; ③商业或是公共广播 1920~1922 年在美国和欧洲建立, 不久制造业开始昌盛并出现了收音机的销售. 由于公众要听收音机, 所以政府和所有公众对解决信号跳动、信号衰减或不稳定, 以及 (大气层间) 无线电的干扰等问题变得非常感兴趣.

令人震惊的长距离传播的获取, 加上以上所列的 (信号跳动、不稳定和无线电干扰) 自然现象使得人们再次考虑 Kennelly-Heaviside 的导电层观点及其在长距离无线电波传播中的作用. 英国无线电研究委员会提供研究资助, 英国邮局和国家物理实验室提供资助并开展研究. 美国国家标准局也做了类似的工作. 到 20 世纪 20 年代后期, 很多国家都兴起了无线电物理学的研究. 这样, Robert Watson-Watt, Edward V. Appleton 和其他人都对高层大气发生了兴趣.

1924 年秋, Joseph Larmor 扩充了 Eccles 的理论, 他假设高层大气中电离粒子的碰撞频率小到足以使此区域表现为绝缘体而不是导体, 因此波在穿过大气层时被弯曲或是折射回地面. 此外, Larmor 设想有效的粒子是电子而不是离子. 1924 年 11 月底在伦敦举行了一个特殊的会议讨论 "大气中的电离及其对无线信号传播的影响". 在一篇令人印象深刻的文章中, Edward Appleton 增加了一个新的参数 ——

地磁场，他指出平面偏振波在地磁场的作用下会被分成两个旋转方向相反的圆偏振波. 此外，Appleton 预测高频无线电波由于两次碰撞之间每个粒子会有多次振动，所以吸收较少. 他指出这可以解释夜间短波可以成功的传播，相应的白天长波可以顺利传播. Appleton 开始从事他将称为磁离子理论的工作，并通过直接法开始在实验上测试高层大气导电层的存在. 以后的 15 年里他在电离层物理学的理论和实验工作保证了他在 1947 年获得诺贝尔物理学奖. Appleton 的始于 1924 年晚期的实验技术，是比较距离发射机 100km 远处接收到的、随发射机频率慢慢变化时的无线电波的强度. Appleton 被安排在当地午夜过后的几个小时里使用英国广播公司的发射机. 由于混杂着直接沿地面到达的信号和从发射机向上传输到电离层然后返回到接收机的不同相位的信号，所以接收到的信号在极大和极小之间涨落 (图 26.19). 这一类似于光波的现象使得 Appleton 能够计算出来自电离层的反射或折射信号的高度. 这与第一次世界大战期间 de Forest 和 Fuller 所作的观察类似. 华盛顿卡内基研究所地磁学部的 Gregory Breit 和 Merle Tuve 也曾寻求实验来确定电离导电层的高度. 他们的实验开始于 1924 年后期，但仅在海军研究实验室获得使用由晶体控制的发射机之后的 1925 年中期才获得了很大成功，而当时晶体控制的发射机还没有应用于海军通信 (图 26.20). 他们的脉冲回声法如此成功，以至于到 1932 年世界上的多数电离层工作者都构建相似的设备，而这项技术为雷达提供了基本模型. 他们的发射机最初发射频率 4 MHz 的脉冲，并用在距离几英里远外的设备接收，这些设备可以用图像记录回波的振幅和时间延迟. 振幅可以大约给出信号的强度，时间延迟可以转换为电离层的高度. 脉冲回声技术进一步发展到使用阴极射线示波器和通过时间连续测量电离层回波高度，所用频率范围从小于 1MHz 到

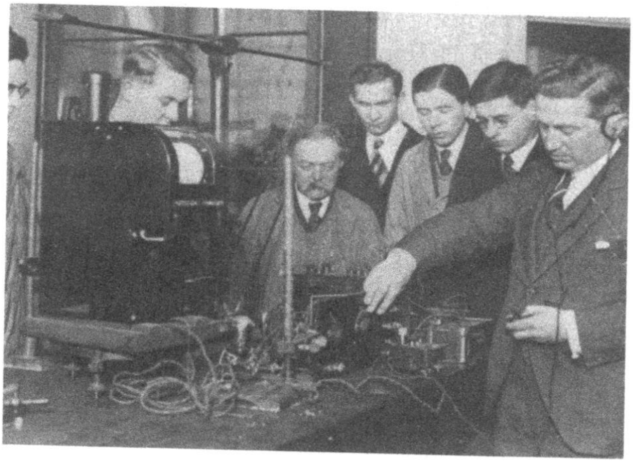

图 26.19 Edward Appleton 和学生及同事在位于伦敦斯特兰德大道的国王学院演示无线接收仪器 (未注明日期，但大概是在 1927 年)

20MHz 甚至更高, 高于这些频率的无线电波将不再被电离层折射, 而是直接向上传向太空. 第一个自动的宽频电离层记录仪 (这个设备称为 “电离层测高仪”) 是 T R Gilliland 1933 年 4 月在美国国家标准局制造的 (图 26.21). 华盛顿卡内基研究所对自动电离层探测器进行了进一步发展, 而后在第二世界大战期间又由盟军进行了改进. 到 1945 年已有几十台电离层探测器被使用, 在 1957~1958 年国际地球物理年时已有大约 200 台[48].

图 26.20　Gregory Breit(左) 和 Merle A· Tuve(右) 在华盛顿卡内基研究所的地磁实验室里调节用于电离层脉冲测深实验的无线电接收器 (1927 年 2 月 17 日)

早期电离层物理的理论和实验相互交叉领先和滞后. 几乎与 Appleton 同时, 1925 年贝尔电话公司实验室的 Harold W Nichols 和 John C Schelleng 讨论了地磁场对电波传播的影响. 他们像早期的物理学家, 尤其是德国的光学物理学家 Paul Drude(1902 年)、Woldmar Voigt(1908 年, 1920 年) 和其他理论物理学家那样用数学矩阵方法发展了他们的物理学. 到 1928 年, Gregory Breit, Sydney Goldstein 和其他人也发表了部分解决磁离子理论的方案. 1927 年 10 月, Appleton 在华盛顿特区举行的一个无线电物理学会议上宣读了两篇文章. 那两篇文章的短摘要发表在 1928 年 7 月的会议录中 ——Appleton 宣布他已发现电离层不止一个, 并讨论了电离介质中无线电波传播理论, 而且将该理论推广到沿地磁场任意方向传播的一般情况.

在准备这一进一步理论工作的过程中, 1925 年后期至 1926 年初, Appleton 得到一位年轻的奥地利物理学家 Wilhelm Altar 的帮助. 在 Appleton 的提议下, Altar 承担了解决磁化等离子体中波传播普遍情形的项目, 而 Appleton 逐日给予 Altar 一些建议和批评. Altar 准备了一份手稿, 其中首次给出了磁离子等离子体的色散关系, 其中还包括以矩阵数学表示的介电张量形式, 偏振以及存在或不存在波衰减情况下复折射率的方程. 1925~1926 年, 在 Appleton 的帮助之下 Altar 准备的手稿包括：在等离子物理学中冷等离子模型中的色散关系, 或波的法向面方程的首次推导, 但是这个手稿直到 1981 年才发表. 在 Altar 的工作后不久, 一位年轻的德国物理学家 H Lassen 在其科隆的导师 Karl Försterling 的帮助下, 于 1927 年几乎独立发表了一个等价理论. Altar 和 Lassen 每个人都使用了当时在晶体光学理论中常用的而对于电离层物理学家比较陌生的矩阵求逆. Altar 将复杂性都并入到他的数学中, 当需要考虑离子和电子时, 这种数学最终需要与磁等离子体匹配. 然而这项工作几乎没有对磁等离子体物理领域产生任何影响, 因为等离子体物理当时还有待发展, 并且这一成果有些时候被归功于 E O Astrom.

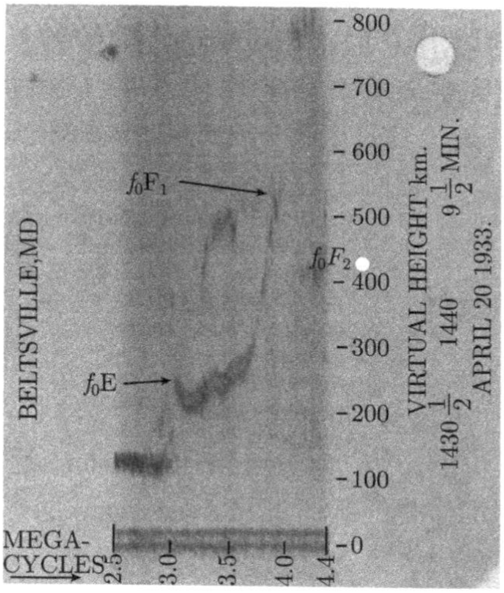

图 26.21 位于美国 Beltsville 的国家标准局的 Gilliland 于 1933 年 4 月 20 日中午制作的第一份自动多频电离层探测记录, 频率范围为 2.5~4.4MHz, 注意标注的“关键频率”f_0E, f_0F_1 和 f_0F_2 指从电离层 E 区和 F 区的反射

尽管有 Altar 的手稿, Appleton 并没有提到它而是在后来去寻找他的老朋友 Douglas R Hartree(1929,1931) 的帮助, Hartree 说服 Appleton 相信, 根据 Hendrik Lorentz 在其《电子论》(1909) 中的工作, 应当在磁离子理论中加上一项自由电子碰撞阻尼项, 即众所周知的 Lorentz 极化项. 经过大量作者的长达十几年的讨论以及某些实验, 最后证明这是错误的. 有意思的是, 这场辩论的一位参加者 C G Darwin 在他的晚年 (1950 年) 写道, 这个问题“并不是现代物理的一个令人激动的增长点, 但它是我当年曾经关心过的许多不同的物理学问题中的一个. 虽然这个问题并不是最重要的, 但事实上总的来说是使我最感困难和最为困惑的问题”[50]. 磁离子理论以其在 20 世纪 30 年代期间构建的修正形式成为当年对电离层研究的核心支柱, 这个

修正的磁离子理论的构建者中特别要提到 Henry G Booker 和 Thomas L Eckersley, 他们有关这一理论的一些工作许多年都没有发表. H K Sen 和 A A Wyler(1960 年) 基于 Boltzman 方程从第一性原理导出了现代形式的磁离子方程. 理论的完整数学处理后来在 K G Budden 的详尽工作 [51] 中得以标准化.

早期的实验研究本质上是使用无线电数据, 通过估计电离层形成中产生和损耗过程中所涉及的所有因素来推导电离层和相关的高层大气的物理特征. 这些包括对太阳的紫外线能量及其对地球不同高度大气层作用的估计. 华盛顿特区海军研究实验室的 E O Hulburt 是一位建立这种模型的早期工作者[52]. 还有一些人从事建立模型描述太阳影响下的高层大气的形成、维持和耗散现象. 1926 年, 德国的 H Lassen 建立了一些模型[53], 并由丹麦的 P O Pedersen 在 1927 年写的一本书中给以描述[54]. Pedersen 特别给出了粒子浓度峰值及其依赖于太阳辐射天顶角的表达式. 然而, 由于当时德国的电离层委员会太小, 这些工作并没有引起足够多的工作者的重视. Pedersen 的书是一套丹麦文的工程丛书中的一本, 但他的书, 就像俄国人 Shuleikin 的专著一样[55], 超前于时代而不为人重视. 第一个引起广泛关注的说明电离层形成的模型是 1931 年由 Sydney Chapman 提出的[56].

Sydney Chapman

(英国人, 1888~1970)

Chapman 的第一个研究大约是在 1910 年, 是关于气体理论的, 这成为他在物理学方面广泛兴趣的开始. 他的另外的工作是继续研究日、月对地球的影响, 尤其是地磁、极光和高层大气物理方面.

从第一次世界大战中免除兵役开始, 他一生都是一位积极的和平主义者. 他是 Chapman-Enskog 气体理论及这些气体的黏度、热导率和扩散系数的共同建立者. 这个工作从 1917 年一直持续到 1940 年, 扩展到包括早期对等离子体物理的研究, 并出版了一本标准的教科书. 从 1913 年直到他去世, Chapman 为地磁学、电离层、月球和太阳大气潮汐、磁暴、磁层及太阳风的基础研究做出了贡献. 在这方面他也写了好几本标准教科书. Chapman 扮演的最重要的角色之一是发起并指导了国际地球物理年 (1957~1958 年), 那是 20 世纪最伟大的国际地球物理领域的合作. 1953 年从牛津大学退休以后, Chapman 作为国际科学活动家去了美国, 并在阿拉斯加和科罗拉多大学继续自己的工作. Chapman 表面上话不很多, 但实际上他是年轻科学家的坚定的朋友和支持者, 并且是一个刚正不阿人. 他生活简朴, 并且终生热衷于徒步旅行和游泳.

Chapman 再次强调了 Pedersen 的观点并且也计算了一个在平衡状态下产生

的电子的分布, 平衡状态是指电子产生的速率与消耗的速率相同, 他还给出了电子层的厚度与气体被电离的标高的关系. 他假设平行入射的单色太阳光入射到由单一分子组成的处于等温平面分层的高层大气中. 太阳光电离了这些分子, 并产生了电子和正离子. Chapman 假定大气层的气体密度随地球上方高度的增加呈指数下降. 一旦被太阳光电离, 电子会保持一段时间然后重新与正离子结合. 电离辐射向下侵入并逐渐损失能量, 而且气体浓度向下增加, 这种复合情况要求在某高度存在一个电子的确定的最大值. 超过和低于这个高度, 电子的浓度曲线都会下降. 现在, 实际上很多因素都在影响地球上的情况. 这个模型被进一步发展并被称作 “Chapman 层” 模型. 如今, 人们已知道在不同时期和不同的太阳状态下, 在不同高度的电离层可以分为不同的区域 (如 D, E, F_1, F_2 等). 20 世纪 30 年代和 40 年代电离层工作者忙于解决一些最困难的问题和给出一些最富想象力的解答. 例如, Chapman 认为电离辐射是某种微粒, 尤其在所谓的 “E 层” 高度, 而 Appleton 则认为光子是产生辐射的原因. 1933 年的日食测量最终证明 E 层和 F_1 层都是由光子电离形成的. 为了说明各个高度的层位的产生, 人们需要知道高层大气中不同气体的分布和电离剖面. 研究电离层的一个主要目的就是提供这方面的知识. 早期来自于流星尾迹光学研究的观点认为 100km 以上的大气温度在 300K 左右. 而无线电数据被用来论证 300km 以上温度升高到 1000K, 而且 100km 以下的气体都是氧分子和氮分子, 更高的高度上是以氧原子为主. 因为紫外辐射被空气强烈吸收, 很难在地球上进行实验测量. 到了 30 年代, E W A Muller, T L Eckersley 和 G J Elias 提出太阳发出的 X 射线可能导致了 E 电离层的产生. 1948 年 F Hoyle 和 D R Bates 认为在炙热的太阳日冕中的重离子可以产生足够的 X 射线[57], 但是这些观点直到第二次世界大战之后箭载仪器的出现才得到确认[58].

电离层物理领域充满了其他自然现象, 这些研究开始于 20 世纪 50 年代的火箭、卫星和磁层物理的时期. 1933 年在卢森堡, 一个高功率无线电台被发现在一个广播上强加了另一广播的调制信号. 1934 年, V A Bailey 和 D F Martyn 提出干扰波的电磁场会局部加热电离层的电子, 增加其碰撞频率和吸收系数, 并影响两束波相互作用区域的次生信号. 这种交叉调制或波的互相作用效应后来被用作一种实验方法. 波的相互作用和电离层加热的研究兴趣依旧, 而且从 20 世纪 70 年代起成为地球空间等离子体物理方面特别重要的研究领域.

研究噪声或干扰对于科学一直有重大价值, 对于高层大气物理研究来说更是如此. 上面提到过噪声的问题导致了 20 世纪 20 年代对电离层的研究和 30 年代早期的射电天文学的研究. 先是在电离层, 然后在太阳系等离子体区寻找控制噪音和闪烁效应的方法导致了射电天文学里脉冲星的发现. 其他噪声问题诸如像电话线中存在的那种噪声揭示了自然色散的噪声声调和极低无线电频率的哨声. T L Eckersley 证明这些现象可以由像闪电这样的脉冲频散引起, 而且这些现象可以揭示电离层的电子的含量[59]. 早期对哨声的研究停滞不前了 20 年, 直到 L R O Storey 的杰出的研究工作[60] 才使其重新开始. 这个小领域从那时开始变得非常活跃[61], 直到现在仍是如此. 低频、极低频和超低频无线电物理学对于军事通信 (潜艇和核防御) 很重要, 而且对于研究电离层和磁层的天然等离子体也很有帮助. 例如, 关于电离层产生的等离子体扩展到几个地球半径范围的第一个证据就是由地面哨声测量数据提供的.

显然, 太阳和高层大气地球物理和地球空间密切相关, 但确切的机制还没有被完全理解 (20 世纪一开始 Marconi 就怀疑无线电波在黑暗中传播得更远, 是因为天线不受天线线路附近由阳光电离而产生的屏蔽的影响!). 20 世纪 30 年代关于太阳对高层大气的影响有几个重大发现. J H Dellinger(1935 年) 和 H Mögel(1930 年) 各自独立发现电离层突然扰动 (SID). 太阳色球层爆发和无线电波在日照区传播的衰减被发现在时间和强度上存在密切符合. 无线电信号衰减发生在几分钟内, 可持续几个小时. 地磁干扰记录中也发现了这种相关性. 早期的原子物理研究认为在电离层氧原子、或者一氧化氮、或者臭氧的氧化是由 Lyman-α 太阳辐射作为直接原因引起的, 但这些想法在第二次世界大战后随着火箭对太阳 X 射线的研究而被改变.

伴随着火箭、然后是卫星和空间探测器研究的开始, 高层大气研究迎来了令人兴奋的时机. 另外也由纯地面研究或者地面与原位仪器相结合发展了许多新方法. 受篇幅限制, 我们不能提及所有研究方法, 但非相干背散射技术或者非相干散射雷达 (ISR) 可作为强有力技术的极好事例. 1925 年 Breit 和 Tuve 开创的电离层垂直测深, 主要依据是向上传输的无线电波在某一高度会被完全地反射回地面, 此时无线电频率的折射率等于零. 回来的回波如果是从镜面反射回来的可能是相干波, 或者也可能是从粗糙的表面反射回来的非相干散射. 然而, 在某个确定频率以上的无线电波没有被反射回来, 而是向上穿越进入太空. 因此陆基的电离层测高仪正常情况下是得不到最大高度以上的电子密度数据的. 在卫星中飞行的电离层探测器反过来向下探测能够提供一个俯视电离层最高层的数据, 但这种电离层探测器也有自己的局限性.

电离层中的每一个电子都可以看成是一个拥有小散射截面的辐射体, 典型大小约为 10^{-19}cm^2. 因为电子处于随机热运动状态, 每个小散射回波非相干叠加, 返回信号的功率与散射区域电子的总数目成比例. 每个电子的散射截面并不依赖入射波的频率. 因此可以选择比返回垂直探深器频率更高的电磁波频率, 当频率足够高时, 几乎不会在电离层中被吸收. 20 世纪 50 年代后期开始, 一种新型的地球空间的无线电测深装置发展起来了, 这就是非相干散射雷达 (ISR). 然而反射回 ISR 的散射能量数值极小, 电离层从 300km 范围内背散射到典型 ISR 天线的能量, 粗略地等于同样范围内一个小铜币反射回来的[62] 能量. 因此, ISR 的发射机功率很大, 而且天线也是同类中最大的，其面积以英亩 (一英亩 ≈4047m^2) 计量. 世界上最大的独立碟型天线在波多黎各的阿雷希沃，是一个 1000 英尺 (1 英尺 =3.048×10^{-1}m) 直径的球形剖面盘，排列于三个山之间. 其他的一些大型的可移动位置的抛物线型天线，截面横跨 100m，或者把区域内固定的天线组合起来一起使用. 发射器的脉冲功率通常为兆瓦级，一般情况下同其他研究高层大气的仪器一起使用，如相干雷达、电离层加热发射器和卫星检测仪器.

ISR 的原理首先由 W E Gordon 发表[63]，而几乎同时 K L Bowles 实验证实了这个理论. ISR 技术能够用于测定整个电离层和向上高度达 7000km 内的磁层范围的电子密度，同时也能测量电子和离子的温度、离子成分和电场. 研究高层大气的这种大有前途的方法很快就应用到实际. 在大约 10 年内，在三个大陆建立了 7 个 ISR 观测台，到 1989 年有 8 个这样观测台在赤道、中纬度区和极地纬区运转. 秘鲁吉卡马尔卡观测台获得的壮观的 ISR 电离层等离子体不规则记录如图 26.22 所示. 这样的研究成果经常是和陆基设备、卫星或者在正上方穿过的探测火箭共同合作取得的. 20 世纪 90 年代中期，有几十种技术用于研究地球空间，而其中超过 12 种基本上都使用了雷达技术.

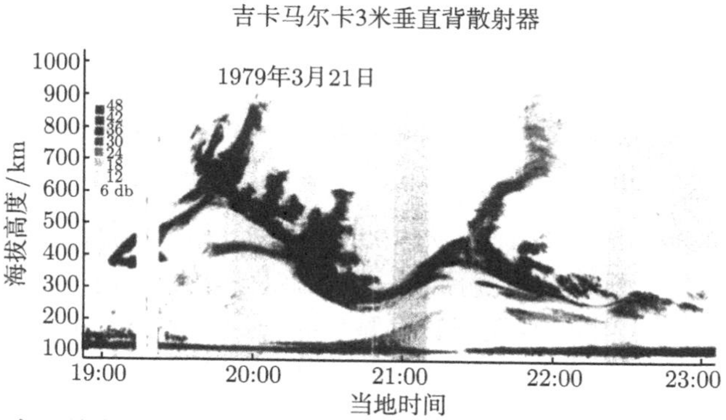

图 26.22 F 区电离层等离子体的不稳定现象沿赤道的散布. 秘鲁吉卡马尔卡观测台在 3m 波长段获得的相干背散射范围–时间–强度图，灰度标尺代表热噪声水平以上的分贝数

在其他研究方法中，地球空间本身会受到人工修正. 一个比较早的例子是卢森堡效应，即上文提到过的电离层被发射机功率加热的效应. 电离层加热的研究一直持续到今天. 当然，许多人工修正的目的是复制自然现象，像高能物理方面的加速器实验一样. 太阳耀斑和太阳风是大自然对地空环境的修正. 火箭和卫星用来产生人造极光，或者可见的、或者雷达可追踪的尾迹，主要是用氮、钡、锂、铯或其他元素或者化合物释放到上层大气层中形成. 低频发射信号被设计为触发磁层中等离子体事件，模拟自然界的 “哨声” 现象. 卫星中的离子枪开火创建太空等离子体实验，在电离层中爆炸核装置被以产生人造粒子带、极光和磁层等离子体. 1958 年 8 月和

9 月三个“百眼巨人”核装置在高空引爆, 建立了第一个世界性的地球物理实验, 产生了人造的微粒子辐射带, 这种在全世界都可以探测到的辐射带持续了好几周[64].

本章还有许多其他有趣的话题可以讨论, 可惜篇幅不够. 但是有一个话题不能不提到, 因为它对于第二次世界大战后的岁月里的科学研究有着巨大的影响. 关于组成一个世界范围的电离层观察站网络的活动主要来自于几个方向：地磁学, 以及天文学、气象学的传统已经确认了建设世界范围地球物理观察站的必要性. 从某种程度上来说, 电离层数据搜集设备可以位于其他的地球物理设备附近, 也可能就设于以前已存在的观测站内. 那时已成长壮大的无线电通信工业, 无论是商业的还是军事的, 都需要预测服务：选取何种无线电频率, 使用多大的功率水平和怎样的天线阵列, 以及在一天的哪些时间内运行可以保证可靠的地方和世界范围的通信? 解决这些问题都需要数据站和预测模型.

第二次世界大战的爆发加速了网络的组建和理论无线电传播模型的构建. 在确定了高层大气的电离层或者电离区是如何建立和维持的机制后, 人们尝试着拟合电子密度剖面作为高度函数的模型. 地面上的电离层探测仪接收来自于从底层向上到最大电子密度点的回波. 统一的解决方法是, 电子密度必须随高度单调增加. 返回的任何给定频率回波集成了整个路径上的电子含量信息. 在数字计算机应用之前, 这种积分方程实际上是无法求解的. 把得到的数据和一些简单的数学曲线相拟合并调整拟合度, 好像是比较合理的. 因而, 电离层密度剖面多年来一直用线性、二次方、指数、抛物线和 “Chapman” 剖面作近似 [65], 然而哪个模型与最多数量的数据拟合得最好仍有一些争论.

华盛顿的国家标准局 (NBS) 从 1935 年开始就已经通过无线电标准频率站 WWV 向全世界发送无线电预测预报. 在 20 世纪 30 年代中期全世界仅有三个或四个能够做某种正规电离层探测数据测量的台站在运行, 到了 1939 年也仅有七个这样的观测站. 观测站中的大部分先是由国家标准局的 Lloyd Berkner 开发, 然后是由华盛顿卡内基研究所开发. 在第二次世界大战前和第二次世界大战期间, 为了预测无线电的传播, 相继在几个国家中建立竞争系统. 例如, 在德国和英国, 都有民事和军事的预测服务. 在战前的美国, 国家标准局的 Newbem Smith 利用经验传播曲线开创了 (1937 年) 一个预测系统来确定长途通信的最有效频率. 战争期间国家标准局加入了军方所设的各军种间无线电传播实验室, 总部设在华盛顿特区的国家标准局. 英国的军方也成立了一个各军种间的电离层服务局 (ISBS), 以在英格兰艾塞克斯的大巴多的马可尼公司的 T L Eckersley 和 G Millington 为首. 这个研究团队使用了和美国人类似的方法. ISBS 在英格兰的一个竞争对手是由位于斯劳的无线电研究中心的 Appleton 和 W J G Beynon 研发的系统. 尽管在美国人 Lloyd Berkner 的帮助下, 澳洲人首先使用了 Smith 的经验曲线, 但随后转换到用 Appleton 拟合方法为他们各军种间的预测服务. 战争期间严重的通信困难有时取决于不同预测模型的阈值. 1944 年 4 月在华盛顿举行了一个国际盟军无线电传播会议促进了事情的发展, 并且证明一个有效的地球物理预测系统需要国际之间的运作和更多的合作. 到战争结束时, 由同盟国和轴心国运作的电离层探测站超过 40 个. 台站网络为 1957~1958 年的国际地球物理年电离层研究计划提供了主要支持, 而在国际地球物理年期间类似台站的数目壮大到约 150 个[66].

早期电离层物理研究的时间可以说是从大约 1902 年 Kennelly 和 Heaviside 的推测开始的, 在第一次世界大战后迅速发展, 一直持续到第二次世界大战结束. 使用地面设备, 包括遥感电离层雷达 (电离层探测器), 结合由太阳和地磁观察得到的地球物理资料, 物理学家为大部分的电离层构建了合理的模型. J A Ratcliffe(1974 年) 总结了很多人的感受, 他这样写到: "在 1925 年对几个参与电离层形成的现象了解很少. 这些现象包括: 大气层大气的性质和分布、电离辐射的性质、电离层带电粒子 (离子或电子) 的性质, 以及电子丢失的机制 (复合或附着)……. 1925~1955 年, 地面无线电测量提供了几乎唯一的证据, 到 1955 年他们对电离层和大约 90km(D 区顶部) 到 300km(E 区峰值) 的大气层有了一个相对比较完整的理解"[67]. 20 世纪 50 年代开始, 火箭和卫星试验, 新的地面部分反射技术、交叉调制、非相干散射、甚低频哨声模拟、国际地球物理年的推动, 以及更多的原子和等离子体物理学家的加入, 使得高层大气地球物理学的范围扩大, 包括了磁层和地球空间. 两个著名的物理学家对比早期岁月和时下进步进行了评论 (1974 年), D R Bates 写到 "除了无线电波的发现, 没有什么比火箭和卫星的问世对电离层的研究有更大更直接的影响"[68], HSW Massey 写到 "在一个理论发展的初期知道得太多有时是不利的, 至少早期的电离层理论家并没有在这方面吃亏"[69].

一个新的科学专业的形成可以脱胎于较早的学科, 或者是结合其他研究领域的要素而成. 在高层大气地球物理学中, 电离层研究是由电子物理学和无线电通信发展而来. 因此, 一方面人们可以发现, 这门学科引用 H A Lorentz、P Drude、W Voigt 和 O W Richardson 早期的电子和电子光学经典教科书. 另一方面, 人们也发现这门学科也引用 G W Pierce 和 J Zenneck 关于无线电传播和工程的书籍. 早期也曾做过撰写电离层物理教科书或"圣经"的努力, 如 P O Pedersen 的那本书 [54], 但没有产生足够的影响, 因此电离层研究者们依然继续使用那些早期的先驱性文献.

在出书之前, 一般会出现贯穿一个领域发展始终的综述性文章. 科学界早已认识到这一点. 例如, 年轻的 Michael Faraday 在 1821 年被安排去写一系列的新的地磁学现象的综述 [10], 尽管他自己对这个新领域还不是很精通. 这个撰写综述文章的任务为 Faraday 带来了很大的好处, 也确实改变了他的生涯 —— 用众所周知的成果.

第一本关于高层大气物理学的标准文集正好是撰写或编写于第二次世界大战前. JA Fleming 编辑的《地磁学和大气电学》[71] 是美国地球物理研究委员会赞助

的关于地球物理性质的系列丛书中的一卷. 其中大部分工作是由卡内基地磁学部的工作者在柏林的 J Bartels、奥斯陆的 L Vegard 和其他人的协助下撰写的. 随后 Chapman 和 Bartels 写了两卷本《地磁学》[72]. 这些著作中的每一个都仅仅把电离层、极光、上层大气圈以及日–地关系当作书中的一部分, 但是是大篇幅、意义重大的一部分. 到 1940 年, 许多关于物理学、地球物理学和天体物理学手册中的章节包含了高层大气地球物理学家感兴趣的材料: 与材料有关的电磁学理论, 原子物理和光谱学, 极光和夜空光, 地磁学, 大气电学, 日–地关系, 无线电波传播和通信技术.

第二次世界大战期间和紧接第二次世界大战后, 几本单一作者的教科书或专著相继出现. 一本是 S K Mitra 的《高层大气》(1947 年, 1952 年) 这本书 [73], 它为几乎所有工作者所知, 并在磁层物理学出现前一直作为标准教科书. Mitra 的这本书是由他 1935 年发表的关于电离层物理学的综述发展而来, 后来在 Saha 的催促下发展成一本专著. 在他加尔各答的同事, 尤其是 J N Bhar、N R Sen, H Rakshit 和 H P Ghosh 的帮助下, Mitra 收集了很多关于理想大气模型、风系统、地磁学、极光、磁暴, 尤其是电离层的材料. 这本书是一个巨大的成功, 它对印度和全世界众多的正在成长为高层大气和无线电物理学学者的学生有很大贡献. 它既可以当作一本教科书也可以当作一本研究专著. Mitra 也为读者介绍了早期的火箭研究.

20 世纪 50 年代开始, 有关高层大气的会议录扮演了一个重要角色. 到 50 年代末电离层物理界每年产生 500 篇研究论文, 而且出现了子学科的专著, 例如有关哨声、分散 E 层、北极无线电传播的专著. 专门为大学高年级本科生和研究生设计的真正的教科书也开始出现. 教科书的出现一定程度上表明一个专门领域的成熟. 于是人们可以期待新的研究活动的迹象: 磁层以电离层研究的一个小部分开始, 然后成为与电离层研究平起平坐的研究领域, 正如 A Ratcliffe 的专著《电离层和磁层引论》的书名所示的那样. 在早些时候, 本章作者曾提到希望将对太阳的研究和其对地球空间影响的研究统一起来. 将太阳对地球空间的影响整个领域和地球高层大气结合起来的努力可在 S-L Akasofu 和 Sidney Chapman 的专著"日地物理学"[75] 中看到, 这本书是 Chapman 和 Bartels 所著《地磁学》(1940) 的续篇. Akasofu 和 Chapman 看到了这个领域返回到将太阳对地球高层大气和地球电磁环境影响统一起来的时机, 从而对自然等离子体做了核心阐述. 在他们看来, 19 世纪末 20 世纪初的地磁和极光研究与 20 世纪早期的电离层物理研究、高空大气学以及宇宙线物理学相结合, 由于卫星和空间探索时代的到来而大为增强. 这应该是将地球空间研究与等离子体物理及天体物理学所共有的许多引人入胜的问题统一起来的一个信号.

26.8 向外进入磁层和日–地空间

如 J A Van Allen 所写"磁层物理学的科学传统主要来自于地磁、极光和宇宙辐射, 以及太阳微粒流的地球物理方面的研究"[76]. 子领域的快速增长在很大程度上归功于 1946 年随火箭开始的新一代空间卫星和探测器的仪器和技术的推动. 早期的磁层工作者们感觉他们终于挣脱了二维平坦世界的束缚. W N Hess 在 1968 年则认为 "在太空探索开始之前, 我们正站在地球表面向上观察. 我们曾用气球向上探测到 30km[77], 并用无线电波研究电离层. 我们可以观察高达 100km 甚至更高的流星尾迹和极光, 但我们基本上还是生活在一个两维世界中"[78]. 曾认为在几百英里高度以上地球大气层会消失, 而且也假定外部地磁场如同一个简单的条形磁铁的磁场一样越向外强度越小. 尽管太阳对地磁暴影响的问题研究已久, 但是太阳宇宙射线的影响还是没有被认识和理解.

19 世纪末期以来, 台站网络一直合作研究几乎连续发生的地表磁场的微小 (约 1%或更少) 变化. 这些变化最常用墨水记录在纸卷上或摄影纸上, 为这些变化起了很多名字, 诸如 "海湾"、"小钩"、"尖峰" 等. 因为这些描摹的纪录与人眼所见到的地图上的海湾海岸线的轮廓非常地相似. 做这样的类比对科学家们来说是非常普遍的. 当音频观测资料用哨声评价时, 研究人员以类似的声音来命名现象, 如 "哨声"、"吱声"、"喳喳声"、"嘶嘶声" 和 "清晨时的鸟叫声". 当这些相同的现象后来用可视形式记录时, 新发现的特征再次被命名为可视的例子, 如 "膝"、"钩"、"鼻" 或 "团". 对地磁变化纪录的研究显示发生过 "磁暴", 它们可能影响地球的很大一部分, 而且它们似乎会在 27 天的周期后重新出现, 这与太阳转动的会合周期相吻合. 某些现象, 如无线电消失或电离层突然骚动会发生在白天, 出现太阳耀斑之后不久. 然而, 大多数地磁暴在时间上似乎滞后太阳耀斑的发生约两天. 这项工作由 Chapman 和 Bartels 在 1940 年做了充分的总结.

假设太阳的离子流或电子流以每秒数百公里的速度不断地冲向地球. T L Eckersley 在 20 世纪 20 年代后期推测, 这种太阳粒子流与哨声的传播有关, 而且也与接收到的无线电回声的莫名其妙的缓慢传播速度有关. Chapman 认为, 太阳微粒流与电离层 E 层的电离有关, 但 Appleton 说服他相信, 太阳辐射才是最可能的原因. 因此很多具体地球物理事件被认为是和不时发生的太阳流有关.

关于太阳流对地球的影响及地磁暴的成因的理论是怎样的? 当太阳流到达地球磁场时, 它压缩了地磁场范围并引起了地表测量的地磁场的增强. 随后, 有人论证, 地磁场被倒转、减小以及太阳流引起了一个围绕地球向西流动的赤道环流, 并与地磁和极光活动有关, 尤其是在极区. 由于太阳的转动, 粒子流将不再与地球轨道相交, 直到约 27 天之后. 如果引发地磁暴的活跃太阳耀斑区不止一个, 那么就可能有超过一个的地磁暴同时叠加在地球上.

天体物理学家 E A Milne[79] 从理论上论证称, 在太阳大气层高度上, 向上移动的中性或电离原子可能会不断加速离开太阳, 通过选择性的辐射压力和在适当的条件下速度被驱动到 $1600\mathrm{km\cdot s^{-1}}$ (我们现在知道, Milne 的说法是不正确的, 但它在较早的时代是很有说服力的). 原子怎样能够以一个相对较低的、1000km·s^{-1} 量级的速率穿透地球上层大气到达电离层和极光的高度, 仍然是一个问题. 正如 Chapman 曾在 1940 年[80] 写的 "除非存在一些未被发现的机制给予太阳微粒大得多的速度, 否则我们必须下的结论是, 很可能只有在地球的附近, 离地球 100, 80 或者甚至 70km 处, 地球大气层比我们目前的资料所显示的更容易被穿透." 至少从 1918 年以来, Chapman 就曾写过关于地磁暴成因的文章.

在 1930 年开始发表的一系列文章中[81], Chapman 和 V C A Ferraro 论证说, 虽然太阳粒子流能够沿着延伸到两极地区的 "角" 状区到达较低的电离大气层, 但地磁场可能通过在地球周围刻出一个空洞来影响太阳粒子流或太阳云. 这可以解释初始相和地磁场的增大. 地磁暴的主相连同最终的无线电干扰、极光现象等, 可能是由在空洞表面感生并逃逸出来的带电层产生的. 产生主相的西向流动赤道环流就在位于数倍于地球半径的高度上. 定性地讲, 这个理论符合观察到的事实, 尽管 Chapman 和 Ferraro 在这个理论中只是利用了非常简单的理想的模型. 他们的方法基本上是正确的. 另一个值得注意的可选模型是由 Alfvén(1939 年以及随后) 提出来的, 他也设想围绕地球有一个环流, 并且预想了一个伴随太阳粒子流的微弱磁场[82]. 作为研究领域的热点, 地磁暴的解释问题一直持续至今, 下文就此做一些评论.

Chapman 和 Alfvén 关于太阳影响地磁暴的理论都深受 Kristian Birkeland 和 Carl Størmer 早期对极光现象研究的影响. 从 1896 年开始, Birkeland 就考虑从太阳发射的电子流在抵达地磁场的时候拥有足够的密度来使其产生扰动. 他做了许多实验, 在实验中, 他把阴极射线射向一个小的磁化球, 并称之为 "terrella(小地球)". Birkeland[83](1901, 1908, 1913) 用漂亮的照片证明, 在他的 "小地球" 周围产生了一个环形空间, 并且多数阴极射线直接射向小球的两极地区, 剩下一个赤道带和一个相对而言缺少粒子的环形空间. Birkeland 的理论受到 Arthur Schuster 和其他人的批评, 但却在研究极光和磁场的斯堪的那维亚学派的研究人员中大的影响, 并且帮助了 Størmer 建立理论. 事实上, Størmer 运用数学方法发展了 Birkeland 的理论和实验, 这使人回想起 S D Poisson 在 19 世纪 20 年代运用数学方法发展 C A Coulomb 的电学和磁学实验的方式.

Størmer 研究了单个带电粒子可能的路径, 并指出一个从太阳发射的粒子只能通过两个狭窄的位于地球两极中心附近的通道到达地球. 图 26.23 解释了 Størmer 在 1907 年所论述的磁偶极子场中的一个带电离子运行轨迹的子午面投影图[84]. 图中暗色区域就是离子被捕获的区域, r/b 值是径向距离 r 与 Størmer 模型中常数 b 的比值, 用虚线表示的半圆表示地球的轮廓. 这个单条轨迹的手工计算花费了 Størmer 的一位女助手两年的时间. Størmer 花费很多年时间来研究磁偶极子附近带电粒子的运动情况. 他和 Birkeland 的工作对后续对太阳和宇宙射线粒子以及它们与地球磁层相互作用的研究具有启示意义.

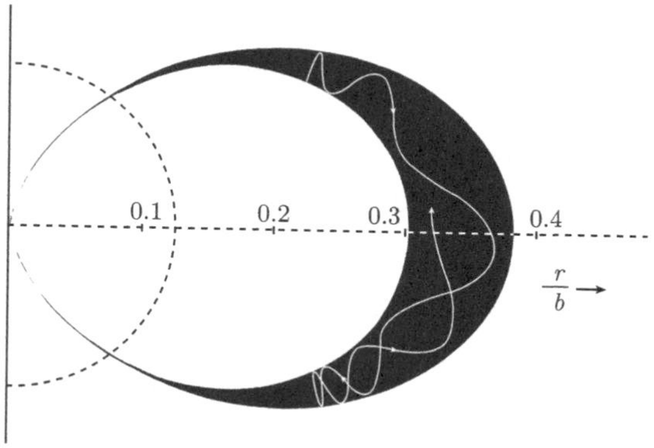

图 26.23 地球磁场中带电粒子的 Størmer 轨道

宇宙线的研究开始于第二次世界大战前. 它是当时物理领域最主要的进展, 始于 20 世纪 20 年代后期与所谓 "穿透辐射" 性质有关的问题, 这些问题包括: 这里是否有粒子; 如果有, 那这些粒子是否带电? 它们到达地球时是否是各向同性的? 而且这些粒子的能量谱是什么样的? 这些问题一直困扰着宇宙射线物理学家, 因为他们没有办法把他们的装置用气球带到地球的中性大气层之上. 只是在第二次世界大战后, 才可以把装置放到地球空间, 以促进宇宙射线的进一步研究; 而能够探测磁层的新装置则受助于地面的 "哨声" 研究.

从 1946 年起, 对高层大气的研究主要依靠第二次世界战遗留下来的德国 V-2 火箭和诸如美国的"空蜂" (Aerobee) 和"海盗" (Viking) 这种新设计的火箭装置. 虽然如上面提到的那样, 早期的火箭经常出错并且使得情况混乱, 但还是取得了令人振奋的结果. 大气压力、温度、密度等均被测得. 臭氧的分布和电离层 D、E 区域的电子密度也被测得, 并与地面的电离层探测雷达数据相比较. 宇宙射线也被测得. 由美国海军实验室的 Herbert Friedman 和他的团队以及 1946 年后其他人制作的火箭获得了太阳 X 射线和紫外线测量数据, 这回答了电离层是由太阳能产生的问题, 并且开创了一个新的研究领域 ——X 射线天文学. 科学火箭研究也在苏联、澳大利亚、加拿大、英国和法国开展. 所有这些激励了从世界范围的地面观测平台和外层空间来研究地球空间和地球的想法. 结果是一个叫做 "国际地球物理年 (IGY)" 的 18 个月的协作诞生了, 这是历史上最伟大的国际科学探测, "IGY" 也开创了卫星时代.

国际合作探测科学、征服和探测环境并不是一个新概念. "IGY" 发展于早期的极地年 (Polar Year). 1882~1883 年的第一届国际极地年主要涉及北极地区的气象学和地磁学. 在科学历史中, 第一届国际极地年是一个重大的事件, 其中的基本概念是国际范围内的多学科合作. 在随后的几年中组织了多次北极和南极考察队. 距离第一届国际极地年半个世纪后, 第二届国际极地年于 1932～1933 年开始. 第二届国际极地年受到 1929 年发生的经济大萧条的阻碍, 一些探测被取消, 而另一些活动被推迟, 例如, Richard Byrd 的第二次南极考察就被推迟了一年. 第二届国际极地年也主要集中于气象学和北极. 尽管这样, 到 1934 年北极的上层大气研究一直在进行, 其中包括第一个北极电离层探测记录、"哨声" 研究、甚至还有 A H Compton 小组的空载宇宙射线的研究[85].

Lloyd Berkner, 第二次世界大战前的一位电离层研究者, 在 1928～1929 年就参加了 Byrd 的首次南极考察. 第二次世界战期间他以工程和科学顾问身份服役于美国海军, 到艾森豪威尔时代 Berkner 对华盛顿拥有相当大的影响力. 他也许是美国在科学界最有权力的人物, 在 20 世纪 50 年代他一直担任高能物理、射电天文学和地球物理学领域的顾问. Berkner 是 IGY 的最初倡导者. IGY 是他一直以来的梦想, 同时也是 Sydney Chapman 和其他地球物理科学家的梦想. 他们期望继第二届国际极地年之后, IGY 执行另一个计划, 研究南极的地球物理细节, 并超越以前其他极地年的气象学研究, 把重点放在电离层、火箭、极光、气辉和地磁研究上.

1950 年, 在 Van Allen 家的一个晚宴上, Berkner 提议在 1957～1958 年举行第三届国际极地年, 这是在举办第二届极地年 25 年后, 也是在太阳黑子最大期 (第二届极地年临近太阳黑子最小期). Berkner 和 Chapman 主要负责充实和发展这个想法, 正如 Chapman 所说[86], 这个建议的目的是开拓 "1933 年以来科学界特别是电离层技术领域取得的快速进展", 不同于科普幻想, 这寄托了使国际性多学科的地球物理得到资助的希望. 一位极地地质学家 Lawrence Gould 在 1931 年曾写到: 他真诚地希望 "我们不得不用光荣和英雄般的努力去申请资助进行极地研究的那一天会过去, 这种研究对于知识的探索是以 '苦难和死亡为诱饵的'……[87]". 这个提议得到国际科学无线电协会 (IUSR) 资助并负责主办, 国际天文协会 (IAU) 和国际大地测量和地球物理联合会 (IUGG) 协办. 国际科联理事会 1952 年为 IGY 组织了一个特别委员会, 并举办了几次大会筹备 IGY.

IGY 对北极、南极和赤道带地理区域给予特别关注. 在资助条款中, 特别强调了对南极、电离层的研究, 以及火箭和卫星的研制. 早在 1953 年, IGY 秘书处就已经预言在 IGY 期间租用卫星的可能性, 随后 1954 年设计的 IGY 图标中包含南极和卫星轨道. 1955 年美国和苏联对外公布了 IGY 期间的卫星发射计划. IGY 期间的发现真正导致将地磁场分为两个方面: 内部磁场 —— 与地球内部的物理性质有关, 外部地球物理场 —— 说明地球空间和电离层、磁层和宇宙射线之间的紧密联系. 在美国的计划中, 最大的单项预算是卫星项目, 而电离层物理是资助中最大的地面项目[88].

极地区域, 就极光, 尤其是就极为困难的无线电波传播条件和探测沿着磁力线在两极汇聚进入地球空间的低能量带电粒子的可能性而言，几十年来一直是高层大气物理学家的研究兴趣. 在 20 世纪 50 年代，火箭气球在极光区探测到低能量、易吸收的粒子，后来发现是电子 (火箭气球是一种气球，先上升到大概 20km 高度，然后发射带有测量仪器的火箭到 90~120km 的高空). 高层大气地球物理学家十年来已经从火箭项目中获益，并且为卫星研究做好了准备.

全世界都记得 1957 年 10 月 1 日苏联人造地球卫星 (Sputnik) I 的发射，随后 11 月 3 号发射的人造地球卫星 II 有效载荷超过了 1000 磅. 在用先锋 (Vanguard) 火箭 3 次发射失败之后，美国在 1958 年 1 月 31 号成功发射了探索者 (Explorer) I. 这个微小卫星携带了没有磁带记录机的 Gaiger 计数器，因此实时的数据在一两分钟时间段由位于美国的 7 个台站和位于南美、加勒比海、非洲、澳洲和亚洲的 9 个台站接收. 这个 Gaiger 计数器是依阿华大学的 van Allen、Georage Ludwiy 和 Ernest Ray 研究的一部分. 他们接收到令人惊诧的结果：在飞跃南美上空的卫星远地点时他们的 Gaiger 计数器每秒读数为零，而在其他时间读数为每秒 30 个左右. 解释这个令人疑惑的数据需要几周时间.

他们的下一次成功发射是在 1958 年 3 月 26 号的探索者III. 这次 Gaiger 计数器携带了一个磁带记录机，因此所有的数据都可以记录，然后传送到地面站. 在这个卫星上，Gaiger 计数器的正常读数为 20，最大值为 128，然后接近 0. 令人更惊诧的发现是：非常大的粒子通量导致计数器电子器件饱和，从而导致记录为 0. 1958 年 5 月 1 日，Van Allen 在他的第一个公开发表的关于卫星的演讲中强调这种大的通量是宇宙射线通量的 1000 倍，并且指出它们来自于地球磁场所捕获的粒子. 他声称他熟悉 1907 年的 Størmer 的带电粒子论文，而他早期对磁场约束捕获粒子的研究让他产生了这样的想法[89]. 他认为，这些粒子很可能是低能电子，他以前在极光区火箭发射中观测到过软辐射 (后来知道这些粒子大部分是质子). 1958 年 7 月 26 号发射的探索者 IV 携带了四个具有不同阈值的粒子探测器，该卫星设计得不仅可以测量自然辐射的粒子，而且还可以研究放置在地磁场中的人工粒子，人工粒子是随后的 1958 年 8 月和 9 月用火箭在高达 200~500km 的电离层实施的三个小型核爆产生的，这是美国国防部的“百眼巨人”项目的一部分.[**又见 22.9 节**]

1958 年 12 月 6 号，美国发射了先锋III卫星试图到达月球，但是没有成功，它在达到距地球 10700 公里远处后返回地球. 先锋III携带了两个 Gaiger 计数器. 综合探险者 IV 和先锋III的数据，使得 Van Allen 能够制作第一幅辐射带地图，并标明了内外区[90]. 图 26.24 用等值线显示了计数率.

苏联人造卫星 II 可能探测到了辐射带，但是苏联人不同意与澳洲人分享数据编码. 苏联人造卫星III和其他的苏联深空探测器，连同后来的美国探测器一起发现并证实了内辐射带在时间上是稳定的，且是由高能质子组成的. 而外辐射带的变化相当大，不到一天变化一个数量级，是由高能电子组成的. 这些发现是在科学竞争的冷战期间取得的. 科学, 可能的科学应用和技术被当作美国和苏联, 或北约 (NATO) 和华约 (Warsaw Pact) 国家之间的竞赛. 在这样的氛围下, 不幸的是, 一些科学家的成果, 比如 K I Gringauz 和 V I Krassovskii 的成果在他们自己的国家里被贬低, 只是因为他们 "输" 了比赛.

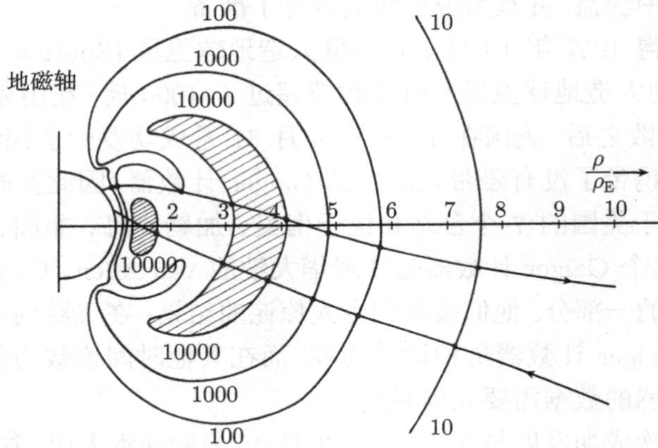

图 26.24　Van Allen 在 1959 年最初发表的地球内部和外部的辐射带

早期磁层测量的弱点是什么[91]? 一是没有识别地球周围粒子的类型, 二是缺乏能谱信息. 地面和卫星探测二者都被用来收集磁层数据. Don Carpenter 利用地面的哨声测量, 第一个识别出等离子体层顶[92]. 随后, 人们认识到早期 Gringauz 等[93] 描述的苏联卫星的飞行探测到了等离子体层顶以及太阳风.

理论方面有何进展? 根据 Størmer, Chapman 和 Ferraro, Alfvén 以及其他科学家早期的研究工作, S F Singer 在 1957 年指出, 太阳粒子由于某种原因在磁暴过程早期注入到地磁场中, 随后这些粒子在 6 倍于地球半径高度上被地球外层大气俘获. 这些被俘获的粒子沿地磁力线以螺旋状路径在南极和北极间来来回回, 并且在经线上漂移从而形成环电流. Ludwig Biermann(在 1951 年及随后) 观察电离的彗星尾部, 并得出太阳气体从太阳系统中不断地流出的结论. Eugene Parker 发展了太阳气体从日冕涌流的理论, 并且创造了 "太阳风" 这个术语用来描述这一连续流动[94]. 其他的证据也显示了太阳等离子体相互作用贯穿于整个太阳系统中.

对于地球空间 —— 地球的这个电离了的磁性外层, 我们现在了解到什么程度[95]? 温度从地表开始随着高度的增加而下降直到约 10km 高度, 在平流层升高, 然后从中间层开始, 高度约 80 公里, 由于辐射冷却又降低. 接着, 在高度约 100km 的热层, 温度又开始戏剧性地升高达到 1000K. 在这个高度以上, 气体不再均匀混合, 而是由于质量不同发生分离. 在热层吸收紫外辐射引起温度升高, 而且大气被电离. 电离层等离子体也可以部分通过高能粒子的碰撞形成, 特别是在极地地区.

从高度 80km 到 400km, 各种电子密度区 (D, E, F1, F2) 分别在不同高度达到最大值, 这主要取决于电离率、当地时间、太阳光流通量、太阳活动性、离子和电子分解和复合的速率等因素的复杂综合. F 区电子密度峰值在当地正午时可以达到 10^6cm^{-3}. 接近 100km 高度处, N_2 和 O_2 占主导. 再往高处, NO^+ 和 O^{2+} 占主导, 直到海拔 1000km 以上氢占主导. 那里离子与多种成分产生复杂的化学反应, 包括流星沉积在电离层的重原子离子. 在 E 区约 100km 高度处, 粒子的能量变化很大, 特别是在环绕极区的极光区域. 尽管低能电子, 质子和高能电子会形成其他的现象, 但是夜晚的极光是由能量在 3~10keV 的电子引起的. 太阳风能量储存在磁层中, 然后将能量释放到电离层形成许多复杂的现象. 电离层向下和中间大气层的耦合机制, 以及特别是向上与磁层的耦合关系在 20 世纪后 25 年中一直受到理论上和实际观测上的重视. 在我们头顶的地球空间结构, 以及它对无线电信号和极光的影响已经使我们着迷超过 100 年.

从 20 世纪 50 年代后期起的 10 年里, 磁层的主要轮廓被揭示出来. 在以后的 25 年里许多令人惊讶的特征及其机制被发现, 并且得到研究. 稳定的太阳风, 即完全电离的超声速非碰撞等离子体传播到地球. 我们前面提到过其中一些, 进入到电离层和大气层的上部从而引起无数的需要在此讨论的自然现象. 更多的太阳等离子体受到地磁场的作用而发生偏转, 在地球周围流过而产生了电流. 这些电流产生的次级磁场在朝着太阳一面会抵消地磁场, 而在其他某些区域又会增加地磁场. 结果成为一种泪珠状的闭合磁层的简单模型. 它类似于变形的磁偶极子. 1961 年, Ian Axford 和 Colin Hinest[96] 引入了太阳风等离子体与磁层内的等离子有相关耦合的理论, 这可以解释在磁层内观察到的流动现象. 另一个由 Jim Dungey[97] 提出的理论, 涉及地磁场是一个部分开放的体系, 涉及地磁场的磁力线在行星际空间终止的理念. Dungey 指出, 通过将地磁磁力线与日地空间场线重新连接构成一个电路, 太阳能量能有效增加到磁层中. 这种行星际间的电场, 可以影响上层大气, 并进入到电离层和中间大气层. 在这种有很大改进的模型中, 磁力线掠过地球周围, 并在地球后面数倍地球半径的地方与反太阳方向的地球磁场尾部合并. 一旦发生磁力线重新连接, 磁场尾部的等离子体就会流回地球.

地球空间的图示模型, 包括电离层、磁层、辐射带和其他方面, 已经如此的详细, 以至于只有专家才能理解图上的详细描述. 不过, 我们可以通过图 26.25 所示的某种简化版本来给出我们知道的地球空间的基本轮廓. 在图示比例范围内, 各种区域, 如电离层的 D, E, F 等区和极光区, 我们可以立即看到它们与固体地球的外径临近. 在这之上, 从地球半径的几分之一到约四倍地球半径远的距离之上, 存在俘获辐射带或区. 再往外层是低能量的等离子体区域; 朝向太阳一面的区域是一个环状的区域, 背向太阳一面有一个被称为等离子片的延伸 “尾部”. 等离子片有几个地球半径的厚度和较低的粒子密度, 约 0.5cm^{-3}. 在等离子体层顶, 磁层的电子密度突然下降一个或两个数量级, 但是温度却显著升高. 行星际间区域在被称作磁鞘的湍流区域与地球的磁层接近, 该区域就在磁层的外面. 大多数太阳引起的瞬间现象是沿着磁力线到达地球极光区和次级极光纬度区. 最后, 在地球的弓形波区, 弓形激波和超声速太阳等离子体在激波层内部产生亚声速流, 并使一部分超声速太阳风进入到磁层.

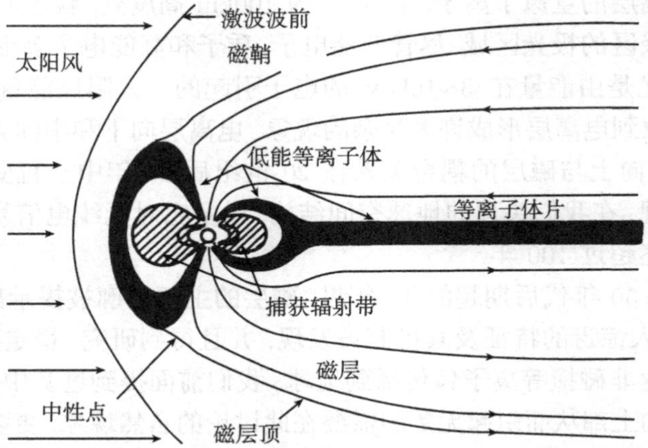

图 26.25 低能等离子体与其他磁层特性关系的分布图

地球空间研究的预测和期望包括: 加强跨学科研究, 包括理论、方法、观测技术和网络; 在数据分析和数值模拟方面使用能力更强大的计算机; 组织撰写导致我们的太阳系统等离子体物理学综合的教科书和评论文章.

最后, 我们到达地球空间的末端, 我们这颗行星之外许多倍于地球半径的地方, 但是现在我们知道不仅仅地球空间, 甚至行星际间介质很大程度上都受太阳的影响. 我们已经从几十年前研究电离层和磁层阶段进入到研究我们行星的磁层、星际介质、太阳系行星的大气和磁层, 以及太阳物理学. 正如我们在本章开始阐述的那样, 在讨论地球内核的研究时, 地球物理学在形式上是跨学科的, 我们发现在地球空间的外缘, 地球物理学家正与太阳物理学家、行星地球物理学家和天体物理学家融为一体.

(张健译, 马麦宁校)

参考文献

[1] 有关进一步的细节和文献请参见即将由剑桥大学出版社出版的 S G Brush 所著的行星物理学史 (Stephen G.Brush A History of Modern Planetary Physics:Nebulous Earth(Vol.l) 和 A History of Modern Planetary Physics:Transmuted Past(Vol.2)). 本章中的部分材料经出版社允许取自该书. 另请参见 Brush S G and Landsberg H E 1985 The History

of Geophysics and Meteorology, An Annotated Bibliography (New York:Garland). S G Brush 感谢 Rachel Lauden 所提的若干有益的建议. Brush 对本章的贡献是他在担任普林斯顿高等研究院社会科学学院成员时准备的, 当时他受到 Andrew W Mellon 基金会和马里兰大学一般研究委员会的资助.

[2] Giinther S 1897 Handbuch der Geophysik (Stuttgart: Enke)

[3] Chamberlin T C 1916 Origin of the Earth (Chicago: University of Chicago Press)

[4] Jeans J H 1943 Endeavour 2 3

[5] Russsel H N 1935 The Solar System and its Origin (New York: Macmillan)

[6] Oldham R D 1906 J. Geol. Soc. Lond. 62 456

[7] Augustin Fresnel 和 Thomas Young 在发展光的波动理论时也使用了同样的论证, 得出发光以太必须是固体的结论. 这是 19 世纪以太理论的反常性质之一, 它部分地被 Maxwell 光的电磁理论解决并最终为 Einstein 的相对论所抛弃, 相对论完全不需要以太. (见第 4 章)

[8] 提出观察到的地震速度可能暗示流体或非固态地核的第一篇公开发表文献似乎是 Leonid Leybenson 的论文: Leybenson L S 1911 Trudy Otdel. Fiz. Nauk, Obsh. Lyud. Estes-fvoz. 15 NO 1

[9] Sullivan W 1991 Continents in Motion 2nd edn (New York: American Institute of Physics) p 71

[10] Jeffreys H Geol. Mag. 73 558

[11] Elsasser W M 1955 Am. J. Phys. 23 590

[12] Roberts P H Geomagnetism vol 2 (New York: Academic) p 251

[13] 进一步的细节, 见 Dalrymple G B 1991 The Age of the Earth (Stanford, CA: Stanford University Press).

[14] Urey 的学生 S L Miller1953 年所作的著名实验开创了“化学演化”研究的新时代, 这个实验间接地受到借助于 Payne-Russel 发现氢的高宇宙丰度而复活的一元论宇宙起源说的启发.

[15] Safronov V S 1987 Proiskhoshdenie Zemli (Moscow: Izdatel'stov Nauke) p 15

[16] Wood J A 1986 Origin of the Moon ed W K Hartmann et al (Houston: Lunar and Planetany Institute P17

[17] 更多的细节和文献见

Frankel H 1979 Stud. Hist. Phil. Sci. 10 21

Glen W 1982 The Road to Jaramillo (Stanford, CA: Stanford University Press)

Hallam A 1973 A Revolution in the Earth Sciences (Oxford: Clarendon)

Marvin U B 1973 Continental Drift (Washington, DC: Smithsonian Institution Press)

[18] Snider-Pelligrini A 1858 La Création et ses Mystéres Devoilés (Paris: Franck)

[19] Wegener A 1922 The Origin of Continents and Oceans (New York: Dutton) (English translation of 4th German edn)

[20] 在不列颠群岛的某处发现各个地质时期的地层相对地未被扰动, 因此英国在“古地磁学”的这个领域具有相当的优势.

[21] Allegre C 1988 The Behavior of the Earth (Cambridge, MA: Harvard University Press) p 48

[22] Cox A, Doell R and Dalrymple G B 1964 Science 144 1537

[23] Reference [21] p 55

[24] 对地球物理学家在 20 世纪 60 年代接受地磁场倒转但在同一时期拒绝严肃对待 lmmanuel Velikovsky 的猜测作一个比较是很有教益的. Velikovsky 是一位熟悉某些埃及和希伯来古籍的弗洛伊德精神分析学家, 他出版了一本题为《碰撞的世界》(Worlds in Collision)(1950) 的书, 在这本书里他建议将这些古籍中记载的各种事件与天文学灾难联系起来. 例如, 他宣称金星这颗行星是在一颗彗星两次经过地球时从木星中喷发出来的, 引起了诸如红海分离、地球顷刻间停止转动 (此时太阳平静地呆着不动) 以及地球磁场倒转等等事件. 科学家们无视或者嘲笑 Velikovsky 的这些想法, 并批评该书的出版商麦克米兰公司把这本书广告为“科学”书籍而危害了真正的科学书籍的声誉. 这种不满使得麦克米兰公司将这本书转让给了另外的出版商, 于是这些科学家又被人指责进行“书报检查”和“压制非正统思想”. 当 Velikovsky 的极少几个建议例如地磁场倒转后来似乎被接受时, 他的支持者们把这看成是对他的理论的“证实”和“传统科学”的失败. 但是如图 26.13 所示的有关地磁场倒转的现代理解十分清楚地表明, Velikovsky 所宣称的这种倒转发生在圣经记载的时间 (或者距今一万年之内) 的说法是完全错误的. 尽管进行了大量的检验, 过去的 70 万年 (即所谓“Brunhes 时期”) 之内没有发现地磁场倒转. 即使在有记载的人类历史期间里出现过这种倒转, Velikovsky 的证据也比 Brunhes 和 Matuyama 的证据分量轻的多, 甚至在他们的发现被置入我们关于地磁的理论认识之前被忽略时也是如此. 科学并不是靠接受只具有表面价值的每一个所谓的“观察”或“实验事实”而取得进步的, 如果数据和现有理论不符合, 大多数情况下最好是维持现有理论直到与理论抵触的证据变得不可抗拒. 在 20 世纪中物理性质的证据具有最大的分量: 正如 Wegener 所发现那样, 地质学和生物学的论证几乎不受重视; 弗洛伊德精神分析学家解释的远古编年史很少有机会得到人们的理会.

[25] Lounsbury J F and Ogden L 1979 Earth Science 3rd edn (New York: Harper and Row) p 352

[26] Reference [21] p 83

[27] Hess 的论文先在其他科学家之间流传, 直到 1962 年才正式发表. 在此期间 Robert Dierz 于 1961 年发表了有相似想法的论文.

[28] Reference [21] p 100

[29] L W Morley 提出相似思想的论文被《自然》拒绝刊登, 因此直到后来才为人所知. 有关情况见 Frankel H 1982 Hist. Stud. Phys. Sci. 13 1

[30] 格洛马 (Glomar) 这个名字来自“Global Marine(全球船舶)”公司, 美国中央情报局用来发现 1974 年沉没的一艘苏联潜艇的格洛马探险者号 (Glomar Explorer) 也由该公司负责运营.

[31] Plate tectonics(板块结构) 中"tectonics"一词的含义是"结构学", 此词与"architecture"(建筑学) 同根, 均来自希腊语"tecton", 意为"木匠"和"建筑工人"

[32] Lithosphere(岩石层)(与相似的 lithograph(石板印刷物) 一样) 来自希腊语"lithos", 意为"石头"

[33] Asthenosphere(软流层) 是由希腊词"asthenes"衍生而来, 意为"软弱"(与"neuraszhenia"(神经衰弱) 同根)

[34] Reference [9] p 75

[35] Reference [21] p 62

[36] Wilson J T 1965 Science 150 482

[37] 这种计划要冒在全球范围内"玩火"的风险. 地磁场通过偏转宇宙射线保护我们, 否则宇宙线将会到达地球表面危机所有生物. 如果固态地幔扰动与地核中的地磁场发电机相互作用, 它们有可能触发地磁场倒转, 结果在造成地磁场很小或为零时期, 这些保护生命的电流将会崩溃.

[38] 涵盖了高层大气地球物理学各主题的最有用的教科书之一也是使我深受其惠的一本书是: Hargreaves J K 1979 The Upper Atmosphere and Solar-Terrestrial Relations (Princeton, NJ: Van Nostrand-Reinhold).

[39] Gillmor C S 1976 Nature 262 347

[40] Kuhn T S 1970 The Structure of Scientfic Revolutions 2nd edn (Chicago) P 50

[41] Chapman S 1950 1. Atmos. Terr. Phys. 1 121

[42] Kelley M C and Heelis R A 1989 The Earth's Ionosphere: Plasma Physics and Electrodynamics (San Diego, CA: Academic) p 5

[43] Gillmor C S 1981 Space Science Comes of Age ed P A Hanle and C Von Del (Washington, DC: Smithsonian Institution Press) pp 101-114

[44] Balfour S Encyclopaedia Britannica vol 16, 9th edn p 181

[45] Kennelly A E 1902 Electrical World Eng. 39 473

[46] Heaviside O 1902 Encyclopaedia Britannica vol 33, loth edn p 215

[47] 下面几段取自 Gillmor C S 1982 Proc. Am. Phil. Soc. 126 395, 和文献 [43].

[48] Gladden S C 1959 National Bureau of Standards, Technical Note No 28 (US Department of Commerce, Washington, DC)

[49] Gillmor C S 1982 Proc. Am. Phil. Soc. 126 395

[50] Darwin C G 1950 Proc. Int. Congr. Mathematicians vol 1 (Providence, RI: American Mathematical Society) p 593

[51] Budden K G 1961 Radio Waves in the Ionosphere 1985 年扩充为 The Propagation of Radio Waves (Cambiidge: Cambridgg University Press).

[52] Waynick A H 1975 Phil. Trans. R. Soc. A 280 11

[53] Lassen H 1926 Jahrb. Drahtlosen Telegr. Teleph. 28 109 and 139

[54] Pedersen P 0 1927 The Propagation of Radio Waves Along the Surface of the Earth and in the Atmosphere (Danmarks Naturvidenskabelige Samfund,A. Nr. 15a and 15b,

Copenhagen), 特别见 Chapter V
[55] Shuleikin M V 1923 Propagation of Electromagnetic Energy (Moscow: First Russian Radio Bureau) (in Russian)
[56] Chapman S 1931 Proc. Phys. Soc. 43 26
[57] Ratcliffe J A 1974 J. Atmos. Terr. Phys. 36 2167
[58] Friedman H 1974 J. Atmos. Terr. Phys. 36 2245
[59] Eckersley T L 1925 Phil. Mag. 49 1250
[60] Storey L R O 1953 Phil. Trans. R. Soc. A 246 113
[61] Helliwell R A 1965 Whistlers and Related Ionospheric Phenomena (Stanford, CA)
[62] Kelley M C and Heelis R A 1989 The Earth's Ionosphere (San Diego, CA: Academic) p 426
[63] Gordon W E 1958 Proc. IEEE 46 1824
[64] Hess W N 1968 The Radiation Belt and Magnetosphere (Waltham, MA: Blaisdell)
[65] Kaur K, Srivastava M P, Nath N and Setty C S G K 1973 J. Atmos. Terr. Phys. 35 1745
[66] Gillmor C S 1982 Proc. Am. Phil. Soc. 126 395 and Gillmor C S 1991 International Science and National Scientific Identity ed R W Home and S G Kohlstedt (Deventer: Kluwer) p 181
[67] Ratcliffe J A 1974 J. Atmos. Terr. Phys. 36 2167
[68] Bates D R 1974 J. Atmos. Terr. Phys. 36 2287
[69] Massey H S W 1974 J. Atmos. Terr. Phys. 36 2141
[70] Faraday M 1821-1822 Ann. Phil., New Series 2 and 3
[71] Fleming J A 1939 (ed) Terrestrial Magnetism and Atmospheric Electricity (New York: McGraw-Hill)
[72] Chapman S and Bartels J 1940 Geomagnetism (in 2 volumes) (Oxford: Clarendon)
[73] Mitra S K 1947 The Upper Atmosphere 1st edn (Calcutta: The Royal Asiatic Society), 2nd edn 1952
[74] Ratcliffe J A 1972 An Introduction to the Ionosphere and Magnetosphere (Cambridge: Cambridge University Press)
[75] Akasofu S I and Chapman S 1972 Solar-Terrestrial Physics (Oxford: Clarendon)
[76] Van Allen J A 1983 Origins of Magnetospheric Physics (Washington, DC: Smithsonian Institution Press) p 9
[77] 有关气球探测见 DeVorkin D H 1989 Race to the Stratosphere: Manned Scientific Ballooning in America (New York: Springer)
[78] Hess W N 1968 The Radiation Belt and Magnetosphere (Waltham, MA: Blaisdell) p 1
[79] Milne E A 1926 Mon. Not. R. Astron. Soc. 86 459-578
[80] Chapman S and Bartels J 1940 Geomagnetism (in 2 volumes) (Oxford: Clarendon) p 810

[81] Chapman S and Ferraro V C A 1930 Nature 126 129
[82] Alfvén H 1939, 1940 K. Svenska Vetensk. Akad. Handl. 18 No 3 and No 9
[83] Birkeland K 1901 Vidensk. Skrifter I. Mat. Naturv. Kl. 1901 1; 1908 and 1913 Norwegian Aurora Polaris Expedition 1902-1903 vol 1, 1st and 2nd sections (Christiana: Aschehoug)
[84] Stϕrmer C 1907 Arch. Sci. Phys. Genève 24 5,113,221 and 317
[85] Gillmor C S 1978 Upper Atmosphere Research in Antarctica (Antarctic Research Series 29) ed L J Lanzerotti and C G Park (Washington, DC: American Geophysical Union) p 236
[86] 如 Van Allen J A 1983 Eos 64 977 所引用的那样.
[87] Gould L 1931 Cold (New York: Brewer, Warren and Putnam) p 266
[88] Int. Geophysical Year General Report No 21 1965 (Washington, DC: National Academy of Sciences)
[89] Van Allen J A 1983 Eos 64 67
[90] Van Allen J A and L A Frank 1959 Nature 184 219
[91] 此处及上面几段, 我反映了 Van Allen 1983 Eos 64 977 中的观点, 为此我对他表示感谢.
[92] Carpenter D L 1963 J. Geophys. Res. 68 1675
[93] Gringauz K I et al 1961 Artificial Earth Satellites vol 6, ed L V Kurnosova(New York: Plenum) p 130
[94] Parker E N 1958 Phys. Fluids 1 171
[95] Kelley M C and Heelis R A 1989 The Earth's Ionosphere (San Diego, CA: Academic)
[96] Axford W I and Hines C 0 1961 Can. J. Phys. 39 1433
[97] Dungey J W 1961 Phys. Rev. Lett. 6 47

第 27 章　对 20 世纪物理学的省思：散文三篇

20 世纪物理学的历史概述

Philip.Anderson

导言

为 20 世纪的物理学撰写一篇哲学意义上的概述是一项相当吓人的任务. 可以说, 这个世纪科学与技术的历史极大地影响和决定了世界的常规历史, 以至于不能够把前者从后者中剥离出来. 物理学派生的影响 ① 通过以物理为基础的通信和武器领域的革命决定了本世纪主要战争的结局并主导了战后半个世纪的政治. 下一世纪的政治会幸运地专注于科学主导的问题, 即人口、能源和全球生态等问题. 基于新科学的技术, 包括绿色革命、避孕药、对多种疾病日渐增强的控制、电子工业、航空航天、以及计算机的诸多应用, 主导了世界的经济和社会形态 (关于这一点一个不可多得的参考文献是 Pico Ayer 的《加德满都的视频时代》②). 我也感知到一些科学发现, 如分形、混沌、神经网络之类的复杂适应系统等, 正为我们孕育着一场思维方式革命的种子. 撇开这些物理学宽泛的语境不论, 我将把目光向内主要集中在检视一下物理学是如何发展和变迁的, 看一看世界环境是如何影响物理学与物理学家的, 但不讨论我们是如何影响世界的这一非常重要的反馈环节.

即便如此, 如何规划我将讨论的结构也让我面临很多选择：是聚焦在如相对论、原子及原子核的结构、量子力学、标准模型、对称性破缺、混沌、大爆炸这样的重大理论发现, 还是聚焦在如雷达与真空管、炸弹与裂变、宏观相干性与激光、能带理论与半导体器件、(X 射线及中子的) 衍射、射电天文学、超导量子干涉器件、干涉术、核磁共振与磁共振成像、原子显微学、计算机模拟与计算机辅助实验这样的重大技术. 另一个关注的焦点是社会历史意义上的：这些发展是如何、何时、经由哪些人、源自怎样的脉络才得以冒出来的. 在后文中我将返回来详细探讨各个结构单元, 但首先我想先谈谈贯穿本世纪物理学的两个相关论题.

---

① Ramifications, 意为分枝 (支)、发叉, 以及由此而来的衍生结果或派生影响. 原文应兼有这两层意思. —— 译者注

② 作者所指的这本书当是：Pico Iyer, *Video Night in Kanthmandu. And other Reports from The Not-So-Far East* (Vintage, 1989).—— 终校者注

飞离“常识”

第一个论题是我们的自然观的完全逆转，比我们意料到的要更加深入和广泛. Maxwell，一个 19 世纪物理学家的典范，在讨论自己为电磁辐射写下的方程时，是相当严肃地把讨论建立在某种“以太”里出现的、能携带电磁波的物理实体的基础上的. 在其“奇迹年”1905 年，Einstein 发现了以太的物理非现实性，但仍然使用非常实在的、经典的‘米尺’和‘时钟’和‘观察者’这样的词汇表述他的狭义相对论. 在晚年，爱因斯坦在某种意义上信仰直接感知之世界的真实性和首要性，信仰如他，Albert Einstein，所见到的那样的空间和时间. 我将表明，一个物理学“进步的世纪”(1932 年芝加哥世界博览会的主题词) 的结果是，如果一个理论物理学家在 1990 年代还这样想的话，那他完全可以不必把自己个人太当回事.

一次又一次地，以许多种且是相当完全结构化了的方式，我们被引导到如下结论：“我们所见的”不是那里存在的真实. 我认为，历史上此一革命开始于 Rutherford 关于有核原子的发现. 固体被发现不是均匀地携带其质量，而是大部分中空的. 这不久就为 X 射线衍射所证实. 但是我们关于世界之认知的伟大扭曲是由量子理论引起的 —— 对大多数物理学家来说这仍是一个精神上需要治愈的错位. 第一个麻烦是人所周知且得到广泛讨论的测量理论以及不确定性原理①. 但是，尽管不是那么明显，同样重要的是认识到真空是有性质的：如 1940 年代后期实验 —— 在一场至今还吸引我们注意力的关于自然的平静的第二次思维革命中进行的 —— 所验证的那样，它充满涨落，能够为从其中通过的粒子所感受到. 这也许跟测量理论一样，让 Einstein 爱因斯坦在哲学上茫然不知所措：有性质的真空如何是相对论不变的？凝聚态物理学家，那时叫“干固体的人”，接受了有性质的真空这一思想并开始摆弄它. 利用 Landau 的“元激发”概念以及 Heisenberg 和 Peierls“空穴”概念，固体物质获得了真空的面目：激发态如同基本粒子那样传播，除了它们自身之间的相互作用以外没有其他的相互作用. 我们处理晶格的量子理论时，把晶格本身当作是某种真空. 不久，南部，而后又有 Goldstone、Ward、Salam 和 Weinberg，反用此思想，发明了“对称性破缺”的场论版，即也许存在不仅包含涨落而且可能还包含实在的物理量 (这种场合下是量子场) 有限平均值这样的真空. 这留给**物理**真空的场论一个与关于**真实**真空背后的**真实**理论完全不同的对称性. 但在我们能够构造出关于基本粒子和相互作用的成功的“标准模型”之前，一个反直觉的步骤仍然是必要的. 这就是量子色动力学非 Abel 规范的引入，而这又一次使得强相互作用背后的物理同直接的测量完全不同了. 当然，从这些巧妙的步骤可得到极大的简单性和

① 不确定性原理被当作基本原理并在量子力学框架内得到广泛的讨论，这本身是人们对量子力学过渡诠释的反映. 薛定谔早在 1931 年就曾推导出关于扩散方程的经典不确定性，因此所谓的不确定性原理是否必然有量子力学的内涵，在学术界仍有争论.—— 译者注

一般性, 因为只有一种方程, 方程里相互作用和对称性都是等价的. 标准模型的基本前提是所有的相互作用都遵循规范原理. 不清楚我们在二十一世纪走向更高能量时是否还会找到物理概念结构的更大变动. 现在已经有一种严肃的提议了, 认为真实的理论不是关于粒子的, 而是关于弦的, 且没有明确的统计.

演生① 作为上帝原理②

这段简短的深入哲学结构的愉快之旅告诉我们物理定律的结构无论如何不再可以认定是对应于我们关于世界的直接体验的. 用哲学词汇来说是"在所有层面上演生"; 从常识得来的关于空间、时间和物质的性质不是其背后理论结构的"真正"性质. 当我们逐渐理解它们的时候我们认识到了这一点. 这让物理学同常识日益疏远, 一种对科学家和公众都可能产生灾难性后果的疏远. 物理学初学者在被教导要用 Newton 的直觉替代 Aristotele 的常识所遭遇到的相对简单和平凡的对想象之扭曲, 同此一直接体验与物理学家关于它的基础理论概念之间的断裂相比起来, 简直不值得一提. 近代物理学离世俗男女已经非常遥远了.

第二个论题是演生的过程实质上是在所有层面上二十世纪物理学结构的关键. 这一事实已经被 Sylvan Schweber 在一篇发表在 1993 年 11 月份的《今日物理》(*Physics Today*) 杂志上的富有洞见的文章加以强调. 对称性破缺, 一种演生的性质, 包括 1970 年代 Kadanoff, Widom, Fisher 和 Wilson 曾分类整理过的对称性改变的相变, 以及铁磁性和反铁磁性的对称性破缺, 还有关键的超流 (O Penrose, Onsager 和 Feynman) 与超导 (Bardeen-Cooper-Schriffer ,P W Anderson 和 Gor'kov) 的规范对称性破缺, 也是固体 (近日称为"凝聚态") 物理的中心概念, 它展示了宏观尺度上的量子困境. 演生也被逐渐理解为生物界和我们人类的社会世界从物理的背景得以发生的过程. 若作为活体物质中演化的复杂性之源泉, 十九世纪的"热寂说"和"活力说"③看起来不是对不可避免的生命出现 (至少是在地球上)—— 先是原始形态, 而后通过形态发生, 随着复杂程度的增加达致意识、交流、以及演生出社会复杂性 —— 的合适的描述. 二十世纪科学的基本哲学洞见是: 我们观察的任何事物都是从更原始的层级上演生出来的, 这里用的是"emergent"这个词的精确意思,

① 原文为 emergence, 动词形式 emerge, 本意为从流体里冒出来. 冯端先生将 emergent phenomenon 译为层展现象, 于渌先生将之译为演生现象, 我们此处采用了后一种译法. 关于 emergent phenomenon 的讨论近年热了起来, 但它绝不是一个新话题. —— 译者注

② 原文为 God Principle, 同终极原理、第一性原理同义, 参见"ultimate principle may be called the first principle or God principle. "注意, 不要将"God principle"同"God's principle"混淆. —— 译者注

③ 原文为法文 an vital, 由法国哲学家 Henri Bergson 于 1907 年首创, 意指产生生命的冲动, 活力, 用以解释有机体的演化和发育. 其英文翻译为 vital impetus 或 vital force. élan vital 被认为是无生命物质中存在因此可以从其中收获的 Essence, 类似中国古代文化认为的可以从天地汲取的某种精华. —— 译者注

是指遵从更原始层面的定律, 但概念上却不是来自那个层面的结果. 分子生物学不违反化学定律, 但它包含了不是 (或许不能够) 从那些定律直接推导的思想; 核物理学被认为同量子色动力学并无矛盾, 但它仍未被还原为量子色动力学, 等等.

这一层级结构在上述 Schweber 的文章中被很好地阐述, 该文又广泛引用了作者早先 (1967~1971 年)①的一篇文章. 他的结论, 如同我的结论一样, 是指标准模型那样或者化学键的定律等结构在哲学上断开了还原主义的链条, 且使得深入探究更深层次的基础定律对于高层次上的组织变得毫不关联. Schweber 的文章可看作是对关于超导超级对撞机 (SSC) 以及其他主导本世纪最后十年的大型科学工程之哲学辩论的贡献, 是对 Weinberg 的《终极理论之梦》和 Lederman 的《上帝粒子》的反驳②. 这两本书表达了一股对还原主义之重要性和关联性的强烈信仰. 我觉得这看起来有效地表明了在每一个层次上演生这一"上帝原理", 同任何可能的代表在朝向更简单更抽象的关于亚原子粒子内部动力学规律之还原过程中的猜想里程碑的"上帝粒子"相比, 更加充斥我们对宇宙的理解.

提及关于超级超导对撞机的辩论是改变话题转而检视物理世界之实用的和社会学的状态的合适机会, 因为这场辩论及其产出看起来成了被新闻界称为 '物理学时代的终结' 之事件状态的符号.

前半世纪与第二次世界大战: 物理学的胜利

二十世纪开始时, 西方世界正处于大规模的、不断加快的技术转型的阵痛期. 尽管很少有人懂得本世纪头几十年里在内燃机、电力及其应用、无线电与电话通信、飞行等方面的快速发展背后的那些十九世纪的物理学和化学方面的基本发现, 但科学相当受欢迎. 头顶光环的科学人物是那些从事实用技术的人们, 比如 Edison、Steinmetz③、Wright 兄弟、Marconi 那样的工程师或 Langmuir 那样的化学家. 第一次世界大战使得这两种职业被尊敬地看作即便对那个屠戮的行当都是有实用价值的, 而对物理学 —— 除了许多聪明的年轻人被屠杀了以外却鲜有影响. (注意到下面一点是有趣的, 多少个二十世纪稍后时期物理学界的重要人物, 如 Wigner、Teller、Bardeen 等人, 都是在此一时期作为工程师、化工专家或者化学家开始其学术训练的). 化学家和工程师也是被工业界最早强力资助的科学工作者. 但是, 当 Einstein 作为民间英雄的地位被确立后, 物理学也开始享受公众的崇拜. 对物理学和其他科学的普遍的赞赏足以吸引私人慈善机构对研究的资助, 包括: 具有崇

① 原文如此, 似应指 P W Anderson 1972 发表在 Science 杂志 177 卷 393 页的短文 "More is different".—— 译者注

② 这里提到的两本书分别是: S Weinberg, 1994 , *Dreams of Final Theory,* (Random House US) 和 Dick Teresi , Leon Lederman, 1993, *God Particle* (Houghton Mifflin, US).—— 校者注

③ Charles Proteus Steinmetz (1865–1923), 德裔美国数学家和电机工程师, 在交流电工业中有重要贡献.—— 校者注

高声誉的诺贝尔奖, Rockefeller 基金, 后来还有其他的一些机构；Bohr、Rutherford 以及其后在更大的规模上 Millikan 和 Lorentz 所吸引到的私人捐赠. 直到第二次世界大战之前, 不存在如同美国的州立大学对农业科学的支持或者 (在美国；类似的机制也运行在其他地方) 通过地质勘查对地质学的支持这样的政府对物理学的大量的支持. 物理学那时刚开始需要只有政府才能提供的那种资助. 碰巧, 在那场大战开始前的十年发生了另一场变革：至少是在美国的一些工业组织 (通用电气公司、美国电话电报公司、美国无线电公司) 和一些军工机构看到了我们今天称为高技术的无限可能性, 开始资助相对来说目标不是太明确的物理和其他科学的研究. 1940 年以后的雷达和其他技术爆炸的种子就主要是在这些尝试中播下的.

第二次世界大战中的事件在西方世界就如何看待物理学和如何资助物理学引起了巨大的变动. 我们应该牢记大量的同物理有关的发展是那个战争孕育的：①雷达, 与之伴随的是在所有相关电子学和通信领域, 如微波技术、固体二极管、信号处理等方面的急速发展 (雷达是战争在实用方面的成功, 其对盟国取得胜利要比破译密码方面的非同寻常的成功可能贡献更大)；②导弹技术, 它几乎是由德国独自发展的, 但对战争的结局几乎没有影响；③喷气式飞机以及其他空气动力学方面的发展, 战争双方都有贡献, 德国的极有优势但是绝望的努力来得太晚了；④原始的电子计算机, 其操作价值为零；⑤核裂变与核聚变. 尽管其形象非常高大, 但如今天我们所知, 它对战争的结局可能只有一些边际效应, 但在战后半个世纪却主导了军事战略运筹. 在许多国家核裂变提供了大量的电力.

第二次世界大战后出现的政府相信科学研究投入对军事实力是至关重要的, 经济上是有价值的, 交战双方的主要参与国在经济复苏后即建立了国家实验室体系和支持研究型大学科学活动的规划. 工业实验室也急剧扩张和增设, 尽管在美国大部分的扩张是由政府合同 (大多是军事性质的) 资助的. 物理学是所有这些活动的受益者. 在战前这个职业的主要职位只是数量相对较小的学术工作, 如今变成了确实有成千上万的人考虑在学术机构、国家实验室, 私人机构或企业里以物理研究为职业.

在几十年的时光里物理学远远超过了政府方面的期待. 不到三年时间, 第一个晶体管投入使用, 是由战前组成但后来专门扩建用于发现半导体器件的美国电话电报公司所属贝尔实验室的一个小组发明的. 同样快速的是, 利用雷达技术的射电天文学此一新学科开始给我们提供观察宇宙的几个新窗口之第一个. 通过此一窗口, 举其一例, 我们如今能看到宇宙创生时的辐射. 聚变核弹恐怖登场, 配合新生的弹道导弹和喷气技术, 把世界置于一个可怕的恐惧状态达半世纪之久. 这些还只是数目庞大的技术与科学成就中的第一批果实中的几个, 它们改变了我们的生活, 同样重要的是, 也许从根本上改变了我们对世界的理解. 新的半导体器件变革了计算机, 加上不可思议地囊括了导致激光出现的量子电子学之深化、如复印技术和空间技术那样的经验性发明、以及像玻璃纤维这样的材料技术的混合, 将我们带入了一个全新的、快速演化的世界范围的信息网络. 物理学也改变了其他学科, 分子生物学发祥于物理系, 物理技术激发了板块构造革命. 物理学利用计算机辅助断层扫描和磁共振成像技术改变了医学诊断, 并且还将在这一领域做出更多的成就.

大科学时代

我无需继续扩展我们这个世纪下半叶所取得之成就的清单. 我想要做的是讨论它们历史的共性和产生它们的社会生态. 我的第一个论点是这个快速膨胀的时期也是物理学离心分化的时期. 一个某种程度上自我认定的精英群体早在 1930 年代就中断了原子与分子的研究转而集中到原子核的研究上, 正是这个群体促成了第二次世界大战时的曼哈顿计划及其衍生工程. 战后有两条路供他们选择. 许多人继续主要从事武器设计、军事技术和主要与军事问题有关的政府咨询. 这其中也许最有名的、最有争议的例子是 Edwald Teller. 其他许多人回到了大学或国家实验室, 顺着他们研究主题的自然发展从核物理走向了介子和其他亚核粒子, 或者走向了现代天体物理, 两者都学会了花巨资去建造大型加速器. 有一伙志同道合者循着这两条道之不同程度的混合, 形成了一个有影响力的大的咨询科学家团体, 这包括像 JASON① 和国防分析研究所这样群体里的大量成员.

战后不到十年, 一个特定的可称之为"大科学"的文化成长起来, 这主要是出自曾参与曼哈顿计划的核心部门. 还有其他的贡献者: 比如, 由磁约束或惯性约束获得聚变能的期望逐渐获得了来自美国、英国和苏联政府的大量资助. 建在布鲁克海文国家实验室、橡树岭国家实验室、英国哈维尔研究中心、加拿大巧克河研究中心、最后还有法国格勒诺布尔的大裂变反应堆上的研究, 至少是开始时, 因为花费巨大被看作是"大科学", 但不久这些装置被"小"科学家的大圈子接过来作为"用户"平台. 军用裂变项目 —— 如今我们知道其被冷酷无情地滥用过 —— 已从核物理学家的手中脱离, 尽管它仍然在玷污他们的名声. 最后, 所谓的"空间科学"作为"军事一工业联合体"的产物独立地得到发展, 包括价值令人起疑的微重力实验以及一些有意义的天文物理探测和太阳物理研究, 让许多物理学家最终也沾了光.

在美国的大科学文化 (圈), 以及其他地方类似的团体, 倾向于拥有各自独立的、直接同政府因而也就是同资助机构之间的联系. 大科学同科学的其他部分很大程度上是互相独立的, 除了在资助额方面以外, 它从不是科学的主要构成部分. 在美国, 美国航天局、能源部 (早先的原子能委员会) 以及对军事项目的支持运行于常规的同行评议机制之外 (能源部支持其他科学, 但用的是单列的预算). 涉及的资金总额排除私人支持, 不管是来自工业和大学还是私人基金会的; 前述机构不是把大科学看作其投资项目而是看作"摇钱树", 是抽取非常有益的管理费和扩展官僚结构费

① 为美国政府就国防科学技术事务提供咨询的科学家小组, 于 1960 年建立. —— 译者注

用的源头, 如果不说是实际盈利的话.

最终人们能够辨认出一个可以看作是军工联合体之大科学部门的实体 (可能永远不会比某种精神状态或共同利益组合更实在). 不管叫它什么, 在迈向 20 世纪末之时大量的争议或问题出现了, 显示大科学不再享有来自公众的不受限制的认可, 也不再能不受限制地去掏公众的腰包. 实际上, 被称作"物理时代的结束"而提及的是如下一系列事件.

最显著的事件是超级超导对撞机的资助坍塌了, 但还有大量相关的但却未能决断的情势.

(1) 美国空间站. 它依然维持着, 但资助额和任务数持续减少. (关于它的) 一般的科学观点绝大部分是负面的, 而且看起来可能要最终胜出.

(2) 聚变. 利弗莫尔实验室的挚爱惯性聚变被裁销了①. 磁约束聚变也最终谈论比较实际点的时间尺度 (我最后听到的是要到 2040 年) 和严肃的工程问题了. 显然它也不再有免费的午餐了.

(3) 因为来自一位美国参议员的支持而勇敢地坚持着的激光干涉仪引力"观测站"看起来是另一个加速大科学死亡的错误, 尽管它不是很大. 其他大科学项目 (如先进中子源; B–工厂②在美国也遇到了麻烦.

看起来没有关联而在公众心目中未必如此的是两个本质上政治性的事件: 星球大战计划和冷战的结束. 美国的大多数各色物理学家都反对 —— 这一点值得称赞 —— 星球大战计划自吹自擂式的、不切实际的宣传推销, 但公众却将之看作是高技术提供的安全许诺, 当然大科学联合体圈子里的人支持它. 与支持超级超导对撞机项目同样的政治机制 —— 白宫层次上的直接干预 —— 被其提倡者所采用.

冷战的结束被并非不正确地看成是军工联合体的巨大倒退. 不管掺杂个体科学家怎样的个人感情, 大科学是通过其与该联合体的联系而被维持在一个特殊的地位上的, 它最终将如那个联合体失去权势一样失去其威力.

在欧洲, 大科学仍然维持其大部分的影响. 欧洲联合核子研究中心没有表现出其稳定性的减弱, 其他的大型项目也继续蓬勃开展. 但是, 能够感觉到公众对大型投资的冷淡和对经济和政治问题日益增加的关切, 这最终会像在美国一样导向同样的方向. 看起来大科学很可能会同二十世纪一起结束.

"小科学"的繁荣

大科学只是科学全体的一部分, 甚至是, 或者说特别是, 所有基础物理的一部分. 做第二类物理学研究的第二类物理学家从战时的进展和战后资助得到了极大

① 作者这里讲的是 1990 年代初期的事, 这个项目后来又被恢复了.—— 校者注

② 即能产生 B 介子的加速器. 所谓的 B 介子即是由一个底反夸克同上夸克、下夸克、奇异夸克和粲夸克四者之一所组成的介子. —— 译者注

的促进. 其特别的由此而来的生长核心与核物理、粒子物理和聚变物理的曼哈顿计划核心是不同的.

(1) 新波段的相干电磁辐射源、新型电路以及超灵敏探测的获得开始了要用相干方法覆盖谱学全波段的持续倾向：先是电子顺磁共振, 核磁共振, 和微波气相谱学. 六十年代初激光的发明让波段范围发生一个巨大的跨越.

(2) 使用曼哈顿计划留下的以及那些专为电厂项目建设的裂变反应堆的中子衍射和散射对固体物理的研究产生了巨大的影响, 且在每一个国家中心形成了核心专家团体. 这些群体迅速同常常是处于同一个中心的大科学项目在知识上脱离. 这一脱离的标志乃是诺贝尔奖名单上两三个最显著的遗漏之一, 即使反铁磁性得以实验证实和声子谱研究成为可能的中子衍射和散射. (1994 年这一遗漏最终得以纠正①.)

(3) 战时关于半导体和其他材料的研究 —— 主要是在工业中心进行的 —— 加上电子学全新的精密程度, 导致半导体研究在复杂程度和深度上的巨大进步, 自然地孕育了晶体管的发明. 这只是实用的固体材料和器件 (比如绝缘磁性材料) 一波研发成果中的第一例.

(4) 对基础物理一个非常主要的刺激是为大多数实验室都用得起的液氦低温恒温器的研制. 这开启了量子效应对几乎所有的凝聚态性质都起到重要作用的温区. 超导、超流以及金属中的 Fermi 面效应的研究如今已可以在世界上许多实验室开展.

(5) 因为这个世界的技术精密程度的进展, 相对来说老旧的测量能力也得以提升：装备了新型大功率源的电子显微镜和 X 射线衍射 (仪) 就是这样的范例, 它们对分子生物物理和原子水平上的冶金学 —— 作为其第一批应用 —— 非常重要.

整体上, 这些发展在战时的根基同大科学在组织上和地理上都是分开的. 战时在美国对这方面产生最大影响的姐妹研究机构是贝尔实验室和麻省理工的辐射实验室 (后者同哈佛大学无线电研究实验室有接触). 饶有意味的是, Collins 液化器和 Bitter 磁体出在麻省理工, 晶体管出在贝尔实验室, 而核磁共振作为一个有用的测量手段出在哈佛. (我强调一下, 我讨论的不是组织上的历史而是知识的历史. 一些管理者如哈佛的 Conant 或者贝尔实验室的 Buckley、Baker、Buchsbaum 等人作为政府顾问在军备竞赛和对两类科学的政府支持所起到的作用, 与此处的讨论无关.)

大科学从洛斯阿拉莫斯扩散到伯克利、芝加哥、普林斯顿、哥伦比亚、斯坦福、加州理工等美国大学；类似地, 小物理从贝尔实验室, 哈佛和麻省理工开始散布到一组有特色的如康奈尔、伊利诺斯这样的大学；且在海外如英国的大学系统, 以及

① 指 1994 年加拿大的 Beltaram Brockhouse 因发展中子谱学和美国的 Clifford Shull 因中子衍射研究而获诺贝尔物理学奖.—— 校者注

在哈维尔①, 最后在莱顿 (以及在欧洲大陆的艾得霍汶飞利浦公司和巴黎) 和日本都变得非常强, 后者是因为众所周知的原因②. 许多物理系两者兼有, 这包括芝加哥大学和哈佛大学还有首先该提及的哥伦比亚大学. 但显然的在一些物理系里是某一个群体 (大科学或小科学) 主导着人员雇用和升迁事务, 且常常是长达数十年之久, 如在 (这里强调大科学主导的例子) 加州理工、加州大学洛杉矶分校、哥伦比亚大学 (该校物理系有一些单独的、为小科学的科学家设立的组织机构)、普林斯顿大学和斯坦福大学, 欧洲大陆特别是意大利和德国一般也是这样；当中国加入科学世界时还包括中国.

在美国, 整个 1950 年代美国物理学会试图组织大型的、一般性的会议, 囊括进所有类型的物理学, 但到 1960 年代中期, 原本是为小科学提供一个论坛的三月会议成长到了可和任何美国物理学会的会议相媲美的规模, 而到了 1980 年代则让所有其他的会议都相形见拙. 几乎是作为一种自卫行为, 大科学的科学家们在华盛顿召开四月会议, 而后又有了单列的 "核物理" 和 "粒子物理" 分会. 与此同时, 在国际舞台上, 国际低温物理大会成了多种小科学的巨型集会, 其他专业 (如磁学、半导体) 也发展了各自的巨型会议. 一个完全分立的、非常国际化的会议体系成长了, 其开端是日内瓦大会③, 在那次会议上冷战对立双方首先在当时看起来非常敏感的核物理和粒子物理领域有了公开接触.

这两方面的成长具有强烈的对比. 大科学的实验工程变得日益大型和更加依赖合作, 最终在某些情形下单一个实验就确实涉及数千个科学家. 他们中的大多数人没有真正独立的角色. 另一方面, 这一领域的理论工作变得越来越是猜测性的、鲜有人懂而且抽象, 只有一少部分理论家同实验有细节上的互动. 当前的一些著名理论家如 Witten、Penrose、Hawking 和 Schwarz 则回避将对实验事实的预言和解释作为理论物理的主要目标.

大科学同深层的、类宗教似地想要知道生命和宇宙的最终起源以及构成我们的最终原料的人类冲动之间的明显关联, 除了保障至少在一定程度上能把手伸入公众的腰包以外, 还特别为理论研究保证了急切的年轻成员的无限量供应. 这些新成员, 其数量即使是在 "好" 日子里也远超过了能提供的研究位置数. 反过来这又主导了小院校和第三世界大学的物理系, 而这又有助于维持持久的人员供应.

小科学的饱和：荣誉的结束

从另一方面来说, 小科学 (特别是物理学) 得以飞速膨胀在很大程度上是因为

① 哈维尔是英国南部的一个小城, 1946 此处建立了英国原子能研究机构 (Atomic Energy Research Establishment).—— 译者注

② 可能是说小物理学在日本的繁荣是由于众所周知的原因. 这个众所周知的原因可能是指美国因为冷战为扶持日本所作的努力. —— 译者注

③ 指 1958 年在日内瓦召开的第八届国际高能物理物理会议.—— 校者注

工业界和政府都体会到其产出具有经济价值. 其结果是资助的规模大到足以吸收几乎所有的新生力量. 战后前三十年无疑地是这样; 我们很少需要重复罗列这些年产出的具有实用价值的材料和器件. 但在 (小) 物理学这一半, 也随处可见未来遭遇麻烦的提示.

这类科学既能产生实用的、有益的器件与方法, 也能产生智慧层面上激动人心的科学知识, 自然是令人受益无穷的. 但此一事实也会导致认识上的混乱. 科学家自然而然的倾向是更显智力型的工作, 因为纯粹的研究者有更高的显示度、更有名望、更灵活 (他们是在公开的文献上发表成果的), 且经常比应用领域的工作者, 当然也就比监督实际制造的产业工程师有更高的报酬, 这种倾向从而得以强化. 在科学团体和国家实验室甚至在一些大企业里, 一直似乎是大多数部门 (即使它们名义上的职责是做器件研发、制造设计甚至市场销售) 在和同一组织里的纯粹研究部门或同大学里的物理系和工程科学系在展开竞争. 来自大学 "纯" 研究氛围的新科博士会发现沿着其学位论文的主线继续下去而处于 "研究" 模式是自然的、轻松的且至少在获得资助上是安全的. 还是在美国, 社会生态鼓励他感觉这是一种 (鼓励同样来自一些科学管理者的不恰当的宣传) 荣誉. 此种社会生态在苏联、东方集团以及西欧的某些地方程度不同地也同样普遍存在. 认识到这一点是有趣且重要的. 在苏联和东德, 政府资助的大型研究所 (类似我们能源部的实验室) 在将小科学同军事和大的空间计划相结合的情况下成长起来. 这些研究所里的任职相较一般机构有很大个人优势. 在东、西德合并时发现, 这些研究所相对于任何一个合理的任务需求至少要超员 (保守估计)3~10 倍. 类似情形在苏联也存在. 至少在东德, 崩溃的原因不完全是因为放弃了军事和空间任务或者冷战思维, 而主要是因为对技术的经济和产业方面的严重忽视. 欧洲、美国和东方集团在这一点上没有本质上的差别, 只是程度不同而已.

整个这一时期, 同样的快速增长和看似无止境的机会, 意味着小科学特别是来自印度、苏联体系和东方的移民进入高层社会的理想入口. 这群人还有另一个坚持从事研究的动机: 签证条例允许博士后停留美国, 但限制改换工作, 更限制改行和改换雇主 (此外, 语言或者其他文化的因素常常让这样的改变很困难).

其结果是研究作为职场变得越来越拥挤. 人们也许会问 (各种领袖人物已经问过了) 开展多少研究才算研究过剩, 甚至会问究竟有没有研究过剩这种事, 因为研究一直被视为是绝对的好事. 但是客观地看, 此职业内的状况表明除了不可避免的资金短缺外, 研究体系也出现了机能障碍.

研究生涯的性质发生了一个非常尖锐的变化. 一个 "有前途的" 年轻科学家的发表文章速率增长了 5~10 倍, 一个年轻的研究者想获得博士后或入门级别位置的申请次数从 2~3 次增加到了 50 次. 资深科学家会发送和收到成沓的推荐信, 因此推荐也就变得毫无意义了. 特定专门主题的会议数, 或者一个正式会议涉猎的主题数, 都增长了十倍或更多. 许多领域内的人们一年能在世界的某个地方“相会”①52周, 而领域内的头面人物会被邀请参加所有的会议. 会议不免要有出版物. 大多数的发表文章成了这场折桂之路游戏的手段；在某些有名望的杂志上发表文章成了不可或缺的入场券和记分牌而不是严肃的交流手段. 大量文章是关于现实性和关联性都十分可疑的模拟计算的. 实质上, 战后早期的研究生涯是科学驱动的, 主要是被投入到伟大发现事业的吸引和探究自然如何运作的真正好奇心所驱使的. 在20世纪末的十年, 太多的人, 尤其是年轻人, 视科学为个人间的竞争游戏, 胜者不是在科学实在的本质上客观正确的人, 而是成功地获得资助, 在《物理评论快讯》上发文, 被《自然》、《科学》或《今日物理》杂志的新闻页面所报道的那些人.

在许多领域, 大量的出版物分化成自吹自擂的单独聚会的所谓“学派”, 以及主要是因为过分的专业化和从业者的社会生态所造成的质量整体退化, 确实意味着“多了就糟了”. 这一点在苏联和在许多领域里都很明显. 在我比较熟悉的高温超导领域, 增加的国家及地区资金资助只是繁殖了不相往来的学派和子文化, 而不是集中到有意义的努力上：这无疑延迟了对科学问题的解决. 人们也许会想是否艾滋病研究也会遭遇同样的命运. 幸运的是, 在这两种情形下, 实用的 (而不是科学的) 进步是更容易判断和实现的.

对于这一阶段现代科学实际运作的观察导致一些社会学家试图将解构主义者 (deconstructionist) 的思想应用于其上：坚持认为“真理”是纯粹社会学意义上的且是由权力关系而非由自然所决定的. 甚至拉德克利夫学院的院长②看起来也给人以支持这一愚蠢观点的印象. 这些社会学家如今看到的是一个暂时的而且我相信是有偏差的社会学而非科学的现象；实际上人们并不能举出任何由政治、经济或社会压力所造成的科学上的错误最终未被改正了的案例. 如果不是这样, Darwin 如何会胜出？Copernicus 又是如何得胜的呢？真理有最终胜出的巨大能力, 它是确定的、坚实的, 而错误是易变的；可重复性胜过幻象和喧闹.

为了了结二十世纪最后十年的故事, 最终的崩溃不可避免地发生了. 不是通过西方研究引擎的故障, 而是这个引擎产出了一个又一个的器件, 而日本 (它并没有大量的原始创新的记录) 占有了这些器件市场份额的大部分而且还常常将市场丢失给了更为新兴的群体. 液晶计算机显示可能是压断骆驼背的最后一根稻草；所有的技术都是美国的, 而美国的市场份额接近于零. 可以想见的是, 美国公司一个接一个地决定要把其动机体系从“纯”研究事业移开. 这和从苏联和东欧来的一波移民潮以及国家实验室的萎缩 (不管多么缓慢) 是同时发生的. 美国国会对支持很多大学的研究的国家科学基金正发出威胁性的噪音, 但这些还没有导致对那些研究的

① 原文为“meet”, 是会议 (meeting) 的词根. 作者这里语带调侃. —— 译者注

② 原文为 president of Radcliffe University, 查美国大学目录无此大学存在, 只是在哈佛大学有 Radcliffe college, 其院长亦称 president, 故作此译. —— 校者注

严重损害. 许多学生和一些头脑灵光的博士后正在逃离研究渠道. 也许到世纪末我们会把 1980~1990 年代看成是糟糕的旧时光, 而能取得相当有效的物理学成就 (的时光) 会回来. 当前最可怕的危险是正允许钟摆的摆锤朝另一侧荡开的更远.

总结性评述

请允许我用对物理学近期的发展和未来趋势的一些评述, 大多是更乐观的而非其他, 来结束本文.

一个健康的趋势是正在被利用定量之精确、仪器之巧妙和数学之深邃 —— 这些是最好的物理之特征 —— 所研究的系统在复杂性层次上的增长. 这一趋势的一个美妙迹象是诺贝尔奖被颁给了 de Gennes— 他花费数十年的功夫研究 "软物质物理学", 即关于高分子、胶体物质、液晶、黏胶等等物质的经典物理分支. 此领域正在扩展, 新的结果正不断涌现. 生物物理是一座含有大量未解决或只是定性地解决了的问题, 包括生物催化、细胞微结构、神经功能等的富矿; 一个相对来说较小的研究群体正转到这些方向上, 大多情况下他们都使用非常复杂的技术.

过去, 物理学曾试图同分子生物学这样的领域一旦当其顺利开展了的时候就脱离开来. 这常常是物理学和新开辟的领域双方的损失, 因为物理学带来的知识上的严格和定量上精确的态度一直是至关重要的, 即便研究的物质是生物的. 我希望物理学越来越能够保持对生物物理这样的新领域的兴趣.

非线性科学的爆炸性进展在受迫、复杂非线性系统中取得了一些新结果, 也提出了一些新问题. 此一领域的危险是出于模拟自身的考虑而用模拟来替代正当物理对象的诱惑. 在模拟或计算同真实世界相切合的地方, 那是物理, 否则人们有可能失却作为物理学之理智中心的可重复性和实验可证实性这样的指导性判据. 生物物理和非线性科学这些领域对 "追求卓越者" 的社会学考量来说还不是诱人的学科, 尽管围绕这些领域的某些进展人们会发现有一定程度的炒作.

由理论物理学家 —— 先是为了建立标准模型和解决在凝聚态中的相似的量子多体问题, 而后是试图前行更远 —— 发展起来的漂亮灵活的数学工具, 在大物理学和小物理学不可避免地要普遍地缩小规模时不应任其死掉. (我说的不是数学物理, 它已经同实验物理分离了, 成熟了). 也许考虑的层级完全不同, 但是, 同样的数学构建阐明着液晶和量子色动力学, 早期宇宙中的相变得到了回应, 一个在超导性中, 另一个在半导体里的液滴金属化中, 我必须相信这是漂亮而又重要的. 关于理论, 太多可能糟糕, 少些更好, 但是没有理论却完全不可接受. 基础物理中仍有许多激动人心的问题不会随着超级超导对撞机和类似大型项目死去. 例如, 大天体物理科学看起来会是今后数十年的潮流; 而基础凝聚态物理则是充满了问题, 如果不是充满了答案的话.

在我给出的关于物理之社会学相当刻薄的描述中, 我并不想暗示物理学不再是智力上非常活跃的领域，即便是在某些人们可能以为已充分探索了的领域. 例如，在过去的十年里人们已经越来越清楚地认识到，在奇异的新型超导体、多种多样的含稀土原子的金属中间化合物以及在层状、表面和链状结构遇到的量子固体多体问题中依然充满意外，且基本上都还未解决. 反过来的情况是天体物理，那里每一种新探测器都带给我们新的、令人激动的谜题要解决，即使关于宇宙的整体结构也是有争议的，关于是否有早期宇宙相变的任何可辨识的痕迹，我们知之更少. 令人沮丧的是那些应当要研究这些谜题的人，因为业已形成的、令人厌恶的名利主导的社会学 (考量)，几乎没有人以有意义的方式在做这件事.

第三个要点是，当前小科学中的大部分不适症之所以出现，是因为很大程度上其历史上是由冷战和对电子技术的工业需求所驱动的. 电子与通信工业是其主要客户. 这些工业正确而健康地认识到此一 "硬件" 技术的渠道已经满了，而软件和管理未来会是限制性的因素. 未来的 "硬件" 问题可以预见至少会出现在两个新方向：生物医学技术，以及能源与环境. 物理学在上个十年对医学诊断，以及以一种平静的方式对生物材料，做出了巨大贡献. 高等物理学对能源与环境的影响还刚开始. 各种形式的卫星勘察以及裂变反应堆目前是具有极大重要性的全部内容. 但是太阳能光伏产业、电池、储能、传输 (合适的超导输电线不会太遥远了) 当然还有聚变，在未来都是重要的，如同今日的探矿和痕量分析. 这些不是让贝尔实验室或国际商用机器公司领军的领域，支持和运作这些领域研究的新机制可能会逐步形成.

我们的结论是，不会缺乏让物理学和物理学家追求的新方向. 但是，这个领域存在切实的问题. 其一是不断增加的即便是受过最好教育的大众同物理学的疏远，而这是 "演生" 现象固有的内在的问题. 当我们在为大众生产便宜的好东西的时候，我们能被容忍；但是，即使我们努力为自己解释，我们也不能指望他们特别大度地支持我们的纯粹好奇心，普及和解释物理学将会是越来越难的任务.

我们面临的第二个问题是渡过当前这个研究领域内人满为患的时代，维持我们的保持研究过程质量和健全的系统不会完全垮掉而让外界将不恰当的标准强加进来. 科学家也必须肩负起责任，帮助决定什么样的项目应该被资助 (即便在自己专业领域之外)，哪些领域是知识上坚实的，同科学其他部分是有重大关系的. 如果我们不做出更大的努力去调整我们自己，约束住我们以为自己拥有可像以前那样做事的特权的倾向，公众完全有理由将其容忍度紧绷起来.

关于自然本身

Steven Weinberg

二十世纪末科学的状态与世纪初相当不同. 不只是我们现在知道的更多了, 在这个世纪里我们还理解了科学知识的模式. 在 1900 年的时候, 许多科学家认为物理、化学和生物学是各自运作在一套独立的规律之下的. 科学的版图据信由一些分立的共同体组成, 它们和平相处且又各自为政. 少数一些科学家抱持着 Newton 的所有科学大融合的梦想, 但对达成这样的大融合所依据的条件缺乏明确的想法. 今天我们知道化学现象之所以如此是因为电子、电磁学和那一百种左右的原子核的物理性质. 当然, 生物学以一种不同于物理和化学的方式牵扯到历史偶发事件, 但是驱动生物进化的遗传机制如今在分子的术语基础上得到理解, 而生机论 (vitalism), 即关于独有的生物学规律的信条, 无疑地已消亡了. 这实在是一个还原论 (reductionism) 获胜的世纪.

同样的还原论倾向也见于物理学领域. 问题不是我们如何从事物理学研究的实践, 而是我们如何看待自然本身. 有许多有趣的难题等待着被解决, 这包括过去遗留下来的如湍流一类的问题和新近出现的高温超导之类的问题. 这些问题必须用其自身特有的词汇加以阐述, 而不是还原到基本粒子物理的层面. 但是, 到这些难题被解决时, 其解的形式将是由已知的物理定律, 比如流体力学或电磁学的方程, 所作的现象推演; 若我们欲问一问为什么这些方程取这样的形式, 我们循着得到答案的中间步骤会抵达同样的源头: 基本粒子的标准模型. 基本粒子理论同引力理论和宇宙学一道构成了整个科学知识的最前沿.

标准模型是一种量子场论. 出现在其方程里的自然之基本要素是场: 我们熟知的电磁场和二十种左右的其他场. 所谓的基本粒子, 如光子、夸克和电子, 是场的 “量子”, 即场的能量和动量束. 这些场以及它们之间的相互作用之性质很大程度上是由对称性原理①, 包括 Einstein 的狭义相对论以及可重正性原理②, 所支配的, 此原理规定场之间只能通过某些特别简单的方式发生相互作用. 标准模型已经经受住了已有实验设施所能够加于其上的所有考验.

① 对称性原理指的是, 若我们以某种方式改变我们的视点, 自然定律保持不变. 狭义相对论指出对于以恒定速度相互运动的观察者来说, 自然定律不变. 还存在其他的时空对称性, 指出若我们转动或平移我们的实验室, 或者重新设定我们的时钟, 自然定律保持不变. 标准模型是建立在这些时空对称性以及其他一些对称性的基础之上的. 所谓的其他对称性要求我们以某种方式改变对理论的场的标记, 自然定律仍取同样的形式.

② 重正性的概念出现在 1940 年代的后期, 是为了赋予在将量子电动力学计算推广到一阶近似以外时所遇到的无穷大的能量和反应速率一些意义所作的努力. 如果这些无穷大可以通过合适的对理论的一组参数值 (比如质量和电荷) 重新定义 (重正化) 加以消除, 则称这个理论是可重正性的, . 可重正性已不再被看作是消除无穷大的基本物理要求, 但我们将会看到因为其他一些原因它仍被保留在标准模型中.

但标准模型显然不是故事的终结. 我们不知道它为什么遵从某些而不是别的对称性, 或者为什么它要包含六种夸克, 而不是比这多一点或少一点. 此外, 标准模型中有 18 个之多的数值参数 (像夸克质量比) 必须手工调节以使得模型的预言同实验结果相符合. 最后一点, 引力依然不能被放入标准模型的量子场论框架中去, 因为引力作用并不满足支配其他相互作用的可重整性.

当前我们有必要朝向一个关于自然的真正统一的观点迈出下一步, 但不幸的是这下一步非常艰难. 我们似乎是处于德谟克利特当年一样的境况 —— 我们看到了一个统一理论的轮廓, 但这个理论的结构只当我们在远小于实验室里能触及到的距离尺度上检视自然才会变得清晰起来. 德谟克利特推测原子的存在, 二千年后在比他本人小十个数量级 (小一百亿倍, 或者是 10^{-10} 倍) 的尺度上原子被发现. 今天我们推测有一个能够将所有相互作用统一的理论, 我们也看到这个理论的结构比我们实验上能够研究的距离尺度要小得多.

关于这个基本尺度我们有两条线索. 其一是强核力 (即把夸克约束在原子核内的粒子里面的作用力) 的强度随距离的减小非常缓慢地减弱, 而电磁力和弱核力①却是更加缓慢地增加的, 所有这些力的强度, 按照目前的估计, 在电子大小②的 10^{-16} 倍的距离尺度上变得相等. 另一个线索是引力在电子大小的 10^{-18} 倍的距离尺度上变得和其他相互作用一样强. 这两项估算很接近, 让我们相信确实存在一个终极的统一理论, 其结构在电子大小的 $10^{-18} \sim 10^{-16}$ 倍的距离尺度上才变得清晰起来. 但仅从纯数值来看, 我们离能看到这些结构的差距, 比起德谟克利特要看到原子的差距, 要大得多.

那么我们现在该怎么办？我相信我们没有理由谈论基本物理学的终结. 我也不认为 (尽管我不是很肯定) 物理的风格有必要作大的改变. 在我看来遵循本世纪行之有效的还原论的模式就有很大希望取得进步. 明确一点说, 有两条路线还没有穷尽: 一条高的, 一条低的, 这里的“高”和“低”指的是欲研究之过程的能量的高低.

路线之一, 低的, 就是通过理论物理学家和实验物理学家的共同努力, 在实验室可达到的能量尺度上努力达成对物理学的理解. 能量越高, 可研究的结构的尺度就越小; 凭借不高于万亿电子伏特的能量, 我们无法对约为电子大小万分之一的结构进行研究. 如上所述, 此尺度上的物理可以由标准模型加以描述. 此理论部分地是基于一个对称性原理, 该对称性禁止理论方程中出现的、已知的基本粒子获得任何质量. 已知粒子之外的某个存在必须打破这个对称性. 在理论的初始版本, 这个

① 原文如此, 即弱相互作用. —— 译者注

② 电子并没有一个完好定义的尺寸. 在我们的理论中它是一个点粒子. 我这里所说的电子大小, 是指电子的经典半径, 即假设有一个所带电荷为一个电子的电荷而其静电能等价于电子质量的球, 则此球的半径就是电子的经典半径. 此半径可以用来表征基本粒子物理中遇到的特征距离; 比如它同典型的原子核大小差别就不大.

“某个存在” 是充满宇宙的一个场, 它以地球引力场破坏了上下对称性同样的方式破坏了 (标准模型理论里的) 对称性. 该场的量子在实验中会以粒子的面目出现, 被称为 Higgs 粒子. 还有其他的替代方案, 但所有的理论都认为若我们在能够产生万亿电子伏特量级的质量 (即质子质量的一千倍) 上进行碰撞实验, 一定会有标准模型中已知粒子以外的 “某个事物” 出现.

理解对称破缺机理的细节是至关重要的, 因为正是这个机理确立了夸克、电子和其他已知粒子的质量尺度. 而在最简单版本的标准模型理论中出现的唯一质量是 Higgs 粒子的质量. 从质量的单位我们可以推导出长度的单位, 所以这也确立了基本粒子的特征长度尺度了. 因此, 如果我们要解决“层次结构难题”, 即如何理解我们在实验室遭遇的尺度 —— 比如电子的大小 —— 同所有的力得以统一的尺度之间的巨大差异的难题, 就必须理解这个对称破缺机制.

我们希望在超级超导对撞机上解决的就是这个问题. 现在, 美国国会已经决定取消超级对撞机项目, 我们寄希望于在欧洲建造一个类似的对撞机, 大型重子对撞机. 同时, 我们会有相当的机会获知在哪里能找到 Higgs 粒子或其替代物的进一步信息. 其关键点是牵扯到这一 (或这些) 粒子不断产生和湮灭的量子涨落会在当前设施能够测量到的一些量上, 比如 W 子的质量, 有些微的效应. 我们预计, 欧洲联合核子研究中心进行的实验能够更精确地确定 W 子的质量, 而 Fermi 实验室的实验正朝着精确测量顶夸克的质量努力着, 顶夸克的质量也会影响 W 子的质量. 如果这件事得以完成, 我们将能够估算 Higgs 粒子的质量 (如果恰好有一个的话), 或者排除存在任何质量的单一 Higgs 粒子的可能性. 但我们依然需要大型重子对撞机来锁定为基本粒子提供质量的对称破缺机制.

在我们等待下一代大型加速器期间我们的实验可能会有一些新的发现. 这包括中子或电子的电偶极矩, 一些对称破缺理论要求电偶极矩的出现, 或者各种为了解决层次结构问题而提出来的理论 (超对称性, 人工色理论) 所预言的粒子. 在最终统一的非常小的尺度上发生的物理过程可能会直接产生一些微弱的效应, 比如质子的衰变或中微子的质量. 这些奇异的效应可表现为违反前述可重正性原理的对标准模型之补充. 虽然不是被禁止的, 但是这些效应同距其发生点之微小距离的高阶幂成正比, 因此是非常小的, 这也可能是它们至今未被探测到的原因. 但将来它们也许会被探测到. 不久将有一台新的名为超级神冈探测器的地下设施要建成, 也许能发现质子的衰变; 而对来自太阳的中微子的研究间接暗示中微子质量的存在. 所有这些, 或其中任何的一个, 都可能在未来的实验中出现. 自从标准模型完成之日我们这么说了近二十年了, 但目前为止一个也没有 (得到证实).

现在再来说“高”的途径. 相当一部分粒子理论学家如今试图越过所有中间步骤而直接进行到终极的统一理论, 不再等待新的数据. 在标准模型取得成功后的 1970 年代的一段时间里, 人们认为终极的统一理论应该取量子场论的形式, 类似标准模型但更简单、更显统一. 这个愿望如今相当程度上已被放弃了. 原因之一是, 我们现在明白任何物理上令人满意的理论在足够低的能量上都应该看起来像是量子场论, 因此标准模型中量子场论的巨大成功并不能告诉我们任何关于深层的、可以导出标准模型之理论的有用信息. 标准模型被看成一种"有效"量子场论, 即一种相当不同的基本理论的低能近似. 试图将引力纳入量子场论框架内的努力所不断遭遇的失败表明终极的基本理论是相当不同的.

沿着这条思路成功的最大希望寄托在某种类型的弦论上. 弦是假想的一维基本存在, 像橡皮筋那样闭合的或者像一段普通的弦那样是开的, 如同小提琴的弦那样能在非常多的频率上振动. 它们的大小约是电子尺寸的 10^{-18} 倍, 所以在实验室的尺度上它们可以被看作是不同类型的点粒子, 类型取决于弦振动的模式. 关于弦论激动人心的一点是某些版本的弦论能凭预测开列出一张粒子类型的单子, 同我们在自然界中已经观察到的颇为相似. 进一步地, 所有弦论都预测到的一类粒子是引力子, 即引力场的量子. 因此, 弦论不仅将引力同基本粒子物理统一起来, 它还能解释为什么引力必须存在. 最后一点, 拦在引力的量子场论路上的无穷大老问题在弦论里也得以避免. 量子场论计算中的无穷大是由于粒子占据同一时空点所造成的. 但是弦有有限尺寸, 因此两条弦永远不能处于零距离. 弦论由此为我们提供了第一个候选的终极统一理论.

可惜的是, 弦论至今并没有满足人们在 1980 年代对它报有的太大期望. 有太多变种的不同弦论, 人们也广泛怀疑这些变种会是同一个普适理论的不同解, 没人知道普适理论该是什么样子. 在求解弦论以期找出可观测的物理量 (比如夸克质量) 的路上堆积着可怕的数学障碍, 我们也不能从第一性原理判断到底哪个弦论的版本是正确的; 即便这些障碍都得以克服, 我们仍然还要面对为什么真实世界要用弦论之类的东西来描述的问题.

通过追溯弦论的历史起源人们建议了一个对此问题可能的回答. 在 1960 年代, 在关于强核力相互作用的标准量子场论出现之前, 许多理论物理学家放弃了任何用量子场论语汇描述这些力的想法, 转而借助于一个称为 "S–矩阵理论" 的实证主义纲领来计算核子和介子的性质, 避免涉及电子的场之类的不可观测量. 依照这个纲领, 计算过程中要对可观测量施加物理上合理的限制, 特别是关于任何数目的粒子间所有可能反应的几率的限制 (在这些限制条件中, 一条是所有可能反应的几率加起来总是 100%; 另一个要求是这些几率是参加反应的粒子之能量和运动方向的光滑函数; 还有一个是关于这些几率在高能量上的行为的; 最后是各种对称条件, 包括体现于狭义相对论原理中的关于时空的对称性). 人们发现要找到任何一组能满足上述所有条件的概率是非常困难的. 最终, 得自灵光一现的猜测, 一个能给出满足上述所有条件的几率的公式于 1968~1969 年被发现. 此后不久, 人们认识到该理论实际上是弦论. 这段历史也许反映了弦论出现的逻辑基础. 即是说, 弦论可以最终被理解为能满足施加于反应几率上的所有物理上合理的条件的唯一选择, 至少是满足任何包含引力的理论中的这些条件的唯一选择.

这个观点内含悖论的元素. 在我们谈论 S–矩阵理论中的各种反应的几率时, 我们头脑已经构思了两个或多个粒子在自由飞越了相当长的距离后碰到了一起, 然后反应产生新的粒子, 这些新粒子最终会相互远离直到它们不再有相互作用. 这是现代基本粒子物理里的范式实验. 但是这样的反应只能发生在或多或少是空的且“平”的宇宙 —— 即未被高密度物质填充的、未被强的引力场充满从而弯曲了的时空. 这确实是我们当前宇宙的状态, 但在早期宇宙却不是这样; 即便今天也依然有黑洞之类的物体, 其周围的空间是严重弯曲的. 所以, 把施加于反应几率的一组“合理的条件”当作物理学基本原理, 而这些条件所限制的反应既不是从来如此, 今天也不是处处如此, 就显得有点怪怪了.

确实, 当前的宇宙或多或少是空的且平的本身就是悖论的. 在多数理论中, 多种场的量子涨落会在“空的”空间①中引入那样大的能量密度以至于由此产生的引力场会让时空是相当弯曲的 —— 是如此的弯曲以至于不会有任何常规的基本粒子反应发生, 也不会出现科学家来观测它. 这个问题在弦论中也未能得到解决; 大量的弦论中的大多数都预言存在巨大的真空能量密度.

为了解决真空能量密度问题, 我们也许要求助于不只是新的, 而是新型的、完全不同于当前看起来合情合理的那些原理的物理原理. 这不是第一次我们不得不改变关于什么才是可允许的基本原理的思想. 1909 年在其《电子》一书中, Lorentz 借机评论四年前 Einstein 提出的狭义相对论同他自己工作之间的不同. Lorentz 曾试图用电子结构的电磁学理论来表明, 由电子作为组成部分的物质在运动中会表现出这种的行为方式, 以至于不能感知其运动对光速的效应, 从而解释了为什么一直以来都不能测量到垂直和平行于地球绕太阳运动方向上光速的差别. 不同的是, Einstein 把光速对所有观察者不变当作一个公理来接受. Lorentz 抱怨道:“我们费力不讨好地要从电磁场基本方程中推导出来的东西, Einstein 只是简单地假定了一下. ”但历史站在了 Einstein 这一边. 以现代的观点, Einstein 所做的就是引入一个对称性原理 —— 自然定律对观察者速度的变化所表现的不变性 —— 作为自然的一个基本原理. 自 Einstein 的时代起, 我们已经越来越熟悉这套把各种对称性原理当作合情合理的基本假设的思想. 标准模型很大程度上是基于一组设定的对称性原理, 弦论也可以这样看待. 但在 Einstein 和 Lorentz 的时代, 对称性一般地被认为是数学稀罕物, 对晶体学家有很大的价值, 但很难让人以为值得纳入自然的基本定律中去. 不难理解 Lorentz 对 Einstein 的狭义相对论假设感到的不自在. 我们也许也要去发现新型的假设, 如同 Einstein 的对称性原理之于 Lorentz, 该假设对于我们

① 原文为“empty” space. 这个怪怪的翻译是因为我们早先把 space 错误地翻译成空间所造成的. —— 译者注

来说一开始也是不易接受的.

我们已经遭遇过这样的假设了. 所谓的人择原理宣称自然规律必须允许能够研究自然规律的生命体的出现. 此原理目前当然还未被广为接受, 尽管它提供了目前为止我们能解决大真空能量密度问题的唯一方式①. (太大的真空能量密度, 取决于它的符号, 要么能阻止星系的形成, 或者早早地结束大爆炸过程以至于生命来不及产生.) 在某些宇宙学理论中, 弱人择原理版本不过是常识. 如果现在我们称之为自然规律的东西, 包括物理常数是在宇宙的不同地点, 不同时段, 或者在描述宇宙的量子力学波函数的不同项中, 都是不一样的, 我们当然只能存在于宇宙的某个地点, 某个时段, 或者某项对智慧生命友好的波函数中. 长远来看, 我们需要一种强的人择原理形式. 当我们理解了物理的终极规律, 我们将面临这样的问题, 即为什么自然是由这些而不是别的规律描述的. 可以想象大量的逻辑上是完美相容的、但却是错误的理论. 比如, 牛顿力学逻辑上就没有什么错误. 可以想到, 正确的终极理论一定是与智慧生命出现相容的、唯一的那么一组逻辑上相容的原理.

人择原理只不过是一类不寻常假设的一个例子, 但却是受到广泛关切的一个例子. 在我们寻找自然的终极规律的努力中, 也许我们在 21 世纪中不得不接受比我们目前能够想象到的还要奇怪的新型基本物理原理的合理性.

① 由于历史的原因, 这一问题被称为宇宙学常数问题.

关于物理学作为社会公共事业的省思①

John Ziman

一个知识的范畴

物理学的字典定义可以想见是以叙述它是“一个知识的范畴”开始的. 但是, 只有哲学家能够设想没有知者的知识, 而且社会心理学家提醒我们人们只有通过联系在一起才能达成认知同样的事物. 字典会接着界定物理学是一门“科学”或“学科”, 因此它是近代社会的主要元素之一“科学”的一个组成部分. 这其实正是坚持物理学在许多有趣的方面是社会公共事业的一种挺有想象力的方式.

几乎所有的物理学家, 以及大部分科学史家, 发现这个概念很难理解. 限于篇幅, 我这里不打算解释它原则上意味着什么, 或阐述它如何帮助我们理解我们的伟大科学的过去、现状甚至还有将来. 此外, 充分的阐述会因为要详细地驳斥狂热病而变得冗长, 这种病症已出现在当代科学学研究的“社会学转型”中. 我为我没有担起这个出力不讨好的任务而请求谅解.

本文源于为《欧洲大学史》第四卷准备的评述第二次世界大战以后精确科学的一章, 该书现正由剑桥大学出版社出版②. 令人惊讶的是, 当我开始撰写该章时, 我发现我正要讲述的事情并不是完全陈腐老套的. 这里我随手捡起几个主题展开讨论, 这些主题是当人们开始以同样的观点特地检视物理学时会出现的, 无需用到复杂的如知识社会学之类的所谓元科学的方法. 它们不会导致未曾预料的结论, 但它们确实融入一个框架, 在其中可找到和诠释许多看起来互不相关的现象. 它们也构成了一个将过去和现在的趋势投射到未来的一个稳定的平台.

一门独特的学科

物理学的范围可以界定吗? 我很怀疑. 字典里的描述试图澄清但却可能产生更多的混乱. 知识范畴从不能被精确地划出其轮廓. 实际上, 将物理学同科学的其他部分区别开来变得日益困难是一个重大的历史现象, 我们将回到这一点.

尽管具有非常深的的历史根源, 物理学被作为学术上独立的一门科学看待却是十九世纪才开始的. 到二十世纪初, 自然科学才被划分为各自分立的学科. 从那时起, 他们作为或多或少独立的社会公共机构的存在, 学术圈内还是圈外, 看起来都是确立了的.

---

① 原文为 institution, 除了公共机构、公共建筑和制度习俗 (之设立) 的意思之外, 它还有基本原则、基本原理等多重意思. 显然本文中的 institution 是具有多重含义的. 但翻译只能取其一, 本文将之翻译为公共事业只能勉强算得体, 读者诸君在后文遇到该词时可联系上下文仔细斟酌一下. —— 译者注

② 该书已于 2011 年出版, 见 Walter Rügg (ed.): *A History of the University in Europe. Vol. IV: Universities Since 1945*, Cambridge University Press, 2011.—— 校者注

一开始把化学、物理、植物学等学科当作是根据某特定的方法关切世界的某个特定侧面的单一主题教给大学生们曾被认为是天经地义的. 培养以一种特定方式理解事物并学会如何提升对其理解的“化学家”“物理学家”“植物学家”以及其他的什么学家是大学的任务.

那时, 各类科学也被小心地从学术意义上与其相应的技术分化开来. 实验物理学家最终会成为应用其知识的专家, 但他们不会修习机械或电子工程师的课程. 理论物理学家也许会学习如何解流体力学方程, 却不会学习实际的推进器或涡轮机的性能.

整个二十世纪上半叶, 围绕物理学及在其“纯粹”与“应用”集团之间的部落边界, 在学术界是不可侵犯的, 而且被上上下下地扩展到了社会. 比如, 在英国, 直到 1960 年代以后, 其主要会员是大学教员的物理学会才和代表在工业界工作的物理类毕业生的物理协会合并. 德国工业公司仍然不会按照“工程性的”角色雇佣物理学家；大多数国家的政府研发结构会仔细地把职业物理学家同化学家和数学家等人区分开来, 物理学家有自己的职业道路要走.

这种专业主义, 当然既是大学里专业和组织分化的反映, 也是其产生的根源. 如同所有其他学科一样, 物理学聚合到一个独特的系, 其职员都是清一色的物理类毕业生, 要做原创性的物理研究. 尽管他们拥有转到其他学科的技能兼或正式的资格, 大学的物理教师常常被他们自己在高度专业化研究中的个人投入有效地陷住了.

当然, 人们认识到, 一些研究领域就横跨在常规的学科边界上. 但是交叉的学科如化学物理、地球物理, 不管是教学还是研究都被边缘化了, 常常是在小的、不受尊重的专业名义下艰难存活. 尽管没有正式的认知, 人们明白, 主要的科学学科其内部还是分成小的领域, 由少有共同点的人群占据. 在十九世纪被联合在 Newton 和 Maxwell 旗帜下的物理学开始分化. 到二十世纪中叶, 它可以按照谁是使用量子论的, 谁是使用相对论的, 谁是两者都用的, 或者谁是两者都不用而且所知也不足以能够教学的 (到 1940~1950 年代还有一批这样的人) 来划分.

可是, 物理大地上的“郡县”和“教区”边界却不应该被过分强调. 在不同的国家里, 边界并不是划在相同的地方. 有一些杰出的研究中心, 其研究进展为特定领域制定发展的步调, 很多很多平庸的物理系则远远地落在后面. 但是, 如 Dirac 的《量子力学》和 Courant 与 Hilbert 的《数学物理方法》等名著的译本可以在世界各地作为教科书使用, 表明世界上的教学和科研有共同的文化.

处于两次世界大战间隔时期的一些著名物理学家的传记曾记载了大量国际互访和会议. 这些事情比方说让一个英国的物理学家到德国的大学学习一段时间, 或者让来自欧洲许多国家的物理学家在一个美国的学术职位上避难, 从科学观点来看这些做法显然是容易的, 然而常常因为其他诸如语言或聘任雇佣等问题而遇到困难. 世界各地 (俄国、印度, 阿根廷、澳大利亚等国) 的学生可以来到剑桥或哥本哈根这样的中心深造, 他们通常并不知道最新的研究进展, 但却具有取得研究进展的坚实的基础知识. 物理学也许还不是一个全球性的社会公共事业, 但却已经是一个具有共同文化的这样的公共事业的跨国联合体.

淡出的框架与消隐的边界

随着时间的继续, 原先将物理学从其他科学分化以及将它们自非学术世界圈起来的社会藩篱开始淡出和消解. 这表现为新交叉研究领域和跨部门机构, 比如由大学、政府和工业界共同资助的研究材料、"系统"和大气的研究中心的出现. 表层下面有更多的在那些支撑起研发的许多维度的学科、大学的院系、科学专业、政府机构和经济部门之间的相互渗透和相互依赖.

"交叉性"是学术改革拥护者们喊了多年的口号之一, 但他们一年年地失望了. 在过去二十年里同物理学紧邻的科学得到了极大的发展, 又是怎么回事呢? 众多因素对此起作用, 其中有些是科学事业内部的, 有些则源自先进科学所处的社会、政治和经济环境的变化.

无处不在的研究技术

最明显的因素是新技术由物理学和电子工程向所有邻近学科的扩散. 这一方法论的革命始于 1920 年代, 以电子测量设备进入化学和地质学研究为标志. 由于一些科学家在战后①把战时获得的通信与雷达方面的经历带回了实验室, 这一过程得以加快, 直到 1960 年代在必要时使用这些技术的能力对所有精确科学里的实验和观测研究来说是必备的.

真正的革命在 1970 年代到来, 微电子控制、数据处理和数字计算能力被连接、结合直至植入到每一种研究设备里. 这一进程是不可阻挡的. 从定义可知, 所有的精确科学都涉及定量数据的采集和逻辑操控. 这是一项可由数字微电子器件以不断增加的容量、速度和算法复杂性完成的任务.

从地理上说, 这一革命的发生是不均衡的. 欧洲物理学家在使这场革命成为可能的硬件和软件的发明和发展上只有边际性的参与, 他们在采用 1960~1970 年代在美国实验室已经普及的新设备和新技术方面动作相对较慢. 但到 1980 年代初, 他们赶了上来, 西欧大学的物理实验室已经同样装备了计算机、数字终端以及如美国一样的计算机控制的设备. 在中欧和东欧的物理研究就不是这样了, 设备性能的落后使得那里的实验研究根本无法跟上国际前沿. 这种物质上的不足继续阻碍着第三世界物理研究基础的发展.

信息技术向所有精确科学的渗透让它们变得更加紧密. 同物理学的联系不再仅

① 指第二次世界大战后.—— 校者注

仅是技术上的, 意思是指同样的显示单元、电路板和高级语言被用到每一个校园内的科学地界上的几乎每一栋建筑里. 所有的科学开始学习同样的比如空间现象的计算机模拟和观察数据的断层再重构这类新“知识”程序. 为地球物理探测发展的一套程序可能正是材料无损测试所需要的. 原先为海洋地理研究购置的大型并行超级计算机后来被用于计算出宇宙的整个历史、核子里夸克相互作用的整个过程.

自然地要强调信息技术的统合效能, 因为此技术已经在日常生活中变得为人们所熟悉. 但是大量的其他新颖、高效能的研究技术已经远离其发祥地而渗透整个科学世界. 起初, 一种“外来的”技术可能未加考虑就被用上了, 简单地被当作看待已有问题的新途经. 但紧接着, 由此联系到一起的领域之间发生知识上的协同, 越过部门和学科间的藩篱开创了新的途径.

X 射线衍射、电子显微术、激光光学、同步辐射、放射性同位素、质谱 —— 这个名单还可以一直开下去 —— 都是在物理学范畴内孕育的. 它们已经成熟并被用到自然科学的所有分支, 从天文学到动物学. 例如, 扫描隧道显微镜能提供特别详尽的关于固体表面的断层成像①信息, 不管固体是一块结构合金、一片硅片、一块陨石、一种矿物还是一种有机大分子. 一束激光可以用来测量大陆的蠕动, 或者捕捉化学反应过程的中间态. 新实验技术的扩散并不会停留在精确科学的边界上. X 射线光学被用来研究恒星和海星、大分子和生物膜. 最近出现的大批通用研究技术正在改变物理学作为一个知识领域的定义和作为一个社会公共事业的角色.

跨学科的学科

科学的辉格历史观②欢呼最终成为国家的科学新部落的出现. 他们描述对自然界的探索如何扩展到成为邀约系统研究的新方向. 其背后的假设是, 当时的发现可以根据固有的结构来表征；如今天我们所说的那样, 此所谓的固有结构尺度上可以是从夸克到类星体, 复杂性上可以是从粒子到政党. 每一门科学都可以根据其在这个体制里的位置, 在一个抽象的图上被唯一地标定.

到二十世纪中期, 这一有用的可能哲学上略显幼稚的体制出了麻烦. 所有在这个地图上的黑暗大陆, 即未知的领域, 已经被性急的开拓者们涉足过、粗略考察过并且划为自己的领地. 在大陆板块的结合处建立了缓冲区, 双跨的名字如地球化学、天体物理、地球物理、化学物理、数学物理等等表明了它们的杂化状态. 从那以后, 只有分子生物学 (或者被标识为生物物理) 作为一个新科学分支还拥有过去未曾探索过的主题.

---

① 原文为 tomographic information. 这里作者可能弄错了, 扫描隧道显微镜提供的是表面的形貌信息 (morphological information). —— 译者注

② 原文为 Whig histories, 此处译作辉格历史观. 它是一种对历史的诠释, 在科学史上辉格历史观强调导致现今科学的成功的理论和实验链条, 忽略那些走入绝境和失败了的理论. 注意这里的“辉格”与英国和美国存在过的“辉格党”没有关系.—— 译者注

这不是说物理学在 50 年里没有取得辉煌的进展并带来令人惊奇的发现. 大多数观察家认可这样的观点, 即这是历史上最多产的时代. 前一句话只是强调这些发现不再是如同半个世纪以前的发现, 它们没有开启未曾猜想到的存在领域. 比如, 寻找自然界基本构成已经挖掘到了原子核, 经过电子、核子、光子和中微子的层面, 揭开了夸克和介子所在的更深层次. 但是, 大多数物理学家把这些发现, 包括理论的诠释与理论的统一, 看作是伟大搜寻计划的后继阶段, 而这在 1912 年 Rutherford 和 Bohr 在曼彻斯特一起工作的时候就开启了. 类似地, 天文学在比 1930 年代能想象的更广泛的范围内的对象和现象上获得了惊人的证据, 但是其关于宇宙的一般观念同那时教给学生的完全没有区别.

由于已没有可去征服的新世界, 物理学首先转而实行帝国主义政策. 赋予物理学周边的杂化主题的名字如天体物理、地球物理等, 从本原上表明是物理学方法在自然的其他方面的应用. 受幼稚的还原主义原教旨的启发, 一些物理学家尝试扩展他们在这些学科的地盘以至试图夺取之. 这个宏大的政策失败了, 主要是因为它完全忽视了其他学科所赖以建立的那些大量未曾言明的、无法量化的认识. 但是, 在这些传统上不同的学科之间的藩篱被不可逆转地打破了. 因此, ‘所有的化学实际上是物理’ 的说法现在相当程度上被打了折扣, 尽管化学家自己也欢呼使用了 ‘物理’ 定律的数学表达在化学现象, 如分子结构、键长、反应速率、光学性质的计算方面不断取得的进步.

长远来看, 一个产出更高的政策是进入更高的智识维度. 从 1970 年代初期起科学界见识了一种学术现象 —— 从已有的大量不同学科抽取一些元素融合入科学的更宽泛的新领域. 实际上, 这些跨学科的新领域之范围是如此之宽, 以至于它们已远超出传统意义上的自然科学. 地球科学包括地质学、地球物理以及社会科学的许多地理学的内容. 信息科学并不就是高等工程学, 因为它一方面从基础上依赖于数学和物理学, 另一方面它又是建立在心理学、社会学和管理科学基础上的.

作为一个切中主题的案例, 材料科学跨越已经建立的精确科学及与其相关联的技术. 它得自物理和化学的知识与技能不是边缘的, 而是来自这些传统学科的主流研究; 同时, 它的应用彻底改变了电气、机械和结构工程等行业. 从本原上说它可以被描述为已经得到认可的亚领域如冶金、连续介质力学、晶体学、高分子化学和固体物理的松散联合. 人们也可以将之看成大量的研究专业 (研究诸如超导、磁性、晶体生长、机械强度等物性) 的联邦. 或者它也可以用实用的词汇定义为寻找特别强、具有弹性、轻便、绝缘、透明、超导、生物惰性等等性质的新材料的努力.

这个新科学领域的弄潮儿习惯夸大它的知识相关性. 可是, 材料科学已是作为一个学术类别 —— 而且因此作为一个横穿传统精确科学体制的社会公共事业 —— 坚实地建立起来了. 从效果来看, 它已不属于那个体制, 但是代表新的备选分类体制中的一员, 那里专门的研究领域被根据不同的原则定义和组合. 一个“矩阵结构”

出现了, 新的跨学科的“行”比支撑它们的老学科的“列”更加明显, 大体上对社会更有影响. 物理学的权威被分解, 为更宽泛领域里的社会公共事业所分享.

研究兼或教学

毫无疑问, 像物理这样的精确科学的推动力来自其研究的能力, 而不是教育功能. 大学的传统建立在特定学科的系里或更专业化的专门研究所里的教学与研究的共生关系之上. 前述问题的发展让这一关系承受了很大的压力；研究前沿繁荣了、分化了、变得错综复杂且不断前移, 已经不再同要教给学生们的基本内容直接相关了.

不只是内容和课程设置跟不上时代, 不再能同当前的知识相自洽. 关键是物理知识是累积性的、不断革新的. 新的理解是建立在旧知识之上的, 但不是超越. 举例来说, 物理学中对多数理论问题的理解是建立在量子力学之上的. 这是一门精细的、智力型的学科, 掌握其原理和计算程式需要时间. 它不可以被简化为中学课程, 而是必需在相关学科 (包括新型的、理论上也依赖量子力学的交叉学科如材料科学等) 的每一个本科课程中占有一定的比重.

如何将适于本科教育的相对持久的学科结构与以不断变化的交叉、跨国、跨部门的组织形式为典型的高等研究相协调？一个解决方案就是砍断阻碍教学和研究连接的死结①, 建立由全时科学家供职的研究所、单位、实验室或中心的专门体系. 这一政策为一些国家特别是俄罗斯和法国所采用, 国家资助的国家科学院一直是活跃的研究机构.

物理学复杂的设备要求和丰富的技术潜能看来偏好这样的安排, 尽管这大大限制了大学教学人员的研究机会；但是, 美国、英国、荷兰、瑞典等国的经验表明这些难题还是可以在大学的框架内得到解决, 无需在科学家的职业生涯中把教学同研究分割开来.

定型化

精确科学之间的界面上不断增加的穿越既是物理学和相关技术密切接触的原因, 也是其结果. 但是, “基础”物理和“应用”物理之间的缝隙也一直因为定型化的原因而不断弥合. 这指的是某个特殊领域可以被‘定型’的程度, 即可以有益地指向现实的目标.

最初的定型化②命题是 1973 年由位于西德斯塔恩堡大学内的 Max Planck 研究所的科学学研究小组提出的. 其最简单的形式依赖于 Thomas Kuhn 关于研究领域之寿命周期基本上是被划分为三个阶段的论述. 第一阶段可以描述为范式前

① 原文为 Cut the Gordian knot. 来自希腊神话, 寓意采取大胆的、直截了当的举措. —— 译者注

② 此处原文为德语 Finalisierung. 其他地方作者使用的是 finalization, 汉译有定格、定型、终结化等.—— 译者注

阶段, 在此阶段该领域尚缺乏广为接受的一般性的解释性方案. 这种情况下, 很少有针对实现特定实用目标的、细致的研究计划的适当的理论支持. 这显然是, 比如 Newton 的工作出现之前的宏观动力学所面临的处境: 在我们称之为经典物理的大多数其他分支内, 这一时期持续到十九世纪初.

革命阶段的特征是既有不能融入已有诠释的反常观察, 又有存在引起能进入更加协调的理论体系的突破条件的感觉. 这显然是一个对把研究指向既定的技术目标依然不现实的阶段, 但此时长运来看却是为了更好地理解基础所付出的努力回报率可能很高的时期. 这种感觉在二十世纪初当然是十分普遍的.

使得物理学在 20 世纪如此令人振奋的是许多主要领域已经发生了 Kuhn 式的革命, 且目前正被有效地定型化. 在 1900 年, 经典物理, 比如热力学、电磁学和流体力学等等, 已经建立起覆盖大多数宏观体系的基本范式. 量子力学和相对论把此覆盖推广到关于凝聚体、分子、原子和原子核的微观物理之大多数方面, 以及推广到解释大尺度宏观的关于大地、行星和恒星等的现象所需的许多方面.

怀恋物理学革命性的过去的物理学家应该注意到, 同样的革命已经发生在所有的精确科学以及生物学之大部了. 他们也许会为高能物理、天体物理和宇宙学尚未“定型化”而高兴, 那里还存在尚未充分探索的基本现象, 尚有关于研究必须在其内规划的理论框架的广为人知的不确定性, 以及有广谱的、高度推测性的项目正在积极进行中, 这些项目大多由学术机构赞助.

此一 Kuhn 式的分析显然太过简化了些. 科学知识是在众多前沿通过无数连锁的、局域的范式形成与修正的循环而同步前行的. 即便是在物理学内, 不同领域在此维度上的差别也很大, 由此在学术史上遵循不同的轨迹. 但是, 一个普遍的错误观点认为“革命”之后的“正常”科学是智识上缺乏创造力的, 或与追求真理的大学传统不相称的. 恰恰相反, 定型化为基础研究开启新天地, 为富有成果的应用提供新机会.

一个效果是, 研究从此可以放心地专注于无数已被观察到但尚未得到解释的重要现象上, 包括材料系统的、工程系统的, 地面的、外太空的. 我们这套书所介绍的研究之相当大的一部分是本着这种精神完成的. 强的理论范式也使得物理学方法论的最新进展, 即可以模拟天然或人工系统中可观测物理现象的可行的计算机模型化成为可能.

依照更加确定的程式更系统地开展研究的可能性, 深刻地影响了科学事业的社会维度. 倘若时间充足, 资金充裕, 几乎所有理论上可信的实用目标都能实现. 对研究努力的管理变得比对目标的构思更加关键, 这一点在第二次世界大战时当核物理的基础研究成熟到可用作军事技术的时候表现得尤为极端. 它把由其他早已定型化的如经典动力学 (例如弹道学)、电磁学 (例如电报技术) 和流体力学 (例如空气动力学) 这样的物理学分支所建立起的研究队伍结合到了一起.

类似的发展发生在微观物理的差不多每一个分支. 几乎任何说得过去的实际应用所需要的所有物理知识都可以通过任务指向的或战略规划的研究而获得. 这些潜在应用的范围如此之广, 从而打开了祈求权力、财富和福利甚至纯粹好奇心的潘多拉盒子. 其结果是, 原本是建立在政治经济生活边缘的一个社会公共事业走到了舞台的中央. 如果没有接下来我们要分析探讨的一系列意义深远的结构嬗变, 这是不可能发生的.

学术研究和工业的结合

每当物理学的一个分支达成定型化时, 它就变成了工业界兼或政府资助的大规模研发的舞台. 这一过程因为物理学和物理学家在第二次世界大战中所扮演的关键角色而大大加速了. 战后, "原子能" 和微电子学的军事与和平利用在诸如洛斯阿尔莫斯、马尔文[①]、贝尔实验室以及其他实验室联合体等大型组织中被不倦地推进着.

"应用物理" 是十九世纪末以来工业和军事研发的主要部分, 但通常是作为工程的辅助. 现在, 整个物理学的知识基础开始被看作技术创新的直接源泉, 因而值得海量的支持.

许多领域的研究中心因此从大学迁入这些实验室里, 那里雄厚资源可以跟上任何有前途的苗头. 这一趋势甚至在一些外围动机可以被描述为智识好奇的研究领域也能观察到. 一个明显的例子是在 1930 年代发源于大学物理实验室内的基础半导体物理, 但现在其发展步调已经完全由跨国电子公司所决定. 同样的历史进程三十年后发生在激光物理和光学领域, 学术界已不再是基础研究的主战场.

同时, 在大学物理中技术目标也占据了更大的比重. 为知识而追求知识被一些不同的力量 (其中直接来自工业的资金并不总是最具影响力的) 扭向 (或曰改贴标签) 更加明确的实用目标. 在某些国家, 大学里的物理学家养成了令人遗憾的要到国防预算中去切一块蛋糕的品位, 学会了相应地确定他们的项目要价. 在过去的二十年里, 相当大比重的支持 "学术" 物理的政府资金下来时就贴上了标签, 指明它应对国家在世界市场上的工业竞争力, 或者某些此类的政治经济活动, 有所贡献.

"战略" 或 "竞争前"[②] 研究的说法为这种发展提供了包罗一切的口号. 对除了天体物理、宇宙学和超高能粒子物理以外的几乎任何物理研究项目, 我们都可以说它能够产生可以提高我们对通用技术的基础性理解 —— 这能最终导致有益的实用发明 (等等)—— 的知识. 这种辩解正成为大学物理学家为其项目寻找道德正当性和财政支持的宝贵的修辞源泉, 而不管实际上它们离市场到底还有多远. 可以说这

① 原文为 Marvern, 英国国防工业实验室所在地, 现该实验室改名为英国马尔文仪器有限公司.——校者注

② 原文为 Pre-competitive, 赛前、竞争开始前. —— 译者注

代表理论和实践的创造性的统一, 即便是其最偏僻、花费最昂贵的领域也向社会允诺实质性利益以及展示基础物理的重大社会角色. 但这也对一些科学领域的未来构成了威胁, 它们以高能粒子物理为代表、看起来难以实现从最昂贵的、智力巴罗克式的象牙塔的"战略"转移.

工业和学术团体的特征研究活动和兴趣因此在细节上互相渗透, 这发生在大学校园、科学园区、以及联合研发实验室里. 以凝聚态物理中一个典型的研究问题为例, 玻璃态物质中的孤立化学杂质的光学性质是什么? 这一问题可以是在关于这一体系中电子的量子力学状态的基础研究过程中提出来的, 它也同样可以是在为了发展和制造光电通信用的更透明的光纤过程中露出头角的. 在各自的情况下, 实际的研究都涉及严格相同的设备、样品、理论、文献资料和技巧. 完全相同的研究可以放在大学的物理系、材料系或电子工程系, 或者是跨国公司的研发实验室, 或一国之国防部所属的研究实体. 而且, 在每种情形下, 都要严肃考虑研究结果是否能获得专利保护或其他商业开发形式的实际应用.

这并不意味着所有的大学物理研究工作如今都直接面向技术发明. "好奇心驱动的""探索性的""蓝天"① 研究依然由世界上数千个学术机构的科学家在进行着. 私营企业远离他们认为可以支撑他们的工业研发的基础性研究. 学生和研究人员的初期培训仍然主要是大学的责任, 尽管其学术资格是在工业界或政府实验室里的博士前或博士后研究之基础上获得的. 学界和工业界互相对对方更加开放, 也比以前更了解对方的关切, 但其科学和技术活动本质上仍是互为补充的.

可是, 物理学不是一个统一的社会公共事业依然是事实. 已确立的学术态度与实践 —— 选题和出版的自由、从理论上确定研究目标、同行小组仲裁、同事结构中的个人自治, 等等 —— 同遵照为了产出与由整体管理早已定义好的某个实际问题之快速解决方案有关的、可市场化的知识财富所制定的计划, 是不大容易调和的. 这些文化差异的根源, 远比通常为了鼓励更加有效地实现学术研究和工业结合而进行的公开宣讲和实施的补贴中所认识到的更深, 而且在一些国家专门为了弥合这种差异而设立的广大研究机构里也没有完全解决这一问题. 像"科学园"、"Fraunhofer 研究所"②、"交叉研究中心"以及"风险公司"之类实体的社会角色演化如此之快, 对它们如何同集合在物理学大旗下的传统研究所相联系这个问题, 我们至今仍然没有感觉.

集体化

物理学研究的开展情况比其研究对象的变化还要剧烈. 这一改变可以最经济地描述为从个体科学努力朝向高度组织化的集体研究模式的转移. 这个变化最直

① Blue skies' research 指现实世界的应用需求不急切的研究领域. —— 译者注
② 德国 Fraunhofer 协会旗下的 67 个面向应用科学研究的研究所.—— 校者注

接的证据是多作者科学文章的现象. 第二次世界大战以前, 大多数科学文章是以单一作者、或两个密切合作的科学家 (一般为一个学生或研究新手同其指导教授) 的名义发表的.

这并不一定意味着人们全部是在单独从事研究. 多数情况下他们是大学一个系或研究所的学生们与教职员, 十来个科学家和技术人员分享研究设施和教学实验室. 但他们一般在实验室有自己的一片领地和个人的研究项目, 他们对个人研究项目的构思、执行以及结果的发表负完全责任. 这原则上也适用于大的“研究学派”, 那里研究通常是在一个著名教授的监督指导下进行的, 研究成功带来的大部分功劳也归于该教授.

现在我们发现那些非纯理论性的物理论文常常出现一群“作者”的姓名, 从两三个到几十个甚至几百个不等. 这反映的是存在实质合作的现实, 不管是作为专业同行出于自愿伙伴关系还是作为一个有组织的研究团队之成员出于管理规范. 尽管组织里有一个容易识别的领袖, 研究却是所有成员劳动的集体产出.

这一趋势的范围与强度在不同领域内是不同的, 但决不仅限于物理学. 确实, 这一现象是如此普遍, 肯定不可以归咎于某个单一的简单原因. 这也许代表一种从美国富裕的、更加商业化的大学和研究实验室扩散回到欧洲的文化形式. 第二次世界大战期间的军事研究和大工业公司的技术研发的例子, 验证了大型研究团队集中解决某些完好定义的问题的有效性. 在某些领域, 这一研究模式几乎是不可避免的. 尽管高能物理和宇宙学在精神上仍然是“革命性”的, 由于研究它们的许多技术方面的有效定型化使得设立一些非常精细①的项目成为可能, 只有由熟练人才所组成的大型、高度组织化的团队才能承担这样的项目.

在科学变成跨学科或超学科的地方, 研究计划又一次不再能分割成独立的、适于个体研究者的有限范围技能的课题. 进展要求来自很多不同科学传统的专家之间活跃的、即时的合作, 为了共同的目标而工作. 尽管研究看起来可能处于某个传统学科的主流中, 它仍然需要来自许多其他技术专业的参与. 因此, 举例来说, 如今很少有物理学家对那些对其领域有贡献的实验和理论技巧都很在行, 因此同技巧上可以互补的同行合作发表论文无疑是有益的.

与此相关的一个发展是设备日益增加的复杂程度和费用. 这是由我们早已注意到的一些因素合力导致的, 包括某一领域之发现作为其他领域的研究技术 (比如固体探测器在天体物理领域的应用), 新的但是功能强大的标准化仪器由商业公司系统地再设计与制造, 当然还有设备的计算机自动控制.

在某些领域 —— 比如关于非常态的凝聚态物质如液晶的结构研究 —— 由非常有天赋、有想象力的科学家小组无需高度专门化的设备而做出杰出的研究成果

① 原文为 elaborate, 有精细的、复杂的、需要大量劳动的等多重意思, 显然这里应该理解成同时具有这些意思. —— 译者注

还是有可能的. 但是, 那些研究表面上的"简单"常常带有误导性. 如许多中欧和东欧物理学家曾体验过的, 日常工作中缺乏简单的、基本设备 —— 如试管、纯化学试剂、激光、个人计算机、高端杂志 —— 会将最有灵感的研究阻挡在"封蜡加线绳"①的传统阶段. 通常, 即便某项研究不涉及一件专用设备的建造和使用, 它也时常用到一些精密设备, 比如电子显微镜、氦液化器、X 射线谱仪等等, 更不用说高功能计算机和数据库了.

其结果是, 有效开展研究的机构不得不投入大量资金在设备上. 在让比如一个大学物理系能运行所必须的实际集聚规模多大的问题上可能观点不一, 但有一点确是清楚的, 即这笔投资如果不是由不到数百个也要几十个研究人员分享使用, 则经济上是不划算的. 这不是说研究本身要在同样的尺度上组织, 小的研究单位 —— 如由几位专业研究人员组成的, 加上助手、学生和技师 —— 对广大物理领域的"战略基础研究"还是适当的. 但是, 保证它们能够使用必要的仪器和基础设施极为关键.

大物理学

集体化的最高形式是"大科学". 在某些研究领域, 一些基础设施太大太昂贵, 其所需人力和物力资源已经远超出最大的大学的能力, 而只能以国家或国际"设施"的形式被提供. 在公众的眼里, 物理学被等同为大型粒子加速器和造价高昂的星载观测平台. 只有极少数人能理解它们所带来的发现这一事实徒然增加了它们的象征性威力.

"大物理学"不断提升不仅是影响公众科学态度的一个主要因素, 就物理学自身来说也是意义重大的. 诚然, 很多看起来主导了物理学研究的大型设施只是特殊的辐射源或功能强大的观测仪器, 它们主要是由大量的独立工作的小课题组使用的. 这些设备不过是把到一个特殊工作地点获取重要研究资料这样的习惯性做法扩展到大陆距离的层面而已. 由是, 一个比如来自巴塞罗那大学的研究人员可以前往格勒诺布尔待上几天, 带上事先制备好的样品好置于 Laue-Langevin 研究所里的高通量核反应堆的几个工作站之一的中子束之下. 或者, 来自波士顿的三两个天文学家会在夏威夷待上一段时间, 使用那里的某个望远镜开展一系列观测. 运行这些设备的安排常常是非常辛苦的, 有时还会惹出纷争, 但它们对使用它们的科学家的研究生活却鲜有直接的影响.

即使是拥有大量资源和实物装置的 Fermi 实验室和欧洲联合核子研究中心也没有大量的自己的研究人员. 在其庞大的粒子加速器上进行的特别精密且花费昂贵的实验常常是由称为"协作组"—— 它们是由来自分布在整个大陆上数十个大学的、各有特殊目的的、包括几百个科学家的研究组所构成的 —— 规划和实施的.

① 原文"sealing wax and string"指使用最原始的方法做研究.—— 校者注

一个来自米兰的教授，一个来自丹迪[①]的讲师，一个来自赫尔辛基的研究生和一个来自维也纳的技师可能会聚在日内瓦花费大量时间在一个试验架的某个外观特征上．但是，他们将一直是他们各自大学的雇员或学生，他们时常回到那里去履行日常的学术责任．

但是，事实是投入物理研究的大部分努力花在了粒子加速器、反应堆、同步辐射源、等离子体约束器、射电望远镜、空间平台、行星探索飞行器、超级计算机、数据库、通信网络等等的设计、建造和运行上了．尽管这些努力的大多数被物理学家称为“工程”“管理”或者“维护服务”，这些东西却不可以从研究规划里去除，且常常决定拟开展研究的本质．光是技术的量与复杂性就要求一定程度的协调和合作，这是差不多五十年前那些开拓了这些领域的物理学家们当时很难能预见到的．

国际化

先前，所有的大物理装备都是由一个国家提供和管理的，如今美国在一些领域内也还是这样．但成规模的必要节约措施不断地推向由多国分担投资、运行费和使用费的模式．一些物理学领域通过一些要求不同国家的研究组之间积极合作的研究计划的发育“走向国际化”．一般地，这样做有地理上的合理性，比如研究全球环境现象，但有时是因为政治上的原因，为了强调强国和弱国的科学共同体之间的跨国团结，或促进作为可市场化的技术革新的“竞争前”研究．

欧洲的情形特别有启发性．只有少数几个像欧洲联合大环这样的机构中其来自多个国家的科学家是全时雇员，置于国际化的管理之下．但是一种被称为“欧洲研究体系”或“欧洲科学基地”的机构正在显露轮廓，它们不是坐落在布鲁塞尔那样的指挥机构而是非政府机构间的松散网络，如欧洲科学基金会、欧洲科学院这样的著名学会、欧洲联合核子中心和欧空局这样的多边政府间机构，更不用提如西门子、空客集团或壳牌石油这样的具有重大影响力的跨国商业公司．个体研究组加入这样的项目，它们无需法律或行政上的融合，而是坚实地扎根在自家的机构内．但是，它们又必须密切合作，如同美国的物理学家参加由美国联邦机构资助的跨大学项目一样．

如我们所注意到的那样，物理学从来不是强烈地同文化相关联的．每一个国家也许有自己的风格，自己的特别的兴趣，自己的科学主角，但是都属于同一个知识世界．第二次世界大战以后的一段时期里，这种物理学形式和技术文化的国际一致性已经从撰写的文章、会议室和实验台向外扩展到科学生活的其他侧面．仅只是物理学研究的技术就迫使物理学家在外貌和工作方式上变得更加大都市化．

高能物理学家处于这种变革的前沿，首先通过建构科学友谊[①] 从而创造了他

[①] 原文为 Dundee，苏格兰第四大城市，该市有两所大学：the University of Dundee 和 the Abertay University.—— 校者注

们可以一起工作的永久性研究设施；而后是通过展示这种多国研究队伍的有效性以及通过建立起将自己实验室内和区域内的科学家联系起来的数据网络. 如今, 在一个跨国研究队伍里工作、用带有半生不熟的英语的混合语交流、分享对碍手碍脚的管理当局的怨恨, 对任何物理学家来说都是再正常不过的了. 一个来自 (英国) 剑桥的物理学家到巴黎或日内瓦的一日学术差旅同一个来自 (美国麻省) 剑桥的物理学家到华盛顿或芝加哥参加会议相比不再是不合适的了. 一个国际委员会讨论分配某欧洲望远镜上的观测时间同某个国内的同行评议委员会做同样的事情看起来一样的自然. 如果, 如常说的那样有必要建立美利坚合众国那样的“欧罗巴合众国”的话, 物理学沿着这条道路已经先行很远了, 而且没有任何走回头路的动机.

边界条件

科学自身在不断地发生革命. 数个世纪以来, 每一代的物理学家都比其前辈懂得多得多, 以至于不得不完全重写技术手册、有关重大问题的资料 (有时还包括关于实在的表述). 认知革命不可能脱离社会革命. 每一代人不得不相应地改写科学规范的手册、实际机构安排的资料 (有时还包括关于群体与社会现实的表述).

贯穿二十世纪的缓慢而持续不断的变化将物理学转换为一种社会公共事业. 设想以四分之一世纪的间隔 —— 比如以两次世界大战的爆发为结尾的时期 —— 回顾过去, 则从松散联络的个人行为到系统的集体行为的转移是明显的. 1889 年到 1914 年这段时期见证了德国学术机构的统一, 其以研究产出为考量挑选学者, 为他们提供设备、资源和研究助手. 从 1914 年到 1939 年间, 这套做法被推广到其他国家, 同英美的分系的 (大学) 体系相结合, 从而使得有成就的研究者的小组能够集中起来. 在 1939 年到 1964 年这个阶段, 战时一些复杂的团队研究经验鼓励更紧密组织的研究组一起落户到大学的系, 也鼓励了按照衙门模式管理的研究机构和设施的诞生. 最近的这一阶段, 1964~1989 年 (另一超级政治气候的时期) 更是见证了 ‘资助机构’ 的崛起：政府的、政府间的以及准政府的实体以同行评议委员会或别的圈子小组的名义对研究项目行使停止－启动的权力.

如我们所见, 类似的改变也发生在其他维度上 —— 同其他学科变得更加亲密；相关子领域的繁殖、派生、吞并或者殖民；在学界和工业界的从机构和专业角度对“纯粹”与“应用”物理的合并；将组织向各洲甚至全球层面上的扩大；等等. 进一步的研究还揭示了一个自相矛盾的变化, 即在资深物理学家、助手和学生之间的个人关系上朝向更少规范、但更特别的契约义务的变化. 从外部和内部两方面来看, 物理学作为一个整体已经变成了紧密联系的、同社会互动的公共事业.

令人惊讶的不是变化之大, 而是文化规范的连续性与不变性. 毕竟, 物理学整体上增长了约一百倍. 对于世纪初的一个物理学家, 现在至少有一百个与之对应,

① 原文为法语词“Camaraderie”意为“友谊”“同志关系”.—— 校者注

且在设备和服务方面花费更多. 任何一个社会公共事业经历如此规模的扩张都要伴随剧烈的内部重构. 但我们仍会愿意相信 Rutherford 可以走进 Carlo Rubbia 的办公室, 在一周内学会如何运行欧洲联合核子中心 —— 而 Rubbia 在 1910 年那样的 Rutherford 曼彻斯特实验室也一样会得心应手. 我们甚至可以设想, 即便在现在, 某个地方也许有一个年轻、无业的、未入道的理论物理学家, —— 如 Einstein 那样, 会因为他那不是约稿的论文所展现的天才而正式地得到承认.

人们也许会说, 这种连续性是通过对传统的科学气质的鼎力维护才得以实现的. 不错, 学术机构的物理学家仍然试图遵循 Robert Merton 五十年前罗列过的规范, 但他们也必须遵从容许新的研究技术的现实逻辑. 现代物理研究的环境使得执行那些规范原先包含内容的特定实践 —— 比如, 通过自由选题来表现原创性, 或者仅依据发表的文章来评判个人 —— 变得不可能了.

我个人毋宁觉得, 依然存在对知识拓展之必要条件 —— 个人创造力的社会空间与机会, 思想成熟化的时间, 对新事物的友好接待, 对批评的开放态度, 对专业技能的尊重, 等等 —— 的健康认识. 看到这些传统仍盛行于一些完全是非传统机构中, 比如开展仍被按老话称为高能物理"实验"的庞大的、高度结构化的协作组中, 是相当令人振奋的.

若任其自行其是, 物理学无疑地会如常发展, 一面从知识上和结构上改造自己, 但同时保留使得物理学成为如此吸引人且富有创造性之社会事业的个人动机与交流的内核. 但是, 内部的运动方程必须满足边界条件, 后者的影响日渐深远地进入体系内部. 或者换个说法, 体系不断扩展到对其生长造成限制的边界, 因此或许要经历深刻的、不可逆转的朝向新结构的相变.

就数量来说, 对物理研究的资助已经结束了持续增长的悠久历史, 进入了持平阶段. 直到第二次世界大战爆发, 基础物理研究是作为对大学教育的附加形式资助的, 外加一些私人捐赠. 物理学对战争的贡献为其在国家预算中争得了优先地位. 国家预算填补了维持物理学研究群体和设备费用方面迅速增长的巨大开销. 差不多到 1970 年代早期, 发达国家的物理学家总是能得到他们期望的资助额, 有时甚至比他们能够有效支配的还要多. 可是, 这样的慷慨大方在一个接一个的国家里面临公共资金其他竞争使用方 —— 其他学科、高等教育、卫生健康等等 —— 的质疑. 每当一地的经济增长变得艰难, 就会叫唤消减开支, 尤其是针对那些看起来消费巨大而实际回报很少的基础研究领域. 确实, 在一个以重实惠、讲生意经的、短见的现实主义为自豪, 每一项活动都以财富的产生、增值潜力为标准加以衡量的的时代, 能一直花费那么多资金在高能实验物理、天体物理和空间探索上, 实在称得上是对基础物理研究与发现之魅力的朝贡.

"稳态"资助不是加于高消耗事业唯一的边界条件. "定型化"了的物理许诺更多, 吊起了对实际效益的很高胃口. 资助机构根据在研究界以外划定的优先顺序,希望他们有限的资源能更有效地得到利用. 研究人员不得不拼命地竞争这些资源, 花费大量的精力事前精确表述研究规划, 事后陈述花费的细节. 一个 '评估' 崇拜教形成了, 经常用于对个人、研究组、研究所、大学、国家、甚至科学的整个领域的表现进行考评.

这些新的条件原则上是相当合理的. 不应允许物理学以占用其他文明生活重要因素的开销为代价来无限制地扩张. 复杂的技术项目和装备安装确实需要专业的管理. 竞争力、业绩评估以及可问责性是对接受公共资助的正常要求. 物理学教授的优先研究课题并不自动地同社会的大体需求相一致.

不幸的是, 这些条件常常是由一些不称职的人来制定和监督执行的, 他们对在像物理学这样的高等科学中实际起作用的不确定性、心照不宣的判断、精湛的技巧、智力的紧绷、无法量化的判据等因素理解极为有限. 低估官僚们的狂热、会计师们的偏狭和政客的低俗是一种错误. 如果任其胡为的话, 它们会剔除物理学的神奇而将其简化为一个井井有条的技术性项目和平淡无奇的调研. 我真的不愿去想象这帮家伙会怎样将一切弄得一塌糊涂, 不断地将项目连根拔起看它是否成长或者忙着宰杀下蛋的金鹅.

不是说物理学家比别人更聪明或更高尚, 但他们至少知道他们在自己的领域内在干些什么. 这个领域不再如从前像独立王国一样运作了, 它的前途依赖于物理学界的领袖们能认知到这些新出现的影响力的效应, 且运用他们的政治和管理方面的技巧来引导这一事业在危险的海域安全地航行.

(曹则贤译, 刘寄星校)

本卷图片来源确认与致谢

第 17 章

W B Shockley——Fred English 摄影社

N F Mott—— 承蒙美国物理联合会 Emilio Segrè视像档案馆惠赠

图 17.2 经允许复制自 Strutt, Ann. der Physik 86 319(1928) 中之图 1.1928 年版权属于于 Johann Ambrosius Barth Verlag

图 17.3 取自 Mott and Jones, Properties of Metal and Alloys (Cleradon Press, Oxford), 70 页, 图 26(a), (b)

图 17.5 经允许复制自 Peierls, Ann. der Physik 4 121(1930) 图 1(Johann Ambrosius Barth Verlag)

图 17.8 取自 D K C MacDonald 所著Thermoelectricity 版权属于 J Wiley & Sons Inc. 经 John Wiley & Sons Inc. 允许复制

图 17.9 取自 L Brillouin 所著Die Quantenstatistik (1931)278 页, 1931 年版权属于 Springer-Verlag GmbH & Co KG

图 17.10 经允许复制自 Wolfe et al,Phys. Rev. Lett.34 1292(1975) 图 1.1975 年版权属于美国物理学会

图 17.12 经允许复制自 Hall et al, Phys. Rev. 95 559(1954) 图 1.1954 年版权属于美国物理学会

图 17.13 经允许复制自 Fritsche, J. Phys. Chem. Solids 6 69(1958) 图 2(Pergamon Press,Oxford)

图 17.14 经允许复制自 Fritsche, J. Phys. Chem. Solids 6 69(1958) 图 4(Pergamon Press,Oxford)

图 17.15 经允许复制自 Dresselhaus et al, Phys. Rev. 98 368 (1958) 图 2,1958 年版权属于美国物理学会

图 17.17 取自 R A Smith,Semiconductors1978 年版权属于剑桥大学出版社经剑桥大学出版社允许复制

图 17.18 经允许复制自 Esaki, Phys. Rev.109 603 (1958) 图 1,1958 年版权属于美国物理学会

图 17.19 A B Pippard, Magnetoresistance in Metals222 页图 6.14, 版权属于剑桥大学出版社经剑桥大学出版社允许复制

图 17.20 经允许复制自 Fawcett, Advances in Physics 13 139 (1964), Taylor and Francis

图 17.21 经允许复制自 Shoenberg, Proc. Roy. Soc.A170 341(1939) 图 4, The Royal Society, London

图 17.23 经允许复制自 A V Gold, Phil.Trans.Roy.Soc.A251 85(1958) 图 7 The Royal Society, London

图 17.24 经允许复制自 J F Cochran and R R Haering (ed), Solid State Physics, Vol 1, 146 页 (1968). 1968 年版权属于 Gordon & Breach Science Publishers

图 17.25 经允许复制自 Klauder et al,(1966) Phys. Rev. 141, 592, 图 2a. 1966 年版权属于美国物理学会

图 17.26 取自 A B Pippard, Physics of Vibration Vol 1, 276 和 277 页 1989 年版权属于剑桥大学出版社经剑桥大学出版社允许复制图 17.27 经允许复制自 Stark, Phys. Rev.A135 1698 (1964) 图 13.1964 年版权属于美国物理学会

图 17.28 经允许复制自 Reed and Condon, Phys. Rev. B1, 3504 (1970) 图 3.1970 年版权属于美国物理学会

图 17.30 经允许复制自 R A Webb et al, Phys. Rev.Lett. 54 269 (1985) 图 1.1985 年版权属于美国物理学会

图 17.32 经允许复制自 K von Klitzing, Rev. Mod.Phys. 58 519 (1986) 图 14. 1986 年版权属于美国物理学会

图 17.33 经允许复制自 R Willett et al, Phys. Rev.Lett. 59 1776 (1987) 图 1.1987 年版权属于美国物理学会

第 18 章

C H Townes- 美国物理联合会 Meggers 诺贝尔获奖者画廊. 承蒙麻省理工学院 (MIT) 惠赠

T H Maiman-M Bertolotti 所著Maser to Lasers:An Historical Approach, Adam Hilger, Bristol. 1983 年版权属于 M Bertolotti

A L Schawlow- 激光历史史料, 承蒙美国物理联合会 Emilio Segrè 视像档案馆惠赠

N Bloembergen- 美国物理联合会 Emilio Segrè 视像档案馆

图 18.1 取自 Eugene Hecht, Optics, Second Edition 第 198 页, 1987 年版权属于 Addison-Wesley Publishing Company, Inc. 经出版社允许复制

图 18.2 取自 S Tolansky 所著An Introduction to lnterferomety Second Edition Longman Group Ltd, London

图 18.3 取自 H Ohanian 所著Physics, Second Edition , W W Norton & Company, Inc., New York

图 18.4 M Bertolotti 所著Masers and Lasers: An Historical Approach , Adam Hilger, Bristol. 1983 年版权属于 M Bertolotti
图 18.5 版权属于电气与电子工程师协会 (IEEE)
图 18.6 经允许复制自 R W Minck, R W Terhune and C C Wang, Proc. IEEE 54,1357.1966 年版权属于 IEEE
图 18.7 取自The Photonics Design & Applications Handbook 1994,Laurin Publishing Co, Inc.,Pittsfield
图 18.8 经允许复制自 Y Yeh and H Z Cummins,Appl. Phys. Lett. 4, 176 页 (1964).1964 年版权属于美国物理联合会
图 18.9 经允许复制自 B Wirmitzer and G Weigelt, Optics Letters 8 (1983),389 页, Optical Society of American, Washington
图 18.10 承蒙皇家学会会员 K Jakeman 教授惠赠
图 18.11 取自 H P Baltes 所编辑的 lnverse Scattering Problems in Optics 一书中的图 3.7(a)(c). 版权属于 Springer-Verlag GmbH & Co KG
图 18.12 承蒙加利福尼亚劳伦斯利弗莫尔实验室惠赠
图 18.13 承蒙美国国家航空和航天管理局 (NASA) 惠赠
图 18.14 承蒙位于英国牛津的 Sharp Laboratories of Europe Ltd 惠赠

第 19 章

图 19.6 经允许复制自 C Herring, 1950, J. Appl.Phys. 21 437. 1950 年版权属于美国物理联合会
图 19.8 取自 George Wise 所著Whillis R Whitney, 1985 年版权属于哥伦比亚大学出版社经出版社允许复制

第 20 章

D Gabor- 美国物理联合会 Meggers 诺贝尔获奖者画廊

第 21 章

P Flory- 斯坦福大学出版社
C Frank- 位于布里斯托尔的英国物理学会 (IOP) 出版有限公司

第 22 章

L D Landau- 美国物理联合会 Emilio Segrè视像档案馆
M N Rosenbluth- 美国物理联合会 Emilio Segrè视像档案馆,《今日物理》杂志藏品
图 22.4 承蒙普林斯顿大学等离子体实验室惠赠
图 22.5 欧洲联合大环 (JET) 联合体

图 22.6 承蒙普林斯顿大学等离子体实验室惠赠
图 22.8 经允许复制自 Plasma Physics and Controlled Fusion Research 2 700 (1965) IAEA, Vienna
图 22.9 承蒙劳伦斯利弗莫尔国家实验室惠赠
图 22.10 承蒙位于利弗莫尔的由美国能源部资助的加利福尼亚大学劳伦斯利弗莫尔国家实验室惠赠
图 22.11 承蒙劳伦斯利弗莫尔国家实验室惠赠
图 22.12 承蒙劳伦斯利弗莫尔国家实验室惠赠
图 22.13 经允许复制自 Phys. Rev. Lett. 13(6), 第 186 页, 版权属于于美国物理学会
图 22.14 承蒙劳伦斯利弗莫尔国家实验室惠赠
图 22.15 承蒙劳伦斯利弗莫尔国家实验室惠赠
图 22.16 经允许复制自 Nuclear Fusion 27(10) 第 1675 页 (1987) IAEA, Vienna

第 23 章

A S Eddington- 美国物理联合会 Emilio Segrè视像档案馆
E P Hubble-Hale 天文台, 承蒙美国物理联合会 Emilio Segrè视像档案馆惠赠
图 23.1 经允许复制自 J N Lockyer, Proc.Roy.Soc. A43 (1887), 117-156, The Royal Society
图 23.4 取自 A S Eddington, 1924,Mon. Not. R. Astron. Soc., 84 308, Blackwell Science Ltd. 经 Blackwell Science Ltd 允许复制
图 23.8 经允许复制自 E P Hubble, 1936, The Realm of the Nebulae, New Haven: 耶鲁大学出版社
图 28.10 经允许复制自 E P Hubble, 1936, The Realm of the Nebulae, New Haven: 耶鲁大学出版社
图 23.12 取自 H Bondi, 1960 Cosmology 2nd edition, p84. 经剑桥大学出版社允许复制
图 23.16 取自 T Toutain and C Frolich, Astron. Astrophys. 257 287, 1992. 1992 年 \ 版权属于 Springer-Verlag GmbH & Co KG
图 23.17 承蒙 D O Gough 教授 1993 年惠赠
图 23.18 经允许复制自 Nature 217 709, A Hewish, S J Bell, J D H Pilkington, P F Scott and R A Collins. 1968 年版权属于 Macmillan Magazines Ltd
图 23.20 经允许复制自 J Taylor, Phil.Trans. Roy. Soc. Lond., A341 (1992), 117-234, 图 7, The Royal Society

图 23.21 取自 M Kafatos and A G York Michalitsianos (ed), 1988 Supernova 1987A in the Large Magellanic Cloud. 经剑桥大学出版社允许复制

图 23.22 取自 J H Oort, F J Kerr and G Westerhout, 1958, Mon. Not. R. 26.6 Astron. Soc.,118 379, Blackwell Science Ltd. 经 Blackwell Science Ltd 允许复制

图 23.23 经允许复制自 C Hayashi, 1961, Publ.Astron. Soc. Japan 13 450,Astronomical Society of Japan

图 23.25 承蒙 Harvard-Smithsonian 天体物理中心 M Geller 与 J Huchra 二位博士惠赠

图 23.26 经允许复制自 Nature 172 996, R C Jennison and M K Da Gupta. 1953 年版权属于 Macmillan Magazines Ltd

图 23.30 取自 A R Sandage, 1968,Observatory 88 91. 经 Observatory 编辑部允许复制

图 23.31 取自 J E Hesser, W E Harris, D A VandenBerg, J W B Allright,P Shott and P Stetson, Publ.Astron. Soc. Pac. 99 739. 经 the Astronomical Society of the Pacific 允许复制

图 23.32 取自 S J Lilly and M S Longair, 1984, Mon. Not. R. Astron. Soc., 211 833, Blackwell Science Ltd. 经 Blackwell Science Ltd 允许复制

图 23.34 取自 M Rowan-Robinson, 1968, Mon. Not. R. Astron. Soc.141 445. 经 Blackwell Science Ltd 允许复制

第 25 章

W V Mayneord- 承蒙位于约克的医学物理科学研究所惠赠

L H Gray- 承蒙位于约克的医学物理科学研究所惠赠

第 26 章

图 26.4 取自 Endeavour 2 第 3 页 (1943). Elsevier Science Ltd, Oxford

图 26.6 复制自 W Sullivan 所著Continents in Motion Second edition, 经美国物理学会允许复制 1991 年版属于位于纽约的美国物理学会

图 26.7 图 (a) 经美国物理教师联合会允许复制自 Amer.J. Phys. 23 590; 图 (b) 经位于纽约的 Academic Press 允许复制自 Geomagnetism 2 第 251 页

图 26.8 莫斯科 < 科学 > 出版社

图 26.9 休斯顿月球与行星研究所

图 26.10 休斯顿月球与行星研究所

图 26.12 经位于剑桥的哈佛大学出版社允许复制自 C Allegre 所著The Behavior of the Earth(1988)

图 26.13 图 (a) 复制自 A Cox et al, Science 144 p1537 (1964). 版权属于美国科学促进会;
图 (b) 经位于剑桥的哈佛大学出版社允许复制自 C Allegre 所著The Behavior of the Earth(1988)
图 26.14 图 (a) 经位于纽约的 Harper and Row 出版社允许复制自 J F Lounsbury 和 L Ogden 所著Science Third edition : 图 (b) 经位于剑桥的哈佛大学出版社允许复制自 C Allegre 所著 The Behavior of the Earth(1988)
图 26.15 经位于剑桥的哈佛大学出版社允许复制自 C Allegre 所著 The Behavior of the Earth(1988)
图 26.16 图 (a) 经美国物理联合会允许复制自 W Sullivan 所著Continents in Motion, Second edition, 1991 年版权属于位于纽约的美国物理联合会; 图 (b) 经位于剑桥的哈佛大学出版社允许复制自 C Allegre 所著The Behavior of the Earth(1988)
图 26.17 取自 Science 150 (1965) 第 482 页. 版权属于美国科学促进会
图 26.19 伦敦 Camera 肖像馆
图 26.20 华盛顿国会图书馆
图 26.24 经允许复制自 Nature 184(1959) 第 219 页 1959 年版权属于位于伦敦的 MacMillan Magazines Ltd

期刊缩写与全名对照

这里列出本书文献中所用的期刊名称的缩写与全名对照, 其中许多期刊现在已停刊或不再活跃.

缩写	全名
Abh Berliner Akad	Abhandlung Berliner Akademie
Abh Gottingen Ges Wiss	Abhandlung der Gottingen Gesellschaft der Wissenschaften
Abh Preuss Akad Wiss (Berlin)	Abhandlungen Koniglich Preussische Akademie der Wissenschaften zu Berlin.
Acad Sci	Academy of Science
Acta Chir Scand	Acta Chirurgica Scandinavica
Acta Cryst	Acta Crystallographica
Acta Math	Acta Mathematica
Acta Metal1	Acta Metallurgica
Acta Phys Pol	Acta Physica Polonica
Acta Radio1	Acta Radiologica
Adv Astron Astrophys	Advances in Astronomy and Astrophysics
Adv Catalysis	Advances in Catalysis
Adv Colloid Interface Sci	Advances in Colloid and Interface Science
Adv Electron Electron Phys	Advances in Electronics and Electron Physics
Adv Mater	Advanced Materials
Adv Opt Electron Microsc	Advances in Optical and Electron Microscopy
Adv Phys	Advances in Physics
Adv Struct Res Diffraction Methods	Advances in Structure Research by Diffraction Methods
Adv Virus Res	Advances in Virus Research
Am Ceram Sos Bull	American Ceramic Society Bulletin
Am J Pathol	American Journal of Pathology

Am J Roentgenol	American Journal of Roentgenology
Am J Roentgenol Radiat Ther	American Journal of Roentgenology and Radiation Therapy
Am J Sci	American Joumal of Science
Am Math Monthly	American Mathematical Monthly
Angew Chem	Angewandte Chemie
Angew Chem Int Ed Engl	Angewandte Chemie-intemational edition in English
Ann Chim Phys	Annales de Chimie et Physique
Ann der Phys	Annalen der Physik
Ann NY Acad Sci	Annals of the New York Academy of Sciences
Ann Phil	Annalen der Philosophie
Ann Phys	Annales de Physique
Ann Phys Lpz	Annales de Physique Leipzig
Ann Rev Astron Astrophys	Annual Review of Astronomy and Astrophysics
Ann Rev Biochem	Annual Review of Biochemistry
Ann Rev Nucl Sci	Annual Review of Nuclear Science
Ann Rev Phys Chem	Annual Review of Physical Chemistry
Ann SOC Scient Brux	Annales de la Société Scientifique de Bruxe1les
Appl Opt	Applied Optics
Appl Phys Lett	Applied Physics Letters
Arch Elektrotech	Archiv für Elektroteknik
Arch Hist Exact Sci	Archives for the History of Exact Science
Arch Kemi	Archiv für Kemi
Arch Sci Phys Génève	Archives des Sciences Physique Génève
Arch Sci Phys Nat	Archives des Sciences Physique et Naturelles
Ark Fyz	Arkiv für Matematik, Astronomie och Fysik (Stockholm)
Astron Astrophys	Astronomy and Astrophysics
Astron J	Astronomical Journal

Astron Mitt Konigl Sternwarte Göttingen	Astronomische Mitteilungen Koniglich Sternwarte Göttingen
Astron Nach	Astronomische Nachrichten
Astron Tsirk	Astronomisk Tidsskrift
Astron Zh	Astronomicheskii Zhurnal
Astronaut Aeronaut	Astronautics and Aeronautics
Astrophys J	Astrophysical Journal
Astrophys J Lett	Astrophysical Journal Letters
Astrophys J Suppl	Astrophysical Journal Supplement
Astrophys Lett	Astrophysics Letters
Astrophys Space Sci	Astrophysics and Space Science
Atti Congr Int Fis	Atti Congresso Internazionale dei Fisici
Aust J Phys	Australian Journal of Physics
Beitr Phys Atmos	Beitrage zür Physik der Atmosphare
Bell Syst Tech J	Bell Systems Technical Journal
Ber Deutsch Chem Ges	Berichte der Deutschen Chemischen Geselleschafte
Ber Preuss Akad Wiss	Preussische Akademie der Wissenschaften(Berlin)
Biogr Mem Fell R SOC	Biographical Memoirs of Fellows of the Royal Society
Biophys J	Biophysical Journal
Br J Hist Sci	British Journal of the History of Science
Br J Opthal	British Journal of Opthalmology
Br J Phil Sci	British Journal of the Philosophy of Science
Br J Radiol	British Journal of Radiology
Bull Am Math SOC	Bulletin of the American Mathematical Society
Bull Am Phys SOC	Bulletin of the American Physical Society
Bull Astron Inst Neth	Bulletin of the Astronomical Institute of the Netherlands
Bull Mater Sci (Bangalore)	Bulletin of Material Society (Bangalore)
Bull Natl Acad Sci	Bulletin of the National Academy of Science

Bull SOC Math France	Bulletin de la Societe Mathematique de France
Bur Stand Bull	Bureau of Standards Bulletin
Bur Stand J Res	Bureau of Standards Journal of Research
C R Acad Sci Paris	Comptes Rendus de l'Academie des Sciences (Paris)
C R Acad Sci USSR	Comptes Rendus de I'Academie des Sciences USSR
C R Hebd Séanc Acad Sci	Comptes Rendus Hebdomodaires des Seances de 1'Academie des Sciences (Paris)
C R Seanc SOC Biol	Comptes Rendus des Seances de la Societe de Biologie
Can J Chem	Canadian Journal of Chemistry
Can J Phys	Canadian Journal of Physics
Chem Britain	Chemistry in Britain
Chem Rev	Chemical Review
Clin Chem Acta	Clinica Chemica Acta
Clin Prac	Clinical Practice
Cold Spring Harbor Symp Quant Biol	Cold Spring Harbor Symposium on Quantum Biology
Comments Plasma Phys Controlled Fusion	Comments on Plasma Physics and Controlled Fusion
Commun Lunar Planetary Lab	Communications of the Lunar Planetary Laboratory
Commun Math Phys	Communications in Mathematical Physics
Contemp Phys	Contemporary Physics
Czech J Phys	Czechoslovak Journal of Physics
Dansk Vid Selsk Mat-Fys Meddelanden	Danske Videnskabeme Selskab Mathematisk-Fysiske
Deep Sea Res	Deep Sea Research
Denkschr Münchener Akad Wiss	Bayerische Akademie der Wissenschaften (München). Denkschrift
Doc NRPB	Documents of the National Radiological Protection Board

Dokl Akad Nauk	Doklady Akademii Nauk SSSR
Edinburgh Phil J	Edinburgh Philosophical Journal
Electrical World Eng	Electrical World Engineering
Electron Eng	Electronic Engineering
Electron Lett	Electronics Letters
Elektrochem Z	Elektrochemische Zeitschrift
Encycl Math Wiss	Encyklopadie der Mathematischen Wissenschaften
Ergebn Exakt Naturw	Ergebnisse der Exacten Naturwissenschaften
Ergebn Tech Rontgenk	Ergebnisse der Technischen Rontgentkunde
Eur Rev	European Review
Europhys Lett	Europhysics Letters
'Fiz Zh	Fiziologicheskii Zhurnal
Forsch auf d Geb d Ing Wiss	Forschungen auf gem Gebeit der Ingenieunvissenschaften
Fys Tidsskr	Fysisk Tidsskrift
Geol Mag	Geological Magazine
Gilberts Ann	Annalen der Physik (Series 1. Gilberts Annalen)
Handbuch Phys	Handbuch der Physik
Helv Phys Acta	Helvetica Physica Acta
Hist Stud Phys Sci	Historical Studies in the Physical Sciences
IBM J Res Develop	IBM Journal of Research and Development
IEEE J Quant Electron	Institute of Electrical and Electronic Engineers: Journal of Quantum Electronics
IEEE Trans Electron Dev	Institute of Electrical and Electronic Engineers: Transactions on Electron Devices
IEEE Trans Ind Appl	Institute of Electrical and Electronic Engineers: Transactions on Industrial Applications
IEEE Trans Instrum Meas	Institute of Electrical and Electronic Engineers: Transactions on Instrumentation and Measurement

Ind Eng Chem	Industrial and Engineering Chemistry
Indian J Phys	Indian Journal of Physics
IRE Trans	Transactions of the Institute of Radio Engineers
J Acoust Soc Am	Journal of the Acoustic Society of America
J Aero Sci	Journal of Aeronautical Science
J Am Ceram Soc	Journal of the American Ceramic Society
J Am Chem Soc	Journal of the American Chemical Society
J Am Cryst Assoc	Journal of the American Crystallography Association
J Am Math Soc	Journal of the American Mathematical Society
J Appl Cryst	Journal of Applied Crystallography
J Appl Phys	Journal of Applied Physics
J Appl Spectrosc USSR	Journal of Applied Spectroscopy USSR
J Atmos Terr Phys	Journal of Atmospheric and Terrestrial Physics
J Biomed Eng	Journal of Biomedical Engineering
J Biophys Biochem Cytol	Journal de Biophysique et de Biomecanique
J Br Astron Assoc	Journal of the British Astronomical Association
J Chem Inf Computer Sci	Journal of Chemical Information and Computer Sciences
J Chem Phys	Journal of Chemical Physics
J Chem Soc	Journal of the Chemical Society
J de l'Ecole Polytech	Journal de l'Ecole Polytechnique
J Exp Med	Journal of Experimental Medicine
J Fluid Mech	Journal of Fluid Mechanics
J Franklin Inst	Journal of the Franklin Institute
J Geol Soc Lond	Journal of the Geological Society of London
J Geophys Res	Journal of Geophysical Research-Space
J Inst Elec Eng	Journal of Instrumentation and Electrical Engineering

J Iron Steel Inst	Journal of the Iron and Steel Institute
J Lab Clin Med	Journal of Laboratory and Clinical Medicine
J Lightwave Technol	Journal of Lightwave Technology
J Low Temp Phys	Journal of Low Temperature Physics
J Magn Magn Mater	Journal of Magnetism and Magnetic Materials
J Mater Res	Journal of Material Research
J Math Phys	Journal of Mathematical Physics
J Meteorol	Journal of Meteorology
J Meteorol (Japan)	Journal of Meteorology (Japan)
J Microscop	Journal of Microscopy
J Mol Biol	Journal of Molecular Biology
J Neurosurg	Journal of Neurosurgery
J Non-cryst Solids	Journal of Non-crystaline Solids
J Nucl Med	Journal of Nuclear Medicine
J Opt Soc Am	Journal of the Optical Society of America
J Phys A: Math Nucl Gen	Journal of Physics A: Mathematical, Nuclear and General
J Phys B: At Mol Phys	Journal of Physics B: Atomic and Molecular Physics
J Phys C: Solid State Phys	Journal of Physics C: Solid State Physics
J Phys Chem	Journal of Physical Chemistry
J Phys Chem Solids	Journal of Physics and Chemistry of Solids
J Phys E: Sci Instrum	Journal of Physics E: Scientific Instruments
J Phys F: Met Phys	Journal of Physics F: Metal Physics
J Phys Oceanogr	Journal of Physical Oceanography
J Phys (Paris)	Journal de Physique Théorique et Appliquée (Paris)
J Phys Radium	Journal de Physique et le radium
J Phys Soc Japan	Journal of the Physical Society of Japan
J Phys Soc Japan (Suppl)	Journal of the Physical Society of Japan (Supplement)
J Phys USSR	Journal of Physics (USSR)

J Physique	Journal de Physique
J Quant Electron	Institute of Electrical and Electronic Engineers: Journal of Quantum Electronics
J R Aeronaut Soc	Journal of the Royal Aeronautical Society
J R Astron Soc Can	Journal of Royal Astronomical Society of Canada
J R Stat Soc	Journal of the Royal Statistical Society
J Res NBS	Journal of Research of the National Bureau of Standards
J Sci Instrum	Joumal of Scientific Instruments
J Sound Vib	Journal of Sound and Vibration
J Stat Phys	Journal of Statistical Physics
Jahrb d dtsch Luftfahrtf	Jahrbuch der deutschen Luftfahrtsforschung
Jahrb Drahtlosen Telegr Teleph	Jahrbuch der drahtlosen Telegraphie und Telephonie
Jahrb Rad Elektr	Jahrbuch der Radioaktivität und Elecktronik
JAMA	Journal of the Americal Medical Association
Japan J Appl Phys	Japanese Journal of Applied Physics
JETP	Journal of Experimental and Theoretical Physics-English translation of Zhurnal Eksperimental'noii Teoretiskoi Fiziki
JETP Lett	Journal of Experimental and Theoretical Physics: Letters
K Preuss Akad Wiss (Berlin) Sitzungsber	Kööiglich Preussische Akademie der Wissenschaften zu Berlin Sitzungsberichte
K Preuss Akad Wiss (München) Sitzungsber	Königlich Bayerische Akademie der Wissenschaften (München). Sitzungberichte
K Svenska Vetensk Akad Handl	Küngliga Svenska Vetenskakaderniens Handlingar
Kgl Danske Vid Selsk Skrifter,	Köngelige Danske Videnskabernes Selskab Skrifter

Kgl Ges Wiss Gott	Königlich Gesellschaft der Wissenschaften zu Göttingen
Kon Neder Akad Wet Amsterdam Versl Gewone Vergad Wisen Natuurkd Afd	Verlag van de gewone Vergadering der wis-en natuurkindige Afdeeling, Koniklijke Akademie van Wetenschappen te Amsterdam
Kong Dansk Vid Selsk Matt-fys Medd	Det Köngelige Danske Videnskabernes Selskab Matematisk-Fysiske Meddelanden
Koninkl Nederland Akad Wetenschap	Koninklijke Nederlandse Akademie van Wetenschappen te Amsterdam
Liebigs Ann	Justus Liebigs Annalen der Chemie
Lighting Res Technol	Lighting Research and Technology
Macromol Rev	Macromolecular Review
Mat Res Soc Bull	Material Research Society Bulletin
Math Ann	Mathematische Annalen
Math Intell	Mathematical Intelligencer
Meas Sci Technol	Measurement Science and Technology
Med Phys	Medical Physics
Mém Acad R Sci (Paris)	Academie Royale des Sciences (Paris). Mémoires
Mem R Astron Soc	Memoirs of the Royal Astronomical Society
Meteorol Zeitschr	Meteorlogische Zeitschrift
Mitt Phys Ges Zürich	Mitteilungen der Physikalischen Gesellschaft zu Zürich
Mol Cryst Liq Cryst	Molecular Crystals and Liquid Crystals
Mon Not R Astron Soc	Monthly Notices of the Royal Astronomical Society
Mon Weath Rev	Monthly Weather Review
Mon-Ber Akad Wiss Berlin	Königlich Preussische Akademie der Wissenschaften zu Berlin Monatsberichte
MRS Bull	Material Research Society Bulletin
Nach Ges Wiss	Königlich Gesellschaft (Societät) der Wissenschaften zu Göttingen Nachrichten

Nach Ges Wiss Göttingen Math-Phys	Akademie der Wissenschaften zu Göttingen Nachrichten, Mathematisch-physikalische Klasse
Nach Gott ges	Königlich Gesellschaft (Societät) der Wissenschaften zu Göttingen Nachrichten
Nach Königl Preuss Akad Wiss, Göttingen, Math-Phys Klasse 1	Akadernie der Wissenschaften zu Göttingen Nachrichten, Mathematisch-physikalische Klasse 1
Nat Adv Comm Aeronaut Memorandum	National Advisory Commission on Aeronautics. Memorandum
Naturwissenschaften	Die Naturwissenschaften
New England J Med	New England Journal of Medicine
New Sci	New Scientist
Nucl Instrum Methods	Nuclear Instruments and Methods
Nucl Instrum Methods Phys Res	Nuclear Instruments and Methods in Physics Research Section B: Beam interaction with materials and atoms
Nucl Medizin	Nuclear Medizin
Nucl Phys	Nuclear Physics
Nuovo Cim	Il Nuovo Cimento
Nuovo Cim (Suppl)	Nuovo Chimento (Supplement)
Obituary Notices (London)	Obituary Notices of Fellows of the Royal Society (London)
Opt Acta	Optica Acta
Opt Commun	Optics Communications
Opt Eng	Optical Engineering
Opt Lett	Optics Letters
Opt Photonics News	Optics and Photonics News
Opt Spectra	Optics Spectra
Opto-Laser Eur	Opto-Laser Europe
Phil Mag	Philosophical Magazine
Phil Trans R Soc	Philosophical Transactions of the Royal Society of London
Phil Trans R Soc A	Philosophical Transactions of the Royal Society of Lodon Series A-Mathematical and Physica Sciences

Philips Res Rep	Philips Research Reports
Phys Assoc Bull	Physics Association Bulletin
Phys Blätter	Physikalische Blätter
Phys Bull	Physics Bulletin
Phys Fluids	Physics of Fluids
Phys Lett	Physics Letters
Phys Med Biol	Physics in Medicine and Biology
Phys Rep	Physics Reports: Review Section of Physics Letters
Phys Rev	Physical Review
Phys Rev Lett	Physical Review Letters
Phys Scr	Physica Scripta
Phys Today	Physics Today
Phys Z	Physikalische Zeitschrift
Phys Z Sowjet	Physikalische Zeitschrift der Sowjetunion
Pisma Astron Zh	Pis'ma v Astronomiheskii Zhurnal
Pisma Zh Eksp Teor Fiz	Pis'ma v Zhurnal Eksperimental'noi I Teoreticheskoi Fiziki
Pogg Ann	Annalen der Physik (Series 2 Poggendorff's Annalen der Physik und Chemie)
Popular Astron	Popular Astronomy
Proc Akad Sci Amst	Koninklijke Akademie von Wetenschappen te Amsterdam Proceedings
Proc Am Acad Sci	Proceedings of the American Academy of Science
Proc Am Phil Soc	Proceedings of the American Philosophical Society
Proc Astron Soc Pacif	Proceedings of the Astronomical Society of the Pacific
Proc Camb Phil Soc	Proceedings of the Cambridge Philosophical Society
Proc Camb Phil Soc Suppl	Proceedings of the Cambridge Philosophical Society Supplement
Proc IEEE	Proceedings of the Institute of Electrical and Electronic Engineers

Proc Indian Acad Sci	Proceedings of the Indian Academy of Sciences
Proc Inst Radio Eng	Proceedings of the Institute of Radio Engineers
Proc Ir Acad	Proceedings of the Royal Irish Academy
Proc IRE	Proceedings of the Institute of Radio Engineers
Proc Kon Akad Wetenschap Amsterdam	Koninklijke Akademie von Wetenschappen te Amsterdam Proceedings
Proc Lond Math Soc	Proceedings of the London Mathematics Society
Proc Lond Math Soc Series 2	Proccedings of the London Mathematics Society Series 2
Proc Natl Acad Sci	Proceedings of the National Academy of Sciences
Proc Phys Soc	Proceedings of the Physics Society
Proc Phys-Math Soc Japan	Proceedings of the Physical Mathematics Society of Japan
Proc R Dublin Soc	Proceedings of the Royal Dublin Society
Proc R Inst	Proceedings of the Royal Institute
Proc R Irish Acad	Proceedings of the Royal Irish Academy
Proc R Microsc Soc	Royal Microscopical Society. Proceedings
Proc R Soc	Proceedings of the Royal Society
Proc Virginia Acad Sci	Proceedings of the Virginia Academy of Science
Prog Opt	Progress in Optics
Prog Theor Phys	Progress in The oretical Physics
Prog Theor Phys Japan	Progress of Theoretical Physics Japan
Prussian Acad Wiss	Königlich Preussische Akademie der Wissenschaften zu Berlin. Abhandlungen
Publ Am Astron Soc	Publications of the American Astronomical Society
Publ Astron Soc Pacif	Publications of the Astronomical Society of the Pacific
Publ Astrophys Obs Potsdam	Publikationen des Astrophysikalischen Observatoriums zu Potsdam

Publ Lick Obs	Publications of the Lick Observatory
Pure Appl Math	Pure and Applied Mathematics
Pure Appl Opt	Pure and Applied Optics
Q J Math	Quarterly Journal of Mathematics
Q J Mech Appl Math	Quarterly Journal of Mechanics and Applied Mathematics
Q J R Astron Soc	Quarterly Journal of the Royal Astronomical Society
Q J R Meteorol Soc	Quarterly Joumal of the Royal Meterological Society
Quant Opt	Quantum Optics
Rend Acc Lincei	Accademia Nationale dei Lincei. Atti Rendiconti Lincei
Rep Prog Phys	Reports on Progress in Physics
Eve Gen Sci Pures Appl	Revue Générale de sciences pures et appliquées
Rev Mod Phys	Reviews of Modern Physics
Rev Opt	Reviews of Optometry
Rev Sci Instrum	Review of Scientific Instruments
Rev Scientifique	Revue Scientifique
Ric Scient	Ricerca Scientifica
S B Preuss Akad Wiss	Königlich Preussiche Akademie der Wissenschaften zu Berlin Sitzungsberichte
Scand J Metall	Scandinavian Journal of Metallurgy
Sci Am	Scientific American
Sci Rep Tohoku Univ	Science Reports of the Research Institute Tohoku University
Seminars Nucl Med	Semlnars in Numclear Medicine
SIAM Rev	Society for Industrial and Applied Mathematics Review
Soc Sci Fenn Commentat Phys-Math	Societatis Scientiarum Fennical Commentari (Finnish Academy)
Solid State Chem	Solid Stte Chemistry
Solid State Commun	Solid State Communications
Solid State Phys	Solid State Physics

Sov J Nucl Phys	Soviet Journal of Nuclear Physics-USSR and Yaderna
Sov J Plasma Phys	Soviet Journal of Plasma Physics
Sov Opt Spectrosc	Optics and Spectroscopy-English translation of Optika i Spektroskopiya
Sov Phys Semiconductor	Fizikai Tekhnika Poluprovodnikov
Sov Phys Solid State	Physics of the Solid State-/english translation of Fizika Tverdogo Tela
Sov Phys-JETP	Soviet Physics, JETP
Sov Phys-Usp	Soviet Physics, Uspekhi
Stössen Z Phys	Zeitung für Physik
Stud Hist Phil Sci	Studies in History and Philosophy of Science
Tech Mechu Thermod	Technologie der Mechaniks und Thermodynamics
Terr Mag Atmos Elec	Terrestrial Magnetism and Atmospheric Electronics
Topics Current Chem	Topics in Current Chemistry
Trans Am Electrochem Soc	Transactions of the American Electrochemical Society
Trans Am Inst Mining Metall Eng	Transactions of the American Institute of Mining, Metallurgicaql and Petroleum Engineers
Trans Am Soc Civ Eng	Transactions of the American Society of Civil Engineers
Trans Connecticut Acad Arts Sci	Transactions of the Connecticut Academy of Arts and Sciences
Trans Farad Soc	Transactions of the Faraday Society
Trans Opt Inst Petrograd	Transactions of the Optical Institute of Petrograd
Trans Opthal Soc UK	Transactions of the Opthalmological Society. UK
Trans R Soc	Transactions of the Royal Society
Trans R Soc Canada	Transactions of the Royal Society of Canada

Trans Soc Nav Arch Mar Eng	Transactions of the Society of Naval Architects and Marine Engineers
Trends Biochem Tech	Trends in Biochemical Technology
Ultrasound Med Biol	Ultrasound in Medicine and Biology
Usp Fiz Nauk	Uspekhi Fizika Nauk (Russian edition of Sov Phys Usp)
Verh Deutsch Phys Ges	Verhandlungen der Deutschen Physikalische Gesellschaft
Verh Ges Deustch Naturf Ärzte	Verhandlungen der Gesellschaft deutsche Naturforscher und Ärte
Verh Naturf Ges Basel	Verhandlungen der Naturforscher Gesellschaft zu Basel
Versl Kon Akad Wetensch Amsterdam	Verlag van de gewone Vergadering der wis-en natuurkindige Afdeeling, Koniklijke Akademie van Wetenschappen te Amsterdam
Vet Akad Arkiv Mat Atr och Fysik	Arkiv für Matematik, Astronomie och Fysik (Stockholm)
Viert Astron Ges	Vierteljahrbschrift der Astronomischen Gesellschaft
Vjschr Naturf Ges Zurich	Vierteljahrschrift der Naturforschenden Geselschaft zu Zürich
Vopr Teor Plazmy	Voprosy Teorii Plazmy
Wiedemann's Ann	Annalen der Physik (Series 3. Wiedemann's Annalen der Physik und Chemie)
Wien Ber	Kaiserliche Akademie der Wissenschaften (Wien) Sitzungsberichte Abteilung
Wien Med Wochschr	Wiener Medizinische Wochenschrift
Wiener Chem Z	Wiener Chemische Zeitschrift
Yad Fiz	Yadernaya Fizika
Z Astrophys	Zeitschrift für Astrophysik
Z Elektrochem	Zeitschrift für Elektrochemie
Z Instrumentkd	Zeitschrift für Instrumentkunde
Z Krist	Zeitschrift für Kristallographie
Z Mech	Zeitschrift für Mechanik

Z Phys	Zeitschrift für Physik
Z Phys Chem	Zeitschrift für Physikalische Chemie
Z Wiss Mikrosk	Zeitschrift für Wissenschaftliche Mikroskopie
Z Wiss Photogr	Zeitschrift für Wissenschaftliche Photographie
Zh Eksp Teor Fiz	Zhumal Eksperimental'noli Teoretiskoi Fiziki

主 题 索 引

A

α放射性，α-radioactivity, I.43
α粒子，α-particles, I.48, I.85, I.91, I.92, I.93, I.94, I.95, I.100, I.102, I.315, II.3, II.451, II.481, III.340
α粒子模型，α-particle model, II.451
α粒子能量，α-particle energies, II.460
α螺旋，α-helix, I.420, I.429
α射线，α-rays, I.29, I.44, I.48, I.93-95
α衰变，α-decay, I.95, I.314, II.448, II.451
A0620-00 X 射线双星, A0620-00 x-ray binary source, III.376
Abbe 的光学理论, Abbe optical theory, III.247-253
Abbe 次级像, Abbe secondary image, III.251
Abbe 原像, Abbe primary image, III.251
Abel 规范理论, Abelian gauge theory, II.51, II.68
Abrikosov 涡旋晶格，Abrikosov vortex lattice, II.259
Adler-Weisberger 关系，Adler-Weisberger relation, II.38
Airy 衍射极限，Airy diffraction limit, III.147
Alcator 托卡马克, Alcator, III.299
ALICE 中子束注入实验, ALICE neutral- beam injection experiments, III.307
Anderson-Brinkman-Morel(ABM)态，Anderson-Brinkman-Morel (ABM) state, II.272
Amowitt-Deser-Misner(ADM)质量，Amowitt-Deser-Miensner (ADM) mass, I.249
Au_2Mn 中的磁矩，Au_2Mn, magnetic moments in, I.392
Auger 发射, Auger emissions, II.376-377
Avogadro 常量，Avogadro's constant, I.128
Avogadro 定律，Avogadro's law, I.38
Avogadro 数，Avogadro's number, I.40, I.42, II.493, II.517
Azbe1'-Kaner 回旋共振，Azbe1'-Kaner cyclotron resonance, III.58

阿伯顿 MK1 核磁共振成像仪, Aberdeen MK1 NMR Imager, III.510
阿伯顿 1969 截面扫描仪, Aberdeen Section Scanner1969, III. 503
阿兰得陨石 Allende meteorite, III.540
锕，Actinium, II.481
锕系元素，Actinides, I.80, II.273
~的磁性，magnetism, II.432
锿，Einsteinium, II.479
埃(单位)Angstrom (unit), II.495
埃尔尼诺/南方涛动现象，El Niño/Southern oscillation phenomenon (ENSO), II.236
癌症，Cancer, III.480
矮星，Dwarf stars, III.333, III.334
艾尔文-密歇根-布鲁克海文(IMB)实验，Irvine-Michigan-Brookhaven (IMB) experiment, III.378
艾滋病，AIDS, III.592
氨基酸 Amino acids, I.419.
安培(单位)Ampere (unit), II.490, II.504, II.507
~的绝对确定 absolute determination, II.506
暗物质，Dark matter, II.108-109, II.115, III.386
暗物质晕，dark halo, III.386
凹面光谱光栅，Concave spectral gratings, I.45

B

β电子, β-electrons, I.85
β放射性β-radioactivity, I.43
β-结构, β-structures, I.422.
β粒子, β-particles, I.88, I.90
β谱, β-spectra, I.87, I.89, I.97-98, I.104-106
β射线, β-rays, I.29, I.44, I.46, I.48, I.86-89
β射线谱学, β-ray spectroscopy, I.85-89
β衰变，β-decay, I.87, I.314, I.317-319, I.320, I.321，I.340-342, II.4, II.26, II.27, II.29, III.340, III.341
  Fermi 的~理论, Fermi's theory, I.320-321
  ~对中微子质量的限制, limits on neutrino masses, II.104
β效应，β-effect, II.232
B 工厂 B-factories, II.114-115
B 介子，B-meson, II.75, II.78-79, II.114-115
Balian-Werthamer (BW)态，Balian-Werthamer (BW) state, II.271
Balmer 公式，Balmer formula, I.20, I.64, I.66-70, I.72
Balmer 线系，Balmer series, I.135
Bardeen-Pines 相互作用，Bardeen-Pines interaction, II.262
$BaTO_3$的铁电相变，$BaTO_3$, ferroelectric phase transition, I.411
BBKGY 层级，BBKGY hierarchy, I.508, I.521
BCS 理论，BCS theory, I.414, II.259, II.261-263, II.279
Beevers-Lipson 纸条，Beevers-Lipson strips, I.379
Bell 不等式，Bell inequalities, III.85
Bernoulli 方程，Bernoulli's equation, II.169, II.218
Biot-Savart 定律，Biot-Savart law, II.166
Birge-Bond 图，Birge-Bond diagram, II.516
Bjorken-Glashow 假设，Bjorken-Glashow hypothesis, II.56
Bloch 波，Bloch wave, III.12, III.31
Bloch 波长，Bloch wavelength, III.17
Bloch 波数 Bloch wavenumber, III.12, III.16
Bloch 波矢，wave-vector, III.12，III.14
Bloch 定理，Bloch theorem, III.17
Bloch 方程，Bloch equation, II.437
Bloch 函数，Bloch functions, II.432
Bloch 理论，Bloch theory, III.47
Bohm 扩散，Bohm diffusion, III.288, III.289
Bohm 扩散公式，Bohm diffusion formula, III.288
Bohm 扩散律，Bohm diffusion law, III.302
Bohm-Pines 理论，Bohm-Pines theory, III.61, III.62
Bohr 半径，Bohr radius, I.69, II.326
Bohr 磁子，Bohr magneton, I.96
Bohr 关系式，Bohr relation, I.74
Bohr 轨道，Bohr orbit, III.31
Bohr 理论，Bohr theory, II.402
Bohr-Kramers-Slater 辐射理论，Bohr-Kramers-Slater radiation theory, I.155, I.170
Bohr-Sommerfeld 原子模型，Bohr-Sommerfeld atomic model, I.147-148
Bohr-Sommerfeld 规则，Bohr-Sommerfeld rules, I.75
Bohr-Sommerfeld 理论，Bohr-Sommerfeld theory, I.136
Boltzmann 常量，Boltzmann constant, I.55, I.127, I.444, I.496, II.518, III.5, III.83, III.91
Boltzmann 定律，Boltzmann law, III.7
Boltzmann 分布, Boltzmann distribution, I.458
Boltzmann 方程，Boltzmann equation, I.495, I.497, I.498-499, I.502, I.506, I.508, I.511-513, I.517, I.523-524, III.18, III.48, III.335,III.562
Boltzmann 关系式，Boltzmann relation, I.443, I.451
Boltzmann 碰撞数，Boltzmann collision number, I.506
Boltzmann 组合因子，Boltzmann

C

F

G

光电子物理学，Optoelectronic physics, III.82-187
光电子学，Optoelectronics
  半导体~，semiconductors, III.108
  ~早期研究，early research, III.110
光度学，Photometry, II.503
光度学咨询委员会(CCP)，Consultative Committee for Photometry (CCP), II.503
光辅助隧道效应，Photo-assisted tunnelling, III.113
光过程，Photoprocesses, II.385
光晶体管，Optical transistor, III.134
光量子假设，Light-quantum hypothesis, I.58-59, I.128-129, I.140-142, I.156, I.311
光敏器件，Photosensitive devices, III.32
光拍频学，Light-beating spectroscopy, III.111-112
光盘，Optical video discs, III.144
光谱分析，Spectral analysis, I.132
光谱数字学，Spectral numerology, I.63
光谱线，Spectral lines, I.132-137
光谱学，Spectroscopy, I.20, I.61-64, II.335
  干涉~，interferometric, III.102
  ~设备，equipment, I.19
光谱指纹，Spectral fingerprints, II.378-379
光散射光谱学，Light-scattering spectroscopy,III.100
光栅光谱学，Grating spectroscopy, III.87
光生 Volta 效应，Photo-voltaic effect, III.32
光速，Speed of light, I.219, I.224, II.494, II.512-514
光探测过程，Photodetection process, III.127
光透射成像，Light transmission imaging (diaphanography), III.514
光吸收，Photoabsorption
  分子氢~，by molecular hydrogen, II.360-363
  ~谱，spectra, II.347, II.348
  光纤，Optical fibre
  ~传感器，sensors, III.149-150
  ~通信，communication, III.131-133, III.149-150
  ~远程通信，telecommunications, III.149-150
光纤光学，Fibre optics, III.110-111
光纤光学光导，Fibre-optic light guide, III.487
光纤技术远程通信，Telecommunications by optical-fibre technology, III.157
光线，Light rays, I.219
光行差，Aberration, I.218, I.224, I.226
光学，Optics
  非线性~，non-linear, III.116-119
  经典~，classical, III.82-83
  迈向 21 世纪的~，towards the twenty-first century, III.150-157
  狭义相对论中的~，in special theory of relativity, I.217-222
  线性~，linear, III.121
  1970-1994 年期间~新结果与新应用，new results and applications(1970-94), III.135-150
光学泵浦，Optical pumping, II.382-383, III.106
光学比长仪，Optical comparators, II.494
光学玻璃，Optical glasses, III.217
光学参量振荡器(OPO)，Optical parametric oscillator (OPO), III.122
光学测角仪，Optical goniometer, I.360
光学成像，Optical imaging, III.120-123
光学敷层，Optical coatings, III.99
光学改正系统(COSTAR)飞行任务，COSTAR mission, III.142
光学干涉测量术，Optical interferometry techniques, III.103, III.112
光学计算，Optical computing, III.142
光学精密测距仪，Mekometer, II.494
光学 Kerr 效应，Optical Kerr- effect, III.130
光学科学中的计算机，Optical sciences, computers in, III.133
光学滤波，Optical filtering, III.109
光学频谱术，Optical spectroscopy, III.112

I

J

K

M

μ子，Muons, II.5, II.14-17
μ子的 g－2 因子，Muon g - 2 factor, II.12-13
Mach 数，Mach number, II.162, II.163, II.214
Mach 原理，Mach's principle, III.352
MAFCO 磁聚变程序，III.315
Mandelstam-Brillouin 频移，Mandelstam-Brillouin spectral shifts, III.92
Mandelstam-Brillouin 散射，Mandelstam-Brillouin scattering, III.92
Mandelstam-Brillouin 双重线，Mandelstam-Brillouin doublet, III.101
Markov 动理学方程，Markovian kinetic equation, I.520
Massey 判据，Massey criterion, II.365
Max Planck 研究所，Max Planck Institute, III.227
Maxwell 方程，Maxwell equations, I.27, I.219-220, I.222, I.223, I.226, I.233, I.236, III.89, III.282, III.284, III.313, III.583
Maxwell 电磁学，Maxwellian electromagnetism, I.23
Maxwell 光的电磁理论，Maxwell's electromagnetic theory of light, I.21
Maxwell 理论，Maxwell's theory, I.20, I.264
Maxwell 妖，Maxwell's Demon, I.482-483
Maxwell-Boltzmann 定律，Maxwell-Boltzmann law, III.6
Maxwell-Boltzmann 分布，Maxwell-Boltzmann distribution, I.496-497, I.502
Maxwell-Boltzmann 统计，Maxwell-Boltzmann statistics, I.446
Meissner (或 Meissner-Ochsenfeld)效应，Meissner (or Meissner-Ochsenfeld) effect, II.247, II.251, II.263, II.274
Michelson 干涉仪，Michelson interferometer, III.93，III.338
Michelson-Morley 实验，Michelson-Morley experiment, I.26, I.220-221, I.222, I.223, III.95
Miller 指数，Miller indices, I.360
Minkowski 空间，Minkowski space, I.243
MKSA 单位制，MKSA system, II.490, II.507
Mohorovicic 界面(Moho 面)， Mohorovicic discontinuity ('Moho'), III.535
Moiré 光栅干涉，Moiré grating interference, III.105
Monte Carlo 法，Monte Carlo methods, I.481, I.526, III.231
Morgan、Keenan、Kellman (MKK) 系统，Morgan, Keenan and Kellman (MKK) system,III.334
Moss-Burstein 移动，Moss-Burstein shift, III.111
Mott 转变，Mott transition, III.63, III.66
MSS 文章，MSS (paper), III.443, III.446, III.451, III.452
MULTAN 程序，MULTAN (multiple tangent formula method), I.382

麻省理工学院，Massachusetts Institute of Technology, I.13
麻省理工学院辐射实验室，MIT Radiation Laboratory, III.589
麻醉设备 Anaesthetic equipment, III.489
麦哲伦云，Magellanic Clouds, II.107, III.346, III.349, III.367, III.378, III.398
脉冲-回声成像，Pulse-echo imaging, III.499-500
脉冲-回声技术，Pulse-echo technique, III.559
脉冲星，Pulsars, III.372-374
曼彻斯特文学和哲学学会，Manchester Literary and Philosophical Society, I.3
曼哈顿 计划，Manhattan Project, III.208, III.228, III.288, III.587, III.588-589
漫涌碎浪，Spilling breakers, II.200
镅，Americium, II.479
美国标准局，US Bureau of Standards, III.558
美国材料研究学会(MRS)，Materials Research Society (MRS), III.228-229
美国电话和电报公司，AT&T, III.586

N

O

P

Q

R

S

U

V

W

X

Y

以太漂移，Aether-drift, I.21
铟，Indium, I.62
阴极射线，Cathode ray, I.22, I.29, I.43, I.44
阴极射线管，Cathode-ray tube, III.208, III.239, III.497
阴极射线示波器，Cathode-ray oscilloscope, III.559
阴阳线圈，Yin-Yang coil, III.310
银版照相过程，Daguerreotype process, III.330
银的固溶体，Silver, solid solutions, III.217-218
银河系，Milky Way, III.345, III.346, III.348
银心，Galactic Centre, III.364, III.367, III.381
引潮力，Tide-raising forces, II.225, II.227
引力，Gravitation, II.105-109, III.598
  Newton~常量，Newtonian constant of, I.23
  狭义相对论中的~，in special theory of relativity, I.236-237
  ~理论，theory of, I.105-109, II.109
  ~与量子理论，and quantum theory, I.262-263
引力波，Gravitational waves, I.257-258, I.259-260
引力波观测台(LIGO)计划，gravitational-wave observatory (LIGO) project, I.247, I.261
引力场，Gravity fields
  太阳~，Sun, II.221
  月亮~，Moon, II.221
引力场方程，Gravitational field equations, I.214
引力常量，Gravitational constant (G), II.514-516
引力辐射，Gravitational radiation, I.257-260
引力能量，Gravitational energy, I.249
引力坍缩，Gravitational collapse, I.254-257
引力坍缩的 Jeans 判据，Jeans criterion for collapse, III.38
“隐”含能量损失，Energy loss, ‘hidden’, II.188-191
隐形眼镜技术，Contact-lens technology, III.106
英澳望远镜 Anglo-Australian Telescope, III.367
英国的红外望远镜(UKIRT)，UK Infrared Telescope (UKIRT), III. 367
英国放射学学会，British Institute of Radiology, III.461
《英国放射学杂志》，*British Journal of Radiology*, III.466
英国广播公司，British Broadcasting Company (BBC), III.559
英国国家测量鉴定所(NAMAS)，National Measurement Accreditation Service (NAMAS), II.520
英国国家镭委员会，National Radium Commission, III.473
英国国家物理实验室，National Physical Laboratory (NPL), I.17, II.490, II.496, III.199, III.465, III.476, III.483, III.558
英国科学促进会，British Association for the Advancement of Science, I.4, I.43, II.503, III.339
英国无线电研究委员会，British Radio Research Board,III.558
《英国医学通报》，British Medical Bulletin, III.491
英国医学研究理事会(MRC)，Medical Research Council (MRC), III.468, III.473, III.484, III.509
英国医学与生物学中的物理与工程学学会，Institution of Physics and Engineering in Medicine and Biology, III.463-464
英国医院物理师协会，Hospital Physicist’s Association, III.463
英国原子能研究院，Atomic Energy Research Establishment, III.491
英国远距离通信研究署(TRE)，Telecommunications Research Establishment (TRE), III.36-37
荧光, Fluorescence, III.213
萤石，Fluorite, I.367
影印，Photocopying, III.216
应变时效，Strain-aging, III.201, III.203-204

Z

人名索引

B

C

D

E

G

H

I

K

O

Q

R

T

Z

译 后 记

三卷本《20 世纪物理学》的最后一卷马上就要付印, 这件由京内外 18 个科研、教学单位近 40 位科研和教学工作者花费了将近七八年时间共同完成的翻译工作终于要画上句号, 当然令人高兴. 这里我就这套书翻译的缘起、实施过程以及若干个人观感做一点介绍.

这套书是 1995 年由美国物理学会和英国物理学会联合出版的, 1996 年我访问设在意大利得里亚斯特的国际理论物理中心时、在中心图书馆初次读到. 读后深感该书不仅对 20 世纪物理学的革命及其对人类自然观的影响作了全面深刻的叙述, 而且详尽地讲述了一个世纪以来物理学各领域的具体进展, 特别是相当平衡地叙述了物理学基础研究的进展和物理学应用在推进社会经济发展和提高人类生活水平方面的进步. 尤为可贵的是, 这套书的叙述相当低调平实, 没有对杰出人物刻意拔高和渲染, 即使是对于玻尔、爱因斯坦这样的天才学者, 在谈及他们成就的同时, 也讲述了他们所犯过的错误和遇到困难时的内心困惑. 自认为在这些方面, 这套书确优于其他物理学史论著.

这三本书的翻译缘起于科学出版社 2007 年初在中科院物理所召开的一次物理出版选题会, 在那次会上我曾谈了对这套书的看法, 提出就物理学史著作而言,《20 世纪物理学》当属上乘之作, 若能翻译出版, 必能惠及我国广大物理学工作者和学习物理的学生. 不料这个即兴发表的意见, 竟然引起出版社的重视, 他们马上联系了翻译版权, 并且要我负责组织这套书的翻译. 翻译一套由 31 位撰稿人撰写的正文篇幅达 2000 多页、附录几百页的大书, 谈何容易? 我只能推托. 记得那时与我联系的是出版社的胡凯编辑, 禁不住他的 "软磨硬泡", 最后还是他的热心感动了我, 只好把这件事答应下来, 这也叫 "自作自受", 谁叫你当初要推荐这套书的呢?

接手这一任务后, 首先要做的是物色翻译者. 这套书共 27 章, 分别讲述物理学的各个分支以及交叉学科在 20 世纪的发展历史, 每章的内容不同, 撰稿人文风各异. 为保证翻译质量, 必须组成一支专业知识和语言能力俱佳的翻译队伍, 根据个人专长分工翻译. 为此, 我和中国物理学会出版委员会负责人、中科院物理所聂玉昕同志及科学出版社胡凯编辑商量并在一定范围内征求其他同志意见后, 分头联络动员我们认为的合适人选参加工作. 我借助同学、朋友、同事关系, 反复动员, 邀请了秦克诚 (第 2 章)、丁亦兵 (3、9 章)、邹振隆 (4、23 章)、姜焕清 (5、15 章)、郑伟谋 (7、8 章)、陶宏杰 (11 章)、常凯 (12 章)、赖武彦 (14 章)、阎守胜 (17 章)、王龙 (22 章) 和曹则贤 (24、27 章). 聂玉昕同志联系了麦振洪 (6 章)、朱自强 (10 章)、龙

桂鲁 (13 章)、沈乃澂 (16 章)、宋菲君 (18 章)、白海洋、汪卫华 (19 章)、孙志斌、陈佳圭 (20 章)、喀蔚波 (25 章)、张健 (26 章) 等同志陆续加入. 他们都是精通所译领域的专家, 他们的志愿加入, 使得这套书高质量译出有了保证. 组织翻译队伍的工作前后花了大约半年的时间.

接下来就是具体翻译工作, 由于每人工作量不同 (工作量最大的当属与我同年考入北大物理系的丁亦兵和邹振隆, 丁负责译两章共 256 页, 邹负责译两章共 237 页), 故交稿日期没有作硬性规定, 总原则是在保证质量的前提下越快越好. 记得期间全体人员只开过一次会, 科学出版社提出了若干具体的翻译要求, 译者们也提出一些问题和建议, 会议决定书中物理学家的名字不用汉语翻译一律用原文. 后来, 我和聂玉昕又商量为保证质量, 每章必须配校对人, 至于校对人选, 由译者根据情况自行决定. 各位译校人员非常尽职尽责, 翻译工作进展顺利, 2009 年下半年起陆续有人交稿, 一直到 2012 年底, 全部译稿交齐.

本以为稿子交齐后很快就可出版. 不料阅读译稿后, 发现虽然译者们都很认真, 但每篇译稿都程度不同地存在问题, 要达到出版水平, 还必须做大量的统稿加工. 统稿工作极其琐碎繁杂, 既要逐页对照原文核对各章译文, 以消除漏译、误译. 又要对各章的译文做必要的文字修改润色, 在尽量做到忠实于原文的同时, 还要统一科学术语. 鉴于不同译者有各自的文体、风格和用词习惯, 统稿工作颇为困难, 进展缓慢, 直至 2014 年才出版了第 1 卷. 第 1 卷的统稿, 得到秦克诚同志大力相助, 若没有他的帮助, 出版可能还要推迟, 在此特别表示感谢. 之后又经一年奋斗, 于 2015 年出版了第 2 卷. 现在第 3 卷将要面世, 这一卷除统稿外, 编辑汉语拼音排序的主题索引和人名索引也花费了大量时间. 我在统稿中所作的修改, 多数未与原译者沟通, 如有错误, 当然由我负责. 除对译文把关外, 对在原书中发现的一些错误和不当之处, 我也都做了修改或以 “总校者注” 名义做了说明. 尽管如此, 错误仍在所难免, 诚挚地希望读者发现错误后, 不吝指教.

在此我要对全体译校人员表示由衷的感谢并诚恳致歉. 感谢他们花费大量时间辛勤译书, 使这套物理学史的大书得以用汉语出版并惠及广大物理学工作者和学生. 之所以致歉, 歉在我个人统稿效率低下, 致使他们的劳动成果未能及早与读者见面. 在准备出版的整个过程中, 科学出版社的钱俊编辑一直与我密切合作, 为了保证出版质量, 他和他的同事不厌其烦地根据我的修改一次又一次修改清样, 他们的耐心和专业精神令人感动. 在此我谨对钱俊及其编辑集体表示衷心感谢. 此外, 衷心感谢中国物理学会对这套书出版的资助.

最后要说明的是, 这套书的主译者署名本应是我和在翻译工作的组织和物色译者方面踏踏实实做了大量工作的聂玉昕同志, 但因他坚决拒绝, 只好由我独掠其美, 深感惶恐.

这套书的三位主编在序言中提到本书特别介绍的物理学家时, 曾写道: “近代物理学的历史告诉我们, 这些学者以及难以数计的其他一些人, 尽管并非个个聪明绝顶, 但却都具有天才并献身于他们所从事的、他们认为无比重要的事业. 这是一个值得大书特书的故事, 如果这一套书的讲解能鼓励他人更好地来讲这个故事, 我们的目的就算达到了. ”

在这套书的中译本出齐之时, 我们谨希望全体译校者用世界上最多人使用的语言讲述的这个故事, 能鼓励更多的人特别是青年人献身于物理学这个“无比重要的事业”.

刘寄星

2016 年 7 月 31 日于北京

原书修订版前言

《手把手学超声检查》首次出版至今已过5年。值得高兴的是，近年超声仪器不断改进、超声造影检查方法不断推广，与此同时，超声检查技师、医师人数也增加了。

本书用图像来说明超声检查的基本方法，为了让初学者容易理解，我们进行了总结。因为书中未涉及临床病例、检查时注意事项及图像的解读方法，所以需参考其他的专业书。但多数读者希望加入一些临床病例，故此次改版之际，增加了一些具有代表性病例的超声图像和简单的说明，更便于初学者使用本书。

但是本书未对临床方面的知识进行详解，若同时参考其他专业书，相信在短期内可以掌握超声检查技术。

另外，对一直以来喜欢、使用本书的读者表示感谢。

为了便于理解，本书尽量用图像说明超声检查技术，若对今后有志从事超声检查的技师、医师有所帮助，也是本书的愿望。

最后，本书在编写过程中得到了圣玛丽安娜医科大学医院临床检查部超声中心工作人员的大力支持，从策划到出版也得到了Vector Core出版社的相关工作人员的大力支持，在此一并致谢。

永江　学

2001年3月

原书第1版前言

随着超声仪器不断改进，超声检查在日常临床工作中已经成为不可缺少的检查方法。但超声检查也有其不足，尤其是图像的获取与患者的体型、超声检查设备的质量及检查操作者的技术有关，进而影响疾病的诊断。因此，从事超声检查的医师必须正确掌握基本超声检查方法、扫查技术和技巧。

《手把手学超声检查》主要面向从事超声专业的初学者，正确掌握超声的基本扫查技术、获得切面图像的方法及切面图像对于他们的成长有重要意义；本书以图像为中心，分器官进行了讲解，便于读者从任何一章开始阅读都能读懂。

如果把医院的工作人员作为受检者，对照本书进行练习的话，会很快掌握超声检查技术。另外，还可同时参考《超声图像801》（Vector Core出版社），以进一步理解采集哪些图像对诊断更有价值。

本书未涉及病例，相关知识可参考《Compact超声系列》（Vector Core出版社）和其他专业书籍。另外，笔者认为研究典型病例图像的采集方法，是掌握超声检查方法的捷径。

本书为了便于掌握操作方法，把单用语言难以清晰表达的扫查技术，尽量用图片说明。本书若对拟从事超声检查工作的技师、医师有所帮助则深感荣幸。

最后，在本书的制作过程中得到了圣玛丽安娜医科大学医院临床检查部超声科工作人员的大力支持，从策划到出版也得到了Vector Core出版社的中山先生、本间先生的大力支持，在此一并致谢。

永江　学

1996年2月

目　录

第一章
掌握超声检查技术之前须知

◆ 为了学会超声检查

◆ 知识……超声波原理
解剖学
组织细胞学
病理学（包括大体病理和病理组织学）
◆ 技术……扫查技术
仪器设备的使用和操作
图像采集的原则和技巧
◆ 经验……积累大量的病例经验
与病理结果对比
与其他影像诊断的对比

1）学会超声检查，应具备知识、技术、经验三大要素。

2）知识主要包括超声波的物理学特性、人体解剖学、组织细胞学及病理学等主要内容。

3）技术包括临床扫查、理解正常或异常超声图像，还有能够提供更多图像信息而需要掌握的采集图像的知识、熟悉仪器的性能。

4）积累大量超声扫查病例的经验，同时对比超声图像和病理结果，掌握更多的知识。另外，还要综合其他的影像学诊断、多总结病例、积极参加学术活动，增长有关病例超声扫查的知识。

◆ 初学者在操作中常出现的问题

①探头的握持方法错误。
②扫查速度过快。
③盲目无序扫查。
④只注意某一器官或某一病变而没有围绕疾病进行全面检查和思考。

1）手持探头时用力不当（或轻或重）、不能进行详细扫查，影响对图像的观察和分析。

2）扫查速度过快，会遗漏较小、轻微的异常图像。

3）探头需要和检查部位的皮肤充分接触。为达此目的，需要将探头适当加压，使其与皮肤接触良好，以保证超声画面的完整和清晰。

4）盲目扫查肯定会影响获得诊断信息的数量，也影响对图像进行系统的整理和分析。

5）当图像显示出某些异常时，不要只注意该病变，而忽略其他的病变。

◆ 观察、采集图像时的注意事项

1）应对图像进行全面观察和分析。

2）将图像的感兴趣区置于显示屏的中央。

3）不要采集只有操作者本人能够理解的图像。

4）采集的图像应尽量包括更多的信息。

5）若有参照物（器官和病变周围的结构等），需予以采集。

6）随着超声检查技术的熟练，应逐渐培养把连续观察到的图像进行综合，在头脑中描绘出一个动态的立体图像的能力。

◆ 检查时的温馨提示

1）告知受检者检查所需时间，避免长时间检查。特别是初学者常不计时间进行检查，要时常留意显示屏上的钟表，确定花费的时间。

2）为了保证充分扫查，应尽量大范围暴露，但扫查不到的部位用浴巾盖好。例如，受检者为女性，扫查上腹部时，要摘掉乳罩，用浴巾盖好胸部。这样一来，可以轻松地进行肋间扫查。另外，检查下腹部（妇产科等）时，如果把内衣退到耻骨联合的下方，检查时会很轻松。

3）检查者向受检者说明需暴露的部位，让受检者自己脱下衣服。尤其是妇产科领域，若不予以说明，有时会使患者产生误解，临床上应特别注意。

4）若男性检查者为女性受检者进行超声检查时，应当有其他人（助手或患者家属）在场。

5）在受检者面前，言语注意分寸。例如，检查者之间谈论其他受检者之事时，正在接受检查的受检者有时会误认为是在谈论自己的事情。

6）检查时，即使发现病变，也应当养成先扫查整个部位的习惯，这样一来，不仅仅限于某一病变，其他疾病也不会漏诊。

7）不能只集中扫查病变部位，应当交叉进行其他部位的扫查。这样，检查完毕之前受检者不会感到不安。

8）申请医师和检查者不是同一个人的情况下，检查者应在充分理解申请医师的申请目的的基础上进行扫查，不能只看检查项目而进行盲目扫查。

9）检查者有必要接受一次检查，以体会受检者的辛苦。例如，体验下腹部检查时需要憋尿，上腹部和心脏检查时需要屏住呼吸等，这样检查时才会体贴受检者。

10）初学者有时只关注检查而忘了受检者，所以检查时应当把受检者看作自己的亲人进行检查。

◆ 基本体位（图 1-1）

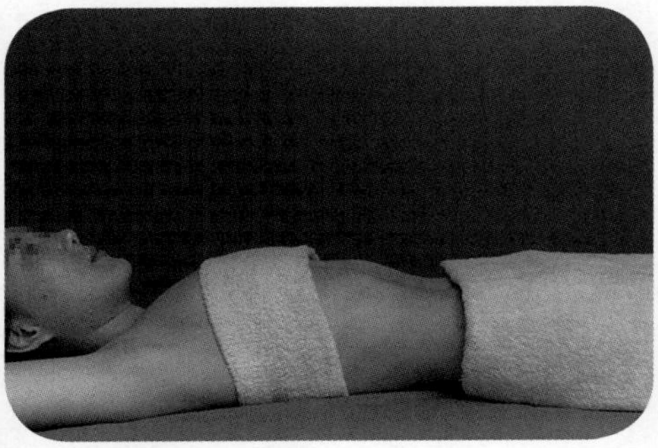

仰卧位

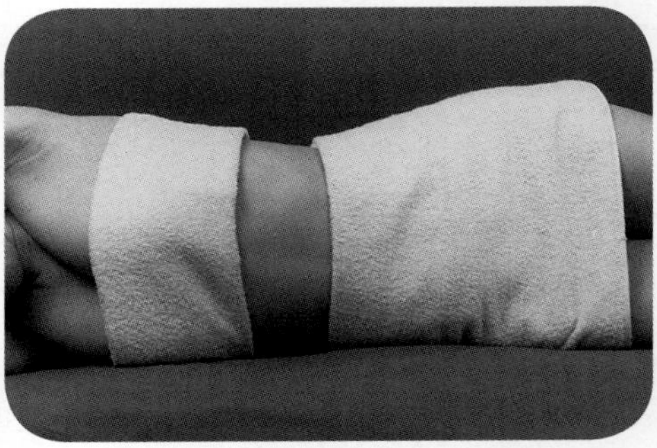

侧卧位

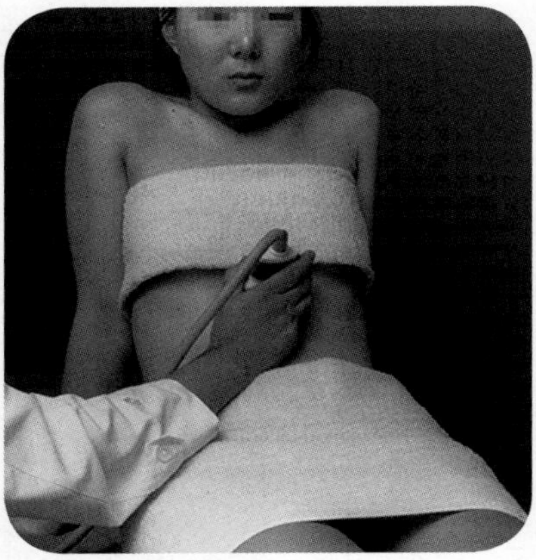

半卧位

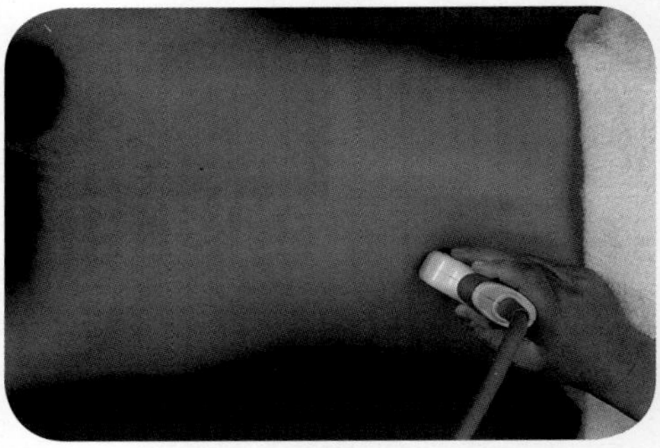

俯卧位

图 1-1　基本体位

·检查时通常采取仰卧位。

·受检者的双手抱头或放在胸前。

·为了保证充分扫查，应尽可能大范围地暴露，但扫查不到的部位应用浴巾等盖好，可以防止耦合剂粘在衣服上。

◆ 探头的使用方法

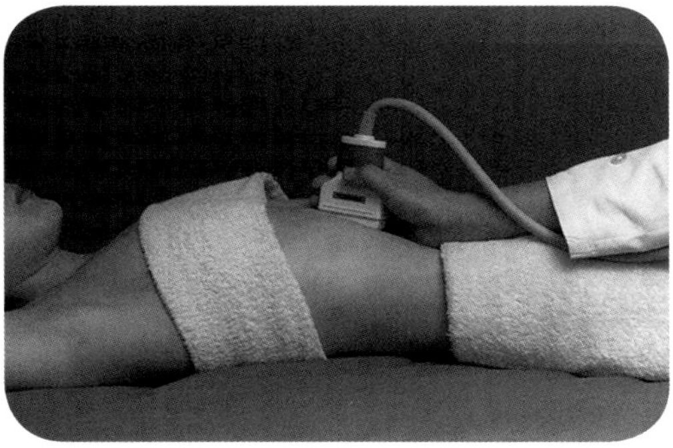

图1-2　手持探头的正确握持方法

= 手持探头的正确握持方法（图1-2）=

用手包住整个探头，用拇指和示指轻压探头与皮肤紧密接触。
手腕和前臂可置于受检者的身体上起固定作用。
缓慢平稳移动探头。

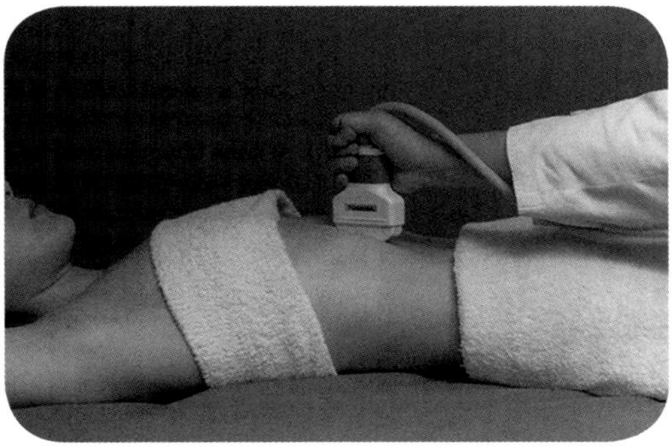

图1-3　手持探头的错误握持方法

= 手持探头的错误握持方法（图1-3）=

不想让手被污染，手持探头的上方。
手腕和前臂处于悬空状态，探头成了支点。
操作者肩部用力，用整个上肢移动探头。
探头移动快且不稳。
生硬不灵活。

1）手持探头时不能过度用力。

2）不是用整个上肢移动探头，而是用腕力缓慢移动探头。

3）前臂置于受检者身体上。

4）适当加压探头，使其与皮肤紧密接触。

5）不是在用探头获得图像，而是操作者要详细进行扫查。

6）检查过程中，手持探头的手建议也涂些耦合剂。

7）为了确认探头扫查是否顺利，用摄像机记录整个扫查过程，再用3倍的速度回放，若能清晰地看到图像，则可判断探头移动没问题。

◆ 探头的移动

探头的移动方法，有旋转扫查、平行扫查和扇形扫查（图1-4）。

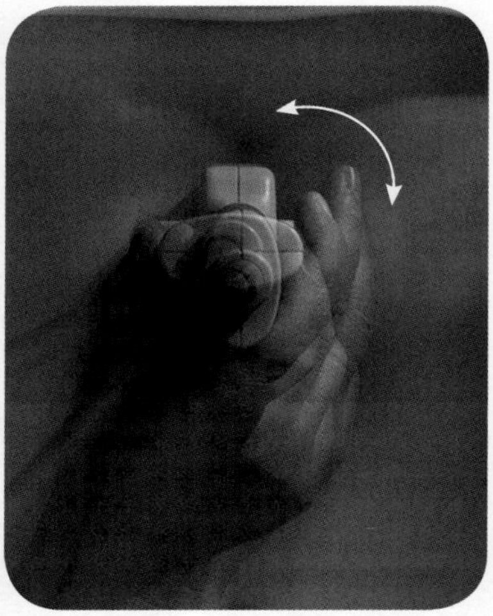

旋转扫查

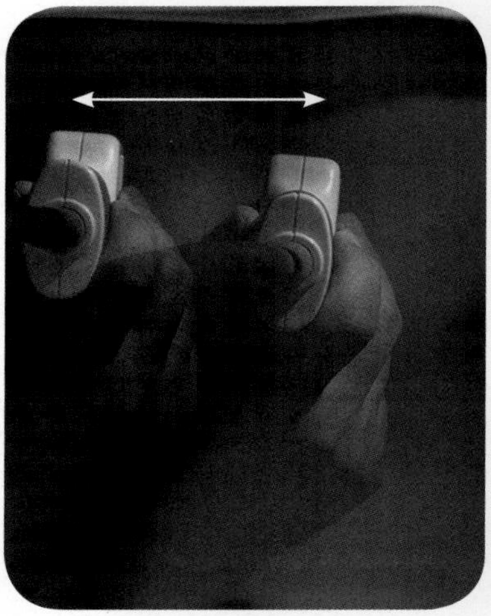

平行扫查

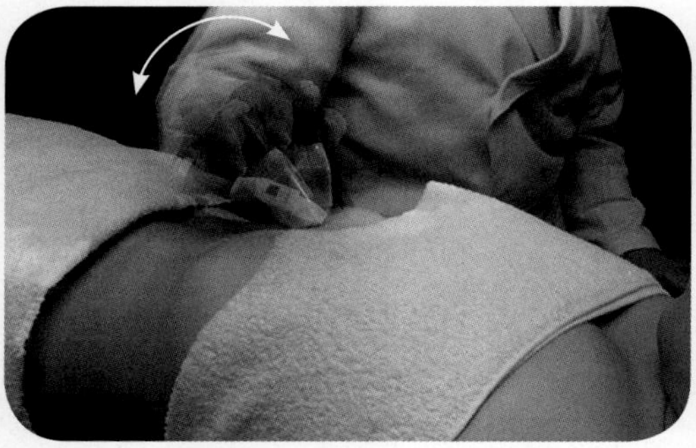

扇形扫查（1）

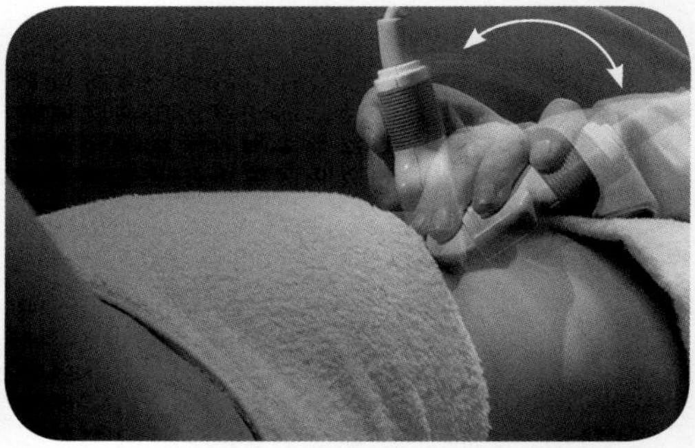

扇形扫查（2）

图1-4 探头的移动方法

◆ 探头和图像的关系

1. 横切面扫查

把探头置于横切面扫查的位置，探头的右侧为受检者的左侧，即从受检者足侧的角度来观察的图像。确认方法是将探头的右侧轻轻翘起，画面上右侧的超声图像就会消失（图1-5A、B）。如图1-5C所示左侧出现缺损时，说明探头的方向颠倒了。

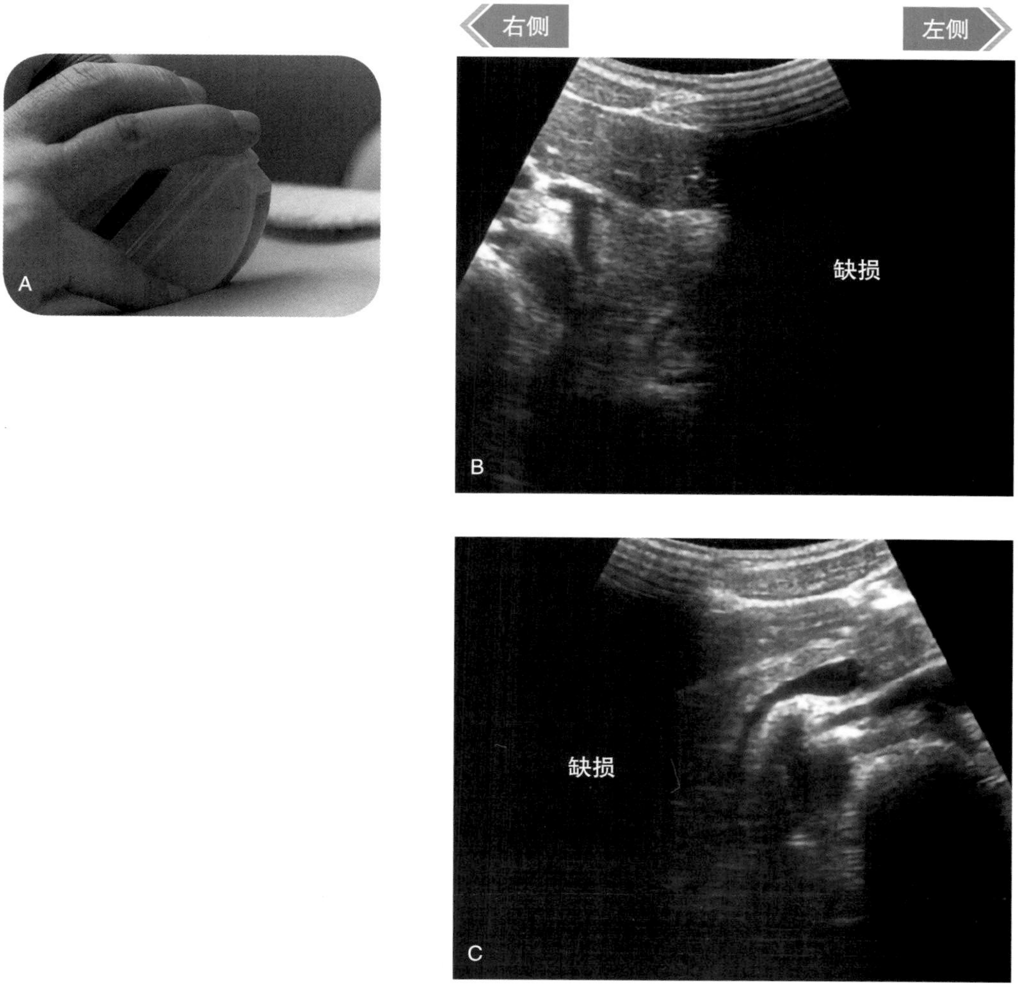

图1-5　探头横切面扫查

2.纵切面扫查

把探头置于纵切面扫查的位置，探头的右侧为受检者的足侧，即从受检者右侧的角度来观察的图像。作为确认方法是将探头的右侧轻轻翘起，画面上右侧的超声图像就会消失（图1-6A、B）。如图1-6C所示左侧出现缺损时，说明探头的方向颠倒了。

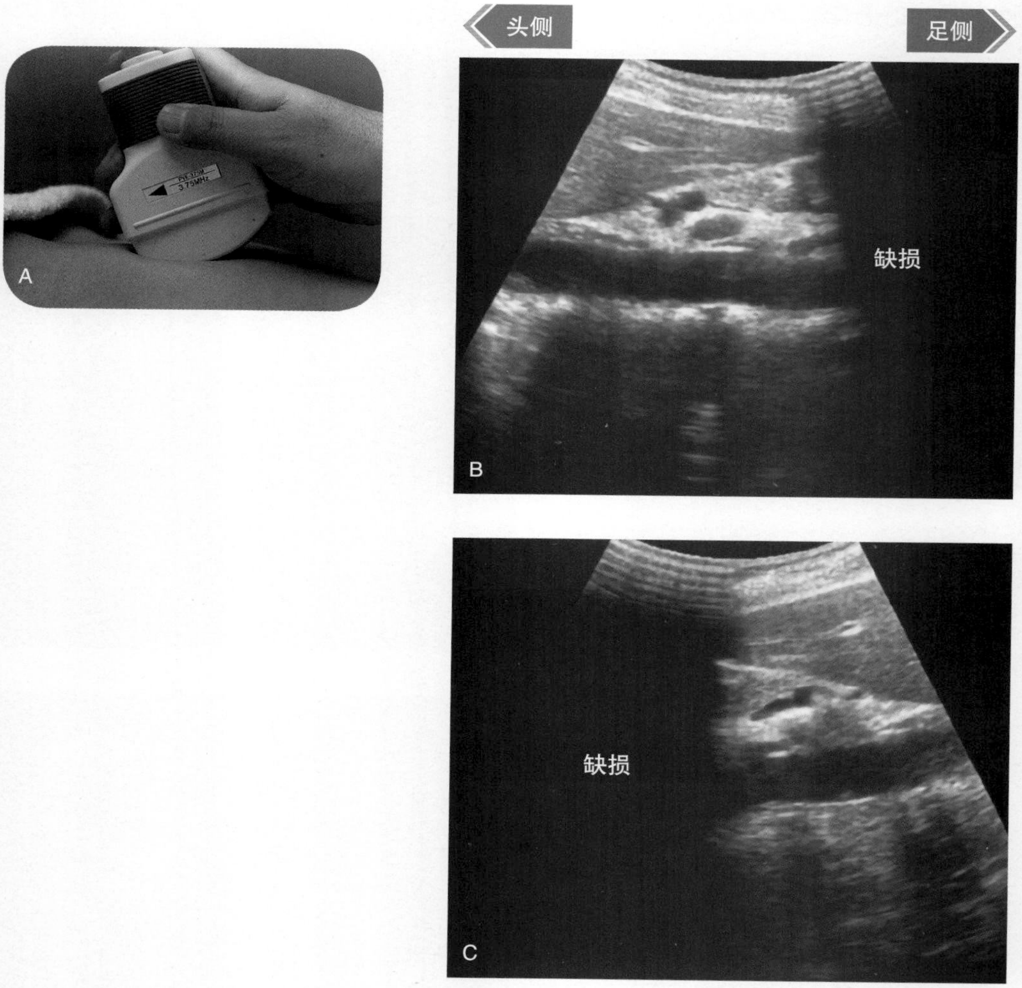

图1-6　探头纵切面扫查

第二章
颈部动脉超声检查

◆ 颈部动脉解剖（图 2-1）

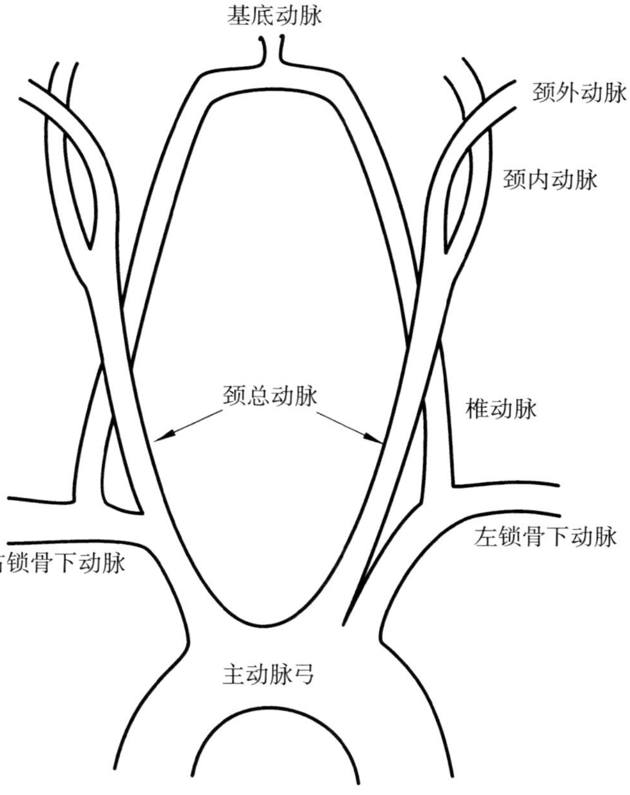

图 2-1　颈部动脉解剖示意图

1）颈部动脉分为颈总动脉和椎动脉。

2）可以观察的范围是从颈总动脉的近心端到颈内/外动脉的分叉处的上方。尤其是日本人的颈内/外动脉分叉处的位置较欧美人高，有时不易观察颈内/外动脉。

3）椎动脉穿行于颈椎横突孔之间，容易观察。

◆ 受检者体位和手持探头的方法

1）受检者通常采取仰卧位。

用枕头垫高受检者的肩部，使其颈部尽量伸展。

受检者亦可不用枕头，轻轻上仰下颌（图2-2）。

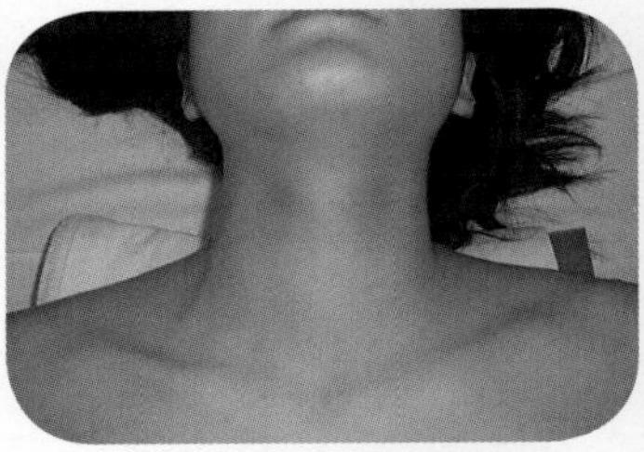

图2-2　上仰下颌

2）让受检者头部朝向受检侧的对侧（图2-3）。

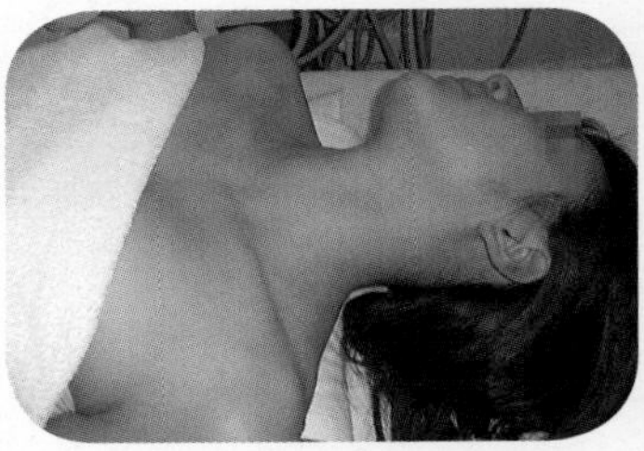

图2-3　向受检侧的对侧偏头

3）为了更好地固定探头，操作者的小指置于受检者的皮肤上。

操作时应注意不要用力过度，否则有时会导致受检者晕厥。

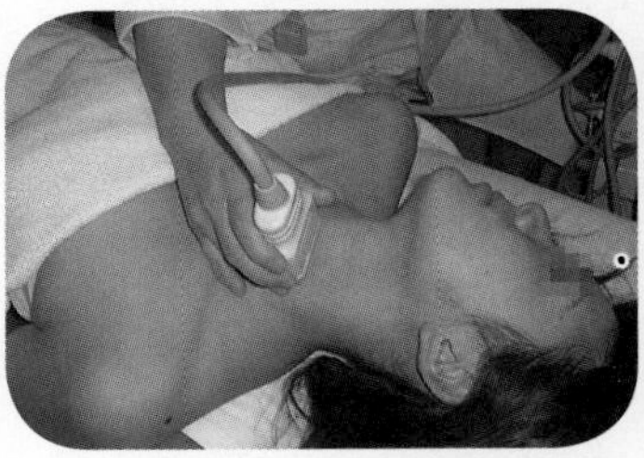

图2-4　小指支撑固定探头

◆ 颈部动脉超声的扫查顺序

1 将探头置于锁骨附近，向下颌方向平行移动观察颈部动脉的横切面（图2-5A、B）。

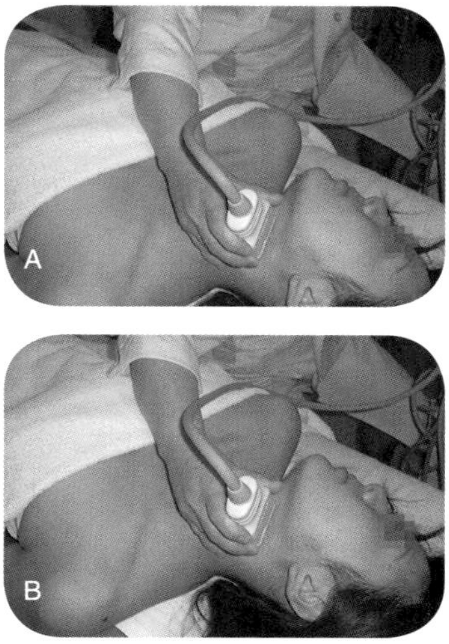

图2-5　颈部动脉横切面扫查

2 然后探头沿着颈动脉长轴方向进行纵切面扫查，观察颈部动脉的纵切面（图2-6）。

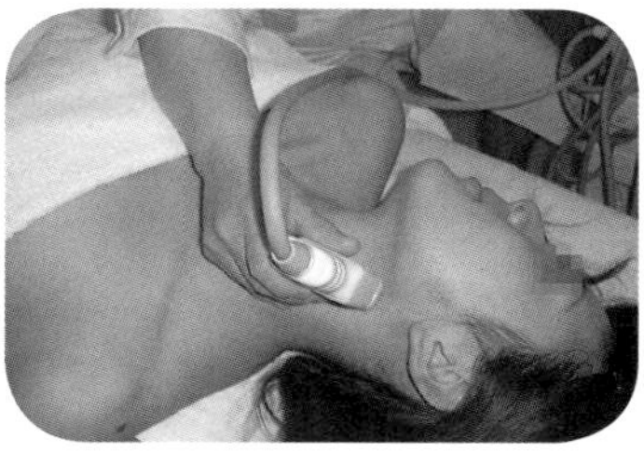

图2-6　颈部动脉纵切面扫查

3 观察颈内动脉时，探头从颈总动脉稍微向外倾斜后进行观察（图2-7）。

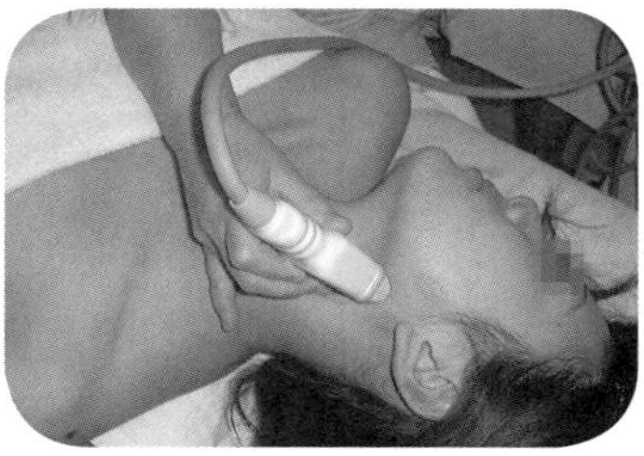

图2-7　颈内动脉扫查方法

4 观察颈外动脉时，探头从颈总动脉稍微向内倾斜后进行观察（图2-8）。

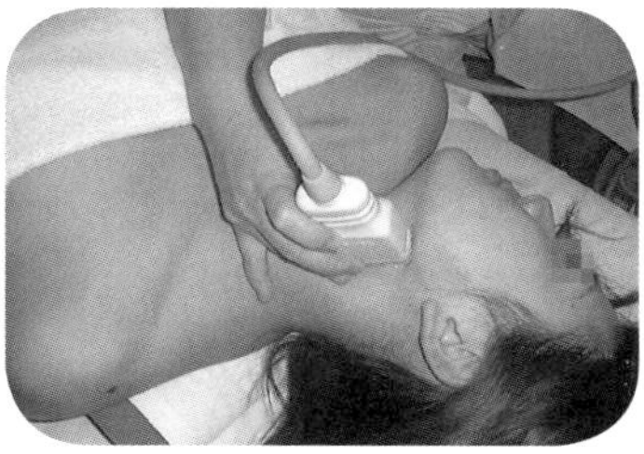

图2-8　颈外动脉扫查方法

颈部动脉检查要点

● 采集图像

1）使用高频探头，通过横切面和纵切面对颈部动脉进行全面观察，若无明显异常，采集左、右横切面和纵切面的图像。

2）若有异常，应随时增加采集异常切面的图像。

● 注意事项

1）探头要垂直移动。

2）充分涂抹耦合剂。

3）若探头过大，颈内/外动脉难以显示时，应选择适当的探头。

● 图像分析要点

1）评价血管内斑块的性质。

2）多数动脉粥样硬化和血栓在二维切面上难以显示，应使用彩色多普勒确认缺损部位。

3）若狭窄率超过70%，容易导致脑梗死和一过性脑供血不足。

4）测量狭窄处的流速可以判断狭窄程度。若最高流速超过1.5m/s时，狭窄率在50%以上，若最高流速超过2.0m/s时，狭窄率在75%以上。

5）若血管内中膜发生弥漫性增厚、管腔狭窄时应考虑多发性大动脉炎。

● 主要适应证

主要适应证包括动脉粥样硬化性疾病、多发性大动脉炎（高安动脉炎或无脉症）、动脉夹层。

颈部动脉病例（图2-9 ~图2-19）

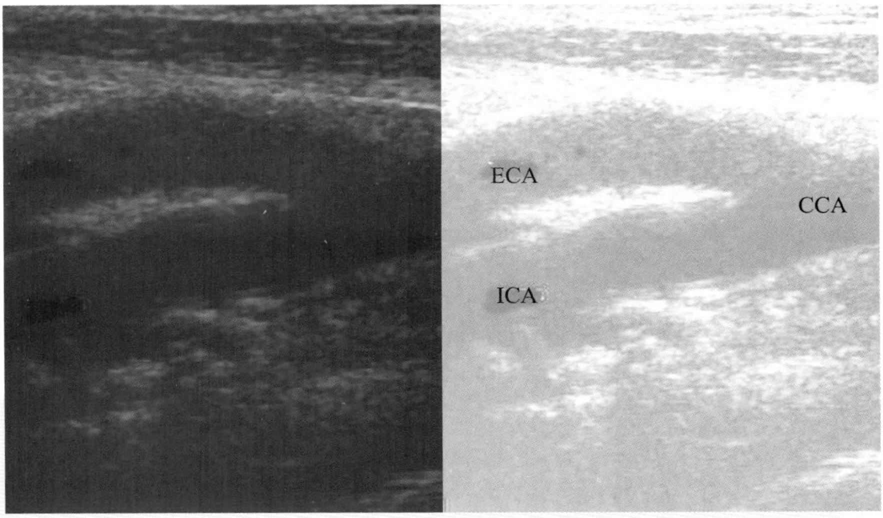

图2-9　颈总动脉分叉处的超声图像

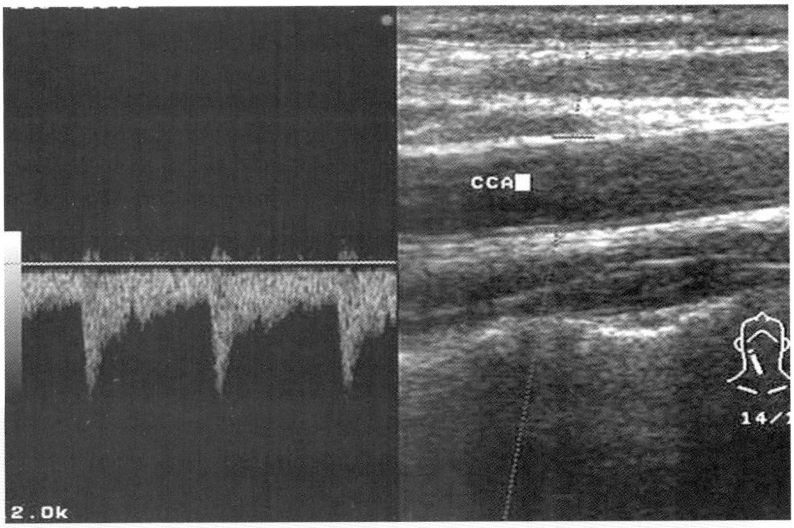

图2-10　颈总动脉脉冲波多普勒频谱

ECA.颈外动脉
ICA.颈内动脉
CCA.颈总动脉

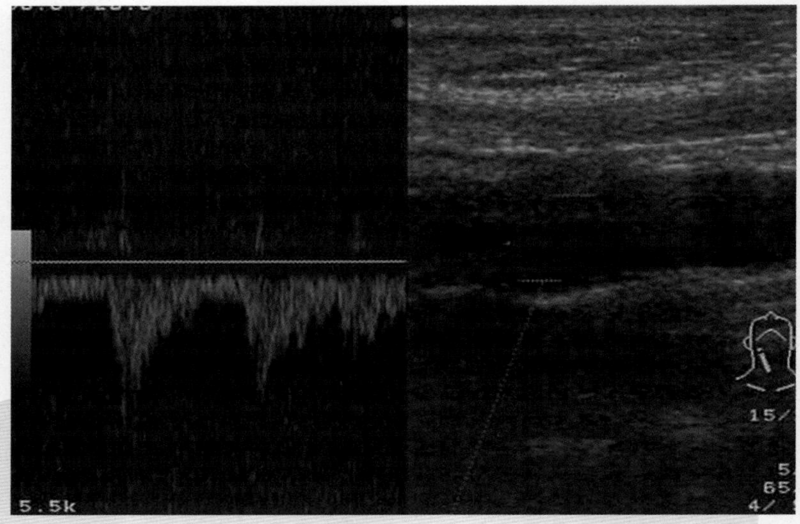

图2-11 颈内动脉脉冲波多普勒频谱

颈内动脉舒张期频谱下降缓慢，流速较快，为低阻力频谱

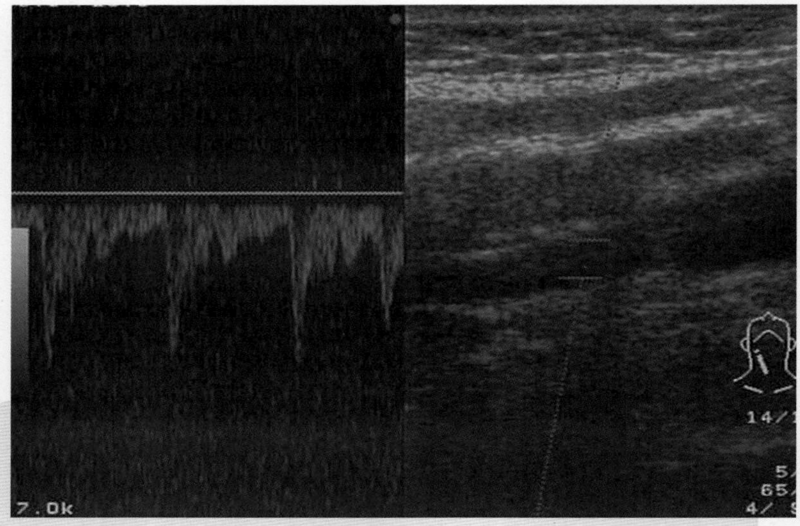

图2-12 颈外动脉脉冲波多普勒频谱

颈外动脉舒张期频谱下降迅速，流速较慢，为高阻力频谱

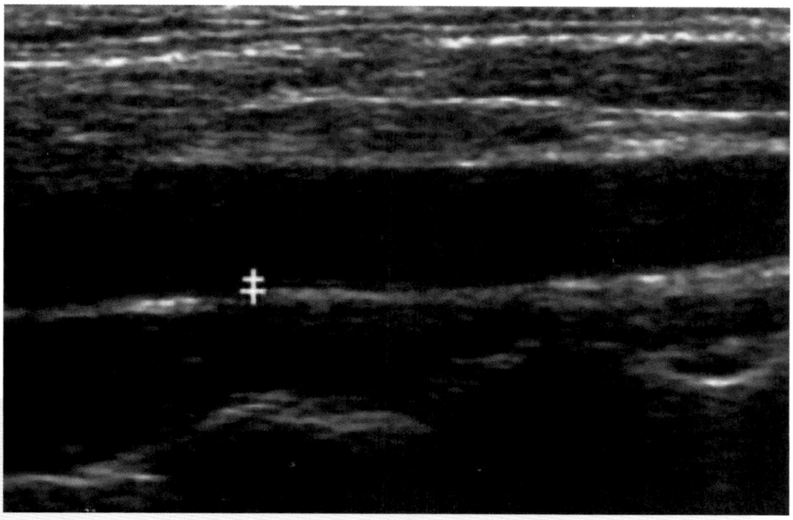

图2-13 动脉管壁的测量

动脉血管管壁的厚度是通过内中膜复合体（intima-media complex，IMC）或内中膜厚度（intima-media thickness，IMT）来评估的，年轻健康者IMC的厚度应在1mm以下，是指测量高回声的内侧和低回声之间的距离

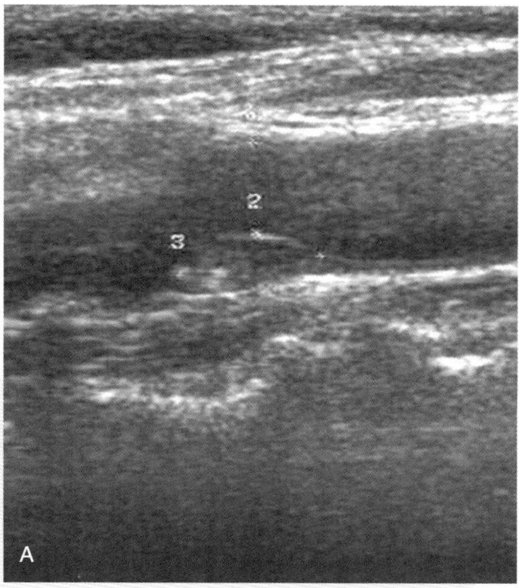

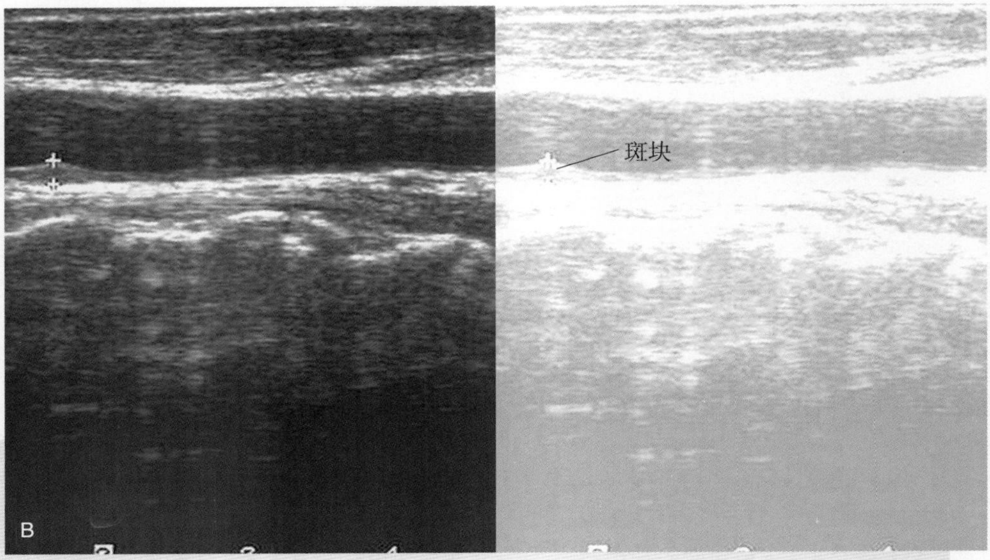

图2-14 颈总动脉内可见低回声的软斑

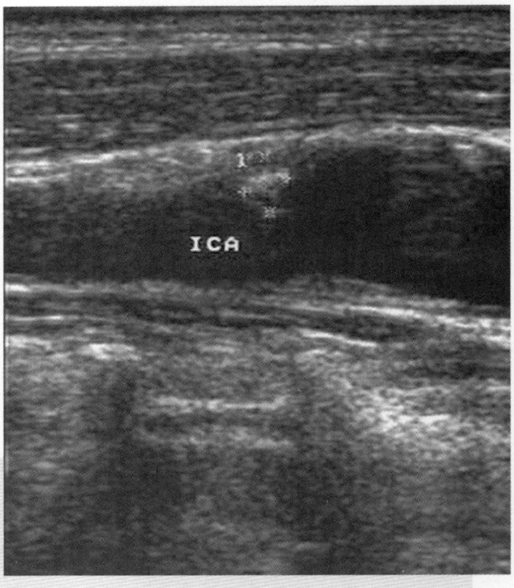

图2-15 颈总动脉内可见部分内中膜增厚形成的等回声斑块。颈内动脉可见高回声硬斑

ICA.颈内动脉

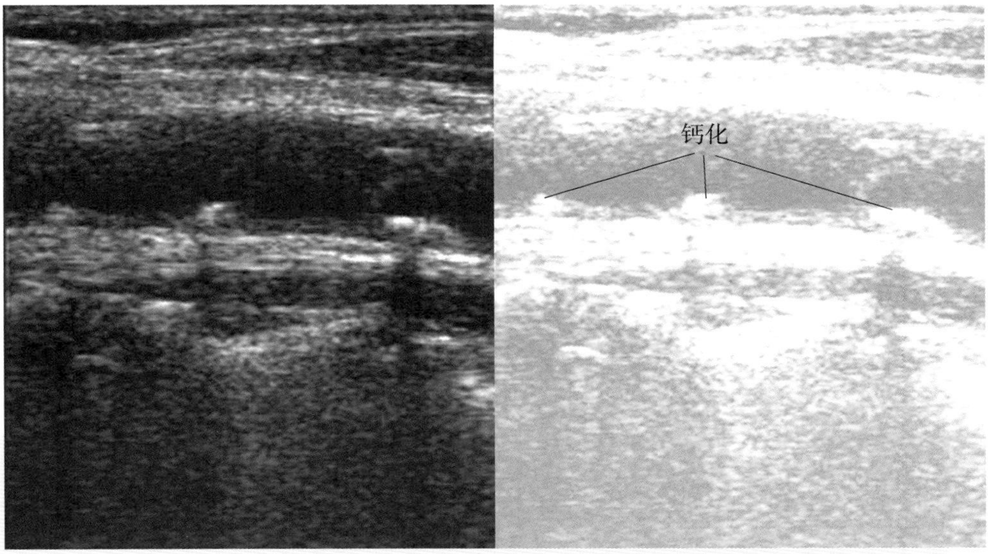

图2-16　颈总动脉内可见硬斑

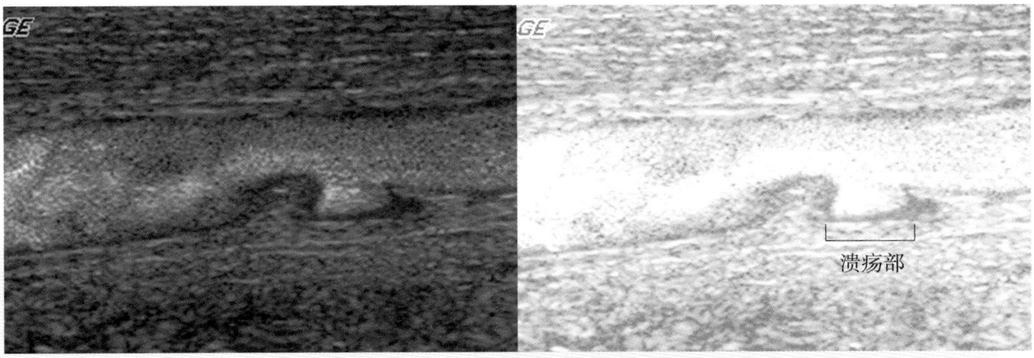

图2-17　使用B-flow超声显影技术显示颈总动脉内可见硬化斑块，中央部位可见溃疡

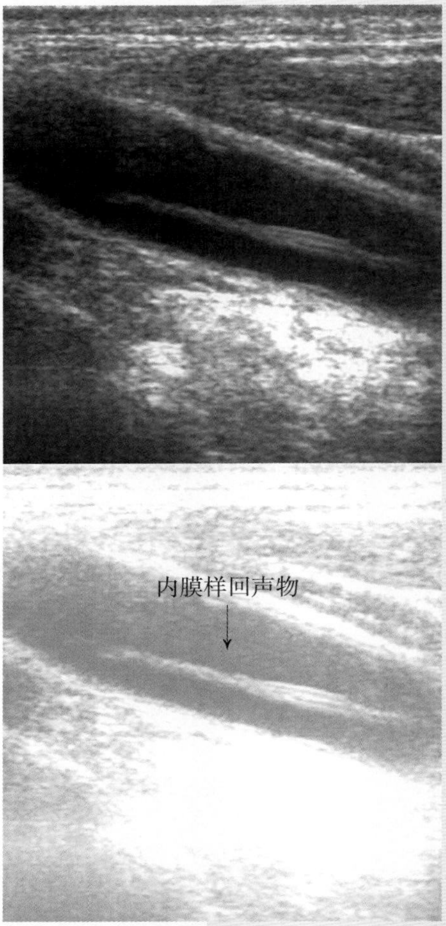

图2-18 颈总动脉内可见内膜样回声并随心动周期不停摆动，考虑动脉夹层

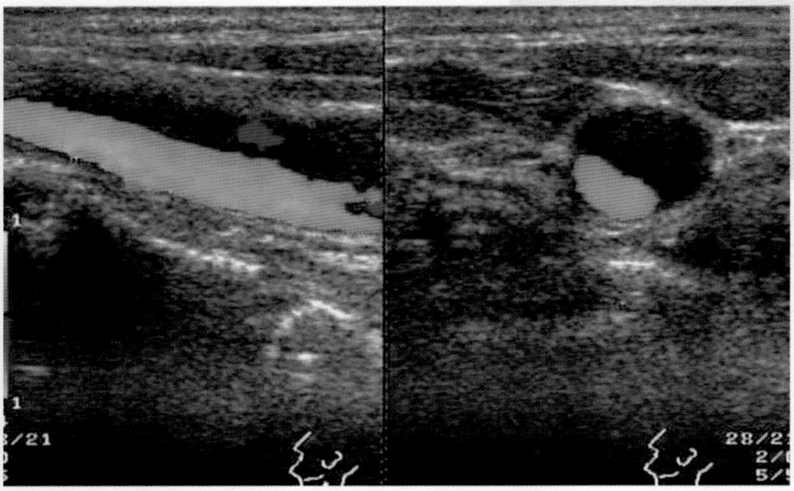

图2-19 彩色多普勒可以鉴别真腔和假腔，有彩色血流信号者为真腔

第三章
甲状腺超声检查

◆ 甲状腺解剖（图 3-1）

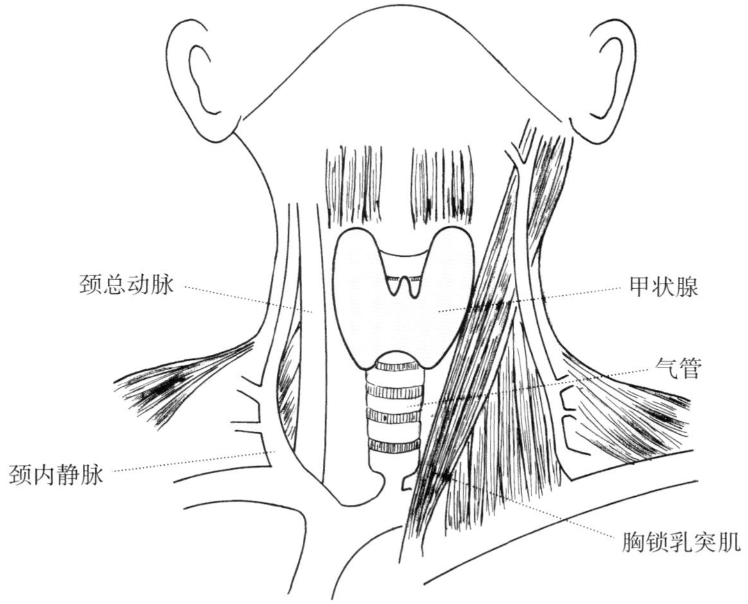

图 3-1　甲状腺解剖示意图

1）甲状腺位于颈前，附着于气管前方和两侧。

2）甲状腺由左、右叶和峡部组成。

3）甲状腺的大小与年龄有关，成人甲状腺重量约25g。

4）将探头方向从足侧向头侧倾斜，超声图上其形态呈锥体形状（图3-2）。

5）男性甲状腺的位置较女性略低。

6）甲状腺的前面有颈前肌群，两侧有胸锁乳突肌。

7）成人甲状腺左、右叶的上下径为4～5cm，左右径为2～2.5 cm，前后径为1.5～2cm。

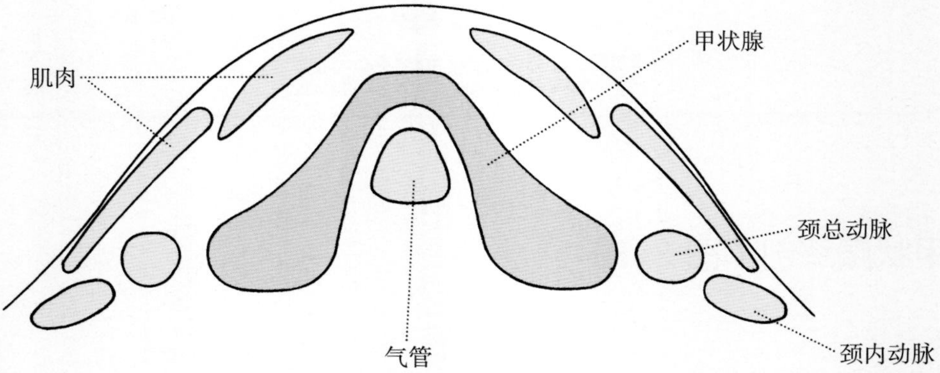

图3-2 甲状腺横切面扫查示意图

◆ 图像的表示方法（图3-3）

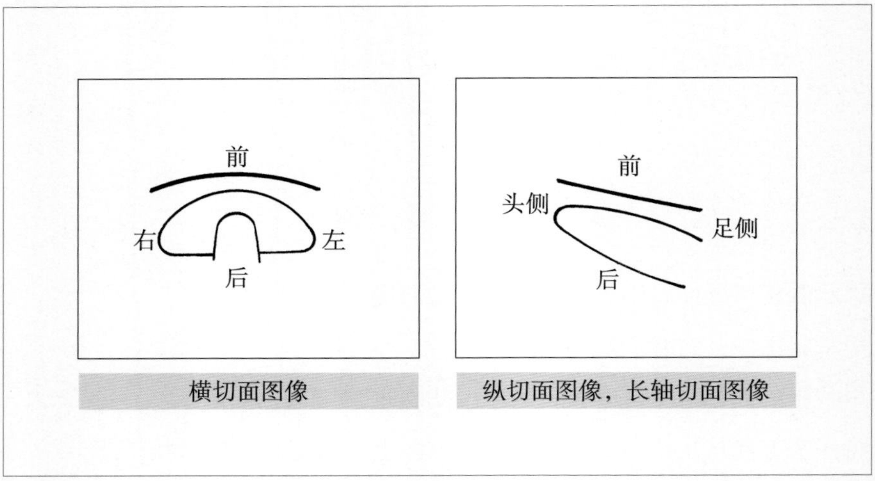

图3-3 图像的表示方法

◆ 受检者体位和手持探头的方法

1）受检者采取仰卧位。

用枕头垫高受检者的背部，使颈部尽量伸展（图3-4）。

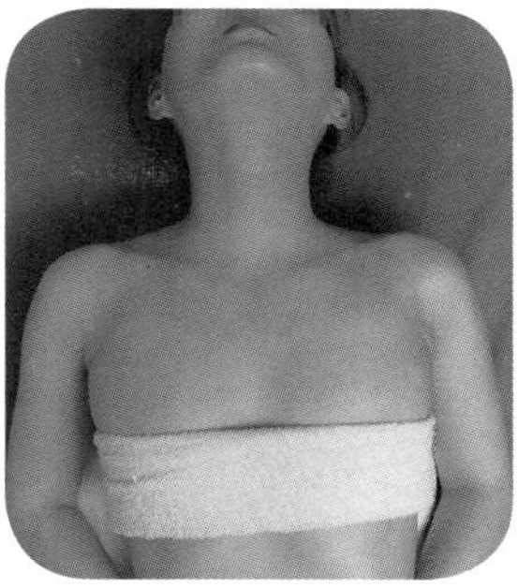

图3-4　枕头垫背，颈部尽量伸展

2）手持整个探头，操作者的手像长了双眼一样进行扫查（图3-5）。

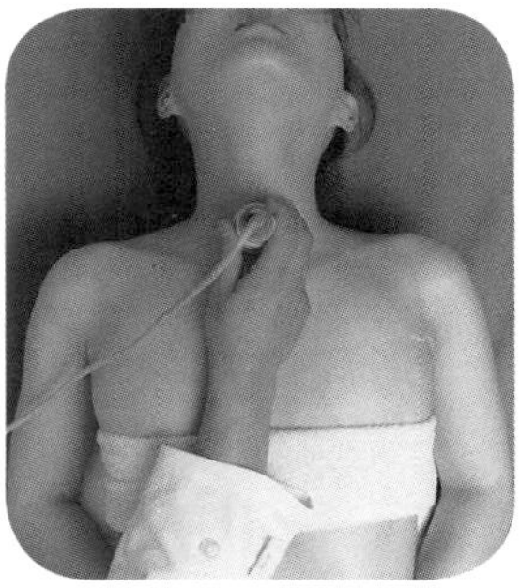

图3-5　手持探头扫查

3）颈前受检部位和探头之间可置一水袋，使探头紧贴水袋进行检查（图3-6）。

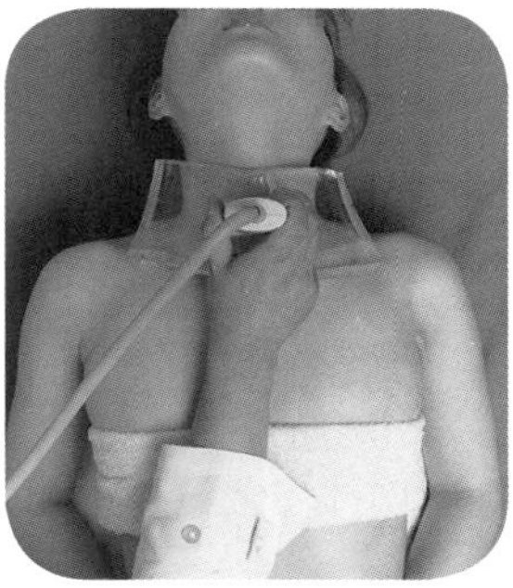

图3-6　探头紧贴水袋扫查

= 手持探头中容易出现的错误 =

用力紧紧握住探头的上方，用整个上肢的臂力进行扫查，导致探头移动快，且不稳定（图3-7）。

规范操作应当为手持探头的下方。

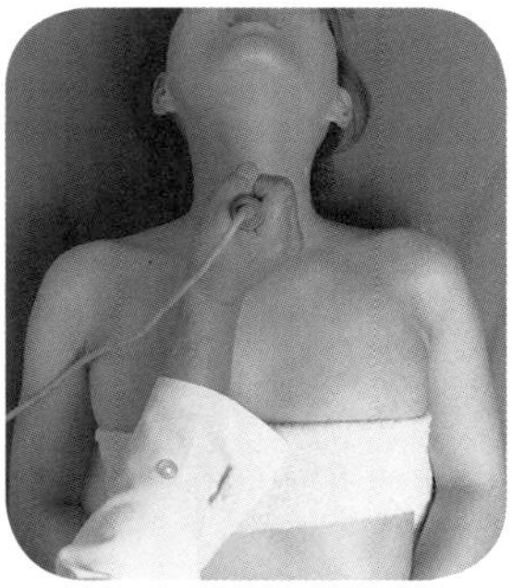

图3-7　手持探头的错误操作

◆ 甲状腺超声的扫查顺序（图 3-8，图 3-9）

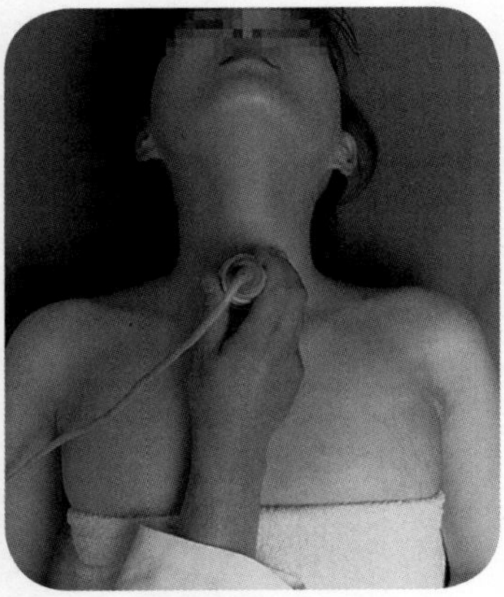

图3-8 甲状腺超声的扫查

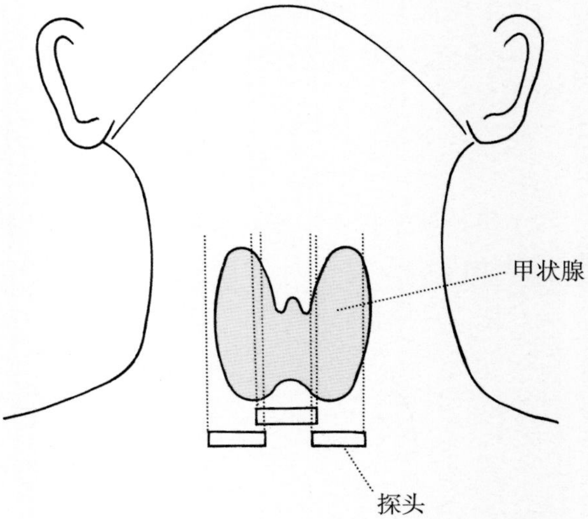

图3-9 甲状腺超声扫查示意图

1 探头置于颈前正中的下方（足侧）。

2 探头与颈部垂直，向上方（头侧）移动。

3 然后探头向左或右移动，进行同样的扫查。

4 如图所示，部分切面应相互重合进行观察。

◆ 超声断面的声像图（图 3-10 ～图 3-12）

横切面图像

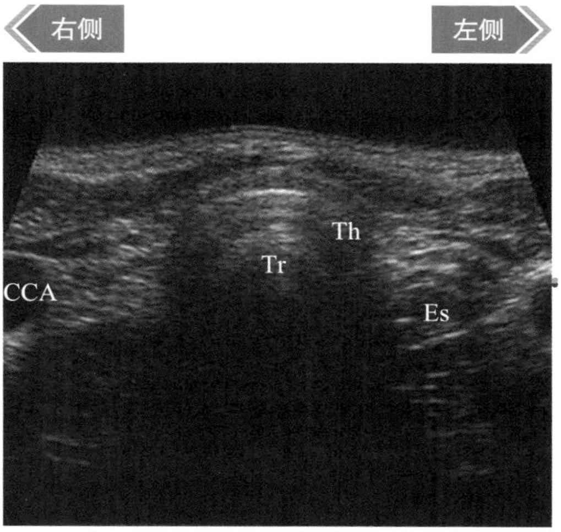

图3-10　颈前正中线锁骨上方的横切面图像，显示出一小部分甲状腺的左叶、右叶和部分食管（图像的右侧是受检者的左侧）

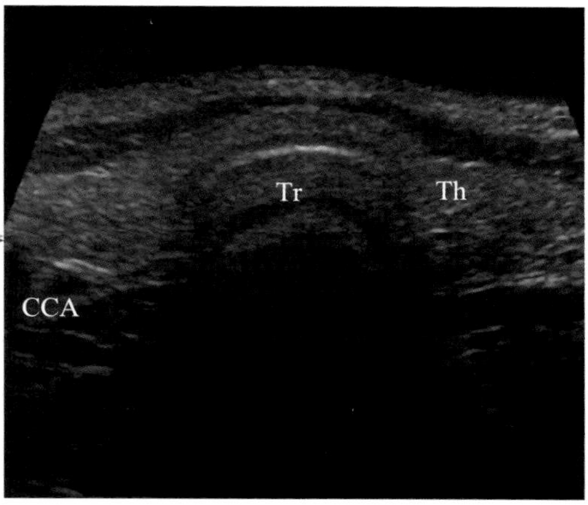

图3-11　在图3-10的基础上探头向上方移动后得到的横切面图像，清晰地显示出甲状腺左叶、右叶及气管前方的峡部

纵切面图像

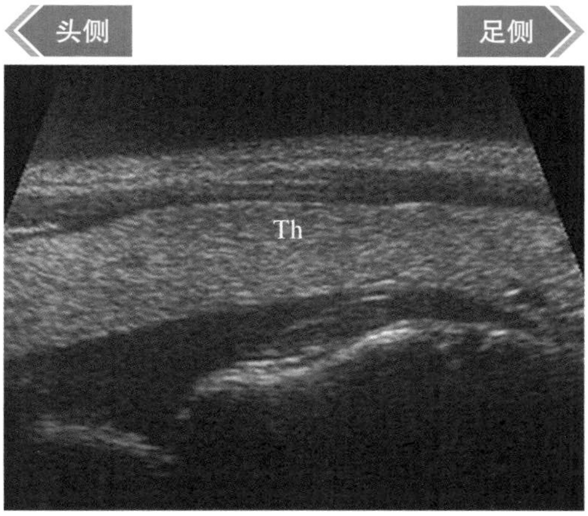

图3-12　纵切面图像

1）正常甲状腺超声图像特征：比周围肌肉的回声稍强，分布均匀，呈细小密集的回声点。

2）气管的前方呈高回声，其后方伴声影。

3）其外侧显示出颈内静脉。

4）左叶内后方显示出食管。

Th. 甲状腺
Tr. 气管
Es. 食管
CCA. 颈总动脉

甲状腺的检查要点

● **采集图像**

1）若甲状腺无明显异常，显示出左叶、右叶甲状腺横切面和纵切面的最大径线时，采集图像。

2）若发现异常时，随时增加采集切面图像。

● **注意事项**

1）探头应尽量与皮肤垂直，连续滑行扫查。

2）充分涂抹耦合剂。

● **读片要点**

1）直接征象主要观察结节的形态、内部回声、后方回声、边界（边缘）回声等。

2）间接征象主要观察颈前肌群和气管的变化。

● **主要适应证**

1）弥漫性甲状腺肿：单纯性甲状腺肿、毒性甲状腺肿（甲状腺功能亢进）、慢性甲状腺炎、亚急性甲状腺炎。

2）结节性甲状腺肿瘤：甲状腺腺瘤、甲状腺囊肿、甲状腺癌、结节性甲状腺肿、恶性淋巴瘤。

甲状腺病例（图3-13～图3-19）

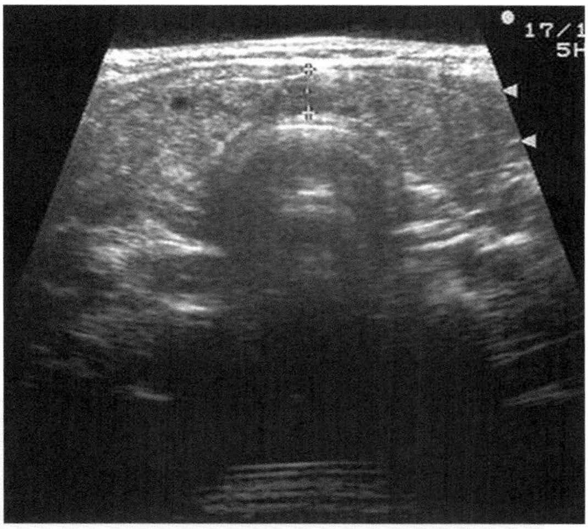

图3-13　单纯弥漫性甲状腺肿
甲状腺轻度弥漫性肿大，内部回声均匀，边界完整

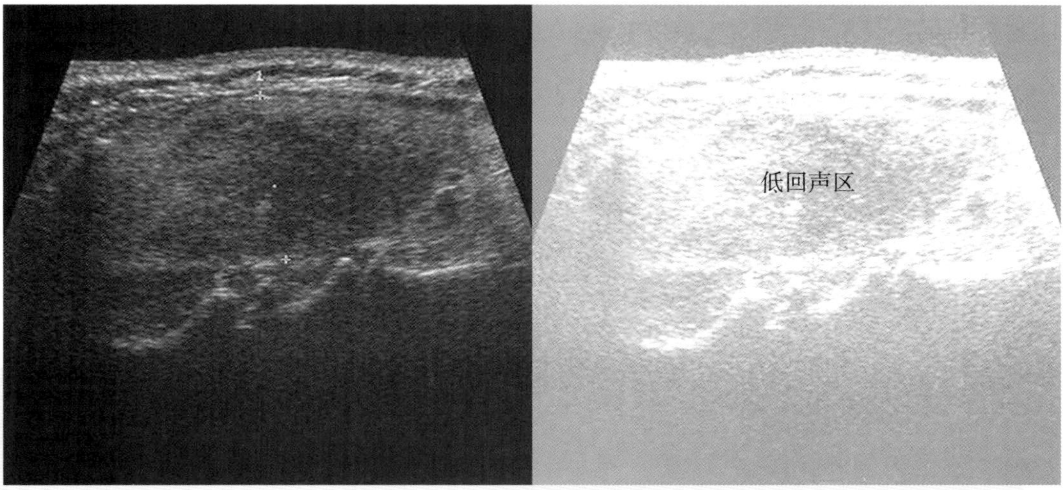

图3-14　亚急性甲状腺炎
甲状腺肿大，内部回声不均，可见片状低回声，边界不清，有压痛

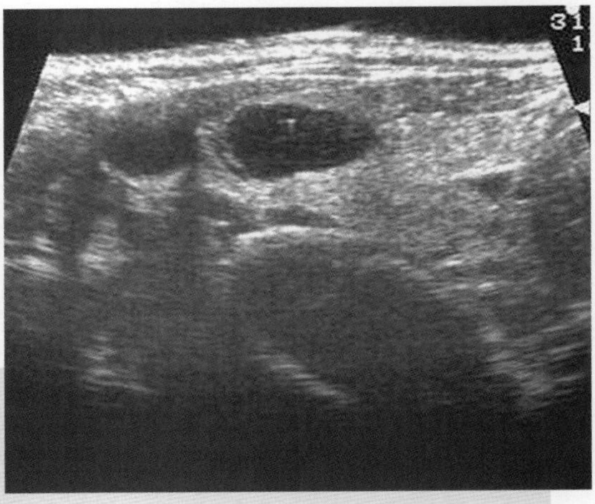

图3-15　甲状腺右叶内可见一囊性结节

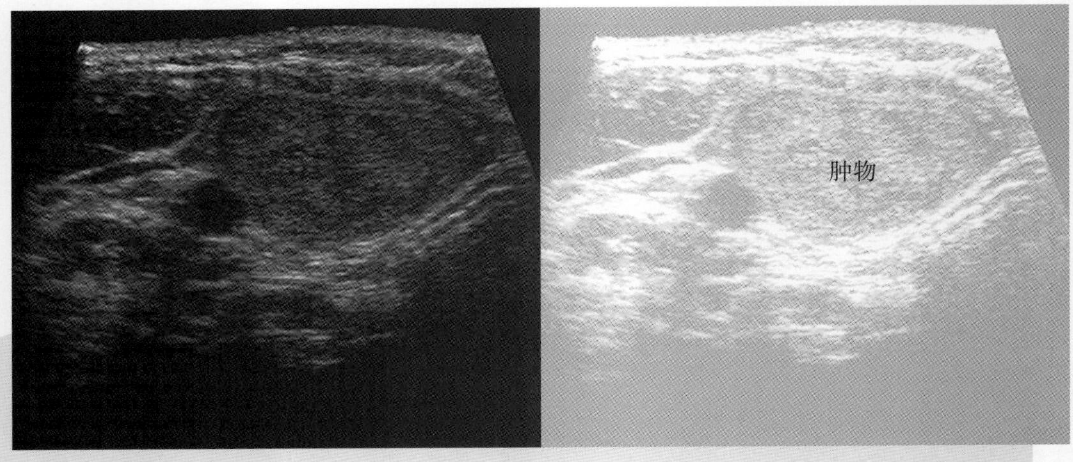

图3-16　甲状腺腺瘤

甲状腺内见一实性结节，呈椭圆形，边界清楚，包膜完整，周围可见低回声带，内部回声均匀

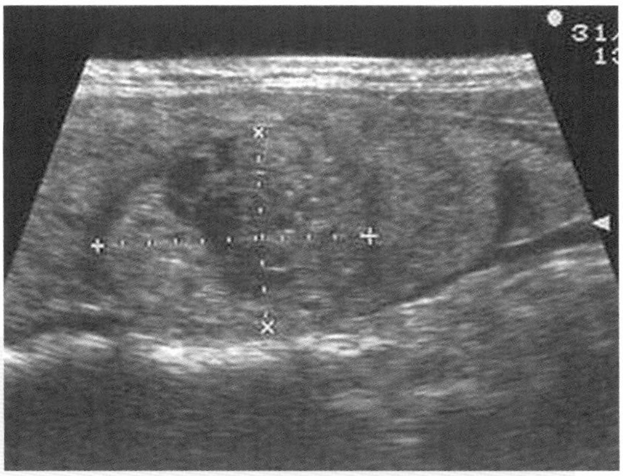

图3-17　结节性甲状腺肿
甲状腺内见一囊实性结节，内回声不均，部分囊性变，周围无低回声晕

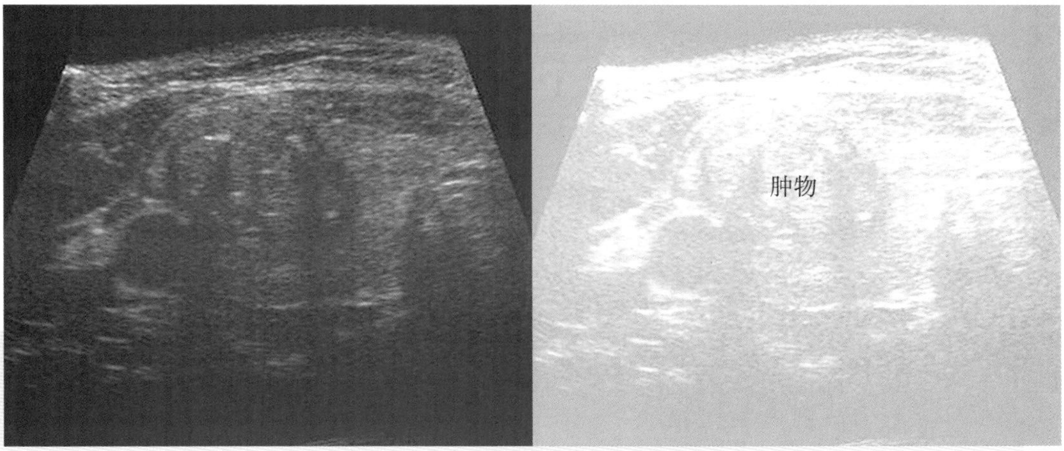

图3-18　甲状腺乳头状腺癌
甲状腺内见一低回声肿物，内回声不均，伴有钙化灶

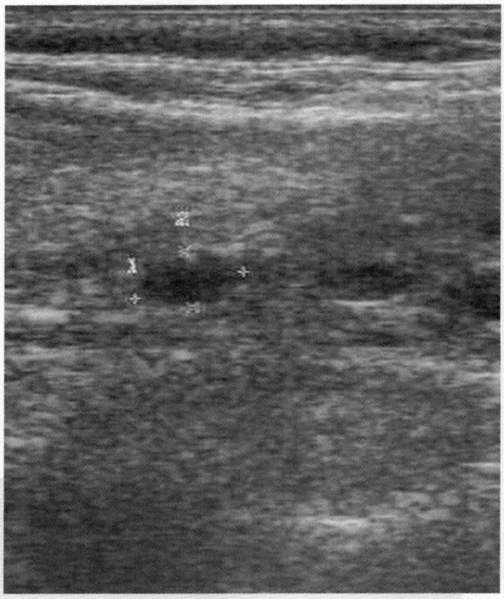

图3-19 甲状旁腺腺瘤
甲状腺背侧见一椭圆形低回声结节，内回声均匀

第四章 乳房超声检查

◆ 乳房解剖（图 4-1）

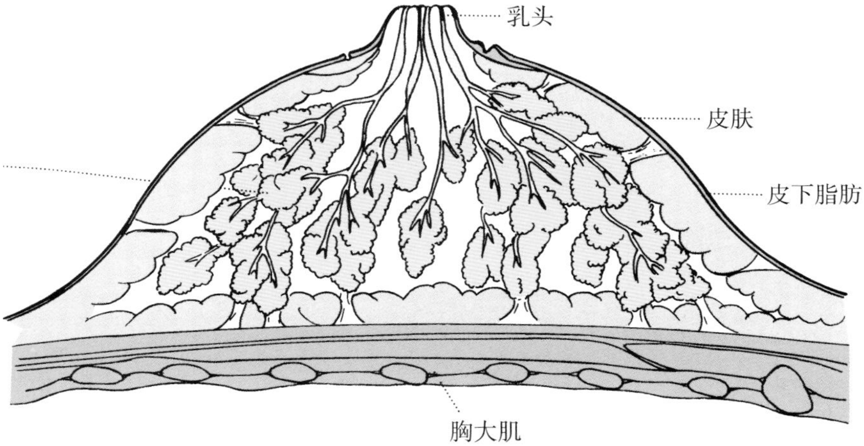

图 4-1　乳房解剖示意图

1）乳房是由脂肪、乳腺和结缔组织构成的，除此之外，还有血管、淋巴管和神经等。

2）成人女性乳房的乳腺是由 15 ～ 20 个乳腺小叶组成的。

3）每个乳腺小叶都有单独的腺管，汇合后开口于乳头。

4）乳腺组织由乳房悬韧带固定呈圆形。

=肿瘤部位的表示方法=

乳房内肿瘤部位的表示方法，参照乳腺癌处理原则中规定的区域划分法（图4-2）。

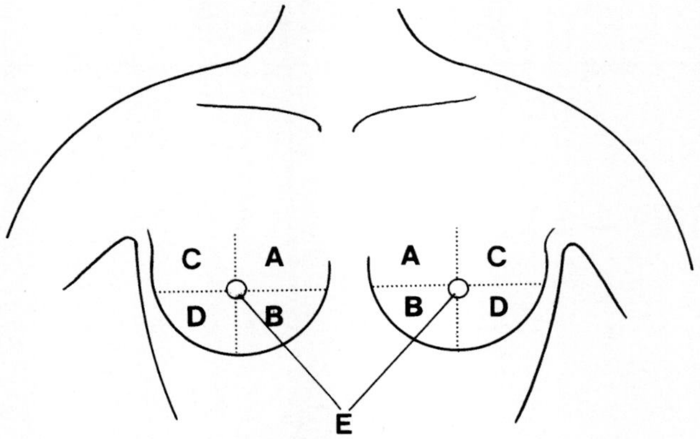

图4-2 乳房内肿瘤部位分布区域

A.内上象限；B.内下象限；C.外上象限；D.外下象限；E.乳头

◆ 切面图像的表示方法（图4-3）

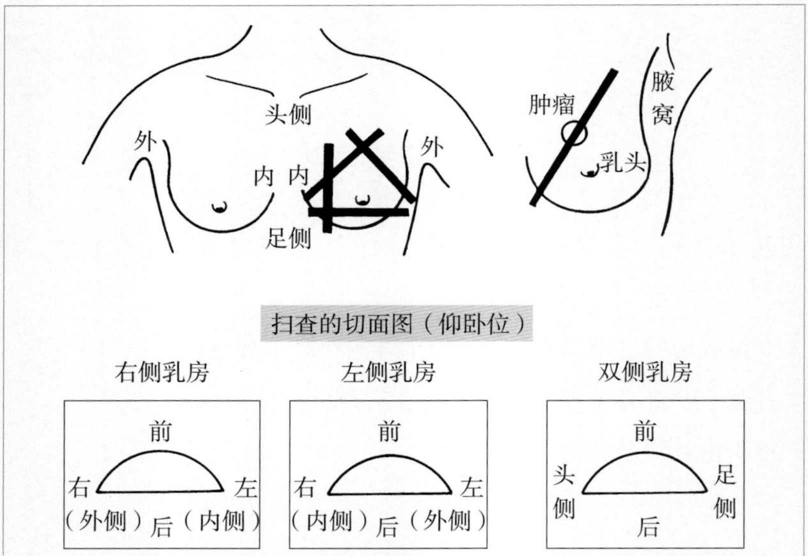

图4-3 切面图像的表示方法

◆ 受检者体位和手持探头的方法

1）受检者采取仰卧位。用枕头垫在受检者的背部，把肿物等感兴趣区置于检查者的正上方（图4-4）。

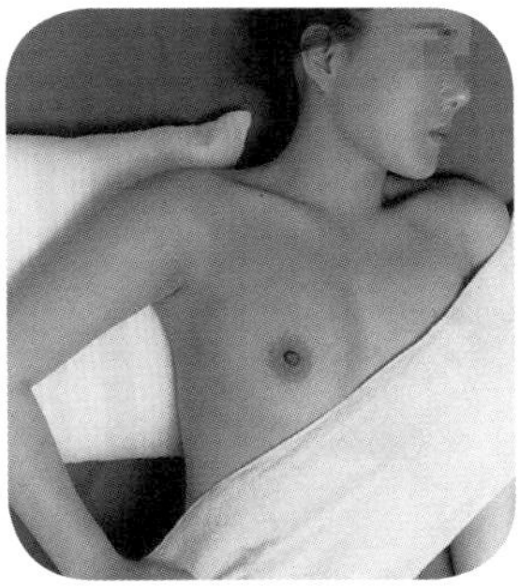

图4-4　受检者体位

2）手持整个探头，操作者的手像长了双眼一样进行扫查（图4-5）。

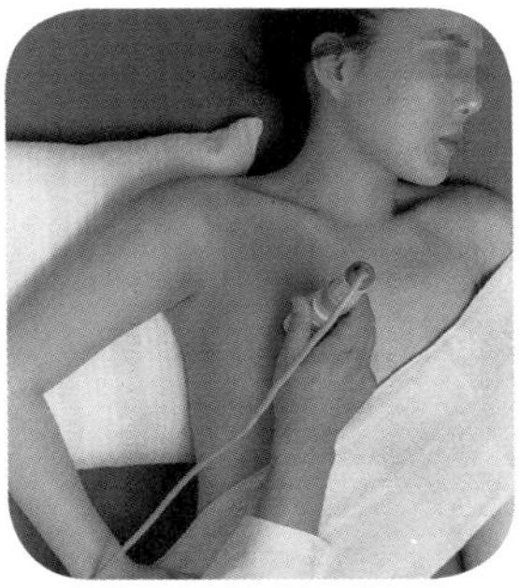

图4-5　手持探头扫查

3）若使用水袋时，应将水袋置于探头下方进行检查（目前一般不用此方法，图4-6）。

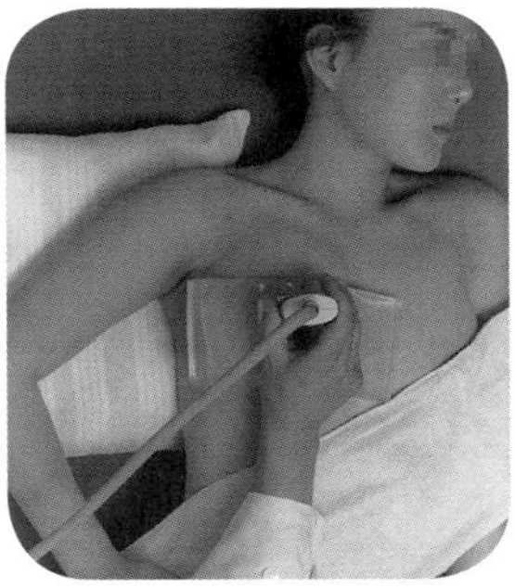

图4-6　使用水袋进行探头扫查

＝使用探头中容易出现的错误＝

用力紧紧握住探头的上方，用整个上肢的臂力进行扫查，导致探头移动快，扫查速度快慢不均，且不稳（图4-7）。

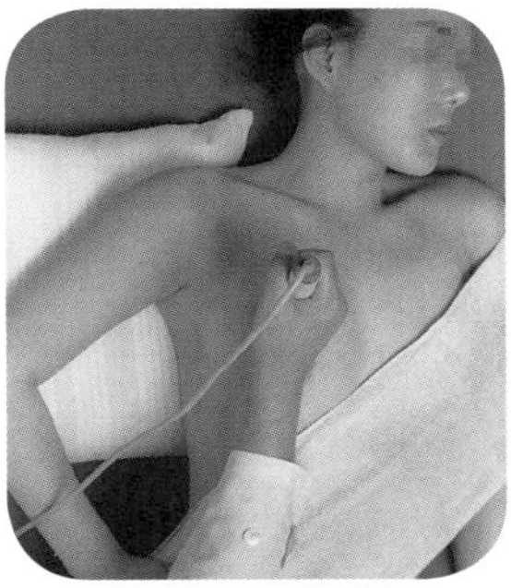

图4-7　手持探头的错误手法

◆ 乳房超声的扫查顺序

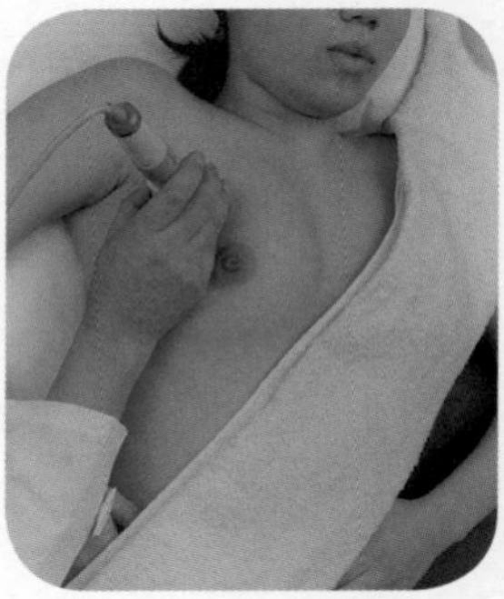

图4-8　乳房超声扫查探头位置

1 探头垂直置于外侧（内侧）乳房上。作为确认方法，若能清晰可见乳腺下方的胸大肌回声连续、不中断，则可判断探头的位置正确（图4-8）。

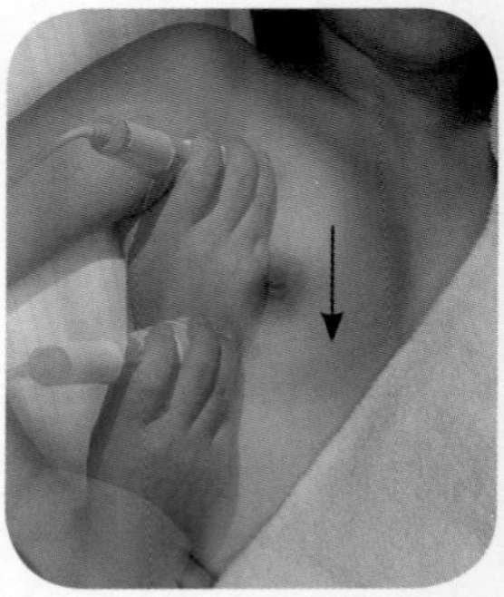

图4-9　手持探头慢慢向下移动，观察乳腺

2 手持探头自上向下缓慢滑行移动，观察乳腺（图4-9）。

3 手持探头从乳房内侧或外侧向另一侧滑行扫查；同样的方法观察对侧乳房（图4-10）。上述操作需重复2～3次，以防遗漏。

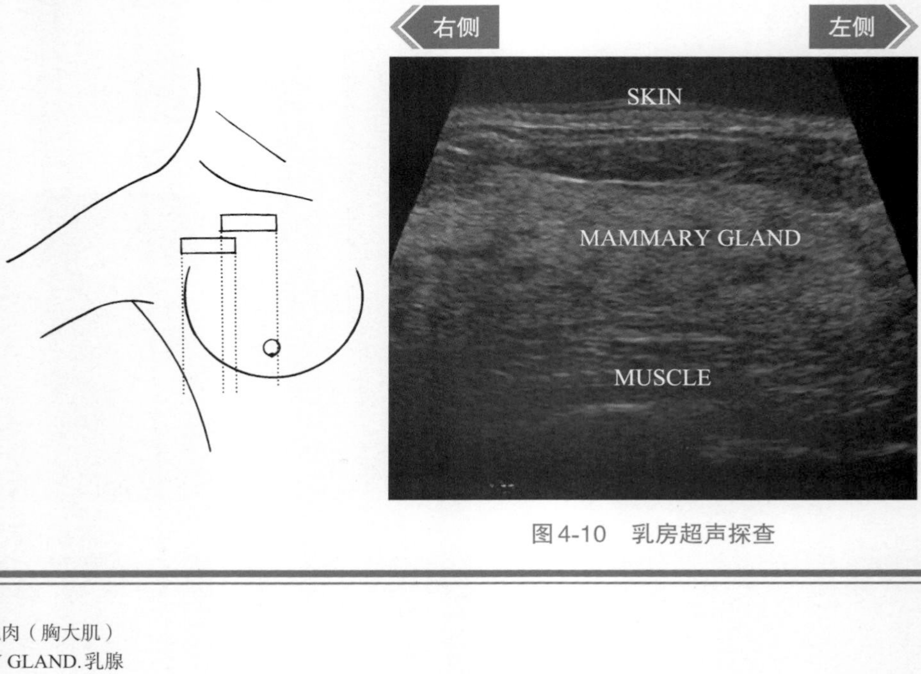

图4-10　乳房超声探查

SKIN. 皮肤
MUSCLE. 肌肉（胸大肌）
MAMMARY GLAND. 乳腺

4 从乳房外侧向内侧扫查完毕后，再观察乳头下方。

5 最后，以乳头为中心进行纵切面和斜切面扫查（图4-11，图4-12）。

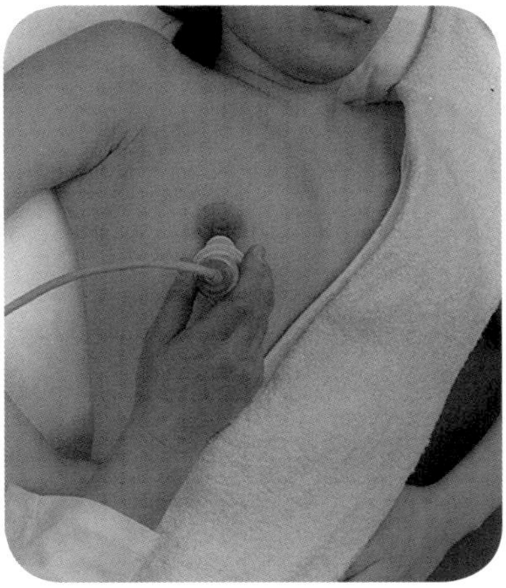

图4-11　纵切面扫查

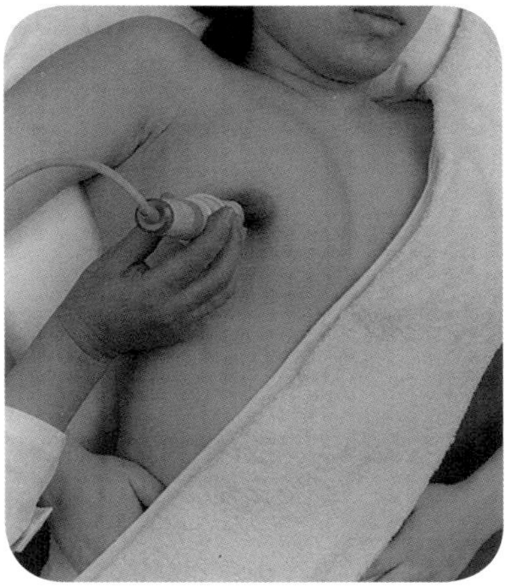

图4-12　斜切面扫查

◆ 超声切面声像图

1）图像上显示出皮肤、浅筋膜、皮下脂肪、乳房悬韧带、乳腺、乳腺下方脂肪组织、胸大肌、肋骨等（图4-13）。

2）与脂肪组织相比，乳腺组织回声偏高。

3）乳腺图像与年龄有关，绝经后乳腺变薄，基本上是脂肪组织。

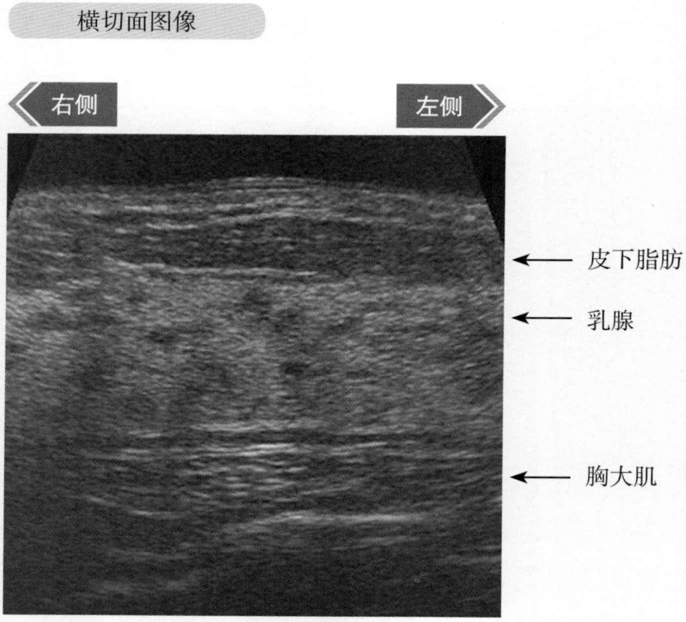

图4-13　绝经前乳房的声像图

● 显示图像的技巧

充分涂抹耦合剂（图4-14）

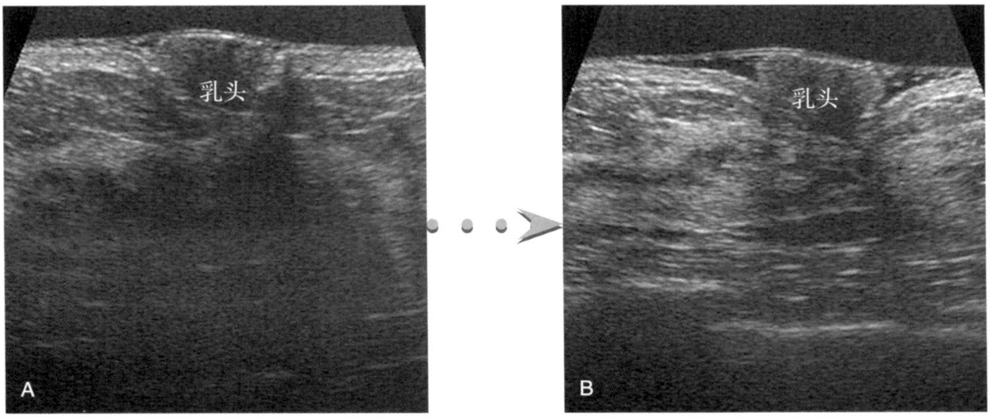

图4-14　乳头周围容易进入空气（A），乳头周围充分涂抹耦合剂后，把空气挤压出去，可以显示出乳头后方的图像（B）

垂直放置探头（图4-15）

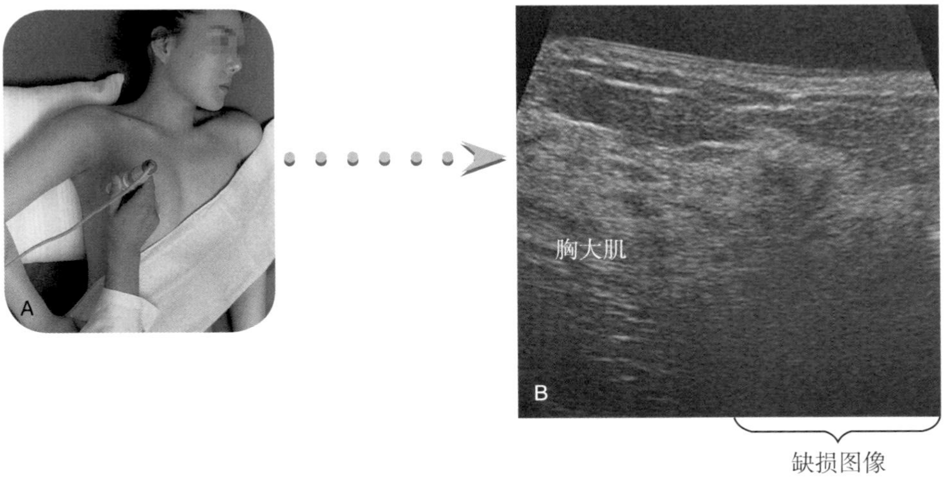

图4-15　若探头斜着置于乳房上（A），乳腺下方的胸大肌不清晰，乳腺下方的图像部分缺损（B），得到的超声图像没有诊断价值

乳房的检查要点

● **采集图像**

1）乳腺无明显异常时，采集各区域（A、B、C、D）的图像（参照图4-2）。

2）若发现异常时，随时增加采集切面图像。

● **注意事项**

1）探头垂直移动。

2）充分涂抹耦合剂。尤其是乳头周围容易进入空气，要特别注意。

● **读片要点**

1）直接征象主要观察结节的形态、边缘、边界、内部回声、后方回声、侧方声影、纵横径比等。

2）间接征象主要观察筋膜是否完整及有无淋巴结肿大。

● **主要适应证**

主要适应证包括乳腺增生症、乳腺囊肿（乳腺增生症的一种）、导管内乳头状瘤（良性、恶性）、纤维腺瘤、叶状肿瘤（良性、恶性）、乳房内异物、乳腺癌、恶性淋巴瘤。

乳腺病例（图4-16 ~图4-24）

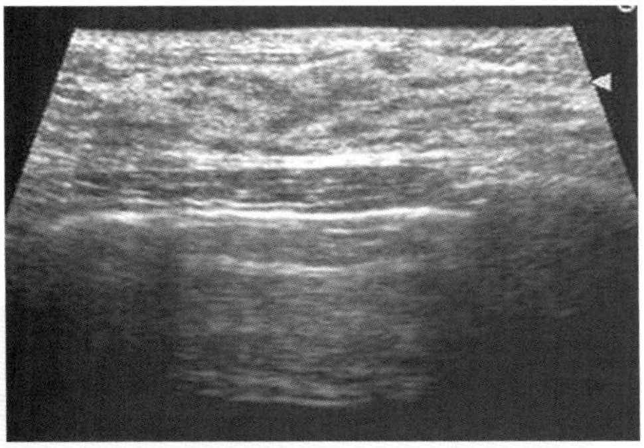

图4-16　乳腺增生

乳腺内未见局限性异常回声，整个腺体回声不均匀，呈蜂窝样回声

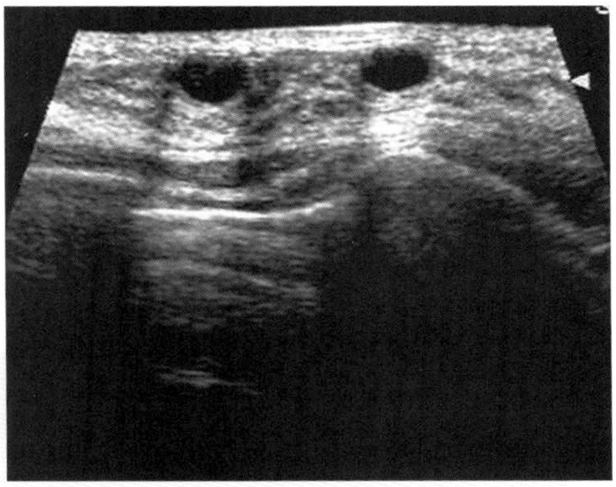

图4-17　乳腺囊肿

乳腺内见椭圆形无回声，后方回声增强，边界清晰，可见侧方声影

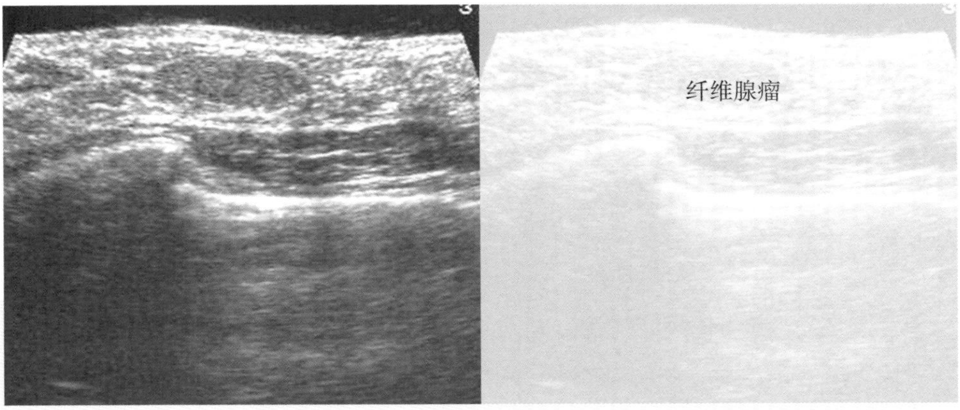

图4-18　纤维腺瘤

乳腺内见一椭圆形低回声结节，内回声均匀，后方回声无明显变化，边界清晰

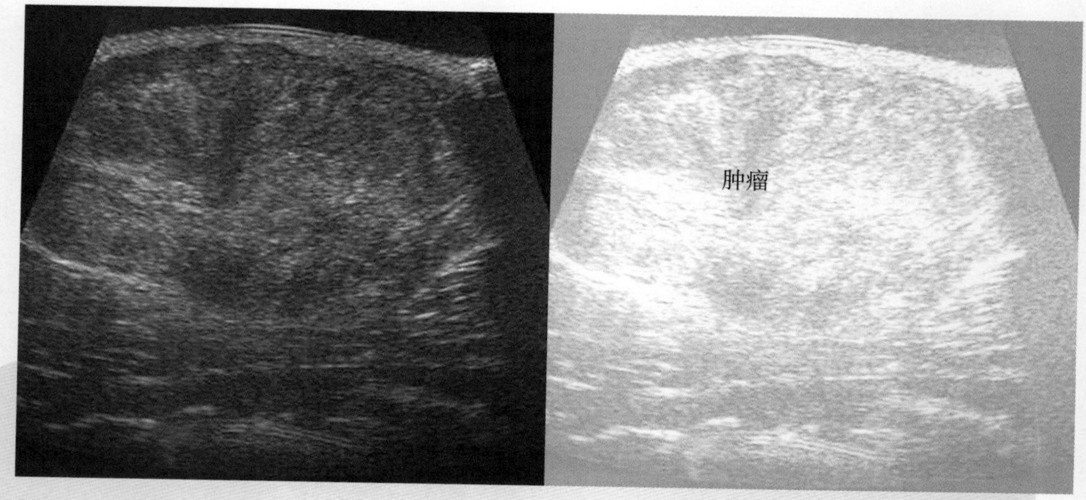

图4-19　良性叶状肿瘤
乳腺内见巨大肿瘤，内回声紊乱，呈分叶状，但边界清晰，后方回声衰减不明显

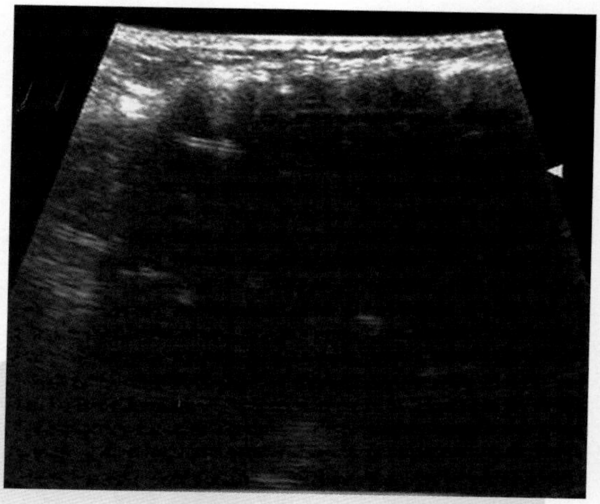

图4-20　乳房内异物
整个乳房内大部分图像缺损

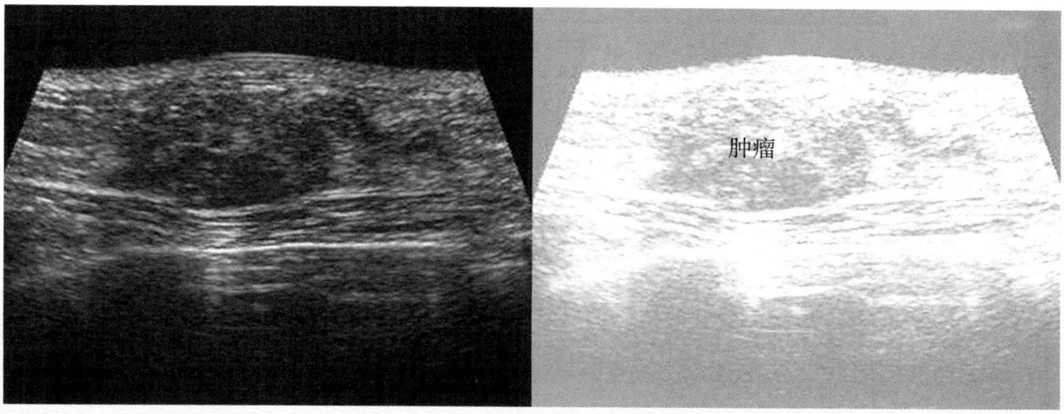

图4-21　乳头状导管癌

乳腺内见一形态不规则、回声不均的肿物，后方回声略增强

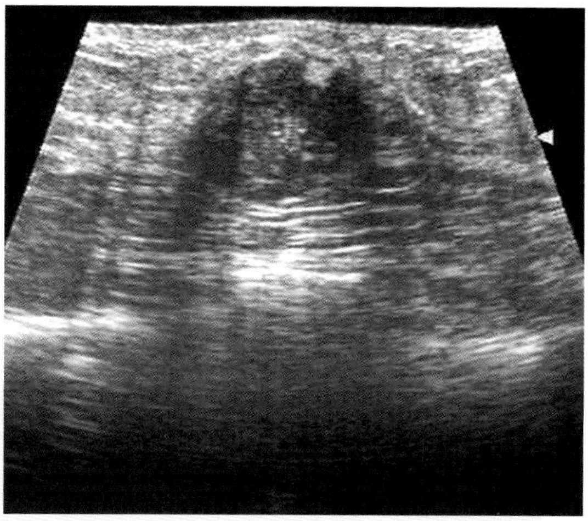

图4-22　髓样癌

乳腺内见一形态较规则低回声肿物，纵横比＜0.8，后方回声无明显衰减

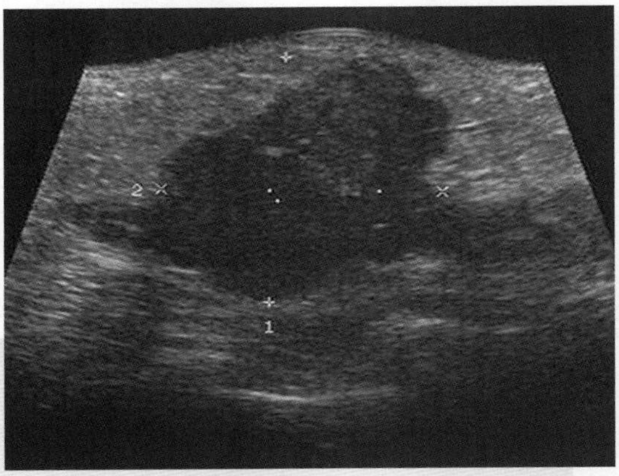

图4-23 硬癌

乳腺内见一形态不规则，边界凹凸不平，边界不清的低回声肿物，后方回声衰减

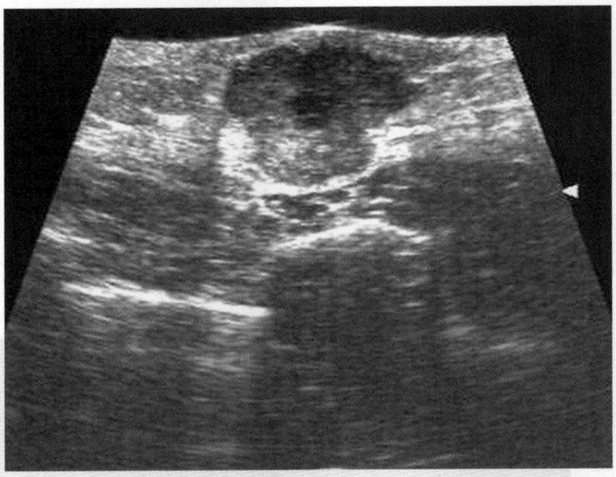

图4-24 男性乳腺癌

乳头的正下方见一边界不规则实性肿物，部分呈囊性变，后方回声增强

第五章
上腹部超声检查要点

◆ 呼吸管理

1）检查者将手置于受检者的脐部，让受检者进行腹式呼吸，使其腹部隆起，将检查者的手托起（图5-1）。

2）检查者应对受检者说“做深吸气，把我的手托起来”，而不能只对受检者说“用力呼吸”，这样的话，受检者仍是胸式呼吸，不利于器官扫查。

3）为了使受检者在检查过程中不易疲劳，应使其屏住呼吸的时间短，静态呼吸的时间长。

4）检查者也应和受检者步调一致，屏气进行扫查。

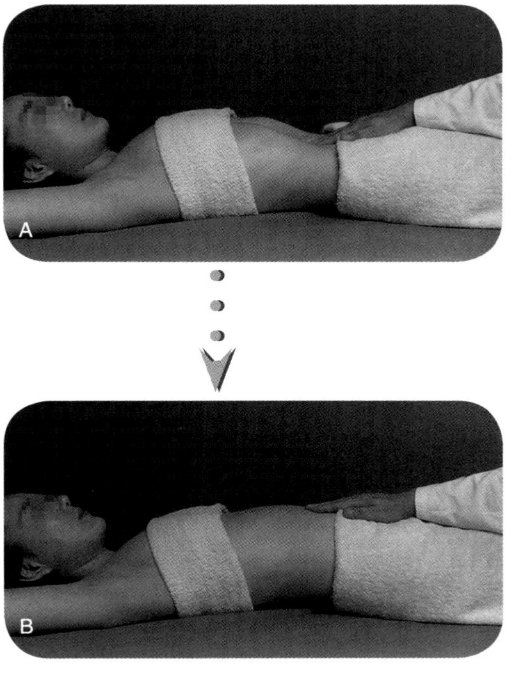

图5-1　检查者将手置于受检者的脐部，让受检者进行腹式呼吸把自己的手托起来

◆ 显示图像的技巧——利用双画面功能

1）受检者鼓起腹部时，解除冻结，进行超声检查。

2）如果认为受检者屏气已到极限时，应冻结图像，探头位置固定不动。

3）利用双画面功能采集左侧画面的图像，当受检者再一次鼓起腹部时，解除右侧画面的冻结。若右侧画面和左侧画面显示出同样的图像时，说明探头的固定没有问题。这样一来，没必要反复扫查，可以缩短检查时间（参考图5-2）。

4）对于初学者来说，冻结后经常挪动探头，这样每次屏气时都在寻找感兴趣区，等刚找到感兴趣区时，受检者屏气已到了极限，而采集不到清晰的图像。

（左）　　（右）

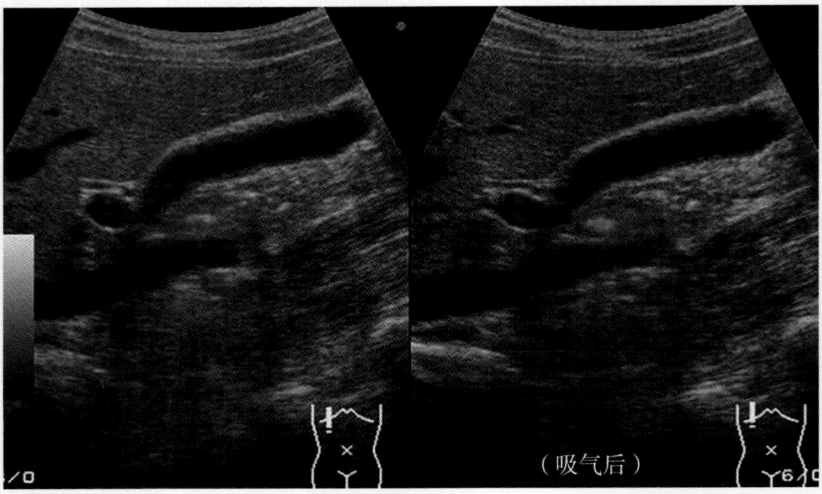

图5-2　利用双画面显示，基本采集到了相同的图像

◆ 受检者体位和手持探头的方法

1）受检者采取仰卧位，让其双手抱头，使肋间隙变宽以便于扫查（图5-3）。

2）手持整个探头，检查者的手像长了双眼一样进行扫查。

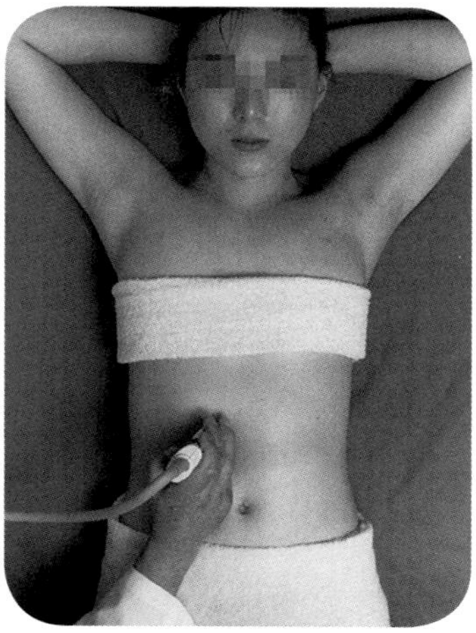

图5-3 受检者体位

=探头使用中容易出现的错误=

用力紧紧握住探头的上方，用整个上肢臂力进行扫查，导致探头移动快，并且不稳（图5-4）。手掌小鱼际处应当粘有介质，手持探头的下方。

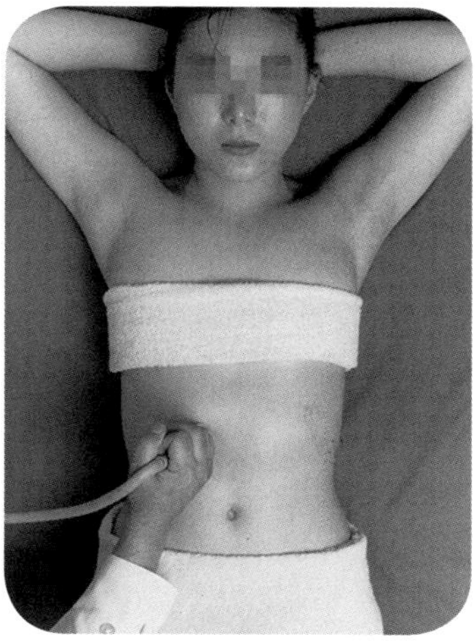

图5-4 探头的错误握持

介质：超声耦合剂。

◆ 图像的表示方法（图 5-5）

1. 横切面图像（水平面图像）

探头从受检者的右侧至左侧放置，获得横切面图像。图像左侧为受检部位的右侧，对侧则为左侧。

2. 纵切面图像（矢状面图像）

探头从受检者的头侧至足侧放置，获得纵切面图像。左侧为受检者的头侧，右侧为足侧。

3. 额状切面图像（冠状面图像）

从受检者侧面进行超声检查，在腹部最常用的部位是双侧腰部；探头纵向放置。图像显示原则和其他部位的纵切面一致，即图像左侧为受检者的头侧，图像右方、侧为足侧。

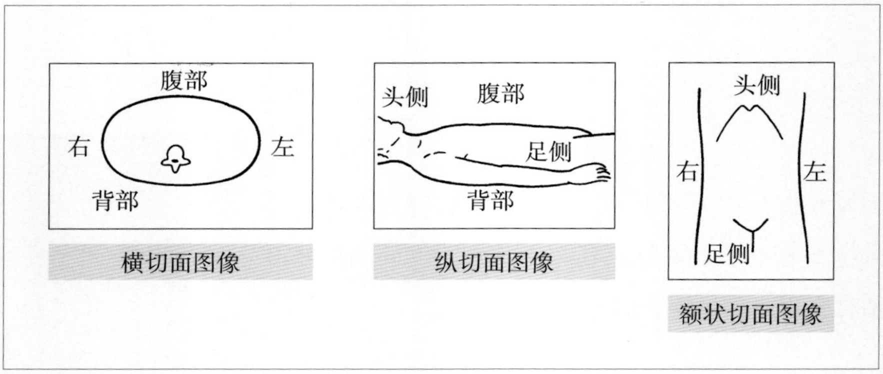

图 5-5　图像的表示方法
参照《超声医学》，10：431（1983），部分删改

◆ 超声扫查顺序（图 5-6）

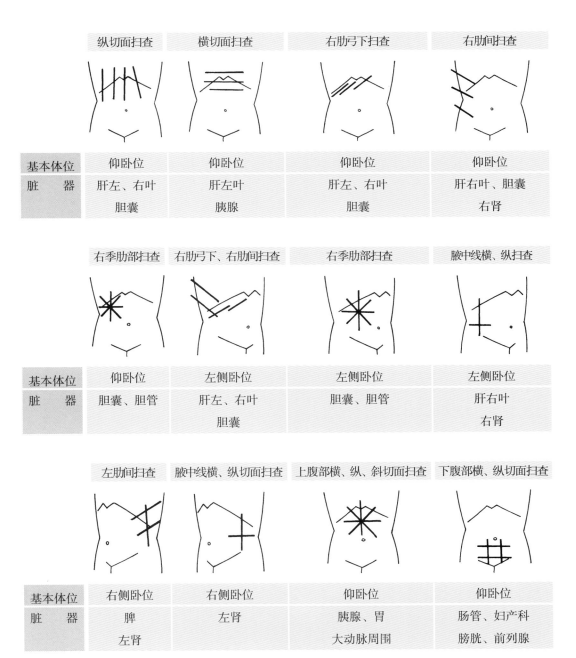

	纵切面扫查	横切面扫查	右肋弓下扫查	右肋间扫查

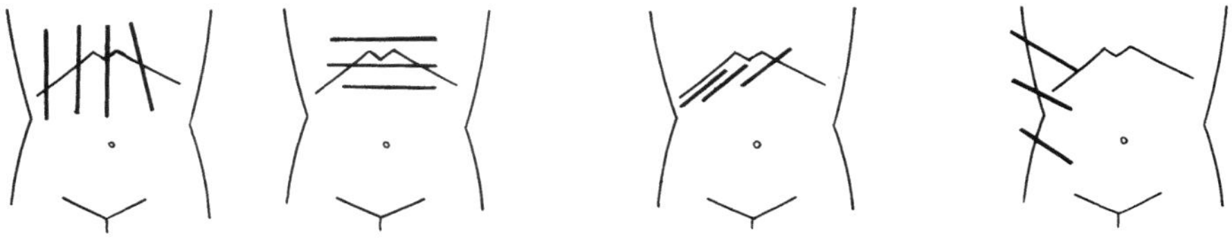

基本体位	仰卧位	仰卧位	仰卧位	仰卧位
脏　　器	肝左、右叶 胆囊	肝左叶 胰腺	肝左、右叶 胆囊	肝右叶、胆囊 右肾

	右季肋部扫查	右肋弓下、右肋间扫查	右季肋部扫查	腋中线横、纵扫查

基本体位	仰卧位	左侧卧位	左侧卧位	左侧卧位
脏　　器	胆囊、胆管	肝左、右叶 胆囊	胆囊、胆管	肝右叶 右肾

	左肋间扫查	腋中线横、纵切面扫查	上腹部横、纵、斜切面扫查	下腹部横、纵切面扫查

基本体位	右侧卧位	右侧卧位	仰卧位	仰卧位
脏　　器	脾 左肾	左肾	胰腺、胃 大动脉周围	肠管、妇产科 膀胱、前列腺

图 5-6　超声扫查顺序

1）上腹部的扫查，可以观察到许多器官，若盲目扫查，不能全面观察各器官的所有切面，有时容易漏诊，所以按照一定的顺序扫查是非常必要的。

2）目前各个医院或检查者的扫查顺序不一，没有统一的扫查法。不管怎样，重要的是应当使用不漏诊的扫查顺序。

3）扫查方法有按器官观察的方法（胆囊—肝—胰腺—脾—肾）、从受检者左侧连续观察的方法（脾—左肾—肝左叶—胰腺—肝右叶—胆囊—右肾）等。

4）除按一定的顺序进行扫查外，调节呼吸和探头加压也是不可缺少的。

5）发现某处异常时，有时会只注意这个部位，而忽略了其他部位的病变，所以应在按顺序扫查后，再进一步观察异常部位。

6）应采用多种扫查方法，详细观察血管、门静脉、相邻器官及其相互关系来诊断局限性病变。

第六章
胆囊超声检查

◆ 胆囊解剖（图 6-1）

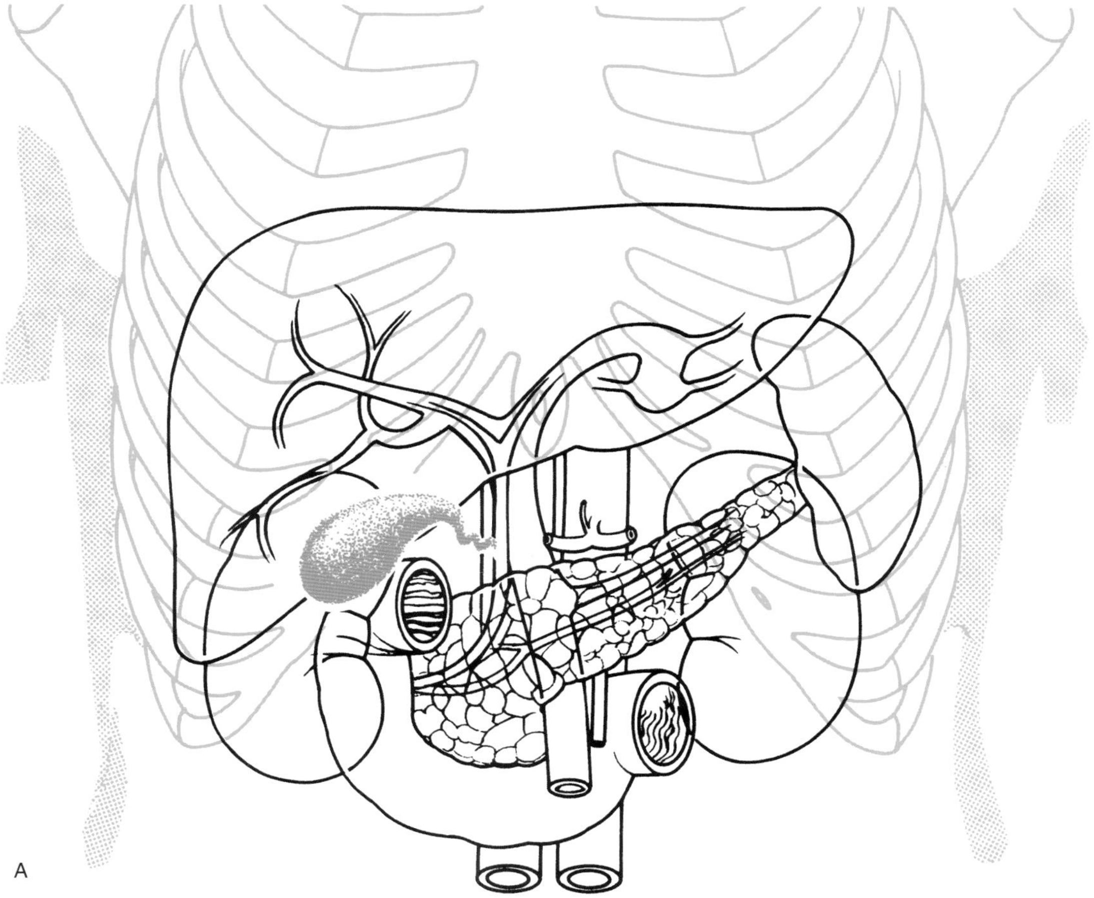

A

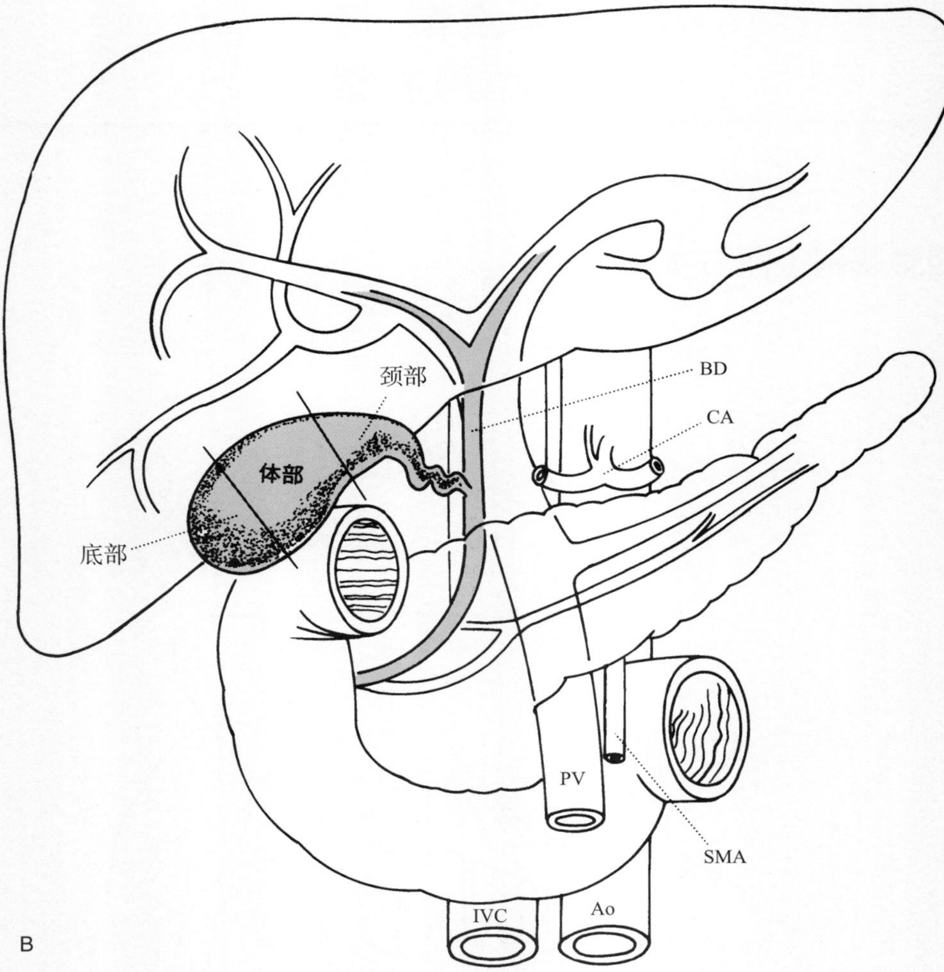

图6-1 胆囊解剖示意图

· 胆囊位于肝脏面的胆囊窝内，分为颈部、体部和底部三部分。

· 颈部朝向肝门，底部位于肝前缘附近。

· 胆囊长径7～8cm，前后径3～4cm，呈梨形。

BD.胆管
CA.腹腔干
Ao.主动脉
SMA.肠系膜上动脉
IVC.下腔静脉
PV.门静脉

◆ 胆囊超声的扫查顺序

肋弓下扫查

1 将探头垂直置于肋弓下，如图6-2所示，显示出消化道的声像图。

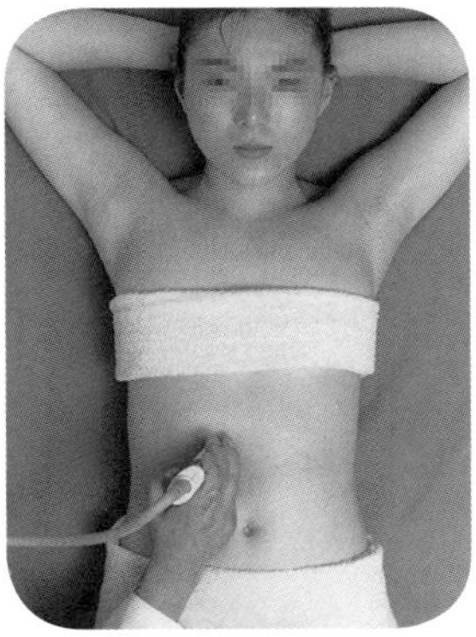

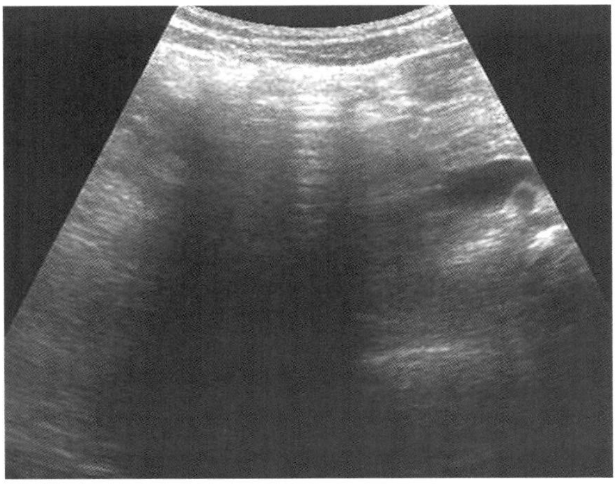

图6-2 肋弓下扫查显示消化道的声像图

2 让受检者鼓起腹部，仅能看到肝的声像图（图6-3）。此时，胆囊位于肝的下方。

右侧 左侧

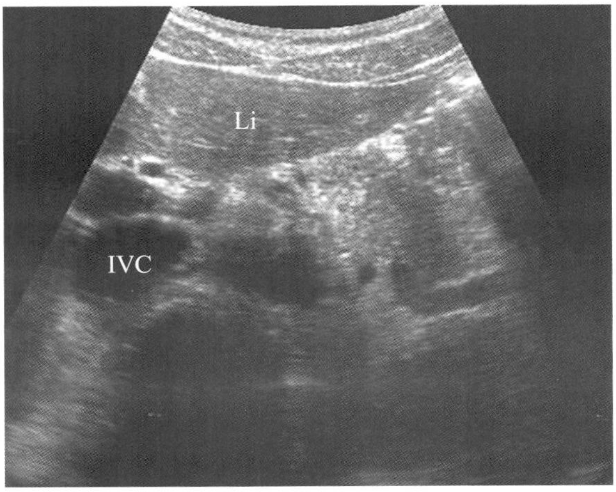

图6-3 肝声像图

Li.肝
IVC.下腔静脉

3 探头的位置不变，探头慢慢地向足侧倾斜，可以显示出胆囊（超声波的声束朝向足侧）（图6-4）。

如图6-4B所示，胆囊位于画面的边缘时，不宜观察，而应该把胆囊移至画面的中央位置进行观察，正如图6-4A所示。

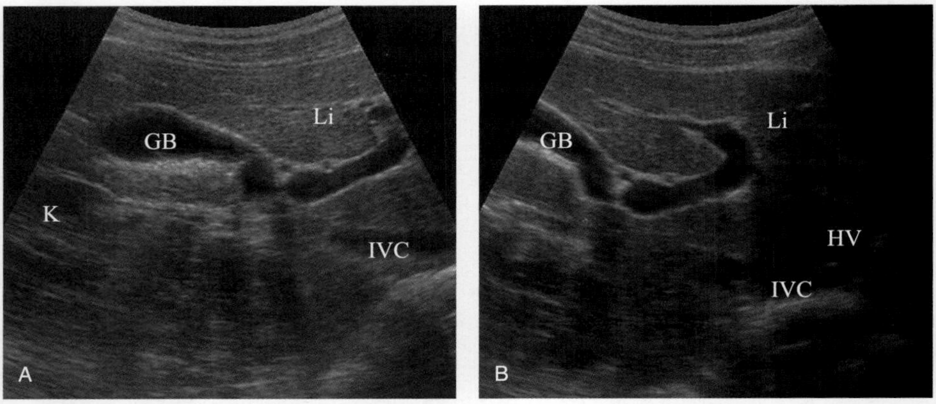

图6-4 胆囊声像图

4 探头左右摆动观察整个胆囊（图6-5）。

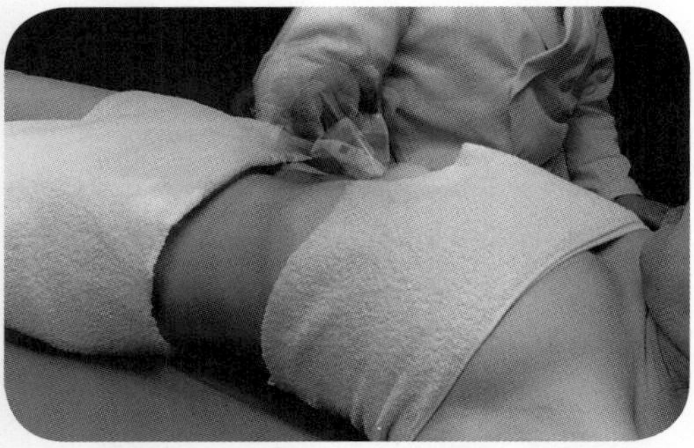
图6-5 探头左右摆动观察整个胆囊

Li.肝
K.肾
GB.胆囊
HV.肝静脉
IVC.下腔静脉

纵切面扫查

1 把肋弓下看到的胆囊置于探头的中心，以探头的中心为圆点旋转探头。即使看不到胆囊，若轻轻地左右摆动一下探头，也可以观察到胆囊（图6-6）。

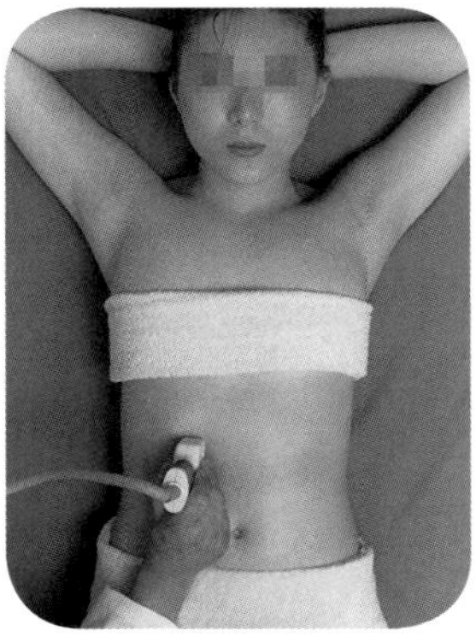

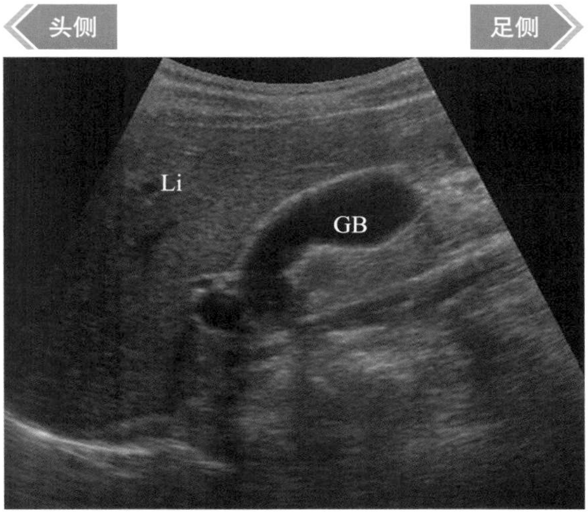

图6-6 纵切面扫查图像

2 应当把胆囊置于探头的中心位置进行观察，左右摆动探头观察整个胆囊（图6-7）。

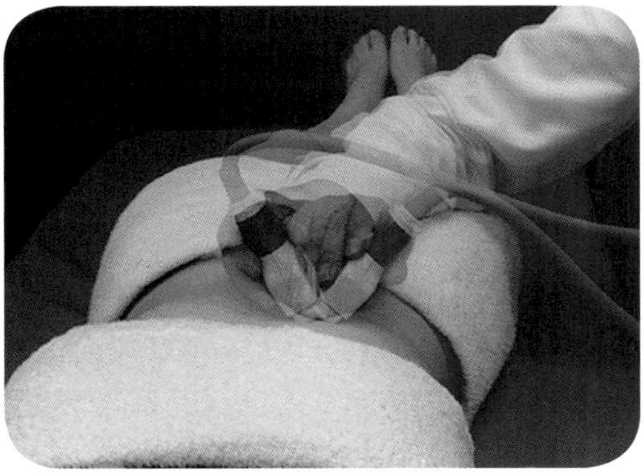

图6-7 左右摆动探头观察整个胆囊

Li.肝
GB.胆囊

斜面扫查

1 与纵切面扫查一样，以探头的中心为圆点进行旋转，使探头与肋弓垂直（图6-8）。

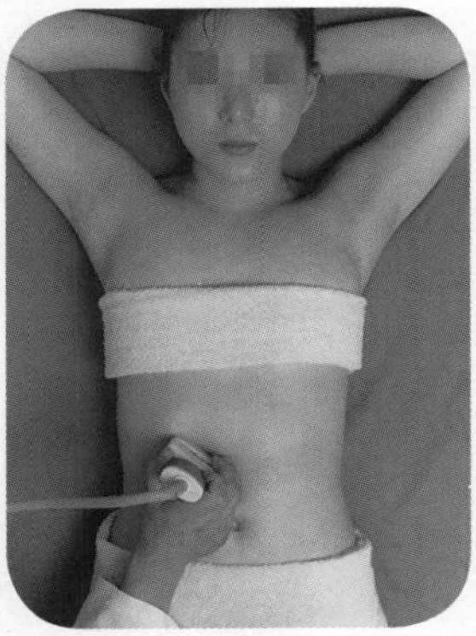

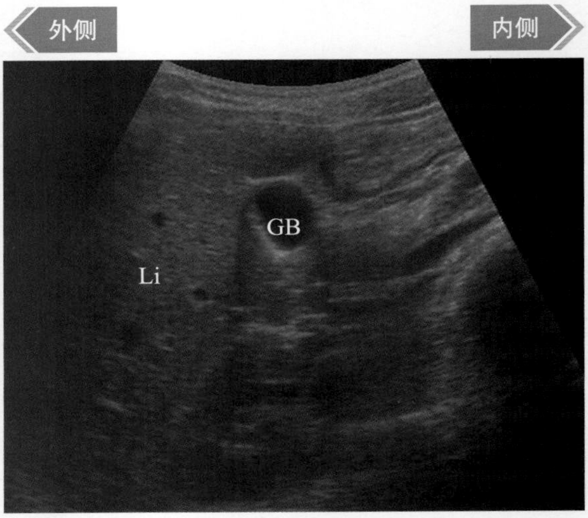

图6-8 斜面扫查图像

2 显示出胆囊后，如纵切面扫查顺序（图6-7）一样，左右摆动探头观察整个胆囊。

Li.肝
GB.胆囊

肝外胆管的观察

用斜面扫查法观察胆囊后，探头慢慢向受检者的左肩方向摆动，此时看不到胆囊，可以观察肝门处的门静脉。若肝外胆管无明显扩张时，胆管有时显示不清晰（图6-9）。

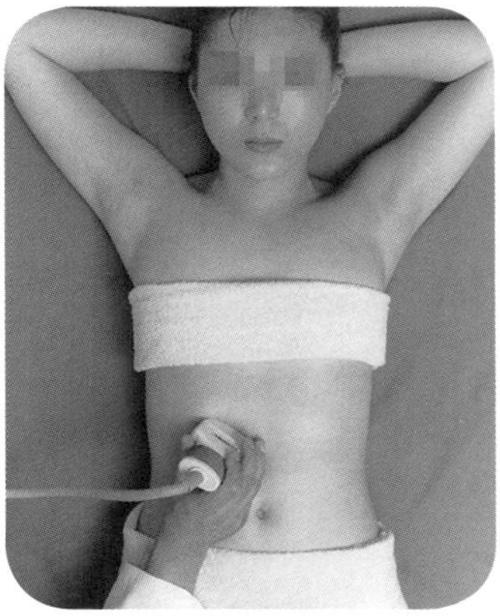

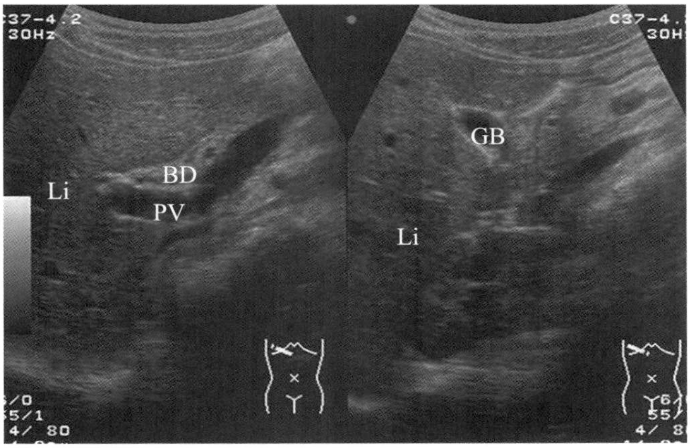

肝门部图像（显示出胆囊短轴图像后，向左肩方向旋转探头时得到的图像）

胆囊短轴图像

图6-9 肝外胆管的观察

Li.肝
GB.胆囊
BD.胆管
PV.门静脉

胆结石和胆囊息肉的鉴别

为了鉴别胆结石和胆囊息肉，重要的是变换体位后观察是否移动（图6-10）。

让受检者采取膝-胸位（图6-10B），探头置于肋弓下，观察有无移动。此时检查者的肘部应放在检查床上起到固定作用，便于扫查。

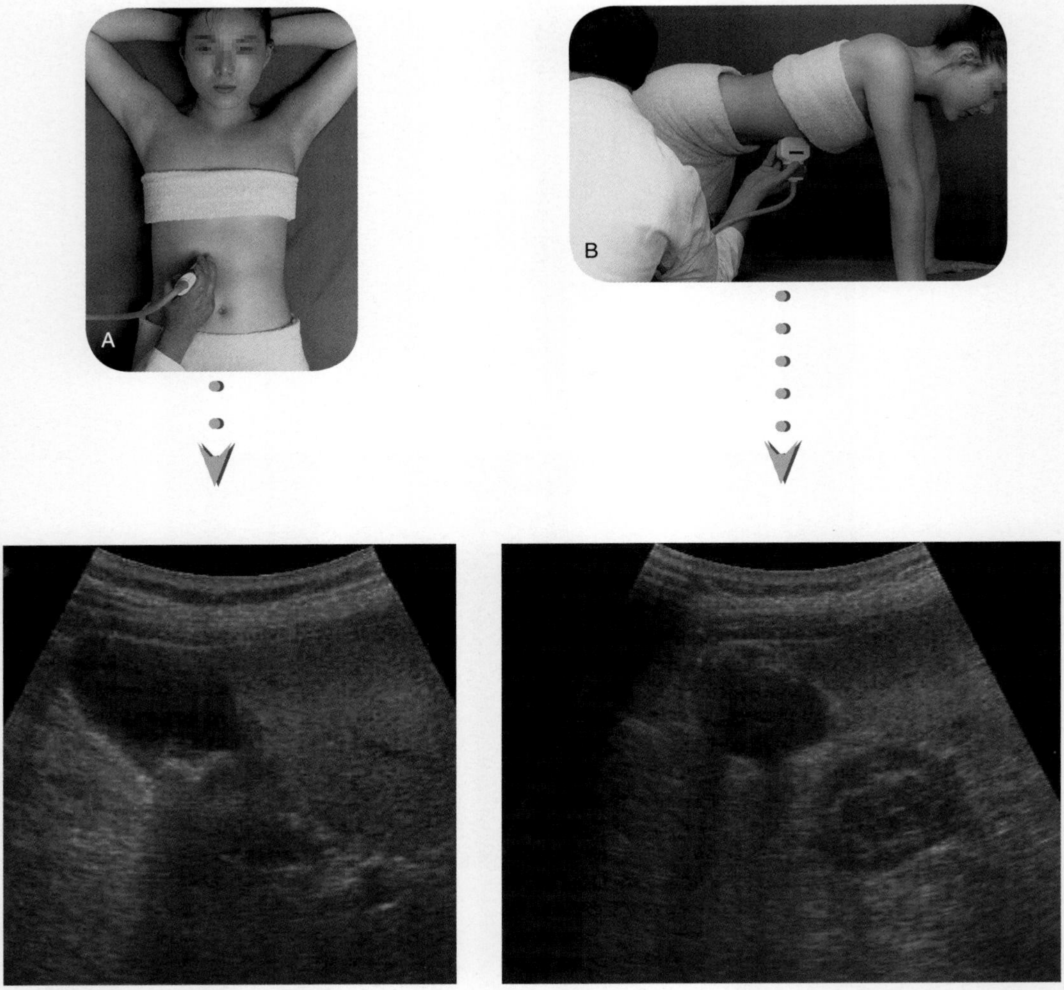

A.（腹壁）肋弓下扫查胆囊内可见结石（仰卧位）

B.（腹壁）探头置于肋弓下，可见胆结石向重心方向移动（膝-胸位）

图6-10　变换体位扫查鉴别胆结石和胆囊息肉

胆囊检查要点

● 采集图像

1）胆囊无明显异常时，采集各个扫查法时的最大径线的图像。

2）胆囊出现异常时，除上述的图像外，随时增加采集病变部位的图像，应至少采集两种切面时病变部位的图像。

3）若肝外胆管无明显扩张时，只采集肝门部的图像。若出现扩张时，随时增加采集病变部位的图像。

● 注意事项

1）严格进行呼吸调节。

2）检查时进行腹式呼吸。

3）女性多为胸式呼吸，检查者将手置于受检者脐部，让其学会腹式呼吸。

4）检查者向受检者说明时，不能说“深吸气后屏住呼吸”，而应告诉受检者“屏住呼吸后，鼓起腹部”。

5）当受检者腹部张力减弱时，应冻结超声图像，嘱其静息。

6）此时探头的位置和角度固定不变。如此操作，下次鼓起腹部、打开冻结键时，可以得到与刚才同样的图像，继而可以顺利地连续检查。

7）初学者寻找感兴趣区而不冻结图像，这样受检者再次鼓起腹部时，又要重新扫查，不仅费时，也不能得到理想的图像，最后导致重复同样的动作而没有结果。

8）通常把感兴趣区置于探头的中心。这样的话，只需以探头中心为圆点进行旋转，就会很容易地显示出感兴趣区的纵、横切面图像。

9）得到各个切面的图像后，慢慢地摆动探头进行观察，直至感兴趣区从画面上消失为止。

● 主要适应证

主要适应证包括胆结石、胆囊息肉、胆囊癌、胆囊腺肌症和胆囊炎。

胆囊病例（图6-11～图6-23）

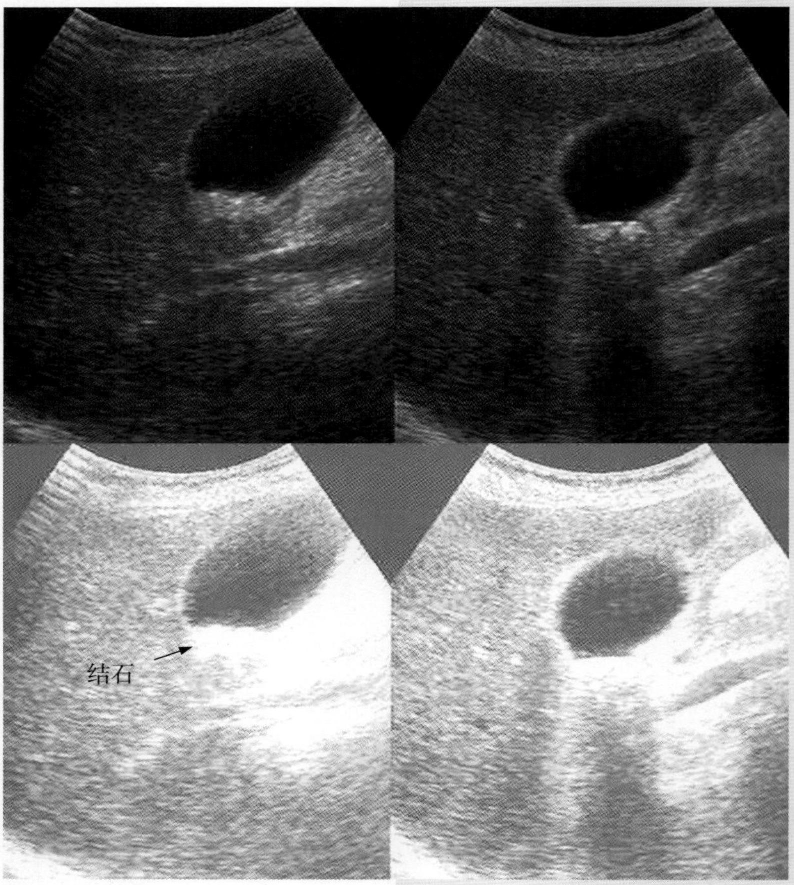

图6-11　胆结石
胆囊颈部可见胆固醇结晶，后方伴混响声影。发现胆结石时，应当嘱患者变换体位，确认结石后方有无息肉

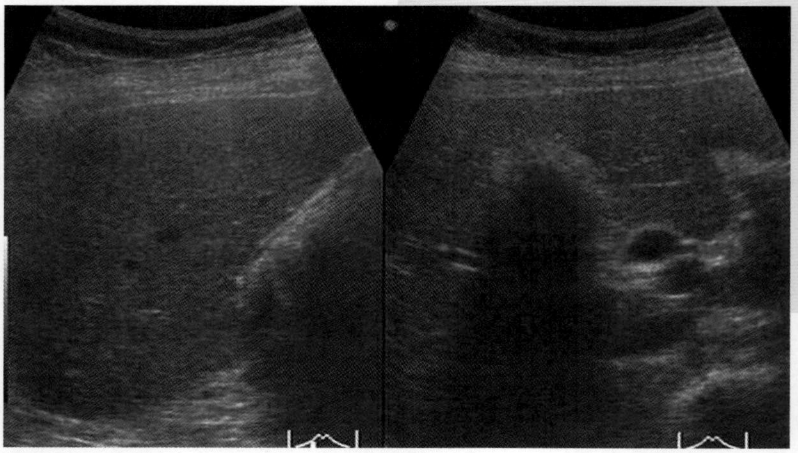

图6-12　未显示出正常胆囊图像，仅见胆囊区后方伴声影。在这种情况下，根据右侧图像的显示与门静脉的关系可以判断其声影为胆囊内充满的结石所致

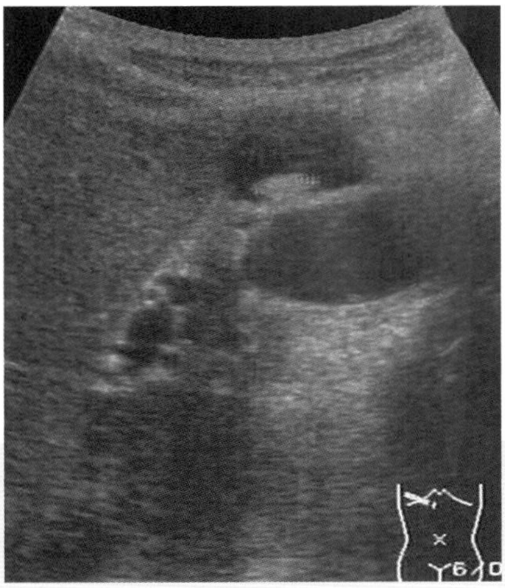

图6-13　胆囊息肉的声像图。胆囊内见等回声附着，后方无声影，应怀疑是胆囊息肉或胆泥

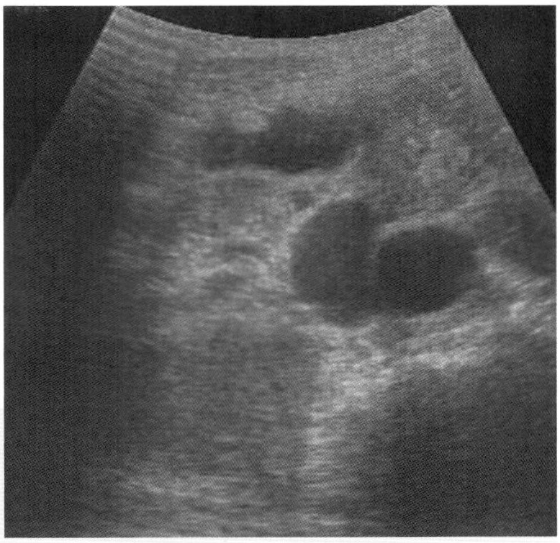

图6-14　变换体位（膝-胸位）后所得图像，可见等回声向重心方向移动，可以除外胆囊息肉。若变换体位形状无明显变化时，应高度怀疑胆结石

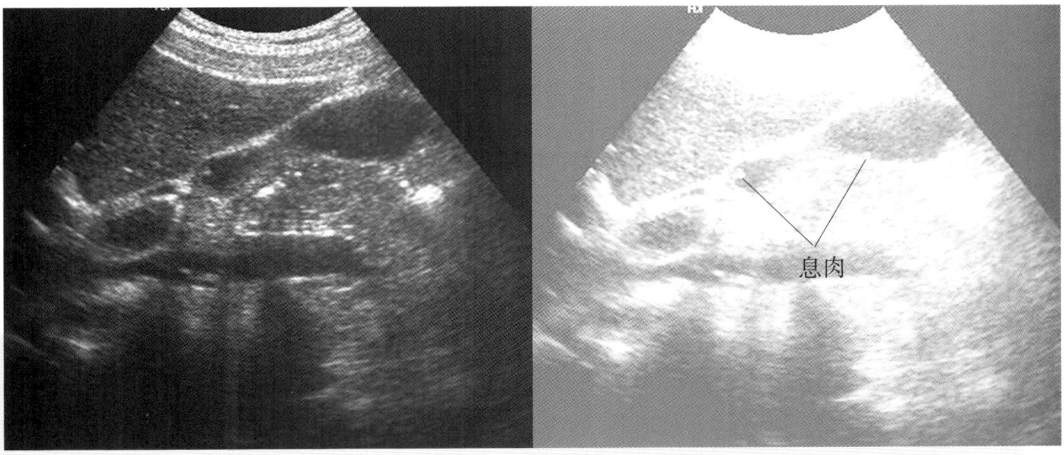

图6-15　胆囊内可见多个息肉。更倾向于胆固醇性息肉，可以定期观察。若其大小＞1cm时，为手术适应证

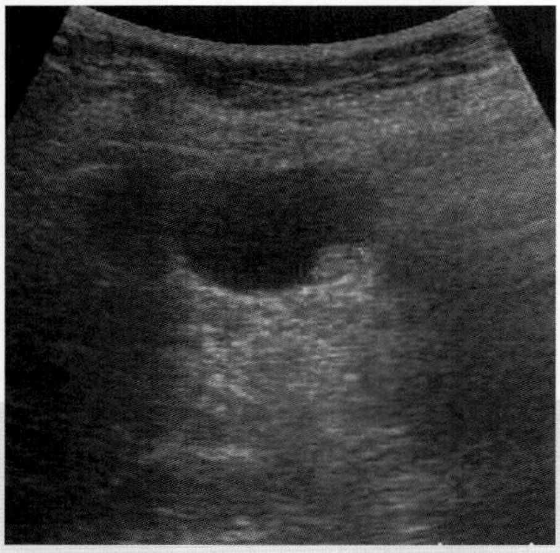

图6-16 胆囊内可见细小的息肉，需与结石鉴别

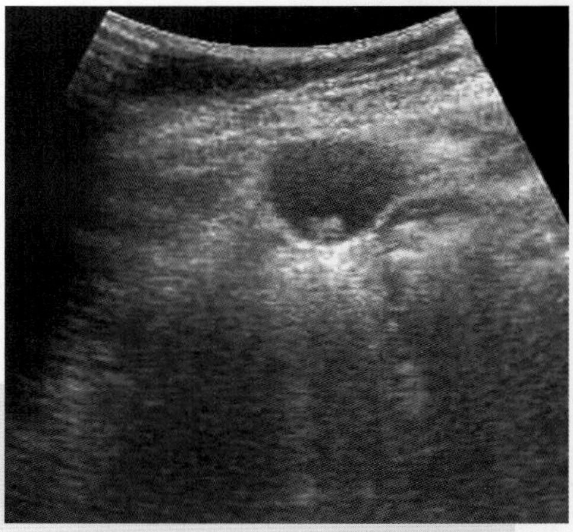

图6-17 变换体位（膝-胸位）后所得图像，等回声不移动，可以诊断是胆囊息肉而不是结石

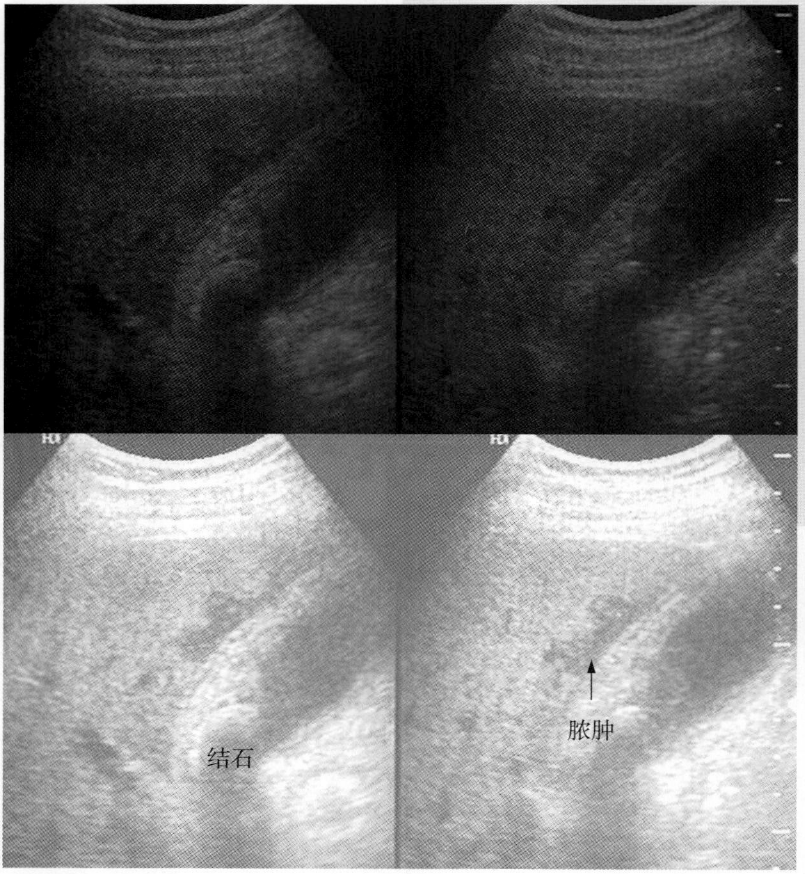

图6-18 胆囊炎

胆囊颈部可见等回声，后方伴声影，壁增厚（4mm以上）。另外，肝内可见不规则的低回声区考虑脓肿形成

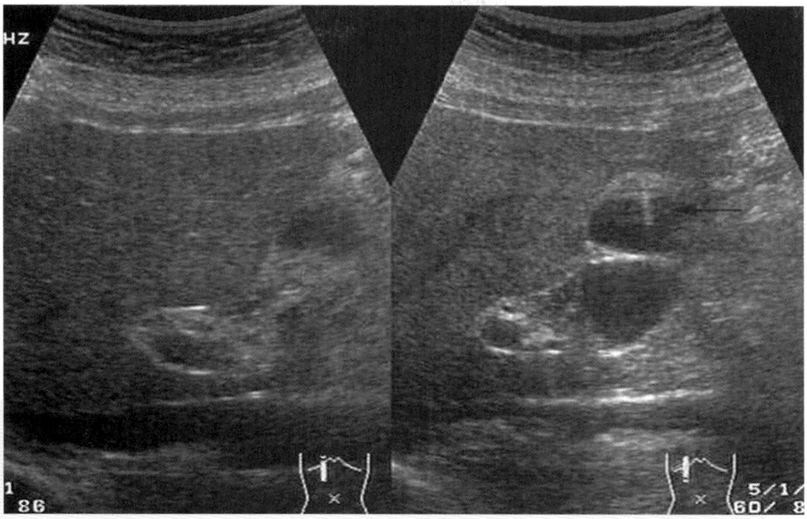

图6-19　胆囊腺肌症

胆囊底部局限性增厚，部分呈彗星样图像（彗星尾）

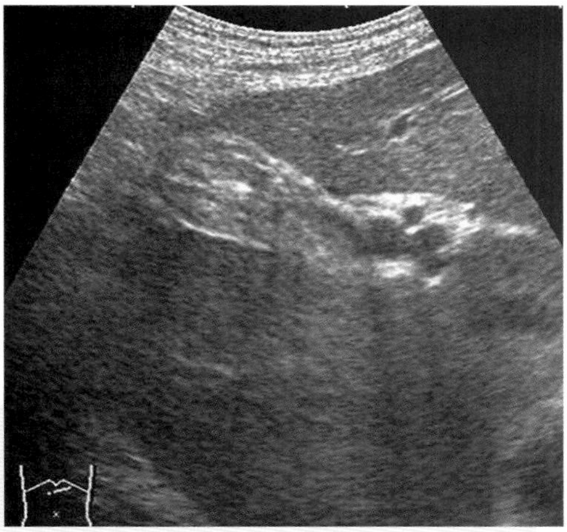

图6-20　胆囊癌

胆囊内可见实性等回声充填，部分胆囊壁缺损

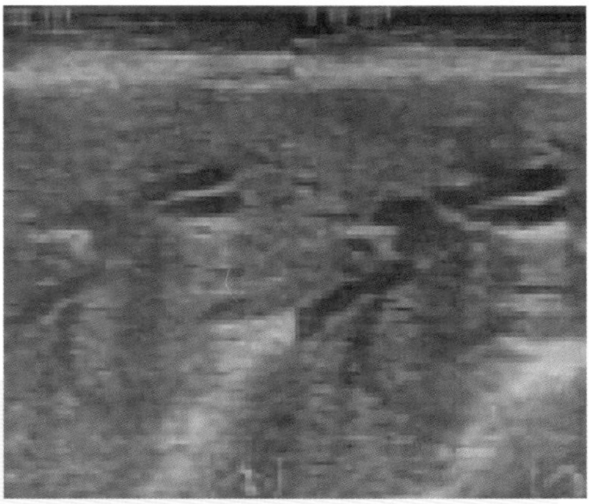

图6-21　胆管癌

可见肝内胆管扩张，囊腔内有实性中等偏低回声充填。此时应鉴别是胆管内癌栓还是胆泥

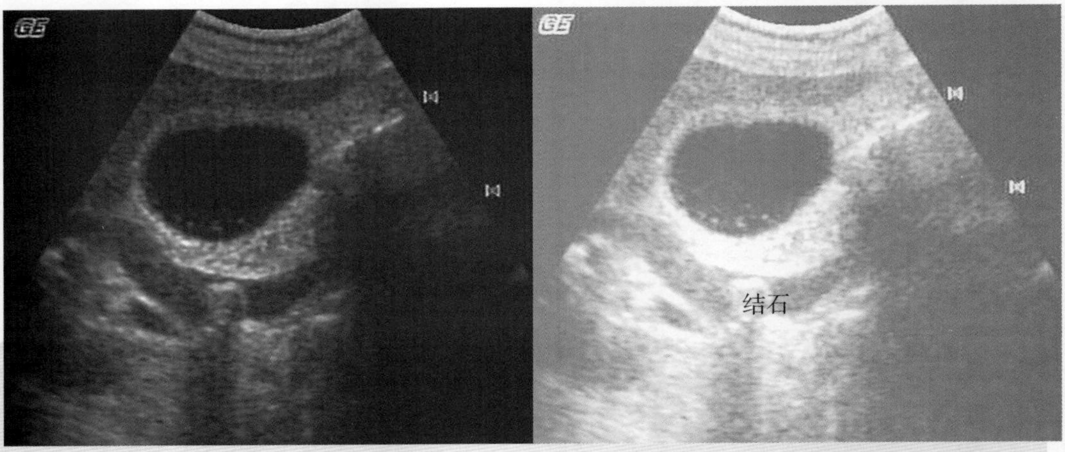

图6-22 肝外胆管结石
肝外胆管内可见强回声，后方伴声影，同时可见肝外胆管扩张

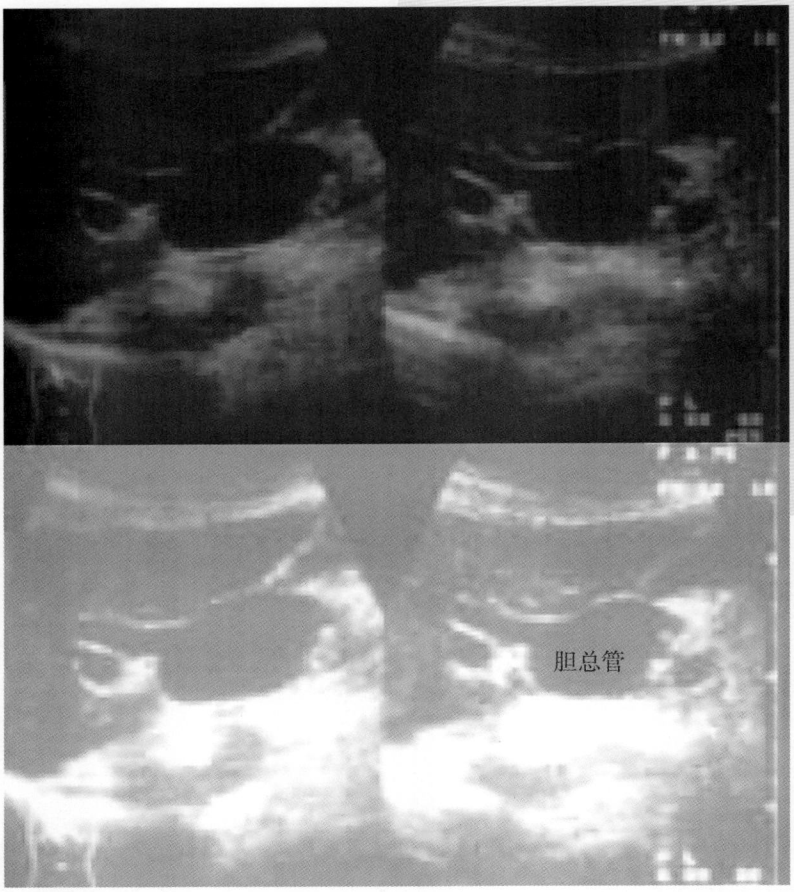

图6-23 先天性肝外胆管扩张症
胆囊下方可见胆管局限性囊性扩张。本病多见于乳幼儿。多数是因胆管和胰管汇合处（壶腹部）异常所致

第七章
肝脏超声检查

◆ 肝脏解剖（图 7-1）

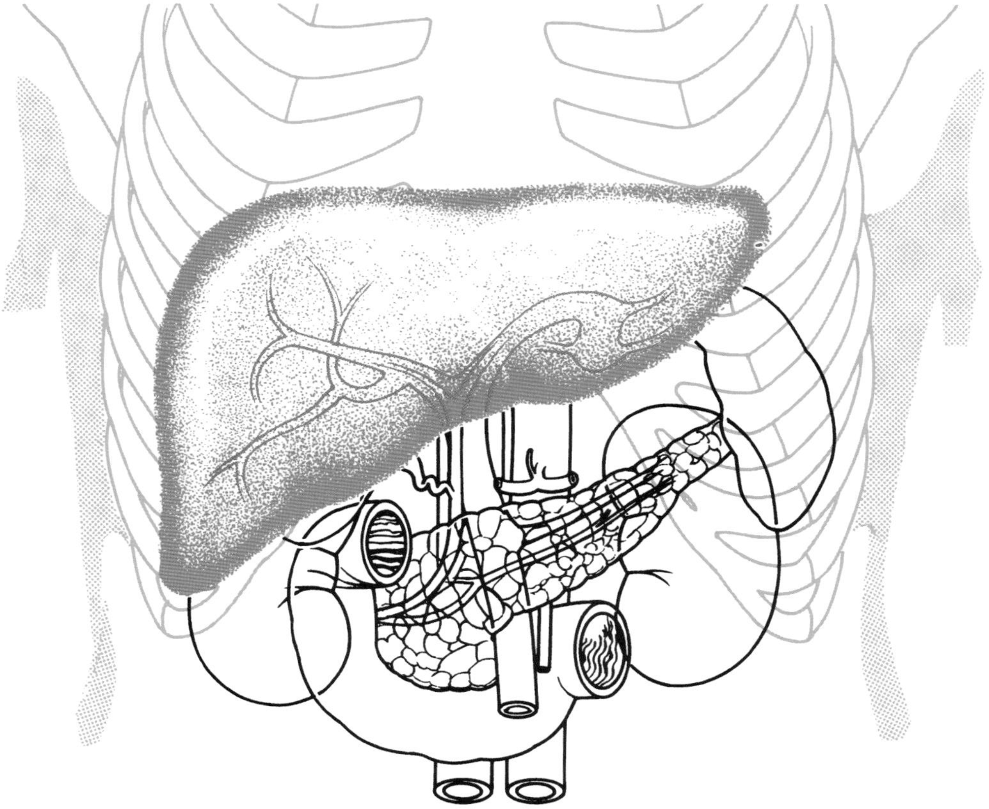

图 7-1　肝脏解剖示意图

1）肝是上腹部最大的器官，其大小因人而异，重1200 ～ 1600g。因其血流丰富，是肿瘤容易转移的器官。

2）肝内有3条肝静脉（肝左静脉、肝中静脉、肝右静脉）、门静脉、肝动脉和胆管。

肝的分段（图7-2）

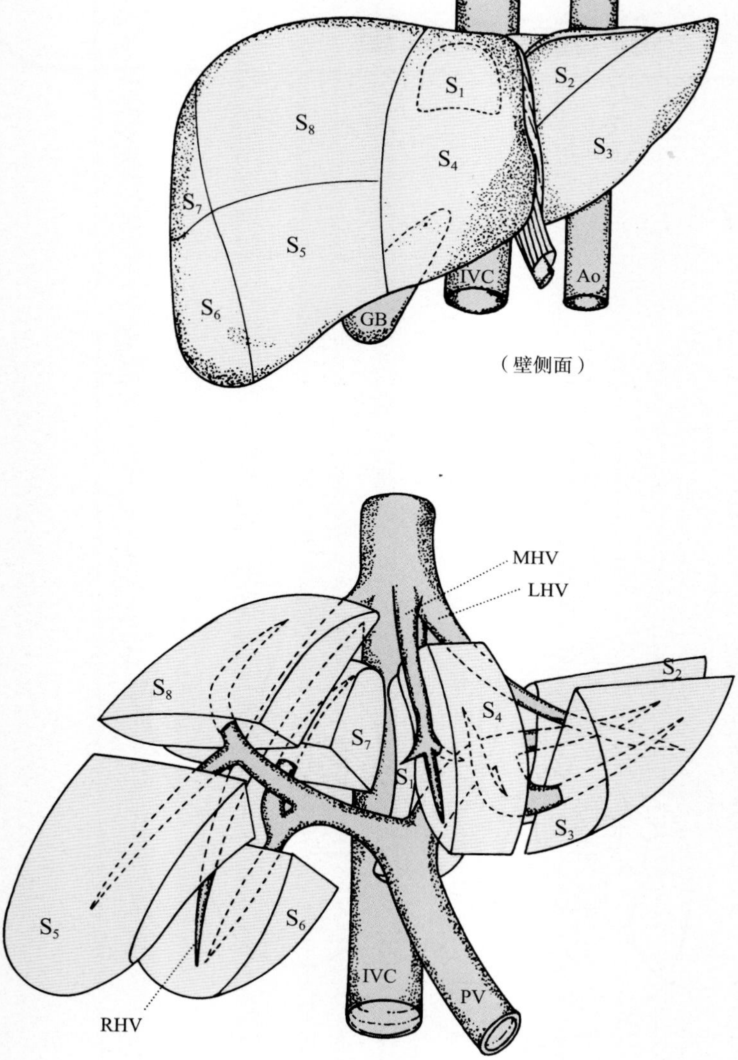

S_1：尾叶段
S_2：左外叶上段
S_3：左外叶下段
S_4：左内叶（方叶）
S_5：右前叶下段
S_6：右后叶下段
S_7：右后叶上段
S_8：右前叶上段
（Couinaud法分类）

图7-2 肝的分段

GB.胆囊
MHV.肝中静脉
Ao.主动脉
RHV.肝右静脉
IVC.下腔静脉
LHV.肝左静脉
PV.门静脉

肝静脉和门静脉的走行（图7-3）

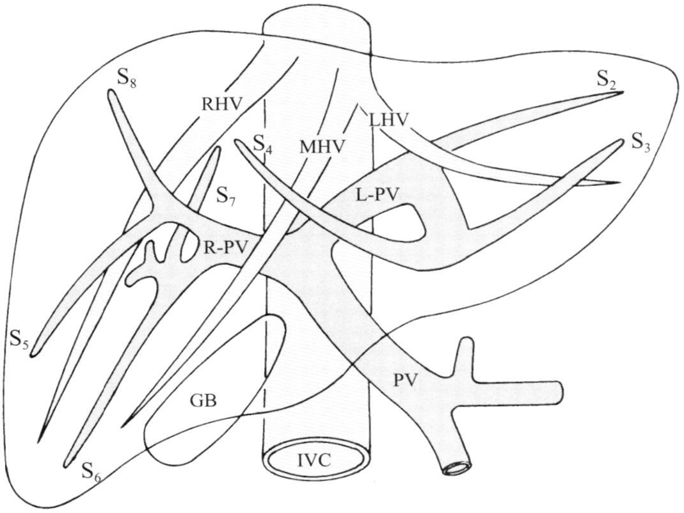

图7-3　肝静脉和门静脉的走行

- 肝静脉分为肝左静脉、肝中静脉、肝右静脉3条静脉。
- 肝左静脉是肝左内叶和左外叶的分界标志。
- 肝中静脉是肝左叶和右叶的分界标志。
- 肝右静脉是肝右前叶和右后叶的分界标志。
- 门静脉由主干和左右分支组成。
- 门静脉左支分为左内叶支、矢状部、左外叶上段支和左外叶下段支。
- 门静脉右支分为右前叶支和右后叶支，右后叶支又分为上段支和下段支。

肝扫查的盲区（图7-4）

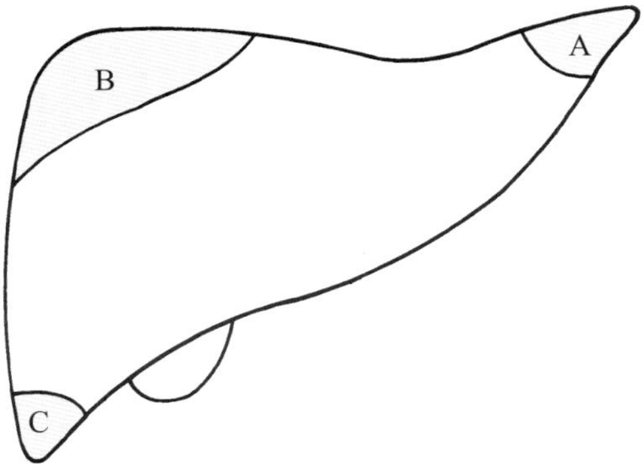

· 盲区A和盲区C多为检查者漏检的区域。

· 盲区B因右肺干扰而成为盲区，此处也是肝癌的好发部位，所以检查时一定要仔细。

图7-4　肝扫查的盲区

GB.胆囊　　RHV.肝右静脉
IVC.下腔静脉　　R-PV.门静脉右支
MHV.肝中静脉　　LHV.肝左静脉
PV.门静脉　　L-PV.门静脉左支

◆ 肝脏超声的扫查顺序

右肋弓下扫查法

1 首先将探头垂直置于右肋弓下，如图7-5所示，显示出消化道的声像图。

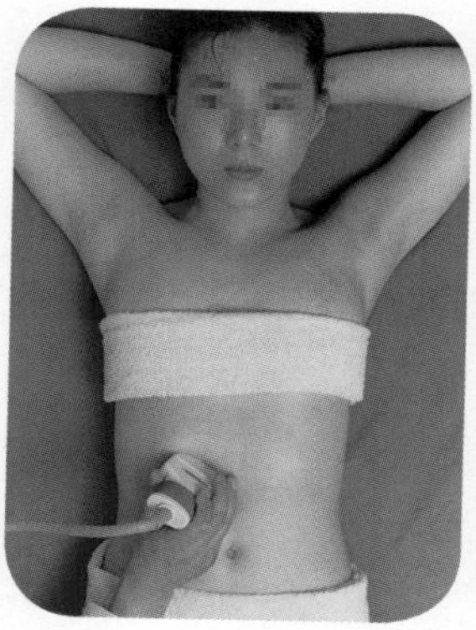

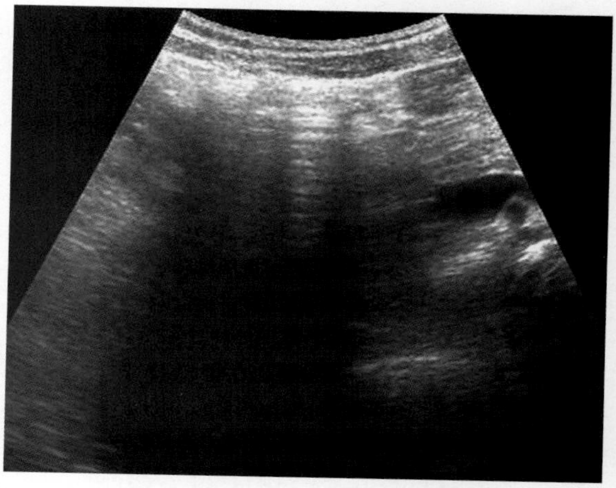

图7-5 右肋弓下扫查

2 然后让受检者鼓起腹部，观察整个肝的声像图（图7-6）。

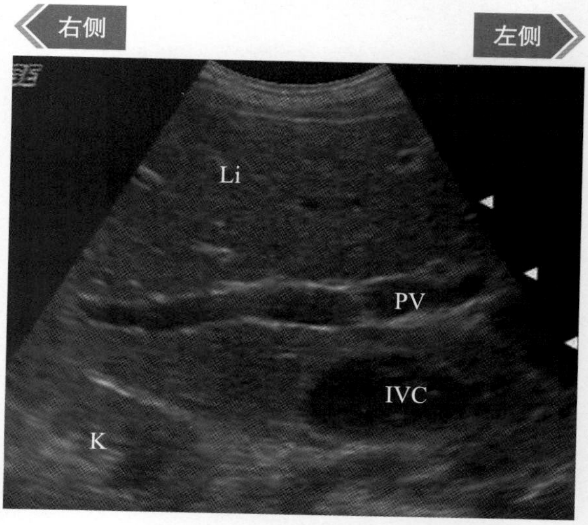

图7-6 肝的声像图

Li.肝
K.肾
PV.门静脉
IVC.下腔静脉

3 为了仔细观察肝，探头轻轻加压，并轻轻向头侧摆动，画面上显示出横膈，观察位于膈膜上方的肝（图7-7）。

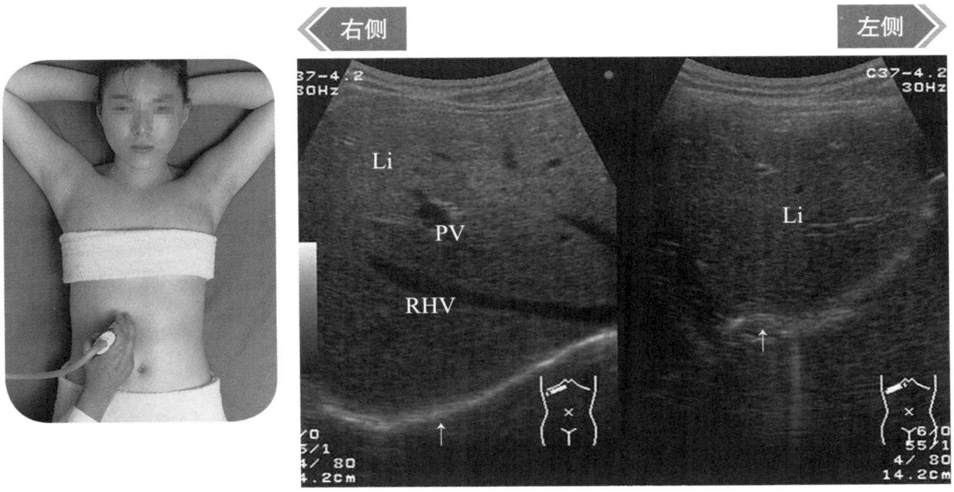

图7-7 显示左侧的图像后，探头进一步向横膈方向摆动，即可得到右侧的图像
→.横膈膜

4 最后，探头向足侧摆动观察，直至肝图像从画面上消失为止。对于初学者来说，需要受检者数次屏住呼吸才能完成整个扫查，所以在受检者静息时应固定好探头的位置和角度。

Li.肝
PV.门静脉
RHV.肝右静脉

● 超声图像（图7-8 ～图7-10）

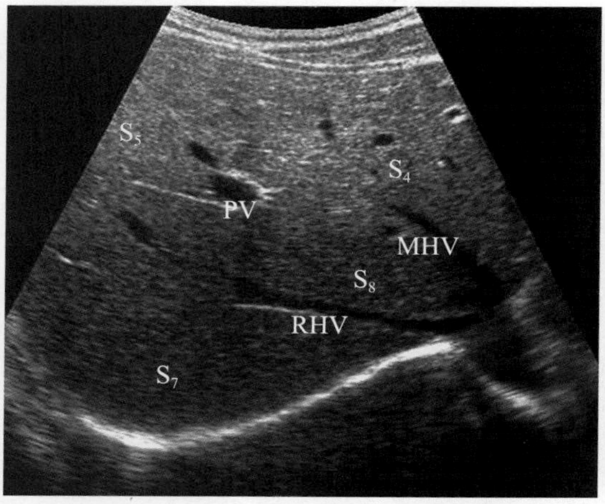

图7-8　从腹壁扫查所见图像

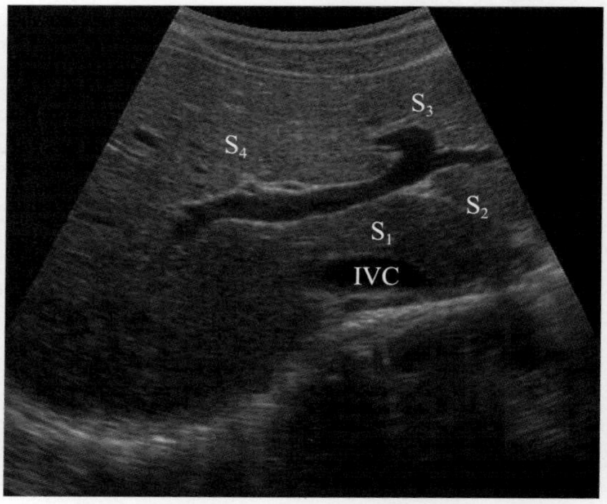

图7-9　显示出左侧图像后，探头稍微向足侧摆动扫查时得到的图像

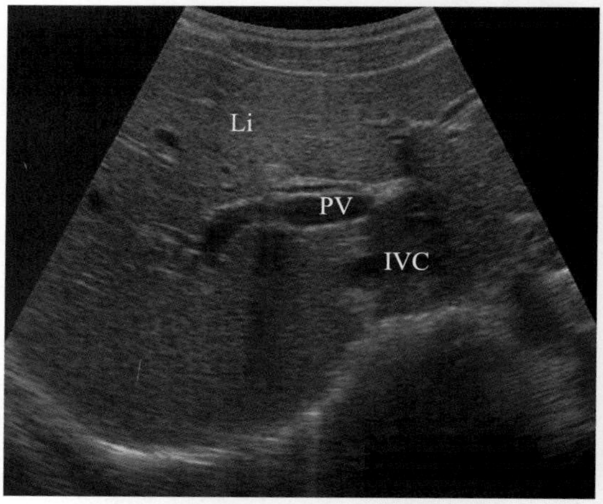

图7-10　探头进一步向足侧摆动扫查时得到的图像

观察的主要结构

主要结构包括肝右叶、肝静脉、门脉矢状部、胆囊、右肾。

S_1.尾状叶
S_2.左外叶上段
S_3.左外叶下段
S_4.左内叶（方叶）
S_5.右前叶下段
S_7.右后叶上段
S_8.右前叶上段
PV.门静脉
MHV.肝中静脉
RHV.肝右静脉
IVC.下腔静脉
Li.肝

● 移动探头的方法（图7-11）

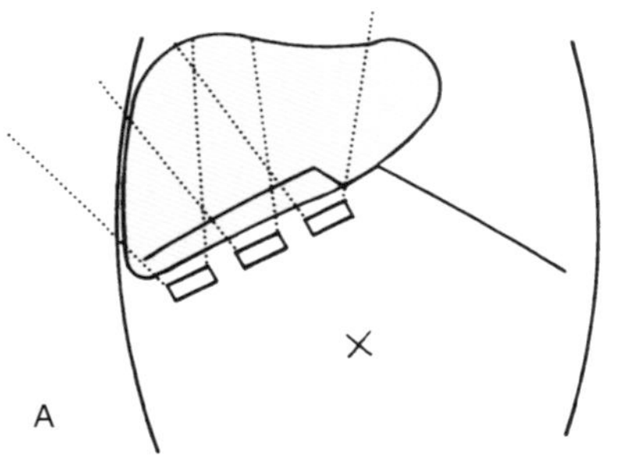

图7-11　移动探头的方法

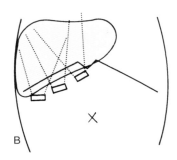

大多数初学者如图7-11B所示，探头在右肋弓下移动扫查时，探头向外侧移动，只观察到肝内侧。而图7-11A所示，探头向外侧移动时，探头方向朝向外侧，这样可以显示出侧面的横膈图像（图7-12）。

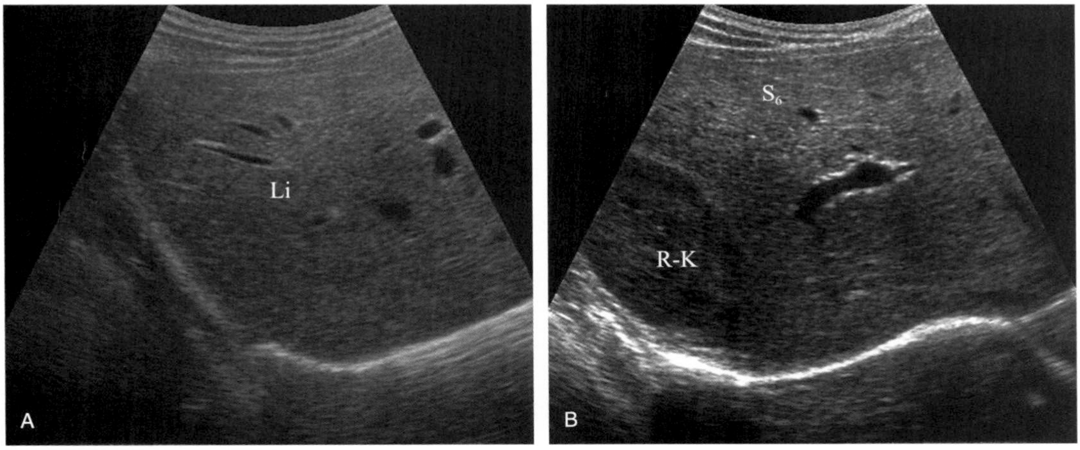

图7-12　图像显示

A.可以观察到肝的整个外侧；B.只显示出部分肝外侧

Li.肝
R-K.右肾

左肋弓下扫查

探头慢慢向左侧摆动观察，直至肝左叶从画面上消失为止（图7-13）。

这种扫查方法也可以清晰地显示出盲区A（参见图7-4）。

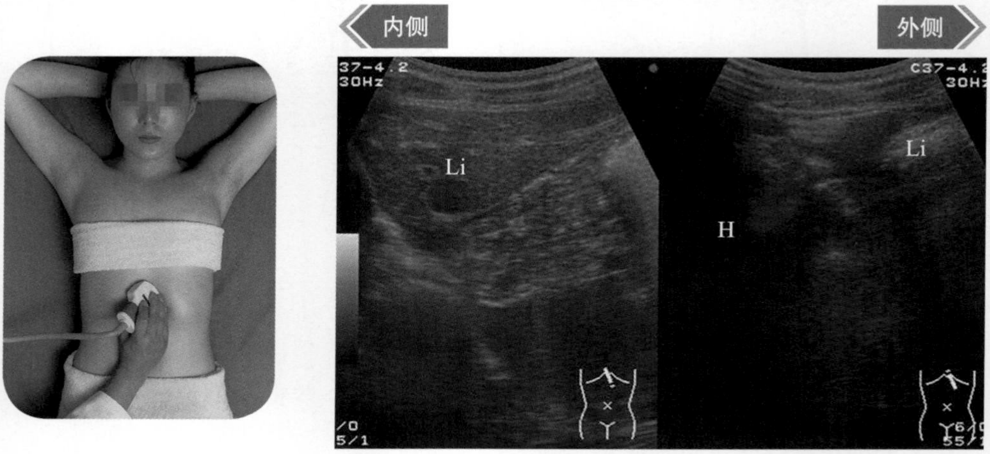

图7-13 左肋弓下扫查图像

右肋间扫查

1 受检者在静息状态下，将探头置于肋间，轻轻地左右摆动探头。在肋间移动时，应将探头拿起置于下一个肋间（图7-14）。若滑动探头至其他肋间时，因皮肤和肋骨之间的摩擦，受检者会感到疼痛。

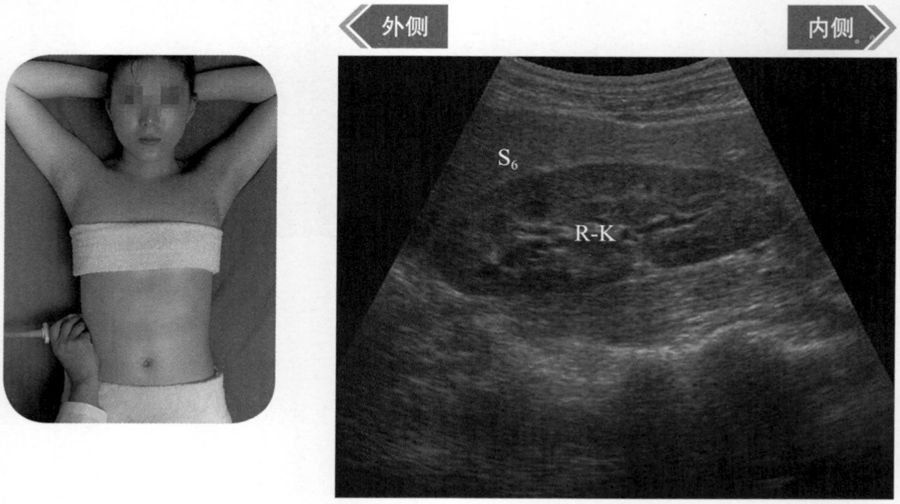

图7-14 右肋间下方扫查图像

Li. 肝
H. 心脏
R-K. 右肾
S_6. 右后叶下段

2 画面上若在显示出部分肺脏的情况下进行观察时，也可以清晰地显示出盲区B（参见图7-4，图7-15）。

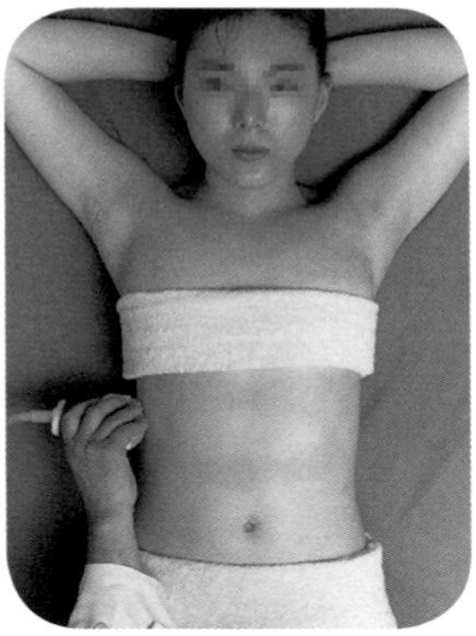

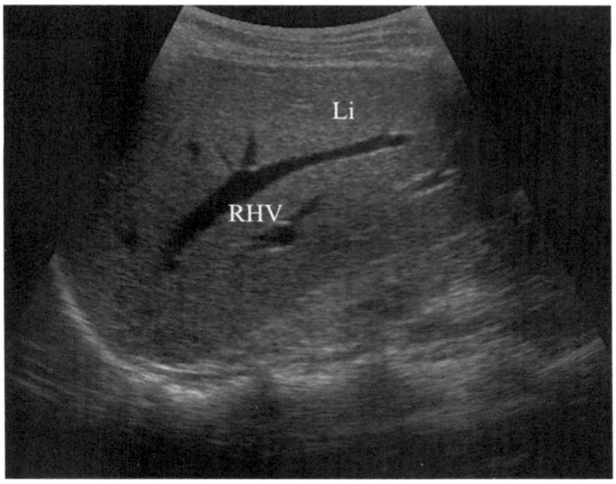

图7-15　若探头与肋间充分接触，可以得到整个肝的声像图和部分肺脏，此时也可以清晰地显示出盲区B

3 观察时探头应与皮肤充分接触。特别是初学者通常接触不良。观察到肝从画面上完全消失，被肺脏或肠管的图像所替代为止（图7-16）。

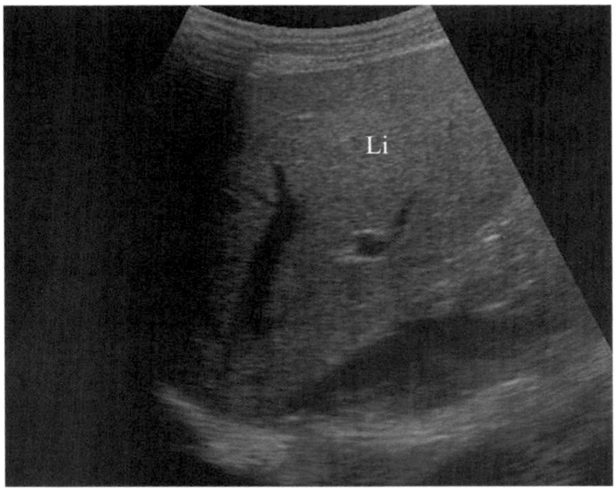

图7-16　由于探头的外侧翘起，不能得到整个肝的图像。此时不能显示盲区B

Li.肝
RHV.肝右静脉

● 超声切面图（图7-17 ~图7-19）

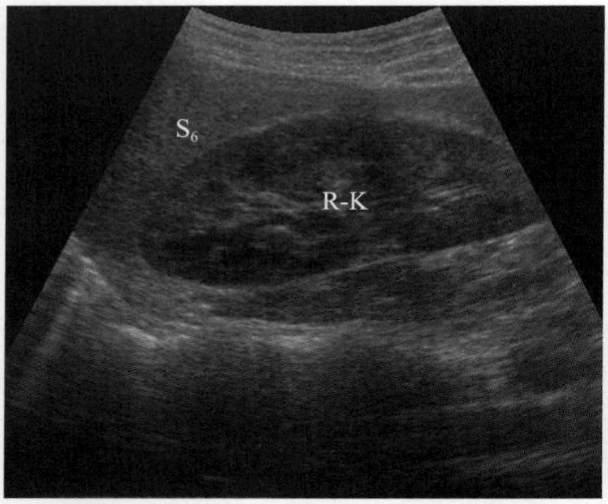

图7-17 腋后线附近

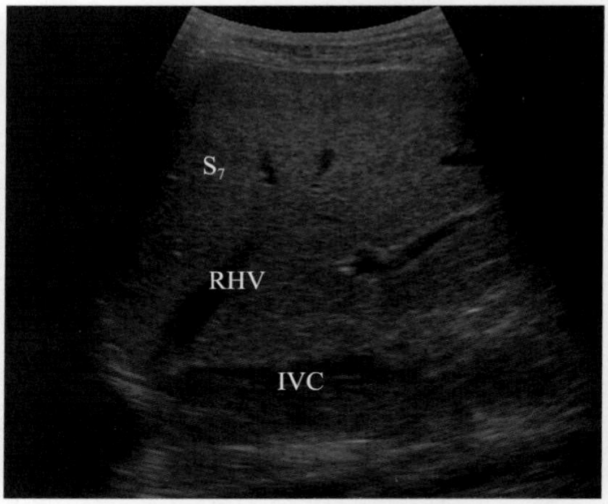

图7-18 腋中线附近

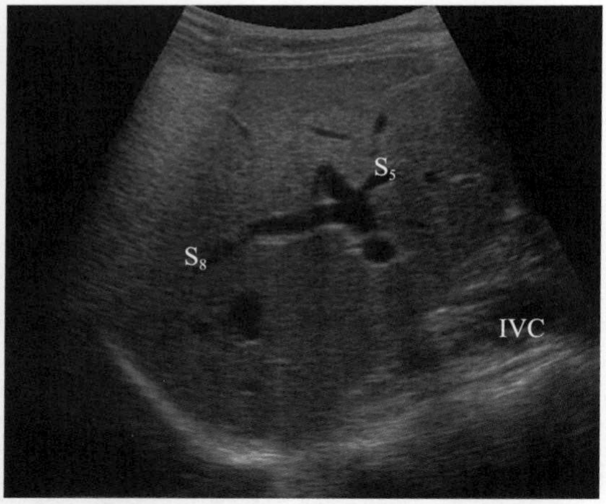

图7-19 腋前线附近

S_5.右前叶下段
S_6.右后叶下段
S_7.右后叶上段
S_8.右前叶上段
R-K.右肾
RHV.肝右静脉
IVC.下腔静脉

纵切面扫查

1 静息状态下，将探头置于剑下正中偏左，可以确认受检者的腹主动脉（图7-20）。

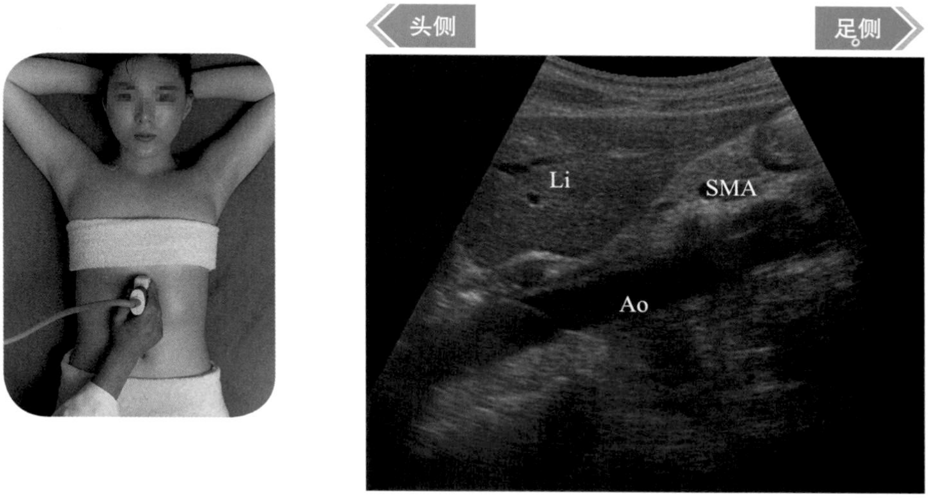

图7-20　腹主动脉确认

2 其次，让受检者鼓起腹部观察肝左叶（图7-21）。此时也可以观察到部分心脏，观察心包积液和横膈周围（只有这种扫查方法才能观察横膈附近的肝）。

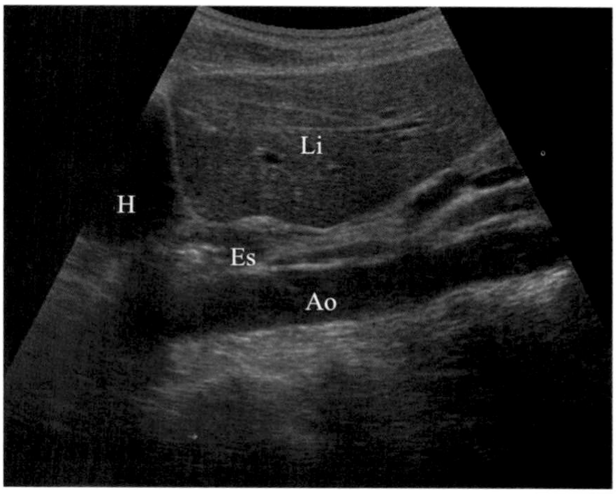

图7-21　观察肝左叶

Li.肝
SMA.肠系膜上动脉
Ao.主动脉
H.心脏
Es.食管

3 再将探头向足侧滑行做连续扫查，直至观察到肝左叶的边缘为止（图7-22）。

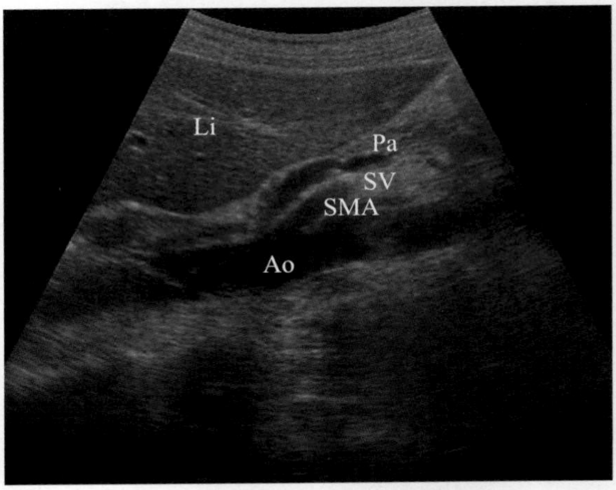

图7-22 连续扫查

4 最后将探头平行移动或上下移动，观察肝左叶和整个肝右叶（图7-23）。

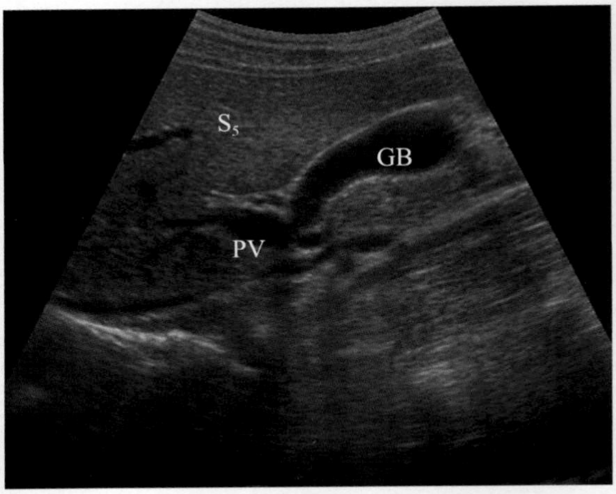

图7-23 肝右叶声像图

Li.肝
Pa.胰腺
SV.脾静脉
SMA.肠系膜上动脉
Ao.主动脉
GB.胆囊
PV.门静脉
S_5.右前叶下段

● 超声切面图（图7-24 ~图7-27）

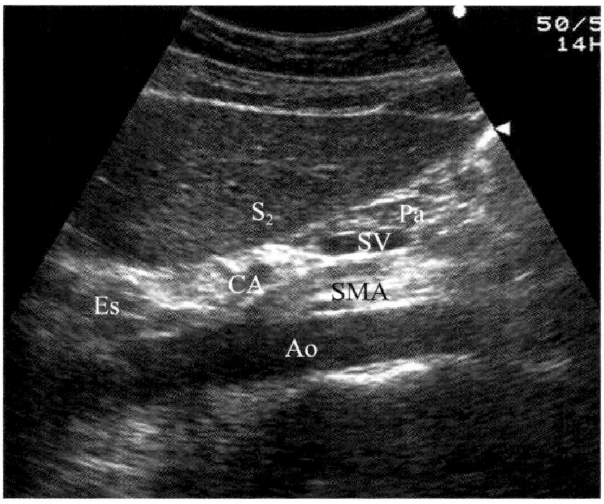

图7-24 正中偏左

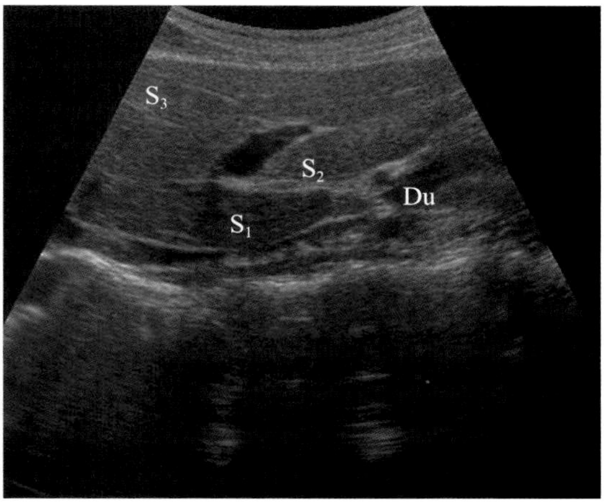

图7-25 正中偏右

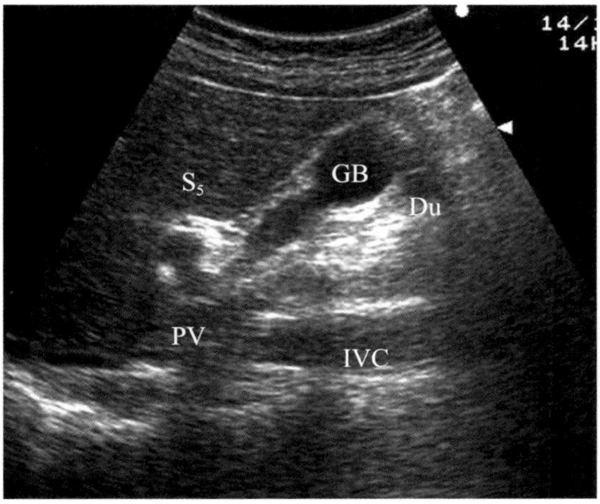

图7-26 右锁骨中线附近

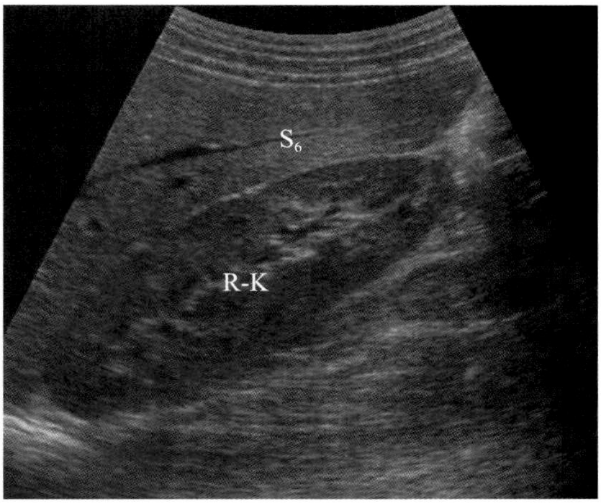

图7-27 右腋前线附近

【主要的观察部位】

主要的观察部位包括肝左叶、肝右叶、胰腺、胃、腹主动脉、肠系膜上动脉、腹腔干、上腔静脉、肝左静脉、胆囊。

Pa.胰腺	Ao.主动脉	PV.门静脉	S_2.左外叶上段
SV.脾静脉	Es.食管	IVC.下腔静脉	S_3.左外叶下段
CA.腹腔干	Du.十二指肠	R-K.右肾	S_5.右前叶下段
SMA.肠系膜上动脉	GB.胆囊	S_1.尾叶段	S_6.右后叶下段

剑突下扫查

1 将探头置于剑突下，此时不能因肋弓而翘起探头（图7-28）。

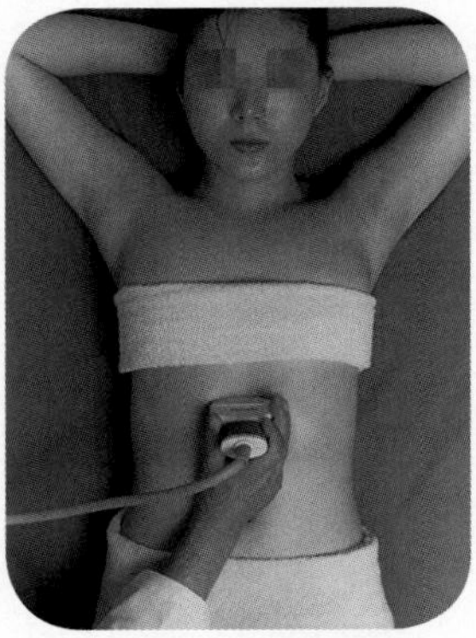

图7-28 剑突下扫查

2 将探头慢慢向头侧摆动观察整个肝。再向足侧摆动观察，直至肝从画面上完全消失为止（图7-29）。

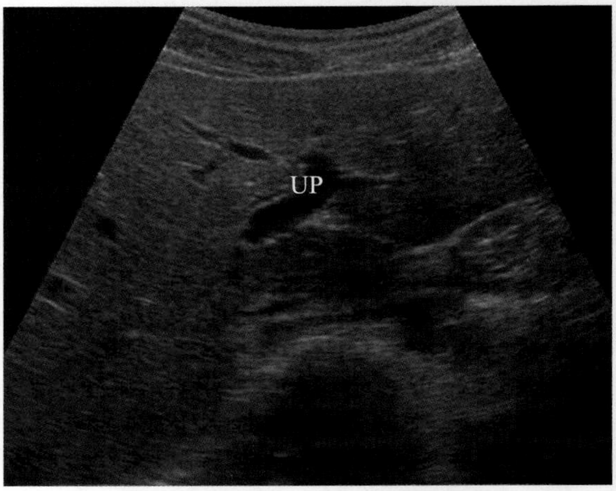

图7-29 门静脉左支切面图

UP.门静脉左支矢状部

◆ 肝脏按段分类时的切面图（图 7-30 ～图 7-39）

S₁

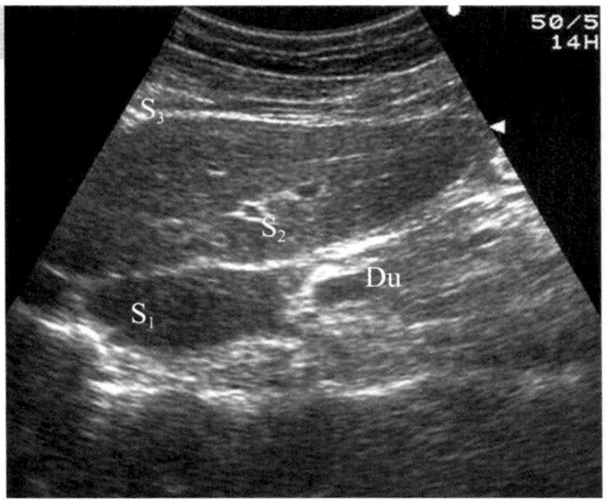

图 7-30　纵切扫查

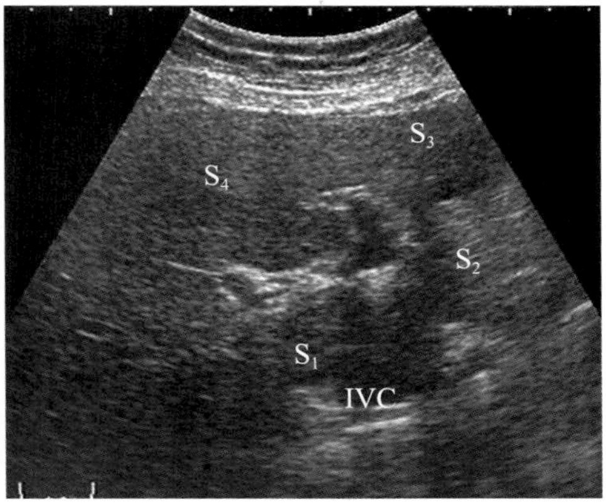

图 7-31　剑突下横切扫查

S_2，S_3

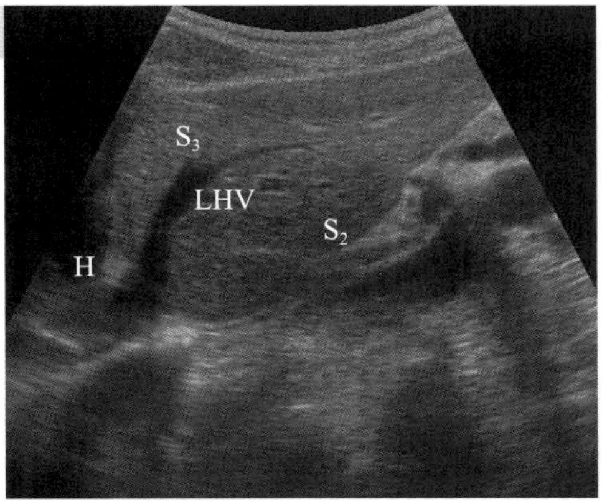

图 7-32　左肋弓下扫查

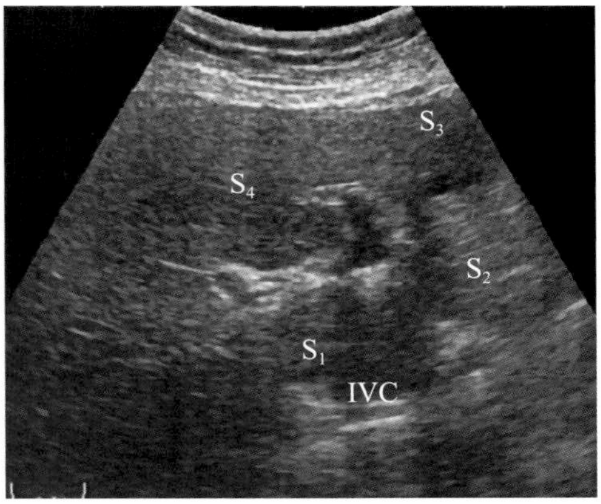

图 7-33　右肋弓下扫查（正中线附近）

Du. 十二指肠
IVC. 下腔静脉
H. 心脏
LHV. 肝左静脉

S_1. 尾叶段
S_2. 左外叶上段
S_3. 左外叶下段
S_4. 左内叶（方叶）

S₄

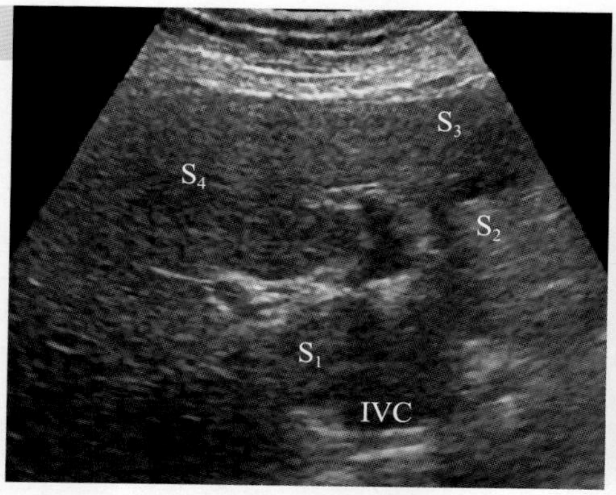

图7-34 右肋弓下扫查（正中线附近）

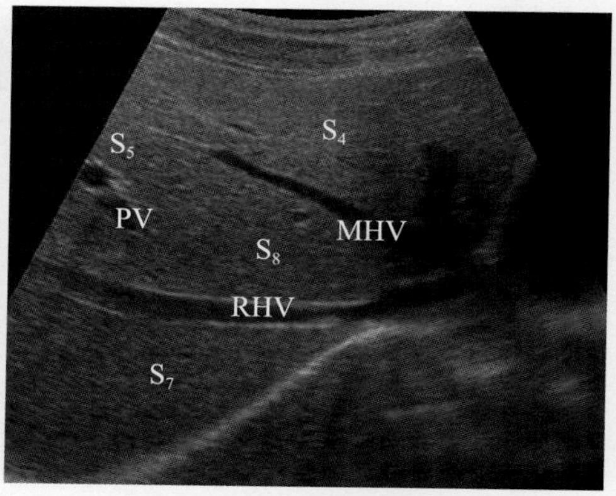

图7-35 右肋弓下扫查（锁骨中线至正中线附近）

S$_5$，S$_8$

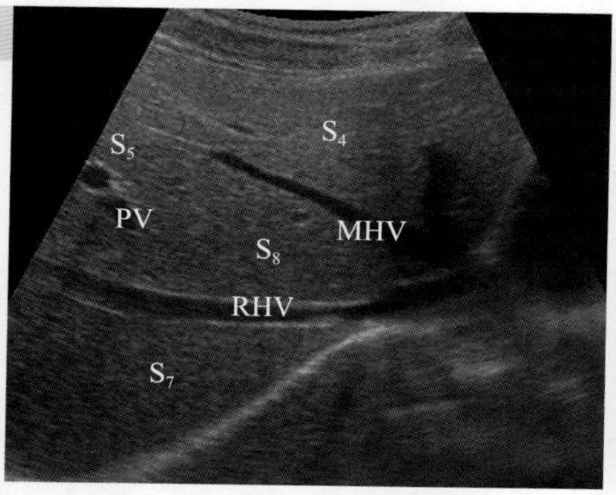

图7-36 右肋弓下扫查（锁骨中线至正中线附近）

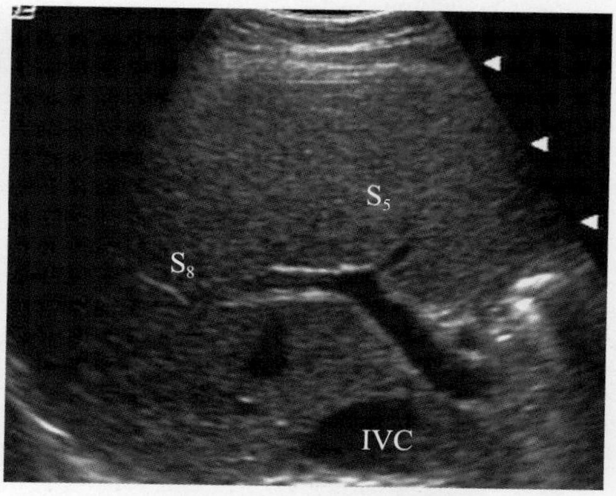

图7-37 右肋间扫查（腋前线附近）

S$_6$，S$_7$

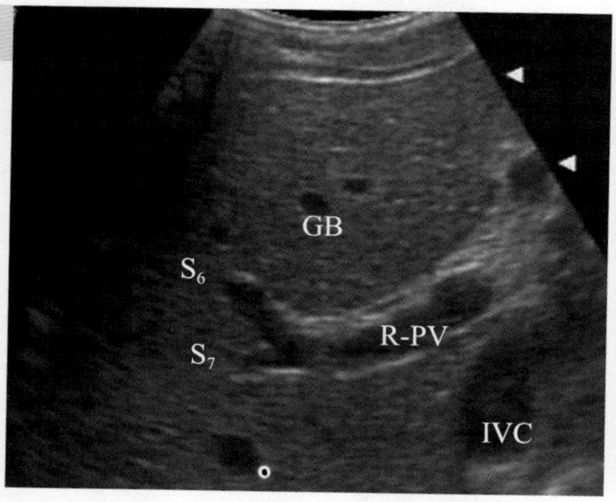

图7-38 右肋弓下扫查（锁骨中线至正中线附近）

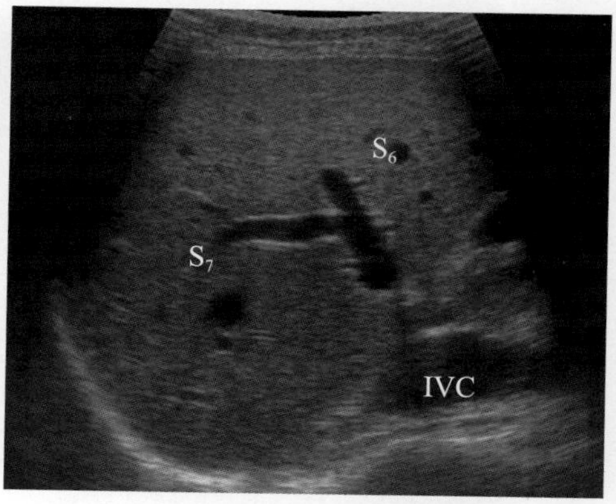

图7-39 右肋弓下扫查（腋中线附近）

PV.门静脉
RHV.肝右静脉
MHV.肝中静脉
IVC.下腔静脉
GB.胆囊
R-PV.门静脉右支
S$_1$.尾叶段
S$_2$.左外叶上段
S$_3$.左外叶下段
S$_4$.左内叶（方叶）
S$_5$.右前叶下段
S$_6$.右后叶下段
S$_7$.右后叶上段
S$_8$.右前叶上段

肝检查要点

● 采集图像

1）肝无明显异常时，各个切面扫查后采集肝静脉和门静脉的图像。

2）肝异常时，除上述的图像外，随时增加采集病变部位的图像。

3）至少用两种扫查方法观察病变部位，并采集图像。

4）按照肝的分段采集病变部位的图像。

5）右肋间扫查时，应采集显示部分肺脏的图像。

6）纵切扫查时，应采集显示部分心脏的图像。

● 注意事项

1）严格进行呼吸调节。

2）检查时进行腹式呼吸。特别是女性多为胸式呼吸，检查者将手置于受检者脐周，让其学会腹式呼吸。

3）检查者向受检者说明时，不能只说“深吸气后屏住呼吸”，而应告诉受检者“屏住呼吸后，鼓起腹部”。

4）当受检者腹部的张力减弱时，应冻结超声图像，嘱其静息。此时应固定好探头的位置和角度。这样的话，让受检者再次鼓起腹部、打开冻结键时，可以得到与刚才同样的图像，继而可以顺利地连续检查。

5）初学者寻找感兴趣区时而不冻结图像，这样受检者再次鼓起腹部时，又要重新扫查，不仅费时，也得不到清晰的图像，最终导致重复同样的动作而没有结果。

6）通常把感兴趣区置于探头的中心。如此，只需以探头中心为圆点旋转，就会很容易显示出感兴趣区的纵、横切面图像。

7）得到各个切面图像后，慢慢地摆动探头进行观察，直至图像完全从画面上消失为止。

8）采集肝肾的对比图像，把肝作为声窗显示出肾，用于诊断脂肪肝。

9）肋间扫查移动探头时，应轻轻拿起探头置于下一个肋间。否则探头摩擦皮肤和肋弓，受检者会感到不适。

10）在肋弓下扫查时，应注意探头的朝向（图7-40，图7-41）。多数初学者认为在肋弓下移动探头可见整个肝，但实际上有时显示的是同一部位的图像。

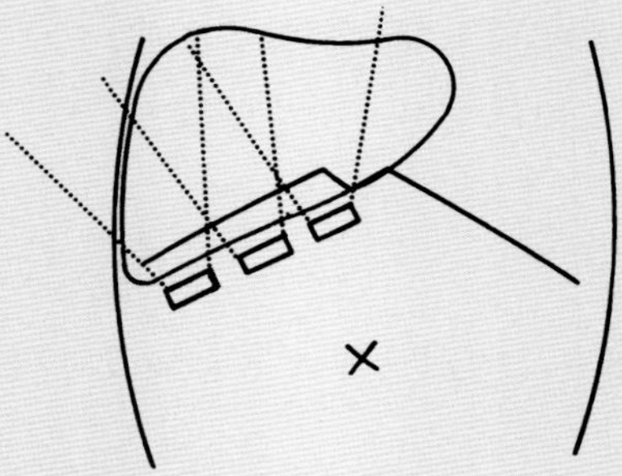

图7-40　正确扫查法的示意图

如图7-40所示，将探头置于外侧时显示的是外侧部分。

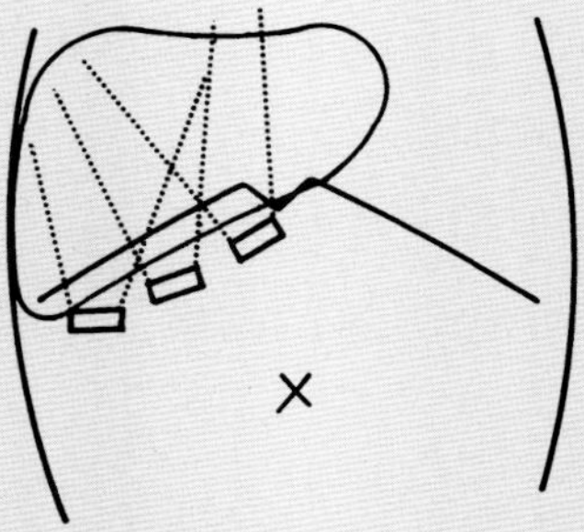

图7-41　不正确的扫查示意图

如图7-41所示，将探头置于外侧时显示的是内侧部分。

● 主要适应证

主要适应证包括脂肪肝、肝硬化、淤血肝、门静脉高压、肝囊肿、肝脓肿、肝血管瘤、肝细胞癌、胆管细胞癌、转移性肝癌。

肝病病例（图7-42 ~图7-58）

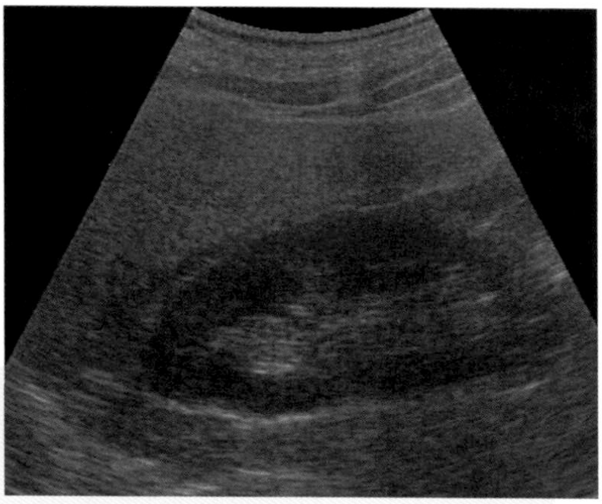

图7-42　脂肪肝
肝实质回声增强，其下方的肾实质回声偏低。利用肝肾回声对比的切面来确诊脂肪肝是非常重要的

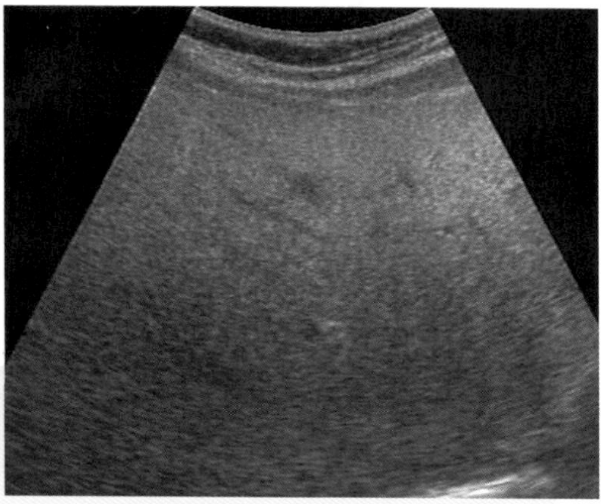

图7-43　右肋弓下扫查的图像，与图7-42一样，肝实质回声增强，后方伴回声衰减，肝静脉走行欠清晰

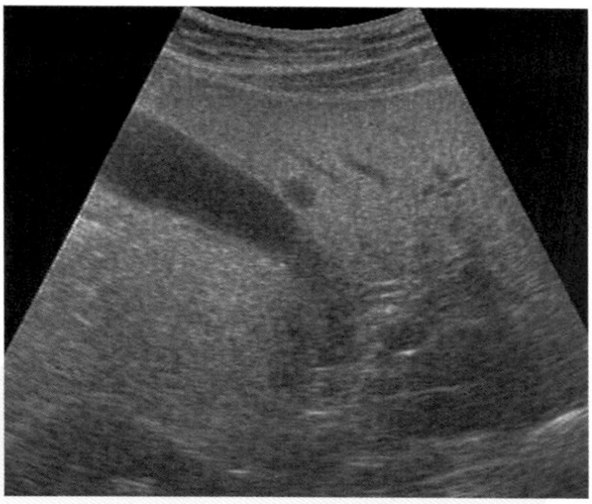

图7-44　胆囊右侧可见片状低回声，如同肿瘤，但肝实质回声增强，低回声又局限于胆囊周围，所以此处为脂肪沉积较少的正常部分，又称非均匀性脂肪肝

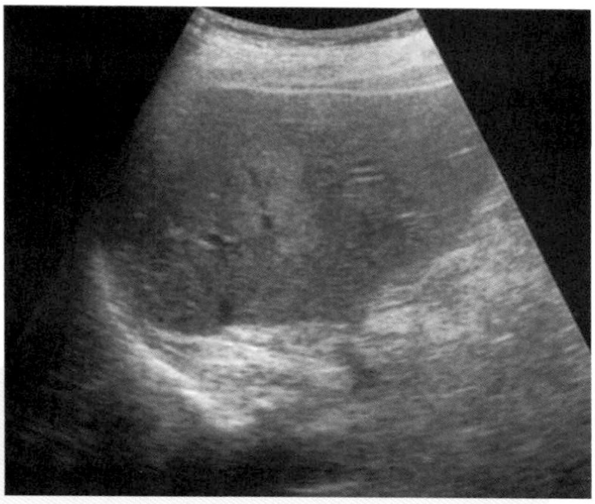

图7-45　肝实质内见局限性强回声，其内可见管状结构，此为局限性脂肪沉积

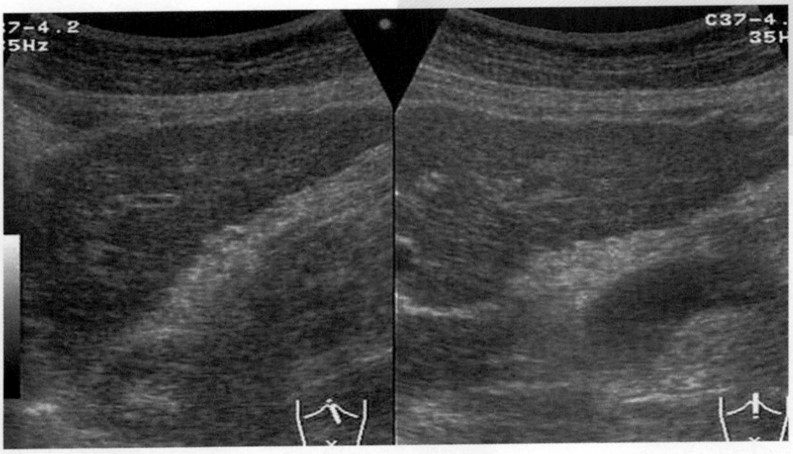

图7-46　肝硬化
肝表面凹凸不平，实质回声粗糙

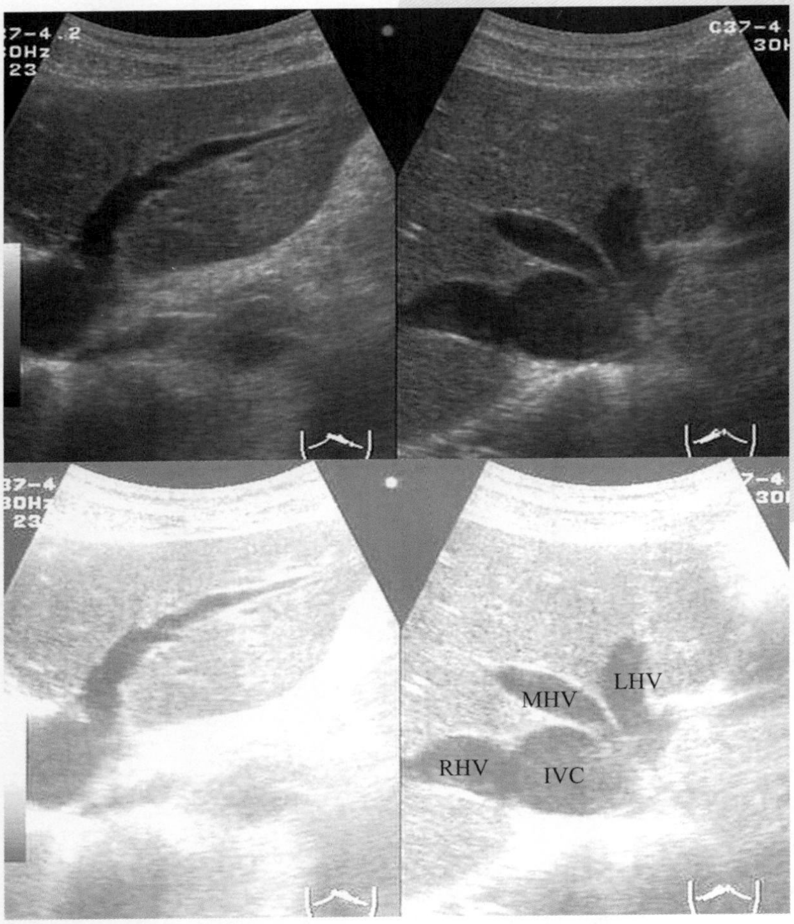

图7-47　淤血肝
图中可见肝静脉和下腔静脉扩张，多数为右心功能不全所致。有时也见于Budd-Chiari综合征、下腔静脉闭塞等疾病

MHV.肝中静脉
LHV.肝左静脉
RHV.肝右静脉
IVC.下腔静脉

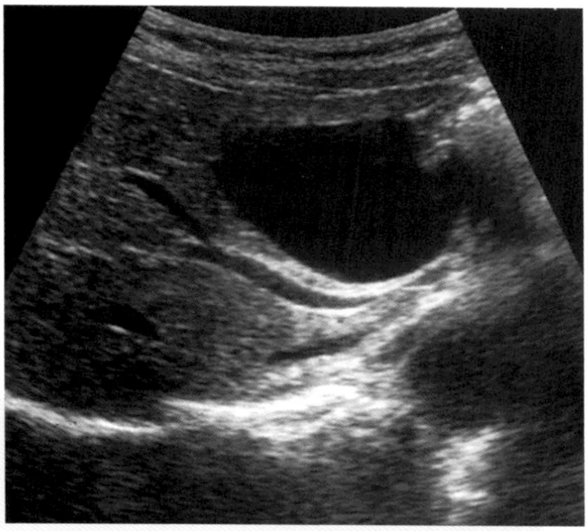

图7-48　肝囊肿

肝内见一无回声，边界清，壁光滑，后方回声增强

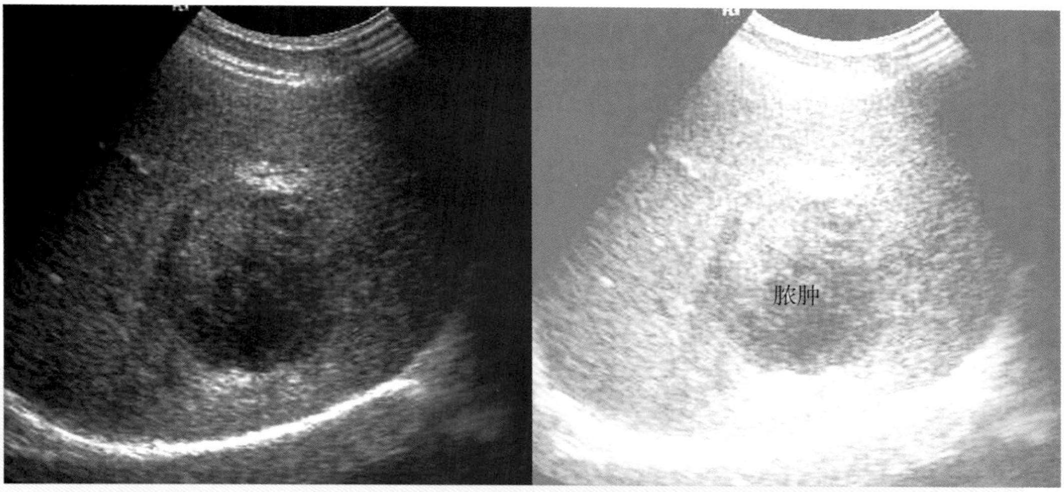

图7-49　肝脓肿

肝内见一低回声，边界不清，内回声不均

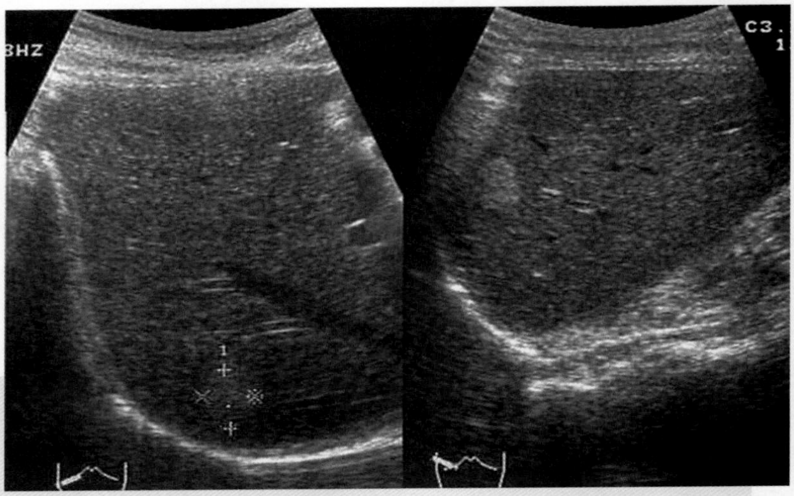

图7-50 肝血管瘤（1）
肝内见一高回声结构，边界清，周围无弱回声晕（与肝癌鉴别）

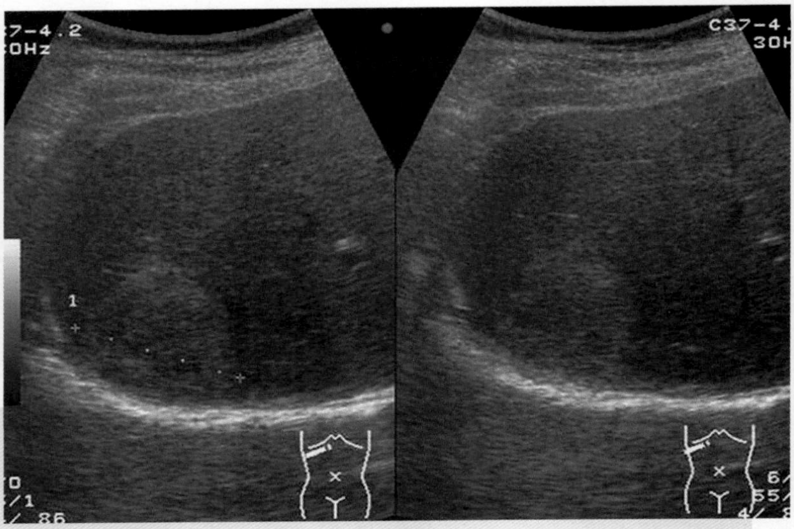

图7-51 肝血管瘤（2）
肝内见一高、低回声不均结构，形态规则，结合其他影像学检查诊断为血管瘤

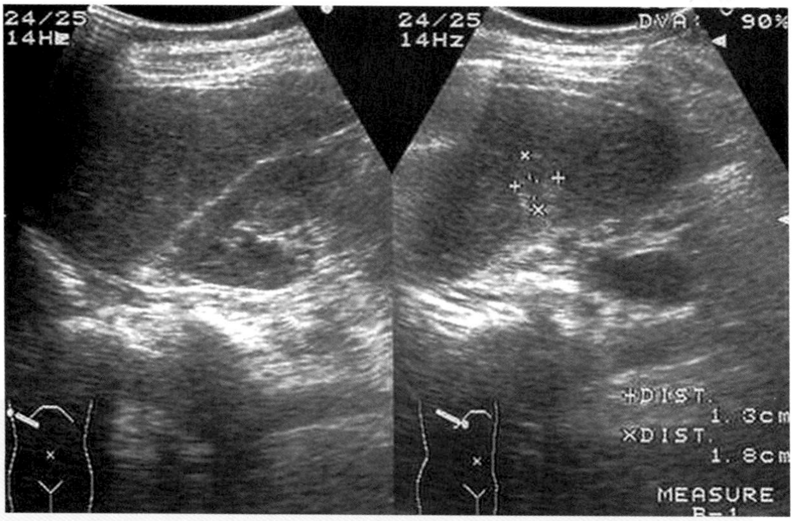

图7-52　肝血管瘤（3）

肝内见一边缘呈高回声，内为低回声结构。对初学者来说，此种类型的图像或较小病变有时会发生漏诊

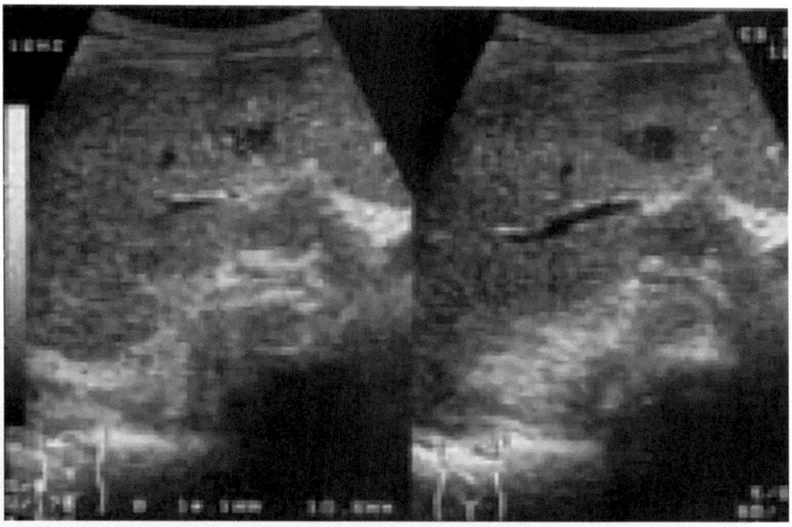

图7-53　肝细胞癌

肝内见低回声肿物。本例为肝硬化患者，怀疑肝细胞癌。后经穿刺细胞学确诊

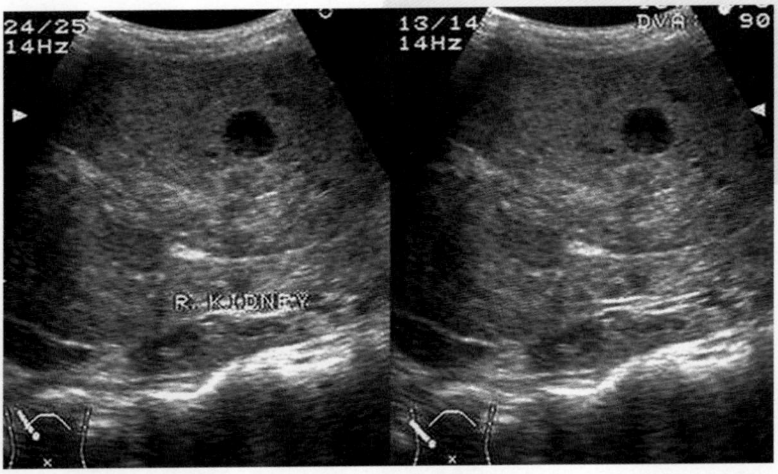

图7-54 中心部坏死肝细胞癌

肿瘤占据整个肝，其内见无回声区

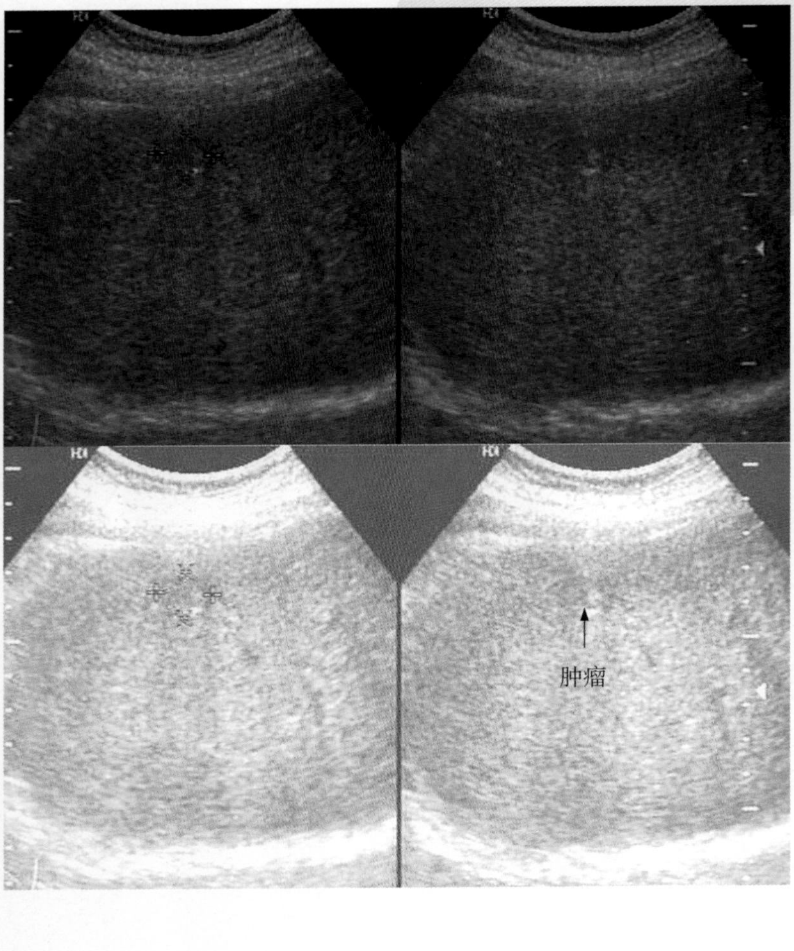

图7-55 小肝细胞癌

肝内见一直径1.5cm的实性肿物，肿物周围见弱回声晕

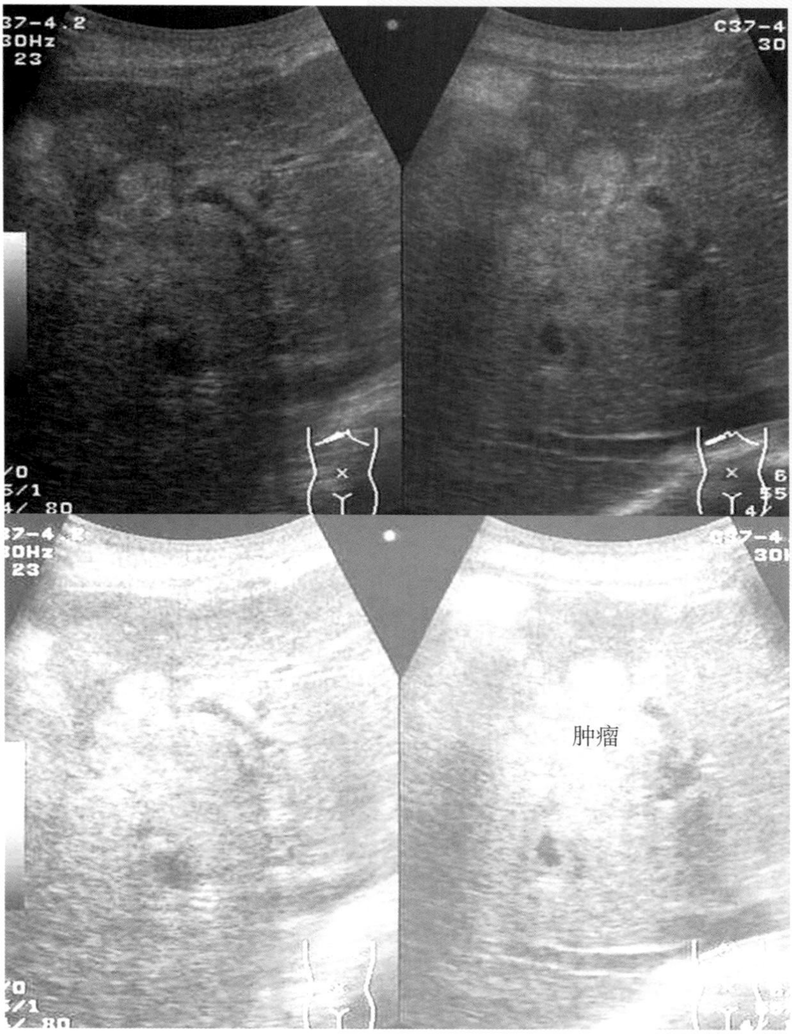

图7-56　转移癌
肝内见多个高回声结节，相互融合，又称牛眼征

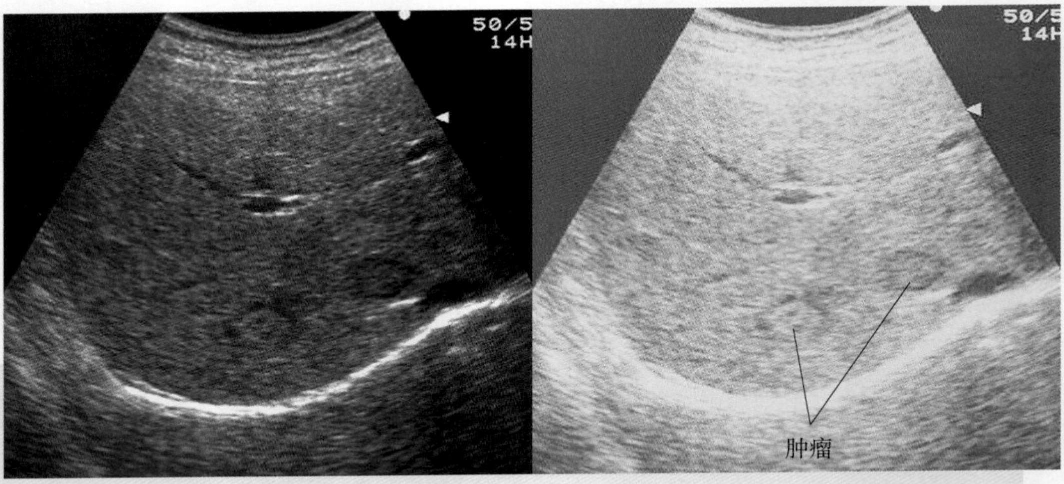

图7-57 结肠癌肝转移
肝内见数个实性结节，周围有低回声晕，中心部回声偏高

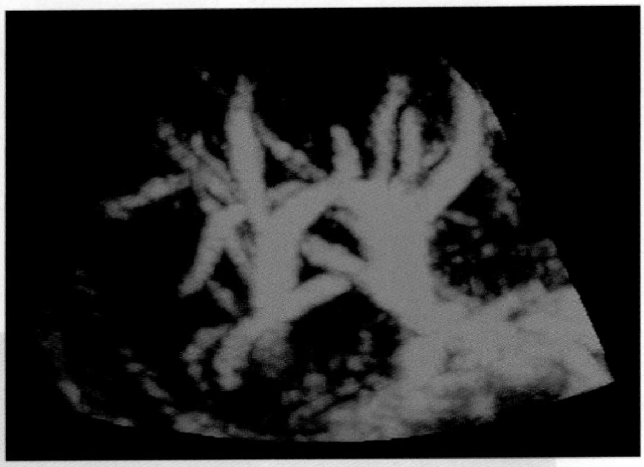

图7-58 能量多普勒显示的肝内血管三维成像

第八章
胰腺超声检查

◆ 胰腺解剖（图 8-1）

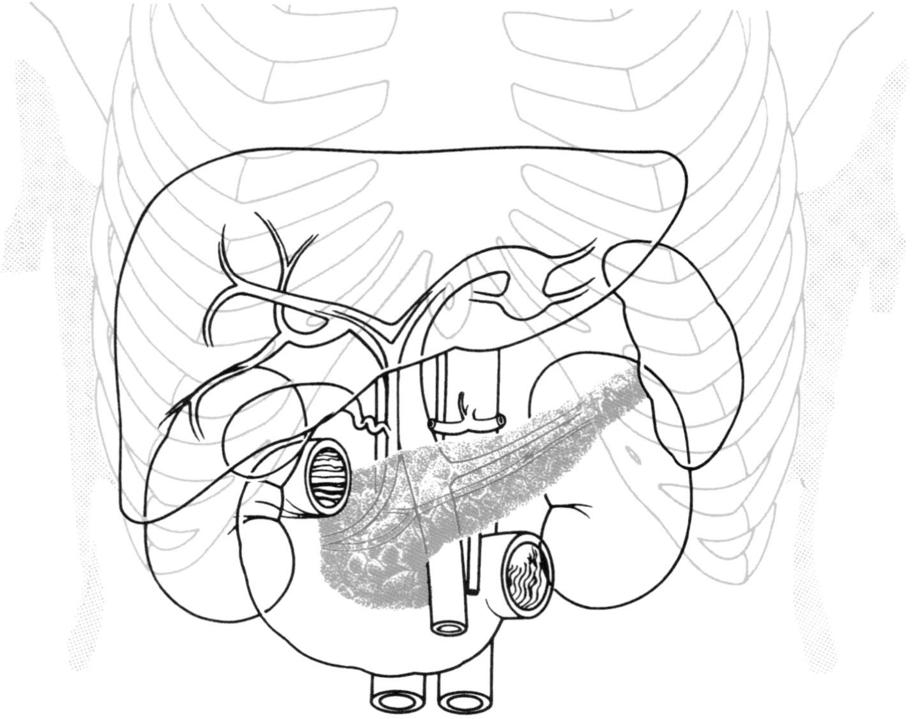

图 8-1　胰腺解剖示意图

・胰腺位于腹膜外第 12 胸椎和第 2 腰椎之间，其大小自十二指肠内侧的胰头部到脾门附近的胰尾部，为棒状实性器官。

・长约 15cm，重约 75g。

・主胰管走行于胰腺实质的中央。

・胰体尾位于脾静脉的前方，脾静脉是胰体尾的界标。

◆ 胰腺超声的扫查顺序

1 将探头垂直置于剑突下偏左的腹壁上，进行长轴扫查，显示出腹主动脉（纵切面扫查）（图8-2）。

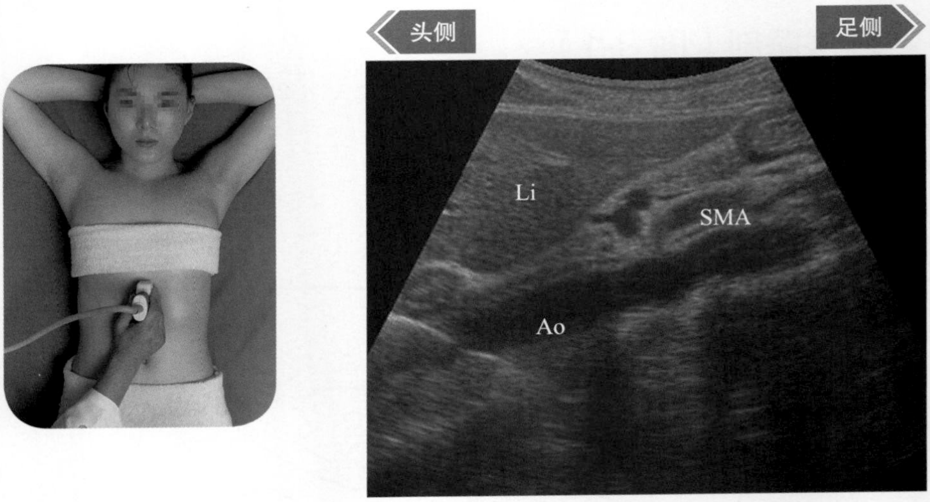

图8-2 纵切面扫查

2 让受检者鼓起腹部，肝左叶的下方显示出胰腺（图8-3）。

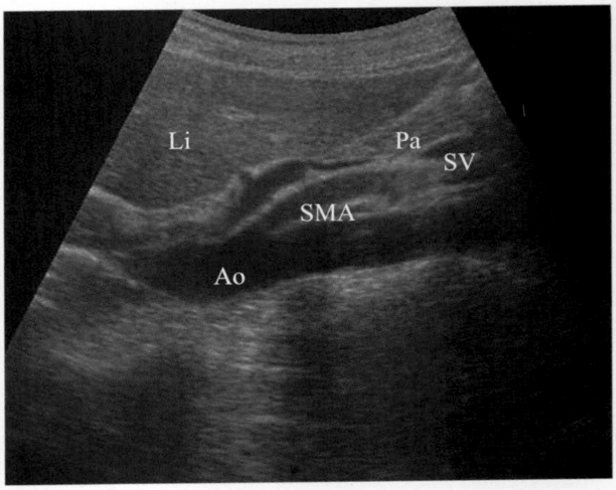

图8-3 胰腺超声显示

Li.肝
SMA.肠系膜上动脉
Ao.主动脉
Pa.胰腺
SV.脾静脉

3 将胰腺图像置于探头的中心位置，此时检查者的手指置于胰腺部位时，会遮挡胰腺的图像（图8-4）。

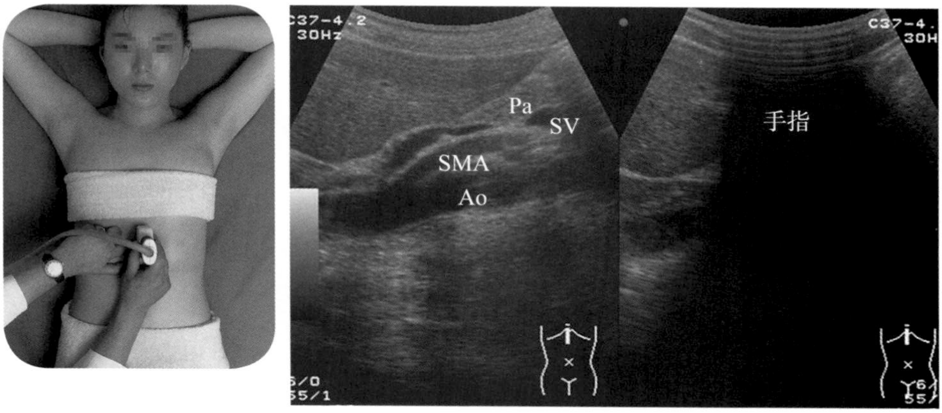

图8-4　因为检查者的手指，而使局部产生声影

显示胰腺图像的技巧

声束A，由于部分肝和肠管，不能清晰地观察胰腺；而声束B是把肝作为声窗，可以清晰地观察胰腺（图8-5）。

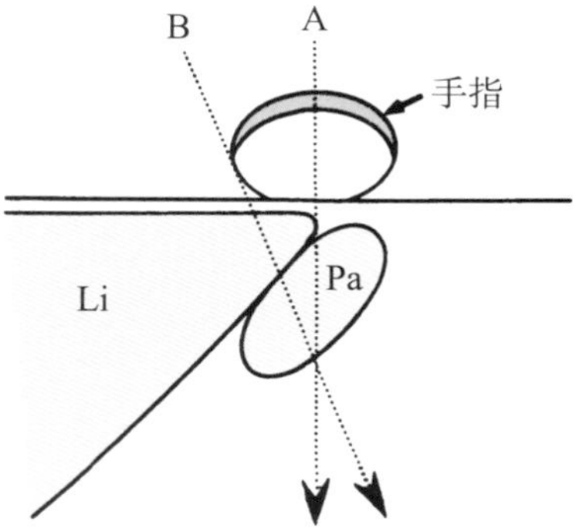

图8-5　胰腺图像显示技巧示意图

Pa. 胰腺
SV. 脾静脉
SMA. 肠系膜上动脉
Ao. 主动脉
→ 超声的声束
Li. 肝

4 在固定探头的手指下方（头侧）只能显示出肝的声像图（横切面扫查）（图8-6）。

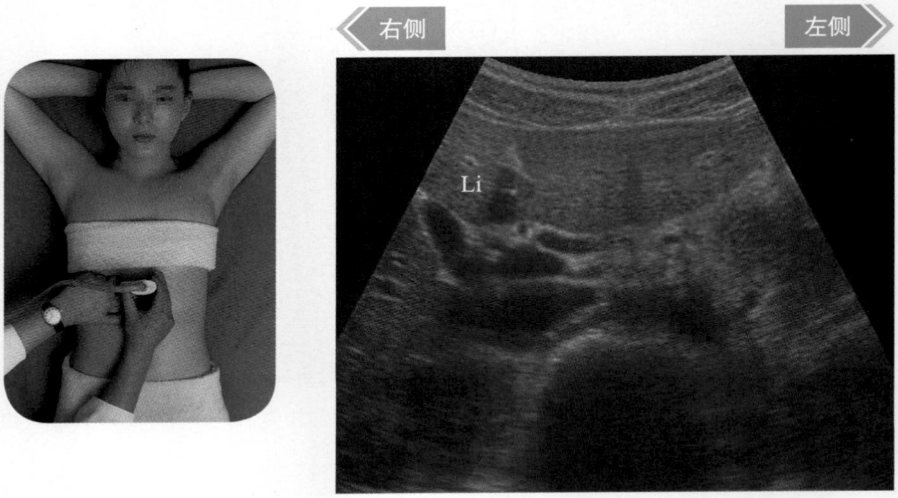

图8-6 横切面扫查

5 探头位置不变，慢慢地向足侧摆动，可以显示出胰腺的横切面（图8-7）。

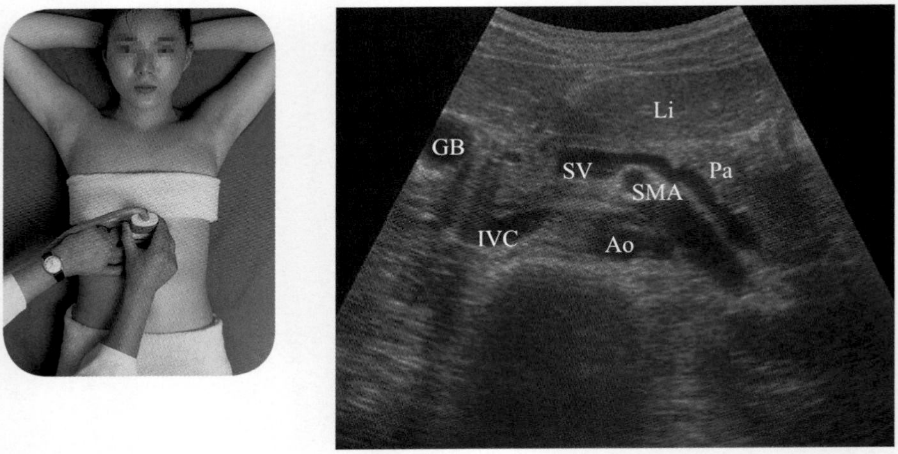

图8-7 向足侧摆动可以确认胰腺

Li.肝脏
SMA.肠系膜上动脉
Pa.胰腺
GB.胆囊
SV.脾静脉
Ao.主动脉
IVC.下腔静脉

胰腺检查要点

● 图像采集

1）胰腺无明显异常时，纵切面扫查、横切面扫查（斜切面扫查）后采集图像。

2）一个切面不能显示整个胰腺，应分别采集图像。

3）如果可能的话，应采集含有主胰管的图像。

4）胰腺异常时，随时增加采集病变部位的图像。

● 注意事项

1）严格进行呼吸调节。

2）检查时应进行腹式呼吸。

3）女性多为胸式呼吸，所以检查者将手置于受检者脐部，让其学会腹式呼吸。

4）检查者向受检者说明时，不能只说："深吸气后屏住呼吸"，而应告诉受检者："屏住呼吸后，鼓起腹部"。

5）当受检者腹部的张力减弱时，冻结超声图像，嘱其静息。

6）此时应固定好探头的位置和角度。如此，受检者再次鼓起腹部、解除冻结键时，可以得到与刚才同样的图像，继而可以顺利地连续检查。

7）通常初学者寻找感兴趣区域时而不冻结图像，这样受检者再次鼓起腹部时，又要重新扫查，不仅费时，也得不到清晰的图像，最终导致重复同样的动作而没有结果。

8）通常把感兴趣区置于探头的中心。如此，只需以探头中心为中心旋转，就很容易显示出感兴趣区的纵切、横切图像。

9）得到各个切面的图像后，慢慢地摆动探头进行观察，直至感兴趣区从画面上消失为止。

10）因肠管干扰，胰腺的图像重复性较差。即使费时扫查，有时也采集不到清晰的图像，或不如先前采集的图像，所以当可以确认胰腺时，应采集图像。

11）若仰卧位不能显示胰腺时，可以采取半坐位进行扫查（图8-8）。

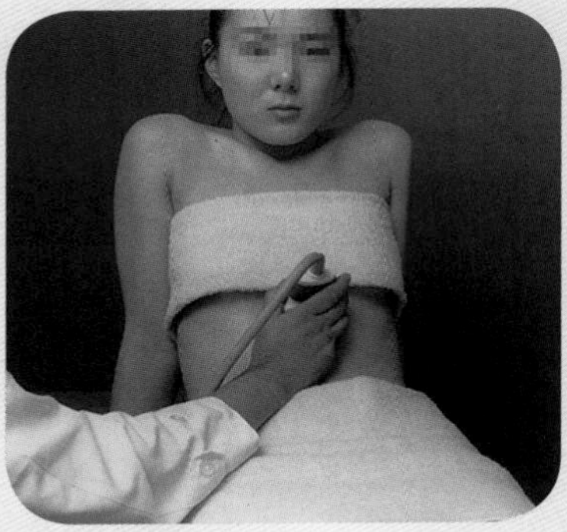

图8-8　半坐位扫查

12）因位于胰腺下方腹主动脉的搏动，即使屏住呼吸冻结超声图像时，图像也会出现模糊，所以应在舒张期冻结，采集图像（图8-9）。

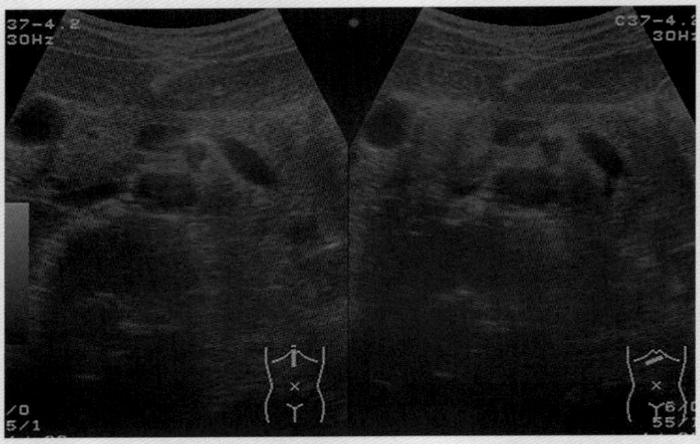

舒张期　　收缩期

图8-9　舒张期和收缩期图像

● 主要适应证

主要适应证包括急性和慢性胰腺炎、胰腺囊肿、胰腺癌。

胰腺病例（图8-10 ~图8-16）

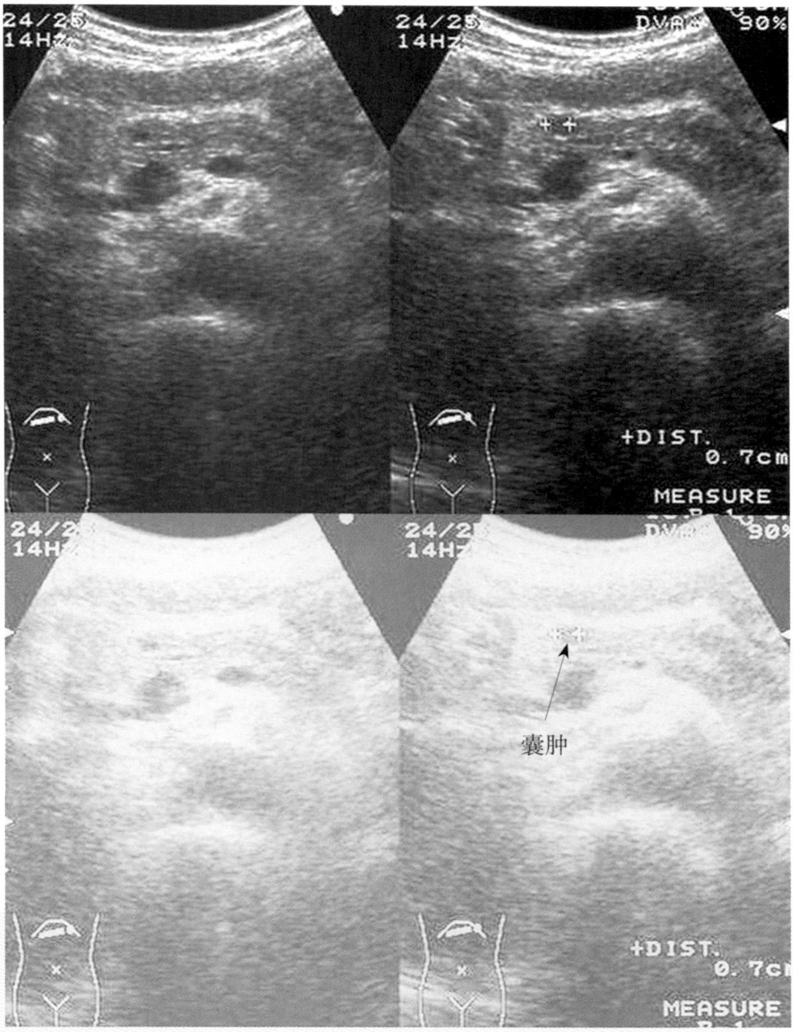

图8-10　胰腺囊肿

胰腺内见一无回声，大小约0.7cm。定期随访无明显变化，再结合其他影像学检查诊断为胰腺囊肿

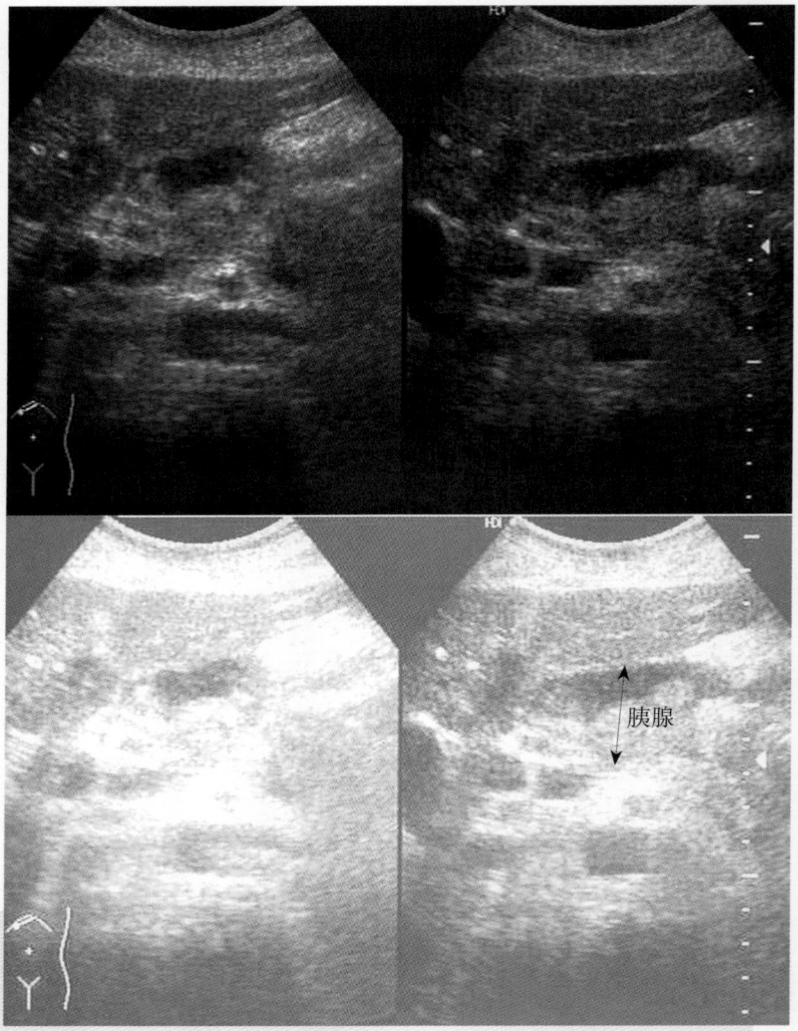

图8-11　急性胰腺炎

胰腺肿大，回声偏低，内回声不均，未见胰管

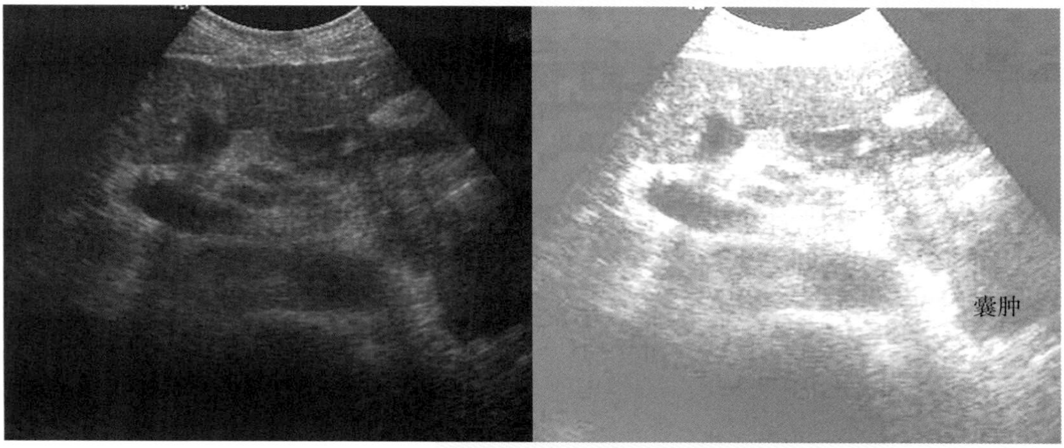

图8-12 急性胰腺炎

急性胰腺炎病例，但近胰尾部可见囊性病变，显示欠清

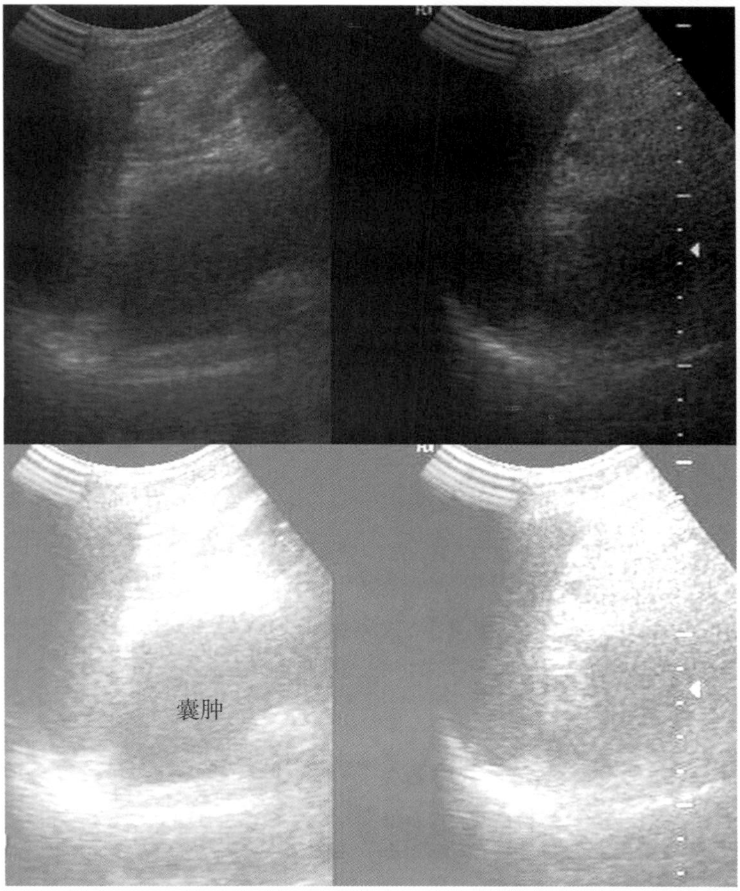

图8-13 急性胰腺炎伴假性囊肿

在左肾和脾脏之间可以显示胰尾部的病变。同样的方法也可以查出胰尾癌。本病例是图8-12所示急性胰腺炎治疗后，出现假性囊肿

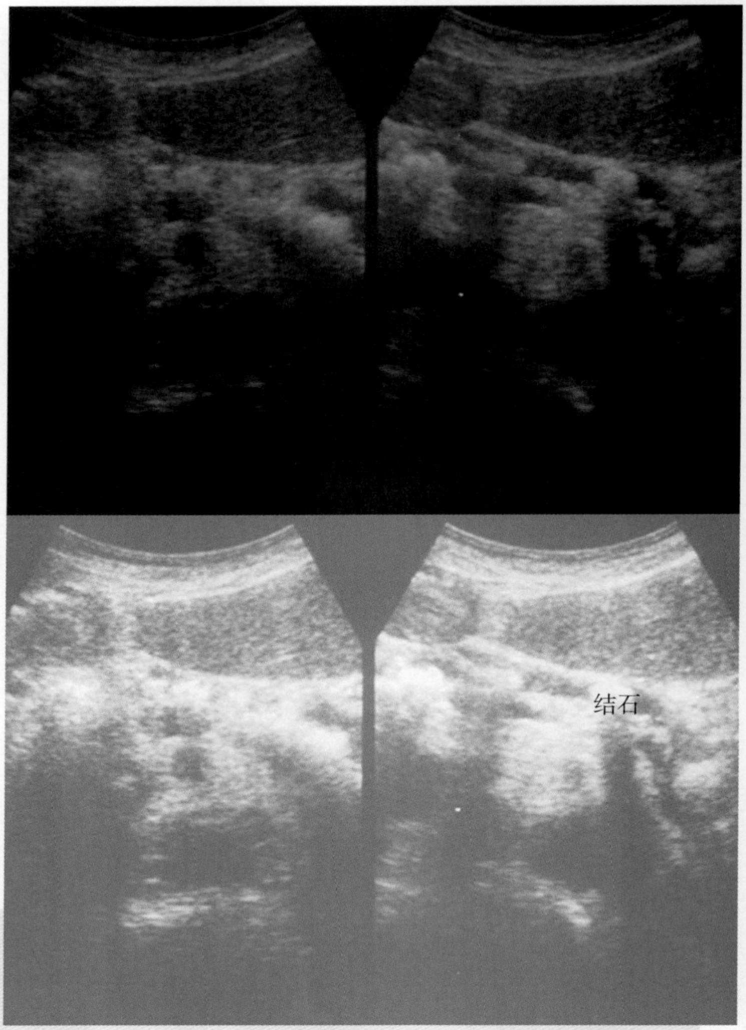

图8-14 慢性胰腺炎
可见胰腺萎缩，胰管内见强回声，后方伴声影

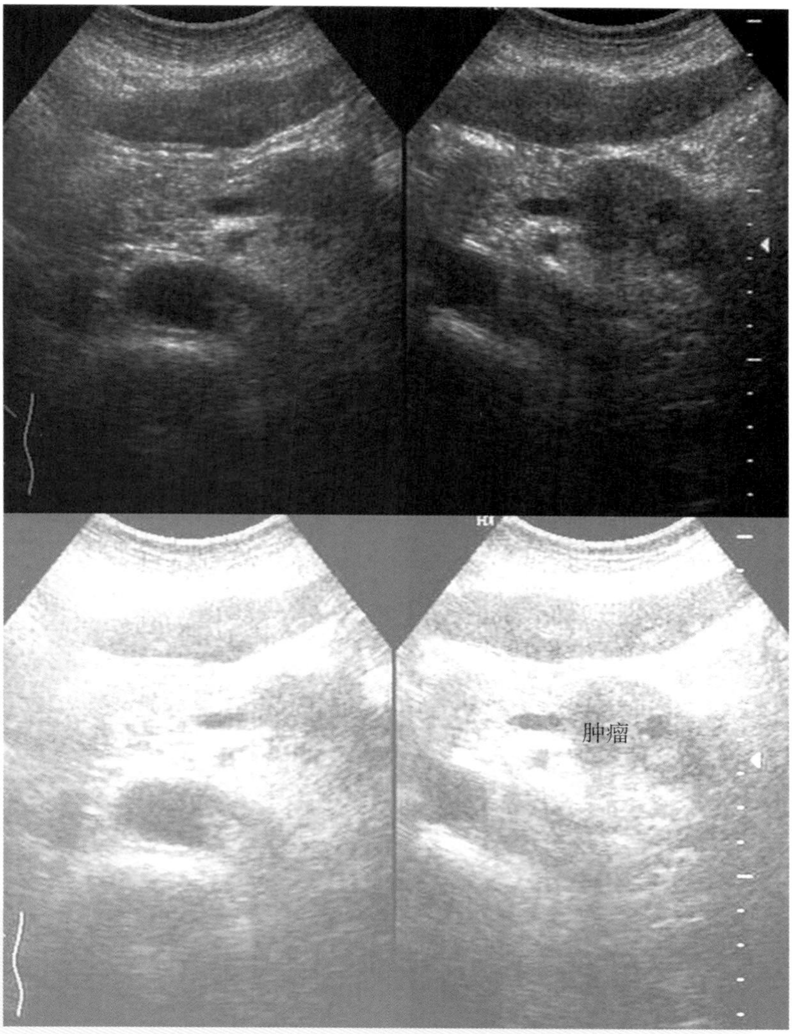

图8-15　胰腺癌（1）
胰尾部可见一低回声肿物

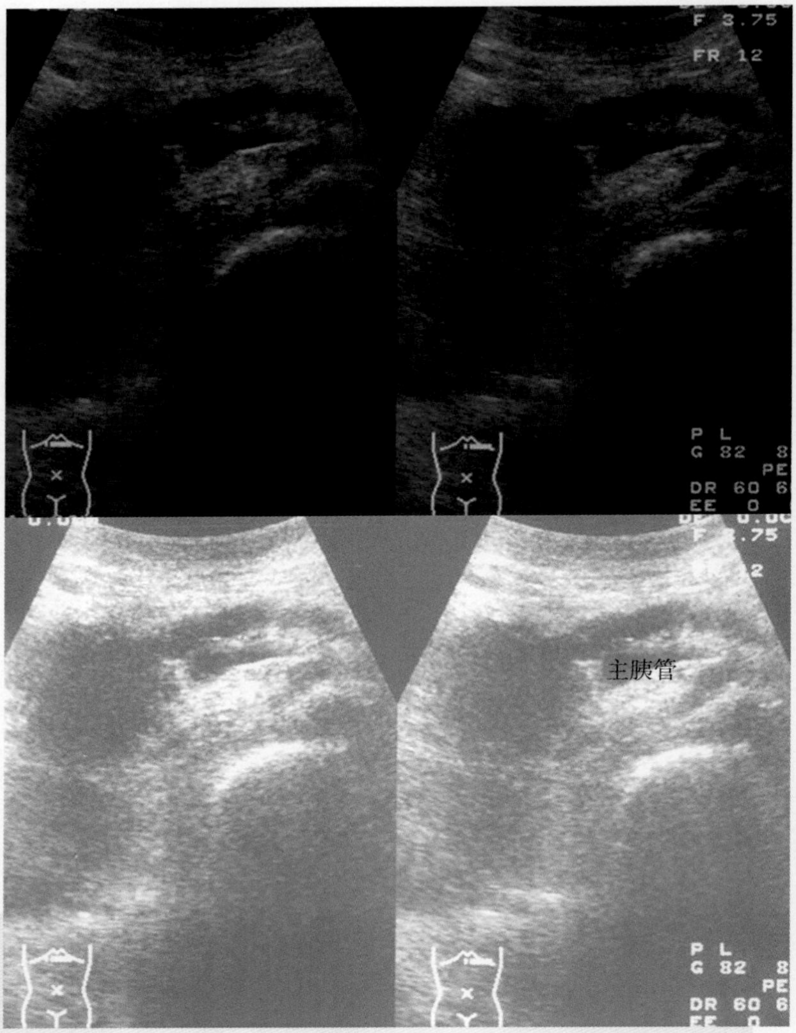

图8-16　胰腺癌（2）
胰头部可见一低回声肿物，主胰管明显扩张

第九章
脾脏超声检查

◆ 脾脏解剖（图 9-1）

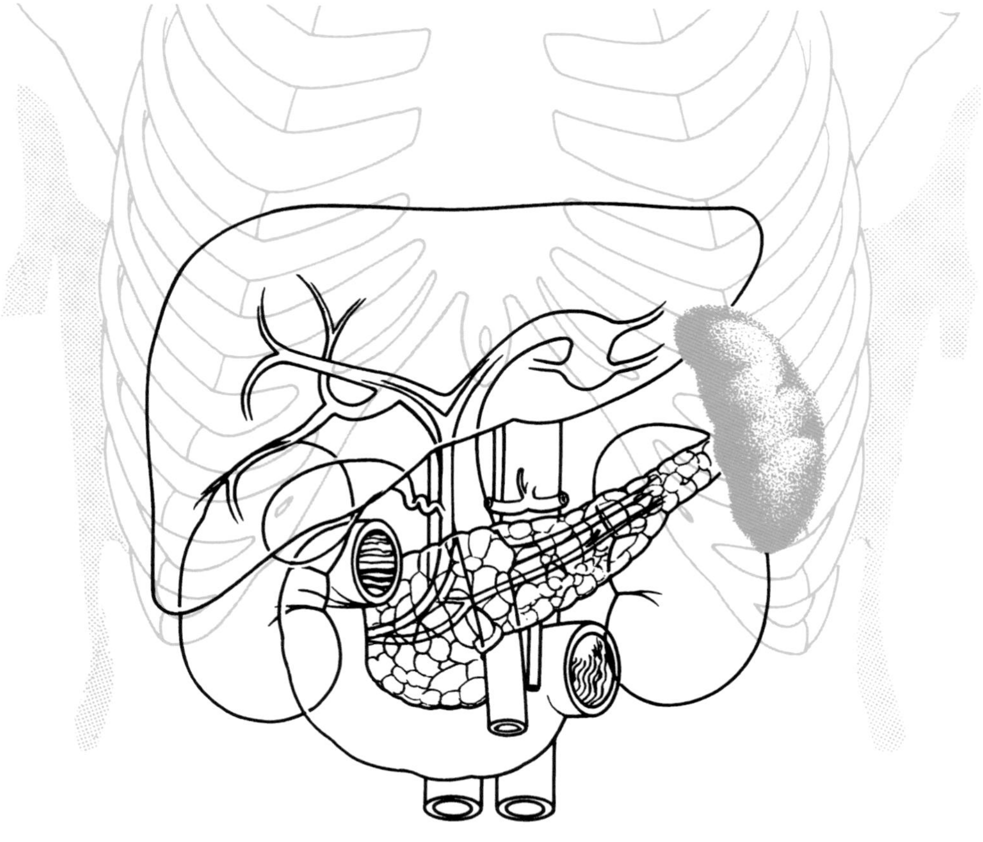

图 9-1　脾脏解剖示意图

· 脾位于左侧第 9 ～ 11 肋间，横膈与左肾之间，外形似蚕豆。

· 正常脾长径约 10cm，宽约 4cm，厚约 3cm，重约 130g。

◆ 脾脏超声的扫查顺序

1 探头置于左肋间外侧，首先显示出左侧肾（图9-2）。多数初学者通常将探头置于内侧（腹侧），应尽量把探头置于外侧（背侧）。此时检查者的手可触及检查床。

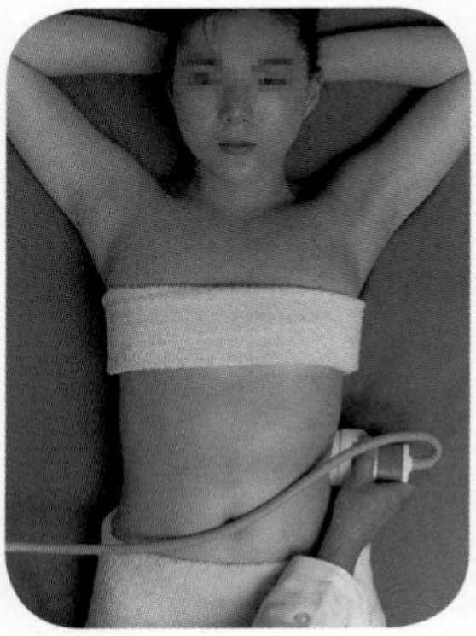

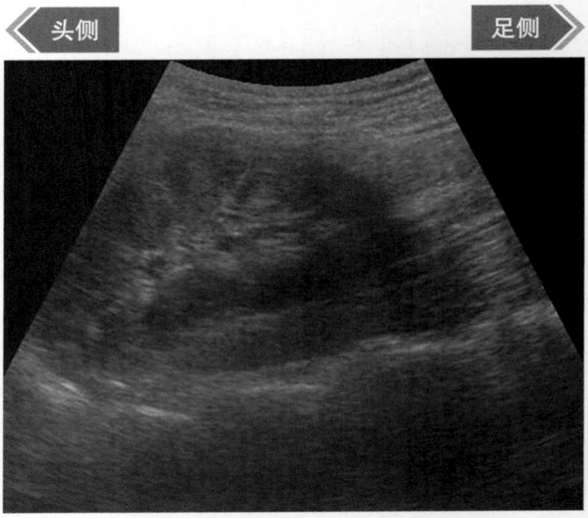

图9-2　左肾图像

2 随后，将探头向外上方移动，可显示出部分脾脏（图9-3）。

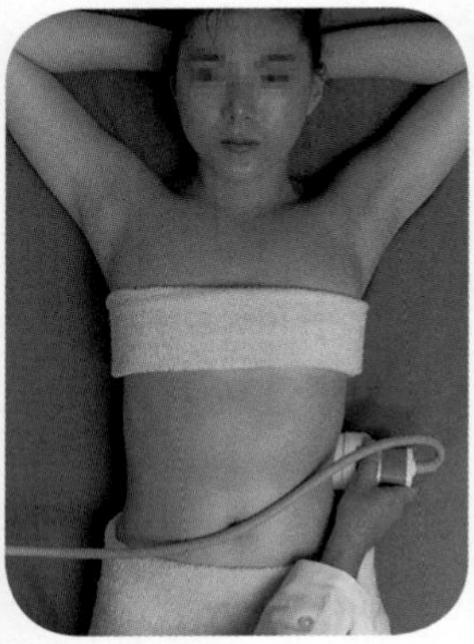

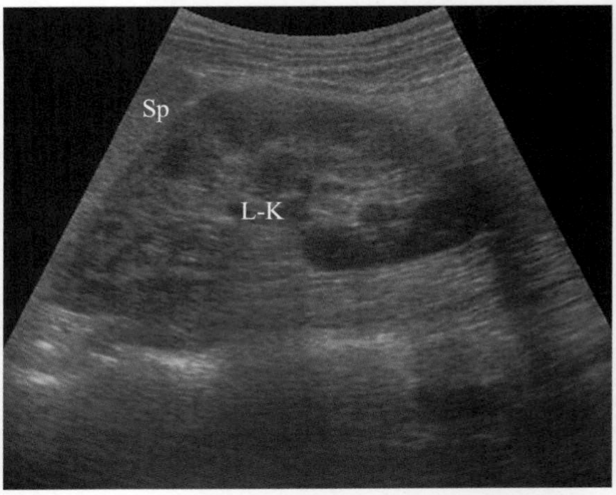

图9-3　左肾和部分脾脏图像

Sp. 脾脏
L-K. 左肾

3　然后，将探头向上移动一个肋间显示出整个脾（多数位于第9肋间）（图9-4）。

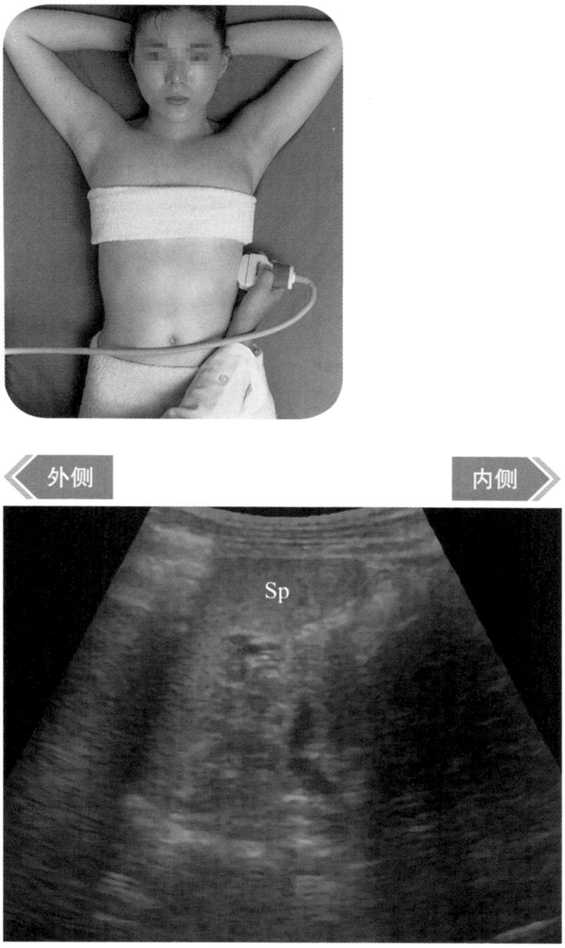

图9-4　整个脾脏图像

Sp.脾脏

脾脏检查要点

● 采集图像

1）脾无明显异常时，显示出脾的最大长径后采集图像。

2）脾异常时，随时增加采集病变部位的图像。

● 注意事项

1）脾随呼吸而移动，所以在吸气状态下进行观察。

2）初学者通常将探头过度放置内侧，而且探头过度上翘。

3）将探头置于受检者左侧脾正常投影部位，并使探头和皮肤充分接触。应使探头和肋间隙完全平行扫查。

4）若肺部干扰严重时，应采取侧卧位检查。

● 主要适应证

主要适应证包括脾大、脾囊肿、脾实性肿瘤和恶性淋巴瘤等。

脾脏病例（图9-5 ~图9-7）

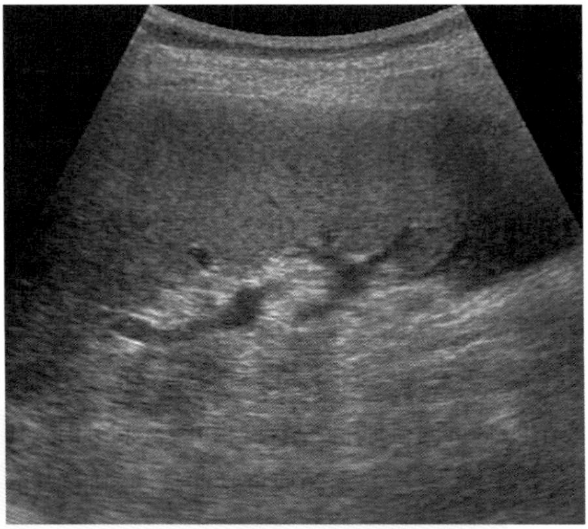

图9-5　脾大

肝硬化导致的脾大

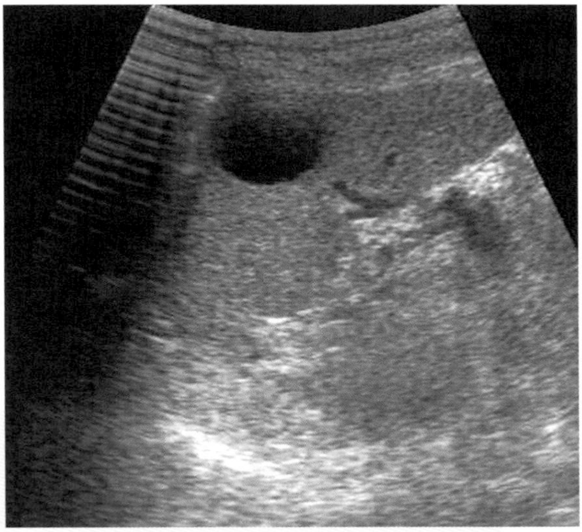

图9-6　脾囊肿

脾脏内见一无回声，边界清

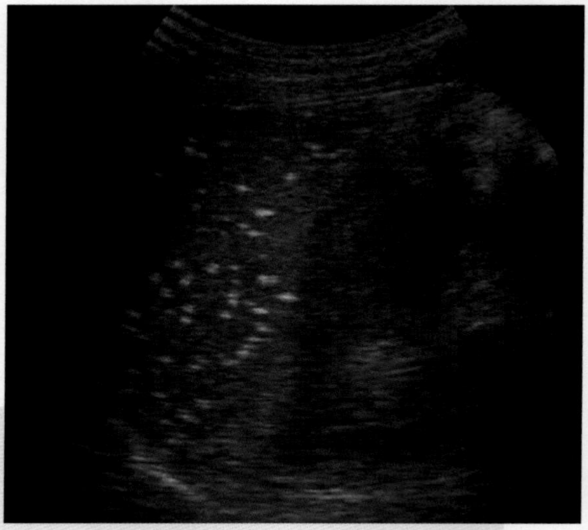

图9-7 Gamna-Gandy结节（加姆纳结节病）

脾脏淤血导致内出血，因色素沉着，声像图上可见点状强回声。典型的Gamna-Gandy结节病例

第十章
肾脏超声检查

◆ 肾脏解剖（图 10-1）

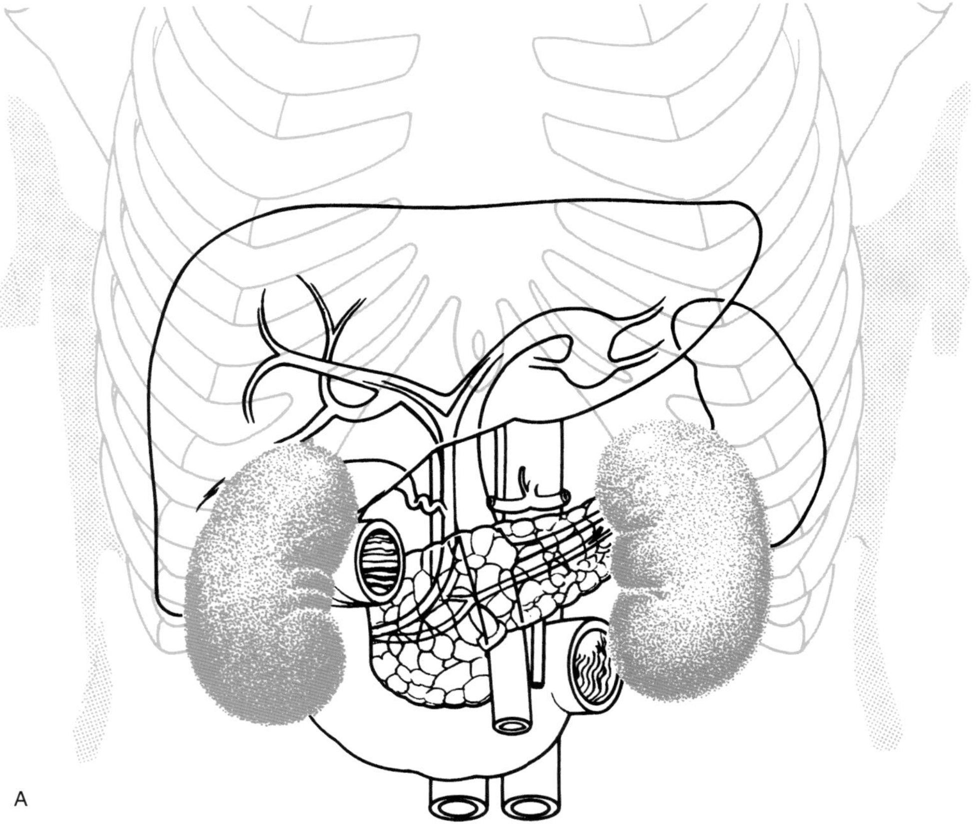

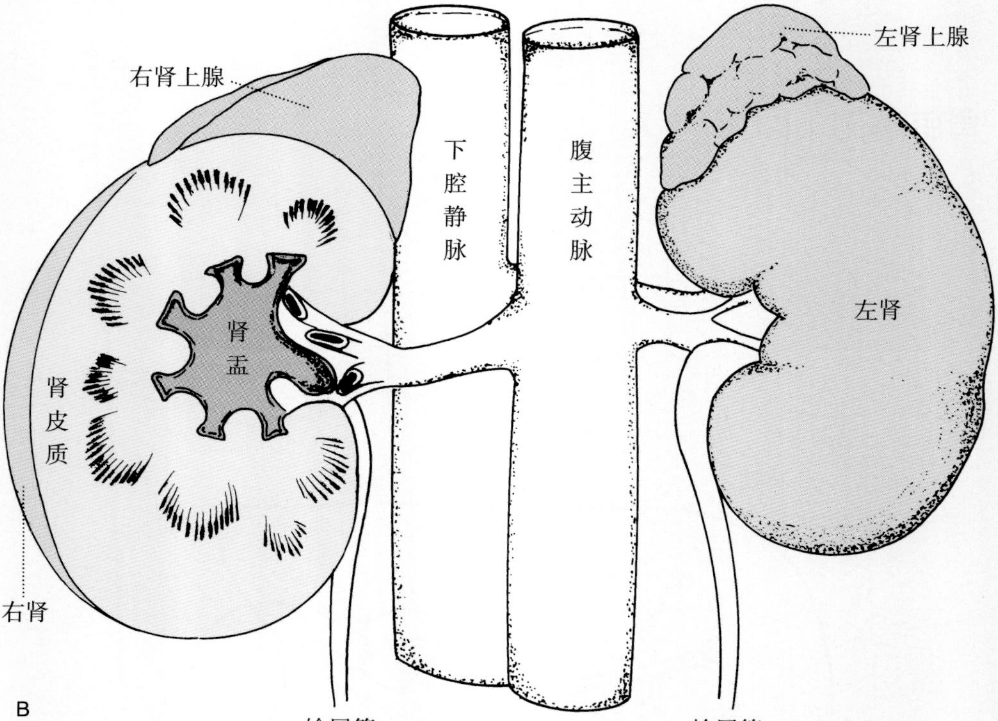

图10-1 肾脏解剖示意图

· 肾脏位于腹膜后，位于第12胸椎到第3腰椎之间，左右各一。

· 右肾位置偏低，与左肾相比，位置低一个椎体左右。

· 其长径约11cm，宽约5cm，厚约3cm。

◆ 肾脏超声的扫查顺序

1　将探头置于左（右）肋弓下外侧，进行纵切面扫查（图10-2）。特别是观察左肾时，如图10-2所示尽量将探头置于外侧。此时检查者的手可触及检查床。

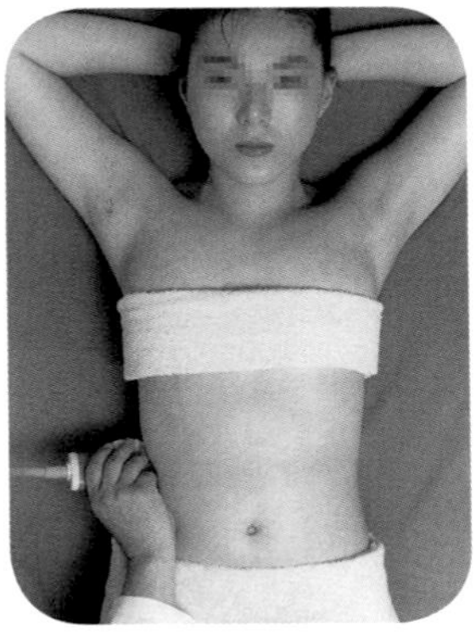

右肾扫查

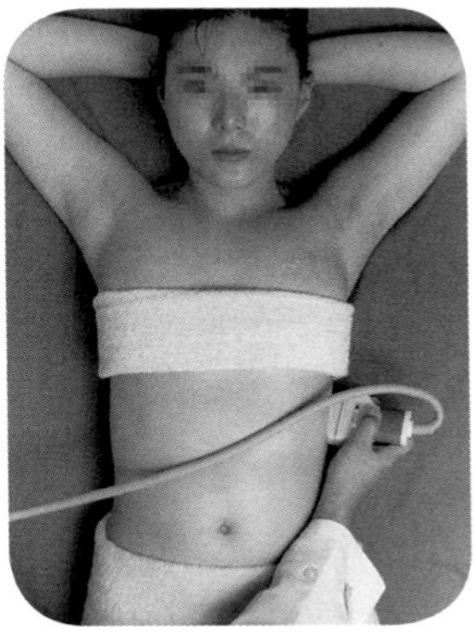

左肾扫查

图10-2　肾脏纵切面扫查

2　随后，让受检者鼓起腹部，随着呼吸性移动显示出肾脏（图10-3）。

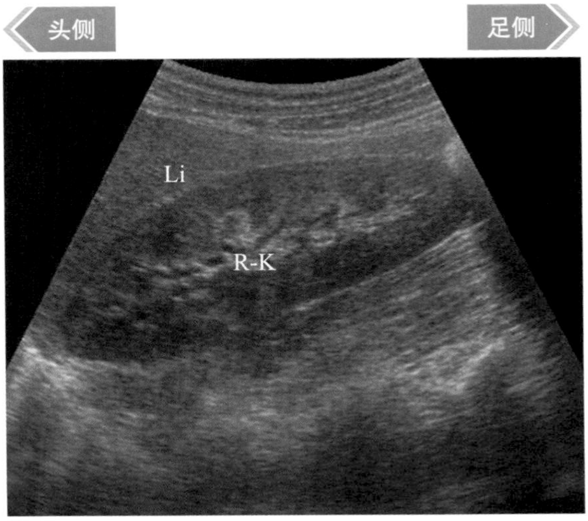

图10-3　右侧肾脏的声像图

Li. 肝
R-K. 右肾

3 充分显示出高回声的集合系统图像后，慢慢地移动和摆动探头，以便观察整个肾脏（图10-4）。

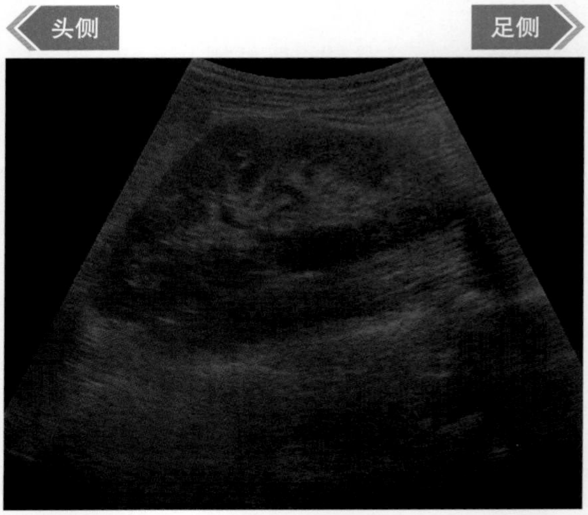

图10-4　左肾的声像图

4 然后，以肾脏的中心部位为圆点旋转探头，显示出肾脏的横切面图像后，用同样的方法摆动探头观察整个肾脏（图10-5）。显示不满意时，可采取侧卧位扫查。

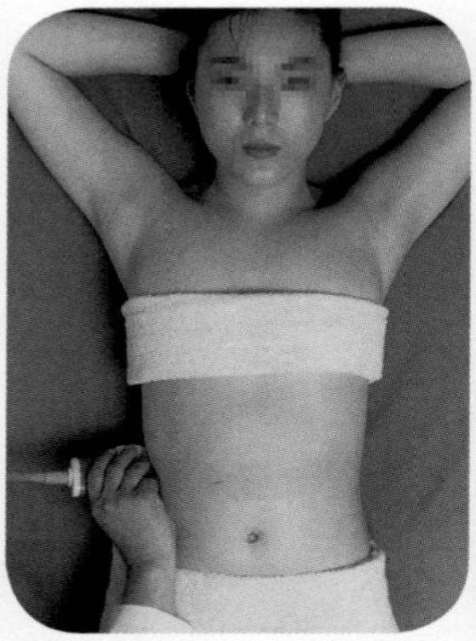

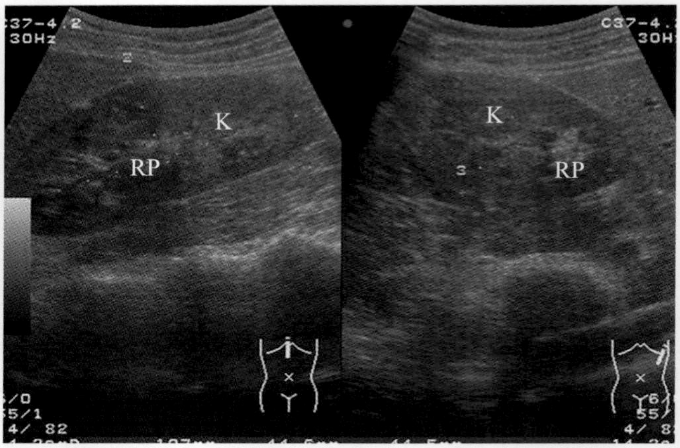

图10-5　如果纵切面肾脏的宽度和横切面肾脏的宽度基本相等时，说明显示的横切面图像与纵切面图像呈直角

K. 肾脏
RP. 肾盂

5 采取俯卧位，将探头呈“八”字形置于脊柱两侧进行观察（图 10-6）。

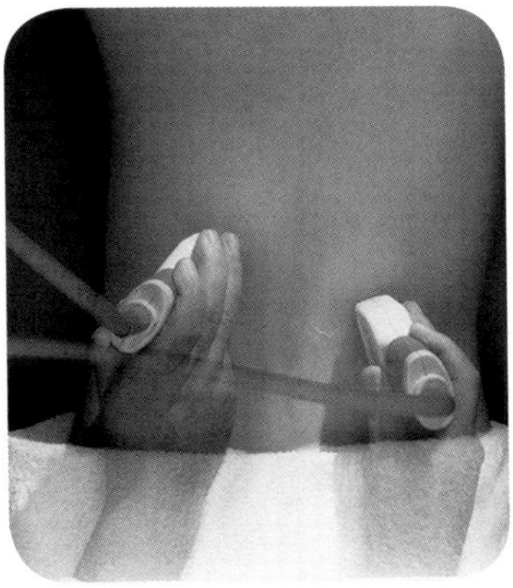

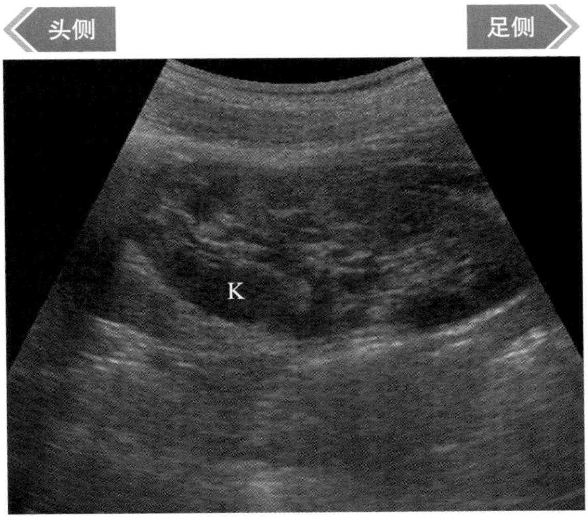

图 10-6　俯卧位时右肾图像

正确测量肾脏大小时，应采取俯卧位检查

K. 肾脏

肾脏检查要点

● **采集图像**

1）肾无明显异常时，纵切面、横切面显示出肾的最大径线后，采集图像。

2）一个切面有时不能显示出整个肾，应分别采集图像。

3）肾异常时，随时增加采集病变部位的图像。

● **注意事项**

1）严格进行呼吸调节。

2）检查时应进行腹式呼吸。

3）女性多为胸式呼吸，所以检查者将手置于受检者脐部，让其学会腹式呼吸。

4）检查者向受检者说明时，不能只说“深吸气后屏住呼吸”，而应告诉受检者“屏住呼吸后，鼓起腹部”。

5）当受检者腹部的张力减弱时，冻结超声图像，嘱其静息。

6）此时应固定好探头的位置和角度。这样的话，再次鼓起腹部、解除冻结键时，即能得到与刚才同样的图像，继而可以顺利地连续检查。

7）通常初学者寻找感兴趣区而不冻结图像，这样受检者再次鼓起腹部时，又要重新扫查，不仅费时，也得不到清晰的图像，最终导致重复同样的动作而没有结果。

8）通常把感兴趣区置于探头的中心。这样的话，只需以探头中心为圆点旋转，就会很容易地显示出感兴趣区的纵切面、横切面图像。

9）得到各个切面的图像后，慢慢地摆动探头进行观察，直至感兴趣区从画面上消失为止。

● **主要适应证**

主要适应证包括肾囊肿、多囊肾、肾积水、肾结石和各种肾脏肿瘤。

肾·泌尿系统病例（图10-7～图10-20）

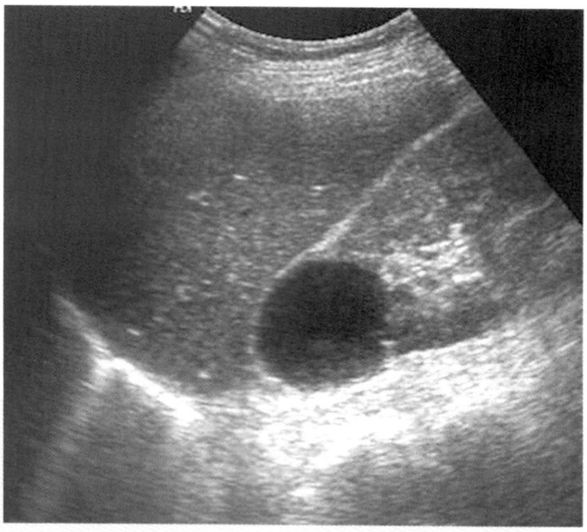

图10-7　肾囊肿

右肾内见一无回声，边界清楚

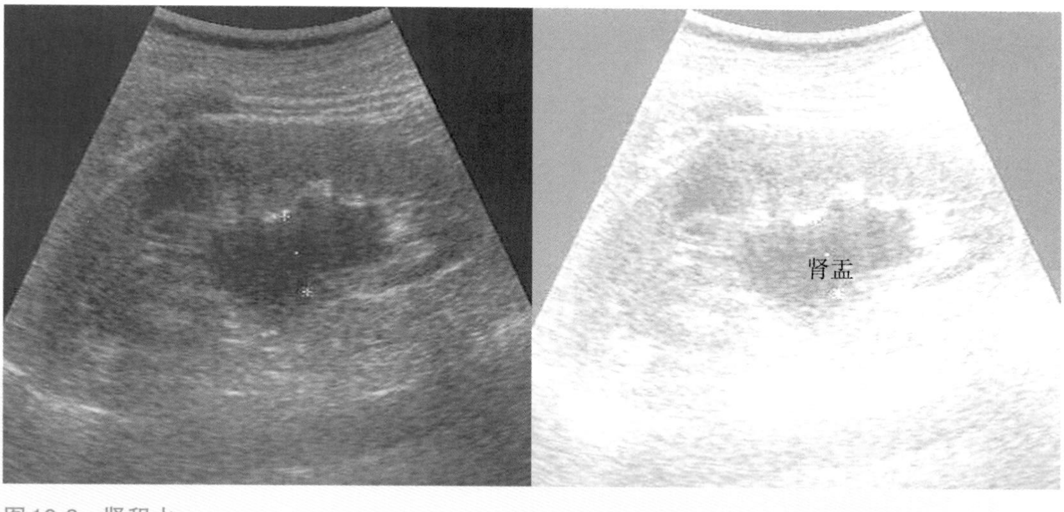

图10-8　肾积水

可见肾盂扩张

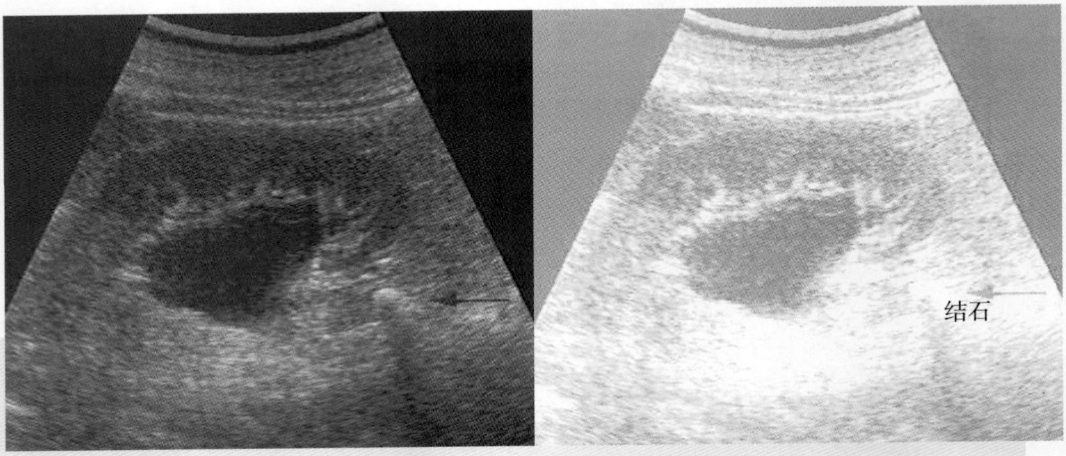

图10-9　输尿管结石
可见肾盂扩张，输尿管内见一强回声，后方伴声影

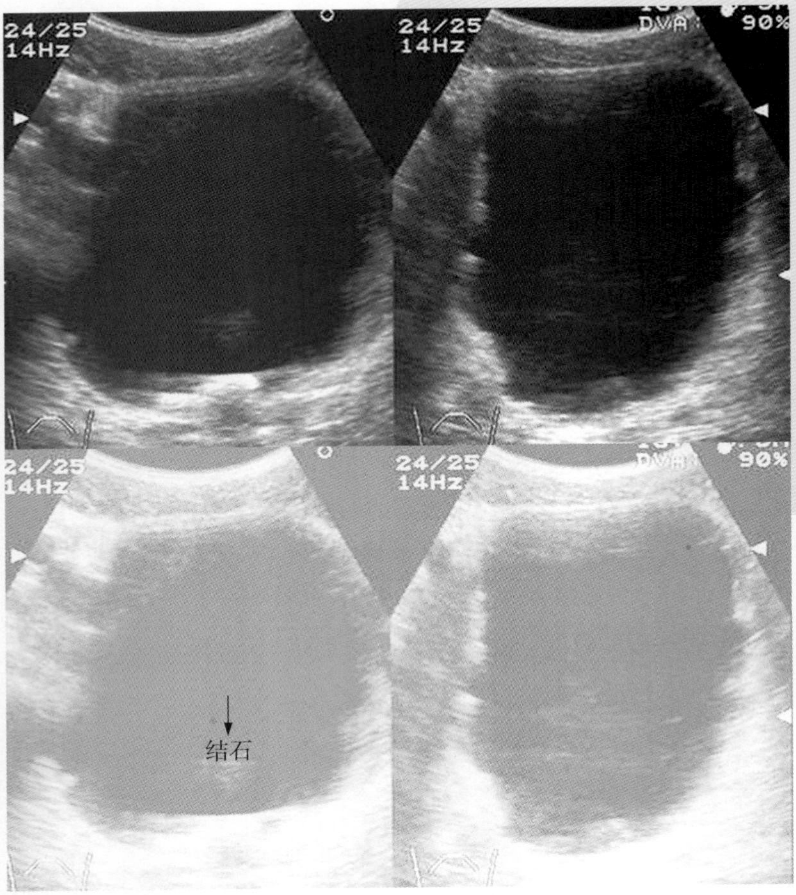

图10-10　膀胱结石
膀胱内见一强回声，后方伴声影

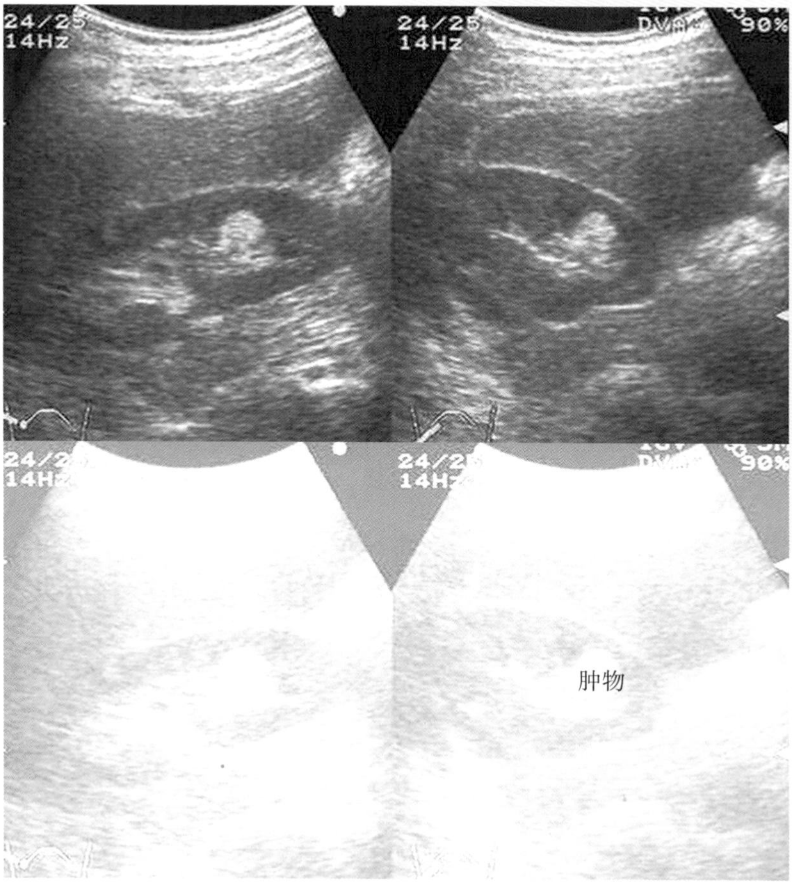

图 10-11 肾脏错构瘤
肾内见一高回声结节，边界清楚，内回声均匀

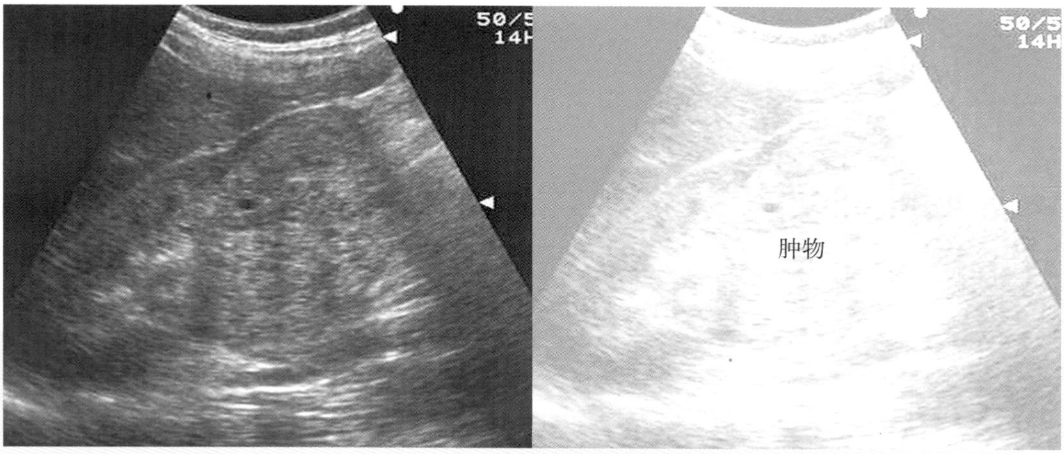

图 10-12 肾细胞癌
肾脏下极见一实性肿物，内回声不均，向肾脏边缘突出

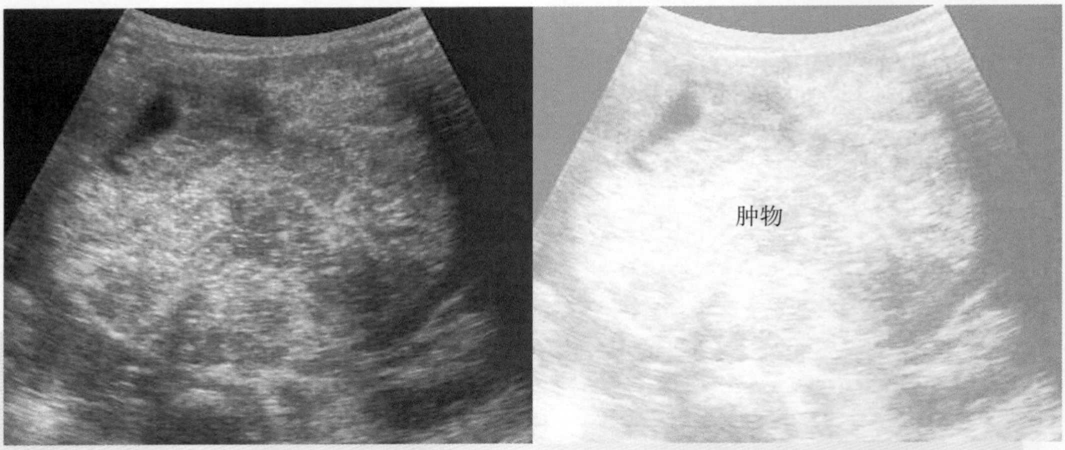

图10-13　肾上腺神经细胞瘤
近肾脏上极见一肿物，边界清楚，内回声不均，可见部分囊性变

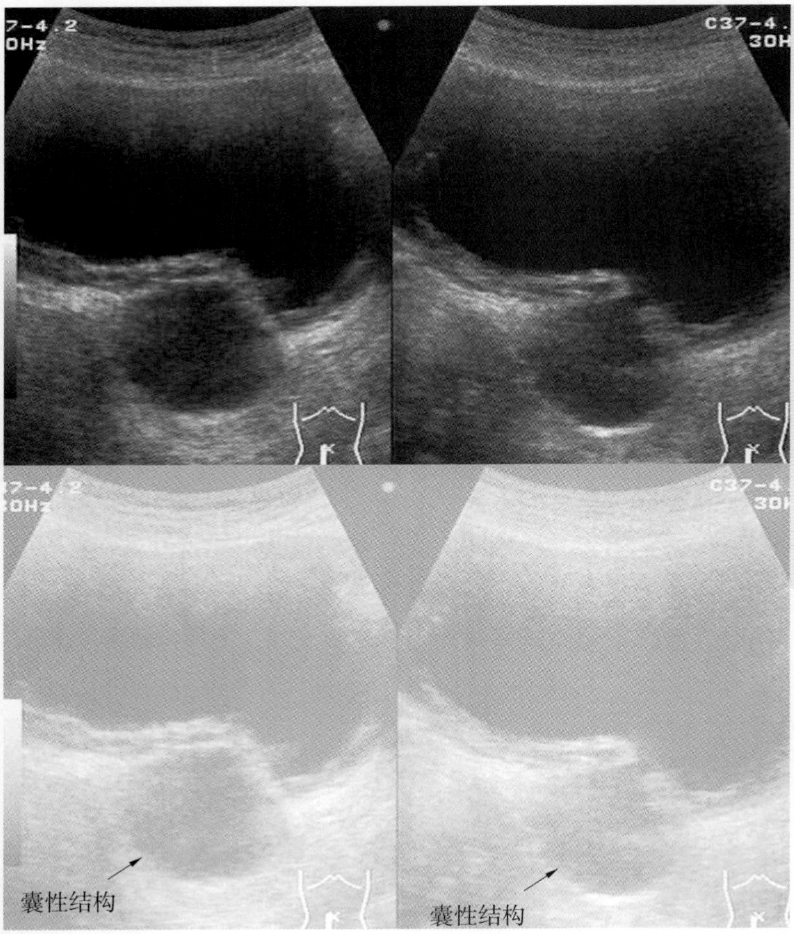

图10-14　膀胱憩室
膀胱下方可见一囊性结构，部分与膀胱相通

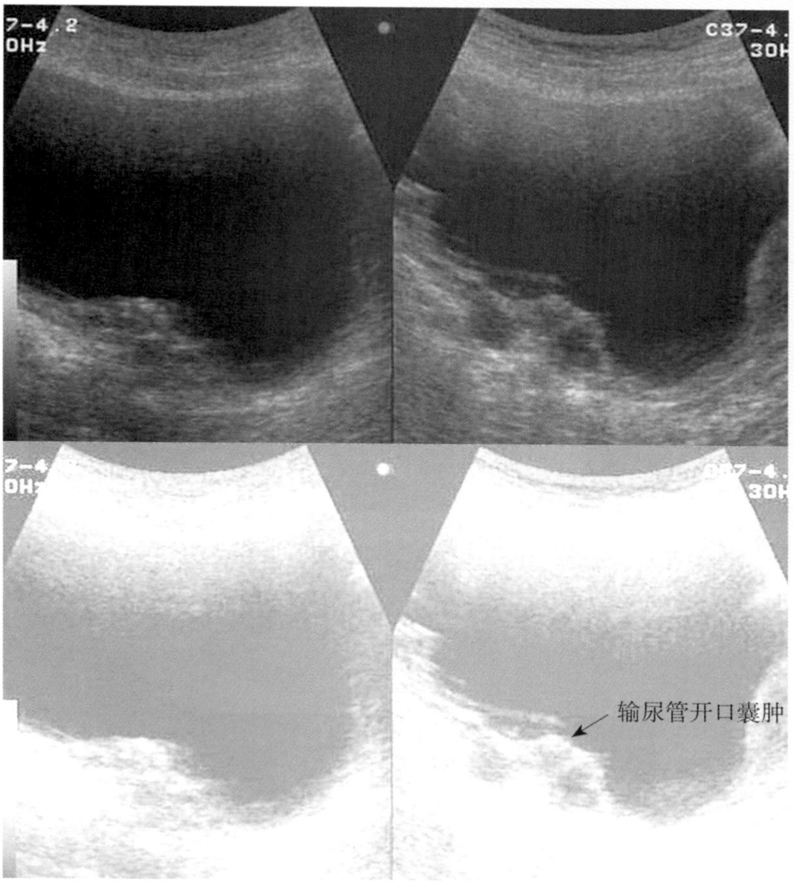

图10-15　输尿管开口囊肿

膀胱内输尿管开口处见一圆形无回声结构，当尿液从输尿管流入膀胱时可见此结构张力增高，体积增大的变化

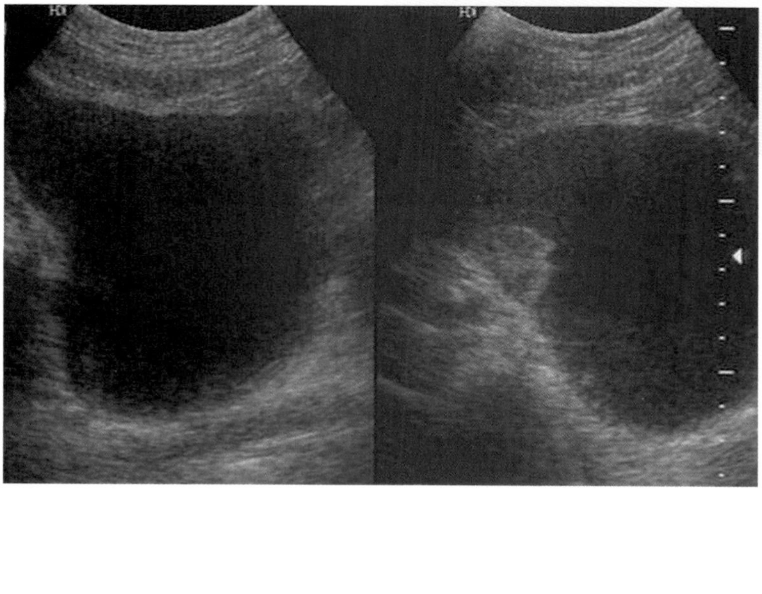

图10-16　膀胱癌（移行上皮癌）

膀胱内见乳头状实性结节

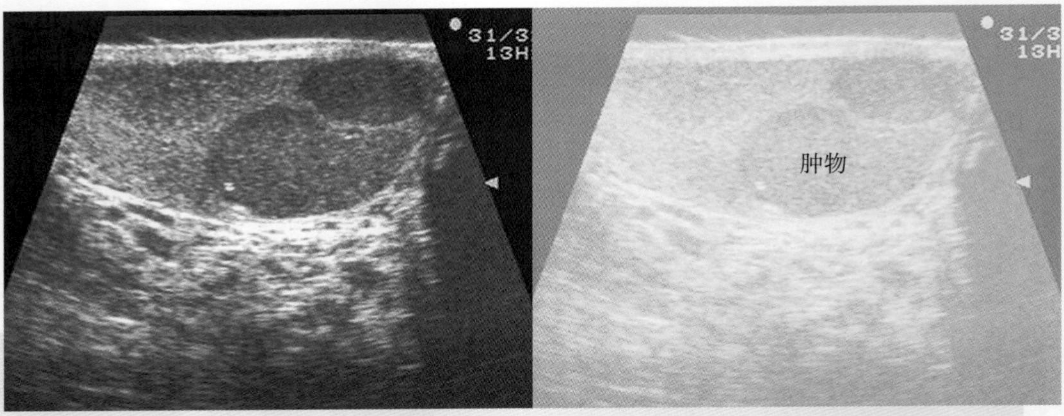

图 10-17　睾丸精原细胞瘤（seminoma）
睾丸内见一实性肿物，边界清楚，内回声均匀

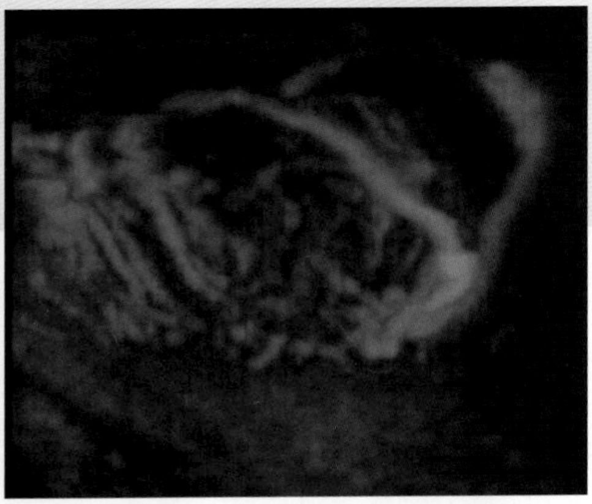

图 10-18　PW 多普勒三维血管成像可见血管增生、扩张，迂曲呈蛇形，排列紊乱

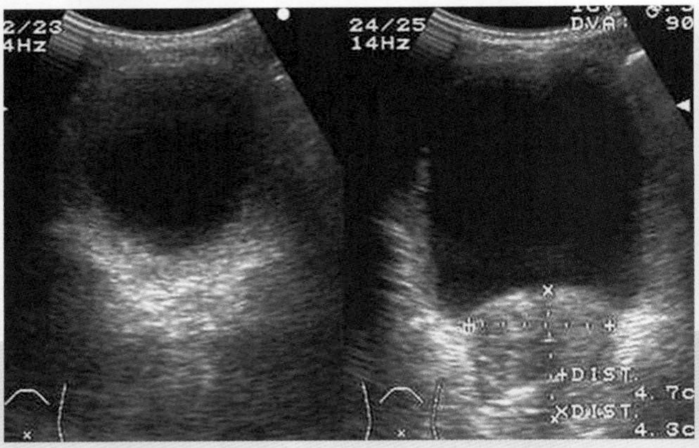

图 10-19　经腹超声检查提示前列腺增大

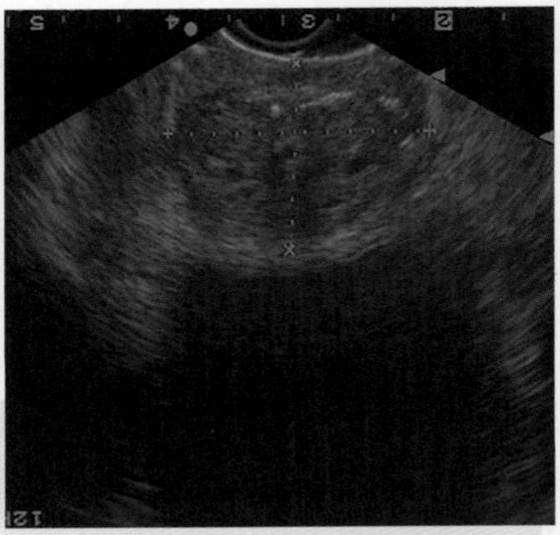

图 10-20　经直肠超声检查同经腹部超声检查，提示前列腺增大。对前列腺增大的评价及良恶性的鉴别，应选用经直肠超声检查

第十一章
阑 尾 检 查

◆ 阑尾的检查顺序

1 将探头置于肋弓下附近，确认肝肾之间有无腹水。
然后，将探头垂直置于腹壁进行横切，再向足侧方向扫查（图 11-1）。

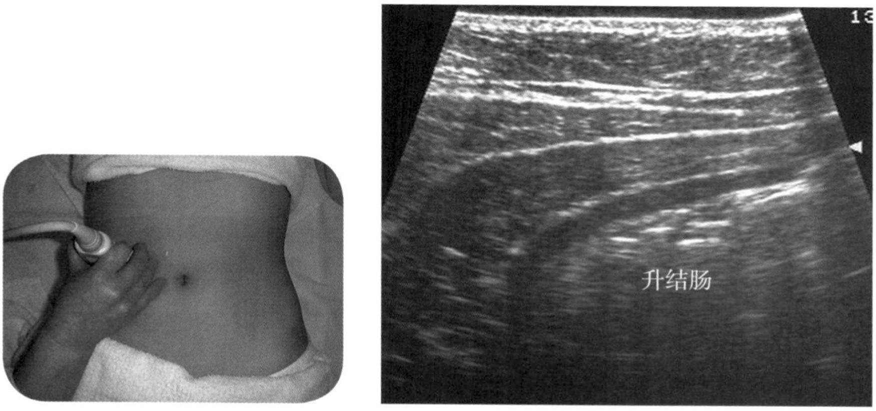

图 11-1　探头垂直于腹壁向足侧方向扫查

2 找到升结肠后，没有气体图像的部位为盲肠末端（图 11-2）。

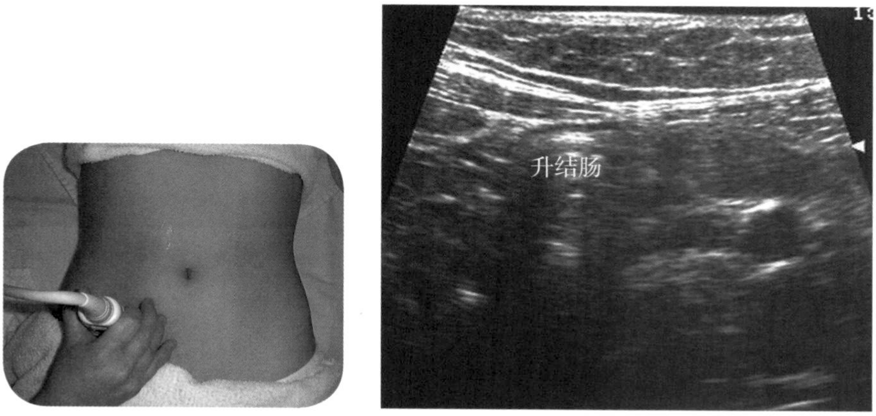

图 11-2　盲肠末端显示

3 继续沿着升结肠的走行向足侧方向进行纵切面扫查，确认盲肠末端（图11-3）。

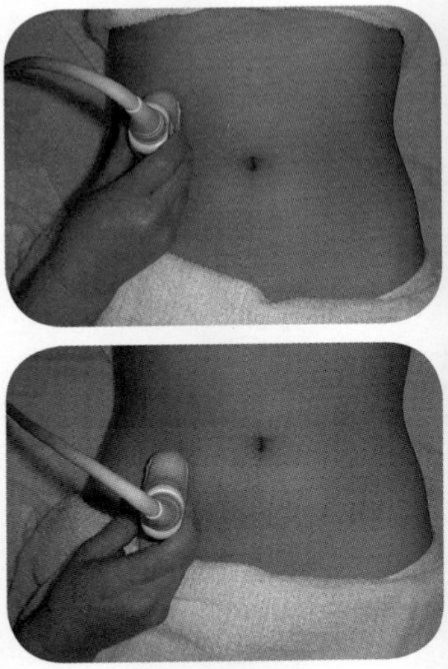

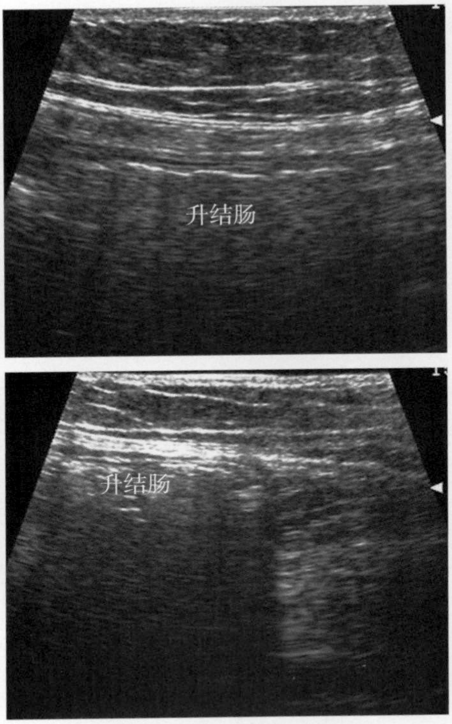

图11-3　确认盲肠末端

4 旋转探头进行横切面扫查，自盲肠末端稍微向上方移动，在腰大肌和右髂外动脉的上方可见一细长的盲端，即为阑尾（图11-4）。

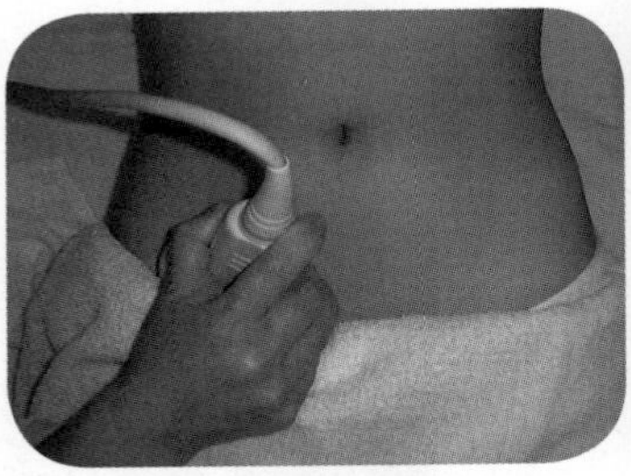

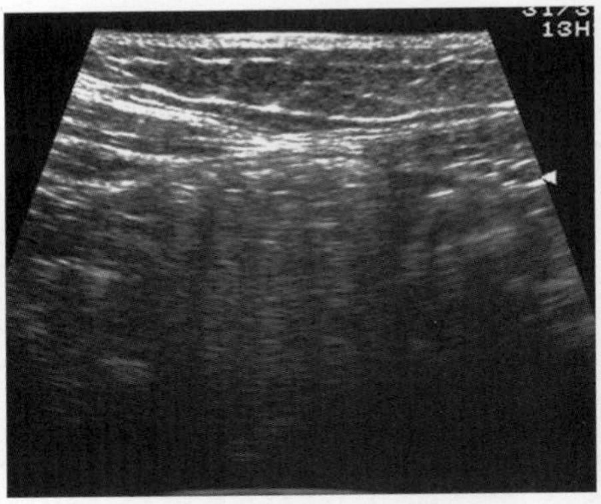

图11-4　寻找阑尾

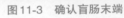

5 最后探头稍微向内侧摆动观察直肠子宫陷凹有无积液（图11-5）。

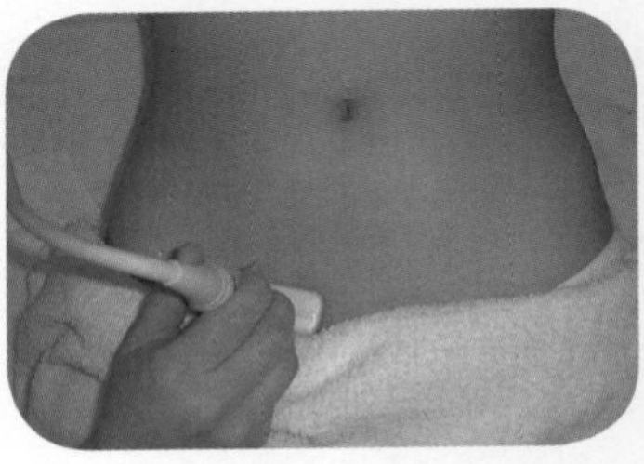

图11-5　观察直肠子宫陷凹有无积液

阑尾检查要点

● 注意事项

1）此部位的检查与检查者的技术操作有关，所以诊断过程中检查者的经验非常重要。

2）通常阑尾的位置并不是固定不变的，有时在回盲部的外侧或背侧，此时应从受检者的侧面和背侧进行检查。

3）显示出阑尾后，若探头加压不被压瘪时，可以诊断为阑尾炎。

4）虽已确诊为阑尾炎，但因检查时机不同，有时超声检查也不能确诊。

5）应当观察阑尾周围的肠管和淋巴结，特别是回盲部的结肠炎和阑尾炎有相似的临床表现，超声的鉴别诊断是非常重要的。

阑尾病例（图11-6，图11-7）

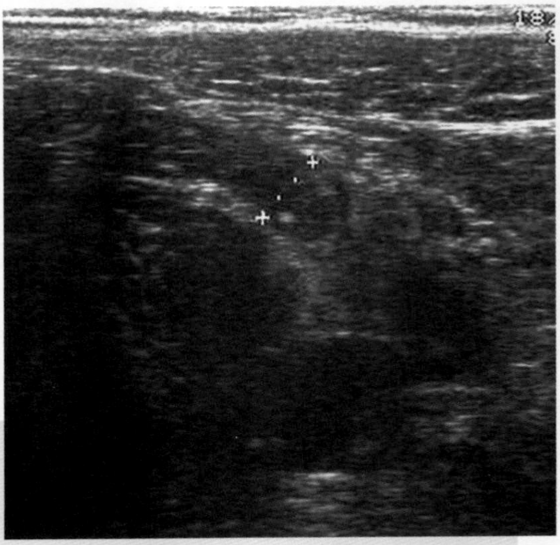

图11-6　单纯性阑尾炎
回盲部可见阑尾轻度肿大，宽约7mm（正常情况下宽度＜6mm），阑尾炎可能性大

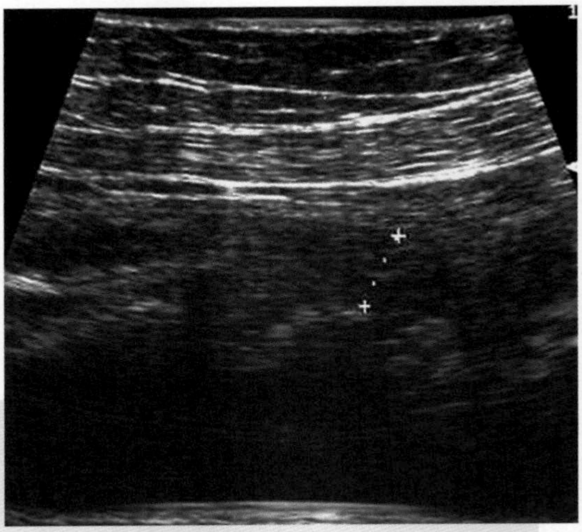

图11-7　阑尾炎
纵切面扫查回盲部可见管状低回声结构，阑尾炎可能性大

其他消化系统病例（图11-8 ~图11-10）

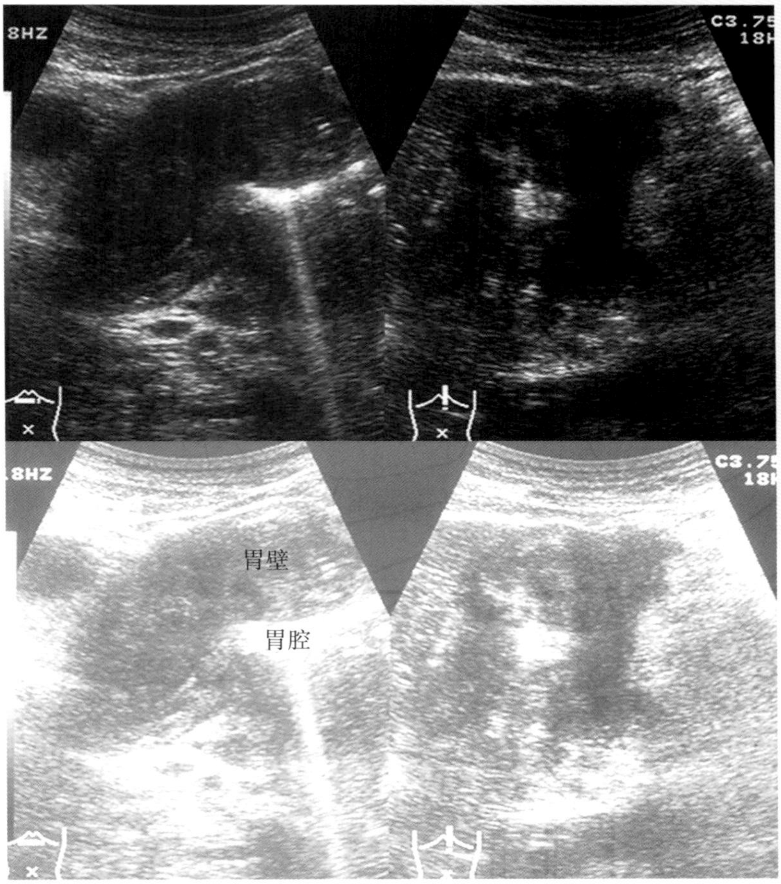

图11-8 胃癌

胃壁弥漫性增厚，各层次结构欠清晰

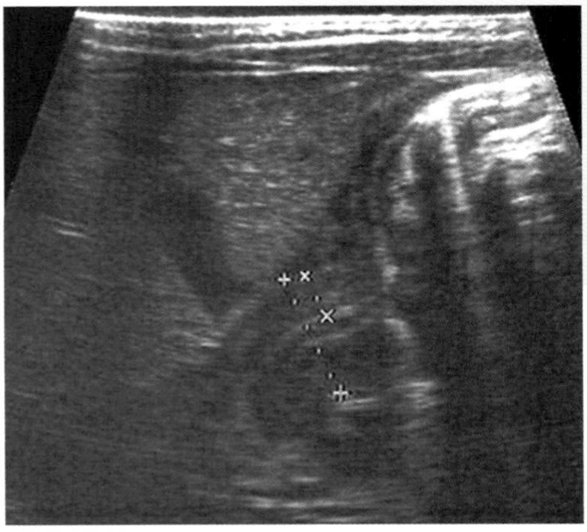

图11-9 新生儿先天性肥厚性幽门狭窄

此图为幽门部、十二指肠的纵切面图像，胃内容物不能正常通过幽门管，幽门肌全周均匀性增厚，厚约4.3mm（正常厚度＜4mm）

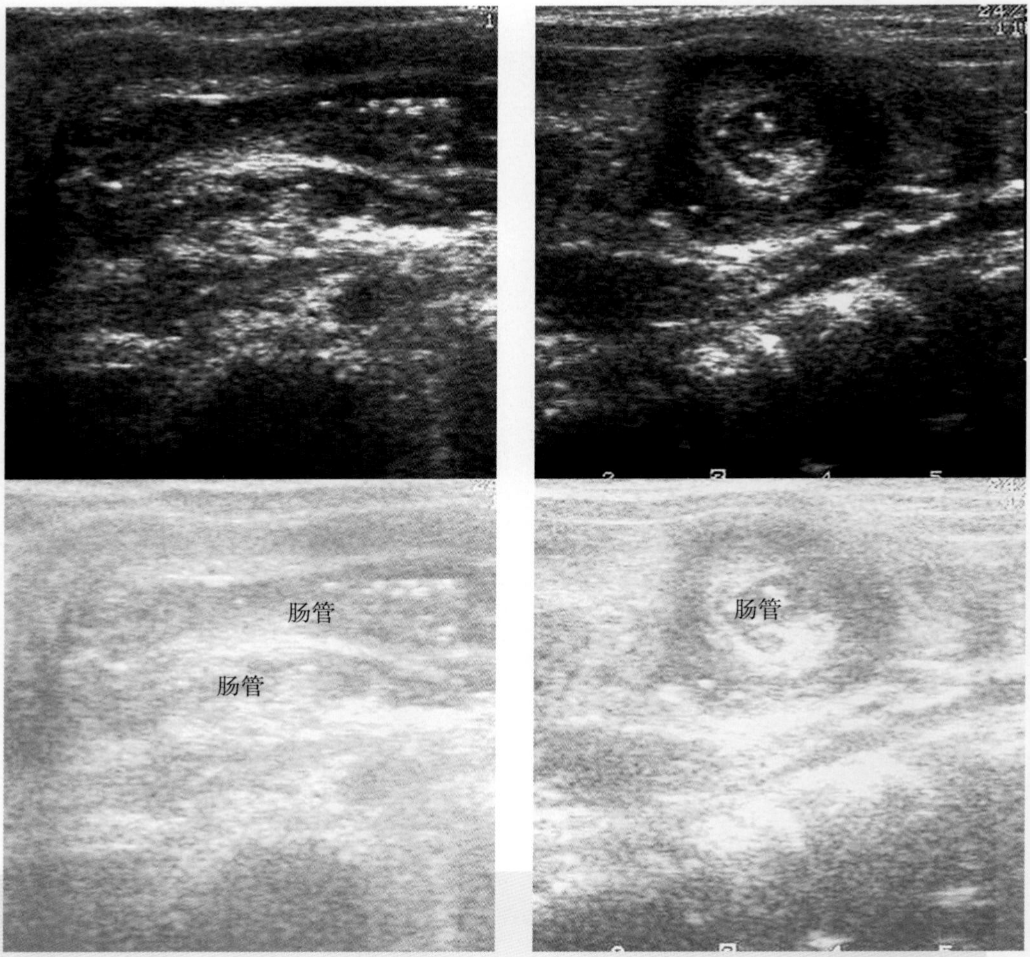

图11-10　肠套叠

剑突下横切面的图像。横结肠的肠管内可见重叠的肠管，呈现典型的“套筒”征，有时可见靶环征

第十二章
妇产科超声检查

◆ 妇产科解剖（图 12-1）

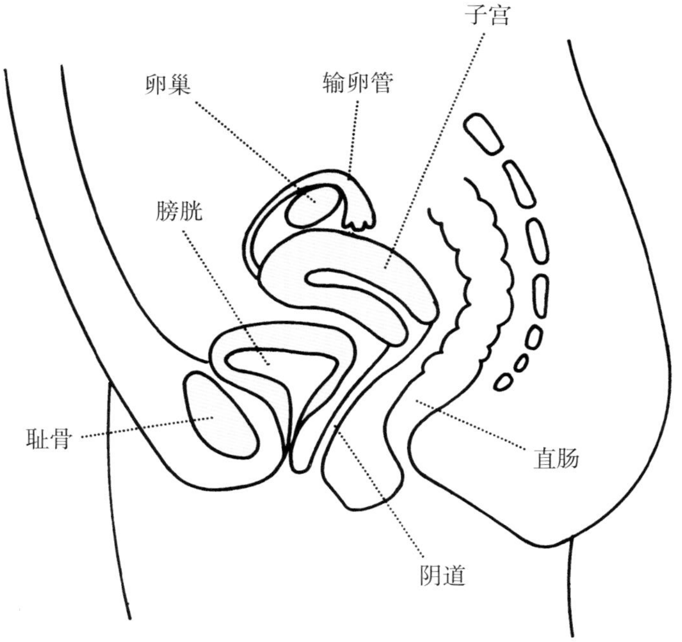

图 12-1　女性盆腔解剖示意图

· 子宫位于真骨盆中央，在膀胱和直肠之间，呈倒置的梨形。

· 卵巢位于真骨盆的两侧，输卵管的下方，卵巢窝内。

◆ 受检者的体位和手持探头的方法

受检者采取仰卧位（图12-2）。手握住探头，检查者的手像长了双眼一样进行扫查。

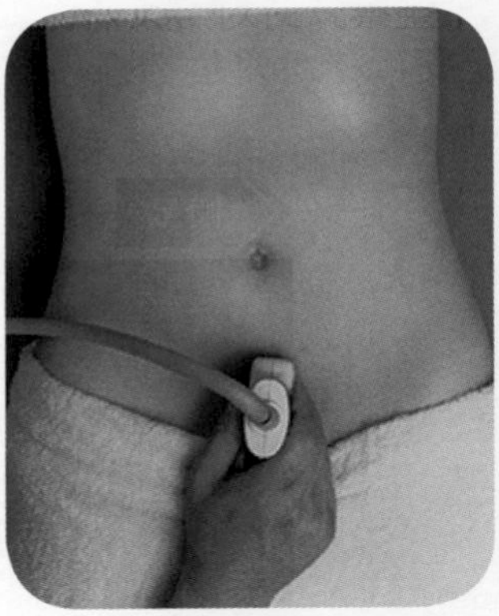

图12-2 受检者体位

=探头使用中的常见错误=

手持探头的部位偏上或过于靠下均使操作变得非常不自如，造成扫查速度不匀，探头和检查部位间不能良好接触或者过紧，检查者使用整个前臂进行扫查，动作快并且不稳定（图12-3）。手掌小鱼际处应当粘有介质，手持探头的下方。

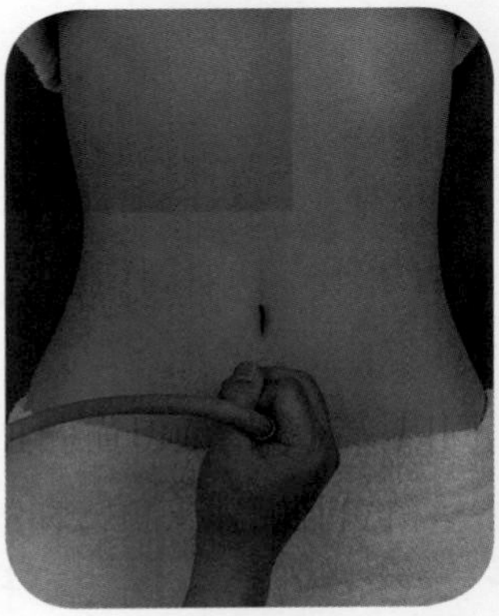

图12-3 探头的错误握持

◆ 图像的表示方法（图12-4，图12-5）

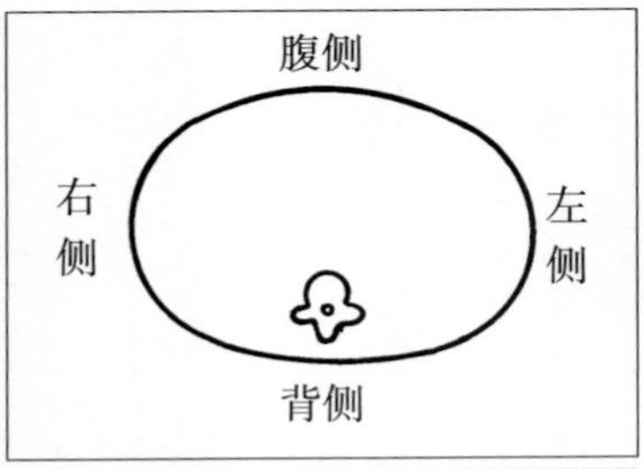

图12-4 横切面

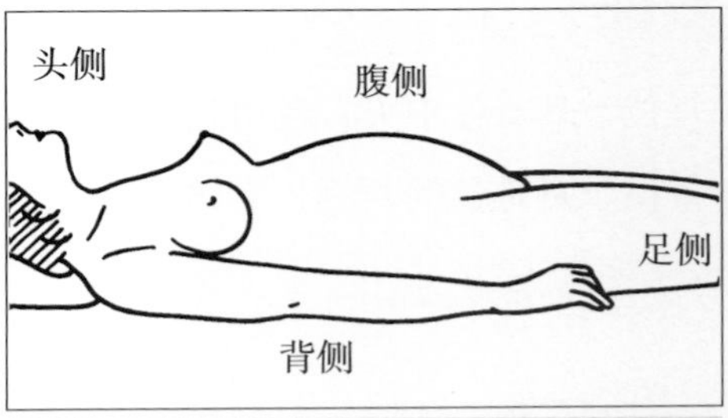

图12-5 纵切面

介质：耦合剂

◆ 产科超声的扫查顺序

基本扫查顺序

1 将探头置于下腹部正中（纵切面扫查）(图12-6)。

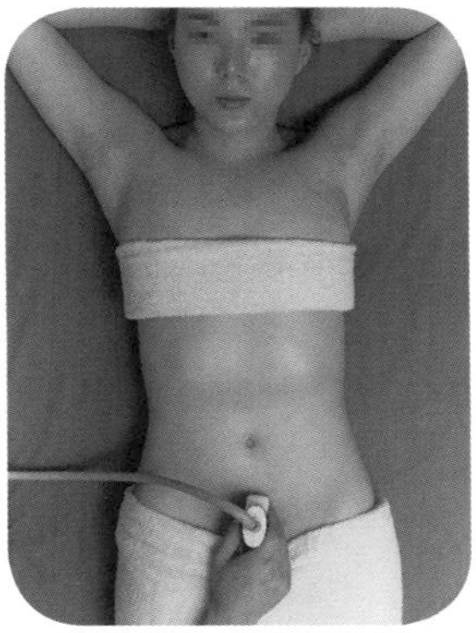

图12-6　纵切面扫查

2 膀胱充分充盈，当能够清晰显示子宫底部时进行检查（图12-7)，否则需嘱受检者饮水或等待一段时间后再进行检查（图12-8)。

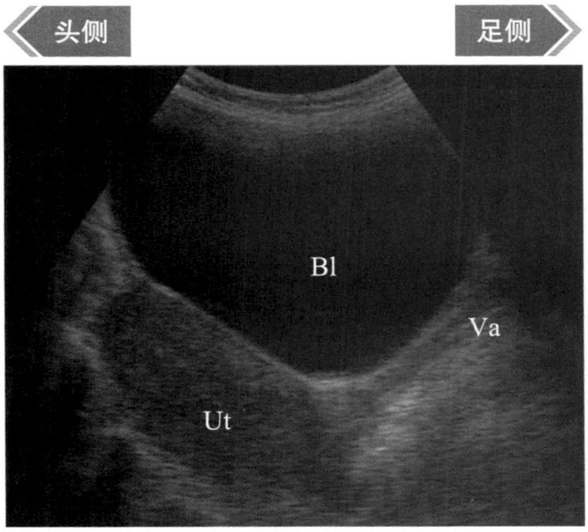

图12-7　声像图上清晰地显示出子宫底部，可以进行扫查

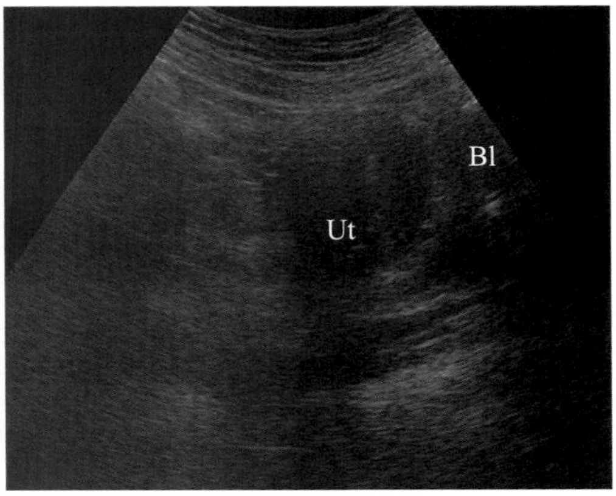

图12-8　图像上可见膀胱充盈欠佳，未能显示出子宫底部，此种情况需要告诉受检者，检查条件还不具备时进行检查会发生漏诊等，嘱其饮水或等待一段时间再进行检查

Bl. 膀胱
Va. 阴道
Ut. 子宫

3 将探头慢慢地左右摆动，观察整个子宫和卵巢（图12-9）。

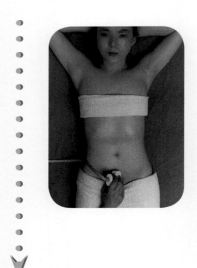

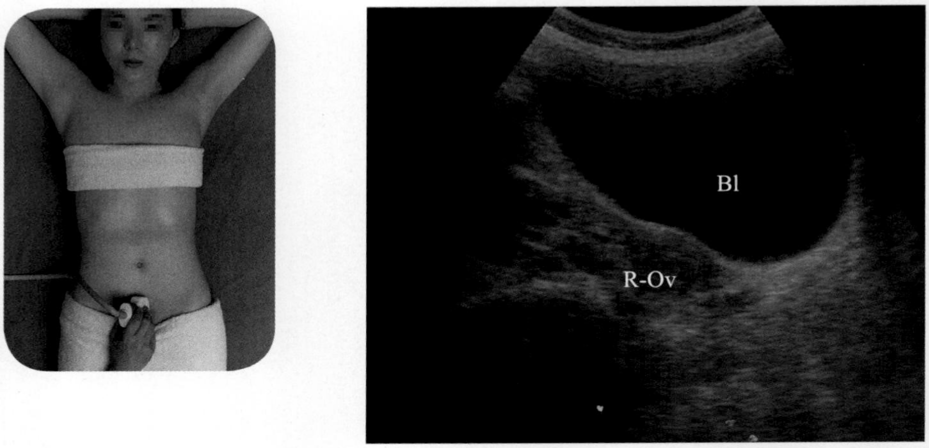

图12-9　右卵巢图像

4 然后旋转探头进行横切面扫查，观察整个子宫和卵巢（图12-10）。

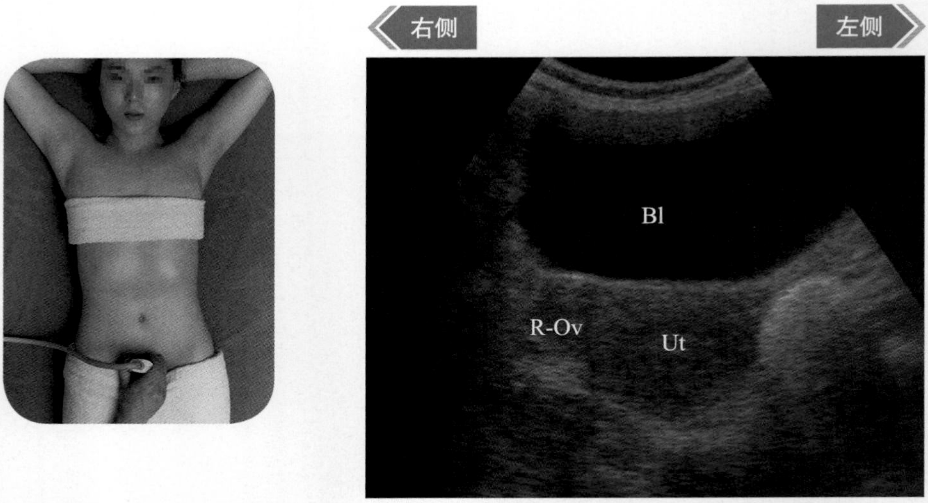

图12-10　横切面扫查观察子宫和卵巢

Bl. 膀胱
R-Ov. 右侧卵巢
Ut. 子宫

妊娠初期

若子宫内见环状结构，内可见胎心搏动，可以诊断为宫内妊娠（图12-11）。

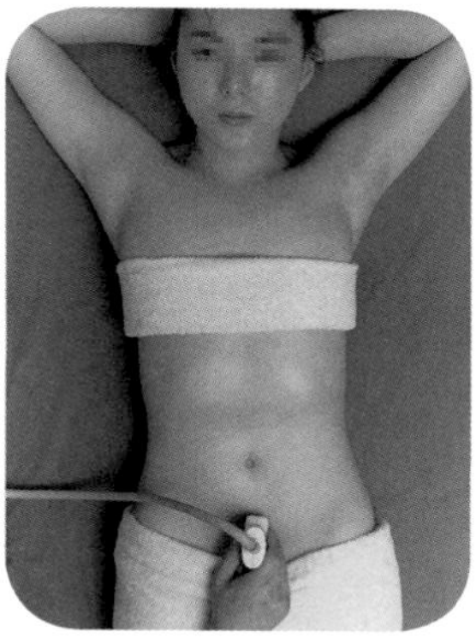

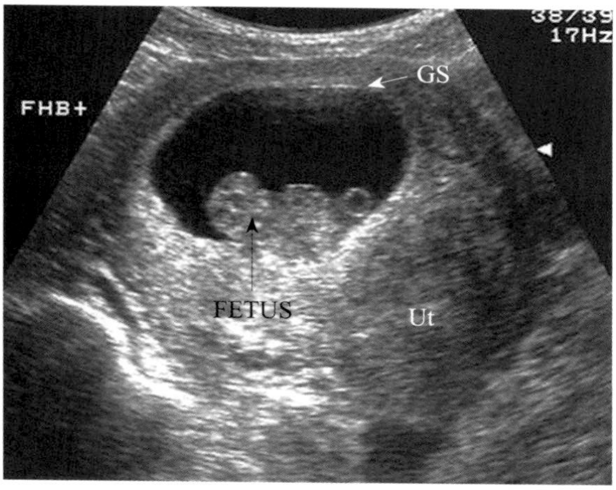

图12-11　宫内妊娠

妊娠中期/晚期

妊娠中期以后，可以确认胎位和胎盘位置，在检查者的脑中应当有胎儿的立体结构。

1 将探头横置于下腹部正中耻骨联合上，进行横切面扫查（图12-12）。

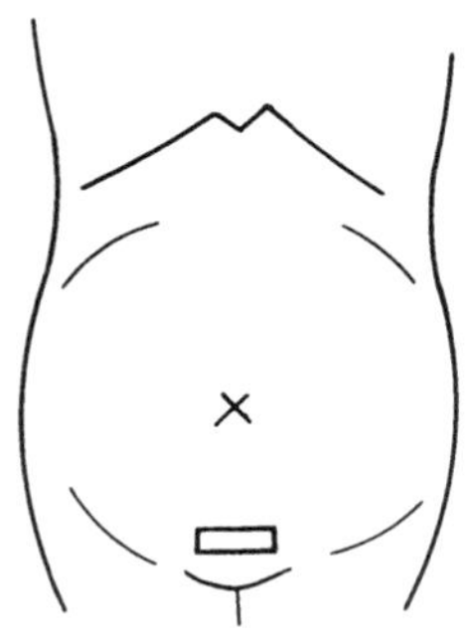

图12-12　探头位置

GS.胎囊
Ut.子宫
FETUS.胎儿

2 将探头慢慢地向头侧移动。若为头位，可以观察胎儿的头部（图12-13）。

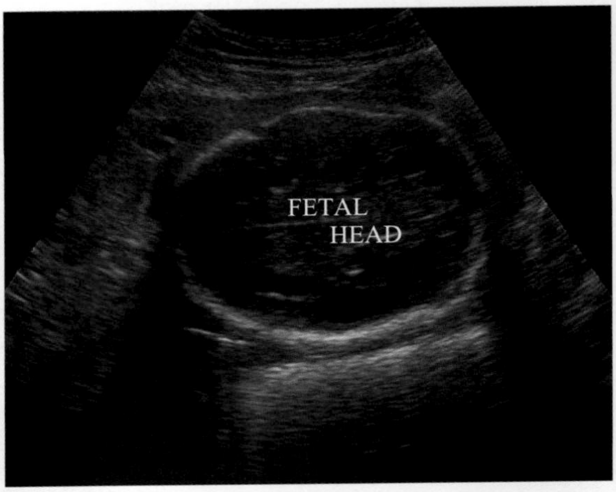

图12-13　若头位时，在耻骨联合上可见胎儿的头部

3 探头在正中线上向头侧移动，可以观察胎盘的位置和胎位等（图12-14）。

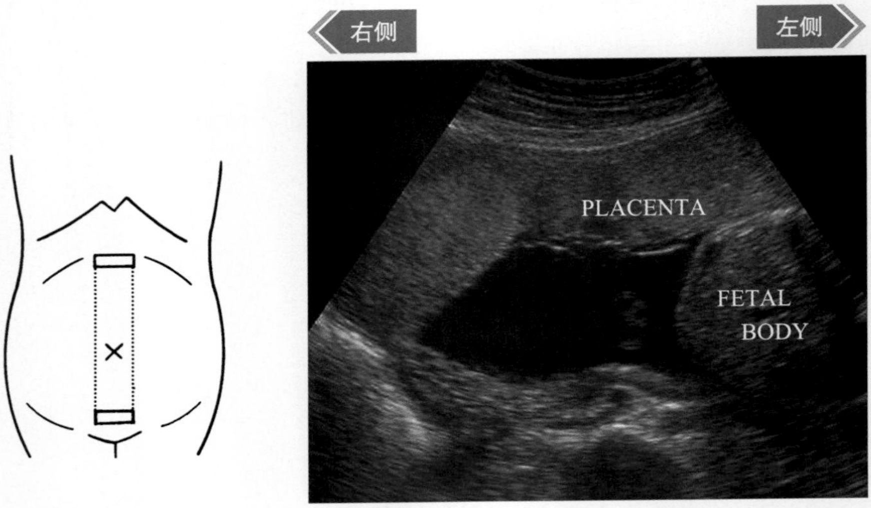

图12-14　探头置于正中线上方得到的图像。胎儿躯干位于母体的左侧，胎盘位于子宫右前壁

FETAL HEAD.胎头
PLACENTA.胎盘
FETAL BODY.胎儿躯干

4 然后探头左右移动观察整个腹部（图12-15）。

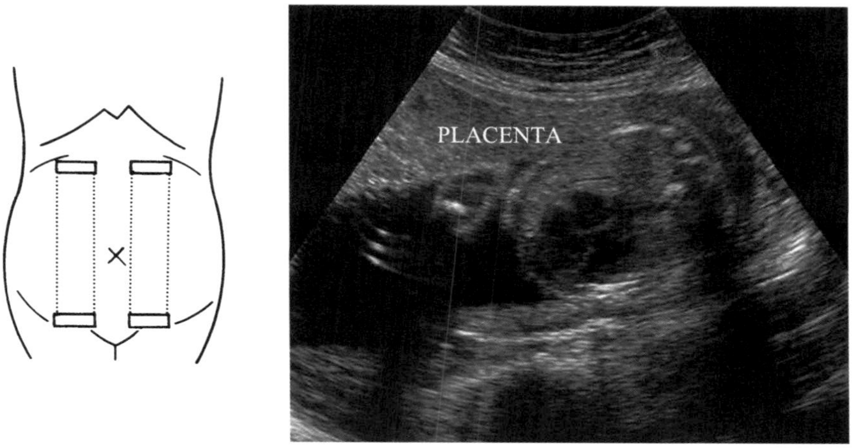

图12-15　母体左侧横切面图像，可见胎盘，部分胎儿图像位于左侧

5 观察胎儿的外生殖器时，显示出胎儿股骨的长径后，再慢慢地左右摆动即可确认（图12-16）。

男孩病例　　女孩病例

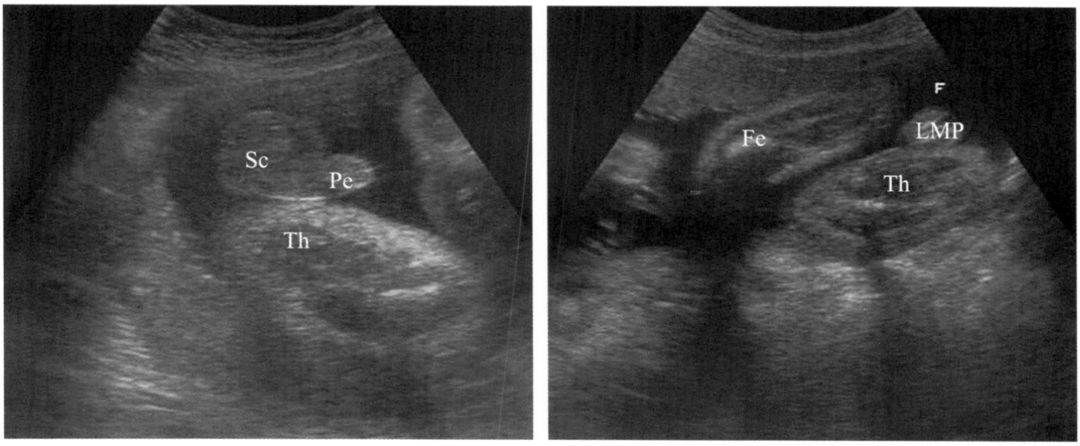

图12-16　显示出胎儿的股骨长径后，探头左右摆动，可以确认胎儿的外生殖器

PLACENTA. 胎盘
Sc. 阴囊
Th. 大腿
Pe. 阴茎
Fe. 股骨
LMP. 大阴唇

产科检查要点

● **采集图像**

1）妊娠初期采集胎囊/胎芽图像。

2）妊娠中期以后，应采集胎儿的双顶径、股骨长、腹围和胎盘位置及胎位图像。

3）若有其他异常，随时增加采集图像。

● **注意事项**

1）探头垂直置于腹部并移动观察。

2）在受检部位充分、均匀地涂抹耦合剂，阴阜部可适当多涂一些。

3）妊娠初期是在膀胱充分充盈下进行检查的，检查应快速进行。

4）受检者对于胎儿的话题比较敏感，所以检查者应注意讲话分寸。

● **主要适应证**

主要适应证包括正常妊娠、异位妊娠、流产、胎停育、胎死宫内、胎儿畸形、胎儿发育不良、胎盘位置异常、羊水量异常、子宫肌瘤合并妊娠及卵巢肿瘤合并妊娠。

产科病例（图12-17～图12-31）

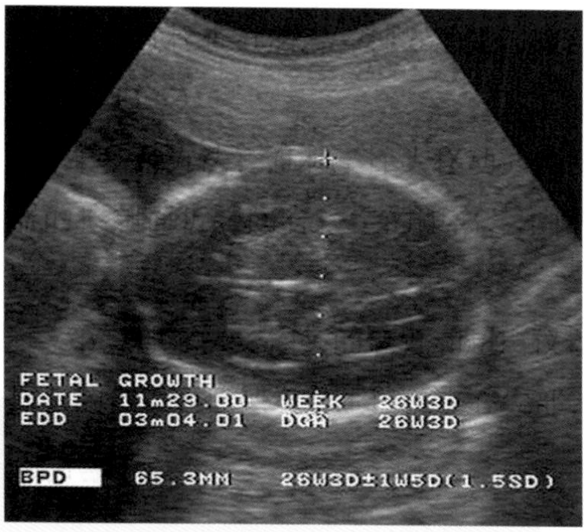

图12-17 胎儿双顶径的测量

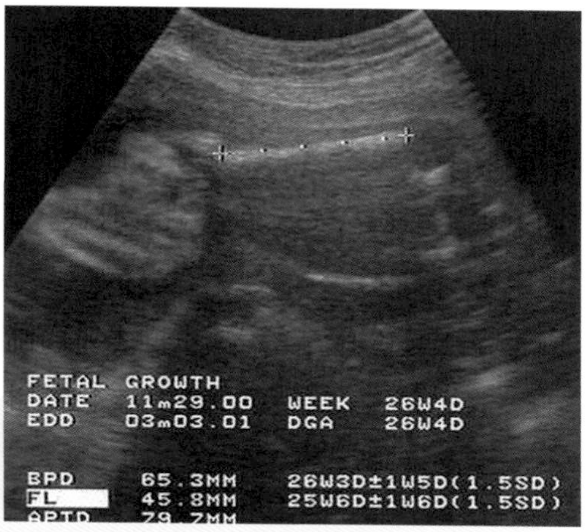

图12-18 胎儿股骨长的测量

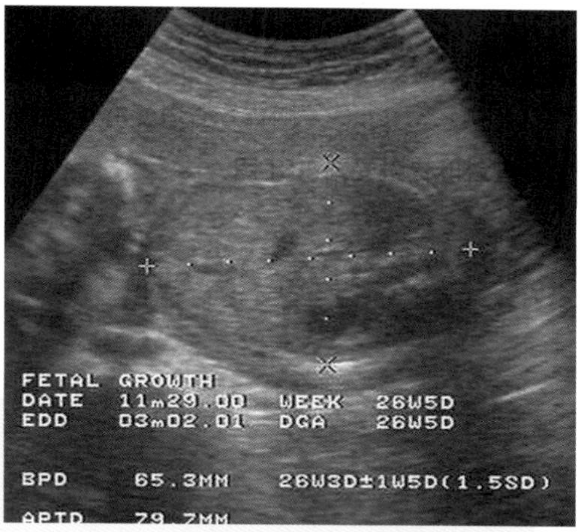

图12-19 胎儿腹部的测量

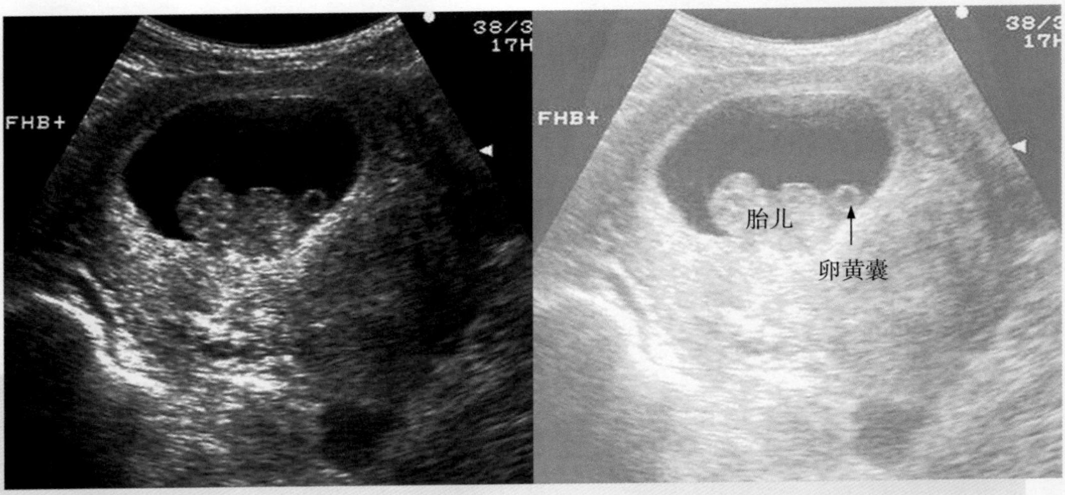

图12-20 胎儿超声图像
妊娠8周时的胎儿图像。胎儿右侧见一环状结构，即卵黄囊

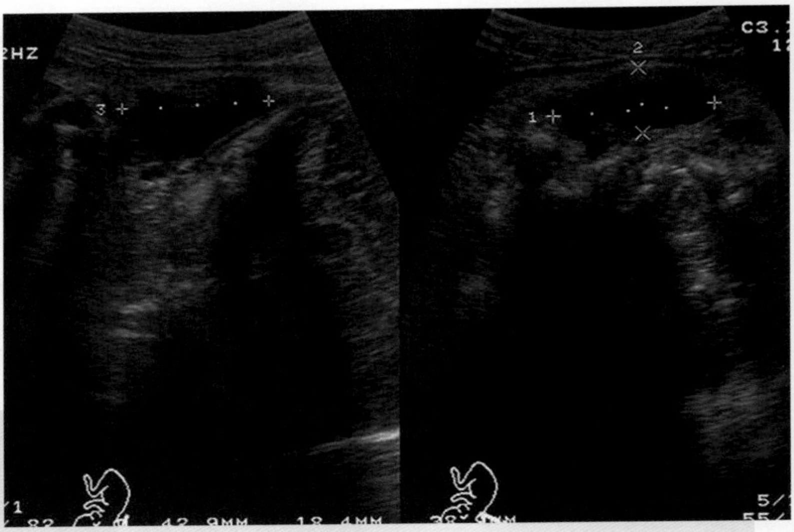

图12-21 胎儿淋巴管囊肿
胎儿颈部可见一无回声囊性肿物

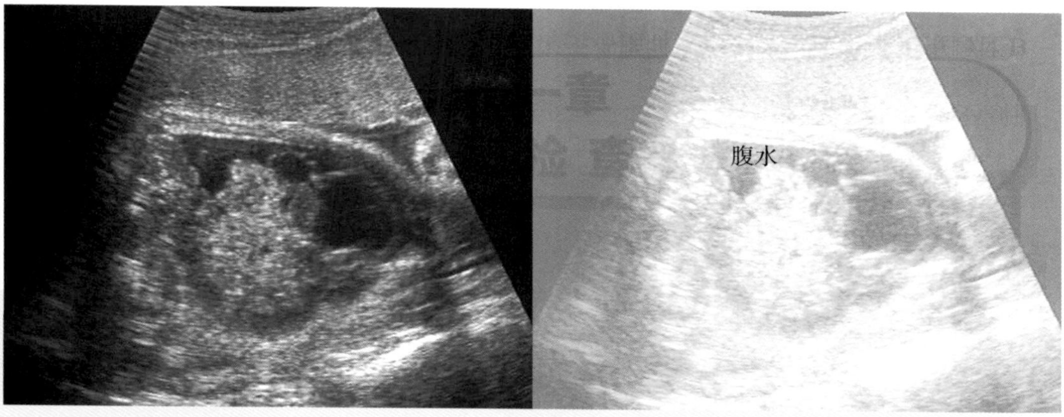

图 12-22　胎儿腹水
胎儿腹部见不规则无回声

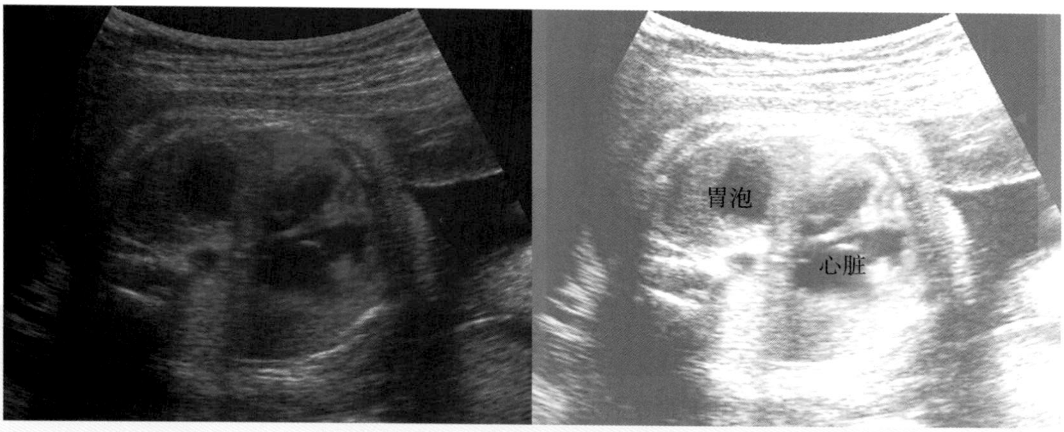

图 12-23　胎儿膈疝
胎儿胸部的横切面图像，心脏左侧可见胃泡

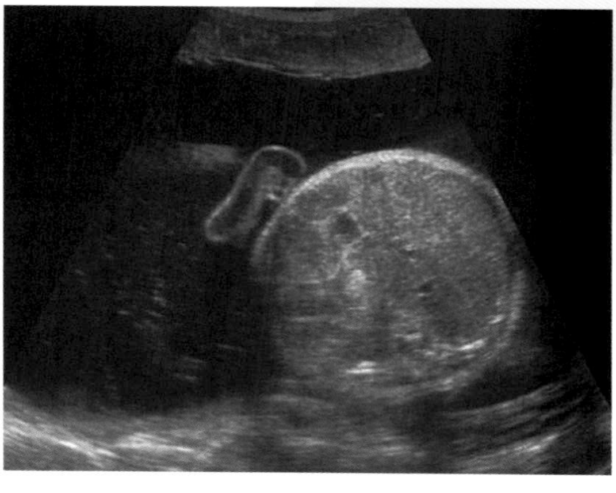

图 12-24　羊水过多
此病例羊水量明显增多

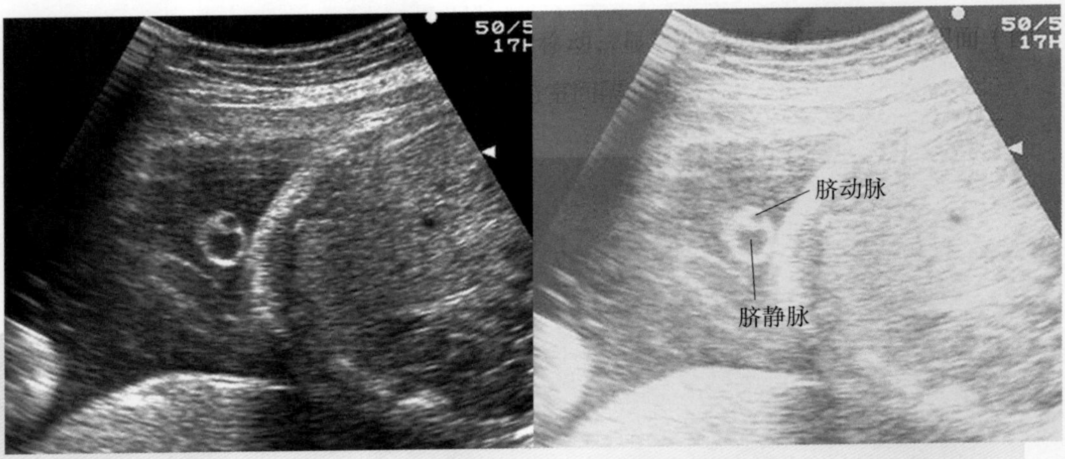

图12-25　单脐动脉

声像图上见一条脐动脉。本病容易引起胎儿宫内发育迟缓

图12-26　中央前置胎盘

图像上可见胎盘完全覆盖于子宫内口

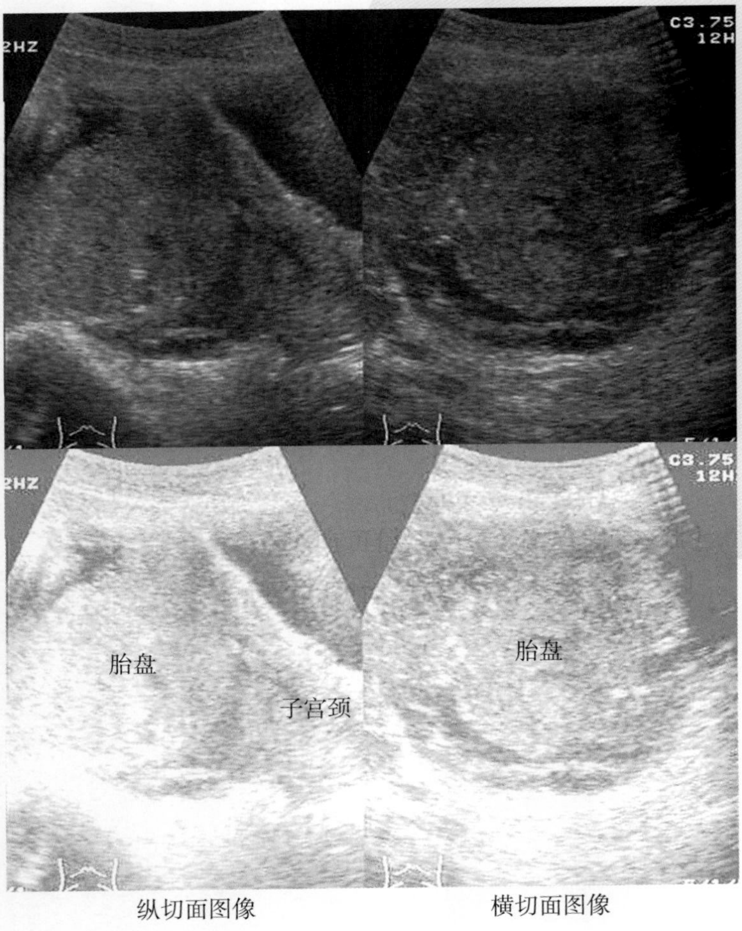

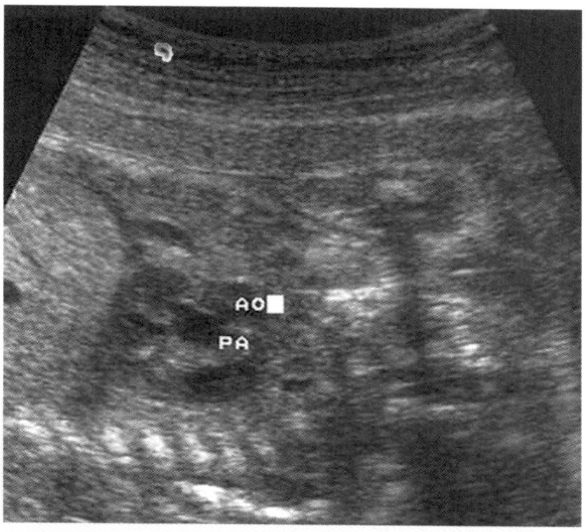

图 12-27　右心室流出道双出口

左心室发育不良，主动脉和肺动脉均发自右心室

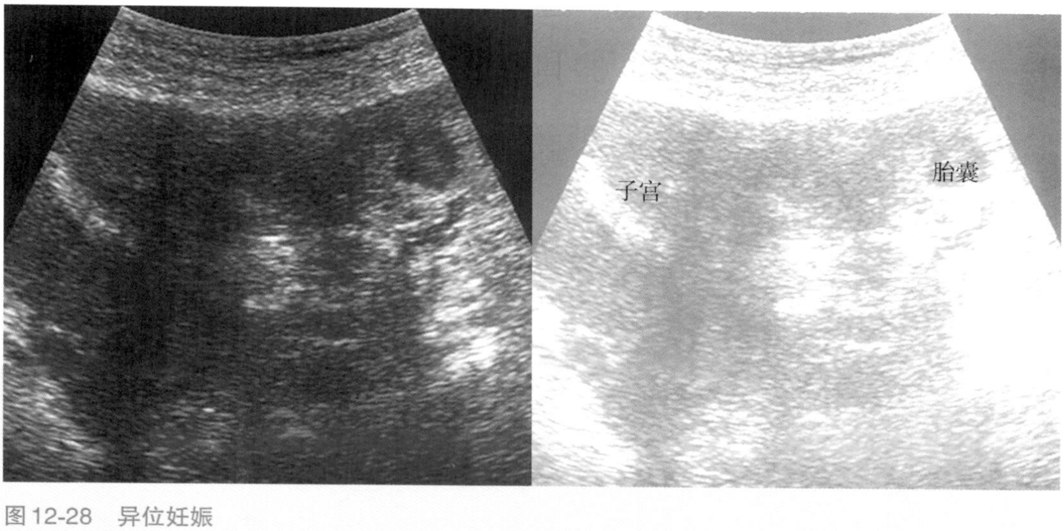

图 12-28　异位妊娠

子宫外可见胎囊，内可见胎儿图像

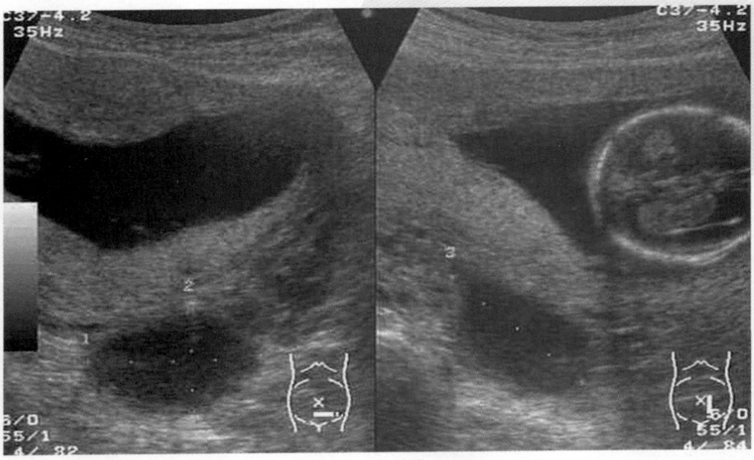

图12-29　卵巢囊肿合并妊娠
妊娠子宫旁可见一无回声结构

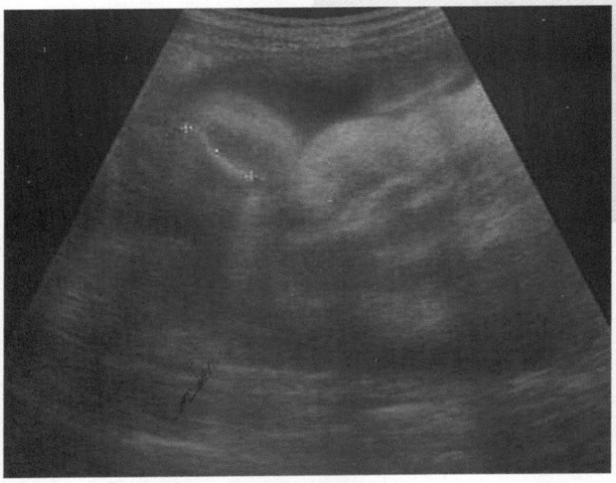

图12-30　致死性四肢短小症
图像上可见四肢长骨短小

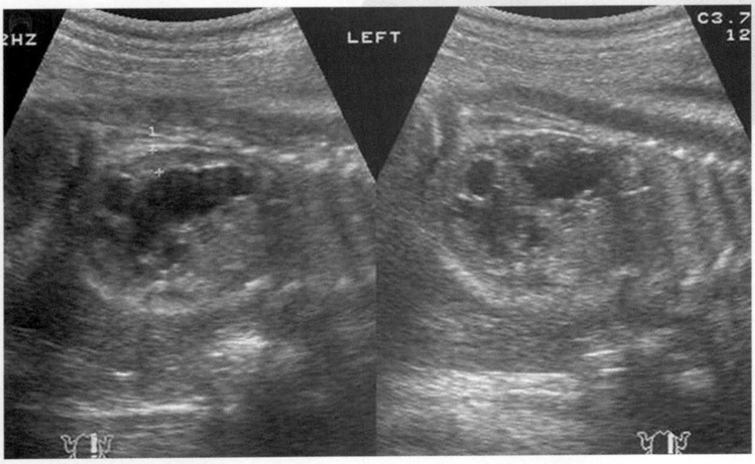

图12-31　胎儿肾积水

◆ 妇科超声的扫查顺序

1 将探头置于下腹部正中线上（纵切面扫查）（图 12-32）。

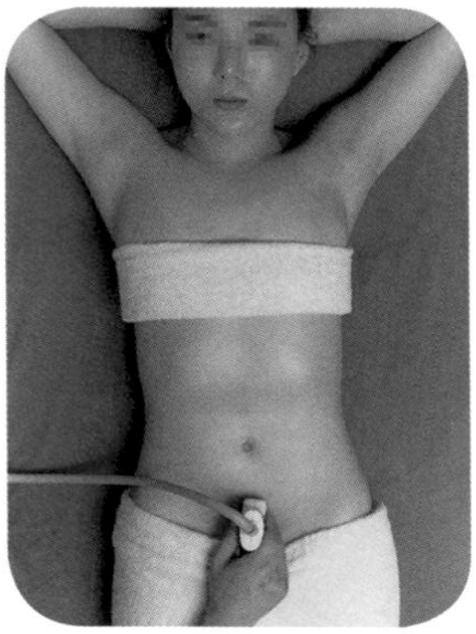

图 12-32　探头位置

2 膀胱充分充盈（可以清晰地显示子宫底部）后进行检查（图 12-33）。若图像不清晰时，嘱受检者等一段时间后再行检查（图 12-34）。

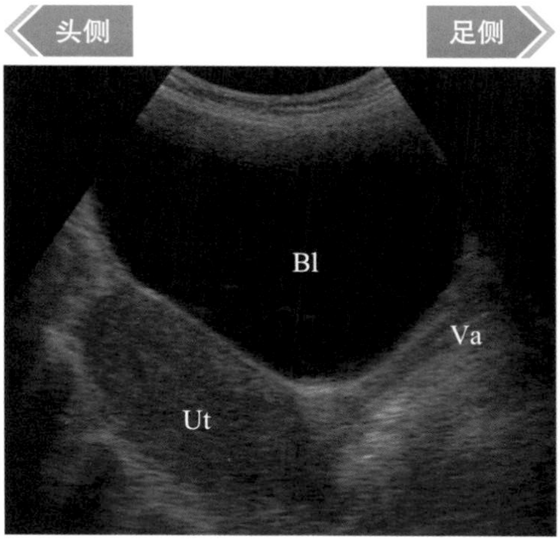

图 12-33　膀胱充分充盈后，清晰地显示子宫底部时可以进行检查

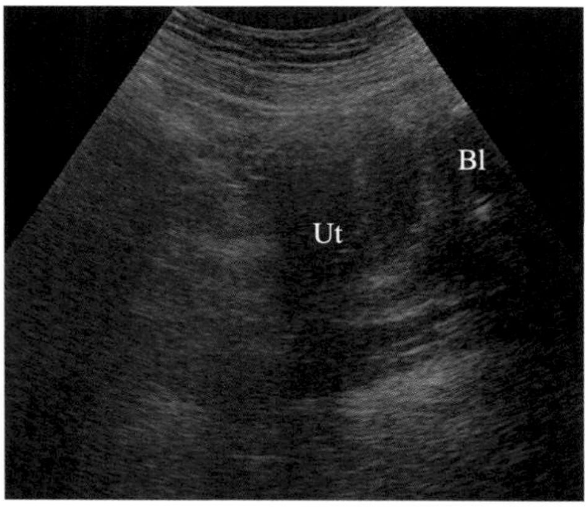

图 12-34　图像显示膀胱充盈欠佳，子宫底部显示不清，应向受检者说明此时不能进行检查，嘱其饮水，或等一段时间膀胱充盈后再行检查

Bl. 膀胱
Va. 阴道
Ut. 子宫

3 将探头慢慢地左右摆动，观察整个子宫和卵巢（图12-35）。

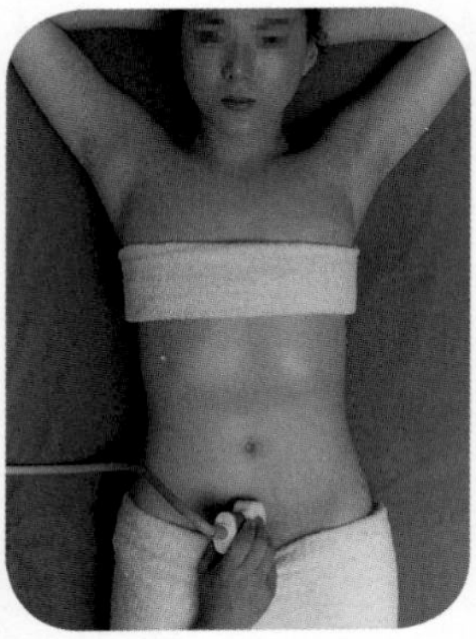

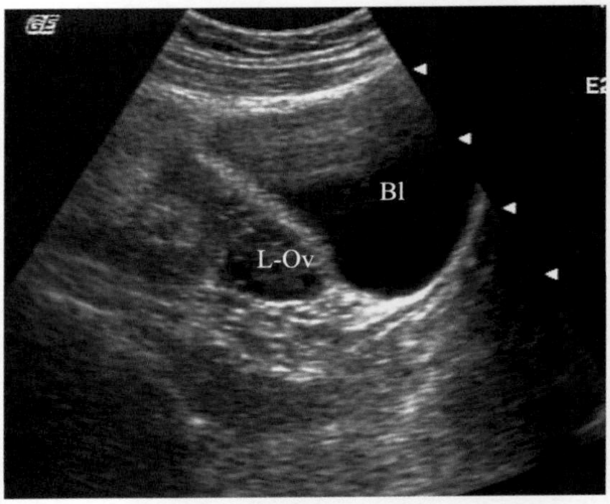

图12-35 左卵巢声像图

4 然后旋转探头进行横切面扫查，观察整个子宫和卵巢（图12-36）。

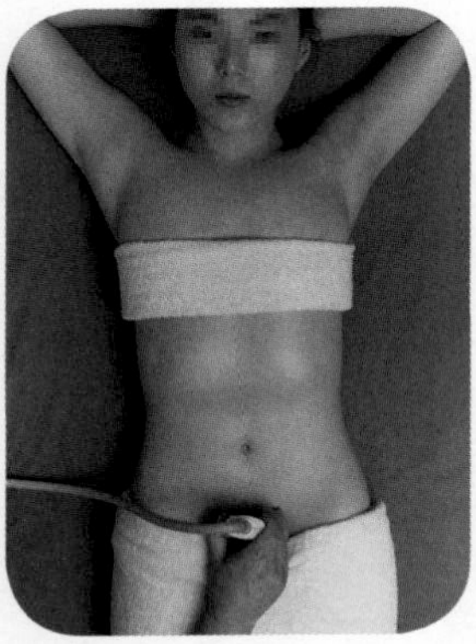

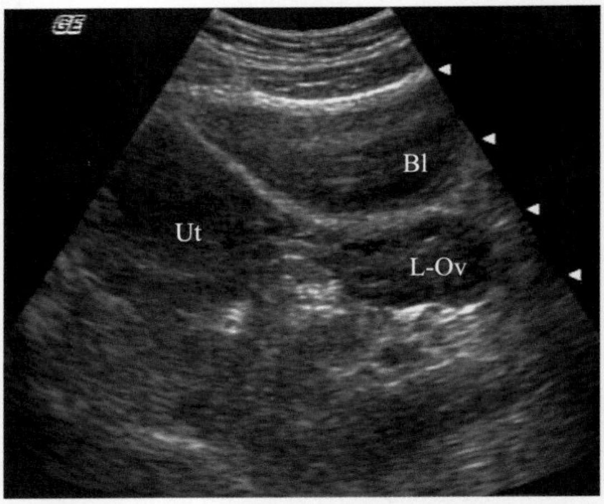

图12-36 子宫和卵巢的图像

Bl. 膀胱
Ut. 子宫
L-Ov. 左卵巢

5 发现肿物时，应判断与阴道有无连续性，来鉴别肿物来自子宫还是卵巢（图12-37）。

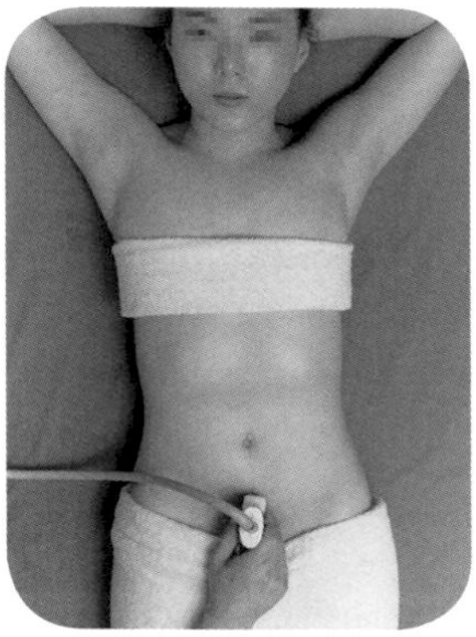

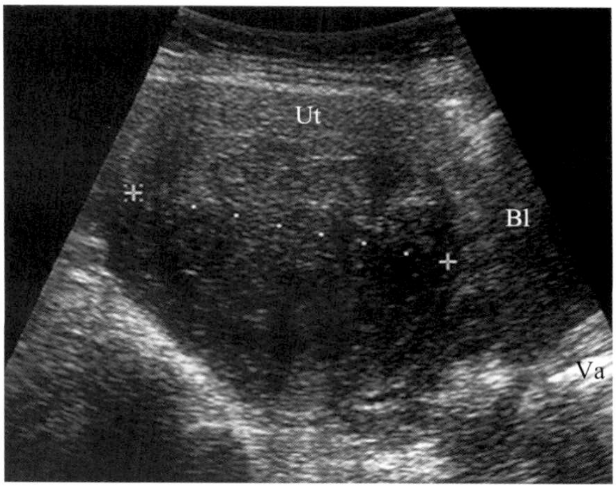

图12-37　子宫肌瘤病例：图像可见结节与阴道相连，可以判断为子宫肌瘤

Bl.膀胱
Ut.子宫
Va.阴道

妇科检查要点

● 图像采集

1）采集子宫最大径线的图像（纵切面）。

2）采集子宫横切面时的最大径线图像。

3）一定要采集肿物与阴道之间关系的图像。

● 注意事项

1）探头垂直置于腹部并移动观察。

2）充分涂抹耦合剂，特别是阴阜部应多涂一些。

3）有时正常卵巢也不显示。

4）受检者是在膀胱充分充盈下进行检查的，所以应快速检查。

● 主要适应证

主要适应证包括子宫肌瘤、子宫腺肌瘤、子宫畸形、卵巢囊肿、畸胎瘤、卵巢癌。

妇科病例（图12-38～图12-45）

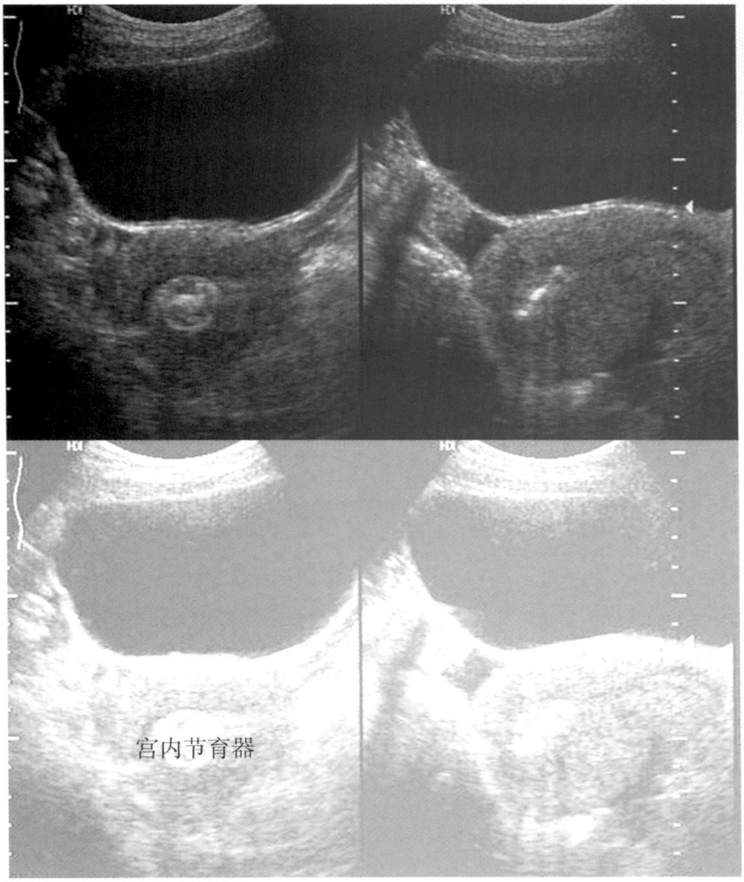

图12-38　宫内节育器
子宫内见一高回声，后方伴彗星尾

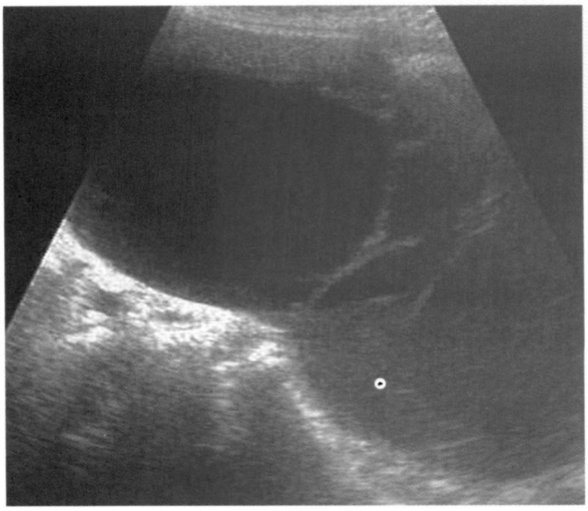

图12-39　浆液性卵巢囊肿
可见一无回声，壁薄，内有分隔，未见实性部分

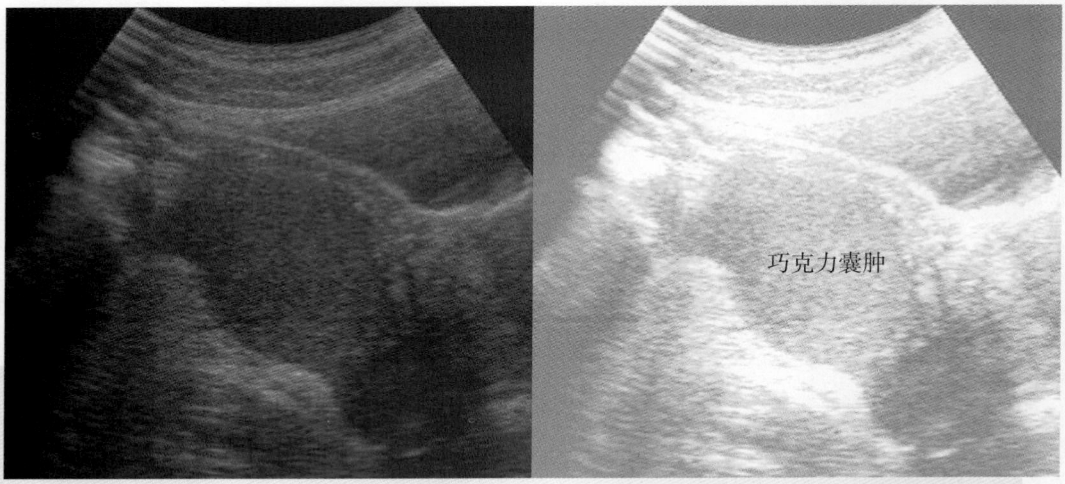

图12-40 卵巢子宫内膜异位症（巧克力囊肿）
可见一圆形无回声，内见点状强回声

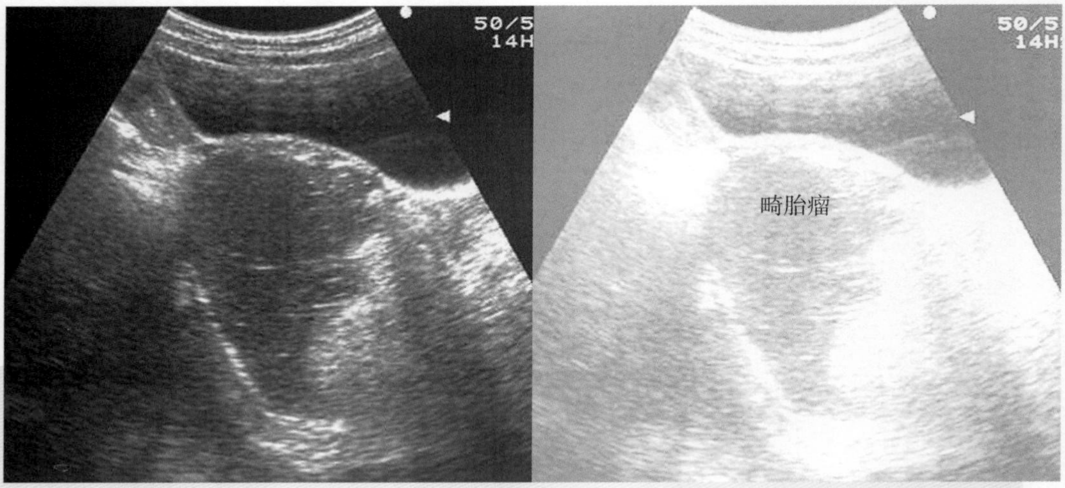

图12-41 囊性畸胎瘤
卵巢内见一囊实性肿物，部分呈无回声，实性部分为强回声

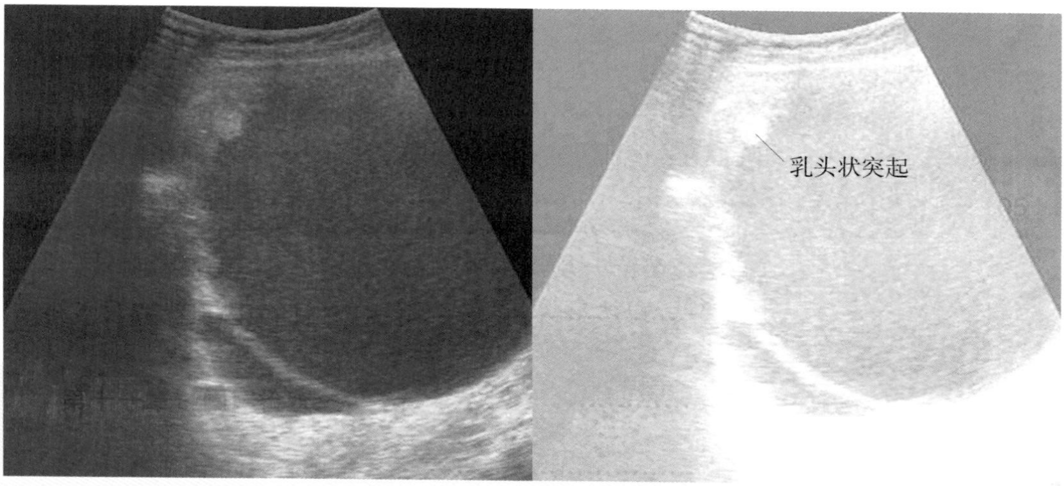

图 12-42　浆液性囊腺癌
卵巢内可见一囊实性肿物，壁上可见乳头状突起

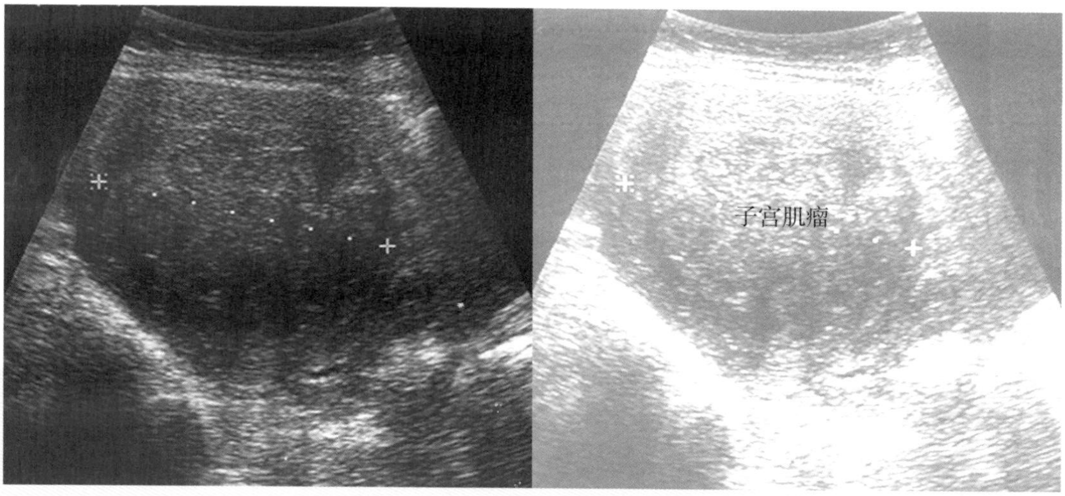

图 12-43　子宫肌瘤
子宫体积增大，可见一实性结节，内回声不均

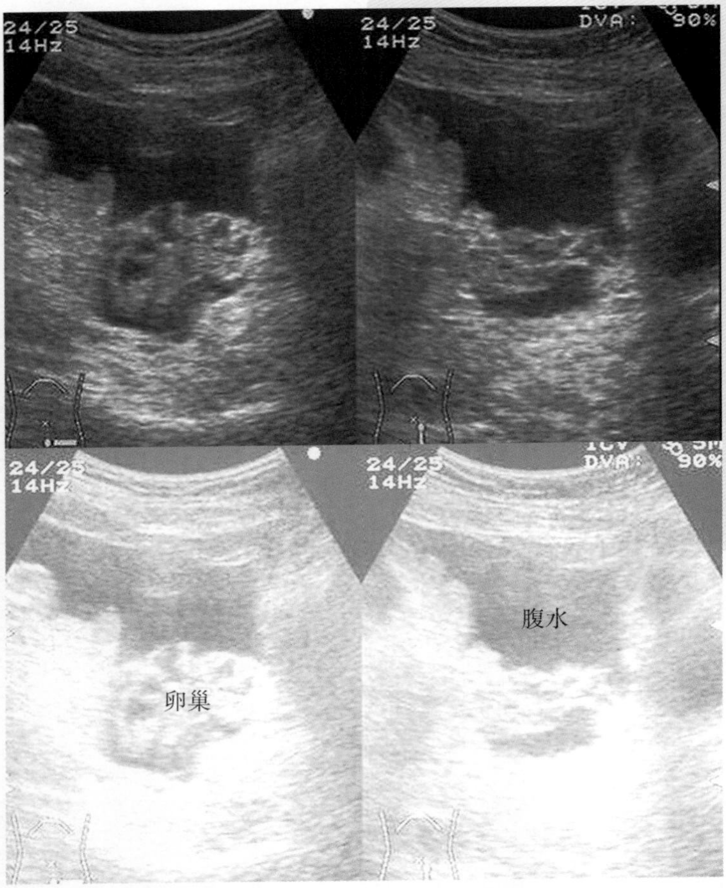

图12-44　来源于胃癌的转移癌

腹腔内见不规则无回声，卵巢明显增大，形态不规则，内回声不均

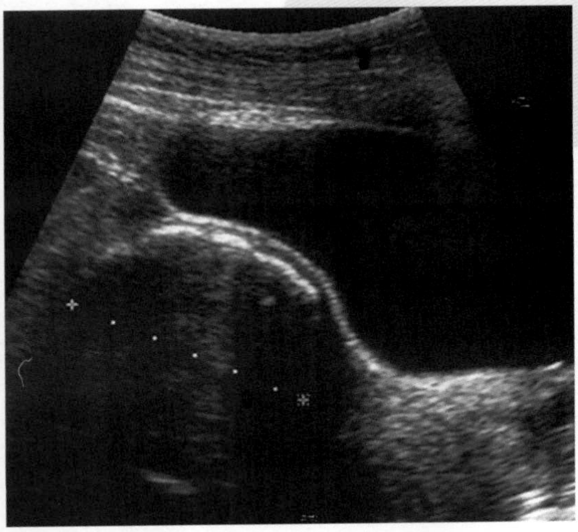

图12-45　子宫肌瘤伴钙化

子宫肌瘤的表面见环状强回声

第十三章
心脏超声检查

◆ 心脏解剖（图 13-1）

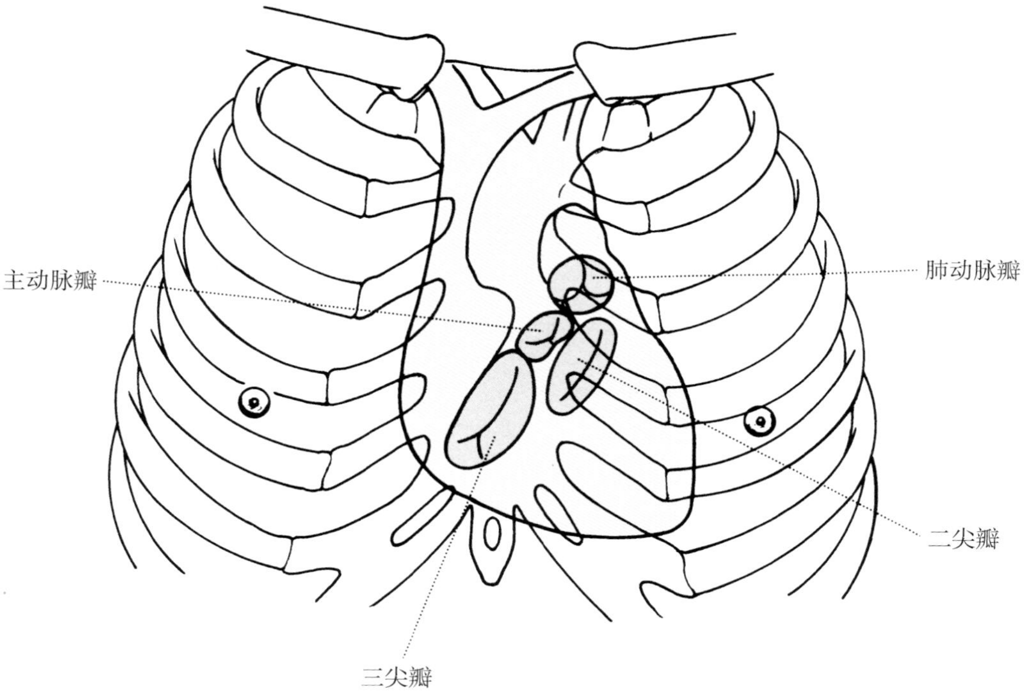

图 13-1　心脏解剖示意图

·心脏位于胸腔中纵隔内，外有心包包裹。

·其大小如拳头，成人重量200～300g。

·心脏由左、右心房和左、右心室四腔组成。左心房、心室内为动脉血，右心房、心室内为静脉血。

·心脏共有4个瓣膜，房室之间有二尖瓣（左心房和左心室之间）和三尖瓣（右心房和右心室之间），主动脉处有主动脉瓣，肺动脉处有肺动脉瓣。

◆ 受检者的体位和手持探头的方法

1）受检者采取侧卧位。

手握住探头，检查者的手像长了双眼一样进行扫查（图13-2）。

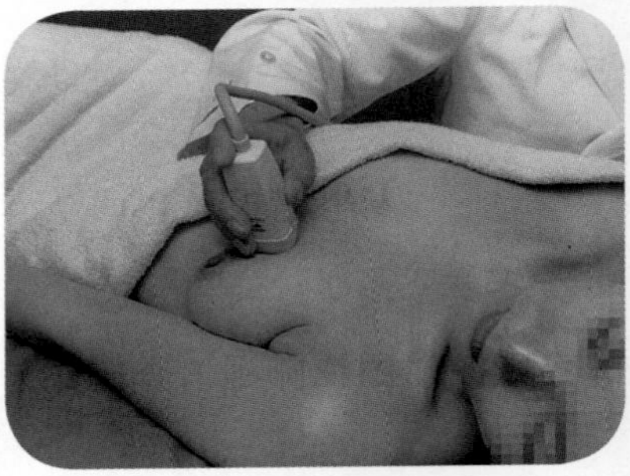

图13-2　探头位置

2）检查者的食指置于探头上方，便于调节和固定（图13-3）。

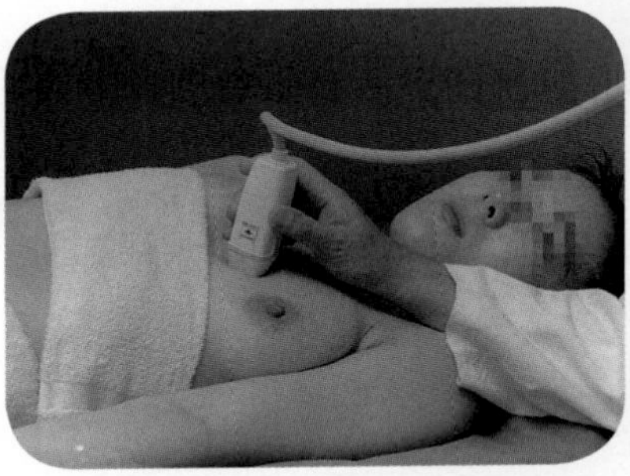

图13-3　手持探头的方法

= 手持探头的错误方法 =

紧紧握住探头的上方，用整个前臂的力量进行扫查，动作快且不稳定（图13-4）。手掌小鱼际处应当粘有介质，手持探头的下方。

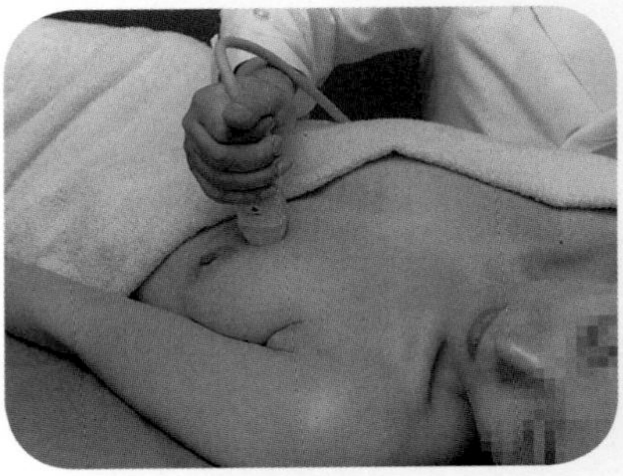

图13-4　手持探头的错误方法

介质：耦合剂

受检者和检查者的位置

·有两种检查方法，一种方法是与腹部检查一样；另一种方法是头朝下的方向进行检查（图13-5）。

·第一种方法：有利于探头移动，也便于扫查心尖部。其缺点是探头的位置和超声仪器的控制面板之间有一定的距离，不便于操作。另外，检查者不易看到探头所在的位置。

·第二种方法：探头的位置和超声仪器的控制面板之间距离短，操作方便，容易确定探头的位置，但缺点是难以扫查心尖部，还有检查时受检者直对着检查者呼吸。

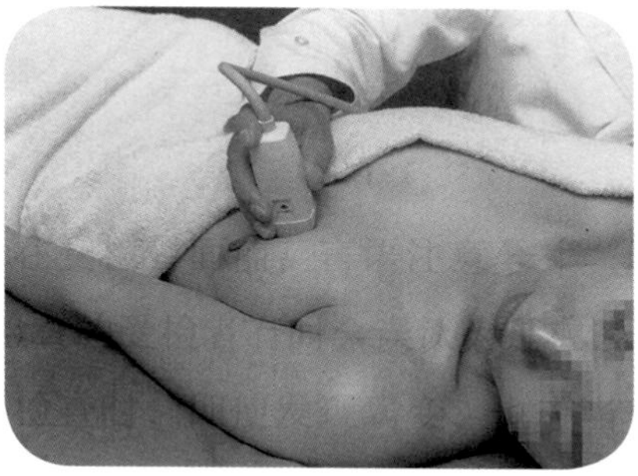

检查者在受检查者右侧

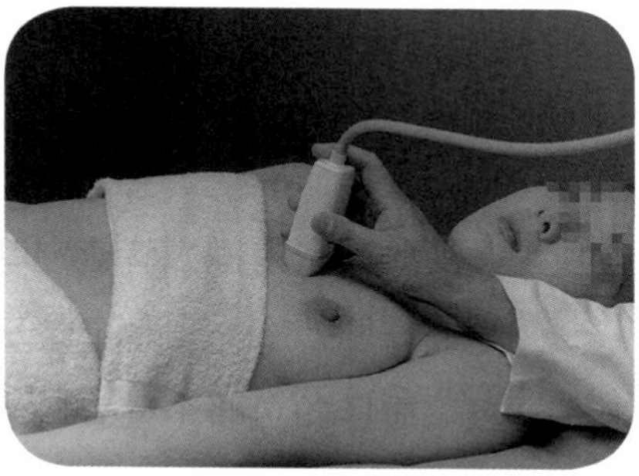

图13-5　受检者和检查者的位置

◆ 采集M型超声心动图

· 通常在左心室长轴切面上采集图像。

1 探头垂直置于胸骨左缘第3、4肋间，显示出左心室长轴切面图。

2 探头位置固定不变，可以慢慢地左右摆动探头或旋转探头，显示出心脏的长轴切面（图13-6）。此切面不显示二尖瓣的腱索水平和乳头肌水平。

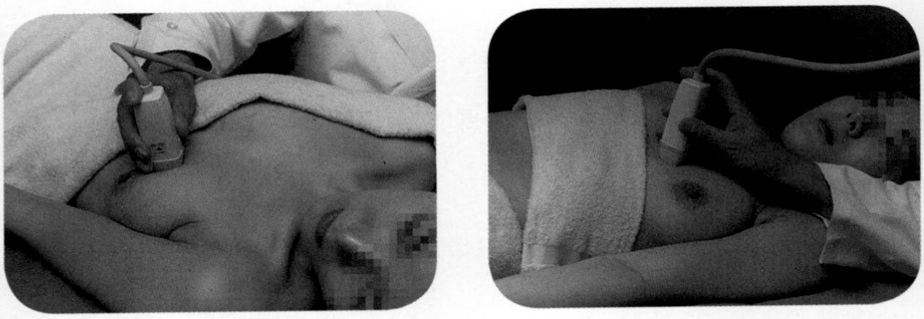

图13-6　探头位置固定不变，左右摆动或旋转探头，显示心脏长轴切面

3 将取样线置于图像的中心位置，可以充分显示二尖瓣瓣尖图像（图13-7）。

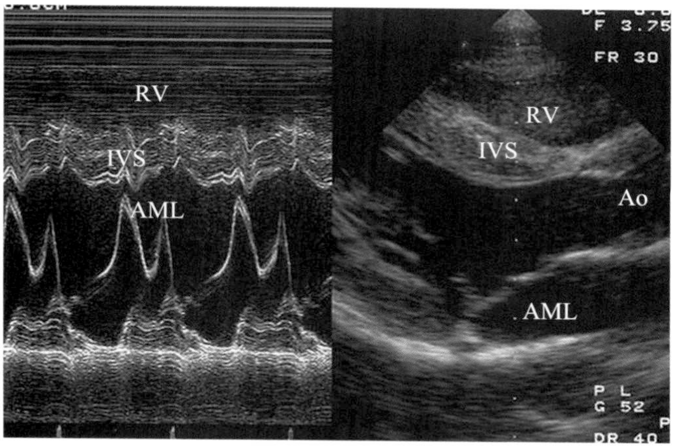

图13-7　二尖瓣M型超声图像

4 在上述切面的基础上，探头向主动脉瓣方向上翘（画面向右侧移动）。此时应确认取样线是否已与主动脉壁垂直（图13-8）。

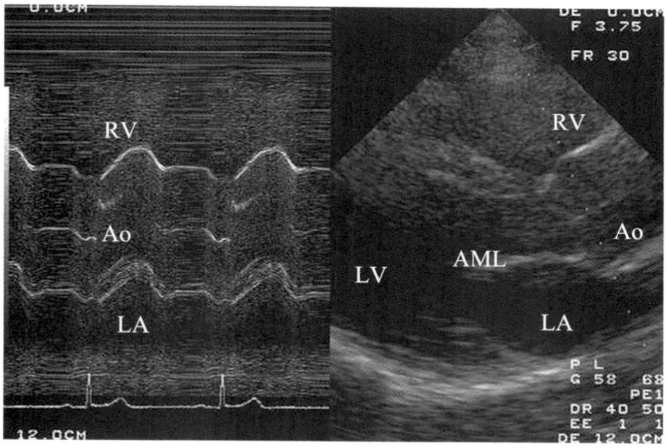

图13-8　主动脉瓣M型超声图

RV.右心室
IVS.室间隔
AML.二尖瓣瓣尖
Ao.主动脉
LA.左心房
LV.左心室

5 然后把取样线向二尖瓣稍微偏左方向移动，显示出测量左心室功能的切面（图13-9）。此时也应当确认取样线是否与室间隔垂直。

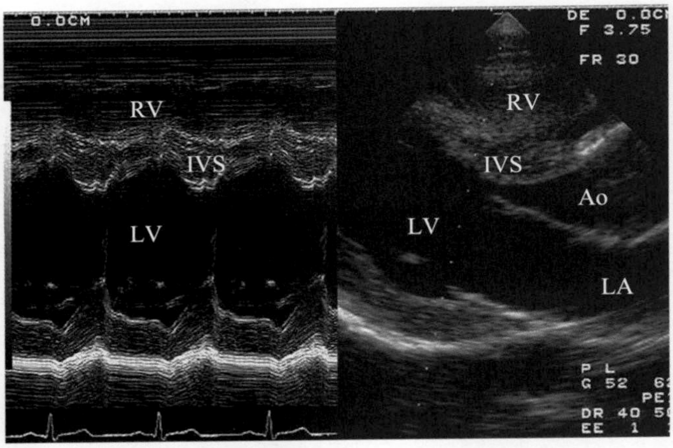

图13-9　左心室瓣膜水平M型超声图像

● 注意事项

· 若取样线与主动脉壁或室间隔不垂直而采集图像的话，计算的结果不准确。

· 仅显示M型超声图像而无法知道取样线是否与画面垂直时，初学者建议采集M型和切面图双画面图像。

· 测量左心室功能时，把左心室看作圆柱体，在M型超声图像上测量圆柱的短径，并设定长径是短径的两倍来计算的，所以当测量短径有误时，左心室功能的测量结果就会出现错误。

· 为了使测量结果具有可信性，在理解原理的基础上，应在适当的位置进行测量。当无法显示适当的测量位置时，也不要勉强测量。

RV. 右心室
IVS. 室间隔
LV. 左心室
Ao. 主动脉
LA. 左心房

◆ M 型超声图像上的测量法（图 13-10 ~图 13-12）

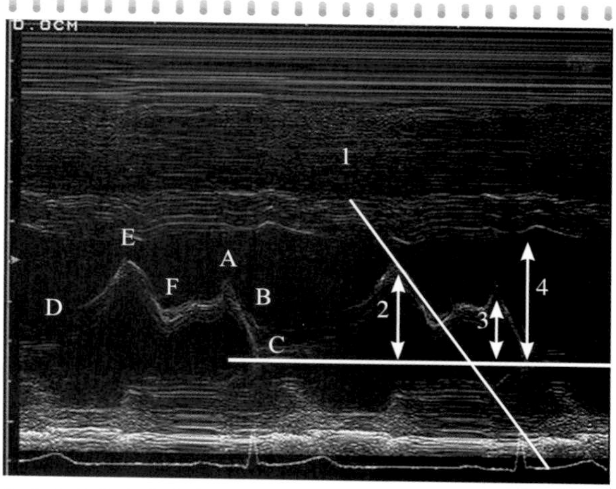

图 13-10　二尖瓣的测量

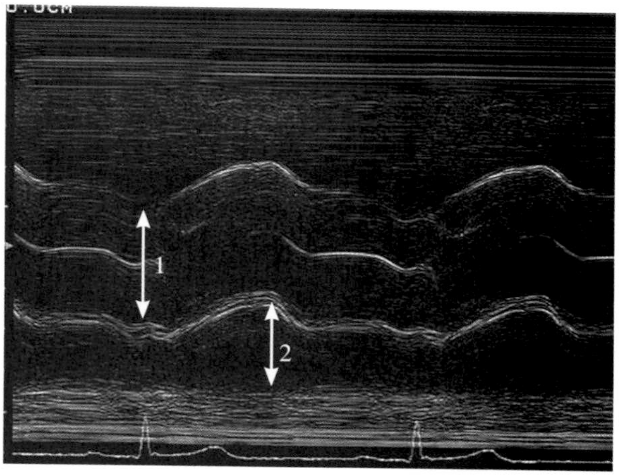

图 13-11　主动脉内径、左心房内径的测量

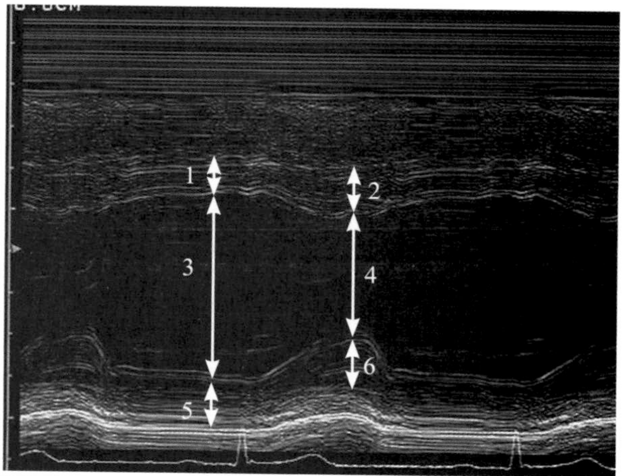

图 13-12　左心室、室间隔的测量

1. 二尖瓣后退速度（diastolic descent rate，DDR）

E点和F点的连线。

2. 二尖瓣的最大振幅（maximum amplitude）

二尖瓣前叶瓣尖C点到E点的垂直距离。

3. A峰的振幅

二尖瓣前叶瓣尖C点到A点的垂直距离。A/E比求出。

4. 左心室流出道内径（left ventricular outflow tract dimension，LVOTD）

舒张末期二尖瓣前叶瓣尖C点到室间隔左心室面之间的距离。

※测量二尖瓣时，应注意从二尖瓣前叶瓣尖回声的上方开始。

1. 主动脉内径（aortic dimension，AoD）

舒张末期（心电图R波的顶点处）从主动脉前壁回声内缘到后壁回声内缘之间的垂直距离。

2. 左心房内径（left atrial dimension，LAD）

收缩末期（主动脉后壁上升的最高点）从主动脉后壁回声内缘到左房后壁回声内缘之间的垂直距离。

1. 室间隔舒张末期厚度（interventricular septum thickness，IVSTd）d：diastolic
2. 室间隔收缩末期厚度（interventricular septum thickness，IVSTs）s：systolic

从室间隔右心室面到左心室面之间的距离。

3. 左心室舒张末期直径（left ventricular dimension，LVDd）d：diastilic
4. 左心室收缩末期直径（left ventricular dimension，LVDs）s：systolic

从室间隔的左心室面到左心室后壁心内膜面之间的距离。

5. 左心室后壁舒张末期厚度（posterior wall thickness，PWTd）d：diastolic
6. 左心室后壁收缩末期厚度（posterior wall thickness，PWTs）s：systolic

从左心室后壁心内膜面到心外膜面之间的距离。

◆ 正常超声切面图

左心室长轴切面（图13-13）

· 通常在静息状态下充分呼气后扫查，以排除肺部的干扰。

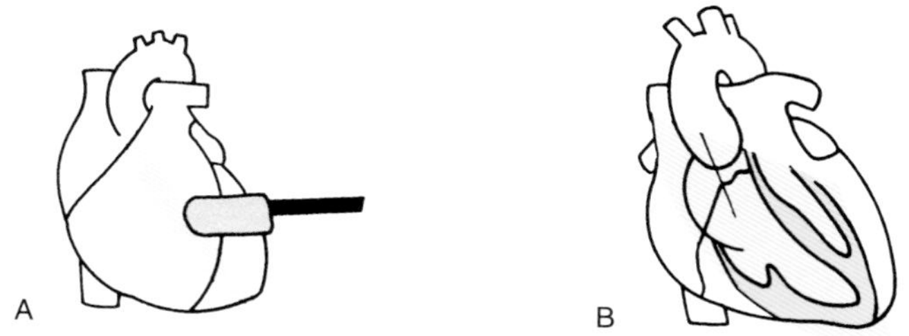

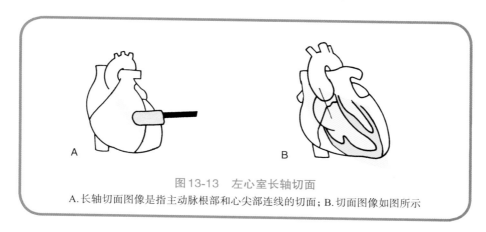

图13-13　左心室长轴切面

A. 长轴切面图像是指主动脉根部和心尖部连线的切面；B. 切面图像如图所示

1 将探头垂直置于胸骨左缘第3、4肋间的胸壁上，可以显示出左心室长轴切面（图13-14）。

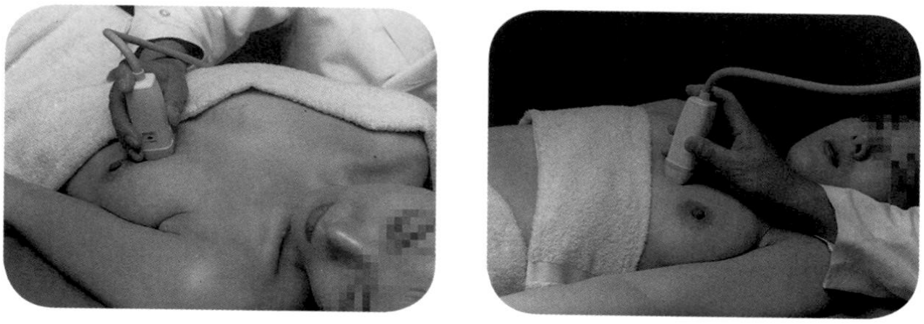

图13-14　探头位置

2 探头位置不变，慢慢地左右摆动或旋转探头，显示出心脏长轴切面（图13-15）。此切面不能显示二尖瓣的腱索水平和乳头肌。

3 显示出长轴切面后，探头向胸骨侧倾斜扫查，可以观察与后交界处相连的二尖瓣、腱索和乳头肌水平，向内侧再进一步倾斜扫查可以观察右心房、右心室和三尖瓣（图13-16）。

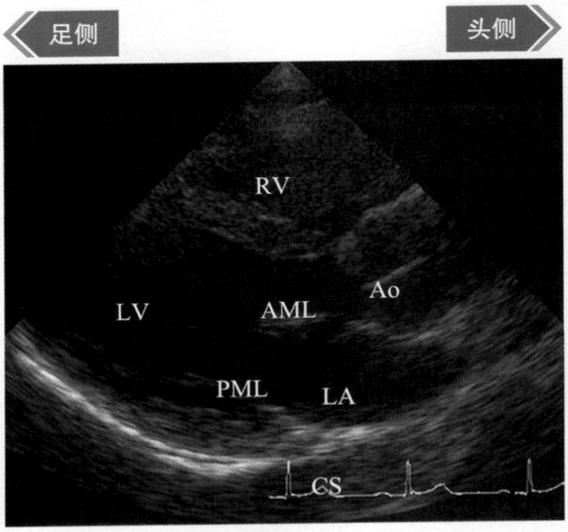

图13-15　长轴切面图

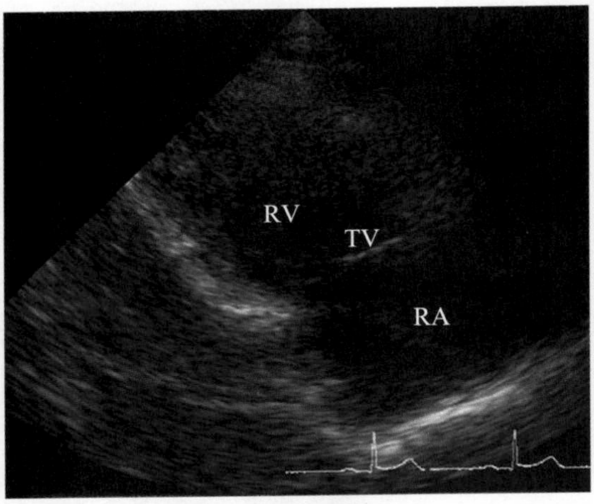

图13-16　右心室流入道切面图

4 然后探头向相反方向摆动，可以观察与前交界处相连的二尖瓣、腱索和乳头肌。

RV.右心室
LV.左心室
AML.二尖瓣前叶
Ao.主动脉
PML.二尖瓣后叶
LA.左心房
CS.冠状静脉窦
TV.三尖瓣
RA.右心房

◆ 不良图像举例

其一：

探头在某一肋间扫查时，显示出心尖部的位置偏上，此时测量的话，结果不准确（图13-17A）。出现上述图像时，应将探头位置向上移动一个肋间（图13-17B）。

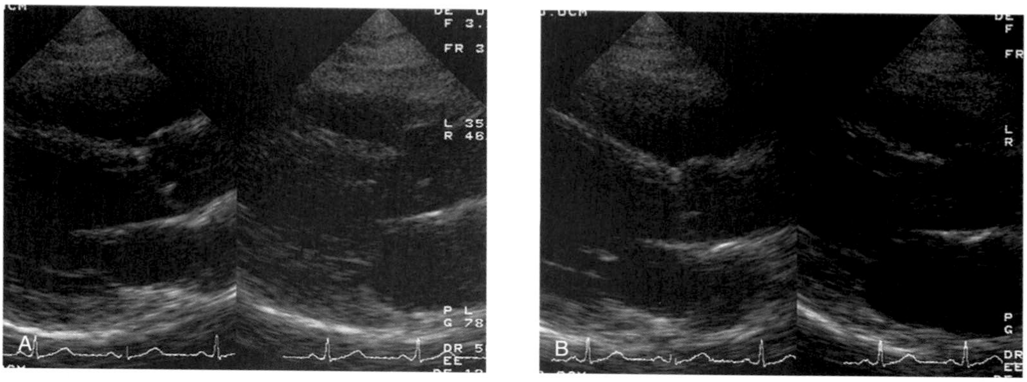

图13-17　不良图像（1）

其二：

未进行呼吸管理时，图像如下所示（图13-18）。

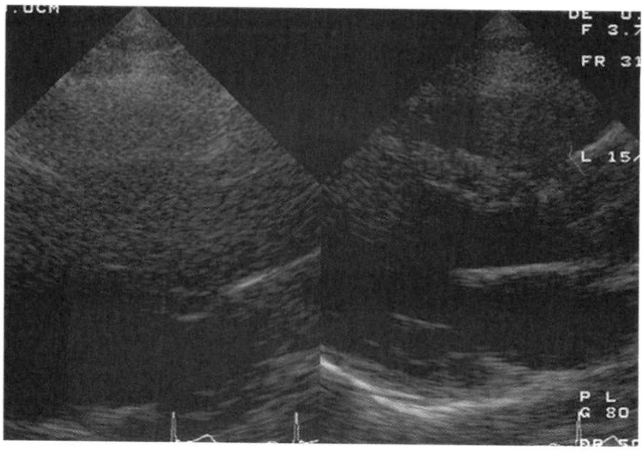

未进行呼吸管理时的图像　　充分呼气后的图像

图13-18　不良图像（2）

左心室短轴切面（图13-19）

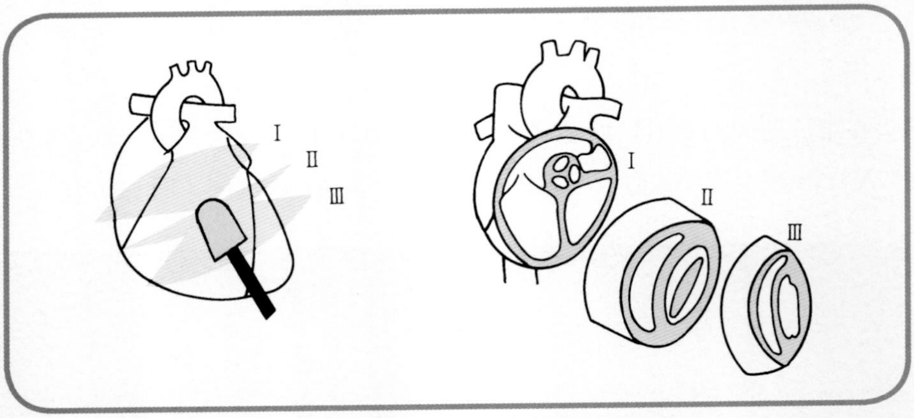

图13-19　左心室短轴切面

1 首先显示出左心室长轴切面，将二尖瓣的图像置于画面的中央，慢慢地将探头按顺时针方向旋转约90°，即可得到左心室短轴切面（图13-20）。

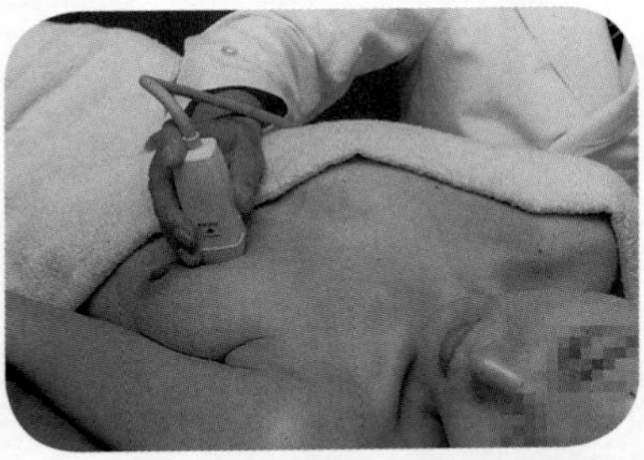

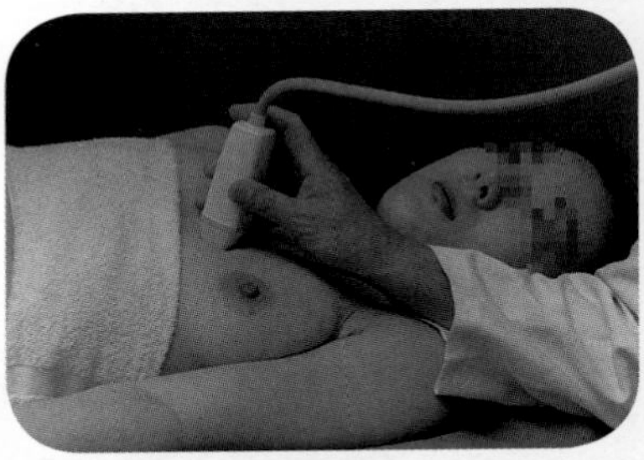

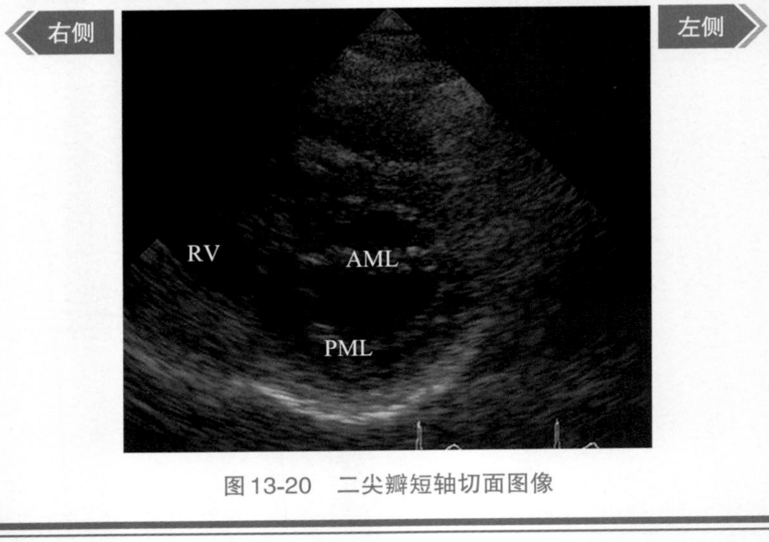

图13-20　二尖瓣短轴切面图像

RV.右心室
AML.二尖瓣前叶
PML.二尖瓣后叶

2 探头朝着受检者右肩方向摆动时，可以得到主动脉瓣短轴切面（图13-21），向心尖部方向摆动时可以得到左心室腔短轴切面（图13-22）。不管哪种切面，图像基本上呈圆形。

※切面出现偏离时，重新回到二尖瓣水平切面，再进行扫查。即使探头倾斜也不能得到所需切面时，探头应向上或向下移动一个肋间。

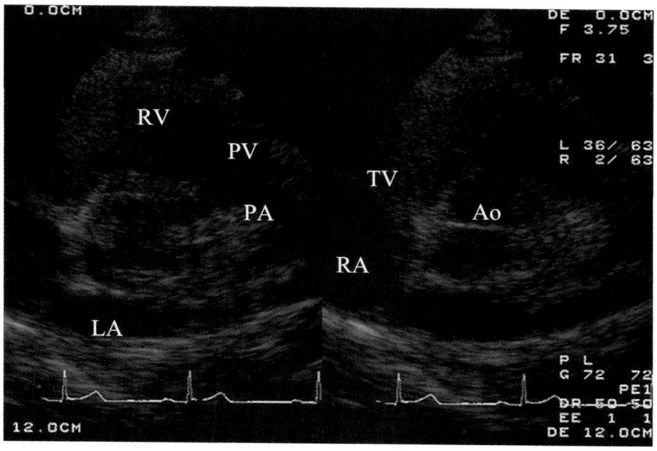

图13-21　主动脉瓣短轴切面图像

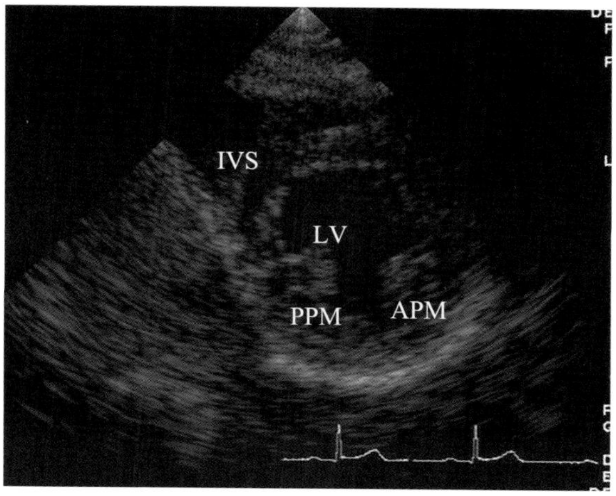

图13-22　左心室乳头肌水平短轴切面图像

RV.右心室
PV.肺静脉
PA.肺动脉
RA.右心房
LA.左心房
TV.三尖瓣
Ao.主动脉
IVS.室间隔
APM.前乳头肌
LV.左心室
PPM.后乳头肌

右心室流出道短轴切面

在左心室长轴切面的基础上，探头向胸骨方向倾斜20°左右，沿着顺时针方向旋转，可以观察右心室流出道和主肺动脉的部位（图13-23）。因易受肺脏的干扰，应仔细扫查。

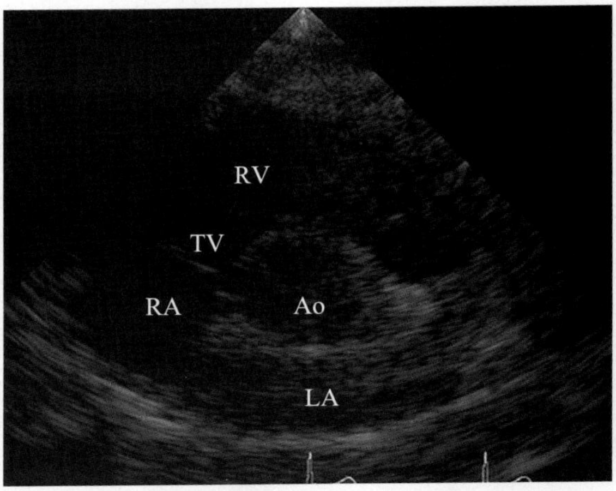

图13-23　右心室流出道短轴切面

右心室流入道长轴切面

在左心室长轴切面显示出后交界处的基础上，探头进一步向内侧倾斜，可以得到右心室流入道长轴切面（图13-24）。观察右心室流入道和三尖瓣。

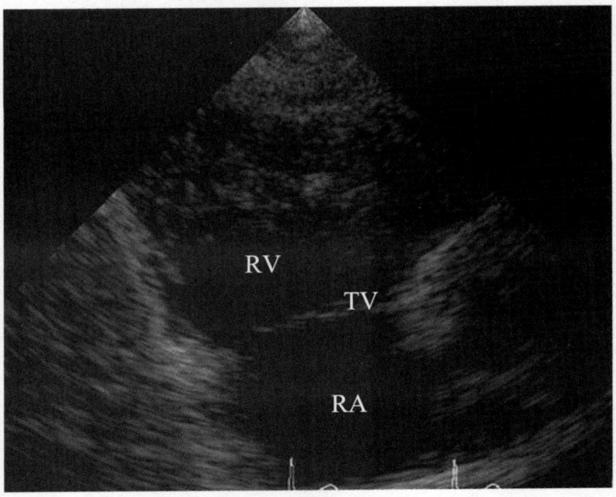

图13-24　右心室流入道长轴切面

TV.三尖瓣
RA.右心房
RV.右心室
LA.左心房
Ao.主动脉

心尖部四腔心切面（图13-25）

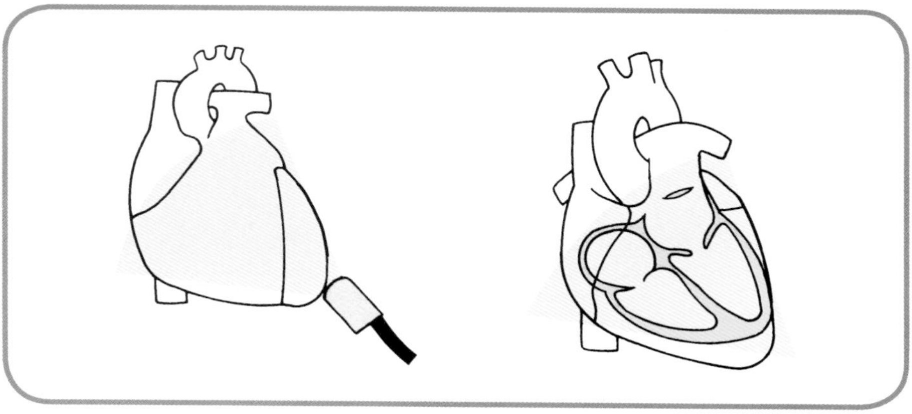

图13-25　心尖部四腔心切面

- 探头置于心尖搏动处的稍下方，探头朝向受检者右肩方向（图13-26A）。
- 心尖搏动不明显时，可以在心电图V_5、V_6电极放置的部位扫查。
- 观察主动脉根部时，应加大探头倾斜角度。

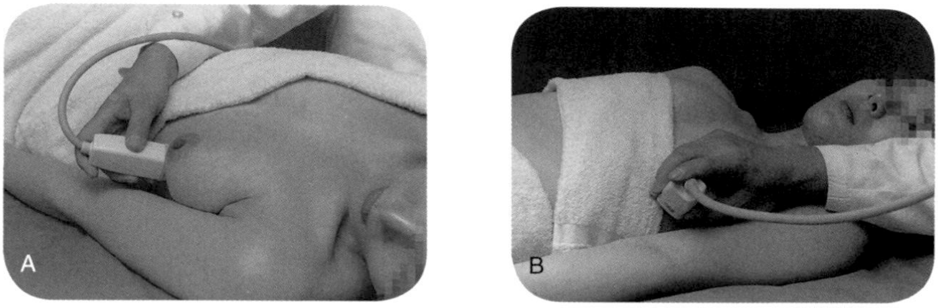

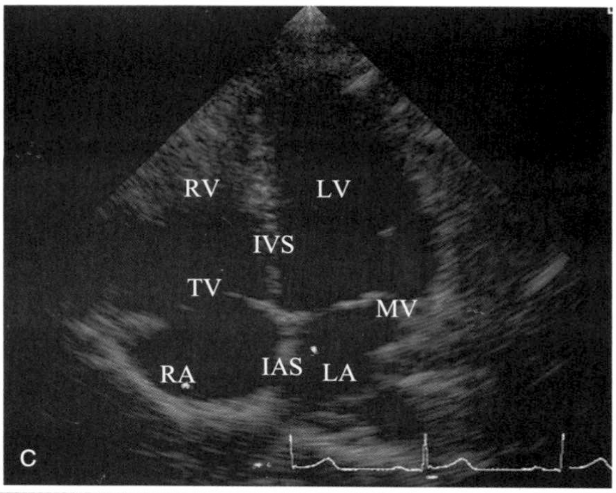

图13-26　心尖部四腔心切面图像
看不到房室瓣时，探头应向背侧倾斜

LA. 左心房　　RA. 右心房
IVS. 室间隔　　TV. 三尖瓣
LV. 左心室　　RV. 右心室
IAS. 房间隔　　MV. 二尖瓣

心尖部左心室长轴切面（图13-27）

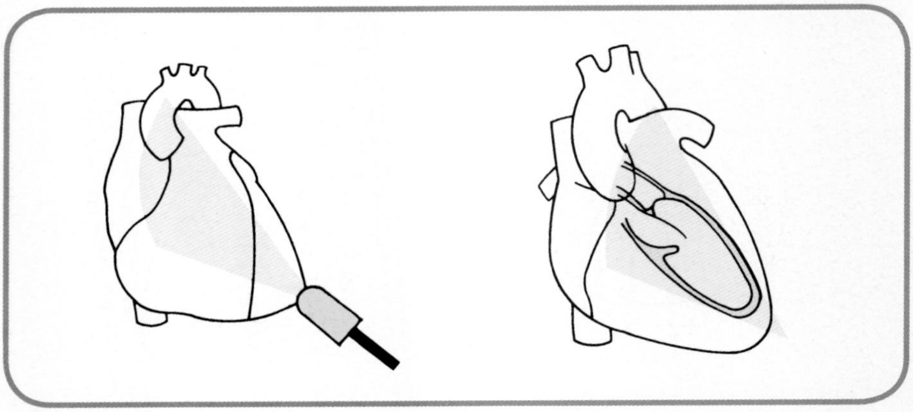

图13-27 心尖部左心室长轴切面

· 在心尖部四腔心切面上，探头逆时针旋转90°即可得到此切面（图13-28）。

· 在心尖部观察左心室时，探头向心底方向倾斜，便于观察主动脉瓣的周围。

· 相当于左心室造影第2斜位的切面。

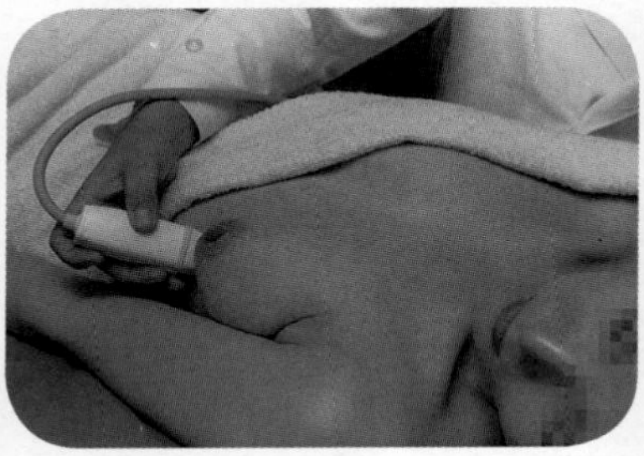

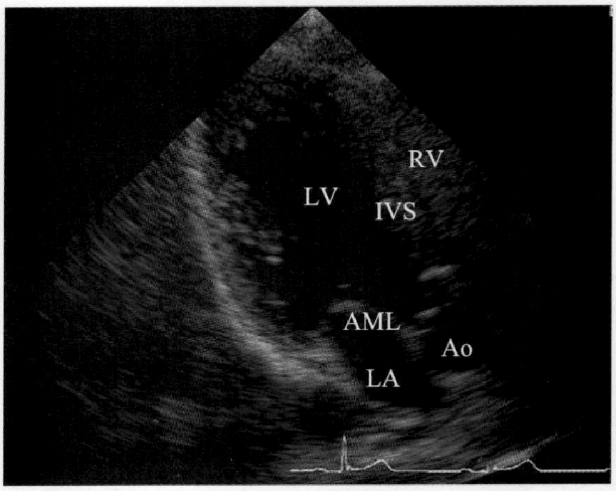

图13-28 心尖部左心室长轴切面图像

LA.左心房
Ao.主动脉
LV.左心室
AML.二尖瓣前叶
RV.右心室
IVS.室间隔

心尖部两腔心切面

· 在心尖部左心室长轴切面的基础上，探头顺时针旋转20°～30°时，主动脉根部渐渐从图像上消失，可以得到只有左心室和左心房两腔心的切面图（图13-29）。

· 因为易受肺脏的干扰，图像有时显示欠清晰。

· 相当于左心室造影的第1斜位的切面。

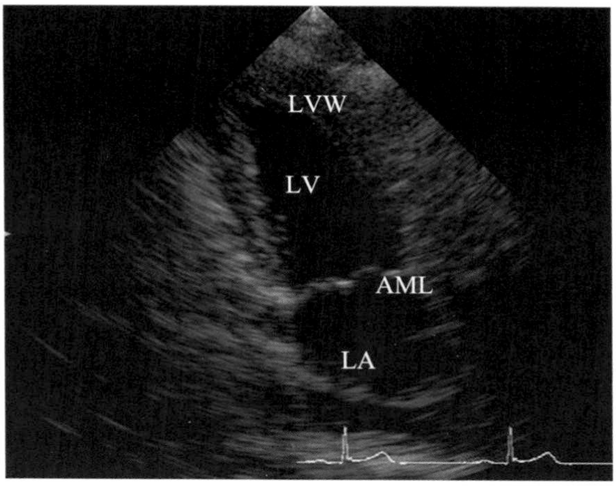

图13-29　心尖部两腔心切面图像

LA. 左心房
LV. 左心室
AML. 二尖瓣前叶
LVW. 左心室壁

剑下四腔心切面

· 将探头置于剑突下偏左处，向胸壁侧倾斜可以得到此切面（图13-30）。

· 在胸骨左缘和心尖部扫查，四腔心切面显示不满意时使用。

· 显示此切面时，探头和心脏的位置有一定的距离，所以使用2.5MHz的探头可以得到清晰的图像。

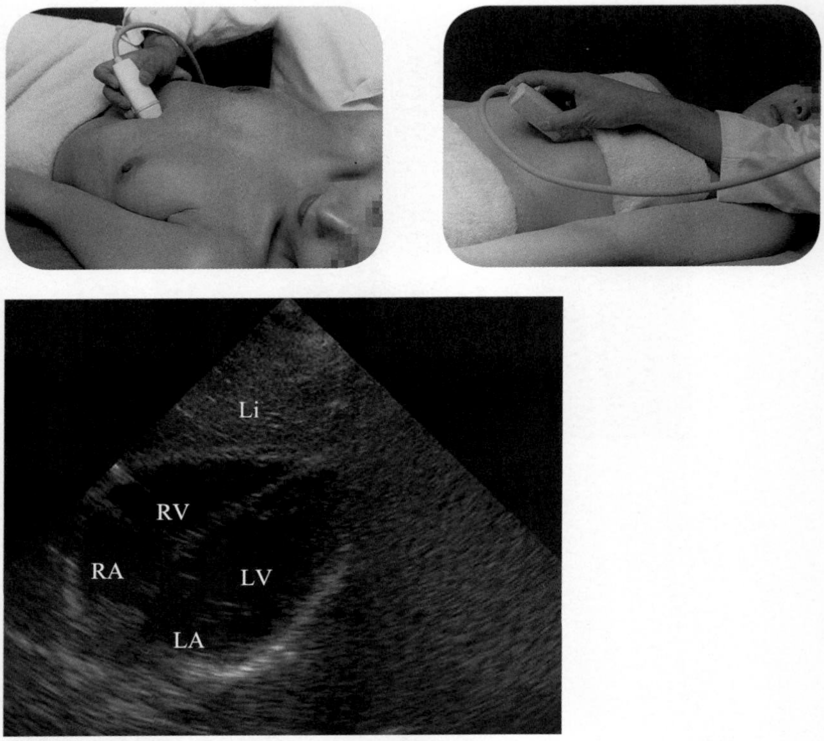

图13-30　肝脏作为声窗可以看到四腔心切面，与肝脏相邻的是右心系统

LA.左心房
Li.肝
LV.左心室
RA.右心房
RV.右心室

心脏检查要点

● 采集多普勒图像

· 扫查的同时观察切面图像，以便得到清晰的图像。

· 首先使用彩色多普勒观察心血管内血流情况，然后选择某一部位再用脉冲多普勒进行血流分析，对流速高的部位使用连续多普勒进行测量。

· 使用彩色M型超声进行分析。

· 考虑到多普勒效应，超声的入射角应尽量与血管内血流平行。

● 估测压差

左心房－左心室间：舒张期压差（主要用于评价二尖瓣狭窄程度）

右心房－右心室间：舒张期压差（主要用于评价三尖瓣狭窄程度）

左心室－主动脉间：收缩期压差（主要用于评价主动脉瓣狭窄程度）

右心室－肺动脉间：收缩期压差（主要用于评价肺动脉狭窄程度）

肺动脉压（右心室收缩压）：测量三尖瓣反流的最高流速或右心室流出道的最高流速

● 主要适应证

主要适应证包括瓣膜病、反流性疾病、人工瓣膜、心肌病、缺血性心脏病、先天性心脏病、心脏肿瘤和心包积液。

心脏病例（图13-31～图13-40）

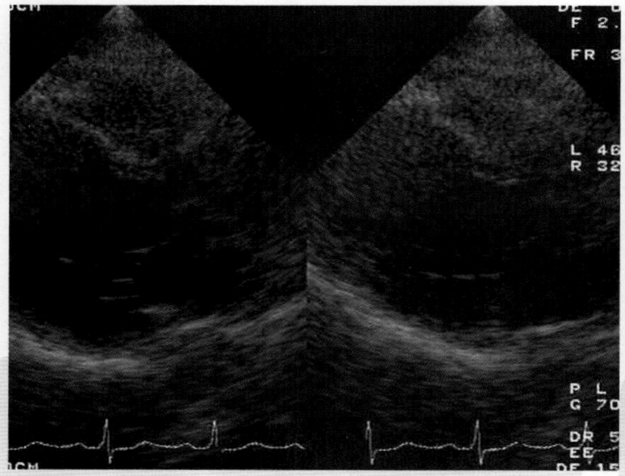

图13-31 室间隔梗死

左心室长轴切面可见室间隔运动消失

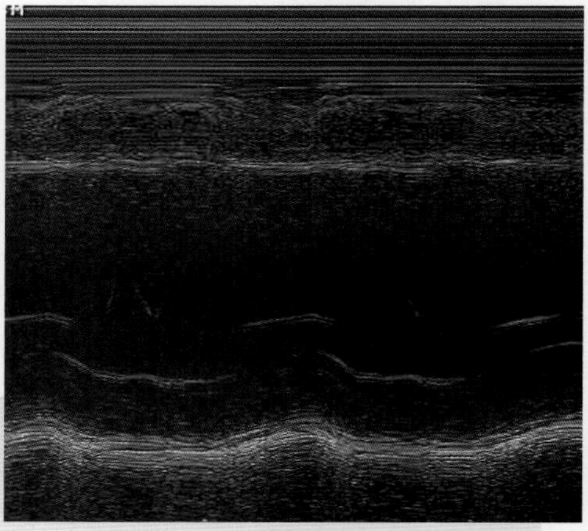

图13-32 M型超声图像

室间隔变薄，运动消失，回声略增强，不随着心动周期而运动（因室间隔梗死）

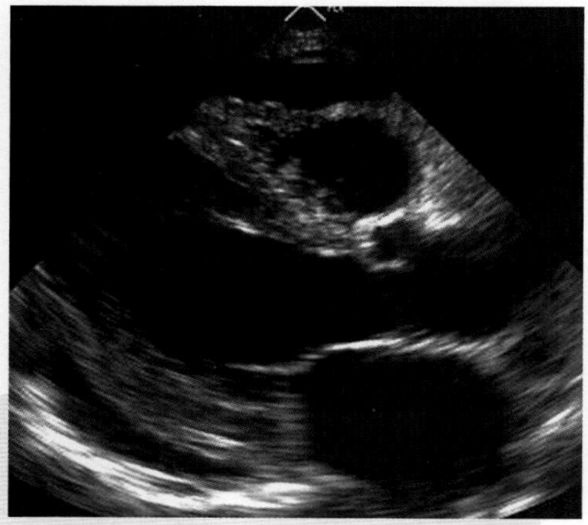

图13-33 心包积液

心膜和心外膜之间可见积液

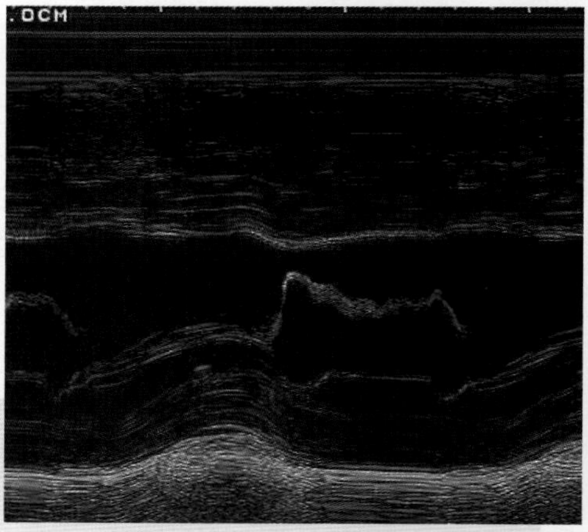

图13-34 主动脉瓣关闭不全

舒张期可见二尖瓣前叶和室间隔扑动

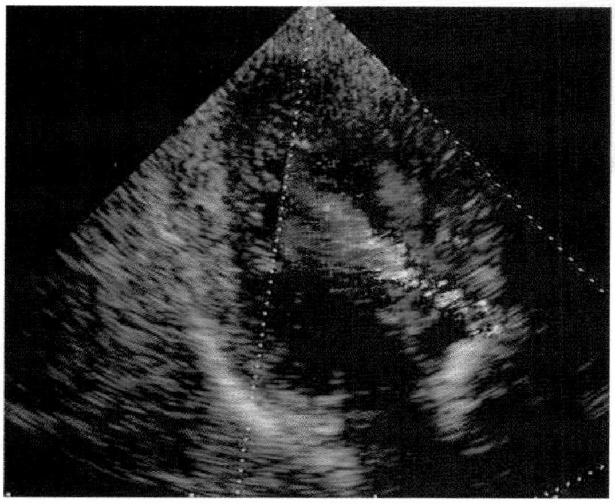

图 13-35　主动脉瓣关闭不全

使用彩色多普勒可见舒张期血液自主动脉瓣向左心室反流

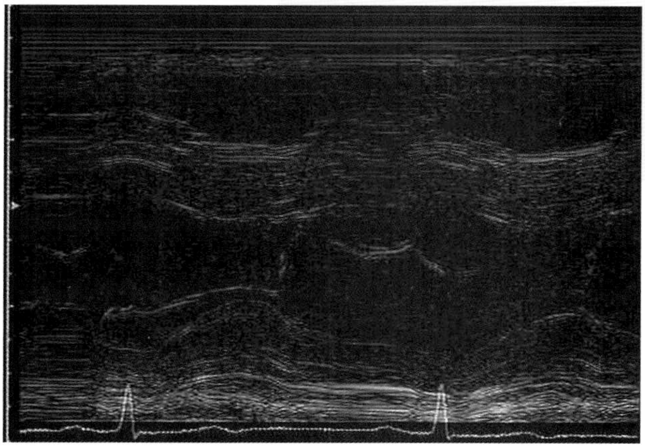

图 13-36　肥厚型心肌病

可见室间隔增厚，又称非对称性室间隔增厚

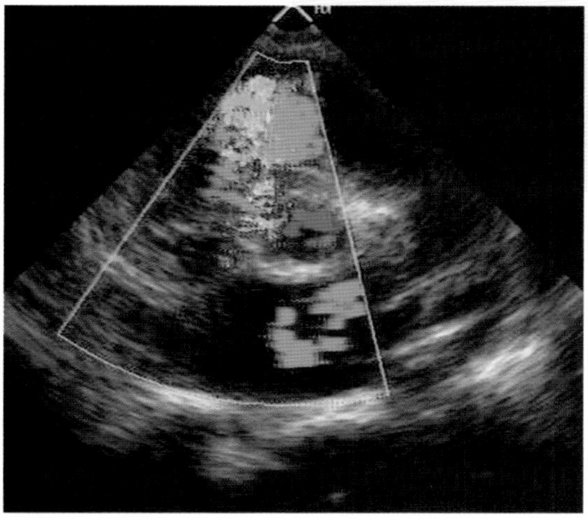

图 13-37　室间隔缺损

左心室流出道短轴切面可见血液从主动脉向右心室流入的异常血流信号

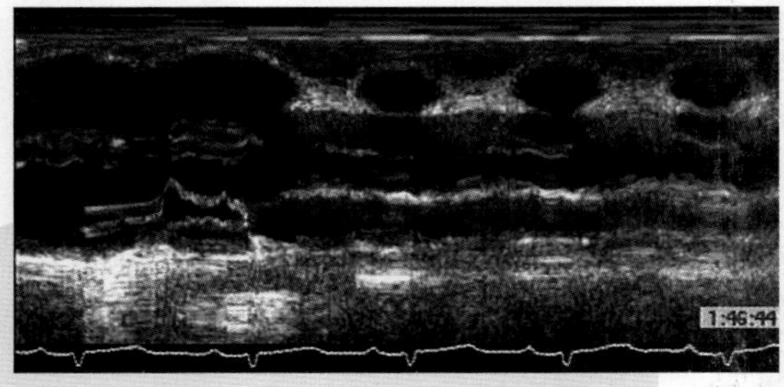

图 13-38　大动脉骑跨

M型超声图像显示室间隔与主动脉前壁的连续性中断，主动脉骑跨于室间隔之上

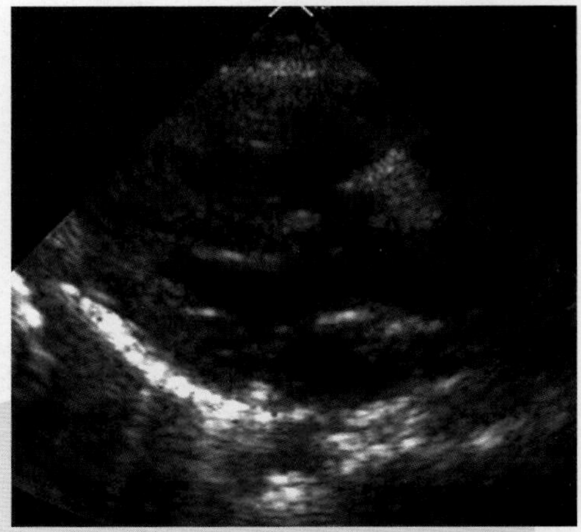

图 13-39　主动脉扩张和骑跨

左心室长轴切面显示室间隔上部出现回声中断，可见大的室间隔缺损口，主动脉内径明显扩大和骑跨

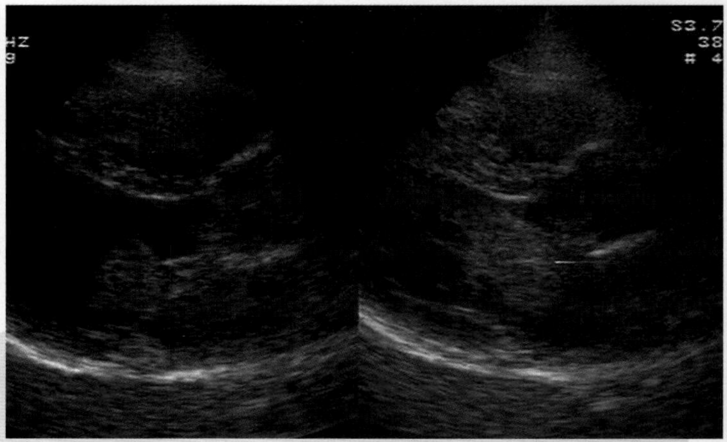

图 13-40　左心房黏液瘤

左心房内可见一团块状回声，随着心动周期而移动